国家精品课程教材

国家级精品资源共享课教材

普通高等教育“十一五”国家级规划教材

教育部高等学校材料类专业教学指导委员会规划教材

无机材料科学基础

Fundamentals of Inorganic Materials Science

第二版

宋晓岚　黄学辉　主编

化学工业出版社

·北京·

“无机材料科学基础”是无机材料学科课程体系中重要的主干课程和必修的学科基础课程。本书系统论述了无机材料科学与工程的重要基础理论及其应用，全书包括11章内容：无机材料概论、晶体结构、晶体结构缺陷、非晶态结构与性质、固体表面与界面、相平衡和相图、固体中的扩散、固相反应、相变过程、烧结过程、无机材料的环境效应。

本书在概述无机材料的分类与特点、阐明无机材料学科内涵及其结构-性能-工艺与环境之间的关系、分析无机材料的地位与作用、提出无机材料的选择原则、综述无机材料的研究现状与发展趋势以初步建立起对无机材料感性认识的基础上，以无机材料组成-结构-性能-应用关系为主线，从结晶学和晶体化学基本原理出发，系统介绍了理想晶体、实际晶体、非晶态、表面及界面的结构、性能及其控制；以固体热力学理论为基础，详细论述了凝聚单元到多元系统相图的基础知识、基本类型、基本规律、分析方法和实际相图在无机材料研究和生产方面的应用；由固体动力学理论，着重阐述了无机材料制备中物理化学变化过程，包括：固体中质点扩散，固相反应，相变，烧结的本质、机理、过程动力学以及影响因素；从固体在环境介质中的腐蚀和载荷作用下疲劳的角度，分析讨论了无机材料使用过程中的环境效应。

本书可作为高等院校无机非金属材料各专业本科生的专业基础课程教材，亦可用作材料科学与工程、材料学、矿物材料及相关专业本科生和研究生的教学用书和参考书，并可供科研院所、厂矿企业、公司等从事材料、无机材料、矿物材料及相关领域工作的广大科研人员、工程技术人员、管理人员及企业家们阅读参考。

图书在版编目（CIP）数据

无机材料科学基础/宋晓岚，黄学辉主编. —2版. —北京：化学工业出版社，2019.12（2023.7重印）
普通高等教育“十一五”国家级规划教材
ISBN 978-7-122-35463-1

Ⅰ.①无… Ⅱ.①宋… ②黄… Ⅲ.①无机材料-材料科学-高等学校-教材 Ⅳ.①TB321

中国版本图书馆CIP数据核字（2019）第245371号

责任编辑：王 婧 杨 菁　　文字编辑：王 琪
责任校对：边 涛　　装帧设计：王晓宇

出版发行：化学工业出版社（北京市东城区青年湖南街13号 邮政编码100011）
印　　装：大厂聚鑫印刷有限责任公司
787mm×1092mm 1/16 印张31¼ 字数819千字 2023年7月北京第2版第4次印刷

购书咨询：010-64518888　售后服务：010-64518899
网　　址：http://www.cip.com.cn
凡购买本书，如有缺损质量问题，本社销售中心负责调换。

定　价：80.00元

第二版前言

《无机材料科学基础》（第一版）作为普通高等教育“十一五”国家级规划教材，自2006年出版以来以其适用性、科学性广受使用者欢迎，已多次重印。鉴于十余年来无机材料科学技术领域发展迅速，以及教材使用过程中发现的一些问题，有必要对第一版内容进行全面的修订和完善。

《无机材料科学基础》(第二版）除修正了第一版中出现的错误外，主要在三个方面做了较大修改：第一，充实拓宽了一些新的内容；第二，适当补充加深了一些学科基础理论。新的修改既可以使教材更好地吸收当代无机材料科学技术发展过程中积累的新理论、新知识、新概念，体现无机材料科学知识的前沿性、先进性和教材内容的现代化、体系化，也能够更好地满足不同类别、不同层次教材使用者（教师、学生及实际研究技术人员等）对无机材料科学基础知识和基本理论及其技术发展的需求；第三，建设了与纸质教材配套的数字资源，其中，慕课可登陆学银在线平台搜索“无机材料科学基础”观看学习，电子课件可扫描书中二维码在手机上阅读学习或下载使用。

《无机材料科学基础》（第二版）仍然保留了第一版的篇章架构。全书分为无机材料概论、晶体结构、晶体结构缺陷、非晶态结构与性质、固体表面与界面、相平衡和相图、固体中的扩散、固相反应、相变过程、烧结过程、无机材料的环境效应共11章内容。其中对部分章节做了补充和拓展，具体修改内容如下。

(1) 第2章增加了新的内容2.6节“晶体场理论和配位场理论”，包括晶体场理论的基本概念、d轨道能级的晶体场分裂、晶体场稳定化能和过渡元素离子的电子构型、八面体择位能、姜-泰勒效应、过渡元素离子有效半径的晶体场效应、配位场理论的基本概念。

(2) 第3章增加了部分新内容，包括3.5.4位错的弹性应变能、3.5.5位错的运动、3.6.3堆积层错、3.6.4孪晶界、3.6.5相界、3.6.6晶界特性。

(3) 第5章也增加了部分内容，包括5.2.6陶瓷晶界结构、5.2.7陶瓷晶界特征。

(4) 第6章增加了新的内容6.5节“四元系统”，包括四元系统组成的表示方法、浓度四面体的性质、具有一个低共熔点的四元系统相图、生成化合物的四元系统相图、专业四元系统相图举例。

(5) 第8章增加的内容体现在8.4.1插层反应对晶体结构的要求、8.4.2插层复合法制备有机-无机纳米复合材料。

(6) 第9章增加的内容主要是9.3.4分相对玻璃性质的影响，以及两节新的内容“9.4马氏体相变”，包括马氏体相变特征、无机材料中的马氏体相变，和“9.5有序-无序转变”。

(7) 第10章增加新的内容10.6节“特种烧结”，包括热压烧结、热等静压烧结、无包套热等静压烧结、反应烧结、电火花烧结。

为了帮助学生进一步理顺知识结构，深化基础理论，强化学习效果，增强将理论知识转化为解决实际应用的能力，也为了便于部分使用者自学和考研复习，作者还专门同步出版了与本书配套的教学辅助教材《无机材料科学基础辅导与习题集》。

《无机材料科学基础辅导与习题集》的篇章编排与本书完全一致，每一章统一分为基本要求、重点内容、重要概念、例题精解、同步练习5个部分，并依章节给出了全部同步练习题的习题解答和参考答案，同时还提供了《无机材料科学基础》(第二版) 相关的重要名词术语及解释，以方便教师教学和学生自我练习。《无机材料科学基础》(第二版) 因此删除了第一版中例题解析的相关内容。

本书可作为各层次高等院校无机非金属材料各专业本科生、专科生的专业基础课程教材或教学参考资料，以及材料科学与工程、材料学、矿物材料及相关专业本科生和研究生的课外学习参考用书，亦可供科研院所、工矿企业、公司等从事材料、无机材料、矿物材料及相关领域工作的广大科研人员、工程技术人员、管理人员及企业家们阅读参考。

本书由中南大学宋晓岚和武汉理工大学黄学辉两位教授主编。具体编写分工为：宋晓岚教授编写第1章，第2章2.2、2.3、2.6，第3章3.2、3.5、3.6，第4章，第5章，第6章，第7章7.2、7.4、7.5，第9章9.4、9.5，第10章10.6、10.7；黄学辉教授编写第2章2.1、2.4、2.5，第3章3.1、3.3、3.4，第7章7.1、7.3，第8章，第9章9.1、9.2、9.3，第10章10.1、10.2、10.3、10.4、10.5；长沙理工大学叶昌教授编写第11章。全书由宋晓岚教授负责统稿。

中南大学金胜明教授和北京化工大学屈一新教授审阅了本书书稿，并提出了许多宝贵意见；本书的编著获得了中南大学精品教材建设项目资助；本书的出版得到了化学工业出版社的大力支持与协作。作者在此一并表示衷心感谢！同时，对书中所引用文献资料的中外作者致以诚挚的谢意！

尽管作者在修订过程中始终精益求精，但书中不妥之处恐难完全避免。恳请广大读者继续提出批评意见。

作　者

2019年5月于长沙岳麓山下

第一版前言

能源、信息和材料是现代国民经济的三大支柱，但能源和信息的发展在很大程度上却是依赖于材料的进步。材料的品种、产量和质量标志着一个国家的现代化水平。因此可以说，没有先进的材料，就没有先进的工业、农业和科学技术。

材料科学主要是研究材料组成与结构、合成与制备、性能以及使用效能四者之间相互关系和变化规律的一门应用基础学科。由于各自分子或原子键合方式不同，金属材料、有机高分子材料和无机非金属材料（简称为无机材料）三大材料既有相同的基础理论，也有各自独特的结构组织以及与性质之间的关系及变化规律。无机材料是材料学的重要组成部分，它不仅是人类认识和应用最早的材料，而且具有金属材料和高分子材料所无法比拟的优异性能，在现代科学技术中占有越来越重要的地位。

传统的无机材料主要以陶瓷、玻璃、水泥和耐火材料等硅酸盐材料为主，是工业生产和基本建设所必需的基础材料，其最重要的学科基础理论课程为《硅酸盐物理化学》，它是在物理化学原理的基础上，总结了硅酸盐工业生产的共性规律而形成，课程内容着重于阐明硅酸盐材料组成、结构、性质三者之间的相互关系及其在生产过程中物理化学变化的基本规律。随着现代高科技的发展，现已在传统硅酸盐材料基础上开发出许多具有特殊性能的高温高强、电子、光学以及激光、铁电、压电等新型无机材料，所涉及的化合物远远超出硅酸盐范畴，而是整个无机非金属体系，包括含氧酸盐、氧化物、氮化物、碳与碳化物、硼化物、氟化物、硫系化合物等。其基础理论，除了物理化学外，结构化学和固体物理中的基本理论也日益渗透交叉。近二十年来，由于电子工业、空间科学、计算机技术、核技术、激光技术、高能电池、太阳能利用等领域的迅速发展，对无机材料性能提出了各种新的要求，并促进了对无机材料的进一步研究，推动了无机材料基础理论的拓展深化，为人们对无机材料的微观结构与宏观表现关系的认识起到巨大的作用。正是由于无机新材料的不断涌现，新技术和新工艺的不断发展，以及新材料、新技术对无机材料理论的迫切要求和推动作用，才使得无机材料学科得到空前发展，同时也促进无机材料的基础理论在深度和广度上发生前所未有的变化，从而经历由20世纪80年代的《硅酸盐物理化学》到20世纪90年代的《无机材料物理化学》，直至形成当前新形势下的《无机材料科学基础》。

《无机材料科学基础》是无机材料科学和工程的重要理论基础，其内容定位于将材料学的各种基础理论，包括结晶学、晶体化学、缺陷化学、熔体化学、非晶态科学、表面与界面化学、材料热力学和动力学中的基本知识，具体应用到实际无机材料领域，包括新型无机材料以及传统硅酸盐材料的制备—形成（工艺）条件—结构—性能—用途五要素之间的相互关系及制约规律，用基础理论来阐明无机材料形成过程的本质，从无机材料的内部结构解释其性质与行为，揭示无机材料结构与性能的内在联系与变化关系，并从基本理论出发，指导无机材料的生产及科研，解决无机材料制备与使用过程中的实际问题，从而为认识和改进无机材料的性能以及设计、生产、研究、开发新型无机材料提供必备的科学基础。

《无机材料科学基础》是高等院校无机材料学科课程体系中重要的主干课程，也是学生较先接触的必修学科基础课和硕士研究生入学考试课程，其教材内容和质量对学生的知识结构、后续专业课的学习及学习兴趣的培养等都有着重要的影响，对培养学生科学的思维方法和创新能力以及运用基础理论解决实际问题的能力，构建无机材料科学研究和工程技术人员的专业知识体系具有主导和奠基作用，在无机材料专业教材建设中都占有特别重要的地位。本书作为中南大学新世纪本科教育教学改革立项的重点资助项目，是作者在课程改革与建设研究中，结合多年的教学实践经验，根据当前无机材料学科的发展和无机材料创新人才培养的需要编著而成。本书共 11 章，内容包括无机材料概论、晶体结构、晶体结构缺陷、非晶态结构与性质、固体表面与界面、相平衡和相图、固体中的扩散、固相反应、相变过程、烧结过程、无机材料的环境效应。

本书编写的宗旨：一方面，从材料共性的科学原理和方法来阐述无机材料结构（包括电子结构、空间质点排列、显微结构和相结构等结构层次）、性质和性能相互关系，以及静态、动态条件下解决无机材料制备和加工等相关工程问题的科学基础；另一方面，强调在建立无机材料领域科学基础的同时，通过科学思维方法的训练，达到提高运用科学原理解决实际问题的能力。本书在内容的精选和组织上，既注重无机材料研究与开发的基础研发过程，又重视无机材料加工和使用过程中的性能变化及环境行为效应，以调控无机材料开发—使用—消亡的整个循环过程。

本书的特点表现在以下几个方面。

① 较全面地涵盖无机材料科学和工程的基础理论。无机材料的发展与无机材料理论密切相关，如果说早期传统硅酸盐材料的制备或生产主要依靠经验和手艺，那么当代新型无机材料的研究和开发则必然更多地依赖理论指导。

② 注重科学原理，强化工程意识。以无机材料制备加工过程中的基本原理和共性规律为主，兼顾无机材料应用过程中的环境行为效应，使科学和工程融为一体。

③ 突出认识论的规律性。遵循从理想到实际、从规则到不规则、从静态到动态、从宏观到微观再到宏观的原则，循序渐进地介绍无机材料的组成、制备、结构、性能的依从性。

④ 强调思维方法和分析能力的培养。在阐述基础理论时，通过问题提出、例题解析、讨论提示的方式，突出科学的创新性思维方法的培养；每章末尾附有与实际结合紧密的思考题和习题，以加深对基本概念的理解和应用，提高分析解决实际问题的能力。

⑤ 选材组织与结构编排上突出新颖性、易读性和普适性。注重新概论、新理论、新工艺、新材料以及不同学科知识的融合交叉，内容丰富，结构新颖，深广度适中，力求既能反映无机材料学科当代发展水平，又能适应专业基础课程教学。

本书可作为高等院校无机非金属材料各专业本科生的专业基础课程教材，亦可用作材料科学与工程、材料学、矿物材料及相关专业本科生和研究生的教学用书和参考书，并可供科研院所、厂矿企业、公司等从事材料、无机材料、矿物材料及相关领域工作的广大科研人员、工程技术人员、管理人员及企业家们的阅读参考。

本书由中南大学宋晓岚和武汉理工大学黄学辉两位教授主编，其中宋晓岚编写第 1 章，第 2 章 2.2、2.3，第 3 章 3.2、3.5、3.6，第 4 章，第 5 章，第 6 章，第 7 章 7.2、7.4、7.5，黄学辉编写第 2 章 2.1、2.4、2.5，第 3 章 3.1、3.3、3.4，第 7 章 7.1、7.3，第 8 章，第 9 章，第 10 章；

长沙理工大学叶昌教授编写了第11章。全书由宋晓岚负责统稿及例题、习题的择选。

中南大学梁叔全教授和武汉理工大学余海湖教授审阅了本书书稿，并提出了许多宝贵的意见；本书的出版得到了化学工业出版社的大力支持与协作，作者在此一并表示衷心的感谢！同时，对书中所引用文献资料的中外作者致以诚挚的谢意！

鉴于作者水平所限，书中不妥之处在所难免，恳请广大读者批评指正。

作　者

2005年7月

目录

6 相平衡和相图

7 固体中的扩散

8 固相反应

9 相变过程

10 烧结过程

11 无机材料的环境效应

附录Ⅰ 单位换算和基本物理常数

附录Ⅱ 元素的离子半径表

参考文献

1 无机材料概论

材料是人类社会赖以生存的物质基础和科学技术发展的技术核心与先导。材料按其化学特征可划分为无机非金属材料（简称无机材料，inorganic materials）、无机金属材料（简称金属材料，metallic materials）、有机高分子（聚合物）材料（organic polymer materials）和复合材料（composite materials）四大类。其中无机材料因原料资源丰富，成本低廉，生产过程能耗低，产品应用范围广，能在许多场合替代金属或有机高分子材料，使材料的利用更加合理和经济，从而日益受到人们的重视，成为材料领域研究和开发的重点。

本章通过介绍无机材料的分类与特点，阐述无机材料学科内涵及其结构-性能-工艺与环境之间的关系，提出无机材料的选用原则，分析无机材料的地位与作用，综述无机材料研究现状与发展趋势，以初步建立起对无机材料的感性认识。

1.1 无机材料的分类

无机材料是由硅酸盐、铝酸盐、硼酸盐、磷酸盐、锗酸盐等原料和（或）氧化物、氮化物、碳化物、硼化物、硫化物、硅化物、卤化物等原料经一定的工艺制备而成的材料，是除金属材料、高分子材料以外所有材料的总称。无机材料种类繁多，用途各异，目前还没有统一完善的分类方法。一般将其分为传统的（普通的）和新型的（先进的）无机材料两大类。

1.1.1 传统无机材料

传统无机材料是指以 SiO_2 及其硅酸盐化合物为主要成分制成的材料，因此亦称硅酸盐材料（silicate materials），主要有陶瓷、玻璃、水泥和耐火材料四种。其中又因陶瓷材料历史最悠久，应用甚为广泛，故国际上常称之为陶瓷材料。此外，搪瓷、磨料、铸石（辉绿岩、玄武岩等）、碳素材料、非金属矿（石棉、云母、大理石等）也属于传统的无机材料。传统的无机材料是工业和基本建设所必需的基础材料。

1.1.1.1 陶瓷（ceramic）

传统陶瓷即普通陶瓷，是指以黏土为主要原料与其他天然矿物原料经过粉碎混练、成形、煅烧等过程而制成的各种制品，包括日用陶瓷、卫生陶瓷、建筑陶瓷、化工陶瓷、电瓷以及其他工业用陶瓷。

根据陶瓷坯体结构及其基本物理性能的差异，陶瓷制品可分为陶器和瓷器。陶器包括粗陶器、普通陶器和细陶器。陶器的坯体结构较疏松，致密度较低，有一定吸水率，断口粗糙无光，没有半透明性，断面呈面状或贝壳状，有的无釉，有的施釉。瓷器的坯体致密，吸水率很低，有一定的半透明性，通常都施有釉层（某些特种瓷并不施釉，甚至颜色不白，但烧结程度仍相当高）。还有介于陶器与瓷器之间的一类产品，称为炻器，也有称为半瓷，坯体较致密，吸水率也小，颜色深浅不一，缺乏半透明性。

1.1.1.2 玻璃（glass）

玻璃是由熔体过冷所制得的非晶态材料。普通玻璃是指采用天然原料，能够大规模生产的玻璃，包括日用玻璃、建筑玻璃、仪器玻璃、光学玻璃、电真空玻璃和玻璃纤维等。

根据其形成网络的组分不同，玻璃又可分为硅酸盐玻璃、硼酸盐玻璃、磷酸盐玻璃等，其网络形成体分为 SiO_2、B_2O_3 和 P_2O_5。

1.1.1.3 水泥（cement）

水泥是指加入适量水后可成塑性浆体，既能在空气中硬化又能在水中硬化，并能够将砂、石等材料牢固地胶结在一起的细粉状水硬性材料。水泥的种类很多，按其用途和性能可分为通用水泥、专用水泥和特性水泥三大类。通用水泥为大量土木工程所使用的一般用途的水泥，如硅酸盐水泥、普通硅酸盐水泥、矿渣硅酸盐水泥、火山灰质硅酸盐水泥、粉煤灰硅酸盐水泥和复合硅酸盐水泥等。专用水泥是指有专门用途的水泥，如油井水泥、砌筑水泥等。特性水泥则是某种性能比较突出的一类水泥，如快硬硅酸盐水泥、抗硫酸盐硅酸盐水泥、中热硅酸盐水泥、膨胀硫铝酸盐水泥、自应力铝酸盐水泥等。

按其所含的主要水硬性矿物，水泥又可分为硅酸盐水泥、铝酸盐水泥、硫铝酸盐水泥、氟铝酸盐水泥以及以工业废渣等为主要组分的水泥。目前水泥品种已达一百多种。

1.1.1.4 耐火材料（refractory materials）

耐火材料是指耐火度不低于 1580℃ 的专门为高温技术服务的无机非金属材料。尽管各国对其定义不同，但基本含义是相同的，即耐火材料是用作高温窑炉等热工设备的结构材料，以及用作工业高温容器和部件的材料，并能承受相应的物理化学变化及机械作用。

大部分耐火材料是以天然矿石（如耐火黏土、硅石、菱镁矿、白云母等）为原料制造的。采用某些工业原料和人工合成原料（如工业氧化铝、碳化硅、合成莫来石、合成尖晶石等）制备耐火材料已成为一种发展趋势。耐火材料种类很多，可按其共性与特性划分类别。而按材料化学矿物组成分类是一种常用的基本分类方法。也常按材料的制造方法、材料的性质、材料的形状和尺寸及应用等来分类。

按矿物组成，可分为氧化硅质、硅酸铝质、镁质、白云石质、橄榄石质、尖晶石质、含碳质、含锆质耐火材料及特殊耐火材料；按其制造方法，可分为天然矿石和人造制品；按其形状，可分为块状制品和不定形耐火材料；按其热处理方式，可分为免烧制品、烧成制品和熔铸制品；按其耐火度，可分为普通、高级及特级耐火制品；按化学性质，可分为酸性、中性及碱性耐火材料；按其密度，可分为轻质及重质耐火材料；按其制品的形状和尺寸，可分为标准砖、异型砖、特异型砖、管和耐火器皿等。还可按其应用分为冶金高炉用、水泥窑用、玻璃窑用、陶瓷窑用耐火材料等。

1.1.2 新型无机材料

自 20 世纪 40 年代以来，随着新技术的发展，除上述传统无机材料以外陆续涌现出一系列应用于高性能领域的先进无机材料，也称新型无机材料（advanced inorganic materials)。新型无机材料是用氧化物、氮化物、碳化物、硼化物、硫化物、硅化物以及各种无机非金属化合物经特殊的先进工艺制成的材料。主要包括新型陶瓷、特种玻璃、人工晶体、半导体材料、薄膜材料、无机纤维、多孔材料等。这些新材料的出现体现了无机材料学科近几十年取得的重大成就，它们的应用极大地推动了科学技术的进步，促进了人类社会的发展。

1.1.2.1 新型陶瓷（advanced ceramic）

新型陶瓷（亦称特种陶瓷）是指以精制的高纯天然无机物或人工合成的无机化合物为原料，采用精密控制的制造加工工艺烧结，具有优异特性，主要用于各种现代工业及尖端科学技术领域的高性能陶瓷，包括结构陶瓷（structural ceramic）和功能陶瓷（functional ceramic）。结构陶瓷是指具有优良的力学性能（高强度、高硬度、耐磨损）、热学性能（抗热冲击、抗蠕变）和化学性能（抗氧化、抗腐蚀）的陶瓷材料，主要应用于高强度、高硬度、高刚性的切削刀具和要求耐高温、耐腐蚀、耐磨损、耐热冲击等的结构部件，包括氮化硅系统、碳化硅系统和氧化锆系统、氧化铝系统的高温结构陶瓷等。功能陶瓷是指利用其电、磁、声、光、热等直接效应和耦合效应所提供的一种或多种性质来实现某种使用功能的陶瓷材料，主要包括装置瓷（即电绝缘瓷）、电容器陶瓷、压电陶瓷、磁性陶瓷（又称铁氧体）、导电陶瓷、超导陶瓷、半导体陶瓷（又称敏感陶瓷）、热学功能陶瓷（热释电陶瓷、导热陶瓷、低膨胀陶瓷、红外辐射陶瓷等）、化学功能陶瓷（多孔陶瓷载体等）、生物功能陶瓷等。

1.1.2.2 特种玻璃（special glass）

特种玻璃（亦称新型玻璃）是指采用精制、高纯或新型原料，通过新工艺在特殊条件下或严格控制形成过程制成的具有特殊功能或特殊用途的非晶态材料，包括经玻璃晶化获得的微晶玻璃。它们是在普通玻璃所具有的透光性、耐久性、气密性、形状不变性、耐热性、电绝缘性、组成多样性、易成形性和可加工性等优异性能的基础上，通过使玻璃具有特殊的功能，或将上述某项特性进一步提高改善，或将上述某项特性置换为另一种特性，或牺牲上述某些性能而赋予某项特殊要求的性能之后获得的。特种玻璃包括 SiO_2 含量在 85%以上或 55%以下的硅酸盐玻璃、非硅酸盐氧化物玻璃（硼酸盐、磷酸盐、锗酸盐、碲酸盐、铝酸盐及氧氮玻璃、氧碳玻璃等）以及非氧化物玻璃（卤化物、氮化物、硫化物、硫卤化物、金属玻璃等）等。根据用途不同，特种玻璃分为防辐射玻璃、激光玻璃、生物玻璃、多孔玻璃和非线性光学玻璃等。

1.1.2.3 人工晶体（synthetic crystal）

人工晶体是指采用精密控制的人工方法合成和生长的具有多种独特物理性能的无机功能单晶材料，主要用于实现电、光、声、热、磁、力等不同能量形式的交互作用的转换。人工晶体可按不同方法进行分类，按化学组成分类，可分为无机晶体和有机晶体（包括有机-无机复合晶体）等；按生长方法分类，可分为水溶性晶体和高温晶体等；按形态（或维度）分类，可分为块体晶体、薄膜晶体、超薄层晶体和纤维晶体等；按其物理性质（功能）分类，可分为半导体晶体、激光晶体、非线性光学晶体、光折变晶体、电光晶体、磁光晶体、声光晶体、闪烁晶体等。

1.1.2.4 半导体材料（semiconductor materials）

半导体材料是指其电阻率介于导体和绝缘体之间，数值一般在 $10^4 \sim 10^{10}\Omega \cdot cm$ 范围内，并对外界因素如电场、磁场、光照、温度、压力及周围环境气氛非常敏感的材料。半导体材料的种类繁多，按其成分，可分为由同一种元素组成的元素半导体和由两种或两种以上元素组成的化合物半导体；按其结构，可分为单晶态半导体、多晶态半导体和非晶态半导体；按物质类别，可分为无机材料半导体和有机材料半导体；按其形态，可分为块体材料半导体和薄膜材料半导体；按其性能，多数材料在通常状态下就呈半导体性质，但有些材料需在特定条件下才表现出半导体性能。

1.1.2.5 薄膜材料（film materials）

薄膜材料（也称无机涂层，inorganic coating）是相对于块体材料而言，指采用特殊的方法，在块体材料的表面沉积或制备的一层性质与块体材料性质完全不同的物质层，从而具有特殊的材料性能或性能组合。按其功能特性，薄膜材料可分为半导体薄膜（主要有半导体单晶薄膜、薄膜晶体管、太阳能电池、场致发光薄膜等）、电学薄膜（包括集成电路（IC）中的布线、透明导电膜、绝缘膜、压电薄膜等）、信息记录用薄膜（如磁记录材料、巨磁电阻材料、光记录元件材料等）、各种热、气敏感薄膜和光学薄膜（包括防反射膜、薄膜激光器等）。

1.1.2.6 无机纤维（inorganic fibre）

纤维是指长径比非常大、有足够高的强度和柔韧性的长形固体。纤维不仅能作为材料使用，而且还可作为原料和辅助材料，用来制作纤维增强复合材料。根据化学键特征，纤维可分为无机、有机、金属三大类。无机纤维按材料来源可分为天然矿物纤维和人造纤维；按化学组成可分为单质纤维（如碳纤维、硼纤维等）、硬质纤维（如碳化硅纤维、氮化硅纤维等）、氧化物纤维（如石英纤维、氧化铝纤维、氧化锆纤维等）、硅酸盐纤维（如玻璃纤维、陶瓷纤维和矿物纤维等）；按晶体结构可分为晶须（根截面直径为1～20μm，长约几厘米的发形或针状单晶体）、单晶纤维和多晶纤维；按应用还可分为普通纤维、光导纤维、增强纤维等。其中玻璃光导纤维和用于先进复合材料无机增强纤维现已在现代高科技领域发挥着重要作用。

1.1.2.7 多孔材料（porous materials）

多孔材料是指具有很高孔隙率和很大比表面积的一类材料。多孔材料包括各种无机气凝胶、有机气凝胶、多孔半导体材料、多孔金属材料等，其共同特点是密度小，孔隙率高，比表面积大，对气体有选择性透过作用。多孔材料由于具有较大的吸附容量和许多特殊的性能，而在吸附、分离、催化等领域得到广泛的应用。按照国际纯粹和应用化学联合会（IUPAC）的定义，多孔材料可以按其孔径分为三类：小于2nm为微孔（micropore）；2～50nm为介孔（mesopore）；大于50nm为大孔（macropore）。有时也将小于0.7nm的微孔称为超微孔材料。近年来，微观有序多孔材料以其种种特异的性能引起了人们的高度重视。

1.2 无机材料的特点

在晶体结构上，无机材料中质点间结合力主要为离子键、共价键或离子-共价混合键。这些化学键具有高键能、高键强、大极性等特点，赋予这类材料以高熔点、高强度、耐磨损、高硬度、耐腐蚀和抗氧化的基本属性，同时具有宽广的导电性、导热性和透光性以及良好的铁电性、铁磁性和压电性。举世瞩目的高温超导性也是在这类材料上发现的。

在化学组成上，随着无机新材料的发展，无机材料已不局限于硅酸盐，还包括其他含氧酸盐、氧化物、氮化物、碳与碳化物、硼化物、氟化物、硫系化合物、硅、锗、Ⅲ-Ⅴ族及Ⅱ-Ⅵ族化合物等。

在形态上和显微结构上，无机材料日益趋于多样化，薄膜（二维）材料、纤维（一维）材料、纳米（零维）材料、多孔材料、单晶和非晶材料占有越来越重要的地位。

在合成与制备上，为了取得优良的材料性能，新型无机材料在制备上普遍要求高纯度、高细度的原料，并在化学组成、添加物的数量和分布、晶体结构和材料微观结构上能精确加以控制。

在应用领域上，无机材料已成为传统工业技术改造和现代高新技术、新兴产业以及发展现代国防和生物医学等不可缺少的重要组成部分，广泛应用于化工、冶金、信息、通信、能源、环境、生物、空间、军事、国防等各个领域。

1.3 无机材料组成、结构、性能、工艺及其与环境的关系

1.3.1 无机材料学科内涵

材料的组成与结构决定材料的性质，其组成和结构又是合成和制备过程的产物。材料作为产品必须具有一定的效能以满足使用条件和环境要求，从而获得应有的经济、社会效益。因此，合成与制备、组成与结构、性能及使用效能四个组元之间存在着强烈的相互依赖关系。无机材料科学与工程就是一门研究无机材料合成与制备、组成与结构、性能及使用效能四者之间相互关系与制约规律的科学，其相互关系可用图 1-1 的四面体表示。

无机材料科学偏重于研究无机材料的合成与制备、组成与结构、性能及使用效能各组元本身及其相互间关系的规律；无机材料工程则着重于研究如何利用这些规律性的研究成果以新的或更有效的方式开发并生产出材料，提高材料的使用效能，以满足社会的需要；同时还应包括材料制备与表征所需的仪器、设备的设计与制造。在无机材料学科发展中，科学与工程彼此密切结合，构成一个学科整体。

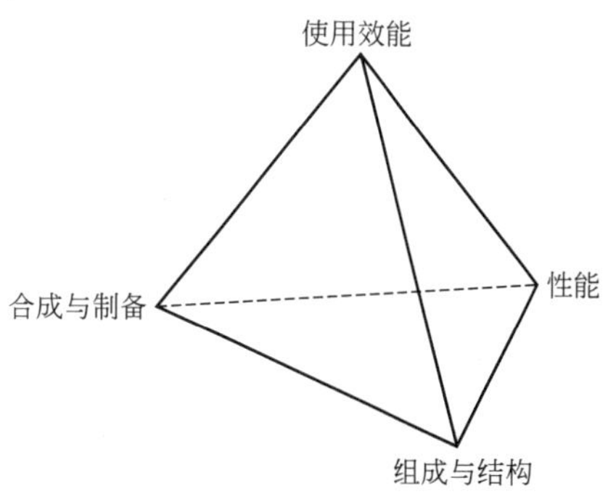

图 1-1 无机材料科学与工程四面体

合成主要指促使原子、分子结合而构成材料的化学与物理过程，其研究内容既包括有关寻找新合成方法的科学问题，也包括以适用的数量和形态合成材料的技术问题；既包括新材料的合成，也应包括已有材料的新合成方法（如溶胶-凝胶法、微波合成法）及其新形态（如纤维、薄膜）的合成；制备也研究如何控制原子与分子使之构成有用的材料，但还包括在更为宏观的尺度上或以更大的规模控制材料的结构，使之具备所需的性能和使用效能，即涵盖材料的加工、处理、装配和制造。则合成与制备即是将原子、分子聚合起来并最终转变为有用产品的一系列连续过程，是提高材料质量、降低生产成本和提高经济效益的关键，也是开发新材料、新器件的中心环节。在合成与制备中，基础研究与工程性研究同样重要，如对材料合成与制备动力学过程的研究可以揭示过程的本质，为改进制备方法、建立新的制备技术提供科学依据。因此，不能把合成与制备简单地归结为工艺而忽略其基础研究的科学内涵。

组成指构成材料的原子、分子及其数量关系。除主要组成以外，杂质及对无机材料结构与性能有重要影响的微量添加物亦不能忽略。结构则指组成原子、分子在不同层次上彼此结合的形式、状态和空间分布，包括电子与原子结构、分子结构、晶体结构、相结构、晶粒结构、表面与晶界结构、缺陷结构等；在尺度上则包括纳米以下、纳米、微米、毫米及更宏观的结构层次。材料的组成与结构是材料的基本表征。它们一方面是特定的合成与制备条件的产物，另一方面又是决定材料性能与使用效能的内在因素，因而在无机材料科学与工程的四

面体（图 1-1）中占有独特的承前启后的地位，起着指导性的作用。了解无机材料的组成与结构及它们同合成与制备、性能及使用效能之间的内在联系，一直是无机材料科学与工程的基本研究内容。

性能指材料固有的物理与化学特性，也是确定材料用途的依据。广义地说，性能是材料在一定的条件下对外部作用的反应的定量表述。例如，对外力作用的反应为力学性能，对外电场作用的反应为电学性能，对光波作用的反应为光学性能等。

使用效能是材料以特定产品形式在使用条件下所表现的效能。它是材料的固有性能、产品设计、工程特性、使用环境和效益的综合表现，通常以寿命、效率、耐用性、可靠性、效益及成本等指标衡量。因此，使用效能的研究与工程设计及生产制造过程密切相关，不仅有宏观的工程问题，还包括复杂的材料科学问题。例如，无机结构材料部件的损毁过程和可靠性往往涉及在特定的温度、气氛、应力和疲劳环境下材料中的缺陷形成和裂纹扩展的微观机理；功能器件的一致性与可靠性是功能材料原有缺陷（原生缺陷）、器件制备过程引入的二次缺陷以及在使用条件下这些缺陷的发展和新缺陷生成的综合结果。这些使用效能的研究需要具备基础理论素养和现代化学、物理学、数学和工程科学的知识，并依赖于先进的组成、结构和性能测试设备。材料的使用效能是材料科学与工程所追求的最终目标，在很大程度上代表这一学科的发展水平。

1.3.2 无机材料结构-性能-工艺之间的关系

材料的性质是组成与结构的外在反映，对材料的使用性能有决定性影响，而使用性能又与材料的使用环境密切相关。要有效地使用无机材料，必须了解产生特定性质的原因——组成和结构、无机材料所具有的性能、实现这些性能的途径和方法——工艺以及环境对无机材料性能的影响，见图 1-2。

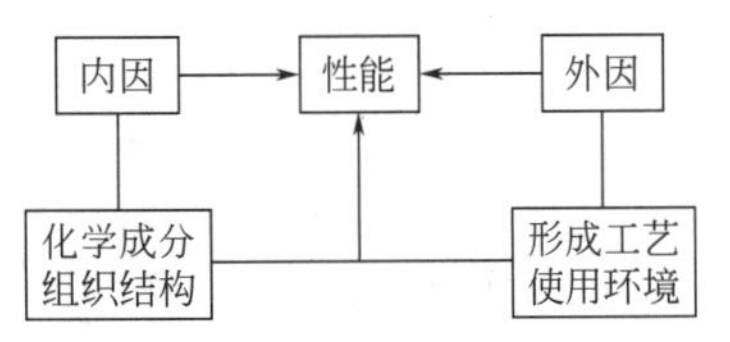

图 1-2 无机材料的组成-结构-性能-工艺之间的关系

1.3.2.1 无机材料的结构层次

考察无机材料的结构可以从以下几个层次来考虑，这些层次都影响无机材料的最终性能。

第一个层次是原子及电子结构。原子中电子的排列在很大程度上决定原子间的结合方式，决定材料类型及其热学、力学、光学、电学、磁学等性质。金属、非金属、聚合物等具有各自不同的原子结合方式，而不同无机非金属材料之间的原子结合方式也有其差别，从而都表现各自独特的性质关系和变化规律。

第二个层次是原子的空间排列。如果无机材料中的原子排列非常规则且具有严格的周期性，就形成晶态结构；反之则为非晶态结构。不同的结晶状态具有不同的性能。原子排列中存在缺陷会使无机材料性能发生显著变化，如晶体中的色心就是由于晶体中存在点缺陷，而使透明晶体具有颜色，甚至可作为激光晶体。

第三个层次是组织结构或相结构。在大多数陶瓷中可发现晶粒组织。晶粒之间的原子排列变化改变了它们之间的取向，从而影响无机材料的性能，其中晶粒的大小和形状起关键作用。另外，大多数无机材料属于多相材料，而每一相都有自己独特的原子排列和性能，因此控制无机材料结构中相的种类、大小、分布和数量就成为控制其性能的有效方法。

1.3.2.2 无机材料常见性能

无机材料性能包括热学性能、力学性能、光学性能、电学性能、磁学性能和声学性能以及化学性能。表 1-1 列举了无机材料典型的性能。

表 1-1 无机材料典型的性能

类别	典型性能
力学性能	硬度(磨损率、冲击、耐划痕性);强度(弹性模量、拉伸强度、屈服强度);蠕变(蠕变速率、应力断裂性能);延性(延伸率、断面收缩率);疲劳(疲劳极限、疲劳寿命);其他性质(密度、气孔率)
热学性能	热容量;导热性;热膨胀;转变温度;抗热冲击性
光学性能	光吸收;光反射;光折射;光透射;颜色;光衍射;激光作用;光电导性;光辐射
电学性能	导电性;介电性(绝缘);铁电性;压电性
磁学性能	铁氧体磁性;铁磁性;顺磁性;抗磁性;磁导率
声学性能	声吸收;声反射;声透射;吸声系数;降噪系数
化学性能	化学稳定性;腐蚀;氧化;催化性能;纯度

1.3.2.3 无机材料的合成与制备工艺

无机材料的合成与制备工艺可分为五个过程：原料的加工处理与粉体制备→成形→干燥与排塑→固化→制品的加工处理。

(1) 原料的加工处理与粉体制备 用于合成和制备无机材料的原料大多来自天然的硬质矿物，要使其重新化合、造型，必须对矿物进行加工处理，再利用合格粉料配料，然后才能进行各种成形或固化处理。粉体颗粒的大小、级配、形态及其均匀性往往直接影响材料的质量。随着材料性能的不断提高，对矿物原料的要求也越来越高。

矿物原料加工处理与粉体制备工艺主要分为五种类型：矿物颗粒的形态处理、热处理、表面处理与改性、化学处理与改性、粉体的化学合成。

矿物颗粒形态是指矿物单体颗粒的形状、尺寸、比表面积、多孔结构、界面特性以及颗粒集合体的填充性与流动性等特征。矿物颗粒形态处理的关键是，在逐步粉碎劈分、磨剥解理或开松的过程中，要求最大限度地保护矿物晶体结构特征。因此矿物颗粒形态处理可以按矿物晶体形态特征及利用范围分为四种工艺类型：片状矿物的磨剥解理；纤维矿物的松解开棉；颗粒状矿物的超细粉碎；晶体颗粒矿物的特殊形态处理。

热处理是采用热加工的方法来改变矿物原料性状的一种重要手段。加热方式依据处理目的而不同，加热条件则依据被处理矿物的热分析结果而定。矿物原料的热处理可分为加热脱水、热分解、预烧三种工艺类型。

表面处理与改性是利用各类助剂，对矿物颗粒表面进行处理的工艺。这种处理可能是物理作用的吸附或包覆，或是物理化学作用。目的是改善或完全改变颗粒表面物理技术性能和表面化学特性。化学处理是利用无机或有机化学反应来处理矿物颗粒的工艺。

近代发展起来的新型无机材料，如高性能的新型陶瓷和特种玻璃，要求原料有很高的纯度和超细的粒度，因此，大多采用化工原料来人工合成粉体，即通过物相变化或化学反应，由物质的原子或分子的集合体来人工构筑超细粉体；或从物质的原子、离子或分子入手，经过化学反应形成晶核以产生晶粒，并使晶粒在控制之下长大到其尺寸达到要求的大小，成为高纯超细甚至纳米粉体。超细和纳米粉体的人工合成方法有多种分类形式：如按物质的原始状态可分为气相法、液相法和固相法；按研究超细粉体的学科可分为物理方法、化学方法和物理化学方法；按制备技术则可分为机械粉碎法、气体蒸发法、溶液法、激光合成法、等离子体合成法、射线辐照合成法、溶胶-凝胶法等。

(2) 成形 由原料粉体变成一种具有一定用途的无机材料产品，都有一个成形过程，其目的是使粉体又快又好地形成某种特定的形状，并具有较高强度和准确尺寸的制品。通过成形工艺，以制造出具有特定形状的各种功能材料。成形工艺是指在规定的模具或载体上使用机械力、物理或物理化学力的作用，使原材料组分均匀地形成规定形状、尺寸及一定强度与密度的加工作业。无论哪一种制品，在成形前必须预先设计好材料的组分配比、制备好成形用的混合料。按不同类型的制品及生产工艺特点，这些混合料的性能及名称各不相同，常见的有泥浆浇注料（胶体悬浮料）、坯料、压塑料、干粉预拌料、玻璃配合料等。尽管属于胶凝材料类的水泥、石膏、石灰等的制备中，没有成形工序，但要真正投入使用，也一定要经过成形。如水泥属于一种中间胶凝材料，其合成过程简单地说只有两磨一烧，但水泥在使用时要加上水和其他一些材料浇注成堤坝、管道、梁柱、预制板或作为防水涂层、砌筑胶泥涂抹于其他制品的表面。其成形的机理是水泥的水化，生成各种水化产物而变成坚硬的水泥石。成形实际上不仅是一个控制形状、尺寸的制作过程，而且包含制品的固化及后处理加工等一系列内容。从处理工艺技术来看，它除了包括材料的物理机械作业外，还具有丰富的无机与有机高分子化学、表面化学、热力学以及工艺学等方面的内容，以及配方经验与制作技巧。

（3）干燥与排塑　在无机材料合成过程中，原料或半成品中常含有高于工艺要求的水分，如有些天然矿物原料如黏土、石英等常含有水分而不好加工，需要烘干；湿法加工时常常要往原料中加水制成浆料，各种浆料都要脱水烘干；有些成形方法要在粉料中加水方能完成（如可塑成形和注浆成形），成形后的制品必须经过干燥，脱去其中的部分水分，以满足合成工艺的要求，然后才能进行加热固化。干燥是借助热能使物料中的水分汽化，并由干燥介质带走的过程。这个过程是物料和干燥介质之间的传热传质过程。对注浆成形的成形体来说，干燥过程尤显重要。虽然对于不同材料的成形体，其干燥的对象和水分高低不一定相同，但都是要从物料和制品中除去水，所以，就有共同的作用原理，如热量的传递，水分的蒸发，加热方式、空气温度和流速对水分蒸发的影响，干燥过程中成形体的收缩等。脱水的方法一般有三种。一是根据水和物料的密度不同实现重力脱水；二是用机械的方法实现脱水；三是用加热的方法使物料的水分蒸发，达到脱水的目的。用加热的方法达到除去物料中部分物理水分的过程称为干燥，也称烘干。浆料的脱水通常采用重力或机械脱水的方法或喷雾干燥的方法来进行；含水物料和成形体的脱水通常是用干燥的方法来完成。干燥过程被广泛地应用于无机材料的合成过程中，如作为陶瓷、耐火材料等半成品的成形体，在烧结固化之前必须进行干燥，否则会造成制品开裂或变形等。

成形体中往往含有大量的增塑剂或黏合剂，如热压铸成形的成形体中含12%～16%的石蜡，轧膜成形后的成形体中含有聚乙烯醇等。这些物质在烧成前若不预先排除，则会由于黏合剂的挥发和软化造成严重变形，成形体出现较多的麻坑和气孔，机械强度也会降低。有时由于黏合剂中含碳较多，当氧气不足，产生还原气氛时，会影响加热固化质量，降低材料的最终性能。排塑时必须严格控制温度制度。有时还借助吸附剂的作用，使坯料中的塑化剂、黏合剂等全部或部分挥发，从而使坯体具有一定的强度。吸附剂的作用是包围成形体，并将熔化的增塑剂（如石蜡）及时吸附并蒸发至空间。吸附剂应该是多孔性、有一定吸附能力和流动性，能全部包围产品，在一定温度范围内，不与产品起化学变化的材料。常用的吸附剂有煅烧氧化铝粉、石英粉、滑石粉、高岭土等，其中以煅烧氧化铝粉的效果为佳。

（4）固化　被加工成形的制品一般只获得初期强度，必须进一步固化处理。固化的主要目的是获得制品的最终机械强度，同时也要求获得制品目的功能所需的其他物理与界面化学性能，例如抗压、抗折、抗拉等机械强度，以及耐磨性、耐火防水性、耐热性、绝缘性、导电及导热性、化学稳定性、适当的摩擦性能等。按固化的原理可大体归纳为三类：熔融固化、烧结固化和胶结固化。

加工好的原料经配料后形成的配合料经过高温熔融，并将透明的熔体在高温下澄清、均化，然后冷凝形成结晶态或非结晶态材料的过程称为熔融固化。熔融是合成熔铸耐火材料、铸石、人工晶体、玻璃、陶瓷釉、玻璃纤维等矿物材料的主要工艺过程。熔融是将配合料经高温加热，得到无固体颗粒、符合成形要求的各种单相连续体的过程。例如熔铸耐火材料一般是在电炉内进行高温熔化。铸石的熔融是将天然岩石（玄武岩、辉绿岩等）或工业废渣熔成熔体。人工晶体的熔融则有区熔法、焰熔法、内电阻熔融法等。玻璃的熔融是玻璃配合料熔融成符合成形要求的均匀的玻璃液。陶瓷釉熔块的制备类似于玻璃的熔融。

原料粉末成形体在低于熔点相当多的高温条件下固化成为坚硬密实烧结型材料的过程称为烧结（或称烧成）固化，它是通过粉体颗粒间的物质传递并伴随着固相反应、气固反应或形成液相产生固液反应，使粉体间产生牢固的黏结而具有强度。它不要求完全合成某种矿物，主要是通过传质及多种反应把原来的粉末烧结在一起，所以，材料中常含有各种原料的残余相，有反应物、析出物，有固相、液相、气相，是一个结构复杂的烧结体。

不经过相互热反应的烧结，而是由第三种媒介物质将分离物质连接固化的现象称为胶结固化。非金属矿物材料经常采用矿物本身的相互反应来达到胶结固化的目的，这种矿物媒介物质被称为“矿物糨糊”。它在材料工业上有重要的工业地位。此外，也常采用非天然矿物材料胶结物，例如人造无机黏结材料（如水泥、石膏、石灰、硅酸钠等）或有机高分子聚合物黏结材料。

（5）制品的加工处理　加工处理是指对无机材料制品的外观质量、结构形状、装配与使用规格尺寸等进行最终加工处理而形成产品，也包括进一步改善与稳定制品质量、性能以及加工成复合产品的生产工艺。主要有热处理、去除加工、表面处理及接合与包覆四大类。

成形固化后制品的热处理目的主要是稳定和进一步提高制品力学性能，特别是要消除制品的内应力，防止开裂或翘曲变形，如玻璃的退火。也可以减少制品中的水分，改善防水性能，或降低制品的烧失量及有机组分含量；改善防火、耐蚀性能。

去除加工是为了达到使用及装配总的要求而进行的外形规格尺寸的形态加工。不同功能用途的制品对去除加工精度要求不同。去除加工通常采用利用力学性质的机械加工方法，也有采用化学、电化学、光学方法进行。

表面处理是改善制品表面性能的重要工序，目的视制品功能不同而异。主要有表面装饰、防水、防蚀、防粘连、贴合、隔热、隔声、光和热反射以及减少裂纹提高强度等。常采用的方法有机械或化学抛光、蚀面贴面、喷涂包覆、有机薄膜涂层、石墨-有机硅或油膏涂层、真空蒸镀金属薄膜、化学气相沉积、真空溅射、离子镀层等。对于要求工作面具有摩阻功能的制品，则薄膜加工要求造成一个均匀而粗糙的工作面，以增加摩擦系数，这是表面加工的一类特殊例子。

制品与其他材料或部件结合装配的方式一般有销接（螺钉、铆钉）及黏结两类。黏结时要求使用高强度黏结剂，也有将未烧成的成形体与对偶接合后烧结联结的。用石棉乳胶板或柔性石墨纸、板包覆钢片生产汽缸填片时，石棉板或纸基作为填料，要与钢片有良好的贴合并采用包覆工艺，这时钢片要冲刷成带有大量折弯毛刺的胎体，同时涂抹树脂等胶结剂，在辊压机中与填料复合，复合的石棉或石墨-钢片坯体按产品规格冲孔切割，再经表面（涂层）干燥等工序制成合格的汽缸填片。

1.3.3 无机材料的环境效应

在无机材料的制备、生产、使用及废弃过程中，常常消耗大量的资源和能源，并排放大量的污染物，造成环境污染。无机材料工业要实现可持续发展，必须重视无机材料的环境效应。无机材料的环境效应应包括以下两个方面。

一方面是环境对无机材料的影响，即无机材料使用时，由于环境（力学的、化学的、热学的等）的影响，性能随着时间而下降，直至达到寿命终结的现象。材料所处的环境，即使用条件将影响材料结构-性能-工艺之间的关系。温度、化学介质、湿气、光、氧等环境因素对材料的性质或性能有明显的作用，如高温可以改变陶瓷的结构，大多数材料的强度会随着温度的升高而降低，而且当加热到临界温度以上时，可能会突然地发生灾难性的变化。氧化常常导致无机材料成分和结构的改变，尤其是引起表面层和晶界相的改变，这些改变随后将引起材料物理性能的明显变化，如密度、热膨胀系数、热导率和电导率的变化。陶瓷材料受到各种腐蚀性介质化学侵蚀后，可能局部或整体均匀地被损坏，在材料表面或内部形成腐蚀坑或裂纹，导致材料发生不可预测的破坏。在辐射条件下材料性能也会发生变化，核反应堆中中子的高能辐射可以影响所有材料的内部结构，使材料的强度降低、脆化或使物理性质发生显著改变，外形尺寸可能也会变化，导致材料体积膨胀，甚至产生裂纹。重力环境对材料的形成有显著影响，在太空中生长出的晶体，其结构和性能与地球上的也不一样。

另一方面是无机材料对环境的影响，即以人类生物圈大环境为视角研究材料如何与其相适应，使材料的制造、流通、使用、废弃的整个生命周期都具有生态环境友好性、协调性，如低环境负荷型材料、新型陶瓷生态材料、材料的循环再生等。

1.4 无机材料的选用原则

材料选择是材料科学与材料工程的重要使命之一，是材料器件化、产品化的必经之路，也是工程设计中的重要环节之一，会影响整个设计过程。材料选择的核心是在技术、经济合理以及环境协调的前提下，使材料的使用性能与产品的设计功能相适应。一般来说，一方面，在材料服役于接近失效极限范围，安全系数趋于低值时，要尽可能使用高性能的材料和强化技术；另一方面，在产业化工艺技术不够成熟和完善的情况下，应避免盲目使用性能尚未稳定的新材料。具体来说，无机材料的选用需遵循使用性能、工艺性能、经济性及环境协调性原则。

（1）使用性能原则　使用性能是材料在使用过程中，能够安全可靠地工作所必须具备的性能。它包含材料的力学性能及其他物理性能和化学性能。对所选材料使用性能的要求是在对器件工作条件及失效分析的基础上提出的。对于结构性器件，使用性能中最主要的是材料的力学性能。因为只有在满足力学性能之后才有可能保证器件正常运转，不致早期失效。对于功能性器件，在满足力学性能的前提下，重点考虑的是外场作用下特定性能响应外场变化的敏感性以及性能的环境稳定性。

（2）工艺性能原则　从原料到材料、从材料到器件、从器件到产品都要经过一系列工艺过程。工艺性能是指材料在不同的制造工艺条件下所表现出的承受加工的能力。它是物理、化学和力学性能的综合。材料工艺性能的好坏，在单件或小批量生产时，可能并不显得重要，但在大批量生产条件下适应规模经济的要求，往往成为选材中起决定作用的因素之一。另外，加工工艺性能好坏也会直接影响产品寿命。

（3）经济性选材原则　在满足器件性能要求前提下，选材时应考虑材料的价格、加工费用和国家资源等情况，以降低产品成本。

（4）环境协调性原则　地球是所有材料的来源和最终归宿。通过采矿、钻井、种植或收获等方式，人们从地球上获得矿物、石油、木材等原材料，经过选矿、精炼、提纯、制浆及其他工艺过程，这些原材料就转化为工业用材料，如金属、化学产品、纸张、水泥、纤维等。在随后的工艺过程中，这些材料又被进一步加工成工程材料，如晶体、合金、陶瓷、塑料、混凝土、纺织品等。通过设计、制造、装配等过程，再把工程材料做成有用的产品。当产品经使用达到其寿命后，又以废料的形式回到地球或经过解体和材料回收后以基本材料再次进入材料循环。人类社会要实现可持续发展，在原材料获取、材料制备与加工、材料服役以及材料废弃等材料循环周期内，必须考虑环境负荷及环境协调性。原材料开采对资源造成的破坏应降低到最低程度，废弃材料应最大限度地回收利用并进入材料的再循环圈。

1.5 无机材料的地位与作用

传统无机材料是工业生产和基本建设所必需的基础材料，新型无机材料则是现代高新技术、新兴产业和传统工业技术改造的物质基础，也是发展现代国防和生物医学所不可缺少的重要部分，它本身也被视为当代新技术的核心而普遍受到重视。

(1) 促进科学技术的发展　在科学技术发展中，无机材料占有十分重要的地位。

① 微电子技术　微电子技术是在硅单晶材料和外延薄膜技术及集成电路技术的基础上发展起来的。发展超大规模集成电路是国际微电子技术竞争的一个焦点。随着电路的集成密度增大，硅基片和外延片必须具有更低的缺陷密度及更高的结构和组成均匀性。因此，高度完整和高度均匀的大尺寸（200mm以上）单晶和外延薄膜的制备是未来微电子技术发展必须首先解决的问题。为适应集成电路封装技术向多片立体式发展，还必须研制介电常数低、介电损耗低和导热性好的新型陶瓷封装材料。

② 激光技术　激光振荡最初是在红宝石晶体中发现的，迄今无机晶体和半导体仍在激光工作物质中占据重要地位。用于激光调制、偏转、隔离、光频转换，光信息处理的电光、声光、磁光和非线性光学晶体绝大部分也属无机新材料。近来研制成功的无机激光技术晶体，例如大功率固体激光器、可调谐激光晶体、新型非线性光学晶体、量子阱材料等，都是激光技术的最新成就和发展方向。

③ 光纤技术　低损耗无机光纤的应用开辟了现代通信技术和传感技术的新纪元。用光纤通信代替电缆和微波通信已成为通信技术发展的必然趋势。为了提高信息容量，扩展无中继距离，光纤通信从多模转向单模，光纤材料从熔融石英（理论损耗极限为0.1dB/km）转向氟化物（理论损耗极限为0.001dB/km），信号波长也将相应地从1.55μm以下转向2～10μm。为建成新一代光纤通信系统，必须对新型光纤激光器、探测器、调制器等无机新材料及器件以及相关的科学与工程问题开展系统的研究。

④ 光电子技术　光电子技术是由光学与电子学相结合而形成的一门崭新的科学技术，而以实现光信息的产生、传输、检测、转换、显示、存储和处理为应用目标，从而发挥以光作为信息载体所具有的容量大、速度快和可靠性高的优点。光电子技术的核心是微电子技术、激光技术、光纤技术和计算机技术，而这些技术对无机新材料的依赖是不言而喻的。就其未来发展而言，在半导体芯片上集成光、电器件的光电子集成技术和在无机介质基片上集成光学、电光、声光等元器件的光集成技术，尤有重要的意义。

⑤ 高温超导技术　氧化物陶瓷的高温超导性是几十年来物理学和无机材料科学的最重大的突破之一。新的陶瓷高温超导材料正在不断地涌现，性能也在不断地提高，但要使之成

为一门实用的新技术，还必须在氧化物超导理论、新材料探索、材料制备科学与工程等诸方面开展深入的研究。

⑥ 空间技术　空间技术的发展也依赖于无机新材料的应用。从第一艘宇宙飞船起就采用以无机新材料制成的隔热瓦、涂覆碳化硅的热解碳/碳复合材料等；高温、高强弦窗玻璃及各种温控涂层也普遍用于各种空间飞行器。其他高温陶瓷、陶瓷复合材料等新型空间结构材料也正在迅速发展之中。

因此，无机新材料是当代新技术的重要组成部分，对于推动现代科学技术发展具有重要意义。

（2）推动工业及社会的进步　无机材料对建立和发展新技术产业、改造传统工业、节约资源、节约能源和发展新能源都起着十分重要的作用。

① 在建立和发展新技术产业方面　以微电子技术为基础的电子工业每年需要大量的半导体材料、电子陶瓷和压电晶体。2000 年硅片产值约 75 亿美元；2001 年半导体分立器件和集成电路产值达 1315 亿美元；2010 年全世界生产单晶硅约为 10000t，年消耗量为 6000～7000t，已形成了十分可观的产业规模。砷化镓单晶是一种重要的半导体光电子和高速高频用半导体微电子材料，在国际上其产量仅次于硅，2004 年全球的砷化镓单晶产量约为 140t。2010 年世界电子陶瓷产值约 1300 亿美元，包括陶瓷基片与封装材料、陶瓷电容器与电阻等，日本在电子陶瓷领域中一直以门类最多、产量最大、应用领域最广、综合性能最优著称，占据了世界电子陶瓷市场 50％的份额。

根据国际激光行业权威刊物《Laser Focus World》每年发布的统计资料表明，全球激光器产业市场发展迅猛，激光产品销售每年平均以高于 10％的速度增长，并呈现出加速增长的趋势。2008 年世界激光产业仅激光器（不包括广泛用于通信和家电的半导体激光器）年产值就超过了 70 亿美元，激光加工装备年产值超过了 130 亿美元。

光纤工业创建于 20 世纪 80 年代，是发展最迅速的工业之一。数据显示，2013 年全球光通信市场产值达到近 352 亿美元的规模，其中光器件占 19％、光纤光缆占 39％、光通信设备占 42％。石英光纤 1.55μm 波长下的最低损耗已达 0.2dB/km，工业产品 1.3μm 波长下的损耗值也可达到≤0.36dB/km。

以半导体和敏感陶瓷为主的传感技术已形成可观的产业，2014 年传感器的世界产值达 795 亿美元，其中半数为光纤陀螺产值。

作为光电子技术的系统集成，光通信、光存储、光电显示、光电输入和输出系统技术的兴起和它们在近 20 年来飞快发展，已使人们认识到光电子技术的重要性和它广阔的发展前景，并且成为光电子领域的支柱产业。2001 年世界光电子的硬件（材料，器件和设备）产业已达 1700 亿美元。

无机材料科学与工程对上述新技术产业的建立与发展做出了重要的贡献。这些新技术产业所需的品种繁多的半导体、功能陶瓷、人工晶体和特种玻璃及其器件，大部分我国都能生产，无须仰赖外国，个别品种，例如无机非线性光学晶体，我国还处于领先地位。

② 在改造传统工业方面　新型无机材料在改造传统工业方面占有重要的战略地位。以高温结构陶瓷为例，陶瓷材料传统上被认为是脆性的，作为机械部件是不可想象的。但事实上经过近几十年的研究，陶瓷的强度和韧性已有大幅度的提高，脆性也获得显著改善，某些品种的韧性甚至接近铸铁的水平，出现了一系列被称为高温结构陶瓷的新材料。它们已作为热机部件、切削刀具、耐磨损、耐腐蚀部件进入机械工业、汽车工业、化学工业等传统工业领域，推动了产品的更新换代和产业的技术改造，提高了产业的经

济效益和社会效益。

高温结构陶瓷在热机上的应用兴起于20世纪80年代，至今仍是世界范围“陶瓷热”的焦点。众所周知，热机将热能转变为动能的效率直接取决于其工作温度。现有的超合金工作温度极限约为1080℃。使用高温陶瓷可将热机工作温度提高至1370℃左右，从而使热机的最高理论效率从约60%提高至约80%。此外，陶瓷部件重量轻、无须水冷、摩擦少、耐磨损、耐腐蚀，有利于降低燃料消耗和提高使用寿命。现已有多种高温陶瓷热机部件投入生产。但从总体而言，陶瓷热机仍处在研发阶段，其力学性能和可靠性还有待提高。一旦陶瓷发动机进入市场，将会掀起一场发动机的技术革命。

此外，高温结构陶瓷在回收工业废热的热交换器上代替金属后可使工作温度提高270℃，燃料节省率可达50%；用作切削刀具的切削速度为高速钢刀具的10倍；用作耐磨损、耐腐蚀部件（密封磨环、轴承、喷嘴、内衬等）可显著提高机械、化工设备的使用寿命和使用效益。

又以耐火材料为例。冶金工业的技术改造密切依赖于新型耐火材料。新的大型高炉需用氮化硅结合碳化硅制品；顶底复吹转炉和超高功率电炉需用优质镁碳制品；连续铸钢需用铝锆碳、氮化物等制品。先进的大型水泥回转窑和玻璃窑炉同样也需要多种新型耐火材料。

再以水泥和混凝土为例。它们是使用量大的建筑材料，其性能的任何改进都将带来巨大的经济效益。近一二十年通过改变水泥组成和调整微结构的办法使水泥的耐压强度、抗冻性、抗腐蚀性等一系列性能都获得显著的提高，为水泥与混凝土工业的技术改造做出了重要的贡献。

在节约资源方面，无机材料由于资源丰富，在热交换器、热机、切削刀具和耐磨部件中推广应用可以大大减少铬、钴、铌、锰、钛等战略物资的消耗。在金属上加涂陶瓷涂层已证明是提高部件的耐磨损、耐腐蚀和耐高温性能，延长部件使用寿命、节约稀缺金属的有效途径。光纤通信的应用不仅可提高传送信息的容量和速度，而且可以节约大量的铜。

在节能和发展新能源方面，高温陶瓷在热交换器和热机部件上的应用还可大大降低燃料消耗；而现在正进行的新能源系统的开发尚有待于无机新材料的研制成功，包括磁流体发电系统所需的耐高温腐蚀部件、钠硫电池所需的固体电解质、太阳能电池所需的高效率光电转换材料等。

(3) 在巩固国防和发展军用技术方面　当今世界的军备竞争早已不着眼于武器数量上的增加，而是武器性能和军用技术的抗衡。在武器和军用技术的发展上，无机新材料及以之为基础的新技术占有举足轻重的地位。例如，在无机结构材料方面，马赫数大于2的超声速飞机，成败将系于具有高韧性和可靠性的先进陶瓷和陶瓷纤维补强陶瓷基复合材料的研制和应用。陶瓷装甲可以抵御穿甲弹的破坏，已用于装备飞机和车辆；各种导弹和飞机的端头帽、天线罩和红外窗口都采用无机新材料。如今无机新材料已广泛用于军事探测、侦察、识别、测距、显示、寻址、制导、跟踪、干扰、对抗、通信和情报处理。

(4) 在推动生物医学的发展方面　用于生物医学的无机材料统称生物陶瓷，它的性能一方面须满足人体相应组织或器官功能的需要，另一方面又须与周围组织的生理、生化特征相容。碳、氧化铝、氧化硅、氧化钽、羟基磷酸钙、磷酸钠、玻璃、复合材料及涂层等无机材料已应用于人工心瓣、人工膝关节和髋关节、牙齿植入等。据统计，20世纪90年代日本生物陶瓷市场年增长率为30%，居各种无机材料之首。

1.6 无机材料的研究与发展

无机材料是当今材料科学与工程领域中发展最为迅速的一大类材料。下面分述各种无机材料的国内外研究现状及发展趋势。

（1）功能陶瓷　功能陶瓷主要包括具有电磁功能、光学功能、生物功能、核功能及其他功能的陶瓷材料，其销量约每五年翻一番。这种陶瓷的特点是品种多、产量大、价格低、应用广、功能全、发展快。功能陶瓷生产规模以日本居首位，产品以民用为主；研究力量则以美国最雄厚，产品应用领域侧重于高技术和军用技术，如水声、电光、光电子和红外技术等。

功能陶瓷的发展与其基础研究的成就息息相关。近几十年来，通过对复杂多元氧化物系统的组成、结构与性能的广泛研究，发现了一大批性能优异的功能陶瓷；并借助离子置换、掺杂改性等方法调节、优化其性能，从而使功能陶瓷研究开始从经验式探索逐步走向按所需性能进行材料设计；同时发展了溶胶-凝胶法制备细、高纯粉体及以其烧制陶瓷的新技术，研究了原料与陶瓷制备的反应过程，表面与界面科学，以及这些因素对微观结构和陶瓷性能的影响。近来，为发展功能陶瓷薄膜、多层结构、超晶格材料、复合材料、机敏材料等新材料，陶瓷薄膜制备技术、表面与界面的结构与性质、陶瓷的集成与复合、微加工技术及有关的基础研究，正日益受到重视。

近 10 年来，我国功能陶瓷研究也取得了较大的进展。在电容器陶瓷、半导体陶瓷、透明电光陶瓷、快离子导体陶瓷、超导陶瓷等方面均有一批成果进入国际前沿；研究工作已摆脱炒菜式摸索，开始在组成、结构、性能、应用等更深的层次上开展综合研究；同时研制成功一大批功能陶瓷材料。

世界功能陶瓷的发展趋势主要是：材料组成趋于复杂；超纯超细粉体进入工业生产；采用低温烧结新工艺；净化制备环境；低维材料、多层结构和梯度功能材料日趋重要；陶瓷复合技术受到广泛重视；机敏陶瓷进入研究、开发阶段等。

（2）结构陶瓷　结构陶瓷目前主要用于耐磨损、高强度、耐高温、耐热冲击、硬质、高刚性、低膨胀、隔热等场所。

陶瓷的致命弱点在于它的脆性并导致其可靠性差。近一二十年来通过系统的基础研究在这些问题上已取得了突破性的进展，建立了相变增韧、弥散强化、纤维增韧、复相增韧等多种有效的强化、增韧的方法和技术。高纯、超细、均匀粉料及注射成形、高温等静压、微波烧结等新技术的应用，以及有关的相平衡、反应动力学、胶体化学、表面科学、烧结机理等基础研究的新成就，使结构陶瓷从根本上摆脱了落后的传统合成与制备技术，使其强度和韧性获得了显著的改善，并开始在热机中某些耐冲击、耐热震、耐腐蚀的部位应用。新材料的探索正向组成设计、微观结构设计和优化工艺设计（晶界工程）的方向发展，并深入到纳米层次，展示出结构陶瓷的巨大潜力和崭新的研究前沿。

近十多年来，我国组织了有关高温结构陶瓷的系统研究，某些材料的实验性能和个别产品性能进入了国际先进行列。但总体上与国际先进水平相比仍有相当大的差距。

结构陶瓷未来将着重发展氮化物、硼化物、碳化物和硅化物，围绕各种热机及切削、耐磨等应用继续提高其性能；开发高纯超细粉料；研究开发品质均匀、尺寸精确、少缺陷甚至无缺陷、少加工甚至不需加工的成形和烧结新技术；研究使用损毁机理和无损评价新方法；开发陶瓷基复合材料（包括纳米级复合材料）。

（3）半导体材料　半导体材料主要有硅、Ⅲ-Ⅴ族和Ⅱ-Ⅵ族等化合物，包括块体材料和薄膜材料两大类。

硅是最主要的半导体材料。随着大规模集成电路的发展，硅单晶直径约每四年增加1in[1]，8in硅片国外已作为常规产品，并在质量上实现了无结构缺陷、无位错和高均匀性。通过对外延过程的基础研究，包括能束与基片的交互作用、系统的反应过程、质量与动量的传输、表面与界面的作用、外延层的成核与生长机理等，建立了多种外延淀积技术，其中低温淀积外延（分子束外延和化学气相淀积）显示出更大的优点。

以砷化镓为代表的Ⅲ-Ⅴ族化合物具有高的迁移率，适用于高频、大功率、低噪声微波器件，同时兼有优异的光电子性质，是优良的光电子器件、激光器和探测器材料。通过同族元素置换，其能隙可在宽广的范围内调节。这些优点使Ⅲ-Ⅴ族化合物在半导体和光电子材料中占有日益重要的地位，开始进入半导体集成电路和光电子集成阶段，并出现超晶格、量子阱、应变层和原子层等一系列新材料。我国对Ⅲ-Ⅴ族化合物的研制也有数十年历史，形成了一定的研究、试制和生产能力，但产业化程度还需进一步提高；大面积的发光管材料尚有待国产化。对人工结构材料的研究也须积极进行。

Ⅱ-Ⅵ族化合物主要用于红外探测和光电子器件，其中HgCdTe红外焦平面列阵已成为军用核心技术。我国对Ⅱ-Ⅵ族化合物研究已有20多年历史，在航空航天遥感、热成像方面有广泛的应用，已成功地在砷化镓衬底上生长出HgCdTe外延材料，但在降低点阵缺陷、提高外延层质量上尚有大量的基础课题有待研究解决。

（4）特种玻璃　近几十年玻璃材料科学由于广泛地采用了核磁共振（nuclear magnetic resonance，NMR）、透射电子显微镜（transmitting electron microscope，TEM）等多种先进研究分析手段，已从宏观进入了微观、从定性进入了半定量或定量阶段。现在已经可以利用已知晶体结构与玻璃基团的关系，或通过玻璃原始结晶和分相过程的直接观测，或运用计算机模拟与分子动力学方法，对玻璃系统的结构进行分析与推算，并进而了解玻璃的组成、结构与制备因素对玻璃的形成、分相、析晶以及性能的影响，使玻璃材料从传统硅酸盐玻璃向非硅酸盐和非氧化物玻璃领域拓展，发展成功一系列在现代科学技术中占有重要地位的特种玻璃，其中以光电子功能玻璃、微晶玻璃、溶胶-凝胶玻璃和有机-无机玻璃的发展最为迅速。

光电功能玻璃包括光纤、基板玻璃、激光玻璃等，主要用于光通信、光存储、激光及计算技术，其中光纤已形成巨大的产业，基板玻璃产值则居第二。微晶玻璃通过受控结晶的方法形成具有不同性能的玻璃陶瓷物质，有的具有很高的机械强度或耐热、零膨胀特性，有的可供光刻、切削。微晶玻璃与碳纤维复合可取得极强的高温增强效果而成为航天新材料。

溶胶-凝胶法是一种新的玻璃制造方法。它利用硅、钛、锆及其他金属醇盐，通过水解成凝胶在低温烧结成玻璃，从而摒弃了高温熔炼的传统工艺，也解决了诸如ZrO_2-SiO_2等难熔玻璃的制备问题，而且材料高度均匀。

今后特种玻璃的基础研究，将主要围绕上述新材料研究组成-性质-结构及玻璃形成-分相-析晶的关系，玻璃中功能转换和失效机理，有机与无机键合材料及低维材料，并建立计算机预测、模拟系统及数据库等。

（5）人工晶体　晶体学的研究可以追溯到17～18世纪，但晶体成为材料则是在20世纪60～70年代半导体器件和激光技术出现之后，而在近一二十年获得更迅速的发展。在新型晶体材料方面，激光晶体沿着可调谐、大功率和复合功能三个方面获得了重大的进展。掺铁

[1] 1in＝0.0254m。

白宝石等可调谐激光晶体已进入产品开发阶段；YAG 镓石榴石和铝酸镁镧等新型大功率激光基质正向千瓦级器件发展；以钇稀释的硼酸铝铁和掺镁、钕的铌酸锂在受激发射同时实现了自倍频、自锁模等多种功能，有利于激光器的微、小型化。我国通过对非线性光学晶体微观结构与宏观性能间相互关系的研究，建立了晶体非线性光学效应的阴离子基团理论，相继研制成功偏硼酸钡（BBO）和三硼酸锂（LBO）新型紫外倍频晶体；大尺寸磷酸钛氧钾（KTP）的生长技术取得了突破；发现的高掺 MgO 可以显著改善铌酸锂晶体的耐光伤性能，开拓了这种多功能晶体的新应用；首先研制成功的铌酸锂聚片多畴晶体正向声学、光学超晶格材料发展。

晶体制备科学技术的进步是晶体材料科学技术发展的一个重要标志和关键环节。迄今不少晶体之所以未能投入使用，并非其性能不佳，而是制备问题未获解决。近几年由于制备科学技术的突破使一些性能优异的晶体得以产品化和市场化。在这方面，我国用坩埚下降法成功生长出大尺寸锗酸铋（BGO）闪烁晶体、氧化碲声光晶体和四硼酸锂压电晶体，以及生长成功铁酸钡光折变晶体和铝酸钇激光晶体等。

在微电子学、光电子学和光纤技术的推动下，薄膜单晶、纤维单晶和光波导晶体已成为晶体材料的重要发展趋势。薄膜单晶迄今仍处在实验室探索阶段；纤维单晶虽已生长出 20 多种，但要使其光学质量达到实用化程度还须做艰巨的努力；大尺寸高度均匀的铌酸锂光波导晶体已有产品面世，预计不久将形成巨大的市场。

在晶体生长基本过程的研究方面，近来借助高分辨率电镜等先进实验技术已有可能在接近原子级水平上观察成核过程和外延生长的某些特征。此外，还建立了多种生长过程在位观测方法。但总的说来，晶体生长理论目前仍处在定性和半定量阶段，有待进一步定量化和精确化。

（6）耐火材料　耐火材料应用于钢铁、有色金属、玻璃、水泥、陶瓷、石化、机械、锅炉、轻工、电力、军工等各个领域，是保证上述产业生产运行和技术发展必不可少的基本材料，在高温工业生产发展中起着不可替代的重要作用。

耐火材料作为高温技术服务的基础材料，与钢铁工业的发展关系尤为密切。自 20 世纪 80 年代起，欧洲及美国、日本等国家和地区的耐火材料产量逐年下降，原因一方面因钢铁生产停滞，另一方面因新型优质耐火材料的开发，使耐火材料消耗下降。

我国耐火材料行业发展与矿产资源的保有量休戚相关。铝矾土、菱镁矿和石墨是三大耐火原料。而中国是世界三大铝土矿出口国之一，菱镁矿储量世界第一，还是石墨出口大国，丰富的资源支撑着国内耐火材料度过了高速发展的十年。据中国产业信息网发布的《2015—2022 年中国耐火材料制品行业市场研究与投资前景分析报告》显示，2014 年我国耐火材料制品产量达到 11695.51 万吨，比 2013 年增长 31.2%。2010～2014 年我国耐火材料制品产量呈稳定增长态势，2014 年产量增速加快，增长率高达 31.2%。

与此同时，中国耐火材料企业众多，企业规模、工艺技术、控制技术、装备水平参差不齐，先进的生产方式与落后的生产方式共存。行业整体清洁生产水平不高，节能减排任务艰巨。

我国耐火材料主要问题是质量、品种不能适应钢铁冶炼和其他高温技术发展的要求，尤其是关键和重要用途的高档品种矛盾更为突出。虽研究、开发了镁碳砖、铝碳砖、耐火纤维制品等并提高了热风炉砖、水泥窑砖、焦炉砖的质量，但与国外先进水平相比，差距仍大。

根据钢铁冶炼技术发展需要，需研制、开发高炉碳化硅制品复吹氧转炉综合砌砖耐火材料、铁水预处理和连铸用的含碳耐火材料，以及大型水泥回转窑优质镁质、白云石质耐火材料，并在优质原料的提纯和制备方面取得突破。基础理论方面则着重研究高纯原料烧结机理、复合制品的高温力学性能、断裂行为和抗渣蚀性能、高温氧化物和碳的反应动力学以及浇注料的流变学等。

（7）水泥　第二次世界大战后水泥科学在熟料形成、水化化学、微结构和性能关系、高性能水泥等方面均有重大的进展。在熟料形成方面，详细研究了熟料形成的物理化学基础，通过矿物活化、矿化剂和助熔剂的应用，降低了熟料的能耗。今后将更强调从水泥生产到混凝土进行综合考虑，研究原料选择、矿物组成匹配、工艺调整及其与水泥和混凝土性能的关系以尽可能减少能耗。

在水化化学方面，大量工作集中于水化机理、固相结构和杂质的影响及液相作用等。从杂质对矿物结构影响的角度综合研究水化结晶化学及各种高效外加剂，是重要的研究趋势。

在水泥浆体微结构和性能方面，已经确定混凝土的许多重要性能取决于水泥浆-集料界面区的微结构，并提出了改进界面微结构的建议。今后将借鉴系统论的整体处理方法，研究水泥结构与宏观性质的关系并建立两者关系的数学模型。

目前高性能水泥的研制已成为水泥科学发展的最显著的特点。通过改变组成、成形工艺等途径研制出多种高性能水泥和水泥基复合材料，例如具有超高强度和低渗透性的压变水泥，可在严酷条件下使用的浸渍水泥混凝土，高韧性纤维增强水泥，可制成弹簧的 MDF 水泥，强度高而工艺简单的 DSP 水泥，革除“两磨一烧”传统工艺的 CBS 水泥等。

本章小结

无机材料可分为传统型和新型两大类。传统无机材料主要有陶瓷、玻璃、水泥和耐火材料四种，新型无机材料则包括新型陶瓷、特种玻璃、人工晶体、半导体材料、薄膜材料、无机纤维、多孔材料等。无机材料特点为，其质点间结合力以离子键、共价键或离子-共价混合键为主，表现出高熔点、高强度、耐磨损、高硬度、耐腐蚀和抗氧化的基本属性，并具有宽广的导电性、导热性、透光性以及良好的铁电性、铁磁性、压电性和高温超导性；其化学组成不再局限于硅酸盐，还包括其他含氧酸盐、氧化物、氮化物、碳与碳化物、硼化物、氟化物、硫系化合物、硅、锗、Ⅲ-Ⅴ族及Ⅱ-Ⅵ族化合物等；其形态和形状趋于多样化，薄膜、纤维、纳米材料，多孔，单晶和非晶材料日显重要；在制备上普遍要求高纯度、高细度的原料并在化学组成、添加物的数量和分布、晶体结构和材料微观结构上能精确加以控制。无机材料的结构取决于组成以及合成和制备条件，并决定无机材料的性质和用途；无机材料的性能是结构的外在反映，对无机材料的使用效能有决定性影响，而使用效能又与无机材料的使用环境密切相关。无机材料的结构可以从原子及电子结构、原子的空间排列、组织结构或相结构等层次上来描述。无机材料的合成和制备方法决定了无机材料的结构和性能，无机材料的性能变化及性能衰减又与无机材料所处的条件及使用环境密切相关。无机材料科学与工程就是研究合成与制备、组成与结构、性能及使用效能四者之间相互关系与制约规律的科学。无机材料的选用遵循使用性能、工艺性能、经济性及环境协调性原则。无机材料作为工业和建设所必需的基础材料，现代高新技术、新兴产业和传统工业技术改造的物质基础和技术核心，在促进科学技术的发展、推动工业及社会的进步、巩固国防和发展军用技术、推动生物医学发展方面发挥着重要作用，而成为当今材料学科领域中发展最为迅速的一大类材料。

晶体结构

大多数无机材料为晶态材料，其质点的排列具有周期性和规则性。不同的晶体，其质点间结合力的本质不同，质点在三维空间的排列方式不同，使得晶体的微观结构各异，反映在宏观性质上，不同晶体具有截然不同的性质。1912年以后，由于X射线晶体衍射实验的成功，不仅使晶体微观结构的测定成为现实，而且在晶体结构与晶体性质之间相互关系的研究领域中，取得了巨大的进展。许多科学家，如鲍林（Pauling）、哥希密特（Goldschmidt）、查哈里阿生（Zachariason）等，在这一领域做出了巨大的贡献，本章所述内容很多是他们研究的结晶。

要描述晶体的微观结构，需要具备结晶学和晶体化学方面的基本知识。本章从微观层次出发，介绍结晶学的基本知识和晶体化学基本原理以及晶体场、配位场相关理论，以奠定描述晶体中质点空间排列的理论基础；通过讨论有代表性的无机单质、化合物和硅酸盐晶体结构，以掌握与无机材料有关的各种典型晶体结构类型，建立理想无机晶体中质点空间排列的立体图像，进一步理解晶体的组成-结构-性质之间的相互关系及其制约规律，为认识和了解实际材料结构以及材料设计、开发和应用提供必要的科学基础。

2.1 结晶学基础

2.1.1 空间点阵

晶体（crystal）是离子、原子或分子有规律地排列所构成的一种物质，其质点在空间的分布具有周期性和对称性。人们习惯用空间几何图形来抽象地表示晶体结构，即把晶体质点的中心用直线连接起来，构成一个空间网格，此即晶体点阵（lattice），如图2-1所示。质点的中心位置，称为点阵的结点。点阵中结点仅有几何意义，并不真正代表任何质点。如果把特定的结构基元（离子、原子或分子）放置于不同点阵的结点上，则可以形成各种各样的晶体结构。

由图2-1可以看出，晶体可看成是由一个结点沿三维方向按一定距离重复地出现结点而形成的。每个方向上结点间的距离称为该方向上晶体的周期。显然，同一晶体，不同方向的周期不一定相同。由于晶体具有周期性，因此可以从晶体中取出一个单元，表示晶体结构的特征。同一空间点阵，取单元的方法可以不同。如图2-1中实线所表示的不同单元，都可以把该晶格的特征表示出来。为了使这个单元尽量简单，同时又能充分表现出晶体的结构特点，结晶学所选取的单元须具备如下条件：①单元应能充分表示出晶体的对称性；②单元的三条相交的边棱应尽可能相等，或相等的数目尽可能地多；③单元的三条边棱的夹角要尽可能地构成直角；④单元的体积应尽可能地小。按照上述原则，从晶体结构中取出来的以反映晶体周期性和对称性的最小重复单元即称为晶胞。

晶胞的形状和大小可以用 6 个参数来表示，此即晶胞参数（也称晶格常数），它们是 3 条边棱的长度 a、b、c 和 3 条边棱的夹角 α、β、γ，如图 2-2 所示。晶胞参数确定之后，晶胞和由它表示的晶格也随之确定，方法是将该晶胞沿三维方向平行堆积即构成晶格。

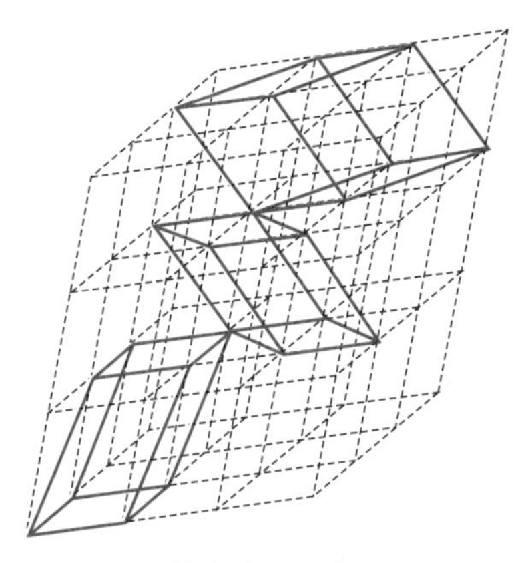

图 2-1 晶体点阵及晶胞的不同取法

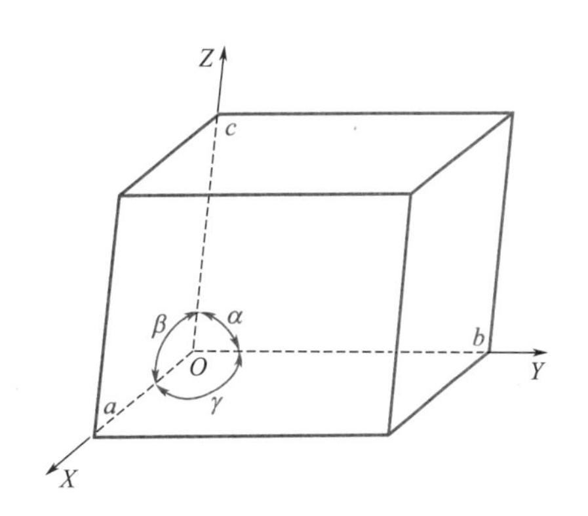

图 2-2 晶胞坐标及晶胞参数

空间点阵中所有阵点的周围环境都是相同的，或者说，所有阵点都具有等同的晶体学位置。布拉维（Bravais）通过数学运算指出：依据晶胞参数之间关系的不同，可以把所有晶体的空间点阵划归为 7 类，即 7 个晶系，见表 2-1。按照点阵在空间排列方式不同，有的只在晶胞的顶点，有的还占据上下底面的面心、各面的面心或晶胞的体心等位置。7 个晶系共包括 14 种点阵，称为布拉维点阵（Bravais lattice）。

表 2-1 布拉维点阵的结构特征

晶系	晶胞参数关系	点阵名称	阵点坐标
三斜(triclinic)	$a\neq b\neq c$ $\alpha\neq\beta\neq\gamma\neq 90°$	简单三斜	$[0,0,0]$
单斜(monoclinic)	$a\neq b\neq c$ $\alpha=\gamma=90°\neq\beta$	简单单斜	$[0,0,0]$
		底心单斜	$[0,0,0]\left[\frac{1}{2},\frac{1}{2},0\right]$
斜方(正交)(orthorhombic)	$a\neq b\neq c$ $\alpha=\beta=\gamma=90°$	简单斜方	$[0,0,0]$
		体心斜方	$[0,0,0]\left[\frac{1}{2},\frac{1}{2},\frac{1}{2}\right]$
		底心斜方	$[0,0,0]\left[\frac{1}{2},\frac{1}{2},0\right]$
		面心斜方	$[0,0,0]\left[\frac{1}{2},\frac{1}{2},0\right]\left[\frac{1}{2},0,\frac{1}{2}\right]\left[0,\frac{1}{2},\frac{1}{2}\right]$
三方(菱方)(rhombohedral)	$a=b=c$ $\alpha=\beta=\gamma\neq 90°$	简单三方	$[0,0,0]$
四方(正方)(tetragonal)	$a=b\neq c$ $\alpha=\beta=\gamma=90°$	简单四方	$[0,0,0]$
		体心四方	$[0,0,0]\left[\frac{1}{2},\frac{1}{2},\frac{1}{2}\right]$

续表

晶系	晶胞参数关系	点阵名称	阵点坐标
六方 (hexagonal)	$a=b=d\neq c$ $(a=b\neq c)$ $\alpha=\beta=90°$ $\gamma=120°$	简单六方	[0,0,0]
立方 (cubic)	$a=b=c$ $\alpha=\beta=\gamma=90°$	简单立方	[0,0,0]
		体心立方	[0,0,0] $\left[\frac{1}{2},\frac{1}{2},\frac{1}{2}\right]$
		面心立方	[0,0,0] $\left[\frac{1}{2},\frac{1}{2},0\right]$ $\left[\frac{1}{2},0,\frac{1}{2}\right]$ $\left[0,\frac{1}{2},\frac{1}{2}\right]$

应该注意，空间点阵是从几何角度建立的一种空间构造，其结点周围的环境理所当然是相同的。晶体的结构是将原子、离子、分子或分子团等结构基元放在空间点阵的阵点上而形成。因此，晶体结构中质点周围的环境不一定都是相同的。在图 2-3 所示的结构中，A、B 两种原子周围环境各不相同。然而，如果把相互对应的一对 A、B 原子看成一个阵点，即复合阵点，则每个阵点周围环境就彼此相同了。它们分别由每对 A、B 原子构成简单立方晶体［图 2-3(a)］和面心立方晶体［图 2-3(b)］，皆为布拉维点阵中的一种。另外，该结构也可以看成 A 和 B 原子的各一套简单立方格子或面心立方格子按一定规律穿插而成，这种分析方法在描述晶体结构中非常重要。

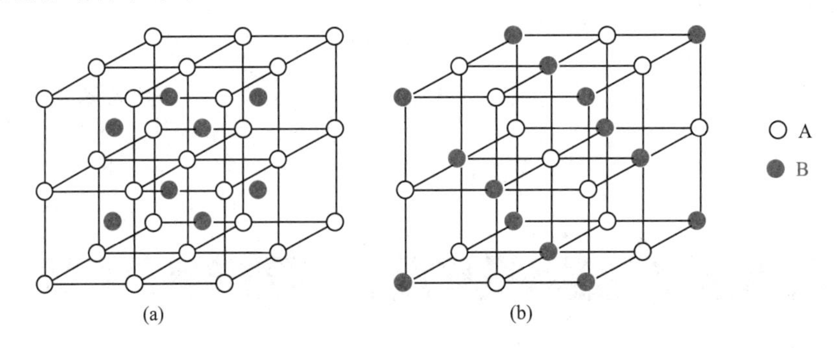

图 2-3　复合阵点构成的晶体点阵结构

(a) 简单立方的 AB 结构由 A、B 原子的简单立方亚晶格沿体对角线方向位移 1/2 体对角线长度穿插而成；
(b) 面心立方的 AB 结构由 A、B 原子的面心立方亚晶格沿边棱方向位移 1/2 边长穿插而成

综上所述，晶体结构是指晶体中原子或分子的排列情况，由空间点阵＋结构基元所构成，其结构形式无限多样。空间点阵是把晶体结构中原子或分子等结构基元抽象为周围环境相同的阵点之后，来描述晶体结构的周期性和对称性的图形。

2.1.2　结晶学指数

2.1.2.1　晶面指数

晶体是由其组成质点在空间按照一定的周期规律性地排列而构成。可将晶体点阵在任何方向上分解为相互平行的结点平面，这样的结点平面称为晶面。晶面上的结点，在空间构成一个二维点阵。同一取向上的晶面，不仅相互平行，间距相等，而且结点的分布也相同。不同取向的结点平面其特征各异。任何一个取向的一系列平行晶面，都可以包含晶体中所有的质点。

结晶学中经常用（hkl）来表示一组平行晶面，称为晶面指数。数字 hkl 是晶面在三个坐标轴（晶轴）上截距的倒数的互质整数比。为了确定晶面指数，在空间点阵中引入坐标系，选取任一结点为坐标原点 O，以布拉维晶胞的基本矢量为坐标轴 X、Y、Z，如图 2-4 所示。假设晶面在坐标轴上的截距以晶体在该轴上的周期为单位，分别为 m、n、p，将它们的倒数依 X、Y、Z 轴的顺序，化为互质整数比，即 $1/m : 1/n : 1/p = h : k : l$，然后将数字 hkl 写入圆括号（ ）内，则（hkl）即为这个晶面的晶面指数。每一个晶面指数，代表一组平行晶面。

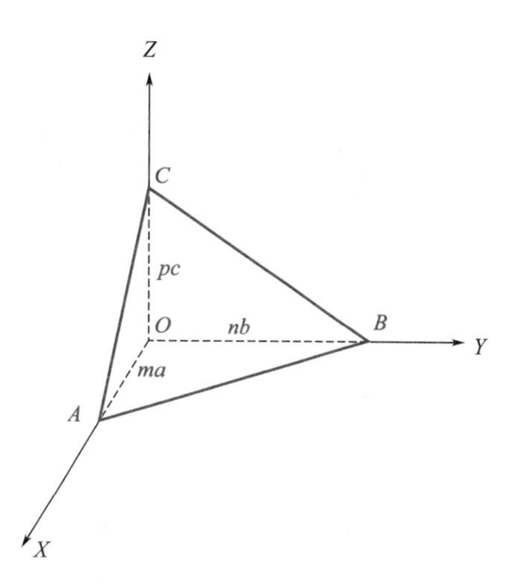

图 2-4 晶面指数的确定

在对称性高的晶体（如立方晶系）中，往往有并不平行的两组以上的晶面，它们的原子排列状况是相同的，这些晶面构成一个晶面族。同一晶面族中，不同晶面的指数的数字相同，只是数序和正负号不同。通常用晶面族中某个最简便的晶面指数填在大括号｛ ｝内，作为该晶面族的指数，称为晶面族指数，用符号｛hkl｝表示。将｛hkl｝中的 $\pm h$、$\pm k$、$\pm l$，改变符号和顺序，进行任意排列组合，就可构成这个晶面族所包括的所有晶面的指数。如｛111｝晶面族就包括（111）、（$11\bar{1}$）、（$1\bar{1}1$）、（$\bar{1}11$）、（$1\bar{1}\bar{1}$）、（$\bar{1}\bar{1}1$）、（$\bar{1}1\bar{1}$）、（$\bar{1}\bar{1}\bar{1}$）8 个不同坐标方位的晶面。实际上，它们在晶体中是 4 个位向不同的平行晶面组，即 4 组独立晶面。同样可推知，｛110｝晶面族包括 12 个坐标方位不同的晶面，即 6 组独立晶面。同一晶面族各平行晶面的面间距相等。

2.1.2.2 晶向指数

晶体点阵也可在任何方向上分解为相互平行的结点直线组，质点等距离地分布在直线上。位于一条直线上的质点构成一个晶向。同一直线组中的各直线，其质点分布完全相同，故其中任何一直线，可作为直线组的代表。不同方向的直线组，其质点分布不尽相同。任一方向上所有平行晶向可包含晶体中所有质点，任一质点也可以处于所有晶向上。

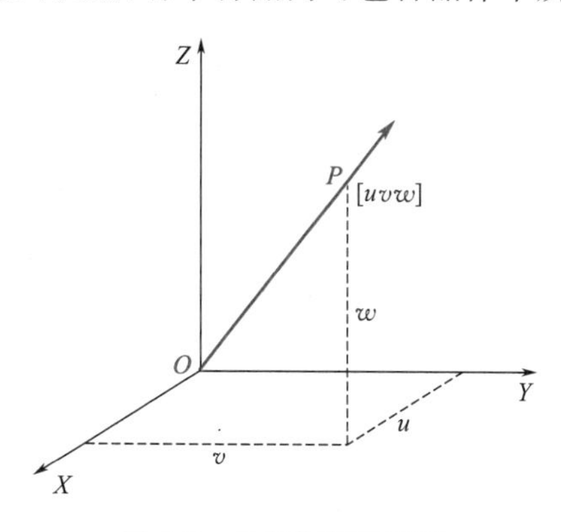

图 2-5 晶向指数的确定

晶向指数用［uvw］来表示。其中 u、v、w 三个数字是晶向矢量在参考坐标系 X、Y、Z 轴上的矢量分量经等比例化简而得出。为了确定图 2-5 中 OP 的晶向指数，将坐标原点选在 OP 的任一结点 O 点，把 OP 的另一结点 P 的坐标经等比例化简后按 X、Y、Z 坐标轴的顺序写在方括号［ ］内，则［uvw］即为 OP 的晶向指数。

与晶面族概念相似，晶体中原子排列周期相同的所有晶向为一个晶向族，用〈uvw〉表示。同一晶向族中不同晶向的指数，数字组成相同。已知一个晶向指数后，对 $\pm u$、$\pm v$、$\pm w$ 进行排列组合，就可得出此晶向族所有晶向的指数。如〈111〉晶向族的 8 个晶向指数代表 8 个不同的晶向；〈110〉晶向族的 12 个晶向指数代表 12 个不同的晶向。

立方晶系的晶面指数和晶向指数如图 2-6 所示。晶面指数和晶向指数对了解晶体中位错的形成与运动、晶体变形等具有重要意义。

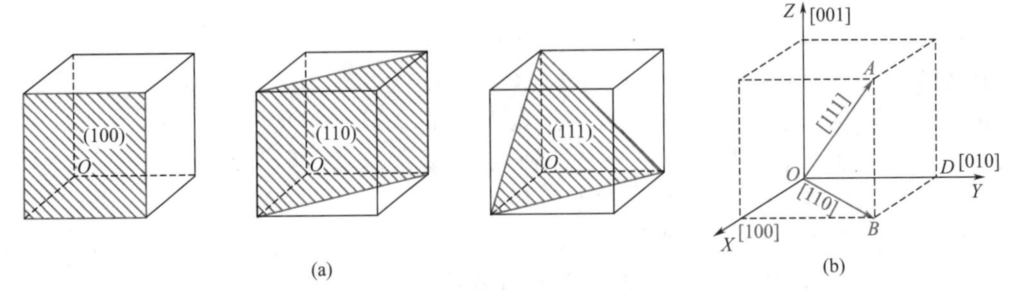

图 2-6　立方晶系的晶面指数和晶向指数

（a）重要晶面的晶面指数；（b）晶向指数

2.1.2.3　六方晶系的晶面指数和晶向指数

六方晶系晶胞的坐标轴及晶面、晶向指数如图 2-7 所示，是边长为 a、高为 c 的六方棱柱体。这样的晶格，也可以用图 2-7(a) 中粗实线所标志的平行六面体晶胞来表示。即采用三轴定向，其中 a、b 夹角为 120°，c 与 a、b 的夹角均为 90°。三轴定向的缺点是不能显示晶体的 6 次对称及等同晶面关系。实际上，六方晶系的 6 个柱面是等同的，但在三轴定向中，其指数却分别为（100）、（010）、（$\bar{1}10$）、（$\bar{1}00$）、（$0\bar{1}0$）及（$1\bar{1}0$）。在晶向表示上也存在同样的缺点，如［100］和［110］实际上是等同晶向。为克服此缺点，可采用四轴定向，其中 a、b、d 三轴间夹角为 120°，c 轴与它们垂直。

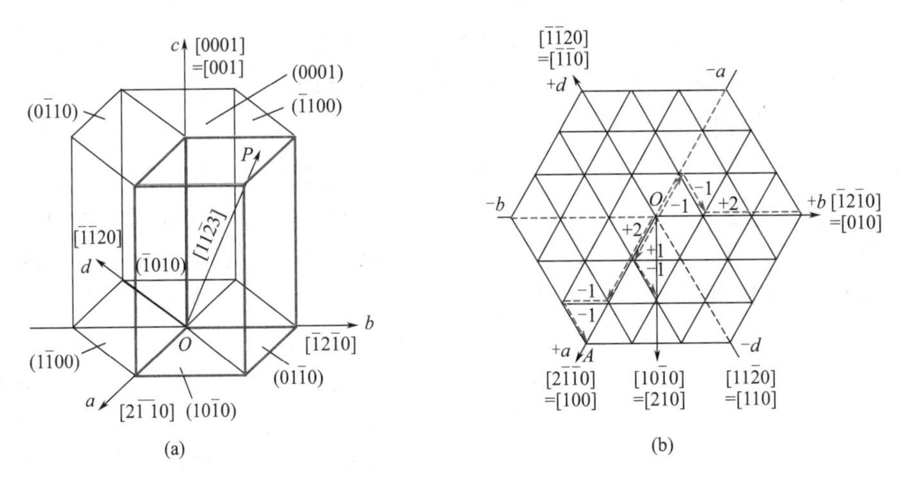

图 2-7　六方晶系晶胞的坐标轴及晶面、晶向指数

（a）晶面、晶向的方位；（b）同步平移法图示（c 轴与图面垂直）

四轴定向晶面指数用（$hkil$）来表示，其中 $i=-(h+k)$。如图 2-7 中 6 个柱面的指数分别为（$10\bar{1}0$）、（$01\bar{1}0$）、（$\bar{1}100$）、（$\bar{1}010$）、（$0\bar{1}10$）和（$1\bar{1}00$）。这六个晶面具有明显的等同性，可归入｛$1\bar{1}00$｝晶面族。

四轴定向的晶向指数和晶向族指数分别用［$uvtw$］和〈$uvtw$〉来表示，其中 $t=-(u+v)$。晶向指数的确定可以采用同步平移的方法来进行，方法是：①把坐标原点放在待定晶向的任一结点上；②从原点出发，按 a、b、d、c 轴的顺序，以各轴的晶体周期为单位，沿与各轴平行的方向平移到待定晶向的另一个结点上；③将平移的步数依次记下来，等比例化简成最小整数，写进方括号内，即可得到待定的晶向指数。例如，确定图 2-7(b) 中 OA 晶向的指数时，由 O 点出发，沿 a 方向平移 2 个周期，再沿 $-b$ 方向平移 1 个周期，然后沿 $-d$ 方向平移 1 个周期，即回到 OA 晶向上来。显然，沿 c 轴平移为零。于是，OA 的晶向指数为 $[2\bar{1}\bar{1}0]$。

因四轴定向指数中前三个指数中只有两个是独立的，第三个指数可由前两个指数求得，故有时将它略去而表示成三轴定向指数，即六方晶系按两种晶轴系所得的晶面指数和晶向指数可相互转换。对晶面指数而言，从（$hkil$）转换成（hkl）只要去掉 i 即可；反之，则加上 $i=-(h+k)$。对晶向指数而言，则 $[UVW]$ 与 $[uvtw]$ 之间的转换关系为：

$$U=u-t, V=v-t, W=w$$

$$u=\frac{1}{3}(2U-V), v=\frac{1}{3}(2V-U), t=-(u+v), w=W \tag{2-1}$$

2.1.3 晶向与晶面的关系及晶带轴定理

在立方晶系中，同指数的晶面和晶向之间有严格的对应关系，即同指数的晶向与晶面相互垂直，也就是说 $[hkl]$ 晶向是（hkl）晶面的法向。

在结晶学中，把同时平行某一晶向 $[uvw]$ 的所有晶面称为一个晶带（zone）或晶带面（planes of a zone），该晶向 $[uvw]$ 称为这个晶带的晶带轴（zone axis）。一个晶带中任一晶面（hkl）与其晶带轴 $[uvw]$ 之间的关系满足晶带轴定理：

$$hu+kv+lw=0 \tag{2-2}$$

知道了一个晶带中两个晶面（$h_1k_1l_1$）及（$h_2k_2l_2$）则可以通过下式求出该晶带的晶带轴方向 $[uvw]$：

$$u=k_1l_2-k_2l_1,\ v=l_1h_2-l_2h_1,\ w=h_1k_2-h_2k_1 \tag{2-3}$$

式（2-2）和式（2-3）在晶体 X 射线衍射及电子衍射分析中非常重要。另外，晶面间距也是结构测试中一个重要的参数。在简单点阵中，通过晶面指数（hkl）可以方便地计算出相互平行的一组晶面之间的距离 d，计算公式见表 2-2。

表 2-2 不同晶系的晶面间距

晶系	立方	四方	六方	斜方
晶面间距	$\frac{1}{d^2}=\frac{h^2+k^2+l^2}{a^2}$	$\frac{1}{d^2}=\frac{h^2+k^2}{a^2}+\frac{l^2}{c^2}$	$\frac{1}{d^2}=\frac{4}{3}\left(\frac{h^2+hk+k^2}{a^2}\right)+\frac{l^2}{c^2}$	$\frac{1}{d^2}=\frac{h^2}{a^2}+\frac{k^2}{b^2}+\frac{l^2}{c^2}$

2.2 晶体化学基本原理

2.2.1 晶体中质点间的结合力与结合能

2.2.1.1 晶体中质点间的结合力性质

（1）晶体中键的类型　晶体中的原子之所以能结合在一起，是因为它们之间存在着结合力和结合能。原子结合时其间距在十分之几纳米（nm）的数量级上，因此，带正电的原子核和其带负电的核外电子，必然要和它周围的其他原子中的原子核及电子产生静电库仑力。显然，其中起主要作用的是各原子的最外层电子。按照结合力性质的不同，分为强键力（主价键或化学键）和弱键力（次价键或物理键）。化学键包括离子键（ionic bond）、共价键（covalent bond）和金属键（metallic bond）。物理键包括范德华键（van der Waals bond）和氢键（hydrogen bond），由此可把晶体分成 5 种典型的类型：离子晶体、共价晶体（原子晶体）、金属晶体、分子晶体和氢键晶体。

① 离子键　离子键是正、负离子依靠静电库仑力而产生的键合。质点之间主要依靠静电库仑力而结合的晶体称为离子晶体。典型的离子晶体是元素周期表中第Ⅰ族碱金属元素和第Ⅶ族卤族元素结合成的晶体，如 NaCl、CsCl 等。如图 2-8 为 NaCl 形成离子键示意图，Na 的外层电子贡献给 Cl，Na 变为带正电的离子，而内层电子数为 8，是满层电子数；Cl 接受 1 个电子，变为带负电的离子，并使外层电子数为 8，也是满层电子数。所以，1 个 Na 和 1 个 Cl 依正负离子间的吸引力而结合在一起。

离子键的特点是没有方向性和饱和性。由于离子的电荷分布是球形对称，因此在各方向上都可以和相反电荷的离子相吸引，且一个离子可以同时和几个异号离子相结合。例如，在 NaCl 晶体中，每个 Cl^- 周围都有 6 个 Na^+，每个 Na^+ 也有 6 个 Cl^- 等距离排列着。Na^+ 和 Cl^- 在空间三个方向上不断延续就形成了巨大的 NaCl 离子晶体。NaCl 晶体结构如图 2-9 所示。

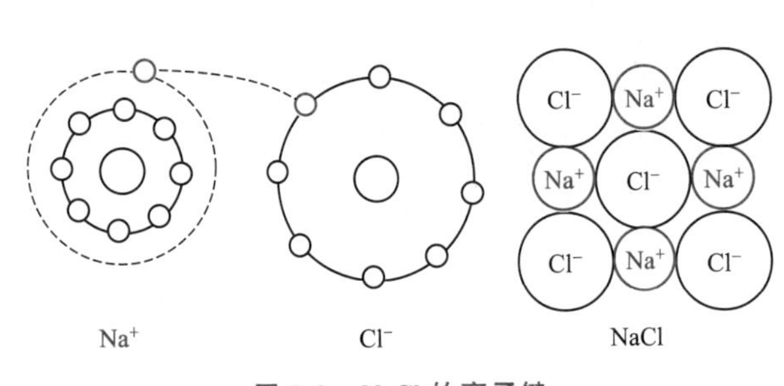

图 2-8　NaCl 的离子键

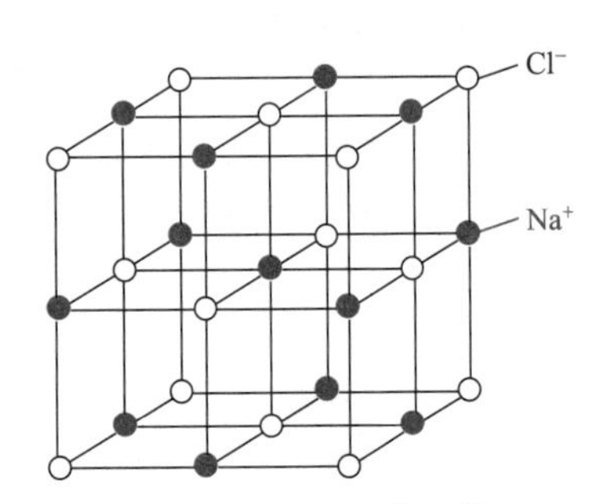

图 2-9　NaCl 晶体结构

离子键的结合力很大，故离子晶体的结构非常稳定。反映在宏观性质上，晶体的熔点高，硬度大，热膨胀系数小。离子晶体如果发生相对移动，将失去电平衡，使离子键遭到破坏，故离子晶体是脆性的。离子键中很难产生可以自由运动的电子，则离子晶体都是好的绝缘体。大多数离子晶体对可见光是透明的，在远红外区有一特征吸收峰（红外光谱特征）。

② 共价键　共价键是原子之间通过共用电子对或通过电子云重叠而产生的键合。靠共价键结合的晶体称为共价晶体或原子晶体。元素周期表中第Ⅳ族元素 C（金刚石）、Si、Ge、Sn（灰锡）等的晶体是典型的共价晶体，它们属金刚石结构。

共价键的特点是具有方向性和饱和性。通常两个相邻原子只能共用一对电子。一个原子的共价键数，即与它共价结合的原子数，最多只能等于 $8-n$（n 表示这个原子最外层的电子数），所以共价键具有明显的饱和性。在共价晶体中，原子以一定的角度相邻接，各键之间有确定的方位，故共价键有着强烈的方向性。以单质 Si 为例，如图 2-10 为 Si 原子之间所形成的共价键。1 个 4 价的 Si 原子，与其周围 4 个 Si 原子共享最外层的电子，从而使每个 Si 原子最外层获得 8 个电子。1 个共有电子代表 1 个共价键，所以 1 个 Si 原子有 4 个共价键分别与 4 个邻近的 Si 原子结合，所形成的四面体结构中，每个共价键之间的夹角约为 109°。图 2-11 为单质 Si 的结构。

共价键的结合力很大，所以原子晶体具有强度高、熔点高、硬度大等性质。在外力作用下，原子发生相对位移时，键将遭到破坏，故脆性也大。各种原子晶体之间性能差别很大。例如，熔点方面，C（金刚石）为 3007℃，Si 为 1420℃，Ge 为 936℃。导电性方面，金刚石是一种良好的绝缘体，而 Si 和 Ge 却只有在极低温度下才是绝缘体，其电阻率随温度升高迅速下降，是典型的半导体材料。

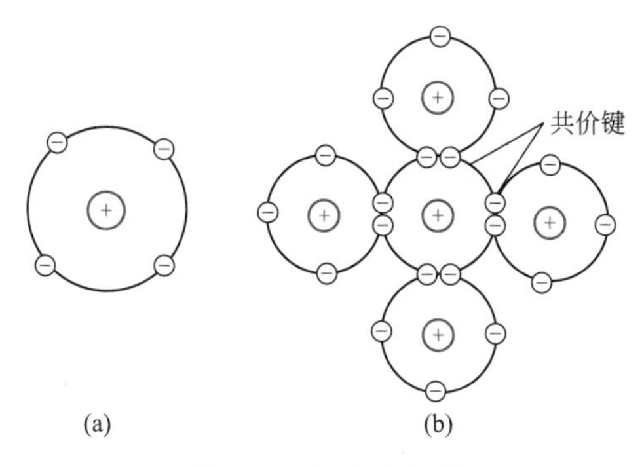

图 2-10 Si 的共价键

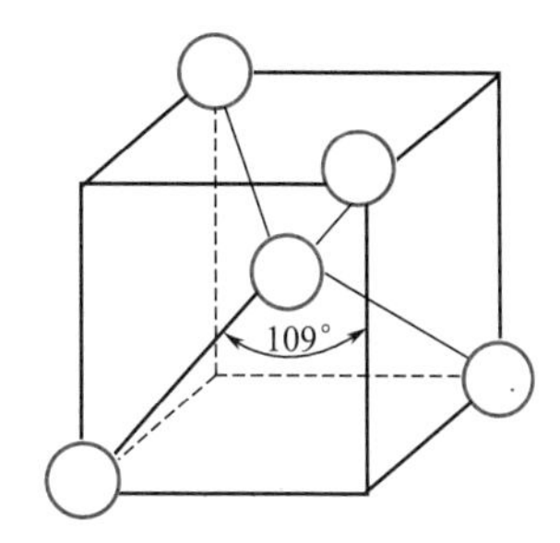

图 2-11 Si 形成的四面体

③ 金属键 金属键是元素失去最外层电子（价电子）后变成带正电的离子和自由电子组成的电子云之间的静电库仑力而产生的结合。靠金属键结合的晶体称为金属晶体。

金属键的实质是没有方向性和饱和性的共价键。周期表中第Ⅰ族、第Ⅱ族元素及过渡元素的晶体是典型的金属晶体。它们的最外层电子一般为1～2个，组成晶体时每个原子的最外层电子都不再属于某个原子，而为所有原子所共有，因此可以认为在结合成金属晶体时，失去了最外层电子的正离子“沉浸”在由价电子组成的电子云中，如图 2-12 所示。结合力主要是正离子和电子云之间的静电库仑力，对晶体结构没有特殊的要求，只要求排列最紧密，这样势能最低，结合最稳定。

图 2-12 金属键及其电子云示意图

金属晶体的结构大多具有高对称性，利用金属键可解释金属所具有的各种特性：a. 金属内原子面之间相对位移，金属键仍旧保持，故金属具有良好的延展性；b. 在一定电位差下，自由电子可在金属中定向运动，形成电流，显示出良好的导电性；c. 随温度升高，正离子（或原子）本身振幅增大，阻碍电子通过，使电阻升高，因此金属具有正的电阻温度系数；d. 固态金属中，不仅正离子的振动可传递热能，而且电子的运动也能传递热能，故比非金属具有更好的导热性；e. 金属中的自由电子可吸收可见光的能量，被激发、跃迁到较高能级，因此金属不透明；f. 当它跳回到原来能级时，将所吸收的能量重新辐射出来，使金属具有金属光泽；g. 金属的结合能比离子晶体和原子晶体要低一些，但过渡金属的结合能则比较大。

④ 范德华键 范德华键（分子键）是通过“分子力”而产生的键合。分子力包括三种力：葛生力（Keesen force）——极性分子之间由极性分子中的固有电偶极矩产生的力，也称定向力（orientation force）；德拜力（Debye force）——极性分子和非极性分子之间由感应（诱导）电偶极矩产生的力，也称诱导力（induction force）；伦敦力（London force）——非极性分子之间由瞬时电偶极矩产生的力，也称色散力（dispersion force）。分子力很弱，当分子力不是唯一的作用力时，它们可以忽略不计。

靠范德华键结合的晶体称为分子晶体。分子晶体分为极性和非极性两大类。惰性元素在低温下所形成的晶体是典型的非极性分子晶体，它们是透明的绝缘体，熔点极低，Ne、Ar、Kr、Xe 晶体的熔点分别为－249℃、－189℃、－156℃、－112℃。HCl、H_2S 等在低温下形成的晶体属于极性分子晶体。金属与合金中这种键不多，而聚合物通常链内是共价键，而链与链之间是范德华键。

由于分子晶体的结合力很小，在外力作用下，易产生滑动并造成很大变形。所以分子晶

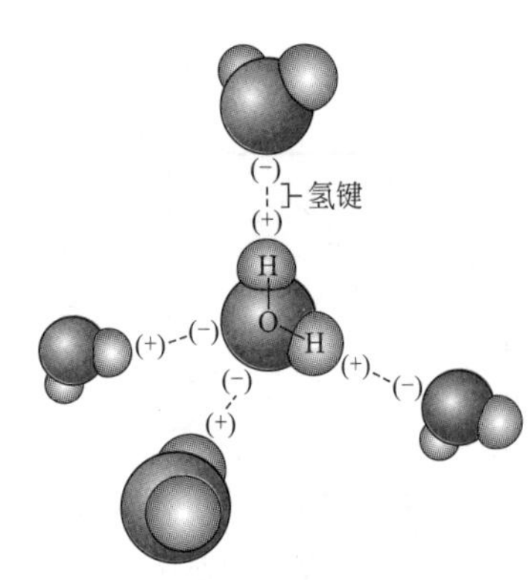

图 2-13 冰（H_2O）中的氢键

体熔点很低，硬度也很低。

⑤ 氢键 氢原子与电负性大、半径小的原子 A（氟、氧、氮等）以共价键结合，若与电负性大的原子 B 接近，在 A 与 B 之间以氢为媒介，生成 A—H…B 形式的一种特殊的分子间相互作用，称为氢键。A 与 B 可以是同一种类原子，如冰（H_2O）中水分子之间的氢键，见图 2-13。铁电材料磷酸二氢钾（KH_2PO_4）亦具有氢键结合。

氢键不同于范德华力，是一种特殊形式的物理键，它具有饱和性和方向性。由于氢原子特别小而原子 A 和 B 比较大，所以 A—H 中的氢原子只能和一个 B 原子结合形成氢键。同时由于负离子之间的相互排斥，另一个电负性大的原子 B′ 就难以再接近氢原子。这就是氢键的饱和性。氢键具有方向性则是由于电偶极矩 A—H 与原子 B 的相互作用，只有当 A—H…B 在同一条直线上时最强，同时原子 B 一般含有未共用电子对，在可能范围内氢键的方向和未共用电子对的对称轴一致，这样可使原子 B 中负电荷分布最多的部分最接近氢原子，这样形成的氢键最稳定。

以上主要根据结合力的性质，把晶体分成五种典型的类型。但对于大多数晶体来说，结合力的性质是属于综合性的。实际上，很多晶体中的键既有离子键成分又有共价键成分，有的甚至还有范德华键或氢键。在复合材料中，其键合作用更为复杂。例如，层状硅酸盐矿物中，其层内靠离子键和共价键键合，层间靠氢键或范德华键结合。石墨结构中，组成石墨的 1 个碳原子以其最外层的 3 个价电子与其最近邻的 3 个原子组成共价键结合，这 3 个键几乎在同一平面上，使晶体呈层状；另 1 个价电子则较自由地在整个层中活动，具有金属键的性质，使石墨具有较好的导电性；层与层之间又依靠分子晶体的瞬时电偶极矩的相互作用而结合，使石墨质地疏松且具有滑腻感。

（2）晶体中键的表征 实际晶体中的键合作用可以用键型四面体来表示。方法是将离子键、共价键、金属键以及范德华键这四种典型的键分别写在四面体的四个顶点上，构成键型四面体，如图 2-14 所示。四面体的顶点代表单一键合作用，边棱上的点代表晶体中的键由两种键共同结合，侧面上的点表示晶体由三种键共同结合，四面体内任意一点晶体中的键由四种键共同结合。

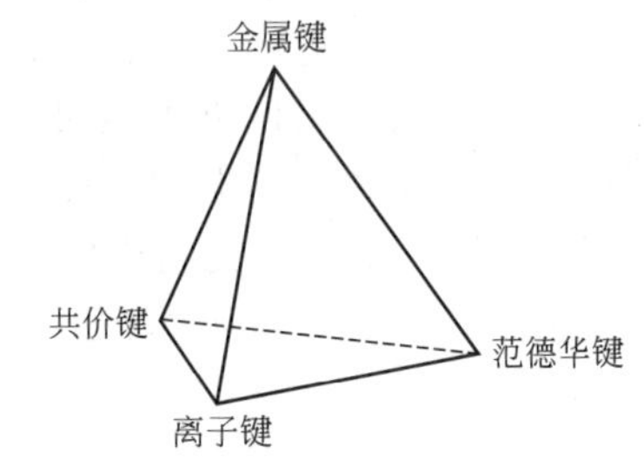

图 2-14 键型四面体

（3）晶体中离子键、共价键比例的估算 大多数氧化物及硅酸盐晶体中的化学键主要包含离子键和共价键。为了判断晶体的化学键中离子键所占的比例，可以借助于元素的电负性这一参数来实现。电负性是指各元素的原子在构成价键时吸引电子的能力，用以表征原子形成负离子倾向的大小。表 2-3 列出由鲍林（Pauling）给出的元素的电负性值。一般情况下，当同种元素结合成晶体时，因其电负性相同，故形成非极性共价键；当两种不同元素结合成晶体时，随两元素电负性差值增大，键的极性逐渐增强，键的性质逐渐由共价键过渡到离子键。因此，可以用下面的经验公式计算由 A、B 两元素组成的晶体的化学键中离子键的百分数：

$$\text{离子键}\% = 1 - \exp\left[-\frac{1}{4}(x_A - x_B)^2\right] \tag{2-4}$$

式中 x_A，x_B——A、B 元素的电负性值。

表 2-3 元素的电负性值

H																
2.10																
Li												B	C	N	O	F
0.98												2.04	2.55	3.04	3.44	3.98
Na	Mg											Al	Si	P	S	Cl
0.93	1.31											1.61	1.90	2.19	2.58	3.16
K	Ca	Sc	Ti	V	Cr	Mn	Fe	Co	Ni	Cu	Zn	Ga	Ge	As	Se	Br
0.82	1.00	1.36	1.54	1.63	1.66	1.55	1.83	1.88	1.91	1.90	1.65	1.81	2.01	2.18	2.55	2.96
Rb	Sr	Y	Zr	Nb	Mo	Tc	Ru	Rh	Pd	Ag	Cd	In	Sn	Sb	Te	I
0.82	0.95	1.22	1.33		2.16			2.28	2.20	1.93	1.69	1.78	1.96	2.05		2.66
Cs	Ba	La	Hf	Ta	W	Re	Os	Ir	Pt	Au	Hg	Tl	Pb	Bi	Po	At
0.79	0.89	1.10			2.36			2.20	2.28	2.54	2.00	2.04	2.33	2.02		

根据表 2-3 电负性数值，按照式（2-4）计算原子结合键中离子键所占的成分，可知碱金属离子与 O^{2-} 的结合主要以离子键成分为主，一般认为是比较典型的离子键；而 Si—O 结合键中离子键和共价键成分各占 50%，是典型的极性共价键。实际晶体往往形成许多过渡类型的键。除了以离子键、共价键结合为主的混合键晶体外，还有以共价键、分子键结合为主的混合键晶体，且两种类型的键独立地存在。例如，大多数气体分子以共价键结合，在低温下形成的晶体则依靠分子键结合在一起。石墨的层状单元内共价结合，层间则类似于分子键。正是由于结合键的性质不同，才形成了材料结构和性质等方面的差异。从而也满足了工程方面的不同需要。

2.2.1.2 晶体中质点间结合力与结合能的计算

各种不同的晶体，其结合力的类型和大小是不同的，但在任何晶体中，两个质点间的相互作用力或相互作用势能与质点间距离的关系在定性上是相同的。晶体中质点的相互作用分为吸引作用和排斥作用两大类。吸引作用在远距离是主要的，而排斥作用在近距离是主要的。在某一适当距离时，两者作用相抵消，晶体处于稳定状态。吸引作用来源于异性电荷之间的库仑引力。排斥作用来源有二：一是同性电荷之间的库仑力；二是泡利原理所引起的排斥力。

两个原子的相互作用势能 $u(r)$ 的曲线如图 2-15（a）所示。由势能 $u(r)$ 可以按下式计算相互作用力：

$$f(r)=-\frac{\mathrm{d}u(r)}{\mathrm{d}r} \tag{2-5}$$

由图 2-15(b) 相互作用力曲线可以看出，当两原子很靠近时，斥力大于引力，总作用力为斥力，$f(r)>0$。当两原子相距比较远时，引力大于斥力，总的作用力为引力，$f(r)<0$。在某适当距离 r_0，引力和斥力抵消，$f(r)=0$，即：

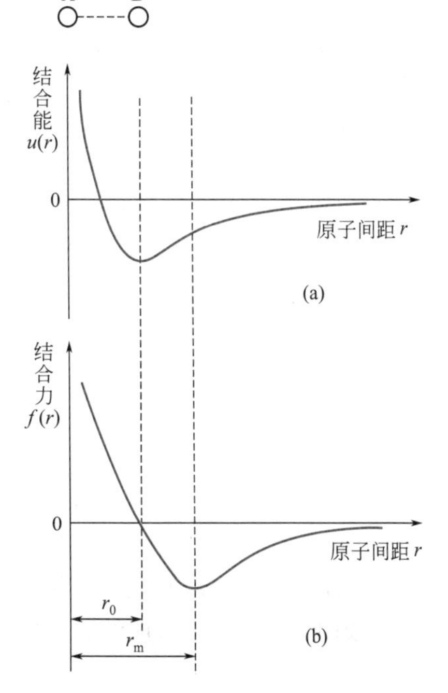

图 2-15 原子间的相互作用

（a）相互作用势能和原子间距的关系；（b）相互作用力和原子间距的关系

$$\frac{du(r)}{dr}\bigg|_{r_0}=0 \tag{2-6}$$

由此式可以确定原子间的平衡距离 r_0。还有一个重要的参量，即有效引力最大时，两原子间的距离 r_m 由下式确定：

$$\frac{df(r)}{dr}\bigg|_{r_m}=-\frac{d^2u(r)}{dr^2}\bigg|_{r_m}=0 \tag{2-7}$$

所以这一距离 r_m 对应势能曲线的拐点。

两个原子间的相互作用势能常可以用幂函数来表达：

$$u(r)=-\frac{A}{r^m}+\frac{B}{r^n} \tag{2-8}$$

式中，r 为两个原子间的距离；A、B、m、n 皆为大于零的常数；第一项为库仑引力能；第二项为泡利排斥能。

如果晶体中总的相互作用势能可以视为是原子（离子）对间的相互作用势能之和，那么就可以通过先计算出两个原子之间的相互作用势能，然后再把晶体结构的因素考虑进去，综合起来就可以求得晶体的总势能，这就是经典的处理方法。另外，也可以通过量子力学方法进行计算。

通过对结合能的研究，可以计算出晶胞参数、体积弹性模量等，而这些量可以通过实验测量。因此将理论的计算结果与实验做比较，就可以验证理论的正确性。另一方面，结合能的研究也有助于了解组成晶体的质点之间相互作用的本质，为探索新材料的合成提供理论指导。

2.2.1.3 离子晶体的晶格能

从能量角度来看，晶体的结合能 E_b 定义为：组成晶体的 N 个原子处于“自由”状态时的总能量 E_N 与晶体处于稳定状态时的总能量 E_0 的差值。即：

$$E_b=E_N-E_0 \tag{2-9}$$

此处“自由”的含义是指各个原子都可以视为独立的粒子。原子之间的距离足够的大，以致它们之间的相互作用可以忽略时，就可把原子视为自由粒子。

对于离子晶体而言，其晶格能 E_L 定义为：1mol 离子晶体中的正负离子，由相互远离的气态结合成离子晶体时所释放出的能量。

（1）晶格能的理论计算　设晶体中两原子的相互作用势能为 $u(r)$，则由 N 个原子组成的晶体，其总的相互作用势能为：

$$u(r)=\frac{1}{2}\sum_i^N\sum_j^N u(r_{ij}) \qquad (i\neq j) \tag{2-10}$$

式中引入 1/2 因子是由于 $u(r_{ij})$ 和 $u(r_{ji})$ 本是同一对相互作用势能，故以第 i 个原子与以第 j 个原子作参考点各自计算相互作用势能时，计算了两次的缘故。

另外，由于晶体表面层原子的数目比晶体内部原子的数目少得多，如果忽略晶体表面层原子和内部原子对势能贡献的差别，则不会引起多大的误差。这样式（2-10）还可以简化，最后得到由 N 个粒子组成的晶体的总相互作用势能为：

$$u(r)=\frac{N}{2}\sum_j u(r_{1j}) \tag{2-11}$$

对于由 N 个正、负离子组成的 AX 型晶体，设正负离子的电价分别为 Z_1 和 Z_2，根据式（2-8）和式（2-11），其总相互作用势能为：

$$u=-\frac{N}{2}\sum_{j}\left(\pm\frac{Z_1Z_2e^2}{4\pi\varepsilon_0 r_{1j}}-\frac{b}{r_{1j}^n}\right) \tag{2-12}$$

括号中第一项的正、负分别对应于异号离子和同号离子之间的相互作用。

设离子间最小距离为 r_0，则 $r_{1j}=a_j r_0$，a_j 为系数。于是式（2-12）可写成：

$$u=-\frac{N}{2}\left(\frac{Z_1Z_2e^2}{4\pi\varepsilon_0 r_0}\sum_{j}\pm\frac{1}{a_j}-\frac{1}{r_0^n}\sum_{j}\frac{b}{a_j^n}\right)$$

式中　ε_0——真空电容率，$\varepsilon_0=8.854\times10^{-12}\,\mathrm{F/m}$，$\frac{1}{4\pi\varepsilon_0}=9\times10^9\,\mathrm{m/F}$。

令 $A=\sum_{j}\pm\frac{1}{a_j}$，$B=\sum_{j}\frac{b}{a_j^n}$，其中，$A$ 称为马德隆常数（Madlung constant），是一个仅与晶体结构有关的常数。不同晶体结构的马德隆常数列于表 2-4。

表 2-4　晶体结构的马德隆常数（A 值）

结构类型	NaCl	CsCl	立方 ZnS	六方 ZnS	CaF_2（萤石）	TiO_2（金红石）	Al_2O_3（刚玉）
马德隆常数 A	1.7476	1.7627	1.6381	1.6413	2.5194	2.4080	4.171

B 值可通过晶体处于平衡状态时势能最小的条件来求得。

平衡时：

$$\left(\frac{\mathrm{d}u}{\mathrm{d}r}\right)_{r_0}=-\frac{N}{2}\left(-\frac{Z_1Z_2Ae^2}{4\pi\varepsilon_0 r^2}+\frac{nB}{r^{n+1}}\right)_{r_0}=0$$

由此得出：

$$B=\frac{AZ_1Z_2e^2}{4\pi\varepsilon_0 n}r_0^{n-1} \tag{2-13}$$

相互作用势能为：

$$u_0=-\frac{NAZ_1Z_2e^2}{8\pi\varepsilon_0 r_0}\left(1-\frac{1}{n}\right) \tag{2-14}$$

n 称为玻恩指数（Born index），其值大小与离子的电子层结构有关，列于表 2-5。

表 2-5　玻恩指数（n 值）

离子的电子层结构类型	He	Ne	Ar、Cu^+	Kr、Ag^+	Xe、Au^+
n	5	7	9	10	12

当正、负离子属于不同类型时，n 值取其算术平均值。如 NaCl 的 n 值为（7+9）/2=8。n 值也可以通过晶体的体积弹性模量 E 由下式计算：

$$n=1+\frac{72\pi\varepsilon_0 r_0^4}{Ae^2}E \tag{2-15}$$

对于 1mol AX 型晶体，原子总数 $N=2N_0$，N_0 为阿伏伽德罗常数。于是，晶格能 E_L 可由下式计算：

$$E_L=|u_0|=\frac{N_0AZ_1Z_2e^2}{4\pi\varepsilon_0 r_0}\left(1-\frac{1}{n}\right) \tag{2-16}$$

（2）晶格能的实验测定　上面所提出的晶格能计算公式可以通过实验证实，即根据热力学原理，利用反应热、汽化热等实测热力学数据和赫斯（Hess）定律求出晶格能。例如，

MgO 的晶格能可以通过如下的玻恩（Born）-哈伯（Haber）循环来求得：

$$
\begin{array}{ccccc}
Mg(s) & \xrightarrow{\text{汽化热}(+S)} & Mg(g) & \xrightarrow{\text{电离能}(+I)} & Mg^{2+}(g) \\
+ & & & & + \\
\frac{1}{2}O_2(g) & \xrightarrow{\text{离解热}\left(+\frac{1}{2}D\right)} & O(g) & \xrightarrow{\text{电子亲和能}(-E)} & O^{2-}(g) \\
\end{array}
$$

$$\xrightarrow{\text{反应热}(-Q)} MgO(s) \xleftarrow{\text{晶格能}(-E_L)}$$

根据赫斯（Hess）定律——在反应过程中体积或压力恒定且系统没有做任何非体积功时，化学反应热只取决于反应的开始和最终状态，与过程的具体途径无关，则晶格能 $E_L=Q+S+I+D/2-E$，该等式右边各参量均可测量，那么，晶格能可由实验数据计算出来。

一般简单离子晶体的晶格能为 840～4200kJ/mol，而复杂的硅酸盐晶体晶格能可高达 42000kJ/mol，甚至更高。表 2-6 列出一些氧化物和硅酸盐晶体的晶格能和熔点。

表 2-6　一些氧化物和硅酸盐晶体的晶格能和熔点

化合物	晶格能/(kJ/mol)	熔点/℃	化合物	晶格能/(kJ/mol)	熔点/℃
MgO	3936	2800	镁橄榄石	21353	1890
CaO	3526	2570	辉石	35378	1521
FeO	3923	1380	透辉石	34960	1391
BeO	4463	2570	角闪石	134606	
ZrO_2	11007	2690	透闪石	133559	
ThO_2	10233	3300	黑云母	59034	
UO_2	10413	2800	白云母	61755	1244
TiO_2	12016	1830	钙斜长石	48358	1553
SiO_2	12925	1713	钠长石	51916	1118
Al_2O_3	16770	2050	正长石	51707	1150 异成分熔融
Cr_2O_3	15014	2200	霞石	18108	1254
B_2O_3	18828	450	白榴石	29023	1686

（3）晶格能的重要性

① 由晶格能可以估计晶体和键力有关的物理性质　表 2-7 为晶体晶格能与沸点、熔点、热膨胀系数、硬度的关系，表中所有晶体的结构均属 NaCl 晶格类型。由表可见，在晶格类型、键型和离子电荷都相同的情况下，键的强度随着离子距离的增加（离子半径的增加）而变小。因此，随着离子距离的增加，沸点和熔点降低，热膨胀系数增高，硬度降低。

表 2-7　晶体晶格能与沸点、熔点、热膨胀系数、硬度的关系

晶体	晶格能/(kJ/mol)	沸点/℃	熔点/℃	热膨胀系数/$\times10^{-6}$℃$^{-1}$	莫氏硬度	质点距离/nm
NaF	892	1704	992	108	3.2	0.231
NaCl	766	1413	801	120	2.5	0.282
NaBr	733	1392	747	129		0.298
NaI	687	1304	662	145		0.323
KF	796	1503	857	110		0.266
KCl	691	1500	776	115	2.4	0.314

续表

晶体	晶格能/(kJ/mol)	沸点/℃	熔点/℃	热膨胀系数/$\times10^{-6}$℃$^{-1}$	莫氏硬度	质点距离/nm
KBr	666	1383	742	120		0.329
KI	632	1324	682	135	2.2	0.353
MgO	3936		2800	40	6.5	0.210
CaO	3526	2850	2570	63	4.5	0.240
SrO	3312		2430		3.5	0.257
BaO	3128	约 2000	1923		3.3	0.276
MaS	3350				4.5～5	0.259
CaS	3086			51	4.0	0.284
SrS	2872				3.3	0.300
BaS	2710			102	3	0.319

还可以对比下列各对化合物：NaF、CaO；NaCl、BaO 或 CaS；NaBr、SrS；KCl、BaS。它们的离子间距约略保持相同，但是电荷却分别为 1 价和 2 价。可以看到，在结构类型、键型和离子距离相同的情况下，键的强度随电荷的增高而上升。因此，随着电荷的增加，沸点和熔点升高，热膨胀系数降低，硬度变大。

从表 2-6 和表 2-7 还可以看到，各种晶体熔化温度的变化情况一般并不与晶格能的变化情况一致，只有在同一结构类型和离子没有变形的情况下，熔点才随着晶格能的增加而上升。

② 用晶格能可以估计晶体稳定性的大小　晶格能高的晶体，质点之间键合牢固，不易移动，相互之间不易进行化学反应（固相反应）。但是对于许多由两种以上质点所组成的晶体，因质点间键强不一，键力弱的地方较易断开，故较易进行反应。例如有些硅酸盐晶体晶格能很大，但稳定性并不很高。

2.2.2 晶体中质点的堆积

在晶体中，如果原子或离子的最外层电子构型为惰性气体构型或 18 电子构型，则其电子云分布呈球形对称，无方向性。从几何角度来讲，这样的质点在空间的堆积，可以近似地认为是刚性球体的堆积。其堆积应该服从最紧密堆积原理。

2.2.2.1 最紧密堆积原理

晶体中各离子间的相互结合，可以看成是球体的堆积。按照晶体中质点的结合应遵循势能最低的原则。从球体堆积的几何角度来看，球体堆积的密度越大，系统的势能越低，晶体越稳定，此即球体最紧密堆积原理。该原理是建立在质点的电子云分布呈球形对称以及无方向性的基础上的，故只有典型的离子晶体和金属晶体符合最紧密堆积原理，而不能用最紧密堆积原理来衡量原子晶体的稳定性。

2.2.2.2 最紧密堆积方式

根据质点的大小不同，球体最紧密堆积方式分为等径球和不等径球两种情况。等径球最紧密堆积有六方最紧密堆积和面心立方最紧密堆积两种。等径球最紧密堆积时，在平面上每个球与 6 个球相接触，形成第 1 层（球心位置标记为 A），如图 2-16 所示。此时，每 3 个彼此相接触的

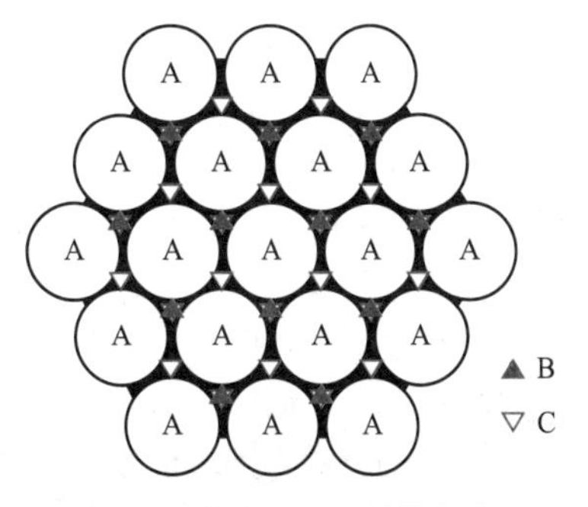

图 2-16　球体在平面上的最紧密堆积

球体之间形成 1 个弧线三角形空隙，每个球周围有 6 个弧线三角形空隙，其中 3 个空隙的尖角指向图的下方（其中心位置标记为 B），另外 3 个空隙的尖角指向图的上方（其中心位置标记为 C），这两种空隙相间分布。第 2 层球放上去时，只有将球心放在第 1 层球所形成的空隙上方，即 B 位或 C 位上方，才能形成最紧密堆积。假设第 2 层球心放在 B 位上方（放在 C 位上方是等价的），则第 3 层球放上去时就有两种情况：①第 3 层球放在第 2 层球形成的弧线三角形空隙上方，即第 3 层球的球心正好在第 1 层球的正上方，亦即第 3 层球与第 1 层球的排列位置完全相同，球体在空间的堆积是按照 ABAB……的层序来堆积，见图 2-17(a)；从这样的堆积中可以取出一个六方晶胞，故称为六方最紧密堆积（hexagonal closest packing，hcp），见图 2-17(b)；②第 3 层球放在 C 位正上方，与第 2 层球相互交错，这样第 3 层球的排列并不重复，只有第 4 层球放上去时才重复第 1 层球的排列，在空间形成 ABCABC……的堆积方式，从这样的堆积中可以取出一个面心立方晶胞，故称为面心立方最紧密堆积（face central cubic closest packing，fcc），见图 2-18(a)；面心立方堆积中，ABCABC……重复层面平行于（111）晶面，见图 2-18(b)。两种最紧密堆积中，每个球体周围同种球体的个数均为 12。

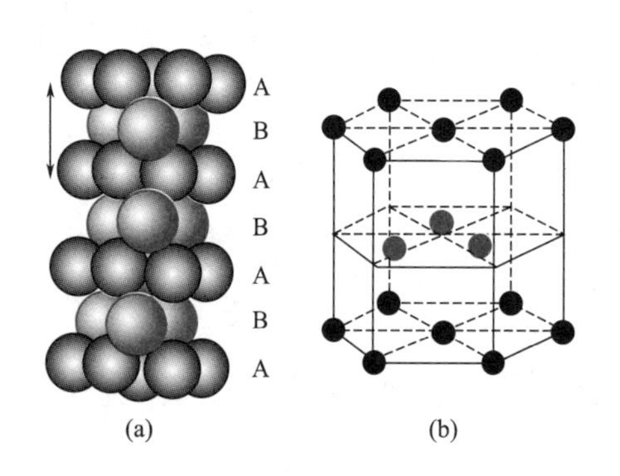

图 2-17 六方最紧密堆积

(a) ABAB……堆积；(b) 六方晶胞

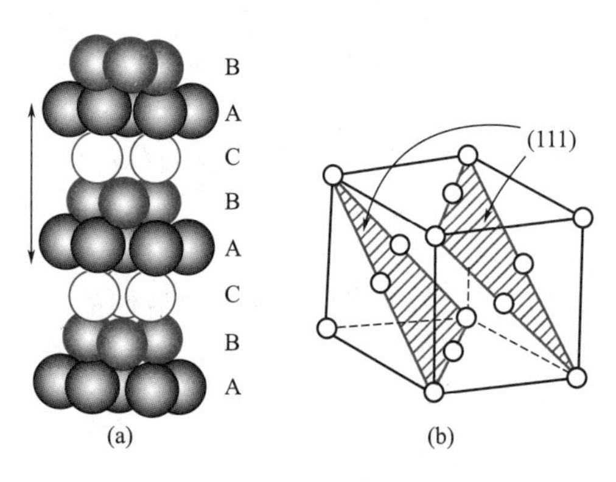

图 2-18 面心立方最紧密堆积

(a) ABCABC……堆积；

(b) 面心立方晶胞及密堆面的堆积方向

由于球体之间是刚性点接触堆积，所以上述两种最紧密堆积中仍然有空隙存在。从形状上看，空隙有两种：一种是四面体空隙；另一种是八面体空隙。四面体空隙由 4 个球体所构成，球心连线构成一个正四面体。八面体空隙由 6 个球体所构成，球心连线形成一个正八面体。四面体的空间取向有 3 种：上层 1 个球，下层 3 个球（四面体顶点朝上）；上层 3 个球，下层 1 个球（四面体顶点朝下）；上层 2 个球，下层 2 个球（相当于从垂直于四面体的边棱方向观察）。八面体的空间取向也有 3 种：上层 1 个球，中层 4 个球，下层 1 个球；上层 2 个球，中层 2 个球，下层 2 个球；上层 3 个球，下层 3 个球。可以证明，体积上，四面体空隙小于八面体空隙。

最紧密堆积中空隙的分布情况是：每个球体周围有 8 个四面体空隙和 6 个八面体空隙。从图 2-16 或图 2-17 中可以看出，第 2 层球放在 B 位上时，在 3 个 B 位形成了 3 个四面体空隙，而 3 个 B 位所夹的 A 位正上方形成 1 个四面体空隙，这 4 个四面体空隙与半个 A 球相接触；同理，3 个 C 位上形成了 3 个八面体空隙与半个 A 球接触。故每个球周围有 8 个四面体空隙和 6 个八面体空隙。

n 个等径球最紧密堆积时，整个系统四面体空隙数为 $n\times8/4=2n$ 个，八面体空隙数为 $n\times6/6=n$ 个。

为了表达最紧密堆积中总空隙的大小，通常采用空间利用率（也称堆积系数，packing coefficient）来表征，其定义为：晶胞中原子体积与晶胞体积的比值，用 PC 来表示。两种最紧密堆积的空间利用率均为 74.05%，空隙占整个空间的 25.95%。

金属中原子的堆积可以认为是等径球的堆积。在离子晶体中，质点有大有小，质点的堆积属于不等径球堆积。不等径球堆积时，较大球体作等径球的紧密堆积，较小的球填充在大球紧密堆积形成的空隙中。其中稍小的球体填充在四面体空隙，稍大的则填充在八面体空隙，如果更大，则会使堆积方式稍加改变，以产生较大的空隙满足填充的要求。这涉及配位数的概念。

最紧密堆积只是在不考虑晶体中质点相互作用的物理化学本质的前提下，从纯几何角度对晶体结构的一种描述。实际上，晶体中的质点在结合时，其质点的相对大小，对键性、键强、配位关系、质点间的交互作用等有着决定性的影响。因此，离子晶体的结构不能单从密堆积方面考虑。

影响晶体结构的因素有内在因素和外在因素两个方面。内在因素主要是化学组成，包括质点的相对大小、配位关系、离子间的相互极化等。外在因素主要有温度、压力等。

2.2.3 化学组成与晶体结构的关系

晶体的性质由晶体的组成和结构决定。而组成与结构之间存在着密切的关系，这是内在因素对晶体结构的影响。

2.2.3.1 质点的相对大小

质点（原子或离子）的相对大小对晶体结构有决定性影响。在晶体中，质点总是在其平衡位置附近作振动，当质点间的结合处于对应条件下的平衡状态时，质点间保持着一定的距离。这个距离反映了质点的相对大小。原子半径的大小与原子处于孤立状态还是处于结合状态有关。

当原子处于孤立状态时，按照原子的电子云结构模型，从理论上讲，其电子云的概率分布在距原子核无穷远的地方仍然存在，但实际上在距原子核中心有限的距离内，其电子云的概率分布很快趋向于零。于是可以定义孤立态原子半径为：从原子核中心到核外电子的概率分布趋向于零的位置间的距离，这个半径亦称范德华半径。

当原子处于结合状态时，根据 X 射线衍射可以测出相邻原子面间的距离。如果是金属晶体，则定义金属原子半径为：相邻两原子面间距离的一半。如果是离子晶体，则定义正、负离子半径之和等于相邻两原子面间的距离。这时要确定正、负离子半径分别为多少，还要再建立一个关系式，才能求解出正、负离子半径的确切数据。哥希密特（Goldschmidt）从离子之间堆积的几何关系出发，并以 O^{2-} 离子半径为 0.132nm、F^{-} 离子半径为 0.133nm 为基准建立的一套质点间相对大小的数据，称为哥希密特离子半径（离子间的接触半径），其数据见书后附录Ⅱ。鲍林（Pauling）则考虑了原子核及其他离子的电子对核外电子的作用后，从有效核电荷的观点出发定义的一套质点间相对大小的数据，称为鲍林离子半径。除此之外，还有查哈里阿生（Zachariasen）离子半径和谢农（Shannon）的有效离子半径。

由此可见，原子半径或离子半径实际上反映了质点间相互作用达到平衡时，质点间距离的相对大小。不同学者给出的离子半径的数据在大小上虽有一定差异，但它们都反映出质点间相对距离这一实质。而这一距离的大小是与离子间交互作用的多种因素有关的，如密堆积时，一个离子周围异种离子的数目应尽可能多；温度升高时，质点间距离增大，故离子半径会相应地增大；压力增大时，离子间距离会缩小，因而离子半径亦会减小。另外，离子间的相互极化作用也会对离子半径有较大的影响。

2.2.3.2　配位数与配位多面体

一个原子（或离子）周围同种原子（或异号离子）的数目称为原子（或离子）的配位数（coordination number），用 CN 来表示。前已述及，不等径球密堆积时，大球首先按最紧密方式堆积，小球填充在大球密堆积形成的四面体或八面体空隙中，那么究竟多大的球可以填充于四面体空隙，多大的球可以填充于八面体空隙，这取决于离子间的相对大小。在 NaCl 晶体中，Cl^- 按照面心立方最紧密方式堆积，Na^+ 填充于 Cl^- 形成的八面体空隙中。这样，每个 Na^+ 周围有 6 个 Cl^-，即 Na^+ 的配位数为 6，如图 2-19 所示。而在 CsCl 结构中，每个 Cs^+ 位于 8 个 Cl^- 简单立方堆积形成的立方体空隙中，即 Cs^+ 的配位数为 8，如图 2-20 所示。这是因为离子堆积过程中，为了满足密堆积原理，使系统能量最低而趋于稳定，每个离子周围都应尽可能多地被其他离子所包围。而 Cs^+ 离子半径（0.182nm）大于 Na^+ 离子半径（0.110nm），使得它周围可以容纳更多的异号离子。由此可见，配位数的大小与正、负离子的半径的比值（相对大小）有关。

现以 NaCl、CsCl 晶体为例分析一下配位数与正负离子半径比之间的关系。从图 2-19(a) 中可以看出，位于体心的 Na^+ 和 6 个面心上的 Cl^- 形成一个钠氯八面体 $[NaCl_6]$。图 2-19(b) 是 1/2 晶胞高度的晶面上，4 个 Cl^- 和 1 个 Na^+ 的临界接触状况，从中可以取出一个直角三角形，根据边角关系可以得出形成 6 配位的八面体时，正、负离子间都能彼此接触的条件是 $r_+/r_-=0.414$。如果 $r_+/r_-<0.414$，则正、负离子间脱离接触，而负离子间彼此接触，这时负离子间斥力很大，系统能量高，结构不稳定，配位数会降低，以使系统引力、斥力达到平衡。当 $r_+/r_->0.414$ 时，正、负离子间彼此接触，负离子间脱离接触，正、负离子间引力很大，负离子间斥力较小，在一定程度内，系统引力大于斥力，结构稳定。但晶体结构不但要求正、负离子间密切接触，而且还要求正离子周围的负离子尽可能地多，即配位数越高越稳定。根据这一原则，从图 2-20 的 CsCl 结构中可以推出，当 $r_+/r_-=0.732$ 时，正离子周围可以排列 8 个负离子，即正离子的配位数为 8。这也是一个正、负离子之间彼此均相互接触的临界状态。当 $r_+/r_->0.732$ 时，在一定范围内，8 配位仍然稳定。当 $r_+/r_-=1$ 时，成为等径球堆积，密堆积时配位数为 12。由此可见，晶体结构中正、负离子的配位数的大小由结构中正、负离子半径的比值来决定。根据几何关系可以计算出正离子配位数与正、负离子半径比的关系，其值列于表 2-8。因此，如果知道了晶体结构是由何种离子构成的，则从 r_+/r_- 比值就可以确定正离子的配位数及其配位多面体的结构。常见配位多面体的形状示于图 2-21。

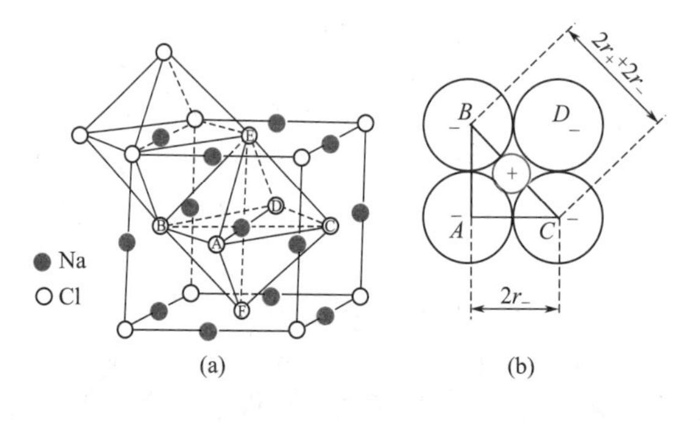

图 2-19　NaCl 晶体中的八面体结构及其离子在平面上的排列

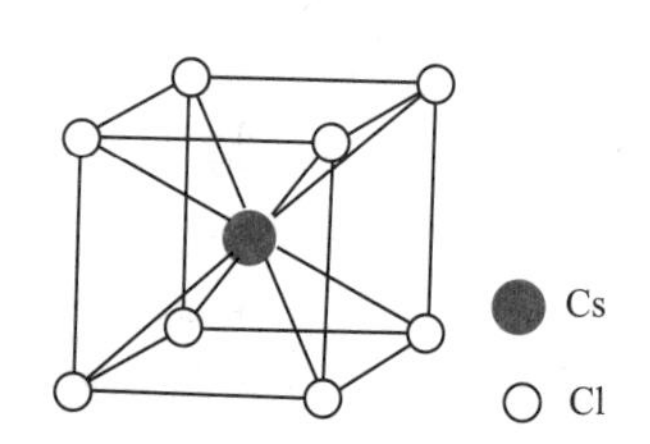

图 2-20　CsCl 晶体结构

表 2-8 正离子配位数与正、负离子半径比（r_+/r_-）的关系

r_+/r_-	正离子配位数	配位多面体形状	实例
0.000～0.155	2	哑铃形(直线形)	干冰 CO_2
0.155～0.225	3	平面三角形	B_2O_3
0.225～0.414	4	四面体形	SiO_2、GeO_2
0.414～0.732	6	八面体形	NaCl、MgO、TiO_2
0.732～1.000	8	立方体形	CsCl、ZrO_2、CaF_2
1.000	12	截角立方体(面心立方最紧密堆积)截顶的两个正方双锥的聚形(六方最紧密堆积)	金 Au 锇 Os

注：表中 r_+/r_- 的取值范围是 $0.155 \leqslant r_+/r_- < 0.225$ 时配位数为 3，其他类同。在实际晶体中，正离子在其半径允许的情况下，总是要有尽可能多的配位数，使得正、负离子间接触而负离子间稍有间隔，以保证系统处于稳定状态。

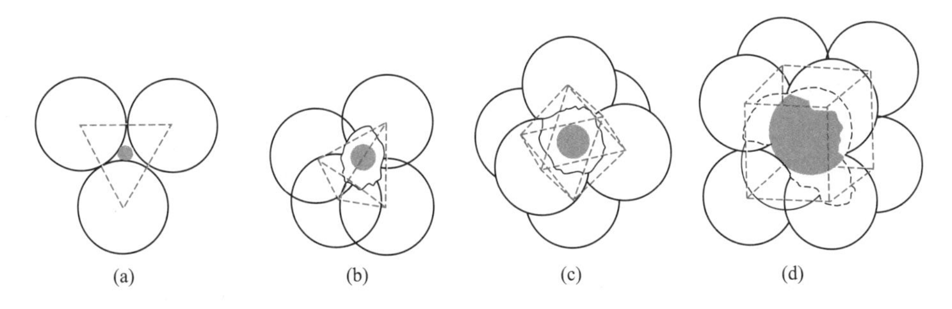

图 2-21 常见配位多面体的形状

(a) 三角体；(b) 四面体；(c) 八面体；(d) 立方体

配位多面体的概念在后面分析晶体结构时很重要，因为晶体结构可以用空间群的对称关系来描述，也可以看成是由配位多面体以特定的方式连接而成的结构。这样，一方面可以把复杂结构简化，直观简明地再现晶体结构的基本特点和相互关系，另一方面还可以比较自然客观地在多面体连接的基础上对晶体结构进行对比分类，并且不管质点间结合力的性质是离子键还是共价键，都可以用配位多面体来描述其结构。

值得注意的是在许多硅酸盐晶体中，配位多面体的几何形状不像理想的那样有规则，甚至在有些情况下可能会出现较大的偏差。在有些晶体中，每个离子周围的环境也不一定完全相同，所受的键力也可能不均衡，因而会出现一些特殊的配位情况，表 2-9 给出了一些正离子与 O^{2-} 结合时常见的配位数。

表 2-9 正离子与 O^{2-} 结合时常见的配位数

配位数	正 离 子
3	B^{3+}
4	Na^+、K^+、Be^{2+}、Ni^{2+}、Zn^{2+}、Cu^{2+}、Al^{3+}、Ti^{4+}、Si^{4+}、P^{5+}
6	Na^+、Mg^{2+}、Ca^{2+}、Fe^{2+}、Mn^{2+}、Al^{3+}、Fe^{3+}、Cr^{3+}、Ti^{4+}、Nb^{5+}、Ta^{5+}
8	Ca^{2+}、Zr^{4+}、Ce^{4+}、Th^{4+}、U^{4+}、TR^{3+}
12	K^+、Ca^{2+}、Ba^{2+}、TR^{3+}

注：表中 TR^{3+} 代表稀土离子。

从表 2-9 可以看出，在硅酸盐晶体中，Si^{4+}经常以 4 配位形式存在于 4 个 O^{2-}形成的四面体中心，构成硅酸盐晶体的基本结构单元硅氧四面体［SiO_4］。Al^{3+}一般位于 6 个 O^{2-}围成的八面体，但也可以取代 Si^{4+}而存在于四面体中心，即 Al^{3+}与 O^{2-}可以形成 6 与 4 两种配位关系。因此，在许多铝硅酸盐晶体中，Al^{3+}一方面以铝氧八面体［AlO_6］形式存在，另一方面也可以以铝氧四面体［AlO_4］形式与硅氧四面体［SiO_4］一起存在，构成硅铝氧骨架。在极少数情况下，如在红柱石晶体中，Al^{3+}也存在于被 5 个 O^{2-}所包围的多面体中心。Mg^{2+}、Fe^{2+}、Fe^{3+}一般则位于 6 个 O^{2-}形成的八面体中心。

影响配位数的因素除正、负离子半径比以外，还有温度、压力、正离子类型以及极化性能等。对于典型的离子晶体而言，在常温常压条件下，如果正离子的变形现象不发生或者变形很小时，其配位情况主要取决于正、负离子半径比，否则，应该考虑离子极化对晶体结构的影响。

2.2.3.3 离子极化

在离子晶体中，通常把离子视作刚性的小球，这是一种近似处理，仅在典型的离子晶体中误差较小。实际上，在离子紧密堆积时，带电荷的离子所产生的电场，必然要对另一个离子的电子云产生吸引或排斥作用，使之发生变形，这种现象称为极化。极化有双重作用，自身被极化和极化周围其他离子。前者用极化率（α）来表示，后者用极化力（β）来表示。极化率定义为单位有效电场强度（E）下所产生的电偶极矩（μ）的大小，即 $\alpha=\mu/E$，反映了离子被极化的难易程度，也即变形性的大小。极化力与离子的有效电荷数（Z）成正比，与离子半径（r）的 2 次方成反比，即 $\beta=Z/r^2$，反映了极化周围其他离子的能力。

自身被极化和极化周围其他离子两个作用同时存在，不可分割，但表现的程度不尽相同。一般来说，正离子半径较小，电价较高，极化力表现明显，不易被极化。负离子则相反，经常表现出被极化的现象，电价小而半径较大的负离子（如 I^-、Br^-等）尤为显著。因此，考虑离子间相互极化作用时，一般只考虑正离子对负离子的极化作用，但当正离子为 18 电子构型（如 Cu^+、Ag^+、Zn^{2+}、Cd^{2+}、Hg^{2+}等）时，极化率也比较大，正离子也容易变形。此时必须考虑负离子对正离子的极化作用，以及由此产生的诱导偶极所引起的附加极化效应。表 2-10 给出部分离子的离子半径和极化率。

表 2-10　一些离子的离子半径 r 和极化率 α

离子	Li^+	Na^+	K^+	Ca^{2+}	Sr^{2+}	Ba^{2+}	B^{3+}	Al^{3+}	Si^{4+}
r/nm	0.059	0.099	0.137	0.100	0.118	0.135	0.011	0.039	0.026
$\alpha/\times10^3$ nm	0.031	0.179	0.83	0.47	0.86	1.55	0.003	0.052	0.0165
离子	F^-	Cl^-	Br^-	I^-	O^{2-}	S^{2-}			
r/nm	0.133	0.181	0.196	0.220	0.140	0.184			
$\alpha/\times10^3$ nm	1.04	3.66	4.77	7.10	3.88	10.20			

极化会对晶体结构产生显著影响，如图 2-22 所示，主要表现为极化会导致离子间距离缩短，离子配位数降低；同时变形的电子云相互重叠，使键性由离子键向共价键过渡，最终使晶体结构类型发生变化。由于离子的极化作用，使其正负电荷中心不重合，产生电偶极矩，见图 2-22(b)。如果正离子的极化力很强，将使负离子的电子云显著变形，产生很大的电偶极矩，加强了与附近正离子间的吸引力，使得正、负离子更加接近，距离缩短，配位数降低，如图 2-23 所示。例如银的卤化物 AgCl、AgBr 和 AgI，按正、负离子半径比预测，Ag^+的配位数都是 6，属于 NaCl 型结构，但实际上 AgI 晶体属于配位数为 4 的立方 ZnS 型

结构，见表 2-11。这是由于离子间很强的极化作用，使离子间强烈靠近，配位数降低，结构类型发生变化。由于极化使离子的电子云变形失去球形对称，相互重叠，导致键性由离子键过渡为共价键。极化对 AX_2 型晶体结构的影响结果示于图 2-24。

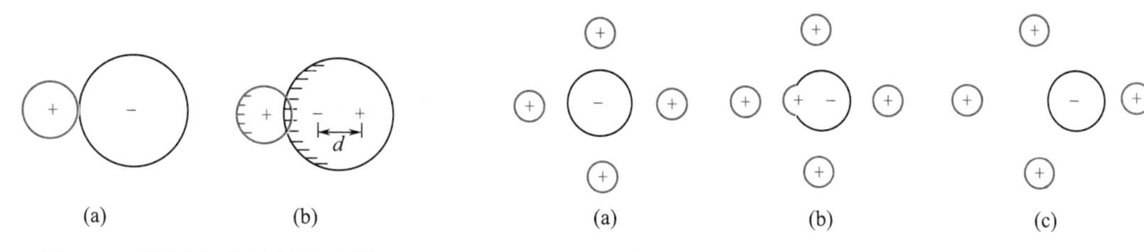

图 2-22 离子极化作用示意图

图 2-23 负离子在正离子的电场中被极化使配位数降低

表 2-11 离子极化与卤化银晶体（AgX）结构类型的关系

项目	AgCl	AgBr	AgI
Ag^+ 和 X^- 半径之和/nm	0.123+0.172=0.295	0.123+0.188=0.311	0.123+0.213=0336
Ag^+-X^- 实测距离/nm	0.277	0.288	0.299
极化靠近值/nm	0.018	0.023	0.037
r_+/r_- 值	0.715	0.654	0.577
理论结构类型	NaCl	NaCl	NaCl
实际结构类型	NaCl	NaCl	立方 ZnS
实际配位数	6	6	4

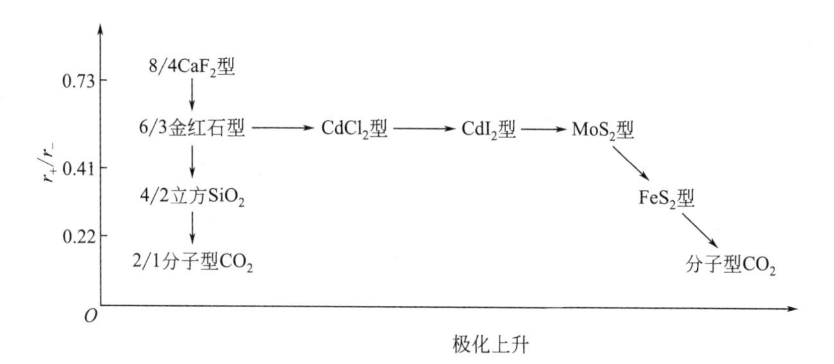

图 2-24 离子极化与 AX_2 型晶体的型变规律

综上所述，离子晶体的结构主要取决于离子间的数量（反映在原子比例方面），离子的相对大小（反映在离子半径比上）以及离子间的极化等因素。这些因素的相互作用又取决于晶体的化学组成，其中何种因素起主要作用，要视具体晶体而定，不能一概而论。

哥希密特（Goldschmidt）据此于 1926 年总结出结晶化学定律，即“晶体结构取决于其组成基元（原子、离子或离子团）的数量关系、大小关系及极化性能”。

数量关系反映在化学式上。在无机化合物晶体中，常按数量关系对晶体结构分类，见表 2-12。

构成晶体的基元的数量关系相同，但大小不同，其结构类型亦不相同。如 AX 型晶体由于离子半径比不同有 CsCl 型、NaCl 型、ZnS 型等结构，其配位数分别为 8、6 和 4。

有时，组成晶体的基元的数量和大小关系皆相同，但因极化性能不同，其结构类型亦不相同。如 AgCl 和 AgI 均属 AX 型，其 r_+/r_- 比值也比较接近，但因 Cl^- 和 I^- 的极化性能不同，使得其结构分别属于 NaCl 型和 ZnS 型。

表 2-12 无机化合物结构类型

化学式类型	AX	AX_2	A_2X_3	ABO_3	ABO_4	AB_2O_4
结构类型举例	氯化钠型	金红石型	刚玉型	钙钛矿型	钨酸钙型	尖晶石型
实例	NaCl	TiO_2	α-Al_2O_3	$CaTiO_3$	$PbMoO_4$	$MgAl_2O_4$

2.2.4 同质多晶与类质同晶

2.2.4.1 同质多晶与类质同晶

上面主要讨论了内因（化学组成）与晶体结构的关系，然而外因（温度、压力等）在一定条件下也是决定晶体结构的重要因素。从热力学角度来看，每一种晶体都有其形成和稳定存在的热力学条件。组成相同的物质，在不同的热力学条件下形成的晶体，其结构和性能截然不同。例如金刚石和石墨，化学成分都是碳，但金刚石是在高温和极高的静压力下形成的，属于立方晶系，配位数为 4，而石墨是在常压条件下形成的，属于六方晶系，配位数为 3。这种化学组成相同的物质，在不同的热力学条件下形成结构不同的晶体的现象，称为同质多晶（polymorphism）现象。由此所产生的每一种化学组成相同但结构不同的晶体，称为变体（也称晶型）。例如 SiO_2 晶体就有多种变体，α-石英和 β-石英就是其中的两个，通常用 α 表示高温稳定的变体，β 和 γ 依次表示低温稳定的变体。同质多晶现象在氧化物晶体中普遍存在，对研究晶型转变、材料制备过程中工艺制度的确定等具有重要意义。

在自然界还存在一种现象，即化学组成相似或相近的物质，在相同的热力学条件下，形成的晶体具有相同的结构，称为类质同晶（isomorphism）现象。这是自然界很多矿物经常共生在一起的根源。例如菱镁矿（$MgCO_3$）和菱铁矿（$FeCO_3$）因其组成接近，结构相同，因而经常共生在一起；类质同晶对矿物提纯与分离、固溶体的形成及材料改性具有重要意义。

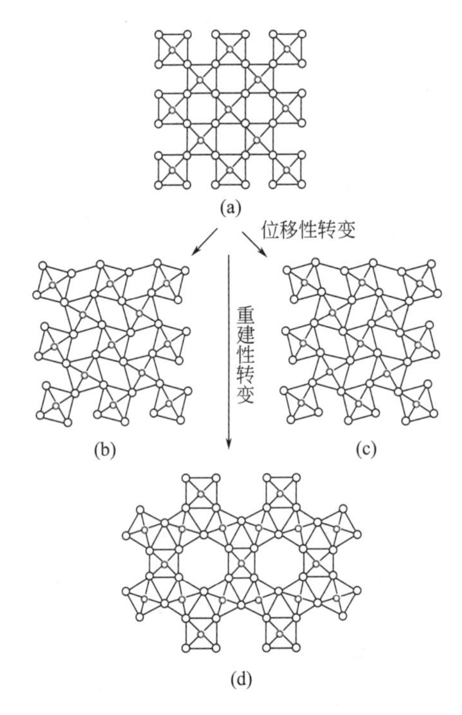

图 2-25 多晶转变类型

（a）结构的疏松形式；

（b）、（c）位移性转变形成折叠形式；

（d）重建性转变形成截然不同的结构形式

2.2.4.2 同质多晶转变

同质多晶中，由于各个变体是在不同的热力学条件下形成的，因而各个变体都有自己稳定存在的热力学范围。当外界条件改变到一定程度时，为在新的条件下建立新的平衡，各变体之间就可能发生结构上的转变，即发生同质多晶转变。

根据转变时速度的快慢和晶体结构变化的不同，可将多晶转变分为两类：位移性转变和重建性转变。

位移性转变仅仅是结构畸变，转变前后结构差异小，转变时并不打开任何键或改变最邻近的配位数，只是原子的位置发生少许位移，使次级配位有所改变，如图 2-25 所示的高对称结构（a）向（b）和（c）结构的转变。由于位移性转变仅仅是键长和键角的调整，未涉及旧键破坏和新键形成，因而转变速度很快，常在一个确定温度下发生。位移性转变也称高低温性转变。α-石英和 β-石英在 573℃的晶型转变属于位移性转变。

从图 2-25 中结构之间的能量关系来看，从高能量的疏松形式的结构（a）转变为低能量的折叠形式的结构（b）或（c），因中心质点与次级配位之间的距离缩短，系统能量降低。因此畸变形式是具有较低结构能量的低温型。

在硅酸盐晶体中具有位移性转变的变体之间，高温型变体常具有较高的对称性和疏松的结构，并有较大的比容、热容和较高的熵，位移性转变可以使结构调整到密实的低能量状态。

重建性转变不能简单地通过原子位移来实现，转变前后结构差异大，必须打开原子间的键，形成一个具有新键的结构，如图 2-25 中（a）到（d）的转变。因为破坏旧键并重新组成新键需要较大的能量，所以重建性转变的速度很慢。高温型的变体经常以介稳状态存在于室温条件下。如 α-石英和 α-鳞石英之间的转变。加入矿化剂可以加速这种转变的进行。

2.2.5 晶体结构的描述方法

如前所述，晶体是具有空间格子构造的固体，空间格子的最小单位为单位平行六面体，在这单位平行六面体的结点上接上具体晶体的质点，即为晶胞。对于晶体结构的描述，通常是描述晶胞的形状、大小和结构。

用晶胞参数（也称晶格常数）（a、b、c、α、β、γ）即可表示晶胞的形状和大小，描述晶胞结构，可采用以下几种方法。

（1）晶胞结构图　有立体图和投影图两种形式。该方法比较直观，其中立体图适应于较简单晶体结构；对于复杂的晶体结构，往往用不同坐标面上的投影图。

（2）标系　给出单位晶胞中各个质点的空间坐标，就能清楚地了解晶体的结构。这种方法描述晶体结构最为规范，但只适应于较简单晶体结构，且不太直观。

（3）球体堆积方式和填充空隙情况　这对于金属晶体和一些离子晶体的结构描述很有用。金属原子往往按紧密堆积排列，离子晶体中的阴离子也常按紧密堆积排列，而阳离子处于空隙之中。如果对球体紧密堆积方式比较熟悉，那么用这种方法描述晶体结构很直观。

（4）配位多面体及其连接方式　对结构比较复杂的晶体，使用这种方法，是有利于认识和理解晶体结构的。例如，在硅酸盐晶体结构中，经常使用配位多面体和它们的连接方式来描述。而对于结构简单的晶体，这种方法并不一定很方便。

（5）晶胞分子数（Z）　指单位晶胞中所含晶体“分子”的个数。以上几种描述晶体结构的方法，在下面讨论晶体结构时都会用到。

2.3 非金属单质晶体结构

同种元素组成的晶体称为单质晶体，非金属单质的晶体结构包括分子晶体和共价晶体。

2.3.1 惰性气体元素的晶体

惰性气体在低温下形成的晶体为 A_1（面心立方）型或 A_3（六方密堆）型结构。由于惰性气体原子外层为满电子构型，它们之间并不形成化学键，低温时形成的晶体是靠微弱的没有方向性的范德华力直接凝聚成最紧密堆积的 A_1 型或 A_3 型分子晶体。

2.3.2 非金属元素的晶体结构

根据休谟-偌瑟瑞（Hume-Rothery）规则：如果某非金属元素的原子能以单键与其他原子共价结合形成单质晶体，则每个原子周围共价单键的数目为 8 减去这个原子最外层的电子数（n），也即元素所在周期表的族数，即共价单键数目为 $8-n$。这个规则亦称 $8-n$ 规则。

非金属元素单质晶体的结构基元如图 2-26 所示，对于第Ⅶ族元素而言，每个原子周围共价单键个数为 $8-7=1$，因此，其晶体结构是两个原子先以单键共价结合成双原子分子，双原子分子之间再通过范德华力结合形成分子晶体。

对于第Ⅵ族元素而言，单键个数为 $8-6=2$，故其结构是共价结合的无限链状分子或有限环状分子，链或环之间通过范德华力结合形成晶体。

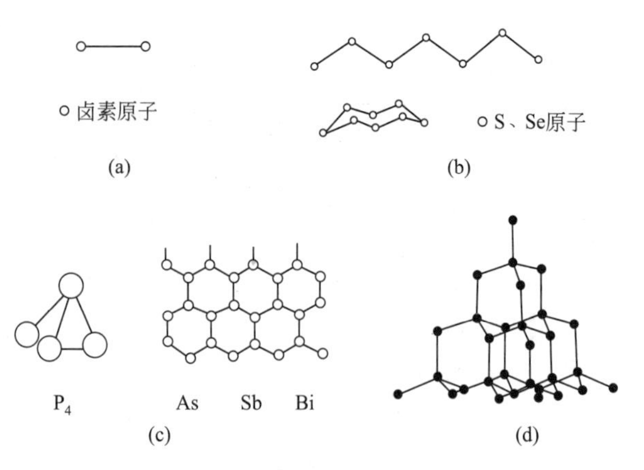

图 2-26 非金属单质晶体的结构基元

（a）第Ⅶ族元素；（b）第Ⅵ族元素；（c）第Ⅴ族元素；（d）第Ⅳ族元素

对于第Ⅴ族元素而言，单键个数为 $8-5=3$，每个原子周围有 3 个单键（或原子），其结构是原子之间首先共价结合形成有限四面体单元（P）或无限层状单元（As、Sb、Bi），四面体单元或层状单元之间借助范德华力结合形成晶体。

对于第Ⅳ族元素来说，单键个数为 $8-4=4$，每个原子周围有 4 个单键（或原子）。其中 C、Si、Ge 皆为金刚石结构，由四面体以共顶方式共价结合形成三维空间结构。

值得注意的是 O_2、N_2 及石墨（C）不符合 $8-n$ 规则，因为它们不是形成单键。O_2 是 3 键，1 个 σ 键和 2 个三电子 π 键。N_2 是 1 个 σ 键和 2 个 π 键。石墨是 sp^2 杂化后和同一层上的 C 形成 σ 键，剩余的 p_z 电子轨道形成离域 π 键。下面分述几种典型的非金属元素的晶体结构。

2.3.2.1 金刚石结构

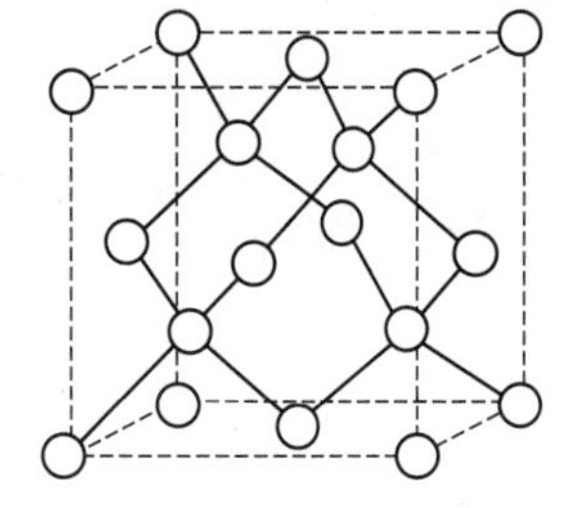

图 2-27 金刚石晶体结构

金刚石晶体的结构如图 2-27 所示，为立方晶系，Fd3m 空间群，$a=0.356$nm。由图可见，金刚石的结构是面心立方格子，C 原子分布于八个顶角和六个面心。在晶胞内部，有四个 C 原子交叉地位于 4 条体对角线的 1/4、3/4 处。每个 C 原子周围都有四个碳，配位数为 4，碳原子之间形成共价键，一个碳原子位于正四面体的中心，另外四个与之共价的碳原子在正四面体的顶角上。Ⅳ族元素 Si、Ge、α-Sn（灰锡）和人工合成的氮化硼（BN）都具有金刚石结构。

金刚石是硬度最高的材料，纯净的金刚石具有极好的导热性，金刚石还具有半导体性能。因此金刚石可作为高硬度切割材料、磨料及钻井用钻头、集成电路中散热片和高温半导体材料。

2.3.2.2 石墨结构

石墨晶体结构为六方晶系，$P6_3/mmc$ 空间群，$a=0.146$nm，$c=0.670$nm。图 2-28 为石墨晶体的结构，碳原子为层状排列。同一层中，碳原子连成六边环状，每个碳原子与相邻三个碳原子之间的距离相等，都为 0.142nm，但层与层之间碳原子的距离为 0.335nm，同一层内碳原子之间为共价键，而层与层之间的碳

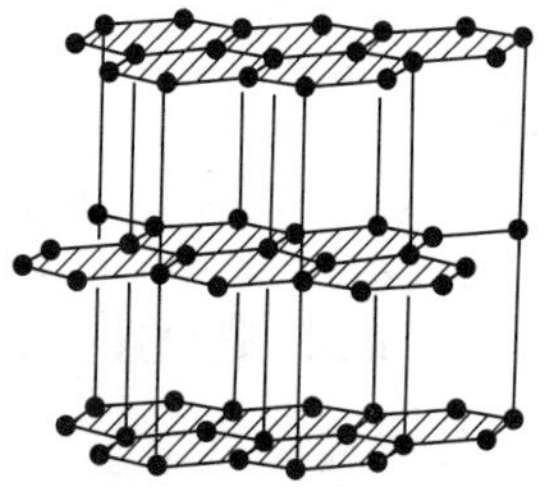

图 2-28 石墨晶体结构

原子以范德华键相连。C原子的四个外层电子在层内形成三个共价键，配位数为3，多余的一个电子可以在层内部移动，与金属中自由电子类似，因此，在平行于碳原子层的方向具有良好的导电性。

石墨硬度低，易加工，熔点高，有润滑感，导电性良好。可以用于制作高温坩埚、发热体和电极，机械工业上可做润滑剂。人工合成的六方氯化硼与石墨的结构相同。

2.3.2.3 砷、锑、铋的结构

Ⅴ族元素砷、锑、铋等属于菱方晶系。图2-29是用六方晶轴表示的锑的结构。如前所述，在六方晶系下（0001）层的堆积层序是ABCABC……，不过对锑来说，和简单菱形结构不同的是，各层并非等距离的，而是每两层组成一个相距很近的双层，双层与双层之间则相距较远。双层之间的原子是不接触的，每一单层内的原子（即构成平面六角形的各原子）也不接触，它们只和同一双层中的另一单层内的最近邻原子相接触，因而配位数是3。图2-29中示出原子1的3个最近邻配位原子2、3和4。由此可见，共价键存在于双层内，而双层与双层之间则是分子键。

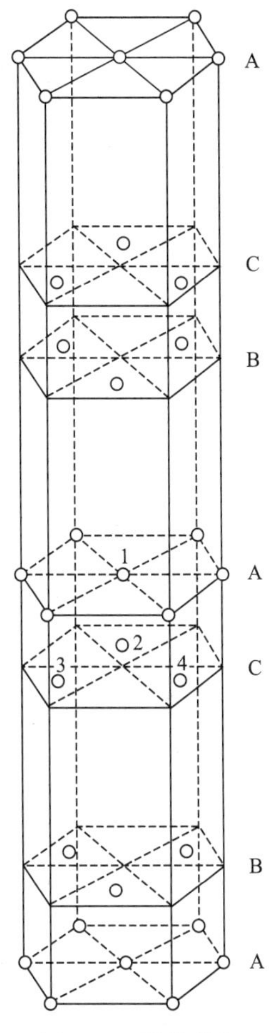

图2-29 锑的结构

2.3.2.4 硒、碲的结构

Ⅵ族元素硒、碲也属于菱方晶系，原子排列成螺旋链，因而每个原子有两个近邻原子，配位数为2，如图2-30所示。显然，链内近邻原子是共价键，而链之间则是分子键。

2.3.2.5 碘的结构

Ⅶ族元素碘的结构见图2-31。由图可见，原子是成对地排列的，每个原子有一个最近邻原子，配位数为1。每对原子就是一个碘分子，分子之间的结合键则是分子键。

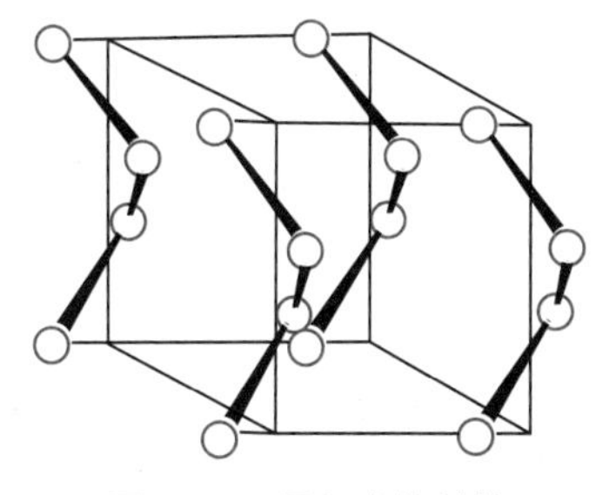

图2-30 硒和碲的结构

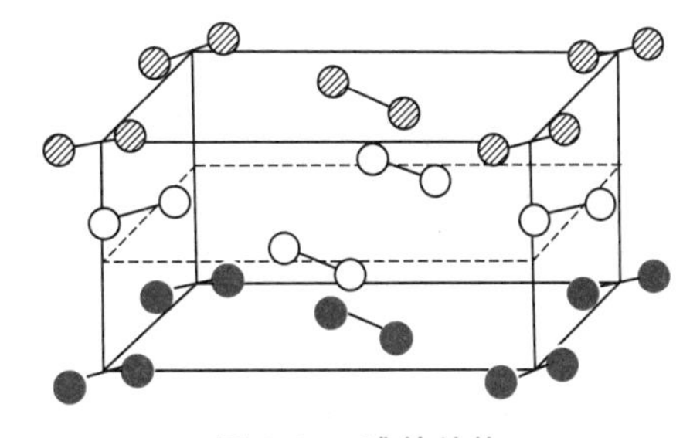

图2-31 碘的结构

2.4 无机化合物晶体结构

无机化合物结构中没有大的复杂的络离子团，了解这类结构时主要从结晶学角度熟悉晶体所属的晶系，点群、空间群符号，晶体中质点的堆积方式及空间坐标，配位数、配位多面体及其连接方式，晶胞分子数，空隙填充率，空间格子构造，键力分布等；从立体和平面几何方面建立晶胞立体图和投影图的相互关系，并能实现两者的相互转换。最终建立起材料组

成-结构-性能之间的相互关系的直观图像。

2.4.1 AX型结构

AX型结构主要有CsCl、NaCl、ZnS、NiAs等类型的结构，其键性主要是离子键。其中CsCl、NaCl是典型的离子晶体，NaCl晶体是一种透红外材料；ZnS带有一定的共价键成分，是一种半导体材料；NiAs晶体的性质接近于金属。

大多数AX型化合物的结构类型符合正、负离子半径比与配位数的定量关系，见表2-13。只有少数化合物在 $r_+/r_- > 0.732$ 或 $r_+/r_- < 0.414$ 时仍属于NaCl型结构。如KF、LiF、LiBr、SrO、BaO等。

表 2-13 AX型化合物的结构类型与 r_+/r_- 的关系

结构类型	r_+/r_-	实例(右边数据为 r_+/r_- 比值)							
CsCl型	1.000～0.732	CsCl	0.91	CsBr	0.84	CsI	0.75		
NaCl型	0.732～0.414	KF	1.00	SrO	0.96	BaO	0.96	RbF	0.89
		RbCl	0.82	BaS	0.82	CaO	0.80	CsF	0.80
		PbBr	0.76	BaSe	0.75	NaF	0.74	KCl	0.73
		SrS	0.73	RbI	0.68	KBr	0.68	BaTe	0.68
		SrSe	0.66	CaS	0.62	KI	0.61	SrTe	0.60
		MgO	0.59	LiF	0.59	CaSe	0.56	NaCl	0.54
		NaBr	0.50	CaTe	0.50	MgS	0.49	NaI	0.44
		LiCl	0.43	MgSe	0.41	LiBr	0.40	LiF	0.35
ZnS型	0.414～0.225	MgTe	0.37	BeO	0.26	BeS	0.20	BeSe	0.18
		BeTe	0.17						

从表2-13可以看出，大多数AX型晶体属于NaCl型结构，为何会出现这种情况？这可以从晶格能与半径比 r_+/r_- 的关系来解释，如图2-32所示。晶格能正比于马德隆常数 A，反比于正负离子之间的距离 r_0（$r_0=r_++r_-$）。马德隆常数的值随化学式中原子数的增加而增大，当化学式中原子数相同时，配位数较高的结构的马德隆常数的值较大，参阅表2-4。

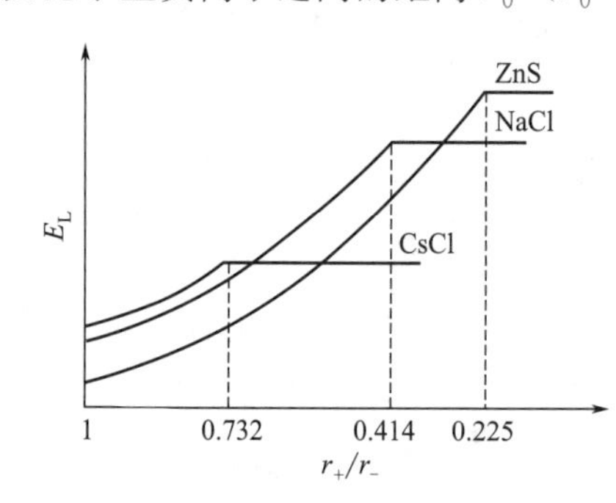

图 2-32 AX型结构的晶格能 E_L 与半径比 r_+/r_- 的关系

从图2-32可以看出，当 $r_+/r_-=1$ 时，配位数最高的CsCl型结构的马德隆常数最大，晶格能 E_L 最高，结构最稳定，因此，将形成马德隆常数最大的CsCl型结构。在负离子半径不变的情况下，随正离子半径 r_+ 减小，晶格能 E_L 递增。当 $r_+/r_-=0.732$（临界值）时，负离子间相互接触，这时正负离子间距 r_0 不再随正离子半径 r_+ 的减小而递减，晶格能不再增加。因而图2-32中的CsCl型结构的 E_L-r_+/r_- 曲线从 $r_+/r_-=0.732$ 以后变平。NaCl型结构的稳定性在 $r_+/r_-=1.000\sim0.732$ 的范围内与CsCl型结构非常接近，因为其晶格能相差很小，在这种情况下，决定晶体结构类型的极化因素就会变得很重要，甚至会起决定性作用。极化的结果，高配位的CsCl型结构就会转变成低配位的NaCl型结构。这就解释了为什么有些AX型晶体在 $r_+/r_- > 0.732$ 以后仍然属于NaCl型结构，同时也说明了AX型结构中NaCl型结构为最多的原因。

2.4.1.1 NaCl 型结构

NaCl 属于立方晶系，见图 2-18，晶胞参数的关系是 $a=b=c$，$\alpha=\beta=\gamma=90°$，点群 m3m，空间群 Fm3m。结构中 Cl^- 作面心立方最紧密堆积，Na^+ 填充八面体空隙的 100%；两种离子的配位数均为 6；配位多面体为钠氯八面体［$NaCl_6$］或氯钠八面体［$ClNa_6$］；八面体之间共用两个顶点，即共棱连接；一个晶胞中含有 4 个 NaCl“分子”，则晶胞分子数 $Z=4$；整个晶胞由 Na^+ 和 Cl^- 各一套面心立方格子沿晶胞边棱方向位移 1/2 晶胞长度穿插而成。

NaCl 型结构在三维方向上键力分布比较均匀，因此其结构无明显解理（晶体沿某个晶面劈裂的现象称为解理），破碎后其颗粒呈现多面体形状。

常见的 NaCl 型晶体是碱土金属氧化物和过渡金属的二价氧化物，化学式可写为 MO，其中 M^{2+} 为 2 价金属离子。结构中 M^{2+} 和 O^{2-} 分别占据 NaCl 中 Na^+ 和 Cl^- 的位置。这些氧化物有很高的熔点，尤其是 MgO（矿物名称方镁石），其熔点高达 2800℃左右，是碱性耐火材料镁砖中的主要晶相。

2.4.1.2 CsCl 型结构

CsCl 属于立方晶系，点群 m3m，空间群 Pm3m，如图 2-20 所示。结构中正负离子作简单立方堆积，配位数均为 8，晶胞分子数 $Z=1$，键性为离子键。CsCl 晶体结构也可以看成正负离子各一套简单立方格子沿晶胞的体对角线位移 1/2 体对角线长度穿插而成。

2.4.1.3 立方 ZnS（闪锌矿）型结构

闪锌矿（zincblende）属于立方晶系，点群 $\bar{4}3m$，空间群 $F\bar{4}3m$，其结构与金刚石结构相似，如图 2-33(a) 所示。结构中 S^{2-} 作面心立方堆积，Zn^{2+} 交错地填充于 8 个小立方体的体心，即占据四面体空隙的 1/2，正负离子的配位数均为 4。一个晶胞中有 4 个 ZnS“分子”。整个结构由 Zn^{2+} 和 S^{2-} 各一套面心立方格子沿体对角线方向位移 1/4 体对角线长度穿插而成。由于 Zn^{2+} 具有 18 电子构型，S^{2-} 又易于变形，因此，Zn—S 键带有相当程度的共价键性质。

图 2-33(b) 是晶胞在（001）面上的投影图，它是把晶胞中所有质点垂直投影某个平面上所得的平面图。投影图中各离子旁边的数字称为标高，它是以投影方向的晶轴长度作为 100 来表示离子在投影方向上所处的高度。离子在晶轴最低处（坐标原点或投影参考面）标记为 0，半高处标记为 50，最高处标记为 100，依次类推。根据晶体的周期性，在 0 处有某种离子，则 100 处必然有同种离子存在。因为位于 0 处的离子，对于下面的晶胞而言则处于 100 处，而 100 处的离子对于上面的晶胞而言则处于 0 处。同理，50 处有某种离子，则

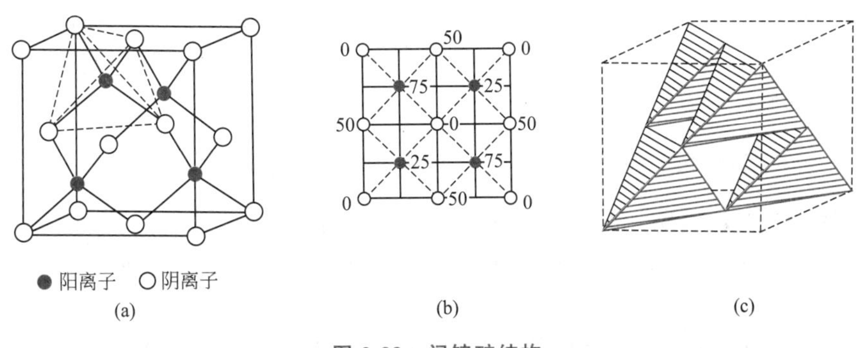

图 2-33 闪锌矿结构

(a) 晶胞结构；(b)（001）面上的投影；(c)［ZnS_4］分布及连接

±100 的 150 或−50 处亦会有同种离子出现。图 2-33(c) 反映了锌硫四面体［ZnS_4］的分布及连接情况。

常见闪锌矿型结构有 Be、Cd、Hg 等的硫化物、硒化物和碲化物以及 CuCl 及 β-SiC 等。

2.4.1.4 六方 ZnS（纤锌矿）型结构

（1）结构分析 纤锌矿（wurtzite）属于六方晶系，点群 6mm，空间群 $P6_3mc$，晶胞结构如图 2-34 所示。结构中 S^{2-} 作六方最紧密堆积，Zn^{2+} 占据四面体空隙的 1/2，Zn^{2+} 和 S^{2-} 的配位数均为 4。六方柱晶胞中 ZnS 的晶胞分子数 $Z=6$，平行六面体晶胞中，晶胞分子数 $Z=2$。结构由 Zn^{2+} 和 S^{2-} 各一套六方格子穿插而成。常见纤锌矿结构的晶体有 BeO、ZnO、CdS、GaAs 等晶体。

纤锌矿和闪锌矿结构中锌硫四面体［ZnS_4］均作共顶连接，但［ZnS_4］层平行排列的方向不同。闪锌矿中四面体层平行于（111）面排列，而纤锌矿中四面体层平行于（0001）面排列，如图 2-35 所示。同一种化合物几种不同结构的区别仅仅在于配位多面体在二维层的堆垛方式上不一样，这种现象称为多型现象，由此而产生的晶体称为多型体。如闪锌矿和纤锌矿互为多型体，它们的结构差别仅在于［ZnS_4］层排列的方向不同。

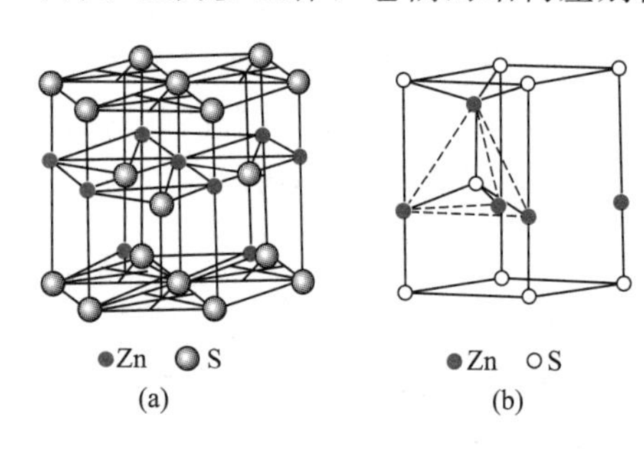

图 2-34 纤锌矿结构
(a) 六方柱晶胞；(b) 平行六面体晶胞

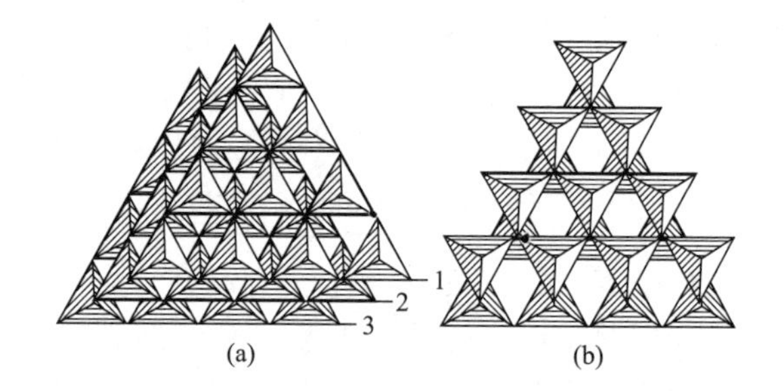

图 2-35 闪锌矿和纤锌矿中锌硫四面体［ZnS_4］的排列方式
(a) 闪锌矿中［ZnS_4］四面体层在（111）面上的排列；
(b) 纤锌矿中［ZnS_4］四面体层在（0001）面上的排列

（2）纤锌矿结构与热释电性及声电效应 某些纤锌矿型结构，由于其结构中无对称中心存在，使得晶体具有热释电性，可产生声电效应。热释电性是指某些六方 ZnS 型的晶体，由于加热使整个晶体温度变化，结果在与该晶体 c 轴垂直方向的一端出现正电荷，在相反的一端出现负电荷的性质。晶体的热释电性与晶体内部的自发极化有关。实际上，这种晶体在常温常压下就存在自发极化，只是这种效应被附着于晶体表面的自由表面电荷所掩盖，只有当晶体加热时才表现出来，故得其名。热释电晶体可以用来作红外探测器。

纤锌矿型结构的晶体，如 ZnS、CdS、GaAs 等和其他Ⅱ与Ⅵ族、Ⅲ与Ⅴ族化合物，制成半导体器件，可以用来放大超声波。这样的半导体材料具有声电效应。通过半导体进行声电相互转换的现象称为声电效应。

2.4.2 AX_2 型结构

AX_2 型结构主要有萤石（CaF_2，fluorite）型、金红石（TiO_2，rutile）型和方石英（SiO_2，α-cristobalite）型结构。其中 CaF_2 为激光基质材料，在玻璃工业中常作为助熔剂和晶核剂，在水泥工业中常用作矿化剂。TiO_2 为集成光学棱镜材料，SiO_2 为光学材料和压电材料。AX_2 型结构中还有一种层型的 CdI_2 和 $CdCl_2$ 型结构，这种材料可作固体润滑剂。AX_2 型晶体也具有按 r_+/r_- 选取结构类型的倾向，见表 2-14。

表 2-14 AX_2 型结构类型与 r_+/r_- 的关系

结构类型	r_+/r_-	实例(右边数据为 r_+/r_- 比值)
萤石(CaF_2)型	≥0.732	BaF_2 1.05 PbF_2 0.99 SrF_2 0.95 HgF_2 0.84 ThO_2 0.84 CaF_2 0.80 UO_2 0.79 CeO_2 0.77 PrO_2 0.76 CdF_2 0.74 ZrO_2 0.71 HfF_2 0.67 ZrF_2 0.67
金红石(TiO_2)型	0.414～0.732	TeO_2 0.67 MnF_2 0.66 PbO_2 0.64 FeF_2 0.62 CoF_2 0.62 ZnF_2 0.62 NiF_2 0.59 MgF_2 0.58 SnO_2 0.56 NbO_2 0.52 MoO_2 0.52 WO_2 0.52 OsO_2 0.51 IrO_2 0.50 RuO_2 0.49 TiO_2 0.48 VO_2 0.46 MnO_2 0.39 GeO_2 0.36
α-方石英型	0.225～0.414	SiO_2 0.29 BeF_2 0.27

2.4.2.1 萤石型结构及反萤石型结构

(1) 萤石(CaF_2)型结构 萤石属于立方晶系，点群 m3m，空间群 Fm3m，其结构如图 2-36 所示。Ca^{2+} 位于立方晶胞的顶点及面心位置，形成面心立方堆积，F^- 填充在八个小立方体的体心。Ca^{2+} 的配位数是 8，形成立方配位多面体 [CaF_8]。F^- 的配位数是 4，形成 [FCa_4] 四面体，F^- 占据 Ca^{2+} 堆积形成的四面体空隙的 100%。该结构也可以看成是 F^- 作简单立方堆积，Ca^{2+} 占据立方体空隙的一半。晶胞分子数 $Z=4$。从空间格子方面来看，萤石结构由一套 Ca^{2+} 的面心立方格子和 2 套 F^- 的面心立方格子相互穿插而成。

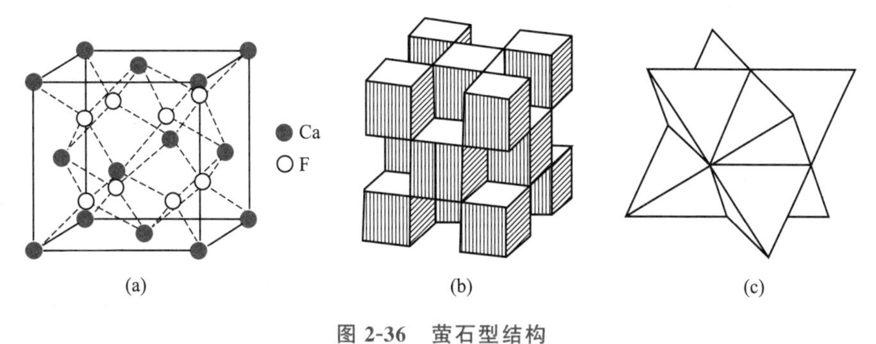

图 2-36 萤石型结构

(a) 晶胞结构；(b) [CaF_8] 立方体及其连接；(c) [FCa_4] 四面体及其连接

常见萤石型结构的晶体是一些 4 价离子 M^{4+} 的氧化物 MO_2，如 ThO_2、CeO_2、UO_2、ZrO_2（变形较大）等。

(2) 结构-性能关系

① CaF_2 与 NaCl 性质的对比 F^- 半径比 Cl^- 小，Ca^{2+} 半径比 Na^+ 稍大，综合电价和半径两因素，萤石中质点间的键力比 NaCl 中的键力强，反映在性质上，萤石的莫氏硬度为 4，熔点为 1410℃，密度为 3.18g/cm^3，水中溶解度为 0.002g/100g；而 NaCl 熔点为 808℃，密度为 2.16g/cm^3，水中溶解度为 35.7g/100g。

② 萤石的解理性 由于萤石结构中有一半的立方体空隙没有被 Ca^{2+} 填充，所以，在 {111} 面网方向上存在着相互毗邻的同号离子层，其静电斥力将起主要作用，导致晶体在平行于 {111} 面网的方向上易发生解理，因此萤石常呈八面体解理。

（3）反萤石型结构　碱金属元素的氧化物 R_2O、硫化物 R_2S、硒化物 R_2Se、碲化物 R_2Te 等 A_2X 型化合物为反萤石型结构，它们的正负离子的个数及位置刚好与萤石结构中的相反，即碱金属离子占据 F^- 的位置，O^{2-} 或其他负离子占据 Ca^{2+} 的位置。这种正负离子个数及位置颠倒的结构，称为反结构（或称反同形体）。

2.4.2.2　金红石（TiO_2）型结构

金红石属于四方晶系，点群 4/mmm，空间群 P4/mnm，其结构如图 2-37 所示。结构中 O^{2-} 作变形的六方最紧密堆积，Ti^{4+} 在晶胞顶点及体心位置，O^{2-} 在晶胞上下底面的面对角线方向各有 2 个，在晶胞半高的另一个面对角线方向也有 2 个。Ti^{4+} 的坐标是 $(0,0,0)$，$\left(\frac{1}{2},\frac{1}{2},\frac{1}{2}\right)$，$O^{2-}$ 的坐标是 $(u,u,0)$，$(1-u,1-u,0)$，$\left(\frac{1}{2}+u,\frac{1}{2}-u,\frac{1}{2}\right)$，$\left(\frac{1}{2}-u,\frac{1}{2}+u,\frac{1}{2}\right)$，其中 $u=0.31$。Ti^{4+} 的配位数是 6，形成 [TiO_6] 八面体。O^{2-} 的配位数是 3，形成 [OTi_3] 平面三角单元。Ti^{4+} 填充八面体空隙的 1/2。晶胞中 TiO_2 的分子数 $Z=2$。整个结构可以看成是由 2 套 Ti^{4+} 的简单四方格子和 4 套 O^{2-} 的简单四方格子相互穿插而成。

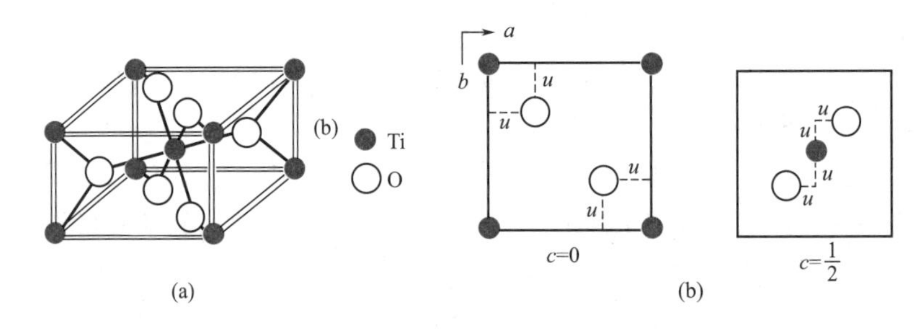

图 2-37　金红石型结构

（a）晶胞结构；（b）（001）面上的投影图

TiO_2 除金红石型结构之外，还有板钛矿和锐钛矿两种变体，其结构各不相同。常见金红石结构的氧化物有 SnO_2、MnO_2、CeO_2、PbO_2、VO_2、NbO_2 等。TiO_2 在光学性质上具有很高的折射率（2.76），在电学性质上具有高的介电系数。因此，TiO_2 成为制备光学玻璃的原料，也是无线电陶瓷中需要的晶相。

2.4.2.3　碘化镉（CdI_2）型结构

碘化镉属于三方晶系，空间群 P3m，是具有层状结构的晶体，如图 2-38(a) 所示。Cd^{2+} 位于六方柱晶胞的顶点及上下底面的中心，I^- 位于 Cd^{2+} 三角形重心的上方或下方。每个 Cd^{2+} 处在 6 个 I^- 组成的八面体的中心，其中 3 个 I^- 在上，3 个 I^- 在下。每个 I^- 与 3 个在同一边的 Cd^{2+} 相配位。I^- 在结构中按变形的六方最紧密堆积排列，Cd^{2+} 相间成层地填充于 1/2 的八面体空隙中，形成了平行于（0001）面的层型结构。每层含有两片 I^-，一片 Cd^{2+}。层内 [CdI_6] 八面体之间共面连接（共用 3 个顶点），见图 2-38(b)，由于正负离

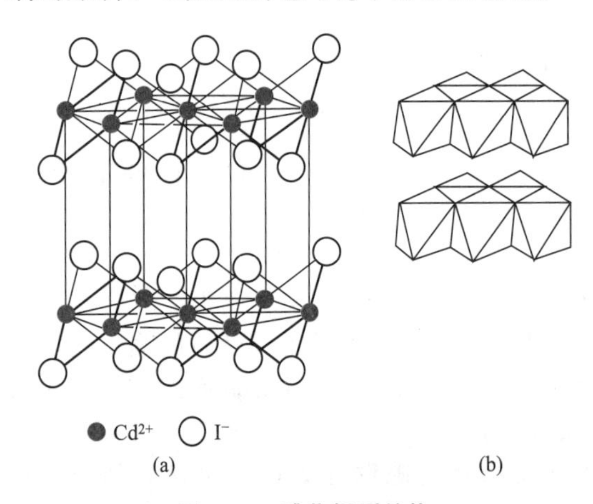

图 2-38　碘化镉型结构

（a）晶胞结构；（b）[CdI_6] 八面体层及其连接方式

子强烈的极化作用，层内化学键带有明显的共价键成分。层间通过分子力结合。由于层内结合牢固，层间结合很弱，因而晶体具有平行（0001）面的完全解理。

常见 CdI_2 型结构的层状晶体是 $Mg(OH)_2$、$Ca(OH)_2$ 等晶体。

2.4.3 A_2X_3 型结构

A_2X_3 型化合物晶体结构比较复杂，其中有代表性的结构有刚玉（α-Al_2O_3，corundum）型结构，稀土 A、B、C 型结构等。由于这些结构中多数为离子键性强的化合物，因此，其结构的类型也有随离子半径比变化的趋势，如图 2-39 所示。表 2-15 列出了一些化合物的结构类型与离子半径比的关系。刚玉型和稀土 C 型结构中正离子配位数都是 6，但 C 型的 6 配位是将 8 配位中的 O^{2-} 的 2 个去掉而成，因此，正离子的位置比正常 6 配位要大些。A 型和 B 型结构中正离子虽然都是 7 配位，但 A 型结构中正离子的位置要大得多。

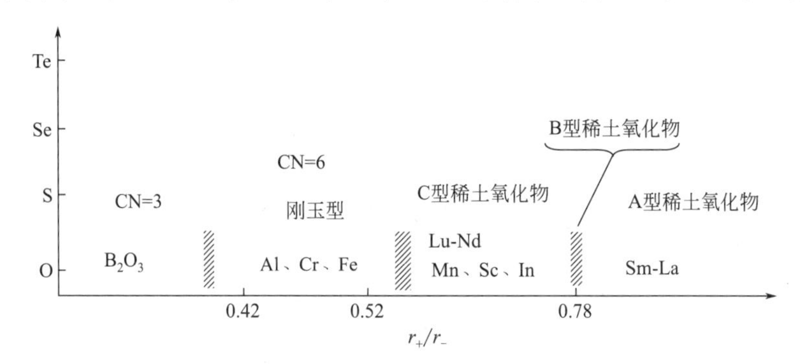

图 2-39 A_2X_3 型结构类型与 r_+/r_- 的关系

表 2-15 A_2X_3 型晶体的结构类型与 r_+/r_- 的关系

结构类型	配位数	实例(右边数据为 r_+/r_- 比值)
刚玉型	6	α-Al_2O_3 0.364 α-Ga_2O_3 0.443 α-Fe_2O_3 0.457 Ti_2O_3 0.543
C 型	6	Sc_2O_3 0.579 Lu_2O_3 0.607 Er_2O_3 0.636 Dy_2O_3 0.657
B 型	7	Gd_2O_3 0.693 Sm_2O_3 0.714
A 型	7	Pr_2O_3 0.757 La_2O_3 0.814

2.4.3.1 刚玉（α-Al_2O_3）型结构

刚玉，即 α-Al_2O_3，天然 α-Al_2O_3 单晶体称为白宝石，其中呈红色的称为红宝石（ruby），呈蓝色的称为蓝宝石（sapphire）。刚玉属于三方晶系，空间群 $R\bar{3}c$。由于其单位晶胞较大且结构较复杂，因此，以原子层的排列结构和各层间的堆积顺序来说明比较容易理解，见图 2-40。其中 O^{2-} 近似地作六方最紧密堆积（hcp），Al^{3+} 填充在 6 个 O^{2-} 形成的八面体空隙中。由于 Al/O=2/3，所以 Al^{3+} 占据八面体空隙的 2/3，其余 1/3 的空隙均匀分布，见图 2-40(a)。这样 6 层构成一个完整周期，见图 2-40(b)，多周期堆积起来形成刚玉结构。结构中 2 个 Al^{3+} 填充在 3 个八面体空隙时，在空间的分布有 3 种不同的方式，见图 2-40(b) 和图 2-41(a)。刚玉结构中正负离子的配位数分别为 6 和 4。

刚玉型结构的化合物还有 α-Fe_2O_3（赤铁矿，hematite）、Cr_2O_3、V_2O_3 等氧化物以及钛铁矿（ilmenite）型化合物 $FeTiO_3$、$MgTiO_3$、$PbTiO_3$、$MnTiO_3$ 等。

刚玉硬度非常大，莫氏硬度为 9，熔点高达 2050℃，这与 Al—O 键的牢固性有关。

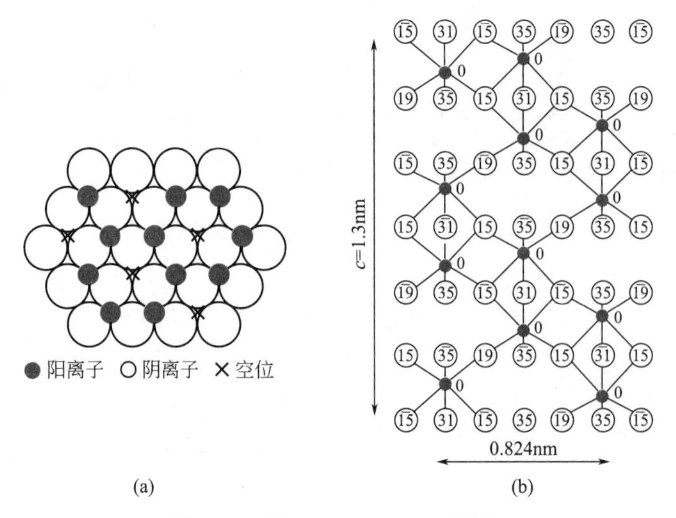

图 2-40　刚玉（α-Al_2O_3）型结构

（a）刚玉型结构中正离子的排列；（b）刚玉结构在（$2\bar{1}\bar{1}0$）面上的投影，反映出 6 个 Al-O 层在 c 轴方向构成一个周期

α-Al_2O_3 是高绝缘无线电陶瓷和高温耐火材料中的主要矿物。刚玉质耐火材料对 PbO、B_2O_3 含量高的玻璃具有良好的抗腐蚀性能。

理解 α-Al_2O_3 晶体结构对人造宝石——白宝石、红宝石等晶体的生长具有指导意义，同时，对理解铁电、压电晶体 $FeTiO_3$、$LiSbO_3$、$LiNbO_3$ 的结构也有帮助。图 2-41 示意出这几种结构的异同。

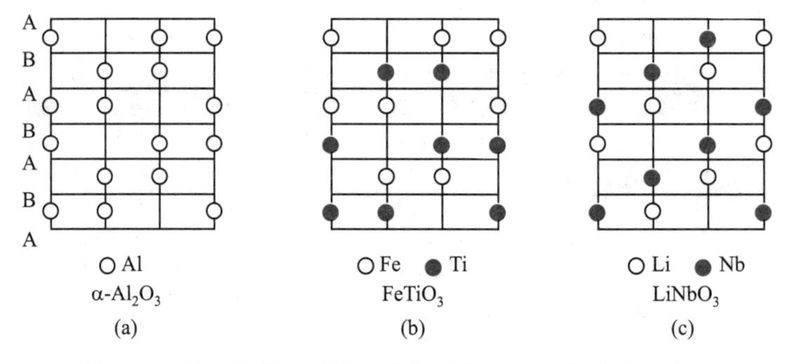

图 2-41　刚玉结构、钛铁矿结构及铌酸锂结构对比示意图

（a）刚玉结构中 O^{2-} 作 hcp 排列，显示出 2 个 Al^{3+} 填充以 3 个八面体空隙时在 c 轴方向上的 3 种不同的分布方式；（b）钛铁矿结构中 Fe^{2+} 和 Ti^{4+} 取代刚玉中的 Al^{3+} 后交替成层分布于 c 轴方向，形成钛铁矿结构；（c）铌酸锂结构中 Li^{+} 和 Nb^{5+} 取代刚玉中的 Al^{3+} 后，同一层内 Li^{+} 和 Nb^{5+} 共存并成层分布于 c 轴方向，形成铌酸锂结构

2.4.3.2　C 型稀土氧化物结构

C 型稀土氧化物主要有 α-Mn_2O_3、Sc_2O_3、Tl_2O_3 等。这类结构属于立方晶系，可以通过萤石结构衍生而来，即将 CaF_2 中的 Ca^{2+} 换成 Mn^{3+}，将 F^- 的 3/4 换成 O^{2-}，剩余的 1/4 的 F^- 的位置空着。空位的分布如图 2-42 所示。结构中正负离子的配位数分别为 6 和 4，其单位晶胞为 CaF_2 的 2 倍。

2.4.3.3　A 型稀土氧化物结构

A 型稀土氧化物有 La_2O_3。这类结构属于三方晶系，正离子配位数为 7，如图 2-43 所示。该结构可以认为是由 C 型结构的正离子尺寸增大，再经畸变而形成 7 配位的结构。

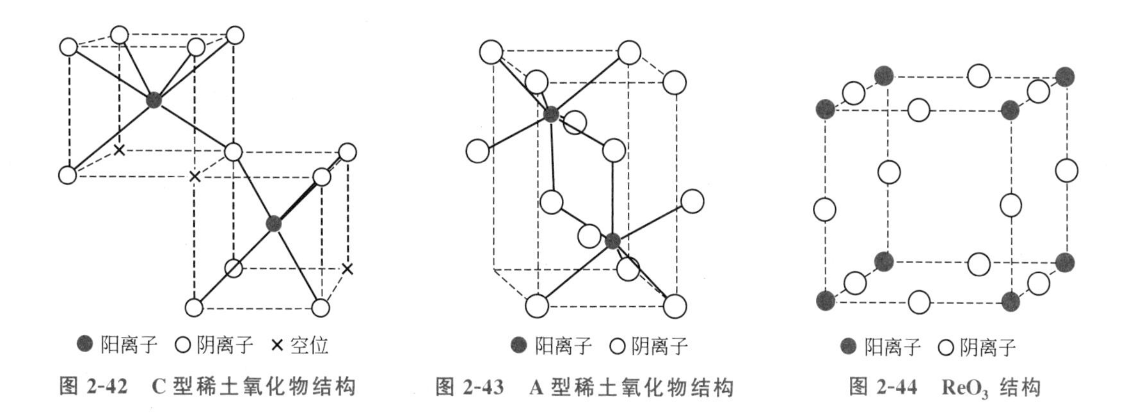

图 2-42 C 型稀土氧化物结构　　图 2-43 A 型稀土氧化物结构　　图 2-44 ReO_3 结构

2.4.3.4 B 型稀土氧化物结构

B 型稀土氧化物有 Sm_2O_3。这种结构配位数亦为 7，但属于单斜晶系，是对称性低的复杂结构，在此对其结构不做详细介绍。

2.4.4 AX_3 型和 A_2X_5 型结构

AX_3 型晶体中有代表性的是 ReO_3，属于立方晶系，正负离子配位数分别为 6 和 2，如图 2-44 所示。结构中［ReO_6］八面体之间在三维方向上共顶连接来形成晶体结构。该结构的特点是单位晶胞的中心存在很大的空隙。WO_3 的结构可由 ReO_3 的结构稍加变形而得到。

A_2X_5 型化合物的结构一般都比较复杂，其中有代表性的是 V_2O_5、Nb_2O_5 等。Nb_2O_5 的结构可以由 ReO_3 的结构演变而来。把 ReO_3 结构中八面体的共顶连接方式换成共棱连接，即可形成 Nb_2O_5 结构。

2.4.5 ABO_3 型结构

含有两种正离子的多元素化合物中，其结构基元的构成分为两类：其一是结构基元是单个原子或离子；其二是络阴离子。络阴离子是由数个原子或离子组成的带电的原子或离子团。其形状一般呈多面体，见图 2-45。络阴离子作为一个整体可以从一个化合物中转移到另一化合物中，在溶液或熔体中，络离子也能整体存在。在络离子中，其中心原子与周围配位原子间的化学键都具有共价键成分。若中心原子与配位原子之间依靠纯粹的静电力结合，则不能算作络离子。例如，在 $CaTiO_3$ 中虽存在［TiO_6］八面体，但并没有独立的 TiO_3^{2-} 络离子存在。当 ABO_3 型结构中的高价正离子 B 很小时，就不能被 O^{2-} 以八面体形式所包围。如 C^{4+}、Nb^{5+} 或 B^{3+} 等，这时就不能形成钙钛矿（$CaTiO_3$）型结构，而形成方解石（$CaCO_3$）型结构。总之，只要这些络离子与其他离子之间主要以离子键结合，就可以将其

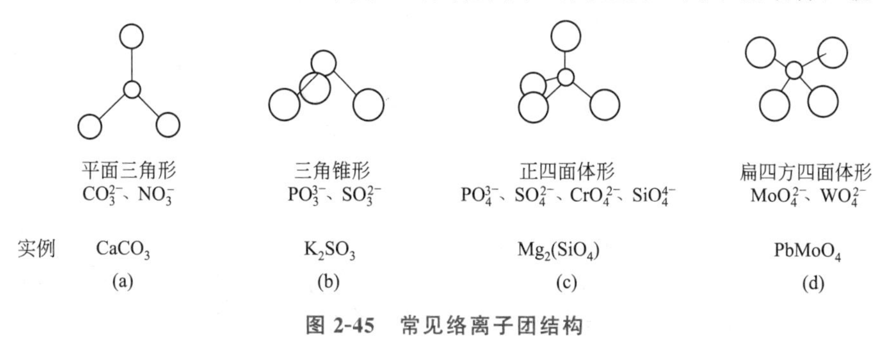

图 2-45 常见络离子团结构

归入离子晶体来讨论。

ABO_3 型结构中，如果A离子与氧离子尺寸相差较大，则形成钛铁矿型结构，如果A离子与氧离子尺寸大小相同或相近，则形成钙钛矿型结构，其中A离子与氧离子一起构成fcc结构。

2.4.5.1 钛铁矿（$FeTiO_3$）型结构

（1）结构分析　钛铁矿（ilmenite）是以 $FeTiO_3$ 为主要成分的天然矿物，结构属于三方晶系，其结构可以通过刚玉结构衍生而来，见图2-41。将刚玉结构中的2个3价阳离子用2价和4价或1价和5价的两种阳离子置换便形成钛铁矿结构。

在刚玉结构中，氧离子的排列为hcp结构，其中八面体空隙的2/3被铝离子占据，将这些铝离子用两种阳离子置换有两种方式。第一种置换方式是：置换后Fe层和Ti层交替排列构成钛铁矿结构，属于这种结构的化合物有 $MgTiO_3$、$MnTiO_3$、$FeTiO_3$、$CoTiO_3$、$LiTaO_3$ 等。第二种置换方式是：置换后在同一层内一价和五价离子共存，形成 $LiNbO_3$ 或 $LiSbO_3$ 结构，见图2-41。

（2）铌酸锂晶体与电光效应　铌酸锂（$LiNbO_3$）晶体是目前用途最广泛的新型无机材料之一，它是很好的压电换能材料、铁电材料、电光材料、非线性光学材料及表面波介质材料。铌酸锂作为电光材料在光通信中起到光调制作用。

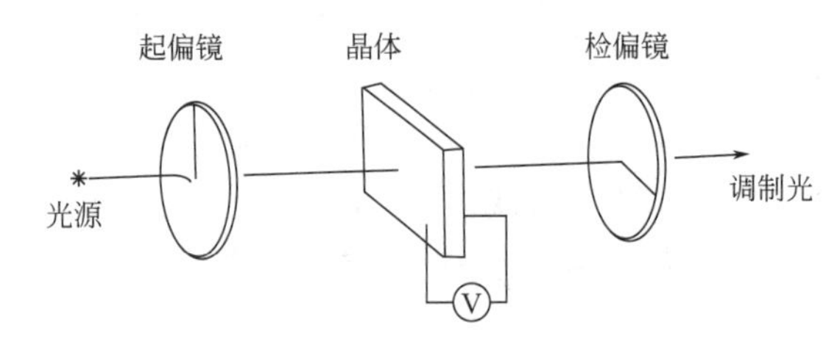

图2-46　电光调制器工作原理

电光效应是指对晶体施加电场时，晶体的折射率发生变化的效应。有些晶体内部由于自发极化存在着固有电偶极矩，当对这种晶体施加电场时，外电场使晶体中的固有电偶极矩的取向倾向于一致或某种优势取向，因此，必然改变晶体的折射率，即外电场使晶体的光率体发生变化。在光通信中，电-光调制器就是利用电场使晶体的折射率改变这一原理制成的，其工作原理如图2-46所示。电光晶体位于起偏镜和检偏镜之间，在未施加电场时，起偏镜和检偏镜相互垂直，自然光通过起偏镜后检偏镜挡住而不能通过。施加电场时，光率体变化，光便能通过检偏镜。通过检偏镜的光的强弱由施加于晶体上的电压的大小来控制，从而实现通过控制电压对光的强弱进行调制的目的。

2.4.5.2 钙钛矿（$CaTiO_3$）型结构

（1）结构分析　钙钛矿（perovskite）是以 $CaTiO_3$ 为主要成分的天然矿物，理想情况下其结构属于立方晶系，如图2-47所示。结构中 Ca^{2+} 和 O^{2-} 一起构成fcc堆积，Ca^{2+} 位于顶角，O^{2-} 位于面心，Ti^{4+} 位于体心。Ca^{2+}、Ti^{4+} 和 O^{2-} 的配位数分别为12、6和6。Ti^{4+} 占据八面体空隙的1/4。[TiO_6] 八面体共顶连接形成三维结构。

这种结构只有当A离子位置上的阳离子（如 Ca^{2+}）与氧离子同样大小或比其大些，并且B离子（Ti^{4+} 阳离子）的配位数为6时才是稳定的。理想情况下钙钛矿结构中两种阳离子半径 r_A、r_B 与氧离子半径 r_O 之间满足下面的关系式：

$$r_A+r_O=\sqrt{2}(r_B+r_O) \tag{2-17}$$

这是因为形成理想钙钛矿结构时，假设晶胞参数为 a_0，根据图2-47，在晶胞侧面上有 $2(r_A+r_O)=\sqrt{2}a_0$，在八面体内有 $2(r_B+r_O)=a_0$，于是 $r_A+r_O=\sqrt{2}(r_B+r_O)$。

实际晶体中能满足这种理想情况的非常少，多数钙钛矿型结构的晶体都不是理想结构而

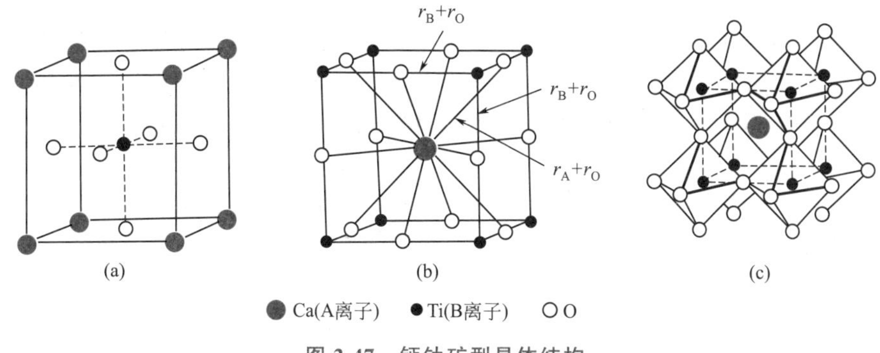

图 2-47 钙钛矿型晶体结构

(a) 晶胞结构；(b) 反映 Ca^{2+} 配位的晶胞结构（另一种晶胞取法）；(c)[TiO_6] 八面体连接

有一定畸变，因而产生介电性能。其中有代表性的化合物是 $BaTiO_3$、$PbTiO_3$ 等，具有高温超导特性的氧化物的基本结构也是钙钛矿结构。

在实际钙钛矿型晶体中，A、B 离子半径在一定范围内波动，引入容许间隙因子 t（也称容差因子，tolerance factor)，则不同离子大小之间的关系为：

$$r_A+r_O=t\sqrt{2}(r_B+r_O) \tag{2-18}$$

其中 t 的意义是：$t=1$ 时为理想型；$t>1$ 时，r_A 过大，r_B 过小；$t<1$ 时则相反。一般情况下，钙钛矿型结构的 t 值在 0.7～1.0 之间。钙钛矿型晶体是一种极其重要的功能材料，实际应用中常通过掺杂取代来改善材料的性能，掌握此关系对于选择掺杂元素、设计材料组成极为重要。

钙钛矿型结构的化合物，在温度变化时会引起晶体结构的变化。以 $BaTiO_3$ 为例，由低温到高温，其晶体结构变化如下：

三方	$\xrightarrow{-80℃}$	斜方	$\xrightarrow{5℃}$	正方	$\xrightarrow{120℃}$	立方	$\xrightarrow{1460℃}$	六方	$\xrightarrow{1612℃}$	熔体
铁电体	相变温度	铁电体	相变温度	铁电体	居里温度	顺电体	相变温度	顺电体	熔点	

其中三方、斜方、正方都是由立方点阵经少许畸变而得到，如图 2-48 所示。这种畸变与晶体的介电性能密切相关。高温时由立方向六方转变时要进行结构重组，立方结构被破坏，重构成六方点阵。

(2) $BaTiO_3$ 的铁电效应　$BaTiO_3$ 属钙钛矿型结构，是典型的铁电材料，在居里温度以下表现出良好的铁电性能，而且是一种很好的光折变材料，可用于光储存。铁电晶体是指具有自发极化且在外电场作用下具有电滞回线的晶体。

铁电性能的出现与晶体内的自发极化有关。晶体在外电场作用下的极化包括电子极化、离子极化和分子极化三种。

① 钙钛矿型结构自发极化的微观机制　对于理想的单晶体而言，如果不存在外电场时，单位晶胞中的正负电荷中心不重合，具有一定的固有电偶极矩，这种现象称为自发极化（spontaneous polarization)。由于晶体的周期性，单位晶胞的固有电偶极矩自发地在同一方向上整齐排列，使晶

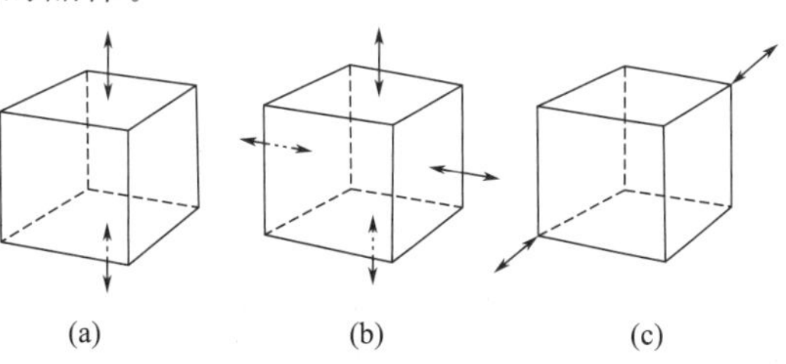

图 2-48 立方点阵变形时形成的三方、斜方及正方点阵

(a) 单轴方向变形→正方晶；(b) 双轴方向变形→斜方晶；(c) 对角线方向变形→三方晶

体出现极性而处于自发极化状态。

实际晶体，即使是单晶体，内部或多或少总存在着空位、位错等缺陷。这些缺陷的存在使得单位晶胞的固有电偶极矩不可能在整个晶体范围内整齐排列。这样，晶体内便存在着一系列自发极化方向不同的区域。自发极化方向相同的晶胞组成的小区域称为电畴（electric domain）。

单位晶胞中的固有电偶极矩是如何产生的？这主要是由于晶胞中某些离子发生位移，造成正负电荷中心不重合，从而产生电偶极矩。一般晶体中离子只能作弹性位移，离子偏离平衡位置后在恢复力作用下很快又回到其平衡位置，不可能在新的位置上固定下来。因此，要产生自发极化就必须满足：离子位移后固定在新位置上的力大于位移后的恢复力。

在无外电场作用下，使离子固定在新位置上的力，只能是离子位移后产生的强大的内电场。而内电场和恢复力的大小都与晶体结构密切相关。$BaTiO_3$ 晶体虽然具有钙钛矿型结构，但它和其他非自发极化的钙钛矿型晶体结构有显著不同。当温度稍高于 120℃时，立方 $BaTiO_3$ 晶体的晶胞参数 $a=0.401nm$，Ti^{4+} 和 O^{2-} 中心的距离为 $a/2=0.2005nm$，而 Ti^{4+} 和 O^{2-} 半径之和是 0.196nm，这说明 Ti^{4+}、O^{2-} 之间还有 0.0045nm 的间隔，即 Ti^{4+} 比氧八面体空隙小，见图 2-49，因此，Ti^{4+} 发生位移后的恢复力较小。由于 Ti^{4+} 电价高，故它和 O^{2-} 之间的相互作用非常强烈。当 Ti^{4+} 发生位移向某一 O^{2-} 靠近时，使 O^{2-} 的电子云变形，也向 Ti^{4+} 靠拢并发生强烈的电子位移极化，O^{2-} 极化所产生的电场会促使 Ti^{4+} 进一步位移，这样相互作用直到外层电子云相互渗透后产生的排斥力（恢复力）与内电场力（极化力）相平衡为止。Ti^{4+}、O^{2-} 相互作用所形成的内电场很大，完全可能超过 Ti^{4+} 位移不大时所产生的恢复力，因此，在一定条件下就有可能使 Ti^{4+} 在新位置上固定下来，使单位晶胞中正负电荷中心不重合，产生电偶极矩。

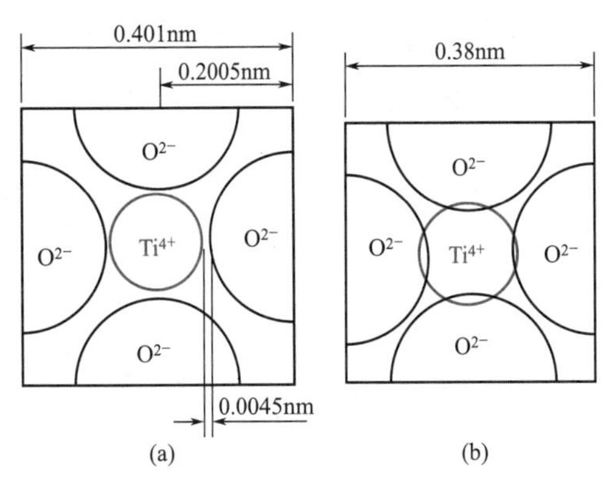

图 2-49　$BaTiO_3$ 和 $CaTiO_3$ 结构的剖面图

（a）$BaTiO_3$；（b）$CaTiO_3$

② 自发极化与结构的关系　钛酸钙与钛酸钡都属于钙钛矿型结构，结构中都有钛、氧离子，但钛酸钙不存在自发极化现象，为什么？这同样可以从图 2-49 的结构得到解释。在室温下，钛酸钙的晶胞参数 $a=0.38nm$，钛、氧离子中心间距为 0.19nm，比钛、氧离子半径之和小 0.006nm。这说明氧八面体空隙比钛离子小得多，钛离子位移后恢复力很大，无法在新位置上固定下来，因此不会出现自发极化。

在钙钛矿型结构中，除钛酸钡以外的很多晶体都存在自发极化，具有铁电效应，这与结构中存在氧八面体有关。氧八面体空隙越大，中心阳离子半径越小，电价越高，晶体越容易产生自发极化。当然，并不是所有含有氧八面体的晶体都会出现自发极化。要发生自发极化，除了离子位移后具有强大的内电场、较小的恢复力外，氧八面体以共顶方式连接构成氧-高价阳离子直线（B—O—B）也是非常重要的条件。金红石结构中，虽然氧八面体中心有高价阳离子 Ti^{4+}，但没有 Ti—O—Ti 离子直线，极化无法产生连锁反应向前扩展而形成电畴，因此不能产生自发极化，故金红石晶体不是铁电体。

在理想情况下，电畴从形成中心开始一直可以扩展到整个晶体。实际晶体中，极化从某一中心扩展到晶格缺陷附近就会停止，因为到了缺陷附近，离子间的内电场出现了间断。这时，只好等待另一个自发极化中心出现并按不同方向扩展，结果在晶体内出现一系列方向不同的电畴。由于钛酸钡晶体中的氧离子位于相互垂直的三个轴上，因此不同电畴中钛离子的自发位移方向只能是互相反平行和垂直的。这就从结构角度解释了为什么钛酸钡晶体中只有反平行和垂直两类电畴。

③ 自发极化与温度的关系 铁电体的自发极化只在一定的温度范围内出现。在温度高于120℃时，$BaTiO_3$ 晶体的自发极化将消失，从自发极化状态过渡到非自发极化状态，晶体由铁电体变成顺电体，此时的温度称为居里温度。实际上，晶体中的质点总是在其平衡位置附近作微小的热振动。当温度高于120℃时，氧八面体中心的钛离子的热振动能量较高，钛离子位移后形成的内电场不足以使钛离子固定在新位置上，因而不能使周围晶胞中的钛离子沿同一方向产生位移，这时，氧八面体中心的钛离子向周围6个氧离子靠近的概率相等，总体来看，钛离子仍然位于氧八面体的中心，不会偏向某一个氧离子。当温度低于120℃时，钛离子的热振动能量降低。其中热振动能量低于平均能量的那些钛离子，便不足以克服钛离子位移后所形成的内电场的作用力，于是就会向某一氧离子靠近，例如向 Z 轴方向的氧离子A靠近，如图2-50所示，结果就产生了自发极化。这时，只要周围晶格中的钛离子的平均热运动能量比较低，则这种自发极化就会波及到周围晶胞，使附近的钛离子沿同一方向发生极化，产生了自发极化方向相同的小区域——电畴。由于是单轴方向发生畸变，晶胞在钛离子位移的方向——Z 轴（即 c 轴）伸长，晶体结构由立方晶系向正方晶系转变。

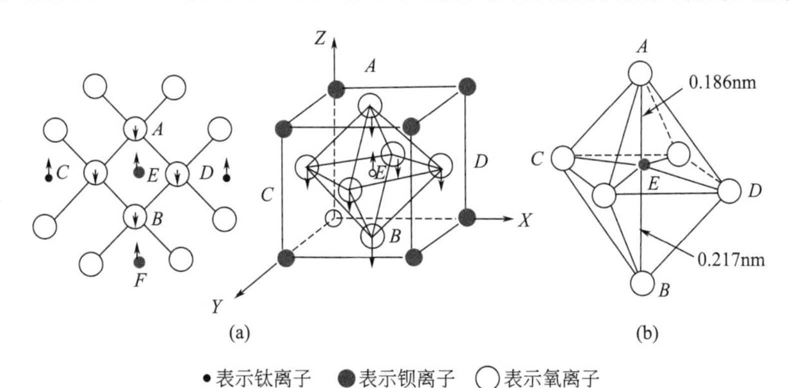

图 2-50 钛酸钡晶胞自发位移极化示意图（极化结果晶体由立方晶系转变为正方晶系）

2.4.6 ABO_4 型结构

2.4.6.1 白钨矿型结构

白钨矿是以 $PbWO_4$ 为主要成分的天然矿物，组成为 ABO_4。$PbMoO_4$ 结构属于白钨矿型结构，其结构属于四方晶系，如图2-51所示。晶胞参数 $a=0.5432nm$，$c=1.2107nm$；晶胞分子数 $Z=4$。

2.4.6.2 $PbMoO_4$ 的声光效应

$PbMoO_4$ 是一种重要的声光材料。声光效应是指光被声光介质中的超声波所衍射或散射的现象。如图2-52所示，在声光晶体的一端贴上压电换能器（一般用 $LiNbO_3$ 晶体），输入高频电信号后压电晶体产生高频振荡，其频率通常在超声波范围，这是一种弹性波，传入声光晶体后晶体将发生压缩或伸长。当激光束通过压缩-伸长应变层时就能使光产生折射或衍射。折射率随位置的周期性变化就可起到衍射光栅的作用，光栅常数就等于输入的超声波的波长。显然，输入的超声波波长发生变化，光衍射角也随之变化。这样，通过控制高频电路的输入频率，就可控制激光偏转角。声光激光打印机就是利用这一原理设计而成。

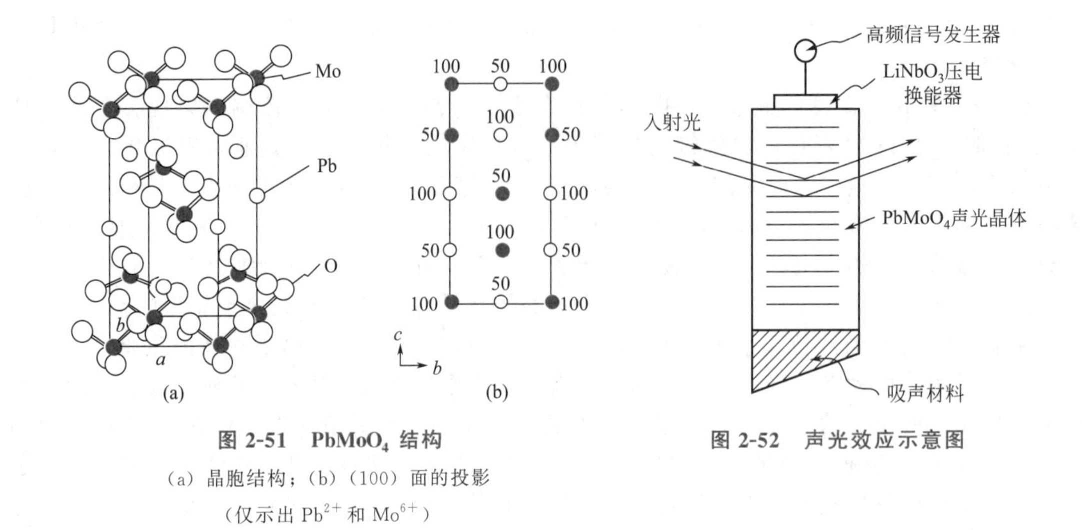

图 2-51　$PbMoO_4$ 结构

（a）晶胞结构；（b）（100）面的投影

（仅示出 Pb^{2+} 和 Mo^{6+}）

图 2-52　声光效应示意图

2.4.7　AB_2O_4 型结构

2.4.7.1　镁铝尖晶石（$MgAl_2O_4$）结构

AB_2O_4 型晶体以尖晶石（spinelle）为代表，式中 A 为 2 价，B 为 3 价正离子。镁铝尖晶石（$MgAl_2O_4$）结构属于立方晶系，空间群 Fd3m，如图 2-53 所示。其中图 2-53(a) 为尖晶石晶胞图，它可看成是 8 个小块交替堆积而成。小块中质点排列有两种情况，分别以 A 块和 B 块来表示，见图 2-53(b)。A 块显示出 Mg^{2+} 占据四面体空隙，B 块显示出 Al^{3+} 占据八面体空隙的情况。结构中 O^{2-} 作面心立方最紧密堆积，Mg^{2+} 填充在四面体空隙，Al^{3+} 占据八面体空隙。晶胞中含有 8 个尖晶石"分子"，即 $8MgAl_2O_4$，因此，晶胞中有 64 个四面体空隙和 32 个八面体空隙，其中 Mg^{2+} 占据四面体空隙的 1/8，Al^{3+} 占据八面体空隙的 1/2。

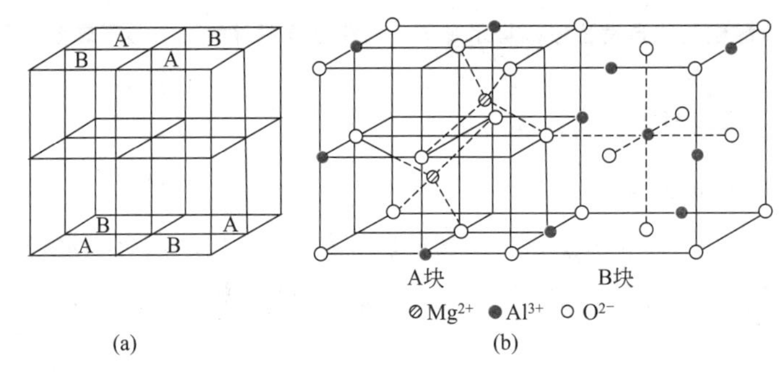

图 2-53　尖晶石结构

（a）A、B 块构成晶胞结构；（b）A 块（Mg^{2+}）、B 块（Al^{3+}）离子的堆积

在 AB_2O_4 尖晶石结构中，如果 A 离子占据四面体空隙，B 离子占据八面体空隙，则称为正尖晶石；反之，如果半数的 B 离子占据四面体空隙，A 离子和另外半数的 B 离子占据八面体空隙，则称为反尖晶石。正尖晶石与反尖晶石互为倒反结构。如果用（　）表示四面体位置，用［　］表示八面体位置，则正反尖晶石结构式可一目了然地表示为：(A)[B_2] O_4，正尖晶石；(B)[AB] O_4，反尖晶石。

在实际尖晶石中，有的是介于正、反尖晶石之间，即既有正尖晶石，又有反尖晶石，此尖晶石称为混合尖晶石，结构式表示为（$A_{1-x}B_x$）[A_xB_{2-x}]O_4，其中 $0<x<1$。例如，$MgAl_2O_4$、$FeCr_2O_4$、$CoAl_2O_4$、$ZnFe_2O_4$ 等为正尖晶石结构；$FeFe_2O_4$、$NiFe_2O_4$、$NiCo_2O_4$、$CoFe_2O_4$ 等为反尖晶石结构；$CuAl_2O_4$、$MgFe_2O_4$ 等为混合尖晶石结构。

在尖晶石结构中，一般 A 离子为 2 价，B 离子为 3 价，但这并非是尖晶石结构的决定条件。也可以有 A 离子为 4 价，B 离子为 2 价的结构。主要应满足 AB_2O_4 通式中 A、B 离子的总价数为 8。尖晶石结构所包含的晶体有一百多种，其中用途最广的是铁氧体磁性材料，表 2-16 列出一些主要的尖晶石结构晶体。

表 2-16 尖晶石结构晶体举例

氟、氰化合物	氧化物				硫化物
$BeLi_2F_4$	$TiMg_2O_4$	$ZnCr_2O_4$	$ZnFe_2O_4$	$MgAl_2O_4$	$MnCr_2S_4$
$MoNa_2F_4$	VMg_2O_4	$CdCr_2O_4$	$CoCo_2O_4$	$MnAl_2O_4$	$CoCr_2S_4$
$ZnK_2(CN)_4$	MgV_2O_4	$ZnMn_2O_4$	$CuCo_2O_4$	$FeAl_2O_4$	$FeCr_2S_4$
$CdK_2(CN)_4$	ZnV_2O_4	$MnMn_2O_4$	$FeNi_2O_4$	$MgGa_2O_4$	$CoCr_2S_4$
$MgK_2(CN)_4$	$MgCr_2O_4$	$MgFe_2O_4$	$GeNi_2O_4$	$CaGa_2O_4$	$FeNi_2S_4$
	$FeCr_2O_4$	$FeFe_2O_4$	$TiZn_2O_4$	$MgIn_2O_4$	
	$NiCr_2O_4$	$CoFe_2O_4$	$SnZn_2O_4$	$FeIn_2O_4$	

2.4.7.2 尖晶石结构与亚铁磁性

固体的磁性在宏观上是以物质的磁化率 χ 来描述的。对于具有立方结构的晶体或各向同性的磁性材料，在外磁场 H 中，其磁化强度 M（即单位体积的感应磁矩）为 $M=\chi H$，其中 χ 为磁化率。由上式得 $\chi=M/H=\mu_0M/B_0$，这里 $\mu_0=4\pi\times10^{-7}\mathrm{H/m}$，是真空的磁导率，$B_0=\mu_0H$ 是磁场在真空中的磁感应强度。材料中的磁感应强度 $B=\mu_0(H+M)=\mu_0(1+\chi)H=\mu B_0$，这里 $\mu=1+\chi$，是材料的磁导率。

按照磁化率 χ 数值的不同，可以分为以下几类。

（1）抗磁性　这类材料的磁化率 χ 是数值很小的负数，其值几乎不随温度变化，约为 -10^{-5}。实际上所有简单的绝缘体、约一半的简单金属都是抗磁体。

（2）顺磁性　这类材料的磁化率 χ 是数值较小的正数，其值与温度成反比，即符合居里定律 $\chi=\mu_0C/T$，式中 C 是常数。含有顺磁性离子的绝缘体以及除铁磁金属以外的大多数金属都是顺磁体。

（3）铁磁体　这类材料的磁化率 χ 是数值特别大的正数。在居里温度以下，即使没有外磁场，材料中也会出现自发的磁化强度；温度高于居里温度时，材料变成顺磁体。铁、钴、镍及其合金都是铁磁体。

（4）亚铁磁体　这类材料在温度低于居里温度时像铁磁体，但其磁化率没有铁磁体那么大，其自发磁化强度也没有铁磁体的大；温度高于居里温度时，其特性逐渐变得像顺磁体。尖晶石（Fe_3O_4）属于亚铁磁体。

（5）反铁磁体　这类材料的磁化率 χ 是小的正数。在温度低于尼尔（Neel）温度（由反铁磁体转变为顺磁体的温度）时，其磁化率与磁场取向有关；在温度高于尼尔温度时，其行为像顺磁体。MnO、MnF_2、NiO、CoF_2 等晶体是反铁磁体。

材料磁性的来源主要是原子周围电子的轨道磁矩和自旋磁矩。原子轨道上电子的运动或电子自旋所引起的极细小的环形电流必定产生磁矩。在铁磁体中，其磁畴内自旋磁矩沿一个方向平行排列，具有自发磁矩。磁畴之间有畴界，畴界上磁矩方向逐渐变化。反铁磁体中，

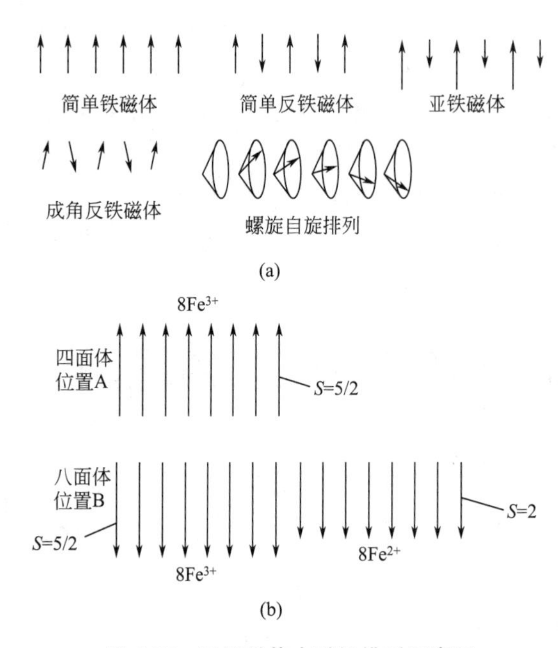

图 2-54 不同磁体中磁矩排列示意图

（a）铁磁体、反铁磁体及亚铁磁体的自旋电子排列；（b）$FeFe_2O_4$ 尖晶石中铁离子的磁矩

相邻的未被抵消的自旋磁矩具有反向平行排列的趋势，形成的磁畴无磁性。在亚铁磁体中，磁畴内存在大小不等、方向相反的两套自旋磁矩，相互抵消后仍有净磁矩产生，如图 2-54(a) 所示。图中除反铁磁体外均有自发磁矩，称为饱和磁矩。图 2-54(b) 显示了尖晶石结构（$FeO \cdot Fe_2O_3$）中铁离子磁矩的排列。其中位于四面体和八面体中的 Fe^{3+} 的磁矩相互抵消，只剩下 Fe^{2+} 的磁矩，这种铁氧体型自旋序包括了一些离子具有与其他离子反平行的磁矩，使其具有亚铁磁性。

尖晶石是典型的磁性非金属材料，在实际应用中，与钙钛矿型结构占有同等重要的地位。由于磁性非金属材料具有强磁性、高电阻和低松弛损耗等特性。在电子技术、高频器件中使用它较使用磁性金属材料更为优越。因此常用作无线电、电视和电子装置的元件，在计算机中用作记忆元件，在微波器件中用作永久磁石等。

2.4.8 石榴石结构

石榴石（garnet）属于立方晶系，但结构复杂，化学式是 $M_3Fe_5O_{12}$，M 是 1 个 3 价稀土离子或 1 个钇（Y^{3+}）离子，或写成 $M_3^cFe_2^aFe_3^dO_{12}$ 或 $(3M_2O_3)^c(2Fe_2O_3)^a(3Fe_2O_3)^d$，c、a、d 表示离子占据晶格位置的类型。每个 c 离子和 8 个氧离子配位形成十二面体（相当于六面体的每个面又折叠一下而形成），每个 a 离子占据八面体位置，每个 d 离子占据四面体位置。全部金属离子都是 3 价的，a 离子排列成体心立方格子，c 和 d 离子位于该立方体的面上，如图 2-55 所示。每个晶胞中有 160 个原子，含 8 个化学式单位，即晶胞分子数 $Z=8$。结构中的配位多面体都有不同程度的变形。

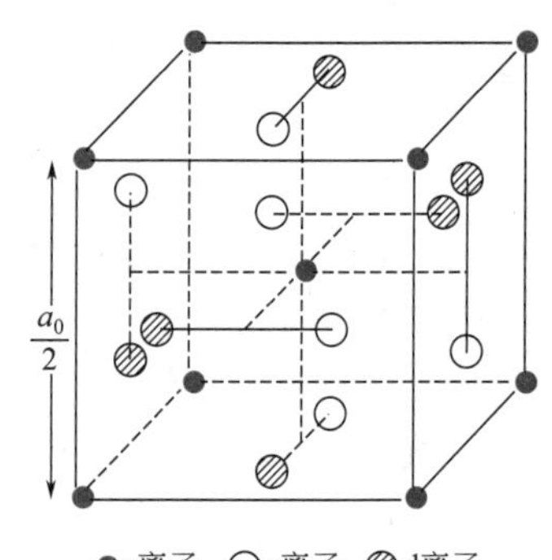

图 2-55 $M_3^cFe_2^aFe_3^dO_{12}$ 石榴石结构单位

（氧离子未画出，单位晶胞含有 8 个这样的单位，a 离子为体心立方排列，c、d 离子位于立方体的面上）

和尖晶石铁氧体相同，石榴石也是亚铁磁体。石榴石铁氧体的电阻率较高，在高频时其损耗小。这类铁氧体的共振线宽度很窄，共振损失小。用其制作微波元件特别有利。其中最著名的是钇铁石榴石 YIG（yttrium iron garnet）、钇铝石榴石 YAG 以及钆镓石榴石等，其化学式分别为 $Y_3Fe_2(FeO_4)_3$、$Y_3Al_2(AlO_4)_3$ 和 $Gd_3Ga_2(GaO_4)_3$。其中掺钕（Nd^{3+}）的 YAG 是一种比较理想的固体激光材料。钇铁石榴石是重要的铁磁晶体。钆镓石榴石是一种磁泡衬底晶体，也是激光介质材料。

下面将以上介绍的十二种典型的无机化合物的晶体结构，按负离子的堆积方式和正、负离子的配位关系归纳列于表 2-17。在无机材料中还会遇到一些碳化物和氮化物。碳化物结构主要被能够容易进入间隙位置的碳原子所决定。多数过渡金属碳化物中金属原子和在间隙中的碳原子趋向于密堆积。在这些结构中的金属-碳键介于共价键与金属键之间。碳的化合物例如 SiC 中，C 和 Si 的电负性相似，因而原子之间以共价键相联系。一种普通的 SiC 结构具有与纤锌矿相似的结构。氮化物结构与碳化物相似。在化学键强度上，金属-氮键通常小于金属-碳键。

表 2-17 负离子堆积方式与晶体结构类型

负离子堆积方式	正负离子配位数	正离子占据空隙位置	结构类型	实例
立方最密堆积	6∶6 AX	全部八面体	NaCl 型	MgO、CaO、SrO、BaO、MnO、FeO、CoO、NiO、NaCl
立方最密堆积	4∶4 AX	$\frac{1}{2}$四面体	闪锌矿型	ZnS、CdS、HgS、BeO、SiC
立方最密堆积	4∶8 A_2X	全部四面体	反萤石型	Li_2O、Na_2O、K_2O、Rb_2O
扭曲了的六方最密堆积	6∶3 AX_2	$\frac{1}{2}$八面体	金红石型	TiO_2、SnO_2、GeO_2、PbO_2、VO_2、NbO_2、MnO_2
立方最密堆积	12∶6∶6 ABO_3	$\frac{1}{4}$八面体(B)	钙钛矿型	$CaTiO_3$、$SrTiO_3$、$BaTiO_3$、$PbTiO_3$、$PbZrO_3$、$SrZrO_3$
立方最密堆积	4∶6∶4 AB_2O_4	$\frac{1}{8}$四面体(A) $\frac{1}{2}$八面体(B)	尖晶石型	$MgAl_2O_4$、$FeAl_2O_4$、$ZnAl_2O_4$、$FeCr_2O_4$
立方最密堆积	4∶6∶4 $B(AB)O_4$	$\frac{1}{8}$四面体(B) $\frac{1}{2}$八面体(AB)	反尖晶石型	$FeMgFeO_4$、$Fe^{3+}[Fe^{2+}Fe^{3+}]O_4$
六方最密堆积	4∶4 AX	$\frac{1}{2}$四面体	纤锌矿型	ZnS、BeO、ZnO、SiC
六方最密堆积	6∶4 A_2X_3	$\frac{2}{3}$八面体	刚玉型	α-Al_2O_3、α-Fe_2O_3、Cr_2O_3、Ti_2O_3、V_2O_3
扭曲了的六方最密堆积	6∶3 AX_2	$\frac{1}{2}$八面体	碘化镉型	CdI_2、$Mg(OH)_2$、$Ca(OH)_2$
简单立方	8∶8 AX	全部立方体空隙	CsCl 型	CsCl、CsBr、CsI
简单立方	8∶4 AX_2	$\frac{1}{2}$立方体空隙	萤石型	ThO_2、CeO_2、UO_2、ZrO_2

2.4.9 鲍林规则

氧化物晶体及硅酸盐晶体大都含有一定成分的离子键，因此，在一定程度上可以根据鲍林规则（Pauling's rule）来判断晶体结构的稳定性。1928 年，鲍林根据当时已测定的晶体结构数据和晶格能公式所反映的关系，提出了判断离子化合物结构稳定性的规则——鲍林规则。鲍林规则共包括以下五条规则。

（1）鲍林第一规则——配位多面体规则　其内容是："在离子晶体中，在正离子周围形成一个负离子多面体，正负离子之间的距离取决于离子半径之和，正离子的配位数取决于离子半径比。"第一规则实际上是对晶体结构的直观描述，如 NaCl 晶体是由［$NaCl_6$］八面体以共棱方式连接而成。

（2）鲍林第二规则——电价规则　其内容是："在一个稳定的离子晶体结构中，每一个负离子电荷数等于或近似等于相邻正离子分配给这个负离子的静电键强度的总和，其偏差≤1/4价。"

静电键强度 $S=\dfrac{\text{正离子电荷数}}{\text{正离子配位数}}=\dfrac{Z^+}{n}$，则负离子电荷数 $Z^-=\sum_i S_i=\sum_i \dfrac{Z_i^+}{n_i}$。

电价规则有两个用途：其一，判断晶体是否稳定；其二，判断共用一个顶点的多面体的数目。例如，在 $CaTiO_3$ 结构中，Ca^{2+}、Ti^{4+}、O^{2-} 的配位数分别为12、6、6。O^{2-} 的配位多面体是［OCa_4Ti_2］，则 O^{2-} 的电荷数 $Z^-=2/12\times4+4/6\times2=2$，与 O^{2-} 的电价相等，故晶体结构是稳定的。又如，一个［SiO_4］四面体顶点的 O^{2-} 还可以和另一个［SiO_4］四面体相连接（2个配位多面体共用一个顶点），或者和另外3个［MgO_6］八面体相连接（4个配位多面体共用一个顶点），这样可使 O^{2-} 电价饱和。

（3）鲍林第三规则——配位多面体连接方式规则　其内容是："在一个配位结构中，共用棱，特别是共用面的存在会降低这个结构的稳定性。其中高电价、低配位的正离子的这种效应更为明显。"

假设两个四面体共顶连接时中心距离为1，则共棱、共面时各为0.58和0.33。若是八面体，则各为1、0.71和0.58。两个配位多面体连接时，随着共用顶点数目的增加，中心阳离子之间距离缩短，库仑斥力增大，结构稳定性降低。因此，结构中［SiO_4］只能共顶连接，而［AlO_6］却可以共棱连接，在有些结构，如刚玉中，［AlO_6］还可以共面连接。

（4）鲍林第四规则——不同配位多面体连接规则　其内容是："若晶体结构中含有一种以上的正离子，则高电价、低配位的多面体之间有尽可能彼此互不连接的趋势。"例如，在镁橄榄石结构中，有［SiO_4］四面体和［MgO_6］八面体两种配位多面体，但 Si^{4+} 电价高、配位数低，所以［SiO_4］四面体之间彼此无连接，它们之间由［MgO_6］八面体所隔开。

（5）鲍林第五规则——节约规则　其内容是："在同一晶体中，组成不同的结构基元的数目趋向于最少。"例如，在硅酸盐晶体中，不会同时出现［SiO_4］四面体和［Si_2O_7］双四面体结构基元，尽管它们之间符合鲍林其他规则。这个规则的结晶学基础是晶体结构的周期性和对称性，如果组成不同的结构基元较多，每一种基元要形成各自的周期性、规则性，则它们之间会相互干扰，不利于形成晶体结构。

2.5　硅酸盐晶体结构

硅、铝、氧是地壳中分布最广的三种元素，在地壳中的质量百分含量分别为26.0%、7.45%和49.13%，这就决定了地壳中的优势矿物为硅酸盐和铝硅酸盐。硅在地壳中的存在形式主要是硅石和硅酸盐。在许多工业产品中，硅石、硅酸盐和铝硅酸盐及其制品占有非常重要的地位。

相对于氧化物晶体而言，硅酸盐晶体在组成上比较复杂，结构上常含有各种各样的络阴离子团。因此，在了解这类结构时，常将着眼点放在基本结构单元的构造、基本结构单元之间的连接以及由此所导致的结构和性质上的特征等方面。

2.5.1　硅酸盐晶体的组成表示、结构特点及分类

2.5.1.1　硅酸盐晶体的组成表示法

在地壳中形成矿物时，由于成矿的环境不可能十分纯净，矿物组成中常含有其他元素，加之硅酸盐晶体中的正负离子都可以被其他离子部分或全部地取代，这就使得硅酸盐晶体的化学组成甚为复杂。因此，在表征硅酸盐晶体的化学式时，通常有以下两种方法。

（1）氧化物表示法　将构成硅酸盐晶体的所有氧化物按一定的比例和顺序全部写出来，

先是 1 价的碱金属氧化物，其次是 2 价、3 价的金属氧化物，最后是 SiO_2。例如，钾长石的化学式写为 $K_2O \cdot Al_2O_3 \cdot 6SiO_2$。

(2) 无机络盐表示法 将构成硅酸盐晶体的所有离子按照一定比例和顺序全部写出来，再把相关的络阴离子用中括号 [ ] 括起来即可。先是 1 价、2 价的金属离子，其次是 Al^{3+} 和 Si^{4+}，最后是 O^{2-} 或 OH^-。如钾长石为 K [$AlSi_3O_8$]。氧化物表示法的优点在于一目了然地反映出晶体的化学组成，可以按此组成配料来进行晶体的实验室合成。而无机络盐表示法则可以比较直观地反映出晶体所属的结构类型，进而可对晶体结构及性质做出一定程度上的预测。两种表示方法之间可以相互转换。

2.5.1.2 硅酸盐晶体的结构特点

硅酸盐晶体结构非常复杂，但不同的结构之间具有以下共同特点：①结构中 Si^{4+} 位于 O^{2-} 形成的四面体中心，构成硅酸盐晶体的基本结构单元 [SiO_4] 四面体；②硅氧之间的平衡距离为 0.160nm。硅氧之间的结合除离子键外，还有相当成分的共价键，属于极性共价键，一般视为离子键和共价键各占 50%左右；③Si—O—Si 键是一条夹角不等的折线，一般在 145°左右；④[SiO_4] 四面体的每个顶点，即 O^{2-}，最多只能为两个 [SiO_4] 四面体所共用；⑤两个相邻的 [SiO_4] 四面体之间只能共顶而不能共棱或共面连接；⑥[SiO_4] 四面体中心的 Si^{4+} 可部分地被 Al^{3+} 所取代，取代后结构本身并不发生大的变化，即所谓同晶取代，但晶体的性质却可以发生很大的变化，这为材料改性提供了可能。

2.5.1.3 硅酸盐晶体的分类

硅酸盐晶体化学式中 Si/O 比例不同时，结构中的基本结构单元 [SiO_4] 四面体之间的结合方式亦不相同，据此，可以对其结构进行分类。X 射线结构分析表明，硅酸盐晶体中 [SiO_4] 四面体的结合方式有岛状、组群状、链状、层状和架状五种方式。硅酸盐晶体也分为相应的五种类型，其对应的 Si/O 比由 1/4 变化到 1/2，结构变得越来越复杂，见表 2-18。

表 2-18 硅酸盐晶体结构类型与 Si/O 比的关系

结构类型	$[SiO_4]^{4-}$ 共用 O^{2-} 数	形状	络阴离子	Si/O 比	实 例
岛状	0	四面体	$[SiO_4]^{4-}$	1∶4	镁橄榄石 $Mg_2[SiO_4]$ 镁铝石榴石 $Al_2Mg_3[SiO_4]_3$
组群状	1	双四面体	$[Si_2O_7]^{6-}$	2∶7	硅钙石 $Ca_3[Si_2O_7]$
	2	三节环	$[Si_3O_9]^{6-}$	1∶3	蓝锥矿 $BaTi[Si_3O_9]$
		四节环	$[Si_4O_{12}]^{8-}$	1∶3	斧石 $(Ca,Fe,Mn,Mg)_3Al_2BO_3[Si_4O_{12}](OH)$
		六节环	$[Si_6O_{18}]^{12-}$	1∶3	绿宝石 $Be_3Al_2[Si_6O_{18}]$
链状	2	单链	$[Si_2O_6]^{4-}$	1∶3	透辉石 $CaMg[Si_2O_6]$
	2,3	双链	$[Si_4O_{11}]^{6-}$	4∶11	透闪石 $Ca_2Mg_5[Si_4O_{11}]_2(OH)_2$
层状	3	平面层	$[Si_4O_{10}]^{4-}$	4∶10	滑石 $Mg_3[Si_4O_{10}](OH)_2$
架状	4	骨架	$[SiO_2]^0$	1∶2	石英 SiO_2
			$[AlSi_3O_8]^{1-}$		钾长石 $K[AlSi_3O_8]$
			$[AlSiO_4]^{1-}$		方钠石 $Na_4[AlSiO_4]_3Cl$

2.5.2 岛状结构

这类结构中 [SiO_4] 四面体以孤岛状存在，它们之间通过其他正离子的配位多面体来连接，因而称为岛状结构。即［SiO_4］四面体各顶点之间并不互相连接，每个 O^{2-} 一侧与 1 个 Si^{4+} 连接，另一侧与其他金属离子相配位来使其电价平衡。结构中 Si/O 比为 1∶4。

岛状硅酸盐晶体主要有锆石英 Zr［SiO_4］、镁橄榄石 Mg_2［SiO_4］、蓝晶石 Al_2O_3 · SiO_2、莫来石 $3Al_2O_3$ · $2SiO_2$ 以及水泥熟料中的 γ-C_2S、β-C_2S 和 C_3S 等。

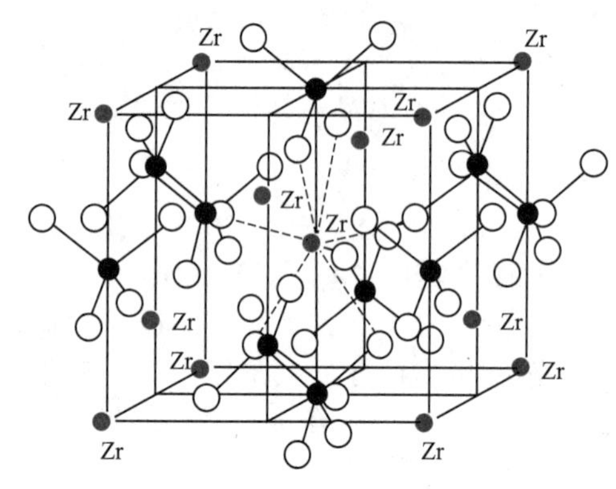

图 2-56 锆石英结构

2.5.2.1 锆石英（Zr［SiO_4］）结构

锆石英属于四方晶系；晶胞参数 a = 0.661nm，c=0.601nm；晶胞分子数 Z=4。结构中［SiO_4］四面体孤立存在，它们之间依靠 Zr^{4+} 连接，每 1 个 Zr^{4+} 填充在 8 个 O^{2-} 之间。其中与 4 个 O^{2-} 之间距离为 0.215nm，与另外 4 个 O^{2-} 之间距离是 0.229nm。其结构如图 2-56 所示。锆石英具有较高的耐火度，可用于制造锆质耐火材料。

2.5.2.2 镁橄榄石（Mg_2［SiO_4］）结构

（1）结构分析　镁橄榄石属于斜方晶系，空间群 Pbnm；晶胞参数 a=0.476nm，b=1.021nm，c=0.599nm；晶胞分子数 Z=4。晶胞结构在（100）面和（001）面上的投影如图 2-57 所示。

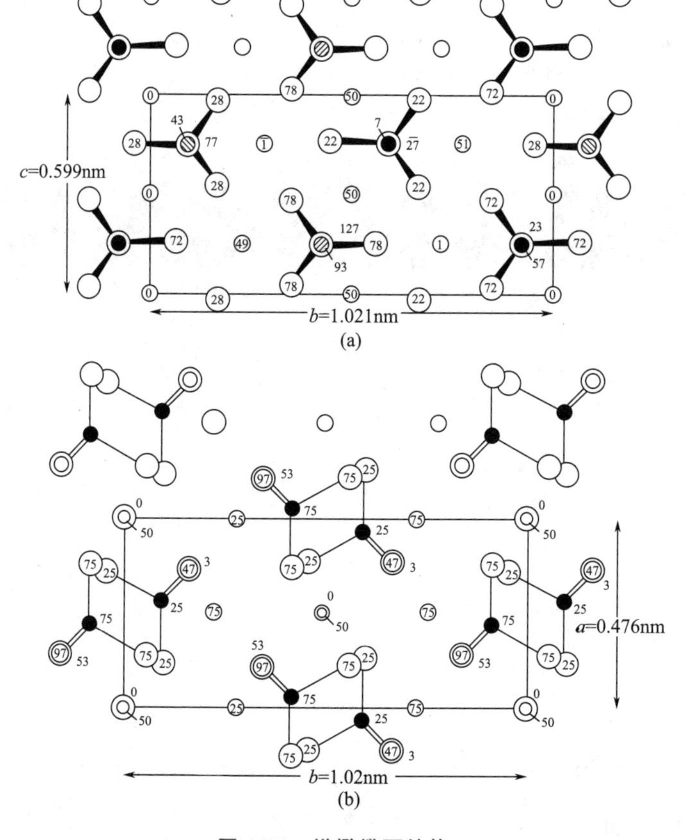

图 2-57 镁橄榄石结构

（a）（100）面上的投影；（b）（001）面上的投影

镁橄榄石结构中，O^{2-}在平行于（100）面方向上分布于两个高度附近，标高 25 附近的有 22、23、27、28 等，标高 75 附近的有 72、73（$\overline{27}$）、77、78 等，见图 2-57(a)。由图 2-57(a) 还可看出，与标高 43 的 Si^{4+}配位的有 3 个标高 28、1 个标高 77 的 O^{2-}；与标高为 7 的 Si^{4+}配位的有 3 个标高 22、1 个标高 $\overline{27}$ 的 O^{2-}。与标高 50 的 Mg^{2+}配位的是 2 个 22、1 个 27、2 个 78、1 个 73 标高的 O^{2-}。由图 2-57(b) 则可看到，Mg^{2+}处在两种位置上，一种是标高为 0、50 的，另一种是 25、75 的；同时也可以看到［SiO_4］沿 a 轴和 b 轴交替地指向相反方向。整个结构可看成 O^{2-}作 ABAB 层序排列，近似于六方最紧密堆积，Si^{4+}填于其中四面体空隙，占据该空隙的 1/8；Mg^{2+}填于八面体空隙，占据该空隙的 1/2。每个［SiO_4］四面体被［MgO_6］八面体所隔开，呈孤岛状分布，即［SiO_4］之间通过［MgO_6］八面体连接。

（2）结构中的同晶取代　镁橄榄石中的 Mg^{2+}可以被 Fe^{2+}以任意比例取代，形成橄榄石（$Mg_{2-x}Fe_x$)SiO_4 固溶体。如果图 2-57(b) 中 25、75 的 Mg^{2+}被 Ca^{2+}取代，则形成钙橄榄石 $CaMgSiO_4$。如果 Mg^{2+}全部被 Ca^{2+}取代，则形成 γ-Ca_2SiO_4，即 γ-C_2S，其中 Ca^{2+}的配位数为 6。另一种岛状结构的水泥熟料矿物 β-Ca_2SiO_4，即 β-C_2S 属于单斜晶系，其中 Ca^{2+}有 8 和 6 两种配位。由于其配位不规则，化学性质活泼，能与水发生水化反应。而 γ-C_2S 由于配位规则，在水中几乎是惰性的。

（3）结构与性质的关系　结构中每个 O^{2-}同时和 1 个［SiO_4］和 3 个［MgO_6］相连接，因此，O^{2-}的电价是饱和的，晶体结构稳定。由于 Mg—O 键和 Si—O 键都比较强，所以，镁橄榄石表现出较高的硬度，熔点达到 1890℃，是镁质耐火材料的主要矿物。同时，由于结构中各个方向上键力分布比较均匀，所以，橄榄石结构没有明显的解理，破碎后呈现粒状。

2.5.2.3 镁铝石榴石

石榴石类硅酸盐的化学式为 $A_3B_2[SiO_4]_3$，A 为 2 价正离子，占据 c 位，即 8 配位的十二面体中心；B 为 3 价正离子，位于 a 位，即 6 配位的八面体空隙；Si^{4+}位于 d 位，即四面体空隙，参见图 2-55。其中有代表性的是镁铝石榴石 $Mg_3Al_2[SiO_4]_3$ 和铁铝石榴石 $Fe_3Al_2[SiO_4]_3$。

2.5.3 组群状结构

组群状结构是 2 个、3 个、4 个或 6 个［SiO_4］四面体通过共用氧相连接形成单独的硅氧络阴离子团，如图 2-58 所示。硅氧络阴离子团之间再通过其他金属离子连接起来，所以，组群状结构也称孤立的有限硅氧四面体群。有限硅氧四面体群中连接两个 Si^{4+}的氧称为桥氧，由于这种氧的电价已经饱和，一般不再与其他正离子再配位，故桥氧亦称非活性氧。相对地只有一侧与 Si^{4+}相连接的氧称为非桥氧或活性氧。

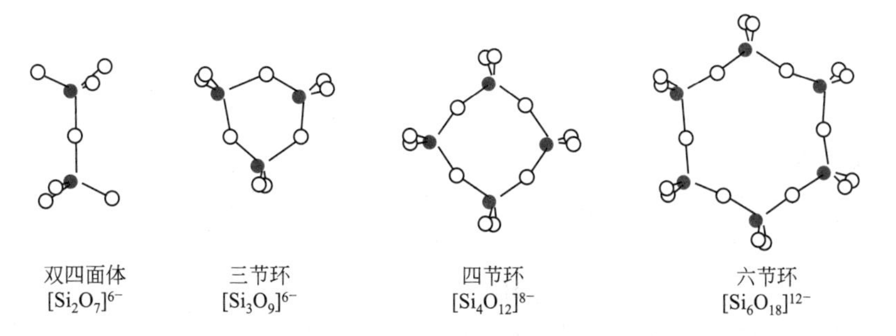

图 2-58　孤立的有限硅氧四面体群

组群状结构中 Si/O 比为 2∶7 或 1∶3。其中硅钙石 $Ca_3[Si_2O_7]$、铝方柱石 $Ca_2Al[AlSiO_7]$ 和镁方柱石 $Ca_2Mg[Si_2O_7]$ 等具有双四面体结构；蓝锥矿 $BaTi[Si_3O_9]$ 具有三节环结构；绿宝石 $Be_3Al_2[Si_6O_{18}]$ 具有六节环结构。下面分别介绍绿宝石和镁方柱石结构。

2.5.3.1 绿宝石（$Be_3Al_2[Si_6O_{18}]$）结构

（1）结构分析　绿宝石属于六方晶系，空间群 P6/mcc；晶胞参数 $a=0.921$nm，$c=0.917$nm；晶胞分子数 $Z=2$。图 2-59 示意出绿宝石结构在（0001）面上的投影，表示绿宝石的半个晶胞。要得到完整晶胞，可在 50 标高处作一反映面，经镜面反映后即可。

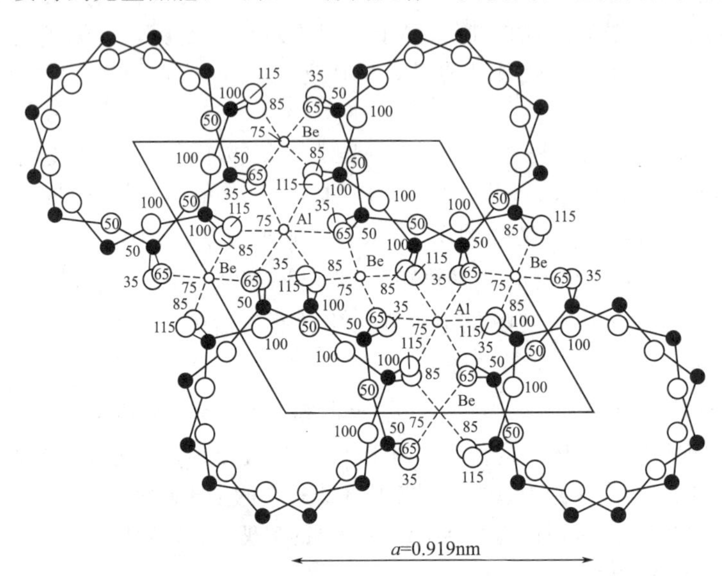

图 2-59　绿宝石结构在（0001）面上的投影（上半个晶胞）

绿宝石的基本结构单元是由 6 个［SiO_4］四面体组成的六节环，六节环中的 1 个 Si^{4+} 和 2 个 O^{2-} 处在同一高度，环与环相叠起来。图中粗黑线的六节环在上面，标高为 100，细黑线的六节环在下面，标高为 50。上下两层环错开 30°，投影方向并不重叠。环与环之间通过 Be^{2+} 和 Al^{3+} 连接。

Be^{2+} 位于四面体空隙中，标高为 75，与 Be^{2+} 配位的有 2 个标高 65、2 个标高 85 的 O^{2-}，即 Be^{2+} 同时连接 4 个［SiO_4］四面体。Al^{3+} 位于八面体空隙，标高也为 75，与 Al^{3+} 配位的有 3 个标高 65、3 个标高 85 的 O^{2-}。结构中［BeO_4］四面体和［AlO_6］八面体之间共用标高 65、85 的 2 个 O^{2-}，即共棱连接。

（2）结构与性质的关系　绿宝石结构的六节环内没有其他离子存在，使晶体结构中存在大的环形空腔。当有电价低、半径小的离子（如 Na^+）存在时，在直流电场中，晶体会表现出显著的离子电导，在交流电场中会有较大的介电损耗；当晶体受热时，质点热振动的振幅增大，大的空腔使晶体不会有明显的膨胀，因而表现出较小的膨胀系数。结晶学方面，绿宝石的晶体常呈现六方或复六方柱晶形。

堇青石 $Mg_2Al_3[AlSi_5O_{18}]$ 具有与绿宝石相同的结构，但六节环中有一个 Si^{4+} 被 Al^{3+} 取代，因而六节环的负电荷增加了 1 个，与此同时，环外的正离子由原绿宝石中的（Be_3Al_2）相应地变为（Mg_2Al_3），使晶体的电价得以平衡。此时，正离子在环形空腔迁移阻力增大，故堇青石的介电性质较绿宝石有所改善。堇青石陶瓷热学性能良好，但不宜作无线电陶瓷，因为其高频损耗大。

有的研究者将绿宝石中的［BeO_4］四面体归到硅氧骨架中，这样绿宝石就属于架状结构的硅酸盐矿物，分子式改写为 $Al_2[Be_3Si_6O_{18}]$。至于堇青石，有人提出它是一种带有六节环和四节环的结构，化学式为 $Mg_2[Al_4Si_5O_{18}]$。

2.5.3.2 镁方柱石（$Ca_2Mg[Si_2O_7]$）结构

镁方柱石属于四方晶系，空间群 $P\bar{4}2_1m$；晶胞参数 $a=0.779$nm，$c=0.502$nm；晶胞分子数 $Z=2$。该结构为双四面体群结构，其在（001）面上的投影如图 2-60 所示。

从图 2-60 可以看出，结构中标高为 45 的硅氧双四面体与标高为 55 的硅氧双四面体交替地指向相反方向。双四面体群之间 Mg^{2+} 和 Ca^{2+} 连接。Mg^{2+} 位于 O^{2-} 形成的四面体之中，而 Ca^{2+} 位于 8 个 O^{2-} 形成的多面体之中。图中 Ca—O 键线的中断，表示与 Ca^{2+} 配位的 O^{2-} 的标高应该是图中所示数值加上或减去 100 后所得的数据。

同晶取代，用 2 个 Al^{3+} 取代镁方柱石中的 Mg^{2+} 和 Si^{4+}，就可形成铝方柱石 $Ca_2Al[AlSiO_7]$。这类矿物常出现在高炉矿渣中。

以上两类结构中硅氧结构单元内所含［SiO_4］四面体的数目是有限的，在下面将要讨论的三类结构中，则是无限的。

2.5.4 链状结构

2.5.4.1 链的类型、重复单元与化学式

硅氧四面体通过共用的氧离子相连接，形成向一维方向无限延伸的链。依照硅氧四面体共用顶点数目的不同，分为单链和双链两类。如果每个硅氧四面体通过共用两个顶点向一维方向无限延伸，则形成单链，见图 2-61(a)。在单链结构中，按照重复出现与第 1 个硅氧四面体的空间取向完全一致的周期不等，单链分为 1 节链、2 节链、3 节链……7 节链 7 种类型。图 2-61(a) 是 2 节链，其结构以 $[Si_2O_6]^{4-}$ 为结构单元不断重复，所以，结构单元的化学式可写为 $[Si_2O_6]_n^{4n-}$。两条相同的 2 节单链通过尚未共用的氧组成带状，形成双链，见图 2-61(b)。双链以 $[Si_4O_{11}]^{6-}$ 为结构单元向一维方向无限伸展，故双链的化学式为 $[Si_4O_{11}]_n^{6n-}$。双链结构中的硅氧四面体，一半桥氧数为 3，另一半为 2。

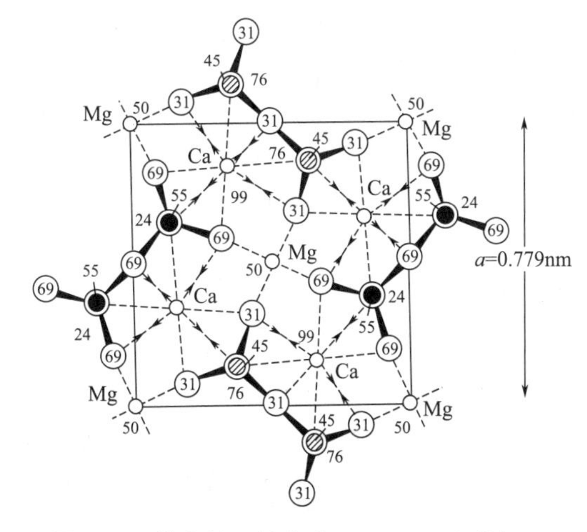

图 2-60 镁方柱石结构在（001）面上的投影

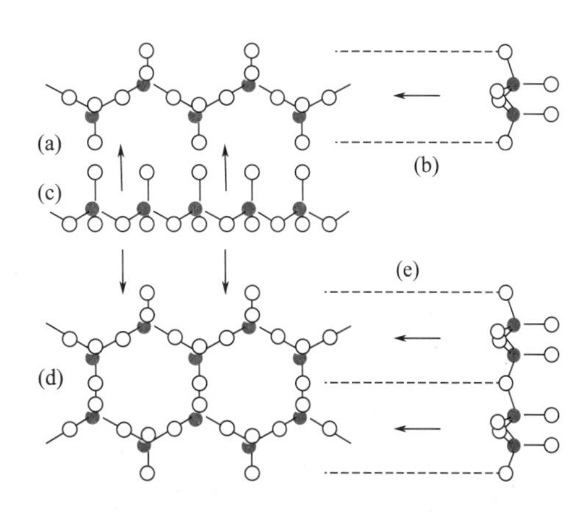

图 2-61 硅氧四面体所构成的链

（a）单链结构；（d）双链结构；

（b）、（c）、（e）从箭头方向观察所得的投影

辉石类硅酸盐结构中含有 $[Si_2O_6]_n^{4n-}$ 单链，如透辉石、顽火辉石等。链间通过金属正离子连接，最常见的是 Mg^{2+} 和 Ca^{2+}，但也有被其他离子取代的情况。如 Mg^{2+} 被 Fe^{2+} 取代，$(Mg^{2+}+Ca^{2+})$ 被 $(Na^{+}+Fe^{3+})$、$(Na^{+}+Al^{3+})$ 或 $(Li^{+}+Al^{3+})$ 等离子所取代。

角闪石类硅酸盐含有双链 $[Si_4O_{11}]_n^{6n-}$，如斜方角闪石 $(Mg,Fe)_7[Si_4O_{11}]_2(OH)_2$ 和透闪石 $Ca_2Mg_5[Si_4O_{11}]_2(OH)_2$ 等。

2.5.4.2 透辉石（$CaMg[Si_2O_6]$）结构

透辉石属单斜晶系，空间群 C2/c；晶胞参数 $a=0.971nm$，$b=0.889nm$，$c=0.524nm$，$\beta=105°37'$；晶胞分子数 $Z=4$。其结构如图 2-62 所示。

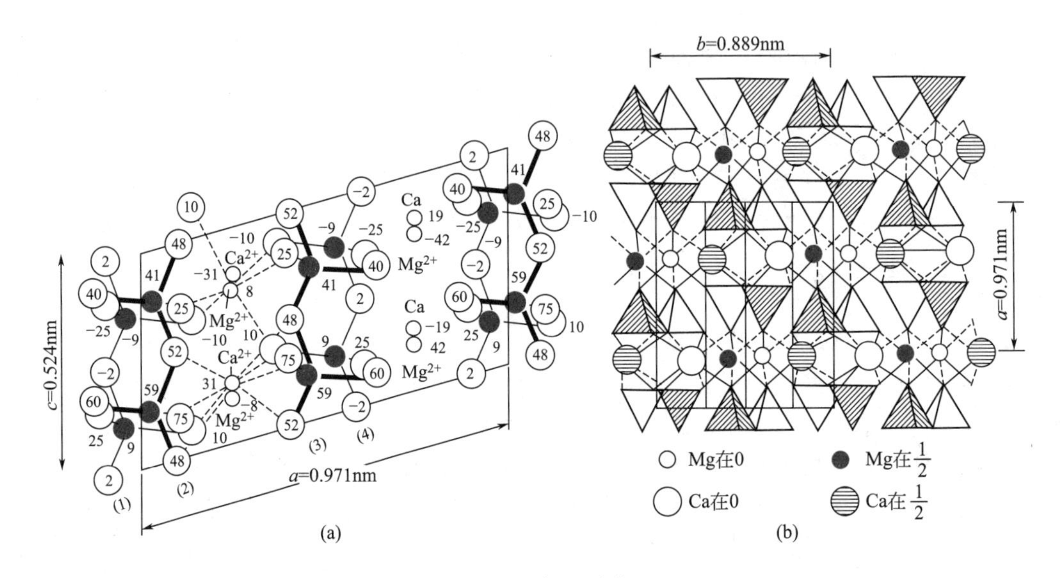

图 2-62 透辉石结构

(a)(010) 面上的投影；(b)(001) 面上的投影

从图 2-62 可以看出，硅氧单链 $[Si_2O_6]_n^{4n-}$ 平行于 c 轴方向伸展，链中硅氧四面体的取向是一个向上、一个向下交替排列，图中两个重叠的硅氧链分别以粗黑线［(2)、(3) 链］和细黑线［(1)、(4) 链］表示。Ca^{2+} 和 Mg^{2+} 在投影图内有重叠的已稍作移开［图 2-62(a)］，并且仅表示出近晶胞底部的离子，以便观察。单链之间依靠 Ca^{2+}、Mg^{2+} 连接。Ca^{2+} 的配位数为 8，其中 4 个活性氧，4 个非活性氧。Mg^{2+} 的配位数为 6，其中 6 个均为活性氧。Ca^{2+} 主要负责链中硅氧四面体底面之间的连接，Mg^{2+} 主要负责四面体顶点之间的连接，见图 2-62(b)。

若透辉石结构中的 Ca^{2+} 全部被 Mg^{2+} 取代，则形成斜方晶系的顽火辉石 $Mg_2[Si_2O_6]$。

2.5.4.3 结构与性质的关系

(1) 介电性质 从离子堆积及结合状态来看，辉石类晶体比绿宝石类晶体要紧密，因此，像顽火辉石、锂辉石 $LiAl[Si_2O_6]$ 等都具有良好的电绝缘性能，是高频无线电陶瓷和微晶玻璃的主要晶相。但当结构中存在变价正离子时，则晶体又会呈现显著的电子电导。这与透辉石结构中局部电荷不平衡有关。

(2) 解理性与结晶习性 具有链状结构硅酸盐矿物中，由于链内的 Si—O 键要比链间的 M—O 键（M 一般为 6 个或 8 个 O^{2-} 所包围的正离子）强得多，所以，这些矿物很容易沿链间结合较弱处劈裂，成为柱状或纤维状的小块。即晶体具有柱状或纤维状解理特性。反之，结晶时则晶体具有柱状或纤维状结晶习性。如角闪石石棉因其具有双链结构单元，晶形常呈现细长纤维状。

由于链的构成以及链间结合方面的差异，导致透辉石和透闪石的解理角（解理面间的夹角）不同，前者为93°，而后者为56°。因此，可以通过测定解理角的大小来区别两类矿物。图2-63是透辉石和透闪石单位晶胞在（001）面上的投影。图中以直线所画的块格表示与c轴平行的硅氧链，透辉石是单链，透闪石是双链。晶体发生解理时是沿图中的虚线，从链间结合较弱处劈裂，而不是切过硅氧链。由于单链和双链构成不同，所以，解理角也不相同。这是微观结构在宏观性质上的反映。

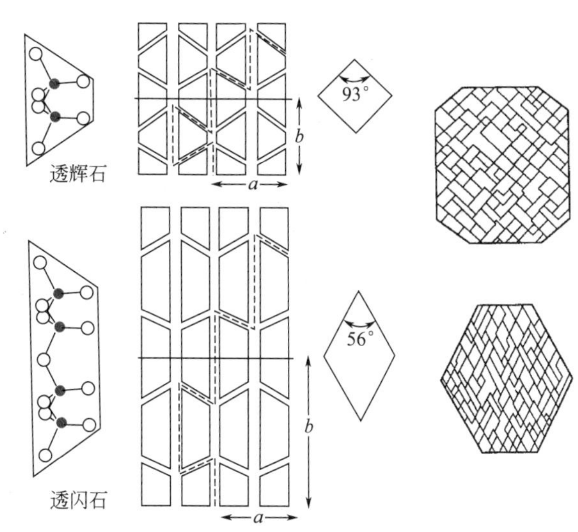

图2-63 透辉石和透闪石单位晶胞在（001）面上的投影

（示意出晶体结构特征和解理上的差异）

2.5.5 层状结构

2.5.5.1 层状结构的基本单元、化学式与类型

层状结构是每个硅氧四面体通过3个桥氧连接，构成向二维方向伸展的六节环状的硅氧层（无限四面体群），见图2-64。在六节环状的层中，可取出一个矩形单元$[Si_4O_{10}]^{4-}$，于是硅氧层的化学式可写为$[Si_4O_{10}]_n^{4n-}$。

按照硅氧层中活性氧的空间取向不同，硅氧层分为两类：单网层和复网层。单网层结构中，硅氧层的所有活性氧均指向同一个方向。而复网层结构中，两层硅氧层中的活性氧交替地指向相反方向。活性氧的电价由其他金属离子来平衡，一般为6配位的Mg^{2+}或Al^{3+}，同时，水分子以OH^-形式存在于这些离子周围（称为结构水），形成所谓的水铝石或水镁石层。于是，单网层相当于一个硅氧层加上一个水铝（镁）石层，故也称1∶1层。复网层相当于两个硅氧层中间加上一个水铝（镁）石层，所以也称2∶1层。单网层及复网层的构成如图2-65所示。根据水铝（镁）石层中八面体空隙的填充情况，结构又分为三八面体型和二八面体型。前者八面体空隙全部被金属离子所占据，后者只有2/3的八面体空隙被填充。

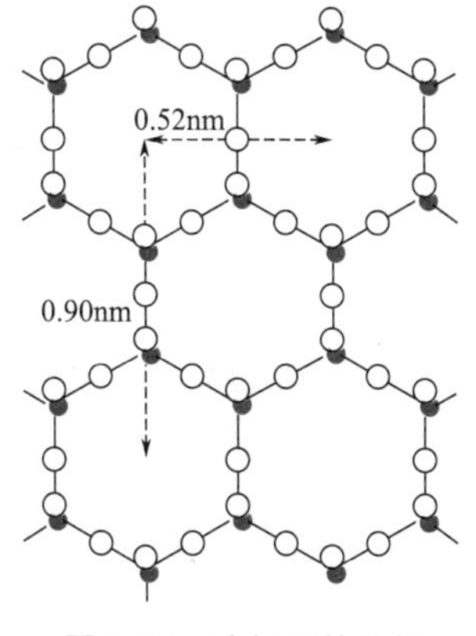

图2-64 硅氧层的结构

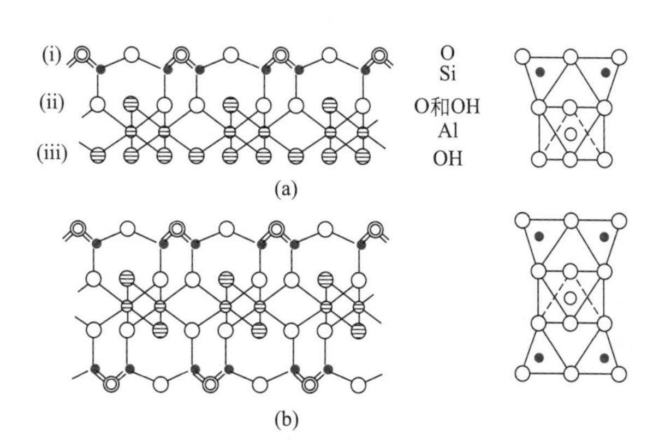

图2-65 单网层及复网层的构成

下面以滑石、典型黏土矿物（高岭石、蒙脱石、伊利石）和白云母结构为例来介绍层状结构与性质。

2.5.5.2　滑石 $\{Mg_3[Si_4O_{10}](OH)_2\}$ 结构

（1）结构分析　滑石属单斜晶系，空间群 C2/c；晶胞参数 a=0.525nm，b=0.910nm，c=1.881nm，β=100°；结构属于复网层结构，如图 2-66 所示。

从图 2-66(a) 可以看出，构成层状结构的硅氧六节环及 OH^- 和 Mg^{2+} 在该投影面上的分布情况，OH^- 位于六节环中心，Mg^{2+} 位于 Si^{4+} 与 OH^- 形成的三角形的中心，但高度不同。

从图 2-66(b) 可以清楚地看出，两个硅氧层的活性氧指向相反，中间通过镁氢氧层（即水镁石层）连接，形成复网层，复网层平行排列即形成滑石结构。水镁石层中 Mg^{2+} 的配位数为 6，形成 $[MgO_4(OH)_2]$ 八面体。其中全部八面体空隙被 Mg^{2+} 所填充，因此，滑石结构属于三八面体型结构。

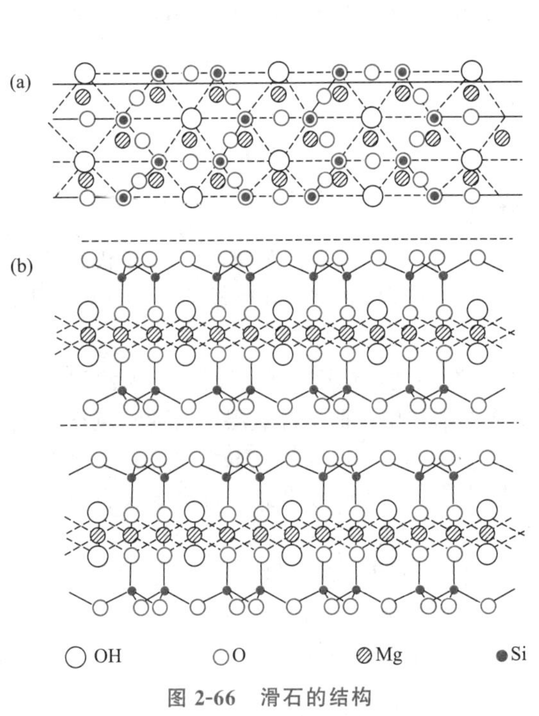

图 2-66　滑石的结构

（a）（001）面上的投影；（b）图（a）结构的纵剖面图

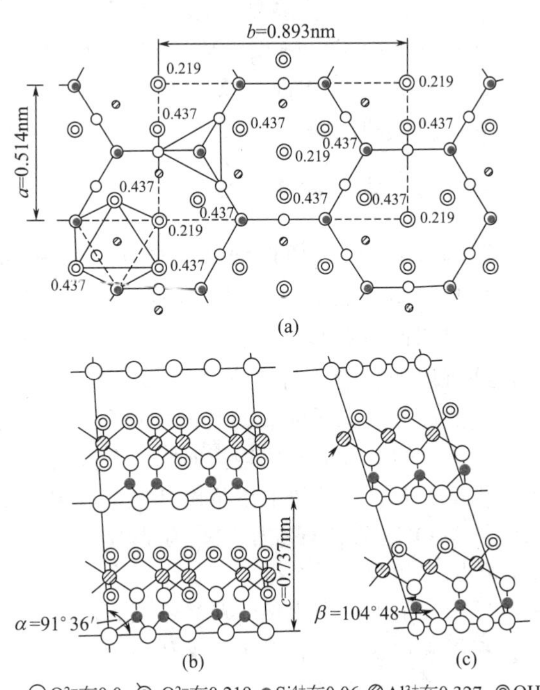

图 2-67　高岭石的结构

（a）（001）面上的投影（显示出硅氧层的六节环及各离子的配位信息，其中数值为各离子在 c 轴方向以 nm 为单位的高度）；（b）（100）面上的投影（显示出单网层中 Al^{3+} 填充 2/3 八面体空隙）；（c）（010）面上的投影（显示出单网层的构成）

（2）结构与性质的关系　复网层中每个活性氧同时与 3 个 Mg^{2+} 相连接，从 Mg^{2+} 处获得的静电键强度为 $3\times2/6=1$，从 Si^{4+} 处也获得 1 价，故活性氧的电价饱和。同理，OH^- 中氧的电价也是饱和的，所以，复网层内是电中性的。这样，层与层之间只能依靠较弱的分子间力来结合，致使层间易相对滑动，所以滑石晶体具有良好的片状解理特性，并具有滑腻感。

（3）离子取代现象　用 2 个 Al^{3+} 取代滑石中的 3 个 Mg^{2+}，则形成二八面体型结构

(Al^{3+} 占据 2/3 的八面体空隙）的叶蜡石 $Al_2[Si_4O_{10}](OH)_2$ 结构。同样，叶蜡石也具有良好的片状解理和滑腻感。

（4）晶体加热时结构的变化　滑石和叶蜡石中都含有 OH^-，加热时必然产生脱水效应。滑石脱水后变成斜顽火辉石 α-$Mg_2[Si_2O_6]$，叶蜡石脱水后变成莫来石 $3Al_2O_3 \cdot 2SiO_2$。它们都是玻璃和陶瓷工业的重要原料，滑石可以用于生成绝缘、介电性能良好的滑石瓷和堇青石瓷，叶蜡石常用作硼硅质玻璃中引入 Al_2O_3 的原料。

2.5.5.3　高岭石 $\{Al_4[Si_4O_{10}](OH)_8\}$ 结构

（1）结构分析　高岭石 $Al_2O_3 \cdot 2SiO_2 \cdot 2H_2O$ 是一种主要的黏土矿物，属三斜晶系，空间群 C1；晶胞参数 $a=0.514$nm，$b=0.893$nm，$c=0.737$nm，$\alpha=91°36'$，$\beta=104°48'$，$\gamma=89°54'$；晶胞分子数 $Z=1$。其结构如图 2-67 所示。

高岭石的基本结构单元是由硅氧层和水铝石层构成的单网层，参见图 2-67(a) 和图 2-67(b)，单网层平行叠放便形成高岭石结构。从图 2-67(b) 和图 2-67(c) 可以看出，Al^{3+} 配位数为 6，其中 2 个是 O^{2-}，4 个是 OH^-，形成 $[AlO_2(OH)_4]$ 八面体，正是这两个 O^{2-} 把水铝石层和硅氧层连接起来。水铝石层中，Al^{3+} 占据八面体空隙的 2/3，属二八面体型结构。

（2）结构与性质的关系　根据电价规则可计算出单网层中 O^{2-} 的电价是平衡的，即理论上层内是电中性的，所以，高岭石的层间只能靠物理键来结合，这就决定了高岭石也容易解理成片状的小晶体。但单网层在平行叠放时是水铝石层的 OH^- 与硅氧层的 O^{2-} 相接触，故层间靠氢键来结合。由于氢键结合比分子间力强，所以，水分子不易进入单网层之间，晶体不会因为水含量增加而膨胀，也无滑腻感。高岭石结构不易发生同晶取代，阳离子交换容量较低，且质地较纯，熔点较高。

2.5.5.4　蒙脱石（微晶高岭石）结构

（1）结构分析　蒙脱石也是一种黏土类矿物，属单斜晶系，空间群 C2/ma；理论化学式为 $Al_2[Si_4O_{10}](OH)_2 \cdot nH_2O$；晶胞参数 $a=0.515$nm，$b=0.894$nm，$c=1.520$nm，$\beta=90°$；单位晶胞中 $Z=2$。实际化学式为 $(Al_{2-x}Mg_x)[Si_4O_{10}](OH)_2 \cdot (Na_x \cdot nH_2O)$，式中 $x=0.33$，晶胞参数 $a\approx0.532$nm，$b\approx0.906$nm，c 的数值随含水量而变化，当结构单位层无水时 $c\approx0.960$nm。

蒙脱石具有复网层结构，由两层硅氧四面体层和夹在中间的水铝石层所组成。连接两个硅氧层的水铝石层中的 Al^{3+} 配位数为 6，形成 $[AlO_4(OH)_2]$ 八面体。水铝石层中，Al^{3+} 占据八面体空隙的 2/3，属二八面体型结构，如图 2-68 所示。理论上复网层内呈电中性，层间靠分子间力结合。实际上，由于结构中 Al^{3+} 可被 Mg^{2+} 取代，使复网层并不呈电中性，带有少量负电荷（一般为 $-0.33e$，也可有很大变化），因而复网层之间有斥力，使略带正电性的水化正离子易于进入层间；与此同时，水分子也易渗透进入层间（称为层间结合水），使晶胞 c 轴膨胀，随含水量变化，由 0.960nm 变化至 2.140nm，因此，蒙脱石又称膨润土。

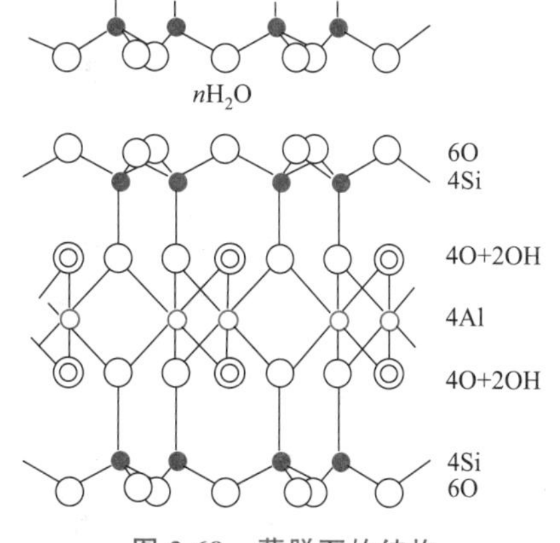

图 2-68　蒙脱石的结构

（2）结构中的离子置换现象　由于晶格中可发生多种离子置换，使蒙脱石的组成常与理论化学式有出入。其中硅氧四面体层内的 Si^{4+} 可以被 Al^{3+} 或 P^{5+} 等取代，这种取代量是有限的；八面体层（即水铝石层）中的 Al^{3+} 可被 Mg^{2+}、Ca^{2+}、Fe^{2+}、Zn^{2+} 或 Li^{+} 等所取代，取代量可以从极少量到全部被取代。

（3）结构与性质的关系　蒙脱石复网层之间靠微弱的分子力作用，因此呈良好的片状解理，且晶粒细小，所以也称微晶高岭石。蒙脱石晶胞 c 轴长度随含水量而变化，甚至空气湿度的波动也能导致 c 轴参数的变化，所以，晶体易于膨胀或压缩。加水膨胀，加热脱水则产生较大收缩，一直干燥到脱去结构水之前，其晶格结构不会被破坏。随层间水进入的水化阳离子使复网层电价平衡，它们易于被交换，使蒙脱石具有很高的阳离子交换能力。由于蒙脱石易发生同晶取代，因而质地不纯，熔点较低。

2.5.5.5　伊利石结构

伊利石也属黏土类矿物，其化学式为 $K_{1\sim1.5}Al_4[Si_{7\sim6.5}Al_{1\sim1.5}O_{20}](OH)_4$，晶体结构属于单斜晶系，空间群 C2/c；晶胞参数 $a=0.520$nm，$b=0.900$nm，$c=1.000$nm，β 角尚无确切值；晶胞分子数 $Z=2$。伊利石也是三层结构，和蒙脱石不同的是 Si—O 四面体中约 1/6 的 Si^{4+} 被 Al^{3+} 所取代。为平衡多余的负电荷，结构中将近有 1～1.5 个 K^{+} 进入结构单位层之间。K^{+} 处于上下两个硅氧四面体六节环的中心，相当于结合成配位数为 12 的 K－O 配位多面体。因此层间的结合力较牢固，这种阳离子不易被交换。

2.5.5.6　白云母 $\{KAl_2[AlSi_3O_{10}](OH)_2\}$ 的结构

（1）结构分析　白云母属单斜晶系，空间群 C2/c；晶胞参数 $a=0.518$nm，$b=0.902$nm，$c=2.004$nm，$\beta=95°11'$；晶胞分子数 $Z=2$。其结构如图 2-69 所示，图中重叠的 O^{2-} 已稍微移 X 开。

白云母属于复网层结构，复网层由两个硅氧层及其中间的水铝石层所构成。连接两个硅氧层的水铝石层中的 Al^{3+} 配位数为 6，形成 $[AlO_4(OH)_2]$ 八面体。水铝石层中，Al^{3+} 占

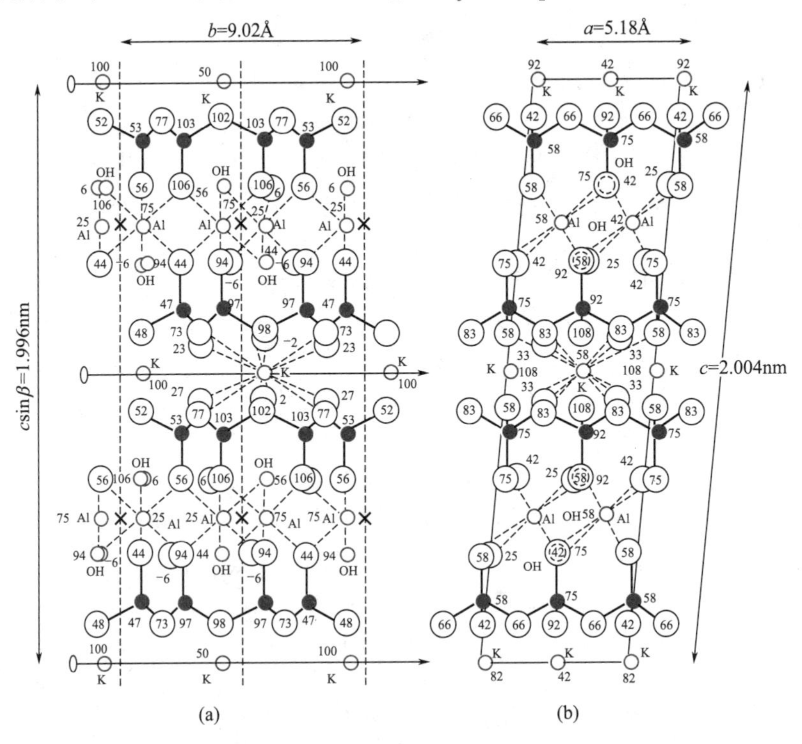

图 2-69　白云母的结构

(a)（100）面上的投影；(b)（010）面上的投影

据八面体空隙的 2/3，属二八面体型结构。由图 2-69(a) 可以看出，两相邻复网层之间呈现对称状态，因此相邻两硅氧六节环处形成一个巨大的空隙。白云母结构与蒙脱石相似，但因其硅氧层中有 1/4 的 Si^{4+} 被 Al^{3+} 取代，复网层不呈电中性，所以，层间有 K^{+} 进入以平衡其负电荷。K^{+} 的配位数为 12，呈统计地分布于复网层的六节环的空隙间，与硅氧层的结合力较层内化学键弱得多，故云母易沿层间发生解理，可剥离成片状。

（2）结构中的离子取代　白云母理想化学式 $KAl_2[AlSi_3O_{10}](OH)_2$ 中的正负离子几乎都可以被其他离子不同程度地取代，形成一系列云母族矿物：①白云母中位于水铝石层内的 2 个 Al^{3+} 被 3 个 Mg^{2+} 取代时，形成金云母 $KMg_3[AlSi_3O_{10}](OH)_2$，用 F^{-} 取代 OH^{-}，则得到人工合成的氟金云母 $KMg_3[AlSi_3O_{10}]F_2$，作绝缘材料使用时耐高温达 1000℃，而天然的仅 600℃；②用（Mg^{2+}，Fe^{2+}）代替 Al^{3+}，可形成黑云母 $K(Mg,Fe)_3[AlSi_3O_{10}](OH)_2$；③用（$Li^{+}$，$Fe^{2+}$）取代 1 个 Al^{3+}，则得到锂铁云母 $KLiFeAl[AlSi_3O_{10}](OH)_2$；④若 2 个 Li^{+} 取代 1 个 Al^{3+}，同时 $[AlSi_3O_{10}]$ 中的 Al^{3+} 被 Si^{4+} 取代，则形成锂云母 $KLi_2Al[Si_4O_{10}](OH)_2$；⑤如果白云母中的 K^{+} 被 Na^{+} 取代，则形成钠云母；⑥若 K^{+} 被 Ca^{2+} 取代，同时硅氧层内有 1/2 的 Si^{4+} 被 Al^{3+} 取代，则成为珍珠云母 $CaAl_2[Al_2Si_2O_{10}](OH)_2$，由于 Ca^{2+} 连接复网层较 K^{+} 牢固，因而珍珠云母的解理性较白云母差。

（3）云母类矿物的用途　合成云母作为一种新型材料，在现代工业和科技领域用途很广。云母陶瓷具有良好的抗腐蚀性、耐热冲击性、机械强度和高温介电性能，可作为新型的电绝缘材料。云母型微晶玻璃具有高强度、耐热冲击、可切削等特性，广泛应用于国防和现代工业中。

2.5.6 架状结构

架状结构中硅氧四面体的每个顶点均为桥氧，硅氧四面体之间以共顶方式连接，形成三维“骨架”结构。结构的重复单元为 $[SiO_2]^0$，作为骨架的硅氧结构单元的化学式为 $[SiO_2]_n^0$，其中 Si/O 为 1∶2。

当硅氧骨架中的 Si 被 Al 取代时，结构单元的化学式可以写成 $[AlSiO_4]_n^{n-}$ 或 $[AlSi_3O_8]_n^{n-}$，其中（Al+Si）∶O 仍为 1∶2。此时，由于结构中有剩余负电荷，一些电价低、半径大的正离子（如 K^{+}、Na^{+}、Ca^{2+}、Ba^{2+} 等）会进入结构中。典型的架状结构有石英族晶体，化学式为 SiO_2，以及一些铝硅酸盐矿物，如霞石 $Na[AlSiO_4]$、长石 $(Na,K)[AlSi_3O_8]$、方沸石 $Na[AlSi_2O_6]\cdot H_2O$ 等沸石型矿物等。

2.5.6.1 石英族晶体的结构

SiO_2 晶体具有多种变体，常压下可分为三个系列：石英、鳞石英和方石英。它们的转变关系如下：

α-石英 ⇌(870℃) α-鳞石英 ⇌(1470℃) α-方石英 ⇌(1723℃) 熔体

α-石英 ⇅ 573℃ β-石英；α-鳞石英 ⇅ 160℃ β-鳞石英；α-方石英 ⇅ 268℃ β-方石英

β-鳞石英 ⇅ 117℃ γ-鳞石英

在上述各变体中，同一系列（即纵向）之间的转变不涉及晶体结构中键的破裂和重建，仅是键长、键角的调整，转变迅速且可逆，对应的是位移性转变。不同系列（即横向）之间的转变，如 α-石英和 α-鳞石英、α-鳞石英和 α-方石英之间的转变都涉及键的破裂和重建，转

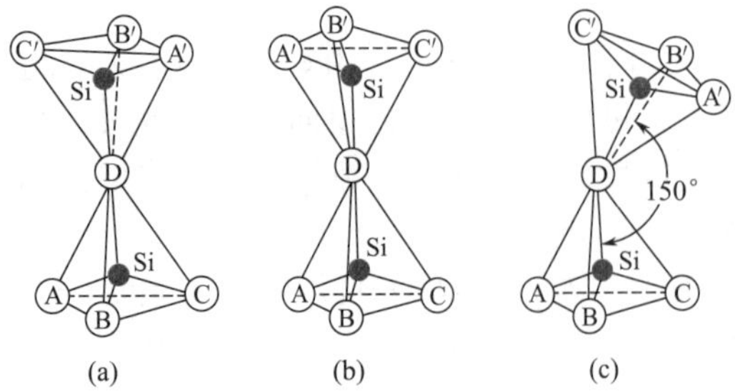

图 2-70 硅氧四面体的连接方式

（a）α-方石英（存在对称中心）；

（b）α-鳞石英（存在对称面）；

（c）α-石英（无对称中心和对称面）

变速度缓慢，属于重建性转变。

石英的三个主要变体 α-石英、α-鳞石英和 α-方石英结构上的主要差别在于硅氧四面体之间的连接方式不同，见图 2-70。在 α-方石英中，两个共顶连接的硅氧四面体以共用 O^{2-} 为中心处于中心对称状态。在 α-鳞石英中，两个共顶的硅氧四面体之间相当于有一对称面。在 α-石英中，相当于在 α-方石英结构基础上，使 Si—O—Si 键由 180°转变为 150°。由于这三种石英中硅氧四面体的连接方式不同，因此，它们之间的转变属于重建性转变。

（1）α-方石英结构　α-方石英属立方晶系，空间群 Fd3m；晶胞参数 a＝0.713nm；晶胞分子数 Z＝8。结构如图 2-71 所示。其中 Si^{4+} 位于晶胞顶点及面心，晶胞内部还有 4 个 Si^{4+}，其位置相当于金刚石中 C 原子的位置。它是由交替地指向相反方向的硅氧四面体组成六节环状的硅氧层（不同于层状结构中的硅氧层，该硅氧层内四面体取向是一致的），以 3 层为一个重复周期在平行于（111）面的方向上平行叠放而形成的架状结构。叠放时，两平行的硅氧层中的四面体相互错开 60°，并以共顶方式对接，共顶的 O^{2-} 形成对称中心，如图 2-72 所示。α-方石英冷却到 268℃ 会转变为四方晶系的 β-方石英，其晶胞参数 a＝0.497nm，c＝0.692nm。

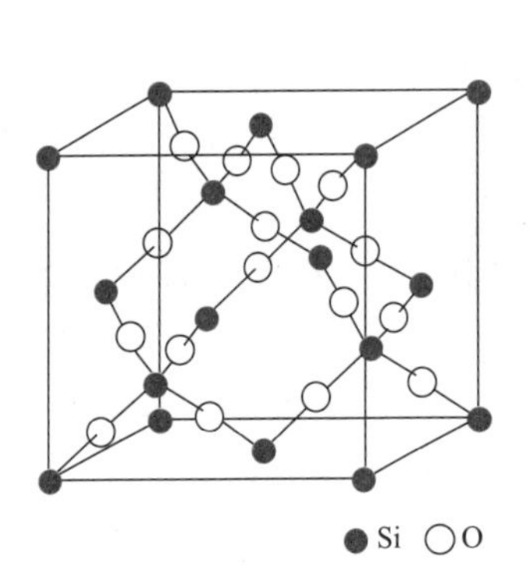

图 2-71 α-方石英的结构

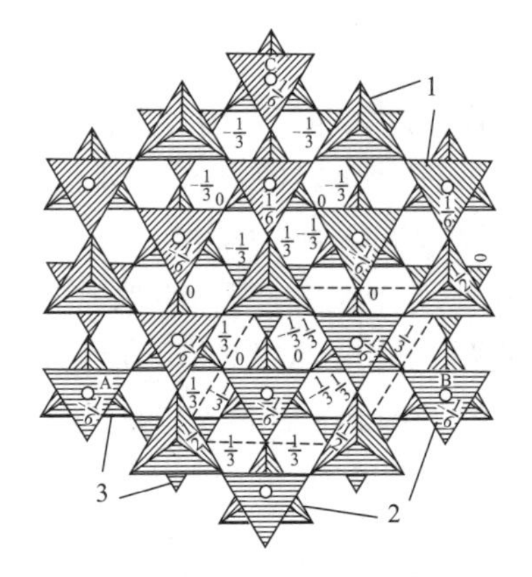

图 2-72 α-方石英的硅氧层的平行叠放

（从体对角线方向观察，显示出以 3 层为周期的平行堆积）

（2）α-鳞石英的结构　α-鳞石英属六方晶系，空间群 $P6_3/mmc$；晶胞参数 a＝0.504nm，c＝0.825nm；晶胞分子数 Z＝4，其结构如图 2-73 所示。结构由交替指向相反方向的硅氧四面体组成的六节环状的硅氧层平行于（0001）面叠放而形成架状结构。平行叠放时，硅氧层中的四面体共顶连接，并且共顶的两个四面体处于镜面对称状态。这样，Si—O—Si 键角就是 180°，有的研究者认为这与实际晶体结构有出入，但目前还没有更准确的研究结果。α-方石英与 α-鳞石英结构中硅氧四面体的不同连接方式如图 2-74 所示。

对于 γ-鳞石英，有的认为属于斜方晶系，晶胞参数 a＝0.874nm，b＝0.504nm，c＝0.824nm。而有的认为属于单斜晶系，晶胞参数 a＝1.845nm，b＝0.499nm，c＝2.383nm，β＝105°39′。

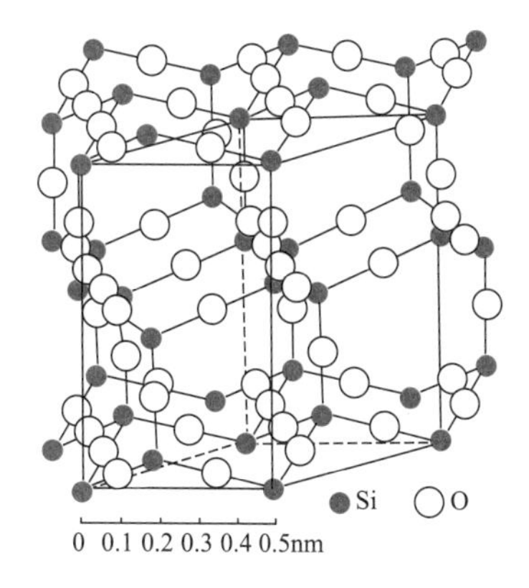

图 2-73 α-鳞石英的结构

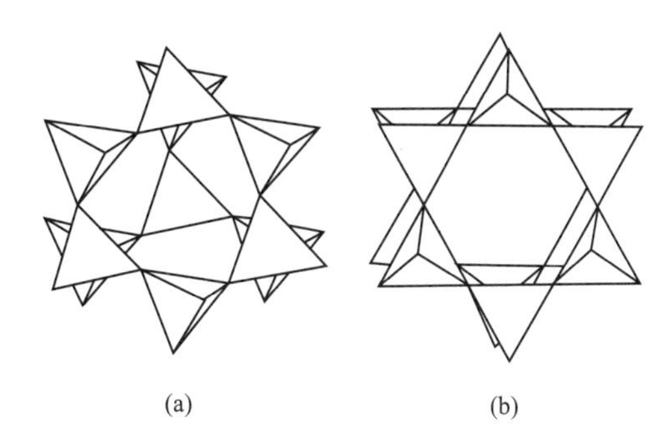

图 2-74 α-方石英与 α-鳞石英结构中硅氧四面体的连接

（a）α-方石英；（b）α-鳞石英

（3）石英的结构　α-石英属六方晶系，空间群 $P6_422$ 或 $P6_222$；晶胞参数 a＝0.496nm，c＝0.545nm；晶胞分子数 Z＝3。α-石英晶体结构在（0001）面上的投影如图 2-75 所示。结构中每个 Si^{4+} 周围有 4 个 O^{2-}，空间取向是 2 个在 Si^{4+} 上方、2 个在其下方。各四面体中的离子，排列于高度不同的三层面上，最上一层用粗线表示，其次一层用细线表示，最下方一层以虚线表示。α-石英结构中存在 6 次螺旋轴，围绕螺旋轴的 Si^{4+}，在（0001）面上的投影可连接成正六边形，如图 2-76(a) 所示。根据螺旋轴的旋转方向不同，α-石英有左形和右形之分，其空间群分别为 $P6_422$ 和 $P6_222$。α-石英中 Si—O—Si 键角为 150°。

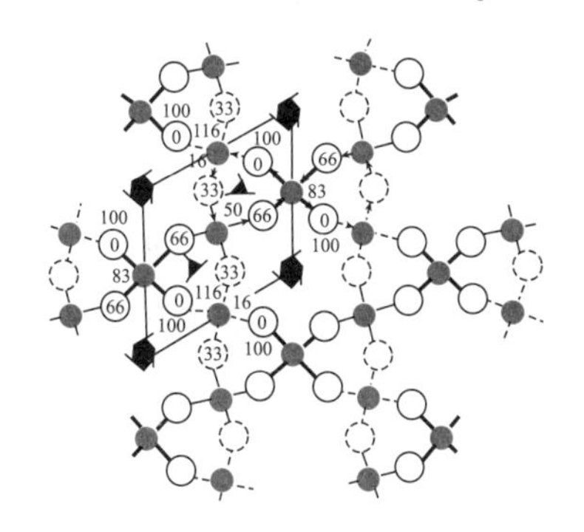

图 2-75 α-石英晶体结构在（0001）面上的投影

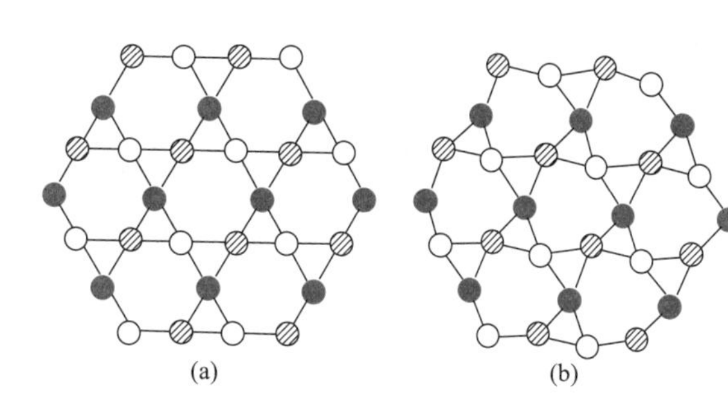

图 2-76 α-石英与 β-石英的关系

［Si^{4+} 在（0001）面上的投影］

（a）α-石英；（b）β-石英

○处于 0、1 位置的 Si^{4+}　◎处于 1/3 位置的 Si^{4+}；

●处于 2/3 位置的 Si^{4+}

β-石英属三方晶系，空间群 $P3_221$ 或 $P3_121$；晶胞参数 a＝0.491nm，c＝0.540nm；晶胞分子数 Z＝3。β-石英是 α-石英的低温变体，两者之间通过位移性转变实现结构的相互转换。两结构中的 Si^{4+} 在（0001）面上的投影示于图 2-76。在 β-石英结构中，Si—O—Si 键角由 α-石英中的 150°变为 137°，这一键角变化，使对称要素从 α-石英中的 6 次螺旋轴转变为 β-石英中的 3 次螺旋轴。围绕 3 次螺旋轴的 Si^{4+} 在（0001）面上的投影已不再是正六边形，而是复三角形，见图 2-76(b) 和图 2-77(b)。β-石英也有左、右形之分。

（4）结构与性质的关系　SiO_2 结构中 Si—O 键的强度很高，键力分别在三维空间比较均匀，因此 SiO_2 晶体的熔点高、硬度大、化学稳定性好，无明显解理。

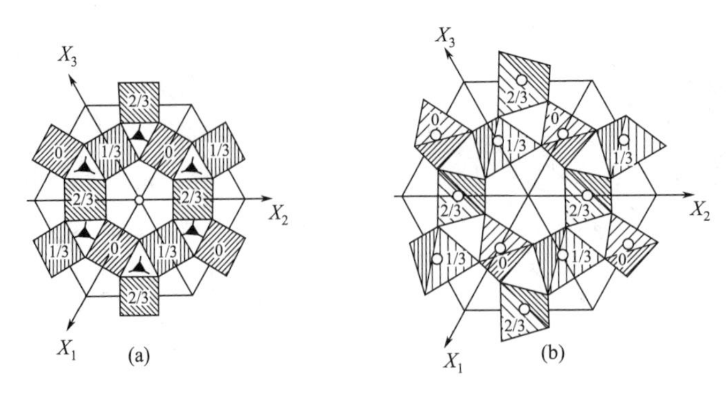

图 2-77 α-石英与 β-石英的关系

［硅氧四面体在（0001）面上的投影］

（a）α-石英；（b）β-石英

（5）β-石英的压电效应 某些晶体在机械力作用下发生变形，使晶体内正负电荷中心相对位移而极化，致使晶体两端表面出现符号相反的束缚电荷，其电荷密度与应力成比例。这种由“压力”产生“电”的现象称为正压电效应（direct piezoelectric effect）。反之，如果将具有压电效应的晶体置于外电场中，电场使晶体内部正负电荷中心位移，导致晶体产生形变。这种由“电”产生“机械形变”的现象称为逆压电效应（converse piezoelectric effect）。正压电效应和逆压电效应统称为压电效应。根据转动对称性，晶体分为 32 个点群，在无对称中心的 21 个点群中，除 O-432 点群外，有 20 种点群具有压电效应。在 20 种压电晶体中又有 10 种具有热释电效应（pyroelectric effect）。晶体的压电性质与自发极化性质都是由晶体的对称性决定的。产生压电效应的条件是：晶体结构中无对称中心，否则，晶体受外力时，正负电荷中心不会分离，因而没有压电性。

由于晶体的各向异性，压电效应产生的方向、电荷的正负等都随晶体切片的方位而变化。图 2-78 示意出 β-石英中压电效应产生的机理及与方位的关系。图 2-78(a) 显示出无外力作用时，晶体中正负电荷中心是重合的，整个晶体中总电矩为零；图 2-78(b) 表明，在垂直方向对晶体施加压力时，晶体发生变形，使正电荷中心相对下移，负电荷中心相对上移，导致正负电荷中心分离，使晶体在垂直于外力方向的表面上产生电荷（上负、下正）。图 2-78(c) 显示出晶体水平方向受压时，在平行于外力的表面上产生电荷的过程，此时，电荷为上正下负。

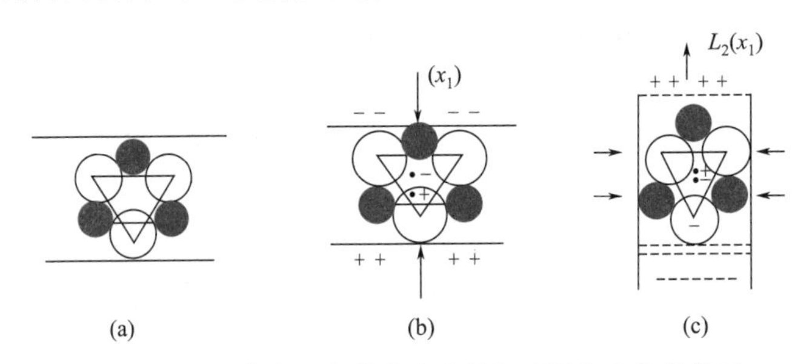

图 2-78 β-石英中压电效应产生的机理及与方位的关系

由此可见，压电效应是由于晶体在外力作用下发生变形，正负电荷中心产生相对位移，使晶体总电矩发生变化造成的。因此，在使用压电晶体时，为了获得良好的压电性，须根据实际要求，切割出相应方位的晶片。

压电材料在宇航、电子、激光、计算机、微波、能源等领域得到广泛应用。目前主要用作压电振子和压电换能器。前者主要利用振子本身的谐振特性，要求压电、介电、弹性等性能的温度变化、经时变化稳定，机械品质因数高。后者主要将一种形式的能量转换成另一种形式的能量，要求换能效益（即机电耦合系数和品质因数）高。压电材料的应用领域见表 2-19。

表 2-19 压电材料的应用领域

应用领域		举 例
电源	压电变压器	雷达、电视显像管、阴极射线管、盖克计数管、激光管和电子复印机等高压电源和压电点火装置
信号源	标准信号源	振荡器、压电音叉、压电音片等用作精密仪器中的时间和频率标准信号源
信号转换	电声换能器	拾声器、送话器、受话器、扬声器、蜂鸣器等声频范围的电声器件
	超声换能器	超声切割、焊接、清洗、搅拌、乳化及超声显示等频率高于 20kHz 的超声器件
发射与接收	超声换能器	探测地质构造、油井固实程度、无损探伤和测厚、催化反应、超声衍射、疾病诊断等各种工业用的超声器件
	水声换能器	水下导航定位、通信和探测的声呐、超声探测、鱼群探测和传声器等
信号处理	滤波器	通信广播中所用的各种分立滤波器和复合滤波器，如彩电中滤波器；雷达、自控和计算系统所用带通滤波器、脉冲滤波器等
	放大器	声表面波信号放大器以及振荡器、混频器、衰减器、隔离器等
	表面波导	声表面波传输线
传感与计测	加速度计、压力计	工业和航空技术上测定振动体或飞行器工作状态的加速度计、自动控制开关、污染检测用振动计以及流速计、流量计和液面计等
	角速度计	测量物体角速度及控制飞行器航向的压电陀螺
	红外探测器	监视领空、检测大气污染浓度、非接触式测温以及热成像、热电探测、跟踪器等
	位移发生器	激光稳频补偿元件，显微加工设备及光角度、光程长的控制器
存储与显示	调制	用于电光和声光调制的光阀、光闸、光变频器和光偏转器、声开关等
	存储	光信息存储器、光记忆器
	显示	铁电显示器、声光显示器、组页器等
其他	非线性元件	压电继电器等

2.5.6.2 长石的结构

长石类硅酸盐分为正长石系和斜长石系两大类。其中有代表性的有以下两种。

① 正长石系　钾长石 $K[AlSi_3O_8]$；钡长石 $Ba[Al_2Si_2O_8]$。

② 斜长石系　钠长石 $Na[AlSi_3O_8]$；钙长石 $Ca[Al_2Si_2O_8]$。

高温时，钾长石与钠长石可以形成完全互溶的钾钠长石固溶体系列，亦称碱性长石系列。该固溶体随温度降低可脱溶为钾相和钠相，形成条纹长石。在钾长石亚族中，随温度降低，依次形成的钾长石变体有透长石（单斜）、正长石（单斜）和微斜长石（三斜）。钠长石和钙长石也能以任意比例互溶，形成钠钙长石固溶体。

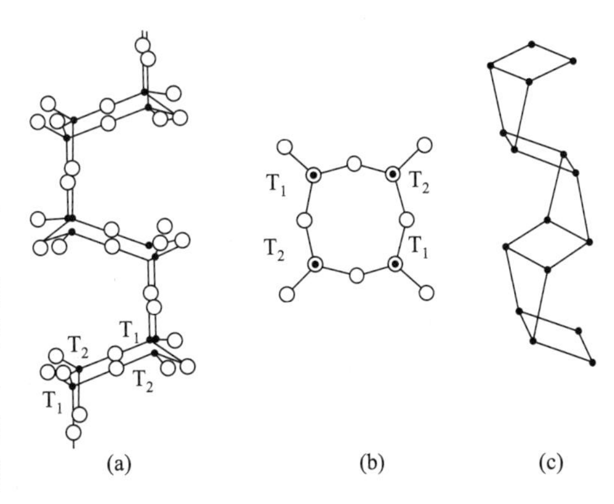

图 2-79 长石结构中基本结构单元的构造

(a) 由四节环形成理想的曲轴状链；(b) 硅氧四节环；(c) 实际结构中有扭曲的曲轴状链

长石的基本结构单元由 $[TO_4]$ 四面体连接成四节环，其中 2 个四面体顶角向上、2 个向下；四节环中的四面体通过共顶方式连接成曲轴状的链，见图 2-79；链与链之间在三维空间连接成架状结构。

（1）钾长石的结构　高温型钾长石（即透长石）属单斜晶系，空间群 C2/m；晶胞参数 a＝0.856nm，b＝1.303nm，c＝0.718nm，β＝115°59′；晶胞分子数 Z＝4。透长石结构在（001）面上的投影示于图 2-80。从该图中可以看出，由四节环构成的曲轴状链平行于 a 轴方向伸展，K^+ 位于链间空隙处，在 K^+ 处存在一对称面，结构呈左右对称。结构中 K^+ 的平均配位数为 9。在低温型钾长石中，K^+ 的配位数平均为 8。K^+ 的电价除了平衡骨架中［AlO_4］多余的负电荷外，还与骨架中的桥氧之间产生诱导键力。

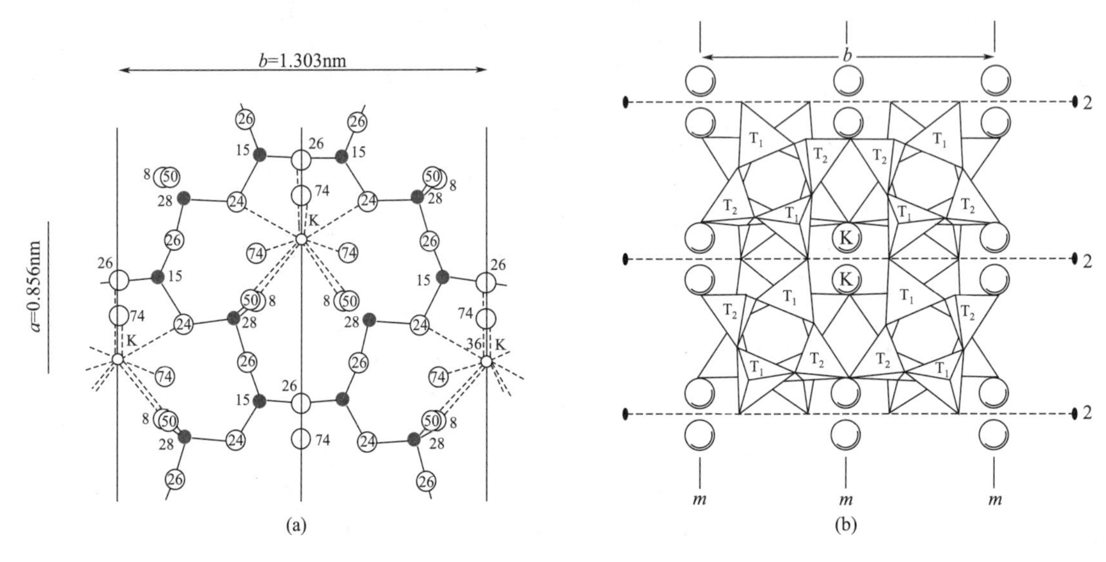

图 2-80　透长石的结构

（a）在（001）面上的投影（仅示出近晶胞底部的离子）；（b）在（100）面上的投影（仅显示出 4 条曲轴链的投影，以及对称面和 2 次轴。上下四节环的投影因链扭曲而不重合，它们相互连接时在图正中形成一个八联环，K^+ 位于八联环的空隙，其中 2 个 K^+ 不在同一高度。四面体标有 T_1、T_2 符号，相同符号的四面体之间存在着对称关系）

（2）钠长石的结构　钠长石属三斜晶系，空间群 Cl；晶胞参数 a＝0.814nm，b＝1.279nm，c＝0.716nm，α＝94°19′，β＝116°34′，γ＝87°39′。其结构如图 2-81 所示。

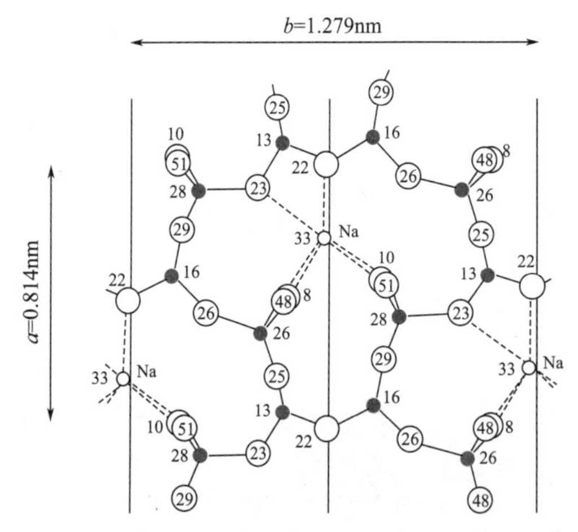

图 2-81　钠长石结构在（001）面上的投影

与透长石比较，钠长石结构出现轻微的扭曲，左右不再呈现镜面对称。扭曲作用是由于四面体的移动，致使某些 O^{2-} 环绕 Na^+ 更为紧密，而另一些 O^{2-} 更为远离。晶体结构从单斜变为三斜。钠长石中 Na^+ 的配位数平均为 6。

透长石与钠长石结构差异的原因是：长石结构的曲轴状链间有较大的空隙，半径较大的阳离子位于空隙时，配位数较大，配位多面体较规则，能撑起［TO_4］骨架，使对称性提高到单斜晶系；半径较小的阳离子位于空隙时，配位多面体不规则，致使骨架折陷，对称性降为三斜晶系。

在曲轴状链中，Al^{3+} 取代 Si^{+} 后，Al^{3+}、Si^{+} 分布的有序-无序性也会影响结构的对称性和轴长。当 Al^{3+}、Si^{+} 在链中的四面体位完全无序分布时，晶体具有单斜对称，如透长石的 $c=0.72$nm；而当 Al^{3+}、Si^{+} 在四面体位完全有序、呈相间排列时，晶体属三斜晶系，如钙长石 $c=1.43$nm。

长石结构的解理性是：长石结构的四节环链内结合牢固，链平行于 a 轴伸展，故沿 a 轴晶体不易断裂；而在 b 轴和 c 轴方向，链间虽然也有桥氧连接，但有一部分是靠金属离子与 O^{2-} 之间的键来结合，较 a 轴方向结合弱得多；因此，长石在平行于链的方向上有较好的解理。

2.6 晶体场理论和配位场理论

大部分离子晶体的化学特性可以根据简单的静电理论来予以说明。但是对部分填充 d 或 f 轨道的非球形对称的过渡元素离子，却不能用同样的理论解释由这些离子参与构成一系列的晶体中所出现的一些现象。

晶体场理论是一种推广了的离子成键模式，它虽然仍属于静电理论的范畴，但是它能够阐明在许多过渡元素化合物晶格中，用经典的静电理论所无法解释的许多现象，如尖晶石型化合物的晶体结构、玻璃中离子着色机理等。

2.6.1 晶体场理论的基本概念

晶体场理论认为，晶体结构中的每个阳离子都处于一个晶体场之中。所谓晶体场是指晶格中由中心阳离子周围的配位多面体（与阳离子配位的阴离子或负极朝向中心阳离子的偶极分子）所形成的一个静电势场，中心阳离子就处于该势场之中。在这里，中心阳离子与周围配位体之间被认为只存在纯粹的静电相互作用（吸引与排斥），因而将中心阳离子与配位体之间的化学键看成类似于晶体中的价键，且配位体都被作为点电荷来看待。

已知过渡元素离子的核外电子排布为：

$$\cdots\cdots ns^2np^6(n-1)d^{0\sim10}$$

其特点是，一般具有未填满的 d 电子层。d 电子层中的五个 d 轨道，它们的电子云在空间的分布如图 2-82 所示，其中 $d_{x^2-y^2}$ 和 d_{z^2} 轨道沿坐标轴方向伸展；d_{xy}、d_{xz}、d_{yz} 轨道则沿坐标轴的对角线方向伸展。每个轨道都可容纳自旋相反的一对电子。一个过渡元素离子，当它处于球形对称的势场中时，五个 d 轨道具有相同的能量，即是所谓五重简并，电子占据任一轨道的概率均相同。为使整个体系处于最低的能量状态，其电子的排布遵循洪特规则，即在等价轨道（能量状态相同的轨道）上排布的电子，将尽可能分占不同的轨道，且自旋平行。但是，与通常的极化效应有所不同，当一个过渡元素离子进入晶格中的配位位置，亦即处于一个晶体场中时，它与周围的配位体发生静电作用。一

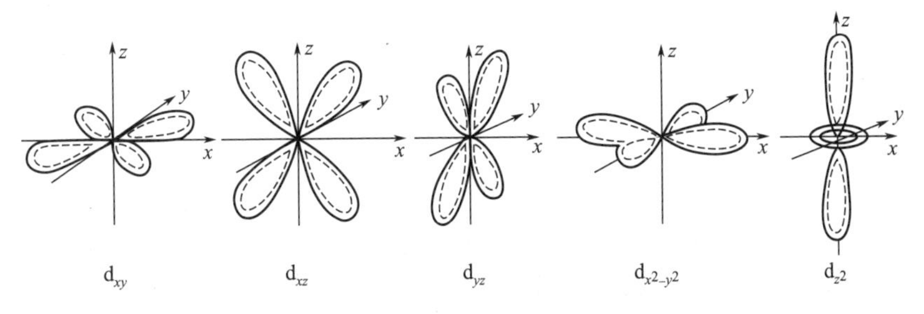

图 2-82 五个 d 轨道的空间分布示意图

方面，过渡元素离子本身的电子层结构将受到配位体的影响而发生变化，使得原来能量状态相同的五个 d 轨道发生分裂，导致部分 d 轨道的能量状态降低而另一部分 d 轨道的能量增高，其具体能级分裂情况将随晶体场的性质（配位多面体种类和形状）的不同而异。另一方面，配位体的配置也将受到中心过渡元素离子的影响而发生变化，引起配位多面体的畸变。一般周围配位体对中心过渡元素离子的影响是主要的，中心离子对配位体的影响只在某些离子的情况下才较为显著。

2.6.2 d 轨道能级的晶体场分裂

首先考虑一个过渡元素离子在正八面体晶体场中的情况。例如，当六个带负电荷的配位体（例如 O^{2-} 等阴离子或者 H_2O 等偶极分子的负端）分别沿三个坐标轴 $\pm x$、$\pm y$ 和 $\pm z$ 的方向向中心过渡金属阳离子接近，最终形成正八面体配合物时，中心离子中沿坐标轴方向伸展的 d_{z^2} 和 $d_{x^2-y^2}$ 轨道便与配位体处于迎头相碰的位置［图 2-83(a)、(b)］，这两个轨道上的电子，将受到带负电荷的配位体的排斥作用，能量增高；而沿着坐标轴对角线方向伸展的 d_{xy}、d_{xz} 和 d_{yz} 轨道，正好插入配位体的间隙之中［图 2-83(c)、(d)、(e)］，受到配位体电子云的排斥作用较弱，因而能量较低。这样，原来能量相等的五个 d 轨道，在晶体场中便分裂成为两组：一组是能量较高的 d_{z^2} 和 $d_{x^2-y^2}$ 轨道组，称为 e_g 轨道组；另一组是能量较低的 d_{xy}、d_{xz} 和 d_{yz} 轨道组，称为 t_{2g} 轨道组。对于晶格中位于配位八面体中的过渡金属离子来说，它所处的情况就是如此［图 2-84(a)］。过渡元素离子中原来是五重简并的 d 轨道，在晶体场中发生能量上的变化而分裂的现象，称为晶体场分裂。

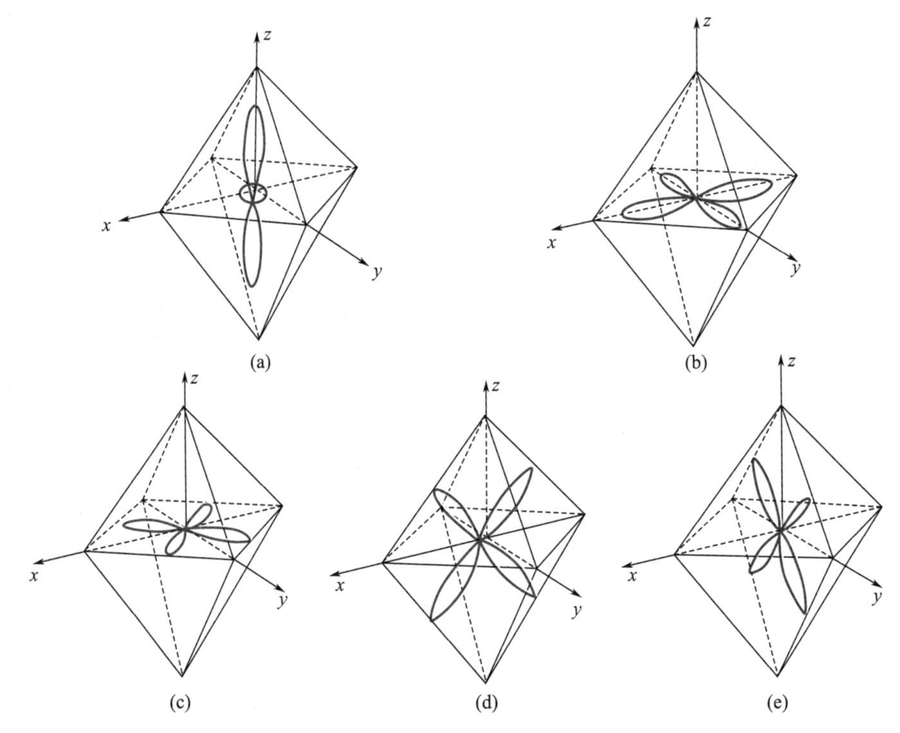

图 2-83 五种 d 轨道在八面体空隙中的方位

晶体场分裂后，e_g 轨道中的每个电子所具有的能量 $E(e_g)$ 与 t_{2g} 轨道中每个电子的能量 $E(t_{2g})$ 两者的差，称为晶体场分裂参数。在正八面体场中，将它记为 Δ_0（或 $10D_g$）。

$$\Delta_0 = E(e_g) - E(t_{2g}) \tag{2-19}$$

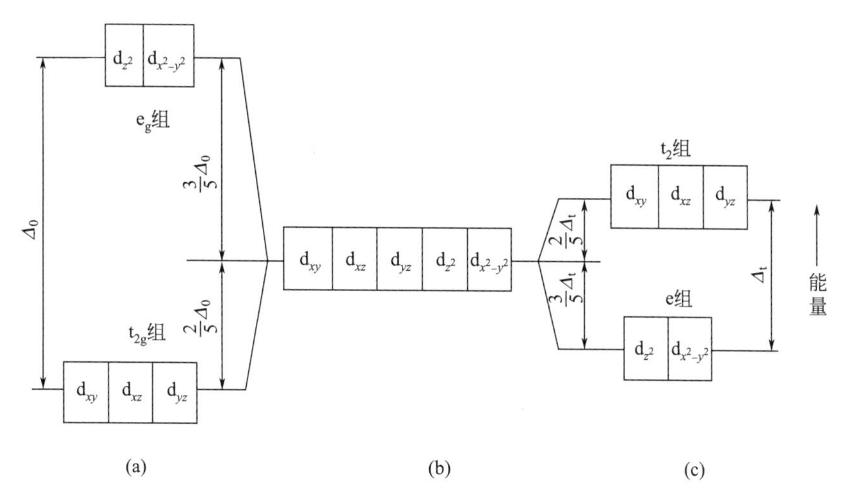

图 2-84 d 轨道能级在正八面体和正四面体晶体场中分裂示意图

(a) 正八面体场；(b) 球形场；(c) 正四面体场

晶体场分裂参数 Δ_0 表示电子从分裂后 d 轨道中的低能级跃迁到高能级所需能量。Δ_0 值越大，则电子越不容易跃迁到高能级轨道中。

d 轨道在晶体场中能量上的分离，服从于所谓的"重心"规则。亦即 d 轨道在晶体场的作用下发生分裂的过程中，其总能量保持不变。如果以未分裂（离子处于球形场中）时 d 轨道的能量作为 0（由于晶体场理论只涉及能量相对大小的问题，因此完全可以不必考虑其绝对能量值到底是多少），则有：

$$4E(e_g)+6E(t_{2g})=0 \tag{2-20}$$

由式（2-19）和式（2-20）可得：

$$E(e_g)=\frac{3}{5}\Delta_0,\quad E(t_{2g})=-\frac{2}{5}\Delta_0 \tag{2-21}$$

如果过渡元素在一个四面体配位的晶体场中，此时 d_{z^2} 和 $d_{x^2-y^2}$ 轨道恰好插入在配位体的间隙之中［图 2-85(a)、(b)］，而 d_{xy}、d_{xz} 和 d_{yz} 轨道与配位体靠得较近［图 2-85(c)、(d)、(e)］，结果产生了与正八面体晶体场中的能量状态正好相反的变化，即 d_{xy}、d_{xz} 和 d_{yz} 三个轨道（此时称为 t_2 组轨道）的能量增高，而 d_{z^2} 和 $d_{x^2-y^2}$ 两个轨道（称为 e 组轨道）则能量降低［图 2-84(c)］。相应的晶体场分裂参数记为 Δ_t，则有：

$$\Delta_t=E(t_2)-E(e) \tag{2-22}$$

式中，$E(t_2)$ 和 $E(e)$ 分别为 t_2 组轨道和 e 组轨道中电子的能量。同样，基于"重心"规则，可得：

$$E(e)=-\frac{3}{5}\Delta_t, E(t_2)=\frac{2}{5}\Delta_t \tag{2-23}$$

根据静电模型的量子学计算表明，当配位体相同且配位体与中心离子的距离也相同时，正四面体场中 d 轨道在晶体场中能级参数仅为正八面体场中的 4/9，即：

$$\Delta_t=\frac{4}{9}\Delta_0=0.445\Delta_0=4.45D_g \tag{2-24}$$

实际晶体中阳离子位置的对称性，或者说它的配位多面体的对称性，往往低于正八面体或正四面体的对称。在这样的晶体场中，原来是五重简并的五个 d 轨道，在能量上可以被分裂成为三组、四组乃至五个彼此分开的轨道。

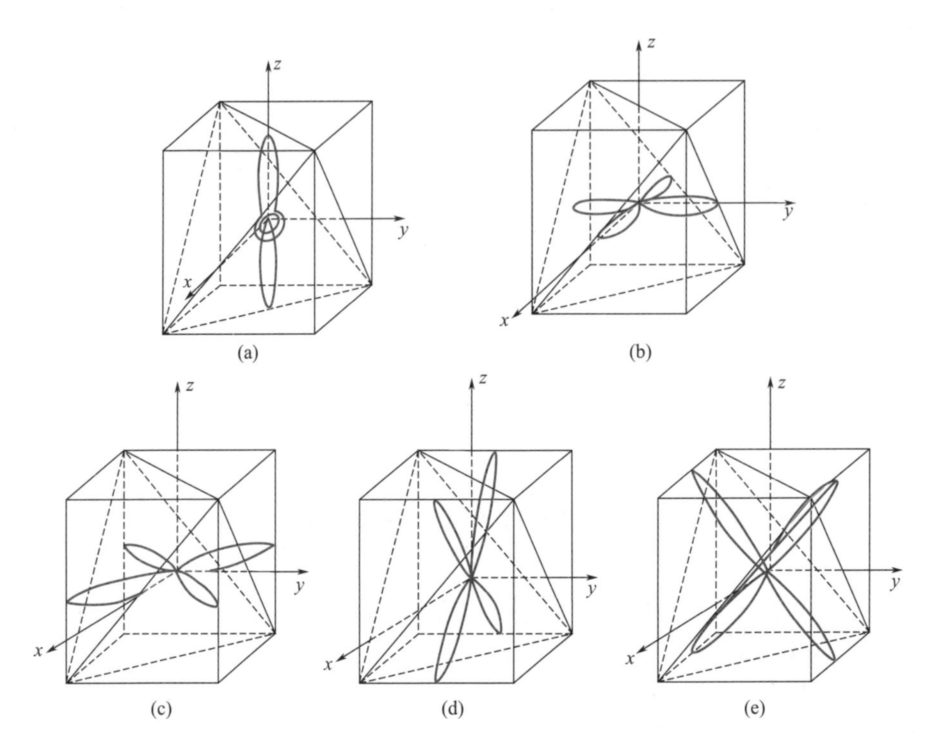

图 2-85　五种 d 轨道在四面体空隙中的方位

2.6.3　晶体场稳定化能和过渡元素离子的电子构型

从式（2-3）可知，与处于球形场中的离子相比，在正八面体晶体场中，t_{2g} 组轨道中的每一个电子将使离子的总静电能降低$\frac{2}{5}\Delta_0$，即使离子的稳定程度增加$\frac{2}{5}\Delta_0$；而 e_g 组轨道中的每一个电子使离子的总能量增高$\frac{3}{5}\Delta_0$，从而使稳定程度减少$\frac{3}{5}\Delta_0$。因此，当一个过渡元素离子从 d 轨道未分裂的状态进入八面体配位位置中时，它的总静电能将改变 ε_0：

$$\varepsilon_0=-\frac{2}{5}\Delta_0 N(t_{2g})+\frac{3}{5}\Delta_0 N(e_g) \tag{2-25}$$

式中，$N(t_{2g})$ 和 $N(e_g)$ 分别为 t_{2g} 和 e_g 组轨道内的电子数。对于四面体场来说，基于完全相同的原理，根据式（2-23）的关系，其离子总静电能的改变 ε_t 将为：

$$\varepsilon_t=\frac{2}{5}\Delta_t N(t_2)-\frac{3}{5}\Delta_t N(e) \tag{2-26}$$

式中，$N(t_2)$ 和 $N(e)$ 分别为 t_2 组和 e 组轨道内的电子数。对于任何其他的晶体场，都可按此原理类推。根据电子排布的规则，ε 永远不可能出现正值。

在此，当过渡元素离子从 d 轨道未分裂的球形场中进入晶体场中时，其总静电能改变的负值称为晶体场稳定化能，缩写为 CFSE（crystal field stabilization energy）。在数值上，CFSE＝｜ε｜。它代表位于配位多面体中的离子，与处于球形场中的同种离子相比，在能量上的降低，也就是代表晶体场所给予离子的一种额外稳定化作用。

过渡元素离子在一个给定的晶体场中，其晶体稳定化能的具体数值将取决于两个因素，一是离子本身的电子构型，二是晶体场分裂参数 Δ_0 的大小。

不同的过渡元素离子，它们在电子构型上的差别，主要表现在 d 电子的数目及其排布方式的不同。对于某一个给定的过渡元素离子而言，d电子数是确定的，但d电子的排布方式在不同的晶体场中可能有差别。当离子处于球形场中时，其电子的排布遵循洪特规则，将尽可能多地分别占据空的轨道，且自旋平行。只有当五个d轨道全为半满时，才开始自旋成对地充填。当两个电子处于同一轨道中时，静电斥力将增大，因此，要迫使电子在同一个轨道中成对自旋，必须给予一定的能量来克服所增加的这部分静电斥力，这一能量称为电子成对能，记为P（气态自由离子的P值可由理论计算得出）。显然电子成对能P越大，电子越不容易成对。

当离子处于一个晶体场中，例如某个八面体场中时，d轨道便分裂成能量差为Δ_0的t_{2g}和e_g两组轨道。此时，d电子的排布将受到两种相反作用的影响。为了尽可能地降低体系的总能量，Δ_0的影响要求电子尽可能先充填能量较低的t_{2g}轨道，但P的影响则要求电子尽可能多地分占一切空的轨道。当$\Delta_0<P$时，为弱场条件，电子只有在自旋平行地分占了全部五个d轨道之后，才开始在能量较低的t_{2g}轨道中继续充填而形成自旋成对，因而离子具有尽可能多的自旋平行的不成对电子，处于所谓的高自旋状态。反之，在强场条件下，$\Delta_0>P$，电子只有在t_{2g}轨道全被自旋成对的电子填满之后才开始充填e_g轨道，此时，离子处于所谓的低自旋状态。

例如，Co^{2+}（$3d^7$）离子处于八面体场中时，在弱场条件下，其7个d电子中首先有3个电子分占t_{2g}组的三个轨道，且自旋平行。然后因$\Delta_0<P$，故又有2个电子自旋平行地分占e_g组的两个轨道，从而使d轨道达到半满。最后的2个电子才再充填t_{2g}组中的两个轨道而自旋成对，从而构成高自旋态$(t_{2g})^5(e_g)^2$的d电子排布，按式（2-25）计算，其CFSE为$\frac{4}{5}\Delta_0$。但如果是在八面体场的强场条件下，当t_{2g}组三个轨道半满，由于此时$\Delta_0>P$，故接着不是充填e_g组轨道，而是再次充填t_{2g}组轨道，使之自旋成对地达到全满，然后剩下的一个电子最后才充填e_g组轨道，构成低自旋态$(t_{2g})^6(e_g)^1$的d电子排布，此时相应的CFSE为$\frac{9}{5}\Delta_0$。对于四面体而言，弱场条件下Co^{2+}的7个d电子的充填顺序应当是：e组半满，然后t_2组半满，最后e组全满。强场条件下的顺序则是：e组半满，然后e组全满，最后t_2组半满。显然，这两种充填顺序的最终结果并无差别，都得出$(e)^4(t_2)^3$的d电子排布方式，相应地两者的CFSE均为$\frac{6}{5}\Delta_0$。

表2-20列出了过渡元素离子在八面体和四面体配位场中的d电子排布和晶体场稳定化能CFSE，表中CFSE取绝对值。

表2-20 过渡元素离子在八面体和四面体配位场中的d电子排布和晶体场稳定化能CFSE

3d电子数	离子	八面体配位				四面体配位			
		弱场(高自旋)		强场(低自旋)		弱场(高自旋)		强场(低自旋)	
		电子排布	CFSE	电子排布	CFSE	电子排布	CFSE	电子排布	CFSE
0	Sc^{3+}、Ti^{4+}	$(t_{2g})^0(e_g)^0$	0	$(t_{2g})^0(e_g)^0$	0	$(e)^0(t_2)^0$	0	$(e)^0(t_2)^0$	0
1	Ti^{3+}	$(t_{2g})^4(e_g)^0$	$0.4\Delta_0$	$(t_{2g})^1(e_g)^0$	$0.4\Delta_0$	$(e)^1(t_2)^0$	$0.6\Delta_t$	$(e)^1(t_2)^0$	$0.6\Delta_t$
2	V^{3+}	$(t_{2g})^2(e_g)^0$	$0.8\Delta_0$	$(t_{2g})^2(e_g)^0$	$0.8\Delta_0$	$(e)^2(t_2)^0$	$1.2\Delta_t$	$(e)^2(t_2)^0$	$1.2\Delta_t$
3	V^{2+}、Cr^{3+}	$(t_{2g})^3(e_g)^0$	$1.2\Delta_0$	$(t_{2g})^3(e_g)^0$	$1.2\Delta_0$	$(e)^2(t_2)^1$	$0.8\Delta_t$	$(e)^3(t_2)^0$	$1.8\Delta_t$
4	Cr^{2+}、Mn^{3+}	$(t_{2g})^3(e_g)^1$	$0.6\Delta_0$	$(t_{2g})^4(e_g)^0$	$1.6\Delta_0$	$(e)^2(t_2)^2$	$0.4\Delta_t$	$(e)^4(t_2)^0$	$2.4\Delta_t$
5	Mn^{2+}、Fe^{3+}	$(t_{2g})^3(e_g)^2$	0	$(t_{2g})^5(e_g)^0$	$2\Delta_0$	$(e)^2(t_2)^3$	0	$(e)^2(t_2)^3$	$2\Delta_t$

续表

3d电子数	离子	八面体配位				四面体配位			
		弱场（高自旋）		强场（低自旋）		弱场（高自旋）		强场（低自旋）	
		电子排布	CFSE	电子排布	CFSE	电子排布	CFSE	电子排布	CFSE
6	Fe^{2+}、Co^{3+}	$(t_{2g})^4(e_g)^2$	$0.4\Delta_0$	$(t_{2g})^5(e_g)^0$	$2.4\Delta_0$	$(e)^3(t_2)^3$	$0.6\Delta_t$	$(e)^4(t_2)^2$	$1.6\Delta_t$
7	Co^{2+}	$(t_{2g})^5(e_g)^2$	$0.8\Delta_0$	$(t_{2g})^6(e_g)^1$	$1.8\Delta_0$	$(e)^4(t_2)^3$	$1.2\Delta_t$	$(e)^4(t_2)^3$	$1.2\Delta_t$
8	Ni^{2+}	$(t_{2g})^6(e_g)^2$	$1.2\Delta_0$	$(t_{2g})^6(e_g)^2$	$1.2\Delta_0$	$(e)^4(t_2)^4$	$0.8\Delta_t$	$(e)^4(t_2)^4$	$0.8\Delta_t$
9	Cu^{2+}	$(t_{2g})^6(e_g)^3$	$0.6\Delta_0$	$(t_{2g})^6(e_g)^3$	$0.6\Delta_0$	$(e)^4(t_2)^5$	$0.4\Delta_t$	$(e)^4(t_2)^5$	$0.4\Delta_t$
10	Zn^{2+}	$(t_{2g})^6(e_g)^4$	0	$(t_{2g})^6(e_g)^4$	0	$(e)^4(t_2)^6$	0	$(e)^4(t_2)^6$	0

常见的第一过渡系列金属离子在硫化物中一般都是低自旋的，在氧化物和硅酸盐中，除Co^{3+}、Ni^{3+}外，都是高自旋的。适用于氧化物和硅酸盐的一些 CFSE 值列于表 2-20 中。

2.6.4 八面体择位能

通过测定离子的吸收光谱可以求得晶体场分裂参数 Δ 值，再乘以相应的系数，即可得出离子的晶体场稳定化能 CFSE 的具体数值。表 2-21 所列为 1957 年 Mclure 测定计算出的氧化物中过渡元素离子的晶体场稳定化能 CFSE。从表 2-21 可见，对于任一给定的过渡元素离子来说，它们在八面体场中的晶体场稳定化能总是比在四面体场中时大。把某一过渡元素离子在这两种晶体场中的 CFSE 的差值，称为该过渡元素离子的八面体择位能，缩写为 OSPE（亦称八面体位置优先能）。它代表了该离子位于八面体晶体场中时，与它处于四面体晶体场中时的情况相比，在能量上降低的程度，或者说稳定性增高的程度。显然，离子的 OSPE 值越大，它优先选择进入晶格中八面体配位位置的趋势便越强。在尖晶石矿物中，八面体择位能越大的过渡元素离子越容易进入八面体空隙。常见的第一过渡系列离子的八面体择位能的数值如表 2-21 所列。

表 2-21 氧化物中过渡金属离子在配位八面体和配位四面体位置中的晶体场稳定化能 CFSE 与八面体择位能 OSPE

离子			3d 电子数	CFSE/(J/mol)		OSPE/(J/mol)
				八面体场	四面体场	
Ca^{2+}	Sc^{3+}	Ti^{4+}	0	0	0	0
	Ti^{3+}		1	96.72	64.48	32.24
	V^{3+}		2	128.54	120.17	8.37
V^{2+}			3	168.32	36.43	131.89
	Cr^{3+}		3	251.22	55.69	195.53
Cr^{2+}			4	102.26	29.31	71.18
	Mn^{3+}		4	150.31	44.38	105.93
Mn^{2+}	Fe^{3+}		5	0	0	0
Fe^{2+}			6	47.73	31.40	16.33
	Co^{3+}		6	188.42	108.86	79.55
Co^{2+}			7	71.6	62.81	8.79
Ni^{2+}			8	122.68	27.22	95.46
Cu^{2+}			9	92.95	27.63	65.32
Zn^{2+}	Ga^{3+}	Ge^{4+}	10	0	0	0

前述尖晶石结构（见 2.4.7 节）可分为正尖晶石和反尖晶石两种。正尖晶石（A^{2+}）[B_2^{3+}]O_4，例如 $MgAl_2O_4$、$FeCr_2O_4$ 等，结构中是二价正离子占据四面体配位位置，三价正离子占据八面体配位位置。反尖晶石（B^{3+}）[$A^{2+}B^{3+}$]O_4，例如（Fe^{3+}）[$Fe^{2+}Fe^{3+}$]O_4-($FeFe_2O_4$)，是半数的三价正离子占据四面体配位位置，而二价正离子与剩余一半三价正离子占据八面体配位位置。这两个例子说明 Fe^{2+} 在 $FeCr_2O_4$ 中占据四面体配位位置，而在 $FeFe_2O_4$ 却占据八面体配位位置。过渡元素离子在尖晶石结构中的占位现象，已无法用传统的晶体化学原理予以解释，而应用晶体场理论却可以得到很好的说明。见表 2-21，由于 Cr^{3+} 的八面体择位能比 Fe^{2+} 的大很多，则在 $FeCr_2O_4$ 结构中 Cr^{3+} 优先占据八面体配位位置，而 Fe^{2+} 则只好进入四面体配位位置。但是，Fe^{2+} 的八面体择位能却比 Fe^{3+} 的大，因此在 $FeFe_2O_4$ 结构中 Fe^{2+} 优先占据八面体配位位置，而 Fe^{3+} 则进入四面体配位位置和剩下的一半八面体配位位置。所以，具有高的八面体择位能的三价正离子，在尖晶石结构中将占据八面体配位位置，生成正尖晶石，例如 Cr^{3+} 只生成正尖晶石；而具有高的八面体择位能的二价正离子，将生成反尖晶石，例如 Ni^{2+} 和 Cu^{2+} 都具有生成反尖晶石的强烈倾向。至于 Fe^{3+} 与 Mn^{2+}，因其八面体择位能为 0，它们既可生成正尖晶石，也可生成反尖晶石，此时取决于结构中其他正离子的八面体择位能。

2.6.5 姜-泰勒效应

对于具有六次配位的过渡金属离子来说，其中 d^0、d^3、d^5、d^{10} 以及高自旋的 d^5 和低自旋的 d^8 离子，它们之中被电子所占据的各个轨道叠合在一起时，由此所表现出来的整个 d 壳层电子云在空间的分布，将符合理想的正八面体（O_h）对称，因此它们在正八面体配位位置中是稳定的。但其他离子，特别是 d^9 和 d^4 离子，它们 d 壳层电子云的空间分布不符合 O_h 对称，因此它们在正八面体配位位置中是不稳定的，从而将导致 d 轨道的进一步分裂，并使配位位置发生偏离 O_h 对称的某种畸变，以便使中心离子稳定。这种由于中心过渡金属离子的 d 电子云分布的对称性和配位体的几何构型不相协调，因而导致后者发生畸变，并使中心阳离子本身的 d 轨道的简并度降低，以便达到稳定的效应，称为姜-泰勒（Jahn-Teller）效应，或称畸变效应。

姜-泰勒效应可以用 Cu^{2+}（$3d^9$）为例来说明。如图 2-85 所示，Cu^{2+} 在八面体晶体场中的电子构型为 $(t_{2g})^6(e_g)^3$，与呈 O_h 对称的 d^{10} 壳层相比，它缺少一个 e_g 电子。如所缺的为 $d_{x^2-y^2}$ 轨道中的一个电子，那么，与 d^{10} 壳层的电子云密度相比，d^9 离子在 xy 平面内的电子云密度就要显得小一些，于是，有效核正电荷对位于 xy 平面内的四个带负电荷的配位体的吸引力，便大于对 z 轴上的两个配位体的吸引力，从而形成 xy 平面内的四个短键和 z 轴方向上的两个长键，使配位正八面体畸变成沿 z 轴拉长了的配位四方双锥体，这种情况就相当于，在八面体晶体场中，位于 xy 平面内的四个配位体向着中心的 Cu^{2+} 靠近，同时 z 轴方向的两个配位体则背离中心离子向外移动，此时按照相同于图 2-85 中所考虑的因素，原来是双重简并的 e_g 轨道，便将分裂为两个能级；同时，三重简并的 t_{2g} 轨道也将发生相应的进一步分裂，最终导致如图 2-86 中所示的情况。此时，由于能级最高的 $d_{x^2-y^2}$ 轨道中只有一个电子，因而与在正八面体场中的情况相比，中心阳离子将额外得到 $\frac{1}{2}\beta$ 的稳定化能，从而得以在此畸变了的尖四方双锥形配位位置中稳定下来。如果上述所缺少的一个 e_g 电子不是 $d_{x^2-y^2}$ 轨道而是 d_{z^2} 轨道中的电子，即电子构型为 $(d_{x^2-y^2})^2(d_{z^2})^1$ 时，则畸变的结果将形成由四个长键和两个短键所构成的扁四方双锥形配位。发生姜-泰勒效应将使系统的

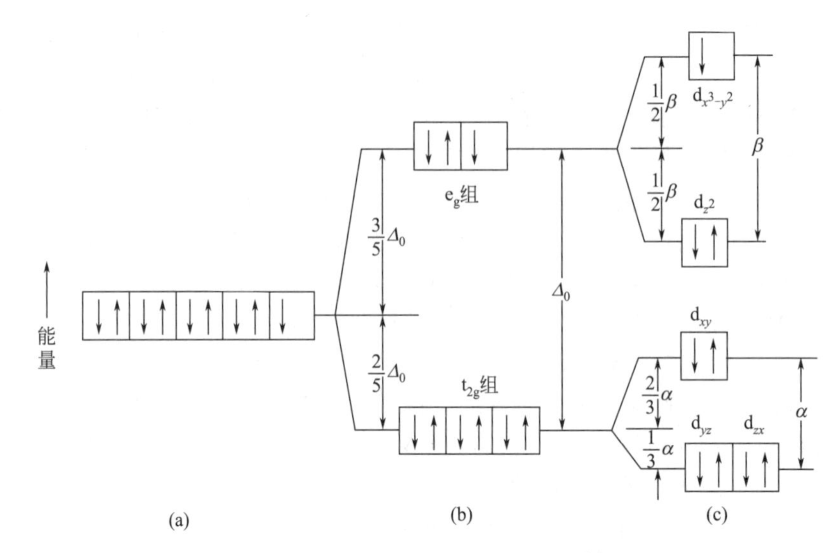

图 2-86　正八面体配位位置发生四方畸变（$c/a>1$）时 Cu^{2+} d 轨道能级的进一步分裂

（a）球形场；（b）正八面体场；（c）四方双锥体场

总能量下降，稳定化能增加，$3d^4$ 和 $3d^9$ 的水化热有最大值。

2.6.6　过渡元素离子有效半径的晶体场效应

已经知道，对于同一周期中的同价阳离子而言，它们的价层电子都是相同的，但随着原子序数 Z 的增长，离子的核正电荷与核外电子数都随之而增加，相应地核正电荷对电子的吸引力以及电子本身相互间的斥力也都随之而增大。在通常情况下，上述吸引力增大的幅度要超过斥力的增加幅度，因而同周期中同价阳离子的有效离子半径，将随着原子序数 Z 的增大而单调地减小。镧系收缩就是这方面的一个典型实例。

但是在过渡金属离子中，其有效半径的变化趋势明显地不符合上述的模式。图 2-87 示出了第一过渡系列的六配位二价阳离子的有效半径随原子序数的增大而变化的曲线。其中高自旋态离子的这一曲线呈 W 形，两个鞍点分别在 V^{2+}（d^3）和 Ni^{2+}（d^8）处，峰点则在 Mn^{2+}（d^5）处；低自旋态离子的曲线则呈 V 形，鞍点在 Fe^{2+}（d^6）处。这样一种变化特性，显然不能用自由离子的波函数来进行解释。

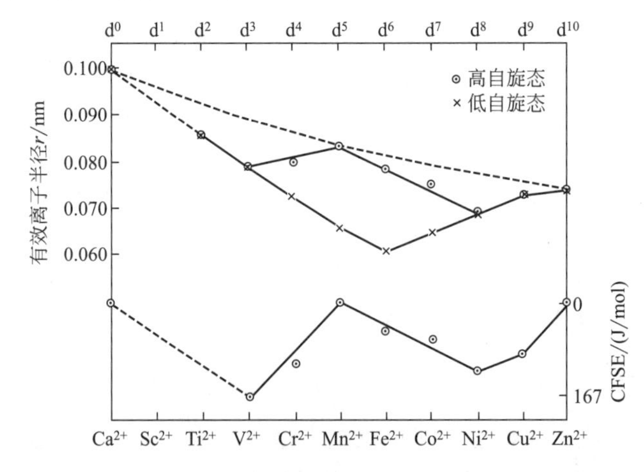

图 2-87　第一过渡系列二价金属阳离子八面体配位时的有效离子半径及其 CFSE

（细虚线代表电荷呈对称分布时，离子半径随原子序数的增大而变化的趋势）

运用晶体场理论可以对此现象做出合理的解释。这是因为，过渡金属离子的 d 轨道在六次配位的八面体晶体场中分裂成为 t_{2g} 和 e_g 两组轨道，其中 t_{2g} 的电子云插入在配位体的间隙中，因此，对于配位体来说，当中心阳离子随着核电荷的增加而增加 t_{2g} 轨道中的电子时，后者所起的屏蔽作用较弱，而有效核电荷的增加将占优势；于是中心阳离子便吸引配位体向自己靠拢，从而导致中心阳离子本身的有效半径减小。但是，e_g 轨道由于它与带负电荷的配位体处于迎头相碰的地位，因而增加它的电子时，中心阳离子的电子云对配位体的排斥作用将占优势，从而增大了中心阳离子本身的有效半径，这样，结合具体离子的电子构型，就能圆满地解释过渡金属离子有效半径的上述变化趋势。

在八面体晶体场中，由于 t_{2g} 电子的增加同时还将使离子的晶体场稳定化能增加，而 e_g 电子的增加则产生相反的效应，因此，在离子半径的变化与晶体稳定化能 CFSE 的变化之间，肯定会存在有良好的相关性（图 2-87）。所以，过渡金属离子有效半径的变化，是在由于原子序数的增大而半径正常地趋于减小（就像镧系收缩那样）的基础上，再加上由于晶体场稳定化作用所引起的半径的额外收缩，这两者叠加在一起的最终结果。

2.6.7 配位场理论的基本概念

在晶体场理论中，它所假定的前提是：在中心阳离子与配位体之间的化学键是离子键，彼此间不存在电子轨道的重叠，亦即没有共价键的形成；同时，配位体则被作为点电荷来处理。但这种假设的前提在共价性强的化合物，例如硫化物、含硫盐及其类似化合物中，显然是不能适用的。

为了克服上述缺陷，在晶体场理论的基础上发展了配位场理论。后者除了考虑到由配位体所引起的纯粹静电效应之外，还考虑了共价成键的效应。它引用了分子轨道理论来考虑中心过渡金属原子与配位体原子之间的轨道重叠对于配合物能级的影响，但基本上仍采用晶体场理论的计算方式。

分子轨道理论强调分子是一个整体，其中的所有电子都属于整个分子。分子中电子的运动态则由分子轨道来描述。分子轨道不仅与金属原子的电子轨道相关，而且还与配位体原子的电子轨道相关，由它们按一定的规则共同组合而成，组合的具体方式则取决于这些电子轨道的空间分布及其对称性质。

图 2-87 是由一个过渡金属原子与六个配位体所构成的八面体配合物的分子轨道能级。对于第一过渡系列金属原子而言，其参与组成分子轨道的有五个 3d 轨道、一个 4s 轨道及三个 4p 轨道。其中沿坐标轴方向伸展的 d_{z^2} 与 $d_{x^2-y^2}$（e_g 组）以及 s、p_x、p_y、p_z 六个轨道，与处在八面体配位位置上的六个配位体的 σ 轨道发生重叠。它们共同组成六个成键 σ 分子轨道和六个反键 σ^* 分子轨道。成键分子轨道代表了发生重叠的两个原子轨道的相加，它的能量比后两者单独存在时的能量都要低，因而电子充填成键分子轨道可使分子趋于稳定。反键分子轨道则代表了分子轨道间的相减，其能量相应地比原来都要高，因而不如组成它的原子轨道稳定。至于金属原子中 t_{2g} 组的 d_{xy}、d_{xz} 和 d_{yz} 轨道，因它们都是沿着坐标轴的对角线方向伸展的，不可能参与组成 σ 分子轨道，因而它们有可能保持非键状态，或者与配位体的 π 轨道共同组成 π 分子轨道。图 2-88 是不形成 π 键时的情况。

按照量子力学的原理，一个分子轨道如果其能级较接近于构成它某一方原子轨道的能级，则此分子轨道就具有与该原子轨道的特性相近的性质。因此在图 2-88 中，六个成键 σ 分子轨道应具有较多的配位体原子轨道的特性；而反键 σ^* 分子轨道则主要具有金属原子轨道的特性；至于非键的 t_{2g} 分子轨道将保持原金属原子轨道的特性。于是，反键的 e_g^* 分子轨道与非键的 t_{2g} 分子轨道间的能量间距 Δ_0，便相当于晶体场理论中金属原子 d 轨道的晶体

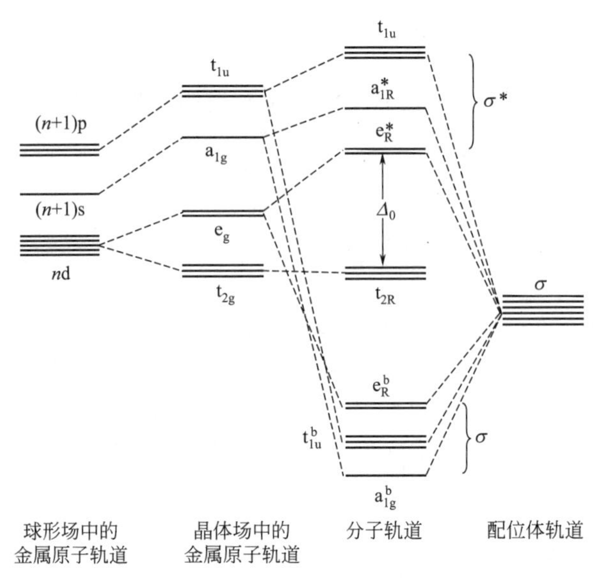

图 2-88　八面体配合物的分子轨道能级示意图

场分裂参数。但在此由于 $e_g{}^*$ 分子轨道已掺杂有配位体原子轨道的特性，其能级已不同于金属原子中 e_g 原子轨道的能级，因而 Δ_0 的数值也与相应的晶体场分裂参数不同。它的大小将取决于金属-配位体键的强度，而不仅仅取决于金属原子中各 d 轨道电子与配位体间排斥能的相对大小。但它对于电子在 $e_g{}^*$ 和 t_{2g} 分子轨道上的排布所起的控制作用，则与晶体场理论中的情况完全类同，且同样也有弱场和强场以及高自旋态和低自旋态的区分，并基本上仍采用晶体场理论中的相应计算方式。此外，与晶体场理论中的 CFSE 相对应的稳定化能，在此称为配位场稳定化能，缩写为 LFSE。

如果金属原子的 t_{2g} 轨道与配位体的 π 轨道发生重叠而形成 π 分子轨道，此时 t_{2g} 轨道便不再是非键的，它参与组成成键的 t_{2g}^b 和反键 $t_{2g}{}^*$ 两组能级不同的分子轨道。在配位体为 S、Se、Te、P、As、Sb 等原子的情况下，配位体的 π 轨道是空的，且不如金属原子的 t_{2g}^b 轨道稳定。此时 π 键的形成使成键的 t_{2g}^b 轨道的能量比非键时下降，导致 Δ_0 的值增大。所以绝大多数硫化物、砷化物等晶体中的配位场都是强场。相反，当配位体为 O、F 时，它们的 π 轨道是满的且比金属原子的 t_{2g}^b 轨道稳定，此时 π 键的形成将使 Δ_0 比 t_{2g}^b 轨道为非键状态时有所减少。至于其他情况以及相应的计算方式等则与无 π 键时的相同。

所以，配位场理论实际上相当于分子轨道理论与晶体场理论两者的结合，但它比晶体场理论有更广泛的适应性。

本章小结

空间点阵、晶胞等是定性描述晶体中质点排列周期性的基本概念。晶胞参数、晶面指数、晶向指数等是定量描述晶体中质点周期性、规则性排列的基本概念，它们与描述晶体对称性的宏观及微观对称要素一起构成描述晶体结构的结晶学基础知识。

晶体化学主要研究晶体组成-结构-性质三者之间的相互关系和制约规律。晶体化学基本原理是通过质点之间结合力和结合能、原子或离子半径、球体紧密堆积、配位数、离子极化和鲍林规则等方面阐述它们对研究晶体结构及性质的意义。

晶体中质点依靠相互结合力结合在一起，根据结合力的本质不同，有离子键、共价键、金属键、范德华键（分子键）等，分别对应典型的离子晶体、共价晶体、金属晶体及分子晶体。对于没有方向性和饱和性的离子晶体及金属晶体而言，质点间堆积符合球体的最紧密堆积原理。而典型的共价晶体，质点间堆积不符合最紧密堆积原理。对于大多数晶体来说，结合力的性质是属于综合性的。实际晶体中的键可以用键型四面体来表征。

决定晶体结构的内在因素有质点的相对大小、质点的堆积方式、配位数以及离子极化等。影响晶体结构的外在因素有压力、温度等。晶体结构与它的化学组成、质点的相对大小和极化性质有关。但并非所有化学组成不同的晶体都有不相同的结构，而完全相同的化学组成的晶体也可以出现不同的结构。这就是晶体中有同质多晶和类质同晶之分的原因。鲍林在研究了离子晶体结构的基础上，归纳出五条离子晶体结构形成的规则。其中重要的三条为：①配位多面体规则；②电价规则，是离子晶体中较严格的规则，它使晶体保持总的电性平衡，还可用于求得阴离子的配位数；③配位多面体连接方式规则。

考察无机晶体结构时，通常从离子或原子的堆积方式、配位数与配位多面体及其连接方式、晶胞分子数、空隙填充情况、空间格子构造、同晶取代（质点置换）等方面来揭示、理解晶体的微观结构及其与晶体性质之间的关系。对于结构较复杂的硅酸盐晶体，通常从基本结构单元的构造（包括配位数与配位多面体及其连接方式）、基本结构单元之间的连接、晶胞分子数、空隙填充情况、同晶取代（质点置换）等方面来描述、揭示晶体的微观结构及其与晶体宏观性质之间的关系。

晶体场理论和配位场理论主要用于解释部分填充 d 或 f 轨道的非球形对称的过渡元素离子化合物晶体结构及其现象。

3 晶体结构缺陷

在讨论晶体结构时，人们认为质点在三维空间的排列遵循严格的周期性，这是一种仅在绝对零度才可能出现的理想状况。通常把这种质点严格按照空间点阵排列的晶体称为理想晶体。由于质点排列的周期性和规则性，使得晶体中的势场也具有严格的周期性。在实际晶体中，因其所处的温度高于绝对零度，因而其质点排列总会或多或少地偏离理想晶体中的周期性、规则性排列，即实际晶体中存在着各种尺度上的结构不完整性。通常把晶体点阵结构中周期性势场的畸变称为晶体的结构缺陷。正是由于缺陷的存在，才使晶体表现出各种各样的性质，使材料制备过程中的动力学过程得以进行，使材料加工、使用过程中的各种性能得以有效控制和改变，使材料性能的改善和复合材料的制备得以实现。缺陷的产生、类型、数量及其运动规律，对晶体的许多物理与化学性质会产生巨大的影响。晶体材料所固有的电、磁、声、光、热和力学等性能和材料加工、使用过程中所表现出来的行为大都具有结构敏感性，晶体缺陷则是研究晶体结构敏感性的关键问题和研究材料质量的核心内容。曾有科学家说过:“能够控制晶体中的缺陷，就等于拿到了控制实际晶体的钥匙。”由此可见，了解和掌握各种缺陷的成因、特点及其变化规律，对于材料工艺过程的控制，材料性能的改善，新型结构和功能材料的设计、研究与开发具有非常重要的意义。

本章从微观层次上介绍晶体中缺陷产生的原因和缺陷的类型，阐述缺陷的产生、复合、运动以及缺陷的控制与利用，建立缺陷与材料性质和材料加工之间的相互联系，为最终利用或控制缺陷对材料实施改性奠定科学基础。

3.1 晶体结构缺陷的类型

要考察不同缺陷的形成及运动规律，有必要先对缺陷进行必要的分类。一般根据缺陷的几何形态和形成原因对其进行分类。按照几何形态分类有利于建立起有关缺陷的大小、方位、空间取向等概念，从形成原因上分类则有利于了解缺陷的形成过程，对缺陷的控制与利用具有指导意义。

3.1.1 按缺陷的几何形态分类

缺陷按几何形态分为点缺陷、线缺陷、面缺陷和体缺陷。

3.1.1.1 点缺陷

点缺陷亦称零维缺陷，即三维方向上缺陷尺寸都处于原子大小的数量级上，包括空位、间隙质点、杂质质点和色心等，如图 3-1 所示。空位（vacancy）是指正常结点没有被质点占据，成为空结点；间隙质点（interstitial particle）是指质点进入正常晶格的间隙位置，成为间隙质点；杂质质点（foreign particle）是指外来质点取代原来晶格中的质点占据正常结点位置（置换杂质质点）或进入晶格间隙位置（间隙杂质质点），形成杂质缺陷。杂质进入晶体可以看成是一个溶解的过程，杂质为溶质，原晶体为溶剂，这种溶解了杂质原子的晶体称为固体溶液（简称固溶体）。点缺陷与材料的电学性质、光学性质、材料的高温动力学过程等有关。

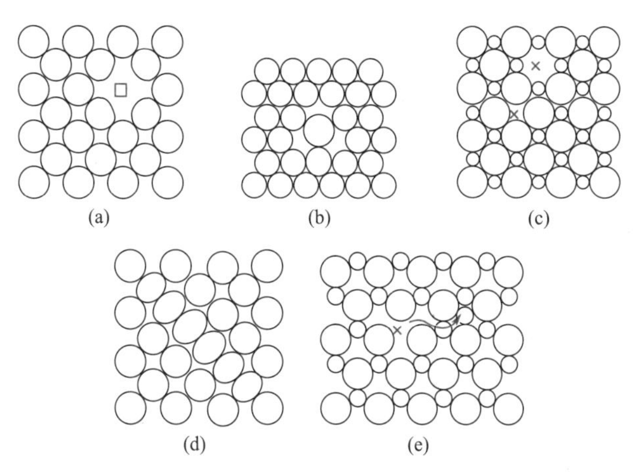

图 3-1 晶体中的点缺陷

（a）空位；（b）双空位（缺少两个原子）；（c）离子空位（肖特基缺陷）；
（d）间隙原子；（e）位移原子（弗伦克尔缺陷）

3.1.1.2 线缺陷

线缺陷也称一维缺陷，是指在一维方向上偏离理想晶体中的周期性、规则性排列所产生的缺陷，其缺陷尺寸在一维方向较长，另外二维方向上很短，如各种位错（dislocation）。线缺陷的产生及运动与材料的韧性、脆性密切相关。

3.1.1.3 面缺陷

面缺陷又称二维缺陷，是指在二维方向上偏离理想晶体中的周期性、规则性排列而产生的缺陷，即缺陷尺寸在二维方向上延伸，在第三维方向上很小，如晶界、表面、堆积层错、镶嵌结构等。面缺陷的取向及分布与材料的断裂韧性有关。

3.1.1.4 体缺陷

体缺陷亦称三维缺陷，是指在局部的三维空间偏离理想晶体的周期性、规则性排列而产生的缺陷，如第二相粒子团、空位团等。体缺陷与物系的分相、偏聚等过程有关。

3.1.2 按缺陷产生的原因分类

缺陷按其产生的原因分为热缺陷、杂质缺陷、非化学计量缺陷、电荷缺陷和辐照缺陷等。

3.1.2.1 热缺陷

热缺陷亦称本征缺陷，是指晶体温度高于绝对 0K 时，由于热起伏使一部分能量较大的质点（原子或离子）离开平衡位置所产生的空位和/或间隙质点。当温度在 0K 以上时，晶体中的质点总是在其平衡位置附近作振动，这种振动并不是单纯的谐振动。由于振动的非线性，一处的振动和周围的振动有着密切的联系，这使质点热振动的能量有涨落（起伏）。按照玻耳兹曼（Boltzmann）能量分布律，总有一部分质点的能量高于平均能量。当能量大到一定程度时，质点脱离正常格点，进入晶格的其他位置，失去多余的动能之后，质点就被束缚在那里，这样就产生了热缺陷（本征缺陷）。热缺陷的产生和复合始终处于一种动态平衡。

热缺陷有弗伦克尔缺陷（Frenkel defect）和肖特基缺陷（Schottky defect）两种基本形式。弗伦克尔缺陷是指能量足够大的质点离开正常格点后挤入晶格间隙位置，形成间隙质点，而原来位置上形成空位，其特点是空位和间隙质点成对出现，晶体的体积不发生改变。肖特基缺陷是正常格点上的质点获得能量后离开平衡位置迁移到新表面位置，在晶体表面形成新的一层，同时在晶体内部正常格点上留下空位，如图 3-2 所示。离子晶体生成肖特基缺陷时，为了保持电中性，正离子空位和负离子空位是成比例同时出现，且伴随着晶体体积的增加，这是肖特基缺陷的特点。例如 NaCl 晶体中，产生一个 Na^+ 空位时，同时要产生一个 Cl^- 空位。

热缺陷的特征是热缺陷浓度与温度有关，随温度上升呈指数增加。对于某一种特定材料，在一定温度下，都有一定浓度的热缺陷。

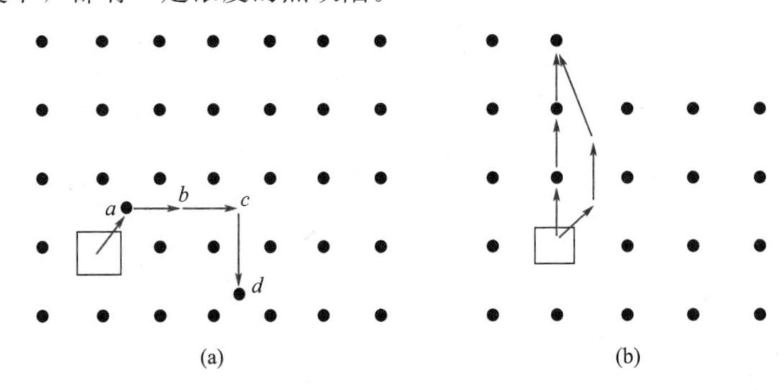

图 3-2 热缺陷产生示意图

（a）弗伦克尔缺陷的形成（空位与间隙质点成对出现）；（b）单质中的肖特基缺陷的形成

3.1.2.2 杂质缺陷

杂质缺陷亦称组成缺陷或非本征缺陷，是由于外加杂质的引入所产生的缺陷。杂质质点进入晶体后，因杂质质点和原有质点性质不同，则不仅破坏了质点的有规则排列，而且引起杂质质点周围的周期性势场的改变，因此形成缺陷。其特征是如果杂质的含量在固溶体的溶解度范围内，则杂质缺陷浓度取决于杂质含量，而与温度无关，这不同于热缺陷。如半导体材料就是利用掺杂效应制得的。又如，1960 年出现的世界上第一台红宝石激光器，也是利用白宝石（α-Al_2O_3）中掺入 Cr_2O_3 后制得的。结构中 Cr^{3+} 替代了 Al^{3+} 形成缺陷，缺陷成为发光中心（又称激活中心）。微量杂质缺陷的存在，会极大地改变基质晶体的物理性质，研究和利用这种缺陷的作用原理，对固溶体的形成、材料的改性、制备性能优越的固体器件等具有十分重要的意义。

3.1.2.3 非化学计量缺陷

非化学计量缺陷是指晶体组成上偏离化学中的定比定律所形成的缺陷，是由基质晶体与介质中的某些组分发生交换而产生。如 $Fe_{1-x}O$、$Zn_{1+x}O$ 等晶体中的缺陷。非化学计量缺陷的特征是其化学组成或缺陷浓度随周围气氛的性质及其分压大小而变化。这类化合物也是一种半导体材料。

3.1.2.4 电荷缺陷

电荷缺陷是指质点排列的周期性未受到破坏，但因电子或孔穴的产生，使周期性势场发生畸变而产生的缺陷。从能带理论来看，非金属固体具有价带、禁带或导带，在温度接近 0K 时，其价带中电子全部排满，导带中全空，如果价带中的电子获得足够的能量跃过禁带进入导带，则导带中的电子、价带中的孔穴使晶体的势场畸变，从而产生电荷缺陷，如图 3-3 所示。

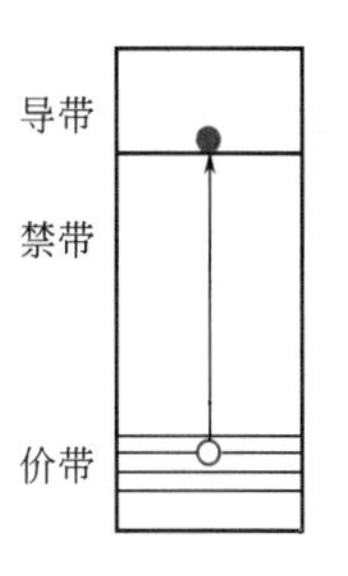

图 3-3 电荷缺陷示意图

3.1.2.5 辐照缺陷

辐照缺陷是指材料在辐照之下所产生的结构不完整性。核能利用、空间技术以及固体激光器的发展使材料的辐照效应引起人们的关注。辐照可以使材料内部产生各种缺陷，如色心（color center）、位错环等。辐照对金属、非金属、高分子聚合物的损伤效应明显不同。

（1）金属　在金属晶体中，只有将原子由其正常位置上打出来的粒子才能产生点缺陷，仅激发电子的辐照不能产生点缺陷。高能辐照，例如中子辐照，可能把原子从其正常格点位置上撞击出来，产生间隙原子和空位，这些点缺陷会降低金属的导电性并使材料由韧变硬变脆，称为辐照硬化。退火有助于排除辐照损伤。

（2）非金属　在非金属晶体中，由于电子激发态可以局域化且能保持很长的时间，所以电离辐照就能使晶体严重损伤，产生大量点缺陷。例如，X 射线辐照 NaCl 晶体后，Cl^- 可以多次电离，损失两个电子后，变成一个带正电荷的反常离子 Cl^+。此反常离子在周围离子的静电排斥作用下脱离正常格点，形成一个空位和一个间隙离子，这是离位辐照的一种。

离位辐照的基本效应是使晶内原子脱离正常格点跑到间隙位置上，形成空位和间隙原子。通常电子辐照只能产生一对空位和间隙原子，如图 3-4(a) 所示。高能粒子的辐照往往使离位原子所获得的能量足够大，它和晶体内其他原子相撞可继续产生次生离位原子，称为串级过程。一个高能粒子辐照进入试样后，由于不断撞击原子而逐渐损失其能量，其平均自由程也逐渐变小，最后，当次生离位原子的间距达到一个原子间距量级时，将在一个较大范围内产生一大群无序状态的原子，这就是所谓离位峰，示于图 3-4(b)。这种无序区在辐照完成后的冷却过程中，其中的原子完全重新排列，每个原子或占据新的点阵位置，或在此区域内产生空位和间隙原子、位错环。有些辐照粒子（如 α 粒子）的能量在产生了空位和间隙原子后，剩余的动能不足以继续产生点缺陷，但其能量可以分配给附近的一群原子，使其所通过的路径上的许多原子振动能量获得瞬时的增加，温度迅速升高，产生一个局部热点，如图 3-4(c) 所示。

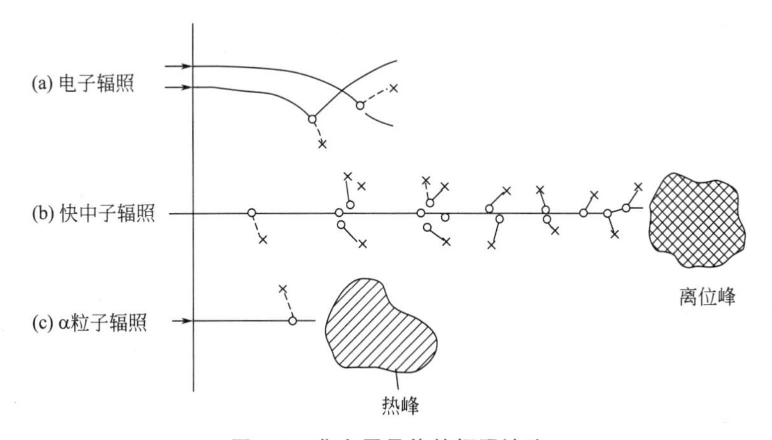

图 3-4 非金属晶体的辐照缺陷

对于离子晶体的辐照所引起的缺陷归纳起来主要有三种：①产生电子缺陷，它们使晶内杂质离子变价（如激光束穿过掺铁 $LiNO_3$ 单晶使晶体中的 Fe^{2+} 变至 Fe^{3+}），使中心点缺陷变为各种色心；②产生空位、间隙原子以及由它所组成的各种点缺陷群；③产生位错环和空洞。

因为非金属材料是脆性的，所以辐照对力学性质不会产生什么影响，但导热性和光学性能可能变坏。

（3）高分子聚合物　即使是低能辐照也能够改变高分子聚合物的结构，其链会断裂，聚合度降低，引起分键，最后导致高分子聚合物强度降低。

3.2 点缺陷

点缺陷是材料中普遍存在的一种缺陷，包括热缺陷、组成缺陷、非化学计量缺陷、色心等。点缺陷种类繁多，其产生与复合始终处于动态平衡状态，它们之间还会像化学反应似地相互反应。缺陷化学即是从理论上定性定量地把材料中的点缺陷看成化学实物，并利用化学热力学和晶体化学原理来研究固体材料中缺陷的产生、运动和反应规律及其对材料性能影响等问题的科学，所研究的对象主要是晶体缺陷中的点缺陷。点缺陷的存在及其相互作用与半导体材料的制备、材料的高温动力学过程、材料的光学、电学性质等密切相关，是无机材料中最基本和最重要的缺陷。点缺陷理论是解释无机固体的许多物理化学性质的重要基础。本节主要介绍点缺陷的符号表征、反应方程式表述及浓度计算等缺陷化学的基本知识。

3.2.1 点缺陷的 Krŏger-Vink 符号表示法

晶体中的点缺陷类型很多，点缺陷之间会发生一系列类似化学反应的缺陷化学反应。在缺陷化学中，为了讨论方便起见，将点缺陷看成化学实物，并为各种点缺陷规定了一套符号。在缺陷化学发展史上，不同学者采用过多种符号系统，目前应用最广的是克罗格-明克（Krŏger-Vink）符号表示法。

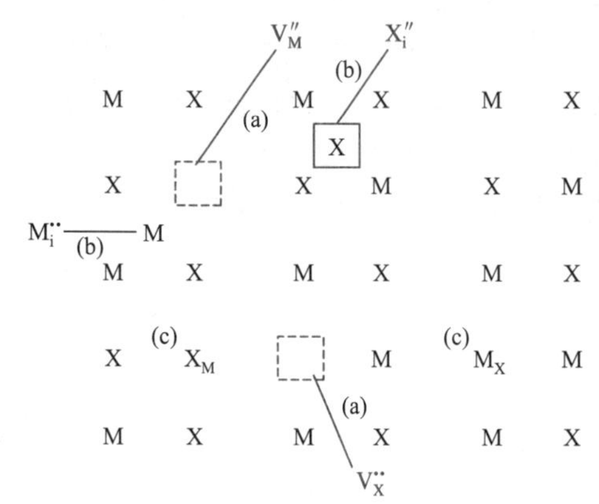

图 3-5　二价 MX 型晶体中点缺陷的符号表征

（a）M 离子空位 V_M''，X 离子空位 $V_X^{\cdot\cdot}$；

（b）M 离子间隙 $M_i^{\cdot\cdot}$，X 离子间隙 X_i''；

（c）M 原子错位 M_X，X 原子错位 X_M

在 Krŏger-Vink 符号系统中，用一个主要符号来表明缺陷的种类，而用一个下标来表示这个缺陷的位置。缺陷的有效电荷用符号的上标表示，如用上标“·”表示有效正电荷，用“′”表示有效负电荷。下面以 MX 离子晶体（M 为二价正离子、X 为二价负离子）为例来说明点缺陷符号的表示方法，如图 3-5 所示。

3.2.1.1 自由电子与电子孔穴

在典型离子晶体中，电子（electron）或电子孔穴（hole）是属于特定的离子，可以用离子价来表示。但在有些情况下，有的电子或孔穴可能并不属于某一特定位置的离子，在外界的光、电、热作用下，可以在晶体中运动，这样的电子与孔穴称为自由电子和电子孔穴，分别用 e' 和 $h^{\cdot}$ 来表示。其中右上标中的一撇“′”代表 1 个单位有效负电荷，一个圆点“·”代表 1 个单位有效正电荷。

3.2.1.2 空位

空位（vacancy）用 V 来表示，则 V_M、V_X 分别表示 M 原子和 X 原子空位。符号中的右下标表示缺陷所在位置，V_M 含义即 M 原子位置是空的。必须注意，这种不带电的空位表示原子空位。如 MX 离子晶体，当 M 原子被取走时，两个电子同时被取走，留下一个不带电的 M 原子空位。

在 MX 离子晶体中，如果取出一个 M^{2+} 离子，如图 3-5(a) 所示，与取出一个 M 原子比较，少取出两个电子，因此，M^{2+} 离子空位必然和两个荷负电的附加电子 e' 相联系。如果此附加电子被束缚在 M 原子空位上，则可以把它写成 V_M''，此符号即代表 M^{2+} 离子空位，带有 2 个单位有效负电荷。同理，取走一个 X^{2-} 离子与取走一个 X 原子相比较，多取走两个电子，那么在 X 原子空位上就留下两个电子孔穴 $h^{\bullet}$，于是，X^{2-} 离子空位记为 $V_X^{\bullet\bullet}$，带有 2 个单位有效正电荷。等效过程用反应式表示即为：$V_M''=V_M+2e'$，$V_X^{\bullet\bullet}=V_X+2h^{\bullet}$。

3.2.1.3 间隙原子

间隙（interstitial）原子用 M_i、X_i 来表示，其含义为 M、X 原子位于晶格间隙位置。间隙原子亦称填隙原子。而 $M_i^{\bullet\bullet}$、X_i'' 表示间隙 M、X 离子，分别带 2 个单位有效正、负电荷，如图 3-5(b) 所示。

3.2.1.4 错位原子

错位原子用 M_X、X_M 等表示，M_X 的含义是 M 原子占据 X 原子的位置，X_M 表示 X 原子占据 M 原子的位置，如图 3-5(c) 所示。错位缺陷亦可表示替换式杂质原子（离子），如 Ca_{Na} 表示 Ca 原子占据 Na 原子位置。

3.2.1.5 带电缺陷

不同价离子之间的替代将出现一种新的带电缺陷。如 $CaCl_2$ 加入 NaCl 晶体时，若 Ca^{2+} 位于 Na^+ 位置上，其缺陷符号为 $Ca_{Na}^{\bullet}$，此符号含义为 Ca^{2+} 占据 Na^+ 位置，带有 1 个单位正电荷。同样，Ca_{Zr}'' 表示 Ca^{2+} 占据 Zr^{4+} 位置，此缺陷带有 2 个单位负电荷。同样，V_M、V_X、M_i、X_i 等缺陷均可以加上对应于原点阵位置的有效电荷来表示相应的带电缺陷。

3.2.1.6 缔合中心

电性相反的缺陷距离接近到一定程度时，在库仑力作用下会缔合成一组或一群，产生一个缔合中心。通常把发生缔合的缺陷写在圆括号内来表示缔合中心。如 V_M 和 V_X 发生缔合，则记为 (V_MV_X)；类似地可以有 (M_iX_i)。在 NaCl 晶体中，相距很近的钠离子空位 V_{Na}' 和氯离子空位 $V_{Cl}^{\bullet}$ 可能缔合成空位对，形成缔合中心 $(V_{Na}'V_{Cl}^{\bullet})$。用反应式表示即为：$V_{Na}'+V_{Cl}^{\bullet}=(V_{Na}'V_{Cl}^{\bullet})$。

除了 Krŏger-Vink 符号外，缺陷符号表示还有桑德-西布利（Sonder-Sibley）、瓦格那（Wagner）、肖特基（Schottky）符号等，这里不再详述。

3.2.2 缺陷反应的表示法

在离子晶体中，如果将每个缺陷看成是化学物质，那么材料中缺陷的形成及其相互作用就可以同化学反应方程式一样用缺陷反应方程式来表示，缺陷浓度也可以和化学反应一样，用热力学函数如化学位、反应热效应等来描述，并可以把质量作用定律和平衡常数等概念应用于缺陷反应，这对于了解和掌握在材料制备和使用过程中缺陷的产生和变化等很重要也很方便。

3.2.2.1 书写缺陷反应方程式应遵循的原则

与一般的化学反应相类似，书写缺陷反应方程式时，应该遵循下列基本原则。

（1）位置关系　在化合物 M_aX_b 中，无论是否存在缺陷，其正负离子位置数（即格点数）之比始终是一个常数 $a:b$，即 M 的格点数∶X 的格点数 $=a:b$。如 NaCl 结构中，正负离子格点数之比为 1∶1，Al_2O_3 中则为 2∶3。

关于位置关系有几点应该注意：①位置关系强调形成缺陷时，基质晶体中正负离子格点数之比保持不变，并非原子个数比保持不变，如 TiO_2 中，Ti 与 O 的格点数之比为 1∶2，实际晶体中 O^{2-} 不足，存在 O^{2-} 空位，其化学式为 TiO_{2-x}，此时，原子个数比 $1:(2-x)$，并不等于 1∶2；②在上述各种缺陷符号中，V_M、V_X、M_M、X_X、M_X、X_M 等位于正常格点上，对格点数的多少有影响，而 M_i、X_i、e'、$h^{\cdot}$ 等不在正常格点上，对格点数的多少无影响；③形成缺陷时，基质晶体中的原子数会发生变化，外加杂质进入基质晶体时，系统原子数增加，晶体尺寸增大；基质中原子逃逸到周围介质中时，晶体尺寸减小。

（2）质量平衡　与化学反应方程式相同，缺陷反应方程式两边的质量应该相等。需要注意的是，缺陷符号的右下标表示缺陷所在的位置，对质量平衡无影响。如 V_M 为 M 位置上的空位，它不存在质量。

（3）电荷守恒　在缺陷反应前后晶体必须保持电中性，或者说缺陷反应方程式两边的有效电荷数必须相等。

3.2.2.2　缺陷反应实例

缺陷反应方程式在描述材料的掺杂、固溶体的生成和非化学计量化合物的反应中都很重要，下面以实例来说明上述原则在缺陷反应中的运用。

（1）热缺陷反应方程式　由于热缺陷的产生和复合始终处于一种动态平衡，所以热缺陷反应是平衡反应。

① 肖特基缺陷反应方程式　设单质晶体 M 形成肖特基缺陷，表面正常格点位置上的 M 质点迁到表面新格点位置上，在晶体内部留下空位，其缺陷反应方程式为：

$$M_{M表面} \rightleftharpoons M_{M新表面} + V_M$$

该方程式中的表面格点位置与新表面格点位置无本质区别，故可以从方程两边消掉，以零 0（naught）代表无缺陷状态，则肖特基缺陷方程式可简化为：

$$0 \rightleftharpoons V_M$$

若氧化物 MO 形成肖特基缺陷，例如二价碱土金属氧化物 MgO、CaO 等，则缺陷反应方程式为：

$$0 \rightleftharpoons V_M'' + V_O^{\cdot\cdot}$$

② 弗伦克尔缺陷反应方程式　若二价金属氧化物 MO 形成 M^{2+} 离子的弗伦克尔缺陷，即 M^{2+} 离子进入晶格间隙中，在其格点上留下空位，则缺陷形成反应方程式为：

$$M_M \rightleftharpoons M_i^{\cdot\cdot} + V_M''$$

【提示】一般规律：当晶体中剩余空隙比较小，如 NaCl 型结构晶体，其结构中只有全部四面体空隙作为间隙位置，容易形成肖特基缺陷；当晶体中剩余空隙比较大时，如萤石 CaF_2 型结构晶体，结构中剩余有 1/2 立方体空隙作为间隙位置，则容易产生弗伦克尔缺陷。

（2）杂质（组成）缺陷反应方程式——杂质在基质中的溶解过程　对于杂质缺陷而言，缺陷反应方程式的一般式为：

$$杂质 \xrightarrow{基质} 产生的各种缺陷$$

杂质进入基质晶体时，一般遵循杂质的正、负离子分别进入基质的正、负离子位置的原则，这样基质晶体的晶格畸变小，缺陷容易形成。在不等价替换时，会产生间隙质点或空位。

① 低价正离子取代高价正离子　例如，写出 NaF 加入 YF_3 中的缺陷反应方程式。

首先以正离子为基准，Na^+ 占据 Y^{3+} 位置，该位置带有 2 个单位负电荷，同时，引入的 1 个 F^- 位于基质晶体中 F^- 的位置上。按照位置关系，基质 YF_3 中正负离子格点数之比为 1/3，现在只引入了 1 个 F^-，所以还有 2 个 F^- 位置空着。反应方程式为：

$$NaF \xrightarrow{YF_3} Na_Y'' + F_F + 2V_F^{\cdot}$$

可以验证该方程式符合上述 3 个原则。

再以负离子为基准，假设引入 3 个 F^- 位于基质中的 F^- 位置上，与此同时，引入了 3 个 Na^+。根据基质晶体中的位置关系，只能有 1 个 Na^+ 占据 Y^{3+} 位置，其余 2 个 Na^+ 位于晶格间隙，反应方程式为：

$$3NaF \xrightarrow{YF_3} Na_Y'' + 2Na_i^{\cdot} + 3F_F$$

此方程亦满足上述 3 个原则。当然，也可以写出其他形式的缺陷反应方程式，但上述 2 个方程所代表的缺陷是最可能出现的。

② 高价正离子取代低价正离子　例如，写出 $CaCl_2$ 加入 KCl 中的缺陷反应方程式。

以正离子为基准，缺陷反应方程式为：

$$CaCl_2 \xrightarrow{KCl} Ca_K^{\cdot} + Cl_{Cl} + Cl_i'$$

以负离子为基准，则缺陷反应方程式为：

$$CaCl_2 \xrightarrow{KCl} Ca_K^{\cdot} + V_K' + 2Cl_{Cl}$$

以上是 2 个典型的杂质（组成）缺陷反应方程式，与后边将要介绍的固溶体类型相对应。

【提示】通过上述 2 个实例，可以得出 2 条基本规律：低价正离子占据高价正离子位置时，该位置带有负电荷，为了保持电中性，会产生负离子空位或间隙正离子；高价正离子占据低价正离子位置时，该位置带有正电荷，为了保持电中性，会产生正离子空位或间隙负离子。

(3) 非化学计量缺陷反应方程式　设 TiO_2 在还原气氛下失去部分氧，生成非化学计量化合物 TiO_{2-x}，写出缺陷反应方程式。

非化学计量缺陷的形成与浓度取决于气氛性质及其分压大小，即在一定气氛性质和压力下到达平衡。该过程的缺陷反应可用以下方程式表示：

$$2TiO_2 \rightleftharpoons 2Ti_{Ti}' + V_O^{\cdot\cdot} + 3O_O + \frac{1}{2}O_2 \uparrow$$

晶体中的氧以电中性的氧分子的形式从 TiO_2 中逸出，同时在晶体中产生带正电荷的氧空位和与其符号相反的带负电荷的 Ti_{Ti}' 来保持电中性，方程两边总有效电荷都等于零。Ti_{Ti}' 可以看成是 Ti^{4+} 被还原为 Ti^{3+}，三价 Ti 占据了四价 Ti 的位置，因而带一个单位有效负电荷。而两个 Ti^{3+} 替代了两个 Ti^{4+}，Ti∶O 由原来 2∶4 变为 2∶3，因而晶体中出现一个氧空位，带两个单位有效正电荷。

3.2.3 热缺陷浓度的计算

在一定温度下，热缺陷是处在不断地产生和消失的过程中，当单位时间产生和复合而消失的数目相等时，系统达到平衡，热缺陷的数目保持不变。因此，可以根据质量作用定律，通过化学平衡方法计算热缺陷的浓度。设构成完整晶体的总结点数为 N，在 TK 温度时形成 n 个孤立热缺陷，则用 n/N 表示热缺陷在总结点中所占分数，即热缺陷浓度。

3.2.3.1 弗伦克尔缺陷浓度的计算

以 AgBr 晶体为例，Ag^+ 的弗伦克尔缺陷的反应方程式为：

$$Ag_{Ag} \rightleftharpoons Ag_i^{\cdot} + V'_{Ag}$$

由此方程式可以看出，间隙银离子浓度 $[Ag_i^{\cdot}]$ 与银离子空位浓度 $[V'_{Ag}]$ 相等，即 $[Ag_i^{\cdot}]=[V'_{Ag}]$。反应达到平衡时，平衡常数 K_f 为：

$$K_f=\frac{[Ag_i^{\cdot}][V'_{Ag}]}{[Ag_{Ag}]} \tag{3-1}$$

式中，$[Ag_{Ag}]$ 为正常格点上银离子的浓度，其值近似等于 1，即 $[Ag_{Ag}]\approx 1$。

由物理化学知识可知，上述弗伦克尔缺陷反应的自由焓变化 ΔG_f 与平衡常数 K_f 的关系为：

$$\Delta G_f=-kT\ln K_f \tag{3-2}$$

把式（3-1）代入式（3-2）可得：

$$\frac{n}{N}=[Ag_i^{\cdot}]=[V'_{Ag}]=\exp\left(-\frac{\Delta G_f}{2kT}\right) \tag{3-3}$$

式中 k——玻耳兹曼常数；

ΔG_f——形成一个弗伦克尔缺陷的自由焓变。

若缺陷浓度 n/N 中 N 取 1mol，则式（3-3）改写成：

$$\frac{n}{N}=[Ag_i^{\cdot}]=[V'_{Ag}]=\exp\left(-\frac{\Delta G_F}{2RT}\right) \tag{3-4}$$

式中 R——气体常数；

ΔG_F——形成 1mol 弗伦克尔缺陷的自由焓变。

3.2.3.2 肖特基缺陷浓度的计算

（1）单质晶体的肖特基缺陷浓度　设 M 单质晶体形成肖特基缺陷，则反应方程式为：

$$O \rightleftharpoons V_M$$

当上述缺陷反应达到动态平衡时，其平衡常数 K_s 为：

$$K_s=\frac{[V_M]}{[O]} \tag{3-5}$$

式中，$[V_M]$ 为 M 原子空位浓度；$[O]$ 为无缺陷状态的浓度，$[O]=1$。

则以上肖特基缺陷反应的自由焓变化 ΔG_s 与平衡常数 K_s 的关系为：

$$\Delta G_s=-kT\ln K_s \tag{3-6}$$

故此：

$$\frac{n}{N}=[V_M]=\exp\left(-\frac{\Delta G_s}{kT}\right) \tag{3-7}$$

式中 ΔG_s——形成一个肖特基缺陷的自由焓变。

（2）MX 型离子晶体的肖特基缺陷浓度　以 MgO 晶体为例，形成肖特基缺陷时，反应方程式为：

$$O \rightleftharpoons V''_{Mg}+V_O^{\cdot\cdot}$$

由此方程式可知，Mg^{2+} 空位浓度与 O^{2-} 空位浓度相等，即 $[V''_{Mg}]=[V_O^{\cdot\cdot}]$，有：

$$K_s=\frac{[V''_{Mg}][V_O^{\cdot\cdot}]}{[O]} \tag{3-8}$$

得

$$\frac{n}{N}=[V''_{Mg}]=[V_O^{\cdot\cdot}]=\exp\left(-\frac{\Delta G_s}{2kT}\right) \tag{3-9}$$

（3）MX_2 型离子晶体的肖特基缺陷浓度　以 CaF_2 晶体为例，形成肖特基缺陷时，反应方程式为：

$$O \rightleftharpoons V''_{Ca} + 2V^{\bullet}_{F}$$

则 F^- 空位浓度为 Ca^{2+} 空位浓度的 2 倍，即 $[V^{\bullet}_{F}]=2[V''_{Ca}]$。

由于：

$$K_s=\frac{[V''_{Ca}][V^{\bullet}_{F}]^2}{[O]}=\frac{4[V''_{Ca}]^3}{[O]}=\exp\left(-\frac{\Delta G_s}{kT}\right) \tag{3-10}$$

所以：

$$[V''_{Ca}]=\frac{[V^{\bullet}_{F}]}{2}=\frac{1}{\sqrt[3]{4}}\exp\left(-\frac{\Delta G_s}{3kT}\right) \tag{3-11}$$

式（3-3）、式（3-7）、式（3-9）、式（3-11）表明，热缺陷浓度随温度升高或缺陷形成自由焓下降而呈指数增加。表 3-1 是根据式（3-3）计算的弗伦克尔缺陷浓度。当温度由 100℃升至 2000℃，ΔG_f 从 8eV 降到 leV 时，缺陷浓度从 1×10^{-54} 增加至 8×10^{-2}，即当缺陷形成自由焓不大，而温度较高时，就有可能产生相当可观的缺陷浓度。

表 3-1　不同温度下的缺陷浓度 $\left[\frac{n}{N}=\exp\left(-\frac{\Delta G_f}{2kT}\right)\right]$

不同温度下的缺陷浓度 $\frac{n}{N}$	1eV	2eV	4eV	6eV	8eV
100℃	2×10^{-7}	3×10^{-14}	1×10^{-27}	3×10^{-41}	1×10^{-54}
500℃	6×10^{-4}	3×10^{-7}	1×10^{-13}	3×10^{-20}	8×10^{-37}
800℃	4×10^{-3}	2×10^{-5}	4×10^{-10}	8×10^{-15}	2×10^{-19}
1000℃	1×10^{-2}	1×10^{-4}	1×10^{-8}	1×10^{-12}	1×10^{-16}
1200℃	2×10^{-2}	4×10^{-4}	1×10^{-7}	5×10^{-11}	2×10^{-19}
1500℃	4×10^{-2}	1×10^{-4}	2×10^{-6}	3×10^{-9}	4×10^{-12}
1800℃	6×10^{-2}	4×10^{-3}	1×10^{-5}	5×10^{-8}	2×10^{-10}
2000℃	8×10^{-2}	6×10^{-3}	4×10^{-5}	2×10^{-7}	1×10^{-9}

需要注意的是，在计算热缺陷浓度时，由形成缺陷而引发的周围原子振动状态的改变所产生的振动熵变，在多数情况下可以忽略不计。且形成缺陷时晶体的体积变化也可忽略，故热焓变化可近似地用内能来代替。所以，实际计算热缺陷浓度时，一般都用形成能 ΔH 代替计算公式中的自由焓变 ΔG。

在同一晶体中生成弗伦克尔缺陷与肖特基缺陷的能量往往存在着很大的差别，这样就使得在特定的晶体中，某一种热缺陷占优势。热缺陷形成能的大小与晶体结构、离子极化等有关，如对于具有氯化钠结构的碱金属卤化物，生成一个间隙离子加上一个空位的弗伦克尔缺陷形成能需 7～8eV，则在这类离子晶体中，即使温度高达 2000℃，间隙离子缺陷浓度也小到难以测量的程度。但在具有萤石结构的晶体中，有一个比较大的间隙位置，生成填隙离子所需要的能量比较低，如对于 CaF_2 晶体，F^- 生成弗伦克尔缺陷的形成能为 2.8eV，而生成肖特基缺陷的形成能是 5.5eV，因此在这类晶体中，主要形成 F^- 的弗伦克尔缺陷。若干化合物中的热缺陷形成能见表 3-2。

表 3-2 若干化合物中的热缺陷形成能

化合物	反应	热缺陷形成能/eV	化合物	反应	热缺陷形成能/eV
AgBr	$Ag_{Ag} \rightleftharpoons Ag_i^{\cdot} + V_{Ag}'$	1.1	CaF_2	$F_F \rightleftharpoons V_F^{\cdot} + F_i'$	2.3～2.8
BeO	$O \rightleftharpoons V_{Be}'' + V_O^{\cdot\cdot}$	约 6		$Ca_{Ca} \rightleftharpoons V_{Ca}'' + Ca_i^{\cdot\cdot}$	约 7
MgO	$O \rightleftharpoons V_{Mg}'' + V_O^{\cdot\cdot}$	约 6		$O \rightleftharpoons V_{Ca}'' + 2V_F^{\cdot}$	约 5.5
NaCl	$O \rightleftharpoons V_{Na}' + V_{Cl}^{\cdot}$	2.2～2.4	UO_2	$O_O \rightleftharpoons V_O^{\cdot\cdot} + O_i''$	3.0
LiF	$O \rightleftharpoons V_{Li}' + V_F^{\cdot}$	2.4～2.7		$U_U \rightleftharpoons V_U'''' + U_i^{\cdot\cdot\cdot\cdot}$	约 9.5
CaO	$O \rightleftharpoons V_{Ca}'' + V_O^{\cdot\cdot}$	约 6		$O \rightleftharpoons V_U'''' + 2V_O^{\cdot\cdot}$	约 6.4

3.2.4 热缺陷在外力作用下的运动

由于热缺陷的产生与复合始终处于动态平衡，即缺陷始终处在运动变化之中。缺陷的相互作用与运动是材料中的动力学过程得以进行的物理基础。无外场作用时，缺陷的迁移运动完全无序。在外场作用下，缺陷可以定向迁移，从而实现材料中的各种传输过程。晶体的离子导电性就是热缺陷在外电场作用下的运动所引起的。下面讨论热缺陷在外力作用下的运动。

3.2.4.1 间隙原子在外力作用下的运动

设某一间隙原子沿图 3-6(a) 中的虚线运动，无外力作用时，它在各个位置上的势能是对称的，如图 3-6(b) 所示。由于势能的对称性，间隙原子越过势垒 E_2 向右或向左运动的概率 P 是相同的。有：

$$P=\nu_{02}\exp\left(-\frac{E_2}{kT}\right) \tag{3-12}$$

式中 ν_{02}——间隙原子在间隙处的热振动频率；

k——玻耳兹曼常数。

即运动是无规则的布朗运动。但当它受到外力作用时，情况就完全不同。今设有恒定外力 F（指向右）作用，势能函数为 $U(x)=-Fx$，因此在有恒定外力 F 存在时，势能曲线变为图 3-6(c) 所示的情况。此时，势垒不再是对称的了，间隙原子左端的势垒增高了 $\frac{1}{2}Fa$，而右端势垒却降低了 $\frac{1}{2}Fa$。所以，在新的情况下，间隙原子每秒向左和向右跳动的概率分别是：

$$P_{\mathrm{L}}=\nu_{02}\exp\left(-\frac{E_2+\frac{1}{2}Fa}{kT}\right) \tag{3-13}$$

$$P_{\mathrm{R}}=\nu_{02}\exp\left(-\frac{E_2-\frac{1}{2}Fa}{kT}\right) \tag{3-14}$$

每秒向左或向右跳动的概率，实际上也可以认为是每秒向左或向右跳动的步数，因此，间隙原子每秒向右净跳动的步数 ΔP 为：

$$\begin{aligned}\Delta P=P_{\mathrm{R}}-P_{\mathrm{L}}&=\nu_{02}\exp\left(-\frac{E_2-\frac{1}{2}Fa}{kT}\right)-\nu_{02}\exp\left(-\frac{E_2+\frac{1}{2}Fa}{kT}\right)\\&=\nu_{02}\exp\left(-\frac{E_2}{kT}\right)2\sinh\left(\frac{Fa}{2kT}\right)\end{aligned} \tag{3-15}$$

由于每跳动一步运动的距离是 a，所以，间隙原子向右运动的速度为：

$$V=a\Delta P=a\nu_{02}\exp\left(-\frac{E_2}{kT}\right)2\sinh\left(\frac{Fa}{2kT}\right) \tag{3-16}$$

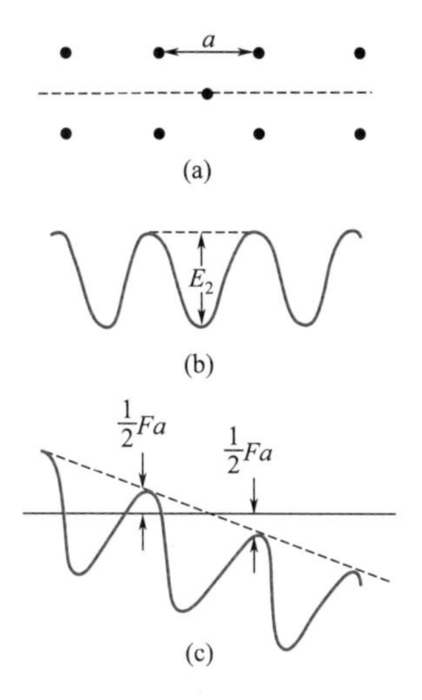

图 3-6 在外力作用下间隙原子的势场
(a) 间隙原子沿虚线运动；
(b) 无外力作用的势场；
(c) 在外力 F 作用下的势场

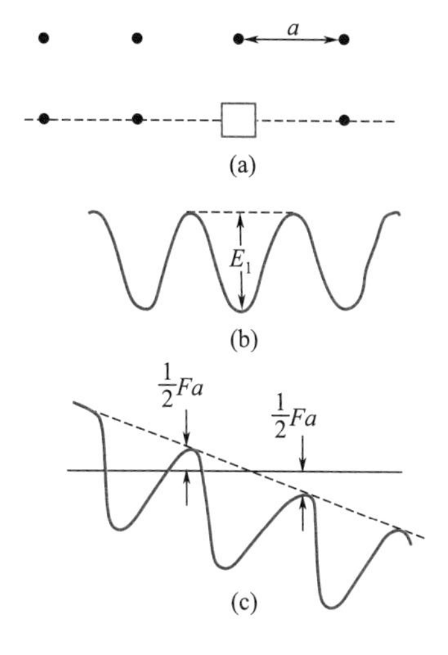

图 3-7 在外力作用下空位运动的势场
(a) 空位沿虚线运动；
(b) 无外力作用的势场；
(c) 在外力 F 作用下的势场

3.2.4.2 空位在外力作用下的运动

对于空位，可得出同样结果，如图 3-7 所示。此时需要注意的是，不是外力作用在空位上，而是作用在其周围的原子上，空位周围的原子在外力作用下沿外力方向运动，而空位反方向运动。无外力作用时，空位左边和右边的原子跳到空位上的概率是相同的，如图 3-7 (b) 所示，即空位每秒向左或向右跳动的概率相同：

$$P=\nu_{01}\exp\left(-\frac{E_1}{kT}\right) \tag{3-17}$$

式中 ν_{01}——空位邻近原子的振动频率。

因此，空位作无规则布朗运动。当有恒定外力 F（指向右）作用时，势能曲线不再对称，见图 3-7(c)，空位左侧原子跳向空位的概率比右侧原子跳向空位的概率大，其势垒分别降低和增加 $\frac{1}{2}Fa$。于是，空位左侧原子跳向空位的概率，即空位每秒向左跳动的概率为：

$$P_L=\nu_{01}\exp\left(-\frac{E_1-\frac{1}{2}Fa}{kT}\right) \tag{3-18}$$

空位右侧原子跳向空位的概率，即空位每秒向右跳动的概率为：

$$P_R=\nu_{01}\exp\left(-\frac{E_1+\frac{1}{2}Fa}{kT}\right) \tag{3-19}$$

于是，空位每秒向右净跳动步数为：

$$\Delta P=P_R-P_L=\nu_{01}\exp\left(-\frac{E_1+\frac{1}{2}Fa}{kT}\right)-\nu_{01}\exp\left(-\frac{E_1-\frac{1}{2}Fa}{kT}\right)$$

$$=\nu_{01}\exp\left(-\frac{E_1}{kT}\right)\left[\exp\left(-\frac{Fa}{2kT}\right)-\exp\left(\frac{Fa}{2kT}\right)\right]=-\nu_{01}\exp\left(-\frac{E_1}{kT}\right)2\sinh\left(\frac{Fa}{2kT}\right) \quad (3\text{-}20)$$

因此空位向右运动的速度 V 为：

$$V=a\Delta P=-a\nu_{01}\exp\left(-\frac{E_1}{kT}\right)2\sinh\left(\frac{Fa}{2kT}\right) \quad (3\text{-}21)$$

上式中的负号表示空位的运动方向与外力方向相反。

综上所述，无外场作用时，热缺陷在晶体内部作无规则布朗运动；当存在外场（可以是力场、电场、浓度场等）时，热缺陷可以作定向运动。正因为如此，才使晶体中的各种传输过程（离子导电、传质等）及高温动力学过程（扩散、烧结等）能够进行。

3.2.5 点缺陷对晶体性能的影响

3.2.5.1 热缺陷与晶体的离子导电性

（1）导电现象　材料的导电性用材料的电阻率 ρ 或其倒数电导率 σ 来表示。假设单位体积中带电粒子的数目为 n，每个粒子所带电荷 q 是电价 z 和电荷 e 的乘积（$q=ze$），带电粒子的漂移（运动）速度为 V，则单位时间内通过单位截面的电荷量（即电流密度）$j=nzeV$。如果材料被置于电场强度为 ε 的电场中，根据欧姆定律其电导率为：

$$\sigma=\frac{j}{\varepsilon}=nze\left(\frac{V}{\varepsilon}\right)=nze\mu \quad (3\text{-}22)$$

式中　$\mu=\frac{V}{\varepsilon}$——带电粒子的迁移率，即单位电场作用下带电粒子的漂移速度。

由于材料中的带电粒子可以是电子、孔穴或各种离子，因此总的电导率 σ 是各种带电粒子的电导率之总和，即：

$$\sigma=\sigma_1+\sigma_2+\cdots+\sigma_i=\sum_i n_i z_i e\mu_i \quad (3\text{-}23)$$

（2）纯净晶体的离子导电性　纯净晶体中的缺陷只有本征缺陷（即热缺陷），缺陷在外加电场作用下携带其有效电荷在特定方向上漂移，总电导率为：

$$\sigma=\sigma_c+\sigma_a=n_c z_c e\frac{V_c}{\varepsilon}+n_a z_a e\frac{V_a}{\varepsilon} \quad (3\text{-}24)$$

式中　σ_c，σ_a——与阳离子和阴离子漂移有关的电导率。

当材料在外电场 ε 作用下，晶体中的缺陷（带电粒子）所受的外力为电场力，此时 $F=ze\varepsilon$，由式（3-21）可知，阳离子和阴离子通过其空位漂移的速度分别为：

$$V_c=a\Delta P_c=a\nu_c\exp\left(-\frac{E_c}{kT}\right)2\sinh\left(\frac{az_c e\varepsilon}{2kT}\right) \quad (3\text{-}25)$$

$$V_a=a\Delta P_a=a\nu_a\exp\left(-\frac{E_a}{kT}\right)2\sinh\left(\frac{az_a e\varepsilon}{2kT}\right) \quad (3\text{-}26)$$

在一般电场作用下，$aze\varepsilon \ll 2kT$。当 x 值很小时，$\sinh x\approx x$，于是 $\sinh\left(\frac{aze\varepsilon}{2kT}\right)\approx\frac{aze\varepsilon}{2kT}$，把此式代入式（3-25）和式（3-26）得：

$$V_c=\frac{a^2 z_c e\varepsilon}{kT}\nu_c\exp\left(-\frac{E_c}{kT}\right) \quad (3\text{-}27)$$

$$V_a=\frac{a^2 z_a e\varepsilon}{kT}\nu_a \exp\left(-\frac{E_a}{kT}\right) \tag{3-28}$$

把式（3-27）和式（3-28）代入式（3-24）得：

$$\sigma=n_c z_c^2 e^2 a^2 \nu_c \exp\left(-\frac{E_c}{kT}\right)+n_a z_a^2 e^2 a^2 \nu_a \exp\left(-\frac{E_a}{kT}\right) \tag{3-29}$$

对于纯净的MX型晶体，单位体积中的阳离子空位数 n_c 和阴离子空位数 n_a 相等，即 $n_c=n_a=n$，于是式（3-29）可写为：

$$\sigma=\frac{nz^2e^2}{kT}\left[a^2\nu_c \exp\left(-\frac{E_c}{kT}\right)+a^2\nu_a \exp\left(-\frac{E_a}{kT}\right)\right]=\frac{nz^2e^2}{kT}D \tag{3-30}$$

$$D=a^2\nu_c \exp\left(-\frac{E_c}{kT}\right)+a^2\nu_a \exp\left(-\frac{E_a}{kT}\right)$$

式中 D——带电粒子在晶体中的扩散系数；

n——单位体积的电荷载流子数，即单位体积的缺陷数；

式（3-30）反映了晶体离子电导率与热缺陷浓度及扩散系数之间的关系。

综上所述，晶体的离子电导率取决于晶体中热缺陷的多少以及缺陷在电场作用下的漂移速度的高低或扩散系数的大小。通过控制缺陷的多少可以改变材料的导电性能。

3.2.5.2 点缺陷对其他性能的影响

点缺陷除了与材料的电导率有关以外，还影响材料的比容、比热容等物理性质。为了在晶体内部产生一个空位，需将该处的原子移到晶体表面上的新原子位置，这就导致晶体体积和比容增加，密度减小。由于形成点缺陷需向晶体提供附加的能量（空位生成焓），因而引起附加比热容。

此外，点缺陷还与其他物理性质如内耗、介电常数、光吸收与发射和力学性质等有关。在碱金属的卤化物晶体中，由于杂质或过多的金属离子等点缺陷对可见光的选择性吸收，会使晶体呈现色彩，这种点缺陷便称为色心。

在一般情形下，点缺陷对晶体力学性能的影响较小，它只是通过和位错交互作用，阻碍位错运动而使晶体强化。但在高能粒子辐照的情形下，由于形成大量的点缺陷，会引起晶体显著硬化和脆化。

3.3 固溶体

液体有纯溶剂和含有溶质的溶液之分。固体中也有纯晶体和含有杂质质点的固体溶液之分。将外来组元引入晶体结构，占据基质晶体质点位置或进入间隙位置的一部分，仍保持一个晶相，这种晶体称为固溶体，其中外来组元为溶质，基质晶体为溶剂。由于外来组元引入，破坏了质点排列的有序性，引起周期性势场的畸变，造成结构的不完整，显然它是一种组成点缺陷。

在固溶体中不同组分的结构基元之间是以原子尺度相互混合的，这种混合并不破坏原有晶体的结构。如以 Al_2O_3 晶体中溶入 Cr_2O_3 为例，Al_2O_3 为溶剂，Cr^{3+} 溶解在 Al_2O_3 中以后，并不破坏原有 Al_2O_3 晶格构造。但少量 Cr^{3+}（0.5%～2%，质量分数）的溶入，由于 Cr^{3+} 能产生受激辐射，使原来没有激光性能的白宝石（α-Al_2O_3）变为有激光性能的红宝石。

固溶体可以在晶体生长过程中形成，也可以在溶液或熔体中结晶形成，还可以在烧结过程中由质点扩散而形成。固溶体在无机材料中占有重要地位，人们常常采用固溶原理来制造各种新型的无机材料。例如，$PbTiO_3$ 和 $PbZrO_3$ 生成的锆钛酸铅压电陶瓷 $Pb(Zr_xTi_{1-x})O_3$ 广泛应用于电子、无损检测、医疗等技术领域；又如，Si_3N_4 与 Al_2O_3 之间形成 Sialon 固溶体应用于高温结构材料等。对硅酸盐矿物来说，固溶现象也非常普遍。固溶体、机械混合物、化合物的区别见表 3-3。

表 3-3 固溶体、机械混合物、化合物的区别

项目	固溶体	机械混合物	化合物
形成原因	以原子尺寸“溶解”生成	粉末混合	原子间相互反应生成
物系相数	均匀单相系统	多相系统	均匀单相系统
化学计量	不遵循定比定律	不遵循定比定律	遵循定比定律
化学组成	取决于掺杂量	有几种混合物就有几种化学组成	确定
结构	与原始组分中主晶体（溶剂）相同	有几种混合物就有几种结构	与原始组分均不相同

3.3.1 固溶体的分类

根据外来组元在基质晶体中所处位置不同，可分为置换型固溶体和间隙型固溶体。按外来组元在基质晶体中的固溶度，可分为连续（无限或完全互溶）固溶体和有限（不连续或部分互溶）固溶体。

3.3.1.1 根据外来组元在基质晶体中的位置分类

（1）置换型固溶体　置换型固溶体亦称替代型固溶体，其外来组元（溶质）质点替代（置换）了部分基质晶体（溶剂）质点，位于点阵结点上。无机固体材料中所形成的固溶体绝大多数都属这种类型。在金属氧化物中，主要发生在金属离子位置上的置换，如 MgO-CaO、MgO-CoO、$PbZrO_3$-$PbTiO_3$、Al_2O_3-Cr_2O_3 等均属此类。

（2）间隙型固溶体　间隙型固溶体亦称填隙型固溶体，其溶质质点位于溶剂晶格点阵的间隙中。在无机固体材料中，间隙型固溶体一般发生在阴离子或阴离子团所形成的间隙中。

3.3.1.2 根据外来组元在基质晶体中的固溶度分类

固溶度是指固溶体中溶质的最大含量，也就是溶质在溶剂中的极限溶解度，可由实验测定，也可按热力学原理进行计算。研究固溶度不仅有理论意义，而且具有很大的实际意义，因为固溶度的大小及其随温度的变化直接关系到固溶体材料的性能和热处理行为。

间隙型固溶体的固溶度都是很有限的，而置换型固溶体的固溶度则随体系不同而有很大的差别，从几个 ppm（mg/kg）到 100%。

（1）连续固溶体（无限固溶体、完全互溶固溶体）　连续固溶体是由两个（或多个）晶体结构类型相同的组元形成，其溶质和溶剂可以任意比例相互固溶。因此，在连续固溶体中溶剂和溶质都是相对的，其成分范围均为 0～100%。例如 MgO-FeO 系统，MgO、FeO 同属 NaCl 型结构；$r_{Mg^{2+}}=0.080nm$，$r_{Fe^{2+}}=0.086nm$，离子半径相差不多，MgO、FeO 都能成为溶剂，则 Mg^{2+} 可以无限地与 Fe^{2+} 相互取代，生成完全互溶的置换型固溶体，化学式写为 $Fe_{1-x}Mg_xO$，$x=0\sim1$；$PbZrO_3$ 与 $PbTiO_3$ 也可形成无限固溶体，化学式写为 $Pb(Ti_{1-x}Zr_x)O_3$，$x=0\sim1$。能生成连续固溶体的实例还有 Al_2O_3-Cr_2O_3、ThO_2-UO_2 等。

（2）有限固溶体（不连续固溶体、部分互溶固溶体）　有限固溶体的固溶度小于 100%，即溶质只能以一定的限量溶入溶剂，超过这一限度即出现第二相。例如 MgO-CaO 系统，虽然都是 NaCl 型结构，但阳离子半径相差较大，$r_{Mg^{2+}}=0.080nm$，$r_{Ca^{2+}}=$

0.108nm，取代只能到一定限度。即当两种晶体结构不同或相互取代的离子半径差别过大时，最多只能生成有限固溶体，或者不能形成固溶体。例如 $MgO-Al_2O_3$、ZrO_2-CaO、MgO-CaO 等只能生成有限固溶体，而 CaO-BeO 则不能形成固溶体，见图 3-8。有限固溶体中溶质的溶解度还与温度有关，温度升高，溶解度增加。

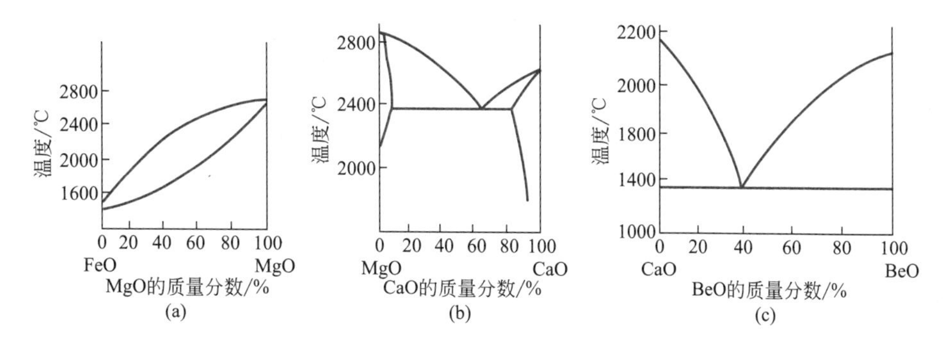

图 3-8 FeO-MgO、MgO-CaO、CaO-BeO 二元系统相图

（a）形成完全互溶固溶体；（b）形成部分互溶固溶体；（c）不能形成固溶体

3.3.2 置换型固溶体

3.3.2.1 形成置换型固溶体的条件

如何判断形成置换型固溶体中溶质质点的固溶度是连续还是有限？根据热力学参数分析以及根据自由能与组成的关系，可以定量计算。但是由于热力学函数不易正确获得，目前严格定量计算仍是十分困难。然而通过实践经验的积累，已归纳出以下重要的影响因素。

（1）原子或离子尺寸　原子或离子大小对形成连续或有限置换型固溶体有直接影响。从晶体稳定的观点看，相互替代的原子或离子尺寸越相近，则固溶体越稳定，若以 r_1 和 r_2 分别代表半径大和半径小的溶剂（基质晶体）或溶质（杂质）原子（或离子）的半径，为了预计置换型固溶体的固溶度，Hume-Rothery 提出了以下经验规则：$\Delta r=(r_1-r_2)/r_1$，当 $\Delta r<15\%$时，溶质与溶剂之间可以形成连续固溶体，这是形成连续固溶体的必要条件，而不是充分必要条件；当 Δr 为 15%～30%时，溶质与溶剂之间只能形成有限型固溶体；当 $\Delta r>30\%$时，溶质与溶剂之间很难形成固溶体或不能形成固溶体，而容易形成中间相或化合物。因此 Δr 越大，则溶解度越小。例如 MgO、NiO 和 CaO 都具有 NaCl 型结构，MgO-NiO，$r_{Mg^{2+}}=0.080$nm，$r_{Ni^{2+}}=0.077$nm，计算 Δr 为 3.75%，它们可以形成连续固溶体；而 MgO-CaO，计算 Δr 为 25.93%，它们不易生成固溶体，仅在高温下有少量固溶。

在硅酸盐材料中多数离子晶体是金属氧化物，形成固溶体主要是阳离子之间取代。因此，阳离子半径的大小直接影响了离子晶体中正负离子的结合能。从而对固溶的程度和固溶体的稳定性产生影响。

（2）晶体结构类型　能否形成连续固溶体，晶体结构类型是十分重要的。若溶质与溶剂晶体结构类型相同，能形成连续固溶体，这也是形成连续固溶体的必要条件，而不是充分必要条件。只有两种结构相同和 $\Delta r<15\%$才是形成连续固溶体的充分必要条件。

在下列二元系统中，$Al_2O_3-Cr_2O_3$、$Mg_2SiO_4-Fe_2SiO_4$、ThO_2-UO_2 等，都能形成连续固溶体，其主要原因之一是这些二元系统中两个组分具有相同的晶体结构类型。又如 $PbZrO_3-PbTiO_3$ 系统中，$r_{Zr^{4+}}=0.072$nm，$r_{Ti^{4+}}=0.061$nm，计算 Δr 为 15.28%，但由于相变温度以上，任何锆钛比下，立方晶系的结构是稳定的，虽然半径之差略大于 15%，但它们之间仍能形成连续置换型固溶体 $Pb(Zr_xTi_{1-x})O_3$。再如 Fe_2O_3 和 Al_2O_3 两者的 Δr 计算为 18.4%，它们都有刚玉型结构，但它们只能形成有限置换型固溶体。但是在复杂构造的石榴子石 $Ca_3Al_2(SiO_4)_3$ 和 $Ca_3Fe_2(SiO_4)_3$ 中，它们的晶胞比氧化物大 8 倍，对离子半径差的宽容性提高了，因而在石榴子石中 Fe^{3+} 和 Al^{3+} 能连续置换。

（3）离子类型和键性　离子类型是指离子外层的电子构型，相互置换的离子类型相同，容易形成固溶体。化学键性质相近，即取代前后离子周围离子间键性相近，容易形成固溶体。

（4）电价因素　形成固溶体时，离子间可以等价置换也可以不等价置换。只有等价离子置换才能生成连续固溶体，如前面已列举的 MgO-NiO、Al_2O_3-Cr_2O_3 等都是单一阳离子等价置换形成连续固溶体。

为了保持形成固溶体的电中性，不等价离子置换不易形成连续固溶体；但如果两种以上不同离子组合起来，满足电中性置换条件，即置换离子电价总和相等时也有可能生成连续固溶体。例如，天然硅酸盐矿物中，常发生复合离子的等价置换，使钙长石 $Ca[Al_2Si_2O_8]$ 和钠长石 $Na[AlSi_3O_8]$ 能形成连续固溶体，其中一个 Al^{3+} 代替一个 Si^{4+}，同时有一个 Ca^{2+} 取代一个 Na^+，即 $Al^{3+}+Ca^{2+} \rightleftharpoons Si^{4+}+Na^+$，则结构总的电中性得到满足。$Ca^{2+} \rightleftharpoons 2Na^+$、$Ba^{2+} \rightleftharpoons 2K^+$ 也常出现在沸石矿物中。又如 $PbZrO_3$ 和 $PbTiO_3$ 是 ABO_3 型钙钛矿结构，可以用众多电价相等而半径相差不大的离子去置换 A 位上的 Pb^{2+} 或 B 位上的 Zr^{4+}、Ti^{4+}，从而制备一系列具有不同性能的复合钙钛矿型压电陶瓷材料。例如，$Pb(Fe_{1/2}Nb_{1/2})O_3$-$PbZrO_3$ 是发生在 B 位置换的铌铁酸铅和锆酸铅，即 $Fe^{3+}+Nb^{5+} \rightleftharpoons 2Zr^{4+}$，满足电中性要求；A 位置换如 $(Na_{1/2}Bi_{1/2})TiO_3$-$PbTiO_3$，即 $Na^{+}+Bi^{3+} \rightleftharpoons 2Pb^{2+}$。

在不等价置换的固溶体中，为了保持电价平衡，还可以通过生成缺陷的方式形成有限固溶体，即在原来结构的结点位置产生空位，也可能在原来没有结点的位置嵌入新的质点。这种缺陷与热缺陷不同，仅发生在不等价置换固溶体中，其缺陷浓度取决于掺杂量（溶质数量）和固溶度；而热缺陷浓度是温度的函数，在晶体中具有普遍意义。由于结构类型及电价均不同，因此不等价离子化合物之间只能形成有限置换型固溶体。

现在以焰熔法制备尖晶石单晶为例说明。用 MgO 与 Al_2O_3 熔融拉制镁铝尖晶石单晶往往得不到纯尖晶石，而生成“富铝尖晶石”，此时尖晶石中 $MgO:Al_2O_3 \neq 1:1$，Al_2O_3 比例大于 1 即“富铝”，由于尖晶石与 Al_2O_3 形成固溶体时存在着 $2Al^{3+} \rightleftharpoons 3Mg^{2+}$，其缺陷反应式如下：

$$Al_2O_3 \xrightarrow{MgAl_2O_4} 2Al_{Mg}^{\cdot}+V_{Mg}''+3O_O$$

为保持晶体电中性，结构中出现镁离子空位。如果把 Al_2O_3 的化学式改写为尖晶石形式，则应为 $Al_{8/3}O_4=Al_{2/3}Al_2O_4$。可以将富铝尖晶石固溶体的化学式表示为 $[Mg_{1-x}(V_{Mg})_{x/3}Al_{2x/3}]Al_2O_4$ 或写作 $(Mg_{1-x}Al_{2x/3})Al_2O_4$。当 $x=0$ 时，上式即为尖晶石 $MgAl_2O_4$；若 $x=1$，$Al_{2/3}Al_2O_4$ 即为 α-Al_2O_3；若 $x=0.3$，$(Mg_{0.7}Al_{0.2})Al_2O_4$，这时结构中阳离子空位占全部阳离子 0.1/3.0=1/30，即每 30 个阳离子位置中有一个是空位。

类似这种固溶的情况还有 $MgCl_2$ 固溶到 LiCl 中，有：

$$MgCl_2 \xrightarrow{LiCl} Mg_{Li}^{\cdot}+V_{Li}'+2Cl_{Cl}$$

固溶体化学式为 $Li_{1-2x}Mg_xCl$。此外，Fe_2O_3 固溶到 FeO 中及 $CaCl_2$ 固溶到 KCl 中等均属这种固溶的情况。

不等价置换固溶体中，还可以出现阴离子空位。例如，CaO 加入 ZrO_2 中，其缺陷反应表示为：

$$CaO \xrightarrow{ZrO_2} Ca''_{Zr} + V_O^{\bullet\bullet} + O_O$$

固溶体化学式为 $Zr_{1-x}Ca_xO_{2-x}$。

（5）电负性　离子电负性对固溶体及化合物的生成有一定的影响。电负性相近，有利于固溶体的生成，电负性差别大，倾向于生成化合物。

达肯（Darkon）等曾将电负性和离子半径分别作坐标轴，取溶质与溶剂半径之差为±15%作为椭圆的一个横轴，又取电负性差为±0.4 作为椭圆的另一个轴，画一个椭圆。发现在这个椭圆之内的系统，65%是具有很大的固溶度，而椭圆外的有 85%系统固溶度小于5%。因此，电负性之差±0.4 也是衡量固溶度大小的边界，即电负性差值大于 0.4，生成固溶体的可能性小。

此外，影响固溶度的因素还有能量效应、化学和合力的大小、温度和压力等。

3.3.2.2 影响因素的主次性

在外界条件（温度、压力等）一定的情况下，对于氧化物系统，影响固溶度的最主要的因素应是离子半径大小、晶体结构类型和电价。但这些影响因素，有时并不是同时起作用，在某些条件下，有的因素会起主要作用，有的则不起主要作用。例如，$r_{Si^{4+}}=0.026nm$，$r_{Al^{3+}}=0.039nm$，相差达 45%以上，电价又不同，但 Si—O、Al—O 键性接近，键长亦接近，仍能形成固溶体，在铝硅酸盐矿物中，常见 Al^{3+} 置换 Si^{4+} 形成置换固溶体的现象。

3.3.3 间隙型固溶体

当外来的杂质质点比较小而进入晶格的间隙位置时，即形成间隙型固溶体，其固溶度都为有限。间隙型固溶体在金属系统中比较普遍。例如原子半径较小的 H、C、B 和 N 进入金属晶格的间隙，成为间隙型固溶体。钢就是碳进入铁晶格间隙中形成的固溶体，随碳含量的不同可分为高碳钢、中碳钢和低碳钢。间隙型固溶体在无机非金属固体材料中不多见。

3.3.3.1 形成间隙型固溶体的条件

间隙型固溶体的固溶度仍然取决于离子尺寸、晶体结构、离子电价和电负性等因素。

（1）杂质质点大小　即添加的杂质质点（原子或离子）越小，易形成固溶体，反之亦然。

（2）基质晶体结构　杂质质点大小与基质晶体结构的关系密切相关。在一定程度上，结构中间隙的大小起了决定性的作用。基质晶体中空隙越大，结构越疏松，易形成固溶体。

（3）电价因素　外来杂质离子进入间隙时，必然引起晶体结构中电价的不平衡，和置换型固溶体一样，也必须保持电价的平衡，这可以通过形成空位、不等价离子或复合离子置换以及离子的价态变化来达到。例如 YF_3 加入 CaF_2 中形成间隙型固溶体的缺陷反应如下：

$$YF_3 \xrightarrow{CaF_2} Y_{Ca}^{\bullet} + F_i' + 2F_F$$

从上式可以看到，当 F^- 进入间隙时，产生负电荷，由 Y^{3+} 取代 Ca^{2+} 来保持位置关系和电价的平衡。当 CaO 加入 ZrO_2 中，如 CaO 加入量小于 15%时，在 1800℃高温下发生下列反应：

$$2CaO \xrightarrow{ZrO_2} Ca''_{Zr} + Ca_i^{\bullet\bullet} + 2O_O$$

硅酸盐结构中嵌入 Be^{2+}、Li^{+} 等离子时，正电荷的增加往往被结构中 Al^{3+} 取代 Si^{4+} 平衡，即 $Be^{2+}+2Al^{3+} \rightleftharpoons 2Si^{4+}$。

间隙型固溶体的生成，一般都使晶格常数增大，增加到一定的程度，使固溶体变成不稳定而离解，所以填隙型固溶体不可能是连续固溶体。晶体中间隙是有限的，容纳杂质质点的能力≤10%。

3.3.3.2 实例

在面心立方结构如方镁石（MgO）中，八面体空隙都已被 Mg^{2+} 占满，只有氧四面体空隙可以利用；在金红石（TiO_2）结构中，有二分之一的八面体空隙是空的；在萤石（CaF_2）结构中，F^- 作简单立方排列，而正离子 Ca^{2+} 只占据立方体空隙的一半，晶胞中有较大的间隙位置；在沸石之类架状硅酸盐结构中，间隙就更大，具有隧道型空隙。因此，对于同样的外来杂质质点，可以预料在以上几类晶体中形成间隙型固溶体的可能性或固溶度大小的顺序将是：沸石＞萤石＞金红石＞方镁石，而实验证明是符合的。

3.3.4 形成固溶体后对晶体性质的影响

固溶体是含有杂质原子（或离子）的晶体，这些杂质原子（或离子）的进入使基质晶体的性质（晶格常数、密度、电学性能、光学性能、力学性能等）可能发生很大变化，这就为新材料的研究和开发提供了一个广阔的领域。

3.3.4.1 对材料物理性质的影响

（1）晶胞参数 固溶体的晶胞尺寸随其组成而连续变化。例如，对于立方结构的晶体，晶胞参数与固溶体组成的关系可以表示为：

$$(a_{ss})^n=(a_1)^n c_1+(a_2)^n c_2 \tag{3-31}$$

式中 a_{ss}，a_1，a_2——固溶体、溶质、溶剂的晶胞参数；

c_1，c_2——溶质、溶剂的浓度；

n——描述变化程度的一个任意幂。

利用固溶体的晶格常数与组成间的这种关系，可以对未知组成的固溶体进行定量分析。

（2）电学性能 固溶体的电学性能随杂质浓度呈连续变化，应用这一特点，现在制造出了具有各种奇特性能的电子陶瓷材料，尤其是在压电陶瓷中，这一性能作用应用得最为广泛。

（3）光学性能 可以利用掺杂来调节和改变晶体光学性能。例如，各种人造宝石全部都是固溶体，它们的主晶体一般是 Al_2O_3（也有的是 $MgAl_2O_4$、TiO_2 等），Al_2O_3 单晶是无色透明的，通过加入不同着色剂与 Al_2O_3 生成固溶体，能形成各种颜色的宝石。

（4）机械强度 可以通过杂质的加入来提高材料的强度。例如钢中的马氏体是一种碳和铁形成的固溶体，铁原子作体心正方排列，碳原子择优占据 c 轴上八面体的间隙位置，碳含量越高，长轴 c 与短轴 a 的比值越大，马氏体的强度和硬度也随碳含量的增加而升高。

3.3.4.2 固溶强化作用

固溶体的强度与硬度往往高于各组元，而塑性则较低，这种现象称为固溶强化。强化的程度或效果不仅取决于它的成分，还取决于固溶体的类型、结构特点、固溶度、组元原子半径差等一系列因素。现将固溶强化的特点和规律概述如下。

间隙型溶质原子的强化效果一般要比置换型溶质原子更显著。这是因为间隙型溶质原子往往择优分布在位错线上，形成间隙原子“气团”，将位错牢牢地钉扎住，从而造成强化（详见缺陷）。相反，置换型溶质原子往往均匀分布在点阵内，虽然由于溶质和溶剂原子尺寸不同，造成点阵畸变，从而增加位错运动的阻力，但这种阻力比间隙原子气团的钉扎力小得多，因而强化作用也小得多。

显然，溶质和溶剂原子尺寸相差越大或固溶度越小，固溶强化越显著。但是也有些置换型固溶体的强化效果非常显著，并能保持到高温。这是由于某些置换型溶质原子在这种固溶体中有特定的分布。例如在面心立方的 18Cr-8Ni 不锈钢中，合金元素镍往往择优分布在 {111} 面上的扩展位错层错区，使位错的运动十分困难。固溶强化在实验中经常见到，如铂、铑单独做热电偶材料使用，熔点为 1450℃，而将铂铑合金做其中的一根热电偶，铂做另一根热电偶，熔点为 1700℃，若两根热电偶都用铂铑合金而只是铂铑比例不同，熔点达 2000℃以上。

3.3.4.3 活化晶格

形成固溶体能起到活化晶格的作用。因为在形成固溶体时，晶格结构有一定的畸变而处于高能量的活化状态，从而促进扩散、固相反应、烧结等过程的进行。例如，Al_2O_3 熔点高（2050℃），不利于烧结，若加入 TiO_2，可使烧结温度下降到 1600℃，这是因为 Al_2O_3 与 TiO_2 形成固溶体，Ti^{4+} 置换 Al^{3+} 后，$Ti_{Al}^{\cdot}$ 带正电，为平衡电价，产生正离子空位，加快扩散，有利于烧结进行。

3.3.4.4 稳定晶格，阻止某些晶型转变

形成固溶体往往还能阻止某些晶型转变的发生，所以有稳定晶格的作用。

① $PbTiO_3$ 和 $PbZrO_3$ 都不是性能优良的压电陶瓷，$PbTiO_3$ 是一种铁电体，但纯的 $PbTiO_3$ 烧结性能极差，在烧结过程中晶粒长得很大，晶粒之间结合力很差，居里点（居里温度之上不出现自发极化）为 490℃，发生相变时，晶格常数剧烈变化，一般在常温下发生开裂，所以没有纯的 $PbTiO_3$ 陶瓷。$PbZrO_3$ 是一种反铁电体，居里点为 230℃。利用它们结构相同，Zr^{4+}、Ti^{4+} 尺寸相差不多的特性，能生成连续固溶体 $Pb(Zr_xTi_{1-x})O_3$。随着组成的不同，在常温下有不同晶体结构的固溶体，而在斜方铁电体和四方铁电体的边界组成 $Pb(Zr_{0.54}Ti_{0.46})O_3$ 处，压电性能、介电常数都达到最大值，得到了优于纯粹的 $PbTiO_3$ 和 $PbZrO_3$ 的陶瓷材料，其烧结性能也很好，这种陶瓷被命名为 PZT 陶瓷。

② ZrO_2 是一种典型的耐高温氧化物，熔点为 2680℃。ZrO_2 有三种晶型：单斜（常温稳定）、四方和立方（高温稳定）。当单斜 $ZrO_2 \xrightleftharpoons{1200℃}$ 四方 ZrO_2 时，伴随很大的体积效应（7%～9%），因此在加热或冷却纯 ZrO_2 制品过程中会引起开裂，这对高温结构材料是致命的，从而限制了直接使用 ZrO_2 的范围。若在 ZrO_2 中添加少量 CaO 或 Y_2O_3，它们能与 ZrO_2 形成固溶体，就可使 ZrO_2 完全稳定成立方 ZrO_2，称为稳定化 ZrO_2，再无晶型转变，成为一种优良的高温结构材料。

③ 在水泥生产中为阻止熟料中的 β-C_2S 向 γ-C_2S 转化，常加入少量 P_2O_5、Cr_2O_3 等氧化物作为稳定剂，这些氧化物和 β-C_2S 形成固溶体，以阻止其向 γ-C_2S 转变。

3.3.5 固溶体的研究方法

如前所述，不等价置换固溶体中，可能出现的四种缺陷，归纳如下：

高价置换低价 — 阳离子空位 — 置换型固溶体
高价置换低价 — 间隙阴离子 — 间隙型固溶体
低价置换高价 — 阴离子空位 — 置换型固溶体
低价置换高价 — 间隙阳离子 — 间隙型固溶体

$$Al_2O_3 \xrightarrow{MgO} 2Al_{Mg}^{\cdot} + V_{Mg}'' + 3O_O$$

$$Al_2O_3 \xrightarrow{MgO} 2Al_{Mg}^{\cdot} + O_i'' + 2O_O$$

$$CaO \xrightarrow{ZrO_2} Ca_{Zr}'' + V_O^{\cdot\cdot} + O_O$$

$$CaO \xrightarrow{ZrO_2} Ca_{Zr}'' + Ca_i^{\cdot\cdot} + O_O$$

对于固溶体的存在，如何去发现？又如何进行研究？在具体的系统中，究竟形成哪一种

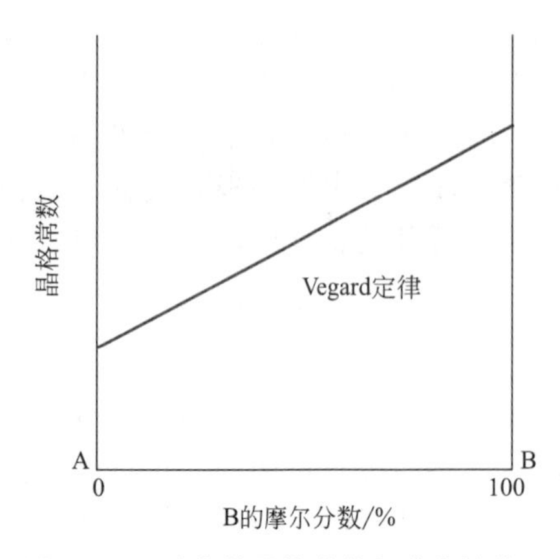

图 3-9　固溶体的晶格常数与成分的关系

类型固溶体？出现哪一种缺陷？目前尚无法从热力学计算来判断。固溶体能否形成可根据前面所述的固溶体生成条件及影响固溶体溶解度的因素进行大略的估计。

3.3.5.1　固溶体组成的确定

形成固溶体后，如何确定固溶体的组成，一般有以下两种方式。

（1）根据晶格常数与成分的关系——Vegard 定律　实际发现，当两种同晶型的盐（如 KCl-KBr）形成连续固溶体时，固溶体的晶格常数与成分呈直线关系。也就是说，晶格常数正比于任一组元（任一种盐）的浓度。这就是 Vegard 定律，如图 3-9 所示。

固溶体可以应用 X 射线分析方法来进行研究，这种方法是建立在下述原理的基础上的：在置换型固溶体中，如有较大的原子（或离子）取代了晶格点阵中较小的原子（或离子）时，则使整个点阵有些胀大，即点阵中的晶格常数和面间距等都有所增大；而当以尺寸较小的原子（或离子）进行置换时，则点阵又相应地有一些缩小。这种改变大抵与其取代的量成比例，故可应用 X 射线结构分析法测定这种改变而求出组成上相应的变化。对已知晶格常数和掺杂浓度的固溶体，应用 Vegard 定律绘出固溶体的晶格常数与成分的关系直线，然后对未知成分的固溶体采用 X 射线结构分析法测定其晶体结构，并与上述直线比较，即可得出成分。实际上 Vegard 定律在这种关系的描述上有些偏离，但仍然具有一定的指导意义，如对古文物成分的鉴定方面。

（2）根据物理性能与成分的关系　固溶体的电学、热学、磁学等物理性质随成分而连续变化，根据这一原理，可以通过对物性的研究而判定组成的变化。例如，可以通过测定固溶体的密度、折射率等性质的改变，来确定固溶体的形成和各组成间的相对含量，如钠长石与钙长石能形成一系列连续固溶体，在这种固溶体中，随着钠长石向钙长石的过渡，其密度及折射率均递增，据此可制定一个对照表，通过测定未知组成固溶体的性质后与该表对照，由此反推该固溶体的组成。

3.3.5.2　固溶体类型的大略估计

在讨论置换型固溶体和间隙型固溶体时，可注意到，生成间隙型固溶体的条件要比置换型苛刻得多。因为除了尺寸因素之外，一个更重要的因素是晶体中是否有足够大的间隙位置。在离子晶体中，特别在氧化物晶体中，都是以氧离子作密堆积，金属离子填充在氧离子构成的四面体间隙、八面体间隙之中。一般来说，在金属氧化物中，具有氯化钠结构的晶体，不大可能生成间隙型固溶体。因为金属离子尺寸比较大，而氯化钠结构中，只有四面体间隙是空的。具有空的氧八面体间隙的金红石结构，或具有更大空的立方体间隙的萤石型结构，金属离子才能填入。所以如果在结构上只有四面体间隙是空的，可以基本上排除生成间隙型固溶体的可能性。例如 NaCl、MgO、CaO、SrO、CoO、FeO、KCl 等都不会生成间隙型固溶体，这和氯化钠结构能生成肖特基缺陷是一致的。而在那一些空的间隙较大、弗伦克尔缺陷生成能较低的晶体中，例如 CaF_2、ZrO_2、UO_2 等，有可能生成间隙型固溶体。但究竟是否生成必须通过实验测定来确定。

以上叙述了对固溶体组成的大略的估计。但所生成的固溶体是完全互溶，还是部分互溶，或是根本不生成固溶体，这时需应用某些技术，如利用差热分析（DTA）、比热容-温度曲线、热膨胀、淬冷法配合 X 射线分析或光学显微镜分析等作出它们的相图。但相图不能告诉所生成的固溶体是置换型还是间隙型，或者是两者的混合型。在前面讨论缺陷方程表示法时。谈到缺陷必须符合位置关系、电中性、质量平衡等基本原则。但是往往发现这样的情况，当杂质进入晶体时，生成置换型固溶体符合上述原则，生成间隙型固溶体也符合，甚至既有取代又有填隙也符合。因此缺陷方程只能告诉我们生成固溶体的可能形式，最后确定要借助于其他方法。

3.3.5.3 固溶体类型的实验判别

固溶体类型的实验判别，有几种不同的方法。对于金属氧化物系统，最可靠而简便的方法是写出生成不同类型固溶体的缺陷反应方程；根据缺陷方程计算出杂质浓度与固溶体密度的关系，并画出曲线；然后把这些数据与实验值相比较，哪种类型与实验相符合即是什么类型。

（1）理论密度计算　计算公式如下：

$$\text{理论密度 } d_{\text{理}}=\frac{\text{含有杂质的固溶体的晶胞质量 } W}{\text{晶胞体积 } V} \tag{3-32}$$

式中　W——晶胞质量，即晶胞中所有质点的质量；

V——晶胞体积，可通过 X 射线衍射测得的晶胞常数得出，如立方晶系 $V=a^3$，六方晶系平行六面体晶胞 $V=\sqrt{3}a^2c/2$ 等。

计算方法：先写出可能的缺陷反应方程式；根据缺陷反应方程式写出固溶体可能的化学式；由化学式可知晶胞中有几种质点，计算出晶胞中 i 质点的质量。

晶胞中 i 质点的质量：

$$W_i=\frac{\text{晶胞中 } i \text{ 质点的位置数}\times i \text{ 质点实际所占分数}\times i \text{ 质点的原子量}}{\text{阿伏伽德罗常数 } N_0} \tag{3-33}$$

其中，晶胞中 i 质点的位置数由基质的晶体结构确定，i 质点实际所占分数由固溶体的化学式决定。据此，计算出晶胞质量 $W=\sum_{i=1}^{n}W_i$，由此可见，固溶体化学式的确定至关重要。

（2）固溶体化学式的确定　以 CaO 加入 ZrO_2 中为例，以 1mol 为基准，掺入 $x$mol CaO，形成置换型固溶体（空位模型），有：

$$\underset{x}{\mathrm{CaO}} \xrightarrow{\mathrm{ZrO_2}} \underset{x}{\mathrm{Ca''_{Zr}}} + \mathrm{O_O} + \underset{x}{\mathrm{V_O^{\cdot\cdot}}} \tag{3-34}$$

则化学式为 $Zr_{1-x}Ca_xO_{2-x}$。

若形成间隙型固溶体（间隙模型），有：

$$\underset{x}{\mathrm{CaO}} \xrightarrow{\frac{1}{2}\mathrm{ZrO_2}} \underset{\frac{1}{2}x}{\frac{1}{2}\mathrm{Ca''_{Zr}}} + \mathrm{O_O} + \underset{\frac{1}{2}x}{\frac{1}{2}\mathrm{Ca_i^{\cdot\cdot}}} \tag{3-35}$$

则化学式为 $Zr_{1-\frac{1}{2}x}Ca_xO_2$。

（3）举例　在 1600℃时，CaO 加入 ZrO_2 中形成固溶体，具有萤石结构，属立方晶系。经 X 射线分析测定，当固溶体的摩尔组成为 0.15CaO · 0.85ZrO_2 时，晶胞参数 $a=0.5131$nm，实验测定的密度值为 5.477g/cm^3。置换型固溶体化学式为 $Zr_{1-x}Ca_xO_{2-x}$，间隙型固溶体化学式为 $Zr_{1-\frac{1}{2}x}Ca_xO_2$，根据固溶体中各元素原子数目对应成比例即可求出固溶体化学式中待定参数的值。

对于置换型固溶体 $Zr_{1-x}Ca_xO_{2-x}$，有 $x=0.15$，$1-x=0.85$，$2-x=1.85$，所以，置换型固溶体化学式为 $Zr_{0.85}Ca_{0.15}O_{1.85}$。又因为 ZrO_2 属于萤石结构，晶胞分子数 $Z=4$，晶胞中有 Ca^{2+}、Zr^{4+}、O^{2-} 三种质点，已知 Ca 的原子量为 40.08，Zr 的原子量为 91.22，O 的原子量为 16.00，则：

$$晶胞质量\ W=\sum W_i=\frac{4M_{Zr_{0.85}Ca_{0.15}O_{1.85}}}{N_0}=\frac{4(0.85\times M_{Zr^{4+}}+0.15\times M_{Ca^{2+}}+1.85\times M_{O^{2-}})}{6.023\times 10^{23}}$$

$$=7.514\times 10^{-22}g$$

X 射线衍射分析晶胞参数 $a=0.5131nm$，晶胞体积 $V=a^3=1.351\times 10^{-22}cm^3$。

得

$$d_{理,置}=\frac{W}{V}=\frac{7.514\times 10^{-22}}{1.351\times 10^{-22}}=5.562g/cm^3$$

对于间隙型固溶体 $Zr_{1-\frac{1}{2}x}Ca_xO_2$，$x=0.15$，则化学式为 $Zr_{0.925}Ca_{0.15}O_2$。

$$晶胞质量\ W=\sum W_i=\frac{4M_{Zr_{0.925}Ca_{0.15}O_2}}{N_0}=\frac{4(0.925\times M_{Zr^{4+}}+0.15\times M_{Ca^{2+}}+2\times M_{O^{2-}})}{6.023\times 10^{23}}$$

$$=8.128\times 10^{-22}g$$

得

$$d_{理,间}=\frac{W}{V}=\frac{8.128\times 10^{-22}}{1.351\times 10^{-22}}=6.016g/cm^3$$

根据实际测量密度 $d_{实测}=5.477g/cm^3$，由此可判断生成的是置换型固溶体。这说明在 1600℃时，式（3-34）是合理的，化学式 $Zr_{0.85}Ca_{0.15}O_{1.85}$ 是正确的。

图 3-10 示出添加 CaO 的 ZrO_2 固溶体的密度与 CaO 含量的关系，（a）和（b）分别为 1600℃和 1800℃淬冷试样按不同固溶体类型计算和实测的结果。曲线表明，在 1600℃时加入 5%～25%（摩尔分数）CaO 均形成阴离子空位型固溶体；但当温度升高到 1800℃后，发现 CaO 添加量小于 15%（摩尔分数）时固溶体具有阳离子填隙形式，而 CaO 添加量大于 15%（摩尔分数）以后则形成阴离子空位型固溶体。从图 3-10（b）可以看出，两种不同类型的固溶体，密度值有很大差别，因此用对比密度值的方法可以较准确地判定固溶体的类型。

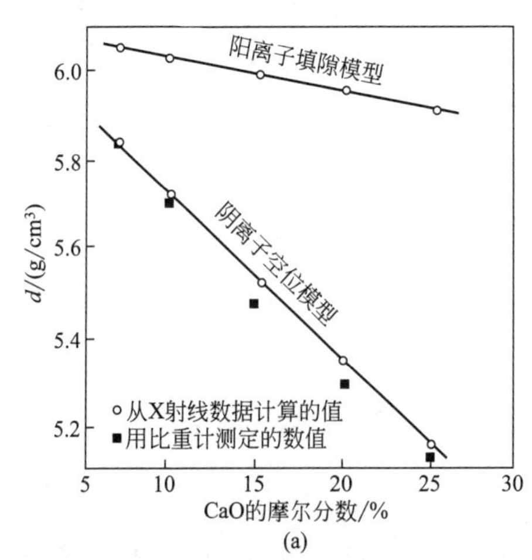

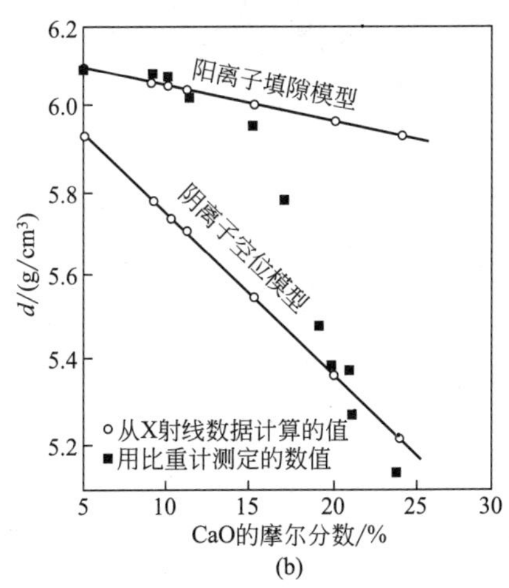

图 3-10　添加 CaO 的立方晶型 ZrO_2 固溶体密度与 CaO 含量的关系

（a）1600℃淬冷试样；（b）1800℃淬冷试样

3.4 非化学计量化合物

按照化学中定比定律，化合物中的不同原子的数量要保持固定的比例，但在实际的化合物中，有一些化合物并不符合定比定律，其中负离子与正离子的比例并不是固定的比例关系，这些化合物称为非化学计量化合物（nonstoichiometric compounds）。这是在化学组成上偏离化学计量而产生的一种缺陷。在含有变价元素（Fe、Ti、Co）的人工合成晶体中，甚至是天然晶体中，非化学计量化合物都是经常可以见到的，这种化合物可以看成是高价化合物与低价化合物的固溶体，也是一种点缺陷。非化学计量化合物具有如下特点：①非化学计量化合物产生及缺陷浓度与气氛性质、压力有关，这些不同于其他缺陷；②非化学计量化合物可以看成是高价化合物与低价化合物的固溶体，即不等价置换是发生在同一种离子中的高价态与低价态间的相互置换；③缺陷浓度与温度有关，这点可以从平衡常数看出。

非化学计量化合物都是半导体，非化学计量化合物为制造半导体元件开辟了一个新途径。半导体材料分为两大类：一类是掺杂半导体，如 Si、Ge 中掺杂 B、P，其中 Si 中掺杂 B 为 p 型半导体（电子空穴导电），Si 中掺杂 P 为 n 型半导体（电子导电）；另一类是非化学计量化合物半导体，分为金属离子过剩（n 型）和负离子过剩（p 型）：金属离子过剩（n 型）包括负离子空位型和间隙正离子型，负离子过剩（p 型）包括正离子空位型和间隙负离子型。

3.4.1 负离子空位型

TiO_2、ZrO_2 就会产生这种缺陷。它们的分子式可写为 TiO_{2-x}、ZrO_{2-x}，从化学计量的观点，在这种化合物中，正离子与负离子的比例是 1∶2，但由于氧离子不足，在晶体中存在氧空位使得金属离子与化学式量比较起来显得过剩。TiO_{2-x}、ZrO_{2-x} 的产生是由于环境中缺氧，晶格中的氧会逸出到大气中，使晶体中出现氧空位。对于 TiO_2 失去氧变成 TiO_{2-x} 的过程，其缺陷反应如下：

$$2TiO_2 \rightleftharpoons 2Ti'_{Ti}+V_O^{\cdot\cdot}+3O_O+\frac{1}{2}O_2\uparrow \tag{3-36}$$

$$2Ti_{Ti}+4O_O \rightleftharpoons 2Ti'_{Ti}+V_O^{\cdot\cdot}+3O_O+\frac{1}{2}O_2\uparrow \tag{3-37}$$

$$2Ti_{Ti}+O_O \rightleftharpoons 2Ti'_{Ti}+V_O^{\cdot\cdot}+\frac{1}{2}O_2\uparrow \tag{3-38}$$

由于 $Ti'_{Ti}=Ti_{Ti}+e'$，则式（3-38）等价于：

$$O_O \rightleftharpoons 2e'+V_O^{\cdot\cdot}+\frac{1}{2}O_2\uparrow \tag{3-39}$$

平衡时 $[e']=2[V_O^{\cdot\cdot}]$，根据质量作用定律：

$$K=\frac{[V_O^{\cdot\cdot}][P_{O_2}]^{\frac{1}{2}}[e']^2}{[O_O]} \tag{3-40}$$

如果注意到晶体中氧离子的浓度基本不变，而过剩电子的浓度是氧空位的两倍，则可简化为：

$$[V_O^{\cdot\cdot}]\propto P_{O_2}^{-\frac{1}{6}} \tag{3-41}$$

式（3-41）表明氧空位的浓度与氧分压的 1/6 次方成反比。所以 TiO_2 的非化学计量对氧压力是敏感的，在还原气氛中才能形成 TiO_{2-x}，所以在烧结含有 TiO_2 的陶瓷时，要注意氧的压力，氧分压不足时，导致［$V_O^{\cdot\cdot}$］升高，烧结得到灰黑色的 TiO_{2-x}，而得不到金黄色的 TiO_2。

另外，$[e'] \propto P_{O_2}^{-\frac{1}{6}}$，所以 TiO_2 的非化学计量半导体的电导率随氧分压升高而降低，通过控制氧分压就可控制材料的电导率。

若 P_{O_2} 不变，则 $[e'] = \dfrac{2^{\frac{1}{3}} K^{\frac{1}{3}}}{P_{O_2}^{\frac{1}{6}}}$，而 $\Delta G = -RT\ln K$，所以：

$$[e'] \propto K^{\frac{1}{3}} = \exp\left(-\frac{\Delta G}{3RT}\right) \tag{3-42}$$

由此可见，电导率随温度的升高呈指数规律增加，反映了缺陷浓度与温度的关系。

从化学的观点来看，缺氧的 TiO_2 可以看成是四价钛和三价钛氧化物的固体溶液，即 Ti_2O_3 在 TiO_2 中的固溶体；也可以把它看成是为了保持电中性，部分 Ti^{4+} 降价为 Ti^{3+}。应该注意的是，这种离子变价的现象总是和电子的转移相联系的，即 Ti^{4+} 是由于得到电子而变成 Ti^{3+} 的，但这个电子并不是固定在一个特定的钛离子上，而是容易从一个位置迁移到另一个位置。更确切地理解，可把它看成是在负离子空位的周围，束缚了过剩电子，以保持电中性。TiO_{2-x} 的晶体中，空位与周围离子的关系如图 3-11 所示。如前所述，氧空位是带正电的，在氧空位上带有两个电子，这两个电子不同于一般的自由电子，它们是被空位束缚在空位周围的准自由电子。这种电子如果与附近的 Ti^{4+} 相联系，Ti^{4+} 就变成了 Ti^{3+}。但这些电子并不属于某一个具体固定的 Ti^{4+}，在电场的作用下，可以从一个 Ti^{4+} 迁移到邻近的另一个 Ti^{4+} 上，而形成电子电导。所以这种存在氧空位的氧化钛是一种 n 型半导体，不能作为介质材料使用。TiO_2 的非化学计量范围比较大，可以从 TiO 到 TiO_2 连续变化。

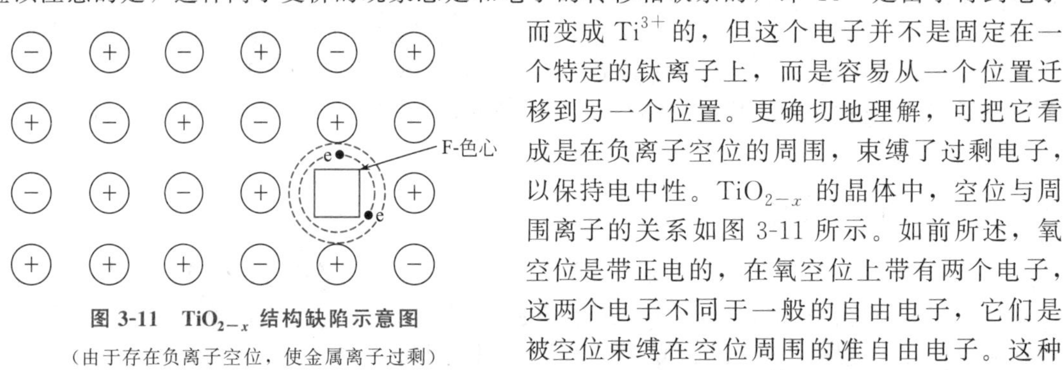

图 3-11　TiO_{2-x} 结构缺陷示意图

（由于存在负离子空位，使金属离子过剩）

此外，TiO_{2-x} 中所存在的俘获两个电子的氧空位结构缺陷，也是一种色心，称为 F-色心，即表示在这种色心上有两个准自由电子。色心上的电子能吸收一定波长的光，使氧化钛从黄色变成蓝色直至灰黑色。

3.4.2　间隙正离子型

具有这种缺陷的结构如图 3-12 所示。$Zn_{1+x}O$ 和 $Cd_{1+x}O$ 属于这种类型。过剩的金属离子进入间隙位置，它是带正电的，为了保持电中性，等价的电子被束缚在间隙金属离子的周围，这也是一种色心。例如 ZnO 在锌蒸气中加热，颜色会逐渐加深，就是形成这种缺陷的缘故。若 Zn 完全电离（此为双电荷间隙模型），其缺陷反应可以表示如下：

$$Zn(g) \rightleftharpoons Zn_i^{\cdot\cdot} + 2e' \tag{3-43}$$

按质量作用定律，有：

$$K = \frac{[Zn_i^{\cdot\cdot}][e']^2}{P_{Zn}} \tag{3-44}$$

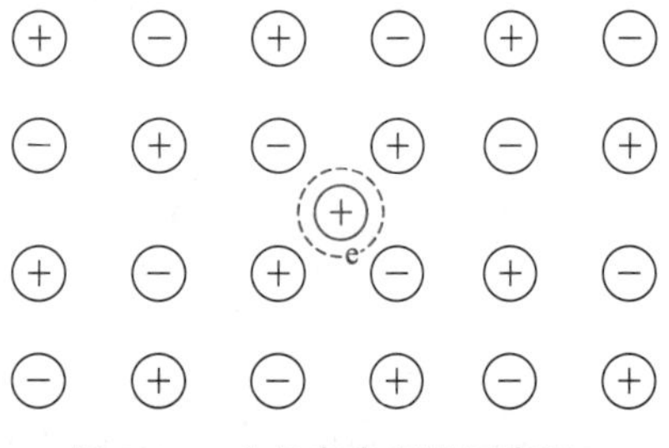

图 3-12　由于存在间隙正离子，使金属离子过剩的结构缺陷

则间隙锌离子的浓度与锌蒸气压的关系为：

$$[Zn_i^{\cdot\cdot}] \propto P_{Zn}^{\frac{1}{3}} \tag{3-45}$$

若 Zn 离子化程度不足（此为单电荷间隙模型），则：

$$Zn(g) \rightleftharpoons Zn_i^{\cdot} + e' \tag{3-46}$$

有

$$K = \frac{[Zn_i^{\cdot}][e']}{P_{Zn}}$$

即

$$[Zn_i^{\cdot}] \propto P_{Zn}^{\frac{1}{2}} \tag{3-47}$$

与上述反应同时进行的还有氧化反应：

$$Zn(g) + \frac{1}{2}O_2(g) \rightleftharpoons ZnO \tag{3-48}$$

则

$$P_{Zn} \propto P_{O_2}^{-\frac{1}{2}} \tag{3-49}$$

因此，Zn 完全电离时：

$$[e'] \propto P_{O_2}^{-\frac{1}{6}} \tag{3-50}$$

Zn 不完全电离时：

$$[e'] \propto P_{O_2}^{-\frac{1}{4}} \tag{3-51}$$

实测 ZnO 电导率与氧分压的关系（图 3-13）支持了单电荷间隙的模型，即后一种是正确的。

3.4.3 正离子空位型

由于存在正离子空位，为了保持电中性，在正离子空位的周围捕获电子空穴，因此，它也是 p 型半导体。图 3-14 为这种缺陷的示意图。Cu_2O、FeO 中存在这种缺陷。以 FeO 为例，其化学式可以写成 $Fe_{1-x}O$。由于存在 V_{Fe}''，为了保持电中性，需要两个 Fe^{2+} 转变成 Fe^{3+} 来保持电中性。从化学观点看，$Fe_{1-x}O$ 可以看成 Fe_2O_3 在 FeO 中的固溶体。为了保持电中性，三个 Fe^{2+} 被两个 Fe^{3+} 和一个空位所代替。

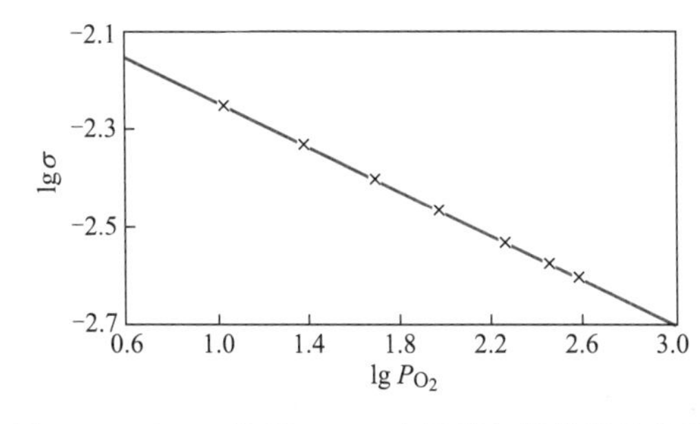

图 3-13 在 650℃ 下，ZnO 电导率与氧分压的关系
（P_{O_2} 的单位为 mmHg）

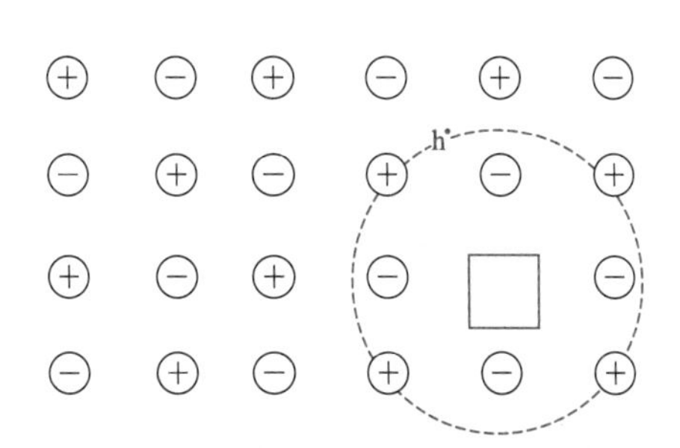

图 3-14 由于存在正离子空位，使负离子过剩的结构缺陷

$$Fe_2O_3 \xrightarrow{FeO} 2Fe_{Fe}^{\cdot} + 3O_O + V_{Fe}'' \tag{3-52}$$

$$2Fe_{Fe} + \frac{1}{2}O_2(g) \rightleftharpoons 2Fe_{Fe}^{\cdot} + O_O + V_{Fe}'' \tag{3-53}$$

式（3-53）等价于：

$$\frac{1}{2}O_2(g) \rightleftharpoons O_O + 2h^{\cdot} + V_{Fe}'' \tag{3-54}$$

从式（3-54）中可见，铁离子空位 V_{Fe}'' 带负电，为了保持电中性，两个电子空穴被束缚在其周围，形成一种 V-色心。根据质量作用定律：

$$K = \frac{[O_O][h^{\cdot}]^2[V_{Fe}'']}{P_{O_2}^{\frac{1}{2}}} \tag{3-55}$$

由于 $[O_O] \approx 1$，$[h^{\cdot}] = 2[V_{Fe}'']$，由此可得：

$$[h^{\cdot}] \propto P_{O_2}^{\frac{1}{6}} \tag{3-56}$$

即随着氧压力的增大，电子空穴浓度增大，电导率也相应增大。

3.4.4 间隙负离子型

具有这种缺陷的结构如图 3-15 所示。目前只发现 UO_{2+x} 具有这样的缺陷，可以看成 UO_3 在 UO_2 中的固溶体。当在晶格中存在间隙负离子时，为了保持电中性，结构中出现电子空穴，相应的正离子电价升高。电子空穴在电场下会运动，因此，这种材料是 p 型半导体。对于 UO_{2+x} 中的缺陷反应可以表示为：

$$UO_3 \xrightarrow{UO_2} U_U^{\cdot\cdot} + 2O_O + O_i'' \tag{3-57}$$

等价于：

$$2U_U + \frac{1}{2}O_2(g) \rightleftharpoons 2U_U^{\cdot} + O_i''$$

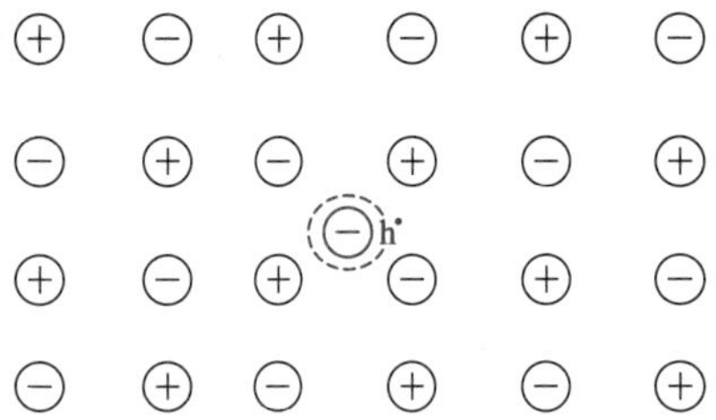

或：

$$\frac{1}{2}O_2(g) \rightleftharpoons 2h^{\cdot} + O_i'' \tag{3-58}$$

根据质量作用定律：

$$K = \frac{[O_i''][h^{\cdot}]^2}{P_{O_2}^{\frac{1}{2}}} \tag{3-59}$$

由于 $[h^{\cdot}] = 2[O_i'']$，由此可得：

$$[O_i''] \propto P_{O_2}^{\frac{1}{6}} \tag{3-60}$$

图 3-15 由于存在间隙负离子，使负离子过剩的结构缺陷

即随着氧压力的增大，间隙氧的浓度增大，这种类型的缺陷化合物是 p 型半导体。

从上述讨论中可以看到，非化学计量缺陷的浓度与气氛的性质及分压大小有关，这是它和别的缺陷的最大不同之处。此外，这种缺陷的浓度也与温度有关，这从平衡常数 K 与温度的关系中反映出来。以非化学计量的观点来看，所有的化合物都是非化学计量的，只是非化学计量的程度不同而已。例如，MgO、Al_2O_3 都有一个很狭小范围的非化学计量缺陷，但在一般情况下，都把它们看成稳定的化学计量化合物。若干典型的非化学计量的二元化合物列在表 3-4。

表 3-4 典型的非化学计量的二元化合物

类型	半导体	化合物	类型	半导体	化合物
Ⅰ	n	KCl、NaCl、KBr、TiO_2、CeO_2、PbS	Ⅲ	p	UO_2
Ⅱ	n	ZnO、CdO	Ⅳ	p	Cu_2O、FeO、NiO、ThO_2、KBr、KI、PbS、SnS、CuI、FeS、CrS

3.5 线缺陷

晶体在结晶时受到杂质、温度变化或振动等产生的应力作用，或者晶体在使用时受到打击、切削、研磨等机械应力作用或高能射线辐照作用，使晶体内部质点排列变形，原子行列间相互滑移，不再符合理想晶格的有秩序的排列，形成线状的缺陷，称为线缺陷（line defects），如各种位错（dislocation）。

位错是晶体中存在着的重要缺陷，其特点是原子发生错排的范围，在一维方向上尺寸较大，而二维方向上尺寸较小，是一个直径为3～5个原子间距、长几百到几万个原子间距的管状原子畸变区。最初是为了解释材料的强度性质而提出位错模型，经过近半个多世纪的理论研究和实验观察，人们认识到位错存在不仅影响晶体的强度性质，而且与晶体生长、表面吸附、催化、扩散、晶体的电学和光学性质等均有密切关系。了解位错的结构及性质，对于分析陶瓷多晶体中晶界的性质和烧结机理，也不可缺少。

3.5.1 位错理论的产生

位错的概念是人们根据塑性变形的理论推断出来的。早在20世纪初，人们就知道晶体的塑性变形，但对其机理不清楚，为此许多学者做了不少实验工作，发现当应力超过弹性限度而使晶体材料发生塑性变形时，可以在晶体表面上观察到很多称为滑移带的条纹，滑移带由一组形成小台阶的滑移线构成，如图3-16所示。这些滑移带的出现实际上反映了沿一定的晶面，两边的晶体发生了相对“滑移”，从而在1920年建立了完整晶体塑性变形-滑移的模型，指出塑性变形是通过晶体的滑移来实现。滑移总是沿着晶体中最密排晶面的最密排晶向上进行。这是因为在晶体中，越是密排的晶面，面间距越大，晶面间原子结合力越小；越是密排的晶向，滑移的矢量越小，滑移就越容易进行。这些晶面称为滑移面，晶向称为滑移方向。在六方紧密堆积的晶体中，滑移常常发生在（0001）面，典型的滑移方向是$[\bar{1}2\bar{1}0]$。在面心立方金属中{111}平面为滑移面，⟨110⟩方向

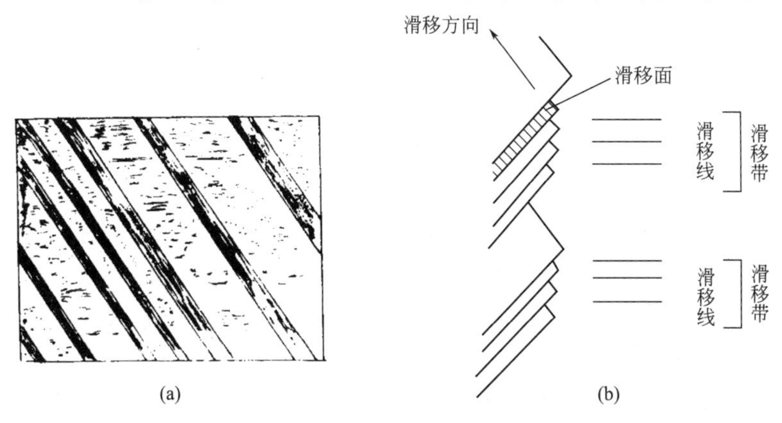

图 3-16 晶体的塑性变形时的滑移示意图

是滑移方向。一个滑移面和其面上一个确定的滑移方向，构成一个滑移系统。只有当外力在某些滑移系统的分切应力达到某一临界值时，晶体在这些滑移系统上才发生滑移，使晶体产生宏观的变形，这个最小分切应力称为临界分切应力，反映在宏观上就是使晶体开始变形的最低切应力值或晶体的切变强度值。显然滑移系统多的晶体材料，不管从哪个方向受力均能发生滑移和产生塑性变形。金属晶体如铜、银、金延展性好的原因除了具有金属键特征外，还与面心立方结构具有 12 个滑移系统有关。在离子晶体中情况往往比较复杂，因为在滑移过程若同号离子相遇就会产生极大斥力阻碍滑移运动，因此滑移方向就有选择性，滑移系统要比相应结构的金属晶体少得多，这也是大多数无机非金属材料不易发生塑性变形而呈脆性的原因之一。

为了从理论上定量解释晶体的塑性变形和滑移现象，1926 年弗伦克尔从滑移时原子面与原子面之间为刚性错开的模型（刚体模型）出发，对晶体的切变强度进行估算。结果发现，计算得到的理论切变强度比实际晶体的切变强度大 3～4 个数量级；即使采用更完善一些的原子间作用力模型估算，仍与实测临界切应力相差很大。理论切变强度值与实际切变强度值之间的巨大差异，使人们认识到实际晶体的结构并非理想完整，晶体的滑移也并非刚性同步。经过大量研究，1934 年泰勒（G. I. Taylor）、波朗依（M. Polanyi）和奥罗万（E. Orowan）三人几乎同时提出晶体中线缺陷（位错）的模型，设想滑移过程并非是原子面之间整体发生相对位移，而是一部分先发生位移，然后推动晶体中另一部分滑移，循序渐进，如图 3-17 所示。位错就是在滑移面上已经滑移及尚未滑移部分的分界线。这样，晶体的滑移可以看成是位错运动的结果，即位错在切应力作用下发生运动，依靠位错的逐步传递完成了滑移过程。当位错从一端运动到另一端之后，整个晶体错动了一个原子位置；当位错滑出晶体时，晶体恢复完整，但却留下了永久形变。由于位错附近有严重原子错排，以及弹性畸变引起的长程应力场，因此在位错附近的原子平均能量比其理想晶格位置上的要高，比较容易运动；另一方面又由于与刚性滑移不同，位错的移动只需邻近原子作很小距离的弹性偏移就能实现，且运动是逐步进行的，而晶体其他区域的原子仍处在正常位置，所以滑移所需的临界切应力要低得多。

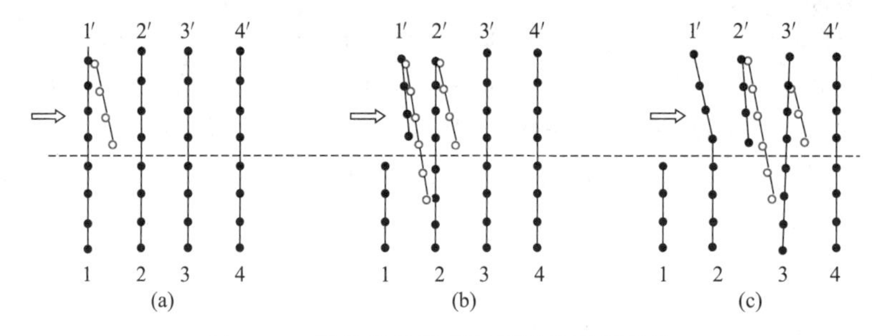

图 3-17　晶体塑性变形时原子的局部位移

由于这种位错滑移机制与实验观察的滑移特征相一致，以位错滑移模型计算出的晶体强度与实测值基本相符，位错的来源与增殖也从具体模型本身得到阐明，于是人们开始把位错模型引入晶体变形及力学性质的研究领域，初步形成了位错理论。1939 年伯格斯（Burgres）提出用伯格斯矢量 b 来表征位错的特性的重要意义，同时引入螺型位错。1947 年柯垂耳（A. H. Cottrell）利用溶质原子与位错的交互作用解释了低碳钢的屈服现象。1950 年弗兰克（Frank）与瑞德（Resd）同时提出了位错增殖机制 F-R 位错源。但是，在没有取得实验验证之前，对位错及其相关理论进行了长时间的争论。直到 1956 年在透射电子显微镜下观察到位错的形态、运动、增殖等，有关位错的理论越来越多地被实验所证明之后，位错理论才被广泛接受和应用，并取得快速的发展。如今，位错理论已经成为研究晶体力学性质和塑性变形的理论基础，比较成功地、系统地解释了晶体的屈服强度、加工硬化、合金强化、相变强化以及脆性、断裂和蠕变等晶体强度理论中的重要问题。随着位错理论的发展，塑性力学中的各种问题也将会逐步得到解决。

3.5.2 位错的类型

晶体在不同的应力状态下，其滑移方式不同。根据原子的滑移方向和位错线取向的几何特征不同，位错分为刃型位错（或刃位错）、螺型位错（或螺位错）和混合位错。

3.5.2.1 刃位错

晶体在大于屈服值的切应力 τ 作用下，以 $ABCD$ 面为滑移面发生滑移，如图 3-18 所示。$EFGH$ 面左侧已发生了相对滑移，右侧尚未滑移。$EFGH$ 面相当于终止在晶体内部的半个原子面，其下边 EF 是晶体已滑移部分和未滑移部分的交线，称为位错线。由于 EF 线犹如砍入晶体的一把刀的刀刃，故称为刃位错（或称棱位错）。实际上，位错线不只是一列原子，而是以 EF 线为中心的一个管道，其直径一般为 3～4 个原子间距。在此范围内，原子位置有较大畸变，因而是一种缺陷。位错的特点之一是具有伯格斯矢量 $\boldsymbol{b}$，它的方向表示滑移方向，其大小一般是一个原子间距。

刃位错的几何特征是位错线与原子滑移方向，即伯格斯矢量 $\boldsymbol{b}$ 相垂直；滑移面上部位错线周围原子受压应力作用，原子间距小于正常晶格间距；滑移面下部位错线周围原子受张应力作用，原子间距大于正常晶格间距。

如果半个原子面在滑移面上方，称为正刃位错，以符号“⊥”表示；反之称为负刃位错，以“⊤”表示。符号中水平线代表滑移面，垂直线代表半个原子面。

3.5.2.2 螺位错

晶体在外加切应力 τ 作用下（施力方式与刃位错中的不同），沿 $ABCD$ 面滑移，如图 3-19 所示，图中 EF 线以右为已滑移区，以左为未滑移区，它们分界的地方就是位错存在之处。由于位错线周围的一组原子面形成了一个连续的螺旋形坡面，故称为螺位错。螺位错也是 EF 线附近一个半径为 3～4 个原子间距的管道。

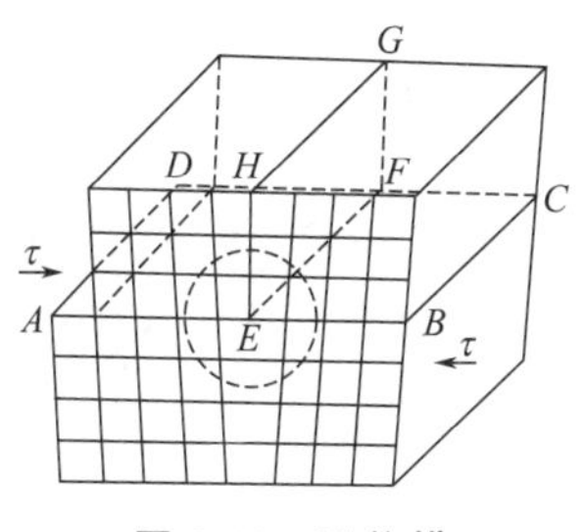

图 3-18 刃位错

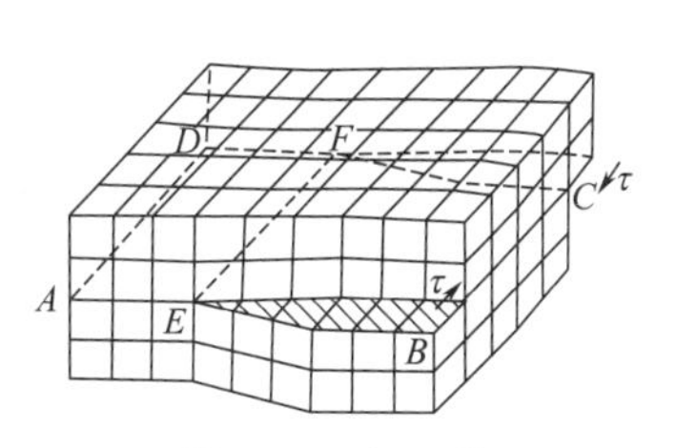

图 3-19 螺位错

螺位错的几何特征是位错线与原子滑移方向相平行；位错线周围原子的配置是螺旋状的，即形成螺位错后，原来与位错线垂直的晶面，变成以位错线为中心轴的螺旋面，如图 3-20(a) 所示。位错线附近，滑移面上、下两个原子面上的原子相对滑移的距离，随着与位错中心 OO' 的距离不同而变化，见图 3-20(b)。距离位错中心 3～4 个原子间距的地方，原子从一个平衡位置移动到另一个平衡位置。此范围以外，原子位于正常格点上。

螺位错有左、右旋之分，以符号“⟳”和“⟲”表示。其中小圆点代表与该点垂直的位错，旋转箭头表示螺旋的旋转方向。它们之间符合左手、右手螺旋定则。

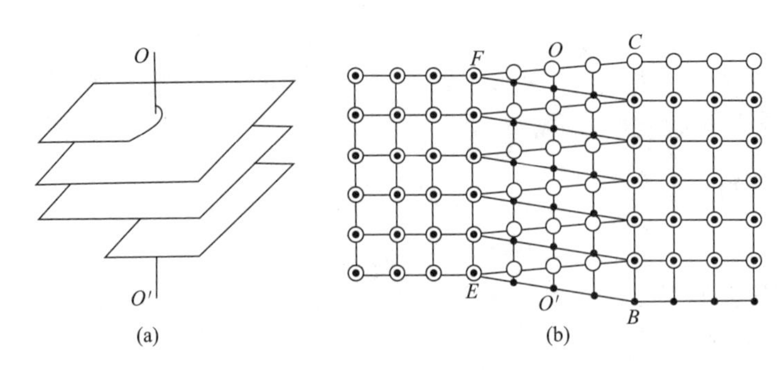

图 3-20 螺位错线周围原子配置

（a）与螺位错垂直的晶面的形状；（b）螺位错滑移面两侧晶面上原子的滑移情况

3.5.2.3 混合位错

如果在外力 τ 作用下，两部分之间发生相对滑移，在晶体内部已滑移和未滑移部分的交线既不垂直也不平行滑移方向（伯格斯矢量 $\boldsymbol{b}$），这样的位错称为混合位错，如图 3-21 所示。位错线上任意一点，经矢量分解后，可分解为刃位错和螺位错分量。

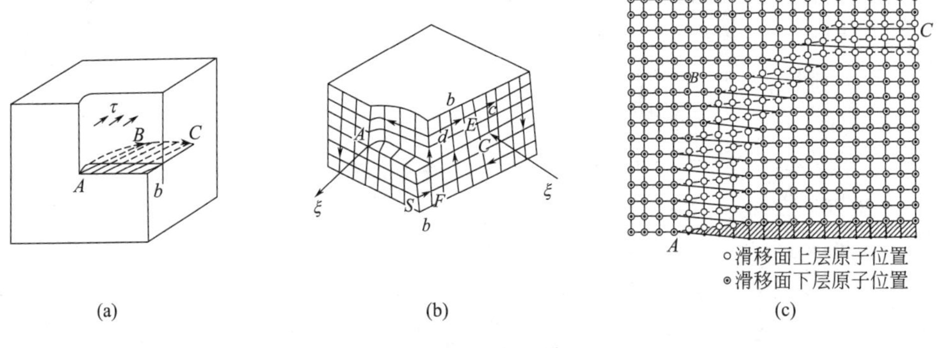

图 3-21 混合位错

（a）混合位错的形成；（b）混合位错分解为刃位错和螺位错示意图；（c）混合位错线附近原子滑移透视图

从图 3-21(b) 可以看出，如果规定混合位错线的方向由 C 经 B 指向 A，则在 C 点处，混合位错分解为纯刃位错，而在 A 点处分解为纯螺位错；在晶体内任意一点，如果混合位错线的切线与伯格斯矢量 $\boldsymbol{b}$ 的夹角为 φ，则此处混合位错分解为刃位错和螺位错的伯格斯矢量分别为 $\boldsymbol{b}_e=\boldsymbol{b}\sin\varphi$ 和 $\boldsymbol{b}_s=\boldsymbol{b}\cos\varphi$。由此可见，晶体中位错线的形状可以是任意的，但位错线上各点的伯格斯矢量却相同，只是各点的刃型、螺型分量不同而已。

3.5.3 伯格斯矢量及位错的性质

位错线在几何上有两个特征：一是位错线的方向 $\boldsymbol{\xi}$，它表明给定点上位错线的取向，由人们的观察方位来决定，是人为规定的；二是位错线的伯格斯矢量（Burgers vector）$\boldsymbol{b}$，它表明晶体中有位错存在时，滑移面一侧质点相对于另一侧质点的相对位移或畸变，由伯格斯（Burgers）于 1939 年首先提出，简称为伯氏矢量。伯氏矢量 $\boldsymbol{b}$ 的大小表征了位错的单位滑移距离，其方向与滑移方向一致，由伯格斯回路来确定。

伯格斯矢量是位错理论中极其重要的一个物理量。伯氏矢量的大小决定了晶体中何处易形成位错以及在外力作用下位错运动的难易程度。伯氏矢量与位错的状态及弹性性质直接相关。如位错的应力场、应变能、受力状态，位错间的相互反应等均与其伯氏矢量有关。伯氏矢量与位错线的取向关系标志着位错的性质或类型。如位错可以定义为伯氏矢量不为零的晶体缺陷。刃位错的伯氏矢量与位错线垂直，即 $\boldsymbol{b}\cdot\boldsymbol{\xi}=0$。由此可以推断，刃位错可以是任意形状，但与刃位错相联系的半个原子面一定是平面，或者说一根刃位错线一定在同一平面上，如图 3-22 所示；螺位错的伯氏矢量与位错线平行，故螺位错线一定是条直线；并且 $\boldsymbol{b}\cdot\boldsymbol{\xi}=b$ 时为右型螺位错，$\boldsymbol{b}\cdot\boldsymbol{\xi}=-b$ 时为左型螺位错。而混合位错的伯氏矢量既不平行也不垂直于位错线，所以，混合位错是由刃位错和螺位错叠加而成。

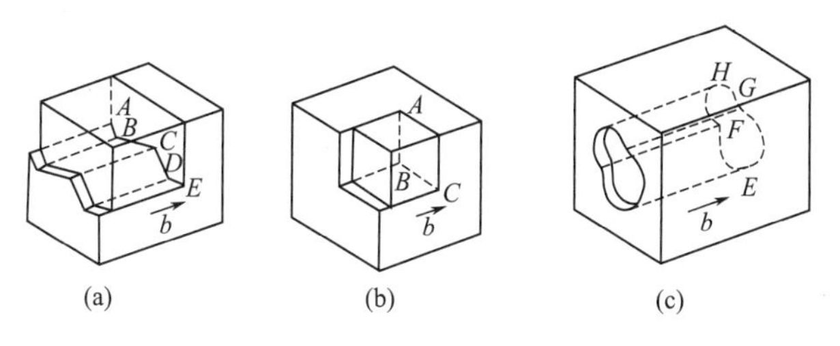

图 3-22　各种形状的刃位错

（a）*ABCD* 折线是位错线；（b）*ABC* 折线是位错线；（c）*EFGH* 环是位错线

3.5.3.1　伯格斯矢量的确定及表示

（1）确定伯格斯矢量的步骤　伯格斯最早拟定了用点阵回路确定位错的伯氏矢量的方法，这个点阵回路即为伯格斯回路。即在晶体中包围位错线的某个晶面上，按照一定规律所走的一个回路。具体步骤如下：①对于给定点的位错，人为规定位错线的方向，如图 3-23 所示，例如规定图中 E 点位错线的方向为垂直指向图面内部；②用右手螺旋定则确定伯格斯回路方向，拇指指向位错线方向，则四指指向为回路方向；③按照图 3-23 所示的规律走回路，最后封闭回路的矢量即要求的伯氏矢量。

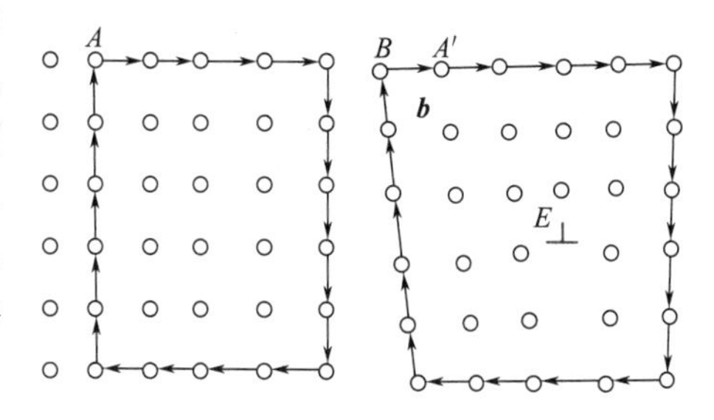

图 3-23　简单立方结构中，围绕刃位错的伯格斯回路

（如果在完整晶体区域或包含一个点缺陷的区域作此回路，一定是闭合的；而围绕一条位错线作此回路时，必须加上一个矢量 $\boldsymbol{b}$ 才能封闭回路，$\boldsymbol{b}$ 就是位错的伯氏矢量）

（2）伯格斯矢量的表示方法　位错的伯氏矢量，即位错的单位滑移矢量。滑移矢量是指晶体滑移过程中，在滑移面的滑移方向上，任一原子从一个位置移向另一个位置所引出的矢量。

一定的伯氏矢量或滑移矢量，可以用一个特定的符号 $\boldsymbol{b}=ka[uvw]$ 来表示。其中 a 是晶胞参数，$[uvw]$ 表示矢量的方向，它与表示晶体滑移方向的晶向符号相同。具体作法是：将某个滑移矢量在晶胞坐标轴 X、Y、Z 上的分量，依次填入方括号 [　] 内，提取公因数 k，使括号内数字成为最小整数即可。

伯氏矢量 $\boldsymbol{b}$ 是一个反映位错周围点阵畸变总积累的重要物理量。该矢量的方向表示位错的性质与位错的取向，即位错运动导致晶体滑移的方向；该矢量的模 $|\boldsymbol{b}|$ 表示畸变的程度，称为位错的强度，而且 $|\boldsymbol{b}|=ka\sqrt{u^2+v^2+w^2}$。

3.5.3.2　伯格斯矢量的守恒性

用伯格斯回路确定位错的伯氏矢量时，无论所作回路的大小、形状、位置如何变化，只要它没有包围其他的位错线，则所得伯氏矢量是一定的。即对一条位错线而言，其伯氏矢量是固定不变的，此即位错的伯氏矢量的守恒性。由此可以引出两点推论。

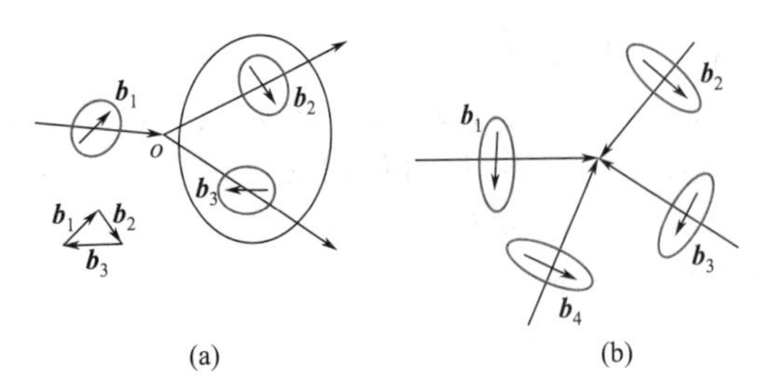

图 3-24 $b_1=b_2+b_3$ 的位错交点及伯氏矢量为零的位错交点

（a）$b_1=b_2+b_3$ 的位错交点；

（b）伯氏矢量为零的位错交点

（1）一条位错线只有一个伯氏矢量。一条位错线，不管其形状如何，其 $\boldsymbol{b}$ 矢量是唯一确定的，当位错在晶体中运动或改变方向时，其 $\boldsymbol{b}$ 矢量不变。

（2）如果几条位错线在晶体内部相交（交点称为节点），则其中任一位错的伯氏矢量，等于其他各位错的伯氏矢量之和。或者说指向节点的各位错的伯氏矢量之和，必然等于离开节点的各位错的伯氏矢量之和，见图 3-24(a)，即 $\sum \boldsymbol{b}_i=\sum \boldsymbol{b}_i'$。也可以说，相交于一点的各位错，同时指向节点或同时离开节点时［图 3-24(b)］，各位错的伯氏矢量之和为零，即 $\sum b_i=0$。

在图 3-24(a) 中，围绕伯氏矢量为 $\boldsymbol{b}_2$、$\boldsymbol{b}_3$ 的两位错，作一个大的伯氏回路。如果由此回路所得的伯氏矢量为 $\boldsymbol{b}$，则 $\boldsymbol{b}$ 应是两条位错线的畸变的总和，即 $\boldsymbol{b}=\boldsymbol{b}_2+\boldsymbol{b}_3$。将此回路向左以晶格间距位移，直到包含伯氏矢量为 $\boldsymbol{b}_1$ 的位错线，若沿途没有与其他位错相遇，则应有 $\boldsymbol{b}=\boldsymbol{b}_1$。于是有 $\boldsymbol{b}_1=\boldsymbol{b}_2+\boldsymbol{b}_3$，即 $\boldsymbol{b}_1-(\boldsymbol{b}_2+\boldsymbol{b}_3)=0$。若 $\boldsymbol{b}_2$、$\boldsymbol{b}_3$ 也指向节点时，$\boldsymbol{b}_1+\boldsymbol{b}_2+\boldsymbol{b}_3=0$。

3.5.3.3 位错线的连续性及位错密度

（1）位错线的连续性　位错线不可能中断于晶体内部。在晶体内部，位错线要么自成环状回路，要么与其他位错相交于节点，要么穿过晶体终止于晶界或晶体表面。此性质称为位错线的连续性。

（2）位错密度　位错密度是衡量晶体中位错的多少、单晶质量的好坏、晶体变形性大小的一个物理量。定义单位体积内位错线的总长度为位错密度 ρ（单位为 cm^{-2}），即：

$$\rho=\frac{L}{V} \tag{3-61}$$

式中 L——位错线总长度；

V——晶体体积。

若位错线是直线，而且是平行地从晶体一面到另一面，则位错密度等于垂直于位错线的单位截面积中穿过的位错线的数目，即：

$$\rho=\frac{nl}{Sl}=\frac{n}{S} \tag{3-62}$$

式中 l——晶体长度；

n——位错线数目；

S——晶体截面积。

式 (3-62) 说明，位错密度可以用单位截面上的位错线露头数目表示。晶体中的位错密度可以通过透射电镜、X 射线、金相显微镜或其他方法测量，如用光学显微镜观察晶体位错的腐蚀坑数目，再除以视场的面积，就可以求出位错的密度。一般单晶生产中，位错密度在 $10^3\sim10^4cm^{-2}$ 以下，较差的达 $10^8\sim10^9cm^{-2}$；一般退火金属晶体中位错密度为 $10^4\sim10^8cm^{-2}$ 数量级，经剧烈冷加工的金属晶体中，位错密度为 $10^{12}\sim10^{14}cm^{-2}$。

3.5.4 位错的弹性应变能

3.5.4.1 位错的弹性应变能

以上我们把位错看成是一种线缺陷，认为仅仅是位错线附近有原子错排，而远离位错线

处晶体恢复正常排列。但事实上，除了位错附近的严重原子错排外，还存在长程的弹性畸变，这种弹性畸变必然在位错周围存在一个应力场以及由此而产生的应变能。位错应变能包括两部分：①位错核心能，在位错核心几个原子间距 $r_0=2|\boldsymbol{b}|=2b$ 以内的区域，滑移面两侧原子间的错排能即相当于位错核心能，通过电子论推算，错排能仅占位错能的 1/10；②弹性应变能，在位错核心区以外，长程应力场作用范围所具有的能量，约占位错能的 9/10。这里主要讨论位错的弹性应变能。

位错附近的弹性应变能通常采用连续弹性介质模型来定量描述。连续弹性介质模型对晶体做了如下假设：①完全服从虎克定律，即不存在塑性变形；②是各向同性的；③是连续介质，不存在结构间隙，即忽略晶体中的点阵结构原子的不连续性；④排除位错中心区几个原子间距内由于严重原子错排而使弹性理论失效的部分。虽然这种假设与实际晶体并不完全相符，但由这种简化模型建立的弹性力学函数，除了对位错中心存在严重畸变区域因其变形大、超出弹性范围而不适应外，对大部分存在弹性变形的点阵区域都是适应的。

由于位错中心处原子位移太大，线弹性理论已不适应，则不能采取连续介质模型，而需要借助于点阵模型，如派-纳（Peierls-Nabarro）模型直接考虑晶体结构和原子间的相互作用。

下面说明螺位错的弹性应变能的计算。螺位错的连续弹性介质模型为：设想有一个中间挖空的单位长度的圆柱体，沿 Z 轴方向剖开，施加切应力使柱体沿 Z 轴产生相对位移 b（相当于螺位错的伯氏矢量 $\boldsymbol{b}$），然后再把剖面胶合起来，如图 3-25 所示。经过这样变形以后，在距离柱心 r 处的切应变为：

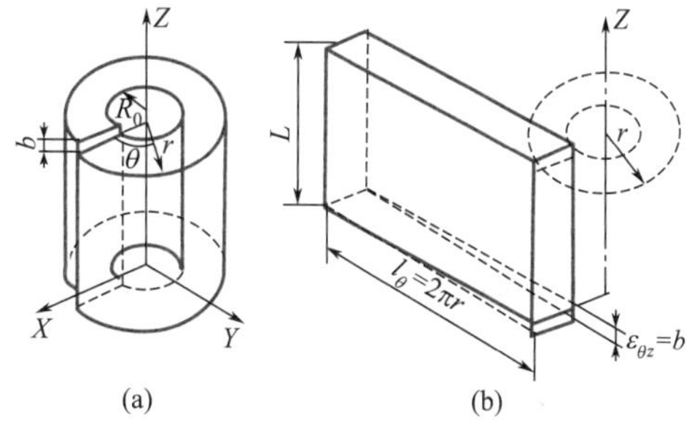

图 3-25 螺位错的连续介质模型及距离中心 r 处的体积元的展开图

(a) 连续介质模型；(b) 体积元的展开图

$$\varepsilon_{\theta z}=\frac{b}{2\pi r} \tag{3-63}$$

式中 下标 θ——垂直于切变平面的方向；

下标 z——切变平行方向。

在弹性范围内按虎克定律，其切变应力为：

$$\tau_{\theta z}=G\varepsilon_{\theta z}=\frac{Gb}{2\pi r} \tag{3-64}$$

式中 G——切变弹性模量。

单位体积的弹性应变能 E_V 为：

$$E_V=\frac{1}{2}\varepsilon_{\theta z}\tau_{\theta z}=\frac{1}{2}\times\frac{Gb}{2\pi r}\times\frac{b}{2\pi r}=\frac{Gb^2}{8\pi^2 r^2} \tag{3-65}$$

在半径为 r 处，取厚度为 dr 的薄壁圆筒体，所具有的单位长度弹性应变能 E_l 为：

$$E_l=2\pi r\,\mathrm{d}r\,\frac{1}{2}\varepsilon_{\theta z}\tau_{\theta z} \tag{3-66}$$

故整个空心圆柱体，单位长度的位错弹性应变能 $E_{螺}$ 为：

$$E_{螺}=\int_{r_0}^{R}E_l=\int_{r_0}^{R}2\pi r\frac{Gb^2}{8\pi^2 r^2}\mathrm{d}r=\frac{Gb^2}{4\pi}\int_{r_0}^{R}\frac{\mathrm{d}r}{r}=\frac{Gb^2}{4\pi}\ln\frac{R}{r_0} \tag{3-67}$$

式中 R——圆柱体半径；

r_0——位错核心区的半径。

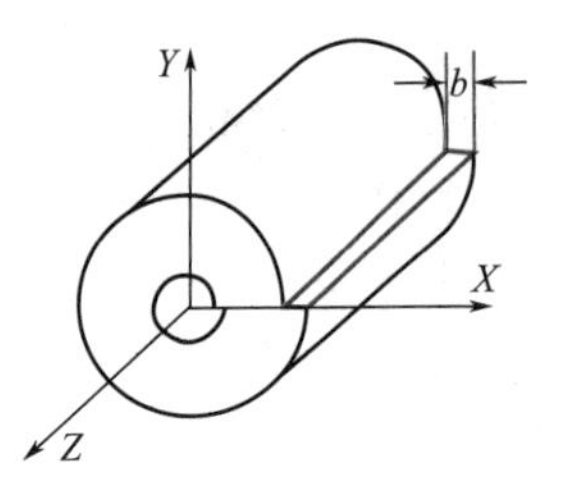

图 3-26　刃位错的连续介质模型

刃位错的连续弹性介质模型为：把弹性空心圆柱体切开，将切面两侧相对移动距离 b 后再胶合起来，如图 3-26 所示。其弹性应变能 $E_{刃}$ 为：

$$E_{刃}=\frac{Gb^2}{4\pi(1-\nu)}\ln\frac{R}{r_0} \tag{3-68}$$

式中　ν——泊松比。

由于混合位错可以分解成螺位错和刃位错，相应的伯氏矢量的分量分别为 $\boldsymbol{b}\cos\varphi$ 和 $\boldsymbol{b}\sin\varphi$，将它们代入各自的应变能公式并叠加起来得：

$$E_{混}=\frac{Gb^2\cos^2\varphi}{4\pi}\ln\frac{R}{r_0}+\frac{Gb^2\sin^2\varphi}{4\pi(1-\nu)}\ln\frac{R}{r_0}=\frac{Gb^2}{4\pi K}\ln\frac{R}{r_0} \tag{3-69}$$

式中，$\frac{1}{K}=\frac{\sin^2\varphi}{1-\nu}+\cos^2\varphi$，$K$ 表示混合位错分解时的角度因素，其值为从 1 至 0.75，即从螺位错时 $K=1$，至刃位错时 $K=1-\nu$。

在计算中，常对 r_0、R 取近似的估计值。r_0 是位错核心区半径，近似为（1～2）b。R 是位错应力场最大作用范围半径，在实际晶体中，它是个有限量。因为晶体中同时存在着很多位错，异号位错应力场相接触后可以互相抵消，因此，一个位错应力场最大作用范围半径应为位错间平均距离的一半。例如，退火晶体的位错密度范围为 $10^6\sim10^8\text{cm}^{-2}$，则 $R=10^{-4}\text{cm}$。

由上述分析可以得出如下结论：①位错的应变能包括两部分，即 $E_{tot}=E_{core}+E_{el}$，位错的弹性应变能 $E_{el}\propto\ln R$，即随 R 缓慢地增加，所以位错具有长程应力场，位错核心能 E_{core} 小于总能量的 1/10，故常可忽略；②位错的能量是以单位长度的能量来定义的，故两点间直线位错比弯曲位错具有更低的能量，即直线位错更稳定；③不论哪种类型的位错，其弹性应变能都可进一步简化为一个简单的函数式：$E=aGb^2$。其中系数 a 由位错的类型、密度（R 值）决定，其值的范围为 0.5～1.0。此式更直观地反映出单位长度位错线的弹性应变能正比于 b^2 的特点，由此表明 b 的大小是分析判断位错稳定性的一个重要依据。b 越小，能量越低，位错则越稳定。因而晶体中位错的伯格斯矢量应尽量地小，常为晶体中最短或次短点阵的平移矢量，如简单立方晶体中为〈100〉，面心立方中为 $\frac{1}{2}$〈110〉等，由此可以理解滑移方向总是原子的密排方向。

值得注意的是，刃位错比螺位错具有更大的应变能。由于位错线周围有应变场存在，所以在透射电镜下有线状衬度产生，可观察到位错网，这种位错网在高温烧结的陶瓷中经常见到。

3.5.4.2　位错的线张力

位错的总能量正比于位错线的长度，因而位错将尽可能地缩短其长度以减小弹性应变能，使之处于较稳定状态。因此环状位错将倾向于缩小其所包围面积而最后消失，其他形状的位错将尽可能地变成一条直线。这种倾向和液体有尽可能缩小其表面积的倾向十分相似，在液体中是由于表面张力的存在，类似地沿位错线应有线张力存在。线张力的数值就和单位长度位错线的能量相等。

由于线张力的存在，在晶体生长过程中位错的延伸将自发地垂直界面进行，所以有些晶体生长过程中，为了排除位错采取凸界面生长来达到目的。

3.5.4.3　位错蚀坑

由于位错附近有较高的应变能，如果存在适当的侵蚀剂和侵蚀条件，则靠近晶体表面的这部分能量较高的区域就被优先侵蚀而形成蚀坑。对位错蚀坑在显微镜下进行观察，可以得到关于晶体中位错数量和位错行为的许多资料。这对于提高晶体质量以及位错如何影响晶体性质的研究很有作用。

3.5.5 位错的运动

晶体在外力作用下变形的过程，可以说是位错滑移区不断扩大的过程。这个过程是通过位错线的相应运动完成的。位错运动包括位错的滑移和位错的攀移（爬移）。

3.5.5.1 位错的滑移

滑移是位错运动的主要方式。位错滑移是指在外力作用下，位错线在其滑移面（即位错线和伯氏矢量 $\boldsymbol{b}$ 构成的晶面）上的运动，结果导致晶体永久变形。位错在滑移面上滑动引起滑移面上下的晶体发生相对运动，而晶体本身不发生体积变化，称为保守运动。

位错的滑移是通过位错线上的原子在外力作用下发生移动实现的。位错周围晶格畸变大，原子偏离平衡位置，在外力作用下很容易发生移动，这一性质称为位错的易动性。

刃位错在外力作用下的滑移如图 3-27 所示。对含刃位错的晶体加切应力，切应力方向平行于伯氏矢量，位错周围原子只要移动很小距离，就使位错由位置“1”移动到位置“2”，如图 3-27(a) 所示。当位错运动到晶体表面，整个上半部晶体相对下半部移动了一个伯氏矢量，晶体表面产生高度为 $\boldsymbol{b}$ 的台阶，如图 3-27(b) 所示。刃位错的伯氏矢量 $\boldsymbol{b}$ 与位错线互相垂直，故滑移面为 $\boldsymbol{b}$ 与位错线决定的平面，它是唯一确定的。由图 3-27，刃位错移动的方向与 $\boldsymbol{b}$ 方向一致，与位错线垂直。

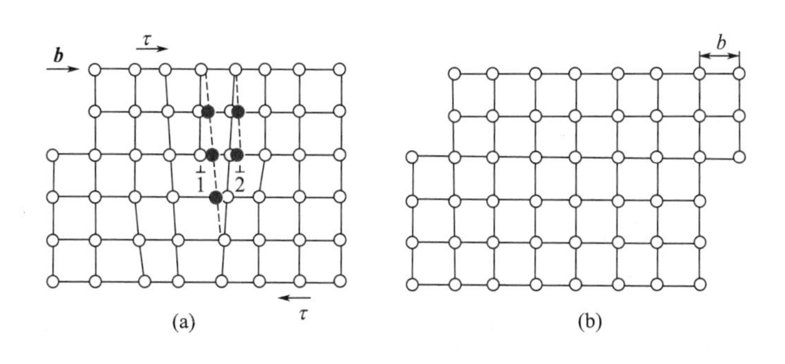

图 3-27 刃位错的滑移

螺位错在外力作用下的滑移如图 3-28 所示。在切应力 τ 作用下，原子从虚线位置向左移动到实线位置，位错线从 ab 移动到 $a'b'$，完成了一步滑移，滑移台阶（阴影部分）亦向左扩大了一个原子间距。螺位错不断运动，位错线不断向左移动，滑移台阶不断向左扩大。当位错运动到晶体表面，晶体的上下两部分相对滑移了一个伯氏矢量，其滑移结果与刃位错完全一样。所不同的是螺位错的移动方向与 $\boldsymbol{b}$ 垂直。此外，因螺位错 $\boldsymbol{b}$ 与位错线平行，故通过位错线并包含 $\boldsymbol{b}$ 的所有晶面都可能成为它的滑移面。当螺位错在原滑移面运动受阻时，可转移到与之相交的另一个滑移面上去，这样的过程称为交叉滑移，简称交滑移。

混合位错沿滑移面移动的情况，如图 3-29 所示。沿伯氏矢量 $\boldsymbol{b}$ 方向作用一切应力 τ，位错环将不断扩张，最终跑出晶体，使晶体沿滑移面相对滑移了 $\boldsymbol{b}$，如图 3-29(b) 所示。

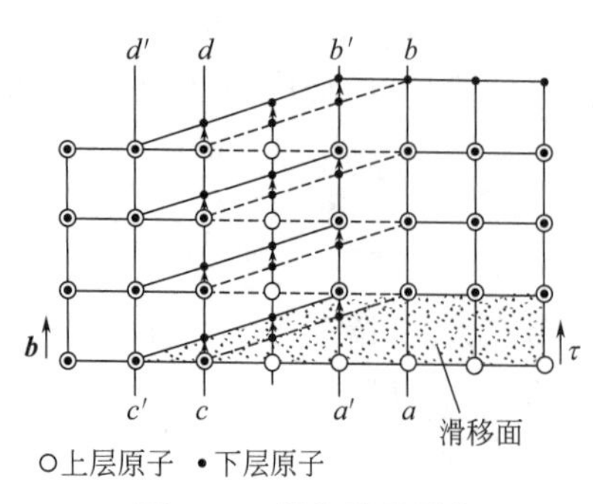

图 3-28 螺位错的滑移

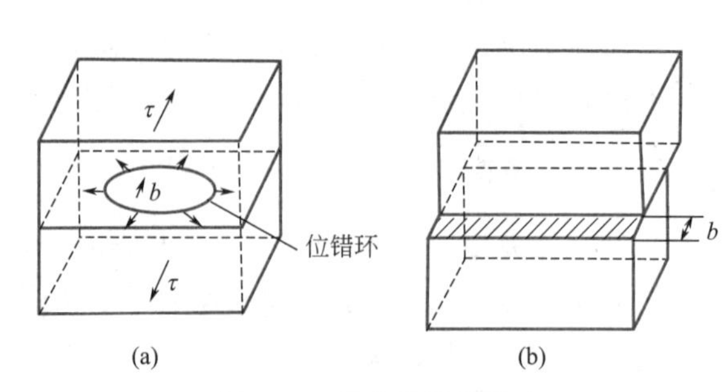

图 3-29 混合位错的滑移

由此例看出，不论位错如何移动，晶体的滑移总是沿伯氏矢量相对滑移，所以晶体滑移方向就是位错的伯氏矢量方向。

实际晶体中，位错的滑移要遇到多种阻力，其中最基本的固有阻力是晶格阻力——派-纳力（Peierls-Nabarro）。当伯氏矢量为 $\boldsymbol{b}$ 的位错在晶体中移动时，将由某一个对称位置［图 3-27(a) 中 1 位置］移动到图中 2 位置。在对称位置，位错处在平衡状态，能量较低。而在对称位置之间，能量增高，形成势垒，造成位错移动的阻力。因此位错移动时，需要一个力克服晶格阻力，越过势垒，此力称为派-纳力。派尔斯（Peierls）和纳巴罗（Nabarro）计算了单位长度位错线的晶格阻力，结果可表示如下：

$$\sigma_{\text{P-N}}=\frac{2G}{1-\nu}\exp\left[-\frac{2\pi d}{(1-\nu)b}\right] \tag{3-70}$$

式中 G——剪切（切变）模量；

ν——泊松比；

d——晶面间距；

b——滑移方向上原子间距。

派-纳力本质上就是晶体开始滑移的临界分切应力（或实际强度），尽管二者在数值上会有差异。根据式（3-70）估计，当 $d=b$ 时，若 $\nu=0.3\sim0.35$，则 $\sigma_{\text{P-N}}\approx10^{-4}G$，远低于理论切变强度（$\sigma\approx G/30$），而与实测值接近，说明位错滑移是容易进行的。

由式（3-70）可知，d 最大，b 最小，即$\dfrac{b}{d}$值最小时，$\tau_{\text{P-N}}$ 最小，故滑移面应是晶面间距最大的最密排面，滑移方向应是原子最密排方向，此方向 $\boldsymbol{b}$ 一定最小，此称为滑移系最小准则。

除了点阵阻力以外，晶体中各种缺陷，如点缺陷、其他位错、晶界和第二相质点等，对位错运动也会产生阻力。提高金属抵抗塑性变形的能力，就是以合理地利用这些因素给位错运动设置障碍作为主要手段。

需要指出的是，按$\dfrac{b}{d}$最小准则，$\dfrac{b}{d}$值最小的滑移系首先被选择，在金属材料中这种倾向很明显，多数情况下其滑移系为密排面上的密排方向。但在陶瓷中并不一定符合这个规律。因为在陶瓷中阳离子与阳离子之间有排斥力，会给位错运动带来额外的约束力。例如在具有 NaCl 结构的 MgO 中，同种离子之间最短的矢量为〈110〉，该方向即为伯格斯矢量方向。在晶体的〈110〉方向上产生位移在｛100｝、｛110｝及｛111｝等面上都可以实现，但在这三个面上的〈110〉方向上位错滑移的$\dfrac{b}{d}$值都不同，该值按｛100｝<｛110｝<｛111｝的顺序依次增大。

如果按$\frac{b}{d}$最小准则，则应选择{100}〈011〉滑移系。而实际上产生滑移的滑移系为{110}〈110〉，这是由于前者在滑移时阳离子之间要相互接近，而后者则不需要。由此可知，陶瓷中位错滑移时由于阳离子之间不能相互接近，因此滑移系不符合最小准则，这是陶瓷材料难以产生塑性变形的原因。

陶瓷难以变形还有另一个原因。MgO 单晶在室温就可以产生滑移变形，但多晶体在室温下却极脆，不能变形。这是因为 MgO 的滑移系数量少的缘故。多晶体要产生变形而不破坏，至少要有 5 个以上独立的滑移系开动，称为 Von Mises 条件。一般陶瓷晶体结构都较复杂，因而独立滑移系少，这也是陶瓷材料难以产生塑性变形的原因所在。

3.5.5.2 位错的攀移

位错攀移是指在热缺陷或外力作用下，位错线在垂直其滑移面方向上的运动，结果导致晶体中空位或间隙质点的增殖或减少。

刃位错除了滑移外，还可进行攀移运动。攀移的实质是多余半原子面的伸长或缩短。螺位错没有多余半原子面，故无攀移运动。图 3-30 示意出刃位错的攀移情况。位错攀移是靠原子或空位的转移来实现的。当原子从多余半原子面下端转移到别处去，或空位从别处转移到半原子面下端时，位错线便向上攀移，即正攀移，如图 3-30(a) 所示；反之，当原子从别处转移到多余半原子面下端，或空位从这里转移到别处去时，位错线就向下攀移，即负攀移，如图 3-30(c) 所示。攀移矢量大小等于滑移面的面间距。

攀移与滑移不同，攀移时伴随物质的迁移，需要空位的扩散，需要热激活，比滑移需更大能量。则位错攀移在低温下是难以进行的，只有在高温下才能发生。攀移通常会引起体积的变化，故属非保守运动。此外，作用于攀移面的正应力有助于位错的攀移，由图 3-30(a) 可见压应力将促进正攀移，拉应力可促进负攀移。晶体中过饱和空位也有利于攀移。

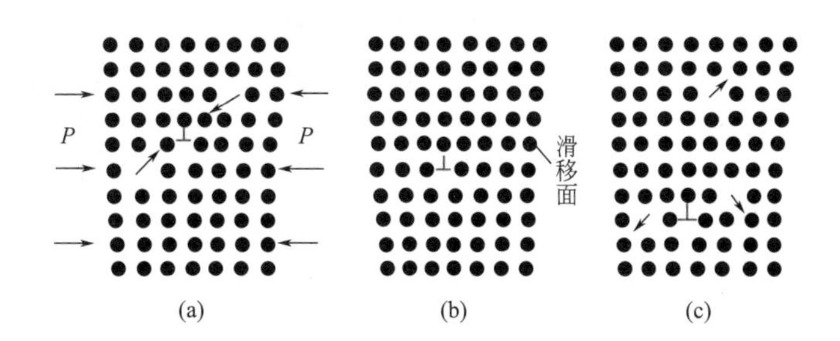

图 3-30 刃位错的攀移

(a) 正攀移；(b) 原始位置；(c) 负攀移

由于位错攀移需要物质的扩散，因此，不可能整条位错线同时攀移，只能一段一段（或者一个、几个原子）地逐段进行。这样，位错线在攀移过程中就会变成折线，出现割阶（$C'C$），如图 3-31 所示。图中刃位错 AB 的一段 AC，从滑移面 1 向上攀移到滑移面 2 上，使位错线变成了折线 $A'C'CB$。随着攀移的进行，$C'C$ 沿着位错线逐渐向 $B'B$ 运动，直到它移过整条位错线时，位错线 AB 才完成一个矢量的攀移，到达 $A'B'$。

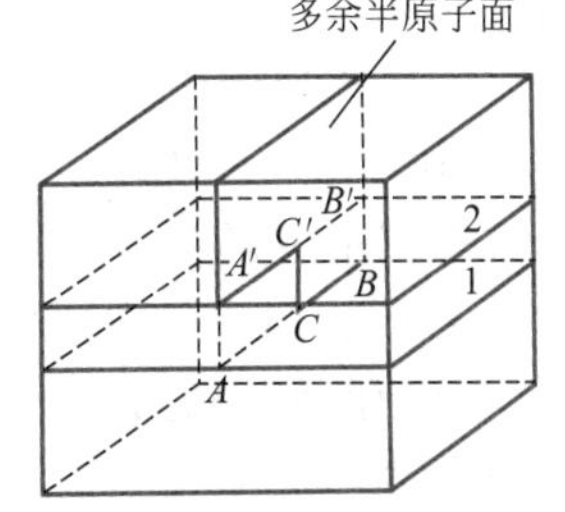

图 3-31 刃位错台阶式攀移

3.5.5.3 位错的增殖

晶体的宏观塑性变形，必须有大量的位错扫过晶体，同时塑性变形后的晶体内位错密度有大幅度增加。这都表明位错不仅能运动，而且能增殖。

弗兰克（Frank）和瑞德（Read）提出了一种滑移位错增殖的机制。如图 3-32 所示，滑移面内两端点被钉扎的位错 AB，在切应力作用下滑移面发生弯曲，在足够大的切应力作用下依次扩张成如图 3-32(b)、(c)、(d)、(e)、(f)、(g) 所示的形状。若切应力不停止，可不断重复上述过程而连续发出一个个的位错环。

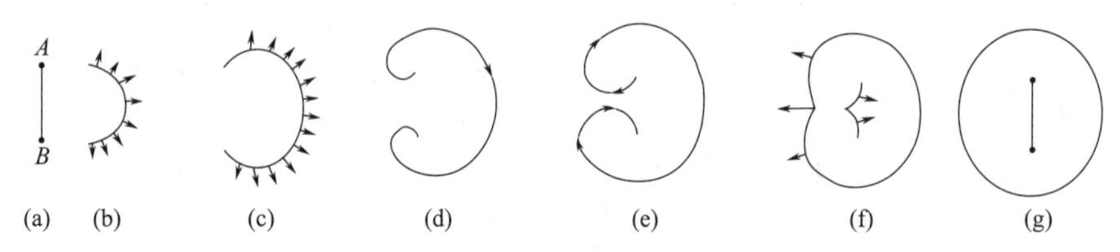

图 3-32 滑移位错增殖示意图

3.6 面缺陷

面缺陷（surface defects）是将固体材料分成若干区域的边界，每个区域内具有相同的晶体结构，区域之间有不同的取向，如表面、晶界、层错、孪晶界面、相界面等，它们对塑性变形与断裂，固态相变，材料的物理、化学和力学性能有显著影响。

3.6.1 表面

晶体表面结构与晶体内部不同。由于表面是原子排列的终止面，另一侧无固体中原子的键合，其配位数少于晶体内部，导致表面原子偏离正常位置，并影响了邻近的几层原子，造成点阵畸变，使其能量高于晶内。晶体表面单位面积能量的增加称为比表面能，简称表面能，在因次上与表面张力相同，但物理含义和数值上与表面张力不等。由于表面能来源于形成表面时破坏的结合键，不同的晶面为外表面时，所破坏的结合键数目不等，故表面能具有各向异性。一般外表面通常是表面能低的密排面，如对于体心立方 {100} 表面能最低，对于面心立方 {111} 表面能最低。杂质的吸附会显著改变表面能，所以外表面会吸附外来杂质，与之形成各种化学键，其中物理吸附是依靠分子键，化学吸附是依靠离子键或共价键。关于固体材料表面的结构与性质将在第 5 章详细叙述。

3.6.2 晶界

多晶体由许多晶粒组成，每个晶粒是一个小单晶，单晶结构相同，但相邻晶粒的取向不同。这种结构相同而取向不同晶粒之间相互接触的交界面称为晶粒间界，简称晶界（grain boundary），如图 3-33 所示。晶界的结构和性质与相邻晶粒的取向差有关，当取向差 θ 小于 10°～15°时，称为小角度晶界（small angle grain boundary）；当 θ 大于 10°～15°时，称为大角度晶界（large angle grain boundary）。多晶体中，每个晶粒内部原子排列也并非十分整齐，会出现取向差极小的亚结构（亚晶粒），亚结构之间的交界为亚晶界，其 θ 通常为 1°～5°，如图 3-34 所示。

根据形成晶界时的操作不同，小角度晶界又分为倾斜晶界（tilt boundary）和扭转晶界（twist boundary），如图 3-35 所示。一个晶粒相对于另一个晶粒以平行于晶界的某轴线旋转一定角度所形成的晶界称为倾斜晶界，以垂直于晶界的某轴线旋转一定角度而形成的晶界称为扭转晶界。

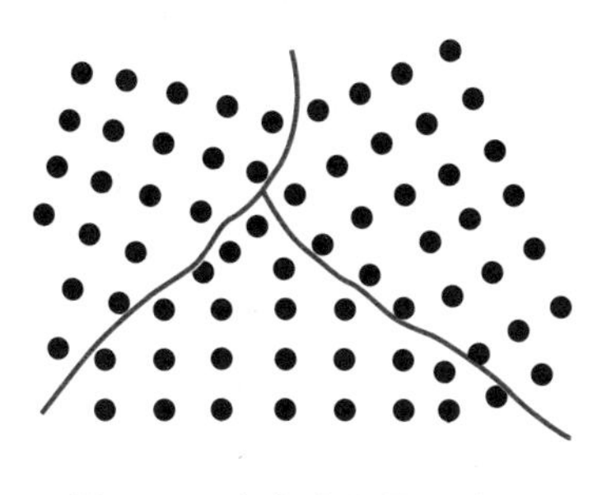

图 3-33 大角度晶界示意图

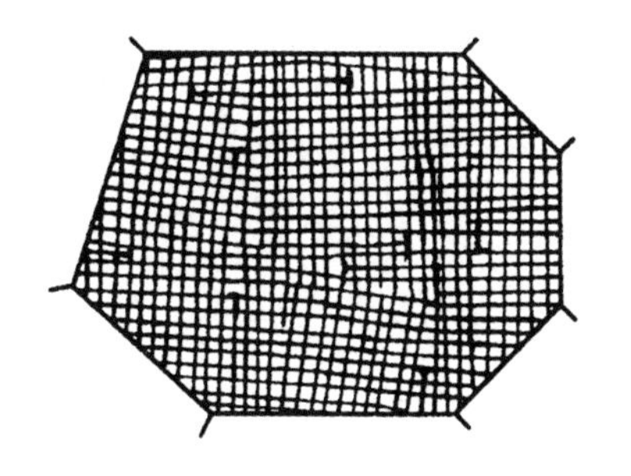

图 3-34 亚结构与亚晶界

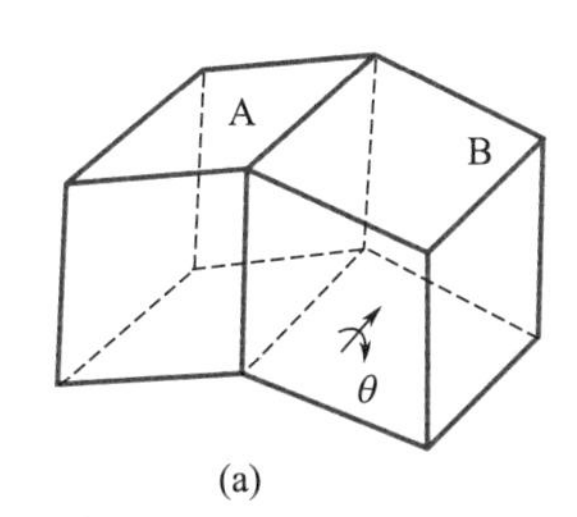

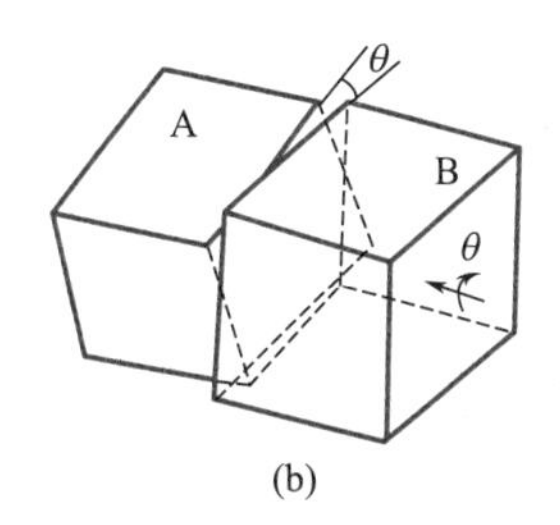

图 3-35 倾斜晶界与扭转晶界示意图

(a) 倾斜晶界；(b) 扭转晶界

多晶材料中常存在大角度晶界，但晶粒内部的亚晶粒之间则是小角度晶界。晶界处原子排列紊乱，使能量增高，即产生晶界能，使晶界性质有别于晶内。

3.6.2.1 小角度晶界

(1) 对称倾斜晶界 最简单的小角度晶界是对称倾斜晶界（symmetrical tilt boundary）。图 3-36 是简单立方结构晶体中界面为（100）面的倾斜晶界在（001）面上的投影，其两侧晶体的位向差为 θ，相当于相邻晶粒绕［001］轴反向各自旋转 $\theta/2$ 而成。这时晶界只有一个参数 θ。其几何特征是相邻两晶粒相对于晶界作旋转，转轴在晶界内并与位错线平行。为了填补相邻两个晶粒取向之间的偏差，使原子的排列尽可能接近原来的完整晶格，每隔几行

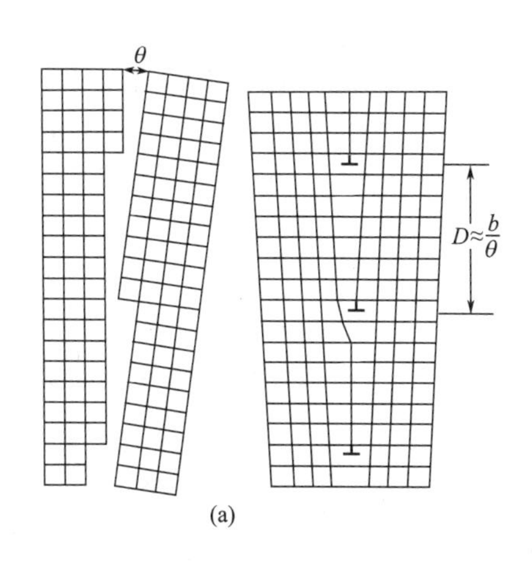

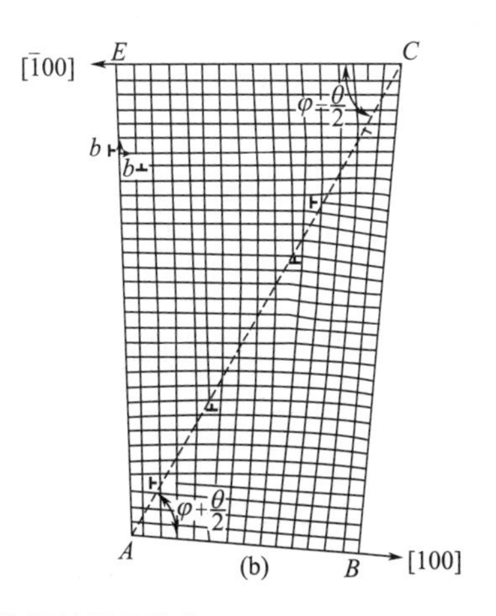

图 3-36 简单立方晶体中的倾斜晶界结构

(a) 对称倾斜晶界；(b) 不对称倾斜晶界

就插入一片原子。因此，这种晶界的结构是由一系列平行等距离排列的同号刃位错所构成。位错间距离 D、伯氏矢量 b 与取向差 θ 之间满足关系式：

$$\sin\frac{\theta}{2}=\frac{\frac{b}{2}}{D},\ D=\frac{b}{2\sin\frac{\theta}{2}}\approx\frac{b}{\theta} \tag{3-71}$$

由上式知，当 θ 小时，位错间距较大，若 $b=0.25\text{nm}$，$\theta=1°$，则 $D=14\text{nm}$；若 $\theta>10°$，则位错间距太近，位错模型不再适应。

在高温下生长或充分退火的晶体中常存在着倾斜晶界，倾斜晶界是位错滑移和攀移运动所形成的一种平衡组态。在其形成过程中，由于位错的长程应力场相互抵消，是一个能量降低过程，因此倾斜晶界形成后很难消除。由于倾斜晶界的界面能比一般的晶界低，因此，倾斜晶界即小角度晶界就不能有效地阻止位错的滑移。因而对晶体的力学性质和光学性质有较大影响。要消除晶体中的小角度晶界，工艺上必须控制位错的形成。

（2）不对称倾斜晶界　如果倾斜晶界的界面不是（100）面，而是绕［001］轴旋转角度 φ 的任意面，如图 3-36(b) 所示，这时相邻两晶粒的取向差仍是很小的 θ 角，但界面两侧晶粒是不对称的，称为不对称倾斜晶界。界面与左侧晶粒的［$\bar{1}$00］轴向夹角为 $\varphi-\theta/2$，与右侧晶粒的［100］成 $\varphi+\theta/2$，因此要由 φ、θ 两个参数来规定。此时晶界的结构由两组相互垂直的刃位错所组成。沿界面 AC 单位距离中两种位错的数目分别为：

$$\rho_v\approx\frac{\theta}{b_v}\sin\varphi,\rho_h\approx\frac{\theta}{b_h}\cos\varphi \tag{3-72}$$

式中　ρ_v，ρ_h——垂直及水平方向的位错"⊥"和"⊣"的数目；

b_v，b_h——垂直和水平方向的伯氏矢量。

则两组位错各自的间距（ρ 的倒数）分别为：

$$D_v=\frac{1}{\rho_v}=\frac{b_v}{\theta\sin\varphi},\ D_h=\frac{1}{\rho_h}=\frac{b_h}{\theta\cos\varphi} \tag{3-73}$$

（3）扭转晶界　如果晶粒 B 绕垂直于界面的旋转轴相对于晶粒 A 旋转 θ 角，便形成扭转晶界［图 3-35(b)］，此时晶界只有一个参数 θ。简单立方晶粒之间的扭转晶界如图 3-37 所示。图中（001）晶面是共同的晶面，这种晶界是由两组相互垂直的螺位错构成的网络，是一种低能量的位错组态。当晶粒在某晶面上发生扭转后，为了降低原子错排引起的能量增加，晶面内的原子会适当位移以确保尽可能多的原子恢复到平衡位置（此即结构弛豫），最后形成两组相互垂直分布的螺位错。两组螺位错相交处（即严重错排区）就是扭转晶界所在处。网络的间距 D 也满足关系式：$D=b/\theta$。

单纯的倾斜晶界和扭转晶界是小角度晶界的两种简单形式，对于一般的小角度晶界，其旋转轴和界面可以有任意的取向关系，因此可以推想它将由刃位错、螺位错或混合位错组成的二维位错网所组成。

3.6.2.2　大角度晶界

大角度晶界每个相邻晶粒的位向不同，由晶界把各晶粒分开。晶界是原子排列异常的狭窄区域，一般仅几个原子间距。晶界处某些原子过于密集的区域为压应力区，原子过于松散的区域为拉应力区。与小角度晶界相比，大角度晶界的界面能较高，大致在 $0.5\sim0.6\text{J/m}^2$，

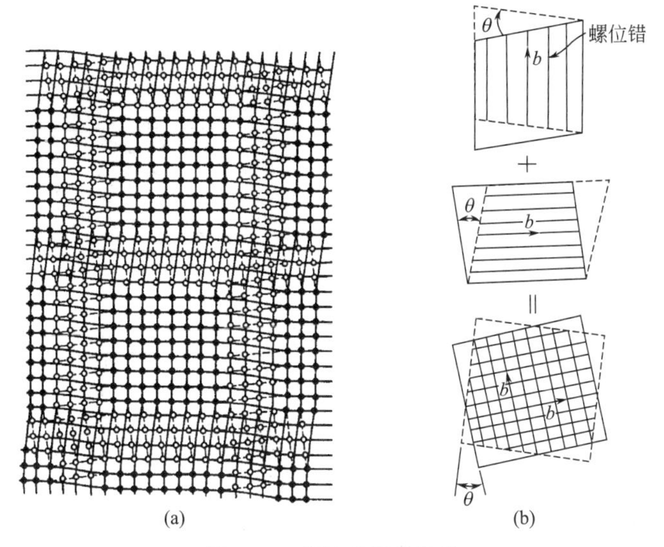

图 3-37 扭转晶界的结构

(a) 简单立方晶体扭转晶界的结构；(b) 螺位错组成的扭转晶界

与相邻晶粒取向无关。但也发现某些特殊取向的大角度晶界的界面能很低，为解释这些特殊取向的晶界的性质提出了大角度晶界的重合位置点阵（coincidence site lattice，CSL）模型。

应用场离子显微镜研究晶界，发现当相邻晶粒处在某些特殊位向时，不受晶界存在的影响，两晶粒有 $1/n$ 的原子处在重合位置，构成一个新的点阵称为 $1/n$ 重合位置点阵，$1/n$ 称为重合位置密度。表 3-5 以体心立方结构为例，给出了重要的“重合位置点阵”。图 3-38 为二维正方点阵中的两个相邻晶粒，晶粒 2 是相对晶粒 1 绕垂直于纸面的轴旋转了 37°。可发现不受晶界存在的影响，从晶粒 1 到晶粒 2，两个晶粒有 1/5 的原子是位于另一晶粒点阵的延伸位置上，即有 1/5 原子处在重合位置上。这些重合位置构成了一个比原点阵大的“重合位置点阵”。当晶界与重合位置点阵的密排面重合，或以台阶方式与重合位置点阵中几个密排面重合时，晶界上包含的重合位置多，晶界上畸变程度下降，导致晶界能下降。在图 3-39 中，大角度晶界中的一些特殊位向，具有 1/7 重合晶界和 1/5 重合晶界，其界面能明显低于普通的大角度晶界的界面能。

表 3-5 体心立方结构中的重合位置点阵

旋转轴	转动角度	重合位置	旋转轴	转动角度	重合位置
[100]	36.9°	1/5	[210]	131.8°	1/3
[110]	70.5°	1/3		180°	1/5
	38.9°	1/9		73.4°	1/7
	50.5°	1/11		96.4°	1/9
[111]	60°	1/3		48.2°	1/15
	38.2°	1/7			

尽管两晶粒间有很多位向出现重合位置点阵，但毕竟是特殊位向，为适应一般位向，人们认为在界面上，可以引入一组重合位置点阵的位错，即该晶界为重合位置点阵的小角度晶界，这样两晶粒的位向可由特殊位向向一定范围扩展。

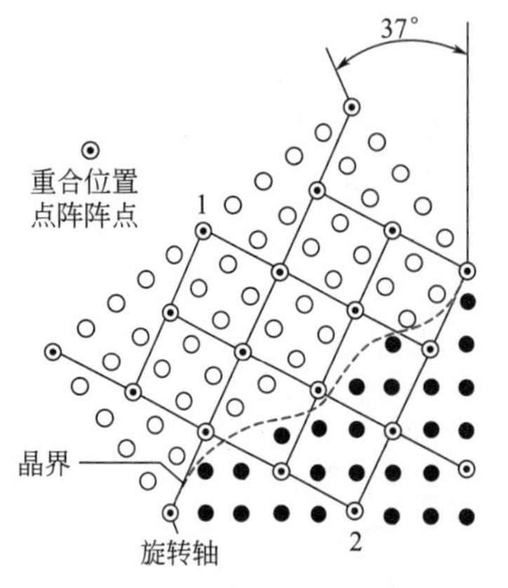

图 3-38 位向差为 37°时存在的 1/5 重合位置点阵

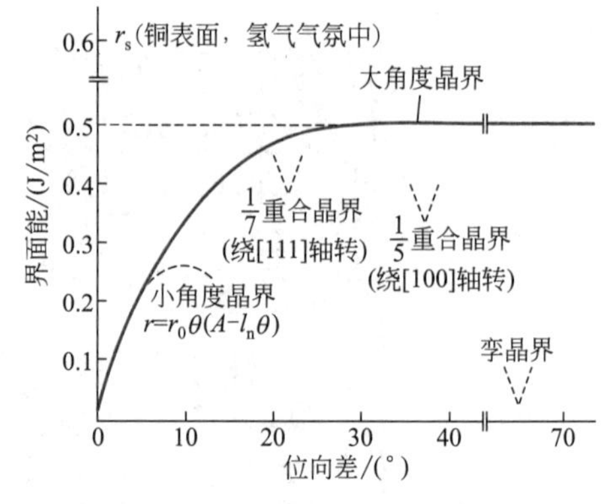

图 3-39 铜的不同类型界面的界面能

3.6.2.3 晶界能

晶界具有界面能，界面能可以由位错理论求出。在小角度范围内（$\theta<15°$），位错的应变能为位错弹性能与位错核心能之和，单位长度刃位错应变能 E_z 和螺位错应变能 E_1 分别为：

$$E_z=\frac{Gb^2}{4\pi(1-\nu)}\ln\frac{R}{r_0}+B \tag{3-74}$$

$$E_1=\frac{Gb^2}{4\pi}\ln\frac{R}{r_0}+B \tag{3-75}$$

式中 G——切变弹性模量；

R——位错弹性场区域的半径；

r_0——位错核心区的半径；

B——位错核心区的能量；

ν——泊松比。

式（3-74）、式（3-75）两式中右边第一项为位错弹性能，第二项为位错核心能。进而求得小角度晶界的界面能为：

$$E=\frac{E_z}{D} \quad 或 \quad E=\frac{E_1}{D} \tag{3-76}$$

式中 D——小角度晶界上刃位错间的距离。

即

$$D=\frac{b}{\sin\theta}\approx\frac{b}{\theta} \tag{3-77}$$

式中 b——伯氏矢量。

在大角度晶界的范围内，简单的位错模型不能解释晶界能的实验结果。因为大角度晶界相当于空位密集的区域，也相当于负电荷的薄层引起正电荷的屏蔽。这些理论尚待进一步检验。

3.6.3 堆积层错

从形式上看，任何一个晶体都可以看成是一层层原子按一定方式堆砌而成，密排面内原子间的键合较强，相邻密排面间原子的键合一般较弱。事实上，晶体的生长常是按密排面来堆垛，而晶体内部的相对滑移也是发生在密排面之间。

面心立方与密排六方结构是两种最简单的密堆积结构，前者的密排面是{111}面，后者是(0001)面。两种密排面具有相同的六方密排方式，只是六方密排面堆垛方式的不同造成了两种不同的密堆积结构。如图3-40所示，如果将第一层六方密排面的原子位置标为A，则其上可供堆垛的位置有两种，分别被标为B和C。如果只堆积一层，则两者是等价的；如果继续向上堆垛，则将有两种不同的简单堆垛方式，分别构成不同的结构类型：按ABCABCA……方式堆垛则成面心立方结构，按ABABABA……方式堆垛则成密排六方结构。如果用弗兰克(Frank)符号来表示，即以AB、BC、CA顺序堆垛时用△表示，逆顺序堆垛，即BA、CB、AC时用▽表示，则面心立方结构与密排六方结构可分别表示为△△△△△△……和△▽△▽△▽……，见图3-40(b)、(c)。堆垛方式与结构类型的对应关系就一目了然，而且不必考虑原子层堆垛时的参考原点了。

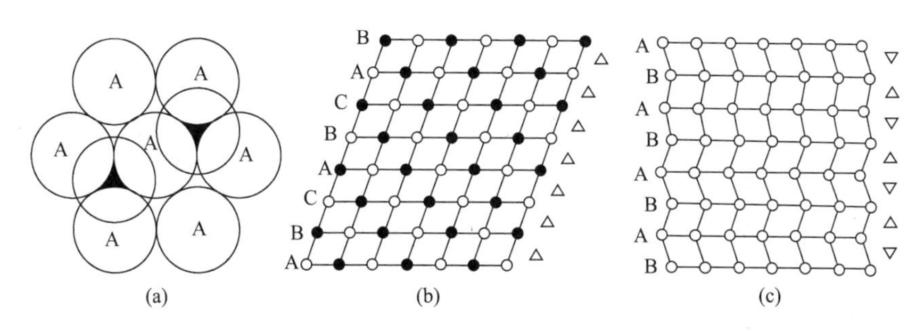

图3-40 面心立方与密排六方的堆垛方式

(a)六方密排面A上的两种等价的堆垛位置B和C；(b)面心立方结构的堆垛方式；(c)密排六方结构的堆垛方式

堆积层错(以下简称层错)，就是指正常堆垛顺序中引入不正常顺序堆垛的原子面而产生的一类面缺陷。以面心立方结构为例，当正常层序中抽走一原子层，如图3-41(a)所示，相应位置出现一个逆顺序堆垛层ABCACABC……，即△△△▽△△△……；如果正常层序中插入一原子层，如图3-41(b)所示，相应位置出现两个逆顺序堆垛层ABCACBCAB……，即△△△▽▽△△△……。前者称为抽出型(或内嵌)层错，后者称为插入型(或外嵌)层错，是层错的两种基本类型。显然，层错处的一薄层晶体由面心立方结构变为密排六方结构，同样在密排六方结构的晶体中层错处的一薄层晶体也变为面心立方结构。这种结构变化，并不改变层错处原子最近邻的关系(包括配位数、键长、键角)，只改变次近邻关系，几乎不产生畸变，所引起的畸变能很小。但是，由于层错破坏了晶体中的正常周期场，使传导电子产生反常的衍射效应，这种电子能的增加构成了层错能的主要部分，总的来说，这是相当低的。因而，层错是一种低能量的界面。

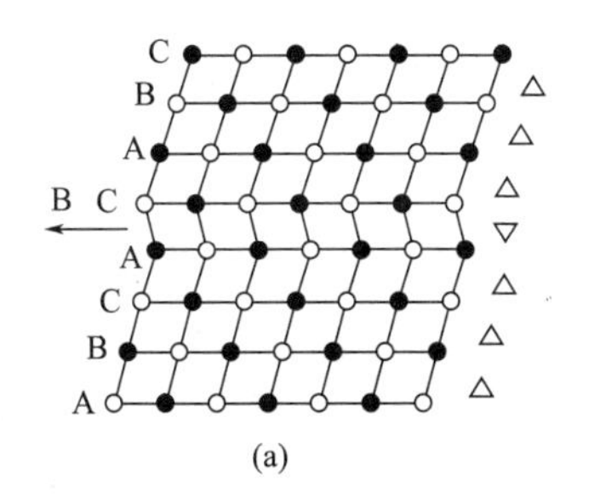

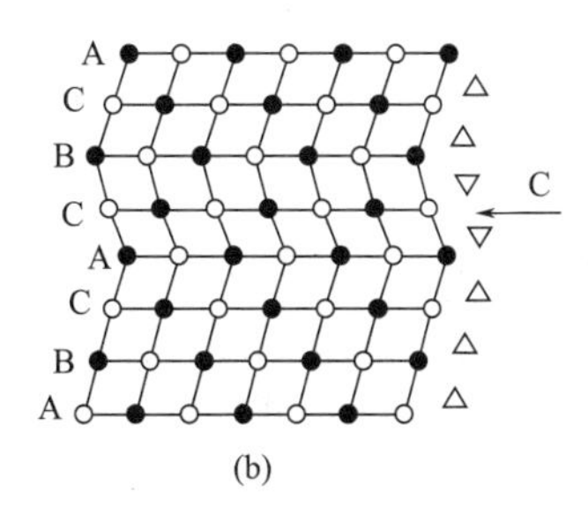

图3-41 面心立方晶体中的堆积层错

(a)抽出型层错；(b)插入型层错

3.6.4 孪晶界

关于孪晶分类方法有多种。按形成过程分类有生长孪晶、机械孪晶和退火孪晶；若按孪晶两部分结构的对称性分类，可分为反映孪晶和旋转孪晶。这里主要介绍反映孪晶。

3.6.4.1 反映孪晶

面心立方结构的晶体中的正常堆垛方式是六方密排面作△△△△△△△△……的完全顺序堆垛（或与此等价，作▽▽▽▽▽……完全逆顺序堆垛）。在正常顺序堆垛中出现一层或相继两层的逆顺序堆垛，则产生抽出型层错或插入型层错。如果从某一层起全部变为逆时针堆垛，例如△△△△▽▽▽▽……，那么这一原子面显然成为一个反映面，两侧晶体以此面成镜面对称（图 3-42）。我们说这两部分晶体成孪晶关系，由于两者具有反映关系，故称为反映孪晶，该晶面称为孪晶界面。

容易看出，沿着孪晶界面，孪晶的两部分完全密合，最近邻关系不发生任何改变，只有次近邻关系才有变化，引入的原子错排很小，这种孪晶界面称为共格孪晶界面。考察图 3-42 中的层错图像，不管是抽出型层错抑或是插入型层错，都相当于有两个紧密相邻、仅一个面间距的反映孪晶界面。如果这两个孪晶界面所引起的电子扰动和弹性畸变很小，因而可以不考虑它们的相互作用时，孪晶界面的能量约为层错能的一半。

3.6.4.2 铁电畴界

在铁电体中，我们将自发极化方向相同的区域称为铁电畴，而不同极化方向的铁电畴之间的界面称为铁电畴界。铁电体从顺电相转变到铁电相时总是伴随晶体结晶学对称性的下降。这些较低对称铁电畴之间可以通过结晶学允许的对称操作而完全重合，因而从结晶学来讲，铁电畴之间具有孪晶关系。如在 $LiNbO_3$ 晶体中沿三次轴方向反相极化的铁电畴之间，当畴界面为（0001）面时，相当于反映孪晶。而当畴界面平行于 c 轴时，相当于 180°旋转孪晶。对于像 $LiNbO_3$ 晶体中的情况，当孪晶两部分具有共同平行点阵时，则畴界面可以是透入型畴界，即孪晶界面是透入晶体内部的任意界面，见图 3-43。

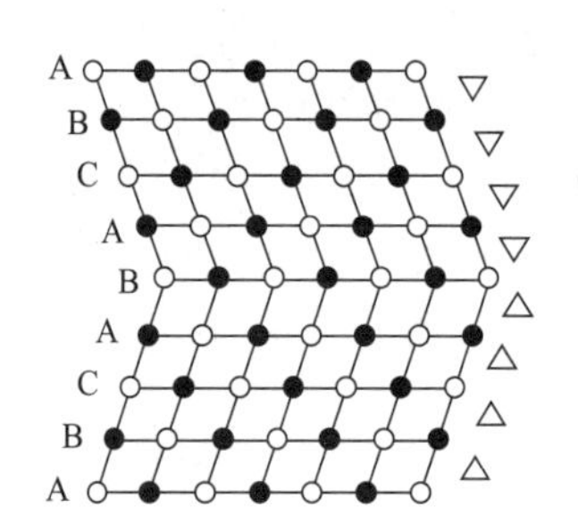

图 3-42 面心立方晶体中｛111｝面反映孪晶的〈110〉投影图

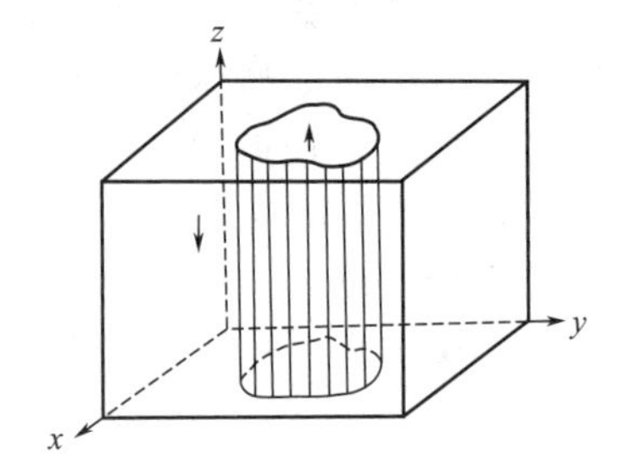

图 3-43 $LiNbO_3$ 晶体中孪晶界面

但是，铁电畴界与一般的孪晶界面之间存在一个重要区别。作为一个铁电畴，由于畴内每个单胞的电偶极矩方向都一致，铁电畴必然存在一个空间电荷分布。若极化矢量和铁电畴界法线方向相同或极化矢量的分量和铁电畴界法线方向相同，则在铁电畴界上将带有正电荷。反之，则带有负电荷。显然，当相邻铁电畴极化矢量沿畴界面的法向分量方向相反，或者方向相同但大小不等，畴界面上将有一种静电荷的分布（图 3-44），这在能量上是特别不利的。只有像图 3-44(b) 部分所示，极化矢量完全沿畴界面反平行取向，或者形成头尾相接，极化矢量沿法线方向的分量的方向相同且大小相等时畴界面才能不存在静电荷，此时能量是最低的。所以，在考虑铁电晶体中可能存在的低能量畴界面时，除了满足孪晶界面的结晶学关系外，还必须考虑其为无静电荷分布的最低能量取向。如 $LiNbO_3$ 晶体中的 180°畴界面，虽然可以取任意的与 c 轴平行的晶面，但总是择优平行于 c 轴。

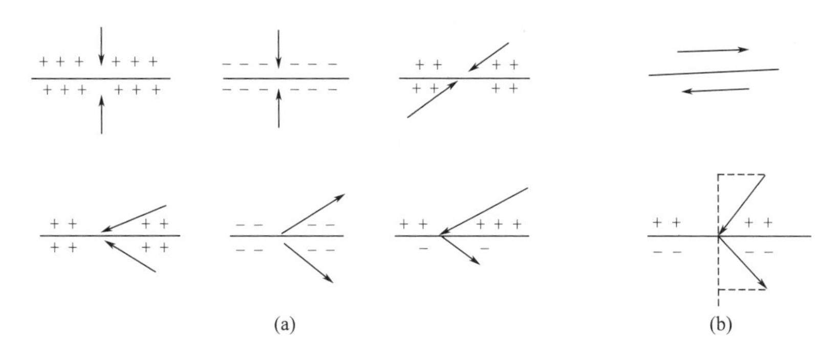

图 3-44 铁电畴上的静电荷分布

(a) 极化矢量沿畴界面法向分量方向相反，或者方向相同但大小不等；
(b) 极化矢量畴界面反平行取向，或者形成头尾相接，极化矢量沿法向分量方向相同且大小相等

铁电晶体用于制作各种固体电子学器件前，往往必须去除铁电畴和孪晶，使之单畴化。针对铁电畴界的不同情况应采取不同的单畴化技术。没有切变的铁电畴，如 $LiNbO_3$ 晶体中的 180°畴，则需加热到接近居里温度，同时加电场的方法来单畴化。与切变相联系的铁电畴，则可以通过加电场或加应力的方式进行单畴化。而纯粹的孪晶只能通过加应力的方法消除孪晶，当然施加应力的方向要视具体的晶体而定。

3.6.5 相界

如果相邻晶粒不仅取向不同，而且结构和组成也不相同，即代表不同的两个相，则其间界称为相界。由于原子（离子）间结合键的变化及结构畸变，相界同样具有特殊的界面能，可以与晶界类同看待。

相界结构有三种：共格界面、半共格界和非共格界面。三种类型的相界结构如图 3-45 所示。

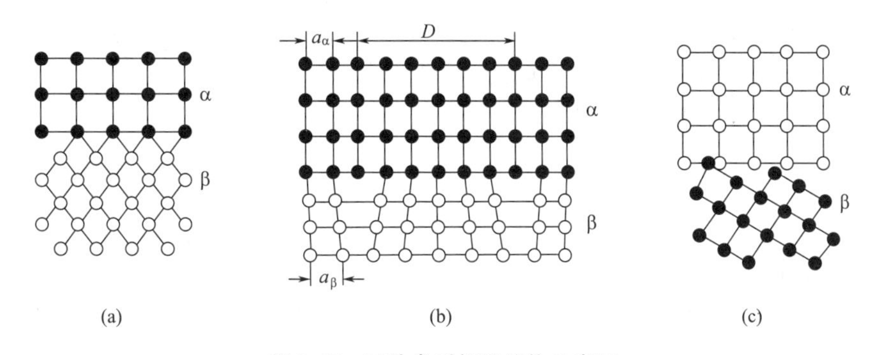

图 3-45 三种类型相界结构示意图

(a) 共格界面；(b) 半共格界面；(c) 非共格界面

若两相界面上，原子成一一对应的完全匹配，即界面上的原子同时处于两相晶格的结点上，为相邻两晶体所共有，这种相界称为共格界面，如图 3-45(a) 所示。显然此时界面两侧的两个相必须有特殊位向关系，而且原子排列、晶面间距相差不大。然而大多数情况必定产生弹性应变和应力，使界面原子达到匹配。例如，氢氧化镁受热分解成氧化镁，$Mg(OH)_2 \xrightarrow{\triangle}$

$MgO+H_2O$，就形成这样的间界，如图 3-46 所示。这种氧化物的形成方式是其中氧离子密堆平面通过类似堆积的氢氧化物的平面脱氢而直接得到，因此当在 $Mg(OH)_2$ 结构内有转变为 MgO 结构畴出现时，则阴离子面是连续的。

若两相邻晶粒晶面间距相差较大，分别为 a_α 和 a_β，界面上原子不可能完全一一对应，某些晶面没有相对应的关系，则形成半共格界面，如图 3-45(b) 所示。为了保持晶面的连续性，必须有其中的一个相或两个相发生弹性应变，或通过引入位错来达到。图 3-45(b) 所示整个界面由位错和共格区所组成，存在一定的晶格失配度，以 δ 表示，$\delta=\dfrac{a_\beta-a_\alpha}{a_\alpha}$。

当失配度 $\delta<0.05$ 时为完全共格界面；当失配度 $\delta=0.05\sim0.25$ 时为半共格界面；当失配度 $\delta>0.25$ 时，完全失去匹配能力，成为非共格界面，如图 3-45(c) 所示。

失配度 δ 是弹性应变的一个量度。由于弹性应变的存在，使系统的能量增大，系统能量与 $k\delta^2$ 成正比。k 为常数，系统能量与 δ 的关系示于图 3-47。在半共格界面结构中，最简单的看法是只有晶面间距较小的一个相（a_α）发生应变。弹性应变可以由引入半个原子晶面进入应变相而下降，这样就生成界面位错。位错的引入，使在位错线附近发生局部的晶格畸变，显然晶体的能量也增加。根据布鲁克（Brooks）的理论，这个能量 W 可用下式表示：

$$W=\frac{Gb\delta}{4\pi(1-\nu)}(A_0-\ln r_0) \tag{3-78}$$

$$A_0=1+\ln\left(\frac{b}{2\pi r_0}\right)$$

式中 δ——失配度；

b——伯氏矢量；

G——剪切模量；

ν——泊松比；

r_0——与位错线有关的一个长度。

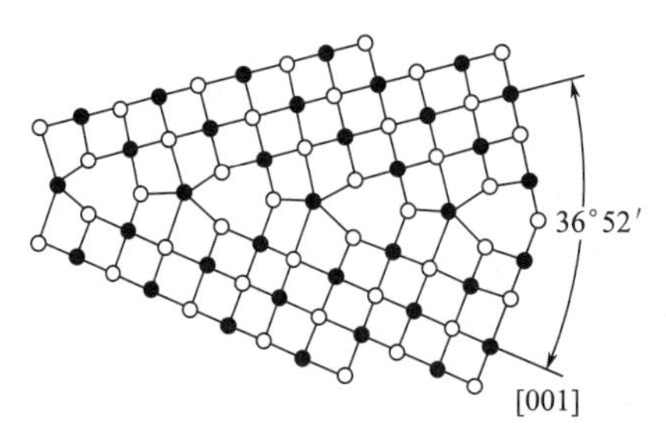

图 3-46 在 MgO（或 NaCl）中（310）孪生面形成的取向差为 36.8°的共格界面

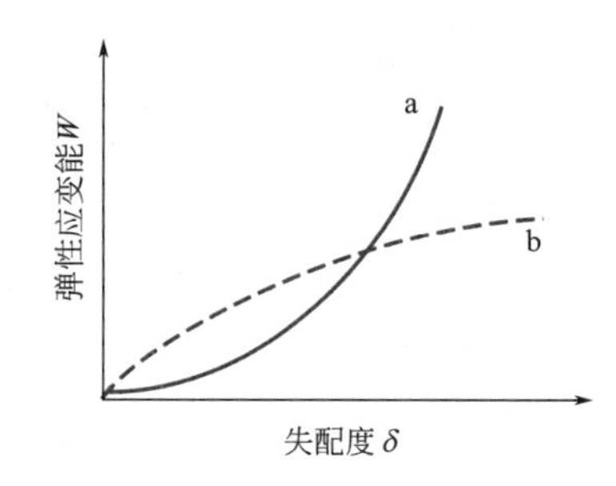

图 3-47 储藏的弹性应变能 W 与两个相邻晶相的结构失配度 δ 的函数关系

a—连贯边界；b—含有界面位错的半连贯边界

根据式（3-69）计算的晶界能与 δ 的关系如图 3-47 中 b 曲线所示。由图可见，当形成共格界面所产生的 δ 增加到一定程度（如图中 a 与 b 的交点），如再共格相连，所产生的弹性应变能将大于引入界面位错所引起的能量增加，这时以半共格晶界相连比共格在能量上更趋于稳定。

但是上述这种界面位错的数目，不能无限制地增加，在图 3-45(b) 中，晶体上部，每单位长度需要的附加半晶面数等于 $\rho=\frac{1}{a_\alpha}-\frac{1}{a_\beta}$，界面位错间的距离 $d=\rho-1$，故 $d=\frac{a_\alpha a_\beta}{a_\beta-a_\alpha}$，因此：

$$d=\frac{a_\beta}{\delta} \tag{3-79}$$

即失配度越大，界面位错间距越小。如果 $\delta=0.04$，则每隔 $d=25a_\beta$ 就必须插入一个附加半晶面，才能消除应变。当 $\delta=0.1$ 时，每 10 个晶面就要插入一个附加半晶面。在这样或有更大失配度的情况下，界面位错数大大超过了在典型陶瓷晶体中观察到的位错密度。因此，结构上相差很大的固相间的界面不可能是共格界面，而与相邻晶体间必有畸变的原子排列，则形成的是非共格界面。通过烧结得到的多晶体，绝大多数为这类界面。在这种情况下，所呈现的晶粒间界如图 3-48 所示。由于这种晶界的“非晶态”特性，因此很难估算它们的能量。

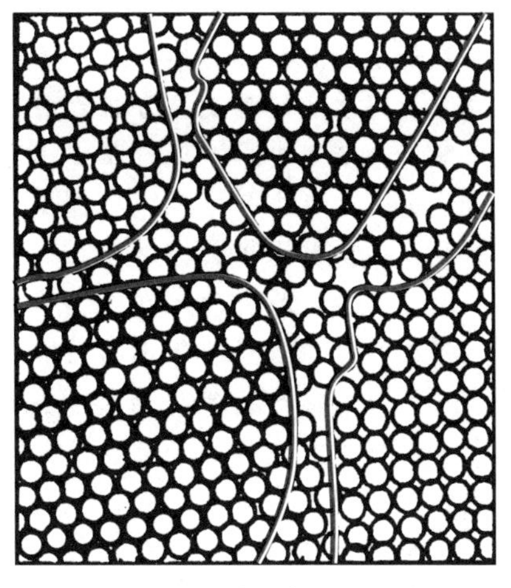

图 3-48 在多晶体晶粒界面上的原子

3.6.6 晶界特性

由于晶界的结构与晶内不同，使晶界具有一系列不同于晶粒内部的特性：①由于界面能的存在，当晶体中存在能降低界面能的异类原子时，这些原子将向晶界偏聚，这种现象称为内吸附；②晶界上原子具有较高的能量，且存在较多的晶体缺陷，使原子的扩散速度比晶粒内部快得多；③常温下，晶界对位错运动起阻碍作用，故固体材料的晶粒越细，则单位体积晶界面积越多，其强度、硬度越高；④晶界比晶内更易氧化和优先腐蚀；⑤大角度晶界界面能最高，故其晶界迁移速度最大。晶粒的长大及晶界平直化可减少晶界总面积，使晶界能总量下降，故晶粒长大是能量降低过程，由于晶界迁移靠原子扩散，故只有在较高温度下才能进行；⑥由于晶界具有较高能量，固态相变时优先在母相晶界上形核。

本章小结

固体在热力学上最稳定的状态是处于 0K 时的完整晶体状态，此时，其内部能量最低。在高于 0K 任何温度下的实际晶体，由于质点的热运动，或在形成过程中环境因素的作用，或在合成、制备过程中由于原料纯度等因素的影响，或在加工、使用过程中由于外场的物理化学作用等，使得晶体结构的周期性势场发生畸变，出现各种结构不完整性，此即结构缺陷。晶体的结构缺陷不等于晶体的缺点，实际上，正是由于晶体结构缺陷的存在，才赋予晶体各种各样的性质或性能。结构缺陷的存在及其运动规律，与固体的电学性质、机械强度、扩散、烧结、化学反应性、非化学计量组成以及材料的物理化学性能都密切相关。只有在理解了晶体结构缺陷的基础上，才能阐明涉及质点迁移的速度过程，因而掌握晶体缺陷的知识是掌握无机材料科学的基础。

缺陷按几何形态分为点缺陷、线缺陷、面缺陷和体缺陷。这种分类方法符合人们认识事物的基本规律，易建立起有关缺陷的空间概念。缺陷按其产生的原因分为热缺陷、杂质缺陷、非化学计量缺陷、电荷缺陷和辐照缺陷等。此种分类方法有利于了解缺陷产生的原因和条件，有利于实施对缺陷的控制和利用。

点缺陷是材料中最常见的一种缺陷，包括热缺陷、组成缺陷、非化学计量缺陷、色心等。材料中的点缺陷始终处于产生与复合动态平衡状态，它们之间可以像化学反应似地相互反应。书写组成缺陷反应方程式时，杂质中的正负离子对应地进入基质中正负离子的位置。离子间价态不同时，若低价正离子占据高价正离子位置时，该位置带有负电荷，为了保持电中性，会产生负离子空位或间隙正离子；若高价正离子占据低价正离子位置时，该位置带有负电荷，保持电中性，会产生正离子空位或间隙负离子。

固溶体按照外来组元在基质晶体中所处位置不同，可分为置换型固溶体和间隙型固溶体。外来组元在基质晶体中的固溶度，可分为连续型（无限型）固溶体和有限型固溶体。形成固溶体后，继之晶体的结构变化不大，但性质变化却非常显著，据此可以对材料进行改性。当材料中有变价离子存在，或晶体中质点间的键合作用比较弱时，材料与介质之间发生物质交换，形成非化学计量化合物，此类化合物是一种半导体材料。

点缺陷的浓度表征非常灵活，只要选择合适的比较标准，可以得出多种正确的浓度表征结果。点缺陷的存在及其相互作用与半导体材料的制备、材料的高温动力学过程、材料的光电学性质等密切相关。

线缺陷是晶体在结晶时受到杂质、温度变化或振动等产生的应力作用，或者晶体在使用时受到打击、切削、研磨等机械应力作用或高能射线辐照作用而产生的线状缺陷，也称位错。位错分为刃位错、螺位错和混合位错等。位错以及运动与晶体力学性质、塑性变形行为等密切相关。运用位错理论可以成功地解释晶体的屈服强度、脆性、断裂和蠕变等晶体强度理论中的重要问题。

面缺陷是块体材料中若干区域的边界。每个区域内具有相同的晶体结构，区域之间有不同的取向。面缺陷包括表面、晶界、层错、孪晶界、相界等。晶界是不同取向的晶粒之间界面。界面分为位错界面、孪晶界面和平移界面。根据界面上质点排列情况不同有共格界面、半共格界面和非共格界面。面缺陷对解释材料的力学性质——断裂韧性具有重要意义。

4 非晶态结构与性质

熔体和玻璃体是物质另外两种聚集状态。相对于晶体而言，熔体和玻璃体中质点排列具有不规则性，至少在长距离范围结构具有无序性，因此，这类材料属于非晶态材料。从认识论角度看，本章将从晶体中质点的周期性、规则性排列过渡到质点微观排列的非周期性、非规则性来认识非晶态材料的结构和性质。

熔体特指加热到较高温度才能液化的物质的液体，即较高熔点物质的液体。熔体快速冷却则变成玻璃体。因此，熔体和玻璃体是相互联系、性质相近的两种聚集状态，这两种聚集状态的研究对理解无机材料的形成和性质有着重要的作用。

传统玻璃的整个生产过程就是熔体和玻璃体的转化过程。在其他无机材料（如陶瓷、耐火材料、水泥等）的生产过程中一般也都会出现一定数量的高温熔融相，常温下以玻璃相存在于各晶相之间，其含量及性质对这些材料的形成过程及制品性能都有重要影响。如水泥行业，高温液相的性质（如黏度、表面张力）常常决定水泥烧成的难易程度和质量好坏。陶瓷和耐火材料行业，它通常是强度和美观的有机结合，有时希望有较多的熔融相，而有时又希望熔融相含量较少，而更重要的是希望能控制熔体的黏度及表面张力等性质。所有这些愿望，都必须在充分认识熔体结构和性质及其结构与性质之间的关系之后才能实现。本章主要介绍熔体的结构及性质，玻璃的通性、玻璃的形成、玻璃的结构理论以及典型玻璃类型等内容，这些基本知识对控制无机材料的制造过程和改善无机材料性能具有重要的意义。

4.1 熔体的结构

4.1.1 对熔体的一般认识

熔体或液体是介于气体和固体（晶体）之间的一种物质状态。液体具有流动性和各向同性，和气体相似；液体又具有较大的凝聚能力和很小的压缩性，则又与固体相似。过去长期曾把液体看成是更接近于气体的状态，即看成是被压缩了的气体，内部质点排列也认为是无秩序的，只是质点间距离较短。后来的研究表明，只是在较高的温度（接近气化）和压力不大的情况下，上述看法才是对的。相反，当液体冷却到接近于结晶温度时，很多事实证明，液体和晶体相似。

① 晶体与液体的体积密度相近。当晶体熔化为液体时体积变化较小，一般不超过10%（相当于质点间平均距离增加3%左右）；而当液体气化时，体积要增大数百倍至数千倍（例如水增大1240倍）。由此可见，液体中质点之间的平均距离和固体十分接近，而和气体差别较大。

② 晶体的熔化热不大，比液体的气化热小得多。例如Na晶体的熔化热为2.51kJ/mol，Zn晶体的熔化热为6.70kJ/mol，冰的溶解热为6.03kJ/mol，而水的气化热为40.46kJ/mol。这说明晶体和液体内能差别不大，质点在固体和液体中的相互作用力是接近的。

③ 固液态热容量相近。表4-1给出几种金属固、液态时的热容值。这些数据表明质点在液体中的热运动性质（状态）和在固体中差别不大，基本上仍是在平衡位置附近作简谐振动。

表 4-1 几种金属固、液态时的热容值

热容值	Pb	Cu	Sb	Mn
液体热容/(J/mol)	28.47	31.40	29.94	46.06
固体热容/(J/mol)	27.30	31.11	29.81	46.47

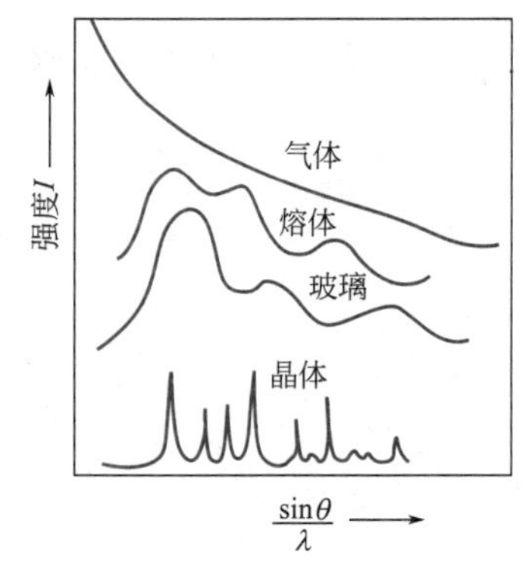

图 4-1 SiO_2 不同聚集状态的X射线衍射图谱

④ X射线衍射图谱相似。这是最具有说服力的实验。图4-1是同一物质不同聚集状态的X射线衍射图谱。从图上可以看出，气体的特点是当衍射角度θ小的时候，衍射强度很大（小角度衍射），随着θ值的增大，衍射强度逐渐减弱；晶体的特点是衍射强度时强时弱，在不同θ处出现尖锐的衍射峰；在液体的X射线衍射图中，没有气体所特有的小角度衍射，而通常呈现宽阔的衍射峰，这些峰的中心位置位于该物质相应晶体对应衍射峰所在的区域中；玻璃的X射线衍射图与液体近似。

液体衍射峰最高点的位置与晶体相近表明了液体中某一质点最邻近的几个质点的排列形式与间距和晶体中的相似。液体衍射图中的衍射峰都很宽阔，这是和液体质点的有规则排列区域的高度分散有关。由此可以认为，在高于熔点不太多的温度下，液体内部质点的排列并不是像气体那样杂乱无章的，相反，却是具有某种程度的规律性。这体现了液体结构中的近程有序和远程无序的特征。

综上所述，液体是固体和气体的中间相，液体结构在气化点和凝固点之间变化很大，在高温（接近气化点）时与气体接近，在稍高于熔点时与晶体接近。

由于通常接触的熔体多是离熔点温度不太远的液体，故把熔体的结构看成与晶体接近更有实际意义。这是因为当物质处于晶体状态时，晶格中质点的分布是按照一定规律周期性重复排列的。使其结构表现出远程有序的特点。当把晶体加热到熔点并熔化成熔体时，晶体的晶格受到破坏，而使其不再远程有序。但由于晶体熔化后质点的间距、相互作用力及热运动状态变化不大，因而在有些质点周围仍然围绕着一定数量的有规则排列的质点。而在远离中心质点处，这种有规则排列逐渐消失，使之具有在小范围内质点有序排列的近程有序特点。

4.1.2 硅酸盐熔体结构的聚合物理论

一般盐类的熔体结构质点是简单的分子、原子或离子。但硅酸盐熔体的结构要复杂得多，这是因为硅酸盐晶体结构中的 Si—O 或 Al—O 之间的结合力强，在转变成熔体时难以破坏造成的。因此，硅酸盐熔体中的质点不可能全部以简单的离子形式存在。硅酸盐熔体具有黏度大的特点，说明熔体中存在较大的难活动的质点或质点组合体。实验表明，硅酸盐熔体和玻璃体的结构很相似，它们的结构中都存在着近程有序的区域。

在 20 世纪 70 年代白尔泰（P. Balta）等提出了熔体聚合物理论。之后，随着结构测试方法、研究手段及计算技术的改进和发展，对硅酸盐熔体结构的认识进展很大。熔体的聚合物理论正日趋完善，并能很好地解释熔体的结构及结构与组成、性能之间的关系。

4.1.2.1 聚合物的形成

在硅酸盐熔体中，最基本的离子是硅、氧和碱金属或碱土金属离子。由于 Si^{4+} 电价高，半径小，它有着很强的形成硅氧四面体［SiO_4］的能力。根据鲍林电负性计算，Si—O 间电负性差值 $\Delta X=1.7$，所以 Si—O 键既有离子键又有共价键的成分（其中 50%为共价键）。Si 原子位于 4 个 sp^3 杂化轨道构成的四面体中心。当 Si 与 O 结合时，可与 O 原子形成 sp^3、sp^2、sp 三种杂化轨道，从而形成 σ 键；同时 O 原子已充满的 p 轨道可以作为施主与 Si 原子全空着的 d 轨道形成 $d_\pi - p_\pi$ 键，这时，π 键叠加在 σ 键上，使 Si—O 键增强和距离缩短。Si—O 键有这样的键合方式，因此它具有高键能、方向性和低配位等特点。熔体中 R—O 键（R 指碱金属或碱土金属离子）的键型是以离子键为主，比 Si—O 键弱得多。当 R_2O、RO 引入硅酸盐熔体中时，Si^{4+} 将把 R—O 上的 O^{2-} 拉向自己一边，使 Si—O—Si 中的 Si—O 键断裂，导致 Si—O 键的键强、键长、键角都会发生变动。亦即 R_2O、RO 起到了提供"游离"氧的作用。

如图 4-2 以 Na_2O 为例说明以上的变化。图中与两个 Si^{4+} 相连的氧称为桥氧（O_b），与一个 Si^{4+} 相连的氧称为非桥氧（O_{nb}）。在 SiO_2 石英熔体中，O/Si 比为 2∶1，［SiO_4］连接成架状。当引入 Na_2O 时，由于 Na_2O 提供"游离"氧，O/Si 比升高，结果使部分桥氧断裂成为非桥氧。随 Na_2O 的加入量的增加，O/Si 比可由原来 2∶1 逐步升高至 4∶1，此时［SiO_4］的连接方式可从架状、层状、带状、链状、环状最后过渡到桥氧全部断裂而形成［SiO_4］岛状，［SiO_4］连接程度降低。

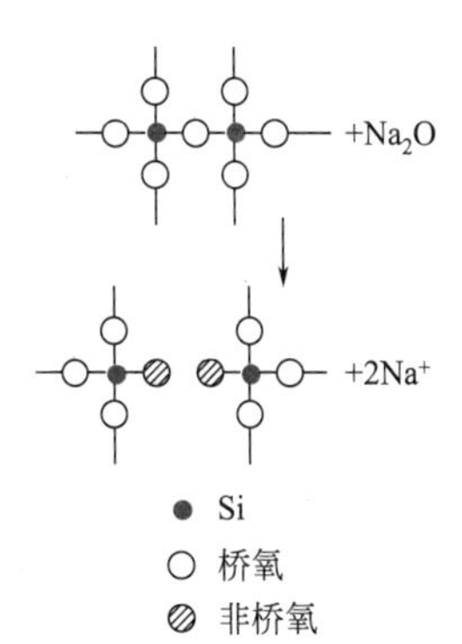

图 4-2 Na_2O 和 Si—O 网络反应示意图

以上这种在 Na_2O 的作用下，使架状［SiO_4］断裂的过程称为熔融石英的分化过程。分化的结果，在熔体中形成了各种聚合程度的聚合物。图 4-3 为分化过程示意图。为了简化，图中只画出［SiO_4］中的三个氧离子。

由于粉碎的石英颗粒表面带有断键，这些断键与空气中的水汽作用形成了 Si—O—H 键。图 4-3（a）所示的是 SiO_2 颗粒的表面层。当石英与 Na_2O 一起熔融时，在断键处将发生离子交换，使大部分 Si—O—H 键变为 Si—O—Na 键。由于 Na^+ 在硅氧四面体周围的存在，而使图 4-3（b）中（1）处的非桥氧与 Si 相连的键加强，而使（2）处的桥氧键相对减弱。在减弱的 Si—O 键处很容易受到 Na_2O 的侵袭而使（2）处的 Si—O 键断裂，结果原来的桥氧变成非桥氧，形成由两个硅氧四面体组成的短链二聚体［Si_2O_7］，并从石英骨架上脱落下来，从而使熔融石英骨架分化，如图 4-3（c）所示。与此同时，在断键处形成新的

Si—O—Na 键，如图 4-3（d）所示。而邻近的 Si—O 键又成为新的侵袭对象。只要有 Na_2O 存在，则这种分化反应便会继续下去直至平衡。分化的结果将产生许多由硅氧四面体短链形成的低聚物，以及一些没有被分化完全的残留高聚物——石英骨架，即石英的“三维晶格碎片”，用 $[SiO_2]_n$ 表示。各种低聚物生成量和高聚物残存量由熔体总组成和温度等因素决定。

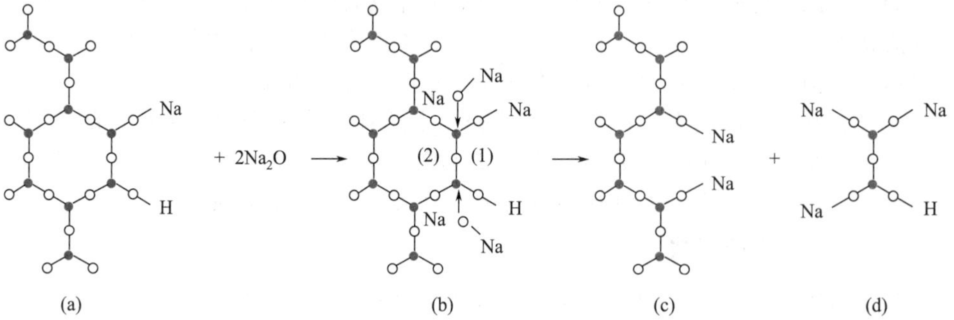

图 4-3 四面体网络被碱分化示意图

在熔融过程中随时间延长，温度上升，不同聚合程度的聚合物发生变形。一般链状聚合物易发生围绕 Si—O 轴转动同时弯曲。层状聚合物使层本身发生褶皱、翘曲、架状聚合物热缺陷增多，同时 Si—O—Si 键角发生变化。

由分化过程产生的低聚物可以相互发生作用，形成级次较高的聚合物，同时释放出部分 Na_2O，此过程称为缩聚。例如：

$$[SiO_4]Na_4+[Si_2O_7]Na_6 \longrightarrow [Si_3O_{10}]Na_8+Na_2O$$

（短链）

$$3[Si_3O_{10}]Na_8 \longrightarrow [Si_6O_{18}]Na_{12}+2Na_2O$$

（六节环）

缩聚释放的 Na_2O 又能进一步侵蚀石英骨架而使其分化出低聚物，如此循环，直到体系达到分化-缩聚平衡为止。这样，在熔体中就有各种不同聚合程度的复合阴离子团同时并存，有 $[SiO_4]^{4-}$ 单体、$[Si_2O_7]^{6-}$（二聚体）、$[Si_3O_{10}]^{8-}$（三聚体）…… $[Si_nO_{3n+1}]^{2(n+1)-}$（n 聚体，$n=1$，2，3，…）。此外，还有三维晶格碎片 $[SiO_2]_n$（其边缘有断键，内部有缺陷）、没有参加反应的氧化物（游离碱）及石英颗粒带入的吸附物等。它们在一定组成和温度下有确定的浓度。这些多种聚合物同时并存而不是一种独存便是熔体结构远程无序的实质。这里要说明一点，聚合物是具有晶体结构的，例如含有 3 个 $[SiO_4]^{4-}$ 三聚体，3 个 $[SiO_4]^{4-}$ 构成和晶体结构中一样的三节环，含有 6 个 $[SiO_4]^{4-}$ 的六聚体就是以六节环的形式存在的。但它们的晶格很小且很不完整。这就使石英熔体在对应于石英晶体 X 射线衍射峰的位置也存在着 $[SiO_4]^{4-}$ X 射线衍射峰，并呈弥散状态。表 4-2 示出不同 O/Si 比时相应的复合阴离子团结构。

表 4-2 硅酸盐聚合结构

O∶Si	名称	负离子团类型	共氧离子数	每个硅负电荷数	负离子团结构
4∶1	岛状硅酸盐	$[SiO_4]^{4-}$	0	4	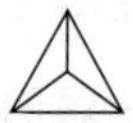
3.5∶1	组群状硅酸盐	$[Si_2O_7]^{6-}$	1	3	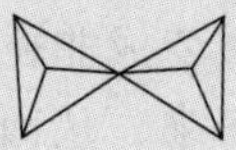

续表

O∶Si	名称	负离子团类型	共氧离子数	每个硅负电荷数	负离子团结构
3∶1	环状硅酸盐 六节环 （三节环、四节环）	$[Si_6O_{18}]^{6-}$ （$[Si_3O_9]^{6-}$、$[Si_4O_{12}]^{6-}$）	2	2	
3∶1	链状硅酸盐	$1[Si_2O_6]^{4-}$	2	2	
2.75∶1	带状硅酸盐	$1[Si_4O_{11}]^{6-}$	2.5	1.5	
2.5∶1	层状硅酸盐	$2[Si_4O_{10}]^{4-}$	3	1	二维方向无限延伸
2∶1	架状硅酸盐	$3[SiO_2]$	4	0	三维方向无限延伸

4.1.2.2 影响聚合物聚合程度的因素

硅酸盐熔体中各种聚合程度的聚合物浓度（数量）受组成和温度两个因素的影响。

在熔体组成不变时，各级聚合物的浓度（数量）与温度有关。熔体中的“三维晶格碎片”随温度变化存在聚合-解聚的平衡。在高温时，低聚物以分立状态存在，当温度降低时有一部分附着在“三维碎片”上，被碎片表面的断键所固定，产生聚合反应。如果温度再升高，低聚物又脱离，产生解聚反应。图 4-4 示出某一硼硅酸盐熔体中各种聚合程度的硅氧聚合物浓度与温度的关系。由图 4-4 可见，随温度升高，低聚物浓度增加，高聚物 $[SiO_2]_n$ 的浓度降低。

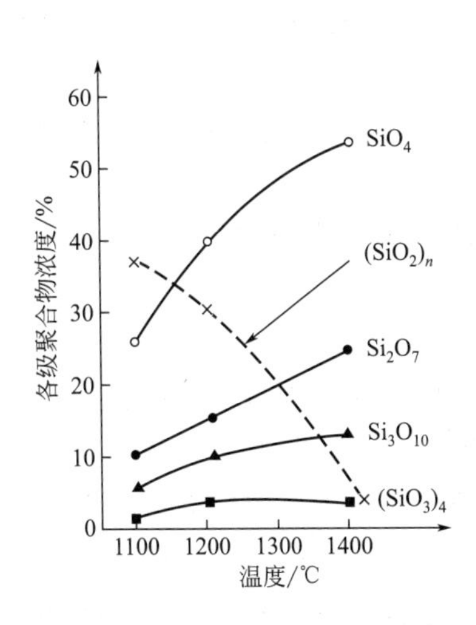

图 4-4 某一硼硅酸盐熔体中各级聚合物分布随温度的变化

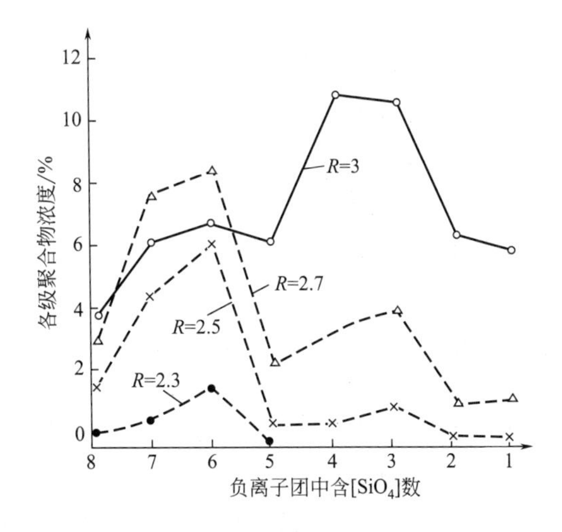

图 4-5 各级聚合物分布与 R 的关系

当熔体温度不变时，各种聚合程度聚合物的浓度与熔体的组成有关。若用 R 表示熔体中氧硅数目比（即 $R=O/Si$），R 大说明熔体中碱性金属氧化物含量高，分化后非桥氧数目多，故而低聚物的浓度随之增大（数量多）。图 4-5 所示为各种聚合程度聚合

物含量与 R 的关系。由图可见，随 R 增大，1～8 级聚合物的生成量增加，如 $R=2.3$ 时，1～8 级聚合物总量仅占 4%（$R=2.3$ 曲线下面积），其余的均为级次大于 8 的聚合物（图中未画出）；而当 $R=3$ 时，1～8 级聚合物总量达 63%，级次大于 8 的高聚物总量约占 37%。

综上所述，硅酸盐熔体中聚合物的形成过程可分为三个阶段：初期，石英（或硅酸盐）的分化；中期，缩聚并伴随着变形；后期，在一定时间和一定温度下，缩聚-分化达到平衡。产物中有低聚物、高聚物、三维晶格碎片以及游离碱、吸附物，最后得到的熔体是不同聚合程度的各种聚合体的混合物，构成硅酸盐熔体结构。聚合物的种类、大小和数量随熔体的组成和温度而变化。这就是硅酸盐熔体结构的聚合物理论。

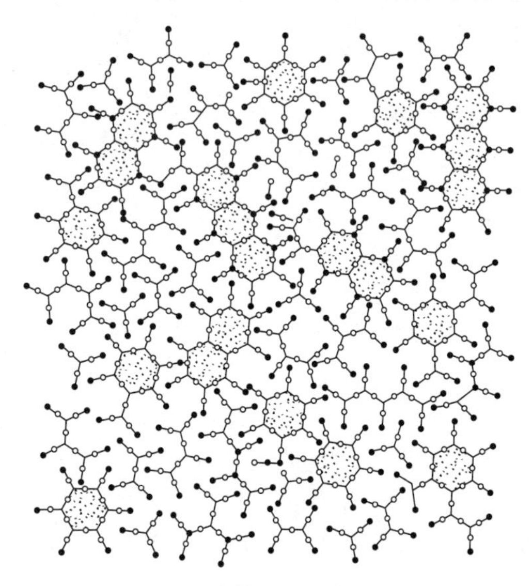

图 4-6　偏硅酸钠熔体结构模型（二维示意图）

除硅的氧化物能聚合成各种复合阴离子团以外，熔体中含有硼、锗、磷、砷等氧化物时也会形成类似的聚合。聚合程度随 O/B、O/P、O/Ge、O/As 等的比率和温度而变。

随着聚合物理论的诞生，梅逊（C. R. Maason）更进一步用有机高分子理论来定量计算在一定温度下无机氧化物熔体中各种聚合程度聚合物的浓度及分布。白尔泰（P. Balta）等运用梅逊计算法，对偏硅酸钠（$Na_2O \cdot SiO_2$）熔体进行聚合物分布数量的计算，并绘制了熔体结构模型，如图 4-6 所示，可以看出其结构的复杂性，这是由于存在大量不同类型的聚合物而造成的。从图 4-6 还可以看出，大分子被小分子所包围，小分子起着“润滑剂”的作用，使熔体具有良好的流动性。模型也表示属于不同的分子的—O—Na^+ 偶极子相互交错，相互作用。随着温度下降，由于这种相互作用，在冷却过程中原子重新分布，使得不同尺寸的相邻链相互固定下来，从而引起偏硅酸盐迅速有次序排列和结晶。

聚合物结构理论模型有助于理解熔体结构中聚合物的多样性和复杂性，得出熔体结构特点是近程有序而远程无序的结论。

4.1.2.3　熔体的分相

硅酸盐熔体在某些情况下分成两种或两种以上的不混溶液相，称为分相现象。根据近年研究，熔体分相现象普遍存在，它与熔体中的 Si—O 聚合体和其他正离子-氧多面体的几何结构以及正离子-氧的键性有关。如果外加正离子在熔体中和氧形成较强的键，以致氧很难被硅离子夺去，在熔体中表现为独立的 R—O 离子聚集体，其中只含有少数 Si^{4+}。这样就出现两种液相共存，一种是含少量 Si^{4+} 的富 R—O 液相，另一种是含 R^+ 少的富 Si—O 液相，使系统的自由焓降低。所以在熔体中可观察到两种液相的不混溶现象。

正离子（R^+ 和 R^{2+}）和氧的键强近似地取决于正离子电荷与半径（z/r）之比。z/r 比值越大，熔体分相的倾向越明显。Sr^{2+}、Ca^{2+}、Mg^{2+} 等正离子的 z/r 比值最大，容易导致熔体分相。K^+、Cs^+、Rb^+ 的 z/r 比值较小，不易导致熔体分相。但 Li^+ 的半径小，会使 Si—O 熔体中出现很小的第二液相的液滴，造成乳光现象。

4.2 熔体的性质

4.2.1 黏度

黏度在无机材料生产工艺上很重要。玻璃生产的各个阶段，从熔制、澄清、均化、成形、加工，直到退火的每一工序，都与黏度密切相关。如熔制玻璃时，黏度小，熔体内气泡容易逸出；在玻璃成形和退火方面黏度起控制性作用；玻璃制品的加工范围和加工方法的选择取决于熔体黏度及其随温度变化的速率。黏度也是影响水泥、陶瓷、耐火材料烧成速率快慢的重要因素。降低黏度对促进烧结有利，但黏度过低又增加了坯体变形的能力；在瓷釉中如果熔体黏度控制不当就会形成流釉等缺陷。此外，熔渣对耐火材料的腐蚀也和黏度有关。因此熔体的黏度是无机材料制造过程中需要控制的一个重要工艺参数。

黏度是流体（液体或气体）抵抗流动的量度。当液体流动时，一层液体受到另一层液体的牵制，其内摩擦力 F 的大小与两层液体间的接触面积及其垂直流动方向的速度梯度成正比，即：

$$F=\eta S\frac{\mathrm{d}v}{\mathrm{d}x} \tag{4-1}$$

式中 F——两层液体间的内摩擦力；

S——两层液体间的接触面积；

$\mathrm{d}v/\mathrm{d}x$——垂直流动方向的速度梯度；

η——比例系数，称为黏滞系数，简称黏度。

因此，黏度的物理意义为：单位接触面积、单位速度梯度下两层液体间的内摩擦力，单位是 Pa·s（帕·秒）。$1\mathrm{Pa\cdot s}=1\mathrm{N\cdot s/m^2}=10\mathrm{dyn\cdot s/cm^2}=10\mathrm{P}$（泊）或 1dPa·s（分帕·秒）= 1P（泊）。黏度的倒数称为液体流动度 φ，即 $\varphi=1/\eta$。

影响熔体黏度的主要因素是温度和化学组成。硅酸盐熔体在不同温度下的黏度相差很大，可以从 10^{-2} Pa·s变化至 10^{15} Pa·s；组成不同的熔体在同一温度下的黏度也有很大差别。在硅酸盐熔体结构中，由聚合程度不同的多种聚合物交织而成的网络，使得质点之间的移动很困难，因此硅酸盐熔体的黏度比一般液体高得多，见表 4-3。

表 4-3 几种熔体的黏度

熔体	温度/℃	黏度/Pa·s
水	20	0.001006
熔融 NaCl	800	0.00149
钠长石	1400	17780
80%钠长石+20%钙长石	1400	4365
瓷釉	1400	1585

4.2.1.1 黏度-温度关系

（1）弗仑格尔公式 熔体的黏滞流动受到阻碍与它的内部结构有关。从熔体结构可知，在熔体中各质点的距离和相互作用力的大小都与晶体接近，每个质点都处在相邻质点的键力作用之下，也即落在一定大小的势垒 Δu 之间。在平衡状态下，质点处于位能比较低的状态。如要使质点流动，就得使它活化，即要有克服势垒 Δu 的足够能量。因此这种活化质点的数目越多，流动性就越大。根据玻耳兹曼能量分布定律，活化质点的数目为：

$$n=A_1\mathrm{e}^{-\frac{\Delta u}{kT}}$$

式中　n——有活化能 Δu 的活化质点数目；

Δu——质点黏滞活化能；

k——玻耳兹曼常数；

T——绝对温标；

A_1——与熔体组成有关的常数。

流动度 φ 与活化质点成正比：

$$\varphi=A_2\mathrm{e}^{-\frac{\Delta u}{kT}}$$

所以：

$$\eta=\frac{1}{\varphi}=A_3\mathrm{e}^{\frac{\Delta u}{kT}}$$

对上式取对数，得：

$$\lg\eta=\lg A_3+\frac{\Delta u}{kT}\lg\mathrm{e}$$

如 Δu 与温度无关，则：

$$\lg\eta=A+\frac{B}{T} \tag{4-2}$$

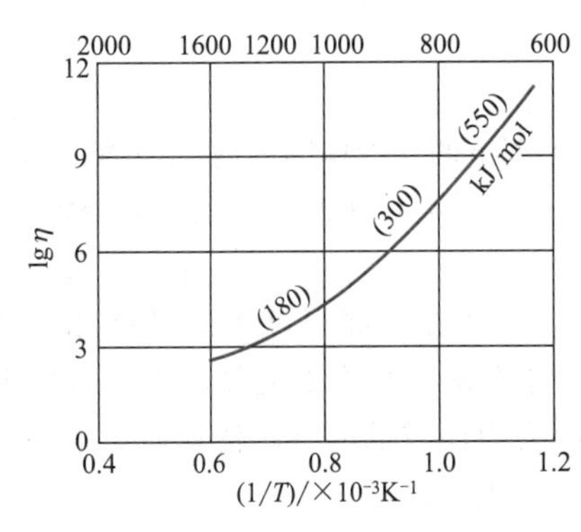

图 4-7　钠钙硅酸盐玻璃熔体的 $\lg\eta$-$1/T$ 关系曲线

式中，$A=\lg A_3$，$B=\frac{\Delta u}{k}\lg\mathrm{e}$，$A$ 和 B 均为与温度无关而与组成有关的常数。即 $\lg\eta$ 与 $1/T$ 呈直线关系。这正是由于温度升高，质点动能增大，使更多的质点成为活化质点之故。从直线斜率可算出 Δu。

但因这个公式假定黏滞活化能只是和温度无关的常数，所以只能应用于简单的不聚合的液体或在一定温度范围内聚合度不变的液体。对于硅酸盐熔体在较大温度范围时，斜率会发生变化，因而在较大温度范围内以上公式不适用。

如图 4-7 是钠钙硅酸盐玻璃熔体黏度与温度的关系，显示出在较宽温度范围内 $\lg\eta$-$1/T$ 并非直线，说明 Δu 不是常数。如在曲线上一定温度处作切线，即可计算这一温度下的活化能。从图 4-7 中标出的计算值，可以看出活化能随温度降低而增大。据报道大多数氧化物熔体的黏滞活化能在低温时为高温时的 2～3 倍。这是因为熔体黏性流动时，并不使键断裂，而只是使原子从一个平衡位置移到另一个位置。因此活化能应是液体质点作直线运动所必需的能量。它不仅与熔体组成，还与熔体［SiO_4］聚合程度有关。当温度高时，低聚物居多数，而温度低时，高聚合物明显增多。在高温区或低温区 $\lg\eta$-$1/T$ 还是可以近似看成直线。但在玻璃转变温度范围（T_g～T_f）(注：对应于黏度为 10^{12}～10^8 Pa·s 的温度范围）内，由于熔体结构发生突变，也就是聚合物分布随温度变化而剧烈改变，从而导致活化能随温度变化。因此聚合物分布变化导致活化能的改变。

由于硅酸盐熔体的结构特性，因而与晶体（如金属、盐类）的黏度随温度的变化有显著的差别。熔融金属和盐类，在高于熔点时，黏度变化很小；当达到凝固点时，由于熔融态转变成晶态的缘故，黏度呈直线上升趋势。而硅酸盐熔体的黏度随温度的变化则是连续的。

（2）VFT 公式（Vogel-Fulcher-Tammann 公式） 在讨论熔体的结构中，我们已经知道若温度升高，复合阴离子团将解聚成较小的离子团；反过来，温度降低时，较小的离子团又将聚合成更复杂的大阴离子团。因此，对于多数硅酸盐熔体来说，在低温时，必然发生聚合作用。由于熔体的黏度主要取决于体积大的难运动的质点，即复合阴离子团。故随着阴离子团的聚合或离解过程，其黏滞活化能 Δu 也会随着改变。所以，弗仑格尔公式只适用于表示高温段或低温段的黏度和温度关系，而在熔体结构发生显著变化的温度范围是不适用的。

于是 Vogel、Fulcher 和 Tammann 共同提出了更适用的 VFT 黏度-温度经验关系式：

$$\lg\eta = A + \frac{B}{T - T_0} \tag{4-3}$$

式中 A，B，T_0——与熔体组成有关的常数。

式(4-3) 的基本假设是 Δu 与 T 有关，所以适用于玻璃转变温度范围。下面从自由体积结构模型说明这个公式。该模型认为，在液体中存在许多大小不等、数目不等的不规则的空洞，这些空洞的总和称为自由体积 V_f，其值为：

$$V_f = V - V_0$$

式中 V——温度 T 时的液体体积；

V_0——T_0 时液体所具有的最小体积，即液体分子作紧密堆积时的体积。

T_0 为液体分子不能再移动时的温度，也可理解为：当液体过冷到 T_0 时，其中的质点不再可能作在一般液体中的迁移运动。

也就是说，在 T_0 时液体分子运动是不可能的。只有当温度升高、体积膨胀，在液体中形成了自由体积或额外体积 V_f 时，才能为液体分子运动及流动提供“空间”。显然，自由体积越大，液体越易流动，黏度就越小，反之亦然。这时黏度和温度的关系以黏度和自由体积的关系表示如下：

$$\eta = B\exp\left(\frac{KV_0}{V_f}\right) \tag{4-4}$$

式中 B，K——与熔体组成有关的常数。

式(4-4) 与 VFT 公式等效。现证明如下。

根据膨胀系数：

$$\alpha = \frac{1}{V}\left(\frac{\partial V}{\partial T}\right)_P$$

则常压下：

$$\alpha \mathrm{d}T = \frac{\mathrm{d}V}{V} = \mathrm{d}\ln V$$

等式两边积分：

$$\int_{T_0}^{T} \alpha \mathrm{d}T = \int_{V_0}^{V} \mathrm{d}\ln V = \ln\frac{V}{V_0}$$

α 为常数，则：

$$\alpha(T - T_0) = \ln\frac{V}{V_0}$$

因此：

$$\frac{V}{V_0} = \exp[\alpha(T - T_0)]$$

将 $\exp[\alpha(T-T_0)]$展开成幂级数，忽略高次项，得：

$$\exp[\alpha(T-T_0)]=1+\alpha(T-T_0)$$

所以：

$$V=V_0\exp[\alpha(T-T_0)]=V_0[1+\alpha(T-T_0)]$$

因为：

$$V_f=V-V_0=V_0\alpha(T-T_0)$$

代入：

$$\eta=B\exp\left(\frac{KV_0}{V_f}\right)$$

可得：

$$\eta=B\exp\left[\frac{KV_0}{V_0\alpha(T-T_0)}\right]$$

则：

$$\lg\eta=\lg B+\frac{K}{\alpha(T-T_0)}\lg e$$

即：

$$\lg\eta=A+\frac{B}{T-T_0}$$

以上两式都是经验公式，所以目前黏度仍不能通过计算而得到精确的数据，在实际生产和科研中仍需要实际测定的黏度数据作为依据。由于硅酸盐熔体的黏度相差很大，在 10^{-2}～10^{15}Pa·s，因此不同范围的黏度用不同方法测定。范围在 10^7～10^{15}Pa·s 的高黏度用拉丝法，根据玻璃丝受力作用的伸长速度来确定；范围在 10～10^7Pa·s 的黏度用转筒法，利用细铂丝悬挂的转筒浸在熔体内转动，悬丝受熔体黏度的阻力作用扭成一定角度，根据扭转角的大小确定黏度；范围在 $10^{0.5}$～1.3×10^5Pa·s的黏度用落球法，根据斯托克斯沉降原理，测定铂球在熔体中下落速度求出。此外，很小的黏度（10^{-2}Pa·s）用振荡阻滞法，利用铂摆在熔体中振荡时，振幅受阻滞逐渐衰减的原理测定。

（3）特征温度　由于温度对玻璃熔体的黏度影响很大，在玻璃成形退火工艺中，温度稍有变动就造成黏度较大的变化，导致控制上的困难。为此提出了特定黏度的温度来反映不同玻璃熔体的性质差异，见图 4-8。

① 应变点　黏度相当于 4×10^{13}Pa·s 的温度。在该温度，黏性流动事实上不复存在，是消除玻璃中应力的下限温度，玻璃在该温度以下退火时不能除去其应力。

② 退火点（T_g）　黏度相当于 10^{12}Pa·s的温度，也称玻璃转变温度。是消除玻璃中应力的上限温度，在此温度应力在 15min 内除去。

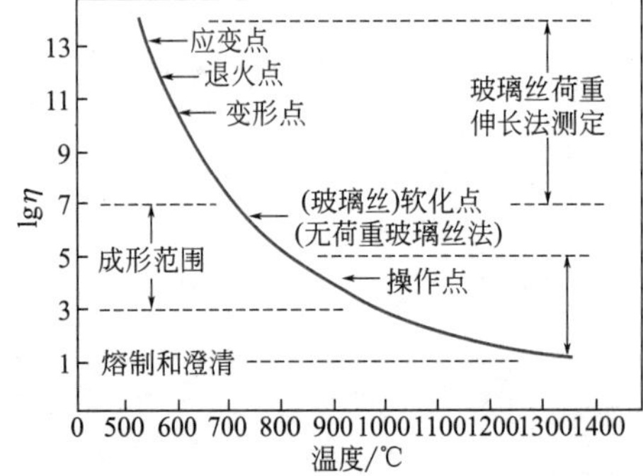

图 4-8　硅酸盐玻璃的黏度-温度曲线
（η 的单位为 Pa·s）

③ 变形点　黏度相当于 10^{10}～$10^{10.5}$Pa·s 的温度。是变形开始温度，对应于热膨胀曲线上最高点温度，又称膨胀软化点。

④ Litteleton 软化点　黏度相当于 4.5×10^6Pa·s 的温度，它是用 0.55～0.75mm 直径、23cm 长的玻璃纤维在特制炉中以 5℃/min 速度加热，在自重下达到每分钟伸长 1mm 时的温度。

⑤ 操作点　黏度相当于 10^4Pa·s时的温度，

也就是玻璃成形的温度。

⑥ 成形温度范围　黏度相当于 10^3 ～ 10^7 Pa・s 的温度。指准备成形操作与成形时能保持制品形状所对应的温度范围。

⑦ 熔化温度　黏度相当于 10Pa・s 的温度。在此温度下，玻璃能以一般要求的速度熔化。玻璃液的澄清、均化得以完成。

以上这些特性温度都是用标准方法测定的。

组成不同的玻璃，温度-黏度曲线的形状虽然相似，但具体进程的行径并不相同。图 4-9 是不同组成工业玻璃的 $\lg\eta$-T 关系曲线。可从成形黏度范围（$\eta \approx 10^3 \sim 10^7$ Pa・s）所对应的温度范围（例如图 $t_1t_4 > t_2t_3$）推知玻璃料性的长短。所谓料性是指玻璃随温度变化时黏度的变化速率。在相同黏度变化范围内，所对应的温度变化范围大，则称为料性长，也称长性玻璃或慢凝玻璃，如硼硅酸盐玻璃；若在相同黏度变化范围内，所对应的温度变化范围小，则称为料性短，也称短性玻璃或快凝玻璃，如铝硅酸盐玻璃；生产中可通过改变组成来调节玻璃料性的长短或凝结时间的快慢来适应各种不同的成形方法。

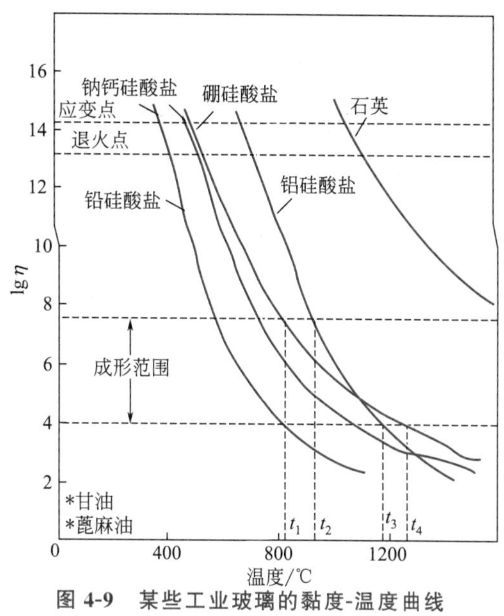

图 4-9　某些工业玻璃的黏度-温度曲线

（η 的单位为 10^{-1} Pa・s）

4.2.1.2　黏度-组成关系

图 4-9 说明无机氧化物熔体组成对黏度的影响。显然，组成是通过改变熔体结构而影响黏度的。从上面 η-T 公式中和组成有关的一些常数，可以知道熔体组成不同，质点间的作用力不等，使得影响黏度的活化能有所差异，从而表现出黏度上的差异。

（1）一价碱金属氧化物　硅酸盐熔体的黏度首先取决于硅氧四面体网络的聚合程度，即随 O/Si 比的上升而下降，见表 4-4。

表 4-4　熔体中 O/Si 比值与结构及黏度的关系

熔体的分子式	O/Si 比值	结构式	$[SiO_4]$连接形式	1400℃黏度值/Pa・s
SiO_2	2：1	$[SiO_2]$	骨架状	10^9
$Na_2O \cdot 2SiO_2$	2.5：1	$[Si_2O_5]^{2-}$	层状	28
$Na_2O \cdot SiO_2$	3：1	$[SiO_3]^{2-}$	链状	1.6
$2Na_2O \cdot SiO_2$	4：1	$[SiO_4]^{4-}$	岛状	<1

通常碱金属氧化物（Li_2O、Na_2O、K_2O、Rb_2O、Cs_2O）能降低熔体黏度。如图 4-10 所示，SiO_2 熔体中仅加 2.5%（摩尔分数）K_2O 就使 1600℃时的黏度降低 4 个数量级。这些正离子由于电荷少、半径大、与 O^{2-} 的作用力较小，起到提供“游离”氧的作用而使 O/Si 比值增加，导致原来硅氧负离子团解聚成较简单的结构单位，因而使活化能降低、黏度变小。图 4-11 表示 Na_2O-SiO_2 系统中 Na_2O 含量对黏滞活化能 Δu 的影响。从图可见，黏滞活化能随 Na_2O 含量增加而变小，并在约 30%处曲线出现转折。

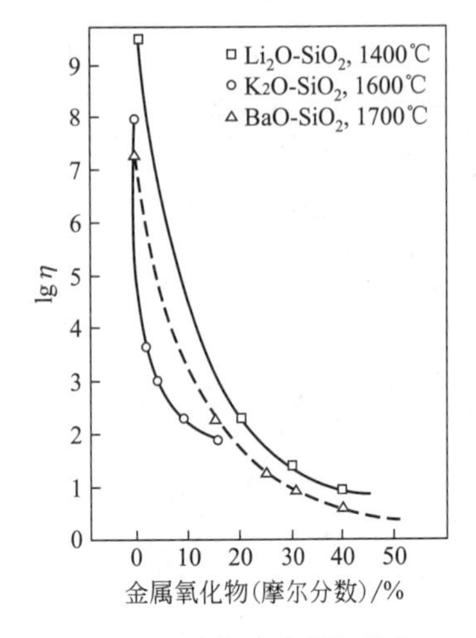

图 4-10 网络改变剂氧化物对熔融石英黏度的影响

（η 的单位为 10^{-1}Pa·s）

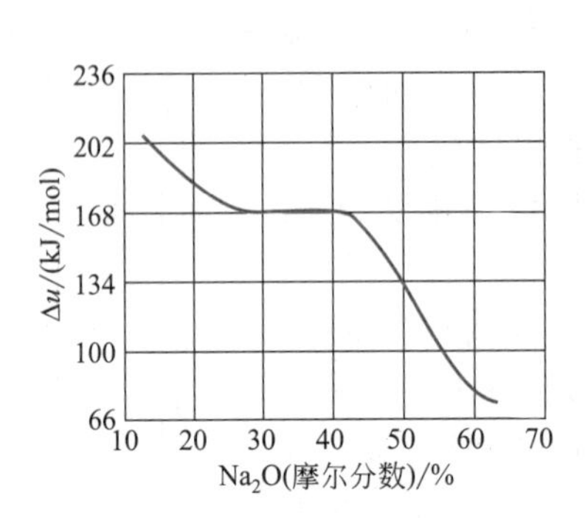

图 4-11 Na_2O-SiO_2 系统玻璃的黏滞活化能与组成的关系

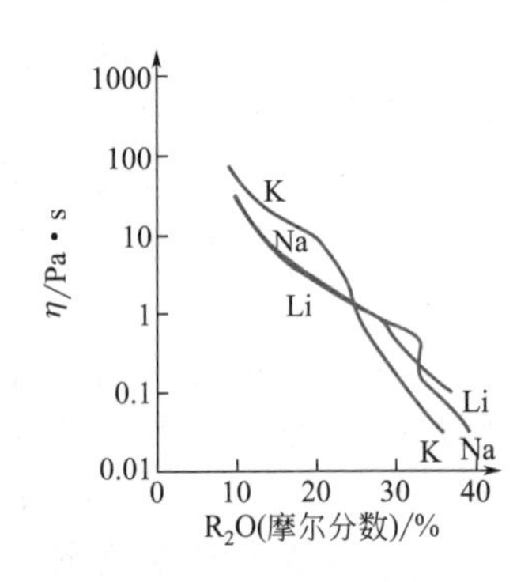

图 4-12 R_2O-SiO_2 系统玻璃在 1400℃ 时的黏度变化

在简单碱金属硅酸盐系统（R_2O-SiO_2）中，碱金属离子 R^+ 对黏度的影响与本身含量有关，如图 4-12 所示。当 R_2O 含量较低时（O/Si 比较低），则熔体中硅氧负离子团较大，对黏度起主要作用的是四面体［SiO_4］间的键力。这时，加入的正离子的半径越小，降低黏度的作用越大，其次序是 $Li^+ > Na^+ > K^+ > Rb^+ > Cs^+$，见图 4-12。这是由于 R^+ 除了能提供“游离”氧，打断硅氧网络以外，在网络中还对→Si—O—Si←键有反极化作用，减弱了上述键力。Li^+ 离子半径最小，电场强度最强，反极化作用最大，故它降低黏度的作用最大。当熔体中 R_2O 含量较高（O/Si 比较高）时，则熔体中硅氧负离子团接近最简单的［SiO_4］$^{4-}$形式，同时熔体中有大量 O^{2-} 存在，［SiO_4］$^{4-}$ 四面体之间主要依靠 R—O 键力连接，这时作用力矩最大的 Li^+ 就具有较大的黏度了，因此，在这种情况下，R_2O 对黏度影响的次序是 $K^+ > Na^+ > Li^+$。

比较图 4-11 和图 4-12 可清楚看到，两者在相当于 30%Na_2O 处均表现出明显的转折。证明在相应组成时结构有显著改变。

（2）二价金属氧化物　二价碱土金属氧化物对黏度影响比较复杂。一方面，它们和碱金属离子一样，能提供“游离”氧导致硅氧负离子团解聚使黏度降低；但另一方面，它们的电价较高而半径又不大，因此其离子势 Z/r 较 R^+ 的大，能夺取硅氧负离子团中的 O^{2-} 来包围自己，导致硅氧负离子团聚合，如 2［SiO_4］$^{4-}$ ⟶［Si_2O_7］$^{6-}$＋被夺去的 O^{2-}，使黏度增大。综合这两个相反效应，R^{2+} 降低黏度的次序是 $Ba^{2+} > Sr^{2+} > Ca^{2+} > Mg^{2+}$，见图 4-13。

CaO、ZnO 表现较为奇特。低温时，CaO 增加熔体黏度；高温时，当含量小于 10%～12%（摩尔分数）时，降低黏度；当含量大于 10%～12%（摩尔分数）时，增大黏度。低温时 ZnO 也增加黏度，但在高温时却是降低黏度。所以 CaO（含量较低时）、ZnO 具有缩短料性的作用。在不同温度下，CaO 与 MgO 之间相互代换，会出现相反结果。例如在 1200℃时 MgO 代 CaO 会增加黏度，而在 800℃时反而降低黏度。这是由于温度高低不同，它们夺取硅氧负离子团中 O^{2-} 的难易不同。温度低时，O^{2-} 不易被夺去。

此外，离子间的相互极化对黏度也有重要影响。由于极化使离子变形，共价键成分增加，减弱了 Si—O 键力，因此具有 18 电子层结构的二价副族元素离子 Zn^{2+}、Cd^{2+}、Pb^{2+} 等较含 8 个电子层的碱土金属离子更能降低黏度。如 $18Na_2O\cdot 12RO\cdot 70SiO_2$ 玻璃当 $\eta=10^{12}$ Pa·s 时温度是：

RO	BeO	CaO	SrO	BaO	ZnO	CdO	PbO
温度/℃	582	533	511	482	513	487	422

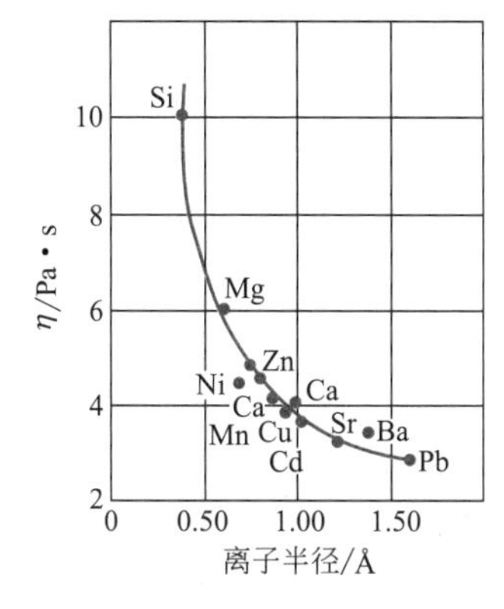

图 4-13 二价阳离子对硅酸盐熔体黏度的影响

(1Å=0.1nm)

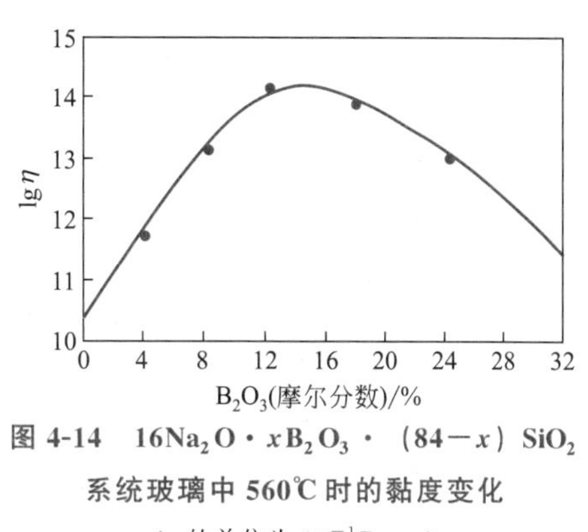

图 4-14 $16Na_2O\cdot xB_2O_3\cdot(84-x)SiO_2$ 系统玻璃中 560℃ 时的黏度变化

(η 的单位为 10^{-1} Pa·s)

(3) 高价金属氧化物　一般来说，在熔体中引入 SiO_2、Al_2O_3、ZrO_2、ThO_2 等氧化物时，因这些阳离子电荷多，离子半径又小，作用力大，总是倾向于形成更为复杂巨大的复合阴离子团，使黏滞活化能变大，从而导致熔体黏度增高。

(4) 阳离子配位数　熔体中组分对黏度的影响还和相应的阳离子的配位状态有密切关系。图 4-14 为硅酸盐 Na_2O-SiO_2 玻璃中，以 B_2O_3 代 SiO_2 时，黏度随 B_2O_3 含量的变化曲线。当 B_2O_3 含量较少时，$Na_2O/B_2O_3>1$，结构中“游离”氧充足，B^{3+} 处于 [BO_4] 四面体状态加入 [SiO_4] 四面体网络，使结构紧密，黏度随含量升高而增加；当 B_2O_3 含量和 Na_2O 含量的比例约为 1 时（B_2O_3 含量约为 15%），B^{3+} 形成 [BO_4] 四面体最多，黏度达到最高点；B_2O_3 含量继续增加，黏度又逐步下降，这是由于较多量的 B_2O_3 引入使 $Na_2O/B_2O_3<1$，“游离”氧不足，增加的 B^{3+} 开始处于 [BO_3] 中，结构趋于疏松，黏度下降。这种由于 B^{3+} 配位数变化引起性能曲线上出现转折的现象，称为硼反常现象。

(5) 混合碱效应　熔体中同时引入一种以上的 R_2O 或 RO 时，黏度比等量的一种 R_2O 或 RO 高，称为混合碱效应，这可能和离子的半径、配位等结晶化学条件不同而相互制约有关。

(6) 其他化合物　CaF_2 能使熔体黏度急剧下降，其原因是 F^- 的离子半径与 O^{2-} 的相近，较容易发生取代，但 F^- 只有一价，将原来网络破坏后难以形成新网络，所以黏度大大下降。稀土元素氧化物如氧化镧、氧化铈等以及氯化物、硫酸盐在熔体中一般也起降低黏度的作用。

综上所述，加入某一种化合物所引起黏度的改变既取决于加入的化合物的本性，也取决于原来基础熔体的组成。

4.2.2 表面张力

与其他液体一样，熔体表面层的质点受到内部质点的吸引比表面层空气介质的引力大，因此表面层质点有趋向于熔体内部使表面积有尽量收缩的趋势，结果在表面切线方向上有一种缩小表面的力作用着，这个力即表面张力。表面张力的物理意义为：作用于表面单位长度上与表面相切的力，单位是 N/m。若要使表面增大，相当于使更多的质点移到表面，则必须对系统做功。通常将熔体与另一相接触的相分界面上（一般另一相指空气），在恒温、恒容条件下增加一个单位新表面积时所做的功，称为比表面能，简称表面能，单位为 J/m^2，简化后其因次为 N/m。因此，熔体的表面能和表面张力的数值与因次相同（但物理意义不同）。以后涉及熔体表面能时往往就用表面张力来代替。表面张力以 σ 表示之。

熔体的表面张力对于玻璃的熔制、成形以及加工工序有重要的作用。在玻璃熔制过程中，表面张力在一定程度上决定了玻璃液中气泡的长大和排除；在玻璃成形中，人工挑料或吹小泡及滴料供料都要借助于表面张力，使之达到一定形状。拉制玻璃管、玻璃棒、玻璃丝时，由于表面张力的作用才能获得正确的圆形；玻璃制品的烘口、火抛光也需借助于表面张力作用；近代浮法平板玻璃生产是基于表面张力而获得可与磨光玻璃表面质量相媲美的优质玻璃。在硅酸盐材料中熔体的表面张力的大小会影响液、固表面润湿程度和影响陶瓷材料坯、釉结合程度。因此熔体的表面张力是无机材料制造过程中需要控制的另一个重要工艺参数。

水的表面张力在 70×10^{-3} N/m 左右，熔融盐类在 100×10^{-3} N/m 左右，硅酸盐熔体的表面张力通常波动在（220～380）$\times10^{-3}$ N/m 范围内，与熔融金属的表面张力数值相近，随组成与温度而变化。一些熔体的表面张力数值列于表 4-5。

表 4-5 熔体的表面张力 σ

熔体	温度/℃	$\sigma/(\times10^{-3}$ N/m)	熔体	温度/℃	$\sigma/(\times10^{-3}$ N/m)
H_2O	25	72	SiO_2	1800	307
NaCl	1080	95		1300	290
B_2O_3	900	80	FeO	1420	585
P_2O_5	1000	60	钠钙硅酸盐熔体（Na_2O : CaO : SiO_2 = 16 : 10 : 74）	1000	316
PbO	1000	128			
Na_2O	1300	290			
Li_2O	1300	450	钠硼硅酸盐熔体（Na_2O : B_2O_3 : SiO_2 = 20 : 10 : 70）	1000	265
Al_2O_3	2150	550			
	1300	380			
ZrO_2	1300	350	瓷器中玻璃相	1000	320
GeO_2	1150	250	瓷釉	1000	250～280

如前所述，表面张力是由于排列在表面层的质点受力不均衡引起的，则这个力场相差越大，表面张力也越大，因此凡是影响熔体质点间相互作用力的因素，都将直接影响到表面张力的大小。

4.2.2.1 **表面张力与组成的关系**

熔体内原子（离子或分子）的化学键型对其表面张力有很大影响。其规律是：具有金属键的熔体表面张力＞共价键＞离子键＞分子键。硅酸盐熔体中既具有共价键合又有离子键合。因此其表面张力介于典型共价键熔体与离子键熔体之间。

结构类型相同的离子晶体，其晶格能越大，则其熔体的表面张力也越大；其单位晶胞边长越小，熔体的表面张力也越大。总的说来，熔体内部质点之间的相互作用力越大，则表面张力也越大。

各种氧化物的加入对硅酸盐熔体表面张力的影响是不同的。

对于硅酸盐熔体，随着成分的变化，特别是 O/Si 比值的变化，其复合阴离子团的大小、形态和相互作用力矩 Z/r 大小也发生变化（Z 是复合阴离子团所带的电荷，r 是复合阴离子团的半径）。一般来说，O/Si 比值越小，熔体中复合阴离子团越大，Z/r 的值变小，相互间作用力越小，因此这些复合阴离子团就部分地被排挤到熔体表面层，使表面张力降低。一价金属阳离子以断网为主，它的加入能使复合阴离子团离解，由于复合阳离子团的 r 减小，使 Z/r 的值增大，相互间作用力增加，表面张力增大，如图 4-15 所示。

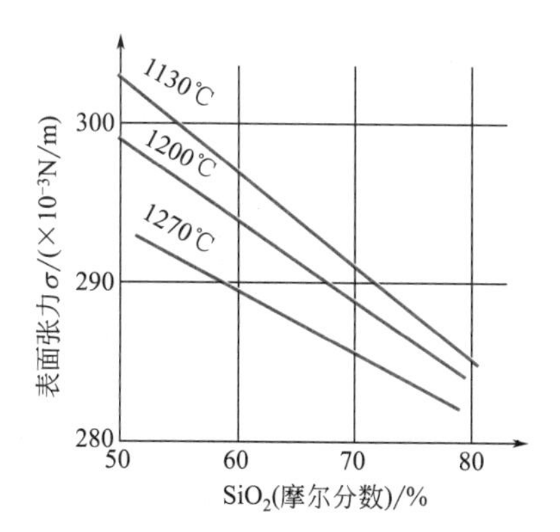

图 4-15　Na_2O-SiO_2 系统熔体成分对表面张力的影响

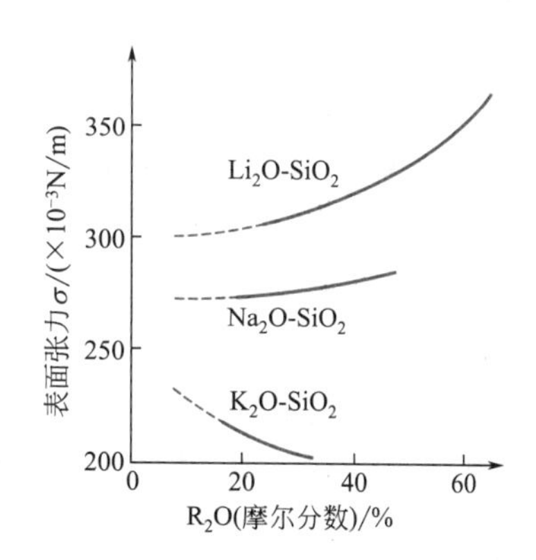

图 4-16　300℃时 R_2O-SiO_2 系统玻璃成分与表面张力的关系

从图 4-15 中可以看出，在不同温度下，随着 Na_2O 的引入量的增多，表面张力也增大。但随着阳离子半径的增加，这种作用依次减小。其顺序为：

$$\sigma_{Li_2O \cdot SiO_2} > \sigma_{Na_2O \cdot SiO_2} > \sigma_{K_2O \cdot SiO_2} > \sigma_{Cs_2O \cdot SiO_2}$$

到 K_2O 已经起降低表面张力的作用，如图 4-16 所示。

当用等摩尔分数的碱土金属氧化物按 $Mg^{2+} \rightarrow Ca^{2+} \rightarrow Sr^{2+} \rightarrow Ba^{2+}$ 以及 $Zn^{2+} \rightarrow Cd^{2+}$ 的顺序置换时，同样随着离子半径的增大，表面张力减小。各种氧化物对玻璃的表面张力影响可分为三类，见表 4-6。

第Ⅰ类氧化物，如 SiO_2、Al_2O_3、CaO、MgO、Na_2O、Li_2O 等没有表面活性，能增加表面张力，称为表面惰性物质。

第Ⅱ类氧化物，如 K_2O、PbO、B_2O_3、Sb_2O_3、P_2O_5 等引入量较大时能显著降低熔体表面张力。

第Ⅲ类氧化物，如 V_2O_5、Cr_2O_3、MoO_3、WO_3 等，即使引入量较少，也可剧烈地降低熔体的表面张力，称为表面活性物质，它们总是趋于自动聚集在表面（此现象为吸附）以降低体系表面能。

表 4-6 氧化物对表面张力的影响

类别	氧化物	备注
表面惰性组分	SiO_2、GeO_2、TiO_2、ZrO_2、SnO_2、Al_2O_3、BeO、MgO、CaO、SrO、BaO、ZnO、CdO、MnO、FeO、CoO、NiO、Li_2O、Na_2O、La_2O_3、Nb_2O_3、Ga_2O_3、Pr_2O_5	增大系统表面张力，CaF_2 也属于此类组分
表面活性组分	K_2O、Rb_2O、Cs_2O、PbO、B_2O_3、Sb_2O_3、As_2O_3、P_2O_5	降低系统表面张力，Na_3AlF_6、Na_2SiF_6 也能显著降低表面张力
溶解性差而表面活性强组分	V_2O_5、WO_3、MoO_3、$CrO_3(Cr_2O_3)$、SO_3	这些组分能使熔体表面张力降低 20%～30%或更多

B_2O_3 熔体，因 [BO_3] 基团是一个平面单元，垂直于这一平面上的作用力是很小的，因此 [BO_3] 基团的排列与表面平行。B_2O_3 熔体的表面张力很小，900℃时只有约 80×10^{-3}N/m。在硅酸盐熔体中引入 B_2O_3 也会使表面张力值减小，因为虽然在熔体内部 B^{3+} 的配位数是 4，而在表面就会变成 [BO_3] 基团。B_2O_3 是瓷釉中常用的降低表面张力的组分。

氟化物如 Na_3AlF_6、Na_2SiF_6，硫酸盐如芒硝，氯化物如 NaCl 等，都能显著降低熔体的表面张力。因此，在玻璃生产中，加入这些化合物均有利于玻璃液的澄清和均化。

当两种熔体混合时，一般不能单纯将它们各自的表面张力值用加和法计算。由于表面张力小的熔体在混合后会聚集在表面上，即使加入少量也可以显著降低混合熔体的表面张力。

4.2.2.2 表面张力与温度的关系

从表面张力的概念可知，温度升高，质点热运动增加，体积膨胀，相互作用力松弛，因此，液-气界面上的质点在界面两侧所受的力场差异也随之减少，表面张力降低。在高温时，熔体的表面张力受温度变化的影响不大，一般温度每增加 100℃，表面张力减少 $(4\sim10)\times10^{-3}$N/m。当熔体温度降到靠近其软化温度范围时，其表面张力会显著增加，这是因为此时体积突然收缩，质点间作用力显著加大而致。图 4-17 所示为钾铅硅酸盐玻璃的表面张力与温度的关系。该玻璃的相应成分见表 4-7。

表 4-7 钾铅硅酸盐玻璃的组成

所含氧化物	SiO_2	Na_2O	K_2O	PbO	Al_2O_3	CaO	MgO
质量分数/%	57.5	4.2	8.0	28.6	1.4	0.4	0.4

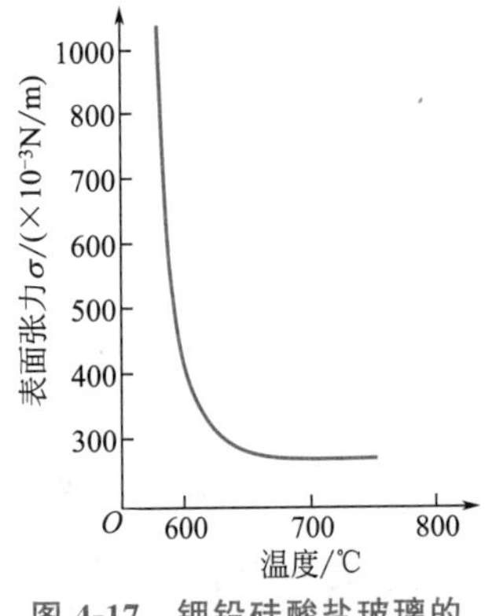

图 4-17 钾铅硅酸盐玻璃的表面张力与温度的关系

由图 4-17 可看出，在高温区及低温区，表面张力均随温度的增加而减小，二者几乎呈直线关系，可用下述经验公式表示：

$$\sigma=\sigma_0(1-bT) \tag{4-5}$$

式中 b——与成分有关的经验常数；

σ_0——一定条件下开始的表面张力值；

T——温度变动值。

式(4-5) 对于不缔合或解离的液体具有良好的适用性，但由于在硅酸盐熔体中存在复合硅氧阴离子团的缔合或解离，因此在软化温度附近出现转折，不呈直线关系，不能用上述经验公式表示。

而对 $PbO-SiO_2$ 系统玻璃，其表面张力随温度升高而略微变大，温度系数为正值。一般含有表面活性物质的系统也出现此正温度系数，这可能与在较高温度下出现“解吸”过程有关。对硼酸盐熔体，随着碱含量减少，表面张力的温度系数由负逐渐接近零值，当碱含量再减少时，$d\sigma/dT$ 也将出现正值。这是由于温度升高时，熔体中各组分的活动能力增强，扰乱了熔体表面［BO_3］平面基团的整齐排列，致使表面张力增大。B_2O_3 熔体在1000℃左右的 $d\sigma/dT \approx 0.04 \times 10^{-3}$ N/m。一般硅酸盐熔体的表面张力温度系数并不大，波动在（$-0.06 \sim 0.06$）$\times 10^{-3}$ N/(m·℃）之间。

熔体周围的气体介质对其表面张力也会产生一定的影响。非极性气体如干燥的空气、N_2、H_2、He等对熔体的表面张力基本上不影响，而极性气体如水蒸气、SO_2、NH_3、HCl等对熔体表面张力影响较大，通常使表面张力有明显的降低，而且介质的极性越强，表面张力降低得也越多，即与气体的偶极矩成正比。特别在低温时（如550℃左右），此现象较明显，当温度升高时，由于气体被吸收能力降低，气氛的影响同时减小，在温度超过850℃或更高时，此现象将完全消失。此外，气体介质的性质对熔体的表面张力有强烈影响。一般来说，还原气氛下熔体的表面张力较氧化气氛下大20%。这对于熔制棕色玻璃时色泽的均匀性有着重大意义，由于表面张力的增大，玻璃熔体表面趋于收缩，这样便不断促使新的玻璃液达到表面而起到混合搅拌作用。

4.3 玻璃的形成

玻璃是非晶态固体中最重要的一族。传统玻璃一般通过熔融法，即玻璃原料经加热、熔融、过冷来制取，在结构上与熔体有相似之处。随着近代科学技术的发展，现在也可由非熔融法，如气相的化学和电沉积、液相的水解和沉积、真空蒸发和射频溅射、高能射线辐照、离子注入、冲击波等方法，来获得以结构无序为主要特征的玻璃态（通常称为非晶态）。无论用何种方法得到的玻璃，其基本性质是相同的。

4.3.1 玻璃的通性

一般无机玻璃的外部特征是有较高的硬度，较大的脆性，对可见光具有一定的透明度，并在开裂时具有贝壳及蜡状断裂面。较严格说来，玻璃具有以下物理通性。

4.3.1.1 各向同性

无内应力存在的均质玻璃在各个方向的物理性质如折射率、导电性、硬度、热膨胀系数、热导率以及力学性能等都是相同的，这与非等轴晶系的晶体具有各向异性的特性不同，却与液体相似，是其内部质点的随机分布而呈现统计均质结构的宏观表现。

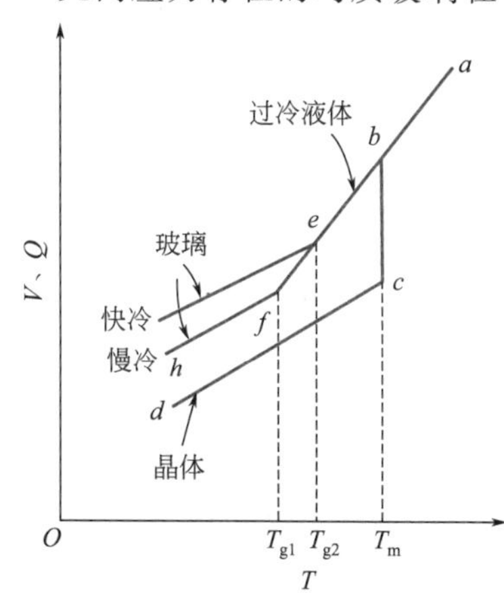

图 4-18 物质体积与内能随温度变化示意图

但玻璃存在内应力时，结构均匀性就遭受破坏，显示出各向异性，例如出现明显的光程差。

4.3.1.2 介稳性

在一定的热力学条件下，系统虽未处于最低能量状态，却处于一种可以较长时间存在的状态，称为处于介稳状态。当熔体冷却成玻璃体时，其状态不是处于最低的能量状态。它能较长时间在低温下保留高温时的结构而不变化。因而为介稳状态或具有介稳的性质，含有过剩内能。图4-18示出熔体冷却过程中物质内能与体积变化。在结晶情况下，内能与体积随温度变化如折线 $abcd$ 所示。而过冷却形成玻璃时的情况如折线 $abefh$ 所示的过程变化。由图中可见，玻璃态内能大于晶态。从热力学观点看，玻璃态是一种高能量状态，它必然有向低能量状态转化的趋势，也即有析晶的可能。然而事实上，很多玻璃在常温下经数百年之久仍未结晶，这是由于在常温下，玻璃黏度非常大，使得玻璃态自发转变为晶态很困难，其速率是十分小的。因而从动力学观点看，它又是稳定的。

4.3.1.3 由熔融态向玻璃态的转化是可逆与渐变的，在一定温度范围内完成，无固定熔点

熔体冷却时，若是结晶过程，则由于出现新相，在熔点 T_m 处内能、体积及其他一些性能都发生突变（内能、体积突然下降与黏度的剧烈上升），如图 4-18 中由 b 至 c 的变化，整个曲线在 T_m 处出现不连续。若是向玻璃转变，当熔体冷却到 T_m 时，体积、内能不发生异常变化，而是沿着 be 变为过冷液体，当达到 f 点时（对应温度 T_{g1}），熔体开始固化，这时的温度称为玻璃转变温度或称脆性温度，对应黏度为 10^{12} Pa·s，继续冷却，曲线出现弯曲，fh 一段的斜率比以前小了一些，但整个曲线是连续变化的。通常把黏度为 10^8 Pa·s 对应的温度 T_f 称为玻璃软化温度，玻璃加热到此温度即软化，高于此温度玻璃就呈现液态的一般性质。$T_g \sim T_f$ 的温度范围称为玻璃转变范围或称反常间距，它是玻璃转变特有的过渡温度范围。显然向玻璃体转变过程是在较宽广范围内完成的，随着温度下降，熔体的黏度越来越大，最后形成固态的玻璃，其间没有新相出现。相反，由玻璃加热变为熔体的过程也是渐变的，因此具有可逆性。玻璃体没有固定的熔点，只有一个从软化温度到转变温度的范围，在这个范围内玻璃由塑性变形转为弹性变形。值得提出的是，不同玻璃成分用同一冷却速度，T_g 一般会有差别，各种玻璃的转变温度随成分而变化。如石英玻璃在 1150℃左右，而钠硅酸盐玻璃在 500～550℃；同一种玻璃，以不同冷却速度冷却得到的 T_g 也会不同，如图 4-18 中 T_{g1} 和 T_{g2} 就是属于此种情况。但不管转变温度 T_g 如何变化，对应的黏度值却是不变的，均为 10^{12} Pa·s。

一些非熔融法制得的新型玻璃如气相沉积方法制备的 Si 无定形薄膜或急速淬火形成的无定形金属膜，在再次加热到液态前就会产生析晶的相变。虽然它们在结构上也属于玻璃态，但在宏观特性上与传统玻璃有一定差别，故而通常称这类物质为无定形物。

玻璃转变温度 T_g 是区分玻璃与其他非晶态固体（如硅胶、树脂等）的重要特征。

4.3.1.4 由熔融态向玻璃态转化时物理化学性质随温度变化的连续性

玻璃体由熔融状态冷却转变为机械固态，或者加热的相反转变过程，其物理化学性质的变化是连续的。图 4-19 表示玻璃性质随温度变化的关系。玻璃性质随温度的变化可分为三类：第一类性质如电导、比容、黏度等按曲线Ⅰ变化；第二类性质如热容、膨胀系数、密度、折射率等按曲线Ⅱ变化；第三类性质如热导率和一些力学性质（弹性常数等）如曲线Ⅲ所示，它们在 $T_g \sim T_f$ 转变范围内有极大值的变化。

在图 4-19 玻璃性质随温度逐渐变化的曲线上有两个特征温度，即 T_g 与 T_f。T_g 是玻璃转变温度，它是玻璃出现脆性的最高温度，相应的黏度为 10^{12} Pa·s，由于在该温度时，可以消除玻璃制品因不均匀冷却而产生的内应力，因而也称退火上限温度（退火点）。T_f 是玻璃软化温度，为玻璃开始出现液体状态典型性质的温度，相应的黏度为 10^8 Pa·s，在该温度下玻璃可以拉制成丝。

从图 4-19 中可看到，性质-温度曲线可划分为三部分：T_g 以下的低温段（ab、$a'b'$、$a''b''$）和 T_f 以上的高温段（cd、$c'd'$、$c''d''$）其变化几乎呈直线关系，这是因为前者的玻

璃为固体状态，而后者则为熔体状态，它们的结构随温度是逐渐变化的。而在中温部分（bc、$b'c'$、$b''c''$）$T_g \sim T_f$ 转变温度范围内是固态玻璃向玻璃熔体转变的区域，由于结构随温度急速的变化，因而性质变化虽然有连续性，但变化剧烈，并不呈直线关系。由此可见 $T_g \sim T_f$ 对于控制玻璃的物理性质有重要意义。

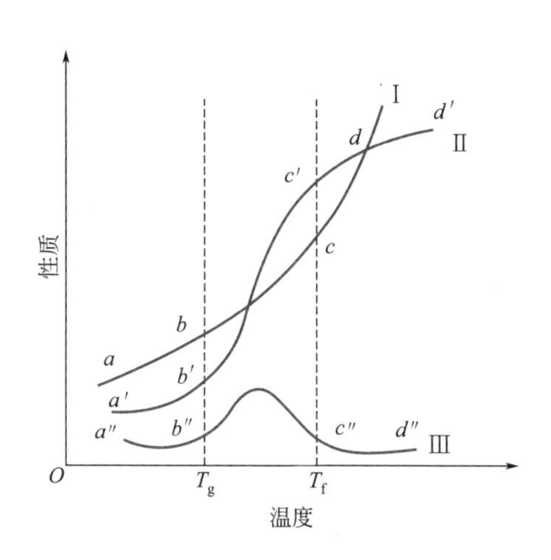

图 4-19 玻璃性质随温度的变化

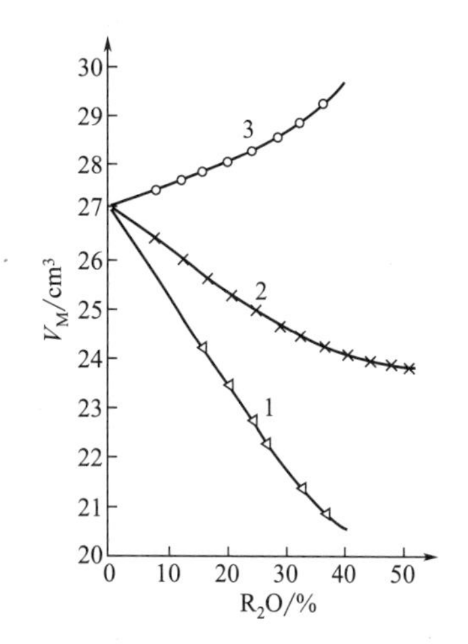

图 4-20 R_2O-SiO_2 系统玻璃摩尔体积与含量的关系

1—Li_2O；2—Na_2O；3—K_2O

4.3.1.5 物理化学性质随成分变化的连续性

除形成连续固溶体外，二元以上晶体化合物有固定的原子或分子比，因此它们的性质变化是非连续的。但玻璃则不同，玻璃的化学成分在一定范围内，可以连续和逐渐的变化。与此相应，性质也随之发生连续和逐渐的变化。由此而带来玻璃部分性质的加和性，即玻璃的一些性能（图 4-19 中第二类性质）随成分含量呈加和性变化，成分含量越大，对这些性质影响的贡献越大。这些性质是玻璃中所含各氧化物特定部分性质之和。利用玻璃性质的加和性可由已知玻璃成分粗略计算该玻璃的性质。

图 4-20 为 R_2O-SiO_2 系统玻璃摩尔体积的变化。由图可见，摩尔体积随 R_2O 的增加或者连续下降（加入 Li_2O 或 Na_2O 时），或者连续增加（加入 K_2O 时）。

以上五个特性是玻璃态物质所特有的。因此，任何物质不论其化学组成和形成方法如何，只要具有这五个特性，都称为玻璃。

4.3.2 玻璃的转变

从上述玻璃通性中知道，熔融态变到玻璃态或相反过程，中间出现的是一个和液态-晶态相变性质完全不同的玻璃转变过程。它不仅表明液固相转变的一个界限范围，而且还决定了冷却过程时处于低温区玻璃的结构，因此理解玻璃转变的本质是认识玻璃的一个中心问题。

研究表明，不同物质的熔点 T_m（液态-晶态的温度）和玻璃转变温度 T_g（液态-玻璃态的温度）之间呈现简单线性关系，如图 4-21 所示。而且不论高分子、低分子有机化合物，还是无机化合物，都较好地符合此线性关系，即：

$$\frac{T_g}{T_m} \approx \frac{2}{3} = 0.667 \tag{4-6}$$

由于 T_g/T_m 近似等于 2/3，是个常数。玻璃等材料在转变温度和熔点时的熵变之比也近于常数，即：

$$\frac{\Delta S_g}{\Delta S_m} \approx \frac{1}{3} \tag{4-7}$$

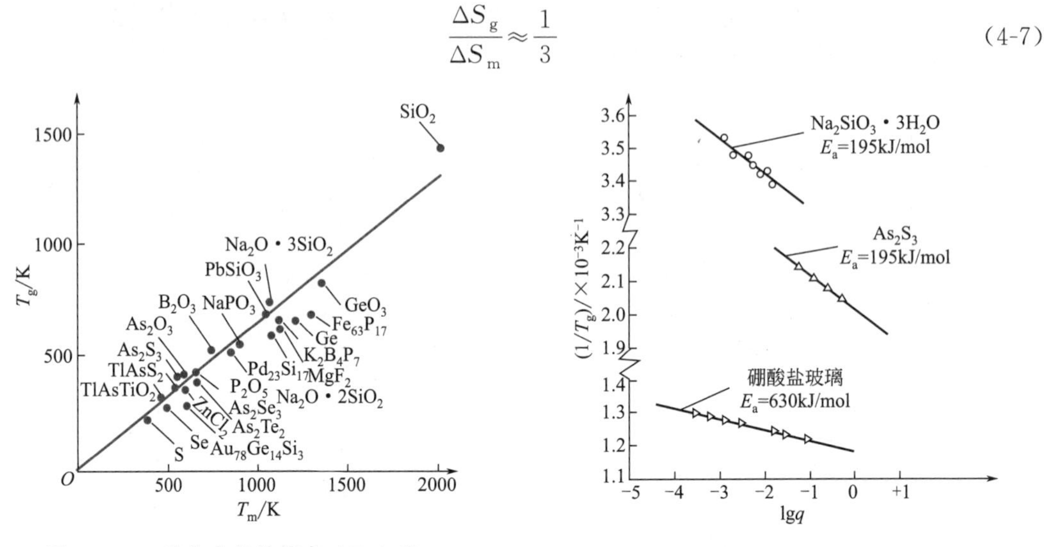

图 4-21　一些化合物的熔点（T_m）和玻璃转变温度（T_g）的关系

图 4-22　冷却速度对玻璃转变的影响（q 的单位为℃/s）

但测定时，T_g 受冷却速度或测试仪器的影响很大。图 4-22 所示为冷却速度对各种物质 T_g 的影响。由图得出冷却速度 q 和 T_g 的关系可用指数公式表示：

$$q = q_0 \exp\left(\frac{E_a}{RT_g}\right) \tag{4-8}$$

式中　E_a——与玻璃转变有关的活化能；

R——气体常数；

q_0——常数。

这关系表明 T_g 的性质和 T_m 不同，是一个和动力学有关的量度。这是因为熔体内的质点（原子、离子或分子）在冷却到某一温度时，结构相应进行调整或重排，以达到该温度时的平衡结构，同时放出热量，称为结构松弛。反映在宏观上就是比容的缩小。结构调整能否达到该温度的平衡结构取决于结构的调整速率，也即由结构松弛所需时间的长短来定。这里结构松弛的快慢又和熔体的黏度有关，黏度越小，松弛所需时间越短，结构调整速率就越快，反之亦然。因此熔体在冷却过程中，如果结构调整速率大于冷却速度，熔体冷却时能达到平衡结构；反之熔体结构来不及调整，就偏离了平衡结构而呈玻璃态了，因而根据冷却速度和结构调整速率的相对大小可以判断熔体何时失去平衡，即决定 T_g 值。所以在物质熔点以下，冷却速度对玻璃转变的影响很大。许多熔体在接近熔点的温度区域冷却时析晶很快，除非快速冷却或淬火，使它很快偏离熔体的平衡结构，否则就得不到玻璃。

4.3.3 玻璃的形成

玻璃态是物质的一种聚集状态，研究和认识玻璃的形成规律，即形成玻璃的物质及方法、玻璃形成的条件和影响因素，对于揭示玻璃的结构和合成更多具有特殊性能的新型非晶态固体材料具有重要的理论与实际意义。

4.3.3.1 形成玻璃的物质及方法

只要冷却速度足够快，几乎任何物质都能形成玻璃，见表 4-8 和表 4-9。

表 4-8 由熔融法形成玻璃的物质

种类	物质
元素	O、S、Se、P
氧化物	P_2O_5、B_2O_3、As_2O_3、SiO_2、GeO_2、Sb_2O_3、In_2O_3、Te_2O_3、SnO_2、PbO、SeO
硫化物	B、Ga、In、Tl、Ge、Sn、N、P、As、Sb、Bi、O、Sc 的硫化物 As_2S_3、Sb_2S_3 等
硒化物	Tl、Si、Sn、Pb、P、As、Sb、Bi、O、S、Te 的硒化物
碲化物	Tl、Sn、Pb、Sb、Bi、O、Se、As、Ge 的碲化物
卤化物	BeF_2、AlF_3、$ZnCl_2$、AgCl、AgBr、AgI、$PbCl_2$、$PbBr_2$、PbI_2 和多组分混合物
硝酸盐	R^1NO_3-$R^2(NO_3)_2$，其中 R^1 为碱金属离子，R^2 为碱土金属离子
碳酸盐	K_2CO_3-$MgCO_3$
硫酸盐	Tl_2SO_4、$KHSO_4$ 等
硅酸盐、硼酸盐、磷酸盐	各种硅酸盐、硼酸盐、磷酸盐
有机化合物	非聚合物，甲苯、乙醚、甲醇、乙醇、甘油、葡萄糖等
	聚合物，聚乙烯等，种类很多
水溶液	酸、碱、氧化物、硝酸盐、磷酸盐、硅酸盐等，种类很多
金属	Au_4Si、Pd_4Si、Te_x-$Cu_{2.5}$-Au_5 及其他用特殊急冷法获得

表 4-9 由非熔融法形成玻璃的物质

原始物质	形成原因	获得方法	实例
固体（结晶）	剪切应力	冲击波	石英、长石等晶体，通过爆炸的冲击波而非晶化
		磨碎	晶体通过磨碎，粒子表面层逐渐非晶化
	放射线照射	高速中子线	石英晶体经高速中子线或 α 粒子线的照射后转变为非晶体石英
		α 粒子线	
液体	形成络合物	金属醇盐水解	Si、B、P、Al、Na、K 等醇盐酒精溶液加水分解得到胶体，加热形成单组分或多组分氧化物玻璃
气体	升华	真空蒸发沉积	在低温基板上用蒸发沉积形成非晶质薄膜，如 Bi、Si、Ge、B、MgO、Al_2O_3、TiO_2、SiC 等化合物
		阴极飞溅和氧化反应	在低压氧化气氛中，把金属或合金做成阴极，飞溅在基板上形成非晶态氧化物薄膜，有 SiO_2、PbO-TeO_2、Pb-SiO_2 系统薄膜等
	气相反应	气相反应	$SiCl_4$ 水解或 SiH_4 氧化形成 SiO_2 玻璃，在真空中加热 $B(OC_2H_3)_3$ 到 700～900℃形成 B_2O_3 玻璃
		辉光放电	利用辉光放电形成原子态氧和低压中金属有机化合物分解，在基板上形成非晶态氧化物薄膜，如 $Si(OC_2H_5)_4 \longrightarrow SiO_2$ 及其他例子
	电解	阴极法	利用电介质溶液的电解反应，在阴极上析出非晶质氧化物，如 Ta_2O_3、Al_2O_3、ZrO_2、Nb_2O_3 等

目前形成玻璃的方法有很多种，总的说来分为熔融法和非熔融法。熔融法是形成玻璃的传统方法，即玻璃原料经加热、熔融和在常规条件下进行冷却而形成玻璃态物质，在玻璃工

业生产中大量采用这种方法。此法的不足之处是冷却速度较慢，工业生产一般为 40～60℃/h，实验室样品急冷也仅为 1～10℃/s，这样的冷却速度不能使金属、合金或一些离子化合物形成玻璃。如今除传统熔融法以外出现了许多非熔融法，且较熔融法在冷却速度上也有很大的突破，例如溅射冷却或冷冻技术，冷却速度可达 10^6～10^7℃/s 以上，这使得用传统熔融法不能得到玻璃态的物质，也可以转变成玻璃。表 4-9 示出各种不同聚集状态的物质向玻璃态转变的方法。

4.3.3.2 玻璃形成的热力学条件

熔体是物质在液相线温度以上存在的一种高能量状态。随着温度降低，熔体释放能量大小不同，可以有三种冷却途径：①结晶化，即有序度不断增加，直到释放全部多余能量而使整个熔体晶化为止；②玻璃化，即过冷熔体在转变温度 T_g 硬化为固态玻璃的过程；③分相，即质点迁移使熔体内某些组成偏聚，从而形成互不混溶的组成不同的两个玻璃相。

玻璃化和分相过程均没有释放出全部多余的能量，因此与晶化相比这两个状态都处于能量的介稳状态。大部分玻璃熔体在过冷时，这三种过程总是程度不等地发生的。从热力学观点分析，玻璃态物质总有降低内能向晶态转变的趋势，在一定条件下通过析晶或分相放出能量使其处于低能量稳定状态。如果玻璃与晶体内能差别大，则在不稳定过冷下，晶化倾向大，形成玻璃的倾向小。表 4-10 列出了几种硅酸盐晶体和相应组成玻璃体内能的比较。由表可见，玻璃体和晶体两种状态的内能差值不大，故析晶动力较小，因此玻璃这种能量的亚稳态在实际上能够长时间稳定存在。从表 4-10 中的数据可见，这些热力学参数与玻璃的形成并没有十分直接的关系，以此来判断玻璃形成能力是困难的。所以形成玻璃的条件除了热力学条件，还有其他更直接的条件。

表 4-10 几种硅酸盐晶体与玻璃体的生成热

组成	状态	$-\Delta H/(kJ/mol)$
Pb_2SiO_4	晶态	1309
	玻璃态	1294
SiO_2	β-石英	860
	β-鳞石英	854
	β-方石英	858
	玻璃态	848
Na_2SiO_3	晶态	1528
	玻璃态	1507

4.3.3.3 玻璃形成的动力学条件

从动力学的角度讲，析晶过程必须克服一定的势垒，包括形成晶核所需建立新界面的界面能以及晶核长大成晶体所需的质点扩散的活化能等。如果这些势垒较大，尤其当熔体冷却速度很快时，黏度增加甚大，质点来不及进行有规则排列，晶核形成和晶体长大均难以实现，从而有利于玻璃的形成。

近代研究证实，如果冷却速度足够快时，即使金属亦有可能保持其高温的无定形状态；反之，如在低于熔点范围内保温足够长的时间，则任何网络形成体都能结晶。因此从动力学的观点看，形成玻璃的关键是熔体的冷却速度。在玻璃形成动力学讨论中，探讨熔体冷却以避免产生可以探测到的晶体所需的临界冷却速度（最小冷却速度）对研究玻璃形成规律和制定玻璃形成工艺是非常重要的。

泰曼（Tammann）首先系统地研究了熔体的冷却析晶行为，提出析晶分为晶核生成与晶体长大两个过程。熔体冷却是形成玻璃或是析晶，由两个过程的速率决定，即晶核生成速率（I）和晶体生长速率（U）。晶核生成速率是指单位时间内单位体积熔体中所生成的晶核数目［个/(cm^3·s)］；晶体生长速率是指单位时间内晶体的线增长速率（cm/s）。I 与 U 均与过冷度（$\Delta T = T_m - T$，T_m 为熔点）有关，其相应关系式见式(9-20) 及式(9-35)（第 9 章相变过程）。图 4-23 示出 I 与 U 随过冷度变化曲线，称为物质的析晶特征曲线。由图可见，I 曲线与 U 曲线上都存在极大值。

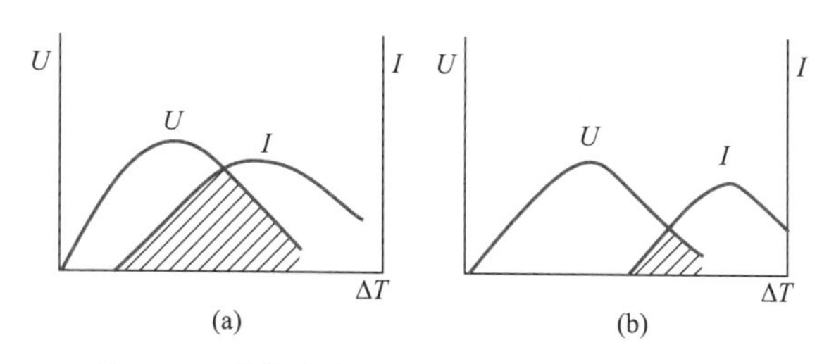

图 4-23 成核速率和生长速率与过冷度的关系

泰曼认为，玻璃的形成，是由于过冷熔体中晶核生成的最大速率对应的温度低于晶体生长最大速率对应的温度所致。因为熔体冷却时，当温度降到晶体生长最大速率时，晶核生成速率很小，只有少量的晶核长大；当熔体继续冷却到晶核生成最大速率时，晶体生长速率则较小，晶核不可能充分长大，最终不能结晶而形成玻璃。因此，晶核生成速率与晶体生长速率的极大值所处的温度相差越小［图 4-23（a)］，熔体越易析晶而不易形成玻璃。反之，熔体就越不易析晶而易形成玻璃［图 4-23（b)］。通常将两曲线重叠的区域（图 4-23 中画上阴影的区域）称为析晶区域或玻璃不易形成区域。如果熔体在玻璃形成温度（T_g）附近黏度很大，这时晶核产生和晶体生长阻力均很大，这时熔体易形成过冷液体而不易析晶。因此熔体是析晶还是形成玻璃与过冷度、黏度、成核速率、晶体生长速率均有关。

尤曼（Uhlmann）在 1969 年将冶金工业中使用的 3T 图或 TTT 图（Time-Temperature-Transformation）方法应用于玻璃转变并取得很大成功，目前已成为玻璃形成动力学理论中的重要方法之一。

尤曼认为判断一种物质能否形成玻璃，首先必须确定玻璃中可以检测到的晶体的最小体积。然后再考虑熔体究竟需要多快的冷却速度才能防止这一结晶量的产生，从而获得检测上合格的玻璃。实验证明，当晶体混乱地分布于熔体中时，晶体的体积分数（晶体体积/玻璃总体积，V^β/V）为 10^{-6} 时，刚好为仪器可探测出来的浓度。根据相变动力学理论，通过式(4-9) 估计防止一定的体积分数的晶体析出所必需的冷却速度。

$$\frac{V^\beta}{V} \approx \frac{\pi}{3} I U^3 t^4 \tag{4-9}$$

式中 V^β——析出晶体体积；

V——熔体体积；

I——成核速率；

U——晶体生长速率；

t——时间。

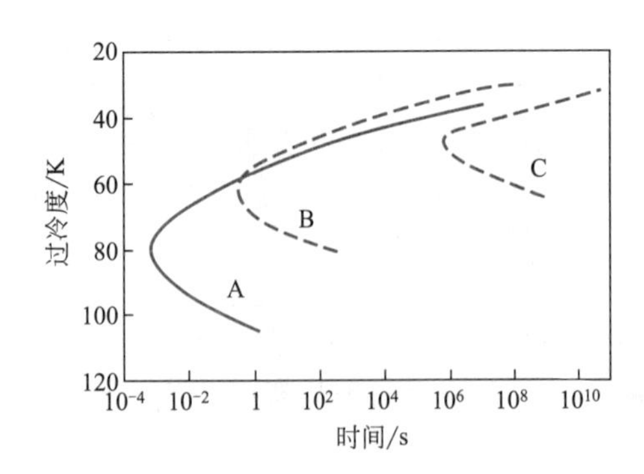

图 4-24 结晶体积分数为 10^{-6} 时具有不同熔点的物质的 3T 曲线

A—T_m=365.6K；B—T_m=316.6K；C—T_m=276.6K

如果只考虑均匀成核，为避免得到 10^{-6} 体积分数的晶体，可从式(4-9) 通过绘制 3T 曲线来估算必须采用的冷却速度。绘制这种曲线首先选择一个特定的结晶分数，在一系列温度下计算成核速率及晶体生长速率。把计算得到的 I、U 代入式(4-9) 求出对应的时间 t。用过冷度（$\Delta T = T_m - T$）为纵坐标、冷却时间 t 为横坐标作出 3T 图。图 4-24 示出了这类图的实例。由于结晶驱动力（过冷度）随温度降低而增加，原子迁移率随温度降低而降低，因而造成 3T 曲线弯曲而出现头部突出点。在图中 3T 曲线凸面内围部分为该熔点的物质在一定过冷度下形成晶体的区域，而 3T 曲线凸面外围部分是一定过冷度下形成玻璃体的区域。3T 曲线头部的顶点对应了析出晶体体积分数为 10^{-6} 时的最短时间。

为避免形成给定体积分数的晶体，所需要的冷却速度（即临界冷却速度）可由下式粗略地计算出来：

$$\left(\frac{\mathrm{d}T}{\mathrm{d}t}\right)_c \approx \frac{\Delta T_n}{\tau_n} \tag{4-10}$$

式中　ΔT_n，τ_n——3T 曲线头部顶点对应的过冷度和时间。

由式(4-9) 可以看出，3T 曲线上任何温度下的时间仅仅随 V^β/V 的 1/4 次方变化。因此形成玻璃的临界冷却速度对析晶晶体的体积分数是不甚敏感的。这样有了某熔体 3T 图，对该熔体求冷却速度才有普遍意义。

形成玻璃的临界冷却速度是随熔体组成而变化的。表 4-11 列举了几种化合物的临界冷却速度和熔融温度时的黏度。

表 4-11 几种化合物生成玻璃的性能

性能	化合物									
	SiO_2	GeO_2	B_2O_3	Al_2O_3	As_2O_3	BeF_2	$ZnCl_2$	LiCl	Ni	Se
T_M(℃)	1710	1115	450	2050	280	540	320	613	1380	225
η_{T_m}/P	10^7	10^5	10^5	0.6	10^5	10^6	30	0.02	0.01	10^3
T_g/T_m	0.74	0.67	0.72	约 0.5	0.75	0.67	0.58	0.3	0.3	0.65
$(\mathrm{d}T/\mathrm{d}t)_c$(℃/s)	10^{-5}	10^{-2}	10^{-6}	10^3	10^{-5}	10^{-6}	10^{-1}	10^8	10^7	10^{-3}

由表 4-11 可以看出，凡是熔体在熔点时具有高的黏度，并且黏度随温度降低而剧烈地增高，这就使析晶势垒升高。这类熔体易形成玻璃。而一些在熔点附近黏度很小的熔体如 LiCl、金属 Ni 等易析晶而不易形成玻璃。$ZnCl_2$ 只有在快速冷却条件下才生成玻璃。

从表 4-11 还可以看出，玻璃转变温度 T_g 与熔点 T_m 之间的相关性（T_g/T_m）也是判别能否形成玻璃的标志。由图 4-21 可知，易生成玻璃的氧化物位于直线的上方，而较难生成玻璃的非氧化物，特别是金属合金，位于直线的下方。当 $T_g/T_m \approx 0.5$ 时，形成玻璃的临界冷却速度（$\mathrm{d}T/\mathrm{d}t$）约要 10^6℃/s。

黏度和熔点是生成玻璃的重要标志，冷却速度是形成玻璃的重要条件。但这些毕竟是反映物质内部结构的外部属性。因此从物质内部的化学键特性、质点的排列状况等去探求才能得到根本的解释。

4.3.3.4 玻璃形成的结晶化学条件

(1) 复合阴离子团大小与排列方式　不难设想，从硅酸盐熔体转变为玻璃时，熔体的结构含有多种负离子集团，如 $[SiO_4]^{4-}$、$[Si_2O_7]^{6-}$、$[Si_6O_{18}]^{12-}$、$[SiO_3]_n^{2n-}$、$[Si_4O_{11}]_n^{4n-}$ 等，这些集团可能时分时合。随着温度下降，聚合过程渐占优势，而后形成大型负离子集团。这种大型负离子集团可以看成由不等数目的 $[SiO_4]^{4-}$ 以不同的连接方式歪扭地聚合而成，宛如歪扭的链状或网络结构。

在熔体结构中已经谈过不同 O/Si 比对应着一定的聚集负离子团结构，如当 O/Si 比为 2 时，熔体中含有大小不等的歪扭的 $[SiO_2]_n$ 聚集团（即石英玻璃熔体）；随着 O/Si 比的增加，硅氧负离子集团不断变小，当 O/Si 比增至 4 时，硅氧负离子集团全部解聚成为分立状的 $[SiO_4]^{4-}$，这就很难形成玻璃。因此形成玻璃的倾向大小和熔体中负离子团的聚合程度有关。聚合程度越低，越不易形成玻璃；聚合程度越高，特别是当具有三维网络或歪扭链状结构时，越容易形成玻璃。因为这时网络或链错杂交织，质点做空间位置的调整以析出对称性良好、远程有序的晶体就比较困难。

硼酸盐、锗酸盐、磷酸盐等无机熔体中，也可采用类似硅酸盐的方法，根据 O/B、O/Ge、O/P 比来粗略估计负离子集团的大小。根据实验，形成玻璃的 O/B、O/Si、O/Ge、O/P 比有最高限值，见表 4-12。这个限值表明，熔体中负离子集团只有以高聚合的歪曲链状或环状方式存在时，方能形成玻璃。

表 4-12　形成硼酸盐、硅酸盐等玻璃的 O/B、O/Si 等比值的最高限值

与不同系统配合加入的氧化物	硼酸盐系统 O/B	硅酸盐系统 O/Si	锗酸盐系统 O/Ge	磷酸盐系统 O/P
Li_2O	1.9	2.55	2.30	3.25
Na_2O	1.8	3.40	2.60	3.25
K_2O	1.8	3.20	3.50	2.90
MgO	1.95	2.70	—	3.25
CaO	1.90	2.30	2.55	3.10
SrO	1.90	2.70	2.65	3.10
BaO	1.85	2.70	2.40	3.20

(2) 键强　孙光汉于 1947 年提出氧化物的键强是决定其能否形成玻璃的重要条件，他认为可以用元素与氧结合的单键强度大小来判断氧化物能否生成玻璃。在无机氧化物熔体中，$[SiO_4]$、$[BO_3]$ 等这些配位多面体之所以能以负离子集团存在而不分解为相应的个别离子，显然和 B—O、Si—O 间的键强有关。而熔体在结晶化过程中，原子或离子要进行重排，熔体结构中原子或离子间原有的化学键会连续破坏，并重新组合形成新键。从不规则的熔体变成周期排列的有序晶格是结晶的重要过程。这些键越强，结晶的倾向越小，越容易形成玻璃。通过测定各种化合物（MO_x）的离解能（MO_x 离解为气态原子时所需的总能量），将这个能量除以该种化合物正离子 M 的氧配位数，可得出 M—O 单键强度（单位是 kJ/mol）。各种氧化物的单键强度数值列于表 4-13。

表 4-13　一些氧化物的单键强度与形成玻璃的关系

M_nO_m 中的 M	原子价	M_nO_m 的离解能 /(kJ/mol)	配位数	M—O 单键强度 /(kJ/mol)	在结构中的作用
B	3	1490	3	497	网络形成体
			4	373	
Al	3	1505	4	376	
Si	4	1775	4	444	
Ge	4	1805	4	452	
Zr	4	2030	6	339	
P	5	1850	4	465～369	
V	5	1880	4	469～377	
As	5	1461	4	364～293	
Sb	5	1420	4	360～356	
Be	2	1047	4	262	网络中间体
Zn	2	603	2	302	
Pb	2	607	2	304	
Cd	2	498	2	249	
Al	3	1505	6	251	
Ti	4	1818	6	303	
Zr	4	2030	8	254	
Li	1	603	4	151	网络改变体
Na	1	502	6	84	
K	1	482	9	54	
Rb	1	482	10	48	
Cs	1	477	12	40	
Mg	2	930	6	155	
Ca	2	1076	8	135	
Ba	2	1089	8	136	
Zn	2	603	4	151	
Pb	2	607	4	152	
Sn	2	1164	6	194	
Sc	3	1516	6	253	
La	3	1696	7	242	
Y	3	1670	8	209	
Ga	3	1122	6	187	

根据单键能的大小，可将不同氧化物分为以下三类：①网络形成体（其中正离子为网络形成离子），其单键强度大于 335kJ/mol，这类氧化物能单独形成玻璃；②网络改变体（正离子称为网络改变离子），其单键强度小于 250kJ/mol，这类氧化物不能形成玻璃，但能改变网络结构，从而使玻璃性质改变；③网络中间体（正离子称为网络中间离子），其单键强

度介于 250～335kJ/mol，这类氧化物的作用介于网络形成体和网络改变体两者之间。

由表 4-12 可以看出，网络形成体的键强比网络改变体高得多。在一定温度和组成时，键强越高，熔体中负离子集团也越牢固。因此键的破坏和重新组合也越困难，成核势垒也越高，故不易析晶而形成玻璃。

罗生（Rawson）进一步发展了孙氏理论，认为不仅单键强度，破坏原有键使之析晶需要的热能也很重要，提出用单键强度除以各种氧化物的熔点的比率来衡量，比只用单键强度更能说明玻璃形成的倾向。这样，单键强度越高，熔点越低的氧化物越易于形成玻璃。这个比率在所有氧化物中 B_2O_3 最大，这可以说明为什么 B_2O_3 析晶十分困难。

此外，从相平衡的关系来看，熔体组成落在最低共熔点或相界线上时，较落在液相面上的组成更容易形成玻璃。可见，结晶相析出的多寡对玻璃形成有一定影响。在低共熔点或相界线附近，质点或原子集团要同时组合成几种晶格，交错影响大，组成晶格的概率比单纯排列为一种晶格的概率小。因此实际生产玻璃时，在满足其他工艺条件下，为使玻璃稳定，常常采用多组分配方，组成尽可能选在多元系统的低共熔点或相界线附近。

（3）键型　熔体中质点间化学键的性质对玻璃的形成也有重要的作用。一般来说，具有极性共价键和半金属共价键的离子才能生成玻璃。

离子键化合物形成的熔体，其结构质点是正、负离子，如 NaCl、CaF_2 等，在熔融状态以单独离子存在，流动性很大，在凝固温度靠静电引力迅速组成晶格。离子键作用范围大，又无方向性，并且一般离子键化合物具有较高的配位数（6、8），离子相遇组成晶格的概率也较高。所以一般离子键化合物在凝固点黏度很低，很难形成玻璃。

金属键物质如单质金属或合金，在熔融时失去联系较弱的电子后，以正离子状态存在。金属键无方向性，并在金属晶格内出现晶体的最高配位数（12），原子相遇组成晶格的概率最大。因此最不易形成玻璃。

纯粹共价键化合物大都为分子结构。在分子内部，原子间由共价键连接，而作用于分子间的是范德华力。由于范德华键无方向性，一般在冷却过程中质点易进入点阵而构成分子晶格。因此以上三种键型都不易形成玻璃。

当离子键或金属键向共价键过渡时，通过强烈的极化作用，化学键具有方向性和饱和性趋势，在能量上有利于形成一种低配位数（3、4）或一种非等轴式构造。离子键向共价键过渡的混合键称为极性共价键，它主要在于有 s-p 电子形成杂化轨道，并构成 σ 键和 π 键。这种混合键既具有共价键的方向性和饱和性、不易改变键长和键角的倾向，促进生成具有固定结构的配位多面体，构成玻璃的近程有序；又具有离子键易改变键角、易形成无对称变形的趋势，促进配位多面体不按一定方向连接的不对称变形，构成玻璃远程无序的网络结构。因此极性共价键的物质比较易形成玻璃态。如 SiO_2、B_2O_3 等网络形成体就具有部分共价键和部分离子键，SiO_2 中 Si—O 键的共价键分数和离子键分数各占 50%，Si 的 sp^3 电子云和 4 个 O 结合的 O—Si—O 键角理论值是 109.4°，而当四面体共顶角时，Si—O—Si 键角可以在 131°～180°范围内变化，这种变化可解释为氧原子从纯 p^2（键角 90°）到 sp（键角 180°）杂化轨道的连续变化。这里基本的配位多面体［SiO_4］表现为共价特性，而 Si—O—Si 键角能在较大范围内无方向性地连接起来，表现了离子键的特性，氧化物玻璃中其他网络生成体 B_2O_3、GeO_2、P_2O_5 等也是主要靠 s-p 电子形成杂化轨道。

同样，金属键向共价键过渡的混合键称为金属共价键，在金属中加入半径小、电荷高的半金属离子（Si^{4+}、P^{5+}、B^{3+} 等）或加入场强大的过渡元素，它们能对金属原子产生强烈的极化作用，从而形成 spd 或 spdf 杂化轨道，形成金属和加入元素组成的原子团，这种原子团类似于［SiO_4］四面体，也可形成金属玻璃的近程有序，但金属键的无方向性和无饱和性则使这些原子团之间可以自由连接，形成无对称变形的趋势，从而产生金属玻璃的远程无序。如负离子为 S、Se、Te 等的半导体玻璃中正离子 As^{3+}、Sb^{3+}、Si^{4+}、Ge^{4+} 等极化能力很强，形成金属共价键化合物，能以结构键 $[—S—S—S—]_n$、$[—Se—Se—Se—]_n$、$[—S—As—S—]_n$ 的状态存在，它们互相连成层状、链状或架状，因而在熔融时黏度很大。冷却时分子集团开始聚集，容易形成无规则的网络结构。用特殊方法（溅射、电沉积等）形成的玻璃，如 Pd—Si、Co—P、Fe—P—C、V—Cu、Ti—Ni 等金属玻璃，有 spd 和 spdf 杂化轨道形成强的极化效应，其中共价键成分依然起主要作用。

综上所述，形成玻璃必须具有离子键（或金属键）向共价键过渡的混合键型。一般来说，阴、阳离子的电负性差 Δx 在 1.5～2.5 之间；其中阳离子具有较强的极化本领；单键强度（M—O）大于 335kJ/mol；成键时出现 s-p 电子形成杂化轨道。这样的键型在能量上有利于形成一种低配位数的负离子团构造或结构键，易形成无规则的网络，因而形成玻璃倾向很大。

4.4　玻璃的结构

研究玻璃态物质的结构，不仅可以丰富物质结构理论，而且对于探索玻璃态物质的组成、结构、缺陷和性能之间的关系，进而指导工业生产及制备预计性能的玻璃都有重要的实际意义。

玻璃结构是指玻璃中质点在空间的几何配置、有序程度及它们彼此间的结合状态。由于玻璃结构具有远程无序的特点以及影响玻璃结构的因素众多，与晶体结构相比，玻璃结构理论发展缓慢，目前人们还不能直接观察到玻璃的微观结构，关于玻璃结构的信息是通过特定条件下某种性质的测量而间接获得的。往往用一种研究方法根据一种性质只能从一个方面得到玻璃结构的局部认识，而且很难把这些局部认识相互联系起来。一般对晶体结构研究十分有效的方法在玻璃结构研究中则显得力不从心。长期以来，人们对玻璃的结构提出了许多假说，如微晶学说、无规则连续网络学说、高分子学说、凝胶学说、核前群理论、离子配位学说等。由于玻璃结构的复杂性，还没有一种学说能将玻璃的结构完整严密地揭示清楚。到目前为止，在各种学说中最有影响、最为流行的玻璃结构学说是微晶学说和无规则网络学说。

4.4.1　微晶学说

苏联学者列别捷夫（A. A. Лебедев）1921 年提出微晶学说。他曾对硅酸盐玻璃进行加热和冷却，并分别测定出不同温度下玻璃的折射率。结果如图 4-25 所示。由图看出，无论是加热还是冷却，玻璃的折射率在 573℃左右都会发生急剧变化。而 573℃正是 α-石英与 β-石英的晶型转变温度。上述现象对不同玻璃都有一定的普遍性。因此，他认为玻璃结构中有高分散的石英微晶体。

在较低温度范围内，测量玻璃折射率时也发生若干突变。将 SiO_2 含量高于 70％的 $Na_2O \cdot SiO_2$ 与 $K_2O \cdot SiO_2$ 系统的玻璃，在 50～300℃范围内加热并测定折射率时，观察到 85～120℃、145～165℃和 180～210℃温度范围内折射率有明显的变化（图 4-26）。这些温度恰巧与鳞石英及方石英的多晶转变温度符合，且折射率变化的幅度与玻璃中 SiO_2 含量有关。根据这些实验数据，进一步证明在玻璃中含有多种“微晶”。以后又有很多学者借助 X 射线分析法和其他方法为微晶学说取得了新的实验数据。

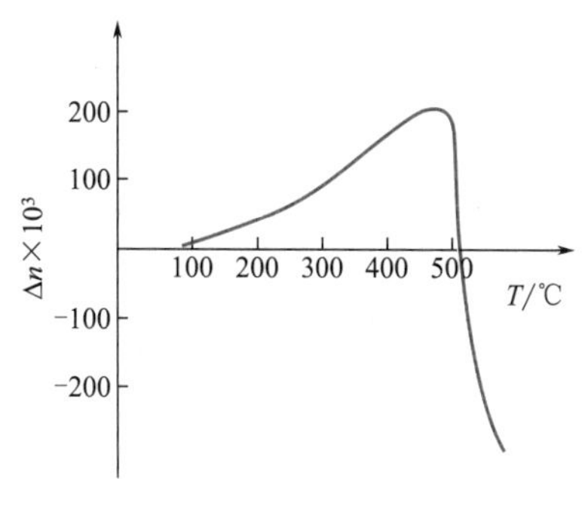

图 4-25 硅酸盐玻璃折射率随温度变化曲线

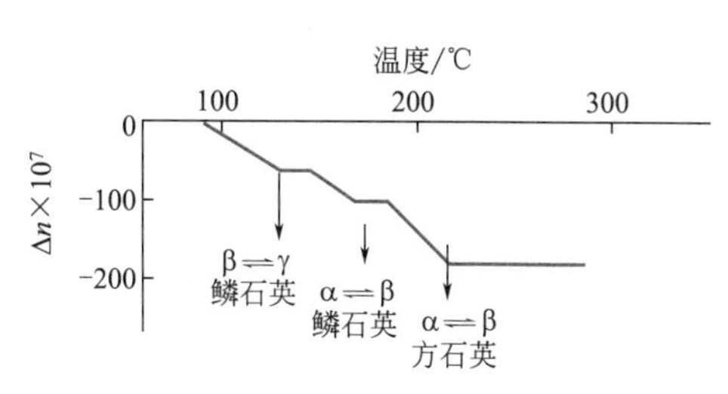

图 4-26 一种钠硅酸盐玻璃（SiO_2 含量 76.4%）的折射率随温度变化曲线

瓦连可夫（Н. Н. Валенков）和波拉依-柯希茨（Е. А. Лораи-Кощилу）研究了成分递变的钠硅双组分玻璃的 X 射线散射强度曲线。他们发现第一峰是石英玻璃衍射线的主峰与石英晶体的特征峰相符。第二峰是 Na_2O-SiO_2 玻璃的衍射线主峰与偏硅酸钠晶体的特征峰一致。在钠硅玻璃中上述两个峰均同时出现。随着钠硅玻璃中 SiO_2 含量增加，第一峰越明显，而第二峰越模糊。他们认为钠硅玻璃中同时存在方石英微晶和偏硅酸钠微晶，这是 X 射线强度曲线上有两个极大值的原因。他们又研究了升温到 400～800℃ 再淬火、退火和保温几小时的玻璃。结果表明，玻璃 X 射线衍射图不仅与成分有关，而且与玻璃制备条件有关。提高温度，延长加热时间，主峰陡度增加，衍射图也越清晰（图 4-27）。他们认为这是微晶长大所造成的。由实验数据推论，普通石英玻璃中的方石英微晶尺寸平均为 1.0nm。

结晶物质和相应玻璃态物质虽然强度曲线极大值的位置大体相似，但不相一致的地方也是明显的。很多学者认为这是玻璃中微晶点阵图有变形所致。并估计玻璃中方石英微晶的固定点阵比方石英晶体的固定点阵大 6.6%。

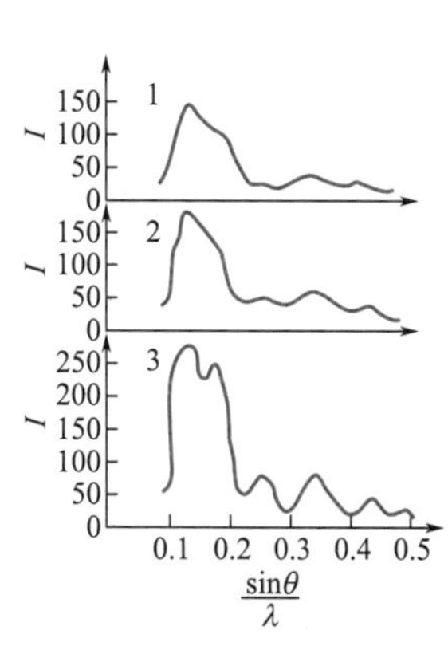

图 4-27 $27Na_2O \cdot 73SiO_2$ 玻璃的 X 射线散射强度曲线

1—未加热；2—在 618℃保温 1h；3—在 800℃保温 10min 和 670℃保温 20h

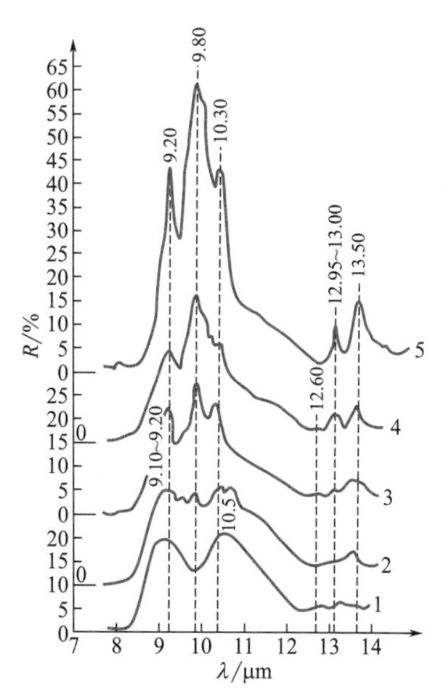

图 4-28 $33.3Na_2O \cdot 66.7SiO_2$ 玻璃所反射光谱

1—原始玻璃；2—玻璃表层部分，在 620℃保温 1h；3—玻璃表面有间断薄雾析晶，保温 3h；4—连续薄雾析晶，保温 3h；5—析晶玻璃，保温 6h

马托西（G. Matassi）等研究了结晶态氧化硅和玻璃态氧化硅在 3～26μm 的波长范围内的红外反射光谱。结果表明，玻璃态石英和结晶态石英的反射光谱在 12.4μm 处具有同样的最大值。这种现象可以解释为反射物质的结构相同。

弗洛林斯卡娅（B. A. Флоринская）的工作表明，在许多情况下，观察到玻璃和析晶时以初晶析出的晶体的红外反射和吸收光谱极大值是一致的。这就是说，玻璃中有局部不均匀区，该区原子排列与相应晶体的原子排列大体一致。图 4-28 比较了 Na_2O-SiO_2 系统在原始玻璃态和析晶态的反射光谱。由研究结果得出结论：结构的不均匀性和有序性是所有硅酸盐玻璃的共性。

根据很多的实验研究得出微晶学说，其要点为：玻璃结构是一种不连续的原子集合体，即无数“微晶”分散在无定形介质中；“微晶”的化学性质和数量取决于玻璃的化学组成，可以是独立原子团或一定组成的化合物和固溶体等微观多相体，与该玻璃物系的相平衡有关；“微晶”不同于一般微晶体，而是带有晶格极度变形的微小有序区域，在“微晶”中心质点排列较有规律，越远离中心则变形程度越大；从“微晶”部分到无定形部分的过渡是逐步完成的，两者之间无明显界线。

4.4.2 无规则网络学说

1932 年德国学者查哈里阿生（W. H. Zachariasen）基于玻璃与同组成晶体的机械强度的相似性，应用晶体化学的成就，提出了无规则网络学说。以后逐渐发展成为玻璃结构理论的一种学派。

查哈里阿生认为，玻璃的结构与相应的晶体结构相似，同样形成连续的三维空间网络结构。但玻璃的网络与晶体的网络不同，玻璃的网络是不规则的、非周期性的，因此玻璃的内能比晶体的内能要大。由于玻璃的强度与晶体的强度属于同一个数量级，玻璃的内能与相应晶体的内能相差并不多，因此它们的结构单元（四面体或三角体）应是相同的，不同之处在于排列的周期性。

如石英玻璃和石英晶体的基本结构单元都是硅氧四面体［SiO_4］。各硅氧四面体［SiO_4］都通过顶点连接成为三维空间网络，但在石英晶体中硅氧四面体［SiO_4］有着严格的规则排列，如图 4-29（a）所示；而在石英玻璃中，硅氧四面体［SiO_4］的排列是无序的，缺乏对称性和周期性的重复，如图 4-29（b）所示。

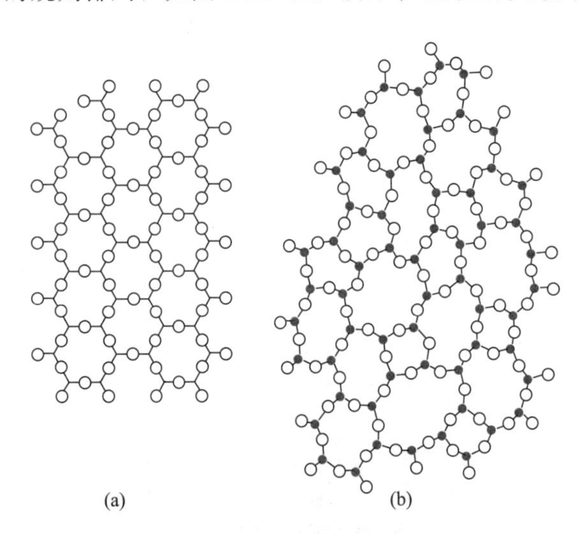

图 4-29 石英晶体和石英玻璃结构示意图
（a）石英晶体；（b）石英玻璃

查哈里阿生还提出氧化物（A_mO_n）形成玻璃时，应具备如下四个条件：①网络中每个氧离子最多与两个 A 离子相连；②氧多面体中，A 离子配位数必须是小的，即为 4 或 3；③氧多面体相互连接只能共顶而不能共棱或共面；④每个氧多面体至少有三个顶角是与相邻多面体共有，以形成连续的无规则空间结构网络。

将这些条件对照表 4-13，根据单键强度划分的三种类型的氧化物中，SiO_2、B_2O_3、P_2O_5、V_2O_5、As_2O_3、Sb_2O_3 等氧化物都能形成四面体配位，成为网络的基本结构单元，属于网络形成体；Na_2O、

K_2O、CaO、MgO、BaO 等氧化物，不能满足上述条件，本身不能构成网络形成玻璃，只能作为网络改变体处于网络结构之外；Al_2O_3、TiO_2 等氧化物，配位数有 4 有 6，有时可在一定程度上满足以上条件形成网络，有时又只能处于网络之外，成为网络中间体。

根据此学说，当石英玻璃中引入网络改变体氧化物 R_2O 或 RO 时，它们引入的氧离子，将使部分 Si—O—Si 键断裂，致使原来某些与 2 个 Si^{4+} 键合的桥氧变为仅与 1 个 Si^{4+} 键合的非桥氧，而 R^+ 或 R^{2+} 均匀而无序地分布在四面体骨架的空隙中，以维持网络中局部的电中性。图 4-30 为钠硅酸盐玻璃结构示意图。显然，[SiO_4] 四面体的结合程度甚至整个网络结合程度都取决于桥氧离子的百分数。

从熔体结构一节中我们已谈到根据熔体不同组成（不同 O/Si、O/P、O/B 比等），离子团的聚合程度也不等。而玻璃结构对熔体结构又有继承性，故玻璃中的无规则网络也随玻璃的不同组成和网络被切断的不同程度而异，可以是三维骨架，也可以是二维层状结构或一维链状结构，甚至是大小不等的环状结构，也可能多种不同结构共存。

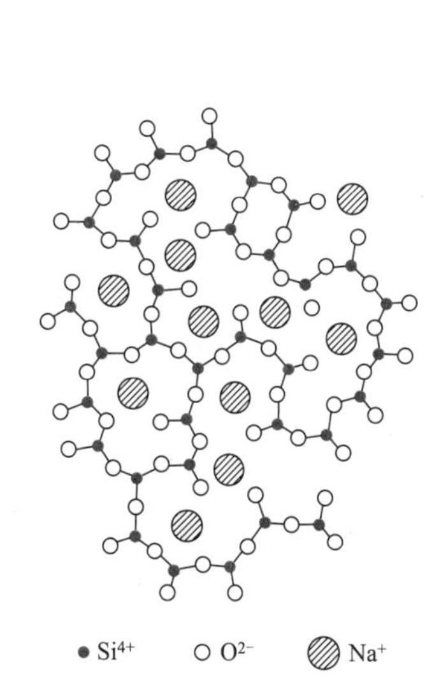

图 4-30 钠硅酸盐玻璃结构示意图

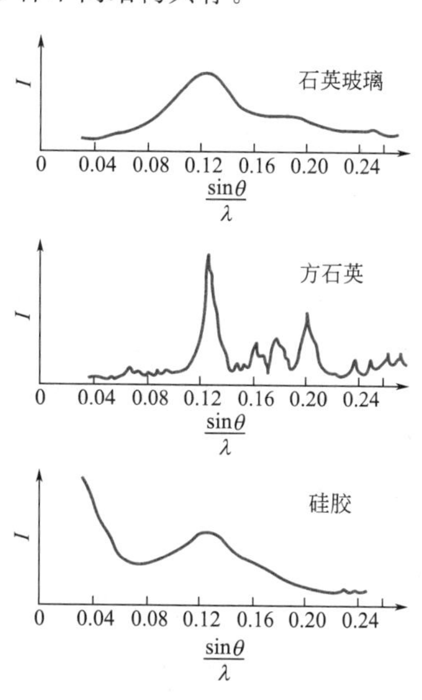

图 4-31 石英等物质的 X 射线衍射图

瓦伦（B. E. Warren）对玻璃的 X 射线衍射光谱的一系列卓越的研究，使查哈里阿生的理论获得有力的实验证明。瓦伦的石英玻璃、方石英和硅胶的 X 射线衍射图示于图 4-31。玻璃的衍射线与方石英的特征谱线重合，这使一些学者把石英玻璃联想为含有极小的方石英晶体，同时将漫射归结于晶体的微小尺寸。然而瓦伦认为这只能说明石英玻璃和方石英中原子间的距离大体上是一致的。他按强度-角度曲线半高处的宽度计算出石英玻璃内如有晶体，其大小也只有 0.77nm。这与方石英单位晶胞尺寸 0.70nm 相似。晶体必须是由晶胞在空间有规则地重复，因此“晶体”此名称在石英玻璃中失去其意义。由图 4-31 还可看到，硅胶有显著的小角度散射，而玻璃中没有。这是由于硅胶由尺寸为 1.0～10.0nm 不连续粒子组成。粒子间有间距和空隙，强烈的散射是由于物质具有不均匀性的缘故。但石英玻璃小角度没有散射，这说明玻璃是一种密实体，其中没有不连续的粒子或粒子之间没有很大空隙。这结果与微晶学说的微不均匀性又有矛盾。

瓦伦又用傅里叶分析法将实验获得的玻璃 X 射线衍射强度曲线在傅里叶积分公式基础上换算成围绕某一原子的径向分布曲线，再利用该物质的晶体结构数据，即可以得到近距离

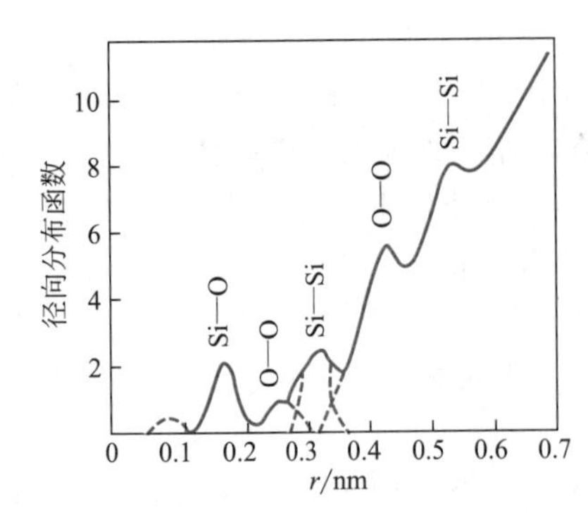

图 4-32 石英玻璃的径向分布函数

内原子排列的大致图形。在原子径向分布曲线上第一个极大值是该原子与邻近原子间的距离，而极大值曲线下的面积是该原子的配位数。图 4-32 表示 SiO_2 玻璃径向原子分布曲线。第一个极大值表示出 Si—O 距离为 0.162nm，这与结晶硅酸盐中发现的 SiO_2 平均间距（0.160nm）非常符合。按第一个极大值曲线下的面积计算得出配位数为 4.3，接近硅原子配位数 4。因此，X 射线分析的结果直接指出，在石英玻璃中的每一个硅原子，平均约为四个氧原子以大致 0.162nm 的距离所围绕。利用傅里叶分析法，瓦伦研究了 Na_2O-SiO_2、K_2O-SiO_2、Na_2O-B_2O_3、K_2O-B_2O_3 等系统的玻璃结构。随着原子径向距离的增加，分布曲线中极大值逐渐模糊。从瓦伦数据得出，玻璃结构有序部分距离在 1.0～1.2nm 附近即接近晶胞大小。

综上所述，瓦伦的实验证明，玻璃物质的主要部分不可能以方石英晶体的形式存在。而每个原子的周围原子配位，对玻璃和方石英来说都是一样的。

4.4.3 两大学说的比较与发展

微晶学说强调了玻璃结构的不均匀性、不连续性及有序性等方面特征，成功地解释了玻璃折射率在加热过程中的突变现象。尤其是发现微不均匀性是玻璃结构的普遍现象后，微晶学说得到更为有力的支持。但是至今微晶学说尚有一系列重要的原则问题尚未得到解决。第一，对玻璃中“微晶”的大小与数量尚有异议。微晶大小根据许多学者估计波动在 0.7～2.0nm 之间，含量只占 10%～20%。0.7～2.0nm 只相当于 1～2 个多面体作规则排列，而且还有较大的变形，所以不能过分夸大微晶在玻璃中的作用和对性质的影响。第二，微晶的化学成分还没有得到合理的确定。

网络学说强调了玻璃中离子与多面体相互间排列的均匀性、连续性及无序性等方面结构特征，这可以说明玻璃的各向同性、内部性质的均匀性与随成分改变时玻璃性质变化的连续性等基本特性。如玻璃的各向同性可以看成是由于形成网络的多面体（如硅氧四面体）的取向不规则性导致的。而玻璃之所以没有固定的熔点是由于多面体的取向不同，结构中的键角大小不一，因此加热时弱键先断裂然后强键才断裂，结构被连续破坏。宏观上表现出玻璃的逐渐软化，物理化学性质表现出渐变性。因此网络学说能解释一系列玻璃性质的变化，长期以来是玻璃结构的主要学派。近年来，随着实验技术的进展和玻璃结构与性质的深入研究，积累了越来越多的关于玻璃内部不均匀的资料，例如首先在硼硅酸盐玻璃中发现分相与不均匀现象，以后又在光学玻璃和氟化物与磷酸盐玻璃中均发现有分相现象。用电子显微镜观察玻璃时发现在肉眼看来似乎是均匀一致的玻璃，实际上都是由许多 0.01～0.1μm 的各不相同的微观区域构成的。所以现代玻璃结构理论必须能够反映出玻璃内部结构的另一方面即近程有序和化学上不均匀性。

随着对玻璃性质及其结构研究的日趋深入，这两大学说都力图克服本身的局限，彼此在不断的争论和辩论的过程中得到进一步的充实和发展。微晶学说代表者逐渐认识到玻璃结构中除了有极度变形的较有规则排列的微晶外，尚有无定形中间层存在，最规则结构约在微晶中心部分，通过有序程度的逐渐降低，相邻两个微晶将熔融在无定形介质中。由于微晶外沿边界完全不确定，讨论微晶占据玻璃总体积的份额也就毫无意义，因此将微晶的概念转变成有序性最大的区域；无规则网络学说也意识到阳离子在玻璃结构网络中所处的位置不是任意的，而是有一定配位关系。多面体的排列也有一定的规律，并且在玻璃中可能不只存在一种网络（骨架）。因而承认了玻璃结构的近程有序和微不均匀性，把玻璃作为无序网络描述仅是平均统计性的体现。目前两大学说都比较一致地认为：具有近程有序和远程无序是玻璃态物质的结构特点。玻璃是具有近程有序区域的无定形物质。但双方对于无序与有序区大小、比例和结构等仍有分歧。

事实上，从哲学的角度讲，玻璃结构的远程无序性与近程有序性、连续性与不连续性、均匀性与不均匀性并不是绝对的，在一定条件下可以相互转化。玻璃态是一种复杂多变的热力学不稳定状态，玻璃的成分、形成条件和热历史过程都会对其结构产生影响，不能以局部的、特定条件下的结构来代表所有玻璃在任何条件下的结构状态。要把玻璃结构揭示清楚还须做深入研究，才能运用玻璃结构理论指导生产实践，合成具有预期性能的玻璃，并为这类非晶态固体材料的应用开拓更广泛的领域。

4.5 典型玻璃类型

通过桥氧形成网络结构的玻璃称为氧化物玻璃。这类玻璃在实际运用和理论研究上均很重要，本节简述无机材料中最广泛应用和研究的硅酸盐玻璃和硼酸盐玻璃。

4.5.1 硅酸盐玻璃

硅酸盐玻璃由于资源广泛、价格低廉、对常见试剂和气体介质化学稳定性好、硬度高和生产方法简单等优点而成为实用价值最大的一类玻璃。

石英玻璃是由硅氧四面体［SiO_4］以顶角相连而组成的三维无规则架状网络。这些网络没有像石英晶体那样远程有序。石英玻璃是其他二元、三元、多元硅酸盐玻璃结构的基础。

熔融石英玻璃与晶体石英在两个硅氧四面体之间键角的差别由图 4-33 所示。石英玻璃中 Si—O 键角分布在 120°～180°的范围内，中心在 145°。与石英晶体相比，石英玻璃 Si—O—Si 键角范围比晶体中宽。而 Si—O 和 O—O 距离在玻璃中的均匀性几乎同在相应的晶体中的一样。由于 Si—O—Si 键角变动范围大，使石英玻璃中的［SiO_4］四面体排列成无规则网络结构而不像方石英晶体中四面体有良好的对称性。这样的一个无规则网络不一定是均匀一致的，在密度和结构上会有局部起伏。

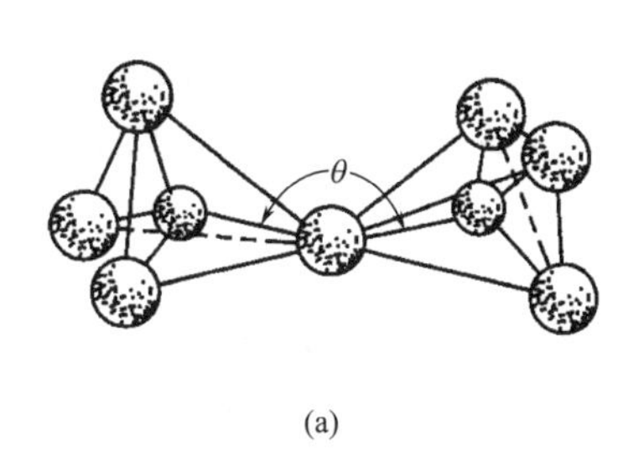

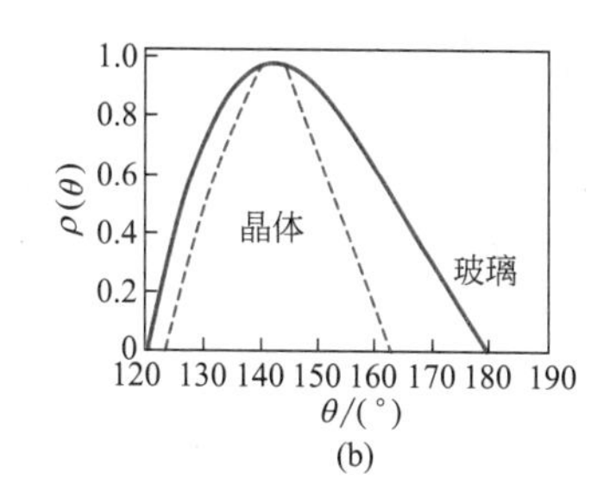

图 4-33 硅氧四面体中 Si—O—Si 键角（大球为氧，小球为硅）及石英玻璃和方石英晶体中 Si—O—Si 键角分布曲线

（a）Si—O—Si 键角；（b）Si—O—Si 键角分布曲线

二氧化硅是硅酸盐玻璃中的主体氧化物，它在玻璃中的结构状态对硅酸盐玻璃的性质起决定性的影响。当 R_2O 或 RO 等氧化物加入石英玻璃中，形成二元、三元甚至多元硅酸盐玻璃时，由于增加了 O/Si 的比例，使原来 O/Si 比为 2 的三维架状结构破坏，随之玻璃性质也发生变化。硅氧四面体的每一种连接方式的改变都会伴随物理性质的变化，尤其从连续三个方向发展的硅氧骨架结构向两个方向层状结构变化，以及由层状结构向只有一个方向发展的硅氧链结构变化时，性质变化更大。表 4-4 列举了随 O/Si 比例而变化的硅氧四面体结构。硅酸盐玻璃中［SiO_4］四面体的网络结构与加入 R^+ 或 R^{2+} 金属阳离子本性与数量有关。

在 O—Si(—O)(—O)—O—R^+ 结构单元中的 Si—O 化学键随着 R^+ 离子极化力增强而减弱。尤其是使用半径小的离子时，Si—O 键发生松弛。图 4-34 表明随连接在四面体上 R^+ 原子数的增加而使 Si—O—Si 键变弱，同时 Si—O_{nb}（O_{nb} 为非桥氧，O_b 为桥氧）键变得更为松弛（相应距离增加）。随着 RO 或 R_2O 加入量增加，连续网状 SiO_2 骨架可以从松弛一个顶角发展到 2 个甚至 4 个。Si—O—Si 键合状况的变化，明显影响到玻璃黏度和其他性质的变化。在 Na_2O-SiO_2 系统中，当 O/Si 比由 2 增加到 2.5 时，玻璃黏度降低 8 个数量级。

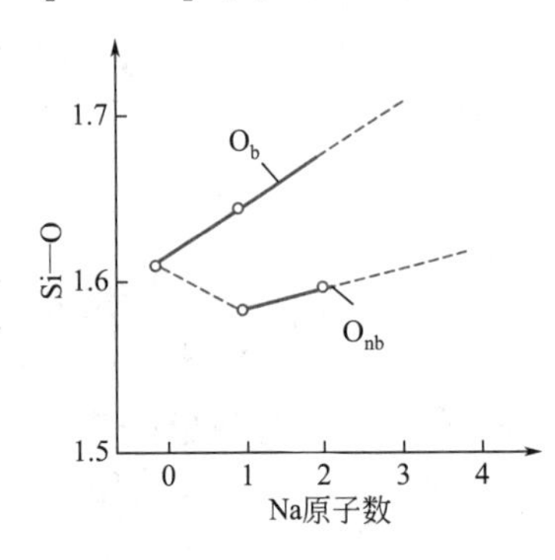

图 4-34　Si—O 距离随连接于四面体的钠原子数目的变化

为了表示硅酸盐网络结构特征和便于比较玻璃的物理性质，有必要引入玻璃的 4 个基本结构参数：

X——每个多面体中平均非桥氧数；

Y——每个多面体中平均桥氧数；

Z——包围一种网络形成正离子的氧离子数目，即网络形成正离子的氧配位数；

R——玻璃中氧离子摩尔总数与网络形成正离子摩尔总数之比。

这些参数之间存在着两个简单的关系 $X+Y=Z$ 和 $X+1/2Y=R$，或：

$$X=2R-Z \qquad Y=2Z-2R \tag{4-11}$$

网络形成正离子的氧配位数 Z 一般是已知的，如在硅酸盐和磷酸盐玻璃中 $Z=4$，硼酸盐玻璃 $Z=3$；R 即为通常所说的氧硅比，用 R 来描述硅酸盐玻璃的网络连接特点很方便，通常可以从摩尔组成计算出来。因此确定 X 和 Y 就很简单。

结构参数的计算如下。

（1）SiO_2 石英玻璃　Si^{4+} 的配位数 $Z=4$，氧与网络形成离子的比例 $R=2$，则 $X=2R-4=4-4=0$，$Y=8-2R=8-4=4$，说明所有的氧离子都是桥氧，四面体的所有顶角都是共有，玻璃网络强度达最大值。

（2）$Na_2O \cdot SiO_2$ 玻璃　$Z=4$，$R=3/1=3$，$X=2R-4=6-4=2$，$Y=8-2R=8-6=2$，在一个四面体上只有 2 个氧是桥氧的，其余两个氧是非桥氧、断开的。结构网络强度就比石英玻璃差。

（3）10%（摩尔分数）$Na_2O \cdot$ 18%（摩尔分数）$CaO \cdot$ 72%（摩尔分数）SiO_2 玻璃　$Z=4$；$R=(10+18+72\times2)/72=2.39$；$X=2R-4=2\times2.39-4=0.78$；$Y=4-X=4-0.78=3.22$。

但是，并不是所有玻璃都能简单地计算 4 个参数。实际玻璃中出现的离子不一定是典型的网络形成离子或网络改变离子，例如 Al^{3+} 属于所谓中间离子，这时就不能准确地确定 R 值。在硅酸盐玻璃中，若组成中当 $(R_2O+RO)/Al_2O_3 \geqslant 1$ 时，则 Al^{3+} 被认为是占据

$[AlO_4]$ 四面体的中心位置，Al^{3+} 作为网络形成离子计算。因此添加 Al_2O_3 引入氧的原子数目是每个网络形成正离子引入 1.5 个氧，结果使结构中非桥氧转变为桥氧。若 $(R_2O+RO)/Al_2O_3<1$，则把 Al^{3+} 作为网络改变离子计算。但这样计算出来的 Y 值比真正 Y 值要小。一些玻璃的网络参数列于表 4-14。

表 4-14 典型玻璃的网络参数 *X*、*Y* 和 *R* 值

组成	*R*	*X*	*Y*
SiO_2	2	0	4
$Na_2O \cdot 2SiO_2$	2.5	1	3
$Na_2O \cdot 1/3Al_2O_3 \cdot 2SiO_2$	2.25	0.5	3.5
$Na_2O \cdot Al_2O_3 \cdot 2SiO_2$	2	0	4
$Na_2O \cdot SiO_2$	3	2	2
P_2O_5	2.5	1	3

过渡离子 Co^{2+}、Ni^{2+}、Pb^{2+} 等一般也不能精确确定 R 值，实际计算中列入网络改变剂，计算的 Y 值要比实际的 Y 值小。

结构参数 Y 对玻璃性质有重要意义。比较上述的 SiO_2 玻璃和 $Na_2O \cdot SiO_2$ 玻璃，Y 越大，网络连接越紧密，强度越大；反之，Y 越小，网络空间上的聚集也越小、结构也变得较松，并随之出现较大的间隙，结果使网络改变离子的运动，不论在本身位置振动或从一个位置通过网络的网隙跃迁到另一个位置都比较容易。因此随 Y 值递减，出现热膨胀系数增大、电导增加和黏度减小等变化。对硅酸盐玻璃来说，$Y<2$ 时不可能构成三维网络，因为四面体间共有的桥氧数少于 2，结构多半是不同长度的四面体链。从表 4-15 则可以看出 Y 对玻璃一些性质的影响。表中每一对玻璃的两种化学组成完全不同，但它们都具有相同的 Y 值，因而具有几乎相同的物理性质。

表 4-15 *Y* 对玻璃性质的影响

组成	*Y*	熔融温度/℃	热膨胀系数 $\alpha/\times10^{-7}$℃$^{-1}$
$Na_2O \cdot 2SiO_2$	3	1523	146
P_2O_5	3	1573	140
$Na_2O \cdot SiO_2$	2	1323	220
$Na_2O \cdot P_2O_5$	2	1373	220

当玻璃中含有较大比例的过渡离子，如加 PbO 可加到 80%（摩尔分数），它和正常玻璃相反，$Y<2$ 时，结构的连贯性并没有降低，反而在一定程度上加固了玻璃的结构。这是因为 Pb^{2+} 不仅只是通常认为的网络改变离子，由于其可极化性很大，在高铅玻璃中，Pb^{2+} 还可能让 SiO_2 以分立的 $[SiO_4]$ 集团沉浸在它的电子云中间，通过非桥氧与 Pb^{2+} 间的静电引力在三维空间无限连接而形成玻璃，这种玻璃称为“逆性玻璃”或“反向玻璃”。“逆性玻璃”的提出，使连续网络结构理论得到了补充和发展。

在多种釉和搪瓷中氧和网络形成体之比一般在 2.25～2.75。通常钠钙硅玻璃中 Y 值约为 2.4。硅酸盐玻璃与硅酸盐晶体随 O/Si 比由 2 增加到 4，从结构上均由三维网络骨架而变为孤岛状四面体。无论是结晶态还是玻璃态，四面体中的 Si^{4+} 都可以被半径相近的离子置换而不破坏骨架。除 Si^{4+} 和 O^{2-} 以外的其他离子相互位置也有一定的配位原则。

可将结构参数和上述硅酸盐晶体中不同 O/Si 比的结构关系相对照，晶体中的结构形式也可能存在于相应组成的玻璃中。当玻璃组成居于两种 O/Si 比率之间时，也可能兼有这两种相应的结构。但应该注意，成分复杂的硅酸盐玻璃在结构上与相应的硅酸盐晶体还是有显著的区别。第一，在晶体中，硅氧骨架按一定的对称规律排列；在玻璃中，则是无序的。第二，在晶体中，骨架外的 M^{+} 或 M^{2+} 金属阳离子占据了点阵的固定位置；在玻璃中，它们统计均匀地分布在骨架的空腔内，并起着平衡氧负电荷的作用。第三，在晶体中，只有当骨架外阳离子半径相近时，才能发生同晶置换；在玻璃中，则不论半径如何，只要遵守静电价规则，骨架外阳离子均能发生互相置换。第四，在晶体中（除固溶体外），氧化物之间有固定的化学计量；在玻璃中，氧化物可以非化学计量的任意比例混合。

4.5.2 硼酸盐玻璃

硼酸盐玻璃具有某些优异的特性而使它成为不可取代的一种玻璃材料，已越来越引起人们的重视。例如硼酐是唯一能用以创造有效吸收慢中子的氧化物玻璃。硼酸盐玻璃对 X 射线透过率高，电绝缘性能比硅酸盐玻璃优越。

B_2O_3 是典型的网络形成体，和 SiO_2 一样，B_2O_3 也能单独形成氧化硼玻璃。以 [BO_3] 三角体作为基本结构单元 $Z=3$，$R=3/2=1.5$，其他两个结构参数 $X=2R-3=3-3=0$，$Y=2Z-2R=6-3=3$。因此在 B_2O_3 玻璃中，[BO_3] 三角体的顶角也是共有的。图 4-35 是将 B_2O_3 玻璃的径向分布曲线对硼氧环中的距离作图。横坐标上竖线的长度正比于散射强度，字母表示相应模型中原子间距离。其中 c 和 e 的最大峰值分别在 0.26nm 和 0.042nm 处。这证明了氧化硼玻璃中存在着硼氧三元环。按无规则网络学说，纯氧化硼玻璃的结构可以看成是由硼氧三角体无序地相连接而组成的向两维空间发展的网络，虽然硼氧键能略大于硅氧键能，但因为 B_2O_3 玻璃的层状（或链状）结构的特性，即其同一层内 B—O 键很强，而层与层之间却由分子引力相连，这是一种弱键，所以 B_2O_3 玻璃的一些性能比 SiO_2 玻璃要差。例如 B_2O_3 玻璃软化温度低（约 450℃）、化学稳定性差（易在空气中潮解）、热膨胀系数高，因而纯 B_2O_3 玻璃实用价值小，它只有与 R_2O、RO 等氧化物组合才能制成稳定的有实用价值的硼酸盐玻璃。

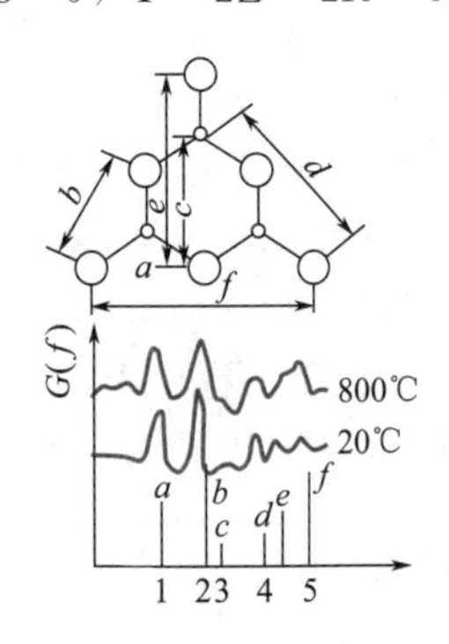

图 4-35 X 射线谱数据证明存在硼氧环

瓦伦研究了 Na_2O-B_2O_3 玻璃的径向分布曲线，发现当 Na_2O 含量由 10.3%（摩尔分数）增至 30.8%（摩尔分数）时，B—O 间距由 0.137nm 增至 0.148nm。B 原子配位数随 Na_2O 含量增加而由 3 配位转变为 4 配位。瓦伦这个观点又得到红外光谱和核磁共振数据的证实。实验证明当数量不多的碱金属氧化物同 B_2O_3 一起熔融时，碱金属所提供的氧不像熔融 SiO_2 玻璃中作为非桥氧出现在结构中，而是使硼氧三角体转变为由桥氧组成的硼氧四面体，致使 B_2O_3 玻璃从原来两维空间的层状结构部分转变为三维空间的架状结构，从而加强了网络结构，并使玻璃的各种物理性能变好。这与相同条件下的硅酸盐玻璃相比，其性能随碱金属或碱土金属加入量的变化规律相反，所以称为硼反常现象。

图 4-36 所示为 Na_2O-B_2O_3 的二元玻璃中平均桥氧数 Y、热膨胀系数 α 随 Na_2O 含量的变化。由图可见，随 Na_2O 含量的增加，Na_2O 引入的“游离”氧使一部分硼变成 [BO_4]，Y 逐渐增大，热膨胀系数 α 逐渐下降。当 Na_2O 含量达到 15%～16%（摩尔分数）时，Y 又开始减少，热膨胀系数 α 重新上升，这说明 Na_2O 含量为 15%～16%（摩尔分数）时结构发生变化。这是由于硼氧四面体 [BO_4] 带有负电，四面体间不能直接相连，必须通过不带电的三角体 [BO_3] 连接，方能使结构稳定。当全部 B 的 1/5 成为四面体配位，4/5 的 B 保

留于三角体配位时就达饱和，这时膨胀系数 α 最小，$Y=\frac{1}{5}\times4+\frac{4}{5}\times3=3.2$ 为最大。再加 Na_2O 时，不能增加［BO_4］数，反而将破坏桥氧，打开网络，形成非桥氧，从而使结构网络连接减弱，导致性能变坏，因此膨胀系数重新增加。其他性质的转折变化也与它类似。实验数据证明，由于硼氧四面体之间本身带有负电荷不能直接相连，而通常是由硼氧三角体或另一种同时存在的电中性多面体（如硼硅酸盐玻璃中的［SiO_4］）来相隔，因此，四配位硼原子的数目不能超过由玻璃组成所决定的某一限度。

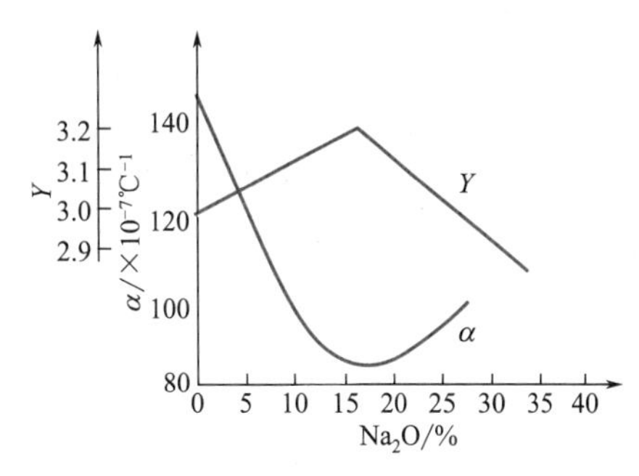

图 4-36 Na_2O-B_2O_3 二元玻璃中平均桥氧数 Y、热膨胀系数 α 随 Na_2O 含量的变化

硼反常现象也可以出现在硼硅酸盐玻璃中连续增加氧化硼加入量时，往往在性质变化曲线上出现极大值和极小值。这是由于硼加入量超过一定限度时，硼氧四面体与硼氧三角体相对含量变化而导致结构和性质发生逆转现象。

硼硅酸盐玻璃的形成中常发生分相现象，这往往是由于硼氧三角体的相对数量很大，并进一步富集成一定区域而造成的。一般是分成互不相溶的富硅氧相和富碱硼酸盐相。B_2O_3 含量越高，分相倾向越大。通过一定的热处理可使分相加剧。典型的例子是硼硅酸盐玻璃（$75SiO_2\cdot20B_2O_3\cdot Na_2O$，质量分数），在 500～600℃热处理后，明显地分成两相。一相富含 SiO_2，另一相富含 Na_2O 和 B_2O_3。如将它在适当温度下用酸浸取，结果留下蜂巢般的富含 SiO_2（96%）的骨架，其内分布着无数 4～15nm 的相互贯穿孔道，形成网络。再加热到 900～1000℃进行烧结，即得类似熔融 SiO_2 的透明玻璃，即高硅氧玻璃。

4.5.3 其他氧化物玻璃

除了传统的硅酸盐玻璃、硼酸盐玻璃之外，后来又发展了硼硅酸盐玻璃和铝硅酸盐玻璃等，见表 4-16。

表 4-16 传统氧化物玻璃的组成

类别	组成
硅酸盐	Li_2O-SiO_2、Na_2O-SiO_2、K_2O-SiO_2、MgO-SiO_2、CaO-SiO_2、BeO-SiO_2、PbO-SiO_2、Na_2O-CaO-SiO_2、Al_2O_3-SiO_2
硼酸盐	Li_2O-B_2O_3、Na_2O-B_2O_3、K_2O-B_2O_3、MgO-B_2O_3、PbO-B_2O_3、Na_2O-CaO-B_2O_3、ZnO-PbO-B_2O_3、Al_2O_3-B_2O_3、SiO_2-B_2O_3
硼硅酸盐	Na_2O-B_2O_3-SiO_2
铝硅酸盐	Na_2O-Al_2O_3-SiO_2、CaO-Al_2O_3-SiO_2
铝硼酸盐	CaO-Al_2O_3-B_2O_3、ZnO-Al_2O_3-B_2O_3
铝硼硅酸盐	Na_2O-Al_2O_3-B_2O_3-SiO_2

普通玻璃是根据玻璃的性能和用途要求，设计玻璃的成分，选择合适的原料制成混合料，经高温加热熔融、澄清、均化形成黏度较大的熔体，在常规条件下经压、吹、拉等工艺，成形、冷却、退火而制得。光学玻璃、平板玻璃、器皿玻璃及电真空玻璃等均使用这种方法制得。

本章小结

熔体是介于固体与液体之间的一种状态，在结构上更接近于固体。掌握熔体的结构和性质的相互关系及制约规律，对了解无机材料的结构及性质、无机材料制备与加工方法及工艺参数的选择具有重要意义。熔体的黏度及表面张力是对无机材料的工艺过程非常敏感的两个性质，常称为工艺性质。黏度、表面张力与组成及温度的关系是需要重点掌握的内容。

玻璃的形成条件包括热力学条件、动力学条件及结晶化学条件，热力学条件是形成玻璃可能性大小的一种判据，并非对玻璃的形成的必然条件。动力学条件给出形成玻璃所需要的工艺条件——冷却速度的大小。只要提高冷却速度，在常规冷却条件下不能形成玻璃的物质，在极高的冷却速度下也有可能形成玻璃。结晶化学条件则是从内在结构因素方面阐述形成玻璃所需具备的基本条件，对玻璃组分的选择与设计具有指导意义。

描述玻璃结构的理论有无规则网络学说及微晶学说，这两个理论分别从不同侧面描述了玻璃的微观结构。由于玻璃的长程无序结构是相对于晶体内的长程有序结构的一种偏离，而且这种偏离与玻璃形成过程中经历的动力学条件密切相关，因而玻璃结构具有复杂性，目前还没有一个全面的、普遍适应的描述玻璃微观结构的理论。

5 固体表面与界面

无机材料在制备及使用过程中发生的种种物理化学变化，都是由无机材料表面向内部逐渐进行的，这些过程的进行都依赖于无机材料的表面结构与性质。人们平时遇到和使用的各种无机材料其体积大小都是有限的，即无机材料总有表面暴露在与其相接触的介质内。相互接触的界面上或快或慢地会发生一系列物理化学作用。产生表面现象的根本原因在于无机材料表面质点排列不同于内部，无机材料表面处于高能量状态。基于此，本章主要介绍无机固体的表面及结构、陶瓷晶界及结构、界面行为，包括弯曲表面效应、吸附与表面改性、润湿与黏附等知识，并讨论黏土-水系统中黏土胶粒带电与水化等一系列由于黏土粒子表面效应而引起的胶体化学性质，如泥浆的稳定性、流动性、滤水性、触变性和泥团的可塑性等。为了解和运用表面科学知识解决无机材料相关科学与工程问题奠定基本的、必要的理论基础。

5.1 固体的表面及其结构

固体和液体一样都有表面，因而亦具有表面能。但在通常状况下因固体的非流动性使固体表面比液体表面要复杂得多。首先，固体表面通常是各向异性的，固体的实际外形与其周围的环境及所经历的历史有关。除了少数理想状况以外，固体表面常常处于热力学非平衡状态。在一般条件下，它趋向于热力学平衡态的速度是极其缓慢的。正是由于这种动力学上的原因，固体才能被加工成各种形状，而且在我们可以设想的时间间隔内，一般不容易观察到自发发生的明显变化。其次，固体表面相与其体相内部的组成和结构有所不同，同时还存在各种类型的缺陷以及弹性形变等，这些都将对固体表面的性质产生很大的影响。这些界面行为对于固体材料的物理化学性质和工艺过程都有重要的意义。

与固体相接触的界面一般可分为表面、界面和相界面。表面是指固体与真空的界面。表面是一个重要的问题，例如固体物料之间的化学反应、溶质的浸润以及吸附等现象都在表面进行。相邻两个结晶空间的交界面称为界面。在界面上有第二晶相析出。界面上的任一点都表示某一温度下液相与第二晶相平衡共存。界面有共熔性和反应性两种。若将界面看成平面，则界面有 5 个自由度，即边界平面的自由度为 2，结晶轴为 3。但实际上界面往往不是平面而是曲面。相邻相之间的交界面称为相界面。相界面有三类，如固相与气相之间的相界面（S-V）、固相与液相之间的相界面（S-L）、固相与固相之间的相界面（S-S）。

5.1.1 固体的表面

在以往很长一段时间里，人们将固体表面和体内看成是完全一样的，且认为只要知道了固体整体的性质就知道了表面的性质。但是，许多实验事实都证明这种看法是错误的。因为固体表面的结构和性质在很多方面都与体内完全不同。例如，晶体内部的三线平移对称性在晶体表面消失了。所以，一般将固体表面称为晶体三维周期结构和真空之间的过渡区域。这种表面实际上是理想表面，此外还有清洁表面、吸附表面等。

5.1.1.1 理想表面

如果所讨论的固体是没有杂质的单晶，则作为零级近似可将清洁表面（见下述讨论）定义为一个理想表面。这是一种理论上的结构完整的二维点阵平面。它忽略了晶体内部周期性势场在晶体表面中断的影响，忽略了表面原子的热运动、热扩散和热缺陷等，忽略了外界对表面的物理、化学作用等。这种理想表面作为半无限的体内的原子的位置及其结构的周期性，与原来无限的晶体完全一样。当然，这种理想表面实际上是不存在的。图 5-1 是理想表面结构示意图。

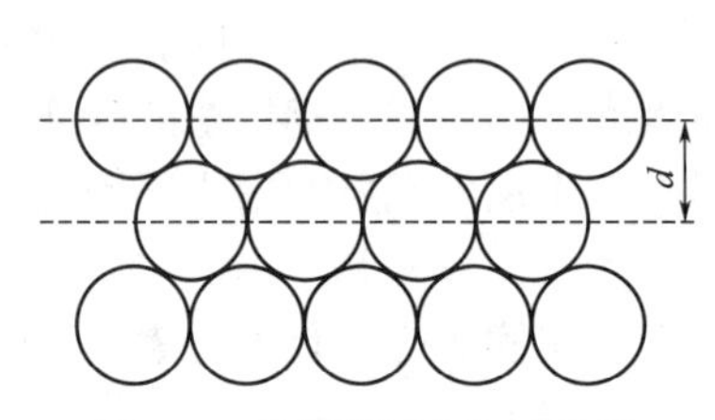

图 5-1 理想表面结构示意图

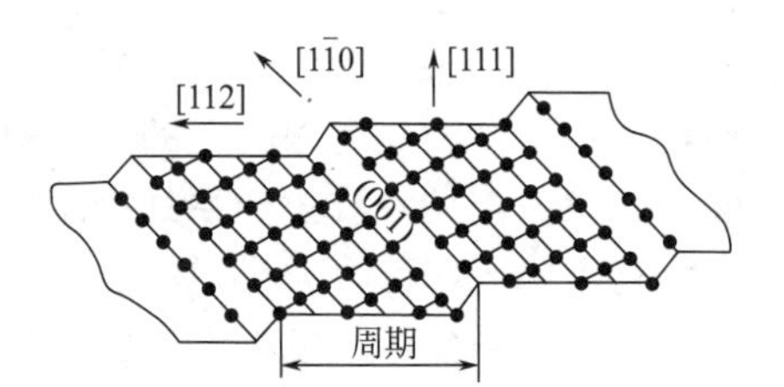

图 5-2 有序原子台阶表面示意图

5.1.1.2 清洁表面

清洁表面是指不存在任何吸附、催化反应、杂质扩散等物理、化学效应的表面。这种清洁表面的化学组成与体内相同，但周期结构可以不同于体内。根据表面原子的排列，清洁表面又可分为台阶表面、弛豫表面、重构表面等。

（1）台阶表面　台阶表面不是一个平面，而是由有规则或不规则的台阶所组成，如图 5-2 所示。台阶的平面是一种晶面，台阶的立面是另一种晶面，二者之间由第三种晶体取向的原子所组成。实际的台阶表面相当复杂，在台阶表面台面最上层之间距离可以发生膨胀或压缩，有时还是非均匀的等弛豫现象。例如，图 5-2 所示的是台阶表面的各种不同的压缩情况。近年来，应用场离子显微镜和低能电子衍射研究晶体表面的结果证实很多晶体的邻位面是台阶化的。

（2）弛豫表面　由于固体体相的三维周期性在固体表面处突然中断，表面上原子的配位情况发生变化，相应地表面原子附近的电荷分布将有所改变，表面原子所处的力场与体相内原子也不相同。为使体系能量尽可能降低，表面上的原子常常会产生相对于正常位置的上、下位移，结果表面相中原子层的间距偏离体相内原子层的间距，产生压缩或膨胀，称为表面弛豫，即表面层之间以及表面和体内原子层之间的垂直间距 d_s 与体内原子层间距 d_0 相比有所膨胀和压缩的现象，如图 5-3 所示。表面弛豫往往不限于表面上第 1 层原子，它可能涉及几个原子层，而每一层间的相对膨胀或压缩可能是不同的，而且离体内越远，变化越显著；越深入体相，弛豫效应越弱。离子晶体中往往会出现正、负离子弛豫不一致的现象。例如，LiF（001）面上的 Li^+ 表层和 F^- 表层分别从原来的平衡位置向下移动 0.035nm 和 0.01nm，结果在（001）表面上两种离子不再处于同一平面内，而是相距 0.025nm，如图 5-4 所示。同样情况在第 2 层、第 3 层也可能发生，但随着距表面距离的增加，弛豫现象迅速消失，因此一般只考虑第一层的弛豫效应。

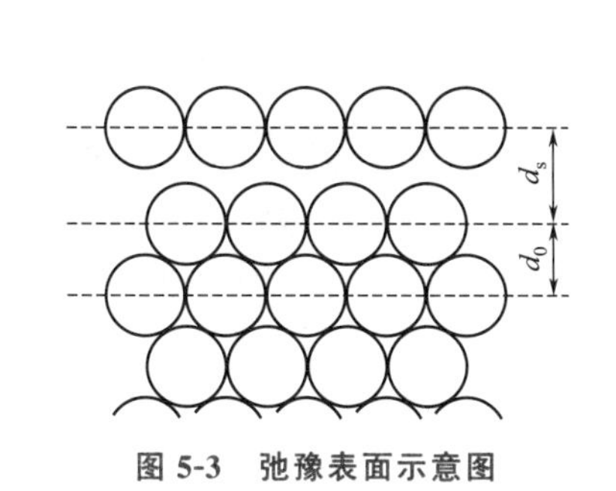

图 5-3 弛豫表面示意图

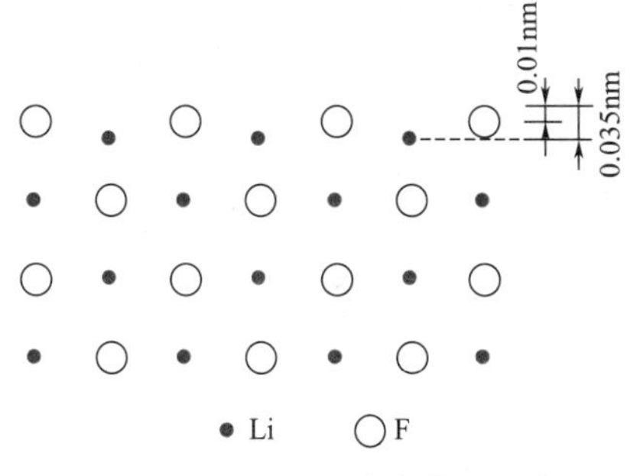

图 5-4 LiF (001) 弛豫表面示意图

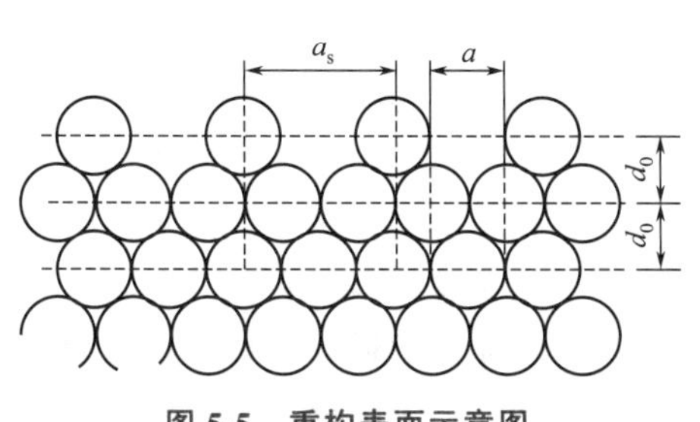

图 5-5 重构表面示意图

(3) 重构表面 重构表面是指表面原子层在水平方向上的周期性不同于体内，但垂直方向的层间距与体内相同。图 5-5 所示的是六方密堆晶体的重构表面示意图。假设其表面只包括一个单原子层，在此层中表征原子排列的晶格基矢为 $\boldsymbol{a}$、$\boldsymbol{b}$，其中至少有一个是不同于体内的晶格基矢 $\boldsymbol{a}$、$\boldsymbol{b}$，例如图中是假设了 $\boldsymbol{a}_s > \boldsymbol{a}$。同一种材料的不同晶面以及相同晶面经不同加热处理后也可能出现不同的重构结构。例如 Si(111) 面劈裂后表面原子的 $\boldsymbol{a}$ 面间距扩大了 2 倍，出现 (2×1) 结构，它是亚稳态的。在 370～400℃中加热后，$\boldsymbol{a}$ 和 $\boldsymbol{b}$ 都比体内扩大了 7 倍，出现 (7 × 7) 结构。

5.1.1.3 吸附表面

吸附表面有时也称界面，它是在清洁表面上有来自体内扩散到表面的杂质和来自表面周围空间吸附在表面上的质点所构成的表面。根据原子在基底上的吸附位置，一般可分为四种吸附情况，即顶吸附、桥吸附、填充吸附和中心吸附等。

5.1.1.4 固体的表面自由能和表面张力

表面自由能的含义是每增加单位表面积时，体系自由能的增量；表面张力是扩张表面单位长度所需要的力。单位面积的能量和单位长度的力是等因次的 ($J/m^2 = N \cdot m/m^2 = N/m$)。

固体的表面自由能和表面张力是描述和决定固体表面性质的重要物理量。固体表面自由能和表面张力的定义与液体的表面能和表面张力类似。对于固体表面，一般来说，采用类似液体表面能和表面张力的讨论仍然适用，但又有重要的差别。

在液体中，由于液体原子（分子）间的相互作用力相对较弱，它们之间的相对运动较容易。拉伸表面时，液体原子间距离并不改变，附加原子几乎立即迁移到表面。所以，与最初状态相比，表面结构保持不变。因此，液体中产生新的表面的过程实质上是内部原子（分子）克服引力转移到表面上成为表面原子（分子）的过程，新形成的液体表面很快就达到一种动态平衡状态。所以，液体的表面自由能与表面张力在数值上是相等的，只是同一事物从不同角度提出的物理量。在考虑界面性质的热力学问题时，用表面自由能恰当；而在分析各种界面交接时的相互作用以及它们的平衡关系时，则采用表面张力较方便。在液体中这两个概念常交替使用。

然而，对于固体，仅仅当缓慢的扩散过程引起表面或界面积发生变化时，例如晶粒生长过程中晶界运动时，上述两个量在数值上相等。如果引起表面变形速率比原子迁移率快得多，则表面结构受拉伸或压缩而与正常结构不同，在这种情况下，表面自由能与表面张力在数值上不相等。对固体来说，其中原子（分子、离子）间的相互作用力相对较强。就大部分固体而言，组成它的原子（分子、离子）在空间按一定的周期性排列，形成具有一定对称性的晶格。即使对于许多无定形的固体，也是如此，只是这种周期性的晶格延伸的范围小得多（如微晶）。在通常条件下，固体中原子、分子彼此间的相对运动比液体中的原子、分子要困难得多，因而固体的表面自由能和表面张力表现出以下特点：①固体在表面原子总数保持不变的条件下，由于弹性形变而使表面积增加，也就是说，固体的表面自由能中包含了弹性能，表面张力在数值上已不再等于表面自由能；②由于固体表面上的原子组成和排列的各向异性，固体的表面张力也是各向异性的，不同晶面的表面自由能也不相同，若表面不均匀，表面自由能甚至随表面上不同区域而改变，在固体表面的凸起处和凹陷处的表面自由能是不同的，处于凸起处部位的分子的作用范围主要包括的是气相，相反处于凹陷处底部的分子的作用范围大部分在固相，显然在固体表面的凸起处的表面自由能与表面张力比凹陷处要大；③实际固体的表面绝大多数处于非平衡状态，决定固体表面形态的主要不是它的表面张力大小，而是形成固体表面时的条件以及它所经历的热历史；④固体的表面自由能和表面张力的测定非常困难，可以说目前还没有找到一种能够从实验上直接测量的可靠方法。

尽管存在上述困难，由于表面自由能和表面张力的概念对于涉及固体的许多过程如晶体生长、润湿、吸附等非常重要，因此对其进行分析是很有意义的。下面就简化了的一些情况进行讨论。

假定有一各向异性的固体，其表面张力可以分解成两个互相垂直的分量，分别用 γ_1 和 γ_2 表示，在这两个方向上面积的增加分别为 dA_1 和 dA_2。

在恒温、恒体积下，表面自由能的总增量由反抗表面张力 γ_1 和 γ_2 所做的可逆功给出：

$$d(AF^s)_{T,V,n}=\gamma_1 dA_1+\gamma_2 dA_2 \tag{5-1}$$

式中 F^s——单位表面积的自由能；

A——固体的表面积。

因此：

$$\gamma_1=\frac{d(A_1F^s)_{T,V,n}}{dA_1}=F^s+A_1\left(\frac{\partial F^s}{\partial A_1}\right)_{T,V,n} \tag{5-2}$$

$$\gamma_2=\frac{d(A_2F^s)_{T,V,n}}{dA_2}=F^s+A_2\left(\frac{\partial F^s}{\partial A_2}\right)_{T,V,n} \tag{5-3}$$

单位表面积的 Gibbs 自由能 G^s 为：

$$G^s=U^s-TS^s+PV^s \tag{5-4}$$

式中 U^s——单位表面积的内能；

S^s——单位表面积的熵；

V^s——单位表面积的表面相体积。

因为实际的表面相厚度很小，通常只有几个原子层厚，因此，V^s 很小，可以忽略不计。则有：

$$G^s\approx U^s-TS^s=F^s \tag{5-5}$$

所以，一般可认为表面上单位面积的 Gibbs 自由能近似等于单位面积的自由能。因此，式(5-2) 和式(5-3) 也可写为：

$$\gamma_1=G^s+A_1\left(\frac{\partial G^s}{\partial A_1}\right) \tag{5-6}$$

$$\gamma_2 = G^s + A_2\left(\frac{\partial G^s}{\partial A_2}\right) \tag{5-7}$$

将式(5-6)和式(5-7)合并，得：

$$\gamma_1 \mathrm{d}A_1 + \gamma_2 \mathrm{d}A_2 = \mathrm{d}(AG^s) = G^s\mathrm{d}A + A\mathrm{d}G^s \tag{5-8}$$

其中：

$$\mathrm{d}A = \mathrm{d}A_1 + \mathrm{d}A_2 \tag{5-9}$$

式(5-8)即是Shuttleworth导出的各向异性固体的两个不同方向的表面张力γ_1和γ_2与Gibbs自由能G^s的关系。对于各向同性的固体：

$$\gamma_1 = \gamma_2 = \gamma \tag{5-10}$$

式(5-8)变为：

$$\gamma = G^s + A\left(\frac{\partial G^s}{\partial A}\right) \tag{5-11}$$

若固体表面已达到某种稳定的热力学平衡状态，有：

$$\frac{\mathrm{d}G^s}{\mathrm{d}A} = 0 \tag{5-12}$$

则：

$$\gamma = G^s \tag{5-13}$$

但是对于大多数真实的固体，它们并非处于热力学平衡状态，所以$\mathrm{d}G^s/\mathrm{d}A \neq 0$，$G^s$和$\gamma$不等于它们的平衡值，而且$\gamma$和$G^s$彼此也不等。Shuttleworth指出，在研究固体表面时，对于与力学性质有关的场合，应当用γ，而与热力学平衡性质有关的场合应当用G^s。

5.1.1.5 表面偏析

表面的许多现象如催化、腐蚀、摩擦等，都与表面的组成和结构有关。不论表面进行多么严格的清洁处理，总有一些杂质由体内偏析到表面上来，从而使固体表面组成与体内不同。

对于二组分固相混合体系，令组分2为较少量，在恒温条件下组分2的表面超量Γ_2为：

$$\Gamma_2 = -\frac{1}{RT}\left(\frac{\partial \gamma}{\partial \ln x_2^b}\right)_{T,n_1} \tag{5-14}$$

式中 R——普适常数；

T——热力学温度；

x_2^b——组分2在体相中的摩尔分数。

假定在恒量Γ_2和恒定表面积下，x_2^b有一微小改变$\mathrm{d}x_2^b$，温度T也有一微小改变$\mathrm{d}T$，则有：

$$\left(\frac{\mathrm{d}\ln x_2^b}{\mathrm{d}T}\right)_{\Gamma_2} = -\frac{\Delta H}{RT^2} \tag{5-15}$$

式中 ΔH——组分2的偏析热。

在式(5-15)中，若$\Delta H = 0$，则$\Gamma_2 = 0$，即没有偏析。根据Γ_2的定义，有：

$$\Gamma_2 = x_2^s - \frac{x_1^s x_2^b}{x_1^b} = 0 \tag{5-16}$$

即：

$$x_2^b = \frac{x_2^s}{x_1^s} x_1^b \tag{5-17}$$

积分式(5-15)并整理得：

$$\frac{x_2^s}{x_1^s}=\frac{x_2^b}{x_1^b}\exp\left(-\frac{\Delta H}{RT}\right) \tag{5-18}$$

若将偏析热 ΔH 与表面张力 γ 联系起来，可得：

$$\frac{x_2^s}{x_1^s}=\frac{x_2^b}{x_1^b}\exp\left[-\frac{(\gamma_1-\gamma_2)\sigma}{RT}\right] \tag{5-19}$$

式中 x_1^s，x_2^s——组分 1 和 2 在表面的摩尔分数；

γ_1，γ_2——纯组分 1 和 2 的表面张力；

σ——1mol 组分所覆盖的表面积（这里令 $\sigma_1=\sigma_2=\sigma$）。

根据式(5-18)，当保持表面超量不变(x^s 为常数)，以 $\ln x_2^b$ 对 $1/T$ 作图得到一直线，由直线的斜率可求出 ΔH_s。若所得斜率的直线为正，则偏析作用为放热。

在式(5-19) 中，若 $\gamma_1<\gamma_2$，则 $x_2^s>x_1^s$，表示表面张力较小的组分将在表面上偏析（富集）。若 $\gamma_1=\gamma_2$，则不存在表面上的偏析作用。以上讨论都是针对理想溶液而言，并没有考虑混合体系不同以及固体颗粒大小不同所造成的影响。

5.1.1.6 表面力场

晶体中每个质点周围都存在着一个力场。由于晶体内部质点排列是有序和周期重复的，故每个质点力场是对称的。但在固体表面，质点排列的周期重复性中断，使处于表面边界上的质点力场对称性破坏，表现出剩余的键力，这就是固体表面力。固体表面力场是导致固体表面吸引气体分子、液体分子（如润湿或从溶液中吸附）或固体质点（如黏附）的原因。由于被吸附表面也有力场，因此确切地说，固体表面上的吸引作用，是固体的表面力场和被吸引质点的力场相互作用所产生的。依照性质不同，表面力可分为化学力和分子引力两部分。

(1) 化学力　化学力本质上是静电力，主要来自表面质点的不饱和价键，并可以用表面能的数值来估计。当固体吸附剂利用表面质点的不饱和价键将吸附物吸附到表面之后，各吸附物与吸附剂分子间发生电子转移时，就产生了化学力，形成化学吸附。实质上，就是形成了表面化合物。吸附剂可能把它的电子完全给予吸附物，使吸附物变成负离子（如吸附于大多数金属表面上的氧气）；也可能反过来，吸附物把其电子完全给予吸附剂，而变成吸附在固体表面上的正离子（如吸附在钨上的钠蒸气）。在大多数情况下，吸附是介于上述两个极端情况之间，即在固体吸附剂和吸附物之间共有电子，并且经常是不对称的。对于离子晶体，化学力主要取决于晶格能和极化作用。

(2) 分子引力　分子引力也称范德华（van der Waals）力，一般是指固体表面分子与被吸附物分子（如气体分子）之间相互作用力，它是固体表面产生物理吸附和气体凝聚的主要原因，并与液体的内压、表面张力、蒸气压、蒸发热等性质密切相关。

力与作用距离的乘积即为能量，分子间相互作用习惯上也常以能量形式来讨论。分子引力主要来源于三种不同效应。

① 定向作用　主要发生在极性分子之间。每个极性分子都有一个固有电偶极矩（μ）。相邻两个电偶极矩因极性不同而产生相互作用，称为定向作用。这种力本质上也是静电力，可以从经典静电学求得两极性分子间的定向作用的平均位能 E_o：

$$E_o=-\frac{2\mu^4}{3r^6kT} \tag{5-20}$$

即在一定温度下，定向作用力与分子电偶极矩（μ）的 4 次方成正比；与分子间距离（r）的 7 次方成反比。而温度增高将使定向作用力减小。式中，k 为玻耳兹曼常数。

② 诱导作用　主要发生在极性分子与非极性分子之间。非极性分子在极性分子作用下

被极化诱导出一个瞬时的电偶极矩，随后与原来的极性分子产生相互作用，称为诱导作用。显然，诱导作用将随极性分子的电偶极矩（μ）和非极性分子的极化率（α）的增大而加剧；随分子间距离（r）增大而减弱。用经典静电学方法可求得诱导作用引起的位能 E_i：

$$E_i = -\frac{2\mu^2\alpha}{r^6} \tag{5-21}$$

③ 色散作用　主要发生在非极性分子之间。非极性分子是指其核外电子云呈球形对称而不显示固有电偶极矩的分子，也就是指电子在核外周围出现概率相等，因而在某一时间内电偶极矩平均值为零的分子。但是就电子在绕核运动的某一瞬间，在空间各个位置上，电子分布并非严格相同的。这样就将呈现出瞬间的电偶极矩。瞬间极化电偶极矩之间以及它对相邻分子的诱导作用所引起相互作用效应，称为色散作用。应用量子力学的微扰理论可以近似地求出色散作用引起的位能 E_D：

$$E_D = -\frac{3\alpha^2}{r^6}h\nu \tag{5-22}$$

式中　ν——分子内的振动频率；

h——普朗克常数。

应该指出，对不同物质，上述三种作用并非均等的。例如对于非极性分子，定向作用和诱导作用很小，可以忽略，主要是色散作用。此外，从式(5-20)～式(5-22) 可见，三种作用力均与分子间距离的 7 次方成反比，说明分子引力的作用范围极小，一般为 0.3～0.5nm 以内。由于当两分子过分靠近而引起的电子层间斥力约等于 B/r^{13}，可见与上述分子引力相比，这种斥力随距离的递减速率要大 10^6 倍，故范德华力通常只表现出引力作用。

5.1.2 固体的表面结构

通常所说的固体表面是指整个大块晶体的三维周期性结构与真空之间的过渡层，它包括所有与体相内三维周期性结构相偏离的表面原子层，一般是一个到几个原子层，厚度为 0.5～2.0nm，可以把它看成是一个特殊的相——表面相。所谓表面结构就是指表面相中的原子组成与排列方式。由于表面原子相互作用以及表面原子与外来杂质原子的相互作用，若要使体系的能量处于最小，表面相中的原子组成和排列与体相中将会有所不同，这种差别通常包括：① 表面弛豫；② 表面重构；③ 表面台阶结构等。

迄今为止，约有 100 多种表面结构已被确定，这里包括同一晶体的不同晶面和同一晶面上吸附不同物质都算作不同的表面结构。

5.1.2.1 离子晶体表面结构

由于固体表面质点的境遇不同于内部，在表面力作用下使表面层结构也不同于内部。固体表面结构可从微观质点的排列状态和表面几何状态两方面来描述。前者属于原子尺寸范围的超细结构；后者属于一般的显微结构。

表面力的存在使固体表面处于较高能量状态。但系统总会通过各种途径来降低这部分过剩的能量，这就导致表面质点的极化、变形、重排并引起原来晶格的畸变。液体总是力图形成球形表面来降低系统的表面能，而晶体由于质点不能自由流动，只能借助离子极化或位移来实现，这就造成了表面层与内部的结构差异。对于不同结构的物质，其表面力的大小和影响不同，因而表面结构状态也会不同。

威尔（Weyl）等基于结晶化学原理，研究了晶体表面结构，认为晶体质点间的相互作用和键强是影响表面结构的重要因素。

对于 MX 型离子晶体，在表面力的作用下，离子的极化与重排过程如图 5-6 所示。处于表面层的负离子（X^-）只受到上下和内侧正离子（M^+）的作用，而外侧是不饱和的。电子云将被拉向内侧的正离子一方而极化变形，使该负离子诱导成偶极子，如图 5-6（b）所示，这样就降低了晶体表面的负电场。接着，表面层离子开始重排以使之在能量上趋于稳定。为降低表面能，各离子周围作用能应尽量趋于对称，因而 M^+ 在内部质点作用下向晶体内靠拢，而易极化的 X^- 受诱导极化偶极子排斥而被推向外侧，从而形成表面双电层，如图 5-6（c）所示。与此同时，表面层中的离子间键性逐渐过渡为共价键性，其结果，固体表面好像被一层负离子所屏蔽，并导致表面层在组成上成为非化学计量的。

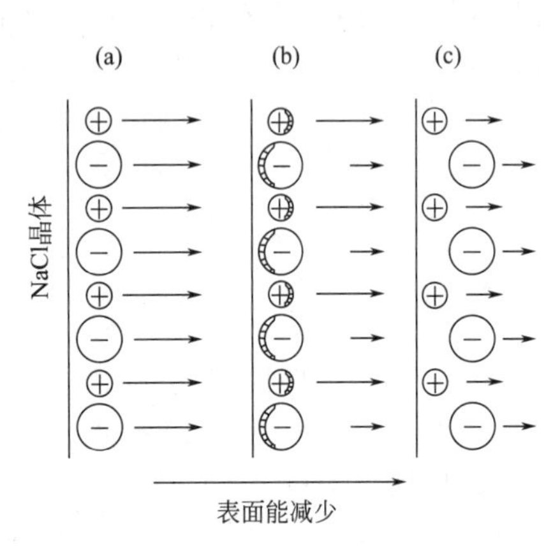

图 5-6　离子晶体表面的电子云变形和离子重排

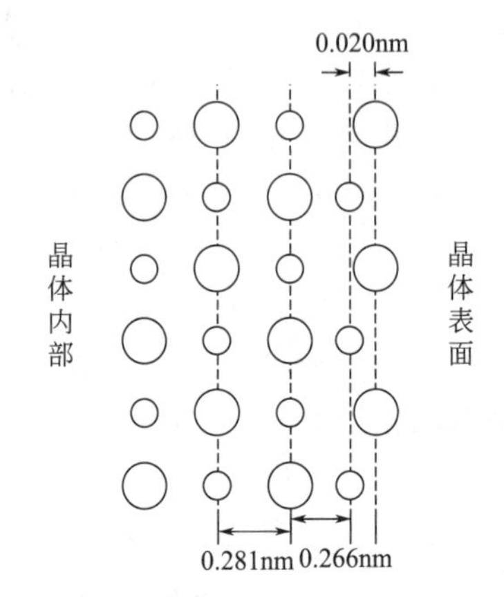

图 5-7　NaCl 表面层中 Na^+ 向里、Cl^- 向外移动并形成双电层

图 5-7 是维尔威（Verwey）以氯化钠晶体为例所做的计算结果。由图可以看到，在 NaCl 晶体表面，最外层和次外层质点面网之间 Na^+ 离子的距离为 0.266nm，而 Cl^- 离子间距离为 0.286nm，因而形成一个厚度为 0.020nm 的表面双电层。这样的表面结构已被间接地由表面对 Kr 的吸附和同位素交换反应所证实。此外，在真空中分解 $MgCO_3$ 所制得的 MgO 粒子呈现相互排斥的现象也是一个例证。

图 5-7 表明，NaCl 晶体表面最外层与次外层以及次外层和第三层之间的离子间距（即晶面间距）是不相等的，说明由于上述极化和重排作用引起表面层的晶格畸变和晶胞参数的改变。而随着表面层晶格畸变和离子变形又必将引起相邻的内层离子的变形和键力的变化，依次向内层扩展，但这种影响将随着向晶体内部深入而递减。本生（Benson）等计算了 NaCl（100）面的离子极化递变情况，如图 5-8 所示。图中正号表示离子垂直于晶面向外侧移动，负号反之。箭头的大小和方向示意表示相应的离子极化电矩。结果表明，在靠近晶体表面约 5 个离子层的范围内，正、负离子都有不同程度的变形和位移。负离子（Cl^-）总趋于向外位移；正离子（Na^+）则依第一层向内、第二层向外交替地位移。与此相应的正、负离子间的作用键强也沿着从表面向内部方向交替地增强和减弱；离子间距离交替地缩短和变长。因此与晶体内部相比，表面层离子排列的有序程度降低了，键强数值分散了。不难理解，对于一个无限晶格的理想晶体，应该具有一个或几个取决于晶格取向的确定键强数值。然而在接近晶体表面的若干原子层内，由于化学成分、配位数和有序程度的变化，则其键强数值变得分散，分布在一个甚宽的数值范围。这种影响可以用键强 B 对导数 dN/dB（N 为键数目）作图，所得的分布曲线示于图 5-9。可见对于理想晶体（或大晶体），曲线是很陡峭的，而对于表面层部分（或微细粉体），曲线则变得十分平坦。

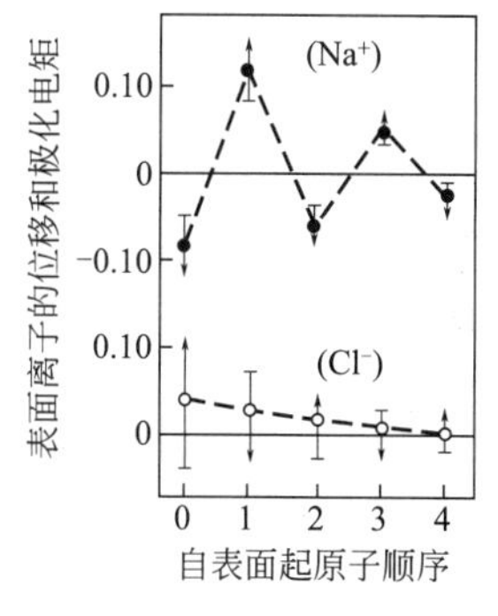

图 5-8 NaCl(100) 面的离子极化递变

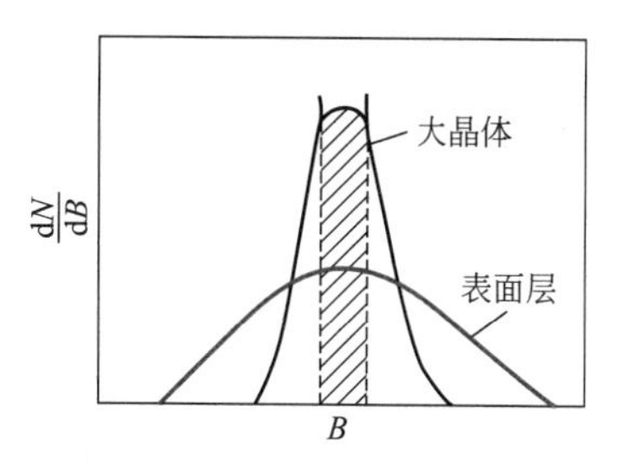

图 5-9 键强分布曲线

当晶体表面最外层形成双电层以后，将会对次内层发生作用，并引起内层离子的极化与重排，这种作用随着向晶体的纵深推移而逐步衰减。表面效应所能达到的深度，与负、正离子的半径差有关，如 NaCl 那样的半径差时，约延伸到第五层；半径差小者，则到 2～3 层。可以预期，对于其他由半径大的负离子与半径小的正离子组成的化合物，特别是金属氧化物如 Al_2O_3、SiO_2 等，也会有相应效应，也就是说，在这些氧化物的表面，可能大部分由氧离子组成，正离子则被氧离子所屏蔽。而产生这种变化的程度主要取决于离子极化性能。由表 5-1 所列化合物的表面能和硬度数据可知，PbI_2 的表面能和硬度最小，PbF_2 次之，CaF_2 最大。这正因为 Pb^{2+} 与 I^- 都具有大的极化性能，双电层增厚导致表面能和硬度都降低。当用极化性能较小的 Ca^{2+} 和 F^- 依次置换 PbI_2 中的 Pb^{2+} 和 I^- 时，则相应的表面能和硬度迅速增加，可以预料相应的表面双电层厚度将减小。

表 5-1 某些晶体中离子极化性能与表面能的关系

化合物	表面能/(J/m^2)	硬度
PbI_2	0.130	很小
Ag_2CrO_4	0.575	2
PbF_2	0.900	2
$BaSO_4$	1.250	2.5～3.5
$SrSO_4$	1.400	3～3.5
CaF_2	2.500	4

从已知的氧化物表面结构来看，一般都出现重构。这是由于非化学计量的诱导和氧化态变化这两方面因素造成的。现以 TiO_2(100) 的变化为例说明非化学计量诱导的表面重构：当样品加热时，氧自表面丢失，表面结构形成一系列（1×3)、(1×5）和（1×7）单胞形式的变化，若将（1×7）结构表面在氧中加热，又会恢复到（1×3）表面结构。由此可见，TiO_2(100) 表面结构的变化与表面层丢失氧和形成有序氧空穴有关。Bickel 等研究过 $SrTiO_3$ 晶面，其表面结构是温度和制备条件的函数。对 $SrTiO_3$ 加热后，表面的 Ti^{3+} 的浓度明显地改变，结构也改变。在 900K 退火时，低能电子衍射（LEED）图像的斑点稍微有点增宽和移动；在 1300K 加热 5min，C(2×2) 上部将可能出现杂质的偏析。在 O_2 和 H_2 中经 1400K 连续退火后，局部出现的杂质偏析将消失。以后，在 1300K 或更高温度下加热，在（1×1）图像中衍射斑点变得尖细和低背景。

上述的晶体表面结构的概念，可以较方便地用以阐明许多与表面有关的性质，如烧结性、表面活性和润湿性等。同时可以应用 LEED 等实验方法，直接测得晶体表面的超细结构。

5.1.2.2 粉体表面结构

粉体一般是指微细的固体粒子集合体。它具有极大的比表面积，因此表面结构状态对粉体性质有着决定性影响。在硅酸盐材料生产中，通常把原料加工成微细颗粒以便于成形和高温反应的进行。

粉体在制备过程中，由于反复地破碎，所以不断形成新的表面。而表面层离子的极化变形和重排使表面晶格畸变，有序性降低。因此，随着粒子的微细化，比表面积增大，表面结构的有序程度受到越来越强烈的扰乱并不断向颗粒深部扩展，最后使粉体表面结构趋于无定形化。基于 X 射线、热分析和其他物理化学方法对粉体表面结构所做的研究测定，曾提出以下两种不同的结构模型。

（1）无定形结构模型　认为粉体表面层是无定形结构。对于性质相当稳定的石英（SiO_2）矿物，曾进行过许多研究。例如，把经过粉碎的 SiO_2 用差热分析方法测定其 573℃ 时 $\beta\text{-}SiO_2 \rightleftharpoons \alpha\text{-}SiO_2$ 相变时发现，相应的相变吸热峰面积随 SiO_2 粒度而有明显的变化。当粒度减小到 5～10μm 时，发生相转变的石英量就显著减少。当粒度约为 1.3μm 时，则仅有一半的石英发生上述的相转变。但是如若将上述石英粉末用 HF 处理，以溶去表面层，然后重复进行差热分析测定，则发现参与上述相变的石英量增加到 100%。这说明石英粉体表面是无定形结构。因此随着粉体颗粒变细，表面无定形层所占的比例增加，可能参与相转变的石英量就减少了。据此，可以按热分析的定量数据估计其表面层厚度为 0.11～0.15μm。同样，应用无定形结构模型也可以阐明粉体的 X 射线谱线强度明显减弱的现象。此外，密度测定数据也支持了关于无定形结构的观点。图 5-10 是在空气中粉碎的石英粉体的密度与粒径的变化关系。可以看出，当粒径大于 0.5mm 时，石英密度与正常值（约 2.65g/cm^3）一致并保持稳定，而当粒径小于 0.5mm 后，密度则迅速减小。由于晶体石英和无定形态石英的密度分别为 2.65g/cm^3 和 2.203g/cm^3，则可从实测的石英粉体密度值计算出表面无定形层厚度 δ_1 及其所占的质量百分率 x_1 和体积百分率 y_1，其结果示于图 5-11。无定形层含量和粉体密度均随粒径呈线性变化，而表面无定形层厚度则在某一粒径范围内呈现极值。即当粒径约为 200μm，表面无定形层最厚，继续增大粒径，无定形层就迅速减薄乃至消失。这与粉状物料通常在达到某一比表面积值（约 1m^2/g）后，便会显示出与活性有联系的种种特征的这一事实可能是相关联的。

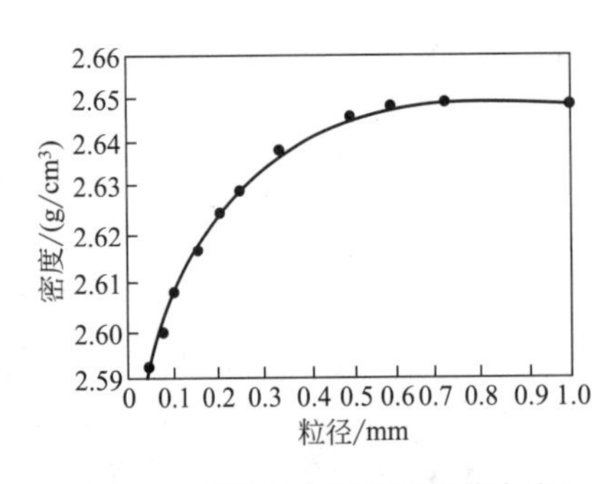

图 5-10　在空气中石英粉体的密度与粒径的变化关系

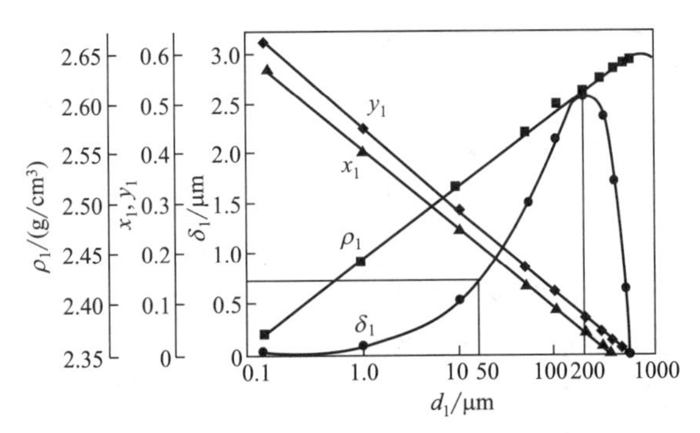

图 5-11　石英粉碎时的无定形化结果

x_1，y_1—表面无定形层的质量百分率和体积百分率；δ_1—表面无定形层厚度；ρ_1—密度；d_1—粒径

（2）微晶结构模型　认为粉体表面层是粒度极小的微晶结构。对粉体进行更精确的 X 射线和电子衍射研究发现，其 X 射线谱线不仅强度减弱，而且宽度明显变宽。因此认为粉体表面并非无定形态，而是覆盖了一层尺寸极小的微晶体，即表面是呈微晶化状态。由于微晶体的晶格是严重畸变的，晶格常数不同于正常值且十分分散，这才使其 X 射线谱线明显变宽。此外，对鳞石英粉体表面的易溶层进行的 X 射线测定表明，它并不是无定形质；从润湿热测定中也发现其表面层存在有硅醇基团。

上述两种观点都得到一些实验结果的支持，似有矛盾。但如果把微晶体看成是晶格极度变形了的微小晶体，那么它的有序范围显然也是很有限的。反之，无定形固体也远不像液体那样具有流动性。因此这两个观点与玻璃结构上的无规则连续网络学说与微晶学说也许可以比拟。如果是这样，那么两者之间就可能不会是截然对立的。

5.1.2.3　玻璃表面结构

玻璃也同样存在着表面力场，其作用影响与晶体相类似。而且由于玻璃比同组成的晶体具有更大的内能，表面力场的作用往往更为明显。

从熔体转变为玻璃体是一个连续过程。但却伴随着表面成分的不断变化，使之与内部显著不同。这是因为玻璃中各成分对表面自由能的贡献不同。为了保持最小表面能，各成分将按其对表面自由能的贡献能力自发地转移和扩散。在玻璃成形和退火过程中，碱、氟等易挥发组分自表面挥发损失。因此，即使是新鲜的玻璃表面，其化学成分、结构也会不同于内部。这种差异可以从表面折射率、化学稳定性、结晶倾向以及强度等性质的观测结果得到证实。

对于含有较高极化性能的离子如 Pb^{2+}、Sn^{2+}、Sb^{3+}、Cd^{2+} 等的玻璃，其表面结构和性质会明显受到这些离子在表面的排列取向状况的影响。这种作用本质上也是极化问题。例如铅玻璃，由于铅原子最外层有 4 个价电子（$6s^2$、$6p^2$），当形成 Pb^{2+} 时，因最外层尚有两个电子，对接近于它的 O^{2-} 产生斥力，致使 Pb^{2+} 的作用电场不对称：即与 O^{2-} 相斥一方的电子云密度减小，在结构上近似于 Pb^{4+}，而相反一方则因电子云密度增加而近似呈 Pb^0 状态。这可视作为 Pb^{2+} 以 $2Pb^{2+} \rightleftharpoons Pb^{4+} + Pb^0$ 方式被极化变形。在不同条件下，这些极化离子在表面取向不同，则表面结构和性质也不相同。在常温时，表面极化离子的电偶极矩通常是朝内部取向以降低其表面能。因此常温下铅玻璃具有特别低的吸湿性。但随温度升高，热运动破坏了表面极化离子的定向排列，故铅玻璃呈现正的表面张力温度系数。图 5-12 是分别用 0.5mol/L 的 Cu^{2+}、Cd^{2+}、Zn^{2+}、Pb^{2+} 盐溶液处理过的钠钙硅酸盐玻璃粉末，在室温、98%相对湿度的空气中的吸水速率曲线。可以看到，不同极化性能的离子进入玻璃表面层后，对表面结构和性质的影响。

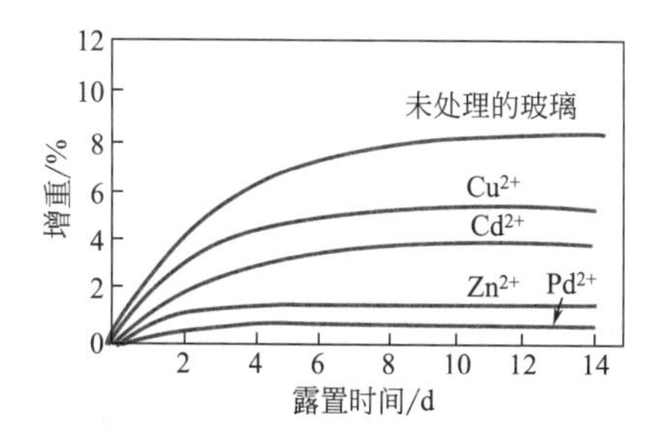

图 5-12　表面处理对钠钙硅酸盐玻璃吸水速率的影响

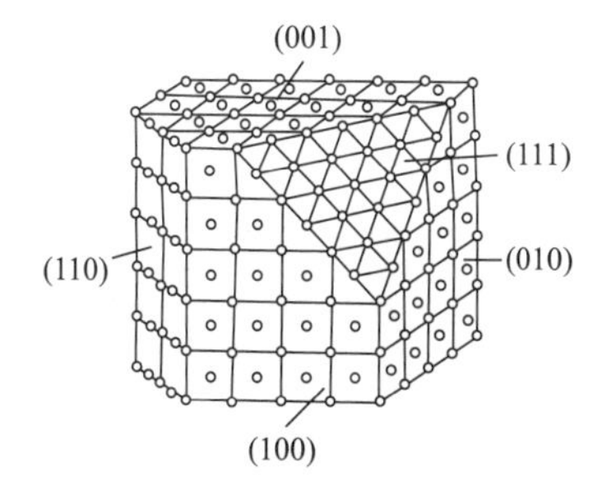

图 5-13　面心立方晶格的低指数面

应该指出，以上讨论的各种表面结构状态都是指“清洁”的平坦的表面而言。因为只有清洁平坦表面才能真实地反映表面的超细结构。这种表面可以用真空加热、镀膜、离子轰击或其他物理和化学方法处理而得到。但是实际的固体表面通常都是被“污染”了的。这时，其表面结构状态和性质则与沾污的吸附层性质密切相关，这将在以后进一步讨论。

5.1.2.4 固体表面的几何结构

（1）晶面原子密度　图 5-13 是一个具有面心立方结构的晶体表面构造。详细描述了 (100)、(110)、(111) 三个低指数面上原子的分布。可以看到，随着结晶面的不同，表面上原子的密度也不同。各个晶面上原子的密度见表 5-2。(100)、(110)、(111) 三个晶面上原子的密度存在着很大的差别，这也是不同结晶面上吸附性、晶体生长、溶解度及反应活性不同的原因。

表 5-2　结晶面、表面原子密度及邻近原子数

构造	结晶面	表面原子密度	最近邻原子	次近邻原子
简立方	(100)	0.785	4	1
	(110)	0.555	2	2
	(111)	0.453	0	3
体心立方	(110)	0.833	4	2
	(100)	0.589	0	4
	(111)	0.340	0	4
面心立方	(111)	0.907	6	3
	(100)	0.785	4	4
	(110)	0.555	2	5

（2）表面粗糙度　实验观测表明，固体实际表面通常是不平坦的。应用精密干涉仪检查发现，即使是完整解理的云母表面也存在着 2～100nm，甚至达到 200nm 的不同高度的台阶。从原子尺度看，这无疑是很粗糙的。因此，固体的实际表面是不规则且粗糙的，存在着无数台阶、裂缝和凹凸不平的峰谷。这些不同的几何状态同样会对表面性质产生影响，其中最重要的是表面粗糙度和微裂纹。

表面粗糙度会引起表面力场变化，进而影响其表面结构。从色散力的本质可见，位于凹谷深处的质点，其色散力最大，凹谷面上和平面上次之，位于峰顶处则最小；反之，对于静电力，则位于孤立峰顶处应最大，而凹谷深处最小。由此可见，表面粗糙度将使表面力场变得不均匀，其活性和其他表面性质也随之发生变化。其次，粗糙度还直接影响到固体比表面积、内与外表面积比值以及与之相关的属性，如强度、密度、润湿性、孔隙率和孔隙结构、透气性和浸透性等。此外，粗糙度还关系到两种材料间的封接和结合界面间的啮合和结合强度。

当然，所谓粗糙是相对于平滑而言的。那么什么称为粗糙？什么称为平滑？目前还无法下一个普遍定义，因为这与人们观察固体表面的尺度有关。例如，从原子尺度上，相对于理想的平表面，晶体表面上的台阶和扭折就是粗糙的。这种在原子、分子尺度上的粗糙性比起固体表面上的机械皱纹是小到可以忽略不计了。在此所讨论的粗糙性是指亚观水平上，所用尺度的数量级是微米。

图 5-14 中的 XY 表示固体表面的剖面轮廓线（放大约 10^3 倍）。若将全部“山丘”削平填入“谷地”，得到一个完全平滑的界面 AB。AB 称为样品的主平面或主表面。

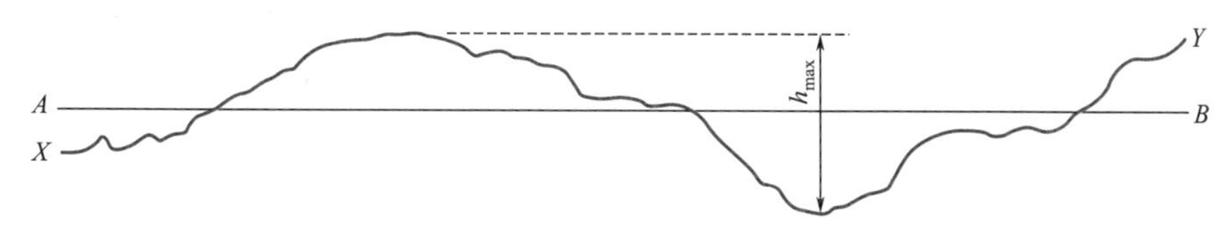

图 5-14 固体表面（剖面）轮廓线示意图

XY 上最高点与最低点之间的垂直距离为 h_{max}。显然对一个无序的皱纹来说，h_{max} 随所探测的轮廓线的长度而增加，但这种增加通常也是适度的。因此，一般只要测量几厘米长度时就可以得到一个合理的 h_{max} 值。此时最高点与主平面之间的距离与主平面与最低谷之间的距离都近似等于 $h_{max}/2$。若测定 XY 和 AB 之间很多点的垂直距离，取其绝对值，分别为 h_1，h_2，h_3，…，h_n。那么主平面以上的平均高度与主平面以下的平均深度应相等，用 $h_{平均}$ 表示：

$$h_{平均}=(h_1+h_2+h_3+\cdots+h_n)/n \tag{5-23}$$

当 n 足够大时，在一个较为均匀的表面上，$h_{平均}$ 与 n 无关。当表面是各向异性时，$h_{平均}$ 与样品剖面的方向有关。我们也可以用均方根高度 h_{rms} 来表示表面的粗糙性：

$$h_{rms}=\left(\frac{h_1^2+h_2^2+\cdots+h_n^2}{n}\right)^{\frac{1}{2}} \tag{5-24}$$

若沿 l 连续测量 h^2，那么：

$$h_{rms}=\left(\frac{1}{l}\int_0^l h^2 \mathrm{d}l\right)^{\frac{1}{2}} \tag{5-25}$$

当某一样品的表面轮廓线可以近似用正弦曲线来表示时：

$$h_{rms}=1.11h_{平均} \tag{5-26}$$

显然无规线 XY 比直线 AB 要长。令二者长度之比为 $\sqrt{r}$。若表面各向同性，则固体表面的真实面积（A_r）是其几何面积（A_g）(即主平面面积）的 r 倍。r 称为样品的粗糙性因子。h_{max}、h_{rms}、$h_{平均}$ 和 r 等从不同角度表征了固体样品表面的粗糙性，统称为粗糙度参数。显然每个固体样品表面都有它自己的一组粗糙度参数。不同样品的粗糙度参数可以相差很大，但经过一定的表面加工处理以后，粗糙度参数可以处于一定范围之内。

（3）表面微裂纹　表面微裂纹可以因晶体缺陷或外力作用而产生。微裂纹同样会强烈地影响表面性质，对于脆性材料的强度，这种影响尤为重要。计算表明，脆性材料的理论强度约为实际强度的几百倍。这正是因为存在于固体表面的微裂纹起着应力倍增器的作用，使位于裂缝尖端的实际应力远远大于所施加的应力。基于这个观点，格里菲斯（Griffith）建立了著名的玻璃断裂理论，并导出了材料实际断裂强度与微裂纹长度的关系：

$$R=\sqrt{\frac{2E\alpha}{\pi C}} \tag{5-27}$$

式中　R——断裂强度；

C——微裂纹长度；

E——弹性模量；

α——表面自由能。

由式(5-27) 可以看到，断裂强度与微裂纹长度的方根值成反比；对于高强度材料，E 和 α 应大而裂纹尺寸应小。对于长度变动的微裂纹，则 $R\sqrt{C}$ 为常数。格里菲斯用刚拉制的玻璃棒做实验，弯曲强度为 6×10^8Pa，该棒在空气中放置几小时后强度下降为 4×10^8Pa，他发现强度下降的原因是由于大气腐蚀而形成表面微裂纹。由此可见，控制表面裂纹的大小、数目和扩展，就能更充分地利用材料的固有强度。玻璃的钢化和预应力混凝土制品的增强原理就是使外层处于压应力状态以使表面微裂纹闭合。

固体表面几何结构状态可以用光学方法（显微镜、干涉仪）、机械方法（测面仪等）物理化学方法（吸附等）以及电子显微镜等多种手段加以研究观测。

固体表面的各种性质不是其内部性质的延续。由于表面吸附的缘故，使内外性质相差较大。一般的金属，表面上都被一层氧化膜所覆盖。如铁在570℃以下形成 $Fe_2O_3/Fe_3O_4/Fe$ 的表面结构，表面层氧化物为高价，次层为低价，最里层才是金属。一些非氧化物材料如 SiC、Si_3N_4 表面上也有一层氧化物。而氧化铝之类的氧化物表面则被 OH^- 基所覆盖。为了研究真实晶体表面结构或一些高技术材料制备的需要，欲获得洁净的表面，一般可以用真空镀膜、真空劈裂、离子冲击、电解脱离及蒸发或其他物理化学方法来清洁被污染的表面。

5.1.3 固体表面活性

固体活性通常可近似地看成是促进化学或物理化学反应的能力。化学组成相同的物质因其所受的处理过程不同，常表现出很大的活性差异。例如方解石在900℃下煅烧所得的 CaO 加水后立即剧烈地消解。而经1400℃煅烧制得的 CaO 则需经过几天才能水化。说明前者的活性大于后者。但是很难用一个普通的定量指标来比较和评价固体的活性，而只能在规定的条件下进行相对的比较。如 CaO 可以通过测定在给定温度下的消解速率做相对比较。然而，在固体参与的任何反应中，反应总是从表面开始的。因此固体活性深受其比表面积和表面结构的影响。

5.1.3.1 固体表面活性的产生及机理

在一定条件下物质的反应能力可以从热力学和动力学两方面来估计。前者可用反应过程系统自由焓变化 ΔG 来判断；后者可用经历该反应过程所需的活化能 E 来判断。当 $\Delta G<0$ 且负值越大，说明反应前系统的自由焓 G 越高，进行反应的趋势也越大；而活化能 E 越小，说明该反应所需克服的能垒越小，反应速率越快，因此活性也越大。所以说，固体的活性状态意味着它处于较高的能位。从表面力和表面结构概念出发，固体比表面积、晶格畸变和缺陷将是产生活性的本质原因。同一物质只要通过机械的或化学的方法处理使固体微细化，就可能大大提高其活性。这种具有极高反应能力的固体物质称为活性固体。

图5-15示出高岭土研磨时间与其比表面积和它在0.75mol/L HCl溶液中溶解速率之间的关系。曲线清楚表明，随研磨时间增长，作为活性指标的酸溶解速率持续提高。但比表面积在开始阶段（约500h前）明显增加，经历最大值后稍有下降，最后趋于平衡。这是由于研磨时物料在受到机械力粉碎的同时，还因颗粒表面力作用而使颗粒间相互黏附并反抗其分散和粉碎。起初，机械力远大于表面力的作用，物料随研磨而变细，随物料比表面积的增加，表面力作用随之显著，逐渐抵消甚至超过机械粉碎作用，最终达到研磨平衡。这时继续研磨，比表面积不再增加，但是物料活性却持续提高，说明在机械力作用下，物料的晶格继续变形和破坏，这是研磨后期高岭土活性持续提高的原

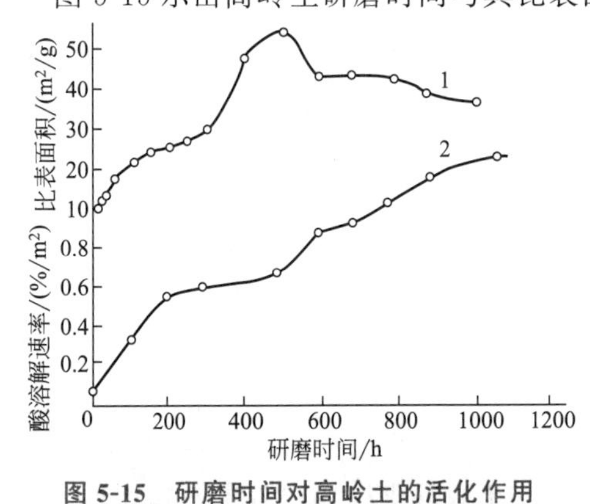

图5-15 研磨时间对高岭土的活化作用

1—比表面积（在−183℃的液氮中测定）；
2—酸溶解速率（在室温0.75mol/L HCl中经48h后每平方米表面所溶解的质量分数）

因。X 射线和热分析的结果同样表明，对于在达到研磨平衡后，继续研磨的试样，脱去高岭土结构水的温度逐渐降低，脱水温度范围则变宽。与此同时，X 射线衍射谱线的强度变弱。而经过 1000h 研磨后，其 X 射线衍射谱线则几乎消失。可见随着研磨的继续，颗粒的晶格不断变形使其间距扩大或压缩，有序程度下降，最后趋于无定形结构。这一系列的结构变化都将使物料所处的能位大大提高和富于活性。

利用热分解、共沉淀等化学方法来提高固体表面活性和通过机械方法制备活性固体的机理相似。如低温煅烧的 $MgCO_3$ 能得到活性 MgO；而提高煅烧温度则成为惰性的 MgO。这也正是出于低温分解所得的 MgO 颗粒微细、结构松弛、晶格变形和晶格常数较大所致。

综上所述，凡是能够通过机械或化学方法使固体微细化，比表面积增加，表面能增高；或使晶格畸变，结构疏松，结构缺陷增加，就能使固体的活性增加，获得活性固体。

5.1.3.2 表面官能团与选择性反应活性

表面活性起因于表面自由能，表面选择反应活性则起因于表面官能团的种类和极性。晶体结构的周期连续性在表面处中断，使表面质点排列有序程度降低，晶格缺陷增多。结果导致表面结构不同于内部，含有不饱和的价键，这使固体表面形成了带有不同极性的表面官能团，从而具有不同的选择性反应的能力。随着比表面积增大，表面官能团数目也增多，对表面选择性反应的影响也增大。对于比表面积约达到 $1m^2/g$ 以上的粉体或纤维材料，这种表面官能团对其反应活性和表面性质的影响就明显地表现出来。图 5-16 是 SiO_2 晶体结构的平面示意图。其中 Si^{4+} 位于图面之下，并与上层 O^{2-} 结合，Si^{4+} 的配位数为 4。每个 O^{2-} 为 2 个相邻的 Si^{4+} 共有。每个 Si—O 键上 Si^{4+} 只占有 1/2 O^{2-}。故硅氧四面体可表示为 $Si^{4+}(O^{2-}/2)_4$。设晶体沿图中箭头方向被劈裂形成两个新鲜面，由于 Si—O 键被切断则形成了 D 和 E 两种 Si—O 配位方式。由图可见，在 D 断面上的 Si^{4+} 占有三个 1/2 O^{2-}，形成 $Si^{4+}(O^{2-}/2)_3$，故剩余一个正电荷，即 $\begin{matrix}-O\\ -O-Si^{+}\\ -O\end{matrix}$ 配位；在 E 断面上的 Si^{4+} 则占有三个 1/2 O^{2-} 和一个 O^{2-}，形成 $Si^{4+}(O^{2-}/2)_3 \cdot O^{2-}$，故剩余一个负电荷，即 $\begin{matrix}O-\\ ^{-}O-Si-O-\\ O-\end{matrix}$。因此在断面处就形成了带有不同极性的基团而呈现选择反应活性。它可以和苯、苯乙烯、1-丁醇、环己烷等反应。随着反应物不同，其反应产物和历程也不同，从而改变了表面化学性质。例如 SiO_2 表面原来为亲水，能吸附水（H_2O）形成硅醇基团。和苯乙烯反应时，反应首先在表面的 $\begin{matrix}-O\\ -O-Si^{+}\\ -O\end{matrix}$ 处开始引起聚合反应，当遇到 $\begin{matrix}O-\\ ^{-}O-Si-O-\\ O-\end{matrix}$ 时，聚合物反应终止，其结果在固相表面生成有机物，使其表面成为亲油憎水。

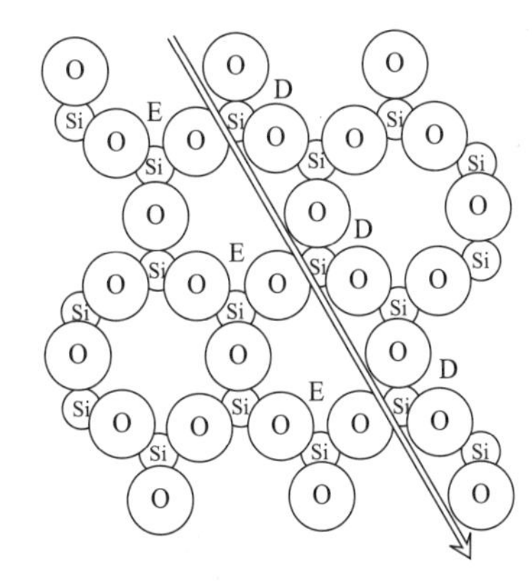

图 5-16 SiO_2 破碎后形成的新表面

一般 SiO_2 或其他硅酸盐和氧化物晶体的新表面形成后，其表面基团具有强烈的吸水性。产生水解反应后形成硅醇和硅氧烷基团。水分子可配位于一些硅醇基团周围形成一个表面覆盖层。应用热分析或红外光谱可以研究表面 OH^- 含量，并区别其吸附水和结构水。

5.2 固体界面及其结构

所谓界面，一般是指两相之间的“接触面”。例如，固相与气相之间的接触面为“相界面”；不同固态物质相互接触而成一个整体系统时，这种接触面就构成“内界面”；对于多晶材料内部晶粒之间形成的接触面，则为“晶粒间界”，或简称“晶界”。因此，界面是普遍存在的，在合金、薄膜、半导体器件、材料科学等众多领域中，都有重要的研究价值和实用意义，是当前材料科学的前沿课题。本节主要讨论陶瓷晶界及其结构。

5.2.1 陶瓷晶界

陶瓷材料是由微细粉料烧结而成的。在烧结时，众多的微细颗粒形成大量的结晶中心，当它们发育成晶粒并逐渐长大到相遇时就形成晶界。因而陶瓷材料是由形状不规则和取向不同的晶粒构成的多晶体，多晶体的性质不仅由晶粒内部结构和它们的缺陷结构所决定，而且还与晶界结构、数量等因素有关。尤其在高技术领域内，要求材料具有细晶交织的多晶结构以提高性能，此时晶界在材料中所起的作用就更为突出。图 5-17 表示多晶体中晶粒尺寸与晶界所占晶体中体积分数的关系。由图可见，当多晶体中晶粒平均尺寸为 1μm 时，晶界占晶体总体积的 1/2。显然在细晶材料中，晶界对材料的机械、电、热、光等性质都有不可忽视的作用。

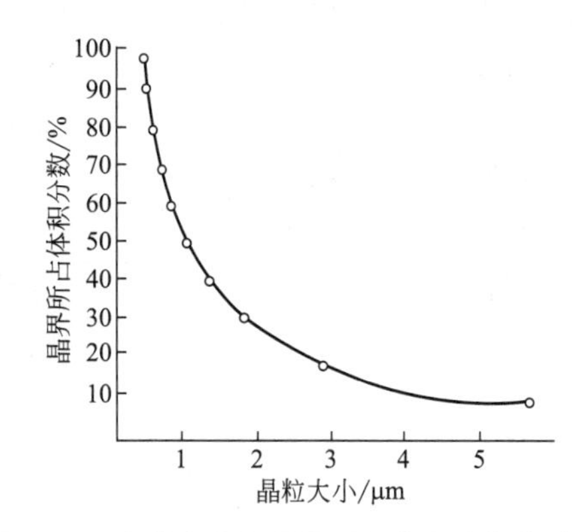

图 5-17 晶粒大小与晶界所占体积分数的关系

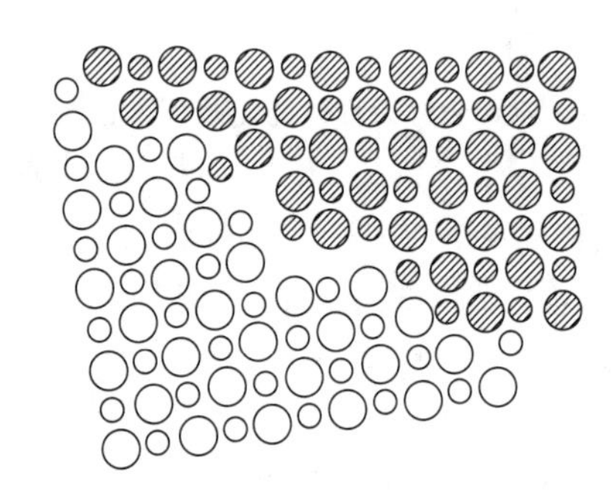

图 5-18 晶界结构示意图（两晶面彼此相对转 10°）

由于晶界上两个晶粒的质点排列取向有一定的差异，两者都力图使晶界上的质点排列符合于自己的取向。当达到平衡时，晶界上的原子就形成某种过渡的排列方式，如图 5-18 所示。显然，晶界上由于原子排列不规则而造成结构比较疏松，因而也使晶界具有一些不同于晶粒的特性。晶界上原子排列较晶粒内疏松，因而晶界受腐蚀（热浸蚀、化学腐蚀）后，很易显露出来；由于晶界上结构疏松，在多晶体中；晶界是原子（离子）快速扩散的通道，并容易引起杂质原子（离子）偏聚，同时也使晶界处熔点低于晶粒；晶界上原子排列混乱，存在着许多空位、位带和键变形等缺陷，使之处于应力畸变状态。故能阶较高，使得晶界成为固态相变时优先形核的区域。利用晶界的一系列特性，通过控制晶界组成、结构和相态等来制造新型无机材料是材料科学工作者很感兴趣的研究领域。但是多晶体中晶界尺度仅在 0.1μm 以下，并非一般显微工具所能研究的，而需要采用俄歇电子能谱（AES）及扫描隧道显微镜（STM）等。由于晶界上成分与结构复杂，因此对晶界的研究还在不断深入和发展。

如果假设陶瓷材料中相邻晶粒的原子（离子）彼此无作用，那么，每单位面积晶界的晶界能将等于两晶粒的表面能之和。但是实际上两个相邻晶粒的表面层上的原子间的相互作用是很强的，并且可以认为在每个表面上的原子（离子）周围形成了一个完全的配位球，其差别在于此处的配位多面体是变了形的，并在某种程度上，这种配位多面体周围情况与内部结构是不相同的。由于变形和环境的变化，晶界上原子比晶体内部相同原子有较高的能量，但一般来说，单位面积的晶界能比两个相邻晶粒表面能之和低。例如 NaCl 和 LiF 表面能分别为 $0.3J/m^2$ 和 $0.34J/m^2$，而它们各自晶界能为 $0.27J/m^2$ 和 $0.40\ J/m^2$。由于杂质原子（离子）容易聚集在晶界上，因而晶界能的大小是可以发生变化的。在晶体内杂质原子周围形成一个很强的弹性应变场，所以化学势较高；而晶界处结构疏松，应变场较弱，故化学势较低。当温度升高时，原子迁移率增加，使杂质原子从晶体自发向晶界扩散。

5.2.2 晶界构形

在陶瓷材料中，多晶体的组织变化发生在晶粒接触处即晶界上，晶界形状是由表面张力的相互关系决定的，晶界在多晶体中的形状、构造和分布称为晶界构形。为了讨论简单起见，我们仅仅分析二维的多晶截面，并假定晶界能是各向同性的。

5.2.2.1 固-固-气界面

如果两个颗粒间的界面在高温下经过充分的时间使原子迁移或气相传质而达到平衡，形成了固-固-气界面，如图 5-19 所示。根据界面张力平衡关系，可得：

$$\gamma_{SS}=2\gamma_{SV}\cos\frac{\Psi}{2} \tag{5-28}$$

式中 γ_{SS}，γ_{SV}——固-固界面张力和固-气表面张力；

Ψ——槽角（也称热腐蚀角）。

这种类型的沟槽通常是多晶制品于高温下加热时形成的，而且在许多体系中能观察到热腐蚀现象，通过测量热腐蚀角可以决定晶界能与表面能之比。经过抛光的陶瓷表面在高温下进行热处理，在界面能的作用下，就符合式(5-28) 的平衡关系。

图 5-19 固-固-气平衡的热腐蚀角

图 5-20 固-固-液平衡的二面角

5.2.2.2 固-固-液界面

由液相烧结而得的多晶体普遍形成的是固-固-液系统，如传统长石质瓷、镁质瓷等。这时晶界构形可以用图 5-20 表示。此时界面张力平衡可以写成：

$$\gamma_{SS}=2\gamma_{SL}\cos\frac{\varphi}{2} \tag{5-29}$$

式中 γ_{SS}，γ_{SL}——固-固界面张力和固-液界面张力；

φ——二面角。

对于两相系统，φ 大小取决于 γ_{SS} 与 γ_{SL} 的相对大小，即：

$$\cos\frac{\varphi}{2}=\frac{1}{2}\times\frac{\gamma_{SS}}{\gamma_{SL}} \tag{5-30}$$

如果 $\gamma_{SS}/\gamma_{SL}\geqslant 2$，则 φ 等于 0°，液相穿过晶界，晶粒完全被液相浸润，相分布如图 5-21（a）和图 5-22（d）所示。如果 $\gamma_{SL}>\gamma_{SS}$，φ 就大于 120°，这时三晶粒处形成孤岛状液滴，如图 5-21（d）和图 5-22（a）所示。$\gamma_{SS}/\gamma_{SL}>\sqrt{3}$，$\varphi<60°$，液相沿晶界渗开，如图 5-21（b）所示。$\gamma_{SS}/\gamma_{SL}$ 比值与 φ 角的关系见表 5-3。

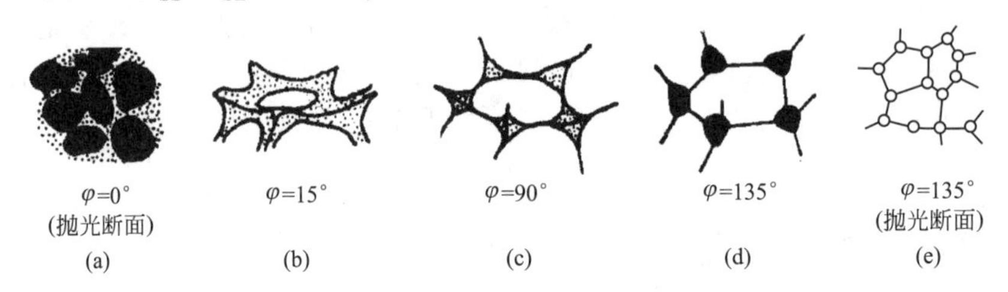

图 5-21 不同二面角时的第二相分布

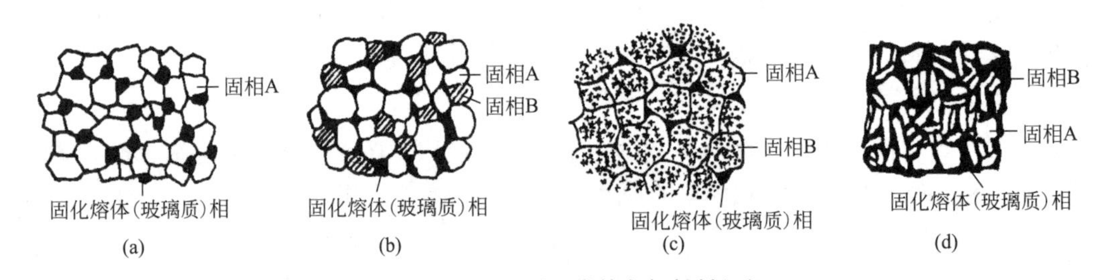

图 5-22 热处理时形成的多相材料组织

表 5-3 二面角 φ 与润湿的关系

γ_{SS}/γ_{SL}	$\cos\frac{\varphi}{2}$	φ	润湿性	相分布(见图 5-21)
$\geqslant 2$	1	0°	全润湿	(a)浸湿整个材料
$>\sqrt{3}$	$>\frac{\sqrt{3}}{2}$	$<60°$	润湿	(b)在晶界渗开
$1\sim\sqrt{3}$	$\frac{1}{2}\sim\frac{\sqrt{3}}{2}$	120°～60°	局部	(c)开始渗透晶界
<1	$<\frac{1}{2}$	$>120°$	不润湿	(d)孤立液滴

陶瓷材料在烧结时，实际上是多相的多晶材料，当气孔未从晶体中排出时，即使由单组分的晶粒组成的最简单多晶体（如 Al_2O_3 瓷）也是多相材料。在许多由化学上不均匀的原料制备的无机材料中，除了不同相的晶粒和气孔外，当含 SiO_2 的高黏度液态熔体冷却时，还形成数量不等的玻璃相。在实际材料烧结时，晶界的构形不仅与 γ_{SS}/γ_{SL} 之比有关。除了固-液之间润湿性外，高温下固-液相之间还会发生溶解过程和化学反应，固-固之间也发生固相反应。溶解和反应过程改变了固-液相比例和固-液相的界面张力，因此多晶体组织的形成是一个很复杂的过程。图 5-22 示出由于这些因素影响而形成的多相组织的复杂性。一般硅酸盐熔体对硅酸盐晶体或氧化物晶粒的润湿性很好，玻璃相伸展到整个材料中。如图 5-22

(b) 表示两个不同组成和结构的固相与硅质玻璃共存，这两种固相（相 A-白色区域和相 B-斜线部分）是由固相反应形成的（例如由原来化合物热分解形成等），而硅质玻璃相是在较高温度下由 A、B 相生成的液态低共熔体。在很多玻璃相含量少的陶瓷材料中都有这样的结构，如镁质瓷和高铝瓷。图 5-22 (c) 示出由于固体或熔体过饱和而导致第二固相析出时的结构，晶粒是由主晶相 A 及在其中析出的 B 晶相所组成，例如 FeO 固溶在 MgO 中，通过 $MgFe_2O_4$ 的析出其晶粒就形成这种组织形态。在许多陶瓷中次级晶相 B 的形成是从过饱和富硅熔体中结晶的结果，如图 5-22 (d) 所示，如传统长石质瓷中次级晶相 B 是针状莫来石晶体。

5.2.2.3 固-固-固界面

在多晶体中，1、2、3 三个晶粒间的夹角由其界面张力的数值决定，有：

$$\frac{\gamma_{23}}{\sin\varphi_2}=\frac{\gamma_{31}}{\sin\varphi_2}=\frac{\gamma_{12}}{\sin\varphi_3} \tag{5-31}$$

式中 γ_{23}，γ_{31}，γ_{12}——每两晶粒间的界面张力；

φ_1，φ_2，φ_3——相应两晶粒间的二面角。

多晶体中晶粒的形态主要满足两个基本条件，充塞空间条件和自由能极小条件。根据这两个条件，多晶材料的二维截面上两个晶粒相交或三个以上的晶粒相交于一点的情况是不稳定的，经常出现的是三个晶粒交于一点，其二面角的关系由式(5-31) 决定。当晶界交角为 120°，晶粒的截面都是六边形，这时晶界是平直的。但实际晶粒并非都是正六边形的，会出现弯曲晶界。从界面能量考虑，弯曲晶界是不稳定的，如果温度足够高，多晶体会发生传质过程，这时弯曲的晶界会沿着曲率运动，使界面减小，以降低系统的自由能，这个过程要通过消耗周围的小晶粒来使多边形晶粒长大。二次再结晶中的少数晶粒异常长大并吞食周围的小晶粒就是这种传质过程。

5.2.3 晶界应力

在多晶材料中，如果有两种不同热膨胀系数的晶相组成，在高温烧结时，这两个相之间完全密合接触处于一种无应力状态，但当它们冷却至室温时，有可能在晶界上出现裂纹，甚至使多晶体破裂。对于单相材料，例如石英、氧化铝、石墨等，由于不同结晶方向上的热膨胀系数不同，也会产生类似的现象，石英岩是制玻璃的原料，为了易于粉碎，先将其高温煅烧，利用相变及热膨胀而产生的晶界应力，使其晶粒之间裂开而便于粉碎。

我们可以用一个由两种膨胀系数不同的材料组成的层状复合体来说明晶界应力的产生。设两种材料的线膨胀系数为 α_1 和 α_2；弹性模量为 E_1 和 E_2；泊松比为 ν_1 和 ν_2。按图 5-23 模型组合，(a) 图表示在高温 T_0 下的一种状态，此时两种材料密合长短相同，假设此时是一种无应力状态，冷却后，有两种情况。(b) 图表示在低于 T_0 的某 T 温度下，两个相自由收缩到各自平衡状态。因为是一个无应力状态，晶界发生完全分离。(c) 图表示同样低于 T_0 的某 T 温度下，两个相都发生收缩，但晶界应力不足以使晶界发生分离，晶界处于应力的平衡状态。当温度由 T_0 变到 T，温差 $\Delta T=T-T_0$，第一种材料在此温度下膨胀变形 $\varepsilon_1=\alpha_1\Delta T$，第二种材料膨胀变形 $\varepsilon_2=$

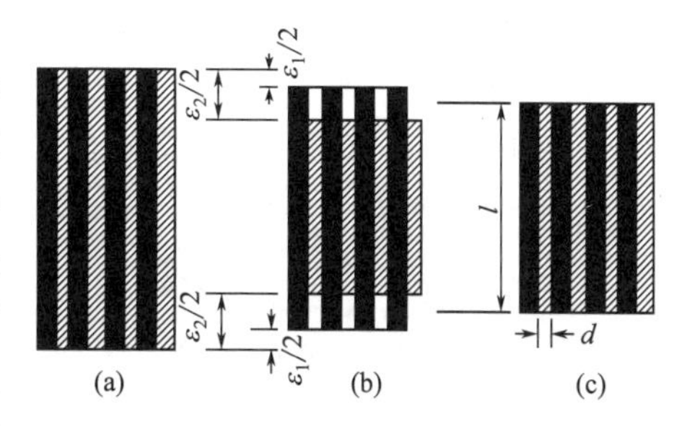

图 5-23 层状复合体中晶界应力的形成

(a) 高温下；(b) 冷却后无应力状态；(c) 冷却后层与层仍然结合在一起

$\alpha_2 \Delta T$，而 $\varepsilon_1 \neq \varepsilon_2$。因此，如果不发生分离，即处于（c）状态，复合体必须取一个中间膨胀的数值，在复合体中一种材料的净压力等于另一种材料的净拉力，二者平衡，设 σ_1 和 σ_2 为两个相的线膨胀引起的应力，x_1 和 x_2 为体积分数（等于截面积分数）。如果 $E_1=E_2$，$\nu_1=\nu_2$，而 $\Delta\alpha=\alpha_1-\alpha_2$，则两种材料的热应变差为：

$$\varepsilon_1-\varepsilon_2=\Delta\alpha\Delta T$$

第一相的应力为：

$$\sigma_1=\left(\frac{E}{1-\mu}\right)x_2\Delta\alpha\Delta T$$

上述应力是令合力（等于每相应力乘以每相的截面积之和）等于零而算得的，因为在个别材料中正力和负力是平衡的。这种力可经过晶界传给一个单层的力为 $\sigma_1 A_1=-\sigma_2 A_2$，式中，$A_1$、$A_2$ 分别为第一、二的晶界面积，合力 $\sigma_1 A_1+\sigma_2 A_2$ 产生一个平均晶界剪应力 $\tau_{平均}$：

$$\tau_{平均}=\frac{(\sigma_1 A_1)_{平均}}{局部的晶界面积}$$

对于层状复合体的晶界面积与 V/d 成正比，d 为箔片的厚度，V 为箔片的体积，则层状复合体的剪切应力为：

$$\tau=\frac{\left(\frac{x_1 E_1}{1-\nu_1}\right)\left(\frac{V_2 E_2}{1-\nu_2}\right)}{\left(\frac{E_1 V_1}{1-\nu_1}\right)\left(\frac{E_2 x_2}{1-\nu_2}\right)}\Delta\alpha\Delta T\frac{d}{L} \tag{5-32}$$

式中，L 为层状物的长度，见图 5-23（c）。因为对于具体系统，E、ν、x 是一定的，上式改写为：

$$\tau=K\Delta\alpha\Delta T\frac{d}{L} \tag{5-33}$$

从式(5-33) 可以看到，晶界应力与热膨胀系数差、温度变化及厚度成正比。如果晶体热膨胀是各向同性的，$\Delta\alpha=0$，晶界应力不会发生。如果产生晶界应力，则复合层越厚，应力也越大。所以在多晶材料中，晶粒越粗大，材料强度越差，抗冲击性也越差，反之则强度与抗冲击性好，这与晶界应力的存在有关。

复合材料是目前很有发展前途的一种多相材料，其性能优于其中任一组元材料的单独性能，很重要的一条就是避免产生过大的晶界应力。复合材料可以有弥散强化和纤维增强两种。弥散强化的复合材料结构是由基体和在基体中均匀分布的直径在 0.01～0.1μm、含量在 1%～15%很细的等径颗粒组成［图 5-24（a）］，ZrO_2 增韧 Al_2O_3 材料就属此类。弥散强化复合材料也可以是细小的陶瓷颗粒分散于金属相基体中（如 Al_2O_3 细微粒分散在金属中）；或者反之，用陶瓷作基体，金属细微粉分散于其中。纤维增强复合材料中的纤维，其最短长度和最大直径之比等于或大于 10∶1［即式(5-32) 式中 $L/d \geqslant 10/1$］，纤维的直径一般在不到 1μm 和数百微米之间波动。如图 5-24 所示，纤维增强复合材料有平行取向

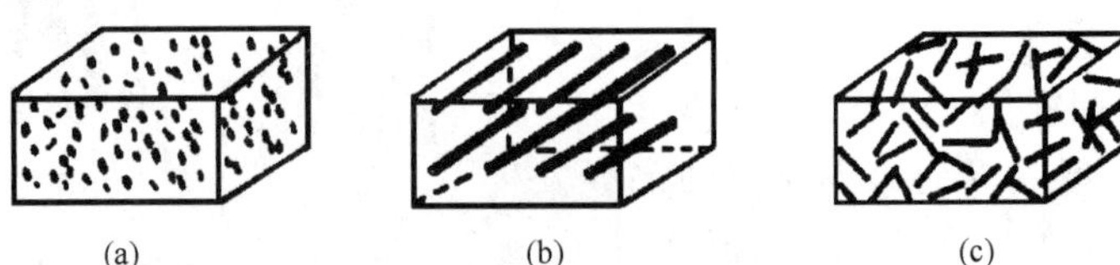

图 5-24 多相复合材料的几种类型

（a）弥散强化；（b）平行取向的纤维增强；（c）紊乱取向的纤维增强

[图 5-24 (b)]和紊乱取向 [图 5-24 (c)]两种。复合材料基体通常用高分子材料或金属；常用的纤维为石墨、Al_2O_3、ZrO_2、SiC、Si_3N_4 和玻璃，这些材料具有很好的力学性能，它们接合到复合材料中还能充分保持其原有性能。

5.2.4 晶界电荷

弗仑克尔等曾指出，在热力学平衡时离子晶体的表面和晶界由于有过剩的同号离子而带有一种电荷。这种电荷正好被晶界邻近的异号空间电荷云所抵销。对于纯材料而言，若在晶界上形成阳离子和阴离子的空位或填隙离子的能量不同，就会产生这种电荷；如果有不等价溶质存在，它会改变晶体的点阵缺陷浓度，那么晶界电荷的数量和符号也会改变。对于有肖特基缺陷的理想纯净材料，在晶界上阴离子空位和阳离子空位的生成自由焓常不相同。对于 NaCl 晶体，形成阳离子空位所需的能量约是形成阴离子空位所需能量的三分之二。可以把这一结果看成一种倾向，就是加热时，在晶界或其他空位源的地方（表面、位错）会产生带有有效负电荷的过剩阳离子空位，所产生的空间电荷会减慢阳离子空位的进一步形成而加速阴离子空位的产生。平衡时在晶体内是电中性的，但在晶界上带正电荷，这种正电被电量相同而符号相反的空间负电子云平衡，后者渗入到晶体内某个深度。

NaCl 晶格上离子和界面作用形成空位可写成：

$$Na_{Na} \longrightarrow Na_B^{\cdot} + V_{Na}' \tag{5-34}$$

$$Cl_{Cl} \longrightarrow Cl_B' + V_{Cl}^{\cdot} \tag{5-35}$$

此处下脚注 B 表示晶界上位置。在晶体内部单位晶格点的阳离子空位数与阴离子空位数由生成能（$\Delta H_{V_M'}$、$\Delta H_{V_X^{\cdot}}$）、有效电荷 Z 及静电势 ϕ 决定，即：

$$[V_M'] = \exp\left(-\frac{\Delta H_{V_M'} - Ze\phi}{kT}\right) \tag{5-36}$$

$$[V_X^{\cdot}] = \exp\left(-\frac{\Delta H_{V_X^{\cdot}} + Ze\phi}{kT}\right) \tag{5-37}$$

在远离表面的地方，电中性要求 $[V_M']_\infty = [V_{Cl}^{\cdot}]_\infty$，其空位浓度由总的生成能决定，即：

$$[V_M'] = [V_X^{\cdot}] = \exp\left(-\frac{1}{2} \times \frac{\Delta H_{V_M'} + \Delta H_{V_X^{\cdot}}}{kT}\right) \tag{5-38}$$

$$[V_M']_\infty = \exp\left(-\frac{\Delta H_{V_M'} - Ze\phi}{kT}\right) \tag{5-39}$$

$$[V_X^{\cdot}]_\infty = \exp\left(-\frac{\Delta H_{V_X^{\cdot}} + Ze\phi}{kT}\right) \tag{5-40}$$

因而晶体内的静电势为：

$$Ze\phi_\infty = \frac{1}{2}(\Delta H_{V_M'} - \Delta H_{V_X^{\cdot}}) \tag{5-41}$$

对 NaCl 做一个粗略估计，$\Delta H_{V_M'} = 0.65\text{eV}$，$\Delta H_{V_X^{\cdot}} = 1.21\text{eV}$，则 $\phi_\infty = -0.28\text{eV}$。估计 MgO 的 $\phi_\infty = -0.7\text{eV}$。如果介电常数已知，则可求出空间电荷伸入晶体的深度。一般离晶界面 2～10nm。

如果在 NaCl 晶体内含有异价杂质 $CaCl_2$，则有：

$$CaCl_2 \xrightarrow{NaCl} Ca_{Na}^{\cdot} + V_{Na}' + 2Cl_{Cl} \tag{5-42}$$

而肖特基平衡：

$$O \rightleftharpoons V'_{Na} + V^{\bullet}_{Cl} \tag{5-43}$$

这样，由于 Ca^{2+} 的引入使 $[V'_{Na}]$ 增加，按式(5-42) 它必须使 $[V^{\bullet}_{Cl}]$ 减少。因此按式(5-34) 和式(5-35)，使 $[Na^{\bullet}_B]$ 减少而 $[Cl'_B]$ 增加，导致负的晶界电势（正的 ϕ_∞），改变了晶界电荷的数量和符号。

由于氧化物中热激发的晶格缺陷的浓度较低，在界面上的电荷及其相联系的空间电荷是由异价溶质浓度决定的。含有溶质 MgO 的 Al_2O_3 晶界是正电性的，而含有 Al_2O_3 或 SiO_2 溶质的 MgO 晶界是负电性的。

5.2.5 晶界偏析

现代表面分析仪器检测结果表明，微观与亚微观的杂质在晶界上的偏析是很普遍的。造成偏析的因素之一是晶界电势；同时，由于杂质原子与基体质点尺寸失配而引起的应变能，也是影响杂质偏析的重要因素。

Mclean 从理论上处理了应变能对杂质在晶界上偏析的影响。假定 N 个晶体内的晶格位置被 p 个杂质原子所占据，n 个晶界区的晶格位置被 q 个杂质原子所占据；一个杂质原子在一个晶粒内的晶格位置所引起的形变能为 E_p，在晶界区的晶格位置所引起的形变能为 E_q，这样杂质原子所引起的自由能为：

$$F = qE_q + pE_p - kT\ln\frac{n!\ N!}{(n-q)!\ q!\ (N-p)!\ p!} \tag{5-44}$$

当 F 为极小时，有：

$$\frac{q}{n-q} = \frac{p}{N-p}\exp\left(\frac{E_p - E_q}{kT}\right) \tag{5-45}$$

令晶粒内杂质浓度 $C = p/N$，晶界区的杂质浓度 $C_b = q/n$，由于 $\exp\left(\frac{E_p - E_q}{kT}\right) = \exp\left[\frac{N_A(E_p - E_q)}{RT}\right] = \exp\left(\frac{\Delta\Omega}{RT}\right)$，则式(5-45) 变为：

$$C_b = \frac{C\mathrm{e}^{\Delta\Omega/RT}}{1 - C + C\mathrm{e}^{\Delta\Omega/RT}} \tag{5-46}$$

式中　$\Delta\Omega$——1mol 杂质原子位于晶格及晶界时内能之差，$\Delta\Omega = N_A(E_p - E_q)$。

当杂质浓度 $C \ll 1$ 时，式(5-46) 可进一步简化为：

$$C_b = \frac{C\mathrm{e}^{\Delta\Omega/RT}}{1 + C\mathrm{e}^{\Delta\Omega/RT}} \tag{5-47}$$

式中　R——气体常数。

由上式可知，C_b 与 C 的差异与温度 T 有关。选择适当的退火温度，可以控制杂质原子在晶界上的分布。

Mishra 用 SEM 对 Mn-Zn 铁氧体的晶界进行分析，发现 Ca 与 Si 在晶界上偏析。离子半径较大的 Ca^{2+} 在晶界上偏析，使晶界附近的晶格常数变大，直接影响 Mn-Zn 铁氧体的磁致伸缩性能与高频磁率。

5.2.6 陶瓷晶界结构

陶瓷材料是烧结而成的。在烧结过程中，晶粒各自以晶核为基生长而互相靠近，其取向是随机的，构成的晶界角也各不相同。因此，一般将陶瓷看成是晶粒和晶界组成的多晶体；

陶瓷材料的一些特殊功能，也是借助于晶界效应制成的。例如，晶界层电容器陶瓷、透明铁电体陶瓷、半导体气敏陶瓷和热敏陶瓷，以及高温超导陶瓷等，都在不同程度上利用了晶界效应，从而制备出了不同的功能材料。可以预计，随着对晶界结构的深入了解，将有利于陶瓷材料性能的改善。

5.2.6.1 电容器陶瓷晶界

$SrTiO_3$、TiO_2 等陶瓷晶界层电容器材料是目前人们关注的几种材料。朱祥云等对 $SrTiO_3$ 陶瓷晶界层电容器材料的晶界结构研究表明，低温一次烧结 $SrTiO_3$ 陶瓷的两晶粒间存在着 4 种典型的晶界形态：宽（10～100nm）的结晶相晶界和宽的非晶界；窄（0.1～2.0nm）的非晶相晶界；以及无明显晶界相的“清洁”晶界。观察宽的结晶相晶界的晶格条纹，可以看到晶界处的结晶相的点阵结构与两边晶粒的 $SrTiO_3$ 点阵不同，因此可以确认该结晶相是非 $SrTiO_3$ 结构。结果表明，该晶界两边的晶粒分别是［210］和［110］取向的 $SrTiO_3$ 单结晶，晶界结构相为 $Li_6Si_2O_7$，晶格常数 $a=0.7715$nm，$c=0.488$nm，衍射方向为［$\bar{1}$11］。由窄的非晶相晶界给出了图 5-25 所示的两个晶界形成的原子结构模型。图中结晶晶界箭头和黑点表示无定形玻璃相晶界，其上方是 $SrTiO_3$ 沿［110］方向投影的 Ti—O 八面体与 Sr^{2+} 的配置情况；在晶界下方是 $SrTiO_3$ 外沿［001］投影的二维晶格及八面体情况。可见晶界两边的晶格及原子存在共格关系。图 5-26 是无明显晶界相的“清洁”的晶界结构模型，图中用结晶晶界箭头表示出它们的晶界。其上方是［111］投影的 $SrTiO_3$ 晶格排列，Ti—O 八面体是正六角形特征，并与相邻 6 个八面体以共顶方式连接；晶界下方为 $SrTiO_3$ 沿［110］投影的晶格及 Ti—O 八面体特征，并且每隔 3 个 Ti—O 八面体便可以与晶界上方晶粒的 Ti—O 八面体共格连接一次，两晶粒的八面体在晶界处可以共格匹配一次。在晶界上方［111］方向的晶粒，每隔 4 个 Ti—O 八面体与下方晶粒的八面体共格连接。因此，在 HREM 图像中无明显晶界相晶界，就是部分共格晶界。

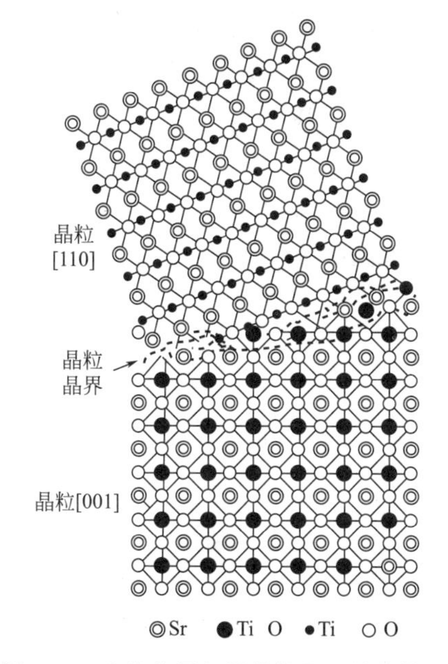

图 5-25 窄的非晶相晶界的原子结构模型

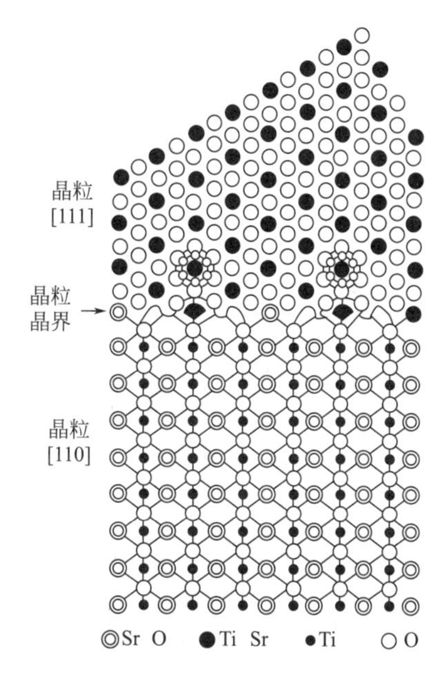

图 5-26 无明显晶界相“清洁”晶界的原子结构模型

5.2.6.2 压电陶瓷晶界

对于 PLZT 压电用瓷的晶界结构，宋祥云等曾用高分辨电镜（HREM）观察过。根据

HREM 晶格图像给出的两种可能的 PLZT 白瓷晶界的原子结构模型，示于图 5-27（a）和（b）中。其中图 5-27（a）是［111］方向和［100］方向两晶粒晶界的晶格图像的结构模型，图中用箭头示意出晶界位置。在晶界两边分别是［100］和［111］两晶粒的投影结果。由模型可以看出，上下两边的原子在晶界处存在周期性重合，它们的 Ti(Zr)—O 八面体彼此间也不能匹配。因此，在它们的界面留出了小于 1nm 宽的原子杂乱区域。这种晶界被称为不相干晶界。另外，由于晶界处的原子分布无序，也降低了晶界的原子密度。图 5-27（b）的模型是同为［110］取向的两晶粒晶界的晶格示意图。由该模型可以看出，对于晶粒 A，八面体中的 O 原子和 Pb(La) 原子，它们每隔 4 个 Ti(Zr)—O 八面体便与晶粒 B 的相同原子重合或相干一次，即每隔 $4\times d_{110}\approx0.115$nm 的间距，两个八面体的顶点重合一次。对于晶粒 B，每隔 3 个 Ti(Zr)—O 八面体，即每隔 $3\times d_{100}\approx0.122$nm 的间距，与晶粒 A 的八面体的顶点共用一次。由鲍林（Pauling）规则可知，八面体共顶连接有利于降低离子间的静电斥力，从而使结构稳定。同时，两晶粒的八面体顶点能在晶界处共用，从而也能在晶界处出现它们的晶格相干重合的情况。所以在 HREM 图像中可以看到某些晶格条纹相连的现象。

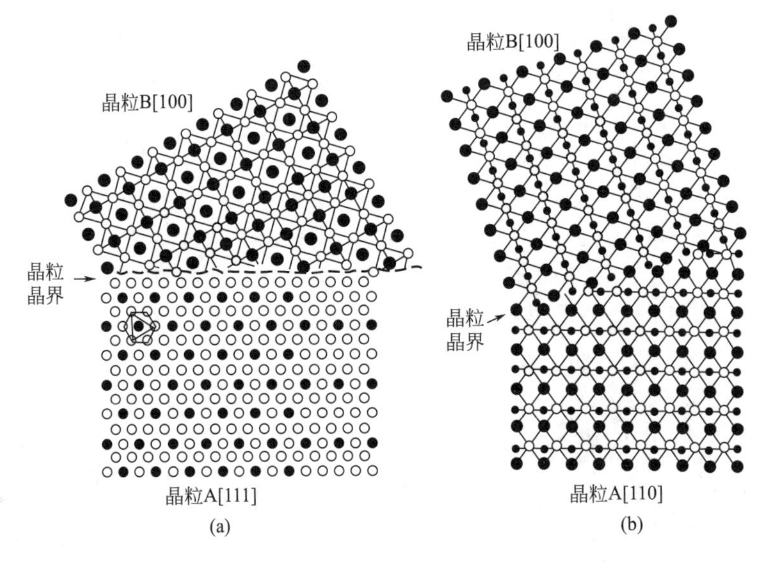

图 5-27 PLZT 陶瓷晶界的原子结构模型

（a）［111］方向和［100］方向两晶粒晶界的晶格模型；
（b）［110］取向的两晶粒晶界的晶格模型

5.2.6.3 半导体陶瓷晶界

PTC（positive temperature coefficient，正温度系数）型 $BaTiO_3$ 半导体陶瓷在工业自动控制、彩色电视机消磁、自动控温发热元件等方面得到广泛应用。但是，纯 $BaTiO_3$ 陶瓷在室温下是一种绝缘体，电阻率为 $10^{10}\sim10^{12}\Omega\cdot cm$。然而，当掺入某些杂质后（例如掺入 Nb、Si、Mn 等），则具有半导体特征，室温电阻率为 $10^{1}\sim10^{3}\Omega\cdot cm$。当温度升到相变温度 $T_c=120$℃附近时，其电阻率急剧上升，呈正的温度系数特性，称为 PTC 型 $BaTiO_3$ 半导体陶瓷，这也是它与一般半导体不同之处（一般半导体呈负的温度系数特性）。

电镜观察表明，纯 $BaTiO_3$ 陶瓷基体并非是一块完整的晶体，其间有晶界，晶界两边 $BaTiO_3$ 晶体取向有差异，并在有些 $BaTiO_3$ 晶块上附有其他杂相。对于按 $BaTi_{1.01}O_3$ 化学称量，另外添加适量的 Nb_2O_5 和 SiO_2、Al_2O_3、TiO_2、MnO_2 等烧制而成的 $BaTiO_3$ 半导体陶瓷的观察结果，其晶粒分布较均匀，晶粒尺寸大致在2.5～7μm范围，某些区域存在一种极为特殊的晶粒，它们具有“壳-芯”结构，如图5-28所示。如一颗约2.5μm的晶粒，铁电畴在晶粒中心处A区，其面积不到整个晶粒的一半。A区周围的B区没有铁电畴，从而形成无铁电畴和具有铁电畴芯的结构特征。另外还有一种“壳-芯”结构的晶粒，如图5-29所示，较深衬度的B区包围着较浅衬度的A区，在同一晶粒上形成了不同衬度的“壳-芯”结构特征。分别对上述两种“壳-芯”区域进行选区电子衍射发现，“壳-芯”衬度并没有改变$BaTiO_3$点阵结构的特征，晶格取向也相同，都为[110]取向。从以上分析可以推断，杂质Si原子进入$BaTiO_3$晶格后，尽管不发生晶型转变，但其晶格结构可能发生严重畸变。晶格畸变和原子质量的不同，以及电子对各种原子的不同散射效果，可能是形成“壳-芯”衬底的原因。

对PTC型$BaTiO_3$半导体陶瓷的晶界观察结果是，在三晶粒或多晶粒交界处，存在着非晶相、结晶相、非晶相与结晶相共存三种情况。

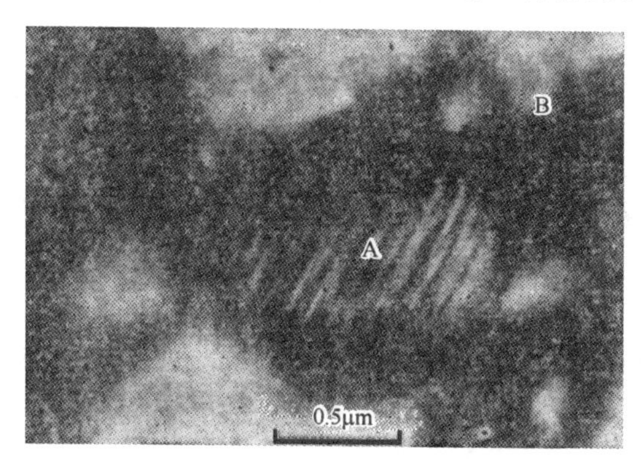

图5-28 PTC型$BaTiO_3$壳-芯晶粒

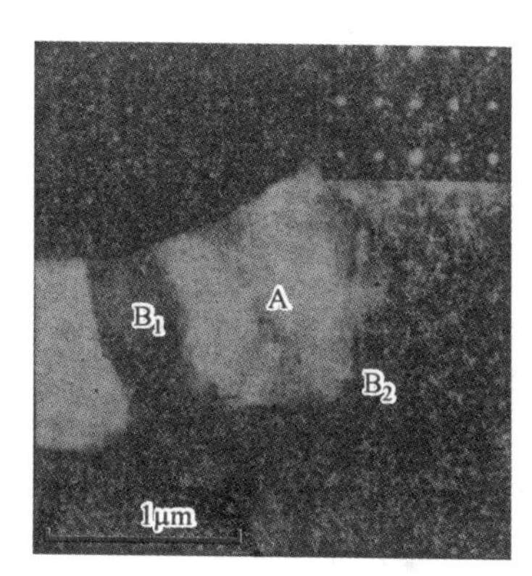

图5-29 PTC型$BaTiO_3$另一种壳-芯晶粒

5.2.6.4 超导体陶瓷晶界

粉末烧结法制备的$YBa_2Cu_2O_y$多晶样品无载流能力，尤其是有外场时的临界电流密度很低。一般认为这是样品中存在Josephson弱连接所致。通过改进制备工艺，可望改善载流能力。

张金龙等用熔融织构法制备$YBa_2Cu_2O_y$样品，进行大面积的观察，如图5-30所示，发现熔融织构$YBa_2Cu_2O_y$体材料在a-b面内的组织结构连续；大面积的电子衍射图呈现有规则的Z轴织构电子衍射斑点花样，以Z为轴，a或b的转角很小，分别为15°、10°、5°、2°。由此可以认为熔融织构生长的$YBa_2Cu_2O_y$体材料中，$YBa_2Cu_2O_y$晶粒晶界居于小角晶界类型。

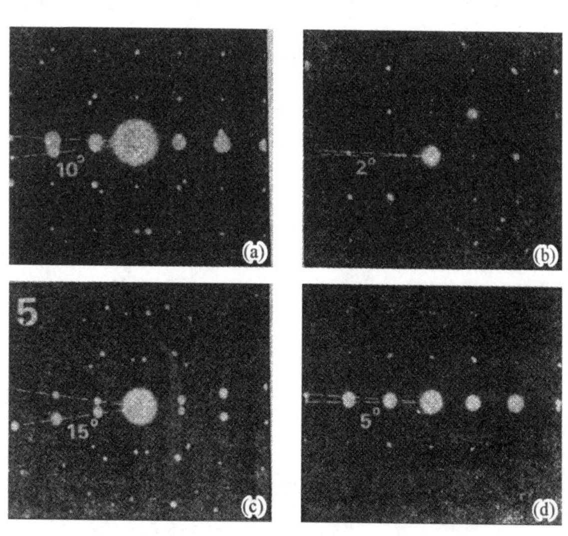

图5-30 $YBa_2Cu_2O_y$样品选区电子衍射图

方永浩等研究了添加Ag_2O对$YBa_2Cu_2O_y$体材料显微结构的影响。发现高于或低于熔点温度（961.8℃）烧成的试样，Ag_2O的添加效果显著不同。在960℃以下烧成时，Ag的主要作用是使晶粒细化、晶界金属化和试样致密化，如图 5-31 所示；而高于 970℃烧成时，Ag 的主要作用是净化晶界和导致晶粒有序排列区域，如图 5-32 所示。

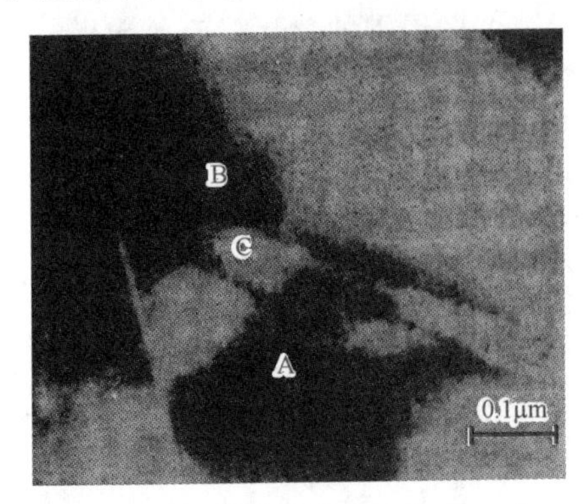

图 5-31 940℃烧成的 $(YBa_2Cu_3O_{7-\delta})_{0.6}\cdot Ag_{0.4}$ 试样的 TEM 照片

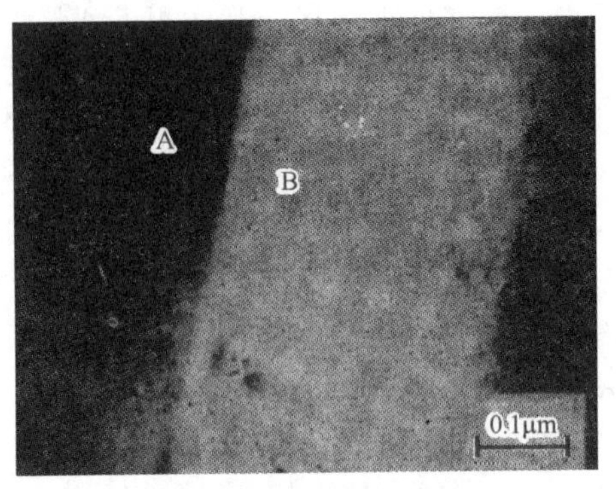

图 5-32 1000℃烧成的 $(YBa_2Cu_3O_{7-\delta})_{0.6}\cdot Ag_{0.4}$ 试样中“干净”晶界的 TEM 照片

5.2.7 陶瓷晶界特征

陶瓷是一种多晶体系。因此，陶瓷晶界具有特殊重要的意义。一般来说，陶瓷的晶界要比金属和合金的晶界宽，结构和成分都非常复杂，除具有一般晶界的特性外，还具有如下一些特征。

陶瓷主要由带电单元（离子），以离子键为主体构成，带电结构单元会影响晶界的稳定性。例如，氧化物、碳化物和氯化物形成的陶瓷，离子键在晶界处形成静电势，静电势受缺陷类型、杂质和温度的强烈影响，会对陶瓷的电学性质和光学性质产生主要的影响。

陶瓷中的少量掺杂对晶粒尺寸和晶界性质起到决定性的作用。例如，掺杂 MgO 的氧化陶瓷，晶界性质有明显变化。有人将陶瓷晶界分为特殊晶界和一般晶界。特殊晶界由小角晶界、重合位量点阵晶界和重合转轴晶界组成，属于重合晶界，这些晶界都是低能晶界；一般晶界由失配位错构成，属于接近重合晶界，它的晶界能略高于特殊晶界。例如，掺杂 Mg 的氧化物陶瓷由很多特殊晶界组成，这种材料具有很好的稳定性，在高温下，晶粒不会明显增大，晶界也不易移动。因此，能在高温下承受大的压应力。掺杂对陶瓷材料中特殊晶界的比例和分布有很大的影响，在功能设计时非常有用。

陶瓷晶界处往往有大量杂质凝聚，当凝聚到一定程度时会形成新相，称为晶界相，杂质的偏析和生成晶界相对陶瓷的物理性质和化学性质都有重要影响。杂质在陶瓷晶界的分布如图 5-33 所示。

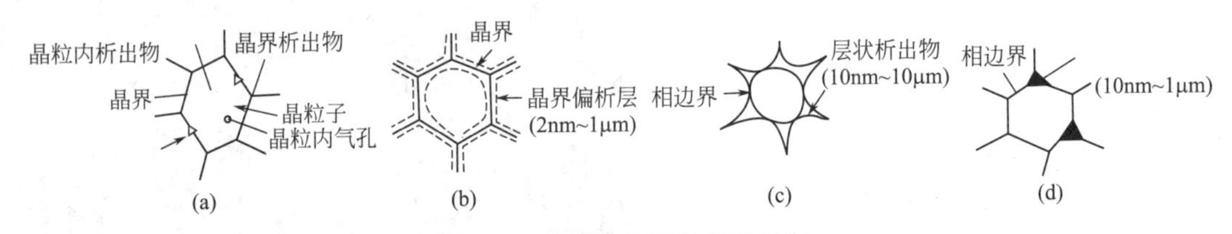

图 5-33 杂质在陶瓷晶界的分布

5.3 界面行为

固体的表面总是与气相、液相或其他固相接触的。在表面力的作用下，接触界面上将发生一系列物理或化学过程。界面化学是以多相体系为研究对象，研究在相界面发生的各种物理化学过程的一门科学。无机材料制造的技术领域中，有很多涉及相界面间的物理变化和化学变化的问题，如应用界面化学的规律就可以改变界面的物性，改善工艺条件和开拓新的技术领域。

5.3.1 弯曲表面效应

5.3.1.1 曲面上的附加压力

由于表面张力的存在，使弯曲表面上产生一个附加压力 ΔP。如图 5-34 所示，如果液面取小面积 AB，AB 面上受表面张力的作用，力的方向与表面相切。如果平面的压力为 P_0，平面沿四周表面张力抵消，液体表面内外压力相等；如果液面是弯曲的，凸面的表面张力合力指向液体内部，与外压力 P_0 方向相同，因此凸面上所受到的压力比外部压力 P_0 大，产生的压力差为 $+\Delta P$，即总压力为 $P=P_0+\Delta P$，这个附加压力 ΔP 是正的，它力图将表面层的液体压入液体内部；在凹面时，表面张力的合力指向液体表面的外部，与外压力 P_0 方向相反，这个附加压力 ΔP 有把液面往外拉的趋向，则凹面所受到的压力 P 比平面的 P_0 小，产生的压力差为 $-\Delta P$，即总压力为 $P=P_0-\Delta P$。由此可见，弯曲表面的附加压力 ΔP 总是指向曲面的曲率中心，其正负取决于曲面曲率 r，当曲面为凸面时，r 为正值，ΔP 亦为正值；为凹面时，r 为负值，ΔP 亦为负值。

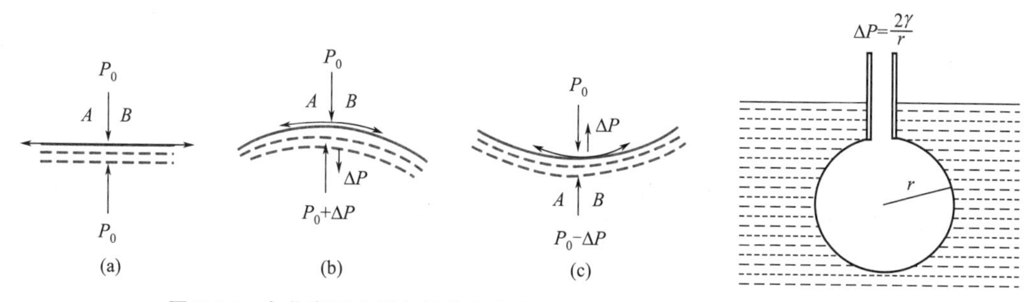

图 5-34 弯曲表面上附加压力的产生

图 5-35 液体中气泡的形成

附加压力与表面张力的关系可以用如下方法求得：把一根毛细管插入液体中，向毛细管吹气，在管端形成一个半径为 r 的气泡，如图 5-35 所示。如果管内压力增加，气泡体积增加 $\mathrm{d}V$，相应表面积也增加 $\mathrm{d}A$。如果液体密度是均匀的，不计重力的作用，那么阻碍气泡体积增加的唯一阻力是由于扩大表面积所需要的总表面能。为了克服表面张力，环境所做的功为（$P-P_0$）$\mathrm{d}V$，平衡时这个功应等于系统表面能的增加，即：

$$(P-P_0)\mathrm{d}V=\gamma \mathrm{d}A \qquad 或 \qquad \Delta P\,\mathrm{d}V=\gamma \mathrm{d}A$$

因为

$$\mathrm{d}V=4\pi r^2\mathrm{d}r,\ \mathrm{d}A=8\pi r\,\mathrm{d}r$$

得

$$\Delta P=\frac{2\gamma}{r} \tag{5-48}$$

对于非球面的曲面可以导出：

$$\Delta P=\gamma\left(\frac{1}{r_1}+\frac{1}{r_2}\right) \tag{5-49}$$

式中 r_1，r_2——曲面的两主曲率半径。

当曲面为球面时，$r_1=r_2=r$，式(5-49) 即为式(5-48)。式(5-49) 是著名的拉普拉斯(Laplace) 公式，此式对固体表面也同样适用。

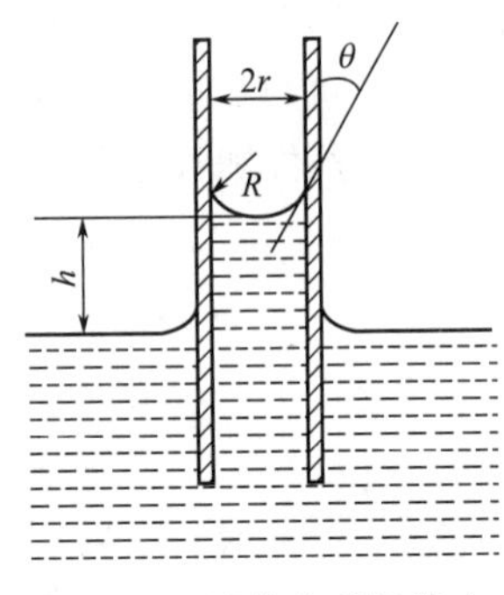

图 5-36 液体在毛细管中上升情况示意图

5.3.1.2 毛细现象

毛细现象是指液体能在毛细管中自动上升或下降的现象，是由于弯曲液面具有附加压力而产生，此附加压力称为毛细管力。将一根毛细管插入液体中，如果液体能润湿管壁，润湿角 $\theta<90°$，则液面成凹面，ΔP 为负值，即管内凹液面下液体所受压力小于管外水平液面下液体所受的压力，从而液体将被压入管内使液面沿管壁上升，如图 5-36 所示。这时按式(5-48) 得到的附加压力 ΔP 被吸入毛细管中的液柱静压 ρhg 所平衡，并与 θ 有如下关系：

$$\Delta P=\frac{2\gamma}{R}=\frac{2\gamma\cos\theta}{r}=\rho hg \tag{5-50}$$

式中 ρ——液体密度；
h——液柱上升高度；
g——重力加速度；
R——毛细管中液面的曲率半径；
r——毛细管半径。

则

$$h=\frac{2\gamma\cos\theta}{r\rho g} \tag{5-51}$$

显然，当液体不能润湿管壁，即 $\theta>90°$时，管内液面成凸面，ΔP 为正值，使管内液体所受压力大于管外液体，管内液面因被压将下降至管外水平面以下 h 深度处，并同样满足式(5-51)。

当曲率半径很小时，由于表面张力引起的压力差可以达到每平方厘米几十千克的压力。正是这个附加压力造成陶瓷泥料的可塑性，并推动陶瓷坯体烧结过程的进行。一些物质的曲面所造成的压力差见表 5-4。由表中可见，附加压力与曲面半径成反比，而与表面张力成正比。

表 5-4 弯曲表面的压力差

物质	表面张力/(mN/m)	曲率半径/μm	压力差/MPa
石英玻璃	300	0.1	12.3
		1.0	1.23
		10.0	0.123
液态钴(1550℃)	1935	0.1	7.80
		1.0	0.78
		10.0	0.078
水(15℃)	72	0.1	2.94
		1.0	0.294
		10.0	0.0294
固态 Al_2O_3(1850℃)	905	0.1	7.4
		1.0	0.74
		10.0	0.074
硅酸盐熔体	300	100	0.006

5.3.1.3 曲面上的饱和蒸气压

将一杯液体分散成微小液滴时，液面就由平面变成凸面，凸形曲面对液滴所施加的附加压力使液体的化学位增加，从而使液滴的饱和蒸气压随之增大。所以，液滴的饱和蒸气压必然大于同温度下平面液体的饱和蒸气压。它们之间的关系可以用开尔文（Kelvin）方程描述：

$$\ln\frac{P}{P_0}=\frac{2M\gamma}{\rho RT}\times\frac{1}{r} \tag{5-52}$$

或

$$\ln\frac{P}{P_0}=\frac{M\gamma}{\rho RT}\left(\frac{1}{r_1}+\frac{1}{r_2}\right) \tag{5-53}$$

式中 P——曲面上的饱和蒸气压；
P_0——平面上的饱和蒸气压；
r——球形液滴的半径；
r_1，r_2——曲面的两主曲率半径；
ρ——液体密度；
M——摩尔质量；
R——气体常数。

由式(5-52) 可知，当液滴曲率半径 $r>0$，即 $1/r>0$ 时，液滴表面为凸面，则 $P>P_0$，因此，在同一温度下，微小液滴的饱和蒸气压比其平面时的饱和蒸气压要大，且液滴越小，饱和蒸气压越大，这意味着其蒸发速率越快。在陶瓷工业中，用喷雾干燥法将泥浆制成干粉料，就是利用这一原理。一般采用普通方法将泥浆制成干粉时，需经榨泥、烘干、打粉等工序；而用喷雾干燥法，只需用压缩泵将泥浆喷散成雾状，呈极小的液滴，r 很小，故其表面水分的饱和蒸气压很大，水分迅速蒸发，很快能得到干燥粉料。

开尔文公式也可应用于毛细管内液体的蒸气压变化。如液体对管壁润湿，开尔文公式可写成：

$$\ln\frac{P}{P_0}=\frac{2\gamma M}{\rho RT}\times\frac{1}{r}\cos\theta \tag{5-54}$$

式中 r——毛细管半径。

若 $\theta\approx0°$，表示液体对毛细管壁完全润湿，液面在毛细管中呈半球形凹面，则：

$$\ln\frac{P}{P_0}=\frac{2\gamma M}{\rho RT}\times\frac{1}{r} \tag{5-55}$$

此时 $r<0$，即 $1/r<0$，$P<P_0$，则毛细管中，若液面为凹面，由于其饱和蒸气压低于平面上的饱和蒸气压，因此在指定温度下，环境蒸气压为 P_0 时，该蒸气压对平面液体未达饱和，但对管内凹面液体可能已呈过饱和，此蒸气将在毛细管内凹面上凝聚成液体，这个现象称为毛细管凝聚。

毛细管凝聚现象在生活和生产中常可遇到。例如，陶瓷生坯中有很多毛细孔，从而有许多毛细管凝聚水，这些水由于蒸气压低而不易被排除，若不预先充分干燥，入窑将易炸裂。又如水泥地面在冬天易冻裂也与毛细管凝聚水的存在有关。

由于固体的升华过程与液体的蒸发过程相类似，所以开尔文公式同样可用于不同曲率半径下，固体表面上饱和蒸气压的计算，此时式(5-52) 和式(5-53) 的 γ、M、ρ 分别为固体的表面张力、摩尔质量和密度。由表 5-4 可以看出，当表面曲率在 $1\mu m$ 时，由曲率半径差异而引起的压差已十分显著。这种饱和蒸气压差，在高温下足以引起微细粉体表面上出现由凸面蒸发而向凹面凝聚的气相传质过程，这是粉体烧结传质的一种方式。

开尔文公式也可应用于曲率半径对固体的分解压力的影响，此时式(5-52)和式(5-53)中 P 和 P_0 分别是半径为 r 的小颗粒和大块固体的分解压力，γ、M、ρ 分别为固体的表面张力、摩尔质量和密度，T 为分解时的温度。

5.3.1.4 微晶的溶解度和熔点

开尔文公式用于固体的溶解度，可以导出类似的关系：

$$\ln\frac{C}{C_0}=\frac{2\gamma_{LS}M}{dRT}\times\frac{1}{r} \tag{5-56}$$

式中 γ_{LS}——固-液界面张力；

C，C_0——半径为 r 的小晶体与大晶体的溶解度；

d——固体密度。

式(5-56)的含义是微小晶粒溶解度大于普通颗粒的溶解度。

由于微小晶体表面与内部的缺陷显著增加，使系统具有较高能量、较大活性，因此，要破坏晶格所必须给予的能量就较低，这样就会使晶体熔点下降。晶体大小对其熔点的影响的关系可由热力学导出：

$$\Delta T=T_0-T=\frac{2\gamma_{SV}MT_0}{d\Delta H}\times\frac{1}{r} \tag{5-57}$$

式中 γ_{SV}——固体表面张力；

T，T_0——半径为 r 的小晶体与大晶体的熔点；

ΔH——熔化热。

综上所述，表面曲率对其蒸气压、溶解度和熔化温度等物理性质有着重要的影响。固体颗粒越小，表面曲率越大，则蒸气压和溶解度增高而熔化温度降低。弯曲表面的这些效应在以微细粉体作原料的无机材料工艺中，如熔融、固相反应和烧结等动力学过程有着重要的实际意义，无疑将会影响一系列工艺过程和最终产品的性能。

5.3.1.5 曲面的过剩空位浓度

固体中的气孔表面，也是一种弯曲表面。在表面张力的作用下，所产生的附加压力使气孔表面的空位浓度比平表面或体积内部的浓度大，存在一个过剩空位浓度。

设晶体中有 N 个格点，其中有 n 个空位，则根据第3章式(3-7)，在平表面无应力的晶体中的空位浓度 C_0 为：

$$C_0=\frac{n}{N}=\exp\left(-\frac{\Delta G_f}{kT}\right)$$

式中 ΔG_f——空位形成所需能量。

如果固体内有一半径 r 的气孔，此气孔的弯曲表面存在一附加压力 $\Delta P=2\gamma/r$。由于此 $r<0$，所以 ΔP 为负压，其方向固定指向气体。在此 ΔP 的作用下，气孔表面的质点（原子或离子）被拉出进入气孔而形成一个空位。倘若近似地令空位体积为 Ω，则此拉动过程中，负压 ΔP 所做的功为：

$$\Delta Pa_0^3=\frac{2\gamma\Omega}{r} \tag{5-58}$$

显然，在气孔周围弯曲表面上形成一个空位所需的能量应为 $\Delta G-\frac{2\gamma\Omega}{r}$，所以气孔周围比平表面上容易形成空位，即气孔周围的空位浓度 C' 大于平表面上空位浓度 C_0，且相应的空位浓度为：

$$C'=\exp\left(-\frac{\Delta G_s}{kT}+\frac{2\gamma\Omega}{rkT}\right) \tag{5-59}$$

那么，在气孔表面的过剩空位浓度为：

$$C'-C_0=\Delta C=C_0\left(\exp\frac{2\gamma\Omega}{rkT}-1\right) \tag{5-60}$$

因为 $\gamma\Omega \ll kT$，于是 $\exp\frac{2\gamma\Omega}{rkT}\approx 1+\frac{2\gamma\Omega}{rkT}$，得：

$$\Delta C=\frac{2\gamma\Omega}{rkT}C_0 \tag{5-61}$$

式中 γ——固体表面张力；

k——玻耳兹曼常数；

T——热力学温度。

上式就是柯勃（Coble）推导的常用于烧结过程的开尔文公式。由此可知，气孔半径越小，ΔC 也就越大，正是在这个过剩空位浓度的作用下，原子或离子有一个往气孔扩散的趋势，形成扩散烧结的推动力。

5.3.2 吸附与固体表面改性

吸附是一种物质的原子或分子附着在另一物质表面的现象。固体表面存在大量的具有不饱和键的原子或离子，它们能自发地吸引空气中的原子、离子和分子而产生吸附，从而降低其表面能。固体与气体界面最重要的特征性质之一是吸附气体或蒸汽的能力。许多发生在固体表面上的重要行为，如润湿、黏附、摩擦、催化等，都在很大程度上受到气体吸附膜的影响。

在无机材料的实际生产和使用过程中，常利用固体表面的吸附特性，通过各种表面处理方法，促使固体表面形成吸附膜，以改变表面原来的结构和性质，从而达到表面改性的目的。因此，吸附是固体表面化学中的一个重要问题。

5.3.2.1 吸附本质

在吸附过程中，被吸附的物质称为吸附物，而产生吸附作用的物质称为吸附剂。吸附的本质是固体表面力场与被吸附分子发出的力场相互作用的结果。根据相互作用力的性质不同，可分为物理吸附和化学吸附两种。物理吸附由分子间引力引起，这时吸附物分子与吸附剂晶格可看作是两个分立的系统。而化学吸附产生于固体表面的剩余键力，是伴随有电子转移的键合过程，这时应将吸附分子与吸附剂晶格视为一个统一的系统。图 5-37 中的吸附曲线是以系统的能量（W）对吸附表面与被吸附分子之间的距离（r）作图的。图 5-37（a）中 q 为吸附热，r_0 为平衡距离。化学吸附的一般特征是 q 值较大，r_0 较小并有明显的选择性。而物理吸附则反之。故可以此作为区别两种吸附的一个判据。如果把两种吸附曲线叠加，则可得到图 5-37（b）的形式。这时曲线呈现两个极小值，它们之间被一个势垒隔开。对应于 $r=r_0'$ 的极小值可视为物理吸附，对应于 $r=r_0''$ 的极小值是化学吸附。当系统从 A 点越过势垒 B 到达 C 点，表示从物理吸附状态转化为化学吸附状态。可见，化学吸附通常是需要活化能的，而且其吸附速度随温度升高而加快，这是区别于物理吸附的另一个判据。

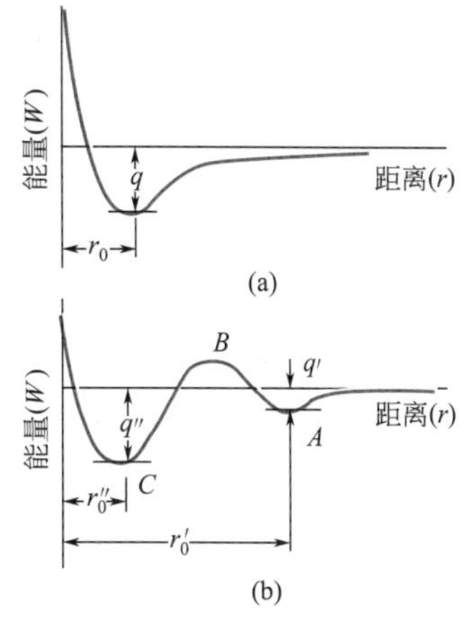

图 5-37 吸附曲线及物理吸附与化学吸附的特征

（a）吸附曲线；（b）物理吸附与化学吸附的特征

综上所述，区别两种吸附是可能的。不过两种吸附并非是毫不相关或不相容的。例如氧在金属钨上的吸附就同时有三种情况：即有的氧以原子态被化学吸附，有的以分子态被物理吸附，还有的氧分子被吸附在氧原子上。

5.3.2.2 吸附理论

实验表明，固体对气体的吸附量 a 是与温度 T 和气体压力 P 有关，即 $a=f(T, P)$。

为了实验和表达上方便，通常固定其中任一个变量，以求出其余两变量间的关系，例如分别用吸附等温线 [$a=f(P)$]、等压线 [$a=f(T)$]或等量线 [$P=f(T)$]来描述。其中以吸附等温线应用得最多。各种吸附等温线可以归纳为图 5-38 中的五种基本类型。

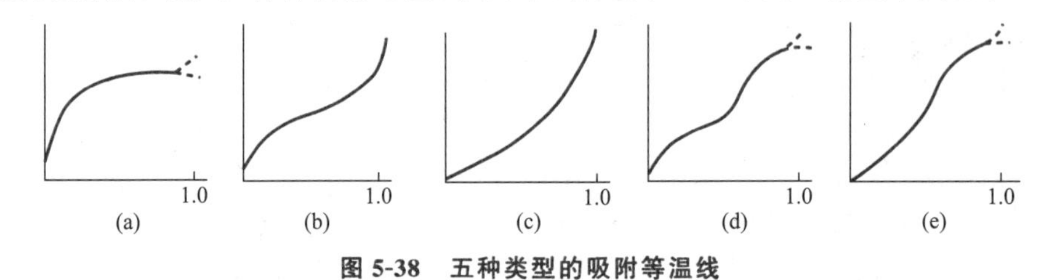

图 5-38 五种类型的吸附等温线

(a) 第Ⅰ型；(b) 第Ⅱ型；(c) 第Ⅲ型；(d) 第Ⅳ型；(e) 第Ⅴ型

由于吸附现象的重要性，因而从理论上定量地说明各种类型的吸附等温线，对于处理固体表面化学中的广泛问题都是重要的，从而发展和建立了各种吸附理论。已有的吸附理论几乎都是根据在低压时吸附层是单分子的，压力增高而趋于饱和蒸气压时则转变为多分子层这样一种模型，差别只是对吸附膜中吸附物的情况所做的假设不同。

朗格缪尔（Langmuir）吸附等温方程是基于动力学观点导出的。它着眼于气体与被吸附层之间的交换过程，假设吸附层是单分子的，分子从表面逃逸的概率不受周围环境和位置的影响，即在平行表面方向上，分子间无作用力，而且表面是均匀的。以此可以求得如下朗格缪尔吸附方程：

$$v=\frac{v_m KP}{1+KP} \tag{5-62}$$

$$\frac{1}{v}=\frac{1}{v_m}+\frac{1}{v_m KP} \tag{5-63}$$

式中 v_m——饱和吸附量；

v——气体压力为 P 时的平衡吸附量；

K——取决于一定温度和吸附气体种类的常数。

在一定温度下，对给定的吸附剂和被吸附气体而言，v_m 为恒值。则 $1/v$ 与 $1/P$ 之间是线性关系。v_m 和 K 可分别从直线的斜率和截距求得。图 5-39 表明 SiO_2 对各种气体的吸附，均很好地服从朗格缪尔方程。式(5-62) 的另一特征是，在高压时吸附量出现饱和状态，故可以满意地说明图 5-38 中第Ⅰ类吸附等温线，从而在化学动力学上被广泛应用。但是它不能说明其他四类吸附等温线，这主要是受到此假设的局限。

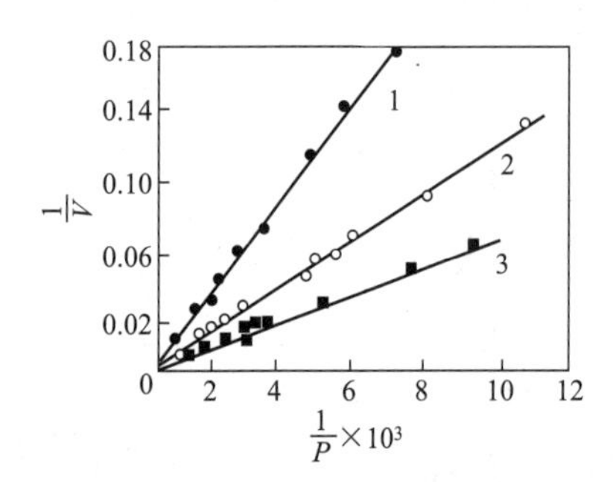

图 5-39 SiO_2 的吸附等温线

1—O_2（0℃时）；2—CO（0℃时）；3—CO_2（100℃时）

BET 吸附等温方程是勃朗纳尔-爱默特-特罗（Brunaner-Emmert-Teller）等在朗格缪尔方程基础上提出的。他们接受了朗格缪尔关于表面是均匀的，分子逃逸时不受周围其他分子的影响这一假设，但放弃了单分子吸附层的假定。认为吸附层可以是多分子的。不过第一层吸附是靠固-气间的分子引力，从第二层起则是靠气体分子间的引力。由于这两种引力不同，相应吸附热也不同，后者可看作为气体凝聚热。显然，这时气体吸附量应等于各层吸附量的总和。当表面是平坦的，吸附层数目则可以是无限的。据此可以求得 BET 常数方程：

$$v=\frac{v_m KP}{(P_0-P)\left[1+(K-1)\frac{P}{P_0}\right]} \tag{5-64}$$

式中 v——平衡压力 P 时的吸附量；

v_m——第一层完全遮盖时的吸附量；

P_0——实验温度下的气体饱和蒸气压；

K——与吸附热 q、气体凝聚热以及温度有关的常数。

若 $P_0 \gg P$ 时，上式可改写成与朗格缪尔方程相似的形式：

$$v=\frac{v_m \frac{KP}{P_0}}{1+\frac{KP}{P_0}} \tag{5-65}$$

应用 BET 方程或稍加修改可以解释除第Ⅴ类以外的所有吸附曲线，因此比朗格缪尔方程具有较大的适用性。此外，应用 BET 方程的基本关系可以简便而又较准确地测定固体的比表面积。把式(5-64) 改写为：

$$\frac{p}{v(P_0-P)}=\frac{1}{v_m K}+\frac{K-1}{v_m K}\times\frac{P}{P_0} \tag{5-66}$$

可见$\frac{p}{v(P_0-P)}$与$\frac{P}{P_0}$是线性关系。其斜率和截距分别为$\frac{K-1}{v_m K}$和$\frac{1}{v_m K}$。由于：

$$\frac{K-1}{v_m K}+\frac{1}{v_m K}=\frac{1}{v_m} \tag{5-67}$$

因此可以求出单分子吸附层时的饱和吸附量 v_m。当被吸附气体分子断面已知时，即可按下式求出吸附剂的比表面积 S：

$$S=\frac{v_m}{M}N_0 A_m \tag{5-68}$$

式中 M——吸附气体摩尔质量；

N_0——阿伏伽德罗常数；

A_m——吸附气体分子断面积。

常用的吸附气体是氮气，其 $A_m=0.162\text{nm}^2$。为避免化学吸附的干扰，通常是在液氮温度下测定。

5.3.2.3 吸附对固体表面结构和性质的影响

除非晶体是处于理想的真空中或经过特别的处理，否则固体表面总是被吸附膜所覆盖。这是因为新鲜表面具有较强的表面力，能迅速从空气中吸附气体或其他物质来满足它的结合要求。例如玻璃和其他无机材料，其表面断裂的 Si—O—Si 键和未断裂的 Si—O—Si 键可以和水蒸气实现化学吸附，形成带 OH^- 基团的表面吸附层，随后再通过 OH^- 层上的氢键吸附水分子：

$$\begin{matrix}\equiv\text{Si—}\\ \quad\diagup \\ \equiv\text{Si—O}\end{matrix}+H_2O\longrightarrow\begin{matrix}\equiv\text{Si—OH}\\ \equiv\text{Si—OH}\end{matrix}+H_2O\longrightarrow 2\equiv\text{Si—OH}\cdot H_2O$$

$$\begin{matrix}\equiv Si \\ \quad\backslash \\ \quad O \\ \quad / \\ \equiv Si\end{matrix} + H_2O \longrightarrow \begin{matrix}\equiv Si-OH \\ \equiv Si-OH\end{matrix} + H_2O \longrightarrow 2\equiv Si-OH \cdot H_2O$$

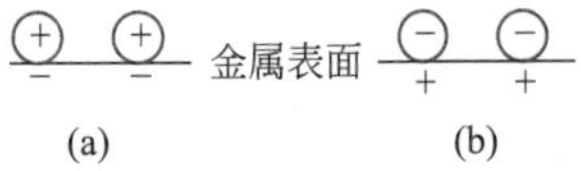

$\oplus$ $\oplus$ 金属表面 $\ominus$ $\ominus$

(a) (b)

图 5-40 金属表面在气体吸附中形成的电矩

吸附膜的形成改变了表面原来的结构和性质。吸附膜降低了固体的表面能，使之较难被润湿，从而改变了界面的化学特性。所以在涂层、镀膜、材料封接等工艺中必须对加工面进行严格的表面处理，除去表面膜。吸附膜会显著地降低材料的机械强度。这是因为吸附膜使固体表面微裂纹内壁的表面能降低，其断裂强度则按式(5-4) 关系迅速下降。例如，普通钠钙硅酸盐玻璃在真空中的强度为172MPa，而在饱和水蒸气中仅为83MPa。其他玻璃和陶瓷材料等也有类似的效应。湿球磨可以提高粉磨效率就是一例。此外，材料的滞后破坏现象也可用吸附概念加以阐明。吸附膜还会改变金属材料的功函数，从而改变它们的电子发射特性和化学活性。功函数是指电子从它在金属中所占据的最高能级迁移到真空介质时所需的功。当吸附物的电离势小于吸附剂的功函数时，电子则从吸附物移到吸附剂表面，这就在吸附膜与吸附界面上形成一个正端朝外的电矩，如图 5-40（a）所示，并降低金属的功函数。反之，当吸附物是非金属原子，如其电子亲和能大于吸附剂功函数时，电子将从吸附剂移向吸附物，并在其界面上形成一个负端朝外的电矩，如图 5-40（b）所示，从而提高了吸附剂的功函数。由于功函数的变化改变了电子的发射能力和转移方向，因此吸附膜的这种行为对电真空器件中的阴极材料和化学工业中的催化剂材料的性能影响甚大。吸附膜可以用来调节固体间的摩擦和润滑作用。因为摩擦起因于黏附，而接触面间的局部变形加剧了黏附作用。然而吸附膜可以通过降低接触界面的表面能而使吸附作用减弱。从这一意义上说，润滑作用的本质是基于吸附膜的效应的。例如石墨是一种固体润滑剂，其摩擦系数约为 0.18。有人在真空中用预先经过严格表面处理除去了吸附膜的石墨棒与高速转盘进行摩擦实验，发现此时石墨不再起润滑作用，其摩擦系数跃升到 0.80。由此可见气体吸附膜对摩擦和润滑作用的重要影响。

5.3.2.4 固体表面改性

表面改性是利用固体表面吸附特性通过各种表面处理改变固体表面的结构和性质，以适应各种预期的要求。例如，在用无机填料制备复合材料时，经过表面改性，使无机填料由原来的亲水性改为疏水性和亲油性，这样就提高该物质对有机物质的润湿性和结合强度，从而改善复合材料的各种理化性能。因此，表面改性对材料的制造工艺和材料性能都有很重要的作用。

表面改性实质上是通过改变固体表面结构状态和官能团来实现，其中最常用的是各种有机表面活性剂。

能够显著降低体系的表面（或界面）张力的物质称为表面活性剂，如润湿剂、乳化剂、分散剂、塑化剂、减水剂、去污剂等都是表面活性剂。表面活性剂分子由两部分组成：一端是极性的亲水基（lyophilic radical），如羟基—OH、羧基—COOH、磺酸基—SO_3H、磺酸钠基—SO_3Na、氨基—NH 等基团；另一端是非极性的憎水基（lyophobic radical），亦称亲油基，如各种链烃、芳香烃等基团。憎水基越长，分子量越大，其水溶性越差。憎水强弱顺序如下：脂肪族烃（石蜡烃>烯烃）>带脂肪族支链的芳香烃>芳香烃>带弱亲水基的如蓖麻油酸（—OH 基）。表面活性剂在固体表面发生吸附时，极性基向着极性界面，非极性基向着非极性界面。适当地选择表面活性剂两部分基团的性质和比例就可以控制其水溶性和油溶性的程度，制得符合要求的表面活性剂。表面活性剂按其分子在水中是否发生电离可分为离子型、非离子型两大类，离子型活性剂又可根据其发生表面活性作用的离子分为阴离子型、阳离子型和两性离子型三类。

下面举表面活性剂在无机材料工业中应用的实例来简要说明表面改性的原理。在陶瓷工业中常用表面活性剂来对粉料进行改性，以适应成形工艺的需要。例如，氧化铝瓷在成形时，Al_2O_3 粉用石蜡作定型剂。Al_2O_3 粉表面是亲水的，而石蜡是亲油的。为了降低坯体收缩，应尽量减少石蜡用量。生产中加入油酸来使 Al_2O_3 粉表面由亲水性变为亲油性。油酸分子为 $CH_3—(CH_2)_7—CH=CH—(CH_2)_7—COOH$，其亲水基向着 Al_2O_3 表面，而憎水基向着石蜡，如图 5-41 所示。由于 Al_2O_3 表面改为亲油性可以减少石蜡用量并提高浆料的流动性，使成形性能改善。用于制造高频电容器瓷的化合物 $CaTiO_3$，其表面是亲油的，而成形工艺需要其与水混合，此时加入烷基苯磺酸钠，使憎水基吸在 $CaTiO_3$ 表面，而亲水基向着水溶液，此时 $CaTiO_3$ 表面由憎水改为亲水。又例如水泥工业中，为提高混凝土的力学性能，在新拌和混凝土中要加入减水剂，目前常用的减水剂是阴离子型表面活性物质。在水泥加水搅拌及凝结硬化时，由于水化过程中冷水泥矿物（C_3A、C_4AF、C_3S、C_2S）所带电荷不同，引起静电吸引；或由于水泥颗粒某些边棱角互相碰撞吸附、范德华力作用等均会形成絮凝状结构，如图 5-42（a）所示。这些絮凝状结构中，包裹着很多拌和水，因而降低了新拌混凝土的和易性。如用再增加用水量的方法来保持所需的和易性，会使水泥石结构中形成过多的孔隙而降低强度。加入减水剂的作用是将包裹在絮凝物中的水分释放，如图 5-42（b）所示。减水剂憎水基团定向吸附于水泥质点表面，亲水基团指向水溶液组成单分子吸附膜，由于表面活性剂分子的定向吸附使水泥质点表面上带有相同电荷，在静电斥力作用下，使水泥-水体系处于稳定的悬浮状态，水泥加水初期形成的絮凝状结构瓦解，游离水释放，从而达到既减水又保持所需和易性的目的，如图 5-42（c）所示。

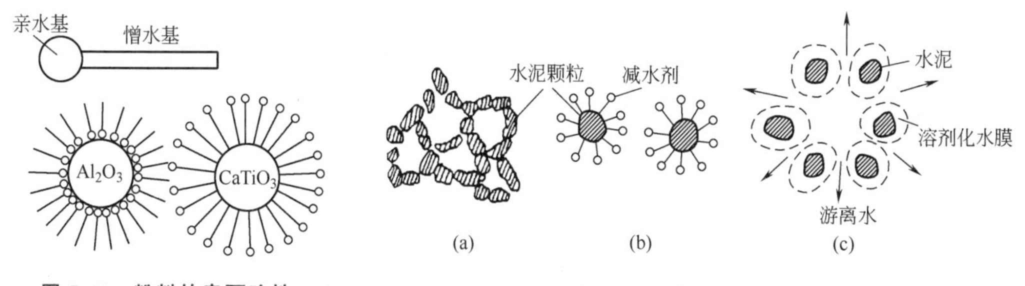

图 5-41　粉料的表面改性

图 5-42　减水剂作用机理

（a）形成絮凝状结构；（b）絮凝物中的水分释放；（c）游离水释放

通过紫外光谱分析及抽滤分析可测得减水剂在混合 5min 内，已有 80% 被水泥表面吸附。因此可以认为由于吸附而引起的分散是减水的主要机理。

目前表面活性剂的应用已很广泛，常用的有油酸、硬脂酸钠等，但选择合理的表面活性剂尚不能从理论上解决，还要通过多次反复实验。

5.3.3 润湿与黏附

润湿是固-液界面上的重要行为。润湿在日常生活和生产实际中，如洗涤、矿物浮选、印染、涂料的生产和使用以及黏结、防水及抗黏结涂层等领域，是最常见的现象之一。在所有这些应用领域中，液体对固体表面的润湿性能均起着极其重要的作用。润湿对无机材料生产也甚为重要。例如，陶瓷、搪瓷的坯釉结合，玻璃、陶瓷与金属的封接，水泥的水化，以及复合材料的结合等工艺和理论，都与润湿作用密切相关。实际上，润湿的规律是这些应用的理论基础。因此，研究润湿现象有极其重要的实际意义。从理论上，润湿现象为研究固体表面（特别是低能表面）自由能、固-液界面自由能和吸附在固-液界面上的分子的状态提供了方便的途径。

5.3.3.1　润湿的类型

润湿是一种流体从固体表面置换另一种流体，使体系的 Gibbs 自由能降低的过程。从微观的角度来看，润湿固体的流体，在置换原来在固体表面上的流体后，本身与固体表面是在分子水平上的接触，它们之间无被置换相的分子。最常见的润湿现象是一种液体从固体表面置换空气，如水在玻璃表面置换空气而展开。1930 年，Osterhof 和 Bartell 根据润湿程度的不同把润湿现象分成沾湿、浸湿和铺展三种类型。

（1）沾湿　如果液相（L）和固相（S）按图 5-43 所示的方式接合，则称此过程为沾湿，也称附着润湿。这一过程进行后的总结果是：消失一个固-气和一个液-气界面，产生一个固-液界面。若设固-液接触面为单位面积，在恒温恒压下，此过程引起体系自由能的变化为：

$$\Delta G=\gamma_{SL}-\gamma_{SV}-\gamma_{LV} \tag{5-69}$$

式中　γ_{SL}，γ_{SV}，γ_{LV}——单位面积固-液、固-气和液-气界面自由能。

沾湿的实质是液体在固体表面上的黏附，因此在讨论沾湿时，常用黏附功（W_a）这一概念，其定义可用下式表示：

$$W_a=\gamma_{SV}+\gamma_{LV}-\gamma_{SL}=-\Delta G \tag{5-70}$$

W_a 表示将单位面积的液-固界面拉开所做的功，如图 5-44 所示。显然，此值越大表示固-液界面结合越牢，也即附着润湿越强。从式(5-70）可以看出，γ_{SL} 越小，则 W_a 越大，液体越易沾湿固体。若 $W_a \geqslant 0$，则 $\Delta G \leqslant 0$，沾湿过程可自发进行。固-液界面张力总是小于它们各自的表面张力之和，这说明固-液接触时，其黏附功总是大于零。因此，不管对什么液体和固体，沾湿过程总是可自发进行的。

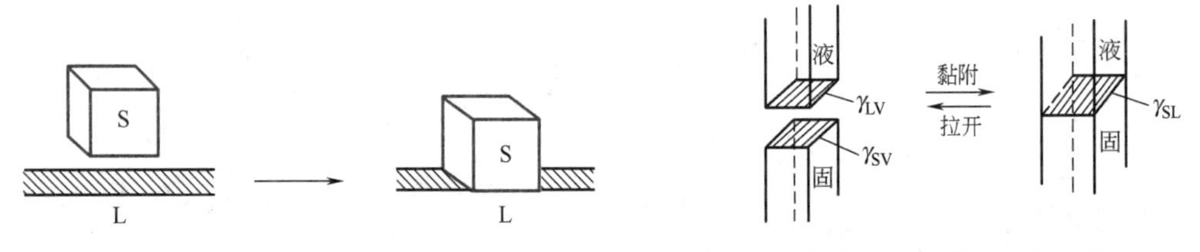

图 5-43　沾湿过程　　图 5-44　黏附功与界面张力

在陶瓷和搪瓷生产中，釉和珐琅在坯体上牢固黏附是很重要的。一般 γ_{LV} 和 γ_{SV} 均是固定的。在实际生产中，为了使液相扩散和达到较高的黏附功，一般采用化学性能相近的两相系统，这样可以降低 γ_{SL}，以此提高黏附功 W_a。另外，在高温煅烧时两相之间如发生化学反应，这样会使坯体表面变粗糙，熔质填充在高低不平的表面上，互相啮合，增加两相之间的机械黏附力。

若将图 5-43 全部换成液体，那么将单位接触面积的液相拉开后，产生两液-气界面所做的功 W_c 为：

$$W_c=\gamma_{LV}+\gamma_{LV}-0=2\gamma_{LV} \tag{5-71}$$

W_c 称为液体的内聚功，它反映了液体自身结合的牢固程度。

（2）浸湿　将固体小方块（S）按图 5-45 所示方式浸入液体（L）中，如果固体表面气体均为液体所置换，则称此过程为浸湿，也称浸渍润湿，如将陶瓷生坯浸入釉中。在浸湿过程中，体系消失了固-气界面，产生了固-液界面。若固体小方块的总面积为单位面积，则在恒温恒压下，此过程所引起的体系自由能的变化为：

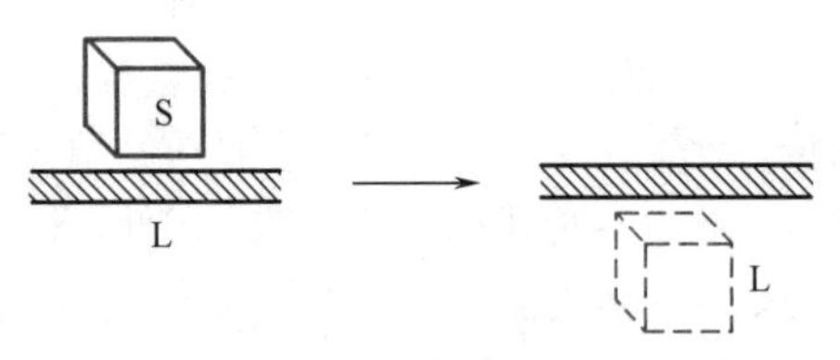

图 5-45　浸湿过程

$$\Delta G=\gamma_{SL}-\gamma_{SV} \tag{5-72}$$

如果用浸润功（W_i）来表示这一过程自由能的变化，则是：

$$W_i=-\Delta G=\gamma_{SV}-\gamma_{SL} \tag{5-73}$$

若 $\gamma_{SV}\geqslant\gamma_{SL}$，$W_i\geqslant 0$，则 $\Delta G\leqslant 0$，过程可自发进行；倘若 $\gamma_{SV}\leqslant\gamma_{SL}$，$W_i\leqslant 0$，则 $\Delta G\geqslant 0$，要将固体浸于液体之中必须做功。这表明浸湿过程与沾湿过程不同，不是所有液体和固体均可自发发生浸湿，而只有固体的表面自由能比固-液的界面自由能大时浸湿过程才能自发进行。

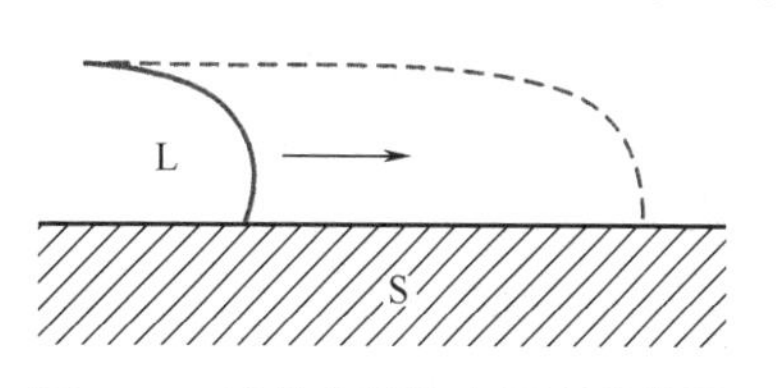

图 5-46 液体在固体表面上的铺展

（3）铺展 如图 5-46 所示，置一液滴于固体表面上。在恒温恒压下，若此液滴在固体表面上自动展开形成液膜，则称此过程为铺展润湿。在此过程中，失去了固-气界面，形成了固-液界面和液-气界面。设液体在固体表面上展开了单位面积，则体系自由能的变化为：

$$\Delta G=\gamma_{SL}+\gamma_{LV}-\gamma_{SV} \tag{5-74}$$

对于铺展润湿，常用铺展系数来表示体系自由能的变化，例如：

$$S_{L/S}=-\Delta G=\gamma_{SV}-\gamma_{SL}-\gamma_{LV} \tag{5-75}$$

$S_{L/S}$ 称为液体在固体表面上的铺展系数，简写为 S。若 $S\geqslant 0$，则 $\Delta G\leqslant 0$，液体可在固体表面自动展开。和一液体在另一液体表面上展开的情况相同，铺展系数也可用下式表示：

$$S=\gamma_{SV}+\gamma_{LV}-\gamma_{SL}-2\gamma_{LV}=W_a-W_c \tag{5-76}$$

式(5-76) 表明，只要液体对固体的黏附功大于液体的内聚功，液体即可在固体表面自发展开。

综上所述，可以看出三种润湿的共同点是：液体将气体从固体表面排挤开，使原有的固-气（或液-气）界面消失，而代之以固-液界面。铺展是润湿的最高标准，能铺展则必能沾湿和浸湿。

上面讨论了三种润湿过程的热力学条件，应该强调的是，这些条件均是指在无外力作用下液体自动润湿固体表面的条件。有了这些热力学条件，即可从理论上判断一个润湿过程是否能够自发进行。但实际上却远非那么容易，上面所讨论的判断条件，均需固体的表面自由能和固-液界面自由能，而这些参数目前尚无合适的测定方法，因而定量地运用上面的判断条件是有困难的。尽管如此，这些判断条件仍为我们解决润湿问题提供了正确的思路。例如，水在石蜡表面不展开。如果要使水在石蜡表面上展开，根据式(5-75)，只有增加 γ_{SV} 及降低 γ_{LV} 和 γ_{SL}，使 $S\geqslant 0$。γ_{SV} 不易增加，而 γ_{LV} 和 γ_{SL} 则容易降低，常用的办法就是在水中加入表面活性剂，因表面活性剂在水表面和水-石蜡界面上吸附即可使 γ_{LV} 和 γ_{SL} 降低。

5.3.3.2 接触角和 Young 方程

上面讨论了润湿的热力学条件，同时也指出了目前尚不可能利用这些条件去定量地判断一种液体是否能润湿某一固体。但我们可以通过接触角的测定来解决问题，并通过 Young 方程将接触角与润湿的热力学条件结合即可导出用接触角来判断润湿的条件。

如图 5-47 所示，在大气（V）环境中一液滴（L）滴落在清洁平滑的固体表面（S）上，则接触角 θ 是液-气界面通过液体而与固-液界面所交的角。1805 年，Young 指出，接触角的问题可当作平面固体上液滴受三个界面张力的作用来处理。当三个作用力达到平衡时，应有下面关系：

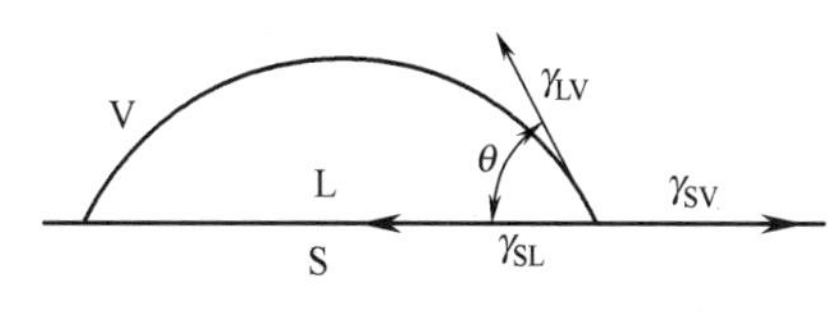

图 5-47 液滴在固体表面上的接触角

$$\gamma_{SV}=\gamma_{SL}+\gamma_{LV}\cos\theta$$

或
$$\cos\theta=\frac{\gamma_{SV}-\gamma_{SL}}{\gamma_{LV}} \tag{5-77}$$

式中 γ_{SV}，γ_{LV}——与饱和蒸气成平衡时的固体和液体的表面张力（或表面能）。

式(5-77) 就是著名的Young方程。应当指出，Young方程的应用条件是理想表面，即指固体表面是组成均匀、平滑、不变形（在液体表面张力的垂直分量的作用下）和各向同性的。只有在这样的表面上，液体才有固定的平衡接触角，Young方程才可应用。虽然严格而论这种理想表面是不存在的，但只要精心制备，可以使一个固体表面接近理想表面。

接触角是实验上可测定的一个量。有了接触角的数值，把式(5-77) 代入式(5-70)、式(5-73) 和式(5-75) 中，即可得下列润湿过程的判断条件：

沾湿 $$W_a=-\Delta G=\gamma_{LV}(1+\cos\theta)\geqslant 0,\theta\leqslant 180^\circ,W_a\geqslant 0 \tag{5-78}$$

浸湿 $$W_i=-\Delta G=\gamma_{LV}\cos\theta\geqslant 0,\theta\leqslant 90^\circ,W_i\geqslant 0 \tag{5-79}$$

铺展 $$S=-\Delta G=\gamma_{LV}(\cos\theta-1),\theta=0^\circ\text{或不存在平衡接触角},S\geqslant 0 \tag{5-80}$$

根据上面三式，通过液体在固体表面上的接触角即可判断一种液体对一种固体的润湿性能。

从上面的讨论可以看出，对同一对液体和固体，在不同的润湿过程中，其润湿条件是不同的。对于浸湿过程，$\theta=90^\circ$可作为润湿和不润湿的界限：$\theta>90^\circ$，不润湿；$\theta<90^\circ$，可润湿；若 $\theta=0^\circ$，则完全润湿，此时液体开始在固体表面上自由铺展，如图5-48所示。在解决实际的润湿问题时，应首先分清它是哪一类型，然后才可对其进行正确的判断。如图5-49所示的润湿过程，从整个过程看，它是一浸湿过程。但实际上却经历了三个过程：(a) 到 (b) 为沾湿，(b) 到 (c) 为浸湿，(c) 到 (d) 为铺展。

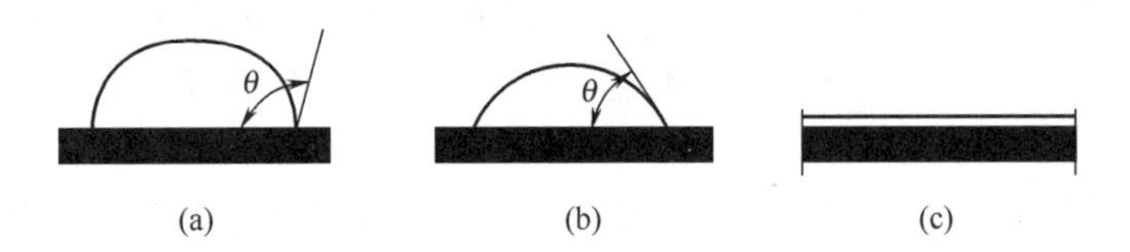

图 5-48 润湿与液滴的形状

(a) 不润湿，$\theta>90^\circ$；(b) 润湿，$\theta<90^\circ$；
(c) 完全润湿，$\theta=0^\circ$，液体铺开

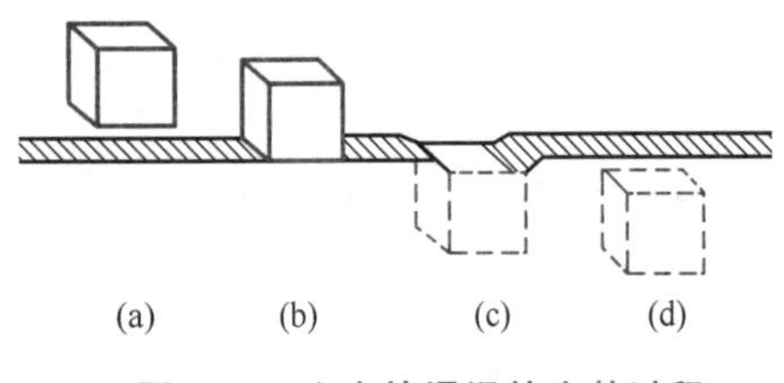

图 5-49 立方块浸湿的完整过程

从Young方程得出，润湿的先决条件是$\gamma_{SV}>\gamma_{SL}$，或者 γ_{SL} 十分微小。当固-液两相的化学性能或化学结合方式很接近时，是可以满足这一要求的。因此，硅酸盐熔质在氧化物固体上一般会形成小的接触角，甚至完全将固体润湿。而在金属熔质与氧化物之间，由于结构不同，界面能 γ_{SL} 很大，$\gamma_{SV}<\gamma_{SL}$，按式(5-77) 算得 $\theta>90^\circ$。

从Young方程还可以看到 γ_{LV} 的作用是多方面的，在润湿的系统中（$\gamma_{SV}>\gamma_{SL}$），γ_{LV} 减小会使 θ 缩小；而在不润湿的系统中（$\gamma_{SV}<\gamma_{SL}$），γ_{LV} 减小使 θ 增大。

5.3.3.3 影响润湿的因素

对于理想固体平面，接触角是判断液体能否润湿固体表面最方便的方法。而真实固体表面由于以下原因，均非理想表面，因而给接触角的测定带来极大的困难，同时对润湿过程产生重要的影响：①固体表面本身或由于表面污染（特别是高能表面），固体表面在化学组成上往往是不均一的；②因原子或离子排列的紧密程度不同，不同晶面具有不同的表面自由

能；即使同一晶面，因表面的扭变或缺陷，其表面自由能亦可能不同；③表面粗糙不平等。润湿是人们生产实践和日常生活中经常遇到的现象。很多工业技术中要求改善固-液界面的润湿性，但也有很多场合适得其反，要求固-液界面不润湿。如矿物浮选，要求分离去的杂质为水润湿，而有用的矿石不为水所润湿。又如防雨布、防水涂层等。如何改变固-液润湿性以适应生产技术的要求呢？下面我们讨论影响润湿的因素。

（1）界面张力及固体表面吸附膜　从 Young 方程可以看出，润湿性主要取决于 γ_{SV}、γ_{SL} 和 γ_{LV} 的相对大小。改善润湿性，一方面可从改变 γ_{SL} 和 γ_{LV} 方面考虑。在陶瓷生产中常采用使固液两相组成尽量接近来降低 γ_{SL} 及通过在玻璃相中加入 B_2O_3 和 PbO 来降低 γ_{LV}。又例如金属陶瓷中，纯铜与碳化锆（ZrC）之间接触角 $\theta=135°$（1100℃）。当铜中加入少量镍（0.25%），θ 降为 54°，Ni 的作用是降低 γ_{SL}，这样就使铜-碳化锆结合性能得到改善。

另一方面，需考虑 γ_{SV} 的影响。前面所提及的 γ_{SV} 是固体露置于蒸气中的表面张力，而真实固体表面都有吸附膜，吸附膜将会降低固体表面能，其数值等于吸附膜的表面压 π，即：

$$\pi=\gamma_{SO}-\gamma_{SV} \tag{5-81}$$

式中　γ_{SO}——固体在真空中的表面张力。

代入 Young 方程，得：

$$\cos\theta=\frac{(\gamma_{SO}-\pi)-\gamma_{SL}}{\gamma_{LV}} \tag{5-82}$$

上式表明，吸附膜的存在使接触角增大，起着阻碍液体润湿铺展的作用。在陶瓷生坯上釉前和金属与陶瓷封接等工艺中，都要使坯体或工件保持清洁，其目的是去除吸附膜，提高 γ_{SV}，以改善润湿性。

（2）表面粗糙度　将一液滴置于一粗糙固体表面上，液体在固体表面上的真实接触角无法测定，实验所测的只是其表观接触角，用 θ_n 表示。而表观接触角与界面张力的关系不符合 Young 方程，但应用热力学可导出与 Young 方程类似的关系式。

从热力学考虑，当系统处于平衡时，界面位置的少许移动所产生的界面能净变化应等于零。于是，假设界面在理想固体表面上从图 5-50（a）中的 A 点推进到 B 点，这时固-液界面积扩大 δS，而固体表面积减小了 δS，液-气界面积则增加了 $\delta S\cos\theta$。平衡时有：

$$\gamma_{SL}\delta S+\gamma_{LV}\delta S\cos\theta-\gamma_{SV}\delta S=0$$

即

$$\cos\theta=\frac{\gamma_{SV}-\gamma_{SL}}{\gamma_{LV}}$$

此即为 Young 方程。而实际固体表面具有一定的粗糙度，因此真实表面积较表观表面积为大（设大 n 倍）。如图 5-50（b）所示，界面位置同样由 A'点移至 B'点，使固-液界面的表观面积仍增大 δS。但此时真实表面积增大了 $n\delta S$，固-气界面实际上也减小了 $n\delta S$，而液-气界面积则净增大了 $\delta S\cos\theta$，于是：

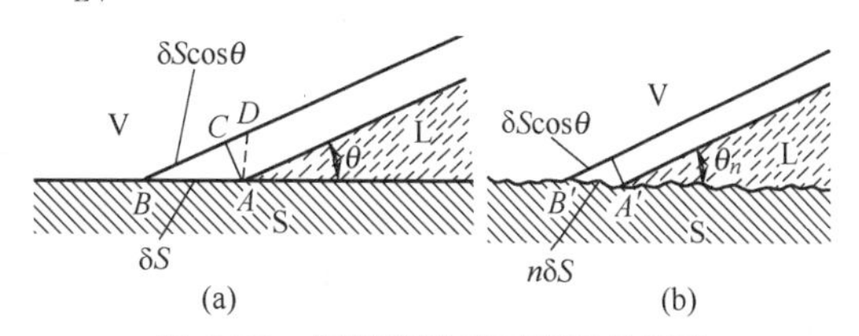

图 5-50　表面粗糙度对润湿的影响

$$\gamma_{SL}n\delta S+\gamma_{LV}\delta S\cos\theta_n-\gamma_{SV}n\delta S=0$$

$$\cos\theta_n=\frac{n(\gamma_{SV}-\gamma_{SL})}{\gamma_{LV}}=n\cos\theta \tag{5-83}$$

此即 Wenzel 方程，是 Wenzel 于 1936 年提出来的。式中，n 被称为表面粗糙度系数，也就是真实表面积与表观表面积之比。将上式与 Young 方程相比较，可得：

$$\frac{\cos\theta_n}{\cos\theta}=n \tag{5-84}$$

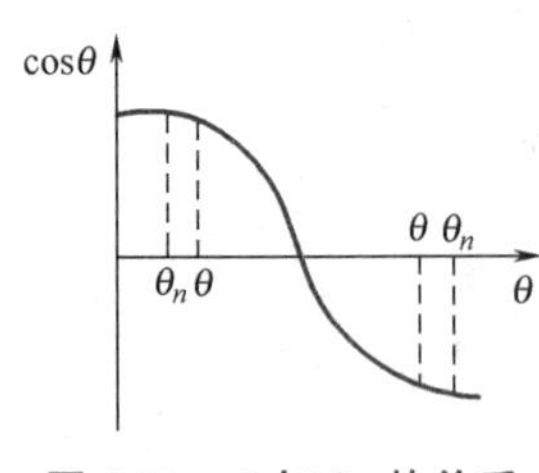

图 5-51 θ 与 θ_n 的关系

对于粗糙表面，n 总是大于 1，故 θ 与 θ_n 的相对关系将按图 5-51 所示的余弦曲线变化，可以看出：①$\theta<90°$时，$\theta_n<\theta$，即表面粗糙化后较易为液体所润湿，这就是为什么用吊片法测表面张力时，为保证 $\theta\to0°$，常将吊片打毛的原因，大多数有机液体在抛光的金属表面上的接触角小于 90°，因而在粗糙金属表面上的表观接触角更小；②$\theta>90°$时，$\theta_n>\theta$，纯水在光滑石蜡表面上接触角在 105°～110°，但在粗糙的石蜡表面上，实验发现 θ_n 可高达 140°。

由此得出结论：在润湿情况下，固体表面粗糙度越大，则表观接触角越小，就容易润湿；在不润湿情况下，粗糙度大，则不利于润湿。粗糙度对改善润湿性与黏附强度影响的实例在生活中随时可见：如水泥与混凝土之间，表面越粗糙，润湿性越好；而陶瓷元件表面披银，必须先将瓷件表面磨平并抛光，才能提高瓷件与银层之间的润湿性。

还应指出的是，Wenzel 方程只适用于热力学稳定平衡状态。但由于表面不均匀，液体在表面上展开时要克服一系列由于起伏不平而造成的势垒。当液滴振动能小于这种势垒时，液滴不能达到 Wenzel 方程所要求的平衡状态而可能处于某种亚稳平衡状态。一般来说，满足 Wenzel 方程的平衡态是很难达到的。

（3）组合表面与表面化学组成　现在讨论由两种不同化学组成的表面组合而成的理想光滑平面对接触角的影响。设这两种不同成分的表面是以极小块的形式均匀分布在表面上的，又设当液滴在表面展开时两种表面所占的分数不变。在平衡条件下，液滴在固体表面扩展一无限小量 dA_{SL}，固-气和固-液两界面自由能的变化为：

$$(\gamma_{SV}-\gamma_{SL})dA_{SL}=[x_1(\gamma_{S_1V}-\gamma_{S_1L})+x_2(\gamma_{S_2V}-\gamma_{S_2L})]dA_{SL} \tag{5-85}$$

x_1、x_2 分别为两种表面所占面积的分数。用 dA_{SL} 除上式即得：

$$\gamma_{SV}-\gamma_{SL}=x_1(\gamma_{S_1V}-\gamma_{S_1L})+x_2(\gamma_{S_2V}-\gamma_{S_2L}) \tag{5-86}$$

根据 Young 方程，式(5-86) 可转化为：

$$\cos\theta_c=x_1\cos\theta_1+x_2\cos\theta_2 \tag{5-87}$$

此即 Cassie 方程。θ_c 为液体在组合表面上的接触角，θ_1 和 θ_2 为液体在纯 1 和纯 2 表面上的接触角。如果组合小块面积变大，而且分布不均匀，则出现接触角滞后现象。

对子筛孔物质，x_2 为孔眼的面积分数，γ_{S_2V} 为零，γ_{S_2L} 即是 γ_{LV}。这时式(5-87) 变为：

$$\cos\theta_c=x_1\cos\theta_1-x_2 \tag{5-88}$$

Wenzel、Baxter 和 Cassie、Dettre 和 Johnson 发现水滴在涂了石蜡的金属筛、织物纤维或有凸花的高分子表面上的表观接触角随 x_2 的变化与式(5-88) 所预测的颇为接近。对于孔性表面，若 x_2 增加，则表观接触角增加。实际接触角在 90°左右时，表观接触角可增至 150°。因此，如果需要防止水滴渗入织物，可适当地使 x_2 增加。

5.3.3.4 固体表面张力和表面能确定

液体的表面张力主要是通过扩大表面积来体现的。固体不同于液体，固体内部的原子或分子不像液体那样可以自由移动，因此 γ_{SV} 和 γ_{SL} 的测定很困难，直至目前还没有直接可靠的测定方法，从而限制了式(5-77) 的实际应用。现在使用的主要是一些间接方法，或从理论上估算固体的表面张力。苏联科学家利用刀片撞击晶体，当晶体裂开形成新表面时便可确定裂开晶体所需之功。采用该法对 NaCl 晶体的测定值为 150mN/m，此结果与由晶格能计算的结果极为一致。下面介绍几种常用的确定方法。

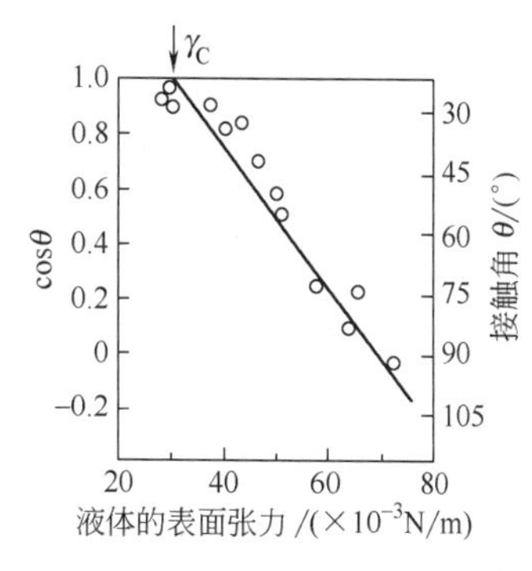

图 5-52 γ_{LV} 与 $\cos\theta$ 的关系

(1) **临界表面张力测定法** 20 世纪 60 年代初，吉斯门(Zisman)等发现，若将一系列已知表面张力的液体置于表面张力较小的固体表面上，并分别测定其润湿角 θ，则各液体的表面张力和润湿角的余弦之间大致有直线关系，从而引入了临界表面张力 γ_C 的概念。他通过测定已知表面张力的不同液体在同一固体表面上的接触角 θ，求出 γ_{LV} 与 $\cos\theta$ 的关系，如图 5-52 所示，把图中所得的直线外延到 $\cos\theta=1$ 处，与此对应的 γ_{LV} 定义为该固体润湿的临界表面张力 γ_C。由此图可知，该固体的 γ_C 为 31×10^{-3} N/m。

应注意，γ_C 并非固体真正的表面张力，而是能使该固体表面完全润湿的液体的表面张力。在实用上用临界表面张力作为固体润湿特性的参数往往更为方便。

(2) **利用熔体表面张力与温度的关系推算固体的表面张力** 一般液体的表面张力随着温度的升高而减小。据此，将固体熔化测定其熔体表面张力与温度的关系，作图外推到凝固点以下某一温度，则对应的表面张力即为该温度下固体的表面张力值。显然，用外推法求固体的表面张力时要注意相变对表面张力的影响，尽管通常认为此种影响不大，但用这种方法所得的结果也只能是近似的。

(3) **固体的表面能（表面张力）的理论计算** 固体是由位置固定的分子或原子组成的，因此若知道组成固体的晶格间力的关系，原则上就可以计算固体的表面张力。例如，若已知某晶体的晶体结构以及表面上原子的配位数（即表面层上一个原子周围有几个原子与之相邻，不考虑第二层原子的作用）和键能，便可计算出每个原子的表面能和单位面积的表面能，即表面张力。

① **共价键晶体的表面能** 共价键晶体的表面能即是破坏单位面积上的全部键所需能量的一半。有：

$$u^s=\frac{1}{2}u^b$$

式中 u^b——破坏化学键所需能量。

以金刚石的表面能计算为例，如果解理面平行于 (111) 面，可计算出每 1m^2 上有 1.83×10^{19} 个键，若取键能为 376.6kJ/mol，则可计算出表面能为：

$$u^s=\frac{1}{2}\times1.83\times10^{19}\times\frac{376.6\times10^3}{6.023\times10^{23}}=5.72\text{J/m}^2$$

② **离子晶体的表面能** 对于离子晶体，可以这样认为，每一个晶体的自由能都是由两部分组成：体积自由能和一个附加的过剩界面自由能。以每单位面积计算的过剩自由能表征为固体的表面自由能，简称表面能。为了计算固体的表面能，我们取真空中绝对零度下一个晶体的表面模型，并计算晶体内部一个原子（离子）移到晶体表面时自由能的变化。在 0K 时，这个变化等于一个原子在这两种状态下的内能之差 $(\Delta U)_{s,b}$。以 u_i^b 和 u_i^s 分别表示第 i 个原子（离子）在晶体内部与在晶体表面上时，和最邻近的原子（离子）的作用能；用 n_i^b 和 n_i^s 分别表示第 i 个原子在晶体体内和表面上时，最邻近的原子（离子）的数目（配位数）。无论从体内或从表面上拆除第 i 个原子都必须切断与最邻近原子的键。对于晶体内每

取走一个原子所需能量为$\frac{u_i^b u_i^b}{2}$，在晶体表面则为$\frac{u_i^s u_i^s}{2}$。这里除 2 是因为每一根键是同时属于两个原子的，因为 $n_i^b > n_i^s$，而 $u_i^b \approx u_i^s$，所以，从晶体内取走一个原子比从晶体表面取走一个原子所需能量大。这表明表面原子具有较高的能量。以 $u_i^b = u_i^s$，我们得到第 i 个原子在体积内和表面上两个不同状态下内能之差为：

$$(\Delta U)_{s,b} = \left(\frac{n_i^b u_i^b}{2} - \frac{n_i^s u_i^s}{2}\right) = \frac{n_i^b u_i^b}{2}\left(1 - \frac{n_i^s}{n_i^b}\right) = \frac{E_L}{N_0}\left(1 - \frac{n_i^s}{n_i^b}\right) \tag{5-89}$$

式中 E_L——晶格能；

N_0——阿伏伽德罗常数。

如果 L^s 表示 $1m^2$ 表面上的原子数，从式(5-89) 得到：

$$\frac{L^s E_L}{N_0}\left(1 - \frac{n_i^s}{n_i^b}\right) = (\Delta U)_{s,b} L^s = \gamma_{SO}^0 \tag{5-90}$$

式中 γ_{SO}^0——真空中 0K 时固体的表面能，即单位表面积的过剩自由能。

在推导式(5-90) 时，我们没有考虑表面层结构与晶体内部结构相比的变化。为了估计这些因素的作用，我们计算 MgO 的 (100) 的 γ_{SO}^0 并与实验测得的 γ_{SO}^0 进行比较。

MgO 晶体 $E_L = 3.93 \times 10^3 J/mol$。$L^s = 2.26 \times 10^{19}$ 个/m^3，$N_0 = 6.023 \times 10^{23}$ 个/mol 和 $n_i^s / n_i^b = 5/6$。由式(5-90) 计算得到 $\gamma_{SO}^0 = 24.5 J/m^2$，在 77K 下，真空中测得 MgO 的 γ_{SO}^0 为 $1.28 J/m^2$。由此可见，计算值约是实验值的 20 倍。

实测表面能的值比理想表面能的值低的原因之一，可能是表面层的结构与晶体内部相比发生了改变，包含有大阴离子和小阳离子的 MgO 晶体与 NaCl 类似，Mg^{2+} 从表面向内缩进，表面将由可极化的氧离子所屏蔽，实际上等于减少了表面上的原子数。根据式(5-90) 就会导致 γ_{SO}^0 降低。另一个原因可能是自由表面不是理想的平面，而是由许多原子尺度的台阶构成，这在计算中没有考虑，因此使实验数据中的真实面积实际上比理论计算所考虑的面积大，这也使计算 γ_{SO}^0 偏大。

固体和液体的表面能与周围环境条件如温度、气压、第二相的性质等条件有关。随着温度上升，表面能是下降的。一些物质在真空或惰性气体中的表面能值见表 5-5。

表 5-5 一些材料在真空或惰性气体中表面能值

材料	温度/℃	表面能/(mN/m)
水	25	72
NaCl(液)	801	114
NaCl(晶)	25	300
硅酸钠(液)	1000	250
Al_2O_3(液)	2080	700
Al_2O_3(固)	1850	905
MgO(固)	25	1000
TiC(固)	1100	1190
$13Na_2O \cdot 13CaO \cdot 74SiO_2$(液)	1350	350

③ 固-液界面张力 γ_{SL} 关于固-液界面张力 γ_{SL}，可以从颗粒大小不同的固体在液体中的溶解度不同的事实按下式计算：

$$\ln \frac{S_r}{S} = \frac{2\gamma_{SL} M}{RT\rho r} \tag{5-91}$$

式中 S_r，S——小颗粒和大颗粒固体的溶解度；

M——固体的摩尔质量；

ρ——固体的密度；

r——小颗粒的半径。

式(5-91) 在实际应用时有一定难度，这是因为只有当颗粒极细时，S_r 和 S 的差别才显示出来，但要用实验证明这种差别，往往还有许多困难。

5.3.3.5 黏附及其化学条件

固体表面的剩余力场不仅可与气体分子及溶液中的质点相互作用发生吸附，还可与其紧密接触的固体或液体的质点相互吸引而发生黏附。黏附现象的本质和吸附一样，都是两种物质之间表面力作用的结果。黏附作用可通过两固相相对滑动时的摩擦、固体粉末的聚集和烧结等现象表现出来。

黏附（adhesion）对于薄膜镀层，不同材料间的焊接，以及玻璃纤维增强塑料、橡胶、水泥、石膏等复合材料的结合等工艺，都有特殊的意义。尽管黏附涉及的因素很多，但本质上是一个表面化学问题。良好的黏附要求黏附的地方完全致密，并有高的黏附强度。一般选用液体和易于变形的热塑性固体作为黏附剂。因此，黏附通常是发生在固-液界面上的行为，并决定于如下条件。

（1）润湿性　对液相参与的黏附作用，必须考虑固-液之间的润湿性能。在两固体空隙之间，液体的毛细管现象所产生的压力差，有助于固体的相互结合。如果液体能在固体表面上铺展，则不仅减少液体用量，而且可增大压力差，提高黏附强度；相反，如果液体不能润湿固体，在两相界面上，将会出现气泡、空隙，这样就会降低黏附强度。因此，黏附面充分润湿是保证黏附处致密和强度的前提。润湿越好，黏附也越好。如上所述，可用临界表面张力 γ_C 或润湿张力 F 作为润湿性的度量，其关系由式(5-77) 决定：

$$F = \gamma_{LV}\cos\theta = \gamma_{SV} - \gamma_{SL} \tag{5-92}$$

（2）黏附功（W）　黏附力的大小与物质的表面性质有关，黏附程度的好坏可通过黏附功衡量。所谓黏附功，是指把单位黏附界面拉开所需的功。这里仅以分开固-液界面为例分析黏附功。当拉开固-液界面后，相当于消失了固-液界面，但与此同时又新增了固-气和液-气两种界面，而这三种不同界面上都有着各自的表面（界面）能。黏附功数值的大小，标志着固-液两相铺展结合的牢固程度，黏附功数值越大，说明将液体从固体表面拉开，需要耗费的能量越大，即互相结合牢固；相反，黏附功越小，则越易分离。用耐火泥浆湿法喷补高温炉衬时，喷补初期，为使泥浆能牢固地黏附于受喷面，希望它们之间能有较大的黏附功；相反，为了延长耐火材料的使用寿命，减少高温熔体对其表面的熔蚀，希望它们之间有较小的黏附功，因此，针对不同情况，可从黏附功数值大小考虑选料。

由图 5-44 可见，黏附功应等于新形成表面的表面能 γ_{SV} 和 γ_{LV} 以及消失的固-液界面的界面能 γ_{SL} 之差：

$$W = \gamma_{SV} + \gamma_{LV} - \gamma_{SL} \tag{5-93}$$

与式(5-77) 合并得：

$$W = \gamma_{LV}(\cos\theta + 1) \tag{5-94}$$

式中，$\gamma_{LV}(\cos\theta + 1)$ 也称黏附张力。可以看到，当黏附剂给定（即 γ_{LV} 值一定）时，W 随 θ 减小而增大。因此，式(5-94) 可作为黏附性的度量。

（3）黏附面的界面张力 γ_{SL} 界面张力的大小反映界面的热力学稳定性。γ_{SL} 越小，黏附界面越稳定，黏附力也越大。同时从式(5-77) 可见，γ_{SL} 越小，则 $\cos\theta$ 或润湿张力就越大。黏附地方的剪断强度与 γ_{SL} 的倒数成比例。

（4）相容性或亲和性 润湿不仅与界面张力有关，也与黏附界面上两相的亲和性有关。例如，水和水银两者表面张力分别为 7.2×10^{-6} N/m 和 5.0×10^{-5} N/m，但水却不能在水银表面铺展。说明水和水银是不亲和的。所谓相容或亲和，就是指两者润湿时自由能变化 $dG<0$。因此相容性越好，黏附也越好。由于 $\Delta G=\Delta H-T\Delta S$（$\Delta H$ 为润湿热），故相容性的条件应是 $\Delta H\leqslant T\Delta S$，并可用润湿热 ΔH 来度量。对于分子间由较强的极性键或氢键结合时，ΔH 一般小于或接近于零。而当分子间由较弱的分子力结合时，则 ΔH 通常是正值并可用下式确定：

$$\Delta H=V_m\upsilon_1\upsilon_2(\delta_1-\delta_2)^2 \tag{5-95}$$

式中 V_m——系统的总体积；

υ_1，υ_2——1、2 两成分的体积分数；

δ_1，δ_2——1、2 两成分的相容性参数。

上式表明，当 $\delta_1=\delta_2$ 时，$\Delta H=0$。

综上所述，良好黏附的表面化学条件应是：①被黏附体的临界表面张力 γ_C 要大或润湿张力 F 增加，以保证良好润湿，为此应使 $F=\gamma_{LV}\cos\theta=\gamma_{SV}-\gamma_{SL}$；②黏附功要大，以保证牢固黏附，为此应使 $W=\gamma_{LV}(\cos\theta+1)=\gamma_{SV}+\gamma_{LV}-\gamma_{SL}$；③黏附面的界面张力 γ_{SL} 要小，以保证黏附界面的热力学稳定；④黏附剂与被黏附体间相容性要好，以保证黏附界面的良好键合和保持强度，为此润湿热要低。

上述条件是 $\gamma_{SV}-\gamma_{SL}=\gamma_{LV}$ 的平衡状态时求得的。倘若 $\gamma_{SV}-\gamma_{SL}>\gamma_{LV}$ 时，铺展将继续进行，但 θ 角仍然等于零，$\cos\theta$ 值不再变化，故式(5-92) 和式(5-94) 不再适用。这时最佳黏附条件可用如下的关系式求得，即：

$$\gamma_{SL}=\frac{(\sqrt{\gamma_{SV}}-\sqrt{\gamma_{LV}})^2}{1-0.015\sqrt{\gamma_{SV}\gamma_{LV}}} \tag{5-96}$$

将式(5-96) 分别代入式(5-92) 和式(5-93) 得：

$$F=\gamma_{SV}-\gamma_{SL}=\gamma_{SV}-\frac{(\sqrt{\gamma_{SV}}-\sqrt{\gamma_{LV}})^2}{1-0.015\sqrt{\gamma_{SV}\gamma_{LV}}} \tag{5-97}$$

$$W=\gamma_{SV}+\gamma_{LV}-\gamma_{SL}=\gamma_{SV}+\gamma_{LV}-\frac{(\sqrt{\gamma_{SV}}-\sqrt{\gamma_{LV}})^2}{1-0.015\sqrt{\gamma_{SV}\gamma_{LV}}} \tag{5-98}$$

由上述三式可见，当 $\gamma_{SV}=\gamma_{LV}$ 时，$\gamma_{SL}=0$，则 $F=\gamma_{SV}=F_{max}$，$W=\gamma_{SV}+\gamma_{LV}=W_{max}$。于是式(5-96)、式(5-97)、式(5-98) 三个条件同时满足。在这种情况下达到牢固黏附的最适宜条件是 $\gamma_{SV}=\gamma_{LV}$。对于给定的被黏附的固体，其黏附功 W 及润湿张力 F 均随黏附剂的表面张力 γ_{LV} 而变化，并在大致相同的位置出现极大值。这与上述结论是一致的。

另外，黏附性能还与以下因素有关：①固体表面的清洁度，如若固体表面吸附有气体（或蒸气）而形成气膜，那么会明显减弱甚至完全破坏黏附性能；②固体分散度，一般来说，固体细小时，黏附效应比较明显，提高固体的分散度，可以扩大接触面积，从而可增加黏附强度，通常粉体具有很大的黏附能力，这也是无机材料工业生产中一般使用粉体原料的一个原因；③外力作用下固体的变形程度，如果固体较软或在一定的外力下易于变形，就会引起接触面积的增加，从而提高黏附强度。

5.4 黏土-水系统性质

在无机材料科学领域中，常常会涉及胶体体系和表面化学问题。例如，在陶瓷制造过程中，为适应成形工艺的需要，将高度分散的原料加水或加黏结剂制成流动的泥浆或可塑的泥团；在水泥砂浆中，使用减水剂促进水泥的分散等。

胶体是由物质三态（固、液、气）所组成的高分散度的粒子作为分散相，分散于另一相（分散介质）中所形成的系统，其特点是高度分散性和多相性，它不仅具有其他系统所具有的一般物理性质如光学性质、电学性质和动力学性质等，还具有聚集不稳定性和流变性等特殊性。胶体体系表面能数值很大，因此在热力学上是不稳定的体系。

在无机材料制备工艺中经常遇到的是固相分散到液相中去所形成的胶体体系，这种分散系统按分散相粒子大小可分为下列几类：①真溶液，1nm 以下；②溶胶，1nm～0.1μm；③悬浮液，0.1～10μm；④粗分散系统，10μm 以上。粗分散、悬浮液、溶胶和真溶液之间没有绝对显著的界限，相互之间的过渡均是连续的。胶体化学研究对象主要是溶胶和悬浮液。

陶瓷工业中的泥浆系统，是以黏土（高岭石、蒙脱石、伊利石等）粒子为分散相、水为分散介质构成的分散体系。黏土矿物粒度很细，一般在 0.1～10μm 范围内，具有很大的比表面积（单位质量或单位体积物体所具有的表面积），如高岭石约为 $20m^2/g$，蒙脱石则高达 $100m^2/g$，因而它们表现出一系列表面化学性质。黏土具有荷电和水化等性质，黏土粒子分散在水介质中所形成的泥浆系统是介于溶胶-悬浮液-粗分散体系之间的一种特殊状态。泥浆在适量电解质作用下具有溶胶稳定的特性。而泥浆粒度分布范围宽，细分散粒子有聚集以降低表面能的趋势和粗颗粒有重力沉降作用。因此，聚集不稳定性（聚沉）是泥浆存放后的必然结果。分散和聚沉这两方面除了与黏土本性有关外，还与电解质数量及种类、温度、泥浆浓度等因素有关，这就构成了黏土-水系统胶体化学性质的复杂性，这些性质是无机材料制备工艺的重要理论基础。

5.4.1 黏土胶体

5.4.1.1 黏土的电荷性及带电原因

1809 年卢斯发现在黏土-水系统中插入两个电极通电后，黏土颗粒在电流的影响下向正极移动，由此得出分散在水介质中的黏土颗粒是带负电荷的结论；1942 年西森（Thiessen）用电子显微镜观察到片状高岭石的边棱上能吸引带负电的金胶粒，则提供了黏土颗粒带正电荷的依据。研究证明，黏土颗粒荷电性质与其带电原因有关，且所带电荷 80%以上集中在小于 2μm 的胶体晶质黏土矿物中，除此之外，黏土表面的有机质等也带有一部分电荷。

（1）晶格内离子的类质同晶取代　由于黏土晶格内离子的同晶取代，将使黏土的板面（垂直于 c 轴的面）带上负电荷。黏土是由硅氧四面体和铝氢氧八面体组合而成的层状晶体，若硅氧四面体中 Si^{4+} 被 Al^{3+} 所取代，或者铝氢氧八面体中 Al^{3+} 被 Mg^{2+}、Fe^{2+} 等置换，就产生了过剩的负电荷。这种电荷的数量取决于晶格内同晶取代的多少，而不同种类黏土的晶格结构有差别，其类质同晶取代的情况也不相同。

蒙脱石晶体的结构单位层是由两层硅氧四面体中间夹一层铝氢氧八面体构成的复网层，各复网层之间靠分子键结合，作用力微弱，结构很不稳定，因此八面体层中的 Al^{3+} 很容易被 Mg^{2+} 等二价阳离子取代，使晶格内出现大量过剩负电荷，这是蒙脱石荷负电性的主要原因；除此以外，还有总负电荷的 5%是由于四面体中的 Si^{4+} 少量被 Al^{3+} 置换而产生。蒙脱石的负电荷除部分由内部补偿（包括其他层片中所产生的置换以及八面体层中 O 原子被 OH 基的取代）外，每单位晶胞还约有 0.66 个剩余负电荷。

伊利石结构与蒙脱石相似，也存在离子置换现象，主要是硅氧四面体中的 Si^{4+} 约有 1/6 被 Al^{3+} 所取代，使单位晶胞中有 1.3～1.5 个剩余负电荷，但这些负电荷大部分被层间非交换性的 K^{+} 和部分 Ca^{2+}、H^{+} 等所平衡，只有在晶体边缘才有少部分负电荷对外表现出来。

高岭石晶体是由一层硅氧四面体和一层铝氢氧八面体构成的单网层结构，单网层之间靠单网层氢键结合，作用力较强，故结构稳定，晶格中的离子替代现象几乎不存在。根据化学组成推算其构造式，高岭石晶胞内电荷是平衡的。但近来根据化学分析、X 射线分析和阳离子交换容量测定等综合分析结果，证明高岭石中存在少量的 Al^{3+} 被 Si^{4+} 的同晶取代现象，其取代量约为每百克土有 2mmol。

黏土内由同晶取代所产生的负电荷大部分分布在层状硅酸盐的板面上。因此在黏土的板面上可以依靠静电引力吸引一些介质中的阳离子以平衡其负电荷。

（2）颗粒边棱的价键断裂　黏土晶体在分散过程中，边棱由于破键而在断裂处产生负电场，从而在不同 pH 值介质环境中吸附 H^{+} 使边面（平行于 *c* 轴的面）带上正电荷或负电荷。近年来，不少学者应用化学或物理化学的方法，证明高岭石在酸性条件下，由于边面从介质中接受 H^{+} 而带正电荷。

图 5-53 所示为不同 pH 值介质中高岭石边面所带电荷情况示意图。由于边棱价键断裂产生电价不饱和，高岭石边面上与一个 Al^{3+} 相连的 OH 基带 1/2 个负电荷；同样，与一个 Si^{4+} 和一个 Al^{3+} 相连的 O 带 1/2 个负电荷；而仅与一个 Si^{4+} 连接的 O 带 1 个负电荷。在酸性条件下，如图 5-53（a）所示，高岭石边棱上的 1 个 OH 和 2 个 O 均各吸附 1 个 H^{+}，其结果使边面（$0.33nm^{2}$）共带有一个正电荷。在中性条件下，如图 5-53（b）所示，高岭石边棱上仅有 2 个 O 各接受 1 个 H^{+}，其结果使边面不带电。在碱性条件下，如图 5-53（c）所示，高岭石边棱上的 OH 和 O 均不吸附 H^{+}，则使边面（$0.33nm^{2}$）共带 2 个负电荷。

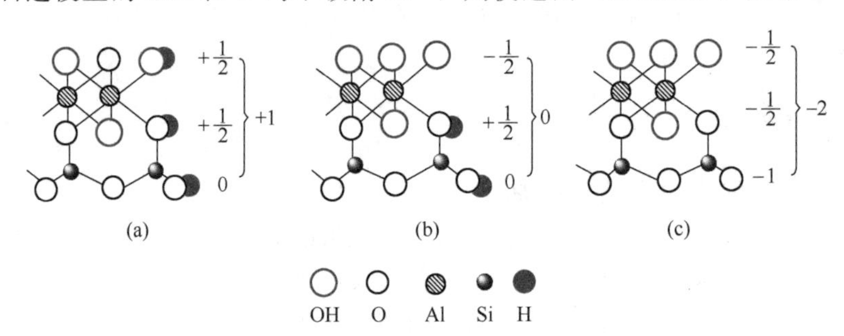

图 5-53　高岭石边面上荷电示意图

（a）pH<6；（b）pH=7；（c）pH>8

以上表明高岭石荷电性可随介质 pH 值而变化。由于高岭石中同晶取代现象较少。因此高岭石结晶构造断裂而呈现的活性边表面上的破键是高岭石带电的主要原因。同样蒙脱石和伊利石的边面也可能由于价键断裂而不同介质中出现边面正电荷或负电荷，但非主要的带电原因，尤其于蒙脱石而言，由于边棱价键断裂所带电量在其总电量中仅占很少部分。

（3）颗粒表面腐殖酸的电离　有些黏土含有较多的有机质，如紫木节黏土。这些有机质常以腐殖酸的形式存在，腐殖酸以吸附的形式包裹在黏土表面，它含有的羧基（—COOH）和羟基（—OH）的 H^{+} 离解可使黏土板面带上负电荷，这部分负电荷的数量是随介质的 pH 值而改变，在碱性介质中有利于 H^{+} 离解而产生更多的负电荷。

综上所述，黏土的带电原因是复杂的，矿物种类不同，带电多少也不一样，蒙脱石带电多，高岭石带电少；带电原因不同，电荷分布位置也不一样；介质酸碱度不同，所带电荷性质不同。黏土的正电荷和负电荷的代数和就是黏土的净电荷。纵观黏土带电的种种原因，带负电的机会远大于正电荷，因此黏土是带有负电荷的。

黏土胶粒的电荷是黏土-水系统具有一系列胶体化学性质的主要原因之一。

5.4.1.2 黏土与水的结合

由于黏土颗粒一般带负电，又因水是极性分子，当黏土颗粒分散在水中时，在黏土表面负电场的作用下，水分子以一定取向分布在黏土颗粒周围以氢键与其表面上氧以及氢氧基键合，负电端朝外。在第一层水分子的外围形成一个负电表面，因而又吸引第二层水分子。负电场对水分子的引力作用，随着离开黏土表面距离的增加而减弱，因此水分子的排列也由定向逐渐过渡到混乱。靠近内层形成定向排列的水分子层称为牢固结合水（又称吸附水膜或水化膜），围绕在黏土颗粒周围，与黏土颗粒形成一个整体，一起在介质中运动，其厚度为3～10个水分子厚。在牢固结合水的外围吸引着一部分定向程度较差的水分子层称为松结合水（又称扩散水膜），由于离开黏土颗粒表面较远，它们之间的结合力较小。在松结合水以外的水为自由水，如图5-54所示。

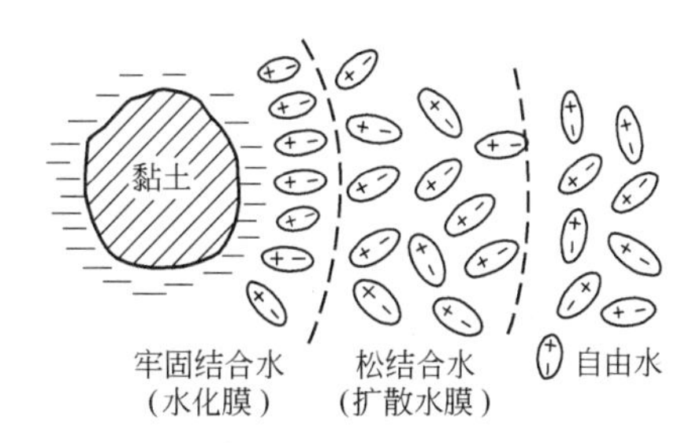

图5-54 黏土颗粒与水的结合示意图

结合水（包括牢固结合水与松结合水）的密度大、热容小、介电常数小、冰点低等，在物理性质上与自由水不相同。黏土与水结合的数量可以用测量润湿热来判断。黏土与这三种水结合的状态与数量将会影响黏土-水系统的工艺性能。在黏土含水量一定的情况下，若结合水减少，则自由水就多，此时黏土胶粒的体积减小，移动容易，因而泥浆黏度小，流动性好；当结合水量多时，水膜厚，利于黏土胶粒间的滑动，则可塑性好。

影响黏土结合水量的因素有黏土矿物组成、黏土分散度、黏土吸附阳离子种类等。黏土的结合水量一般与黏土阳离子交换容量成正比。对于含同一种交换性阳离子的黏土，蒙脱石的结合水量要比高岭石大。高岭石结合水量随粒度减小而增高，而蒙脱石与蛭石的结合水量与颗粒细度无关。

黏土吸附不同价阳离子后的结合水量通过表5-6所示实验证明，黏土与一价阳离子结合水量＞与二价阳离子结合水量＞与三价阳离子结合水量。这是因为吸附低价阳离子消耗黏土表面电荷少，所以能吸附更多的水分子在颗粒表面周围。同价离子与黏土结合水量是随着离子半径增大，结合水量减少。如Li—黏土结合水量＞Na—黏土结合水量＞K—黏土结合水量。

表5-6 被黏土吸附的Na和Ca的水化值

黏土	吸附容量/(mg/g)		结合水量/(g/100g土)	每个阳离子水化分子数	Na与Ca的水化值比
	Ca	Na			
Na—黏土	—	23.7	75	175	23
Ca—黏土	18.0	—	24.5	76.2	23

5.4.1.3 黏土胶团结构

在黏土胶团内，黏土颗粒本身是胶核。带负电的黏土颗粒分散在水溶液以后，要吸附等量的异号离子如H^+或水化阳离子，这些异号离子由于受到胶核表面电荷不同程度的吸引，

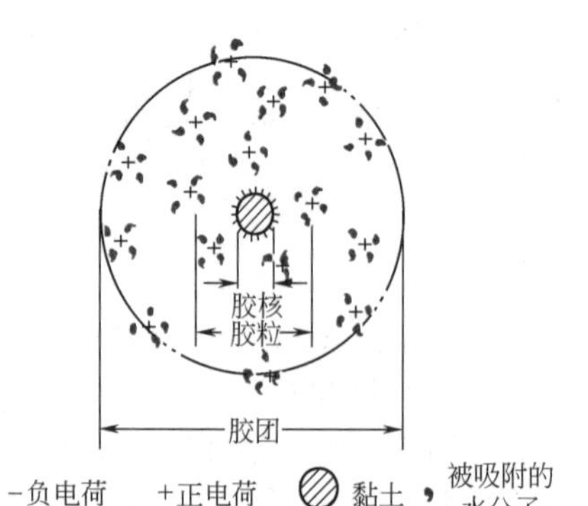

图 5-55 黏土胶团结构示意图

形成吸附层和扩散层，由黏土颗粒表面到扩散层边缘构成扩散双电层。黏土胶团的吸附层由吸附水膜与分布在其中的被胶核吸附牢固，离子不能自由移动的水化阳离子组成，扩散层由扩散水膜与分布在其中的被胶核吸附松弛，离子可以自由移动的水化阳离子组成。扩散层内离子浓度逐渐减小，到扩散层以外，水化阳离子则不再受黏土颗粒表面静电引力影响。因此，黏土胶团包括三个结构层次，即胶核（黏土颗粒本身）、胶粒（胶核加吸附层）和胶团（胶粒加扩散层）。胶团中被吸附的水化阳离子和溶液中的水化阳离子处于动态平衡。图 5-55 所示为黏土胶团结构。

值得指出的是，吸附层中阳离子的水化程度较低，扩散层中阳离子因离胶核较远而水化程度增大，但仍比自由离子差些。扩散层中水分子可以自由出入。黏土胶核吸附的水化阳离子若由于离子交换而离开胶团时，是带着水分子一起离开，另一些水化阳离子则进入胶团来补充。

5.4.2 黏土的离子吸附与交换

黏土颗粒由于破键、晶格内类质同晶替代和吸附在黏土表面腐殖酸离解等原因而带负电或正电，因此，它必然要吸附介质中的异号离子来中和其所带的电荷，其吸附量由中和表面电荷所需的量决定。而吸附能则取决于被吸附离子的作用力场。因此，可以用一种离子取代原先吸附于黏土上的另一种离子，这就是黏土的离子交换性质。黏土-水系统的物理性质如流动性、可塑性等均与离子吸附和交换有关。

5.4.2.1 黏土离子交换的特点

依黏土表面所带电性不同，有阳离子交换和阴离子交换两种。黏土的离子交换具有以下几个特点：①同号离子相互交换，即阳离子交换阳离子、阴离子交换阴离子；②离子以等当量（或等电荷量）交换，即交换不会破坏溶胶的电中性；③交换和吸附是可逆过程，其吸附和脱附速率受离子浓度的影响；④离子交换并不影响黏土本身结构。

离子吸附和离子交换是一个反应中同时进行的两个不同过程，例如一个交换反应如下：

$$\begin{matrix} Na^+ \\ \quad\diagdown \\ \end{matrix}\text{黏土} + Ca^{2+} \rightleftharpoons Ca^{2+}\text{—黏土} + 2Na^+ \\ \begin{matrix} \quad\diagup \\ Na^+ \end{matrix} \tag{5-99}$$

在这个反应中，为满足黏土与离子之间的电中性，必须一个 Ca^{2+} 交换两个 Na^+。而对 Ca^{2+} 而言是由溶液转移到胶体上，这是离子的吸附过程。但对被黏土吸附的 Na^+ 转入溶液而言，则是解吸过程。吸附和解吸的结果，使 Ca^{2+}、Na^+ 相互换位即进行交换。由此可见，离子吸附是黏土胶体与离子之间相互作用。而离子交换则是离子之间的相互作用。

利用黏土的阳离子交换性质可以提纯黏土及制备吸附单一离子的黏土。例如将带有各种阳离子的黏土通过一个带一种离子的交换树脂发生如下反应：

$$X\text{—树脂} + Y\text{—黏土} \rightleftharpoons Y\text{—树脂} + X\text{—黏土} \tag{5-100}$$

式中，X 为单一离子，Y 为各种离子混合。因为任何一个树脂的交换容量是很高的（250～500mmol/100g 土），在溶液中 X 离子浓度远大于 Y，因此能保证交换反应完全。

5.4.2.2 黏土的离子交换容量

离子交换容量（ion exchange capability）是表征离子交换能力的指标。通常以 pH＝7 时，每 100g 干黏土所吸附某种离子的毫摩尔数表示，单位为 mmol/100g 土。黏土的离子交换容量与矿物组成、带电原因、分散度、结晶度、溶液 pH 值、有机质含量、介质温度、交换位置的填塞等因素有关，因此，同一种矿物组成的黏土其交换容量不是固定在一个数值，而是波动在一定范围内。表 5-7 为几种黏土矿物的离子交换容量。

表 5-7 几种黏土矿物的离子交换容量

离子交换容量	高岭石	多水高岭石	伊利石、绿泥石	蒙脱石	蛭石
阳离子交换容量/(mmol/100g 土)	3～15	20～40	10～40	75～150	100～150
阴离子交换容量/(mmol/100g 土)	7～20	—	—	20～30	—

黏土的离子交换容量通常代表黏土在一定 pH 值条件下的净电荷数。由于黏土颗粒板面和边面都可带负电荷，而正电荷通常产生于边面上，则阳离子交换作用既发生在板面上也发生在边面上，阴离子交换作用仅发生在边面上。

5.4.2.3 影响黏土离子交换容量的因素

影响黏土离子交换容量的因素主要有以下几方面。

（1）黏土矿物组成　见表 5-7，不同类型的黏土矿物由于组成及晶体构造不同，阳离子交换容量相差很大，因为引起黏土阳离子吸附交换的电荷以同晶取代所占比例较大，即晶格取代越多的黏土矿物，其阳离子交换容量也越大。在蒙脱石中同晶取代的数量较多（约占 80%），晶格层间结合疏松，遇水易膨胀而分裂成细片，颗粒分散度高，阳离子交换容量大，并显著地大于阴离子交换容量；在伊利石中，层状晶胞间结合很牢固，遇水不易膨胀，晶格中同晶取代只有 Al^{3+} 取代 Si^{4+}，结构中 K^{+} 位于破裂面时，才成为可交换阳离子的一部分，所以其阳离子交换容量比蒙脱石小。高岭石中同晶取代极少，只有破键是吸附交换阳离子的主要原因，因此其阳离子交换容量最小，且阳离子交换容量基本上和阴离子交换容量相等。

鉴于各种黏土矿物的阳离子交换容量数值的较大差异，因此测定黏土的阳离子交换容量成为鉴定黏土矿物组成的方法之一。

（2）黏土的分散度　当黏土矿物组成相同时，其阳离子交换容量随其分散度的增加而变大，特别是高岭石受此因素的影响更为明显，见表 5-8。蒙脱石的阳离子交换主要由晶格同晶取代产生负电荷，破键所占比例很小，因而受分散度的影响不大。

表 5-8 高岭石的阳离子交换容量与颗粒大小的关系

平均粒径/μm	比表面积/(m^2/g)	阳离子交换容量/(mmol/100g 土)
10.0	1.1	0.4
4.4	2.5	0.6
1.8	4.5	1.0
1.2	11.7	2.3
0.56	21.4	4.4
0.29	39.8	8.1

（3）溶液 pH 值　同一黏土矿物，当其他条件相同时，在碱性溶液中阳离子交换容量

大，见表5-9。由于破键产生的边面正电荷随介质pH值降低而增多，则在酸性溶液中阴离子交换容量大。

表5-9 pH值对黏土矿物阳离子交换容量的影响

黏土矿物	阳离子交换容量/(mmol/100g土)	
	pH=2.5～6	pH>7
高岭石	4	10
蒙脱石	95	100

（4）有机质含量 黏土中的有机质常以腐殖酸的形式存在，由于腐殖酸的电离，可使黏土颗粒所带负电荷增加，则有机质含量越多，其阳离子交换容量越大。表5-10为黏土除去有机质前后阳离子交换容量的变化。

表5-10 黏土中有机质含量对阳离子交换容量的影响

黏土	有机质含量/%	阳离子交换容量/(mmol/100g土)		阳离子交换容量的减少/(mmol/100g土)
		原土	除去有机质后	
唐山紫木节	1.53	25.23	17.60	7.63
英国球土1	1.30	12.67	8.17	4.50
英国球土2	4.18	17.60	8.65	8.95

（5）介质温度 温度对离子交换容量的影响表现在吸附交换速率和吸附强度上。温度升高，离子运动加剧，单位时间内碰撞黏土颗粒表面的次数增加，则离子交换容量增加；但是，随着温度升高，离子动能增大，黏土对离子的吸附强度降低，所以从这方面看，温度升高反而导致交换容量降低。

5.4.2.4 黏土的离子交换顺序

黏土吸附的阳离子的电荷数及其水化半径都直接影响黏土与离子间作用力的大小。当环境条件相同时，离子价数越高，则与黏土之间引力越强。黏土对不同价阳离子的吸附能力次序为$M^{3+}>M^{2+}>M^{+}$（M为阳离子）。如果M^{3+}被黏土吸附，则在相同浓度下M^{+}、M^{2+}不能将它交换下来。而M^{3+}能把已被黏土吸附的M^{2+}、M^{+}交换出来。H^{+}是特殊的，由于它的容积小，电荷密度高，黏土对它引力最强。

离子水化膜的厚度与离子半径大小有关。对于同价离子，半径越小，则水膜越厚。如一价离子水膜厚度$Li^{+}>Na^{+}>K^{+}$，见表5-11。这是由于半径小的离子对水分子偶极子所表现的电场强度大所致。水化半径较大的离子与黏土表面的距离增大，因而根据库仑定律，它们之间引力就小。对于不同价离子，情况就较复杂。一般高价离子的水化分子数大于低价离子，但由于高价离子具有较高的表面电荷密度，它的电场强度将比低价离子大，此时高价离子与黏土颗粒表面的静电引力的影响可以超过水化膜厚度的影响。

表5-11 离子半径与水化离子半径

离子	正常半径/nm	水化分子数	水化半径/nm
Li^{+}	0.078	14	0.73
Na^{+}	0.098	10	0.56
K^{+}	0.133	6	0.38

续表

离子	正常半径/nm	水化分子数	水化半径/nm
NH_4^+	0.143	3	—
Rb^+	0.149	0.5	0.36
Cs^+	0.156	0.2	0.36
Mg^{2+}	0.078	22	1.08
Ca^{2+}	0.106	20	0.96
Ba^{2+}	0.143	19	0.88

根据离子价效应及离子水化半径，可将黏土的阳离子交换序排列如下：

$$H^+ > Al^{3+} > Ba^{2+} > Sr^{2+} > Ca^{2+} > Mg^{2+} > NH_4^+ > K^+ > Na^+ > Li^+ \quad (5\text{-}101)$$

氢离子由于离子半径小，电荷密度大，占据交换吸附序首位。

阴离子交换能力除了上述离子间作用力的因素外，几何结构因素也是重要的。例如 PO_4^{3-}、AsO_4^{3-}、BO_3^{3-} 等阴离子，因几何结构和大小与 [SiO_4] 四面体相似，因而能更强地被吸附。但 SO_4^{2-}、Cl^-、NO_3^- 等则不然。因此阴离子交换序为：

$$OH^- > CO_3^{2-} > P_2O_7^{4-} > PO_4^{3-} > I^- > Br^- > Cl^- > NO_3^- > F^- > SO_4^{2-} \quad (5\text{-}102)$$

以上的离子交换顺序通常称为霍夫曼斯特（Hofmester）顺序，其离子吸附能力自前向后依次递减。在离子浓度相等的水溶液里，位于序列前面的离子能交换出序列后面的离子。但是，若位于序列后面的离子浓度大于其前面离子时，也可发生逆序列的交换。

5.4.3 泥浆的稳定与聚沉

5.4.3.1 泥浆的稳定性

泥浆的稳定性是指黏土胶粒在水中保持均匀分散而不发生聚集下沉的性质。泥浆在热力学上属于不稳定体系，黏土胶粒有凝聚成大颗粒的趋势，但实际上生产中使用的泥浆可以稳定存在很长一段时间。那么是什么原因保持泥浆稳定呢？归纳起来，主要有如下三个作用。

（1）动力稳定作用　溶胶中的胶粒由于布朗运动而不因重力作用下沉或沉降速率完全可忽略不计，这种因胶粒的动力作用而均匀分散不发生下沉的性质称为溶胶的动力稳定作用。

影响泥浆动力稳定作用的主要因素是黏土分散度，分散度越高，粒子越小，布朗运动越剧烈，沉降越困难，泥浆稳定性越好。其次是分散相与分散介质的密度差，以及分散介质黏度的影响。分散相与分散介质密度差越小，以及分散介质黏度越大，胶粒越不易下沉，溶胶越稳定。

（2）溶剂化膜的稳定作用　一方面，黏土胶核外围牢固吸附着的定向排列的水化膜，使颗粒表面能降低，即相应减小颗粒之间的聚集力，增加泥浆的稳定性；另一方面，水化膜的水分子由于受胶核引力作用，自由移动困难，所以这部分水比自由水黏度高。当黏土颗粒相互碰撞时，定向排列的水分子层会被压挤变形，而胶核的电场作用将力图使水分子恢复定向排列，使得水化膜表现出弹性，从而成为胶粒互相接近的机械阻力，因此泥浆不易聚沉。

（3）扩散双电层的稳定作用　带电荷的黏土胶体分散在水中时，在胶体颗粒和液相的界面上会有扩散双电层出现。在电场或其他力场作用下，带电黏土与双电层的运动部分之间发生剪切运动而表现出来的电学性质称为电动性质。

分散在水中的黏土颗粒对水化阳离子的吸附随着黏土与阳离子之间距离增大而减弱，又由于水化阳离子本身的热运动，因此黏土表面阳离子的吸附不可能整齐地排列在一个面上，而是随着与黏土表面距离增大，阳离子分布由多到少，如图 5-56 所示。到达 P 点平衡了黏土表面全部负电荷，P 点与黏土质点距离的大小则取决于介质中离子的浓度、离子电价及离子热运动的强弱等。在外电场作用下，黏土质点与一部分吸附牢固的水化阳离子（如 AB 面以内）随黏土质点向正极移动，这一层称为吸附层，而另一部分水化阳离子不随黏土质点移动，却向负极移动，这一层称为扩散层（由 AB 面至 P 点）。因为吸附层与扩散层各带有相反的电荷，所以相对移动时两者之间就存在着电位差，这个电位差称为电动电位或 ζ 电位。

黏土质点表面与扩散层之间的总电位差称为热力学电位差（用 φ 表示），ζ 电位则是吸附层与扩散层之间的电位差，显然 $\varphi>\zeta$，如图 5-57 所示。

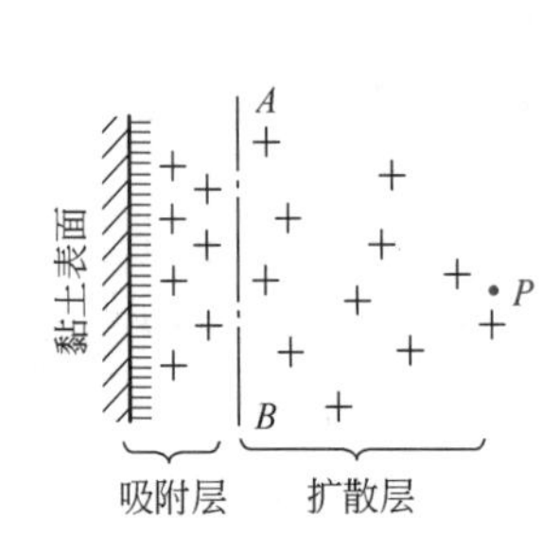

图 5-56　黏土表面的吸附层和扩散层

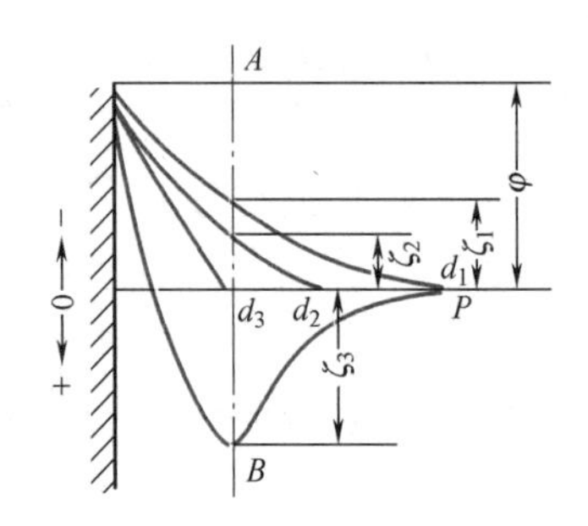

图 5-57　黏土的 ζ 电位

ζ 电位的高低与阳离子的电价和浓度有关。图 5-57 中，ζ 电位随扩散层增厚而增高，如 $\zeta_1>\zeta_2$，$d_1>d_2$。这是由于溶液中离子浓度较低，阳离子容易扩散而使扩散层增厚。当离子浓度增加，致使扩散层压缩。即 P 点向黏土表面靠近，ζ 电位也随之下降。当阳离子浓度进一步增加直至扩散层中的阳离子全部压缩至吸附层内，此时 P 点与 AB 面重合，ζ 电位等于零，也即等电点。如果阳离子浓度进一步增加，甚至可改变 ζ 电位符号，图 5-57 中的 ζ_3 与 ζ_1、ζ_2 符号相反。一般有高价阳离子或某些大的有机离子存在时，往往会出现 ζ 电位改变符号的现象。

根据静电学基本原理可以推导出电动电位的公式如下：

$$\zeta=\frac{4\pi\sigma d}{D} \tag{5-103}$$

式中　ζ——电动电位；

σ——表面电荷密度；

d——双电层厚度；

D——介质的介电常数。

由式(5-103) 可见，ζ 电位与黏土表面的电荷密度、双电层厚度成正比，与介质介电常数成反比。黏土胶体的 ζ 电位受到黏土的静电荷和电动电荷的控制，因此凡是影响黏土这些带电性能的因素都会对 ζ 电位产生作用。

黏土吸附了不同阳离子后对 ζ 电位的影响可由图 5-58 看出。由不同阳离子所饱和的黏土其 ζ 电位值与阳离子半径、阳离子电价有关。对于同种黏土，当加入电解质浓度一定时，各种阳离子对 ζ 电位的影响符合霍夫曼斯特顺序，即电价越低、水化半径越大的阳离子会使扩散双电层加厚，ζ 电位增高，这主要与离子水化度及离子同黏土吸引力强弱有关；当加入的电解质相同时，ζ 电位随电解质浓度而变化，并呈现出极值点，这是由于阳离子浓度过大时，将被挤入吸附层使扩散层压缩，ζ 电位降低。这种效应对于高价阳离子尤为显著，其一般规律如图 5-59 所示。曲线的极值点随电解质中阳离子电价增高而移向低浓度一侧。

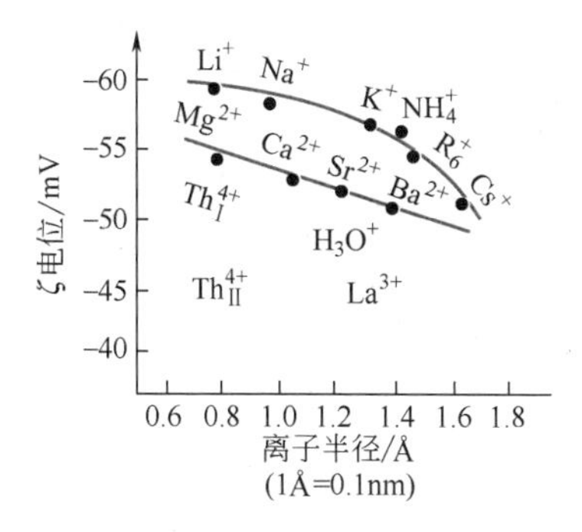

图 5-58 由不同的阳离子所饱和的黏土的 ζ 电位值

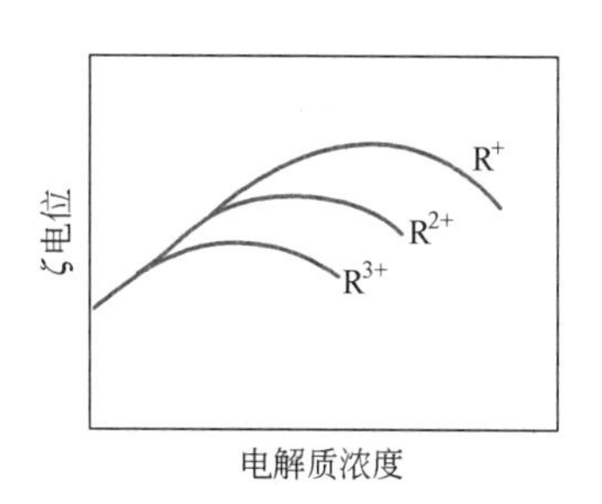

图 5-59 电解质对黏土 ζ 电位的影响

瓦雷尔（W. E. Worrall）测定了各种阳离子所饱和的高岭土的 ζ 电位值，见表 5-12，并指出一个稳定的泥浆悬浮液，黏土胶粒的 ζ 电位值约必须在－50mV 以上。表 5-13 列举了三种不同黏土矿物在各种 pH 值下的 ζ 电位。

表 5-12 各种阳离子饱和的高岭土的 ζ 电位值

黏土性质	ζ 电位/mV	黏土性质	ζ 电位/mV
Ca—黏土	－10	天然黏土	－30
H—黏土	－20	用$(NaPO_3)_6$饱和的黏土	－135
Na—黏土	－80	Mg—黏土	－40

表 5-13 pH 值对 ζ 电位的影响

pH 值	ζ 电位/mV		
	氢高岭石	氢伊利石	氢蒙脱石
4	23	30	—
5	29	32	40
6	34	35	45
7	38	44	49
8	42	52	51
9	46	59	53
10	49	51	43
11	47	46	33
12	44	42	21

由于一般黏土内腐殖酸都带有大量负电荷，起到加强黏土胶粒表面净负电荷的作用，因此黏土内有机质对黏土 ζ 电位有影响。黏土内有机质含量增加，则导致黏土 ζ 电位升高。例如河北唐山紫木节土含有机质 1.53%，测定原土的 ζ 电位为－53.75mV。如果用适当方法去除其有机质后，测得全电位为 47.30mV。

影响黏土 ζ 电位值的因素还有黏土矿物组成、电解质阴离子的作用、黏土胶粒形状和大小、表面光滑程度等。

ζ 电位数值对黏土泥浆的稳定性有重要的作用。ζ 电位较高，黏土粒子间能保持一定距离，削弱和抵消了范德华引力，从而提高泥浆的稳定性。反之，当 ζ 电位降低，胶粒间斥力减小并逐步趋近，当进入范德华引力范围内，泥浆就会失去稳定性，黏土粒子很快聚集沉降并分离出溶液，泥浆的悬浮性被破坏，从而产生絮凝或聚沉现象。

5.4.3.2 泥浆的聚沉作用

实验表明，加入电解质时，在泥浆溶胶未达到等电点之前，就已开始呈现明显的聚沉作用。开始明显聚沉的 ζ 电位称为临界电位。对于多数溶胶，临界电位为 $\pm 25 \sim 30\mathrm{mV}$。在 ζ 电位为临界值时，虽然扩散双电层和溶剂化膜还存在，但此时胶粒的引力大于斥力，已不能阻止胶粒的聚沉，沉降作用明显出现了。

电解质对溶胶聚沉能力的大小用“聚沉值”表征。凡能引起溶胶明显聚沉（如溶胶变色浑浊）所需外加电解质的最小浓度称为聚沉值（g/L），服从如下规律：① 负离子主要对带正电的胶体起聚沉作用，正离子主要对带负电的胶体起聚沉作用，离子的聚凝值与其电价平方成反比，即聚沉离子电价越高，聚沉能力越大，聚沉值越小，此变化规律称为“离子价法则”，“离子价法则”虽是半定量的，但它指明了保护溶胶和破坏溶胶的方向，要保护溶胶就要选用含低价离子的电解质，要破坏溶胶就选用含高价离子的电解质；②离子聚凝值依霍夫曼斯特离子交换顺序依次增加；③一般来说，任何价数的有机离子都有强的聚凝能力。

5.4.4 泥浆的流动性

5.4.4.1 流变学基础

流变学是研究物体流动和变形的一门学科。

在阐明熔体黏度时曾提到黏度公式 $\sigma = \eta \mathrm{d}v/\mathrm{d}x$，此式表示在切向力作用下流体产生的剪切速率 $\mathrm{d}v/\mathrm{d}x$ 与剪应力 σ 成正比，比例系数为黏度 η。凡符合这个规律的物质称为理想流体或牛顿流体。若用应力与速率梯度作图，如图 5-60（a）所示。当在物体上加以剪应力，则物体即开始流动，剪切速率与剪应力成正比。当应力消除后，变形不再复原。属于这类流动的物质有水、甘油、低分子量化合物溶液。

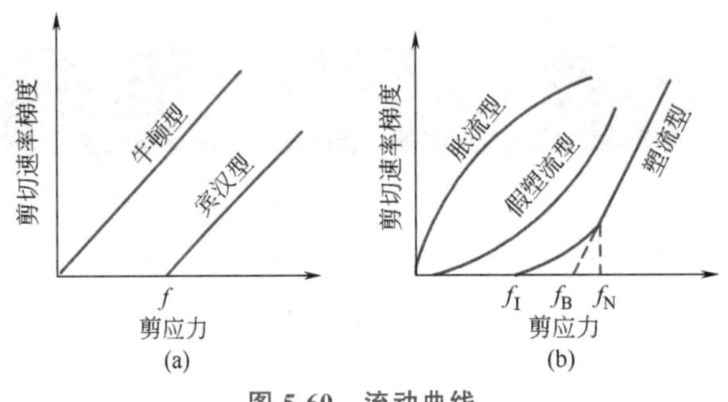

图 5-60 流动曲线

在许多工业中应用的液体并不具有牛顿流体的行为，它们常常显示出比较复杂的流动性质。亦即应力对剪切速率作图为曲线，曲线可以凸向或凹向剪应力轴，在这些系统中剪应力与剪切速率不成正比。为了与牛顿流动有所区别，常常称为不正常流动或非牛顿流动。这类流动可以有如图 5-60（b）所示的几种。

（1）宾汉流动　这类流体流动特点是应力必须大于流动极限值 f 后才开始流动，一旦流动后，又与牛顿型相同，表现出流动曲线形式如图 5-60（a）所示。这种流动可写成：

$$\sigma - f = \eta \frac{\mathrm{d}v}{\mathrm{d}x} \tag{5-104}$$

f 为屈服值，若 $D = \frac{\mathrm{d}v}{\mathrm{d}x}$，上式改写为：

$$\frac{\sigma}{D} = \eta + \frac{f}{D}$$

令
$$\eta_a=\eta+\frac{f}{D} \tag{5-105}$$

当 $D\to\infty$，$\frac{f}{D}\to 0$，此时 $\eta_a=\eta$，η_a 为宾汉流动黏度，η 为牛顿黏度。

新拌混凝土接近于宾汉流动，这类流动是塑性变形的简例。

（2）塑性流动　这类流动的特点是施加的剪应力必须超过某一最低值——屈服值以后才开始流动，随剪应力的增加，物料由紊流变为层流，直至剪应变达到一定值，物料也发生牛顿流动。流动曲线如图 5-60（b）所示，属于这类流动的物体有泥浆、涂料、油墨，硅酸盐材料在高温烧结时，晶粒界面间的滑移也属于这类流动。黏土泥浆的流动只有较小的屈服值，而可塑泥团屈服值较大，它是黏土坯体保持形状的重要因素。

（3）假塑性流动　这一类型的流动曲线类似于塑性流动，但它没有屈服值。也即曲线通过原点并凸向剪应力轴如图 5-60（b）所示。它的流动特点是表观黏度随切变速率增加而降低。属于这一类流动的主要有高聚合物的溶液、乳浊液、淀粉、甲基纤维素等。

（4）膨胀流动　这一类型的流动曲线是假塑性的相反过程。流动曲线通过原点并凹向剪应力轴如图 5-60（b）所示。高浓度的细粒悬浮液在搅动时好像变得比较黏稠，而停止搅动后又恢复原来的流动状态，它的特点是黏度随切变速率增加而增加。属于这一类流动的一般是非塑性原料如氧化铝、石英粉的浆料。

应用流变学概念可以较本质地认识黏土-水系统的黏度、流动性以及触变性、可塑性等性质。

5.4.4.2 泥浆的流动性

（1）泥浆的黏度　流体黏性的大小是用黏度（η）表征，而描述流动难易程度用流动度表示，它们之间的关系是：流动度$=1/\eta$。可见流体的流动性是受黏度支配的，黏度越大，流动性越小。

对纯水来说，黏度主要来自水分子之间的引力作用，而对泥浆来说，它是由水和分散的固体颗粒所组成。所以，黏度来自水分子之间的引力、固体颗粒与水分子之间的引力以及固体颗粒之间的碰撞阻力。因此，影响泥浆流动性的因素比较复杂。

泥浆是黏土悬浮于水中的二相系统，因而其流动性质属于非牛顿型流体。为区别于普通均一液体，常用表观黏度表示：

$$\eta=\eta_0(1+kc) \tag{5-106}$$

式中　η_0——纯水的黏度；

c——黏土的体积浓度；

k——与颗粒形状有关的系数，其数值列于表 5-13。

表 5-14　k 值与颗粒形状的关系

颗粒形状	尺寸比例	k 值
球形		2.5
平板形	直径：厚度=12.5：1	53
棒形	长：宽：高=20：26：33	80
椭圆形	$a:b=50:1$	4

表观黏度可用流出黏度计测量，即测定通过规定直径的孔嘴流出一定量泥浆所需的时间来描述。由式(5-106）和表 5-14 可见，颗粒形状、大小和黏土浓度都会直接影响表观黏度。

除此以外，电解质的作用是另一个重要因素。

（2）泥浆稀释现象　在无机材料制造过程中，为了适应工艺的需要，希望获得含水量低，同时又具有良好的流动性的泥浆（如黏土加水、水泥拌水）。如陶瓷生产中注浆成形是常用的方法之一，为了缩短浇注时间，增加模型周转率，提高生产效率，要求泥浆含水量低而流动性好。为达到此要求，一般是在泥浆中加入适量的稀释剂（即含有低价阳离子的电解质），如水玻璃、纯碱、纸浆废液、木质素磺酸钠等。图 5-61 和图 5-62 分别为泥浆加入稀释剂后的流变曲线和稀释曲线。这是生产与科研中经常用于表示泥浆流动性变化的曲线。

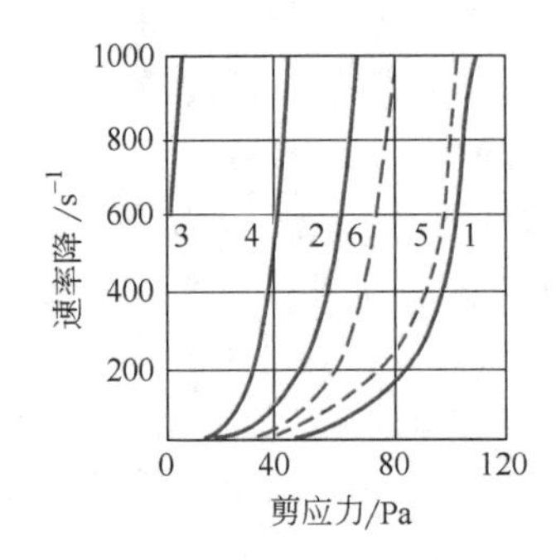

图 5-61　H—高岭土的流变曲线

（200g 土在 500mL 溶液中）

1—未加碱；2—0.002 mol/L NaOH；

3—0.02 mol/L NaOH；4—0.2 mol/L NaOH；

5—0.001mol/L $Ca(OH)_2$；6—0.01 mol/L $Ca(OH)_2$

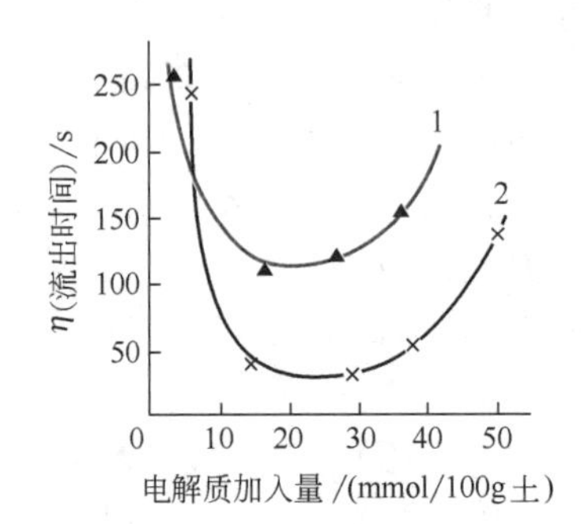

图 5-62　黏土泥浆稀释曲线

1—高岭土加 NaOH；

2—高岭土加 Na_2SiO_3

图 5-61 通过剪应力改变时，剪切速率的变化来描述泥浆流动状况。泥浆未加 NaOH 时（曲线 1）显示高的屈服值。随着加入的 NaOH 量增加，流动曲线是平行曲线 1 向着屈服值降低方向移动得到曲线 2、3。同时泥浆黏度下降，尤其以曲线 3 为最低。当继续提高 NaOH 加入量，或在泥浆中加入 $Ca(OH)_2$ 时，曲线又向着屈服值增加方向移动（曲线 4、5、6）。

图 5-62 是表示黏土在加水量相同时，随电解质加入量增加而引起的泥浆黏度变化。从图可见，当电解质加入量在 15～25mmol/100g 土范围内，泥浆黏度显著下降，黏土在水介质中充分分散，这种现象称为泥浆的胶溶或泥浆稀释。继续增加电解质，泥浆内黏土粒子相互聚集黏度增加，此时称为泥浆的絮凝或泥浆增稠。

（3）泥浆稀释机理　从流变学观点看，要制备流动性好的泥浆，必须拆开黏土泥浆内原有的一切结构。由于片状黏土颗粒表面是带静电荷的。黏土的边面随介质 pH 值的变化而既能带负电，又能带正电，而黏土板面上始终带负电。因此黏土片状颗粒在介质中，由于板面、边面带同号或异号电荷而必然产生如图 5-63 所示的几种结合方式。

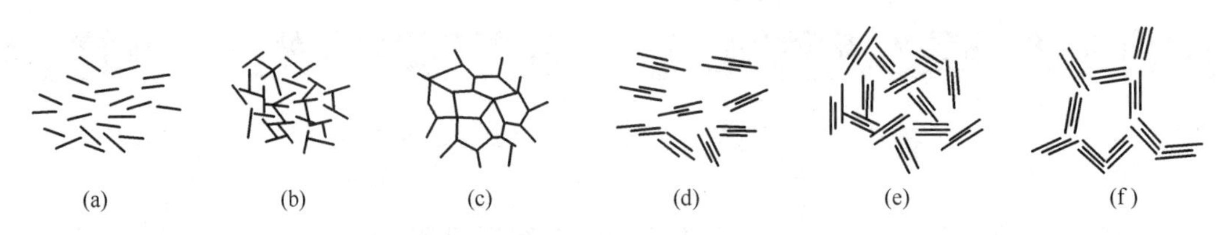

图 5-63　黏土颗粒在介质中聚集方式

（a）在低浓度泥浆内面-面分散；（b）在低浓度泥浆内边-面结合；（c）在低浓度泥浆内边-边结合；（d）在高浓度泥浆内面-面分散；（e）在高浓度泥浆内边-面结合；（f）在高浓度泥浆内边-边结合

很显然这几种结合方式只有面-面排列能使泥浆黏度降低，而边-面或边-边结合方式在泥浆内形成一定的空间网架结构使流动阻力增加，屈服值提高。所以泥浆稀释过程实际上是拆散泥浆内部网架结构，使边-边、边-面结合转变成面-面排列的过程。这种转变进行得越彻底，黏度降低也越显著。

稀释剂种类的合理选择和数量的控制对泥浆性能有重要的作用。对于不同的黏土泥浆，要得到适宜的黏度，所加入电解质的种类和数量是不同的，这主要通过实验来确定。一般来说，电解质的用量为干坯料重的0.3%～0.5%，用量不当除影响流动性以外，还会影响产品性能及工艺操作。

（4）**稀释剂的选择** 从拆开泥浆内部的网架结构的目的出发，泥浆稀释剂的选择必须考虑以下几个因素。

① **介质呈碱性** 欲使黏土泥浆内边-边、边-面结构拆开，必须首先消除边-边、边-面结合的力。黏土在酸性介质边面带正电，因而引起黏土边面与带负电的板面之间强烈的静电吸引而结合成边-面或边-边结构。黏土在自然条件下或多或少带少量边面正电荷，尤其高岭土在酸性介质中成矿，断键又是高岭土带电的主要原因，因此在高岭土中边-面或边-边吸引更为显著。

在碱性介质中，黏土边面和板面均带负电。这样就消除边-面或边-边的静电引力，同时增加了黏土表面净负电荷，使黏土颗粒间静电斥力增加，为泥浆稀释创造了条件。

② **必须有一价碱金属阳离子交换黏土原来吸附的离子** 黏土胶粒在介质中充分分散必须使黏土颗粒间有足够的静电斥力及溶剂化膜。这种排斥力由爱脱（Eiter）提出：

$$f \propto \frac{\zeta^2}{k} \tag{5-107}$$

式中 f——黏土胶粒间的斥力；

ζ——电动电位；

$1/k$——扩散层厚度。

天然黏土一般都吸附大量 Ca^{2+}、Mg^{2+}、H^+ 等阳离子，即自然界黏土多以 Ca—黏土、Mg—黏土或 H—黏土形式存在。这类黏土的 ζ 电位较一价碱金属离子低。一价阳离子的稀释能力顺序为 $Li^+ > Na^+ > K^+$，由于钠盐比较普遍易得，所以一般稀释剂多用含 Na^+ 的电解质。用 Na^+ 交换天然黏土中的 Ca^{2+}、Mg^{2+} 等使之转变为 ζ 电位高及扩散层厚的 Na—黏土。这样，Na—黏土就具备了溶胶稳定的条件。

③ **考虑阴离子在稀释过程中的作用** 不同阴离子的 Na 盐电解质对黏土溶胶效果是不相同的。阴离子的作用概括起来有两方面。

一方面，阴离子与原土上吸附的 Ca^{2+}、Mg^{2+} 形成不可溶物或形成稳定的络合物，因而促进 Na^+ 对 Ca^{2+}、Mg^{2+} 等离子的交换反应更趋完全。

从阳离子交换序可以知道，在相同浓度下 Na^+ 无法交换出 Ca^{2+}、Mg^{2+}，用过量的钠盐虽交换反应能够进行，但同时会引起泥浆絮凝。如果钠盐中阴离子与 Ca^{2+} 形成的盐溶解度越小或形成的络合物越稳定，就越能促进 Na^+ 对 Ca^{2+}、Mg^{2+} 交换反应的进行。例如 NaOH、Na_2SiO_3 与 Ca—黏土交换反应如下：

$$\text{Ca—黏土} + 2NaOH \rightleftharpoons 2\text{Na—黏土} + Ca(OH)_2$$

$$\text{Ca—黏土} + Na_2SiO_3 \rightleftharpoons 2\text{Na—黏土} + CaSiO_3 \downarrow$$

由于 Ca_2SiO_3 的溶解度比 $Ca(OH)_2$ 低得多，因此后一交换反应比前一交换反应进行得更完全。

另一方面，聚合阴离子具有特殊作用。选用 10 种钠盐电解质（其中阴离子都能与

Ca^{2+}、Mg^{2+}形成不同程度的沉淀或络合物），将其适量加入苏州土，并测得其对应的ζ电位值列于表5-15。由表中可见，仅三种含有聚合阴离子的钠盐能使苏州土的ζ电位值升至−60mV以上。近来很多学者用实验证实硅酸盐、磷酸盐和有机阴离子在水中发生聚合，这些聚合阴离子由于几何位置上与黏土的表面相适应，因此被牢固地吸附在边面上或吸附在OH面上。当黏土边面带正电时，它能有效地中和边正电荷；当黏土边面不带电，它能够物理吸附在边面上建立新的负电荷位置。这些吸附和交换的结果导致原来黏土颗粒间边-面、边-边结合转变为面-面排列，原来颗粒间面-面排列进一步增加颗粒间的斥力，因此泥浆得到充分稀释。

表5-15 苏州土加入10种电解质后的ζ电位值

编号	电解质	ζ电位/mV
0	原土	−39.41
1	NaOH	−55.00
2	Na_2SiO_3	−60.60
3	Na_2CO_3	−50.40
4	$(NaPO_3)_6$	−29.70
5	$Na_2C_2O_4$	−48.30
6	NaCl	−50.40
7	NaF	−45.50
8	单宁酸钠盐	−87.60
9	蛋白质钠盐	−73.90
10	CH_3COONa	−43.00

目前根据这些原理在无机材料工业中除采用硅酸钠、单宁酸钠盐等作为稀释剂外，还广泛采用多种有机或无机-有机复合胶溶剂等取得泥浆稀释的良好效果。如采用木质素磺酸钠、聚丙烯酸酯、芳香酸磷酸盐等。

④ 泥浆中硫酸盐的存在对稀释剂作用的影响 当使用带大量回坯泥的泥浆时，选择稀释剂的种类和用量时必须考虑由石膏屑带入的SO_4^{2-}的影响。有SO_4^{2-}存在时，稀释剂Na_2SiO_3进入泥浆中发生下列反应：

$$\text{Ca—黏土} + CaSO_4 + Na_2SiO_3 \rightleftharpoons \text{2Na—黏土} + Na_2SO_4 + 2CaSiO_3 \downarrow$$

$$Na_2SO_4 \rightleftharpoons 2Na^+ + SO_4^{2-}$$

为了生成更多的Na—黏土，使上式向右进行，必须增加Na_2SiO_3的加入量，这将对泥浆性能产生不良作用。若在这种泥浆中先加入$BaCO_3$，再加入Na_2SiO_3，那么反应则是：

$$\text{Ca—黏土} + CaSO_4 + BaCO_3 + Na_2SiO_3 \rightleftharpoons \text{2Na—黏土} + BaSO_4 \downarrow + CaSiO_3 \downarrow + CaCO_3 \downarrow$$

由于$BaCO_3$的加入，生成三种难溶盐使反应能够顺利向右进行。但必须注意$BaCO_3$的加入量。加入量过少，反应不能进行完全；加入量过多，Ba^{2+}将交换Ca—黏土上的Ca^{2+}，生成流动性更差的Ba—黏土。

黏土是天然原料，稀释过程除了受稀释剂影响外，还与黏土本性（矿物组成、颗粒形状与尺寸、结晶完整程度）有关，并受环境因素和操作条件（温度、湿度、模型、陈腐时间等）影响。因此泥浆稀释是受多种因素影响的复杂过程，实际生产中必须全面考虑。稀释剂种类和数量的确定往往不能单凭理论推测，而应根据具体原料和操作条件通过实验来决定。

值得注意的是，在实际生产中，并不一定要求黏土泥浆具有最高的悬浮性和流动性，因为这样的泥浆形成后的坯体滤水性差，吸浆速率慢而影响生产效率。所以还必须在提高流动性的同时考虑滤水性。

5.4.5 泥浆的滤水性

所谓滤水性是指用石膏模型注浆成形时，泥浆形成的固化泥层透过水的能力。透水能力强，坯体形成速度快，反之，坯体形成速度慢。坯体形成过程的实质是泥浆沉积脱水固化过程，故泥浆的滤水性又称吸浆性能。滤水性来源于石膏模型和固化泥层中毛细管及由此产生的毛细管力。我们知道，当毛细管和液体接触时，若液体润湿毛细管，则液体沿毛细管上升一定高度，这种使液体沿毛细管上升的力称为毛细管力。毛细管力和液柱上升高度的关系为：$h=2\gamma\cos\theta/r\rho g$。对于水来说，在一定温度下的 ρ、γ、θ 是定值，g 是常数，所以 h 与 r 成反比。即毛细管半径越小，液柱上升越高，毛细管力越大。毛细管既存在于石膏模型中，又存在于固化泥层中。

在注浆成形时，泥浆注入模型内，因水对模型是润湿的，因此与模壁接触的泥浆中的水分，首先在模型毛细管力作用下，沿毛细管进入模内，而在模型内表面形成一层固化泥层，在此基础上泥浆继续脱水固化，则水分要先通过泥层再到模型中，可见此时泥层的滤水性是影响泥浆继续固化的关键。在模型质量一定时，若泥浆的悬浮性和流动性处于最佳状态，颗粒间以面-面结合，在形成固化泥层时，颗粒之间必然排列紧密，水分透过阻力大，而坯体形成速度慢。若有部分颗粒呈边-面结合或边-边结合，泥浆中便有一定网架结构，在形成固化泥层时，颗粒间的排列比较疏松，里面有相当数量的毛细管，水分通过泥层时阻力小，故坯体形成速度快。但无论哪种情况，脱水阻力均随泥层厚度增加而增大。

在实际生产中，为获得适当的吸浆性能，通常不要泥浆具有最好的悬浮性和流动性，这往往采用使稀释剂的加入量比最佳用量稍有“不足”或“过量”，或引入适量易于聚沉的阳离子，以调节滤水性。

影响滤水性的因素除稀释剂的种类和加入量外，还与泥浆中塑性料和瘠性科的配比、原料加工的细度等有关。一般在不影响工艺性能和瓷体性质的前提下，适当减少塑性料，增加瘠性料，对滤水性有利；颗粒越细，滤水性越差，所以在浇注大件制品时，颗粒尺寸应适当增大。

5.4.6 泥浆的触变性

泥浆从稀释流动状态到稠化的凝聚状态之间往往还有一个介于二者之间的中间状态，这就是触变状态。所谓触变就是泥浆静止不动时似凝固体，一经扰动或摇动，凝固的泥浆又重新获得流动性。如再静止又重新凝固，这样可以重复无数次。泥浆从流动状态过渡到触变状态是逐渐的、非突变的，并伴随着黏度的增高。

在胶体化学中，固态胶质称为凝胶体，胶质悬浮液称为溶胶体。触变就是一种凝胶体与溶胶体之间的可逆转化过程。

泥浆具有触变性是与泥浆胶体的结构有关。霍夫曼做了许多实验，提出如图 5-64 的触变结构示意图，这种结构称为“纸牌结构”或“卡片结构”。

触变状态是介于分散和凝聚之间的中间状态。在不完全胶溶的黏土片状颗粒的活性边面上尚残留少量正电荷未被完全中和或边面负电荷还不足以排斥板面负电荷，以致形成局部边-面或边-边结合，组成三维网状架构，直至充满整个容器，并将大量自由水包裹在网状空隙中，形成疏松而不活动的空间架构。由于结构仅存在部分边-面吸引，又有另一部分仍保持

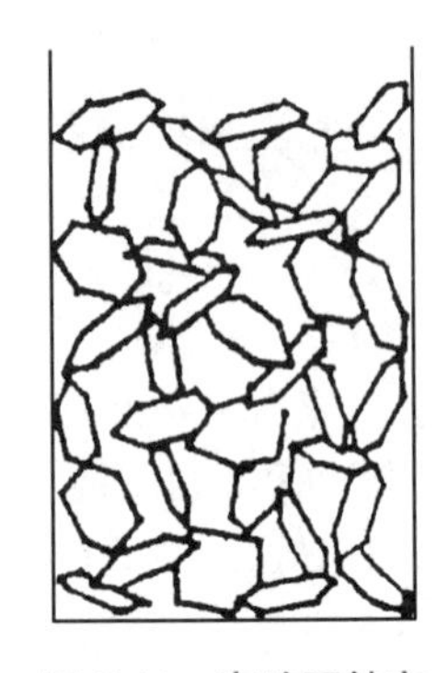

图 5-64 高岭石触变结构示意图

边-面相斥的情况，因此这种结构是很不稳定的。只要稍加剪应力就能破坏这种结构，而使包裹的大量“自由水”释放，泥浆流动性又恢复。但由于存在部分边-面吸引，一旦静止，三维网状架构又重新建立。

黏土泥浆只有在一定条件下才能表现出触变性，它与下列因素有关。

（1）黏土矿物组成 黏土触变效应与矿物结构遇水膨胀有关。水化膨胀有两种方式：一种是溶剂分子渗入颗粒间；另一种是溶剂分子渗入单位晶格之间。高岭石和伊利石仅有第一种水化，蒙脱石与拜来石两种水化方式都存在，因此蒙脱石比高岭石易具有触变性。

（2）黏土泥浆含水量 泥浆越稀，黏土胶粒间距离越远，边-面静电引力小，胶粒定向性弱，不易形成触变结构。

（3）黏土胶粒大小与形状 黏土颗粒越细，活性边表面越多，易形成触变结构。颗粒形状越不对称，如呈平板状、条状等形成“卡片结构”所需要的胶粒数目越少，也即形成触变结构浓度越小。球形颗粒不易形成触变结构。

（4）电解质种类与数量 触变效应与吸附的阳离子及吸附离子的水化密切相关。黏土吸附阳离子价数越小，或价数相同而离子半径越小者，触变效应越小。如前所述，加入适量电解质可以使泥浆稀释稳定，加入过量电解质又能使泥浆聚集沉降，而在泥浆稳定到聚沉之间有一个过渡区域，在此区域内触变性由小增大。当电解质的加入量使黏土的 ζ 电位稍高于临界值时，泥浆表现出最大触变性。

（5）温度的影响 温度升高，质点热运动剧烈，颗粒间联系减弱，触变不易建立。

在陶瓷生产中，常用稠化度表示泥浆触变性。计算式如下：

$$\text{稠化度}=\frac{\tau_1}{\tau_0} \tag{5-108}$$

式中 τ_1——100mL 泥浆在恩氏黏度计中静置 30min 后流出的时间，s；

τ_0——100mL 泥浆在恩氏黏度计中静置 30s 后流出的时间，s。

在生产中要求稠化度有适当的数值。因为触变性太大时，成形后的坯体在脱模或搬运过程中，稍受振动就会使坯体变形；若触变性太小，注件在脱模前缺乏足够的强度，容易倒塌使修坯困难。一般瓷器泥浆的稠化度要求在 1.8～2.2 范围内，精陶泥浆在 1.5～2.6 范围内。

5.4.7 泥团的可塑性

黏土与适当比例的水混合均匀制成的泥团受到高于某一个数值剪应力作用后，可以塑造成任何形状，当去除应力泥团能保持其形状的性质称为可塑性。

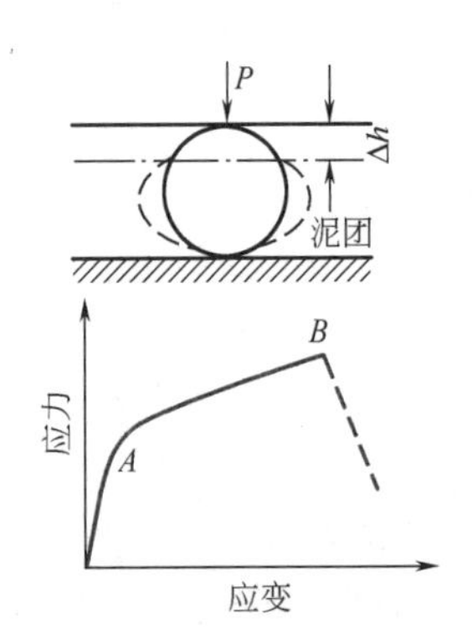

图 5-65 塑性泥料的应力-应变图

塑性泥团在加压过程中的变化如图 5-65 所示。当开始在泥团上施加小于 A 点应力时，泥团仅发生微小变形，外力撤除后泥团能够恢复原状。这种变形称为弹性变形，此时泥团服从虎克定律。当应力超过 A 点以后直至 B 点，泥团发生明显变形，当应力超过 B 点，泥团出现裂纹。A 点处的应力即为泥团开始塑性形变的最低应力，称为屈服应力。黏土可塑性可用泥团的屈服值（A 点应力）乘以最大应变（B 点应变）来表示。

黏土可塑泥团与黏土泥浆的差别仅在于固液之间比例不同，由此而引起黏土颗粒之间、颗粒与介质之间作用力的变化。据分析，黏土颗粒之间存在如下两种力。

（1）引力　主要有范德华力、局部边-面静电引力和毛细管力。引力作用范围约离表面2nm。毛细管力是塑性泥团中颗粒之间主要引力。在塑性泥团含水量下，堆聚的粒子表面形成一层水膜，在水的表面张力作用下紧紧吸引。

（2）斥力　是指黏土颗粒表面同号离子间和胶粒间引起的静电斥力。在水介质中，这种作用范围约距黏土表面20nm。因为天然黏土吸附的是Ca^{2+}、Mg^{2+}等离子，扩散层很薄，ζ电位很低，所以颗粒间斥力很小。

由于黏土颗粒间存在这两种力，随着黏土中水含量的高低变化，黏土颗粒之间表现出这两种力的不同作用。当含水量高时，颗粒间距离较远，毛细管被破坏，因而毛细管力不存在，颗粒间斥力为主，成为流动的泥浆；若含水量较少，则颗粒靠近，并构成大量毛细管，毛细管力明显表现出来，颗粒间引力为主，此时形成塑性泥团。但是干原料或干泥料只有弹性而无塑性，由于此时颗粒间只靠范德华力聚集在一起，故很小的力就可使干泥团断裂。

塑性泥料中黏土颗粒处于引力与斥力的平衡之中。引力主要是毛细管力，粒子间毛细管力越大，相对位移或使泥团变形所加的应力也越大，也即泥团的屈服值越高。

毛细管力（ΔP）的数值是与介质表面张力（γ）仍成正比，而与毛细管半径（r）成反比，计算式如下：

$$\Delta P=\frac{2\gamma}{r}\cos\theta \tag{5-109}$$

式中　θ——润湿角。

毛细管直径与毛细管力数值关系见表5-16。

表5-16　毛细管直径与毛细管力的关系

毛细管直径/μm	0.25	0.5	1.0	2.0	4.0	8.0
毛细管力/Pa	0.420	0.210	0.105	0.52	0.26	0.13

当塑性泥团受到外力作用时，颗粒间发生相对滑移，并使颗粒更靠近而导致引力、斥力同时升高，但其合力还是引力升高。由于颗粒间有适当厚度的连续性水膜，便有较大的毛细管力存在，颗粒移动后，就靠毛细管力在新的位置上达到新的平衡，故当外力除去后，泥团能保持变形后的形状不变。若加水量过少，颗粒间不能形成连续性水膜，在外力作用下颗粒位移到新的位置，由于水膜中断，导致毛细管力下降，引力减小，斥力增强，此时破坏了力的平衡，使泥团出现裂纹而破坏。如果加水量过多，水膜过厚，致使颗粒间距离增加，毛细管直径增大，引力减小，塑性降低甚至出现流动状态。由上述可见，泥料显示塑性是有一定条件的，即有连续性水膜存在的情况下，颗粒间距离仅在一定范围内才显示出足够引力而使泥料呈现可塑性。

诺顿（Norton）曾测定了H—黏土与Na—黏土颗粒间水膜厚度与作用力的关系，如图5-66所示。图中显示水膜越薄，粒子间作用力增加。无论H—黏土还是Na—黏土作用力线都交于横轴，表明水膜厚度增至一定值，粒子间作用力等于零，毛细管力随黏土颗粒间距离增大而显著减弱直至为零。H—黏土水膜厚度在0.025μm时截断于力轴零处，计算可得此时H—高岭土颗粒间水膜厚度为80个水分子层。Na—高岭土截断于力轴零处水膜厚0.014μm，约为48个水分子层。从图5-66还可得出，在相同水膜厚度时，H—黏土颗粒间引力大于Na—黏土。因此H—黏土颗粒间相对位移必须施加的力也大于Na—黏土。结果H—黏土屈服值高，可塑性强。如果Na—黏土与H—黏土颗粒间作用力相等，那么Na—黏

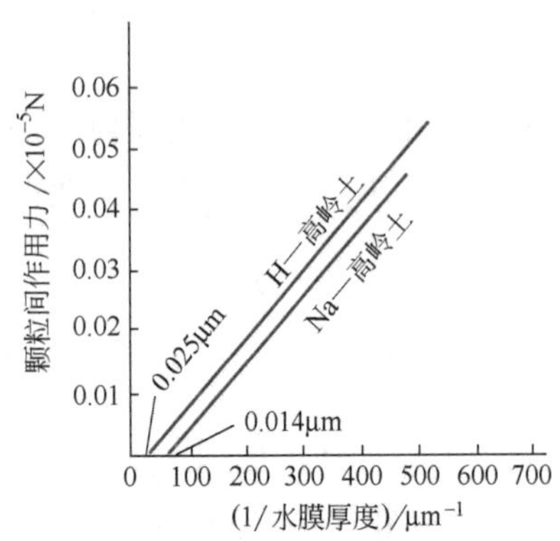

图 5-66 颗粒间力与水膜厚度的关系

土水膜厚度小于H—高岭土。也就是说，达到相同程度的可塑性，需要加入的水量是H—黏土比Na—黏土多。

泥料可塑性受多种因素影响，现仅就几个主要方面讨论如下。

（1）矿物组成 黏土矿物组成不同，颗粒间作用力也不同。例如高岭石由于结构单位层之间靠氢键结合，比单位层间靠范德华力结合的蒙脱石更牢固，因而高岭石遇水不膨胀，蒙脱石遇水膨胀；蒙脱石分散度高，其比表面积为810m^2/g，而高岭石分散度低，其比表面积仅有7～30m^2/g。比表面积相差悬殊，导致电细管力相差甚大。显然，蒙脱石颗粒间毛细管力大，引力增强，因而塑性亦高。从表5-17中四种矿物的比较可以明显看出，不同矿物组成，所形成的毛细管力不同，因此，表现出塑性各异。

表 5-17 四种矿物毛细管力的比较

原料名称	石英	长石	高岭石	球土
毛细管力/Pa	3.43×10^4	6.86×10^4	1.81×10^4	6.08×10^6

（2）吸附的阳离子种类 吸附不同阳离子的黏土塑性的变化主要是由黏土颗粒之间引力和黏土颗粒间水膜厚度的改变而引起的。黏土吸附的阳离子电价越高，ζ电位越低，颗粒间引力越大，可塑性越好。所以吸附三价离子的可塑性高于吸附二价离子的，吸附一价离子的可塑性最差。但是H^+除外，这是H^+的特性所致，H－黏土可塑性最强。吸附不同阳离子的黏土颗粒之间引力大小次序与黏土阳离子交换序相同，其屈服值和塑性强弱次序也与阳离子交换序相同。

吸附不同阳离子的黏土颗粒之间引力的强弱决定了它们之间水膜的厚度。黏土颗粒表面阳离子浓度越大，吸附水也越牢。吸附离子半径小、价数高阳离子（如H^+、Ca^{2+}）与吸附半径大、价数低阳离子（如Na^+）的黏土相比，前者颗粒水膜厚而后者薄。这是由一定含水量下颗粒间引力所允许的最大间距所决定的，它与胶溶状态含水量一定时，吸附离子的黏土颗粒间水膜情况不相同。据测定，在相同含水量下，Na—黏土屈服值约70kPa，Ca—黏土约490kPa，Ca—黏土屈服值高于Na—黏土，这与两种塑性泥团的内部结构有关。

（3）颗粒大小和形状 颗粒越细，比表面积越大，颗粒之间接触点越多，变形后形成新的接触点可能性越大，则可塑性增加。但对于高岭石，当晶体遭到严重破坏时，颗粒间从面接触变为点接触，使毛细管力减小，可塑性因而恶化。所以高岭石的可塑性不是随着细度的增加而无限加大的。

颗粒形状不同，其比表面积相差悬殊，板状和柱状颗粒的比表面积大，这类颗粒接触面积大，毛细管力大，所以可塑性高。

（4）含水量 黏土显示可塑性的含水量范围较窄，为18%～25%。当它呈现最大可塑性时，包围黏土颗粒的水膜厚度估计能有10nm，约30个水分子层。含水量过多或过少可塑性都差，但是黏土达到最大可塑性时的含水量与颗粒所吸附的阳离子及矿物组成有关。Ca—黏土与Na—黏土相比，前者需要的水量高于后者，蒙脱石比高岭石需要的水量高。

影响黏土可塑性因素除以上一些外，还有黏土中腐殖质含量、介质表面张力、泥料陈腐、添加塑化剂、泥料真空处理等。

5.4.8 瘠性料的悬浮与塑化

黏土是天然原料，由于它在水介质中荷电和水化以及它有可塑性，因此它具有使无机材料可以塑造成各种所需要的形状的良好性能。但天然原料成分波动大，影响材料的性能。因而使用一些瘠性料如氧化物或其他化学试剂来制备材料是提高材料的机、电、热、光性能的必由之路，而解决瘠性料的悬浮和塑化又是获得性能优异的材料的重要方面。

无机材料生产中常遇到的瘠性料有氧化物、氯化物粉末，水泥、混凝土浆体等。由于瘠性料种类繁多，性质各异，因此要区别对待。一般常用两种方法使瘠性料泥浆悬浮：一种是控制料浆的 pH 值；另一种是通过有机表面活性物质的吸附，使粉料悬浮。

采用控制料浆 pH 值使泥浆悬浮方法时，制备料浆所用的粉料一般都属两性氧化物，如氧化铝、氧化铬、氧化铁等。它们在酸性或碱性介质中均能胶溶，而在中性时反而絮凝。两性氧化物在酸性或碱性介质中，发生以下的离解过程：

$$MOH \rightleftharpoons M^{+} + OH^{-} \qquad \text{酸性介质中}$$

$$MOH \rightleftharpoons MO^{-} + H^{+} \qquad \text{碱性介质中}$$

离解程度取决于介质的 pH 值。随介质 pH 值变化的同时又引起胶粒 ζ 电位的增减甚至变号，而 ζ 电位的变化又引起胶粒表面引力与斥力平衡的改变，以致使这些氧化物泥浆胶溶或絮凝。

以 Al_2O_3 料浆为例，从图 5-67 可见，当 pH 值为 1～15 时，料浆 ζ 电位出现两次最大值。pH=3 时，ζ 电位=+183mV；pH=12 时，ζ 电位=-70.4mV。对应于 ζ 电位最大值时，料浆黏度最低。而且在酸性介质中料浆黏度更低。例如密度为 2.8g/cm^3 的 Al_2O_3 浇注泥浆，当介质 pH 值从 4.5 增至 6.5 时，料浆黏度从 6.5 dPa·s 增至 300 dPa·s。

Al_2O_3 为水溶性两性氧化物，在酸性介质中例如加入 HCl，Al_2O_3 呈碱性，其反应如下：

$$Al_2O_3 + 6HCl \longrightarrow 2AlCl_3 + 3H_2O$$

$$AlCl_3 + H_2O \rightleftharpoons AlCl_2OH + HCl$$

$$AlCl_2OH + H_2O \rightleftharpoons AlCl(OH)_2 + HCl$$

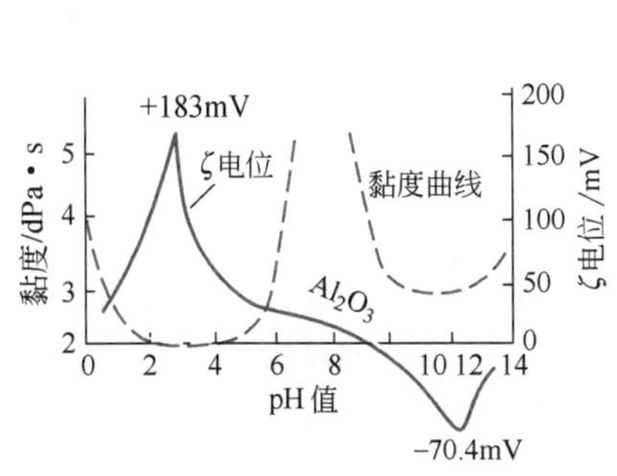

图 5-67 Al_2O_3 料浆黏度和 ζ 电位与 pH 值的关系

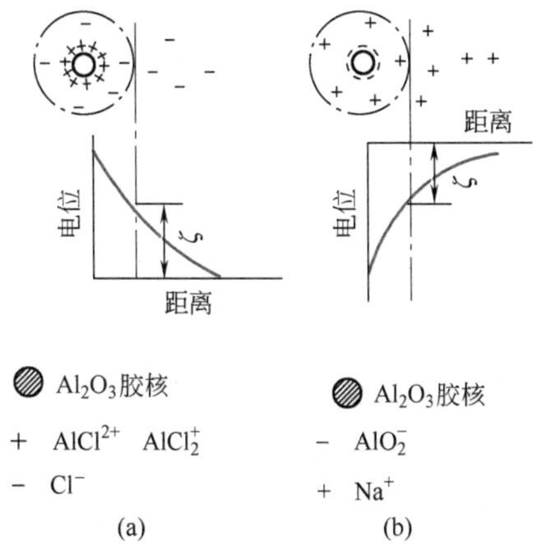

图 5-68 Al_2O_3 胶粒在酸性和碱性介质中双电层结构

(a) 在酸性介质中；(b) 在碱性介质中

Al_2O_3 在酸性介质中生成 $AlCl_2^+$、$AlCl^{2+}$ 和 OH^-，Al_2O_3 粒子优先吸附含铝的 $AlCl^{2+}$ 和 $AlCl_2^+$，使 Al_2O_3 成为一个带正电的胶核，然后吸附 OH^- 而形成吸附层和扩散层，组成一个庞大的胶团，如图 5-68（a）所示。当 pH 值较低时，随 HCl 浓度增加，液体中 Cl^- 增多而逐渐进入吸附层取代 OH^-。由于 Cl^- 的水化能力比 OH^- 强，Cl^- 水化膜厚，因此 Cl^- 进入吸附层的个数减少而留在扩散层的数量增加，致使胶粒正电荷升高和扩散层增厚，结果导致胶粒 ζ 电位升高，料浆黏度降低。如果介质 pH 值再降低，由于大量 Cl^- 压入吸附层，致使胶粒正电荷降低和扩散层变薄，ζ 电位随之下降。料浆黏度升高。

在碱性介质中例如加入 NaOH，Al_2O_3 呈酸性，其反应如下：

$$Al_2O_3+2NaOH \rightleftharpoons 2NaAlO_2+H_2O$$

$$NaAlO_2 \rightleftharpoons Na^++AlO_2^-$$

这时 Al_2O_3 粒子优先吸附 AlO_2^-，形成带负电胶核，如图 5-68（b）所示，然后吸附 Na^+ 形成吸附层和扩散层，组成一个胶团，这个胶团同样随介质 pH 值变化而有 ζ 电位的升高或降低，导致料浆黏度的降低和增高。

Al_2O_3 陶瓷生产中应用此原理来调节 Al_2O_3 料浆的 pH 值，使之悬浮或聚沉。其他氧化物注浆时最适宜的 pH 值列于表 5-18。

表 5-18 各种料浆注浆时 pH 值范围

原料	pH 值	原料	pH 值
氧化铝	3～4	氧化铀	3.5
氧化铬	2～3	氧化钍	<3.5
氧化铍	4	氧化锆	2.3

有机高分子或表面活性物质，如阿拉伯树胶、明胶、羧甲基纤维素等，常用来作为瘠性料的悬浮剂。以 Al_2O_3 料浆为例，在酸洗 Al_2O_3 粉时，为使 Al_2O_3 粒子快速沉降而加入 0.21%～0.23%阿拉伯树胶。而在注浆成形时又加入 1.0%～1.5%阿拉伯树胶以增加料浆的流动性。阿拉伯树胶对 Al_2O_3 料浆黏度的影响如图 5-69 所示。

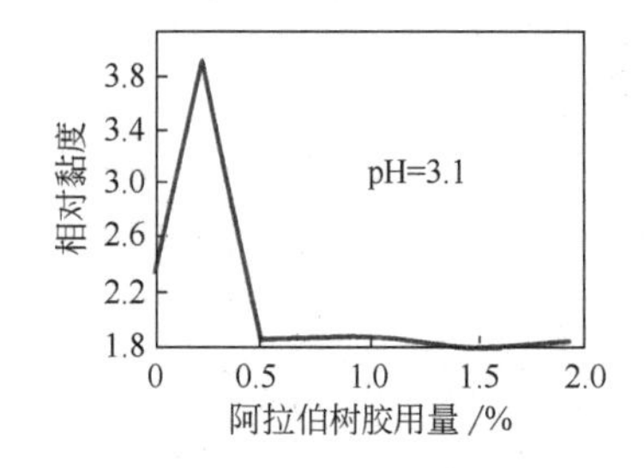

图 5-69 阿拉伯树胶对 Al_2O_3 泥浆黏度的影响

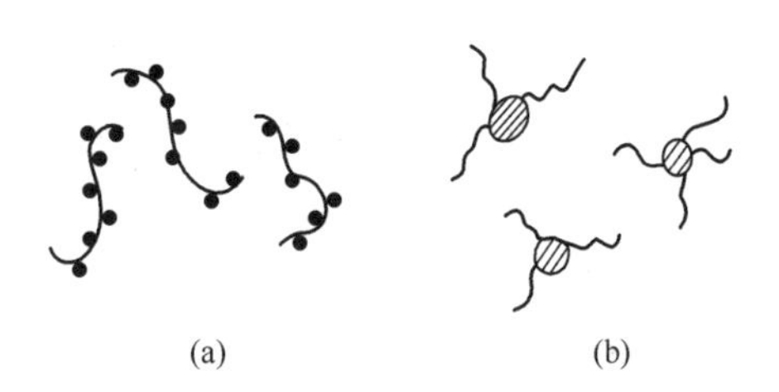

图 5-70 阿拉伯树胶对 Al_2O_3 胶体的聚沉和悬浮的作用

（a）聚沉；（b）悬浮

同一种物质，在不同用量时却起相反的作用，这是因为阿拉伯树胶是高分子化合物，它呈卷曲链状，长度在 400～800μm，而一般胶体粒子是 0.1～1μm，相对高分子长链而言是极短小的。当阿拉伯树胶用量少时，分散在水中的 Al_2O_3 胶黏附在高分子树胶的某些链节上，如图 5-70（a）所示，由于树胶量少，在一个树胶长链上黏着较多的胶粒 Al_2O_3，引起重力沉降而聚沉。若增加树胶加入量，由于高分子树脂数量增多，它的线型分子层在水溶液中形成网络结构，使 Al_2O_3 胶粒表面形成一层有机亲水保护膜，Al_2O_3 胶粒要碰撞聚沉就很困难，从而提高料浆的稳定性，如图 5-70（b）所示。

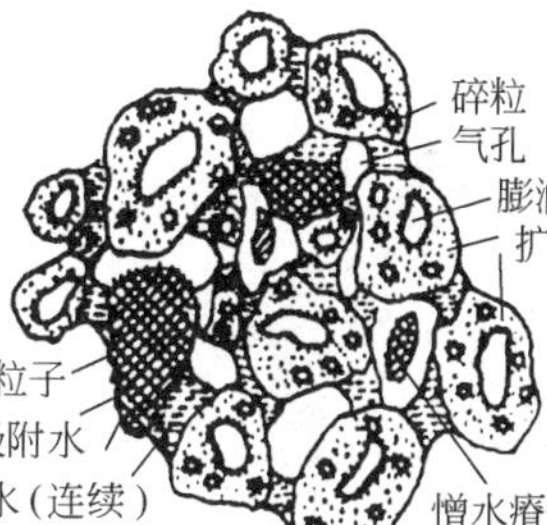

图 5-71　含膨润土的塑性瓷料结构示意图

瘠性料塑化一般使用两种加入物。加入天然黏土类矿物或加入有机高分子化合物作为塑化剂。

黏土是廉价的天然塑化剂。但含有较多杂质，在制品性能要求不太高时广泛采用它为塑化剂。黏土中一般用塑性高的膨润土。含膨润土的塑性瓷料结构如图 5-71 所示。膨润土颗粒细，水化能力大，它遇水后又能分散成很多粒径约零点几微米的胶体颗粒。这样细小胶体颗粒水化后使胶粒周围带有一层黏稠的水化膜，水化膜外围是松结合水。瘠性料与膨润土构成不连续相，均匀分散在连续介质——水中，同时也均匀分散在黏稠的膨润土胶粒之间。当外力作用下，粒子之间沿连续水膜滑移，当外力去除后，细小膨润土颗粒间的作用力仍能使它维持原状。这时泥团也就呈现可塑性。

瘠性料塑化常用有机塑化剂有聚乙烯醇（PVA）、羧甲基纤维素（CMC）、聚醋酸乙烯酯（PVAC）等。塑化机理主要是表面物理化学吸附，使瘠性料表面改性。

本章小结

固体间的接触界面包括表面、界面和相界面。表面是指固体与真空介质接触的界面。其中弛豫表面和重构表面是两个重要的概念，这两种表面结构对材料的表面催化性能有重要影响。界面是指相邻两个结晶空间的交界面。界面有共熔性和反应性两种。相界面是指相邻相之间的交界面，这两个相互接触的相不要求都是晶相。相界面有三类，如固相与固相之间的相界面（S-S）、固相与气相之间的相界面（S-V）、固相与液相之间的相界面（S-L）等。在工程上，这些概念多运用相对灵活一些。例如，通常把固体与气体接触的相界面笼统地称为表面，把晶相与玻璃相接触的固-固相界面简单地称为界面。这是科学与工程领域认同的一种差异。

吸附、润湿与黏附是分别发生在固-气、固-液或固-固界面上非常重要的界面行为，影响固体的表面结构和性能，并与熔体对耐火材料的侵蚀、液相对固体的润湿及铺展等无机材料的制备过程、无机材料的显微结构形成过程、复合材料内不同相间的结合工艺等物理化学过程密切相关，涉及无机材料制备和服役中性能变化的方方面面。

了解无机材料表面组成、表面结构分析的现代方法及技术，是表征无机材料表面结构，研究表面性质与性能的基本手段，应该掌握相关测试手段所能得到的结构信息。

黏土是陶瓷生产的主要原料。经加工细磨的黏土的粒度一般均在 0.1～40μm 之间，若按分散物系的种类来划分，并不纯属胶体，胶体只占一定比例。但由于黏土-水系统呈现出明显的胶体性质，因此将之当作胶体来研究。为满足陶瓷成形的需要，对注浆成形的泥浆，要求必须具有良好的稳定性和流动性，一定的滤水性和触变性；对可塑成形的泥团，要求有优越的可塑性。泥浆和泥团的这些性质都与黏土-水系统的胶体性质有关，学习胶体理论，掌握泥浆、泥料的胶体性质是控制陶瓷生产过程和改进工艺方法所必须具备的基础知识。

相平衡和相图

相平衡主要研究多组分（或单组分）多相系统中相的平衡问题，即多相系统的平衡状态（包括相的个数、每相的组成、各相的相对含量等）如何随着影响平衡的因素（温度、压力、组分的浓度等）变化而改变的规律。

一个多相系统在一定条件下，当每一相的生成速度与它的消失速度相等时，宏观上没有任何物质在相间传递，系统中每一相的数量均不随时间而变化，这时系统便达到了相平衡。相平衡是一种动态平衡。根据多相平衡的实验结果，可以绘制成几何图形来描述这些在平衡状态下的变化关系，这种图形就称为相图（或称为平衡状态图）。它是处于平衡状态下系统的组分、物相和外界条件相互关系的几何描述。

相图是相平衡的直观表现，其原理属于热力学范畴，而热力学的一个重要作用是判断一个过程的方向和限度。几种化合物混合在一起能合成出什么（即方向）？最后能得到多少预计的相组成（即限度）？这些都是无机材料研制过程中人们迫切关心的问题，而相图能有效和方便地解决这类问题。

无机新材料的开发，一般都是根据所要求的性能确定其矿物组成。若根据所需要的矿物组成由相图来确定其配料范围，可以大大缩小实验范围，节约人力物力，取得事半功倍的效果。因此，相图对于材料科学工作者的作用就如同航海图对于航海家一样重要。相图在材料的研究或实际生产中应用广泛，起着重要的指导作用。例如，水泥、玻璃、陶瓷、耐火材料等无机材料的形成过程都是在多相系统中实现的，都是将一定配比的原料经过煅烧而形成的，并且要经历多次相变过程，通过相平衡的研究就能了解在不同条件下系统所处的状态，并能通过一定的工艺处理控制这些变化过程，制备出预期性能的材料。

本章涉及相律及相平衡研究方法，单元、多元相图的基本原理，不同组元无机材料专业相图及其在无机材料组成设计、工艺方法选择、矿物组成控制及性能预测等方面的具体应用等理论与实践知识。

6.1 相平衡及其研究方法

6.1.1 相平衡的基本概念

为了深入掌握相平衡的知识，首先必须对相平衡中一些常用术语有正确的理解。

6.1.1.1 系统

选择的研究对象称为系统。系统以外的一切物质都称为环境。例如，在硅碳棒炉中烧制压电陶瓷PZT，那么PZT就是研究对象，即PZT为系统。炉壁、垫板和炉内的气氛均为环境。如果研究PZT和气氛的关系，则PZT和气氛为系统，其他为环境。所以系统是人们根据实际研究情况而确定的。

当外界条件不变时，如果系统的各种性质不随时间而改变，则系统就处于平衡状态。没有气相或虽有气相但其影响可忽略不计的系统称为凝聚系统。一般来讲，合金和硅酸盐系统属于凝聚系统。但必须指出，对于有些硅酸盐系统，气相是不能忽略的，因此不能按一般凝聚系统对待。

6.1.1.2 相

系统中具有相同物理与化学性质且完全均匀部分的总和称为相。相与相之间有界面。各相可以用机械方法加以分离，越过界面时性质发生突变。例如，水和水蒸气共存时，其组成虽同为H_2O，但因有完全不同的物理性质，所以是两个不同的相。

一个相必须在物理性质和化学性质上都是均匀的，这里的“均匀”是指一种微观尺度的均匀，但一个相不一定只含有一种物质。例如，乙醇和水混合形成的溶液，由于乙醇和水能以分子形式按任意比例互溶，混合后各部分物理性质、化学性质都相同，而且完全均匀的系统，尽管它含有两种物质，但整个系统只是一个液相。而油和水混合时，由于不互溶而出现分层，两者之间存在着明显的界面，油和水各自保持着本身的物理性质和化学性质，因此这是一个二相系统。

一种物质可以有几个相。例如水可有固相（冰）、气相（水汽）和液相（水）。相与物质的数量多少无关，也与物质是否连续没有关系。如水中的许多冰块，所有冰块的总和为一相(固相)。

对于系统中的气体，因其能够以分子形式按任何比例互相均匀混合，所以如果所指的平衡不是在高压下的话，则不论有多少种气体都只可能有一个气相。如空气，其中含有多种气体，如氧气、氮气、水汽、二氧化碳等，但只是一个相。

对于系统中液体，纯液体是一个相。混合液体则视其互溶程度而定，能完全互溶形成真溶液的，即为一相；若出现液相分层便不止一相。如NaCl溶于水中成为NaCl水溶液，虽然此溶液中有NaCl和水两种物质，但仍然组成一个液相。而30℃时，酚-水系统中若含40%(质量分数）酚及60%(质量分数）水，这个浓度超过了该温度时酚在水中的溶解度及水在酚中的溶解度，于是此系统就分成两个液相：一个是酚溶于水的溶液［含酚9%(质量分数)]；另一个是水溶于酚的溶液［含酚70%(质量分数)]。

对于系统中的固体，则有以下几种情况。

(1) 形成机械混合物　几种固态物质形成的机械混合物，不管其粉磨得多细，都不可能达到相所要求的微观均匀，因而都不能视为单相。有几种物质就有几个相。例如，水泥生料是将石灰石、黏土、铁粉等按一定比例粉磨得到的，表面上看起来好像很均匀，但实际上各种原料仍保持着自己本身的物理性质和化学性质，相互间存在着界面，可以用机械的方法把它们分离开，因此水泥生料不是一个相，而是多相的。

硅酸盐系统、合金系统中，在低共熔温度下从具有低共熔组成的液相中析出的低共熔混合物是几种晶体的机械混合物。因而，从液相中析出几种晶体，即产生几种新相。

(2) 生成化合物　固态物质间每生成一个新的化合物，则形成一种新的固态物质，即产生一个新相。

(3) 形成固溶体　由于在固溶体晶格上各物质的化学质点是随机均匀分布的，其物理性质和化学性质符合相的均匀性要求，因而几个物质间形成的固溶体为一个相。

(4) 同质多晶现象　在硅酸盐物系中，这是极为普遍的现象。同一物质的不同晶型（变体）虽具有相同化学组成，但由于其晶体结构和物理性质不同，因而分别各自成相。有几种变体，即有几个相。

总之，气相只能是一个相，不论多少种气体混在一起都一样形成一个气相。液体可以是一个相，也可以是两个相（互溶程度有限时）。固体间如果形成连续固溶体则为一相；在其他情况下，一种固体物质是一个相。

一个系统中所含相的数目，称为相数，以符号 P 表示。按照相数的不同，系统可分为单相系统（$P=1$）、二相系统（$P=2$）、三相系统（$P=3$）等。含有两个相以上的系统，统称为多相系统。

6.1.1.3 独立组元（独立组分）

系统中每一个能单独分离出来并能独立存在的化学纯物质称为组元（或物种）。例如在盐水溶液中，NaCl 和 H_2O 都是组元，因为它们都能分离出来并独立存在。而 Na^+、Cl^-、H^+、OH^- 等离子就不是组元，因为它们不能独立存在。

足以表示形成平衡系统中各相组成所需要的最少数目的物质（组元）称为独立组元。它的数目称为独立组元数，以符号 C 表示。通常把具有 n 个独立组元的系统称为 n 元系统。按照独立组分数目的不同，可将系统分为单元系统（$C=1$）、二元系统（$C=2$）、三元系统（$C=3$）等。有些教科书中把独立组元称为组元。要注意只有在特定条件下，独立组元和组元的含义才是相同的。在系统中如果不发生化学反应，则：

$$\text{独立组元数}=\text{物种数}$$

例如砂糖和砂子混在一起，不发生反应，则物种数为 2，独立组元数也是 2。盐水，也不发生化学反应，所以物种数为 2，独立组元数也是 2。

在系统中若存在化学反应，则每一个独立化学反应都要建立一个化学反应平衡关系式，就有一个化学反应平衡常数 K。当体系中有 n 个物种（即 n 种物质），并且存在一个化学平衡，于是就有（$n-1$）个物种的组成可以任意指定，余下一个物种的组成由化学平衡常数 K 来确定，不能任意改变了。所以，在一个体系中若发生一个独立的化学反应，则独立组元数就比物种数减少一个，用通式表示：

$$\text{独立组元数}=\text{物种数}-\text{独立化学平衡关系式数}$$

例如 $CaCO_3$ 加热分解，存在下述反应：

$$CaCO_3(s) \rightleftharpoons CaO(s)+CO_2(g)\uparrow$$

三种物质在一定温度、压力下建立平衡关系，有一个化学反应关系式，有一个独立的化学反应平衡常数，所以独立组元数$=3-1=2$。那么习惯上称这个系统为二元系统，可以在三种物质中任选两种作为独立组元。

如果一个系统中，同一相内存在一定的浓度关系，则独立组元数为：

$$\text{独立组元数}=\text{物种数}-\text{独立的化学平衡关系式数}-\text{独立的浓度关系数}$$

例如 $NH_4Cl(s)$ 分解为 $NH_3(g)$ 与 $HCl(g)$ 达平衡的系统中，因为 $NH_3(g)$ 和 $HCl(g)$ 存在浓度关系 $n_{HCl}=n_{NH_3}$（摩尔比为 1∶1）。所以独立组元数$=3-1-1=1$。必须注意，只考虑同一相中的这种浓度关系。

对于硅酸盐系统来说，通常以各氧化物作为系统的独立组元，例如 CaO、Al_2O_3、Fe_2O_3、SiO_2 等。而在研究一个复杂系统的局部时，例如研究 $CaO\text{-}Al_2O_3\text{-}SiO_2$ 系统的高钙区，即 $CaO\text{-}2CaO\cdot SiO_2\text{-}12CaO\cdot 7Al_2O_3$ 系统，则将以较复杂的化合物 $2CaO\cdot SiO_2$、$12CaO\cdot 7Al_2O_3$ 作为系统的独立组元。

6.1.1.4 自由度

在一定范围内，可以任意改变而不引起旧相消失或新相产生的独立变量称为自由度，平衡系统的自由度数用 F 表示。这些变量主要指组成（即组分的浓度）、温度和压力等。一个系统中有几个独立变量就有几个自由度。

对于给定的相平衡系统，在保持系统中相的数目和相的状态不发生变化的条件下，并不是温度、压力、组分的浓度等所有的变量都可以任意改变。下面以水的相图为例讨论自由度的概念。

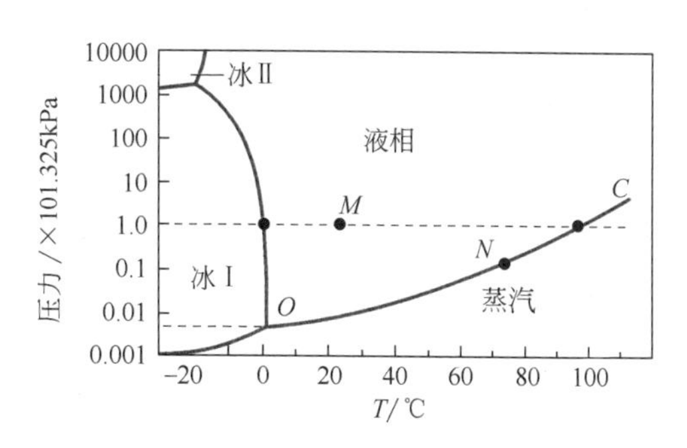

图 6-1 水的相图

图 6-1 为水的相图。当室温和大气压为 101.325kPa 时（图中 M 点），只有一个液相。在一定范围内可以任意改变系统的温度和压力不会导致新相的产生或旧相的消失，因此自由度数 $F=2$。在 N 点，系统有两个相，水和蒸汽建立了平衡。若要使系统保持这两相平衡，系统的压力就由温度确定或者温度由压力确定，物系点必须在 OC 线上变化，独立可变量只能为一个，即自由度数 $F=1$。同样可以知道 O 点是水、汽、冰三相平衡点，独立可变量为 0，自由度数 $F=0$。这里 $F=0$ 的意义是：如欲维持冰、汽、水三相平衡，则系统的温度、压力都只能各为某一确定值（此处为 0.0099℃，610.483Pa），如果系统温度或压力改变，则系统不能维持上述三相平衡，必然引起旧相消失。O 点称为三相点或无变量点。

需要说明，三相点和一般所说的冰点（0℃，101.325kPa）并不相同。通常水的冰点是暴露在空气中的冰水两相平衡的温度，其中水已被空气中的各种气体（如 CO_2、O_2、N_2 等）所饱和，而且气相总压是 101.325kPa，因此体系已非单元体系了。由于空气中各种气体溶于水，使得原单元体系的三相点温度降低 0.0024℃，又由于压力从 610.483Pa 增大到 101.325kPa，体系的三相点温度又降低 0.0075℃。这两种效应就使三相点的温度从 0.0099℃下降到通常水的冰点温度 0℃。

按照自由度数可对系统进行分类，自由度数等于零的系统，称为无变量系统（$F=0$）；自由度数等于 1 的系统，称为单变量系统（$F=1$）；自由度数等于 2 的系统，称为双变量系统（$F=2$）等。

6.1.1.5 外界影响因素

影响系统平衡状态的外界因素包括温度、压力、电场、磁场、重力场等。外界影响因素的数目称为影响因素数，用符号 n 表示。因为在不同情况下，影响系统平衡状态的因素数目不同，所以 n 值要视具体情况而定。在一般情况下，只考虑温度和压力对系统平衡状态的影响，即 $n=2$。

对于凝聚系统，由于在一定条件下并不具有足以觉察的蒸气压，主要是液相和固相参加相平衡。系统本身没有或只有很少的气相，而外部压力实际是保持一定的，即在相变过程中压力保持常数，这样就可以不考虑压力对相平衡的影响。因此，影响凝聚系统平衡状态的外界影响因素主要是温度，即 $n=1$。需要指出的是，压力对陶瓷系统中相平衡的影响并不总是可以忽略不计的，在非常高的温度或加压下研究系统时，压力必须作为变量予以考虑。

6.1.2 相律

吉布斯（W. Gibbs）根据前人的实验素材，用严谨的热力学作为工具，于 1876 年导出了多相平衡系统的普遍规律——相律。相律确定了多相平衡系统中，系统的自由度数（F）、独立组元数（C）、相数（P）和对系统的平衡状态能够发生影响的外界影响因素数（n）之间的关系。相律的数学表达式为：

$$F=C-P+n \tag{6-1}$$

在一般情况下，只考虑温度和压力对系统的平衡状态的影响，即 $n=2$，则相律表达式为：

$$F=C-P+2 \tag{6-2}$$

相律的数学表达式也可以直接推导出来，推导过程如下。

假设一个平衡系统中有 C 个组分，P 个相。如果 C 个组分在每个相中都存在，那么对每一个相来讲，只要任意指定（$C-1$）个组分的浓度就可以表示出该相中所有组分的浓度，因为余下的一个组分的浓度可以从 100%中减去（$C-1$）个组分浓度之和即可求得。由于系统中有 P 个相，所以需要指定的浓度数总共有 $P(C-1)$ 个，这样才能确定体系中各相浓度。在平衡时，各相的温度、压力相同（其他外界条件不考虑），应再加上这两个变量。这样体系需要任意指定的变量数应为 $F=P(C-1)+2$。但是这些变量还不全为独立变量，由热力学可知，平衡时每个组分在各相间的分配应满足平衡条件，即每个组分在各相中的化学位应该相等：

$$\mu_1^{(1)}=\mu_1^{(2)}=\mu_1^{(3)}=\cdots=\mu_1^{(P)}$$

$$\mu_2^{(1)}=\mu_2^{(2)}=\mu_2^{(3)}=\cdots=\mu_2^{(P)}$$

$$\cdots\cdots$$

$$\mu_C^{(1)}=\mu_C^{(2)}=\mu_C^{(3)}=\cdots=\mu_C^{(P)}$$

此处 $\mu_C^{(P)}$ 为第 C 个组分在第 P 个相中的化学位。这样，每一个化学位相等的关系式就相应地有一个浓度关系式，因此就应减少系统内一个独立变数。C 个组分在 P 个相中总共有 $C(P-1)$ 个化学位相等的关系式。体系中总可变量数应减去这个关系式数目，即：

$$F=P(C-1)+2-C(P-1)=C-P+2$$

这就是式（6-2）所表示的 Gibbs 相律。

对于凝聚系统，仅需考虑温度的影响，即 $n=1$，此时相律的数学表示式为：

$$F=C-P+1 \tag{6-3}$$

由相律可知，系统中组分数 C 越多，则自由度数 F 就越大；相数 P 越多，自由度数 F 越小；自由度为零时，相数最大；相数最小时，自由度最大。应用相律可以很方便地确定平衡体系的自由度数目。

6.1.3 相平衡的研究方法

一方面相图是在实验结果的基础上制作的，所以测量方法、测试的精度等都直接影响相图的准确性和可靠性；另一方面，由于新的实验技术不断出现，实验精度逐步提高，对原有的相图应加以补充和修正。因此对已有相图要用发展的观点来看待，对不同作者发表的相图所存在的差异要进行科学的分析。

系统在发生相变时，由于结构发生了变化，必然要引起能量或物理化学性质的变化。对于凝聚系统的相平衡，其研究方法的实质，就是利用系统发生相变时的能量或物理化学性质的变化，用各种实验方法准确地测出相变时的温度，例如，对应于液相线和固相线的温度，以及多晶转变、化合物分解和形成等的温度。

研究凝聚系统相平衡，有两种基本方法：动态法和静态法。

6.1.3.1 动态法

最普通的动态法是热分析法。这种方法主要是观察系统中的物质在加热和冷却过程中所发生的热效应。当系统以一定速度加热或冷却时，如系统中发生了某种相变，则必然伴随吸热或放热的能量效应，测定此热效应产生的温度，即为相变发生的温度，常用的有加热或冷却（步冷）曲线法和差热分析（DTA）法。此外，还有热膨胀曲线法和电导（或电阻）法。

（1）加热或冷却（步冷）曲线法　这种方法是将一定组成的体系，均匀加热至完全熔融后，使之均匀冷却，测定体系在每一时刻下的温度。作出时间-温度曲线，这样的曲线称为加热曲线或步冷曲线。如果系统在均匀加热或冷却过程中不发生相变化，则温度的变化是均匀的，曲线是圆滑的；反之，若有相变化发生，则因有热效应产生，在曲线上必有突变和转折。曲线的转折程度和热效应的大小有关，相变时热效应小，曲线出现一个小的转折点；相变时热效应大，曲线上便会出现一个平台。

对于单一的化合物来说，转折处的温度就是它的熔点或凝固点，或者是其分解反应点。对于混合物来说，加热时的情况就较复杂，可能是其中某一化合物的熔点，也可能是同别的化合物发生反应的反应点，因此用步冷曲线法较为合适。因为当系统从熔融状态冷却时，析出的晶相是有次序的，结晶能力大的先析出。因此，在相平衡研究中，步冷曲线法是重要的研究方法。但是，有些硅酸盐系统的过冷现象很显著，反而不及加热曲线法所得结果好，所以应根据具体情况而选用不同的方法。

图 6-2 为不同组成熔体的步冷曲线。纯物质的熔体冷却时，若无相变或其他反应发生，则步冷曲线是一条光滑曲线，但如果纯物质熔体在冷却过程中出现相变，则有热效应，热效应阻碍熔体进一步冷却。例如当熔体冷却到某温度时开始析晶，由于析晶而放出的热正好补偿了体系向外散失的热量，因此熔体温度保持恒定，结果步冷曲线发生转折出现水平线段，如图 6-2 中曲线 1 的 ab 线段。只有当析晶完毕，熔体全部转变为固相后，体系才能继续降温。如果是 A-B 二元系统，那么在冷却曲线中会产生两个转折：当温度冷却到某温度时，首先析出 A 晶体，曲线出现第一个转折。其后体系温度继续下降，只是下降速度变慢。因为相变（放热）可以部分地补偿系统散失的热量，如图 6-2 中曲线 2 的 cd 线段。当温度继续下降到另一值时，A 和 B 两种晶体同时析出，曲线出现第二个转折。这时体系析晶放热正好补偿了其散失的热量使体系温度保持恒定，曲线出现水平线段，如图 6-2 中曲线 2 的 de 线段。在 A、B 两种晶体完全析出后系统的温度才能继续下降。

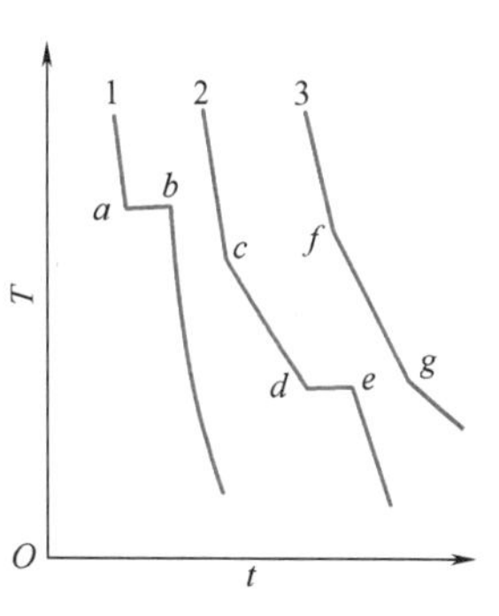

图 6-2　不同组成熔体的步冷曲线

1—纯物质熔体；
2—二元组成熔体；
3—二元固溶体

若 A-B 二元系统形成固溶体，冷却曲线不会出现水平线段，只是出现两个转折点，如图 6-2 中曲线 3 的 f、g 点。

图 6-3 示意地表示出一个具有不一致熔融化合物的二元相图是如何用步冷曲线法测定

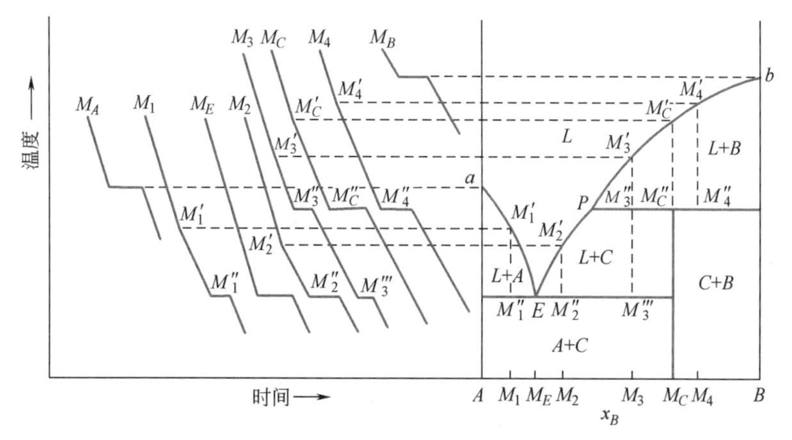

图 6-3　具有不一致熔融化合物的二元系统步冷曲线及相图

的。即根据系统中某些组成的配料从高温液态逐步冷却时得到的步冷曲线，以温度为纵坐标，组成为横坐标，将各组成的步冷曲线上的结晶开始温度、转熔温度和结晶终了温度分别连接起来，就可得到该系统的相图。

如果实验的组成点增加，可以提高相图的精度。采用加热曲线也可以获得同样的结果。有时加热曲线和冷却曲线配合使用，可提高实验结果的可靠性。

加热或冷却曲线方法简单，测定速度较快。但要求试样均匀，测温要快而准，对于相变迟缓系统的测定，则准确性较差。尤其对相变时产生热效应很小（例如多晶转变）的系统，在加热曲线和冷却曲线上将不易观察出来。为了准确地测出这种相变过程的微小热效应，通常采用差热分析法。

（2）差热分析法　差热分析法的特点是灵敏度较高，能把系统中热效应甚小、用普通热偶已难以察觉的物理化学变化测量出来。由于差热分析法对于加热过程中物质的脱水、分解、相变、氧化、还原、升华、熔融、晶格破坏及重建等物理化学现象都能精确地测定和记录，所以被广泛地应用于材料、地质、化工、冶金等各领域的研究及生产之中。

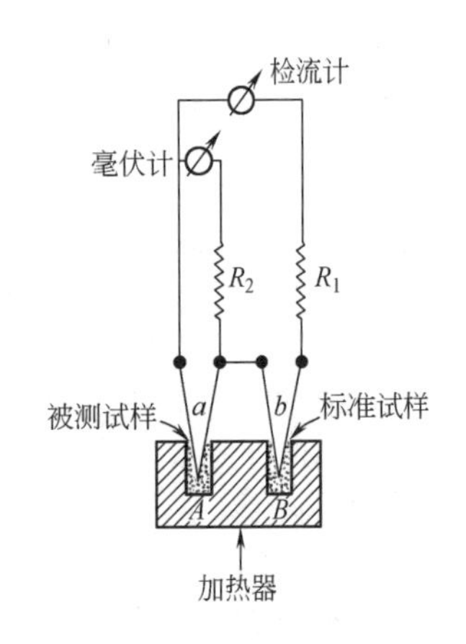

图 6-4　差热分析装置示意图

差热分析装置示意图如图 6-4 所示。首先在差热分析中用的是差热电偶，这种热偶是由两根普通热偶的冷端相互对接构成。其中冷端的两条铂丝（或镍铬丝）和检流计相连，而中间两条铂铑丝（或镍铬丝）则自相连接。a 和 b 是差热电偶的两个热端，分别插入被测试样和标准试样内，A 和 B 是放在加热器中的用来盛装被测试样和标准试样的容器。作为标准试样的物料，应是在所测定的温度范围内不发生任何热效应的物质。对于硅酸盐物质的分析，常常采用高温煅烧过的 Al_2O_3 作标准试样。

当加热器（电炉）均匀升温时，若检测试样无热效应产生，则试样和标样升高的温度相同，于是两对热电偶所产生的热电势相等，但因方向相反而抵消，检流计指针不发生偏转。当试样发生相变时，由于产生了热效应，试样和标样之间的温度差破坏了热电势的平衡，使差热电偶中产生电流，此电流用光点检流计量得，检流计指针发生偏转，偏转的程度与热效应的大小相对应。显然放热和吸热效应使检流计的偏转方向不同，相应地将出现放热峰和吸热峰。毫伏计则用于记录系统的温度。

产生放热效应一般有以下几种情况：①不稳定变体转变为稳定变体的多晶转变现象；②无定形物质变成结晶物质；③从不平衡介质中吸收气体（如氧化反应）；④某些不产生气体的固相反应（或在产生气体的条件下放热效应很大，因而超过气体的膨胀所吸收的热量时）；⑤由熔融态转变成晶态；⑥微晶玻璃的核化过程。

产生吸热效应一般有以下几种情况：①矿物受热分解放出二氧化碳、水蒸气或其他气体；②由晶态转变为熔融态；③可逆多晶转变等（一般是指从低温相转变成高温相）。

以系统的温度为横坐标，检流计读数为纵坐标，可以作出差热曲线（DTA 曲线）。在试样没有热效应时，曲线是平直形状；在有热效应时，曲线上则有谷（吸热峰）和峰（放热峰）出现。根据差热曲线上峰或谷的位置，可以判断试样中相变发生的温度。图 6-5 为 ZrO_2 的差热曲线。

用差热分析法测定热效应时，加热升温速度要掌握适当，以保证结果的准确性。此外，还应当注意试样的形状和质量、粉料的颗粒度等。

差热分析不仅可以用来准确地测出物质的相变温度，而且也可以用来鉴定未知矿物，因为每一矿物都具有一定的差热分析特征曲线。在研究相图中如果采用差热分析、X 射线衍射、显微镜等几种分析技术配合，将会获得更好的结果。

(3) 热膨胀曲线法 材料在相变时常常伴随着体积变化（或长度变化）。如果测量试样长度 L 随温度变化的膨胀曲线，就可以通过曲线上的转折点找到相应的相变点，如图 6-6 所示。假如有一系列不同组成试样的膨胀曲线，就可以根据曲线转折点找到相图上一系列对应点，把相图上同类型的点连接起来就得到相图。

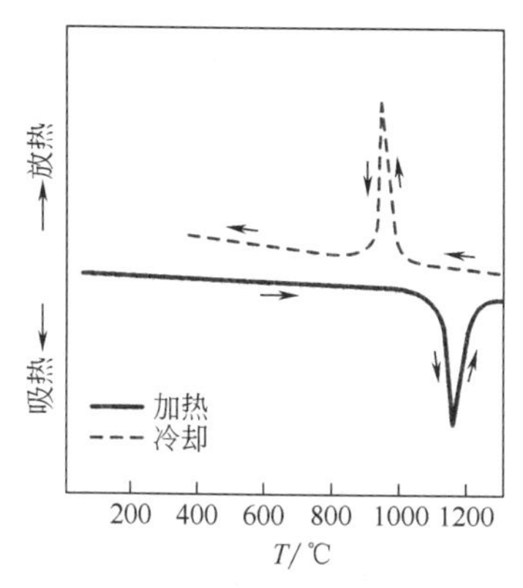

图 6-5 ZrO_2 的差热曲线

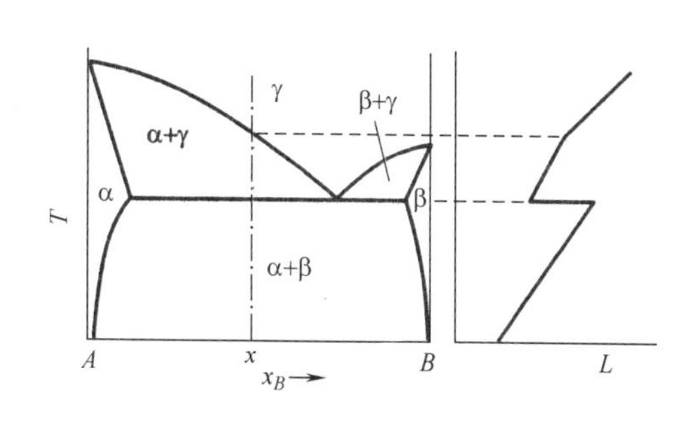

图 6-6 由热膨胀曲线测定相图示意图

用热膨胀曲线法研究相平衡时常出现过冷和过热现象，因此一般采用低速度加热和冷却以减少误差。用膨胀曲线测定固态相区的界限，特别是测定固态相变效果较好，所以常和差热分析配合使用。

(4) 电导（或电阻）法 一方面，物质在不同温度下的电阻率（或电导率）是不同的，在相变前后，物质的电阻率或电导率随温度变化的规律也不同。根据这个特点，测定不同配比试样的电阻率 ρ 随温度变化的曲线，然后根据曲线上转折点找出相图中对应点，如图 6-7 所示。另一方面，物质的电阻率还随其组成的不同而变化。固溶体中各组分的比例不同，其电阻率也不同，而且呈非线性变化。当固溶体中某组分达饱和后，电阻率随系统组成的变化就不是很明显，而且呈线性关系。根据这些特性也可以通过电阻率曲线推测固溶体的固溶度曲线。图 6-8 是用电阻法测定相图中固溶度曲线示意图。

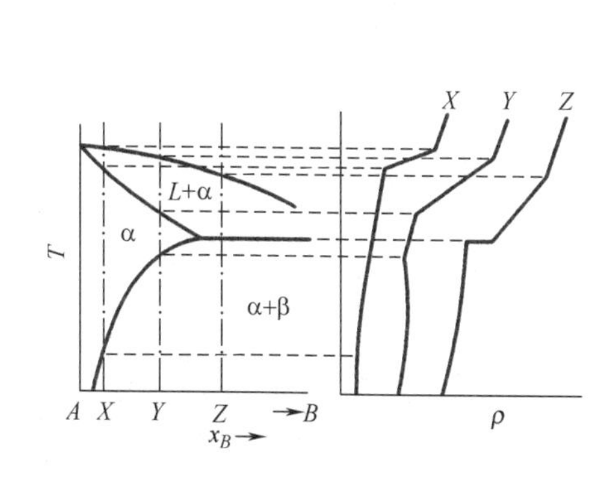

图 6-7 用电阻率随温度变化曲线测定相图示意图

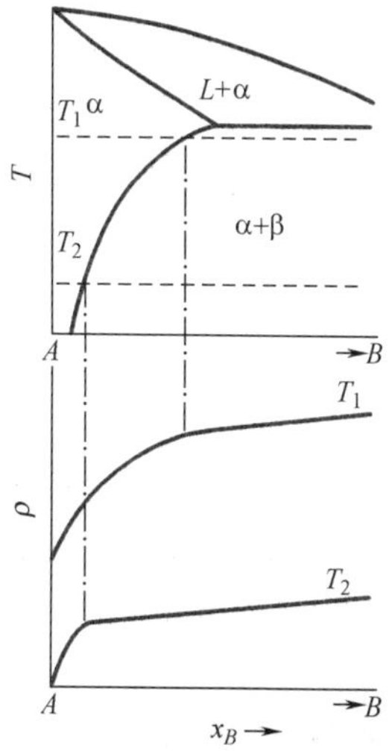

图 6-8 用电阻法测定相图中固溶度曲线示意图

总之，动态法测绘相图，方法简单又不要求复杂设备，凡是相变时伴随的各种性能变化参数均可用来测绘相图。这个方法的缺点是对黏度大的材料很难达到平衡状态，因此存在较大误差。其次这个方法只能确定相变温度，不能确定相变物质的种类和数量。因此在实际工作中往往配合其他研究方法来测绘相图而不是单独使用。

6.1.3.2 静态法（即淬冷法）

在相变速度很慢或有相变滞后现象产生时，应用动态法常不易准确测定出真实的相变温度，而产生严重的误差。在这种情况下，用静态法（即淬冷法）则可以有效地克服这种困难。

淬冷法基本出发点是在室温下研究高温相平衡状态。淬冷法装置示意图如图 6-9 所示。其原理是将选定的具有不同组成的试样在一系列预定的温度下长时间加热、保温，使它们达到该温度下的平衡状态。然后将试样迅速投入水浴（油浴或汞浴）中淬冷。由于相变来不及进行，因而冷却后的试样就保存了高温下的平衡状态。把所得的淬冷试样进行显微镜或 X 射线物相分析，就可以确定相的数目及其性质随组成、淬冷温度而改变的关系。将测定结果记入图中的对应位置上，即可绘制出相图。

图 6-10 所示为由淬冷法测定 A-B 二元系统相图示意图。在温度-组成图中有若干小圆圈，每个小圆圈都代表某种状态下的平衡试样，对这些平衡试样进行物相分析，其结果有如下几种情况：若试样全部为玻璃相（图中用○表示），说明试样全部熔融为液相（淬冷后成为玻璃相）。这些试样对应的温度-组成点应在液相线以上的液相区（即 L 相区）内；若试样全部是 A 和 B 晶体（图中用●表示），则这些试样的温度-组成点应在固相区（即 $A+B$ 相区）内；若试样有晶相也有玻璃相（图中用⊙表示），那么试样的温度-组成点必定是处于固液两相共存相区（即 $L+A$ 或 $L+B$ 相区）。因此通过对各试样的分析研究，确定相态、相种类和数量，最后就可以制出相图。

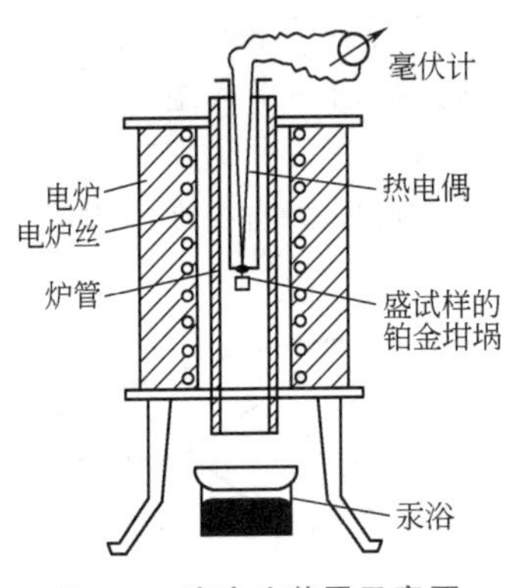

图 6-9 淬冷法装置示意图

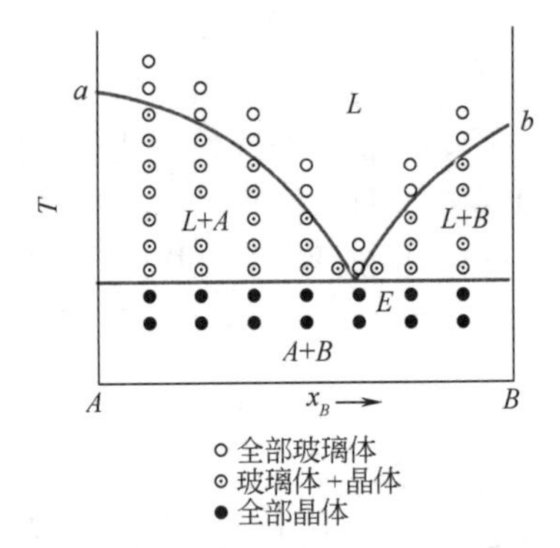

图 6-10 淬冷法测定相图示意图

淬冷法对试样要求很严格。原料纯度及试样的均匀性都直接影响实验的准确性，因此原料越纯越好。

按设计配方要求准确配料，混合均匀后获得满足要求的混合料。有时采用混合后熔化，然后冷却再磨细来制备混合料。为了确保混合料的均匀性，可采用多次重复操作最后获得理想的均一混合料。实验时取少量制备好的混合料 0.01～0.1g（试样少，易淬冷），放置在坩埚内（最好用铂金坩埚）。在炉内加热达到设计温度，恒温使试样达到平衡状态，然后将试样淬冷就可得到相分析用的试样。

在制备分析试样时，主要问题是如何判断试样是否已达平衡。硅酸盐材料因黏度大，达到平衡是很困难的，有时要持续相当长的时间才能达到平衡。一般采用相对平衡来缩短研究周期。具体办法是将第一次相分析的试样磨细再进行第二次相同条件的实验，只要延长保温时间即可。若延长保温时间的第二次实验，其相态没有发生进一步变化，就认为第一次实验条件下的试样已达平衡状态；若第二次实验结果，相态发生变化，则需进一步延长保温时间重复实验直到相邻两次实验的相态不发生变化为止。

淬冷试样的物相分析鉴定通常采用显微镜或 X 射线衍射分析法或者两者配合使用。显微镜分析鉴别相态，是有效而方便的方法。但要求实验者有熟练的技能和经验才能获得满意的结果。必要的时候可以采用 X 射线衍射实验配合显微镜进行晶相的定性和定量分析，确定晶相的种类和数量，并进一步确定相区的范围和界限。

由于固溶体的晶格常数是随固溶度大小而变化的，当固溶度饱和时晶格常数达稳定值，因此可以利用这个特性测定相图中固溶体的固溶度曲线。图 6-11 所示是用 X 射线衍射测定晶格常数绘制相图中固溶度曲线示意图。由图可见，每一温度下晶格常数随组成变化的曲线都有一个转折点，是固溶体的固溶度饱和点，如 a、b、c。在相图上对应的是 a'、b'、c'点。连接 $a'b'c'$就是固溶度曲线。

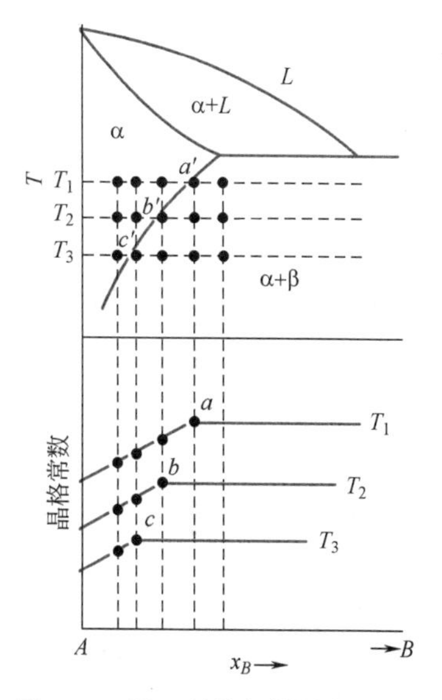

图 6-11　用 X 射线衍射测定晶格常数绘制相图中固溶度曲线示意图

淬冷法研究相平衡简单、直观，可以用肉眼借助显微镜观察相态。对黏度较大的材料如硅酸盐材料的相平衡研究，一般采用淬冷法。淬冷法测定相变温度的准确程度相当高，但必须经过一系列的实验，先由温度间隔范围较宽实验起，然后逐步把间隔缩小，从而可得到精确的结果。此外，除了以同一组成的物质在不同温度下做实验外，还应该取不同组成的物质在同一温度下做实验。因而此法的工作量相当大。而且对于某些相变速度特别快的系统，淬冷有时也难以阻止降温过程中发生新的相变。

淬冷过程中能否很好地保存高温下的状态，往往成为实验是否成功的关键。近年来由于实验技术的迅速发展，已经能用高温 X 射线衍射仪、高温显微镜以及其他高温技术直接研究高温下的相平衡关系。这大大促进了相平衡的研究，提高了相图的准确性和可靠性。

6.1.4　应用相图时需注意的几个问题

由于相图所指示的平衡状态表示了在一定条件下系统所发生的物理化学变化的本质、方向和限度，因而它对于从事材料科学研究以及解决实际问题，如实际生产中确定配料范围、选择工艺制度、预计产品性能等，具有重要的理论指导意义。但应注意的是，实际生产过程与相图所表示的平衡过程是有差别的。造成这些差别的原因是：首先，相图所反映的都是热力学平衡状态，即一个不再随时间而发生变化的状态。系统在一定热力学条件下从原先的非平衡态变化到该条件下的平衡态，需要通过相与相之间的物质传递，因而需要一定的时间。但这个时间可长可短，依系统的性质而定。从 0℃的水中结晶出冰，显然比从高温 SiO_2 熔体中结晶方石英要快得多。这是由相变过程的动力学因素所决定的。然而，这种动力学因素在相图中完全不能反映，相图仅指出在一定条件下体系所处的平衡状态（即其中所包含的相数，各相的形态、组成和数量），而不管达到这个平衡状态所需要的时间。硅酸盐是一种固体材料，与气体、液体相比，固体中的化学质点由于受近邻粒子的强烈束缚，其活动能力要小得多。即使处于高温熔融状态，由于硅酸盐熔体的黏度很大，其扩散能力仍然是有限的。这就是说，硅酸盐系统的高温物理化学过程要达到一定条件下的热力学平衡状态，所需要的时间往往比较长。而工业生产要考虑经济核算，保证一定的劳动生产率，其生产周期是受到限制的。因此，生产上实际进行的过程不一定达到相图上所指示的平衡状态。至于距平衡状态的远近，则要视系统的动力学性质及过程所经历的时间这两方面因素综合判断。因此，由于上述的动力学原因，热力学非平衡态，即介稳态，经常出现于硅酸盐系统中。如方石英从高温冷却时，只要冷却速度不是足够慢，由于多晶转变的困难，往往不是转变为低温下稳定的α-鳞石英、α-石英和β-石英，而是转变为介稳态的β-方石英。α-鳞石英也有类似现象，冷却时往往直接转变为介稳态的β-鳞石英和γ-鳞石英，而不是热力学稳定态的α-石英和β-石英。鉴于相图的绘制是以热力学平衡态为依据的，介稳态的频繁出现，我们利用硅酸盐相图分析实际问题时，必须加以充分注意。需要说明的是，介稳态的出现不一定都是不利的。由于某些介稳态具有我们所需要的性质，人们有时还创造条件（快速冷却、掺加杂质等）有意把它保存下来。如水泥中的β-C_2S、陶瓷中介稳的四方氧化锆、耐火材料硅砖中的鳞石英以及所有的玻璃材料，都是我们创造动力学条件有意保存下来的介稳态。这些介稳态在热力学上是不稳定的，处于较高的能量状态，始终存在着向室温下的稳定态变化的趋势，但由于其转变速度极其缓慢，因而使它们实际上可以长期存在下去，即从动力学来讲，又在一定程度上是稳定的，所以称为介稳态，而非不稳态。

其次，相图是根据实验结果绘制出来的，但实验时多采用将系统升至高温再平衡冷却的方法，而实际生产则是由低温到高温的过程；并且相图是用纯组分做实验，而实际生产中所用的原料都含有杂质。因此，我们必须坚持对具体事物做具体分析，而不能用教条主义的态度看待相图。

6.2 单元系统

在单元系统中所研究的对象只有一种纯物质，即独立组分数 $C=1$，根据相律：

$$F=C-P+2=3-P$$

当 $P_{min}=1$ 时，$F_{max}=2$；$F_{min}=0$ 时，$P_{max}=3$。可见，单元系统中平衡共存的相数最多为 3；在三相平衡共存时系统是无变量的（即 $F=0$）。因为系统中的相数最小值为 1，所以单元系统自由度数最大是 2。

由于单元系统各相中，只有一种纯物质，组成是不变的，所以自由度数为 2，表明两个独立变量是温度和压力。如果把这两个变量确定下来，系统的状态就可以完全确定。因此，可以用温度和压力作坐标的平面图（T-p 图）来表示单元系统的相图。由于相图上的每一个点都对应着系统的某一个状态，因此相图上的每一个点亦称状态点。

6.2.1 具有多晶转变的单元系统相图

图 6-12 是具有多晶转变的单元系统相图。每一种晶型在相图上都有它自己的相区，图上也表示了若干划分这些相区的单变量平衡曲线和若干三相点。凡是稳定的相平衡在图上都用实线表示，而虚线则表示介稳相平衡。

6.2.1.1 相图中点、线、区域的含义

（1）稳定的相平衡（实线） 该系统中的物质在固态时有两种晶型α和β：α-晶型在较高的温度范围内稳定，称为高温稳定型；β-晶型在较低的温度范围内稳定，称为低温稳定型。此外，还有液相和气相，共有四相。每一相都有各自的相区，因此，图 6-12 中共有 4

个单相区：FCD 是液相区；ABE 是β-晶型的相区；$EBCF$ 是α-晶型的相区；在 $ABCD$ 以下是气相的相区。在单相区内，相数 $P=1$，自由度数 $F=3-P=2$，即在各单相区范围内，温度和压力均可自由改变。

划分这些相区的曲线是两相平衡共存的单变量平衡曲线。在 CD 线上液相和气相两相平衡共存，是液相的蒸发曲线；BC 线上α-晶型和气相两相平衡共存，是α-晶型的升华曲线；AB 线上β-晶型和气相两相平衡共存，是β-晶型的升华曲线；CF 线上α-晶型和液相两相平衡共存，是α-晶型的熔融曲线；在 BE 线上α-晶型和β-晶型两相平衡共存，是两种晶型之间的多晶转变曲线。由于在这些线上是两相平衡共存，$P=2$，根据相律 $F=3-P=1$，所以在线上温度和压力两个变量中只有一个是独立可变的。

图 6-12 中 B 和 C 两点为三相平衡共存的点，是三相点。在 B 点上平衡并存的是α-晶型、β-晶型和气相，是多晶转变点；在 C 点上平衡共存的是α-晶型、液相和气相，是α-晶型的熔点。由于在点上是三相平衡共存，$P=3$，则 $F=0$，故单元系统中的三相点是无变量点。即要维持三相平衡共存，必须严格保持温度和压力不变，否则就会有相的消失。

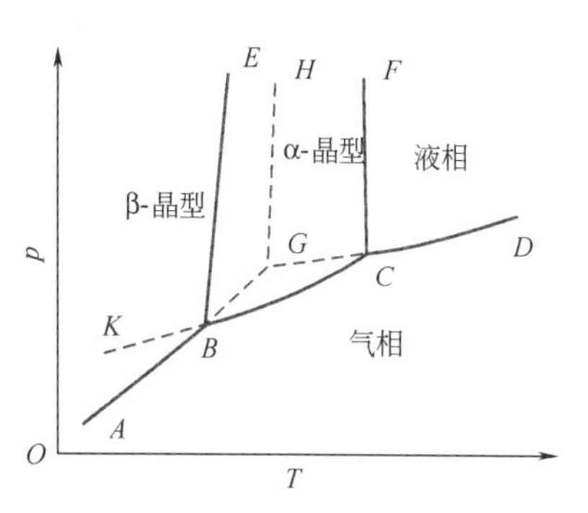

图 6-12　具有多晶转变的单元系统相图

(2) 介稳的相平衡（虚线）　图 6-12 中用虚线表示各介稳状态：$FCGH$ 是过冷液体的介稳状态区；$EBGH$ 是过热β-晶型的介稳相区；EBK 是过冷α-晶型的介稳相区。各介稳相区是由介稳单变量曲线划分开的。这些单变量平衡曲线中：BK 是过冷α-晶型的升华曲线；BG 是过热β-晶型的升华曲线；CG 是过冷液相的蒸发曲线；GH 是过热β-晶型的熔融曲线。G 点是过热β-晶型、过冷液相和蒸气三相平衡共存的介稳三相点，在这点上过热β-晶型与过冷液相蒸气压相等，因此这点实际是过热β-晶型的熔点。

上述这些过热晶体、过冷晶体或过冷液体都是介稳相。当系统处于能从一个相转变为另一相的条件下，由于某种原因（例如快速加热或快速冷却），这种转变并不发生，而出现延滞转变的现象，从而使某一相在它稳定存在的范围之外并不转变成新条件下的稳定相，而继续保持了原有状态，这样的相称为介稳相。其介稳包含了两方面的含义：一方面，在新条件下的介稳相只要适当控制条件就可以长时间存在而不发生相变；另一方面，介稳相与相应条件下的稳定相相比含有较高的能量，因此，它存在着自发转变成稳定相的趋势，且这种转变是不可逆的。

6.2.1.2　相图的特点

通过对以上各条线、各个点的分析可以看出，在单元系统相图中具有如下特点：①晶体的升华曲线（或延长线）与液体的蒸发曲线（或延长线）的交点是该晶体的熔点，如 C 点是α-晶型的熔点，G 点是β-晶型的熔点；②两种晶型的升华曲线的交点是两种晶型的多晶转变点，如 B 点是α-晶型和β-晶型的多晶转变点；③在同一温度下，蒸气压低的相较稳定，如在同一温度下表示介稳平衡的虚线在表示稳定平衡的实线上方，其蒸气压较高；④交汇于三相点的三条平衡曲线互相之间的位置遵循以下两条准则：a. 每条曲线越过三相点的延长线必定在另外两条曲线之间；b. 同一温度时，在三相点附近比容差最大的两相之间的单变量曲线或其介稳延长线居中间位置。

据此，对固-液-气的三相点来讲，只有两种排列方式，如图 6-13 和图 6-14 所示。第一种情况（图 6-13），固体的比容大于液体的比容（熔化时体积收缩），此时液体和蒸气的比容差最大。因此液体蒸发曲线或它的延长线必定是在另外两条曲线中间。在三相点附近作一等温线（垂直于温度轴的线）就可以很清楚地看出这种结果。同样，第二种情况（图 6-14），固体的比容小于液体的比容（熔化时体积膨胀），其固体升华曲线处于另外两条曲线之间。其实这两个图的主要区别在于固-液平衡的熔融曲线 OC 倾斜方向不同。图 6-14 中 OC 线远离压力轴向右倾斜，表示压力增大时熔点升高，大多数物质熔化时体积膨胀，因此属于这种情况，统称为硫型物质；图 6-13 中 OC 线向左倾斜，表示熔点随压力增加而降低，冰、铋、镓、锗、三氯化铁等少数物质属于这种情况，它们熔化时体积收缩，统称为水型物质。印刷用的铅字，可以用铅铋合金浇铸，就是利用其凝固时的体积膨胀以充填铸模。图 6-13 中三相点 O 代表固相能够存在的最高温度，因为固-液曲线是向低温方向倾斜。图 6-14 中三相点 O 代表液相作为稳定相而存在的最低温度。

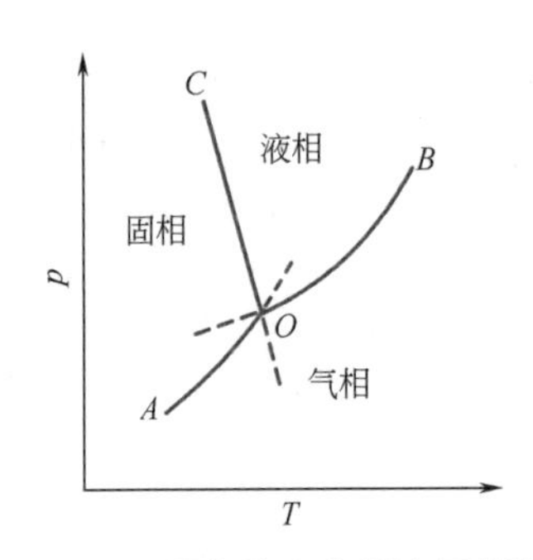

图 6-13 固相比容大于液相时两相平衡曲线相互位置

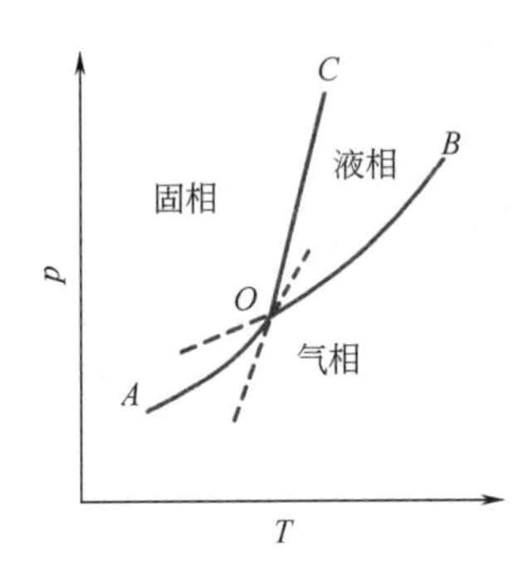

图 6-14 固相比容小于液相时两相平衡曲线相互位置

关于两相平衡曲线的斜率可以应用热力学中克拉珀龙-克劳修斯（Clapeyron-Clausius）方程确定。克-克方程为：

$$\frac{dp}{dT}=\frac{\Delta H}{T\Delta V} \tag{6-4}$$

式中 p——压力；

T——温度；

H——相变热效应；

ΔV——相变前后的体积变化。

根据此方程来讨论一下升华、蒸发、熔融三条平衡曲线的斜率：在升华的情况下，方程右方都是正值（吸热为正，$V_{气}>V_{固}$）；在蒸发的情况下，方程右方也都是正值（吸热为正，$V_{气}>V_{液}$）；

对于同一物质来说，肯定有 $\Delta H_{升华}>\Delta H_{蒸发}$，所以必有 $\left(\frac{dp}{dT}\right)_{升}>\left(\frac{dp}{dT}\right)_{蒸}$；在熔融的情况下，$\Delta V$ 很小，则斜率一定很大，于是有 $\left|\frac{dp}{dT}\right|_{熔}>\left|\frac{dp}{dT}\right|_{升}>\left|\frac{dp}{dT}\right|_{蒸}$。这就证明了平衡曲线位置排列规律。

用克-克方程也可定量地解释冰为什么随压力升高而熔点下降。把方程改写为：

$$\frac{dT}{dp}=\frac{T\Delta V}{\Delta H}$$

这里 $\Delta V=V_{水}-V_{冰}$，因为 $V_{冰}>V_{水}$，故 $\Delta V<0$，所以 $dT/dp<0$。即若 p 升高，则熔点 T 下降。

克-克方程适用于单元系统任何两相平衡，如液-气平衡、固-气平衡、固-液平衡和多晶转变平衡等。

6.2.1.3 可逆与不可逆多晶转变

多晶转变根据其进行的方向是否可逆，分为可逆的转变和不可逆的转变两种类型。可逆转变又称双向转变，不可逆转变称为单向转变。图 6-12 所示的单元系统中，α-晶型与 β-晶型之间的转变就是可逆的，因为 β-晶型加热到转变温度会转变成 α-晶型，而高温稳定的 α-晶型冷却到转变温度又会转变成 β-晶型。为便于分析，现将这种类型的相图表示于图 6-15 中。

图 6-15 中点 1 是过热的晶型Ⅰ的升华曲线与过冷的熔体蒸发曲线的交点，因此点 1 是晶型Ⅰ的熔点，它所对应的温度为 T_1；点 2 是晶型Ⅱ的熔点，对应的温度为 T_2；点 3 是晶型Ⅰ和晶型Ⅱ之间的多晶转变点，其温度为 T_3。忽略压力对熔点和转变点的影响，将晶型Ⅰ加热到 T_3 时，即转变成晶型Ⅱ；从高温冷却时，晶型Ⅱ又可在 T_3 温度转变为晶型Ⅰ。若晶型Ⅰ转变为晶型Ⅱ后再继续升高温度到 T_2 以上时，晶相将消失而变为熔体。可以下式表示：

晶型Ⅰ ⇌ 晶型Ⅱ ⇌ 熔体

这是由于在低于 T_3 温度时，晶型Ⅰ是稳定的，晶型Ⅱ是介稳的；而当温度高于 T_3 时，晶型Ⅱ是稳定的，晶型Ⅰ是介稳的。根据热力学定律可知，介稳的晶型要自发地转变成稳定的晶型。因此晶型Ⅰ和晶型Ⅱ之间的转变是可逆的（双向的）。由图 6-15 可以看出，可逆多晶转变相图的特点是多晶转变的温度低于两种晶型的熔点。SiO_2 各种变体之间的转变大部分属于这种类型。

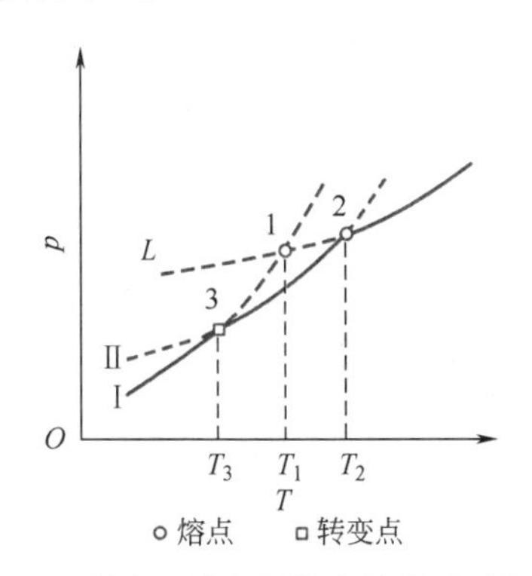

图 6-15 具有可逆多晶转变的单元系统相图

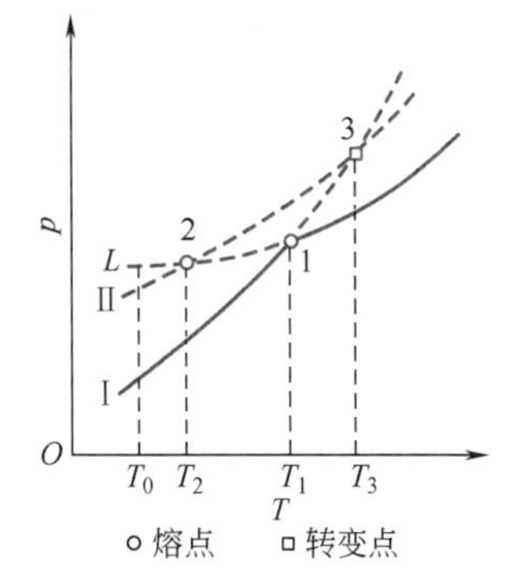

图 6-16 具有不可逆多晶转变的单元系统相图

图 6-16 是具有不可逆多晶转变物质的单元系统相图。图中点 1 是晶型Ⅰ的熔点；点 2 是晶型Ⅱ的熔点；点 3 是晶型Ⅰ和晶型Ⅱ的升华曲线延长线的交点，是多晶转变点。然而这个三相点实际是得不到的，因为晶体不能过热而超过其熔点，即没有超过熔点的过热态。

由于晶型Ⅱ的蒸气压不论在高温还是低温阶段都比晶型Ⅰ的蒸气压高，因此晶型Ⅱ处于介稳状态，随时都有向晶型Ⅰ转变的倾向。加热晶型Ⅰ到 T_1 温度，晶相熔融成为熔体，熔体冷却到 T_1 温度又结晶成为晶型Ⅰ。要获得晶型Ⅱ，必须使熔体过冷，而不能直接加热晶型Ⅰ得到。可用下式表示：

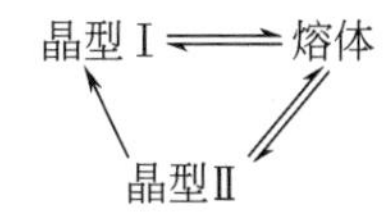

即晶型Ⅰ和晶型Ⅱ之间的转变是不可逆的（单向的），晶型Ⅰ和熔体之间的转变才是可逆的。从图 6-16 可以看出，不可逆多晶转变相图的特点是多晶转变的温度高于两种晶型的

熔点。

虽然系统处于介稳状态时具有的能量比较高，有自发地降低自身的能量向稳定态转变的倾向，但实践证明，这种转变过程有时不是直接完成的，它先要依次经过中间的介稳状态，最后才变为在该温度下的稳定状态，这个规律称为阶段转变定律。例如，在图 6-16 中选择某一个任意的温度 T_x，在此温度时，真正稳定的应该是具有最小蒸气压的晶型Ⅰ，但是，在 T_x 温度结晶时，并不是从过冷液体中直接结晶出晶型Ⅰ，而是先结晶出处于介稳状态的晶型Ⅱ，最后才由晶型Ⅱ转变成相同温度下的稳定晶型Ⅰ。如果晶型Ⅱ变成晶型Ⅰ的转变速度很快，则立即形成真正稳定的晶型Ⅰ；反之，如果晶型Ⅱ变成晶型Ⅰ的转变速度很慢，则晶型Ⅱ来不及在冷却速度很快的过程中转变成晶型Ⅰ而被过冷，并在常温下保持在介稳状态。这也就是在硅砖中常含有鳞石英和方石英等介稳相，在硅酸盐水泥熟料中含有 β-C_2S 的原因。

6.2.2 专业单元系统相图举例

6.2.2.1 SiO_2 系统相图

二氧化硅 SiO_2 是具有多晶转变的典型氧化物，在自然界分布极广。它的存在形态很多，以原生状态存在的有水晶、脉石英、玛瑙；以次生状态存在的则有砂岩、蛋白石、玉髓、燧石等。此外，尚有变质作用的产物，如石英岩等。

SiO_2 在工业上应用极为广泛。石英砂是玻璃、陶瓷、耐火材料工业的基本原料，特别是在熔制玻璃和生产硅质耐火材料中用量更大。石英玻璃可做光学仪器，也可做耐高温、化学稳定性良好的石英坩埚。以鳞石英为主晶相的硅砖是一种重要的耐高温材料，用于冶金和玻璃工业。β-石英可做压电晶体用在各种换能器上，而透明的水晶可用来制造紫外光谱仪棱镜、补色器、压电元件等。正因为其用途广泛，所以 SiO_2 的单元相图是一个被仔细研究过的比较成熟的相图。它对上述各种材料的制备和使用有着重要的指导作用。

（1）**SiO_2 的多晶转变** 二氧化硅 SiO_2 一个最重要的性质，就是具有复杂的多晶转变。实验证明，在常压和有矿化剂（或杂质）存在条件下，二氧化硅 SiO_2 有 7 种晶型，可分为 3 个系列，即石英、鳞石英和方石英系列。每个系列中又有高温型变体和低温型变体，即 α、β-石英，α、β、γ-鳞石英，α、β-方石英。各 SiO_2 变体间的转变关系如下，箭头的虚实线与图 6-17 的单变量平衡曲线相对应。

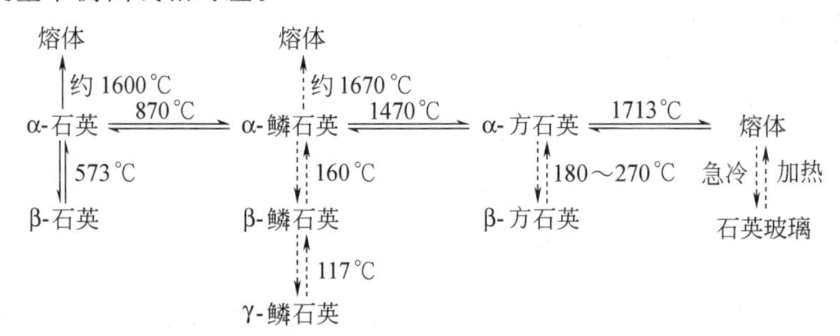

根据多晶转变速度和转变时晶体结构发生变化的不同，可以将 SiO_2 变体之间的转变分成以下两类。

① **一级变体间的转变** 不同系列如石英、鳞石英、方石英和熔体之间的相互转变。这种转变是各高温形态的相互转变。由于各变体的结构差别显著，故转变时要破坏原有结构，形成新的结构，即发生重建性的转变，转变速度非常缓慢。此外，这种转变通常是由晶体的表面开始逐渐向内部进行的。因此，必须在转变温度下，保持相当长的时间才能实现这种转

变。要使转变加快，必须加入矿化剂。

由于这类转变速度缓慢，所以高温型的 SiO_2 变体，经常以介稳状态在常温下存在，而不发生转变。

② 二级变体间的转变 为同系列中的 α、β、γ 形态之间的转变，也称高低温型转变。各变体在结构上差别不大，转变时不必打开结合键，只是原子的位置发生位移和 Si—O—Si 键角稍有变化，即发生位移性转变，转变速度迅速，而且是可逆的；转变在一个确定的温度下，于全部晶体内发生。

必须指出，根据精确的测定表明，位移性转变的突变点并不存在，观察到的常是一种持续的转变，而且是在较低的温度下已开始转化。加热时和冷却时的转变情况也有差别，存在滞后现象，即加热时的转变结束温度比冷却时的转变开始温度稍高些。这些情况是因为晶体结构中存在缺陷而造成的。每一转变，先变形成晶核，缺陷对形成晶核是有利的，它降低了转变温度。由于低温到高温和高温到低温两种转变的晶核形成情况有差别，所以才形成滞后现象。晶体原有缺陷程度较大时，晶核形成的阻力较小，因而上述滞后宽度的差别也较小。转化温度范围则是由粉末中不同颗粒的转变情况不同而引起。因此，随着结构完整程度的提高，转变温度也升高，转变温度范围缩小，但滞后宽度增大。

物质在发生多晶转变时，由于其内部结构发生了变化，所以必然伴随着体积的变化。对于 SiO_2 而言，这种效应尤为显著，这在硅酸盐材料制造和使用过程中需特别注意。表 6-1 列出 SiO_2 多晶转变时体积变化的理论计算值，（+）值表示膨胀，（−）值表示收缩。从表 6-1 看出两种类型的多晶转变中，一级变体间的转变以 α-石英→α-鳞石英时体积变化最大；二级变体间的转变以方石英变体间体积变化最大，而鳞石英变体间的变化最小。但须指出，重建性的转变体积变化虽大，但由于转变速度缓慢，时间长，所以在实际生产中的正常加热或冷却速度下，体系温度变化速度快于多晶转变速度，因此往往转变来不及发生就偏离转变温度，致使体积效应不明显或者根本不存在，因而对制品不会产生破坏作用。但是发生位移性转变的体积变化虽小，却由于转变速度快，时间短，在实际生产中，转变速度快于体系温度变化速度，这样多晶转变体积效应比较突出，对制品会产生破坏作用。例如在升温和降温过程中控制不当，往往使制品开裂，成为影响制品质量或影响窑炉寿命的重要因素。

表 6-1 SiO_2 多晶转变时的体积变化理论计算值

一级变体			二级变体		
一级变体间的转变	计算采取的温度/℃	在该温度下转变时体积效应/%	二级变体间的转变	计算采取的温度/℃	在该温度下转变时体积效应/%
α-石英→α-鳞石英	1000	+16.0	β-石英→α-石英	573	+0.82
α-石英→α-方石英	1000	+15.4	γ-鳞石英→β-鳞石英	117	+0.2
α-石英→石英玻璃	1000	+15.5	β-鳞石英→α-鳞石英	163	+0.2
石英玻璃→α-方石英	1000	−0.9	β-方石英→α-方石英	150	+2.8

近年来，随着高压实验技术的进步又相继发现了新的二氧化硅变体，如杰石英（keatite）、柯石英（coesite）和超石英（stishovite）等。它们是以发现者的名字来命名的，在一定的温度和压力下可以互相转变。因此，SiO_2 系统是具有复杂多晶转变的单元系统。

下面主要介绍常压下有矿化剂存在时 SiO_2 系统的相平衡。

(2) **SiO_2 的相平衡** 芬奈（Fenner）研究了 SiO_2 各变体间的相互转变情况，并作出 SiO_2 的相图。芬奈是在长时间地加热细粉碎的石英，并且加有矿化剂钨酸钠 $Na_2WO_4 \cdot H_2O$

的情况下，对 SiO_2 进行相平衡研究的。

芬奈给出的 SiO_2 系统相图如图 6-17 所示。斯契克（H. L. Schick）估计 SiO_2 在 101.325kPa 的空气中，1727℃时的分压为 0.101325Pa，3327℃时才达到 101.325kPa。说明 SiO_2 蒸气压极小，所以图中的纵轴不表示实际压力数值，画出来的曲线仅表示在温度变化时压力变化的趋势。此外，只在有微量杂离子存在时才形成鳞石英，也就是说，纯 SiO_2 多晶转变时，没有转变成鳞石英的过程。对于纯 SiO_2 系统，石英-方石英的转变温度是 1025℃。

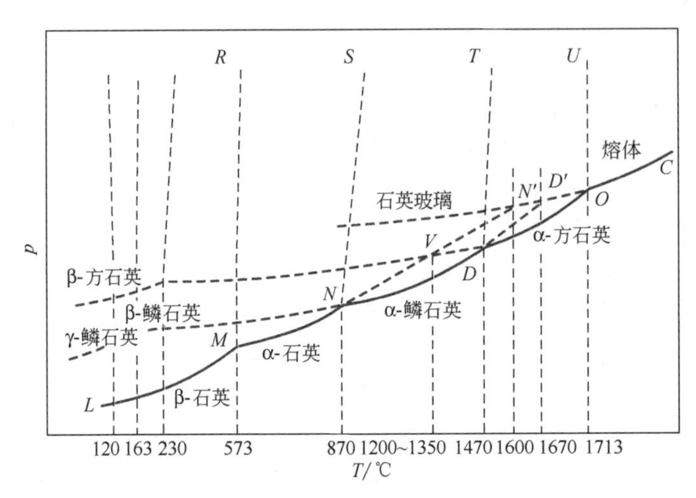

图 6-17　SiO_2 系统相图

由 SiO_2 相图可见，忽略压力的影响，在 573℃以下，只有 β-石英是热力学稳定的变体，这说明在自然界或在低温时最常见的是 β-石英。当温度达到 573℃时，β-石英很快地转变为 α-石英。α-石英继续加热到 870℃应转变为 α-鳞石英，但因这一类转变速度较慢，当加热速度较快时，就可能过热，到 1600℃时熔融。如果加热速度慢，使在平衡条件下转变，α-石英就转变为 α-鳞石英，且稳定的温度一直可达到 1470℃。同样，按平衡条件 α-鳞石英在 1470℃将转变为 α-方石英，否则也将过热，在 1670℃熔融。不论是 α-鳞石英，还是 α-方石英，当冷却速度不够慢时，都将按不平衡条件转化为它们自身的低温形态，这些低温形态（β-鳞石英、γ-鳞石英、β-方石英）虽处于介稳状态，但由于它们转变为稳定状态的速度极慢，因此仍能长期保持自己的形态。

SiO_2 的实际多晶转变过程并不完全遵循 SiO_2 相图中的变化。例如制造硅砖时，β-石英在加热过程中，并不按顺序地依次转变为 α-石英、α-鳞石英，再转变为 α-方石英，而是在 1200～1350℃时，直接从 α-石英转变为方石英的中间介稳状态（称为偏方石英）。特别是不加矿化剂时，α-石英先转变为偏方石英，后转变为 α-方石英。只有在矿化剂存在时，进一步加热至 1400～1470℃时，介稳的方石英才转变为 α-鳞石英，然后在 1470℃以上再转变为 α-方石英。这种实际转变过程与相图的偏差，是由于 α-石英转变为 α-鳞石英的速度很慢引起的。从结晶化学观点来看，则可以从 SiO_2 各变体的结构特点得到解释。由于石英与方石英的结构较之石英与鳞石英的结构更为相似，所以石英转变为方石英时不需要硅氧四面体围绕对称轴对着另一个四面体回转，而为了获得鳞石英的结构，这种回转则是必需的。显然，前一种转变速度要快得多。因此，在 SiO_2 的实际多晶转变过程中有偏方石英产生。由此可知，相图中的规律是从热力学平衡角度来推导和考虑问题的，它只考虑转变过程的方向和限度，而不考虑过程的动力学速度问题，在实际转变过程上的差异正是由此引起的，这在应用相图时必须注意。

(3) SiO_2 相图的实际应用

① 硅质耐火材料的制备 SiO_2 相图在实际生产上有着重要的实用意义，硅质耐火材料的生产和使用就是一例。硅砖是由97%～98%的天然石英或砂岩与2%～3%的CaO，分别粉碎成一定颗粒级配，混合成形，经高温烧成。根据相图和表6-1所列 SiO_2 多晶转变时的体积变化可知，在各 SiO_2 变体的高低温型的转变中，方石英之间的体积变化最为剧烈(2.8%)，石英次之(0.82%)，而鳞石英之间的体积变化最微弱(0.2%)。因此，为了获得稳定的致密硅砖制品，就希望硅砖中含有尽可能多的鳞石英，而方石英晶体越少越好。这也就是硅砖烧成过程的实质所在。因此，根据 SiO_2 相图可以确定为此目的所必需的合理烧成温度和烧成制度（升温和冷却曲线）。例如为了防止制品“爆裂”，在接近β-石英转变为α-石英的温度范围（573℃）和α-石英转变为介稳的偏方石英的温度范围（1200～1350℃）等，必须谨慎控制升温和降温速度。此外，为了缓冲由于α-石英转变为偏方石英时所伴随的巨大体积效应所产生的应力，故在硅砖生产上往往加入少量矿化剂（杂质），如Fe、Mn、Ca的氧化物，使之在1000℃左右先产生一定量的液相（5%～7%），以促进α-石英转变为α-鳞石英。铁的氧化物之所以能促进石英的转化，是因为方石英在易熔的铁硅酸盐中的溶解度比鳞石英的大，所以在硅砖烧成过程中石英和方石英不断溶解，而鳞石英不断从液相中析出。

硅砖常用作冶金炉、玻璃或陶瓷窑炉的窑顶或胸墙的砌筑材料。尽管在硅砖生产中采取了各种措施促使鳞石英的生成，但硅砖中总还会残存一部分方石英。由于残留方石英的多晶转变，常会引起窑炉砌砖炸裂。因此，在使用由硅质耐火材料砌筑的新窑点火时，应根据 SiO_2 相图来制定合理的烘炉升温制度，以防止砌砖炸裂。

综上所述，根据 SiO_2 相图，对硅质耐火材料的制备和使用可得出如下几条原则：a.根据降温和升温时的体积变化，选定以鳞石英为主晶相，烧成温度在870～1470℃之间选择一恰当温度，一般取中间偏高，并应有较长的保温期和加矿化剂以保证充分鳞石英化；b.烧成之后降温可以加快，使其按α-鳞石英→β-鳞石英→γ-鳞石英变化；c.在使用时，烤窑过程中应在120℃、163℃、230℃、573℃均有所注意，要缓慢进行，在573℃以后可加快升温速度；d.该种材料在870～1470℃温度范围内使用较为适宜。

② 对压电材料制备的指导作用 在32个点群中，凡是具有对称中心的没有压电性，而没有对称中心的有压电性。通过X射线结构分析得知，α-方石英的点群是 $O_h=m3m$（即 $3L_4^4L_6^36L^29PC$），β-石英的点群是 $D_3=32$（即 L^33L^2）。显然，α-方石英有对称中心，而β-石英没有对称中心，因而β-石英具有压电性。

制备 SiO_2 单晶，一种方法是采用恰克洛斯基法（即提拉法）。该方法是将 SiO_2 熔融，在1713℃附近籽晶提拉，根据相图，这样得到的必是α-方石英。如果按一般冷却速度降温，得到的最后产物是β-方石英。虽然β-方石英的点群符号是 $D_2=222$（即 $3L^2$），应具有压电性，但由于α-方石英到β-方石英的转变过程伴随有较大的体积变化（$\Delta V=2.8\%$），在降温过程必然很容易开裂。而且从相图看到β-方石英在室温下毕竟是一种亚稳相，从热力学的角度看它最终是要转变为最稳定的相，即β-石英。所以从各方面考虑，不采用恰克洛斯基法来制备单晶，而是利用水热合成的方法直接培养β-石英。水热合成法制备 SiO_2 单晶装置示意图如图6-18所示。将石英的

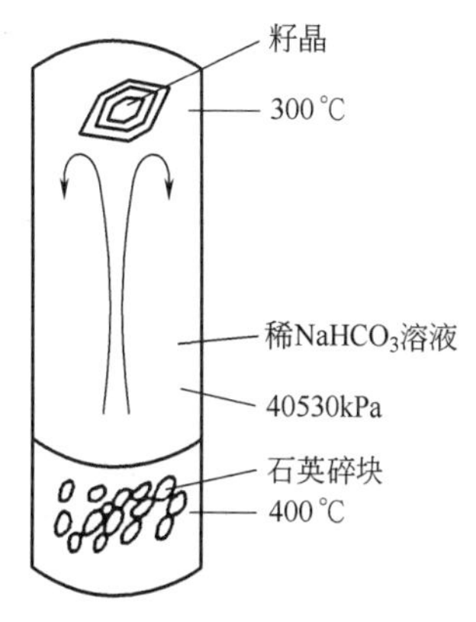

图6-18 水热合成法制备 SiO_2 单晶装置示意图

籽晶挂在高压釜上端，保持温度在300℃左右，底部是无定形二氧化硅石英碎块，保持温度在400℃左右。整个高压釜内压力是40530kPa，并充有稀$NaHCO_3$溶液。由于底部温度高，又是无定形二氧化硅，所以溶解度大，这些溶解了的SiO_2随着上下温差所造成的热对流上升到上部，在上部由于温度低，溶解度减小出现过饱和，于是在籽晶周围生长，长大成一块大的SiO_2单晶。由于温度是在573℃以下进行（虽然压力是40530kPa，但α-石英和β-石英的转变曲线几乎是直立，而且是向高温方向偏斜），所以生长出的单晶一定是β-石英，具有良好的压电性能，并且是常温下热力学最稳定的相。

6.2.2.2 C_2S系统相图

硅酸二钙（$2CaO \cdot SiO_2$，缩写为C_2S）是硅酸盐水泥熟料中重要的矿物组成之一，其多晶转变对水泥生产具有重要的指导意义。同时在碱性矿渣及石灰质耐火材料中都含有大量的C_2S。过去一般认为C_2S有α-C_2S、α'-C_2S、β-C_2S、γ-C_2S四种晶型，后来发现α'-C_2S有高温（α'_H-C_2S）和低温（α'_L-C_2S）两种晶型，其相互转变温度约为1160℃，故C_2S有α、α'_H、α'_L、β和γ五种晶型。常温下的稳定相是γ-C_2S，介稳相是β-C_2S。C_2S的各种晶型之间的转变关系如下：

$$\gamma\text{-}C_2S \underset{}{\overset{725℃}{\rightleftharpoons}} \alpha'_L\text{-}C_2S \overset{1160℃}{\rightleftharpoons} \alpha'_H\text{-}C_2S \overset{1420℃}{\rightleftharpoons} \alpha\text{-}C_2S \overset{2130℃}{\rightleftharpoons} \text{熔体}$$

$$\alpha'_L\text{-}C_2S \overset{670℃}{\rightleftharpoons} \beta\text{-}C_2S \overset{525℃}{\longrightarrow} \gamma\text{-}C_2S$$

可以看出，加热时多晶转变的顺序是γ-C_2S→α'_L-C_2S→α'_H-C_2S→α-C_2S。但冷却时多晶转变的顺序是α-C_2S→α'_H-C_2S→α'_L-C_2S→β-C_2S→γ-C_2S。α'_L-C_2S平衡冷却时在725℃可以转变为γ-C_2S。但通常是过冷到670℃左右转变为β-C_2S。这是由于α'_L-C_2S与β-C_2S在结构和性质上非常相近，转变更容易，而α'_L-C_2S与γ-C_2S则相差较大的缘故（表6-2）。

表6-2 α'_L-C_2S、β-C_2S、γ-C_2S结构及特性

晶型	结构类型	单位晶胞轴长/nm	X射线特征谱线	密度/(g/cm^3)	N_g	N_p
α'_L-C_2S	与低温型K_2SO_4结构相似(略有变形)	a=1.880 b=1.107 c=0.685	d=2.78,2.76,2.72	3.14	1.737①	1.715①
β-C_2S	与低温型K_2SO_4结构相似(略有变形)	a=0.928 b=0.548 c=0.676	d=2.778,2.740,2.607	3.20	1.735	1.717
γ-C_2S	橄榄石结构	a=0.5091 b=0.6782 c=1.1371	d=3.002,2.728,1.928	2.94	1.654	1.642

① 此处为α'-C_2S的（未区别α'_L和α'_H）。

表中单位晶胞轴长，α'_L-C_2S与β-C_2S的c轴相近，a轴与a轴、b轴与b轴接近为倍数关系，而α'_L-C_2S与γ-C_2S相差较大。X射线特征谱线（列出衍射最强的三根）的d值α'_L-C_2S与β-C_2S较接近，而与γ-C_2S相差较大。d值相差较大，晶面指数不同，说明晶体（结构）形状不同。另外，结构类型和密度、光学指数N_g、N_p，其α'_L-C_2S与β-C_2S相同或相近，而α'_L-C_2S与γ-C_2S不同或相差较大。

从上述可知，结构和性质方面α'_L-C_2S与β-C_2S非常相近，而α'_L-C_2S与γ-C_2S相差较大，所以α'_L-C_2S常常转变为β-C_2S。β-C_2S的能量高于γ-C_2S，处于介稳状态，有自发转变

成 γ-C_2S 的趋势，转变从 525℃开始，这一转变是不可逆的。

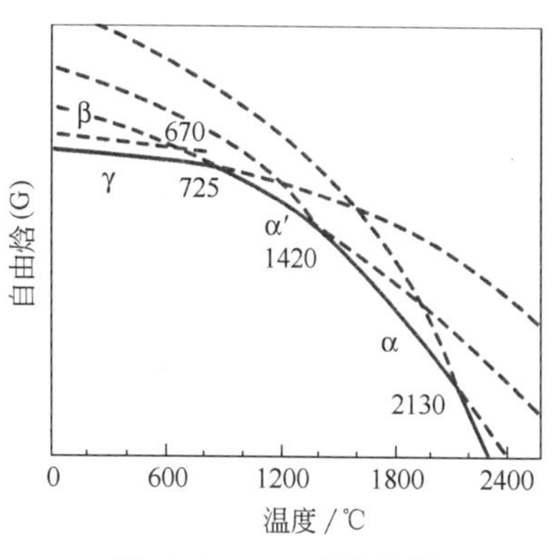

图 6-19 C_2S 系统相图

图 6-19 给出 C_2S 系统相图，图中 α'-C_2S 未分高、低温型。在水泥熟料中希望 C_2S 是以 β 晶型存在的，而且要防止介稳的 β-C_2S 向稳定的 γ-C_2S 转化。这是因为 β-C_2S 具有胶凝性质，而 γ-C_2S 没有胶凝性质。此外，β-C_2S 向 γ-C_2S 转化时，发生体积膨胀（约增大 9%）使 C_2S 晶体粉碎，在生产上出现水泥熟料粉化，水泥熟料中如果发生这一转变，水泥质量就会下降。为了防止这种转变，在烧制硅酸盐水泥熟料时，必须采用急冷工艺，使 β-C_2S 来不及转变为 γ-C_2S，以 β-C_2S 型过冷的介稳状态存在下来。也可以采用加入少量稳定剂（如 P_2O_5、Cr_2O_3、V_2O_5、BaO、Mn_2O_3 等）的方法。稳定剂能溶入 β-C_2S 的晶格内，与 β-C_2S 形成固溶体，使其晶格稳定，防止 β-C_2S 转变成 γ-C_2S，并在常温下长期存在。

6.2.2.3 ZrO_2 系统相图

ZrO_2 在现代科学技术中的应用越来越广泛，归纳起来主要有以下三方面原因：①是最耐高温的氧化物之一，熔点达到 2680℃，具有良好的热化学稳定性，可做超高温耐火材料制作熔炼某些金属（如钾、钠、铝、铁等）的坩埚；②二氧化锆作为一种高温固体电解质可用来做氧敏传感器，利用其高温导电性能还可做高温发热元件；③利用 ZrO_2 作为原料，可以生产无线电陶瓷，在高温结构陶瓷中使用适当可起到增韧作用。

ZrO_2 系统相图如图 6-20 所示，有三种晶型，常温下稳定的为单斜 ZrO_2，高温下稳定的为立方 ZrO_2，它们之间的多晶转变如下：

$$\text{单斜 } ZrO_2 \underset{1000℃}{\overset{1200℃}{\rightleftharpoons}} \text{四方 } ZrO_2 \overset{2370℃}{\rightleftharpoons} \text{立方 } ZrO_2$$

图 6-21 为 ZrO_2 的热膨胀曲线，由图可见，当温度升高到近 1200℃时，单斜多晶转变成四方晶型（转变温度受到 ZrO_2 中杂质的影响），并伴有 5%的体积收缩和 5936J/mol 的吸热效应。这个过程不但是可逆的，而且转变速度很快。从图 6-21 的热膨胀曲线及图 6-5 的差热曲线也可以发现在加热过程中，由单斜转变成四方 ZrO_2 的温度（约 1200℃）和冷却过程中，后者可逆地转化成前者的温度（约 1000℃）并不一致。也就是说，出现了多晶转变中常见的滞后现象。

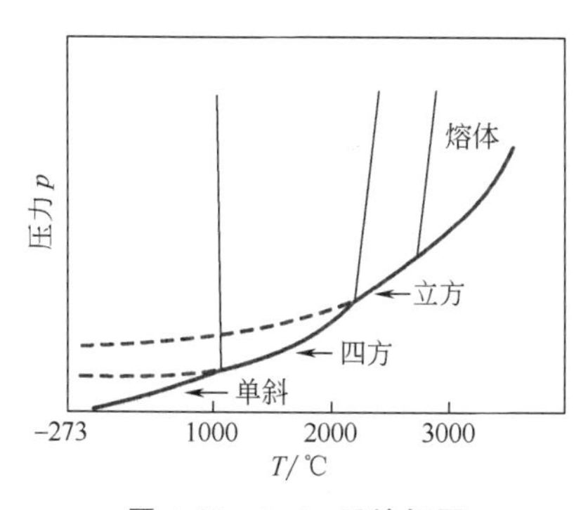

图 6-20 ZrO_2 系统相图

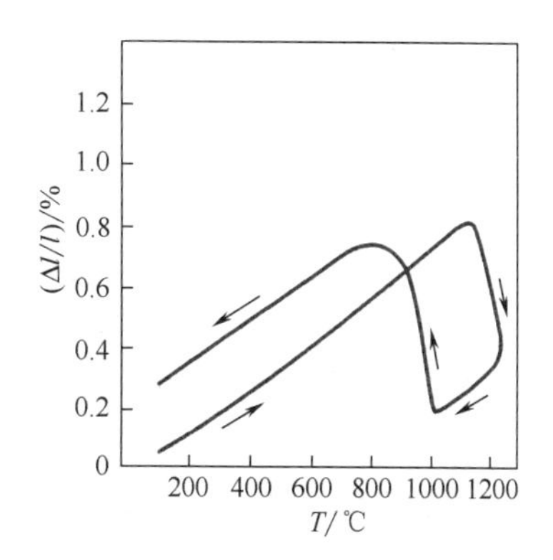

图 6-21 ZrO_2 的热膨胀曲线

由于 ZrO_2 晶型转化伴有较大的体积变化，因此在加热或冷却纯 ZrO_2 制品过程中会引起开裂，这样就限制了直接使用 ZrO_2 的范围。为了抑制其晶型转化，不使制品开裂，必须向 ZrO_2 中添加外加物，使其稳定成立方晶型 ZrO_2（固溶体）。外加物通常都选择氧化物，例如 CaO、MgO、Y_2O_3、La_2O_3、CeO_2 和 ThO_2 等。应用最广的为 CaO 和 Y_2O_3。在纯 ZrO_2（ZrO_2 含量>99%）中加入 6%～8%CaO 或 15%Y_2O_3，就可使 ZrO_2 完全稳定成立方 ZrO_2（称为完全稳定 ZrO_2），不再出现单斜 ZrO_2，因而也就有效地防止了制品出现开裂的现象。

近年来的研究发现，ZrO_2 晶型变化所伴随的体积变化还有可以利用的一面。目前在文献中经常提到的部分稳定二氧化锆材料（partially stabilized zirconia，PSZ）就是利用 ZrO_2 的部分相变来起到增韧的作用。这种 PSZ 材料制作方法简述如下：通过添加 CaO 和 Y_2O_3 在高温下合成稳定的立方晶 ZrO_2。然后，在四方晶稳定的温度范围内进行热处理，析出微细的四方晶，形成立方晶与四方晶两相混合的陶瓷，即所谓部分稳定立方晶材料。这种材料的增韧机理是：含有部分四方相 ZrO_2 的陶瓷在受到外力作用时微裂纹尖端附近产生张应力，松弛了四方相 ZrO_2 所受的压应力，微裂纹表面有一层四方相转变到单斜相。由于相变而产生 5%左右体积膨胀和剪切应变均导致压应力，不仅抵消外力所造成的张应力，而且阻止进一步相变，相变时，裂缝尖端能量被吸收，这能量是裂纹继续扩展所需要的能量，使得裂纹不能再扩展到前方的压应力区，裂纹的扩展便停止，从而提高了陶瓷的断裂韧性和强度。

6.2.2.4 金刚石相图

石墨和金刚石都是碳的不同变体。金刚石是自然界最硬的物质，广泛应用于研磨、抛光、切割、钻探等行业。因此金刚石和冶金、煤炭、石油、机械、光学仪器、玻璃陶瓷、电子工业和空间技术等的发展都有紧密的关系。天然金刚石资源很少，开采也有限，只有在人造金刚石出现后，金刚石才得到广泛的应用。图 6-22 是 C 在高温高压下的相图。从相图可以看出，稳定金刚石要采用高温高压技术由石墨转变获得。如果有金属催化剂（如钴），可以大大加速这种转变。

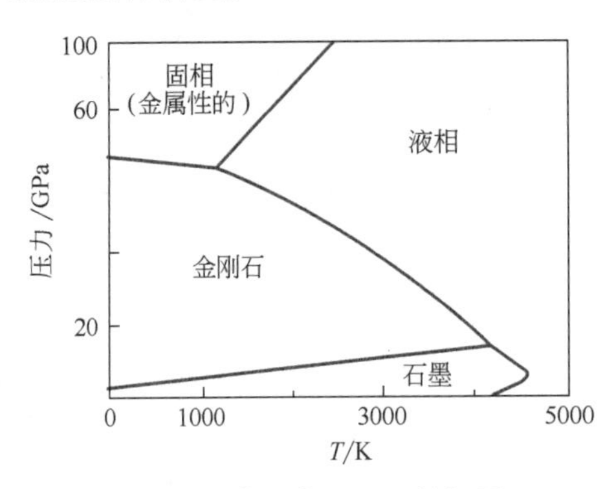

图 6-22 高温高压下 C 的相图

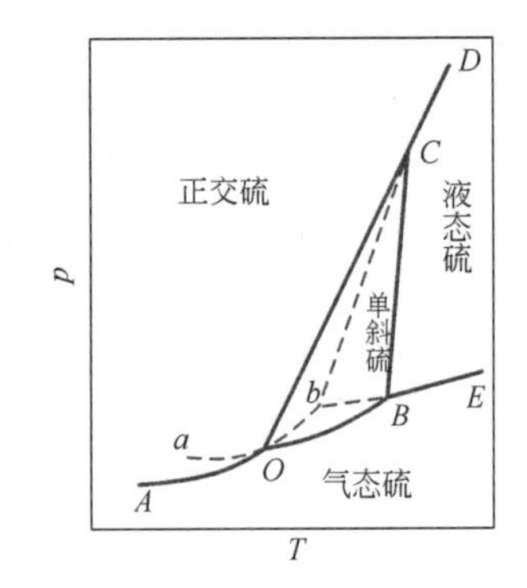

图 6-23 硫的相图

6.2.2.5 硫的相图

硫有两种变体：正交硫和单斜硫。在普通温度下硫的相图如图 6-23 所示，分为四个相区，即正交硫、单斜硫、气态硫和液态硫。在这些相区中，$P=1$，$C=1$，$F=2$。两相平衡线 AO、OB、BE、OC、BC 和 CD 上，$P=2$，$C=1$，$F=1$。压力和温度两因素中只要一个因素确定了，另一个因素则随之固定。虚线为介稳的相平衡线。

O、B、C 为三相平衡点，$F=0$。b 是正交硫、液态硫和气态硫的介稳三相点，在这点上正交硫和液态硫都处于介稳态，其蒸气压比单斜硫蒸气压高。b 点是正交硫的亚稳熔点，比稳定晶型的熔点低。图中各点的温度为：O 点 95.5℃，B 点 120℃，b 点 115℃，C 点 151℃（130.506MPa）。

6.3 二元系统

二元系统是含有两个组元（$C=2$）的系统，如 CaO-SiO_2 系统、Na_2O-SiO_2 系统等。根据相律 $F=C-P+2=4-P$，由于所讨论的系统至少应有一个相，所以系统最大自由度数为 3，即独立变量除温度、压力外，还要考虑组元的浓度。对于三个变量的系统，必须用三个坐标的立体模型来表示。但是，在通常情况下，对于凝聚系统可以不考虑压力的改变对系统相平衡的影响，此时相律可用 $F=C-P+1$ 表示。

在后面所要讨论的二元、三元、四元系统，如果没做特别说明，都是指凝聚系统。对于二元凝聚系统，$C=2$，相律为：

$$F=C-P+1=3-P$$

当 $P_{min}=1$ 时，$F_{max}=2$；当 $F_{min}=0$ 时，$P_{max}=3$。可见，在二元凝聚系统中平衡共存的相数最多为 3，最大自由度数为 2。这两个自由度就是指温度（T）和两组元中任一组元的浓度（X）。因此二元凝聚系统相图仍然可以用平面图来表示，即以温度-组成图表示。

6.3.1 二元系统相图的表示方法及杠杆规则

6.3.1.1 相图表示方法

二元系统相图中横坐标表示系统的组成，因此又称组成轴。纵坐标表示温度，又称温度轴。组成轴的两个端点分别表示两个纯组元，中间任意一点都表示由这两个组元组成的一个二元系统。假设二元系统由 A、B 两组元构成，则两个端点 A 和 B 分别表示纯 A 和纯 B。组成轴分为 100 等份，从 A 点到 B 点，B 的含量由 0 增加到 100%，A 的含量由 100%减少到 0；从 B 点到 A 点则相反，B 的含量由 100%减少到 0，A 的含量由 0 增加到 100%（图 6-24）。A、B 之间的任意点都是由 A、B 组成的二元系统，如图中的 m 点是由 30%的 A 和 70%的 B 组成的二元系统。在相图中，组成可以用质量分数表示，也可以用摩尔分数表示，其图形有明显差别，应加以注意。

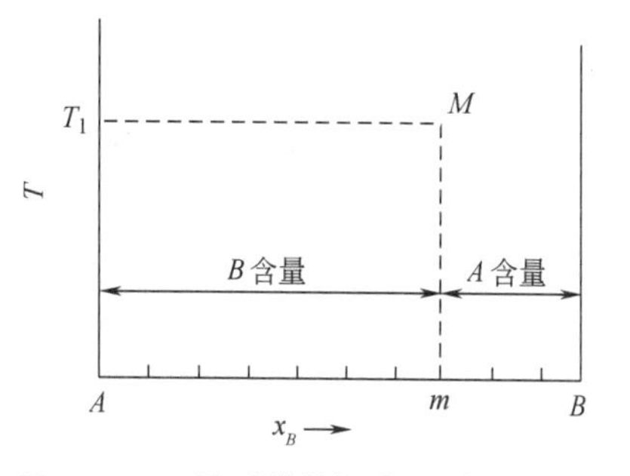

图 6-24 二元系统的温度-组成坐标图

相图中的任意一点既代表一定的组成，又代表系统所处的温度，如 M 点表示组成为 30%的 A 和 70%的 B 的系统处于 T_1 温度。由于在二元凝聚系统中温度和组成一定，系统的状态就确定了，所以相图中的每一点都和系统的一个状态相对应，即为状态点。

6.3.1.2 杠杆规则

杠杆规则是相图分析中一个重要的规则，它可以计算在一定条件下，系统中平衡各相间的数量关系。

假设由 A 和 B 组成的原始混合物（或熔体）的组成为 M，在某一温度下，此混合物分成两个新相，两相的组成分别为 M_1 和 M_2（图 6-25）。若组成为 M 的原始混合物含 B 为

$b\%$，总质量为 G；新相 M_1 含 B 为 $b_1\%$，质量为 G_1；新相 M_2 含 B 为 $b_2\%$，质量为 G_2。因为分解前后的总量不变，所以：

$$G=G_1+G_2 \tag{6-5}$$

原始混合物中 B 的质量为 $Gb\%$，新相 M_1 中 B 的质量为 $G_1b_1\%$，新相 M_2 中 B 的质量为 $G_2b_2\%$。

所以：

$$Gb\%=G_1b_1\%+G_2b_2\%$$

将式（6-5）代入，得：

$$(G_1+G_2)b\%=G_1b_1\%+G_2b_2\%$$

$$G_1(b-b_1)=G_2(b_2-b) \quad 或 \quad \frac{G_1}{G_2}=\frac{b_2-b}{b-b_1} \tag{6-6}$$

由图 6-25 可知，$b_2-b=MM_2$，$b-b_1=MM_1$，所以：

$$\frac{G_1}{G_2}=\frac{MM_2}{MM_1} \tag{6-7}$$

两个新相 M_1 和 M_2 在系统中的含量则为：

$$\frac{G_1}{G}=\frac{MM_2}{M_1M_2} \tag{6-8}$$

$$\frac{G_2}{G}=\frac{MM_1}{M_1M_2} \tag{6-9}$$

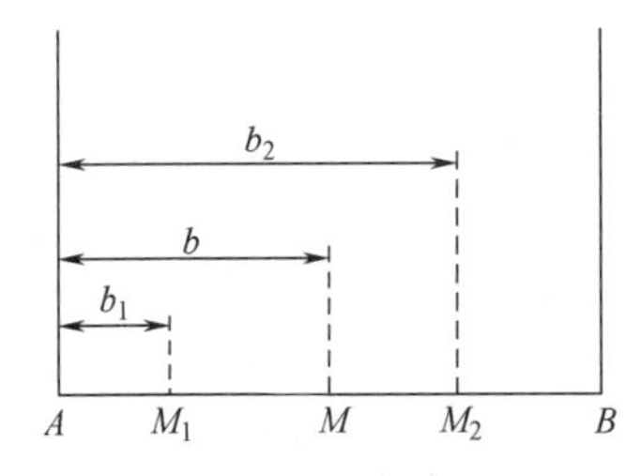

图 6-25 杠杆规则示意图

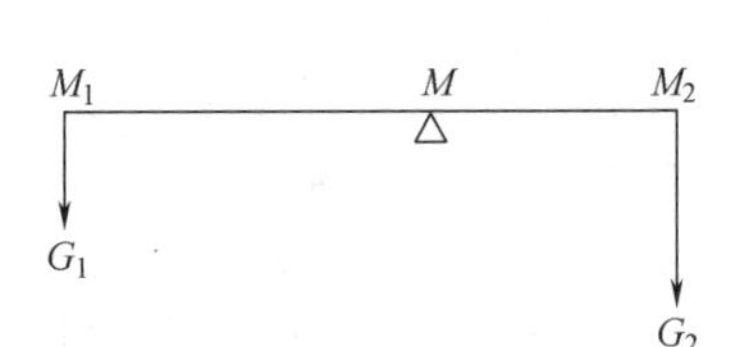

图 6-26 杠杆示意图

式（6-7）表明，如果一个相分解为两个相，则生成的两个相的数量与原始相的组成点到两个新生相的组成点之间线段成反比。此关系式与力学上的杠杆很相似，如图 6-26 所示，M 点相当于杠杆的支点，M_1 和 M_2 则相当于两个力点，因此称为杠杆规则。可以看出，系统中平衡共存的两相的含量与两相状态点到系统总状态点的距离成反比。即含量越多的相，其状态点到系统总状态点的距离越近。使用杠杆规则的关键是要分清系统的总状态点，成平衡的两相的状态点，找准在某一温度下，它们各自在相图中的位置。

6.3.2 二元系统相图的基本类型

6.3.2.1 具有一个低共熔点的二元系统相图

这类系统的特点是：两个组元在液态时能以任意比例互溶，形成单相溶液；固相完全不互溶，两个组元各自从液相分别结晶；组元间不生成化合物。这种相图是最简单的二元系统相图。

图 6-27 是最简单的（具有一个低共熔点的）二元系统相图。铝方柱石即铝黄长石（$2CaO \cdot Al_2O_3 \cdot SiO_2$）-钙长石（$CaO \cdot Al_2O_3 \cdot 2SiO_2$）系统相图就是属于这种类型。

（1）**相图分析** 图 6-27 示出一个最简单的二元系统相图。图中的 a 点是纯组元 A 的熔点，b 点是纯组元 B 的熔点。aE 线是组成不同的高温熔体在冷却过程中开始析出 A 晶相的温度的连线，在这条线上液相和 A 晶相两相平衡共存。bE 线是不同组成的高温熔体冷却过程中开始析出 B 晶相的温度的连线，线上液相和 B 晶相两相平衡共存。aE 线、bE 线都称为液相线，分别表示不同温度下的固相 A、B 和相应的液相之间的平衡，实际上也可以理解为由于第二组元加入而使熔点（或凝固点）变化的曲线。根据相律，在液相线上，$P=2$，$F=1$。通过 E 点的水平线 GH 称为固相线，是不同组成的熔体结晶结束温度的连线。两条液相线和固相线把整个相图分为四个相区。液相线以上的区域是液相的单相区，用 L 表示，在单相区内，$P=1$，$F=2$。液相线和固相线之间的两个相区 aEG 和 bEH 分别为 A 晶相和液相平衡共存（$L+A$）以及 B 晶相和液相平衡共存（$L+B$）的二相区，在该两区域内的液相组成可用结线（等温线）与对应曲线的交点决定。图 6-27 中的 FD 线表示温度在 T_D 时的 A 晶相与该温度下组成为 D 的液相平衡。固相线以下的区域是 A 晶相和 B 晶相平衡共存（$A+B$）的相区。在两相平衡共存的相区内，$P=2$，$F=1$。两条液相线与固相线的交点 E 称为低共熔点。在这点上，组成为 E' 的液相与 A 晶相、B 晶相三相平衡并存，其平衡关系为 $L_E \rightleftharpoons A+B$。就是说，冷却时液相在 E 点，按 E' 点的 A、B 比例同时析出 A 晶相和 B 晶相；加热时按 E' 点的 A、B 比例，A 晶相和 B 晶相共同熔融成组成为 E' 的液相。这是系统加热时熔融成液相的最低温度，称为低共熔点，在该点析出的固体混合物称为低共熔混合物。在 E 点，相数 $P=3$，自由度数 $F=0$，表示系统的温度和液相的组成都不能变，故 E 点是二元无变量点。在此点，当系统被加热或冷却时，只是引起液相对固相的比例量的增加或减少，温度和组成没有变化。

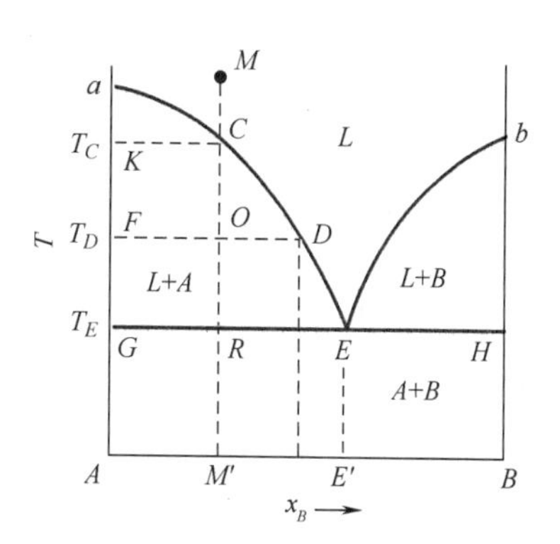

图 6-27 具有一个低共熔点的二元系统相图

（2）**熔体的冷却析晶过程** 所谓熔体的冷却析晶过程，是指将一定组成的二元混合物加热熔化后再将其平衡冷却而析晶的过程。通过对平衡冷却析晶过程的分析可以看出系统的平衡状态随温度的改变而变化的规律。

以组成为 M' 的熔体的冷却析晶过程为例。组成为 M' 的二元混合物加热成为高温熔体后处于液相区内的 M 点，将此高温熔体进行平衡冷却。在温度下降到 T_C 以前，系统为双变量，说明在系统组成已确定的情况下，改变系统的温度不会导致新相的出现。由于系统组成已定，故系统的状态点只能沿着等组成线（MM'）变化。当熔体温度下降到 T_C 时，液相开始对组元 A 饱和，从液相中开始析出 A 晶相（$L \longrightarrow A$），系统由单相平衡状态进入二相平衡状态。由于析出的是纯 A，所以固相的状态点应在 K 点。同时因 A 的析出，液相的组成发生变化。随着温度的下降，液相组成沿着 aE 线由 C 点向 E 点变化，也就是说，向液相中组元 B 含量增加的方向变化。这时，$P=2$，$F=1$。当温度到达 T_E 时，液相组成到达 E 点，固相的状态点由 K 点到达 G 点，此时液相不仅对 A 晶相饱和，而且对 B 晶相也达到饱和，因而将从液相中按 E 点组成中 A 和 B 的比例同时析出 A 晶相和 B 晶相（$L \longrightarrow A+B$）。由于系统中三相平衡共存，$P=3$，$F=0$，因此，系统的温度和液相的组成都不能变。但随着析晶过程的进行，液相量在不断地减少。由于有 B 晶相析出，固相的组成不再停在 G 点，而由 G 点向 R 点变化，当最后一滴液体消失时，固相组成到达 R 点，与系统的状态点重合。液相消失，析晶过程结束，析晶产物为 A 和 B 两个晶相。由于系统中只剩下 A、B 两种晶相，$P=2$，$F=1$，温度又可以继续下降了。

上述析晶过程中固、液相的变化途径可用下列式子表示出来：

$$液相：\quad M \xrightarrow[F=2]{L} C \xrightarrow[F=1]{L\longrightarrow A} E\left(\begin{matrix} L\longrightarrow A+B \\ F=0, L\ 消失 \end{matrix}\right)$$

$$固相：\quad K \xrightarrow{A} G \xrightarrow{A+B} R$$

若是加热，则和上述过程相反。当系统温度升高到 T_E 时才出现液相，液相组成为 E。因为 $P=3$，$F=0$，系统为无变量，所以系统的温度维持在 T_E 不变，A 和 B 两晶相的量不断减少。E 组成的液相量不断增加。当 B 晶相全部熔融后，系统中两相平衡共存，成为单变量，温度才能继续上升，此时 A 晶相的量继续减少，液相组成沿着 aE 线向 a 点变化。当温度到达 T_C 时，A 晶相也完全熔融，系统全部成为熔体。

熔体 M 的冷却析晶过程具有普遍性，只是如果熔体的组成点在 B 点和 E' 点之间时，冷却时首先析出的应是 B 晶相。

由以上的冷却析晶过程可以看出，在这类最简单的二元系统中：凡是组成在 AE' 范围内的熔体，冷却到析晶温度时首先析出 A 晶相；凡是组成在 BE' 范围内的熔体，冷却到析晶温度时首先析出的是 B 晶相。所有的二元熔体冷却时都在 E 点结晶结束，产物都是 A 晶相和 B 晶相，只是 A、B 的比例不同而已。在整个析晶过程中，尽管组元 A 和组元 B 在固相与液相间不断转移，但仍在系统内，不会逸出系统外。因而系统的总组成是不会改变的，系统总的状态点只沿着原始熔体的等组成线变化，而且成平衡的两相的状态点始终与总状态点在一条水平线上，并分别在其左右两边。

（3）冷却析晶过程中各相含量的计算　在图 6-27 所给出的最简单的二元系统相图中，M 熔体冷却到 T_D 时，系统中平衡共存两相是 A 晶相和液相。这时，系统的总状态点在 O 点，A 晶相的状态点在 F 点，液相在 D 点。根据杠杆规则：

$$\frac{固相(A)量}{液相量}=\frac{OD}{OF}$$

则系统中：

$$A\%=\frac{OD}{FD}\times100\%，\ L\%=\frac{OF}{FD}\times100\%$$

冷却过程当液相的状态点刚到 E 点，固相的状态点为 G 点时，由于 B 晶相尚未析出，系统中仍然是 A 晶相和液相两相平衡共存，此时，根据杠杆规则：

$$A\%=\frac{RE}{GE}\times100\%，\ L\%=\frac{RG}{GE}\times100\%$$

当液相在 E 点消失后，系统中平衡共存的是 A 晶相和 B 晶相，这两相的含量则分别为：

$$A\%=\frac{M'B}{AB}\times100\%，\ B\%=\frac{M'A}{AB}\times100\%$$

杠杆规则不但适用于一相分为两相的情况，同样也适用于两相合为一相的情况。甚至多相系统中，都可以利用杠杆规则，根据已知条件计算平衡共存的各相的相对数量及百分含量。

因此，我们可以应用相图确定配料组成一定的制品，在不同的状态下所具有的相组成及其相对含量，以预测和估计产品的性能。这对指导生产和研制新产品具有重要意义。

6.3.2.2 具有一个一致熔融化合物的二元系统相图

一致熔融（或称同成分熔融）化合物是一种稳定的化合物，与正常的纯物质一样具有固定的熔点，加热这样的化合物到熔点时，即熔化为液态，所产生的液相与化合物的晶相组成相同。由于这种化合物有确定的同成分熔点，并且此熔点在加入其他任一纯组元时会降低，直到和两边纯组元的液相线相交得到两个低共熔点 E_1、E_2 为止。这类系统的典型相图如图

6-28 所示，组元 A 和组元 B 生成一个一致熔融化合物 A_mB_n，M 点是该化合物的熔点。曲线 aE_1 是组元 A 的液相线，bE_2 是组元 B 的液相线，E_1ME_2 则是化合物 A_mB_n 的液相线。一致熔融化合物在相图上的特点是化合物组成点位于其液相线的组成范围内，即化合物 A_mB_n 的等组成线 A_mB_n-M 与液相线相交，交点 M（化合物的熔点）是液相线上的温度最高点。因此，A_mB_n-M 线将此相区分成两个最简单的分二元系统。E_1 是 A-A_mB_n 分二元系统的低共熔点，在这点上进行的过程是 $L_{E_1} \rightleftharpoons A + A_mB_n$，凡是组成在 A-A_mB_n 范围内的原始熔体都在 E_1 点结晶结束，结晶产物为 A 和 A_mB_n 两种晶相。E_2 点是 A_mB_n-B 分二元系统的低共熔点，在这点上进行的过程是 $L_{E_2} \rightleftharpoons A_mB_n + B$，凡组成在 A_mB_n-B 范围内的熔体都在 E_2 点结晶结束，结晶产物是 A_mB_n 和 B 两种晶相。其结晶路程（固、液相的变化途径）与最简单的二元系统完全相同。整个相图可看成是由两个最简单的低共熔类型相图所组成。因此，当复杂系统中存在 n 个一致熔融化合物时，只要以一致熔融化合物的等组成线为分界线，便能将该复杂相图划分成 $n+1$ 个简单系统，则问题的讨论就显得简单而容易了。

一致熔融化合物若是一个非常稳定的化合物，甚至在熔融时也不离解，那么相应的液相线就会出现尖峭高峰形（见图 6-28 的 M' 点），若化合物部分分解时，熔化温度将降低，则化合物越不稳定，最高点也越平滑（见图 6-28 的 M 点）。

硅灰石（$CaO \cdot SiO_2$）和镁橄榄石（$2MgO \cdot SiO_2$）便是一致熔融化合物。

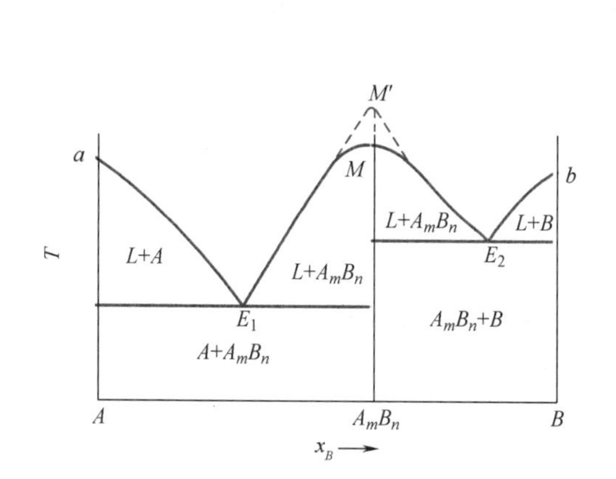

图 6-28 具有一个一致熔融化合物的二元系统相图

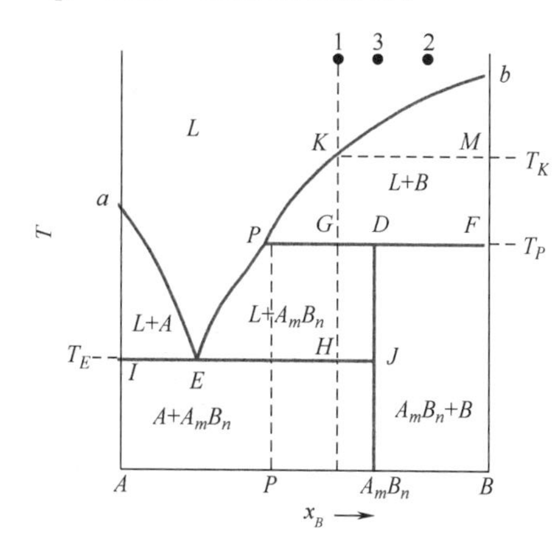

图 6-29 具有一个不一致熔融化合物的二元系统相图

6.3.2.3 具有一个不一致熔融化合物的二元系统相图

不一致熔融（或称异成分熔融）化合物是一种不稳定的化合物，加热这种化合物到某一温度便发生分解，分解产物是一种液相和另一种晶相，二者组成与原来化合物组成完全不同。不一致熔融化合物只能在固态中存在，不能在液态中存在。

这类系统的典型相图如图 6-29 所示。组元 A 和组元 B 生成的化合物 A_mB_n 加热到 T_P 温度分解为 P 点组成的液相和 B 晶相，因此 A_mB_n 是一个不一致熔融化合物。

图中 aE 是与晶相 A 平衡的液相线，bP 是与晶相 B 平衡的液相线，PE 是与化合物 A_mB_n 平衡的液相线。无变量点 E 是低共熔点，在 E 点发生的相变化为 $L_E \rightleftharpoons A + A_mB_n$。另一无变量点 P 称为转熔点，在 P 点发生的相变化是 $L_P + B \rightleftharpoons A_mB_n$，就是说，冷却时组成为 P 的液相要回吸 B 晶相（B 溶解于液相），结晶析出 A_mB_n 晶相。加热时化合物 A_mB_n 要分解为液相 P 和 B 晶相，这一过程称为转熔过程。由于在 P 点是三相平衡共存，$P=3$，$F=0$，所以温度不能变，液相的组成也不能改变。

需要注意，转熔点 P 位于与 P 点液相平衡的两个晶相 A_mB_n 和 B 的组成点 D、F 的一侧，这与低共熔点 E 位于与 E 点液相平衡的两个晶相 A 和 A_mB_n 的组成点 I、J 的中间是不同的。运用杠杆规则不难理解这种差别。不一致熔融化合物在相图上的特点是化合物 A_mB_n 的组成点位于其液相线 PE 的组成范围以外。即化合物的等组成线 A_mB_n-D 不与其液相线 PE 相交，而处于液相线 PE 的一边，且被转熔温度 T_P 的等温线截断。

这类相图不能划分成两个简单的二元相图。因此其析晶过程就比较复杂，特别是当冷却过程中液相路线经过转熔点 P 时。下面以熔体 1、2、3 为例，分析其冷却析晶过程。

将高温熔体 1 冷却到 T_K 温度，熔体对 B 晶相饱和，开始析出 B 晶相，析出的 B 晶相的状态点在 M 点。随后液相点沿着液相线 KP 向 P 点变化，从液相中不断析出 B 晶相，固相点则从 M 点向 F 点变化。到达转熔温度 T_P，发生 $L_P+B \longrightarrow A_mB_n$ 的转熔过程，即原先析出的 B 晶相又溶入 L_P 液相（或者说被液相回吸）而结晶出化合物 A_mB_n。在转熔过程中，系统温度保持不变，液相组成保持在 P 点不变，但液相量和 B 晶相量不断减少，A_mB_n 晶相量不断增加，因而固相的状态点离开 F 点向 D 点移动。当固相点到达 D 点，B 晶相被回吸完，转熔过程结束。由于 B 晶相消失，系统中只剩下液相和 A_mB_n 晶相，根据相律 $P=2$，$F=1$，温度又可以继续下降。随着温度的降低，液相将离开 P 点沿着液相线 PE 向 E 点变化，从液相中不断地析出 A_mB_n 晶相（$L \longrightarrow A_mB_n$）；由于只有 A_mB_n 晶相，因此固相点沿着化合物 A_mB_n 的等组成线由 D 点向 J 点变化。到达低共熔温度 T_E，进行 $L_E \longrightarrow A+A_mB_n$ 的低共熔过程。当最后一滴液相在 E 点消失时，固相点从 J 点到达 H 点，与系统总的状态点重合，析晶过程结束。最后的析晶产物是 A 晶相和 A_mB_n 晶相。上述析晶过程可用下式表示：

$$\text{液相：}\quad 1 \xrightarrow[F=2]{L} K \xrightarrow[F=1]{L \longrightarrow B} P\begin{pmatrix} L+B \longrightarrow A_mB_n \\ F=0, B\ \text{消失} \end{pmatrix} \xrightarrow[F=1]{L \longrightarrow A_mB_n} E\begin{pmatrix} L \longrightarrow A+A_mB_n \\ F=0, L\ \text{消失} \end{pmatrix}$$

$$\text{固相：}\quad M \xrightarrow{B} F \xrightarrow{B+A_mB_n} D \xrightarrow{A_mB_n} J \xrightarrow{A+A_mB_n} H$$

熔体 2 冷却到析晶温度也是首先析出 B 晶相，然后液相沿着液相线向 P 点变化，固相沿着纯 B 的组成轴向 F 点变化。液相到达 P 点后，进行转熔过程：液相回吸 B 晶相，析出 A_mB_n 晶相；由于有 A_mB_n 晶相析出，固相沿着 FP 线向 A_mB_n 晶相量增多的方向移动。当最后一滴液相在 P 点消失时，固相的状态点与系统的状态点重合。熔体 2 在 P 点结晶结束，结晶产物是 B、A_mB_n 两种晶相。

熔体 3 的结晶过程与熔体 2 相似，首先析出 B 晶相，并在 P 点结晶结束，但当液相在 P 点消失时，B 晶相同时也被回吸完毕，结晶产物只有 A_mB_n 一种晶相。

从上述冷却结晶过程的讨论可以看出：低共熔点一定是结晶结束点；而转熔点则不一定是结晶结束点，要视熔体的组成而定。就图 6-29 而言，组成在 A_mB_n-B 之间的熔体（包括 A_mB_n），在 P 点结晶结束，结晶产物为 B 和 A_mB_n（组成为 A_mB_n 的熔体，结晶产物只有 A_mB_n）；而组成在 P-A_mB_n 之间的熔体（包括 P，不包括 A_mB_n），结晶过程经过 P 点，但不在 P 点结晶结束，而是在 E 点结晶结束，结晶产物为 A 和 A_mB_n。

冷却结晶过程中各相含量的计算仍使用杠杆规则。例如，熔体 1 冷却到液相刚刚到达 P 点时，系统中两相平衡共存，各相的含量分别为：

$$L\%=\frac{FG}{PF}\times 100\%，\ B\%=\frac{PG}{PF}\times 100\%$$

当 B 晶相被回吸完，转熔过程结束，液相组成要离开 P 点时，系统中平衡共存的液相和 A_mB_n 晶相的量分别为：

$$L\%=\frac{DG}{PD}\times100\%，A_mB_n\%=\frac{PG}{PD}\times100\%$$

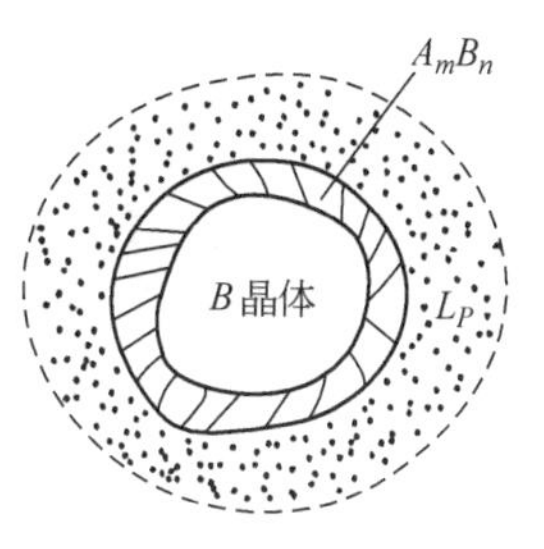

图 6-30 包晶反应示意图

转熔过程还有一个现象需注意，即不平衡结晶的情况。当不一致熔融化合物生成时，转熔过程可能进行得不平衡，即由液相析出的化合物晶体可能会将待溶解的剩余的固相包围起来与液体隔离开（又称包晶反应），而使转熔过程中断。由于液相只和一种固相（如图 6-30 中的 A_mB_n）直接接触，出现二相平衡的假象，当继续冷却时，液相组成将变化到低共熔点处结晶才最后结束。凝固后的产物的显微结构由于结晶不平衡的结果，会导致不平衡的三相结构出现，即转熔物质的晶体（如 B 晶体）、不一致熔融化合物的晶体（如 A_mB_n）和低共熔物（如 $A+A_mB_n$）。这种不平衡结晶的情况，在低共熔过程中是不会出现的。

不一致熔融化合物在硅酸盐材料中很多。例如硅酸盐水泥中的重要矿物组成 C_2S 和 C_3A 都是不一致熔融的化合物。

6.3.2.4 固相中有化合物生成与分解的二元系统相图

图 6-31 所示为固相中有化合物生成与分解的二元系统相图。化合物 A_mB_n 不能直接从二元溶液中结晶析出。从液相中只能析出 A 晶相和 B 晶相。A、B 通过固相反应形成化合物 A_mB_n。这类化合物只能存在于某一温度范围内（如 $T_1\sim T_2$），超出这个范围，化合物 A_mB_n 便分解为晶相 A 和晶相 B。不同组成的二元系统在 T_1（或 T_2）温度下发生固相反应时可能有三种不同的结果：①组成在 $A\sim A_mB_n$ 范围内的二元系统，由于 A 组元的含量比较高，冷却到 T_1（或加热到 T_2）时，固相反应的结果是 B 晶相消失，剩余 A 晶相和新生成的化合物 A_mB_n；②组成在 $A_mB_n\sim B$ 范围内的二元系统，冷却到 T_1（或加热到 T_2）时，固相反应的结果是 A 晶相消失，剩余 B 晶相和新生成的化合物 A_mB_n；③组成刚好为 A_mB_n 的二元系统，冷却到 T_1（或加热到 T_2）时，固相反应的结果是 A、B 全部化合生成化合物 A_mB_n。实际上，由于固态物质之间的反应速率很慢，因而达到平衡状态需要的时间将是很长的。尤其是在低温下，上述平衡状态是很难达到的，系统往往处于 A、A_mB_n、B 三种晶体同时存在的非平衡状态。

水泥熟料中的 C_3S 就是在 1250～2150℃范围内稳定存在的化合物，只不过这种化合物到 2150℃时发生不一致熔融，分解为液相和 CaO。

若二元化合物在低共熔温度以下只是在 T_D 以上发生分解，而在低温时却是稳定的，其相图如图 6-32 所示。

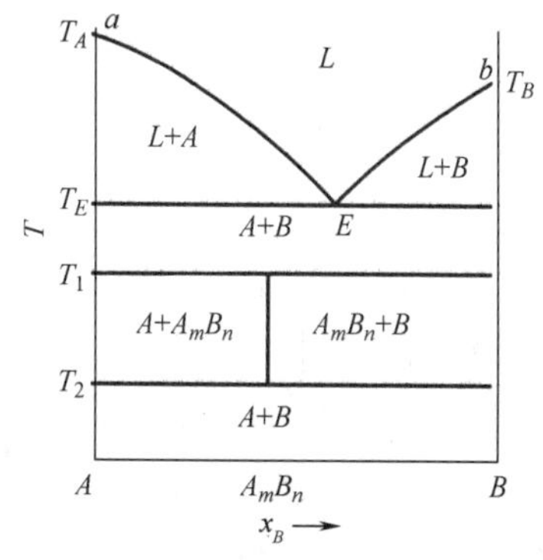

图 6-31 化合物固相分解发生在两个温度的二元系统相图

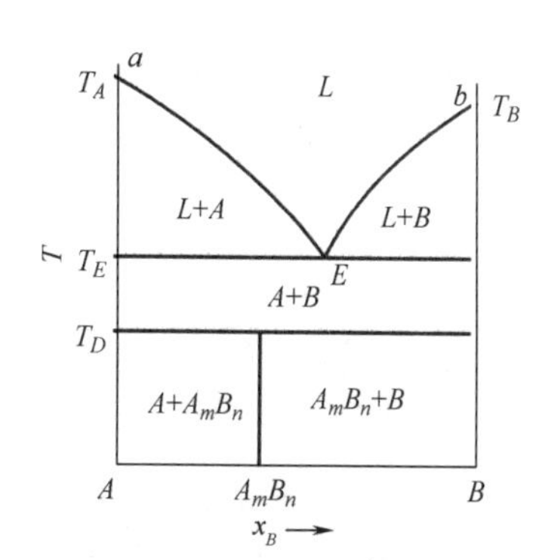

图 6-32 化合物固相分解发生在一个温度的二元系统相图

6.3.2.5 具有多晶转变的二元系统相图

二元系统中某组元或化合物具有多晶转变时，相图上该组元或化合物所对应的相区内便会出现一些新的界线，把同一种物质的不同晶型稳定存在的范围划分开来，使该物质的每一种稳定晶型都有其存在的相区。

根据晶型转变温度（T_P）与低共熔温度（T_E）的相对高低，此类相图又可分为两种类型。

（1）$T_P>T_E$　多晶转变温度高于低共熔温度，说明多晶转变是在有液相存在时发生的。图 6-33 为此种类型的相图。图中组元 A 有 α 和 β 两种晶型，其中 A_α 相在 T_P 温度以上稳定，而 A_β 相在 T_P 温度以下稳定，发生晶型转变的温度为 T_P。P 点称为多晶转变点，在这个点上进行的平衡过程为：$A_\alpha \xrightleftharpoons{L} A_\beta$。由于系统中三相平衡共存，$F=0$，所以多晶转变点也是二元无变量点。通过多晶转变点 P 的水平线 DP，称为晶型转变的等温线，它把 A_α 和 A_β 稳定存在的相区划分开来。

图中熔体 M 的冷却结晶过程可用下式表示：

液相：$$M \xrightarrow[F=2]{L} K \xrightarrow[F=1]{L \longrightarrow A_\alpha} P\left(\begin{matrix} A_\alpha \xrightarrow{L_P} A_\beta \\ F=0, A_\alpha\ \text{消失} \end{matrix}\right) \xrightarrow[F=1]{L \longrightarrow A_\beta} E\left(\begin{matrix} L_E \longrightarrow A_\beta + B \\ F=0, L\ \text{消失} \end{matrix}\right)$$

固相：$$F \xrightarrow{A_\alpha} D \xrightarrow{A_\alpha + A_\beta} D \xrightarrow{A_\beta} G \xrightarrow{A_\beta + B} R$$

可以看出，当液相点到达 P 点后，系统为无变量，液相组成不能变，系统温度也不能变。除此之外，实际上，这时的液相量亦不改变，因为液相刚到 P 点时，固相点在 D 点，晶型转变结束，液相要离开 P 点时，固相点仍然在 D 点，根据杠杆规则可以很容易地看出晶型转变过程中液相量不变。因此，晶型转变点一定不会是结晶的结束点。

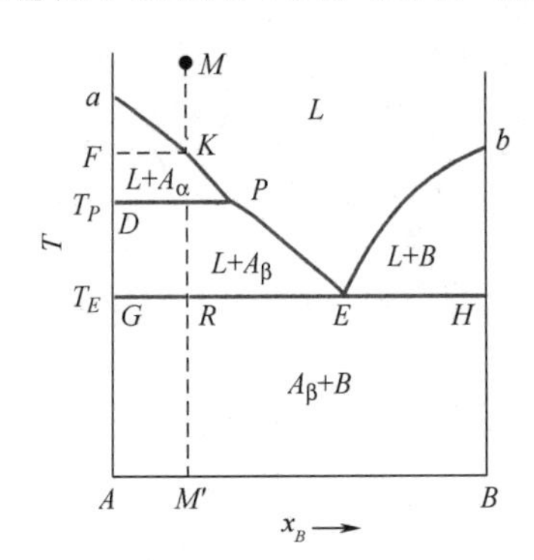

图 6-33　低共熔点温度以上发生多晶转变的二元系统相图

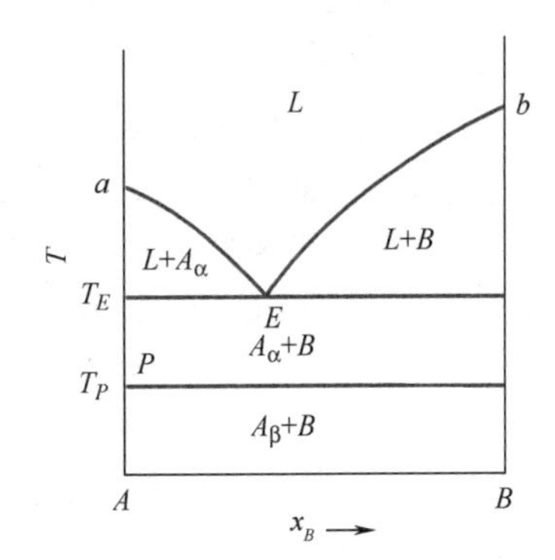

图 6-34　低共熔点温度以下发生多晶转变的二元系统相图

（2）$T_P<T_E$　多晶转变温度低于低共熔温度，说明多晶转变是在固相中发生的。图 6-34 示出此种类型的相图。图中 P 点为组元 A 的多晶转变点，显然在 A-B 二元系统中的纯 A 晶体在 T_P 温度下都会发生这一转变，因此 P 点发展为一条晶型转变等温线。在此线以上的相区，A 晶体以 α 形态存在，此线以下的相区，则以 β 形态存在。在 T_P 等温线上进行的平衡过程为：$A_\alpha \xrightleftharpoons{B} A_\beta$，此时 $P=3$，$F=0$，为无变量过程。

多晶转变在硅酸盐系统中普遍存在，如在 CaO-SiO_2 二元系统中 CS、C_2S 和 SiO_2 都具有多晶转变；在 Na_2O-SiO_2 系统中，除 SiO_2 外，NS_2 也存在多晶转变。

6.3.2.6 形成连续固溶体的二元系统相图

溶质和溶剂能以任意比例相互溶解的固溶体称为连续（也称完全互溶或无限互溶）固溶体。形成连续固溶体的二元系统相图如图 6-35 所示。由于组元 A 和 B 在固态和液态下都能以任意比例互溶而不生成化合物，在相图中没有低共熔点也没有最高点，因而液相线和固相线都是平滑连续曲线。A 和 B 形成的连续固溶体用 S 表示。整个相图分为三个相区。图中曲线 aL_2b 是液相线，曲线 aS_3b 是固相线，液相线和固相线上都是液相和固溶体两相平衡共存，$P=2$，$F=1$。液相线以上的相区是高温熔体单相区，固相线以下的相区是固溶体的单相区，处于液相线与固相线之间的相区则是液相与固溶体平衡共存的二相区。在单相区内，$F=2$，在二相区内，$F=1$。由于此系统内只有液相和固溶体两相，不可能出现三相平衡状态，因此，这种类型相图的特点是没有一般二元相图上常常出现的二元无变量点。

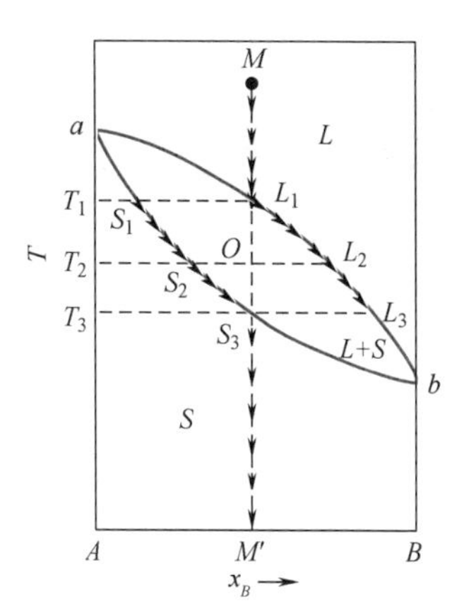

图 6-35 形成连续固溶体的二元系统相图

高温熔体 M 冷却到 T_1 温度时开始析出组成为 S_1 的固溶体，随后液相组成沿液相线向 L_3 变化，固相组成沿固相线向 S_3 变化。冷却到 T_2 温度，液相点到达 L_2 点，固相点到达 S_2 点，系统的状态点则在 O 点。根据杠杆规则。此时液相量：固相量$=OS_2:OL_2$。冷却到 T_3 温度，固相点 S_3 与系统的状态点重合，意味着最后一滴液相在 L_3 消失，液相消失，结晶结束。所以熔体 M 的结晶结束点在 L_3 点，结晶产物是单相的固溶体。

在液相从 L_1 到 L_3 的析晶过程中，固溶体的组成从 S_1 变化到 S_3，连接同一温度下成平衡的两相组成点的线段称为结线，如图中的 L_1S_1 线、L_2S_2 线等。由结线可以看出，在互成平衡的两相中，液相总是含有较多的低熔点组元，而固相则含有较多的高熔点组元。由于在析晶过程中固溶体要不断地调整组成，以便与液相保持平衡，而固溶体是晶体，原子的扩散迁移速度很慢，不像液态溶液那样容易调节组成。可以想象，若冷却过程足够缓慢，析出固溶体和液相处于平衡状态，且固溶体有足够的时间进行内部扩散使整个固相均匀一致；若冷却过程不是足够缓慢，则很容易发生不平衡析晶，即产生偏析现象。

为了描述偏析，引入分布系数 K_0。分布系数表示溶质在固相中的浓度 C_S 与在液相中的浓度 C_L 的比值，即：

$$K_0=\frac{C_S}{C_L}$$

K_0 是浓度的函数。溶质使体系熔点降低者，$K_0<1$，见图 6-36(a)，例如掺 Nd^{3+} 的 YAG 体系属此种情况（YAG 为钇榴石）。溶质使体系熔点升高者，$K_0>1$，见图 6-36(b)，例如掺 Cr^{3+} 的 Al_2O_3 系统（即红宝石）属这种情况。对于固液同成分点，$K_0=1$。

在形成连续固溶体的系统中，任一组成的熔体的凝固点都介于两个纯组元的凝固点之间。因此可以从熔体中把两组元分离，获得纯粹的 A 和 B。其方法如下：见图 6-37，将某熔体 M 冷却到 1 点，系统由固溶体 S_1 和液相 L_1 两部分组成。这时 S_1 中 A 的百分含量比原熔体 M 中的 A 百分含量多，L_1 中 B 的百分含量比原熔体中 B 的百分含量多。一方面，将 L_1 分离出来并冷却到 3 点，则可获得 L_3 液相且其 B 的百分含量又比 L_1 中 B 的百分含量多。如此重复，可获得纯 B（确切地讲比较纯的 B）。另一方面，将 S_1 重新熔化，然后再冷却到 2 点获得固溶体 S_2，其中 A 的百分含量比 S_1 多。重复几次，可得比较纯的 A。这种办法称为分步结晶法，可以把固溶体中两组元分离开。

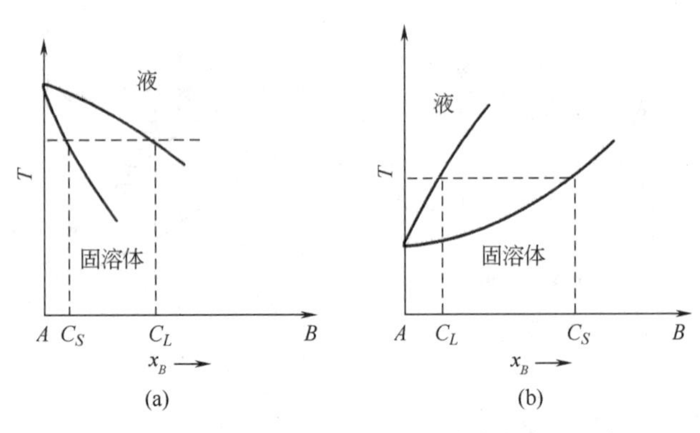

图 6-36　生成连续固溶体的二元系统分布系数示意图

(a) $K_0<1$；(b) $K_0>1$

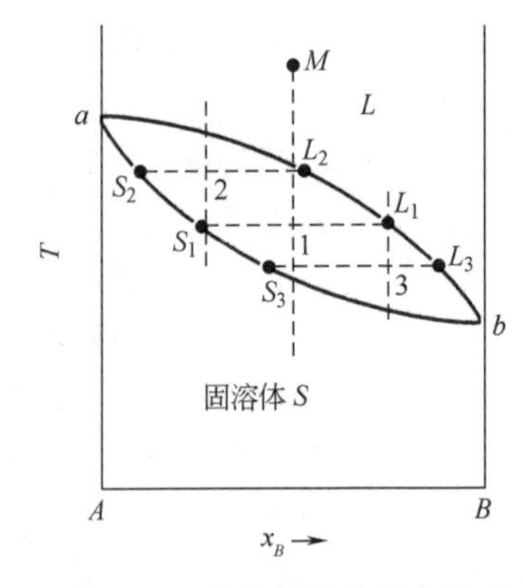

图 6-37　分步结晶法示意图

在连续固溶体相图中还有两种特殊情况，即具有最高熔点和最低熔点的系统，见图 6-38。这两种相图可以看成是由两个简单连续固溶体二元相图构成的。体系中的平衡关系可由分相图来分析；也可以把相图中的最高熔点［图 6-38(a) 中的 C 点］和最低熔点［图 6-38 (b) 中的 M 点］看成是同成分熔点。

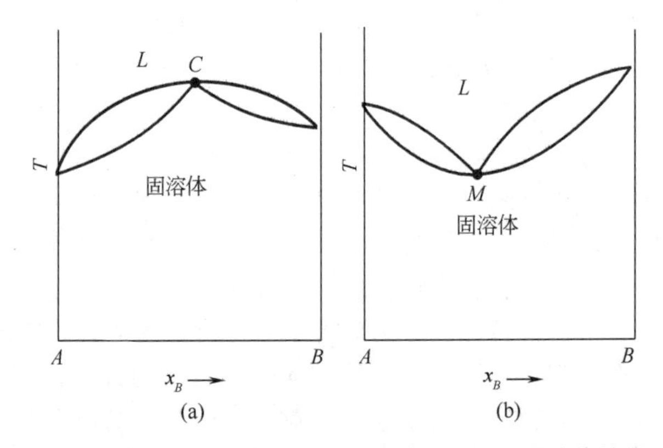

图 6-38　具有最高熔点和最低熔点的二元连续固溶体相图

(a) 具有最高熔点的二元连续固溶体相图；(b) 具有最低熔点的二元连续固溶体相图

镁橄榄石-铁橄榄石（Mg_2SiO_4-Fe_2SiO_4）系统以及硅酸盐工业重要原料之一的长石类矿物（如钙长石和钠长石）都能形成连续固溶体。

6.3.2.7　形成不连续固溶体的二元系统相图

溶质只能以一定的限量溶入溶剂，超过限度便会出现第二相，这种固溶体称为不连续（也称部分互溶或有限互溶）固溶体。在 A、B 两组元形成有限固溶体系统中，以 $S_{A(B)}$ 表示 B 组元溶解在 A 晶体中所形成的固溶体，$S_{B(A)}$ 表示 A 组元溶解在 B 晶体中所形成的固溶体，根据无变量点性质的不同，这类相图又可以分为具有低共熔点的和具有转熔点的两种类型。

（1）具有低共熔点的有限固溶体的二元系统相图　如图 6-39 所示，图中 aE 线是与 $S_{A(B)}$ 固溶体平衡的液相线，bE 线是与 $S_{B(A)}$ 固溶体平衡的液相线，aC 和 bD 线是两条固相线。E 点是低共熔点，从 E 点液相中将同时析出组成为 C 的 $S_{A(B)}$ 和组成为 D 的 $S_{B(A)}$ 固溶体，其相平衡方程为：$L_E \rightleftharpoons S_{A(B)}(C)+S_{B(A)}(D)$。$C$ 点表示了组元 B 在组元 A 中的最大固溶度，D 点则表示了组元 A 在组元 B 中的最大固溶度。CF 线是固溶体 $S_{A(B)}$ 的溶解度曲线，DG 线则是固溶体 $S_{B(A)}$ 的溶解度曲线。从这两条溶解度曲线的走向可以看出，A、B 两个组元在固态互溶的溶解度是随温度下降而下降的。相图中的六个相区里有三个单相区和三个二相区。

将熔体 M 冷却到 T_1 温度，液相对固溶体 $S_{B(A)}$ 饱和，并从 L_1 液相中析出组成为 S_1 的固溶体 $S_{B(A)}$。继续冷却，液相点沿着液相线向 E 点移动，固相点沿着固相线从 S_1 向 D 点移动。到达低共熔温度 T_E 时，进行低共熔过程，从液相 L_E 中同时析出组成为 C 的固溶体 $S_{B(A)}$ 和组成为 D 的固溶体 $S_{A(B)}$，系统进入三相平衡状态，$F=0$，系统的温度不能变，液相的组成也不能变。但液相量在不断减少，$S_{A(B)}$ 和 $S_{B(A)}$ 的量在不断增加。由于有 $S_{A(B)}$ 析出，所以固相组成要由 D 向 H 点移动，当固相组成到达 H 点与系统的状态点重合时，最后一滴液相在 E 点消失，结晶结束。最后的析晶产物是 $S_{A(B)}$ 和 $S_{B(A)}$ 两种固溶体。温度继续下降时，$S_{A(B)}$ 的组成沿 CF 线变化，$S_{B(A)}$ 的组成沿 DG 线变化，到达 T_3 温度时，$S_{A(B)}$ 的组成为 Q，而 $S_{B(A)}$ 的组成为 N，两种固溶体的相对含量为：$S_{A(B)}:S_{B(A)}=ON:OQ$。熔体 M 的冷却析晶过程可用下式表示：

液相：$M \xrightarrow[F=2]{L} L_1 \xrightarrow[F=1]{L\longrightarrow S_{B(A)}} E \begin{bmatrix} L \longrightarrow S_{A(B)}(C)+S_{B(A)}(D) \\ F=0, L\ \text{消失} \end{bmatrix}$

固相：$S_1 \xrightarrow{S_{B(A)}} D \xrightarrow{S_{B(A)}+S_{A(B)}} H$

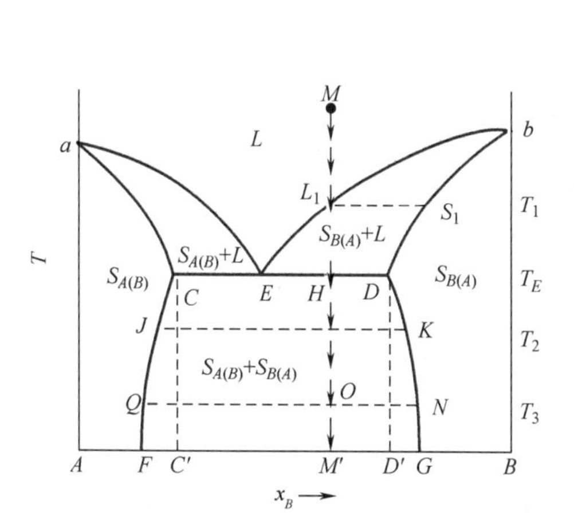

图 6-39 具有低共熔点的有限固溶体的二元系统相图

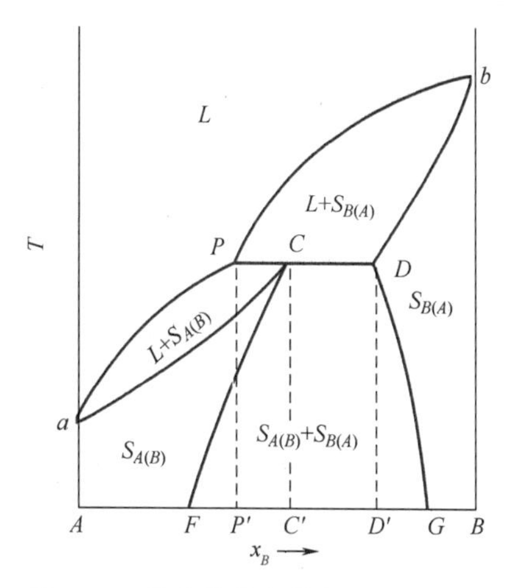

图 6-40 具有转熔点的有限固溶体的二元系统相图

在这种类型的二元系统相图中，并不是所有的高温熔体都要在 E 点结晶结束，有一部分高温熔体（如组成在 C'点以左和组成在 D'点以右的系统）其冷却结晶过程类似于连续固溶体，是在液相线上的某一点结晶结束，且结晶结束时系统的自由度数 $F=1$。具体的结晶结束点的位置与原始熔体的组成有关。

（2）具有转熔点的有限固溶体的二元系统相图　如图 6-40 所示，固溶体 $S_{A(B)}$ 和 $S_{B(A)}$ 之间没有低共熔点，而有一个转熔点 P。在 P 点进行的平衡过程为：$L_P+S_{B(A)}(D)\rightleftharpoons S_{A(B)}(C)$。

在这类相图中，组成在 $P'\sim D'$范围内的原始熔体冷却到 T_P 温度时都将发生上述转熔过程，但是只有组成在 $C'\sim D'$范围内的熔体在 P 点液相消失，结晶结束。组成在 $P'\sim C'$ 范围内的熔体是 $S_{B(A)}$ 先消失，转熔过程结束，但结晶并没有结束，它们和组成在 $A\sim P'$范围内的熔体都是在与 $S_{A(B)}$ 平衡的液相线上的某一点结晶结束。组成在 $D'\sim B$ 范围内的原始熔体则在与$S_{B(A)}$平衡的液相线上结晶结束。

6.3.2.8 具有液相分层的二元系统相图

前面所讨论的各类二元系统中两个组元的液相都是完全互溶的，但实际中有些系统两个组元在液态并不完全互溶，只能有限互溶，这时就会出现液相分层的现象。两层液相中，一层是组元B在组元A中的饱和溶液，另一层是组元A在组元B中的饱和溶液。例如，水和酚只能部分互溶。30℃时，酚在水中的溶解度是含酚9%，含水91%(质量分数)；而水在酚中的溶解度是含水30%，含酚70%。因此，30℃时，酚与水构成的二元系统中，当酚的含量小于9%时，系统只有一相；当酚的含量达到9%时，酚在水中的溶解达到饱和，继续增加酚的含量，系统就会分为两个液层：一层是酚在水中的饱和溶液，另一层是水在酚中的饱和溶液；当系统中酚的含量超过70%时，酚能将水全部溶解，系统又成为单一的液相。因此含酚量大于9%和小于70%的所有酚、水二元系统，在30℃时都会分为两部分，由于两者的密度不同而分为上、下两层，这时系统处于两相平衡。这种现象在硅酸盐系统中相当普遍，二价金属氧化物如碱土金属氧化物与二氧化硅构成的二元系统（如CaO-SiO_2系统、FeO-SiO_2系统等）均表现出不同程度的液相分层现象。

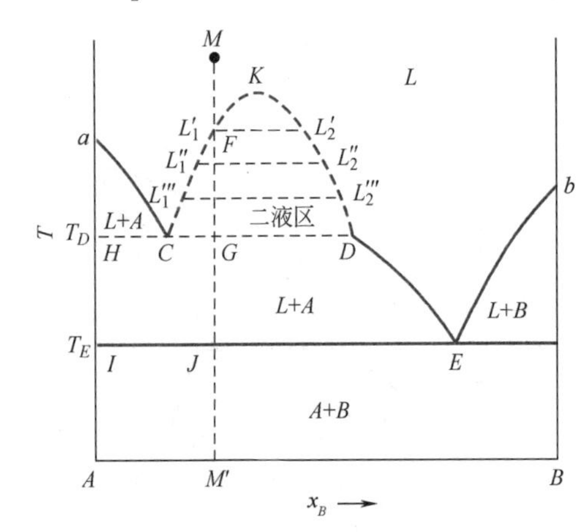

图 6-41 具有液相分层的二元系统相图

图6-41是这类相图的一般形式。这类相图可以看成是具有低共熔点的相图上插入一个液体分相的区域CKD。二液区内的等温结线$L'L'$、$L''L''$、$L'''L'''$的两端表示各个温度下互相平衡的两个液相的组成。温度升高，两层液相的溶解度都增大，因而其组成越来越接近，到达K点，两层液相的组成已完全一致，分层现象消失，故K点是个临界点，K点的温度称为临界温度。在二液区CKD以外，不再发生二液分层现象，而成为液相的单相区。曲线aC、DE均为与A晶相平衡的液相线，bE是与B晶相平衡的液相线。除低共熔点E外，系统中还有一个无变量点D，在D点发生的平衡过程为：$L_C \rightleftharpoons L_D + A$，即冷却时从液相$L_C$中析出$A$晶相，同时液相$L_C$转变为液相$L_D$；加热时过程反向进行。

组成为M'的高温熔体从M点冷却到状态点到达L'_1时，液相开始分层，第一滴组成为L'_2的液相出现，随后L_1液相沿KC线向C点变化，L_2液相沿KD线向D点变化。冷却到T_D温度，L_1液相到达C点，L_2液相到达D点，L_C液相（即到达C点的L_1液相）不断分解为L_D液相和A晶相，系统中三相平衡，$F=0$，系统的温度维持恒定，直到L_C液相消失。L_C消失后，系统温度又可继续下降，液相组成从D点沿液相线DE向E点变化，在这个过程中不断地从液相中析出A晶相。当温度到达T_E时，液相在E点进行低共熔过程，从液相中同时析出A和B晶相，直到结晶结束。上述析晶过程可用下式表示：

液相：
$$M \xrightarrow[F=2]{L} \begin{cases} L_1' \xrightarrow{L_1} C \\ L_2' \xrightarrow[F=1]{L_2} D \begin{pmatrix} L_C \longrightarrow L_D + A \\ F=0, L_C \text{ 消失} \end{pmatrix} \xrightarrow[F=1]{L \longrightarrow A} E \begin{pmatrix} L \longrightarrow A+B \\ F=0, L \text{ 消失} \end{pmatrix} \end{cases}$$

固相：
$$H \xrightarrow{A} H \xrightarrow{A} I \xrightarrow{A+B} J$$

二液区内相互平衡的两个液相的含量也可通过杠杆规则来计算。例如，刚到 T_D 温度，A 晶相还未析出，系统中只有 L_C 和 L_D 两种液相时，这两种成平衡的液相的相对含量为 $L_C:L_D=GD:GC$。当 L_C 液相消失，液相即将离开 D 点时，系统中 A 晶相与 L_D 液相平衡共存，此时 $L_D:A=HG:GD$。

6.3.3 专业二元系统相图举例

无机材料的专业相图一般都比较复杂，在分析时可以把它分解为几个简单的分系统，这些简单的分系统都不会超出前面所介绍的基本类型。对复杂的二元相图可按下述步骤进行分析：①首先了解系统中各种物质的性质，如了解系统中是否有化合物，化合物是一致熔融、不一致熔融，还是在固相中生成或分解，以及系统中有没有固溶体形成，物质是否有多晶转变等；②以一致熔融二元化合物的等组成线为分界线，把复杂系统分解为若干个简单的分二元系统；③分析各分二元系统中点、线、区所表达的相平衡关系；④分析熔体的冷却析晶过程或混合物的加热过程；⑤应用杠杆规则计算系统中成平衡的两相相对数量或百分含量。

6.3.3.1 Al_2O_3-SiO_2 系统相图

Al_2O_3-SiO_2 系统相图与许多常用的耐火材料的制造和使用有着密切关系，在陶筑工业中也得到广泛应用，因此，该系统相图是研究无机材料的基本相图之一。

Al_2O_3-SiO_2 相图中只有一个化合物 $3Al_2O_3 \cdot 2SiO_2$（A_3S_2，莫来石，mullite)，其质量组成是 72%Al_2O_3 和 28%SiO_2，摩尔组成是 60%Al_2O_3 和 40%SiO_2。莫来石是普通陶瓷、黏土质耐火材料的重要成分。

此系统的液相线温度都比较高，由于高温实验技术的困难，在整个研究历史中已先后发表了多种不同形式的相图。这些相图的主要分歧是对莫来石（A_3S_2）的性质认识不同，有的认为莫来石是一致熔融的，有的认为是不一致熔融的，有人认为莫来石是化合物，有人认为是固溶体。这种情况在硅酸盐体系相平衡的研究中屡见不鲜。究竟莫来石是否一致熔融？进一步的实验证明，当试样中含有少量碱金属等杂质，或相平衡实验是在非密封条件下进行时，A_3S_2 均为不一致熔融；当使用高纯原料试样并在密封条件下进行相平衡实验时，A_3S_2 则是一致熔融化合物。这是由于 SiO_2 具有高温挥发性，在非密封条件下受长时间高温作用，会引起 SiO_2 的挥发，从而导致莫来石熔融前后的成分不一致。在工业生产和一般实验中，很难使用高纯原料和严格密封条件，因此在一般硅酸盐材料中，A_3S_2 多以不一致熔融状态存在，在加热或冷却过程中的相平衡关系为 $A_3S_2 \rightleftharpoons L+Al_2O_3$，其中刚玉（$Al_2O_3$）析晶能力很强，有利于 A_3S_2 的熔融分解，这更加剧了 A_3S_2 的不一致熔融。所以在分析实际生产问题时，把 A_3S_2 视为不一致熔融较为适宜。关于莫来石是否形成固溶体，目前已经肯定，莫来石和刚玉之间能够形成固溶体，但对固溶体的组成范围尚未完全统一，一般认为含 Al_2O_3 在 60%～63%（摩尔分数）之间。所以，在硅酸铝质材料中常见的莫来石，应该理解为是 A_3S_2 晶格中溶入少量 Al_2O_3 所形成的有限互溶固溶体（习惯上仍以 A_3S_2 表示)。

图 6-42(a) 给出 A_3S_2 为一致熔融时的 Al_2O_3-SiO_2 系统相图，图 6-42(b) 给出 A_3S_2 为不一致熔融时的 Al_2O_3-SiO_2 系统相图。

由图 6-42 (a) 可以看出，一致熔融的莫来石，熔点为 1850℃。E_1 点为 SiO_2 和 A_3S_2 的低共熔点，相平衡关系为 $L_{E_1} \rightleftharpoons SiO_2+A_3S_2$，温度为 1595℃。$E_2$ 点是 A_3S_2 和 Al_2O_3 的低共熔点，相平衡关系为 $L_{E_2} \rightleftharpoons Al_2O_3+A_3S_2$，温度为 1840℃。

由图 6-42(b) 可以看出，不一致熔融的莫来石在 1828℃分解为液相 L_P 和 Al_2O_3，P 点为转熔点，在 P 点进行的过程是 $L_P+Al_2O_3 \rightleftharpoons A_3S_2$。莫来石与方石英的低共熔温度

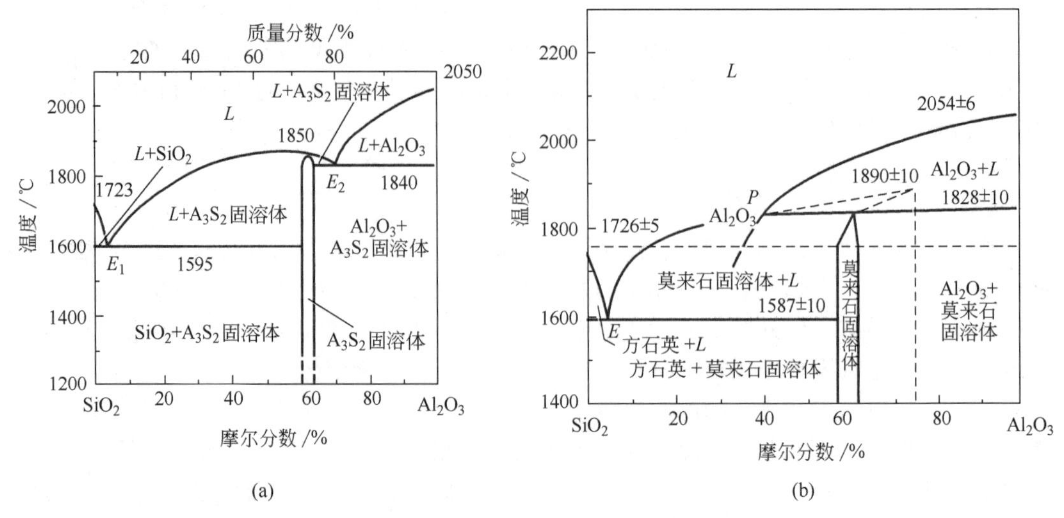

图 6-42　Al_2O_3-SiO_2 系统相图

（a）A_3S_2 为一致熔融；（b）A_3S_2 为不一致熔融

为 1587℃。

由于此系统所有液相线的温度都比较高，因此，此系统的许多制品都具有耐高温的特性，这就形成一系列的硅铝质耐火材料，包括硅砖、黏土砖、高铝砖、莫来石砖和刚玉砖等。下面利用图 6-42(a) 对硅铝质耐火材料做些分析。

（1）硅铝质耐火材料分类及相应矿物组成　通常按 Al_2O_3 含量的不同将硅铝质耐火材料加以分类，从相图上可大致看出它们的矿物组成，见表 6-3。

表 6-3　Al_2O_3-SiO_2 系统各类耐火材料矿物组成

Al_2O_3（质量分数）/%	材料	主要矿物相
<1	硅质	鳞石英（有矿化剂时）、方石英、玻璃相
15～30	半硅质	方石英、鳞石英、少量莫来石及玻璃相
30～48	黏土质	莫来石、方石英、鳞石英
48～90	高铝质	莫来石、少量硅氧晶体及玻璃相
70～72	莫来石质	莫来石、玻璃相
>90	刚玉质	刚玉、莫来石

注：玻璃相在实际条件下过冷产生，相图并无此相。

在 SiO_2-Al_2O_3 系统中，除在相图上标出的莫来石外，在自然界还存在硅线石类矿物，即硅线石、红柱石和蓝晶石等。它们属于变质作用形成的矿物，以相同的化学式 $Al_2O_3 \cdot SiO_2$ 表示，但具有不同的晶体结构。由于它们的晶体不够稳定，加热至高温时分解为莫来石和石英，但冷却时并无可逆变化，故在相图上没有表示这类矿物。

材料性能主要取决于组成矿物的性质。因此，按材料中 Al_2O_3 含量范围，可在相图上确定其矿物组成，进而估计材料的性能。

（2）Al_2O_3 含量对硅铝质耐火材料性能的影响　由相图可以看出随 Al_2O_3 含量增加所引起的材料耐火性能的变化。材料的耐火性能通常以出现液相的温度及在该温度下产生的液相量来衡量。出现液相的温度越低或在该温度下产生的液相量越多，则耐火度越低，耐火性能越差。在此系统相图中 SiO_2 一端，Al_2O_3 含量小于 1%是硅质耐火材料——硅砖制品的范围。硅砖具有在高温（1620～1660℃）下长期使用不变形的优点，广泛应用于炉顶砌筑，如玻璃池窑的窑顶。从相图看，SiO_2 的熔点为1723℃，当 Al_2O_3 含量为0～5.5%时（即在 E_1 点左边，E_1 点中 Al_2O_3 含量为5.5%），液相线很陡直，这表明在 SiO_2 中加入少量 Al_2O_3 时，其熔融温度下降得很快。当 Al_2O_3 含量约5.5%时，使 SiO_2 熔点降至系统的最低共熔点温度（E_1 点温度为1595℃）。如在 SiO_2 中按质量分数加入1%的 Al_2O_3，在 E_1 低共熔点温度下会产生1/5.5＝18.2%的液相，这样会使硅砖的耐火度大大下降。这说明 Al_2O_3 是硅砖中极为有害的杂质组分。要制造高质量的硅砖，必须对原料进行特殊的选择和处理，尽量减少原料中 Al_2O_3 的含量；在硅砖的使用中也应避免与黏土砖、高铝砖、镁铝砖等含 Al_2O_3 的材料混用，以免造成硅砖耐火性能急剧下降。所以在 E_1 点附近的组成（1%～15%Al_2O_3）不宜选作耐火材料配方。

当 Al_2O_3 含量大于5.5%时（即在 E_1 点右边），Al_2O_3 从有害组分逐渐转为能提高熔融温度的有益组分，尤其当 Al_2O_3 含量超过15%以后，随 Al_2O_3 含量的增加，材料的耐火性能逐步得到改善。这是由于 Al_2O_3 含量的增加使液相线的温度不断提高和耐高温的莫来石晶相的含量不断增加的缘故。从而可知高铝砖的质量比黏土砖要好。当 Al_2O_3 含量达到70%～72%时，便可得到全部由莫来石晶相组成的莫来石砖，这种砖具有很高的耐火度和优良的抗腐蚀性。当 Al_2O_3 含量大于72%时，主要组成矿物由莫来石和刚玉两个高温相组成，使系统的低共熔点从1595℃提高到1840℃。从而材料耐火性能也随之提高。刚玉砖中 Al_2O_3 的含量更高，是此系统中最耐高温的耐火材料。

(3) 由组成估计其液相量 在相图上可以看出，在一定温度下组成与液相量的对应关系。如在温度1600℃、Al_2O_3 含量5.5%～72%范围内，用杠杆规则确定的组成与液相量的对应数值（理论值）如下：

Al_2O_3（质量分数）/%	10	20	30	46	72
液相（质量分数）/%	96	80	64	40	0（迹量）

当然，实际原料由于含有杂质（如低熔点氧化物），会使液相量相应增加，但这并不失去相图的相对指导意义。

(4) 由液相线的倾斜程度，判断液相量随温度变化的情况 从液相线的倾斜程度，可以判断某组成材料的液相量随温度而变化的情况。由相图可以看出，莫来石的液相线左边靠近低共熔点的一段比较陡，而靠近莫来石的一段很平坦，这说明当温度变化时，液相数量变化有两种不同情况：在液相线陡的区间，随温度升高，液相量变化不大；在液相平坦的区间，随温度升高，系统的液相量会迅速增加。根据杠杆规则能很好理解这种变化。这也就是黏土砖在1700℃以下使用比较安全，温度超过1700℃以后就会软化而不能安全使用的原因。

6.3.3.2 Na_2O-SiO_2 系统相图

Na_2O 和 SiO_2 是硅酸盐玻璃的主要成分，也是制造可溶性水玻璃的主要成分。Na_2O-SiO_2 系统是与玻璃密切相关的一个二元系统。此二元系统相图如图6-43所示，图中横坐标为摩尔分数。由于 Na_2O 含量较高时，熔融碱的挥发性以及熔融物强烈的腐蚀作用给实验造成很大困难。因此在制作相图的实验中，Na_2O 的含量只取0～67%（摩尔分数），这样，该相图缺少 Na_2O 含量高于67%的部分。

该系统共有4个化合物。其中偏硅酸钠NS（$Na_2O \cdot SiO_2$）和二硅酸钠 NS_2（$Na_2O \cdot 2SiO_2$）是一致熔融化合物，熔点分别为1089℃和874℃。正硅酸钠 N_2S（$2Na_2O \cdot SiO_2$）和 N_3S_8（$3Na_2O \cdot 8SiO_2$）为不一致熔融化合物，分解温度分别为1180℃和808℃。相图中各无变量点的性质和温度列于表6-4。

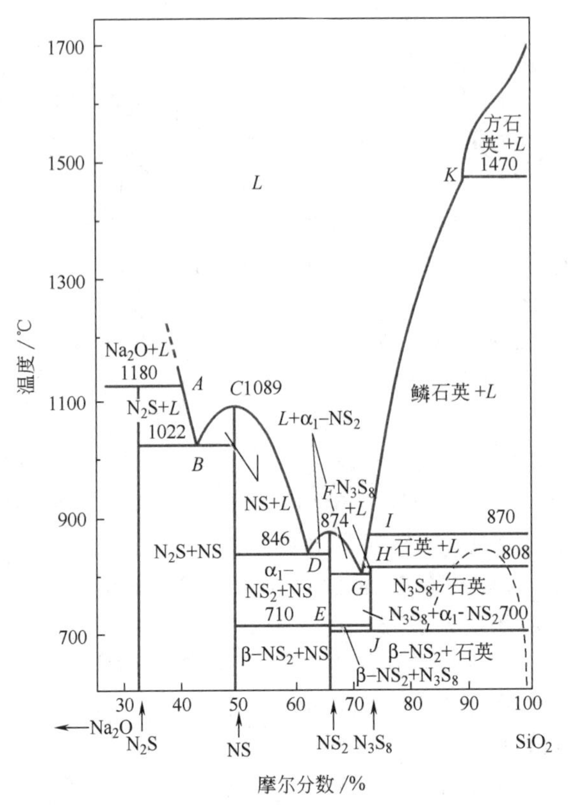

图 6-43 Na_2O-SiO_2 系统相图

表 6-4 Na_2O-SiO_2 系统中无变量点的性质

图上标号	相平衡关系	平衡性质	化学组成(质量分数)/%		温度/℃
			Na_2O	SiO_2	
A	$N_2S \rightleftharpoons$ 熔体 + Na_2O	转熔点	58	42	1180
B	N_2S + NS $\rightleftharpoons$ 熔体	低共熔点	56	44	1022
C	NS $\rightleftharpoons$ 熔体	熔点	50.8	49.2	1089
D	NS + α_1-NS_2 $\rightleftharpoons$ 熔体	低共熔点	37.9	62.1	846
E	β-NS_2 $\overset{NS}{\rightleftharpoons}$ α_1-NS_2	多晶转变点	34.0	66.0	710
F	α_1-NS_2 $\rightleftharpoons$ 熔体	熔点	34.0	66.0	874
G	α_1-NS_2 + N_3S_8 $\rightleftharpoons$ 熔体	低共熔点	约 28.6	约 71.4	799
H	N_3S_8 $\rightleftharpoons$ 熔体 + SiO_2	转熔点	28.1	71.9	808
I	α-石英 $\overset{L}{\rightleftharpoons}$ α-鳞石英	多晶转变点	27.2	72.8	870
K	α-鳞石英 $\overset{L}{\rightleftharpoons}$ α-方石英	多晶转变点	约 11	约 89	1470
J	NS_2 + SiO_2 $\rightleftharpoons$ N_3S_8	固相反应点	28.1	71.9	700

以一致熔融化合物 NS 和 NS_2 的等组成线为分界线，可将相图分为三个分二元系统：Na_2O-NS 系统、NS-NS_2 系统和 NS_2-SiO_2 系统。

Na_2O-NS 分二元系统中，NS 为一致熔融化合物，N_2S 为不一致熔融化合物，加热 N_2S 到 1180℃时分解为 *A* 点的液相和 Na_2O。*A* 点为转熔点，在 *A* 点上进行的过程是 L_A +

$Na_2O \rightleftharpoons N_2S$。$B$ 点为低共熔点，相平衡关系为 $L_B \rightleftharpoons NS + N_2S$，温度是 1022℃。$N_2S$ 在 960℃时还会发生多晶转变，因为在实用上关系不大，所以相图中未予表示。

NS-NS_2 分二元系统中，NS_2 为一致熔融化合物。该化合物具有 α_I 和 β 两种晶型，晶型转变温度为 710℃，晶型转变点为 E 点，由于晶型转变温度低于低共熔温度，因此这种多晶转变发生在固相中。D 点为此分二元系统的低共熔点，相平衡关系为：$L_D \rightleftharpoons \alpha_I\text{-}NS_2 + NS$。

NS_2-SiO_2 分二元系统中，有一个不一致熔融化合物 N_3S_8。它稳定存在于 700～808℃之间，加热到 808℃，N_3S_8 要分解为液相和石英。H 点为转熔点，在该点上进行的过程为 $L_H + SiO_2 \rightleftharpoons N_3S_8$。冷却到 700℃时，$N_3S_8$ 分解为 β-NS_2 和 SiO_2，J 点为进行这种固相反应的无变量点。G 点是此分二元系统的低共熔点，其相平衡关系为 $L_G \rightleftharpoons \alpha_I\text{-}NS_2 + N_3S_8$，温度为 799℃。从图上还可以看出 SiO_2 的多晶转变，α-石英与 α-鳞石英的转变温度为 870℃，晶型转变点为 I 点；α-鳞石英与 α-方石英的转变温度为 1470℃，晶型转变点为 K 点。这两个晶型转变过程都发生在有液相存在的情况下。在含 SiO_2 为 80%～98%（摩尔分数）的区间，固相区内有一个用虚线标出的介稳的分相区，组成在这个范围内的透明玻璃重新加热到 580～750℃时，由于发生分相，玻璃就会失去透明变为乳浊。

这个系统的熔融物，在冷却并粉碎后，倒入水中，加热加压搅拌，便得到水玻璃。水玻璃的成分为 $Na_2O \cdot nSiO_2$，n 为 SiO_2 与 Na_2O 的质量比，通常为 2.0～3.5。水玻璃是一种矿物胶，也是陶瓷工业中为增加泥浆流动性而常用的一种泥浆解凝剂。

6.3.3.3 CaO-SiO_2 系统相图

CaO-SiO_2 系统中一些化合物是硅酸盐水泥的重要矿物成分，在高炉矿渣、石灰质耐火材料中也含有此系统的某些化合物。因此，此系统所涉及的范围比较广泛，其相图对硅酸盐水泥生产、高炉矿渣的利用、石灰质耐火材料以及含 CaO 高的玻璃的生产都有指导意义。图 6-44 示出 CaO-SiO_2 系统相图。

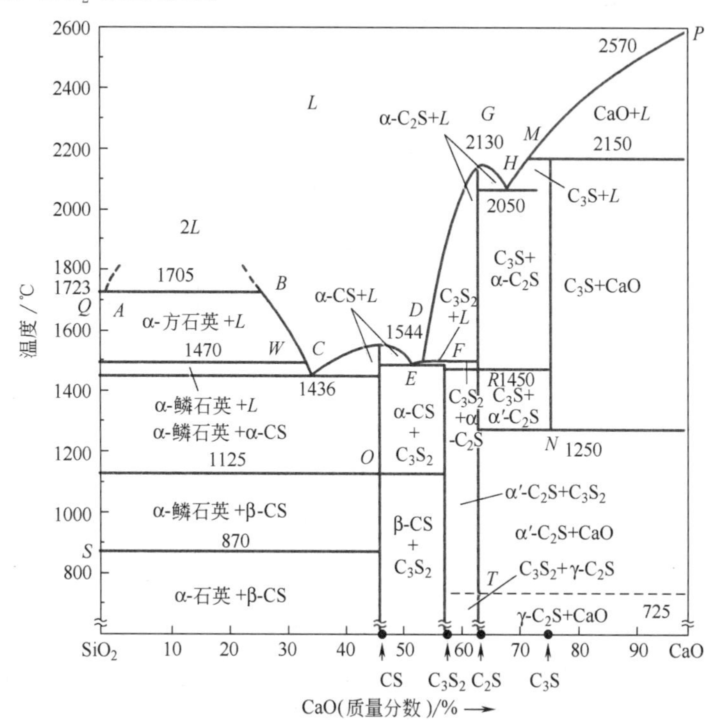

图 6-44 CaO-SiO_2 系统相图

由相图可以看出，此系统中有 4 个化合物，其中硅灰石 CS（$CaO \cdot SiO_2$）和硅酸二钙（或称贝利特）C_2S（$2CaO \cdot SiO_2$）是一致熔融化合物，熔点分别为 1544℃和 2130℃。硅钙石 C_3S_2（$3CaO \cdot 2SiO_2$）和硅酸三钙（或称阿利特）C_3S（$3CaO \cdot SiO_2$）为不一致熔融化合物，分解温度分别为 1464℃和 2150℃。

图 6-44 中 SiO_2、CS 和 C_2S 都存在多晶转变，故有一些代表晶型转变等温线的横线，线上的温度是多晶转变的温度。另外，还有一个二液区，当 SiO_2 含量较高时，其液相区有液相分层现象。

系统中各无变量点的性质列于表 6-5。

表 6-5 $CaO\text{-}SiO_2$ 系统中无变量点的性质

图上标号	相平衡关系	平衡性质	化学组成(质量分数)/%		温度/℃
			CaO	SiO_2	
P	$CaO \rightleftharpoons$ 熔体	熔点	100	0	2570
Q	$SiO_2 \rightleftharpoons$ 熔体	熔点	0	100	1723
A	α-方石英＋熔体$_B \rightleftharpoons$ 熔体$_A$	熔化分层点	0.6	99.4	1750
B	α-方石英＋熔体$_B \rightleftharpoons$ 熔体$_A$	熔化分层点	28	72	1705
C	α-CS＋α-鳞石英 $\rightleftharpoons$ 熔体	低共熔点	37	63	1436
D	α-CS $\rightleftharpoons$ 熔体	熔点	48.2	51.8	1544
E	α-CS＋$C_3S_2 \rightleftharpoons$ 熔体	低共熔点	54.5	45.5	1460
F	$C_3S_2 \rightleftharpoons$ α-C_2S＋熔体	转熔点	55.5	44.5	1464
G	α-$C_2S \rightleftharpoons$ 熔体	熔点	65	35	2130
H	α-C_2S＋$C_3S \rightleftharpoons$ 熔体	低共熔点	67.5	32.5	2050
M	$C_3S \rightleftharpoons$ CaO＋熔体	转熔点	73.6	26.4	2150
N	α′-C_2S＋$CaO \rightleftharpoons C_3S$	固相反应点	73.6	26.4	1250
O	β-CS $\underset{}{\overset{\text{α-鳞石英}}{\rightleftharpoons}}$ α-CS	多晶转变点	48.2	51.8	1125
R	α′-$C_2S \overset{C_3S}{\rightleftharpoons}$ α-C_2S	多晶转变点	65	35	1450
T	γ-$C_2S \overset{CaO}{\rightleftharpoons}$ α′-C_2S	多晶转变点	65	35	725
S	α-石英 $\overset{\text{β-CS}}{\rightleftharpoons}$ α-鳞石英	多晶转变点	0	100	870
W	α-鳞石英 $\overset{L}{\rightleftharpoons}$ α-方石英	多晶转变点	35.6	64.4	1470

对于较复杂的 $CaO\text{-}SiO_2$ 系统以一致熔融化合物 CS 和 C_2S 为分界线，可以划分为三个分二元系统：SiO_2-CS 系统、CS-C_2S 系统和 C_2S-CaO 系统。

（1）SiO_2-CS 分二元系统　在此分二元系统中富含 SiO_2 的一边，当 CaO 含量在 0.6%～28%的组成范围内（图中 *A*、*B* 两点之间），温度在 1705℃以上出现一个液相分层的二液区，两层液相中一层为 CaO 溶于 SiO_2 中形成的富硅液相，另一层为 SiO_2 溶于 CaO 中形成的富钙液相。两液相，当温度升高时其相互溶解度增加，成分更加靠近。从理论上推论，当升高到某一温度时，两液相应合并为一相，使液相分层现象消失。曾有资料表明，当温度达到 2100℃，CaO 含量在 10%左右时，两液相区消失，成为一液相区。*C* 点是此二元系统的低共熔点，温度为 1436℃，组成是含 37%CaO，在 *C* 点进行的平衡过程是：$L \rightleftharpoons$

α-鳞石英＋α-CS。

由于 SiO_2 有复杂的多晶型转变，所以此分二元系统中存在多条晶型转变的等温线，如 870℃的晶型转变等温线上是 α-石英与 α-鳞石英相互转变，1470℃的晶型转变等温线上相互转变的是 α-鳞石英和 α-方石英。

从相图上可以看出，由于在与方石英平衡的液相线上插入了 $2L$ 区，使 C 点位置偏向 CS 一侧，而距 SiO_2 较远。液相线 CB 也因而较为陡峭。这一相图上的特点常被用来解释为何在硅砖生产中可以采取 CaO 作矿化剂而不会严重影响其耐火度。用杠杆规则计算，如向 SiO_2 中加入 1%CaO，在低共熔温度 1436℃下所产生的液相量为 1∶37＝2.7%。这个液相量是不大的，并且由于液相线 CB 较陡峭，温度继续升高时，液相量的增加也不会很多，这就保证了硅砖高的耐火度。

（2）CS-C_2S 分二元系统　在这个分二元系统中有一个不一致熔融化合物 C_3S_2，它在自然界中以硅钙石的形式存在，并常出现于高炉矿渣中。E 点是此分二元系统中的低共熔点，在 E 点上进行的过程是：$L_E \rightleftharpoons C_3S_2+\alpha\text{-CS}$。$F$ 点是转熔点，在 F 点上发生 $L_F+\alpha\text{-}C_2S \rightleftharpoons C_3S_2$ 的相变化。CS 具有 α 和 β 两种晶型，晶型转变的温度为 1125℃。

（3）C_2S-CaO 分二元系统　这个分二元系统中有硅酸盐水泥的重要矿物 C_2S 和 C_3S。C_2S 是一致熔融化合物，它有复杂的多晶转变，在单元系统相图中已做了介绍，在相图中一般只表示稳定态晶型的转变情况，因为相图是在平衡状态下作出的，故图中没有表示 β-C_2S，只表示了 α-C_2S、α′-C_2S 和 γ-C_2S 的区域。C_3S 是不一致熔融化合物，它仅存在于 1250～2150℃之间，在 2150℃分解为组成为 M 的液相和 CaO。在 1250℃时，C_3S 分解为 α′-C_2S 和 CaO，但这时的分解只在靠近 1250℃温度小范围内才会很快地进行，在较低温度时的分解几乎可以忽略不计，所以 C_3S 能在很长的时间内以介稳状态存在于常温下。从热力学观点看，这种介稳状态的 C_3S 具有较高的内能，这就是 C_3S 活性大，有高度水化能力的原因之一，因此，硅酸盐水泥中 C_3S 是保证水泥具有高度水硬活性的最重要的矿物成分。此外，介稳态的 β-C_2S 也是硅酸盐水泥中含量高的一种水硬活性矿物。为了保证水泥质量，应尽量避免 C_3S 分解以及 β-C_2S 向无水硬活性的 γ-C_2S 的多晶转变，为此，在生产中应采取急冷措施，使 C_3S 和 β-C_2S 迅速越过分解温度或晶型转变温度，在低温下以介稳态保存下来。介稳态是一种高能量状态，有较强的反应能力，这也就是 C_3S 和 β-C_2S 具有较高水硬活性的热力学上的原因。

H 点是这个分二元系统的低共熔点，可以看出在这个分二元系统中出现液相的最低温度是 2050℃。在水泥熟料烧成时需要有 20%～30%的液相，尽管此分二元系统可以提供水泥中最重要的矿物组成 C_2S 和 C_3S，但在生产中却不能采用 CaO、SiO_2 二组分配料，必须加入 Al_2O_3、Fe_2O_3 等组分，以降低出现液相的温度，有利于烧成。

6.3.3.4 MgO-SiO_2 系统

MgO-SiO_2 系统与镁质耐火材料（如方镁石砖、镁橄榄石砖）及镁质陶瓷的生产有密切关系。

MgO-SiO_2 系统相图如图 6-45 所示。其相图中的 MgO-Mg_2SiO_4 分二元系统，最早被认为是具有简单低共熔物的二元系统，后来的研究表明是属于有限互溶固溶体类型（相图中用下标 s. s. 表示形成有限互溶固溶体）。横坐标是质量分数。各无变量点的性质列于表 6-6 中。

MgO-SiO_2 系统中有一个一致熔融化合物 M_2S（2MgO · SiO_2 或 Mg_2SiO_4，镁橄榄石）和一个不一致熔融化合物 MS（MgO · SiO_2 或 $MgSiO_3$，顽火辉石）。M_2S 的熔点很高，达 1890℃。MS 则在 1557℃分解为 M_2S 和 D 组成的液相。

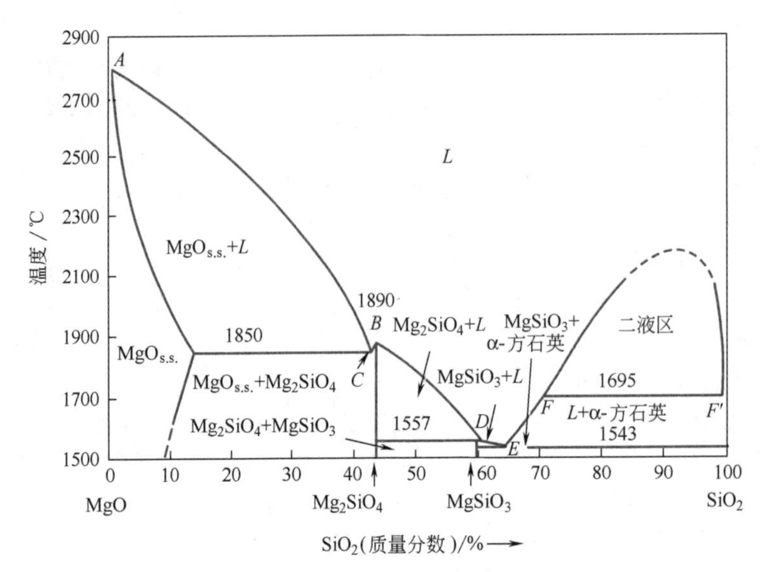

图 6-45　$MgO-SiO_2$ 系统相图

表 6-6　$MgO-SiO_2$ 系统中无变量点的性质

图上标号	相平衡关系	平衡性质	化学组成(质量分数)/%		温度/℃
			MgO	SiO_2	
A	熔体⇌MgO	熔点	100	0	2800
B	熔体⇌M_2S	熔点	57.2	42.8	1890
C	熔体⇌$MgO_{s.s.}$+M_2S	低共熔点	约57.5	约42.3	1850
D	熔体+M_2S⇌MS	转熔点	约38.5	约61.5	1557
E	熔体⇌MS+α-方石英	低共熔点	约35.5	约64.5	1543
F	熔体$_{F'}$⇌熔体$_F$+α-方石英	熔化分层点	30	70	1695
F'	熔体$_{F'}$⇌熔体$_F$+α-方石英	熔化分层点	0.8	99.2	1695

在 $MgO-Mg_2SiO_4$ 这个分二元系统中，有一个溶有少量 SiO_2 的 MgO 有限互溶固溶体单相区以及此固溶体与 Mg_2SiO_4 形成的低共熔点 C，低共熔温度是 1850℃。

在 $Mg_2SiO_4-SiO_2$ 分二元系统中，有一个低共熔点 E 和一个转熔点 D，在富硅的液相部分出现液相分层。这种在富硅液相发生分层的现象，不但在 $MgO-SiO_2$、$CaO-SiO_2$ 系统，而且在其他碱金属和碱土金属氧化物与 SiO_2 形成的二元系统中也是普遍存在的。$MgSiO_3$ 有几种结构相近的晶型。室温下稳定的晶型是顽火辉石，高温下稳定的晶型是原顽火辉石。原顽火辉石冷却时若不加入矿化剂，它不再转化为顽火辉石而介稳存在，或者转化为斜顽火辉石。后者在整个温度范围内都是不稳定的。将斜顽火辉石加热，约在 1100℃ 又可转化为原顽火辉石。另一种观点认为顽火辉石在 1180℃ 可逆地转化为斜顽火辉石，而在 1260℃ 以上斜顽火辉石和原顽火辉石形成平衡状态。因此，在 1180～1260℃ 斜顽火辉石是稳定的。

原顽火辉石是滑石瓷中的主要晶相，如果制品中发生原顽火辉石向斜顽火辉石的晶型转变，密度将由 3.10g/cm^3 增加到 3.18g/cm^3，相当于体积缩小 2.6%，这可能导致制品气孔率增加，机械强度下降，甚至产生粉化，因而在生产上要采取稳定措施防止这种晶型转变。研究证明，若瓷体中有玻璃相存在，或者加入不同添加剂使高温晶型形成固溶体，都可以使原顽火辉石在低温下长期稳定存在。

可以看出，在 MgO-Mg_2SiO_4 这个分系统中的液相线温度很高（在低共熔温度 1850℃以上），而在 Mg_2SiO_4-SiO_2 分系统中液相线温度要低得多，因此，镁质耐火材料配料中 MgO 含量应大于 Mg_2SiO_4 中的 MgO 含量，否则配料点落入 Mg_2SiO_4-SiO_2 分系统，开始出现液相温度及全熔温度急剧下降，造成耐火度大大下降。据此也可以推测镁砖和硅砖不能在炼钢炉上或其他工业窑炉上一起使用。这是因为在平炉冶炼温度附近，硅砖中的 SiO_2 和镁砖中的 MgO 反应生成熔点更低的化合物并产生大量液相，使材料耐火性能变坏。

6.3.3.5 CaO-Al_2O_3 系统

图 6-46 是 CaO-Al_2O_3 系统相图。该系统共有 C_3A、$C_{12}A_7$、CA、CA_2 和 CA_6 五个化合物。其中 C_3A、CA、CA_2 和 CA_6 均为不一致熔融化合物，分解温度分别为 1335℃、1608℃、1770℃和 1860℃。$C_{12}A_7$ 在通常温度的空气中为一致熔融化合物，熔点为 1392℃。在完全干燥空气中发现，C_3A 和 CA 在 1360℃能够生成低共熔物，其组成为 50.65%（质量分数）Al_2O_3 和 49.35%（质量分数）CaO。在这种情况下，$C_{12}A_7$ 在相图中没有稳定相区，整个系统没有温度的最高点。

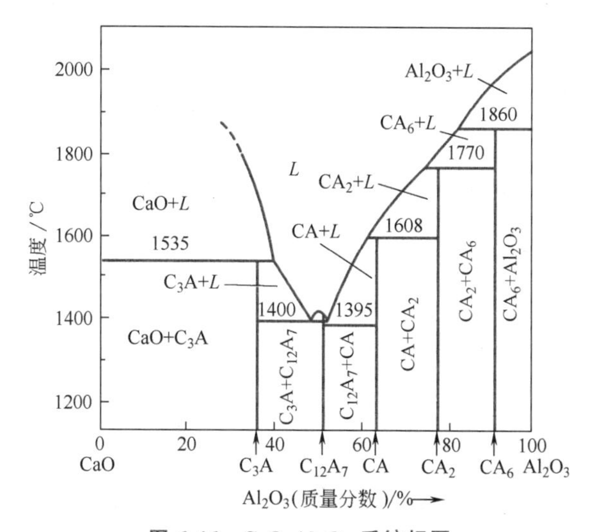

图 6-46 CaO-Al_2O_3 系统相图

C_3A 也是水泥熟料中的主要成分，加热到 1535℃分解为游离 CaO 和液相。C_3A 和水的反应很快，很强烈，所以当硅酸盐水泥中 C_3A 成分较多时，水泥的水化速度较快。

CA 是矾土水泥熟料中的主要矿物，加热到 1608℃分解为 CA_2 和液相。CA 和水化合时，反应速率快，产物的强度也高。所以矾土水泥称为快硬高强水泥。

CA_2 具有高耐火性能，为耐火水泥熟料中必不可少的主要成分，在加热时于 1770℃分解为 CA_6 和液相。

CA_6 存在于电熔刚玉制品中，在加热时于 1860℃分解为 Al_2O_3 和液相。

$C_{12}A_7$ 稍具水硬性，在硅酸盐水泥熟料和矾土水泥熟料中均有少量存在。

6.3.3.6 MgO-Al_2O_3 系统

MgO-Al_2O_3 系统相图对于生产镁铝制品、合成镁铝尖晶石制品及透明氧化铝陶瓷具有重要意义。图 6-47 为该系统相图。

此系统中形成一个化合物——镁铝尖晶石 MA($MgO \cdot Al_2O_3$)。MA 组成中含 71.8%（质量分数）Al_2O_3 [即 50%（摩尔分数）Al_2O_3]，它将相图分成具有低共熔点 E_1

（1995℃）的 MgO-MA 和 E_2（1925℃）的 MA-Al_2O_3 两个分系统。两个低共熔点温度均接近 2000℃，可知方镁石 MgO、刚玉 Al_2O_3 和尖晶石 MA 都是高级耐火材料。由于 MgO、Al_2O_3 及 MA 之间都具有一定的互溶性，故各成为一个低共熔型的有限互溶固溶体相图。

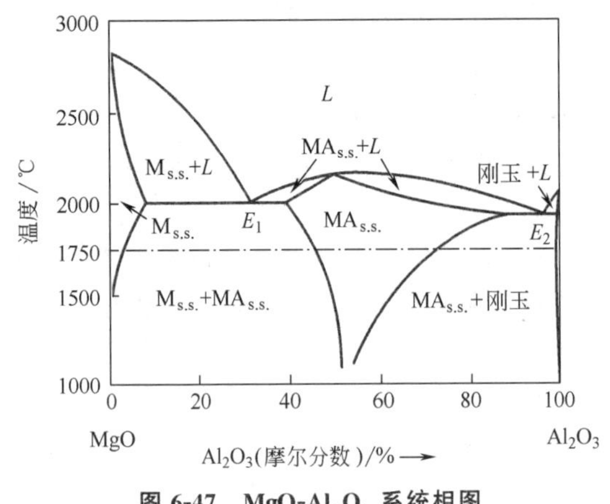

图 6-47 $MgO-Al_2O_3$ 系统相图

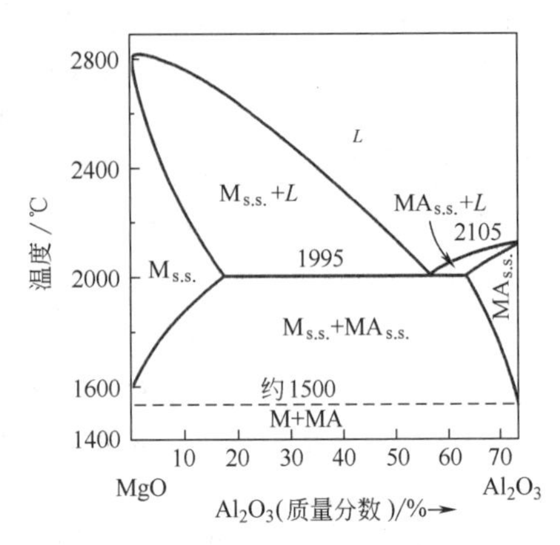

图 6-48 MgO-MA 系统相图

由图 6-47 可以看出温度对彼此溶解度的影响，即温度升高，溶解度增加，各在其低共熔温度溶解度最大。图 6-48 表示的 MgO-MA 系统中，在 1995℃时，以方镁石为主的固溶体中含 18%（质量分数）Al_2O_3，以尖晶石为主的固溶体中含 39%（质量分数）MgO。温度下降时，互溶度降低，1700℃时方镁石中约固溶 3%（质量分数）Al_2O_3，至 1500℃时，MgO 与 MA 二者完全脱溶。同样可知，MA-Al_2O_3 系统中在 800～1925℃变化时，尖晶石中的 Al_2O_3 含量波动在 72%～92%（质量分数）之间。

由于 MA 有较高的熔点（2105℃）及低共熔点，在尖晶石类矿物中与镁铬尖晶石（熔点约 2350℃）相似，具有许多优良性质，高温下又能与 MgO 等形成有限互溶固溶体，所以 MA 是一种很有价值的高温相组成。用 MA 作为方镁石的陶瓷结合相，可以显著改善镁质制品的热震稳定性，即制得性能优良的镁铝制品。由图 6-48 可知，从提高耐火度出发，镁铝制品的配料组成应偏于 MgO 侧。在该侧 Al_2O_3 部分地固溶于 MgO，组成物开始熔融的温度较高。例如，物系组成中的 Al_2O_3 含量为 5%（质量分数）或 10%（质量分数）时，开始熔融温度在 2500℃或 2250℃左右，比其共熔温度约高 500℃或 250℃，其完全熔融温度可高达 2780℃和 2750℃左右。

冶金用镁铝砖是我国耐火材料工作者在 20 世纪 50 年代研制成功的一种碱性耐火材料，它含 Al_2O_3 5%～10%（质量分数），用于炼钢平炉炉顶等部位，效果显著。为充分利用我国丰富的矾土矿资源、取代较短缺的镁铬砖，取得很大成绩，至今仍发挥着重要作用。

透明 Al_2O_3 陶瓷是用纯 Al_2O_3 中添加 0.3%～0.5%（质量分数）的 MgO，在 H_2 的气氛中于 1750℃左右烧结而制成。根据相图可知，透明氧化铝陶瓷的成分是含有 Mg^{2+} 的刚玉固溶体，当温度降低时，MgO 在 Al_2O_3 中的溶解度递减。如果制品在高温烧结，以缓慢的速度冷却，将会有尖晶石从固溶体刚玉中析出，但由于 MgO 含量微少，晶界上的偏析现象只能在电子显微镜下观察到，制品不至于失透。另外，也正由于 MgO 杂质的存在，阻碍了晶界的移动，使气孔容易消除而制得透明的氧化铝陶瓷。

6.3.3.7 $BaO-TiO_2$ 系统相图

$BaO-TiO_2$ 系统相图如图 6-49 所示。该系统相图对于 $BaTiO_3$ 铁电体及以 $BaTiO_3$ 为主晶相的铁电陶瓷制备有着重要的指导意义。

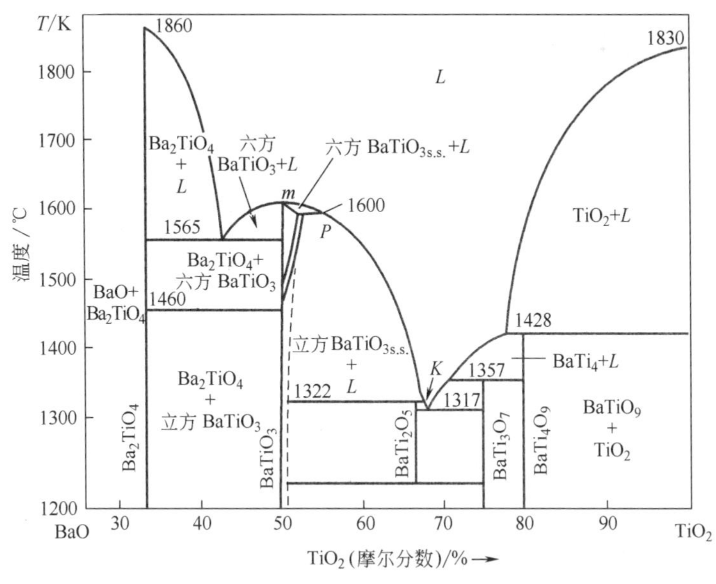

图 6-49 BaO-TiO$_2$ 系统相图

BaO-TiO$_2$ 系统有五个化合物：Ba_2TiO_4、$BaTiO_3$、$BaTi_2O_5$、$BaTi_3O_7$、$BaTi_4O_9$。其中 Ba_2TiO_4 和 $BaTiO_3$ 为一致熔融化合物，熔点分别为1860℃和1612℃。$BaTiO_3$ 具有六方和立方两种晶型，晶型转变温度为1460℃，进一步研究表明，立方 $BaTiO_3$ 将在120℃（居里点）下转变为四方 $BaTiO_3$（图6-49中未示出），四方 $BaTiO_3$ 具有良好的铁电性能。从相图还可以看出，在高温下 $BaTiO_3$ 对 TiO_2 有一定的溶解度，能形成有限互溶固溶体。$BaTi_2O_5$、$BaTi_3O_7$、$BaTi_4O_9$ 都是不一致熔融化合物。$BaTi_2O_5$ 稳定存在的温度范围是1210～1322℃，在1322℃分解为组成为 K 的液相和 $BaTiO_3$ 固溶体，1210℃分解为 $BaTiO_3$ 固溶体和 $BaTi_3O_7$。$BaTi_3O_7$ 于1357℃下分解为 $BaTi_4O_9$ 和液相。$BaTi_4O_9$ 在1428℃分解为 TiO_2 和液相。

在 BaO-TiO$_2$ 系统中最重要的化合物是 $BaTiO_3$。$BaTiO_3$ 可以做成单晶体，也可做成陶瓷体。根据 BaO-TiO$_2$ 相图，采用直拉法制备 $BaTiO_3$ 单晶，把配方调整在一致熔融的位置（m 点）时并不能很好控制 $BaTiO_3$ 单晶生长。这是因为 $BaTiO_3$ 的多晶转变，若在 m 点处拉晶，生长出来的是六方 $BaTiO_3$，降温至1460℃要转变为立方 $BaTiO_3$，立方型 $BaTiO_3$ 将在120℃（居里点）转变为四方型，这时 $BaTiO_3$ 才具有人们所需要的铁电性能。一个单晶体从高温降至室温经过多次相变容易造成开裂，直接得到低温变体（如β-石英的水热合成）或尽量减少相变数，是解决这类问题的办法。在 $BaTiO_3$ 单晶的制备中，采用了后一种办法，即把配料点选择在 P 和 K 之间，使拉晶过程中得到立方型 $BaTiO_3$ 单晶，减少一次相变。1968年，尼恩（Line）和贝尔鲁斯（Belruss）就采用了这种办法，获得了良好的 $BaTiO_3$ 单晶。

以 $BaTiO_3$ 为主晶相的铁电陶瓷，用途也相当广泛。在生产这种陶瓷时，该相图同样起到了指导作用。按照相图配方应控制在 BaO∶TiO$_2$＝1∶1。但是 Ba_2TiO_4 化合物是极有害的物质，它具有吸潮性，若陶瓷中含有 Ba_2TiO_4，会导致瓷片的膨胀而产生裂纹。为了避免在陶瓷中出现 Ba_2TiO_4 化合物，应把配方稍往右偏一些。因为 $BaTiO_3$ 对 TiO_2 有一定的溶解度，TiO_2 稍有过量，仍得到未破坏晶格的 $BaTiO_3$ 固溶体，不影响陶瓷的铁电性能，至多出现极少量的无破坏作用的 $BaTi_3O_7$ 化合物。

6.4　三元系统

三元系统是包括三个独立组元的系统，即 $C=3$，比二元系统要复杂得多。对于三元凝聚系统，其相律可写成 $F=C-P+1=4-P$。当 $P_{min}=1$ 时，$F_{max}=3$；当 $F_{min}=0$ 时，$P_{max}=4$。即在三元凝聚系统中，最多可以四相平衡并存，四相平衡时为无变量过程；系统的最大自由度数为 3，这三个独立变量是温度和三组元中任意两个组元的浓度。由于有三个变量，用平面图形已无法表示，所以三元系统相图采用空间中的三方棱柱体来表示。三棱柱的底面三角形表示三元系统的组成，三棱柱的高是温度坐标。

6.4.1　三元系统组成表示法

由于增加了一个组元，三元系统的组成已不能用直线表示，通常是用一个每条边被均分为 100 等份的等边三角形来表示，这种等边三角形称为组成三角形，也称浓度三角形或吉普斯三角形，如图 6-50 所示。

浓度三角形的三个顶点分别表示三个纯组元，即顶点 A、B、C 分别表示组元 A、B 和 C 的组成为 100%。此三角形的每一条边表示二元系统中两个组元的相对含量。三角形内任一点表示含有 A、B 和 C 三组元的某个三元系统组成。如图 6-50 的组成三角形中 M 点，经 M 引三条线分别平行于三角形的三条边，构成三个等边小三角形 $\triangle aaa$、$\triangle bbb$、$\triangle ccc$。这三个等边小三角形位于等边大三角形内，九条边总和正好等于大三角形的三条边之和，而且 $a+b+c=AB=BC=AC$。可见，在三角形内任一点都有对应的 a、b、c 三个值，而且这三个数值之和是定值，总是等于三角形的一边长。因此可以用这三个小三角形的边长 a、b、c 来表示三角形内任一点的组成含量。把三角形每一条边分为 100 等份，则 M 点就可以用同一单位来度量，a 表示 M 组成点的 A 含量，b 表示 M 组成点的 B 含量，c 表示 M 组成点的 C 含量，$a+b+c=100\%$。

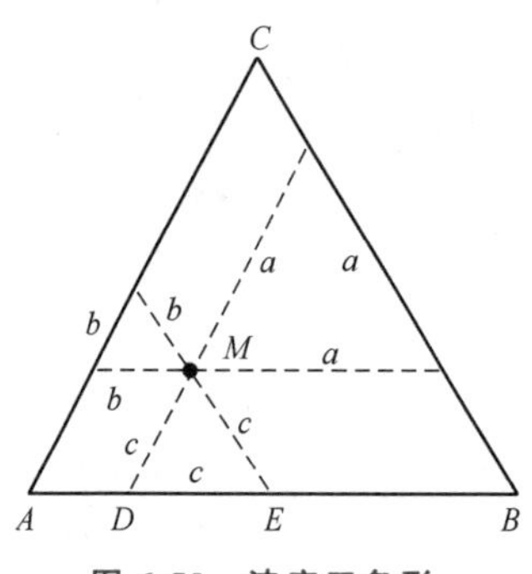

图 6-50　浓度三角形

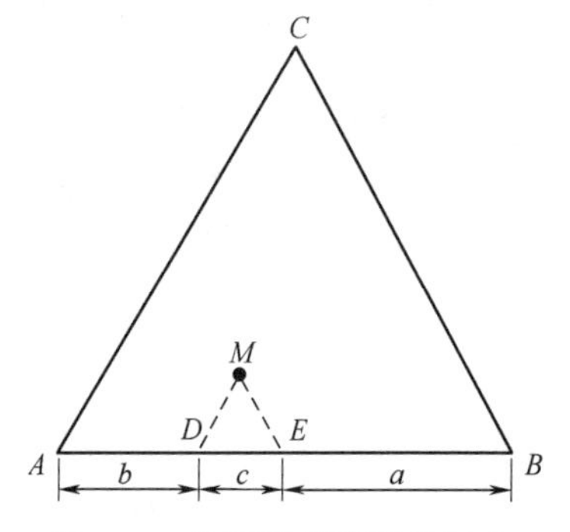

图 6-51　双线法确定三元组成

如果已知某个三元系统在浓度三角形内的组成点位置，其组成可以通过双线法，即经 M 点引三角形任意两条边的平行线，根据它们在第三条边上的交点来确定。例如图 6-51 中的 M 点的三个组元的含量可用下面的方法求得：经 M 点作 AC 和 BC 两条边的平行线与第三条边 AB 相交于 D、E，把 AB 边分为三段，远离 A 顶点的一段 a（$a=BE$）代表 A 组元的含量 $A\%$，远离 B 顶点的一段 b（$b=AD$）代表 B 组元的含量 $B\%$，中间一段 c（$c=DE$）代表对面顶点 C 组元的含量 $C\%$。这样 M 点的组成在一条边上就表示出来了。反之，若一个三元系统的组成已知，也可用双线法确定该组成在浓度三角形内的位置。例如各组元含量分别为 $A=50\%$，$B=30\%$，$C=20\%$，欲求组成点在三角形中的位置，可在 AB 边上取

$BE=50\%$，$AD=30\%$，$DE=20\%$，分别表示 A、B、C 含量。过 D、E 点引两条线分别平行 AC 和 BC 并交于 M 点，则 M 点为所求的三元组成点。

根据浓度三角形的这种表示组成的方法，不难看出，一个三元组成点越靠近某一角顶，该角顶所代表的组元的含量必定越高。

与二元系统一样，三元系统的组成可以用质量分数表示，也可以用摩尔分数表示，但不能在一个相图中同时使用两种不同的浓度单位。

6.4.2 浓度三角形的性质

在浓度三角形内，掌握以下浓度三角形的几条规则对分析实际问题很有帮助。

6.4.2.1 等含量规则

在浓度三角形中，平行于一条边的直线上所有各点的组成中含对面顶点组元的量相等。图 6-52 中，MN 线平行于 AB 边，因此 MN 线上的 Q、P、R 等各点中含 C 组元的量相等，都为 $c\%$，变化的只是 A、B 的含量，这从图上可以很清楚地看出来。

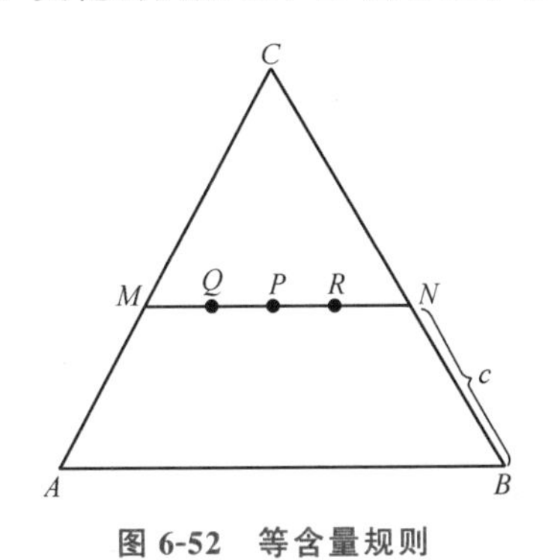

图 6-52 等含量规则

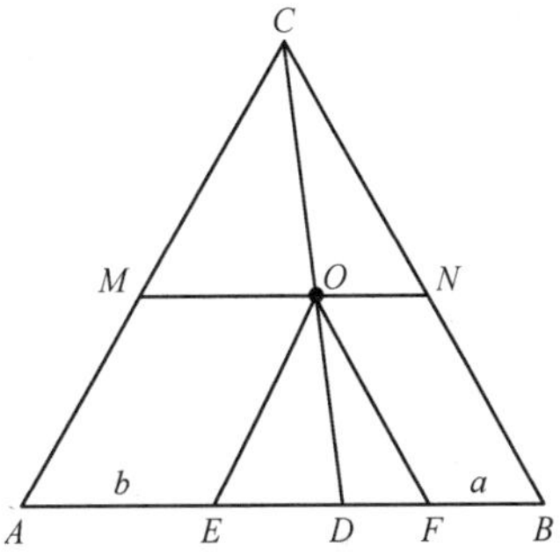

图 6-53 等比例规则

6.4.2.2 等比例规则

从浓度三角形某顶点向其对边作射线（或与其对边上任一点的连线），线上所有各点的组成中含其他两个组分的量的比例不变。如图 6-53 所示，通过顶点 C 向对边 AB 作射线 CD（D 是 AB 边上任一点），CD 线上各点 A、B、C 三组分的含量皆不同，但 A 与 B 含量的比值是不变的，都等于 $BD:AD$。

此规则可以证明如下：在 CD 线上任取一点 O，过 O 作 $MN/\!/AB$、$OE/\!/AC$、$OF/\!/BC$，所以 $BF=a$，$AE=b$（a 表示 A 含量，b 表示 B 含量）。则：

$$\frac{a}{b}=\frac{BF}{AE}$$

又因为
$$BF=NO,\ AE=MO$$

故
$$\frac{a}{b}=\frac{ON}{MO}$$

由于
$$\triangle CNO\backsim\triangle CBD,\triangle CMO\backsim\triangle CAD$$

有
$$\frac{CO}{CD}=\frac{NO}{BD}=\frac{MO}{AD},\frac{NO}{MO}=\frac{BD}{AD}$$

所以
$$\frac{a}{b}=\frac{ON}{MO}=\frac{BD}{AD}=\text{定值}$$

6.4.2.3 背向规则

在浓度三角形中，一个三元系统的组成点越靠近某个顶点，该顶点所代表的组元的含量就越高；反之，组成点越远离某个顶点，系统中该顶点组元的含量就越少。由等比例规则可以推知，在浓度三角形中若有一熔体在冷却时析出某一顶点所代表的组元，则液相中该顶点组元的含量不断减少，而其他两个组元的含量之比保持不变，这时液相组成点必定沿着该顶点与熔体组成点的连线向背离该顶点的方向移动。这一推论称为背向规则。如图 6-54 中，若从组成为 M 的熔体中析出 C 晶相，则液相中 C 晶相的含量不断减少，而 A、B 量的比例保持不变，液相必定沿着 CM 线向背离 C 的方向移动。析出的 C 晶相越多，则移动的距离越远。这一规则在分析冷却结晶过程中液相的变化途径时非常重要。

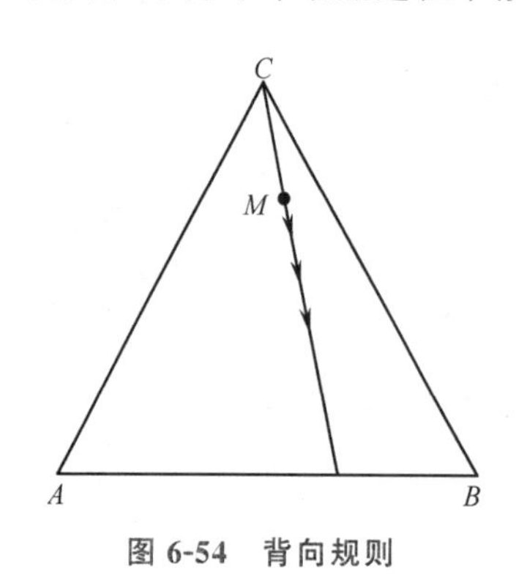

图 6-54 背向规则

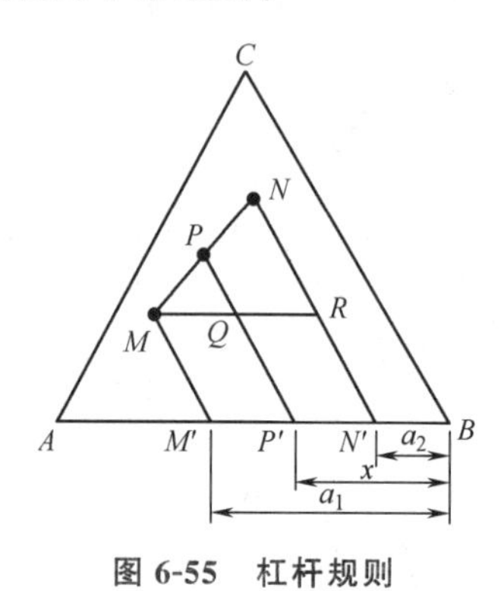

图 6-55 杠杆规则

6.4.2.4 杠杆规则

二元系统中的杠杆规则可以推广到三元系统中来，并且得到更广泛的应用。

在三元系统的相平衡中常常要解决以下两方面的问题：当两个组成的质量为已知的三元混合物（或相）混合成一个新混合物（或相）时，如何求出新混合物的组成；若已知组成的某三元混合物（或相）分解成两个具有确定组成的新混合物（或相）时，如何求出两个新混合物（或相）的相对数量关系。这类问题在浓度三角形内应用杠杆规则即可得到解决。

三元系统的杠杆规则表述如下：当两个组成已知的三元混合物（或相）混合成一个新混合物（或相）时，则新混合物（或相）的组成点必在两个原始混合物（或相）组成点的连线上，且位于两点之间，两个原始混合物（或相）的质量之比与它们的组成点到新混合物（或相）组成点之间的距离成反比。

如图 6-55 中，两个已知的三元系统 M 和 N，其质量分别为 m 和 n，根据杠杆规则，混合后形成的新系统 P 的组成点一定在 MN 的组成点连线上。且在 M 和 N 之间，同时有下列关系：

$$\frac{m}{n}=\frac{PN}{MP}$$

现证明如下：过 M 点作 $MR /\!/ AB$，过 M、N 和 P 点分别引三条线平行于 BC 并与 AB 边相交于 M'、N' 和 P' 点，则 AB 边上对应的截线 $M'B$、$N'B$、$P'B$ 分别为 M、N、P 中组元 A 的含量，即 M 中 A 的含量为 $a_1\%$，N 中 A 的含量为 $a_2\%$，P 中 A 的含量为 $x\%$。根据物料平衡原理，混合前后 A 的总量应保持不变，故得：

$$ma_1\%+na_2\%=(m+n)x\%$$

整理、化简得：

$$\frac{m}{n}=\frac{x-a_2}{a_1-x}$$

由图可知：

$$x-a_2=QR，a_1-x=MQ$$

于是：

$$\frac{m}{n}=\frac{QR}{MQ}$$

在△MNR 中 $MP：PN=MQ：QR$，所以：

$$\frac{m}{n}=\frac{PN}{MP}$$

设新混合物 P 的质量为 $p(p=m+n)$，则：

$$\frac{m}{p}=\frac{PN}{MN},\frac{n}{p}=\frac{MP}{MN}$$

根据上述杠杆规则可以推论：由一相分解为两相时，这两相组成点必分布于原始组成点的两侧，且三点成一条直线。

在三元系统中，还会遇到已知三个三元混合物生成一个新混合物，求新混合物的组成；或者一种混合物分解成三种物质，求它们的质量比等问题，解决这类问题要应用两次杠杆规则，并可由此导出浓度三角形中的重心规则。

6.4.2.5 重心规则

三个三元混合物生成一个新混合物以及一种混合物分解成三种物质时，系统中便出现了四相平衡并存。三元系统中的最大平衡相数是四个。处理四相平衡问题，重心规则十分有用。

设处于平衡的四相组成（及数量）分别为 M、N、Q 和 P，这四个相点的相对位置可能存在如图 6-56 所示的三种配置方式，因此重心规则包括重心位置规则、交叉位置规则和共轭位置规则。

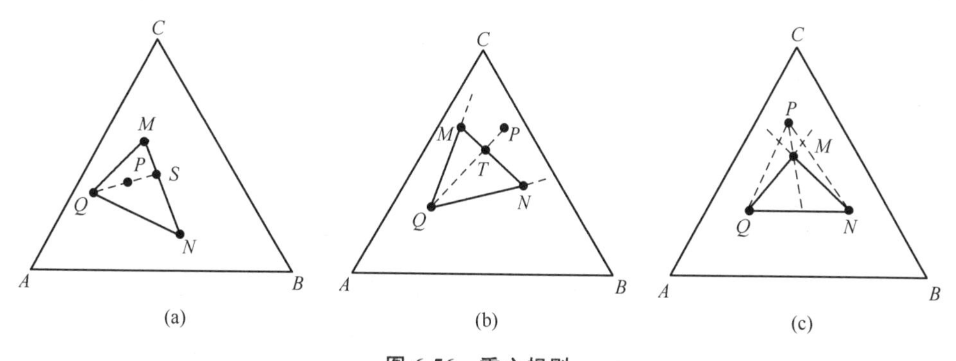

图 6-56 重心规则

（a）重心位置；（b）交叉位置；（c）共轭位置

（1）重心位置规则　如图 6-56(a) 所示，把 M、N、Q 三相混合，要得到新相点 P，可采用下述方法：根据杠杆规则先将 M 和 N 混合成 S，S 相的组成点必定在 MN 连线上，且在 M 和 N 之间，具体位置要根据 M、N 的相对数量而定；接着把 S 和 Q 混合得到 P 相。即 $M+N=S$，$S+Q=P$。综合两式，所以：

$$M+N+Q=P$$

上式称为重心位置规则，其含义是 P 相可以通过 M、N、Q 三相合成而得，P 相的数量等于 M、N、Q 三相数量总和，P 相的组成点处于 M、N、Q 三相所构成的三角形内，其确切位置可用杠杆规则分步求得。反之，从 P 相可以分解出 M、N、Q 三相。

P 点所处的这种位置称为重心位置。若 P 为液相点，则此过程为低共熔过程。

这里应特别指出，重心位置是指力学中心位置，而并非几何中心位置，只有当三个原始混合物的数量都一样时，其重心位置才是几何中心位置。

(2) 交叉位置规则　若新相 P 点的位置不在 M、N、Q 所形成的三角形内，而是在三角形某边的外侧，且在其他两条边的延长线所夹的范围内，称为交叉位置。由图 6-56(b) 可以看到，P 点在 $\triangle MNQ$ 外，MN 边的一侧。根据杠杆规则，由 M 和 N 可合成得 T 相，由 P 和 Q 也可以合成得 T 相，即 $M+N=T$，$P+Q=T$。综合两式，可以得到：

$$P+Q=M+N$$

上式称为交叉位置规则，其含义是 P 和 Q 可以合成得到 M 和 N 相，或要使 P 分解为 M 和 N，必须加入 Q。反之，M、N 相合成也可以得到 P 和 Q 相。

P 的位置用杠杆规则或按组成及数量均可求得。当 P 点为液相组成点的位置时，便是液相回吸一种晶相而结晶析出其他两种晶相的一次转熔（单转熔）过程。

(3) 共轭位置规则　若 P 点处在 M、N、Q 三相所形成的三角形某顶角的外侧，且在形成此顶角的两条边的延长线范围内，称为共轭位置。图 6-56(c) 中示出 P 点在 $\triangle MNQ$ 外，M 顶点的一侧。把 PQ、PN 连接起来得到 $\triangle PQN$，M 点处在三角形内重心位置，即由 P、Q 和 N 可以合成 M 相，或由 M 相可分解出 P、Q 和 N 相。其关系表示如下：

$$P+Q+N=M$$

上式称为共轭位置规则，其含义是要由 P 转变为 M，必须在 P 中加入 N 和 Q 才可实现。

当 P 点为液相点时，便是液相回吸两种晶相而析出另外一种晶相的二次转熔（双转熔）过程。

在三元系统中，重心规则对判断无变量点的性质非常重要。

还需再说明一点，事实上任意三角形都可以作为浓度三角形，只是三角形的三条边绝对长度不相等而已。

6.4.3 三元系统相图的基本类型

6.4.3.1 具有一个低共熔点的三元系统相图

这种系统是三组元在液相中完全互溶，在固相中完全不互溶，三组元各自从液相分别析晶，不形成固溶体，不生成化合物的系统。因而是最简单的三元系统。

(1) 立体状态图　如前所述，三元系统相图要用空间中的三方棱柱体表示，其底面是表示系统组成的浓度三角形，高是温度坐标。最简单的三元系统相图如图 6-57(a) 所示。三棱柱的三条棱 AA'、BB'和 CC'分别表示三个纯组元 A、B 和 C 的状态，A'、B'、C'是三个纯组元的熔点；三个侧面是三个最简单的二元系统 A-B、B-C 和 A-C 系统的状态图，E_1、E_2 和 E_3 为相应二元系统的低共熔点。

二元系统中的液相线，在三元立体状态图中发展为液相面，如 $A'E_1E'E_3$ 液相面即是从 A 组元在 A-B 二元系统中的液相线 $A'E_1$ 和在 A-C 二元系统中的液相线 $A'E_3$ 发展而成。因而 $A'E_1E'E_3$ 液相面是一个饱和曲面，凡在此液相面上方的高温熔体冷却到此液相面的温度时便开始对 A 晶相饱和，析出 A 的晶体。所以液相面代表了一种二相平衡状态。在 $B'E_2E'E_1$ 液相面上是液相与 B 晶相两相平衡，而在 $C'E_2E'E_3$ 液相面上则是液相与 C 晶相平衡。根据相律，在液相面上相数 $P=2$，自由度数 $F=2$。

两个相邻的液相面相交得到一条空间中的曲线，此系统共有三条这样的曲线，即 E_1E'、E_2E'和 E_3E'，称为界线。界线上的液相同时对两种晶相饱和，因此界线上是一个

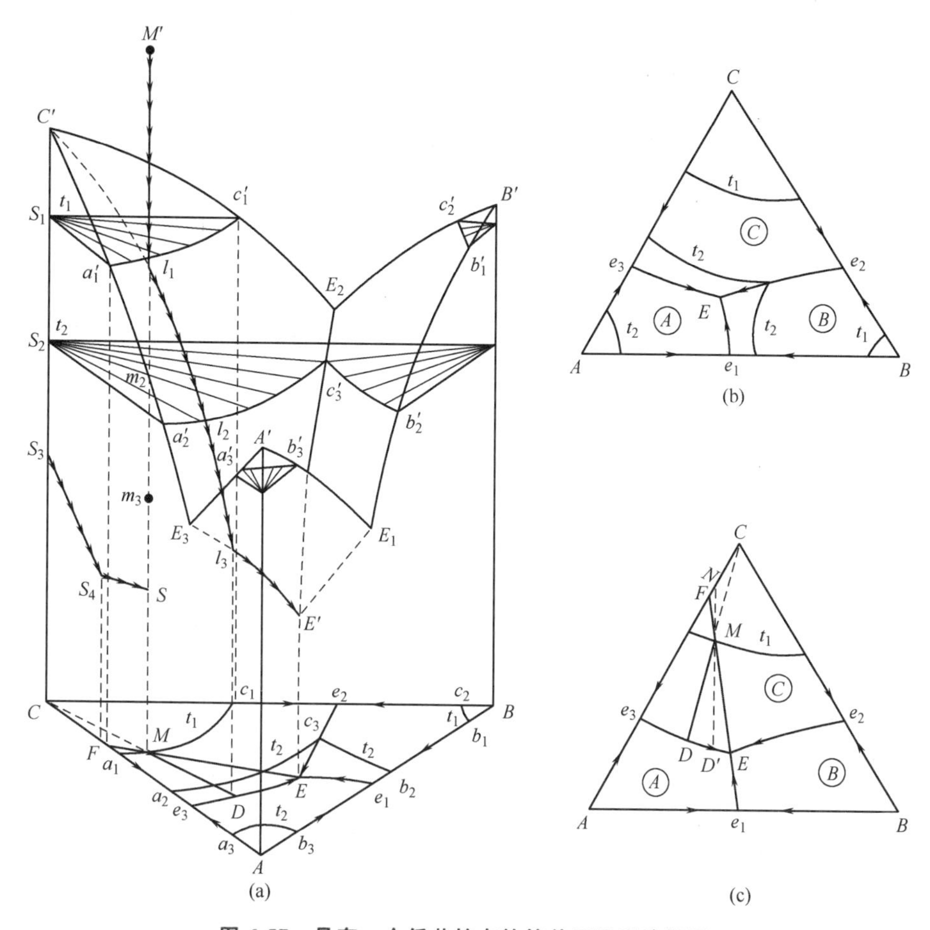

图 6-57 具有一个低共熔点的简单三元系统相图

(a) 具有一个低共熔点的简单三元系统立体相图；(b) 平面投影图；(c) 结晶路线

液相和两种晶相平衡共存。如在 E_1E' 界线上平衡共存的是液相、A 晶相和 B 晶相；而在 E_2E' 界线上平衡并存的是液相和 B、C 两种晶相。由于 $P=3$，所以界线上 $F=1$。

三个液相面或三条界线相交于 E' 点，E' 点上的液相同时对 A、B、C 三种晶相饱和，冷却时将同时析出这三种晶相，因此，E' 点是系统的三元低共熔点。在 E' 点系统处于四相平衡状态，自由度 $F=0$。因而是一个三元无变量点。通过 E' 点作的平行于底面的平面称为固相面（也就是结晶结束点，图中未画出）。

在整个立体状态图中，液相面以上的空间是液相存在的单相区；固相面以下是三种固相平衡共存的相区；在液相面和固相面之间的空间内是液相和一种晶相平衡共存的二相区或液相与两种晶相平衡并存的三相区。

(2) 平面投影图　三元系统的立体状态图不便于实际应用，解决的方法是把立体图向底面浓度三角形投影成平面图。图 6-57(b) 便是图 6-57(a) 图在平面上的投影。在投影图中，三角形的三个顶点 A、B、C 是三个单元系统的投影；三条边是三个二元系统的投影；e_1、e_2 和 e_3 分别是三个二元系统的低共熔点的投影；三个初晶区Ⓐ、Ⓑ、Ⓒ是三个液相面的投影；三条界线 e_1E、e_2E 和 e_3E 是空间中的三条界线的投影。而低共熔点 E 则是空间状态图中的 E' 点的投影。投影图上各点、线、区中平衡共存的相数与自由度数和立体图上对应的点、线、面上相同。

(3) 投影图上的温度表示方法　平面投影图上的温度通常用以下方法表示：①将一些固

定的点（如纯组元或化合物的熔点、二元和三元的无变量点等）的温度直接标在图上或另列表注明；②在界线上用箭头表示温度的下降方向，三角形边上的箭头则表示二元系统中液相线温度下降的方向；③在初晶区内，温度用等温线表示。在立体图中通过温度轴每隔一定的温度间隔（例如间隔1000℃）作与底面浓度三角形平行的等温面［如图6-57(a)立体图中的 t_1 和 t_2 等温面］，这些面与液相面相交所形成的相交线为立体图的等温线，如图6-57(a)中的 $a_1'c_1'$、$a_2'c_3'$等，将这些等温线投影到底面浓度三角形中便得到投影图初晶区内的等温线。显然，液相面越陡，投影图上等温线便越密。所以，投影图上等温线的疏密可以反映出液相面的陡势。根据投影图上的等温线可以确定熔体在什么温度下开始析晶以及系统在某温度时与固相平衡的液相组成。由于等温线使相图的图面变得复杂，所以有些相图中并不画出等温线。

界线上的温度下降方向将在后面详细介绍其判断方法。

(4) 冷却析晶过程　由于实际应用的主要是投影图，而不是立体状态图，所以三元熔体的冷却析晶过程的讨论以投影图为主。在投影图上分析一个熔体的冷却析晶过程，亦即讨论冷却过程中液相组成点和固相组成点的变化路线以及最终析晶的产物。现以图6-57(c)投影图中的熔体 M 为例并结合图6-57(a)立体图进行分析。

三元熔体 M 在析晶过程中虽然不断有晶体析出，固、液相组成都在不断地变化，但它们仍都在系统内，并没有逸出，所以系统的总组成不发生变化，只是温度下降，表现在投影图上，系统的组成点 M 在冷却过程中始终不变。M 点位于组分 C 的初晶区内，且处在 t_1 等温线上，完全熔融后，系统所处的状态由图6-57(a)上的 M'点表示。冷却时，系统的状态点沿着 $M'M$ 线移动到组分 C 的液相面 $C'E_2E'E_3$ 上的 l_1 点，l_1 是 t_1 等温线 $a_1'c_1'$上的一点。说明冷却到 t_1 时的瞬间，组分 C 的晶相开始结晶析出，即 $L \longrightarrow C$。因为只有 C 析出，在液相中的 A 和 B 的量的比例固定不变，所以在投影图 L 液相组成将沿着 CM 射线，向着离开 C 的方向移动到 D 点。在液相面上的液相状态点从 l_1 移动到 l_3，这条曲线是通过 CM 和 CC'作的平面与液相面的交线。根据相律，此时系统中 $P=2$，则 $F=2$，因受液相中 A 和 B 的量的比例不变这一条件的限制，因而系统表现出单变的性质，即随着系统温度的下降，液相状态点只能沿着液相面 $C'E_2E'E_3$ 上的 l_1l_3 线，从 l_1 变化到 l_3，在投影图上液相组成沿 MD 线由 M 点向 D 点移动。因只有 C 析出，相应的固相状态点从 CC'棱上的 S_1 变化到 S_3，在投影图上固相组成在 C 点。

当结晶过程到达界线 E_3E'上的 l_3 点即投影图中界线 e_3E 上的 D 点时，因 E_3E'是 C 和 A 的液相面相交的界线，液相对 C 和 A 都达到饱和，继续冷却，晶体 C 和 A 将同时结晶析出，即 $L \longrightarrow A+C$，此时三相共存。根据相律，$P=3$，则 $F=1$，故系统温度可再下降，液相状态点沿着 E_3E'向 E'点变化，在投影图上液相组成沿着 DE 向 E 点变化。相应的固相状态点从 S_3 向 S_4 变化，因固相中只有 C 和 A 的晶体，所以其组成点只能在投影图中的 CA 二元系统上，从 C 向 F 点变化。根据杠杆规则，液相组成点、固相组成点和系统的总组成点 M 应在同一条直线上，这样随着析晶过程的进行，杠杆以系统的总组成点 M 为支点旋转，当液相组成点沿界线变化时，杠杆与 CA 边的交点即为与液相平衡的固相组成点。例如，当液相组成点到达 D'点时，与该液相平衡的固相的组成点在杠杆与 CA 边的交点 N 处。当液相组成刚变化到 E 点时，相应的固相组成点即到达 F 点。

当结晶过程到达三元低共熔点 E'即投影图中的 E 点时，再继续冷却，晶体 C、A 和 B 将同时结晶析出，即 $L \longrightarrow A+B+C$，此时四相平衡共存。根据相律，$P=4$，则 $F=0$，系统为无变量平衡，温度保持不变。在此析晶过程中，液相组成在投影图中的 E 点不变，但液相的量在逐渐减少。由于固相已是 A、B、C 三种晶相的混合物，所以固相组成点离开

F 点进入三角形内部，沿 FM 线从 F 向 M 变化。当固相组成点与系统总组成点 M 重合时，液相消失，析晶过程结束，最终的析晶产物是 A、B、C 三种晶相，因 $P=3$，则 $F=1$，系统的温度可以继续下降直到室温为止。

图 6-57(c) 投影图中熔体 M 的冷却析晶过程和图 6-57(a) 中熔体 M'的冷却析晶过程是一致的。将两图结合起来则更能加深对三元系统中熔体冷却析晶过程的理解。

投影图中熔体 M 的冷却析晶过程可用下式表示：

液相：$$M \xrightarrow[F=2]{L \longrightarrow C} D \xrightarrow[F=1]{L \longrightarrow C+A} E \left(\begin{matrix} L \longrightarrow A+B+C \\ F=0, L \text{ 消失} \end{matrix} \right)$$

固相：$$C \xrightarrow{C} C \xrightarrow{C+A} F \xrightarrow{A+B+C} M$$

从以上析晶过程的讨论，可以总结出在具有一个低共熔点的三元系统投影图上表示熔体冷却析晶过程的规律：①原始熔体 M 在哪个初晶区内，冷却时，从液相中首先析出该初晶区所对应的那种晶相，M 熔体所处等温线温度表示析出初晶相的温度，在初晶相的析出过程中，液相组成点的变化路线遵守背向规则；②冷却过程中系统的总组成点即原始组成点在投影图上的位置始终不变，而且系统的总组成点、液相组成点和固相组成点始终在一条直线上，形成杠杆，此杠杆随着固、液相组成的变化，以系统总组成点为支点旋转，液相组成点的变化途径一般是从系统的组成点开始，经过相应的初晶区、界线，直到三元低共熔点为止，固相组成点的变化途径则一般是从三角形的某一个顶点开始（只析出一种晶相），经过三角形的一条边（同时析出两种晶相），进入三角形内部（同时析出三种晶相），直到与系统的总组成点重合（结晶结束），固、液相的变化途径形成一条首尾相接的曲线；③无论熔体 M 在三角形 ABC 内的何种位置，析晶产物都是 A、B、C 三种晶相，而且都在Ⓐ、Ⓑ、Ⓒ三个初晶区所包围的三元无变量的低共熔点上结晶结束。因此三元低共熔点一定是结晶的结束点。

加热过程与冷却析晶过程相反。组成为 M 的三元混合物加热到 T_E 温度时 A、B、C 共同熔融，开始出现组成为 E 的液相，系统中四相平衡，$P=4$，$F=0$。系统温度保持恒定，液相组成保持在 E 点不变，但液相量不断增加，A、B、C 三种晶相的量不断减少，固相组成沿着 EM 连线的延长线由 M 向 F 变化。当固相组成到达 F 点时，B 晶相首先熔融完，这样系统处于三相平衡，温度可以继续升高。随着温度的升高，液相组成离开 E 点沿界线向 D 点变化，固相沿 CA 边由 F 点向 C 点变化，A 晶相和 C 晶相不断熔融，液相量继续增加。当固相组成到达 C 点时，A 晶相熔融完毕，系统中只剩下液相和 C 晶相两相，这时液相组成为 D。继续加热，C 晶相不断熔融，液相组成点在初晶区内沿 DMC 线，由 D 点向 M 点变化。当液相组成点到达 M 点时，C 晶相也完全熔融，系统成为单一的液相。M 点所对应等温线温度为 M 三元固体混合物完全熔融温度。

M 三元混合物的加热熔融过程可用下式表示：

固相：$$M \xrightarrow[F=0]{A+B+C \longrightarrow L} F(B\text{ 消失}) \xrightarrow[F=1]{A+C \longrightarrow L} C(A\text{ 消失}) \xrightarrow[F=2]{C \longrightarrow L} C\text{ 消失}$$

液相：$$E \longrightarrow E \longrightarrow D \longrightarrow M$$

(5) 冷却结晶过程中各相量的计算 在三元系统投影图上，应用杠杆规则可以计算系统在不同状态下成平衡的各相的含量。仍以熔体 M 为例，当液相组成刚刚到达 D 点时，系统中为组成 D 的液相与 C 晶相两相平衡并存，它们的百分含量分别为：

$$L\%=\frac{CM}{CD}\times 100\%，C\%=\frac{DM}{CD}\times 100\%$$

当液相刚刚到达 E 点时，系统中为组成 E 的液相、A 晶相、C 晶相三相平衡共存。要求得每一相的含量必须两次使用杠杆规则，首先求出液相量和总的固相（包含 A、C 两种晶相的混合物）量，然后再求两种晶相的含量，具体步骤如下：

$$L\%=\frac{MF}{FE}\times100\%,\ S_{(A+C)}\%=\frac{ME}{FE}\times100\%$$

在固相中 A、C 两种晶相的比例为$\frac{A}{C}=\frac{CF}{AF}$，所以：

$$A\%=\frac{CF}{AC}\times\frac{ME}{FE}\times100\%,\ C\%=\frac{AF}{AC}\times\frac{ME}{FE}\times100\%$$

当液相消失，结晶结束时，系统中 A、B、C 三种晶相平衡共存。它们的含量可以通过 M 点作平行线用“双线法”求出。

以后三元系统相图的讨论全部使用投影图，不再特别说明。

6.4.3.2 具有一个一致熔融二元化合物的三元系统相图

三元系统中某两个组元间生成的化合物称为二元化合物，因此二元化合物的组成点必是在浓度三角形的某一条边上。设在 A、B 两组元间生成一个一致熔融化合物 $S(A_mB_n)$（图 6-58），AB 边是该二元系统相图（图中虚线画出的部分）的投影，因此 S 点不仅是化合物的组成点，也代表化合物的熔点；e_1、e_2 分别是 A-S 和 B-S 两个分二元系统的低共熔点，温度自 S 点分别向 e_1 和 e_2 下降。AC 和 BC 边表示两个最简单的二元系统，二元低共熔点分别为 e_4 和 e_3。

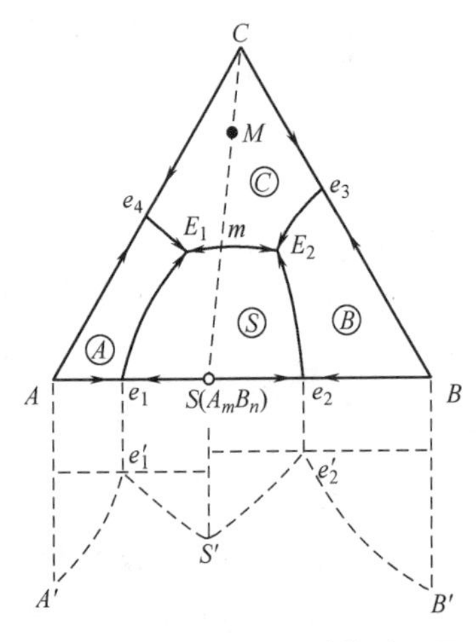

图 6-58 具有一个一致熔融二元化合物的三元系统相图

在三元相图内，一致熔融化合物 S 有自己的初晶区。它是 A-B 二元系统中化合物的液相线 $e_1'S'e_2'$ 向三元系统相图内扩展而成的。可以看出化合物 S 的组成点位于其初晶区Ⓢ内，这是所有一致熔融二元或一致熔融三元化合物在相图上的特点。除化合物的初晶区外，图中还有 A、B、C 三个纯组元的初晶区，所以，该系统相图共有四个初晶区Ⓐ、Ⓑ、Ⓒ和Ⓢ，五条界线 e_1E_1、e_2E_2、e_3E_2、e_4E_1 和 E_1E_2，两个三元无变量点 E_1 和 E_2。在 E_1 点上进行的过程是 $L_{E_1} \rightleftharpoons A+S+C$，在 E_2 点上进行的过程是 $L_{E_2} \rightleftharpoons B+S+C$。这两个点都是低共熔点。

C 和 S 两个晶相组成点之间的连线称为连（接）线。不难看出，CS 连线实质上是一个以 C 和 S 为组元的二元系统。连线 CS 与Ⓒ、Ⓢ两个初晶区之间的界线相交于 m 点，m 点为 CS 二元系统的低共熔点。此时为 CS 连线上的温度最低点。但又是 E_1、E_2 界线上的温度最高点，这从 CS 连线上的熔体 M 的冷却析晶过程可以看出。熔体 M 冷却到析晶温度时首先析出 C 晶相，然后液相组成沿着 CM 射线向背离 C 的方向移动。液相到达 m 点时也对 S 晶相饱和，于是开始同时析出 C 和 S 两种晶相。由于 C 晶相和 S 晶相的析出并不改变液相中 A 和 B 的量的比例，所以，液相组成点不会向 E_1 点或 E_2 点移动，而是停留在 m 点直至液相消失、结晶结束。可以看出，凡是组成在 CS 连线上的熔体结晶路程都只在 CS 线上，而且结晶结束点都在 m 点。因此 m 点是 CS 二元系统的低共熔点。若在 m 点组成的熔体中加入组元 A 或 B，则由于 A 或 B 的加入而使 m 由点变为界线 mE_1 和 mE_2，温度由 m 点向 E_1 或 E_2 点下降而变化，所以，m 点又是界线 E_1E_2 上的温度最高点。m 点称为鞍形点，也称范雷恩点。

在其他界线上也可以看到类似的规律，例如，图中 e_4E_1 界线是Ⓐ、Ⓒ两个初晶区的界线，它与 AC 连线的交点 e_4 是界线 e_4E_1 上的温度最高点，界线上的温度由 e_4 点向 E_1 点下降。

根据上述分析可以总结出判断界线温度下降方向的连线规则（也称最高温度规则）：在三元系统中，两个初晶区之间的界线（或其延长线）如果和这两个晶相的组成点的连线（或其延长线）相交，则交点是界线上的温度最高点，界线上的温度是随着离开上述交点而下降的。

规则中之所以要提到界线或者连线的延长线，是由于界线与其相对应的连线有时并不直接相交，它们之间的位置关系可能有以下三种情况（图 6-59）：图 6-59(a) 为界线与相对应的连线直接相交；图 6-59(b) 为界线与相对应的连线的延长线相交；图 6-59(c) 为界线的延长线与相对应的连线相交。图中 C 和 S 表示两个晶相的组成点，CS 为组成点的连线，Ⓒ、Ⓢ表示 C 和 S 的初晶区，1—2 表示相区界线，箭头表示温度下降方向。对于图 6-59(a) 的情况出现在有一致熔融化合物的相图中；而不一致熔融化合物的相图中会出现图 6-59(b) 和 (c) 的情况。但不论哪种情况，交点都是界线上的温度最高点。

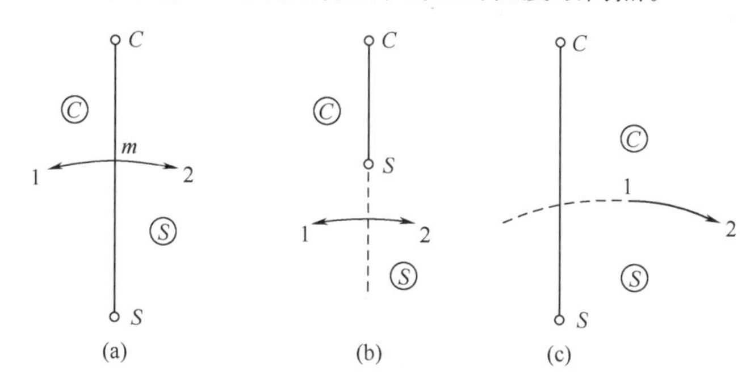

图 6-59 连线规则

(a) 界线与相对应的连线直接相交；(b) 界线与相对应的连线的延长线相交；(c) 界线的延长线与相对应的连线相交

使用连线规则必须注意界线与连线之间的对应关系，相图中每一条连线必然有对应的界线。将界线两侧初晶区所代表的晶相组成点连起来，即是与该界线相对应的连线。

由图 6-58 还可以看出，连线 CS 把三元系统相图划分为两个三角形：△ASC 和△BSC。这两个三角形称为副三角形。由于每个副三角形实际都是一个独立的最简单的三元系统，所以又称分三元系统。分三元系统 ASC 对应的三元低共熔点是 E_1；分三元系统 BSC 对应的三元低共熔点是 E_2。凡组成点在△ASC 内的熔体都在 E_1 点结晶结束，产物是 A、S、C 三种晶相；凡组成点在△BSC 内的熔体都在 E_2 点结晶结束，最后的析晶产物是 B、S、C 三种晶相，析晶路程与前面讨论的最简单的三元系统完全一样，这里不再重复。

根据上面的讨论，可以得出确定结晶产物和结晶结束点的三角形规则：原始熔体组成点所在三角形的三个顶点表示的物质即为其结晶产物；与这三个物质相对应的初晶区所包围的无变量点是其结晶结束点。

根据三角形规则可以判断原始熔体的结晶结束点，同时也可以判断哪些物质能够同时获得，哪些则是不可能的。例如图 6-58 的系统中，就不能在结晶产物中同时获得 A、B、C 的晶体。因此，把一个复杂的三元系统相图划分为若干个副三角形，对于分析应用复杂的三元系统相图是非常重要的。而使用三角形规则的前提则是必须将副三角形划分正确。其原则是：要划分出有意义的副三角形，即划分出的副三角形都应有相对应的三元无变量点，且副三角形之间不能重叠。其方法有两种：①根据三元无变量点划分，因为除多晶转变点和过渡点外，每个三元无变量点都有自己对应的副三角形，把三元无变量点周围三个初晶区所对应的晶相的组成点连接起来形成的三角形，就是与该三元无变量点对应的副三角形；②把相邻两个初晶区所对应的晶相组成点连起来，不相邻的不要连，这样也可以划分出副三角形来。

需要注意的是，与副三角形对应的无变量点可以在三角形内，也可以在三角形外，后者出现于有不一致熔融化合物的三元系统中。

6.4.3.3　具有一个一致熔融三元化合物的三元系统相图

如图 6-60 所示，在三元系统中有一个一致熔融的三元化合物 $S(A_mB_nC_q)$，其初晶区为Ⓢ。由图可见，组成点 S 和初晶区Ⓢ都位于△ABC 内部，且组成点在它自己的初晶区Ⓢ内。

此相图中共有 4 个初晶区Ⓐ、Ⓑ、Ⓒ和Ⓢ，6 条界线 e_1E_1、e_2E_2、e_3E_3、E_1E_2、E_2E_3 和 E_1E_3，3 个三元低共熔点 E_1、E_2 和 E_3。连线 AS、BS 和 CS 都代表一个真正的二元系统，m_1、m_2 和 m_3 都是鞍形点，分别为其二元低共熔点。

用连线规则可以判断各界线的温度下降方向，并用标在界线上的箭头表示温降方向。

根据划分副三角形的方法，可以把系统划分为三个副三角形△ASC、△BSC 和△ABS。可以看出，每一个副三角形都相当于一个最简单的三元系统。

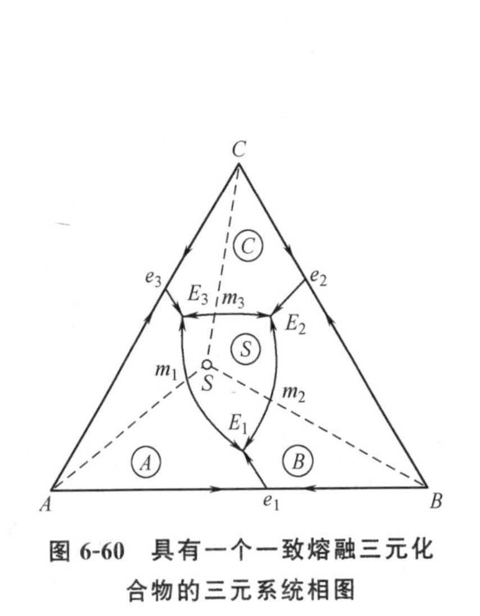

图 6-60　具有一个一致熔融三元化合物的三元系统相图

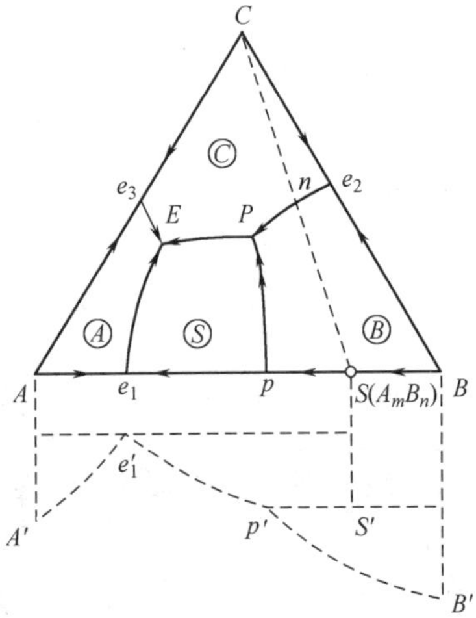

图 6-61　具有一个不一致熔融二元化合物的三元系统相图

6.4.3.4　具有一个不一致熔融二元化合物的三元系统相图

图 6-61 是具有一个不一致熔融二元化合物的三元系统相图。A、B 两组元间生成一个不一致熔融化合物 S。在 A-B 二元系统相图中（图中虚线所示），$e_1'p'$是化合物 S 的液相线，这条液相线在三元系统中发展成为化合物 S 的初晶区Ⓢ。化合物 S 的组成点不在其初晶区内，这是所有不一致熔融二元或三元化合物在相图上的特征。由此可以总结出判断化合物性质的方法：不论二元或三元化合物，其组成点在自己的初晶区内的，是一致熔融化合物；组成点在自己的初晶区外的，是不一致熔融化合物。

和具有一个一致熔融二元化合物的三元系统一样，此系统也有 4 个初晶区Ⓐ、Ⓑ、Ⓒ、Ⓢ，5 条界线 e_1E、pP、e_2P、e_3E、EP，2 个三元无变量点 E、P。但由于化合物性质的改变，使得图 6-61 上的一些无变量点、连线、界线等与图 6-58 比较，无论在分布上还是性质上都有所不同。例如，CS 连线不与相对应的界线 PE 相交，而是与 e_2P 界线相交，这样

交点 n 就不是鞍形点，CS 连线也不是真正的二元系统。界线 e_1E 是从二元低共熔点 e_1 发展而成的，冷却时液相在 e_1E 界线上进行的是从液相中同时析出 A、S 两种晶相的低共熔过程；而界线 pP 是从二元转熔点发展而成的，冷却时液相在此界线上进行的是液相回吸 B 晶相而析出 S 晶相的转熔过程。即三元系统中的界线除了共熔性质的界线外，还有转熔性质的。无变量点 E 和 P 所处的位置不一样。E 点周围的三个初晶区是Ⓐ、Ⓢ、Ⓒ，把这三个晶相的组成点连起来得到副三角形，E 点位于副三角形△ASC 的重心位置，根据重心规则 $L_E \rightleftharpoons A+S+C$，所以 E 是个三元低共熔点；P 点周围是Ⓑ、Ⓢ、Ⓒ三个初晶区，P 点处在所对应的副三角形△BSC 外交叉位置，根据重心规则 $L_P+B \rightleftharpoons S+C$，所以 P 点与 E 点不同，是个转熔点。这就涉及一个如何判断界线或无变量点的性质的问题。

(1) 界线性质的判断 判断三元系统相图上界线性质使用切线规则：通过界线上各点作切线与两相应晶相组成点的连线相交，如果交点都在连线之内，则为共熔界线；如果交点都在连线之外（即与连线的延长线相交），则为转熔界线，且是远离交点的那个晶相被转熔（回吸）；如果交点恰好和一晶相组成点重合，则该点为界线性质转变点（界线性质由共熔线$\rightleftharpoons$转熔线），在该点的液相只析出该晶相组成点所代表的晶相。

图 6-62 中，pP 线是Ⓐ、Ⓑ两个初晶区之间的界线，相应两晶相组成点为 AB 线。通过 l_1 点作界线的切线，切线与 AB 连线的交点在 S_1 点。S_1 是液相在 l_1 点时的瞬时析晶成分。根据杠杆规则可知：$S_1=A+B$，即液相在 l_1 点析出的固相是由 A、B 两种晶相组成的，$L(l_1) \longrightarrow A+B$，故液相在 l_1 点进行的是低共熔过程。若通过 l_2 点作界线的切线，切线与连线 AB 的延长线相交于 S_2 点，根据杠杆规则：$A+S_2=B$，即 $S_2=B-A$，就是说析出组成为 S_2 的固相时有一部分 A 被溶解（回吸），$L(l_2)+A \longrightarrow B$，故液相在 l_2 点进行的是转熔过程。若通过 b 点作界线的切线，切线刚好与 B 点重合，则在 b 点的液相只析出 B 晶相，$L_b \longrightarrow B$。可以看出，这是一条性质发生变化的界线，高温 pb 段具有共熔性质，而低温 bP 段具有转熔性质。界线性质转变点为 b 点。

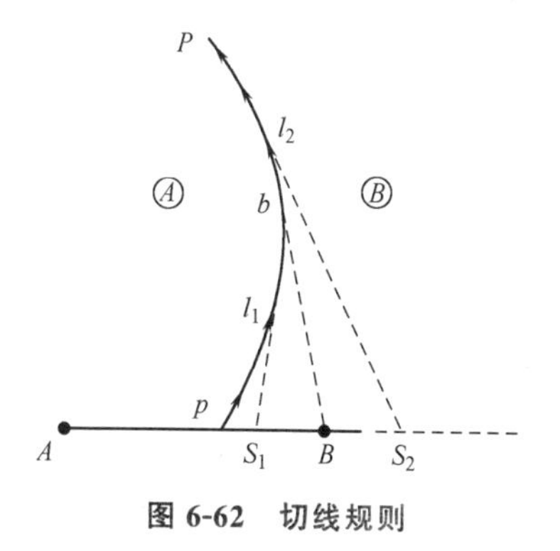

图 6-62 切线规则

为了在相图上区分不同性质的界线，在界线上表示温度下降方向时，共熔界线用单箭头表示，而转熔界线用双箭头表示。

(2) 无变量点性质的判断 三元系统相图中无变量点的性质可以根据无变量点与对应的副三角形的位置关系来判断。若无变量点处于相对应的副三角形内的重心位置，该无变量点为低共熔点；若无变量点处于相应的副三角形之外，则是转熔点，且在交叉位置的是单转熔点，在共轭位置的是双转熔点。其相对应的副三角形是指与该无变量点处液相平衡的三个晶相的组成点连成的三角形。

图 6-61 中，与 E 点对应的副三角形是△ASC，因为与 E 点的液相平衡的三种晶相是 A、S 和 C 晶相。E 点处于△ASC 的重心位置，所以 E 点是低共熔点，在 E 点进行的过程是 $L_E \rightleftharpoons A+S+C$。与 P 点对应的副三角形是△BSC，P 点处于三角形外交叉位置，所以 P 点是单转熔点（回吸一种晶相的转熔过程称为单转熔，或称一次转熔过程），被回吸的是与 P 点处于相对位置的 B 晶相，析出 S 晶相和 C 晶相，相平衡关系为 $L_P+B \rightleftharpoons S+C$。在图 6-64(b) 中的 R 点上，与液相平衡的是 A、B、S 三种晶相，因此与 R 对应的副三角形是△ABS，R 点在三角形外共轭位置，R 点是双转熔点（回吸两种晶相的转熔过程称为双转熔，或称二次转熔过程），被回吸的是两种晶相 A 和 B，析出 S 晶相，相平衡关系为

$L_R+A+B \rightleftharpoons S$。

判断无变量点性质的另一个方法是根据无变量点周围三条界线的温度下降方向进行判断。每一个三元无变量点都是三条界线的交汇点。若无变量点周围三条界线上的温降箭头都指向它，该无变量点是低共熔点，又称三升点，因为从该点出发有三条升温界线；若无变量点周围三条界线的温降箭头有两个指向它，一个箭头离开它，这个无变量点是单转熔点，又称双升点，因为从该点出发有两条升温界线；若无变量点周围三条界线的温降箭头有一个指向它，另外两个箭头离开它，这个无变量点是双转熔点，又称双降点，因为从该点出发有两条降温界线。

（3）冷却析晶过程　下面举例说明在具有一个不一致熔融二元化合物的三元系统相图中熔体的冷却析晶过程。图 6-63 是该系统富 B 部分的放大图。图上共列出四个配料点。

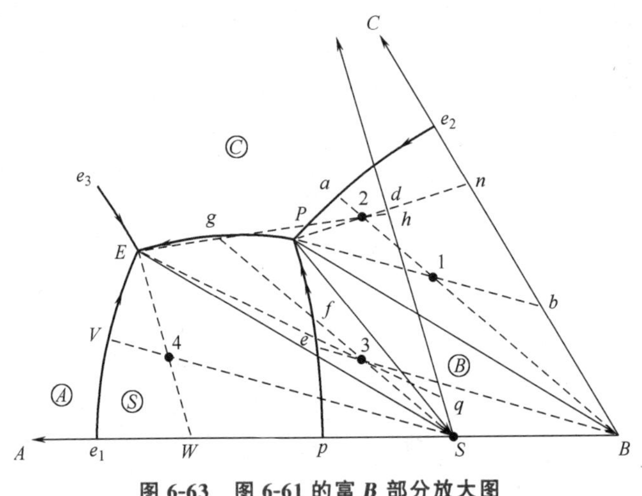

图 6-63　图 6-61 的富 B 部分放大图

配料 1 位于△BSC 中，它的高温熔体根据三角形规则应在 P 点析晶结束，结晶产物应是 B、S、C 三种晶体。

熔体 1 位于 B 的初晶区内，冷却到析晶温度，首先析出 B 晶相。此时固相组成在 B 点。液相组成则沿着 $B1$ 射线向背离 B 的方向移动，在这个过程中从液相中不断地析出 B 晶相。当液相组成到达低共熔界线 e_2P 上的 a 点时，从液相中同时析出 B 和 C 两种晶相，此时$P=3$，$F=1$。系统的温度可以继续下降，液相组成将沿着 e_2P 线逐渐向 P 点变化，相应的固相组成则离开 B 点沿着 BC 边向 C 点方向移动。当液相组成到达 P 点时，固相组成在 BC 边上到达 b 点。液相在 P 点进行转熔过程，液相回吸原来析出的 B 晶相，析出 S 和 C 晶相，即 $L+B \longrightarrow S+C$，这时 $P=4$，$F=0$。系统的温度不变，液相组成也在 P 点不改变，但液相量在不断减少。由于固相中增加了 S 晶相，所以固相组成点不再停留在 BC 边上，而沿着 $b1$ 线向△BSC 内的 1 点变化。当固相组成到达 1 点，与原始熔体的组成点重合时，P 点的液相消失，转熔过程结束，结晶亦结束。最后的析晶产物为 B、S、C 三种晶相。

熔体1的析晶路程可用下式表示：

液相：$$1 \xrightarrow[F=2]{L \longrightarrow B} a \xrightarrow[F=1]{L \longrightarrow B+C} P \begin{pmatrix} L+B \longrightarrow S+C \\ F=0, L\ \text{消失} \end{pmatrix}$$

固相：$$B \xrightarrow{B} B \xrightarrow{B+C} b \xrightarrow{B+C+S} 1$$

配料 2 在△ASC 中，它的高温熔体将在 E 点析晶结束，结晶产物为 A、S、C 三种晶体。

熔体 2 的组成点也在 B 的初晶区内，冷却到析晶温度同样首先析出 B 晶相。液相组成随温度下降沿 $B2$ 线向背离 B 的方向移动。到达 a 点时，从液相中同时析出 B、C 两种晶相，相应的固相组成也离开 B 点，进入 BC 边。此时系统中三相平衡共存，$F=1$，液相将沿 e_2P 界线变化。当液相到达 P 点时，固相到达 BC 边的 n 点。然后在 P 点发生 $L_P+B \longrightarrow S+C$ 的转熔过程，温度恒定，液相组成在 P 点不变，但液相量在减少，固相组成沿 $n2$ 线向三角形内移动。当固相点到达△BSC 的 SC 边上的 d 点时，B 晶相全部被液相回吸完，而组成为 P 的液相尚有剩余（液相量∶固相量$=d2:P2$），系统为三相平衡共存，$F=1$，转熔过程结束，但结晶过程没有结束。温度继续下降，液相点将离开 P 点沿 PE 界线向 E 点变化。PE 是条共熔的界线，因此从液相中不断地析出 S 晶相和 C 晶相，相应的固相点在 SC 连线上移动。当液相点到达 E 点时，固相点从 d 点到达 h 点。随后在 E 点发生 $L_E \longrightarrow S+A+C$ 的低共熔过程，系统又进入四相平衡状态，温度保持不变，液相组成不变，但固相组成中因增加了 A 晶相，固相点要离开 SC 连线沿 $h2$ 线向三角形内变化。当液相在 E 点消失时，固相点到达 2 点，与原始熔体的状态点重合。此系统的析晶产物为 A、S 和 C 三种晶相。

上述析晶路程可用下列表达式表示：

液相：$2 \xrightarrow[F=2]{L\longrightarrow B} a \xrightarrow[F=1]{L\longrightarrow B+C} P\left(\begin{matrix}L+B\longrightarrow S+C, F=0\\ B\text{ 消失,转熔结束}\end{matrix}\right) \xrightarrow[F=1]{L\longrightarrow S+C} E\left(\begin{matrix}L\longrightarrow S+C+A\\ F=0, L\text{ 消失}\end{matrix}\right)$

固相：$B \xrightarrow{B} B \xrightarrow{B+C} n \xrightarrow{S+B+C} d \xrightarrow{S+C} h \xrightarrow{S+A+C} 2$

配料 3 也在△ASC 中，它的高温熔体也应在 E 点结晶结束，产物为 A、S、C 三种晶相。

熔体 3 同样处在初晶区Ⓑ中，冷却到析晶温度，首先析出 B 晶相。然后液相沿 $B3$ 射线背离 B 而移动，到达界线 pP 上的 e 点时，由于界线 pP 是条转熔性质的界线，液相将回吸已析出的 B 晶相，生成 S 晶相，相应的固相点也将离开 B 点。当液相点沿 pP 界线变化到 f 点时，固相点沿 BS 边变化到 S 点，这意味着固相中的 B 晶相已被回吸完，只剩下 S 晶相。此时系统中只有液相与 S 晶相两相平衡，$F=2$，液相将不能再继续沿着三相平衡共存的界线变化，而进入液相与 S 晶相平衡共存的初晶区Ⓢ，即液相要沿着 $S3$ 射线，离开 f 点，在 S 的初晶区内向背离 S 的方向移动，发生穿相区现象。在整个穿相区过程中，液相不断析出 S 晶相，固相组成点在 S 点不动，但 S 晶相的量在增加。当液相点穿过Ⓢ初晶区到达界线 EP 上的 g 点时，液相开始同时析出 S 晶相和 C 晶相，并沿着界线由 g 点向 E 点变化，固相点则离开 S 点沿 SC 连线向 C 方向变化。当液相点到达 E 点时，固相点到达 q 点。在低共熔温度下，从液相中不断析出 S、C、A 三种晶体，固相点则离开 q 点沿 $q3$ 线向 3 点移动。当固相点到达 3 点与系统的组成点重合时，最后一滴液相在 E 点消失，析晶过程结束，最后的析晶产物是 A、S、C 三种晶体。

熔体 3 的冷却析晶过程可用式子表示如下：

液相：$3 \xrightarrow[F=2]{L\longrightarrow B} e \xrightarrow[F=1]{L+B\longrightarrow S} f(B\text{ 消失}) \xrightarrow[F=2]{L\longrightarrow S} g \xrightarrow[F=1]{L\longrightarrow S+C} E\left(\begin{matrix}L\longrightarrow A+S+C\\ F=0, L\text{ 消失}\end{matrix}\right)$

固相：$B \xrightarrow{B} B \xrightarrow{B+S} S \xrightarrow{S} S \xrightarrow{S+C} q \xrightarrow{S+A+C} 3$

从以上三个熔体的冷却析晶过程可以看出以下几个规律：①熔体的结晶过程，一定是在与熔体组成点所在副三角形相应的无变量点结晶结束，而与此无变量点是否在该三角形内无关；②由于双升点 P 上的相平衡关系是 $L+B \rightleftharpoons S+C$，冷却时，在 P 点上的析晶过程可能有三种不同的结果：a. 液相先消失，B 晶相有剩余，析晶过程在 P 点结束，析晶产物是

S、B、C 三种晶相，凡是组成在△BSC 内的熔体都属于这种情况，如熔体 1；b. 晶相 B 先消失，液相有剩余，转熔结束，结晶未结束，液相组成要继续沿着界线降低温度，析出晶体，凡是组成在△PSC 内的熔体都属于这种情况，如熔体 2；c. 液相与 B 晶相同时消失，结晶结束，结晶产物为 S、C 两种晶相，凡组成在 SC 连线上的熔体都属于这种情况，所以转熔点可以是结晶结束点，也可以不是，低共熔点则一定是结晶结束点；③在转熔线上的析晶过程，有时会出现液相组成点离开界线进入初晶区的现象，称为穿相区，穿相区现象一定发生在界线转熔的过程中。当被回吸的晶相被回吸完时，系统中只剩下液相和一种晶相两相平衡共存，系统的自由度数 $F=1$ 变为 $F=2$ 时，才可能发生。对图 6-63 所示的系统而言，凡组成在 pPS 范围内的熔体冷却时都会发生穿相区现象。

配料 4 主要分析其平衡加热过程。配料 4 在△ASC 中，加热到 T_E 温度开始出现液相，此时系统中四相平衡共存，$A+S+C \longrightarrow L_E$。就是说，$A$、$S$、$C$ 晶相都在不断共同熔融生成组成为 E 的熔体。由于四相平衡、液相点不动，根据杠杆规则，固相点应在 $E4$ 线的延长线上变化。当固相点到达 AS 连线上的 W 点时，固相中的 C 晶相已完全熔融成为液相，这时系统中三相平衡共存（液相、A 晶相和 S 晶相）。温度继续升高时，液相点沿着 Ee_1 界线变化，A 和 S 不断熔融，相应的固相组成点在 AS 边上变化。当液相点移动到 V 点时，固相点到达 S 点，这意味着系统中的 A 晶相也已熔完，系统进入液相与 S 晶相两相平衡的状态。随着温度继续升高，固相点仍旧在 S 点。液相点则应沿着 $V4$ 线向 4 点靠近，液相量不断增加，S 晶相的量不断减少。当液相点到达 4 点时，S 晶相完全熔融成为液相。至此，所有的晶相都已熔化，系统成为液相，一个单相体系。不难看出，加热过程中液、固相的变化途径与冷却过程相反。

配料 4 的加热熔融过程可用下式表示：

固相：　$4 \xrightarrow[F=0]{A+S+C \longrightarrow L} W(C\text{ 消失}) \xrightarrow[F=1]{A+S \longrightarrow L} S(A\text{ 消失}) \xrightarrow[F=2]{S \longrightarrow L} S\text{ 消失}$

液相：　$E \longrightarrow E \longrightarrow V \longrightarrow 4$

6.4.3.5　具有一个不一致熔融三元化合物的三元系统相图

图 6-64 中的两个系统都有一个化合物 S，化合物的组成点都在三角形内，且都在自己的初晶区外，因此都是不一致熔融的三元化合物。根据其中无变量点性质的不同，这类相图又可分为两类：一类为有双升点的；另一类为有双降点的。

图 6-64(a) 为具有双升点的生成不一致熔融三元化合物的三元系统相图。界线的温度变化根据连线规则判断后标在图上。界线的性质用切线规则判断，可以看出 E_2P 界线性质比

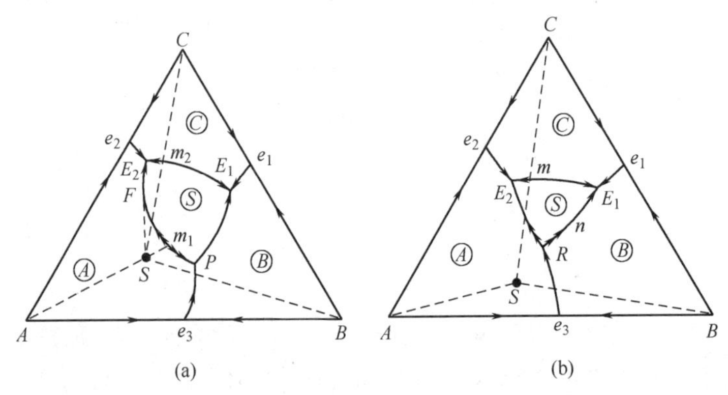

图 6-64　具有一个不一致熔融三元化合物的三元系统相图

(a) 具有双升点；(b) 具有双降点

较复杂。由于 m_1 点是界线上的温度最高点，线上的温度由 m_1 分别向 E_2 和 P 下降。m_1P 段为转熔线，线上进行的过程是 $L+A \rightleftharpoons S$；而 m_1E_2 段的性质则有变化，m_1F 段为转熔性质，即 $L+A \rightleftharpoons S$，FE_2 段为共熔性质，即 $L \rightleftharpoons A+S$，F 为界线性质转变点。系统中有 3 个三元无变量点，可以划分出 3 个副三角形，即△ASC、△BSC 和△ASB。E_1 和 E_2 点在对应的副三角形△BSC 和△ASC 内，是低共熔点。P 点在对应的副三角形△ASB 外，呈交叉位置，是双升点，其相平衡关系为 $L+A \rightleftharpoons S+B$。

图 6-64(b) 为具有双降点的生成不一致熔融三元化合物的三元系统相图。由图可以看出，E_1E_2 是条共熔性质的界线，E_2R 是条转熔线，而 E_1R 是条性质发生变化的界线，靠近 R 点的一端 nR 是转熔性质的 $L+B \rightleftharpoons S$，靠近 E_1 点的一端 nE_1 是共熔性质的 $L \rightleftharpoons S+B$。n 为界线性质转变点。3 个三元无变量点中，E_1 和 E_2 都在自己所对应的副三角形内，是低共熔点；R 点在对应的副三角形△ABS 外，呈共轭位置，R 点为双转熔点，在 R 点进行的过程为 $L_R+A+B \rightleftharpoons S$。从 R 点周围的三条界线温度下降方向看，有两条界线上的箭头离开它，所以 R 又称双降点。

此系统熔体的冷却析晶路程因配料点位置不同而出现多种变化，特别是在转熔点附近区域内。下面以组成为 M_1 和 M_2 的熔体的冷却析晶过程为例，分析此系统中熔体的冷却析晶过程。

图 6-65 是图 6-64(b) 富 A 部分的放大图。熔体 M_1 和 M_2 都在△BSC 中，且都在 A 的初晶区内，所以冷却过程中都是首先析出 A 晶相，最后在 E_1 点结晶结束，结晶产物为 B、S 和 C 晶相，但细分析可以发现它们的析晶路程并不相同。下面用表达式给出 M_1 和 M_2 两熔体的析晶过程。

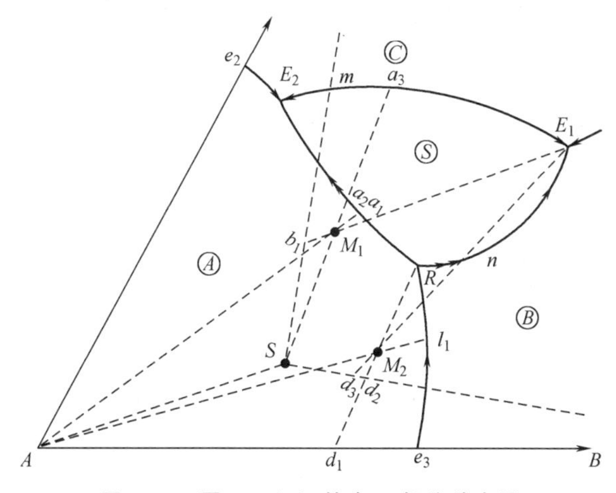

图 6-65 图 6-64(b) 的富 A 部分放大图

熔体 M_1：

液相：$M_1 \xrightarrow[F=2]{L\longrightarrow A} a_1 \xrightarrow[F=1]{L+A\longrightarrow S} a_2(A\text{ 消失}) \xrightarrow[F=2]{L\longrightarrow S} a_3 \xrightarrow[F=1]{L\longrightarrow S+C} E_1 \begin{pmatrix} L\longrightarrow B+S+C \\ F=0, L\text{ 消失} \end{pmatrix}$

固相：$A \xrightarrow{A} A \xrightarrow{A+S} S \xrightarrow{S} S \xrightarrow{S+C} b_1 \xrightarrow{B+S+C} M_1$

熔体 M_2：

液相：$M_2 \xrightarrow[F=2]{L\longrightarrow A} l_1 \xrightarrow[F=1]{L\longrightarrow A+B} R \begin{pmatrix} L+A+B\longrightarrow S \\ F=0, A\text{ 消失} \end{pmatrix} \xrightarrow[F=1]{L+B\longrightarrow S} n \xrightarrow[F=1]{L\longrightarrow S+B} E_1 \begin{pmatrix} L\longrightarrow S+B+C \\ F=0, L\text{ 消失} \end{pmatrix}$

固相：$A \xrightarrow{A} A \xrightarrow{A+B} d_1 \xrightarrow{A+B+S} d_2 \xrightarrow{S+B} d_3 \xrightarrow{S+B+C} M_2$

6.4.3.6 具有一个低温稳定、高温分解的二元化合物的三元系统相图

图 6-66 是具有一个低温稳定、高温分解的二元化合物的三元系统相图，化合物 S 的组成点在 AB 边上，从虚线所示的 A-B 二元相图可以看出，这个化合物在 T_R 温度以下才能稳定存在，温度高于 T_R，则分解为 A、B 两种晶相。由于其分解温度低于 A、B 两组元的低共熔温度，因而不可能从 A、B 二元的液相线 $A'e_3'$ 和 $B'e_3'$ 直接析出 S 晶体，即 S 晶体的初晶区不会与 AB 边相接触。此系统的特点是：系统有三个三元无变量点 P、E 和 R，但只能划分出与 P 和 E 对应的两个副三角形。P 点在对应的△ASC 外的交叉位置，是双升点。E 点在对应的△BSC 内的重心位置，是低共熔点。R 点周围的三个初晶区是Ⓐ、Ⓢ、Ⓑ，对应的三种晶相的组成点 A、S、B 在一条直线上，不能形成一个副三角形。但在 R 点上仍为四相平衡共存，$P=4$，$F=0$。在 R 点进行的是化合物的形成或分解过程，即 $A+B \xrightleftharpoons{L} S\ (A_mB_n)$，这种无变量点称为过渡点。从 R 点周围三条界线上的温降方向看，类似于双降点，所以 R 点称为双降点形式的过渡点。

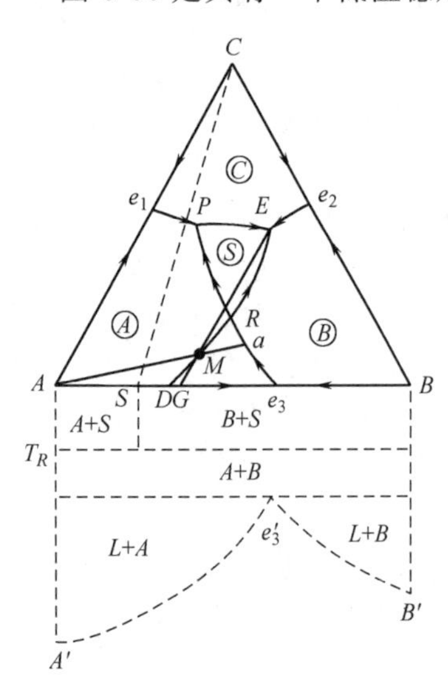

图 6-66 具有一个低温稳定、高温分解的二元化合物的三元系统相图

在过渡点上，由于 $F=0$，系统的温度不变，液相组成在 R 点上不变，实际上液相量也不变，这个情况和前面介绍的各种无变量点有所不同。由熔体 M 的冷却析晶过程可以清楚地看出这一点。熔体 M 的冷却析晶过程如下：

$$\text{液相：}\quad M \xrightarrow[F=2]{L \longrightarrow A} a \xrightarrow[F=1]{L \longrightarrow A+B} R\left(\begin{matrix} mA+nB \xrightarrow{L} S \\ F=0, A\text{ 消失}\end{matrix}\right) \xrightarrow[F=1]{L \longrightarrow S+B} E\left(\begin{matrix} L \longrightarrow B+S+C \\ F=0, L\text{ 消失}\end{matrix}\right)$$

$$\text{固相：}\quad A \xrightarrow{A} A \xrightarrow{A+B} D \xrightarrow{A+B+S} D \xrightarrow{S+B} G \xrightarrow{S+B+C} M$$

液相刚到 R 点时，固相组成在 D 点，这时的固相由 A、B 两种晶相组成。根据杠杆规则，系统中的液相量为：

$$L\%=\frac{DM}{DR}\times 100\%$$

当 A 晶相消失，液相组成要离开 R 点时，固相组成仍在 D 点，但这时的固相是由 B、S 两种晶相组成的，系统中的液相量仍为：

$$L\%=\frac{DM}{DR}\times 100\%$$

液相量没有变化。因此在 R 点进行化合物的形成或分解过程时，液相只起介质作用。过渡点一定不是结晶的结束点。

6.4.3.7 具有一个高温稳定、低温分解的二元化合物的三元系统相图

图 6-67 是具有一个高温稳定、低温分解的二元化合物的三元系统相图。这个化合物在高于 T_P 温度是稳定的，它有自己的初晶区，也可以由二元熔体直接析晶得到，但在低于 T_P 温度时不稳定，要分解为 A、B 两种晶相。P 点同样没有对应的副三角形，P 点周围三

个初晶区所对应的晶相组成点 A、S、B 在一条直线上，其相平衡关系为 $S(A_mB_n) \overset{L}{\rightleftharpoons} A+B$，$P=4$，$F=0$，即同样是化合物的分解或形成过程，液相只起介质作用，因此 P 点也是个过渡点，由于形似双升点，便称为双升点形式的过渡点。

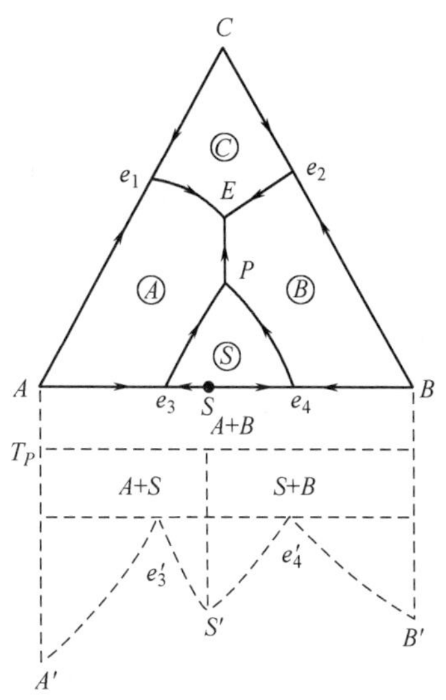

图 6-67　具有一个高温稳定、低温分解的二元化合物的三元系统相图

因此，如果无变量点周围三个初晶区所对应的晶相组成点在一条直线上，无变量点没有对应的副三角形，该无变量点便是过渡点。这是判断过渡点的方法。

6.4.3.8　具有多晶转变的三元系统相图

根据多晶转变温度与二元低共熔温度的相对高、低，这类相图又可以分为三种情况：多晶转变温度高于两个二元低共熔温度的，多晶转变温度高于一个二元低共熔温度但低于另一个二元低共熔温度的，以及多晶转变温度低于两个二元低共熔温度的，如图 6-68 所示。图中的三元系统都是最简单的三元系统。其中 A 组元发生多晶转变，假设其高温型为 A_α，低温型为 A_β。

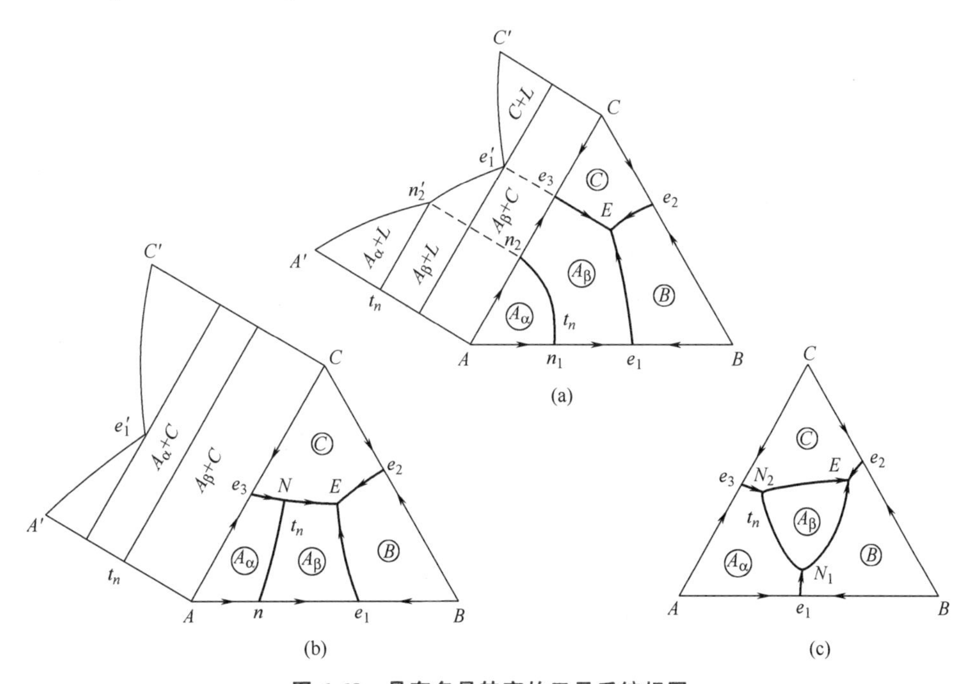

图 6-68　具有多晶转变的三元系统相图

(a) $t_n>t_{e_1}$，$t_n>t_{e_3}$；(b) $t_n<t_{e_1}$，$t_n>t_{e_3}$；(c) $t_n<t_{e_1}$，$t_n<t_{e_3}$

在图 6-68(a) 中，多晶转变温度 t_n 既高于 A-B 二元系统的低共熔温度 t_{e_1}，也高于 A-C 二元系统的低共熔温度 t_{e_3}。多晶转变等温线把 A 的初晶区分为Ⓐα和Ⓐβ两个相区，高于 t_n 温度时，稳定存在的是 A_α 相，低于 t_n 温度时，稳定存在的是 A_β 相。在多晶转变等温线 n_1n_2 上发生 $A_\alpha \overset{L}{\rightleftharpoons} A_\beta$ 的过程。熔体冷却时，若经过这条线，只有当 A_α 全部转变为 A_β 后，液相组成点才能离开此线进入 A_β 的初晶区。要注意多晶转变等温线与一般界线的区

别，在多晶转变等温线的两侧一定有同组元的不同晶型存在，而且在多晶转变等温线上不标箭头。

图 6-68(b) 所示的三元系统中，多晶转变温度 t_n 高于低共熔温度 t_{e_1}，但低于低共熔温度 t_{e_3}，这样多晶转变的等温线与界线 e_3E 就有一个交点 N。N 点是三元系统内的多晶转变点，其相平衡关系为 $A_\alpha \xrightleftharpoons{L、C} A_\beta$，即在有液相和 C 晶相存在的情况下，A_α 与 A_β 两种晶型间的转变。这时系统中四相平衡共存，$F=0$，所以三元多晶转变点也是无变量点，在熔体冷却过程中，当液相经过 N 点时，温度不变，液相点也不变，直到 A_α 全部转变为 A_β 为止。N 点周围的三个初晶区是Ⓐα、Ⓐβ和Ⓒ，A_α 和 A_β 虽因晶型不同，属于两相，但其化学组成相同，组成点都在 A 点，所以连接 N 点周围三个初晶区所对应的晶相组成点得不到副三角形，也就是说，多晶转变点没有对应的副三角形。

由于在 N 点发生多晶转变时，不仅液相组成不变，液相量也不变，所以液相也是只起介质作用，多晶转变点一定不会是结晶结束点。

图 6-68(c) 是多晶转变温度 t_n 既低于低共熔温度 t_{e_1} 也低于低共熔温度 t_{e_3} 的情况。这时多晶转变的等温线与界线 e_1E 交于 N_1 点，与界线 e_3E 交于 N_2 点，形成两个三元无变量的多晶转变点。在 N_1 点上的相平衡关系为 $A_\alpha \xrightleftharpoons{L、B} A_\beta$；在 N_2 点上的相平衡关系则为 $A_\alpha \xrightleftharpoons{L、C} A_\beta$。

6.4.3.9 形成三元连续固溶体的三元系统相图

A-B-C 三元系统中，A-B、B-C、A-C 均能形成连续固溶体，分别以 S_{AB}、S_{BC}、S_{AC} 表示。A、B、C 三个组元间也能形成连续固溶体 S_{ABC}。

图 6-69 为形成三元连续固溶体 S_{ABC} 的三元系统相图。图中 A'、B'、C'分别为纯组元 A、B 和 C 的熔点。上面凸起的面为液相面，下面凹下的面为固相面。在液相面以上为单相熔体（液相），在固相面以下为单相固溶体（固相）。在固相面和液相面之间为固液两相平衡共存区。

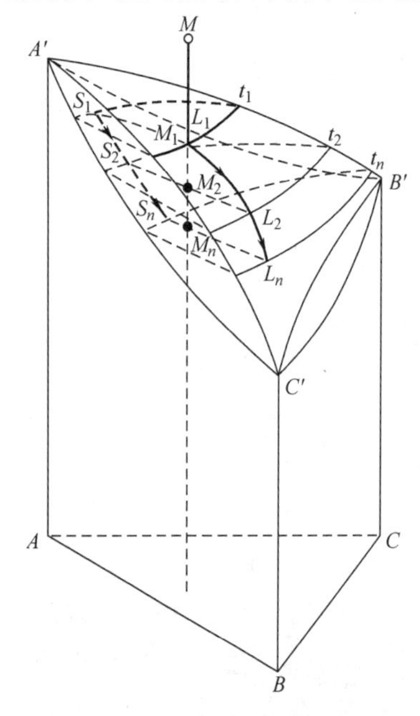

图 6-69 形成三元连续固溶体的三元系统相图（立体图）

当组成 M 的熔体冷却到液相面 M_1 时，开始析出固溶体 S_1。当系统点由于冷却析晶而变化到固相面 M_n 时，液相消失，结晶结束。从开始析晶到结晶结束（即系统点从 M_1 到 M_n）的整个过程中，始终是固液两相平衡。随着温度的降低，液相组成点沿 $L_1L_2L_n$ 曲线变化，而固相组成点沿 $S_1S_2S_n$ 曲线变化。固液相之间的相对数量可用杠杆规则计算。

图 6-70 是图 6-69 的投影图。图 6-71 是图 6-69 在 t_1、t_2、t_n 温度下的等温截面图。图 6-71 (a)、(b)、(c) 上分别标出的 S_1L_1、S_2L_2、S_nL_n 表示 M 组成的熔体冷却到不同温度时的固相和液相平衡关系的连接线。在等温截面图中，固液相之间的连接线是由实验确定的，不能随便改动。

从上面的分析可以看出，这类相图析晶过程并没有几何规律，必须通过实验来确定固液相组成点的变化轨迹。从三个纯组元熔点高低可以大致估计析晶时液相组成点变化趋势。图 6-72 表示形成连续固溶体三元系统相图在析晶过程中液相组成点的变化方向，亦即结晶路线的变化趋势。

6.4.3.10 形成一个二元连续固溶体的三元系统相图

在 A-B-C 三元系统中，A-B 两组元间形成二元连续固溶体 S_{AB}，而 A-C 和 B-C 则为两个最简单的二元系统。这类相图如图 6-73 所示。图 6-74 为其投影图。投影图中只有一条界线 E_1E_2，两个初晶区Ⓒ和$\textcircled{S_{AB}}$，没有四相平衡共存的三元无变量点，这是这类相图的特点。根据图 6-73 和图 6-74，可见液相面 $E_1'C'E_2'$是组元 C 的初晶面，液相面 $E_1'A'B'E_2'$是固溶体 S_{AB} 的初晶面。当 t_1 和 t_2 等温面与立体相图相截时，可获得等温截面图，如图 6-75(a)、(b) 所示。

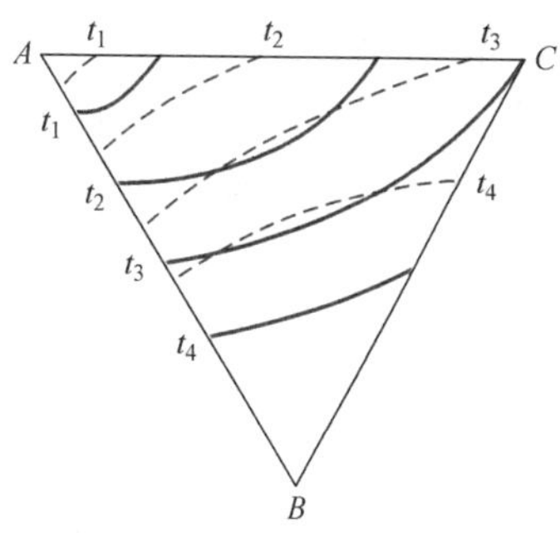

图 6-70 图 6-69 的投影图

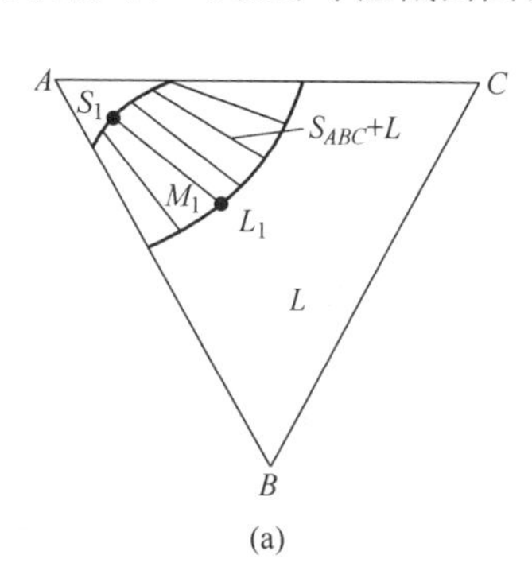

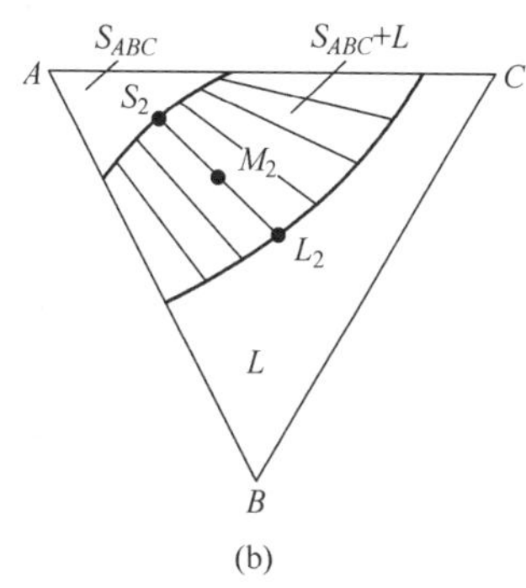

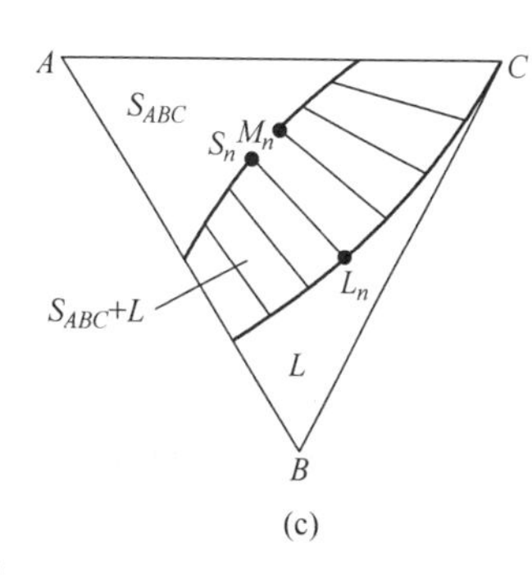

图 6-71 图 6-69 的等温截面图

(a) t_1 等温截面；(b) t_2 等温截面；(c) t_n 等温截面

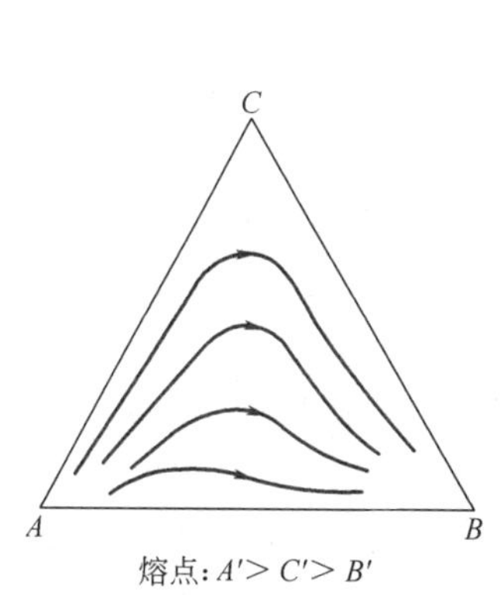

图 6-72 形成连续固溶体三元系统结晶路线变化趋势

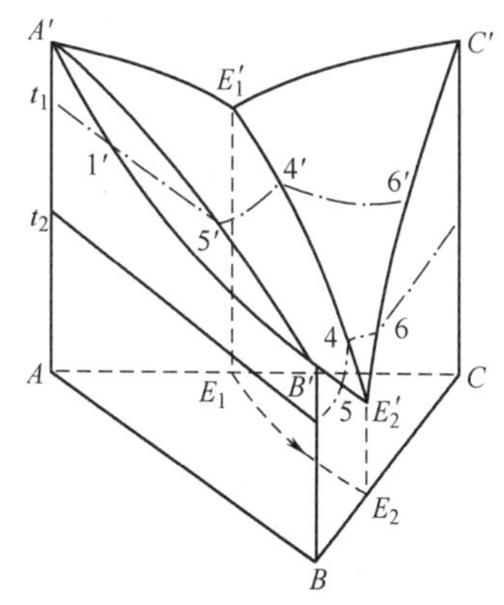

图 6-73 形成一个二元连续固溶体的三元系统相图

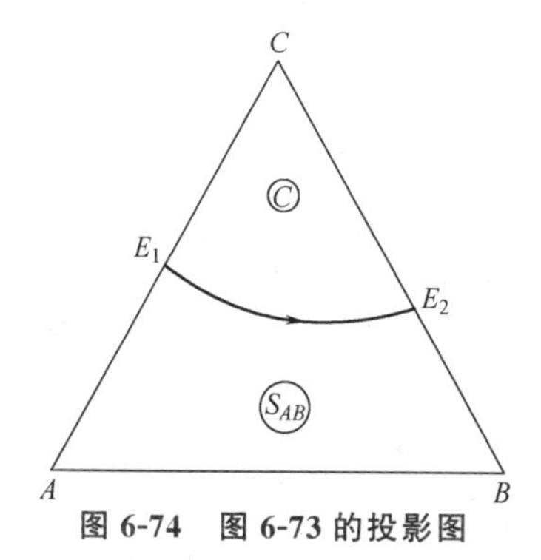

图 6-74 图 6-73 的投影图

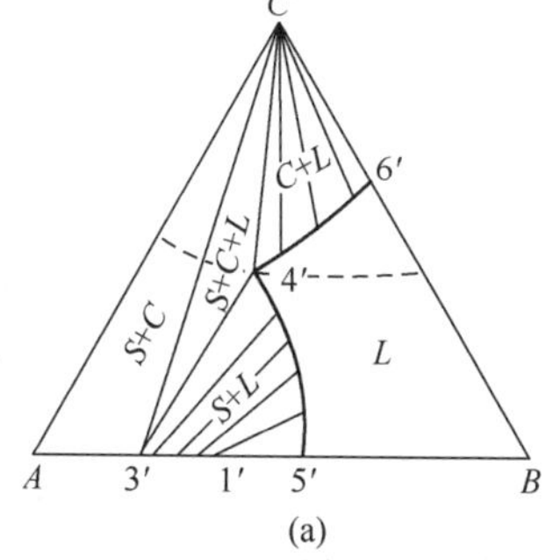

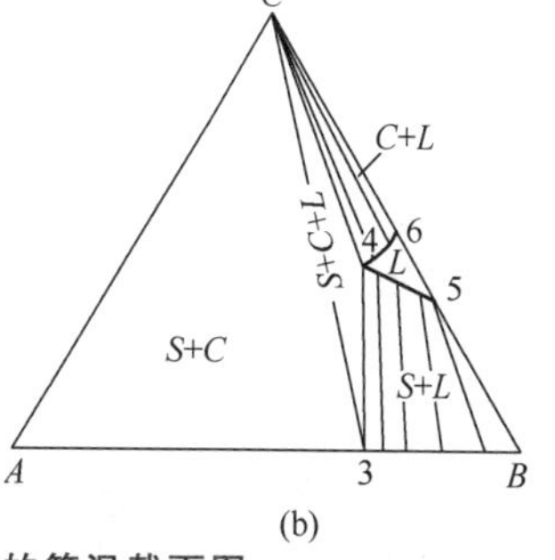

图 6-75 图 6-73 的等温截面图

(a) t_1 等温截面；(b) t_2 等温截面

关于这类相图的析晶过程，如果组成点落在 C 初晶区内，析晶路程可按一定几何规则判断。但如果组成点处在固溶体初晶区内，析晶路程必须由实验来确定。共熔线 $E_1'E_2'$（图 6-73）上各点表示固溶体 S_{AB}、固相 C 和液相平衡共存。在共熔线上的析晶路程只沿一个方向变化直到液相消失，结晶结束。

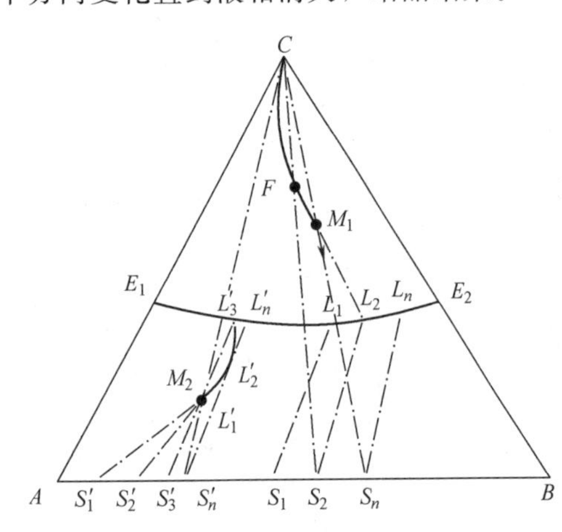

图 6-76 形成一个二元连续固溶体的三元系统相图的析晶过程

M_1 组成点位于 C 初晶区内，见图 6-76。冷却时 M_1 熔体首先析出 C 晶相。随后液相组成则根据背向规则沿 CM 射线向背离 C 的方向移动，液相中不断地析出 C 晶相，系统中相数 $P=2$，自由度 $F=2$。当液相变化到达界线 E_1E_2 上的 L_1 点时，从液相中同时析出 C 晶相和组成为 S_1 的固溶体，系统中三相平衡共存，$P=3$，$F=1$。继续冷却，液相组成点沿 E_1E_2 曲线变化，由 L_1 变到 L_2、L_3……L_n，而析出固溶体的组成点由 S_1 又变到 S_2、S_3……S_n。固相中由于固溶体 S 的出现使其总组成点离开 C 顶点进入浓度三角形内，而且固相总组成点必然是在固相 C 和固溶体 S 的连线上。同时，固相总组成点和对应的液相组成点的连线必定通过系统组成点 M_1。例如液相组成点变化到 L_2，相应的固溶体为 S_2。连接 L_2M_1 并延长与 CS_2 连线相交于 F 点，此点即为和液相 L_2 相对应的固相总组成点。以 FM_1L_2 为杠杆，按杠杆规则求得固相量和液相量。

M_1 熔体的析晶结束点为 L_n。其确定方法是连接 CM_1 并延长与三角形的 AB 边交于 S_n，和 S_n 相对应的 L_n 即为液相消失点（结晶结束点）。这时固相总组成点和 M_1 重合。

组成点 M_2 落在固溶体初晶区内，则 M_2 熔体析晶只能沿实验所确定的结晶路线变化。当温度降到液相面时，先析出 S_1'固溶体。随后系统继续降温，液相组成点沿 $L_1'L_2'L_3'$曲线变化，析出固相相应为 S_1'、S_2'、S_3'。当液相组成点变化到 E_1E_2 线上的 L_3'时，固溶体 S_3'和 C 晶相共同析出。当液相组成点变化到 L_n'时，相应固溶体为 S_n'，这时固相总组成点回到原始系统组成点 M_2，即液相消失，结晶结束。

实际硅酸盐系统中钠长石（$Na_2O \cdot Al_2O_3 \cdot 6SiO_2$)-钙长石（$CaO \cdot Al_2O_3 \cdot 2SiO_2$)-透辉石（$CaO \cdot MgO \cdot 2SiO_2$）系统属此类相图，其中钠长石和钙长石形成连续固溶体，而它们又分别和透辉石组成低共熔点系统。另外，FeO-MnO-MnS 和 $NaO \cdot Al_2O_3 \cdot 6SiO_2$-$CaO \cdot Al_2O_3 \cdot 2SiO_2$-$CaO \cdot SiO_2 \cdot TiO_2$ 系统也都属此类相图。

6.4.3.11 具有液相分层的三元系统相图

图 6-77 表示 A-B 二元系统具有液相分层的三元系统相图，图下方虚线为相应的 A-B 二元系统相图。从这二元系统相图可知，$I'K'J'$曲线为二液区的边界曲线，K'为临界点。在三元系统中，由于第三组元 C 的加入使二液区边界曲线在空间中扩展成曲面，它在浓度三角形上的投影为三元相图上的二液区 $IKJG$，K 为最高临界点，G 为最低临界点。当温度低于 G 的温度时，液相分层消失。临界点是由高温 K 逐步变化到 G 点，即每一个温度下都有一分层临界点。如果用等温线表示，应有一组边界曲线（图中未表示出来）。

图中 L_1L_2、$L_1'L_2'$、$L_1''L_2''$等称为结线，每条结线的两端表示在一定温度下互相平衡的两个液相的组成。

凡在冷却结晶过程中液相组成经过二液区的熔体都将发生液相分层现象，分为 L_1 和 L_2 两种组成的液相，同时析出晶相 A。随着 A 晶相的不断析出，液相中 A 的量在减少，也就是富 A 的 L_1 液相要转变为富 B 的 L_2 液相。当 L_1 液相完全转变为 L_2 液相时，液相分层现象结束。

图 6-77 中，当 M 组成点的熔体冷却时，首先析出 A 晶相，然后液相组成点沿着 AM 延长线方向变化，当到达二液面的边界 L_1 点时，液相 L 分层为 L_1 和 L_2。这时 L_2 很少，$L_1 \approx L$。随着温度降低，两液相的总组成点仍然沿 AM 的延长线方向变化。相应的两个分层液相，L_1 沿 $L_1L_1{}'L_1{}''\cdots$变化，L_2 沿 $L_2L_2{}'L_2{}''\cdots$变化。两层液相的组成点和液相的总组成点在同一杠杆上，两分层液相的相对含量由杠杆规则计算。当液相总组成点变化到 L_n 时，分层现象消失，液相组成点离开分层区继续析晶。当液相组成点变化到 P 点时，同时析出 A 晶相和 B 晶相。液相组成点变化到 E 点，同时析出 A、B 和 C 晶相，一直到液相消失，结晶结束。整个析晶过程中，固相组成点变化顺序为 $A \longrightarrow F \longrightarrow M$。

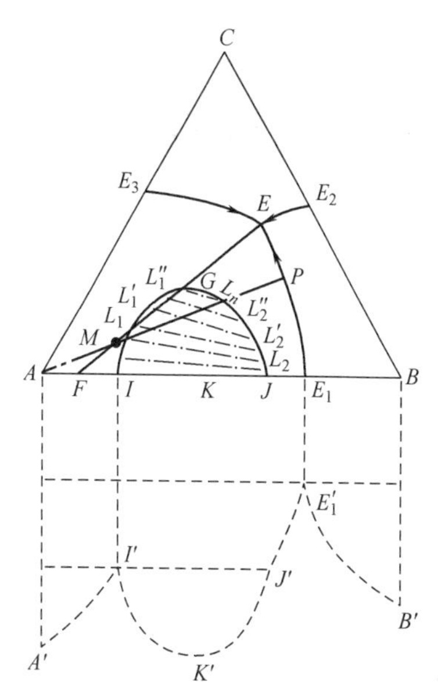

图 6-77 具有液相分层的三元系统相图

以上介绍了三元系统相图的基本类型以及分析三元相图所需用的重要规则。这些都是分析复杂相图的基础。三元系统的专业相图经常包含多种化合物，使相图上化合物的初晶区、界线和无变量点大大增多，相图变得复杂。但只要掌握了分析相图的基本规则和方法，便能达到读懂和应用专业相图的目的。下面介绍分析复杂三元相图的主要步骤。

（1）判断化合物的性质　遇到一个复杂的三元相图，首先要了解系统中有哪些化合物，其组成点和初晶区的位置，然后根据化合物的组成点是否在它的初晶区内，判断化合物的性质。

（2）划分副三角形　根据划分副三角形的原则和方法，把复杂的三元相图划分为若干个分三元系统，使复杂相图简化。

（3）判断界线的温度走向　根据连线规则判断各条界线的温度下降方向，并用箭头标出。

（4）判断界线性质　应用切线规则判断界线是共熔性质还是转熔性质，确定相平衡关系。共熔界线上用单箭头、转熔界线上用双箭头标出温度下降方向，以示界线性质不同。

（5）确定三元无变量点的性质　根据三元无变量点与对应的副三角形的位置关系或根据交汇于三元无变量点的三条界线的温度下降方向来判断无变量点是低共熔点（三升点）、单转熔点（双升点）还是双转熔点（双降点）。确定三元无变量点上的相平衡关系。三元无变量点的类型和判别方法列入表 6-7。

（6）分析冷却析晶过程或加热熔融过程　按照冷却或加热过程的相变规律，选择一些系统点分析析晶或熔融过程。必要时用杠杆规则计算冷却或加热过程中平衡共存的各相含量。在分析冷却析晶过程时要注意以下两种情况的出现。

① 系统组成点正好位于界线上时如何判断初晶相　首先判断界线的性质。若界线是共熔线，则熔体冷却时初晶相是界线两侧初晶区对应的两个晶体。可用切线规则求得初晶相的瞬时组成；若界线是转熔线，其熔体析晶时并不发生转熔（因为没有任何晶体可转熔），而是析出单一固相，液相组成点直接进入单相区（即某一晶体的初晶区）并按背向规则变化。

表 6-7　三元无变量点类型及判别方法

性质	低共熔点(三升点)	单转熔点(双升点)	双转熔点(双降点)	过渡点(化合物分解或形成) 双升点形式	双降点形式
图例	Ⓒ E Ⓐ Ⓑ C A E B	Ⓒ P Ⓐ Ⓓ C A D P	Ⓢ R Ⓐ Ⓑ R S A B	Ⓐ Ⓑ P Ⓓ A D B	Ⓓ R Ⓐ Ⓑ A S B
相平衡关系	$L_{(E)} \rightleftharpoons A+B+C$ 三固相共析晶或共熔	$L_{(p)}+A \rightleftharpoons D+C$ 远离 P 点的晶相(A)被转熔	$L_{(R)}+A+B \rightleftharpoons S$ 远离 R 点的两晶相($A+B$)被转熔	$A_mB_n \underset{(L)T\geqslant T_P,T\leqslant T_R}{\overset{(L)T\leqslant T_P,T\geqslant T_R}{\rightleftharpoons}} mA+nB$ 化合物 $A_mB_n(D)$ 的分解或形成	
判别方法	E 点在对应副三角形之内构成重心位置关系	P 点在对应副三角形之外构成交叉位置关系	R 点在对应副三角形之外构成共轭位置关系	过渡点无对应三角形，相平衡的三晶相组成点在一条直线上	
是否结晶终点	是	视物系组成点位置而定	视物系组成点位置而定	否(只是结晶过程经过点)	

② 系统组成点正好位于无变量点上时初晶相是什么　若无变量点是三元低共熔点，则熔体析晶是共同析出该三组元的固相；若无变量点是单转熔点，则其熔体析晶时在无变量点并不发生四相无变量过程，也不发生转熔，而是液相组成点沿某一界线变化析晶，具体析晶性质由第①点判断；若无变量点是双转熔点，其熔体析晶时在无变量点并不发生四相无变量过程，不发生转熔，也不沿界线变化，而是析出单一固相。这时液相组成点进入单相区并按背向规则变化。

6.4.4　专业三元系统相图

6.4.4.1　$CaO\text{-}Al_2O_3\text{-}SiO_2$ 系统相图

$CaO\text{-}Al_2O_3\text{-}SiO_2$ 系统是无机非金属材料的重要系统，包括许多重要硅酸盐制品、高炉矿渣和某些矿物岩石。各种材料的组成范围用图 6-78 表示。此系统对硅酸盐工业具有很大的实际意义。

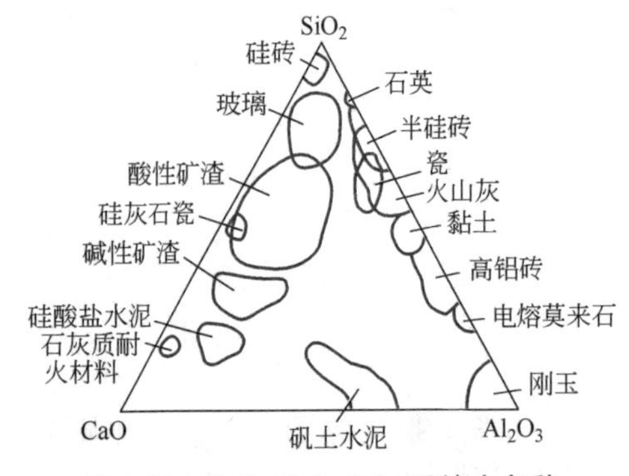

图 6-78　$CaO\text{-}Al_2O_3SiO_2$ 系统中各种材料组成范围示意图

（1）相图介绍　图 6-79 是 $CaO\text{-}Al_2O_3\text{-}SiO_2$ 系统相图。此系统共有 15 个化合物，其中有 3 个纯组分，即 CaO、Al_2O_3 和 SiO_2，它们的熔点分别为 2570℃、2045℃ 和 1723℃。另外，有 10 个二元化合物和 2 个三元化合物，这些化合物的性质见表 6-8。

15 个化合物都有自己对应的初晶区，SiO_2 的初晶区被 1470℃ 的多晶转变等温线分为方石英和鳞石英两个相区，而且在靠近 SiO_2 处还有一个液相分层的二液区。

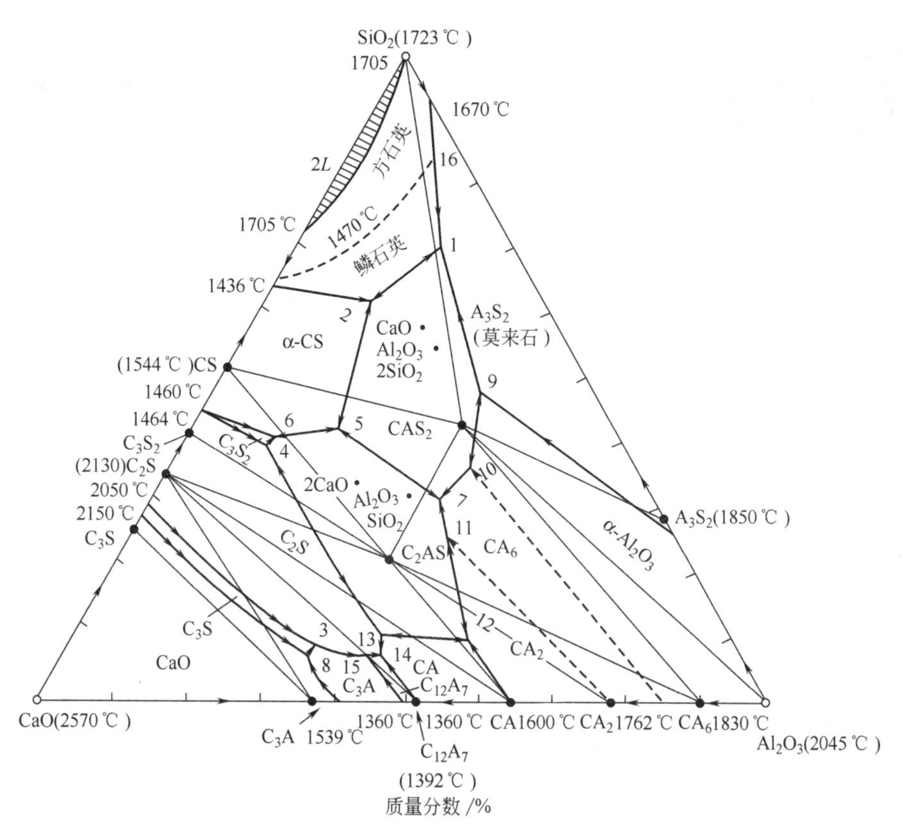

图 6-79 $CaO-Al_2O_3-SiO_2$ 系统相图

表 6-8 $CaO-Al_2O_3-SiO_2$ 系统中化合物的性质

一致熔融化合物			不一致熔融化合物		
化合物	性质	熔点/℃	化合物	性质	分解温度/℃
$CaO \cdot SiO_2$(硅灰石)	一致熔融	1544	$3CaO \cdot 2SiO_2$	不一致熔融	1464
$2\ CaO \cdot SiO_2$	一致熔融	2130	$3CaO \cdot Al_2O_3$	不一致熔融	1539
$12\ CaO \cdot 7Al_2O_3$	一致熔融	1392	$CaO \cdot Al_2O_3$	不一致熔融	1600
$3Al_2O_3 \cdot 2SiO_2$(莫来石)	一致熔融	1850	$CaO \cdot 2Al_2O_3$	不一致熔融	1762
$CaO \cdot Al_2O_3 \cdot 2SiO_2$(钙长石)	一致熔融	1553	$CaO \cdot 6Al_2O_3$	不一致熔融	1830
$2CaO \cdot Al_2O_3 \cdot SiO_2$(铝方柱石)	一致熔融	1584	$3CaO \cdot SiO_2$	不一致熔融	2150

根据副三角形的划分方法，可以划分出 15 个副三角形，与此对应的有 15 个三元无变量点，现将它们列于表 6-9 中。需要指出的是，此系统实际有 16 个三元无变量点，方石英和鳞石英的多晶转变等温线（1470℃）和界线的交点“16”是个多晶转变点，在这个点上的相平衡关系为：方石英$\xrightleftharpoons{L,\ A_3S_2}$鳞石英。由于它没有相应的副三角形，故未列入表中。

相图中 28 条界线的温度下降方向及界线性质如图 6-79 所示。

一些研究指出，$CaO-Al_2O_3-SiO_2$ 系统中有 C_3S 固溶体生成，组成范围大致在靠近 C_3S 组成点附近的 CaO 初晶区内。固溶体组成可写成 $Ca_3Al_{x/4}(Si_{1-3x/4}Al_{3x/4})O_5$，其中 $0 \leqslant x \leqslant 0.029$。但具体细节尚须进一步研究。

表 6-9 $CaO-Al_2O_3-SiO_2$ 系统中三元无变量点的性质

图上标号	相平衡关系	平衡性质	平衡温度/℃	化学组成(质量分数)/%		
				CaO	Al_2O_3	SiO_2
1	$L \rightleftharpoons$ 鳞石英 $+CAS_2+A_3S_2$	低共熔点	1345	9.8	19.8	70.4
2	$L \rightleftharpoons$ 鳞石英 $+C_3S_2+\alpha\text{-}CS$	低共熔点	1170	23.3	14.7	62.0
3	$C_3S+L \rightleftharpoons C_3A+\alpha\text{-}C_2S$	单转熔点	1455	58.3	33.0	8.7
4	$\alpha'\text{-}C_2S+L \rightleftharpoons C_3S_2+C_2AS$	单转熔点	1315	48.2	11.9	39.9
5	$L \rightleftharpoons CAS_2+C_2AS+\alpha\text{-}CS$	低共熔点	1265	38.0	20.0	42.0
6	$L \rightleftharpoons C_2AS+C_3S_2+\alpha\text{-}CS$	低共熔点	1310	47.2	11.8	41.0
7	$L \rightleftharpoons CAS_2+C_2AS+CA_6$	低共熔点	1380	29.2	39.0	31.8
8	$CaO+L \rightleftharpoons C_3S+C_3A$	单转熔点	1470	59.7	32.8	7.5
9	$Al_2O_3+L \rightleftharpoons CAS_2+A_3S_2$	单转熔点	1512	15.6	36.5	47.9
10	$Al_2O_3+L \rightleftharpoons CA_6+CAS_2$	单转熔点	1495	23.0	41.0	36.0
11	$CA_2+L \rightleftharpoons C_2AS+CA_6$	单转熔点	1475	31.2	44.5	24.3
12	$L \rightleftharpoons C_2AS+CA+CA_2$	低共熔点	1500	37.5	53.2	9.3
13	$C_2AS+L \rightleftharpoons \alpha'\text{-}C_2S+CA$	单转熔点	1380	48.3	42.0	9.7
14	$L \rightleftharpoons \alpha'\text{-}C_2S+CA+C_{12}A_7$	低共熔点	1335	49.5	43.7	6.8
15	$L \rightleftharpoons \alpha'\text{-}C_2S+C_3A+C_{12}A_7$	低共熔点	1335	52.0	41.2	6.8

$CaO-Al_2O_3-SiO_2$ 系统中的富钙部分——高钙区对硅酸盐水泥的生产有重要意义，所以下面主要讨论高钙区的情况。

（2）相图中的高钙区 $CaO-C_2S-C_{12}A_7$ 系统　此系统相图如图 6-80 所示。可以看出，硅酸盐水泥中的主要矿物 C_2S、C_3S、C_3A 都在此系统内。按照划分副三角形的方法可以划分出 3 个副三角形，即 $\triangle CaO-C_3S-C_3A$、$\triangle C_3S-C_3A-C_2S$ 和 $\triangle C_3A-C_2S-C_{12}A_7$。它们所对应的无变量点分别为 H（1470℃）、K（1455℃）和 F（1335℃）。H 和 K 为双升点，F 为低

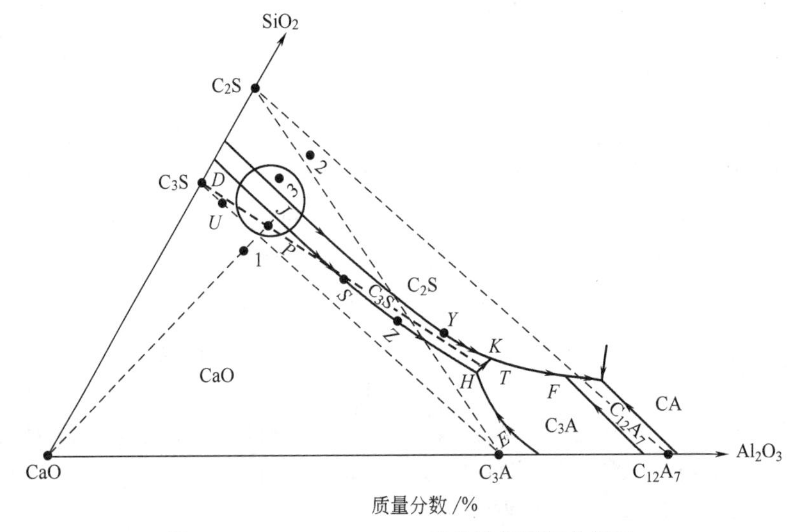

图 6-80　$CaO-Al_2O_3-SiO_2$ 系统高钙区部分相图

共熔点（见表 6-9 中的 8、3、15 点）。界线性质用切线规则进行判断，CaO 和 C_3S 初晶区的界线在 Z 点由转熔性质转变为共熔性质，两段的相平衡关系分别为 $L + CaO \rightleftharpoons C_3S$ 和 $L \rightleftharpoons CaO + C_3S$；而 C_3S 和 C_2S 初晶区的界线则在 Y 点从共熔性质转变为转熔性质，两段的相平衡关系分别为 $L \rightleftharpoons C_2S + C_3S$ 和 $L + C_2S \rightleftharpoons C_3S$。这是两条性质较复杂的界线，其余界线除 CaO 和 C_3A 初晶区的界线为转熔性质外，都是共熔性质。

下面分析 CaO-C_2S-$C_{12}A_7$ 系统内某些熔体的冷却析晶过程。

P 点位于△C_3S-C_3A-C_2S 内，平衡冷却时在该三角形所对应的无变量点 K 处结晶结束，产物为 C_2S、C_3S 和 C_3A。

熔体 P 位于 CaO 的初晶区内，所以平衡冷却时首先析出 CaO 晶体，液相组成沿着 CaO-P 连线向背离 CaO 的方向变化。当到达 CaO-C_3S 相界线上 J 点时，进行转熔过程，$L + CaO \longrightarrow C_3S$，即液相要回吸原先析出的 CaO，而析出 C_3S；相应的固相组成在 CaO-C_3S 连线上向 C_3S 方向变化。当液相沿着界线由 J 点到达 S 点时，固相到达 C_3S 点，意味着 CaO 晶体被回吸完，系统中只剩下液相与 C_3S 两相平衡共存，$F=2$，液相要穿越 C_3S 的初晶区沿 D-P-S 延长线方向移动，在这个过程中一直析出 C_3S 晶体，固相组成在 C_3S 点不动。当液相到达界线（HK）上的 T 点时，发生共析晶过程 $L \longrightarrow C_3S + C_3A$，液相组成沿界线由 T 点向 K 点移动，相应的固相组成离开 C_3S 点，在 C_3S-C_3A 连线上向 C_3A 方向移动。当液相到达 K 点，固相组成到达 U 点时，进行单转熔过程 $L + C_3S \longrightarrow C_2S + C_3A$，固相组成则由 U 点离开 C_3S-C_3A 连线进入三角形内向 P 点移动。当固相组成到达 P 点与原始组成点重合时，液相在 K 点消失，结晶结束。产物为 C_2S、C_3S 和 C_3A。上述析晶过程可用下式表示：

$$\text{液相：}P \xrightarrow[F=2]{L \longrightarrow CaO} J \xrightarrow[F=1]{L+CaO \longrightarrow C_3S} S \xrightarrow[F=2]{L \longrightarrow C_3S} T \xrightarrow[F=1]{L \longrightarrow C_3S+C_3A} K \left(\begin{array}{l} L+C_3S \longrightarrow C_2S+C_3A \\ F=0, L\ \text{消失} \end{array} \right)$$

$$\text{固相：}CaO \xrightarrow{CaO} CaO \xrightarrow{CaO+C_3S} C_3S \xrightarrow{C_3S} C_3S \xrightarrow{C_3S+C_3A} U \xrightarrow{C_3S+C_2S+C_3A} P$$

组成为 3 的熔体也在△C_3S-C_3A-C_2S 内，但在 C_2S 的初晶区内。冷却时首先析出 C_2S 晶体，液相沿 C_2S-3 连线向背离 C_2S 的方向移动。当液相移动到与 C_3S、C_2S 界线相交时，从液相中同时析出 C_2S 和 C_3S 两种晶相，然后液相沿界线变化。固相组成沿 C_2S-C_3S 边变化，当液相变化到 Y 点时，界线性质发生变化，液相进行转熔过程，即 $L + C_2S \longrightarrow C_3S$。液相组成到达 K 点时进行无变量过程 $L + C_3S \longrightarrow C_2S + C_3A$，相应的固相离开 C_2S-C_3S 边进入三角形向 3 点靠近。最后液相在 K 点消失，固相组成则回到 3 点，与原始组成点重合，结晶结束。产物为 C_3S、C_2S 和 C_3A 三种晶体。

点 2 位于 C_2S-C_3A-$C_{12}A_7$ 三角形内，所以析晶产物为 C_2S、C_3A 和 $C_{12}A_7$，结晶终点为该三角形对应的无变量点 F。

点 1 位于 C_3S-CaO-C_3A 三角形内，所以析晶产物为 C_3S、C_3A 和 CaO，结晶终点为该三角形对应的无变量点 H。

从上述熔体的冷却结晶过程分析中可以看出，在专业相图中结晶过程的分析与基本类型相图是一样的。

冷却结晶过程中某一时刻成平衡的各相含量的计算使用杠杆规则。若是三相平衡共存，则要两次使用杠杆规则，例如熔体 P 冷却到液相刚到 K 点（1455℃）时，转熔过程还未开始，系统中三相平衡共存，这三相是液相、C_3S 和 C_3A。各相的百分含量为：

液用量 $L\%=\frac{UP}{KU}\times100\%=16.2\%$，固相（$C_3S+C_3A$）量 $\%=\frac{KP}{KU}\times100\%=83.8\%$

其中：

$$C_3S\%=\frac{UE}{DE}\times\frac{KP}{KU}\times100\%=74.0\%,\quad C_3A\%=\frac{DU}{DE}\times\frac{KP}{KU}\times100\%=9.8\%$$

当系统中三相平衡并存时，求各相的量还可以应用双线法。仍以熔体 P 的液相点刚到 K 点为例。这时成平衡的三相，C_3S 在 D 点，C_3A 在 E 点，液相在 K 点，连接这三点得到 $\triangle DEK$（图 6-81），经过 P 点作两条边 DK、KE 的平行线，平行线将第三边 DE 截成三段，则：

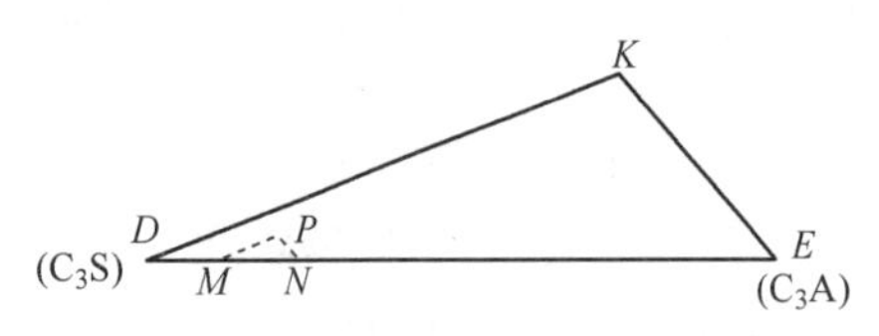

图 6-81　用双线法求各相量示意图

$$L\%=\frac{MN}{DE}\times100\%=16.2\%$$

$$C_3S\%=\frac{NE}{DE}\times100\%=74.0\%$$

$$C_3A\%=\frac{DM}{DE}\times100\%=9.8\%$$

以上两种方法的结果是一致的，不论采用哪种方法，只要具体量出线段的长度代入式中，便可计算出各相含量的百分数。

以上是从相平衡角度讨论了相图，即析晶过程是以物料完全熔融，然后缓慢冷却，使析晶过程进行得非常完全，即处于完全平衡状态下来考虑的，这是一种理想情况，与实际水泥生产过程有别，这一点在应用相图时需注意。

（3）$CaO-C_2S-C_{12}A_7$ 系统相图的应用　$CaO-C_2S-C_{12}A_7$ 系统相图在硅酸盐水泥配料的选择、产品性能的估计以及生产工艺的控制等方面均有重要的指导意义。

① 硅酸盐水泥配料范围的选择　硅酸盐水泥熟料的主要成分是 CaO、Al_2O_3、SiO_2 和 Fe_2O_3。因为 Fe_2O_3 含量较低，可以合并入 Al_2O_3 一起考虑，这样三组分配料便可以应用 $CaO-Al_2O_3-SiO_2$ 系统相图了。

为使硅酸盐水泥熟料性能符合要求，熟料中各种矿物的含量是有一定范围的，一般为 C_3S 40%～60%，C_2S 15%～30%，C_3A 6%～12%，C_4AF 10%～16%。熟料的化学组成一般为 CaO 60%～67%，SiO_2 20%～24%，Al_2O_3 5%～7%，Fe_2O_3 4%～6%。而且要求水泥熟料在 1450℃左右烧成时要有 30%左右的液相，以利于 C_3S 的生成。

根据三角形规则，熔体的配料点落在哪个三角形内，最后的析晶产物便是这个副三角形的 3 个顶点所代表的晶相。所以硅酸盐水泥的配料应选在$\triangle C_2S-C_3S-C_3A$ 内。如果配料点在$\triangle CaO-C_3S-C_3A$ 内（如配料 1），析晶产物为 CaO、C_3S 和 C_3A，那么在煅烧和冷却过程中无论如何控制，最后烧出的熟料中也难免含有过高的游离氧化钙，造成水泥安定性不良。若配料点在三角形$\triangle C_2S-C_3A-C_{12}A_7$ 中（如配料 2），则析晶产物为 C_2S、C_3A、$C_{12}A_7$，缺少了硅酸盐水泥中最主要的矿物 C_3S，使熟料强度很低，而且存在较多的水硬性很小的 $C_{12}A_7$，它是硅酸盐水泥中不希望有的成分。所以，硅酸盐水泥的配料应选在$\triangle C_2S-C_3S-C_3A$ 中。考虑到熟料中各种矿物组成含量的要求，以及烧成时所需的液相量，可以把配料范围进一步缩小。实际硅酸盐水泥的配料范围是在$\triangle C_2S-C_3S-C_3A$ 中靠近 C_2S-C_3S 边的小圆圈内（如配料 P 或 3），如图 6-80 所示。

② 烧成　硅酸盐水泥的烧成过程并不是把配好的料加热至完全熔融，然后平衡冷却析晶，而是采用部分熔融的烧结法生产熟料。因此，熟料矿物的形成并非完全来自液相析晶，固态组分之间的固相反应起着更为重要的作用。为了加速固相反应，液相开始出现的温度及

液相量至关重要。由图 6-80 可以看出，凡是配料组成在△C_2S-C_3S-C_3A 中的系统都要加热到 1455℃（K 点）才会出现液相。由于在 1200℃以下组分间通过固相反应生成的是反应速率快的 $C_{12}A_7$、C_3A、C_2S，因此液相开始出现的温度并不是 K 点的 1455℃，而是与 $C_{12}A_7$、C_3A、C_2S 三种晶相平衡的 F 点温度 1335℃（实际上，由于配料中还含有 Fe_2O_3 以及少量的 Na_2O、K_2O、MgO 等其他氧化物，液相约在 1200℃便开始出现了）。F 点是个低共熔点，在这点上 $C_{12}A_7+C_3A+C_2S \longrightarrow L_F$（加热过程）。当 $C_{12}A_7$ 完全熔融后，液相沿 FK 界线变化，升温过程中，C_2S 和 C_3A 继续溶入液相，液相量不断增加。系统中一旦形成液相，生成 C_3S 的固相反应 $C_2S+CaO \longrightarrow C_3S$ 的反应速率即大大加快。因此 $C_{12}A_7$ 是在非平衡加热过程中出现的非平衡相，但这种非平衡相的出现降低了液相开始出现的温度，对促进热力学平衡相 C_3S 的大量生成是有帮助的。若所出现的液相量不合适，可采用提高烧成温度或调整配料等措施进行调节。但在高温下继续提高烧成温度比较困难，而且会提高能耗，所以一般不提倡采用此法。调整配料时，主要调整 Al_2O_3 的加入量，增加 Al_2O_3 含量会使液相量增多，降低 Al_2O_3 含量会使液相量减少。根据杠杆规则可以很清楚地看出这点。

③ 冷却　水泥配料达到烧成温度时所获得的液相量为 20%～30%。水泥熟料烧成后需要冷却，采取不同的冷却制度对熟料的相组成及含量都有影响。冷却制度可分为平衡冷却、急冷和介于二者之间的三种情况。

a. 平衡冷却：由于冷却速度很慢，使每一步过程都达到平衡，其析晶产物符合三角形规则。图 6-80 中的 P 点配料的熔体平衡冷却得到的产物是 C_2S、C_3S 和 C_3A 三种晶相，其固相组成点即为 P，各晶相量可根据 P 点在△C_2S-C_3S-C_3A 中的位置按双线法求得，$C_2S=14.6\%$，$C_3S=63.9\%$，$C_3A=21.5\%$。但在实际水泥生产过程中，为了防止 C_3S 分解及 β-C_2S 发生晶型转变，工艺上通常采取快速冷却措施，而不是缓慢冷却，即冷却过程是不平衡的。

b. 急冷：由于冷却速度很快，使液相完全失去析晶能力，液相中的质点来不及进行有序排列便固化了，使液相全部转变为玻璃相。对图 6-80 的 CaO-C_2S-$C_{12}A_7$ 系统中的 P 点，如果液相刚到 K 点便马上急冷，这时系统中有 16.2%液相可能全部转化为玻璃体。得到的产物是 C_3S、C_3A 和玻璃相。这种产品中 C_3S 含量约 74%，比平衡冷却过程所获得的 C_3S 含量（63.9%）要高，有利于提高产品质量。

c. 独立析晶：如果冷却速度既不是快到使液相全部转变为玻璃相，又不是慢到足以使过程平衡进行，则往往会发生独立析晶现象。独立析晶通常是在转熔过程中发生的，由于冷却速度较快，被回吸的晶相有可能会被新析出的固相包裹起来。使转熔过程不能继续进行，从而使液相进行另一个单独的析晶过程，这就是所谓的独立析晶。仍以图 6-80 中的 P 配料点为例，当液相在 K 点进行 $L+C_3S \longrightarrow C_2S+C_3A$ 的转熔过程时，如果冷却速度较快，C_3S 被析出的 C_2S 和 C_3A 所包裹，液相便不能和 C_3S 接触了，回吸过程无法进行。这时系统相当于只有液相、C_2S 和 C_3A 三相，液相便作为一个原始熔体离开 K 点，沿着 KF 界线向 F 点移动，进行独立的析晶过程。到达 F 点进行共析晶过程，$L_F \longrightarrow C_2S+C_3A+C_{12}A_7$。所以熟料中有可能出现 $C_{12}A_7$ 晶相。当然这种独立析晶也不一定会进行到底，由于冷却速度较快，还可能使熟料中残留部分玻璃相。可见独立析晶是一个非平衡过程，熔体 P 在 K 点发生独立析晶后的产物是 C_2S、C_3S、C_3A 和 $C_{12}A_7$，还可能有玻璃相。

综上所述，对一定的配料（如 P 点的配料），由于采取的冷却方法不同，所得到的熟料的相组成也不同，同时各相的含量也不会相同。平衡冷却得到的 C_3S 含量比快冷时少，因为在 K 点，C_3S 要被液相回吸。

必须指出，所谓急冷成玻璃体或发生液相独立析晶，这只不过是非平衡冷却过程中的两种理想化了的模式，实际过程很可能比这两种理想模式更复杂，或者二者兼而有之。

④ 石灰极限线　硅酸盐水泥的强度与熟料中 C_3S 的含量有关，C_3S 含量高的，强度一般较高。为了在熟料中获得较多的 C_3S，在配料时常常提高 CaO 的含量。但 CaO 的含量并不是越高越好，因为高到 CaO 不能完全化合时，熟料中会形成游离 CaO，它的水化速度慢，而且体积效应大，影响水泥的安定性。因此，配料时 CaO 的含量有个极限，体现在相图中，是一条石灰（氧化钙）极限含量线，简称石灰极限线。

从理论上讲，石灰极限线取在 C_3S-C_3A 线上即可，因为在平衡析晶条件下，配料在 C_3S-C_3A 线以右，析晶产物中便不会有 CaO 晶相出现。这条理论上的石灰极限线的方程为：

$$CaO_{max}=2.8SiO_2+1.65Al_2O_3 \tag{6-10}$$

但实际上，由于生产过程达不到平衡状态，开始析出的 CaO 有可然不完全被回吸而成为熟料中的游离 CaO。因此在实际生产中将石灰极限线向右移动了一点，以 C_3S-H 线作为石灰极限线，配料中 CaO 的最大含量不能超过这条线。此线的方程为：

$$CaO_{max}=2.8SiO_2+1.18Al_2O_3 \tag{6-11}$$

从图 6-78 可以看出，在靠近 CaO-Al_2O_3 边有一矾土水泥配料区。矾土水泥也称高铝水泥，是一种碱性铝酸盐水泥。它和硅酸盐水泥主要不同点在于它的化学组成中含有大量 Al_2O_3。这种水泥具有快速硬化的特性，在国防工业中有着广泛应用。高铝水泥的化学组成大致范围为 Al_2O_3 35%～55%，CaO 35%～45%，SiO_2 5%～10%，Fe_2O_3 0～15%。高铝水泥的熟料的矿物组成范围大致为 CA 50%～60%，C_2AS 0～25%，C_2S 0～10%，CA_2 0～10%，玻璃相 20%～25%。

高炉矿渣是高炉冶炼生铁得到的副产品，广泛用于制造矿渣水泥，其化学组成基本上属于 CaO-Al_2O_3-SiO_2 三元系统（还有一部分 FeO 和 MgO 等）。一般高炉矿渣可分为酸性和碱性两类，用碱度 M 来划分：

$$M=\frac{CaO+MgO}{SiO_2+Al_2O_3} \tag{6-12}$$

$M<1$ 为酸性矿渣；$M>1$ 为碱性矿渣。酸性矿渣的 SiO_2、Al_2O_3 含量高，因此液相黏度大，在高炉出渣时不易流动。急冷后矿渣中玻璃相可达 90%～95%，仅有少量晶体，呈多孔状显微结构。碱性矿渣含 CaO 和 MgO 高，液相黏度小，易于流动。冷却的矿渣中玻璃质为 10%～15%，其余各种晶体呈弥散状显微结构。由相图分析可知，高炉矿渣中的晶体有 C_2AS、CAS_2、C_2S 和 CS 等。目前我国已大量利用矿渣制造矿渣水泥。

6.4.4.2　Na_2O-CaO-SiO_2 系统相图

Na_2O、CaO 和 SiO_2 是大多数的玻璃如平板玻璃、瓶罐玻璃、器皿玻璃、保温玻璃、中碱和高碱玻璃纤维等的基本化学组成。利用 Na_2O-CaO-SiO_2 系统相图可以帮助我们确定合理的玻璃组成和熔制温度以及解决玻璃析晶等有关问题。因此此系统对于钠钙硅酸盐玻璃的生产具有重要意义。对此系统的研究基本上集中在高硅区，其原因有两个：一是高硅区是具有实用意义的配料区；二是含 Na_2O 高的熔体化学活性高，造成研究上的困难。所以研究较多的是 $Na_2O \cdot SiO_2$(NS)-$CaO \cdot SiO_2$(CS)-SiO_2 区域。

1925 年，莫雷（Morey）和鲍文（Bowen）发表了 Na_2O-CaO-SiO_2 系统相图，并对 NS-CS-SiO_2 系统进行了详细的研究。1930 年，莫雷（Morey）又发表了他的研究结果。1971 年，谢希德（Shahid）和格拉斯厄（Glasser）对 NS-CS-SiO_2 系统相图进行修改和补充，如图 6-82 所示。

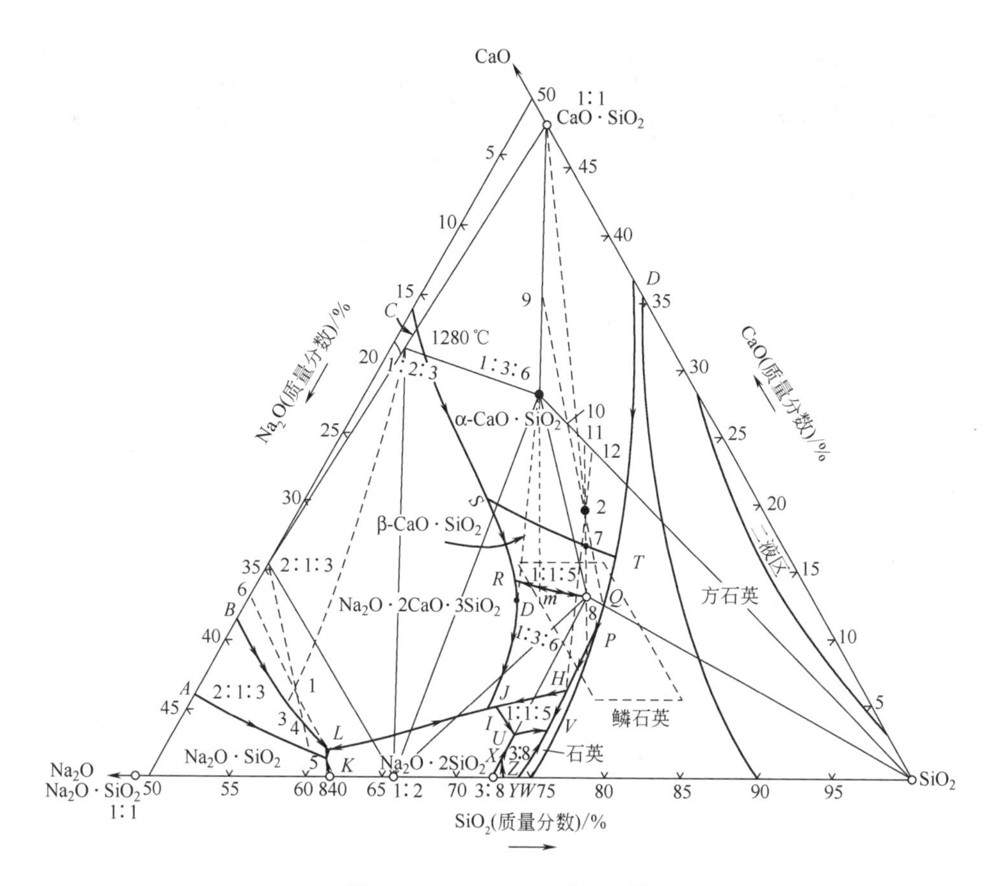

图 6-82 NS-CS-SiO$_2$ 系统相图

(1) 相图介绍 NS-CS-SiO$_2$ 系统中共有 4 个二元化合物 NS、NS$_2$、N$_3$S$_8$、CS，见图 6-82；4 个三元化合物 N$_2$CS$_3$、NC$_2$S$_3$、NC$_3$S$_6$ 和 NCS$_5$。这些化合物的性质列于表 6-10。

表 6-10 NS-CS-SiO$_2$ 系统中化合物的性质

一致熔融化合物			不一致熔融化合物		
化合物	性质	熔点/℃	化合物	性质	分解温度/℃
$Na_2O \cdot SiO_2$(NS)	一致熔融	1088	$2Na_2O \cdot CaO \cdot 3SiO_2$($N_2CS_3$)	不一致熔融	1141
$Na_2O \cdot 2SiO_2$(NS_2)	一致熔融	874	$Na_2O \cdot 3CaO \cdot 6SiO_2$($NC_3S_6$,失透石)	不一致熔融	1047
$CaO \cdot SiO_2$(CS,硅灰石)	一致熔融	1540	$3Na_2O \cdot 8SiO_2$(N_3S_8)	不一致熔融	793
$Na_2O \cdot 2CaO \cdot 3SiO_2$($NC_2S_3$)	一致熔融	1284	$Na_2O \cdot CaO \cdot 5SiO_2$($NCS_5$)	不一致熔融	827

每个化合物都有自己的初晶区，此外还有 SiO$_2$ 的初晶区。SiO$_2$ 的初晶区内有两条多晶转变的等温线（一条是方石英和鳞石英间的多晶转变等温线，一条是鳞石英和石英间的多晶转变等温线）和一个液相分层的二液区。在 CS 的初晶区内有一条表示 α-CS 和 β-CS 多晶转变的等温线。此系统共有 12 个三元无变量点，这些无变量点的性质、温度和组成列于表 6-11。除多晶转变点 *P*、*T*、*S* 没有对应的副三角形外，每个无变量点都有自己所对应的副三角形，所以系统中共有 9 个副三角形。

(2) 冷却析晶过程分析 以图 6-82 中组成为点 1 和点 2 的两个熔体为例，说明冷却析晶过程。

表 6-11 NS-CS-SiO_2 系统中三元无变量点的性质

图上标号	相平衡关系	平衡性质	平衡温度/℃	化学组成(质量分数)/%		
				Na_2O	CaO	SiO_2
K	$L \rightleftharpoons NS + NS_2 + N_2CS_3$	低共熔点	821	37.5	1.8	60.7
L	$L + NC_2S_3 \rightleftharpoons NS_2 + N_2CS_3$	单转熔点	827	36.6	2.0	61.4
I	$L + NC_2S_3 \rightleftharpoons NS_2 + NC_3S_6$	单转熔点	785	25.4	5.4	69.2
J	$L + NC_3S_6 \rightleftharpoons NS_2 + NCS_5$	单转熔点	785	25.0	5.4	69.6
U	$L \rightleftharpoons NS_2 + N_3S_8 + NCS_5$	低共熔点	755	24.4	3.6	72.0
V	$L \rightleftharpoons N_3S_8 + NCS_5 + S$(石英)	低共熔点	755	22.0	3.8	74.2
H	$L + S$(石英)$ + NC_3S_6 \rightleftharpoons NCS_5$	双转熔点	827	19.0	6.8	74.2
P	α-石英 $\overset{L、NC_3S_6}{\rightleftharpoons}$ α-鳞石英	多晶转变点	870	18.7	7.0	74.3
Q	$L + \beta\text{-}CS \rightleftharpoons NC_3S_6 + S$	单转熔点	1035	13.7	12.9	73.4
R	$L + \beta\text{-}CS \rightleftharpoons NC_2S_3 + NC_3S_6$	单转熔点	1035	19.0	14.5	66.5
T	α-CS $\overset{L、\alpha-鳞石英}{\rightleftharpoons}$ β-CS	多晶转变点	1110	14.4	15.6	73.0
S	α-CS $\overset{L、NC_2S_3}{\rightleftharpoons}$ β-CS	多晶转变点	1110	17.7	16.5	62.8

熔体 1 组成点处于 NC_2S_3 的初晶区内，同时位于△NS-NS_2-N_2CS_3 中。当熔体冷却到达结晶温度时，首先析出 NC_2S_3 晶相，这时相应的液相组成沿着 NC_2S_3 组成点与点 1 的连线，向背离 NC_2S_3 的方向变化。当液相组成到达 BL 界线上的点 3 时，开始发生转熔过程 $L + NC_2S_3 \longrightarrow N_2CS_3$。固相组成则由 NC_2S_3 向 N_2CS_3 组成点变化。在液相组成由点 3 变化到点 4 时，相应的固相组成已变化到 N_2CS_3 组成点，说明 NC_2S_3 晶相已回吸完，系统内只剩下 N_2CS_3 和液相，$F=2$。继续冷却时，液相将进入 N_2CS_3 初晶区，随着 N_2CS_3 的不断析出，液相组成由点 4 向点 5 变化。到达点 5 时，因为界线 AK 是共熔线，所以 NS 晶相与 N_2CS_3 晶相同时析出，液相组成则沿 AK 线向 K 点变化。由于 K 点是低共熔点，液相组成到达 K 点时，将产生 N_2CS_3、NS 和 NS_2 晶相同时析出的低共熔过程，最后结晶过程结束于 K 点，结晶产物为 N_2CS_3、NS 和 NS_2 三种晶相。其冷却结晶过程可用下式表示：

$$\text{液相：}1 \xrightarrow[F=2]{L\longrightarrow NC_2S_3} 3 \xrightarrow[F=1]{L+NC_2S_3\longrightarrow N_2CS_3} 4 \xrightarrow[F=2]{L\longrightarrow N_2CS_3} 5 \xrightarrow[F=1]{L\longrightarrow N_2CS_3+NS} K\left(\begin{matrix} L\longrightarrow N_2CS_3+NS+NS_2 \\ F=0, L\text{ 消失}\end{matrix}\right)$$

$$\text{固相：}NC_2S_3 \xrightarrow{NC_2S_3} NC_2S_3 \xrightarrow{NC_2S_3+N_2CS_3} N_2CS_3 \xrightarrow{N_2CS_3} N_2CS_3 \xrightarrow{N_2CS_3+NS} 6 \xrightarrow{N_2CS_3+NS+NS_2} 1$$

若系统组成处于 2 的位置，则其结晶过程如下。由图可见，熔体 2 位于 α-CS 初晶区内，并处于△NC_3S_6-NCS_5-SiO_2 中。当熔体冷却到达析晶温度时，首先析出 α-CS 晶相，然后该相组成沿 CS-2 连线，向背离 CS 的方向变化。在液相组成到达 ST 转变曲线上的点 7 时，α-CS 转变为 β-CS。直到 α-CS 完全转变为 β-CS 后，液相组成才离开点 7 进入 β-CS 的初晶区，向点 8 变化，并从液相中不断析出 β-CS。当液相组成到达 RQ 界线上的点 8 时，开始发生转熔 $L + \beta\text{-}CS \longrightarrow NC_3S_6$。在转熔过程进行时，液相组成沿着 RQ 界线向 Q 点变化，相应的固相组成则沿着 CS-NC_3S_6 连线向 NC_3S_6 组成点的方向变化。当系统的温度降低到 T_Q，液相组成到达 Q 点时，固相组成到达点 9。由于 Q 点是双升点，因此在该点上将发生无变量的单转熔过程 $L+\beta\text{-CS} \longrightarrow NC_3S_6+SiO_2$，这一过程将一直进行到 β-CS 被回吸完，整个过程中系统的温度和液相组成不变，固相组成则由点 9 向点 2 方向变化。当 β-CS 回吸完时，固相组成即到达 NC_3S_6 和 SiO_2 组成点连线上的点 10，此时系统内液相还有多余，固相中只剩下 NC_3S_6 和 SiO_2 晶相，$F=1$。因此，继续冷却时，液相组成将离开 Q 点，沿着 QH 界线变化，并且同时析出 NC_3S_6 和 α-鳞石英晶相。经过 P 点时，则在 NC_3S_6 和液相的存在下发生 α-鳞石英转变为 α-石英的无变量过程。在全部转变为 α-石英后，液相组成离开 P 点向 H 点变化，同时析出 NC_3S_6 和 α-石英。当系统温度降低到 T_H，该相组成到达 H 点时，固相组成到达 NC_3S_6 和 SiO_2 组成点的连线上的点 11。在 H 点发生无变量的双转熔过程 $L+NC_3S_6+SiO_2$（α-石英）$\longrightarrow NCS_5$，固相组成则由点 11 向原始组成点 2 变化。此过程以液相先消失而告终。至此，结晶结束，最后的结晶产物为 NC_3S_6、NCS_5 和 SiO_2 三种晶相。其冷却结晶过程表示如下：

液相：$2 \xrightarrow[F=2]{L \longrightarrow \alpha\text{-CS}} 7 \xrightarrow[F=2]{L \longrightarrow \beta\text{-CS}} 8 \xrightarrow[F=1]{L+\beta\text{-CS} \longrightarrow NC_3S_6} Q\left(\begin{array}{l} L+\beta\text{-CS} \longrightarrow NC_3S_6+S \\ F=0, \beta\text{-CS 消失} \end{array}\right) \xrightarrow[F=1]{L \longrightarrow NC_3S_6+S}$

$P\left(\begin{array}{l} \alpha\text{-鳞石英} \xrightarrow{L+NC_3S_6} \alpha\text{-石英} \\ F=0, \alpha\text{-鳞石英消失} \end{array}\right) \xrightarrow[F=1]{L \longrightarrow NC_3S_6+\alpha\text{-石英}} H\left(\begin{array}{l} L+S+NC_3S_6 \longrightarrow NCS_5 \\ F=0, L\text{ 消失} \end{array}\right)$

固相：$CS \xrightarrow{\alpha\text{-CS}} CS \xrightarrow{\beta\text{-CS}} CS \xrightarrow{\beta\text{-CS}+NC_3S_6} 9 \xrightarrow{\beta\text{-CS}+NC_3S_6+S} 10 \xrightarrow{NC_3S_6+\alpha\text{-鳞石英}}$

$11 \xrightarrow{\alpha\text{-鳞石英}+\alpha\text{-石英}+NC_3S_6} 11 \xrightarrow{NC_3S_6+\alpha\text{-石英}} 12 \xrightarrow{\alpha\text{-石英}+NC_3S_6+NCS_5} 2$

在熔体 2 的析晶过程中既有 CS 的多晶转变，又有 SiO_2 的多晶转变，CS 的多晶转变在多晶转变等温线上完成，而 SiO_2 的多晶转变在三元多晶转变点 P 完成。

（3）相图应用　钠钙硅酸盐玻璃的主要原料一般为纯碱、石灰石和石英砂，将各种原料粉碎、混合，再经高温熔制成玻璃液，然后成形冷却后得到玻璃制品。其中熔制是重要的工艺过程。在保证玻璃质量的前提下，适当地降低玻璃熔制温度对节能、降低玻璃成本等都是有好处的。相图可以帮助选择易于熔制的玻璃组成。根据物理化学知识，结合具体相图可以知道，位于低共熔点附近或相界线上的玻璃组成是比较容易熔制的。

因为玻璃是一种均质的非晶态固体，所以如果在均质玻璃中出现析晶（或称失透），将成为玻璃的一种缺陷，它将破坏玻璃的均一性，严重影响玻璃的外观、透光性、机械强度和热稳定性。相图可以帮助我们选择不易析晶的玻璃组成。大量实验结果表明，组成位于低共熔点的熔体比组成位于界线上的熔体析晶能力小，而组成位于界线上的熔体又比组成位于初晶区内的熔体析晶能力小。这是由于从组成位于低共熔点或界线上的熔体中有几种晶相同时析出的趋势，在结晶时不同结构之间相互干扰，而降低了每种晶相的析晶能力。此外，靠近低共熔点处，熔化温度一般都比较低，有利于玻璃的熔制。但是在考虑玻璃组成时，除了析晶性能外，还必须综合考虑到玻璃的其他工艺性能和使用性能。各种实用的钠钙硅酸盐玻璃的化学组成一般波动于下列范围内：Na_2O 12%～18%，CaO 6%～16%，SiO_2 68%～82%。因此，其组成点位于图 6-82 上用虚线画出的平行四边形区域内，并不在低共熔点 V 上，更不在 K 点，这是由于尽管 V 点组成的玻璃析晶能力最小，但其中的 Na_2O 的含量太高（22%），其化学稳定性和强度不能满足使用要求。而在上述组成范围内所得的玻璃，虽然析晶性能不如 V 点组成，但在各项性能上（其中也包括析晶性能）都能满足实用要求。

相图还可以应用于分析玻璃生产中产生失透现象的原因。对于上述玻璃的析晶能力早有详细研究。图 6-83 是玻璃析晶能力随其化学组成和温度的变化情况。每一图表示某确定组成的玻璃析晶速度与温度的关系。从图 6-83 可以看出，各种玻璃的最大结晶速率和结晶的温度范围各不相同。结晶能力最小的玻璃是 Na_2O+CaO 约等于 26%、SiO_2 为 74%的那些组成点（图中阴影部分）。这些组成恰好分布在 *PQ* 界线附近的狭长区域（图 6-82）。这与上面讨论的玻璃析晶能力的一般规律是一致的。如果配料中 SiO_2 含量增加，组成点离开界线进入 SiO_2 初晶区，则从熔体中析出鳞石英或方石英的可能性增加；若配料中 CaO 含量增加，容易出现硅灰石（CS）析晶；而 Na_2O 含量增加时，则容易析出失透石（NC_3S_6）晶体。这是由于组成点离开了界线进入初晶区造成的。因为初晶相一经析出后，要想再完全消除它是很困难的。原因是实际的冷却过程，并不是完全的平衡过程，以致一些多晶转变和转熔过程不能进行或者进行不完全，而使最初析出的晶体保留下来。玻璃析晶（失透）所析出的晶体称为玻璃失透结石，简称玻璃结石。对玻璃结石进行矿物组成鉴定，结合相图可以对结石产生的原因进行分析，并提出相应的解决措施。例如，鉴定得知玻璃结石是鳞石英，那么造成玻璃析晶有可能是配料中 SiO_2 含量偏高了，这样可以通过降低配料中的 SiO_2 含量使结石得到避免或减少。因此，在钠钙硅酸盐玻璃的生产上，如果出现失透现象，经过对结石鉴定，对照此系统相图可以得到适当的解释，并为提出合理措施提供理论依据。

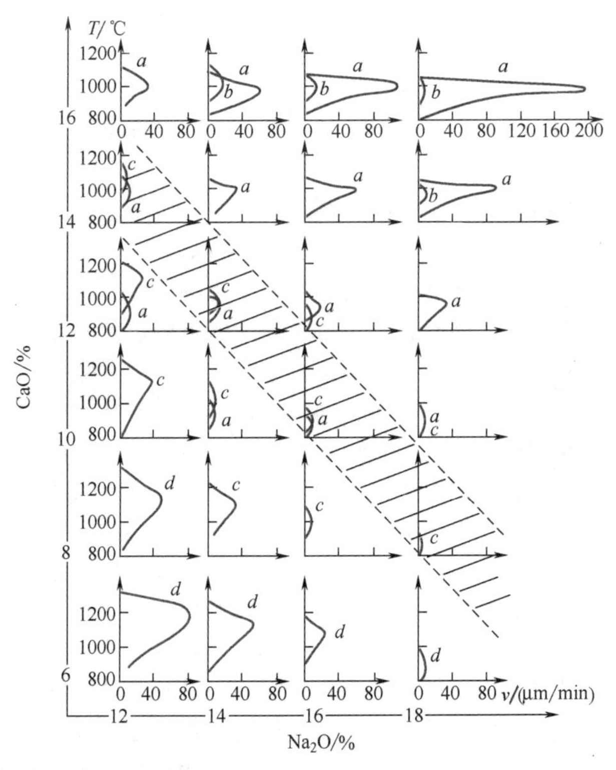

图 6-83　钠钙硅酸盐玻璃的结晶速率与组成、温度的关系

a—硅灰石；*b*—假硅灰石；*c*—方石英；*d*—相组成未指定

不过，玻璃的析晶除配料不当的原因外，也可能是由于工艺原因造成的，例如原料混合不均匀，使局部玻璃液中某种组成的含量增多，或在析晶温度范围内停留时间过长，都容易引起析晶。所以，一方面必须参照相图，选择既不容易析晶，又符合性能要求的玻璃组成；另一方面，还要严格控制工艺制度，才能防止玻璃析晶。

此外，往玻璃中添加一种新的氧化物，在一般情况下，都会降低玻璃的析晶能力。因此，在生产上常在钠钙硅酸盐玻璃组成中加入少量 Al_2O_3（1%～3%）和 MgO（<5%），以改善其工艺和使用性能。

6.4.4.3 K_2O-Al_2O_3-SiO_2 系统相图

K_2O-Al_2O_3-SiO_2 系统相图不仅对长石质陶瓷的生产有特别重要的意义，而且是釉料、玻璃等制造工艺中不可缺少的相图，选择耐火材料结合剂以及研究 K_2O 对 Al_2O_3-SiO_2 系统耐火材料的作用也离不开此系统相图。但由于 Al_2O_3 和 SiO_2 都是难熔氧化物，而且 K_2O 在高温下又易挥发，所以研究 K_2O-Al_2O_3-SiO_2 系统相图有许多困难。到目前为止，对此系统的研究还不全面、不充分，相图的某些部分还很粗略。图 6-84 仅给出了 SiO_2 含量在30%以上部分的相平衡关系图。

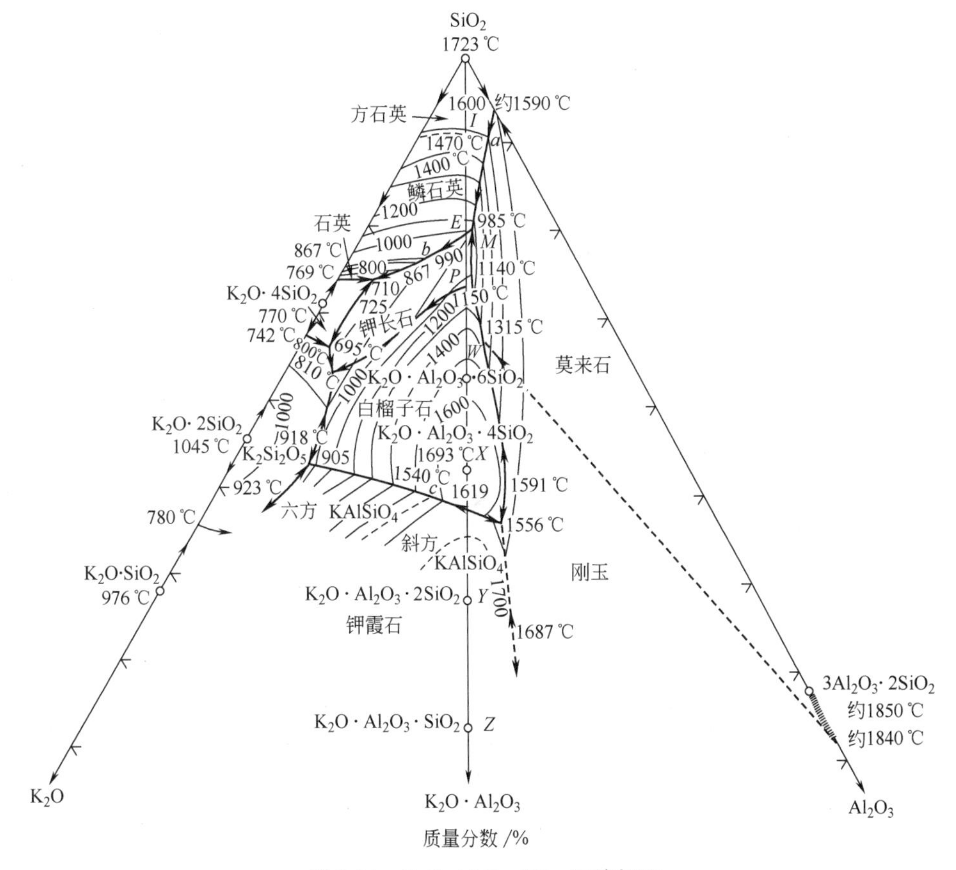

图 6-84 K_2O-Al_2O_3-SiO_2 系统相图

此系统 3 个纯组元 K_2O、SiO_2 和 Al_2O_3 之间能生成若干个化合物。目前已确定的有 5 个二元化合物和 4 个三元化合物。各化合物的性质列于表 6-12。4 个三元化合物中 K_2O 与 Al_2O_3 含量之比均相同，根据等比例规则，它们的组成点均连接在 SiO_2 与 KA 组成点的直线上，且按 SiO_2 分子减少的顺序排列着。

钾长石 KAS_6 有三种晶型，高温型为透长石，在 900℃以上稳定，低温型为钾长石与冰长石，冰长石在 600℃以下稳定，钾长石的分解温度较低，在 1150℃分解为白榴子石 KAS_4 和富硅液相，要到 1510℃时才完全熔融（图 6-85）。由于钾长石具有较低温度下不一致熔融而出现熔体数量约占 50%的特性，因而是一种重要的熔剂性矿物，在陶瓷工业中常用作助熔

表 6-12 K_2O-Al_2O_3-SiO_2 系统中化合物的性质

化合物	性质	熔点或分解点/℃
四硅酸钾 $K_2O \cdot 4SiO_2$(KS_4)	一致熔融	765
二硅酸钾 $K_2O \cdot 2SiO_2$(KS_2)	一致熔融	1045
偏硅酸钾 $K_2O \cdot SiO_2$(KS)	一致熔融	976
莫来石 $3Al_2O_3 \cdot 2SiO_2$(A_3S_2)	一致熔融	1850
钾长石 $K_2O \cdot Al_2O_3 \cdot 6SiO_2$($KAS_6$,$W$)	不一致熔融	1150(分解)
白榴子石 $K_2O \cdot Al_2O_3 \cdot 4SiO_2$($KAS_4$,$X$)	一致熔融	1686
钾霞石 $K_2O \cdot Al_2O_3 \cdot 2SiO_2$($KAS_2$,$Y$)	一致熔融	1800
钾铝硅酸盐 $K_2O \cdot Al_2O_3 \cdot SiO_2$(KAS,$Z$)	尚未确定	尚未确定
偏铝酸钾 $K_2O \cdot Al_2O_3$(KA)	尚未确定	尚未确定

注：表中 W、X、Y、Z 分别为三元化合物在相图中的组成点位置。

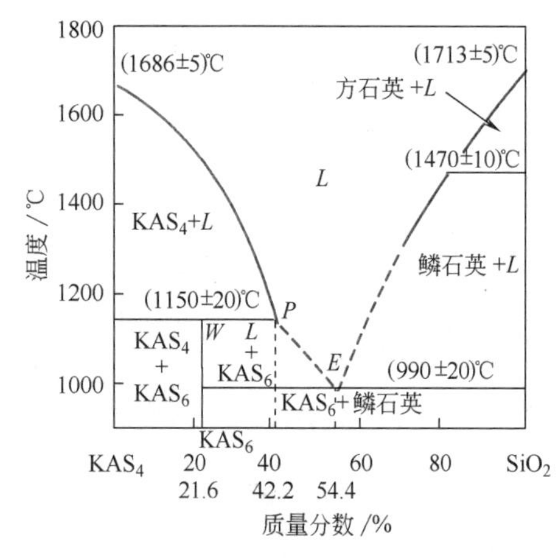

图 6-85 KAS_4-SiO_2 系统相图

剂，它可为烧结过程提供大量液相，促使固相反应和烧结在高温下迅速进行。玻璃工业也用它作为熔剂。

白榴子石 KAS_4 有两种晶型，α 型和 β 型，其中 α 型为高温型，β 型为低温型，它们之间的转变温度为 620℃（图中未示出）。钾霞石 KAS_2 也有斜方（高温型）、六方（低温型）两种晶型，晶型转变温度为 1540℃（通常高温型晶体的对称性高，但霞石的高温型、低温型的对称性例外）。化合物 KA 和 KAS 的性质迄今未明。

相图上给出了 6 个化合物 SiO_2、KS_4、KS_2、A_3S_2、KAS_6 和 KAS_4 的初晶区；其他化合物的初晶区的位置尚未确定。SiO_2 具有多晶转变，它的初晶区又分为石英、鳞石英和方石英 3 个相区。

相图上已经确定的有 11 个三元无变量点，除 3 个三元多晶转变点 a、b、c 外，其余 8 个三元无变量点均有对应的副三角形（图 6-86）。根据三元无变量点与对应的副三角形的相对位置，可判断各三元无变量点的性质（表 6-13）。

图 6-86 中 M 点左侧的 E 点是鳞石英和钾长石初晶区界线 FM 与相应连线 SiO_2-W 的交点，是该界线上的温度最高点，也是鳞石英与钾长石的二元低共熔点（990℃）；E 点下方的 P 点是钾长石和白榴子石初晶区界线 HN 与相应连线 SiO_2-W 的交点，也是钾长石的不一致熔融分解点（1150℃）(图 6-85)。图 6-86 中除界线 HN 为转熔线外，其余各界线均为共熔线。HN 转熔线的相平衡关系为 $L + KAS_4 \rightleftharpoons KAS_6$。

由图 6-84 可看到从 M 点（985℃）起，温度急剧上升，等温线密集。其中 1000℃、1100℃、1200℃、1300℃与 1400℃等温线非常接近，说明液相面很陡，这表明处于对应副三角形 SiO_2-KAS_6-A_3S_2 内的配料组成加热到 M 点形成一定量的液相后随温度升高时，其液相量变化不大，这将有利于陶瓷的实际生产，即烧成温度范围较宽。所谓烧成温度范围是指瓷件在烧到性能符合要求时所允许的温度波动范围。烧成温度范围宽，则工艺上易于控制。

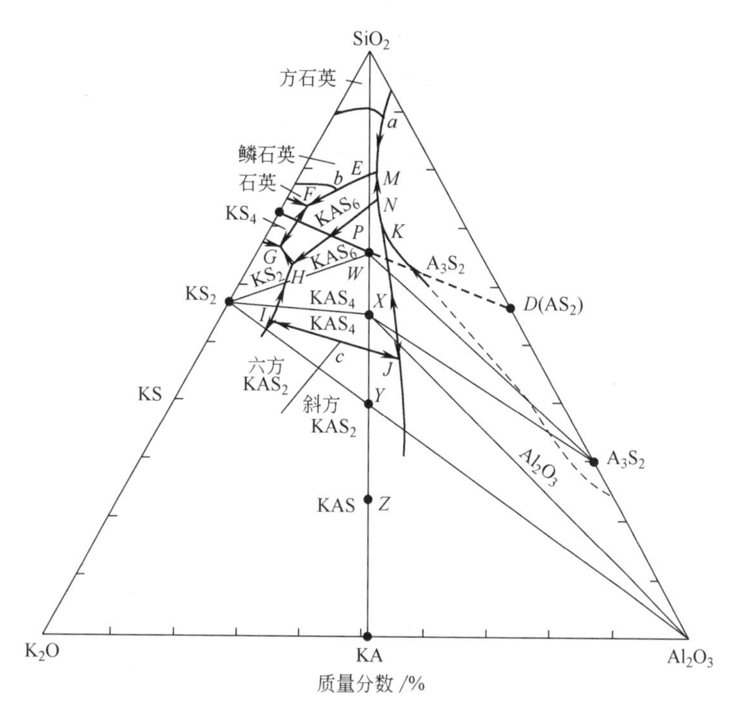

图 6-86 K_2O-Al_2O_3-SiO_2 系统三元无变量点与对应副三角形

表 6-13 K_2O-Al_2O_3-SiO_2 系统中三元无变量点的性质

图上标号	相平衡关系	平衡性质	平衡温度/℃
M	$L \rightleftharpoons$ S(鳞石英)$+KAS_6+A_3S_2$	低共熔点	985
F	$L \rightleftharpoons$ S(石英)$+KS_4+KAS_6$	低共熔点	800
G	$L \rightleftharpoons KS_4+KS_2+KAS_6$	低共熔点	695
H	$L+KAS_4 \rightleftharpoons KS_2+KAS_6$	单转熔点	810
I	$L \rightleftharpoons KS_2+KAS_2+KAS_4$	低共熔点	905
J	$L \rightleftharpoons KAS_4+KAS_2+Al_2O_3$	低共熔点	1556
K	$L+Al_2O_3 \rightleftharpoons KAS_4+A_3S_2$	单转熔点	1315
N	$L+KAS_4 \rightleftharpoons KAS_6+A_3S_2$	单转熔点	1140
a	方石英$\xrightleftharpoons{L、A_3S_2}$鳞石英	多晶转变点	1470
b	鳞石英$\xrightleftharpoons{L、KAS_6}$石英	多晶转变点	867
c	斜方钾霞石$\xrightleftharpoons{L、KAS_4}$六方钾霞石	多晶转变点	1540

此系统相图与长石质陶瓷的生产密切相关。一般长石质瓷包括日用瓷、卫生瓷、电瓷、艺术瓷、化学瓷等，都是以长石作助熔剂采用黏土（高岭土）、长石和石英为原料配料。高岭土的主要矿物组成是高岭石 $Al_2O_3 \cdot 2SiO_2 \cdot 2H_2O$，煅烧脱水后的化学组成为 $Al_2O_3 \cdot 2SiO_2$ (AS_2)，称为偏高岭石（也称烧高岭石）。如图 6-86 上的 D 点即为烧高岭石的组成点。D 点不是相图上固有的一个二元化合物组成点，而是一个用以表示配料中一种原料组成的附加辅助点。

为了使瓷器具有足够的机械强度和良好的热稳定性以及一定的半透明度，要求瓷体中都具有一定数量的莫来石晶相和足够的玻璃相。这是由于莫来石能以细小的针状晶体交叉分布，形成网状骨架，从而增强瓷体的机械强度和热稳定性；玻璃相是在煅烧过程中产生的液相经不平衡冷却得到的，足够的玻璃相可以填充瓷体中的空隙，使其致密化并具有一定的半透明度。

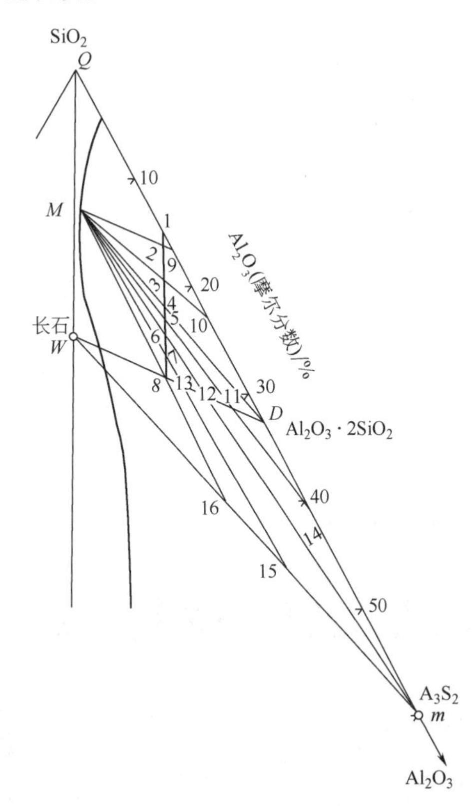

图 6-87　K_2O-Al_2O_3-SiO_2 系统相图中配料三角形与产物三角形

应用图 6-87 可以看到单用长石和石英配料是得不到莫来石的。只有加高岭土，使配料组成点移到辅助三角形 SiO_2-KAS_6-AS_2（△QWD）内，由于△QWD 大部分处于莫来石初晶区内且在相图中副三角形 SiO_2-KAS_6-A_3S_2（△QWm）中，则在烧成的瓷体中便会含有莫来石晶相。通常将△QWD 称为配料三角形，△QWm 称为产物三角形。

在长石质瓷配料中若高岭土量一定，虽用不同配比的长石与石英，但产品中莫来石晶相含量不变。例如，在配料三角形△QWD 内 1-8 线表示一系列配料组成点，1-8 线平行于 QW 边，根据等含量规则，所有处于该线上的配料中含等量的烧高岭石（50%）与不同量的长石（0～50%）和石英（50%～0）。从产物三角形△QWm 来看，1-8 线平行于 QW 边，意味着在平衡析晶（或平衡加热）时，从 1-8 线上各配料所获得的产品中，莫来石量是相等的。这就是说，产品中的莫来石量取决于配料中的高岭土量。

当以高岭土、长石和石英或以高岭土和长石配料，加热到 985℃时就产生组成为 M 的液相。由于天然长石中一般含有钠长石，所以实际出现液相的温度还要低些。由低共熔点 M 画线通过上述配料点至△QWm 的边上，从这些线可看出液相量与晶相量的比例，以及加热到低共熔点时，与低共熔物相平衡的晶相组成。

组成 1 是由石英和烧高岭石配料而成，达平衡后有莫来石和石英，但没有组成为 M 的液相。配料点由 1 变至 2，即烧高岭石量不变而增加长石，加热至低共熔点 M，出现了 M 组成的液相。液相是由长石、石英与很少量的莫来石所形成（组成为 K_2O 9.5%、Al_2O_3 10.9%、SiO_2 79.6%）。相应的固相组成点 9，表示与低共熔物相平衡的晶相组成只有石英与莫来石，没有长石，所以长石全部熔入液相。由于 M 点附近等温线密集，温度进一步升高，对液相量和晶相组成影响不大。因 M 点熔体中的 SiO_2 含量很高，液相黏度极大，结晶困难，即在不平衡冷却时系统中的液相往往凝固形成介稳的玻璃相，从而使瓷质呈半透明状。由图 6-87 可以看出，从点 1 至点 6，长石越多，液相量越大，则瓷体中玻璃相的含量越高。组成 6 在低共熔点 M 与莫来石组成点 m 连线上，则加热至 985℃下平衡时，长石消失，石英全部熔融，只有莫来石与玻璃相残留。若长石太多，如 7、8 点配料，则固相组成点会出现在莫来石-长石线上，说明瓷中会有长石和莫来石晶相存在。从以上分析可知，瓷体的晶相构成和玻璃相含量的多少与配料组成有关。

由于长石质瓷包含多种用途的瓷，不同产品有不同的使用要求，则可以通过合理选择配料点，恰当地控制冷却过程，就能在瓷体中获得所要求的相组成，从而控制产品的性能。根据长期生产实践和科学研究的积累，用高岭土、长石和石英制造各种长石质陶瓷制品的配方范围如图 6-88 所示。图中硬瓷是指瓷料中高岭土含量较多，熔剂成分如长石较少，烧成温度较高（1320～1450℃），从而瓷体中的莫来石含量较多，玻璃相含量较少，硬度较高的一类瓷，如卫生瓷；软瓷则与之相反，配方中熔剂原料较多，烧成温度比硬瓷低，瓷体中玻璃相含量较高，半透明性较好，但瓷质较软，如艺术瓷。日用瓷有硬瓷也有软瓷。化学瓷要求具有良好的耐腐蚀性和耐急冷急热性，因此配料组成中含高岭土较多，石英较少。这是因为加入高岭土多，Al_2O_3 含量高，则耐腐蚀性能好；而石英在升（或降）温过程中，常常发生多晶转变，导致体积效应，引起耐急冷急热性能降低，则石英晶相含量少即可提高耐急冷急热性。所以化学瓷的配料组成点选择在远离石英、靠近高岭土的一端。绝缘电瓷要求有高的机械强度和电绝缘性，瓷体中通常仅含有单一莫来石晶相和玻璃相，则其配方长石含量较低。精陶的配方中长石含量很低，烧成温度下产生的液相量很少，因而它的烧结程度最低，烧成后还含有较高的气孔率。牙瓷要求有高的半透明性并能制成小而简单的形状，因此需要高长石低高岭土。

我国日用瓷的矿物组成范围一般为黏土物质 40%～50%、长石 20%～30%、石英 25%～35%，烧成温度为 1250～1350℃。

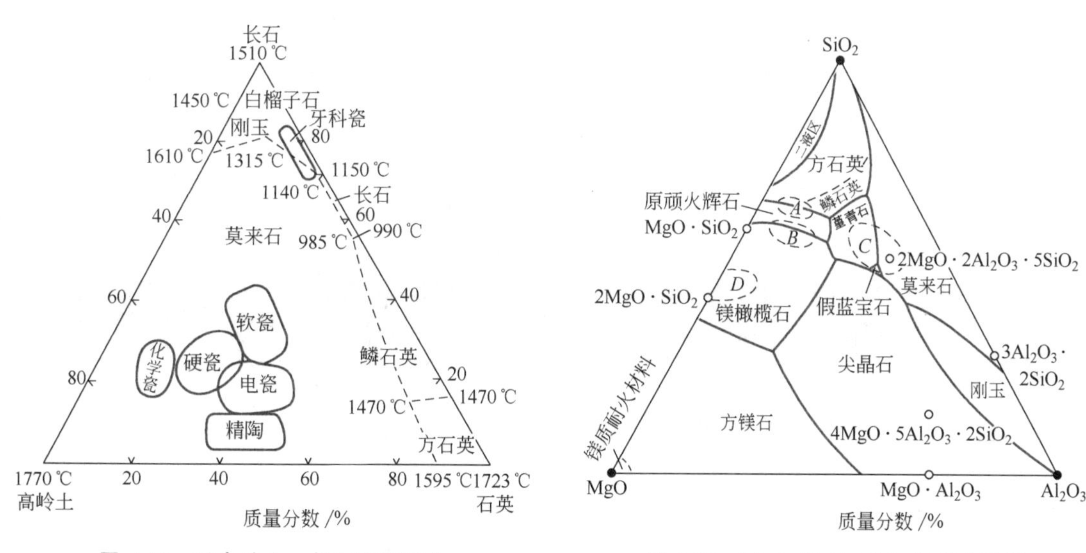

图 6-88 以高岭土、长石和石英为原料的瓷料配方范围

图 6-89 $MgO-Al_2O_3-SiO_2$ 系统中某些无机材料的组成分布

6.4.4.4 $MgO-Al_2O_3-SiO_2$ 系统相图

$MgO-Al_2O_3-SiO_2$ 系统相图对陶瓷和耐火材料都有重要意义。由图 6-89 可以看出，它包含有两大类常用制品的组成：一类为高级耐火材料如镁砖、尖晶石砖、镁橄榄石砖等，它们的组成主要分布在方镁石（MgO）、尖晶石（MA）、镁橄榄石（M_2S）相区内，这类制品的特点是耐火度高，对碱性炉渣的抗腐蚀性强；另一类是镁质陶瓷，它是用于无线电工业的高频陶瓷材料，包括滑石瓷（*A* 区）、低损耗滑石瓷（*B* 区）、堇青石瓷（*C* 区）、镁橄榄石瓷（*D* 区）等。由于近代新材料的发展，微晶玻璃受到重视，尤其与此系统有关的微晶玻璃，在高强度、高绝缘性方面更有其独特的优点。所以此系统包括了很多不同的陶瓷、耐火材料、耐磨材料和微晶玻璃材料的组成。

图 6-90 所示为 $MgO-Al_2O_3-SiO_2$ 系统相图。此系统中共有 4 个二元化合物和 2 个三元化合物。化合物的性质列于表 6-14 中。

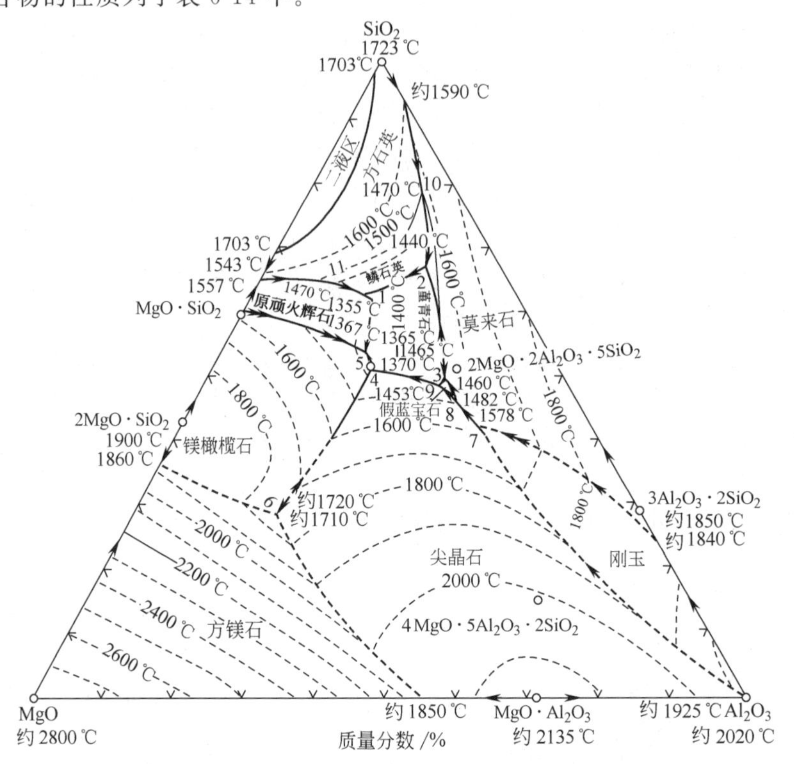

图 6-90 $MgO-Al_2O_3-SiO_2$ 系统相图

表 6-14 $MgO-Al_2O_3-SiO_2$ 系统中的化合物性质

一致熔融化合物			不一致熔融化合物		
化合物	性质	熔点/℃	化合物	性质	分解温度/℃
$2MgO \cdot SiO_2$（M_2S，镁橄榄石）	一致熔融	1890	$MgO \cdot SiO_2$（MS，原顽火辉石）	不一致熔融	1557
$MgO \cdot Al_2O_3$（MA，尖晶石）	一致熔融	2135	$2MgO \cdot 2Al_2O_3 \cdot 5SiO_2$（堇青石）	不一致熔融	1465
$3Al_2O_3 \cdot 2SiO_2$（A_3S_2，莫来石）	一致熔融	1850	$4MgO \cdot 5Al_2O_3 \cdot 2SiO_2$（假蓝宝石）	不一致熔融	1482

每个化合物都有自己的初晶区，SiO_2 由于多晶转变，它的相区又分为鳞石英相区和方石英相区两部分，此外，在靠近 SiO_2 处还有个液相分层的二液区。需要注意的是，假蓝宝石的初晶区范围很小，而且其组成点（$4MgO \cdot 5Al_2O_3 \cdot 2SiO_2$）在尖晶石的初晶区内离自己的初晶区很远。堇青石 $2MgO \cdot 2Al_2O_3 \cdot 5SiO_2$ 的热膨胀系数很小（$\alpha = 2.3 \times 10^{-6}℃^{-1}$），有三种晶型，即 α、β 和 μ 型。在陶瓷工业上合成出来的 $2MgO \cdot 2Al_2O_3 \cdot 5SiO_2$ 化合物是高温型（α 型），它相当于天然产的堇青石。由成分与堇青石相同的玻璃在 925℃反玻化得到一种纤维状晶体，称为 μ 型，它在 1025℃转变为 α 型，并伴随有巨大的体积变化。将纯 $2MgO \cdot 2Al_2O_3 \cdot 5SiO_2$ 组成的玻璃在 655℃、$7.03 \times 10^6 kgf/m^2$[1] 的水热条件下结晶出的晶体是低温型（β 型），它在 830℃转变成高温型。α 和 β 型之间的转变是可逆的。

[1] $1kgf/m^2 = 9.80665Pa$。

此系统共有 11 个三元无变量点，除 SiO_2 初晶区内 1470℃的多晶转变等温线与界线的交点“10”和“11”是多晶转变点没有对应的副三角形外，其余 9 个无变量点都有对应的副三角形。11 个无变量点的性质、温度及组成列在表 6-15 中。

表 6-15 $MgO\text{-}Al_2O_3\text{-}SiO_2$ 系统中三元无变量点的性质

图上标号	相平衡关系	平衡性质	平衡温度/℃	化学组成(质量分数)/%		
				MgO	Al_2O_3	SiO_2
1	$L \rightleftharpoons MS+S+M_2A_2S_5$	低共熔点	1355	20.5	17.5	62
2	$A_3S_2+L \rightleftharpoons M_2A_2S_5+S$	单转熔点	1440	9.5	22.5	68
3	$A_3S_2+L \rightleftharpoons M_2A_2S_5+M_4A_5S_2$	单转熔点	1460	16.5	34.5	49
4	$MA+L \rightleftharpoons M_2A_2S_5+M_2S$	单转熔点	1370	26	23	51
5	$L \rightleftharpoons M_2S+MS+M_2A_2S_2$	低共熔点	1365	25	21	54
6	$L \rightleftharpoons M_2S+MA+M$	低共熔点	约 1710	51.5	20	28.5
7	$A+L \rightleftharpoons MA+A_3S_2$	单转熔点	1578	15	42	43
8	$MA+A_3S_2+L \rightleftharpoons M_4A_5S_2$	双转熔点	1482	17	37	46
9	$M_4A_5S_2+L \rightleftharpoons M_2A_2S_5+MA$	单转熔点	1453	17.5	33.5	49
10	方石英$\xrightleftharpoons{L、A_3S_2}$鳞石英	多晶转变点	1470	5.5	18	76.5
11	方石英$\xrightleftharpoons{L、MS}$鳞石英	多晶转变点	1470	28.5	2.5	65

此系统内的每个氧化物及多数的二元化合物熔点都很高，可制成优质耐火材料。例如氧化镁、镁橄榄石、莫来石等都是高级耐火材料。但是三元混合物就失去这个性质，因为三元无变量点的温度大大下降，三元最低共熔点温度为 1355℃，这样的温度已不能认为是耐火的了，所以不同二元系统的耐火材料不能混合使用，也就是说，镁质耐火材料和铝硅质耐火材料不能互相接触，否则会降低液相出现的温度和材料的耐火度。

副三角形 SiO_2-MS-$M_2A_2S_5$ 与镁质陶瓷生产密切相关。镁质陶瓷由于介电损耗小，热膨胀系数低，具有良好的介电性和热稳定性，被广泛用作无线电工业的高频瓷料，也用于航空及汽车发动机的火花塞。镁质陶瓷以滑石和黏土配料。图 6-91 画出了经煅烧脱水后的烧高岭土（偏高岭土 $Al_2O_3 \cdot 2SiO_2$）和烧滑石（偏滑石 $3MgO \cdot 4SiO_2$）的组成点位置，镁质瓷配料点大致在这两点连线上或其附近区域。这类瓷主要有滑石瓷、堇青石瓷和镁橄榄石瓷。

滑石瓷是以原料命名的瓷，因为其配料以滑石为主，仅加入少量黏土，如图 6-91 中的 M、L、N 点的配料。由于配料点靠近副三角形△SiO_2-MS-$M_2A_2S_5$ 的角顶 MS，因此制品中的主要晶相是原顽火辉石（MS）。如果在配料中增加黏土含量，即把配料点移向靠近堇青石（$M_2A_2S_5$）一侧（有时在配料中还要另加 Al_2O_3 粉），则瓷中将以堇青石为主晶相，这种瓷称为堇青石瓷，是以产品中的主晶相命名的瓷。由于堇青石的热膨胀系数非常小，因此堇青石质陶瓷的抗热冲击性能很好。

滑石瓷和堇青石瓷的烧成范围都很窄，这由相图很容易分析出来。以滑石瓷为例，其配料组成在△SiO_2-MS-$M_2A_2S_5$ 内，与此副三角形对应的无变量点是 1 点，因此在平衡加热时，滑石瓷坯料将在 1355℃出现液相，系统中四相平衡共存。根据杠杆规则可知，升温时在 1 点首先完全熔融的是 $M_2A_2S_5$ 晶相，然后液相将沿着 SiO_2 和 MS 的初晶区之间的界线继续升高温度。对滑石瓷来说，出现 35%的液相就足以使瓷坯玻化好，出现 45%的液相时

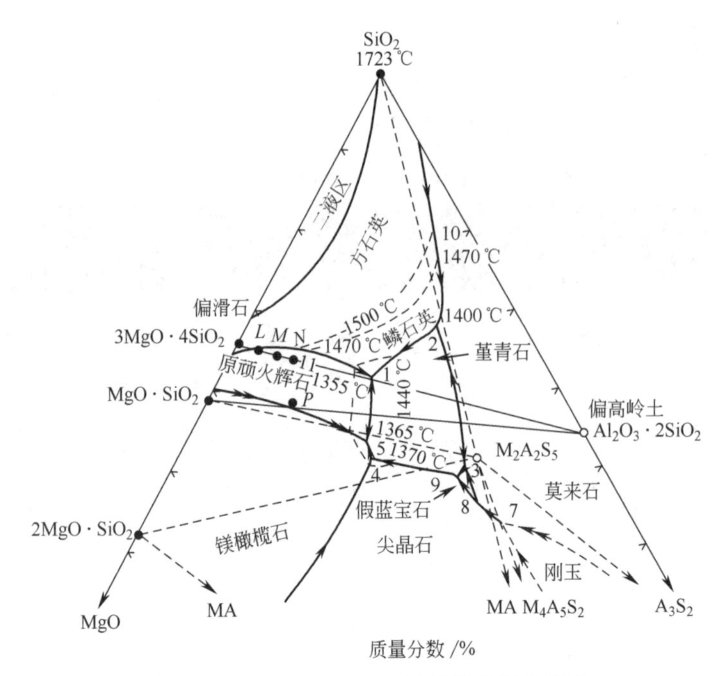

图 6-91 $MgO-Al_2O_3-SiO_2$ 系统高硅部分相图

便过烧变形，即液相量要控制在 35%～45%之间。在图 6-91 中，L 点的配料中含 5%的烧高岭土，根据杠杆规则可以计算出它在 1460℃便玻化好（出现 35%的液相），到 1490℃过烧（出现 45%的液相），烧成温度范围为 30℃。M 点的配料中含 10%的烧高岭土，它在 1390℃玻化好，在 1430℃过烧，烧成温度范围为 40℃。而配料中含 15%烧高岭土的 N 点，在 1355℃时就已形成 45%的液相，所以在滑石瓷配料中加入的黏土（以烧高岭土计）不超过 10%，烧成温度范围只有 30～40℃。这样窄的烧成温度范围给制品的烧成带来很大困难。研究表明，如果在瓷料中加入长石，则可大大增加烧结温度范围。用这种配方制造的低绝缘材料具有较好的烧结特性，但电性能不太好。

对于低损耗滑石瓷（如图 6-91 中 MS-AS_2 线上方的 P 点配料）是在滑石、黏土中加入部分碳酸镁，以补充配料中的镁量不足，使其与游离 SiO_2 反应来提高介电性能。组成点位置约在 20%的 AS_2 和 80%的 MS 处，仍在△SiO_2-MS-$M_2A_2S_5$ 内，出现液相的温度也是 1355℃（点 1），然后液相组成将沿着 MS 和 $M_2A_2S_5$ 的初晶区之间的界线向鞍形点方向变化，从界线上鞍形点与点 1 的温度差值可知，这种配料的烧成温度范围更窄。在实际生产中必须加入助烧结剂（广泛采用碳酸钡）来扩大烧结温度范围，改善瓷料的烧结性能。

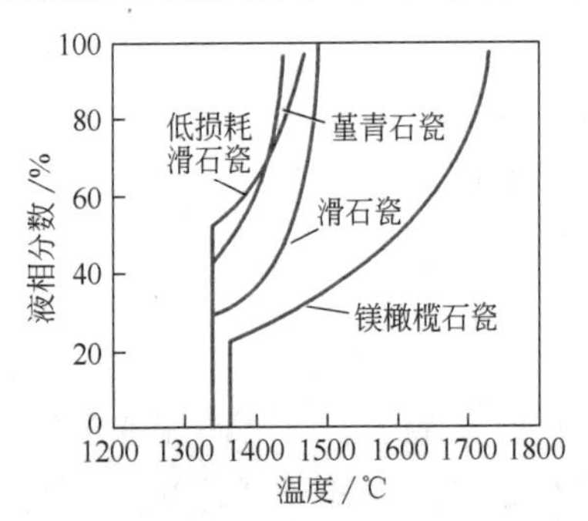

图 6-92 4 种瓷坯在不同温度时的液相生成量

堇青石瓷的烧结温度范围也很窄。这种瓷料在 1355℃（1 点）时开始出现液相，而且在几度温度内液相增到 40%以上，继续加热，液相量增加很快，难以烧结。这种瓷料如不作为电子陶瓷，可加入 3%～10%长石作为助烧结剂，可以增加烧结温度范围，改善烧结性能。

镁橄榄石瓷的配料组成位于△MS-M_2S-$M_2A_2S_5$ 内，这种瓷料的烧结温度范围较宽，加热时最初出现液相的温度是在低共熔点 1365℃（点 5），其后液相量随温度变化并不明显，因此镁橄榄石瓷在烧成工艺中相对较易控制。如图 6-92 所示，为滑石瓷、堇青石瓷及镁橄榄石瓷的坯料在不同温度时的液相生成量。由图可看到，镁橄榄石瓷烧成时的液相形成起始温度虽较高，但玻化与过烧的温度范围则较宽些。

从 $MgO-Al_2O_3-SiO_2$ 三元相图中的等温线（图 6-90）也可以判断哪些瓷料烧结温度范围是宽的，哪些是窄的。如果等温线比较窄，说明相应液相面较陡，温度变化引起液相量变化不明显，这样的瓷料烧结温度范围可能较宽；相反，如果等温线稀疏，说明相应液相面平坦，温度变化引起液相量变化明显，因此瓷料烧结温度范围可能较窄。总的说来，烧成温度范围狭窄是 $MgO-Al_2O_3-SiO_2$ 系统中各类陶瓷制品烧成的共同特点，因此，严格控制烧成温度是制造这类瓷器的关键。

$MgO-Al_2O_3-SiO_2$ 系统相图也可用来指导制作细瓷。英国在 18 世纪就用滑石为主体的原料生产细瓷，但滑石瓷广泛用于日用器皿还是近期的事。滑石质细瓷是以原顽火辉石为主晶相，含有少量的游离石英。一般情况下作为瓷坯的组成点都处于烧高岭土（AS_2）和烧滑石（M_3S_4）的连线上或其附近，位于方石英和原顽火辉石的界线附近。这种瓷料所用滑石原料含有大量长石，所以瓷料实际上应属于滑石-黏土-长石系统。这种瓷料烧成的细瓷，质地细腻，呈乳白半透明状。如果在瓷坯中加入少量（0.2%）铈-镨黄色剂，则可在氧化焰下烧成象牙色。在釉中加入 0.8%Fe_2O_3，可以用还原焰烧成青色瓷，这就是我国新制成的鲁青瓷产品。滑石质细瓷一般用于生产高级日用器皿。

由 $MgO-Al_2O_3-SiO_2$ 系统得到的玻璃，其组成大多靠近原顽火辉石、堇青石、石英三相低共熔点处，因此，也要到 1355℃时才出现液相。所以这种玻璃的熔制温度要比 $Na_2O-CaO-SiO_2$ 系统为高，并且这种玻璃的黏度在一定温度范围内会发生急剧的变化（料性短）。由于 M^{2+} 场强较大，所以玻璃的析晶倾向也是大的，正是由于这种玻璃容易析晶，当有 TiO_2、ZrO_2 等晶核剂存在时，此系统玻璃能制得性能优良的微晶玻璃，其中主要晶相为堇青石，属于较低膨胀的材料，也可用于电子技术和特种工程上。

6.4.4.5 $ZrO_2-Al_2O_3-SiO_2$ 系统相图

$ZrO_2-Al_2O_3-SiO_2$ 是耐火材料的重要系统。如图 6-93 所示，为西凡尔斯（Cevales）在前人工作的基础上加以修改补充于 1975 年发表的 $ZrO_2-Al_2O_3-SiO_2$ 系统相图。图中 ZrO_2-SiO_2 二元系统中有一个二元化合物 $ZrSiO_4$，是一个高温分解的化合物。$SiO_2-Al_2O_3$ 二元系统中有一个二元化合物 A_3S_2（莫来石）。E 点是 ZrO_2、Al_2O_3 和 A_3S_2 的三元低共熔点，组成为 50.9% Al_2O_3、32.8% ZrO_2、16.3%SiO_2，低共熔温度为 1685℃。对于 E 点的性质，目前尚有争议。一些研究者指出 E 点可能是转熔点而不是共熔点，如高振昕在研究各种熔铸 ZAS 材料的显微结构时发现个别样品中有转熔反应的现象。沙列尔（Sorrell）曾认为根据 $Al_2O_3-SiO_2$ 二元系统相图的不同形式，E 点既可以是共熔性质也可以是转熔性质。关于 E 点的性质有待进一步的研究。

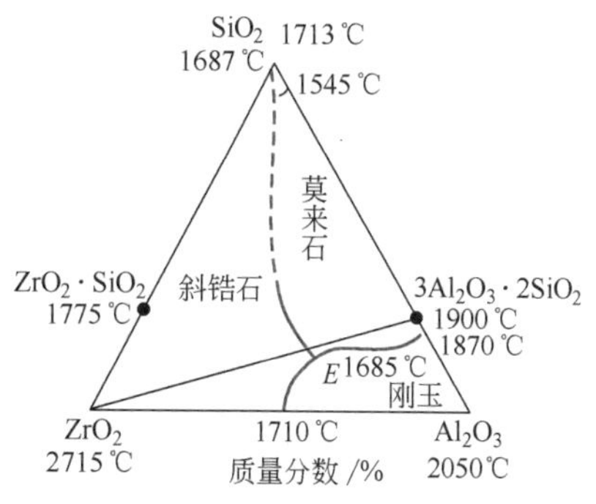

图 6-93 $ZrO_2-Al_2O_3-SiO_2$ 系统相图

6.4.4.6 $Pb(Mg_{1/3}Nb_{2/3})O_3-PbTiO_3-PbZrO_3$ 三元系统相图

研究证明，ABO_3 型化合物 $Pb(Mg_{1/3}Nb_{2/3})O_3$、$Pb(Zn_{1/3}Nb_{2/3})O_3$、$Pb(Fe_{1/3}Ta_{2/3})O_3$、$Pb(Co_{1/3}W_{2/3})O_3$ 等的共同特点是晶胞中的 B 位置由两种非 4 价的金属离子所占据，而这种正离子按严格的比例达到化学式中的电荷平衡，如 $Pb(B^{3+}_{1/2}B^{5+}_{1/2})O_3^{2-}$、$Pb(B^{2+}_{1/2}B^{6+}_{1/2})O_3^{2-}$、

$Pb(B^{3+}_{2/3}B^{6+}_{1/3})O_3^{2-}$、$Pb(B^{5+}_{2/3}B^{2+}_{1/3})O_3^{2-}$ 等。分子式中 B 表示各种价数的金属离子。这些化合物在一定温度范围内表现出铁电或反铁电性质。进一步研究发现，这些化合物可以和 $PbZrO_3$、$PbTiO_3$ 形成钙钛矿型结构的三元固溶体。这种三元固溶体的烧结温度低，在烧结过程中 PbO 挥发少，容易制得气孔率小、均匀致密的陶瓷。而且陶瓷性能调整幅度大，比二元系统压电陶瓷具有更优良的特性，因此这类陶瓷获得迅速的发展。其中 $Pb(Mg_{1/3}Nb_{2/3})O_3$-$PbTiO_3$-$PbZrO_3$ 三元系统是最有代表性的。

图 6-94 是 $Pb(Mg_{1/3}Nb_{2/3})O_3$-$PbTiO_3$-$PbZrO_3$ 三元系统室温下的相图。从相图可以看出，不同组成范围内所获得铁电相结构是不同的，PC 是假立方相，T 是四方相，R 是三方相。铌镁酸铅、钛酸铅和锆酸铅三种化合物在整个组成范围内都可以形成连续固溶体，但不同组成具有不同的铁电性。和二元系统类似，在三元系统相界处的配方可获得压电性能的峰值。因此实际使用的压电陶瓷材料往往是在相界附近的成分，如图 6-95 中多边形 $ABCDE$ 所包围的区域。图上标出的 1 与 2 两点的配方（摩尔分数）如下：

	$Pb(B^{3+}_{1/2}B^{5+}_{1/2})O_3^{2-}$ /%	$PbTiO_3$/%	$PbZrO_3$/%
1 点	37.5	38.5	24.0
2 点	12.5	42.5	45.0

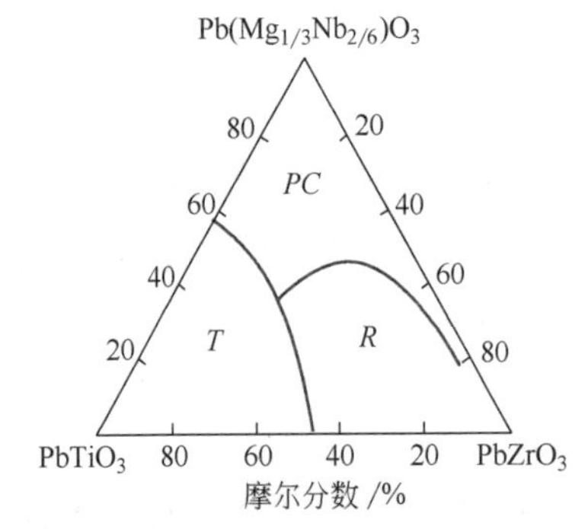

图 6-94 $Pb(Mg_{1/3}Nb_{2/3})O_3$-$PbTiO_3$-$PbZrO_3$ 三元系统室温相图

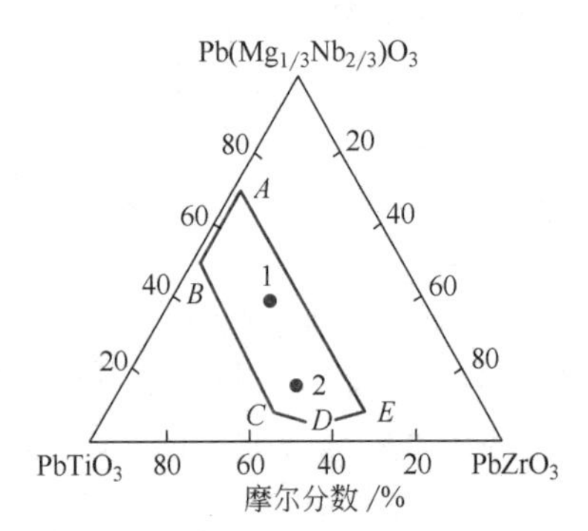

图 6-95 $Pb(Mg_{1/3}Nb_{2/3})O_3$-$PbTiO_3$-$PbZrO_3$ 三元系统实际使用较多的组成范围

这两个组成正好都在相界附近，组成 1 处在假立方（PC）与四方（T）相界附近，组成 2 处在三方（P）与四方（T）相界附近，它们的机电耦合系数 K_P 都具有最大值。

6.4.4.7 多元系统转换为三元系统方法

在上述有关专业相图分析和应用的举例中，均是把各个组元当成纯组元，如将石英、高岭土、长石、滑石等看成是纯材料。而实际生产中，一方面，所用的原材料并不是很纯，它们都包含着各种杂质；另一方面，为了改善陶瓷的性质，常在基本配方中加入某些改性添加剂。这样所研究的系统就可能变成复杂多元系统了。为了利用三元系统相图的基本原理来指导生产，可以采用把次要成分折算为主要成分的办法把多元系统（四元、五元或更多元系统）简化为三元系统。这种方法实际上扩大了三元系统的应用范围。

杂质的折算首先用于估计黏土耐火度，通过研究总结出近似计算方法——不同氧化物作用相当法则。例如，以质量计算，40 份 MgO 对制品耐火度的影响与 56 份 CaO 或 94 份 K_2O 的作用相当。80 份 Fe_2O_3 与 102 份 Al_2O_3 作用相当。表 6-16 列出了一些氧化物之间的转换关系和相应的折算系数。

表 6-16 某些氧化物的折算系数

系统与区域名称		折算系数				
		CaO	MgO	K_2O	Na_2O	Fe_2O_3
$CaO-Al_2O_3-SiO_2$		折算为 CaO				折算为 Al_2O_3
	莫来石与刚玉	—	1.4	0.7	0.9	0.9
	氧化钙、氧化硅、硅酸钙	—	1.4	0.7	0.9	0.6
$MgO-Al_2O_3-SiO_2$		折算为 MgO				折算为 Al_2O_3
	氧化硅、斜顽辉石、镁橄榄石、方镁石、尖晶石等	0.7	—	0.7	0.9	0.6
$K_2O-Al_2O_3-SiO_2$		折算为 K_2O				折算为 Al_2O_3
	莫来石	1.7	2.5	—	1.4	0.9

应用表 6-16 数值估算制品耐火度和实测结果基本一致，一般相差不超过±10℃。但必须指出，表中的折算系数只适合表中指定的系统和区域。如果系统和区域发生变化，相应的氧化物折算系数就不同。

6.5 四元系统

四元系统即是包含 4 个独立组元的系统，$C=4$，对于四元凝聚系统，相律可以写成 $F=C-P+1=5-P$，当 $P_{min}=1$ 时，$F_{max}=4$；当 $F_{min}=0$ 时，$P_{max}=5$。即四元凝聚系统中最多可以有 5 相平衡共存，这 5 相是 4 个晶相和 1 个液相；自由度数最大为 4，这 4 个独立变量是温度和 4 个组元中任意 3 个组元的浓度。因此四元系统相图必须用空间立体的图形来表示。

6.5.1 四元系统组成的表示方法

四元系统的组成用正四面体表示，称为浓度四面体，如图 6-96 所示。设 4 个纯组元为 A、B、C、D，则四面体的 4 个顶点分别代表上述 4 个纯组元；6 条棱分别代表 A-B、B-C、C-A、A-D、B-D、C-D 6 个二元系统；4 个侧面分别表示 A-B-C、A-B-D、B-C-D、A-B-D 4 个三元系统；四面体内任意一点都代表由 A、B、C、D 4 个组元组成的四元系统。若将浓度四面体 $ABCD$ 上各棱边均分为 100 等份，则任意一个四元系统的组成都可以通过向四面体各面作平行平面的方法确定，其要点是：通过系统的组成点作一平面与四面体的任一底面平行，则 2 个平行平面在其他 3 条棱截得的线段，均表示这个底面对面顶点组元的含量。例如，要确定图 6-96 中 M 点的组成，可通过 M 点作平面 $A'B'C'$ 与底面 ABC 平行，两平行平面在 AD 边上所截得的线段 AA' 表示 D 组元的含量 $d\%$。同理，过 M 点分别作 ACD 和 ABD 2 个面的平行平面，在 AB 边和 AC 边上截取的线段分别代表 B 组元的含量 $b\%$ 和 C 组元的含量 $c\%$。第 4 组元 A 的含量可按下式求得：

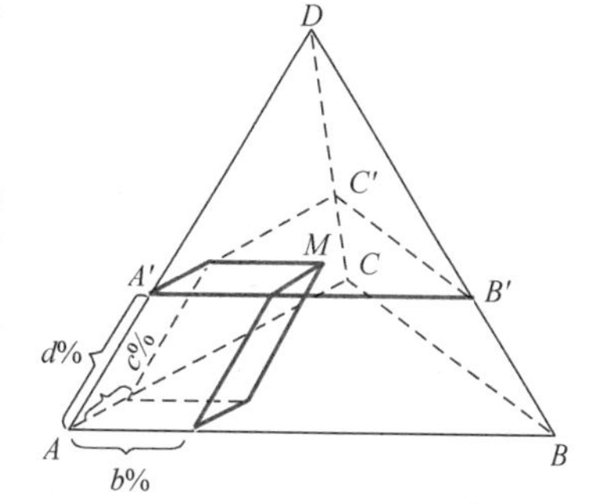

图 6-96 浓度四面体

$$a\%=100\%-(b\%+c\%+d\%) \tag{6-13}$$

6.5.2 浓度四面体的性质

与浓度三角形相似，浓度四面体中某些面和线上的点所表示的组成之间存在着等量关系，有助于分析四元系统相图中熔体的析晶过程。

（1）在四面体中任意一个平行于某个底面的平面上所有各组成点中，对面顶点组元的含量均相等。如图 6-97 中，平面 $A'B'C'$ 平行于底面 ABC，在平面 $A'B'C'$ 上所有各点中 D 组元的含量均相等，即都等于 $d\%$。

（2）通过浓度四面体的某条棱所作的平面上所有各组成点中，其他两个组元的含量之比相等。在图 6-97 中，通过 AD 棱作一个平面 ADE，平面上所有各点中 B、C 两组元含量的比例都相等，且都等于 E 点中 B、C 的含量之比。

（3）通过浓度四面体某个顶点所作的直线上所有各组成点中，其余三组元含量的比例相等，且沿此线背离顶点的方向是顶点组元含量减少的方向。如图 6-97 中，通过顶点 D 所作的直线 DM 上的所有各点 A、B、C 三组元含量的比例相等，且均等于 M 点中 A、B、C 三组元的含量之比。

在浓度四面体内，杠杆规则、重心规则等仍然适用。

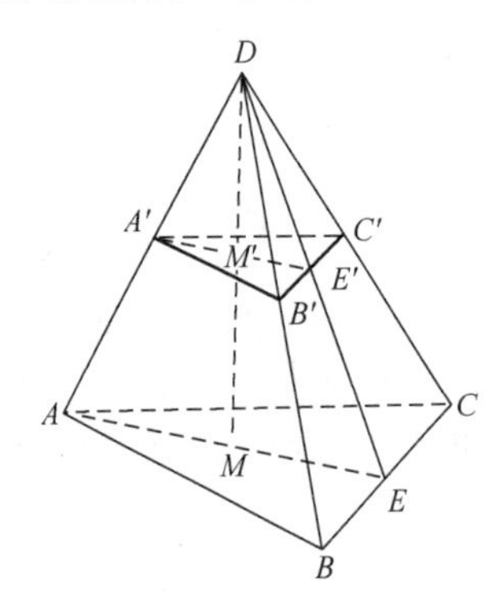

图 6-97 浓度四面体的性质

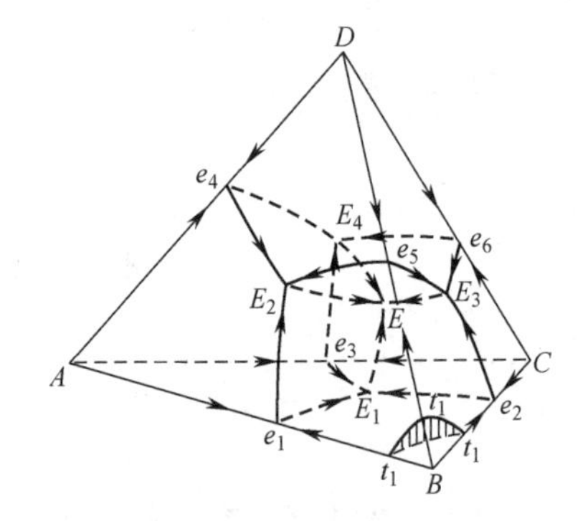

图 6-98 最简单的四元系统状态图

6.5.3 具有一个低共熔点的四元系统相图

四元系统相图类型繁多而复杂，具有一个低共熔点的四元系统相图是最简单的一种类型。在这种类型中，A、B、C、D 四个组元液态时完全互溶，固态时完全不互溶。且不生成任何化合物，不形成固溶体。图 6-98 是一个最简单的四元系统相图。

6.5.3.1 相图分析

浓度四面体的 4 个顶点 A、B、C、D 表示 4 个纯组元。6 条棱边 AB、BC、AC、AD、BD、CD 表示 6 个最简单的二元系统，相应的二元低共熔点分别为 e_1、e_2、e_3、e_4、e_5、e_6。4 个面 ABC、ABD、BCD、ACD 表示 4 个最简单的三元系统，相应的三元低共熔点分别为 E_1、E_2、E_3、E_4。四面体内部表示四元系统。

在三元系统 ABC、ABD、ACD 中组元 A 的初晶区在四元系统中发展为靠近 A 角顶的初晶空间，也称初晶容积。任一组成点落在此空间内的高温熔体冷却时将首先析出 A 的晶体，系统处于二相平衡状态，其相平衡关系为 $L \rightleftharpoons A$，$P=2$，$F=3$。在四面体的其他三个角顶附近也有相应的 B、C、D 初晶空间，每个初晶空间的形状如图 6-99 所示。分隔两个初晶空间的曲面称为界面。界面上的液相与相邻二初晶空间所代表的晶相处于三相平衡状态，$P=3$，$F=2$。如界面 $e_1E_1EE_2$ 是从三元系统界线 e_1E_1 及 e_1E_2 发展而来，在此界面

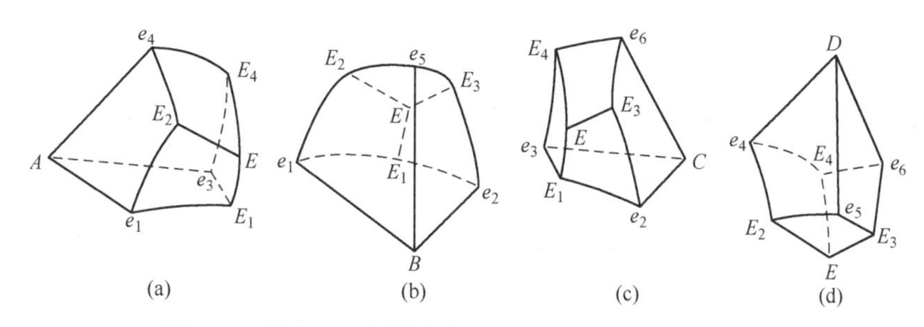

图 6-99 具有一个低共熔点的四元系统相图的初晶空间

(a) A 的初晶空间；(b) B 的初晶空间；(c) C 的初晶空间；(d) D 的初晶空间

上的液相与 A、B 晶相平衡共存，其相平衡关系为 $L \rightleftharpoons A+B$。系统中共有 6 个界面。相邻 3 个初晶空间交界处的曲线称为界线，界线上的液相与这 3 个初晶空间所表示的晶相四相平衡，$P=4$，$F=1$。如界线 E_1E 是从三元无变量点 E_1 发展而来，在 E_1E 上的液相与 A、B、C 三晶相平衡共存，其相平衡关系为 $L \rightleftharpoons A+B+C$。系统中有四条界线。最后，4 个初晶空间、4 条界线交汇于 E 点，E 点是系统的四元低共熔点，冷却时从 E 点液相中同时析出 A、B、C、D 四晶相，系统处于五相平衡状态，其相平衡关系为 $L \rightleftharpoons A+B+C+D$，$P=5$，$F=0$。

在四元系统的浓度四面体内已无法安置温度坐标，通常是采用每隔一定温度间隔作一个等温曲面的方法来表示温度。如图 6-98 中靠近 B 顶点的 t_1 等温面。凡组成点落在 t_1 等温曲面上的配料，加热到 t_1 温度时完全熔融，冷却时则在 t_1 温度开始析出 B 晶体。但为了相图清晰起见，一般不画等温面。

在每个初晶空间中，它所对应的晶相组成点是该初晶空间内的温度最高点。在界面上，可以用“连线规则”确定温度最高点，即界面（或其延长部分）与相应的两晶相组成点的连线（或延长线）的交点界面上的温度最高点，从这点出发沿着界面向各个方向温度都是下降的。如图 6-98 中，$e_1E_1EE_2$ 界面与相对应的连线 AB 相交于 e_1 点，e_1 点即为该界面上的温度最高点。界线上温度最高点的判断方法是：使界线（或其延长线）与相对应的三种晶相的组成点所形成的三角形平面相交，交点是界线上的温度最高点，界线上的温度是随着离开此交点而下降的。如图 6-98 中，界线 E_2E 周围的三个初晶空间是 A、B、D 的初晶空间，界线与这三种晶相的组成点所决定的平面——$\triangle ABD$ 所在的平面的交点是 E_2 点，因此 E_2 点就是界线 E_2E 上的温度最高点，界线上的温度下降方向仍用箭头表示。一些固定的点（无变量点和化合物的熔点等）上的温度常用数字直接标在图上或列表说明。可以看出，和三元系统相图的投影图一样，在四元相图上任一点既表示其组成，又表示其温度。

6.5.3.2 冷却结晶过程

以图 6-100 中组成为 M 的熔体为例，分析四元系统中熔体的冷却析晶过程。M 熔体位于 D 的初晶空间，将 M 熔体冷却到 M 点温度 T_M 时，液相首先对 D 饱和，将从熔体中析出第一粒 D 晶体。由于 D 晶相的析出，液相中 D 组元在不断减少，A、B、C 含量不断增加，但 A、B、C 三组元含量之比不变，因此液相组成点将沿着 DM 连线向背离 D 的方向变化。在这个过程中从液相中析出 D 晶相，固相组成在 D

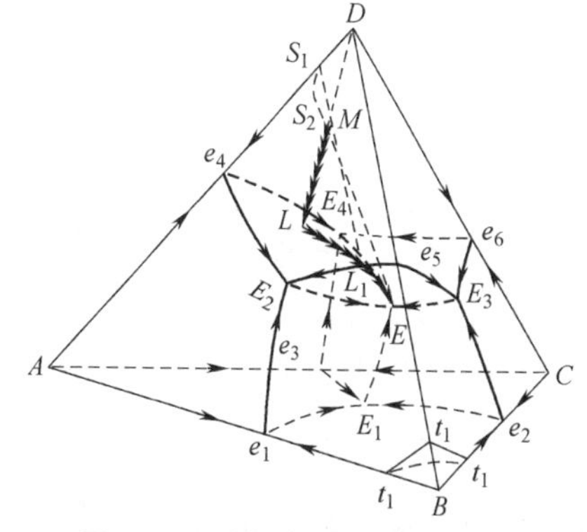

图 6-100 简单四元系统状态图的结晶过程

点不动。当系统温度冷却到 L 点温度 T_L，液相组成到达界面 $e_4E_2EE_4$ 上的 L 点时，液相不但对组分 D 饱和，而且对组分 A 也达到饱和，因而从熔体中同时析出 D、A 两晶体。此后液相组成将沿着与 D、A 晶体平衡的 $e_4E_2EE_4$ 界面向温度下降的方向变化，由于析出 D、A 两种晶相后，液相中 C、B 两组元含量的比例并不改变，所以液相必定沿着点 M 与 AD 棱所确定的平面与 $e_4E_2EE_4$ 界面的交线 LL_1 变化。相应的固相组成离开 D 点沿 DA 连线变化。具体每一时刻固、液相组成点的位置可根据杠杆规则确定，即原始组成点 M、固相组成点 D 及液相组成点 3 点应在一条直线上，且固、液二相点应分布于原始组成点两侧。当系统冷却到 T_{L_1} 温度，液相组成点到达界线 E_4E 上的 L_1 点时，相应的固相到达 S_1 点，液相同时对 D、A、C 三种晶相饱和，从熔体中将同时析出 D、A、C 三种晶体，其后，液相组成点将随温度下降沿 E_4E 界线向低共熔点 E 点变化，相应的固相组成点要离开 DA 进入△ADC 平面。液相组成点到达 E 点时，进行四元低共熔过程，从液相中同时析出 D、A、C、B 四种晶体，系统处于五相平衡状态，根据相律，$F=5-P=0$，因而系统温度保持在 T_E 不变，液相组成也保持在 E 点不变，相应的固相组成离开 ADC 平面上的 S_2 点向四面体内 M 点变化。当固相组成点到达 M 点时，液相在 E 点消失，析晶结束后的产物是 A、B、C、D 四种晶相。上述析晶过程可用下式表示：

$$\text{液相：}\quad M\xrightarrow[F=3]{L\longrightarrow D}L\xrightarrow[F=2]{L\longrightarrow D+A}L_1\xrightarrow[F=1]{L\longrightarrow D+A+C}E\left(\begin{matrix}L\longrightarrow D+A+C+B\\F=0,L\ \text{消失}\end{matrix}\right)$$

$$\text{固相：}\quad D\xrightarrow{D}D\xrightarrow[\overline{AD}]{D+A}S_1\xrightarrow[\triangle ACD]{D+A+C}S_2\xrightarrow[\text{四面体内}]{D+A+C+B}M$$

在最简单的四元系统相图中，无论原始熔体（四元的）在什么位置，最后都在 E 点结晶结束，产物都是 A、B、C、D 四种晶相。冷却析晶过程中各相量的计算仍使用杠杆规则。

6.5.4 生成化合物的四元系统相图

简单四元系统内组分之间不生成任何化合物，因而其界面、界线、无变量点都是共熔性质的。若组分之间生成化合物，则情况就要复杂得多。下面只讨论两种最简单的情况，即生成一个一致熔融二元化合物的四元系统和生成一个不一致熔融二元化合物的四元系统。在生成一个不一致熔融化合物时，四元系统相图上的界面、界线、无变量点不仅有共熔性质，还有转熔性质，而转熔又分为一次转熔、二次转熔、三次转熔等。因此，要分析四元系统相图首先必须判断清楚界面、界线、无变量点的性质。

6.5.4.1 界面、界线、无变量点性质的判别

（1）界面性质的判别方法　四元系统相图中界面上是液相和两种晶相平衡共存，因而界面可以是共熔界面，即冷却时从界面液相中同时析出两种晶相；也可以是转熔界面，即冷却时界面液相回吸一种晶体，析出另一种晶体。假设平衡共存的 3 相是液相、A 晶相和 D 晶相，则共熔界面上进行的过程是共熔过程 $L \rightleftharpoons A+D$，转熔界面上进行的过程是转熔过程 $L+A \rightleftharpoons D$。在同一界面上，也可能发生从共熔性质向转熔性质的转变。

判断界面的性质，可将三元系统中的“切线规则”加以推广。其方法是：首先确定液相在界面上的变化途径，然后作这条变化途径的切线，若切线与相应的两晶相组成点的连线直接相交，液相进行的是共熔过程；若切线与相应的两晶相组成点的连线的延长线相交，则液相进行的是转熔过程，回吸远离交点的晶相，析出靠近交点的晶相。

图 6-101(a) 中，界面 eE_1EE_2 是 A 和 D 两个初晶空间的界面。熔体 M 在 A 的初晶空间内，冷却时首先析出 A 晶相，然后液相沿着 AM 射线向背离 A 的方向移动，到达界面上的 L 点时，液相将沿着 M 点与 AD 棱确定的平面与界面的交线 LQ 移动，LQ 即液相在沿界面

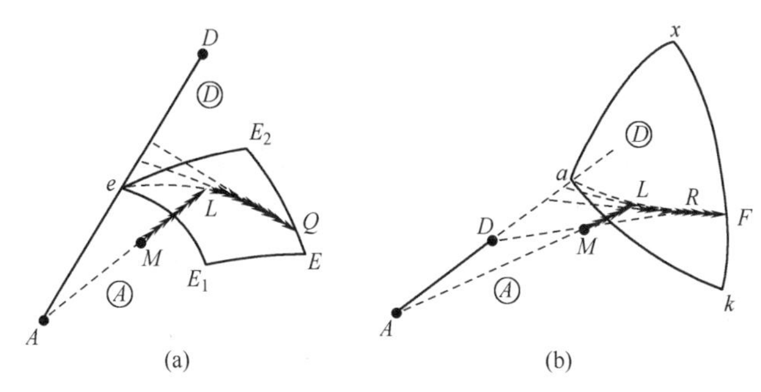

图 6-101 界面上的析晶情况

移动时的途径。通过变化途径 LQ 曲线上各点作切线，可以看出切线都直接与 AD 连线相交，所以液相沿界面进行的是从液相中同时析出 A、D 两种晶相的共熔过程，即 $L \rightleftharpoons A+D$。

图 6-101(b) 中，界面 axk 为 A、D 两个初晶空间之间的界面，但与界面相对应的两晶相组成点的连线 AD 在界面的同一侧。熔体 M 仍在 A 的初晶空间内，当冷却到液相沿界面变化时，其变化途径应为 LF 曲线（确定方法同上）。作 LF 曲线上各点的切线，可以看出切线不直接与 AD 连线相交，交点都在 AD 连线的延长线上，所以液相沿界面变化时进行的是转熔过程，回吸远离交点的 A 晶相，析出靠近交点的 D 晶相，即 $L+A \rightleftharpoons D$。

(2) 界线性质的判别方法　在界线上是液相和 3 种晶相平衡共存。假设界线上与液相平衡的 3 种晶相是 A、B、C，则界线上进行的过程有以下 3 种可能的情况：①共熔过程 $L \rightleftharpoons A+B+C$；②一次转熔过程 $L+A \rightleftharpoons B+C$；③二次转熔过程 $L+A+B \rightleftharpoons C$。

判断界线上任一点的性质，可以综合运用切线规则和重心规则。具体方法是：通过界线上任意一点作切线，使之与界线所对应的三种晶相组成点所决定的三角形平面相交，若交点在三角形内重心位置，则界线相应的点上液相进行的是低共熔过程；若交点在三角形外交叉位置，则界线的相应点上液相进行的是一次转熔过程；若交点在三角形外共轭位置，则界线的相应点上液相进行的是二次转熔过程。

图 6-102(a) 中，界线 L_1L_n 是 A、B、C 三个初晶空间的界线。通过界线上任意一点 L 作界线的切线，切线与相应的三晶相组成点所形成的 $\triangle ABC$ 所在的平面相交，交点 l 在 $\triangle ABC$ 内重心位置，因此液相在界线上 L 点处进行的是从液相中同时析出 A、B、C 三种晶相的低共熔过程，即 $L \rightleftharpoons A+B+C$。

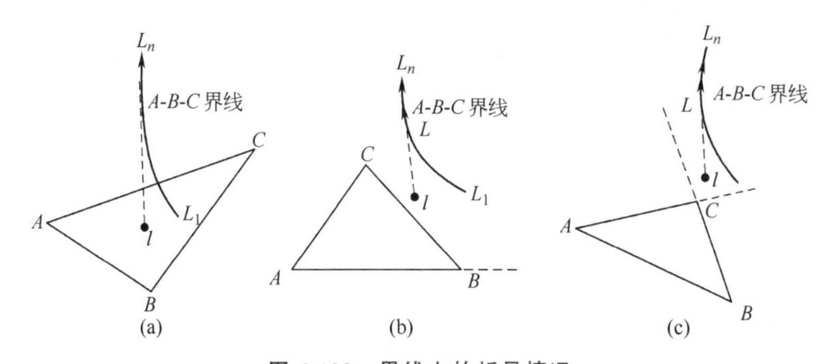

图 6-102 界线上的析晶情况

图 6-102(b) 和 (c) 中，界线 L_1L_n 上通过 L 点所作的切线与平面的交点 l 均落在了相应的三角形外。落在交叉位的，液相在界线上进行的是一次转熔过程，回吸与交点 l 相对的 A 晶相，析出 B、C 晶相，即 $L+A \rightleftharpoons B+C$，如图 6-102(b) 所示。落在共轭位的，液相在界线上 L 点处进行的是二次转熔过程，与交点 l 相对的两种晶相被回吸，即 $L+A+$

$B \rightleftharpoons C$，如图 6-102(c) 所示。

当然，四元相图中的界线有的也会出现性质发生转变的情况，即一段为共熔性质，一段为转熔性质。

(3) 无变量点性质的判别方法　在四元无变量点上是液相与 4 种晶相平衡共存，假设与液相平衡的 4 种晶相分别为 A、B、C、D，则无变量点上进行的过程有以下四种可能情况：①低共熔过程 $L \rightleftharpoons A+B+C+D$；②一次转熔过程 $L+A \rightleftharpoons B+C+D$；③二次转熔过程 $L+A+B \rightleftharpoons C+D$；④三次转熔过程 $L+A+B+C \rightleftharpoons D$。

判断四元无变量点性质的方法与判断三元无变量点性质的方法类似。首先找出每个四元无变量点所对应的分四面体，然后根据无变量点与对应的四面体的相对位置关系来判断无变量点的性质。若无变量点在自己所对应的四面体内（重心位），为低共熔点；若无变量点在自己所对应的四面体外一个侧面的一侧（交叉位），是一次转熔点；若无变量点在自己所对应的四面体外一条棱的一侧（也称交叉位），为二次转熔点；若无变量点在所对应的四面体外一个顶点的一侧（共轭位），则是三次转熔点。

分四面体的划分方法是把四元无变量点上与液相平衡的 4 种晶相组成点连接起来即可。

四元无变量点一定处于 4 条界线的交点，于是也可以根据相交于无变量点的 4 条界线上的温度下降方向来判断四元无变量点的性质，若 4 条界线上的箭头都指向它，该点便是低共熔点；若 4 条界线中 3 条箭头指向它，一条箭头离开它，该点是一次转熔点；若 4 条界线中 2 条箭头指向它，2 条箭头离开它，该点是二次转熔点；若 4 条界线中 1 条箭头指向它，3 条箭头离开它，则该点是三次转熔点。

图 6-103 示出判断无变量点性质的两种方法。图中无变量点处的液相组成为 L_1，包围无变量点 L_1 的 4 个初晶空间是 A、B、C、D 的初晶空间，因此，与无变量点对应的四面体是四面体 $ABCD$。图 6-103(a) 中 L_1 点在四面体 $ABCD$ 内，L_1 点是四元低共熔点。在该点上进行的过程为 $L_1 \rightleftharpoons A+B+C+D$。图 6-103(b) 中 L_1 点在四面体 $ABCD$ 外，且在 BCD 侧面的一侧，L_1 点是一次转熔点，被回吸的一种晶相是与 L_1 相对的 A 晶相，析出的是 B、C、D 晶相，即 $L_1+A \rightleftharpoons B+C+D$。图 6-103(c) 中 L_1 点在四面体 $ABCD$ 外，一条棱的一侧，L_1 点是二次转熔点，被回吸的两种晶相是与 L_1 相对的 A 和 B 晶相，析出

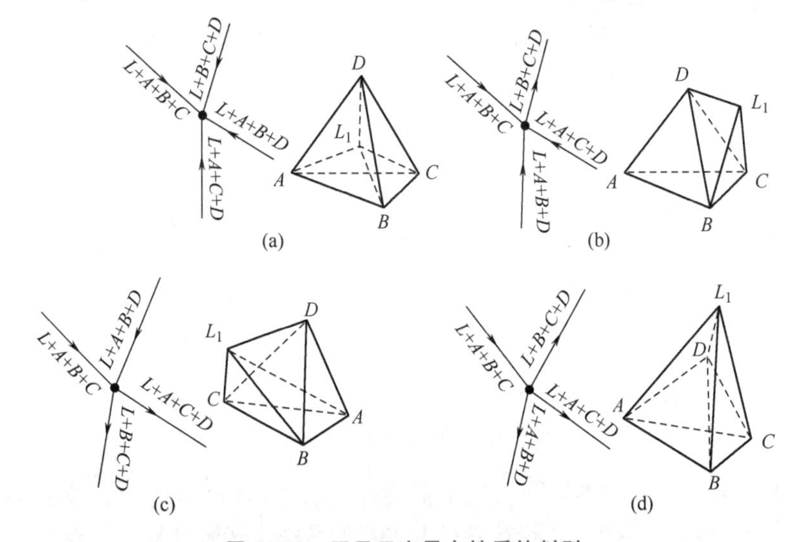

图 6-103　四元无变量点性质的判别

(a) 低共熔点；(b) 一次转熔点；(c) 二次转熔点；(d) 三次转熔点

的是 C、D 晶相，即 $L_1+A+B \rightleftharpoons C+D$。在图 6-103(d) 中 L_1 点位于四面体 $ABCD$ 的顶点 D 的一侧，L_1 点应是三次转熔点，被液相回吸的是与 L_1 相对的 A、B、C 晶相，而析出 D 晶相，即 $L_1+A+B+C \rightleftharpoons D$。图中每个四面体左侧都标出了无变量点周围四条界线上的温度下降方向及界线上平衡共存的相。从每一条箭头离开无变量点的界线上所标示的平衡相可以判断被该无变量点液相回吸的晶相。如图 6-103(b) 中的一次转熔点，箭头离开该无变量点的界线上标示的平衡四相是 L_1、B、C、D，则被回吸的晶相是 A。

根据划分出的分四面体，还可以确定不同组成熔体的结晶结束点和最终结晶产物。原始熔体组成点所在的四面体所对应的无变量点是其结晶的结束点，四面体四个顶点所代表的物质是其结晶产物。这与三元系统中的三角形规则很相似。

6.5.4.2 生成一个一致熔融二元化合物的四元系统相图

在图 6-104 所示的四元系统 A-B-C-D 中，组分 A、B 之间生成一个二元化合物 F。化合物组成点位于其初晶空间内，因而是一个一致熔融二元化合物。相图上有 5 个初晶空间，9 个界面，7 条界线，和 2 个四元无变量点 E_1、E_2。

根据连线规则，可以标出各条界线的温度下降方向。运用界面、界线性质的判别方法可以判定此系统相图上所有界面、界线都是共熔性质的。

E_1 点位于相应的四面体 $BCDF$ 内，因而是一个低共熔点，与无变量点 E_1 平衡的晶相是 B、C、D、F。无变量点 E_2 也位于其相应的四面体 $AFCD$ 内，因而也是一个低共熔点。这样，以△FCD 为界，A-B-C-D 四元系统被划分为 2 个简单分四元系统。凡组成在四面体 $BCDF$ 内的高温熔体必定在 E_1 点结束析晶，析晶产物为 B、C、D、F；凡组成在四面体 $AFCD$ 内的高温熔体则在 E_2 点结束析晶，析晶产物为 A、F、C、D。

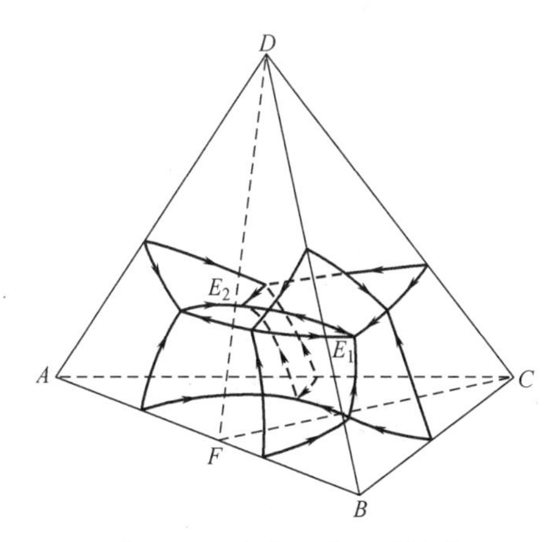

图 6-104 生成一个一致熔融二元化合物的四元系统相图

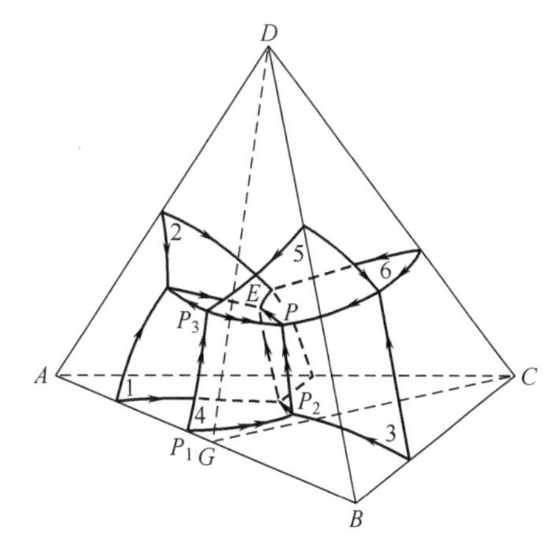

图 6-105 生成一个不一致熔融二元化合物的四元系统相图

6.5.4.3 生成一个不一致熔融二元化合物的四元系统

图 6-105 所示的四元系统中，A、B 组元间生成一个二元化合物 G。化合物组成点不在其初晶空间内，因而是一个不一致熔融二元化合物。相图上也有 5 个初晶区，9 个界面，7 条界线，和 2 个无变量点 E、P。

与 EP 界线上的液相平衡的晶相是 G、C、D。延长 EP 界线与相应的三角形 GCD 平面相交，根据交点位置，可以判定该界线上的温度下降方向应从 P 点指向 E 点。

根据界面性质的判别方法，可以判定界面 $P_1P_2PP_3$ 是转熔界面，冷却时在界面上发生

$L+B \longrightarrow G$ 的转熔过程。其他界面均为共熔界面。

根据界线性质的判别方法，可以判定界线 P_3P 及 P_2P 具有一次转熔性质。冷却时，在 P_3P 界线上发生的一次转熔过程是 $L+B \longrightarrow D+G$，在 P_2P 界线上发生的一次转熔过程则是 $L+B \longrightarrow G+C$。其他界线均为共熔界线。共熔界线的温度下降方向用单箭头表示，转熔界线的温度下降方向用双箭头表示。

根据无变量点性质判别方法，可以判定 E 点是一个低共熔点。冷却时，从 E 点液相中同时析出 A、G、C、D 晶体。P 点是一个一次转熔点，冷却时发生 $L_P+B \longrightarrow G+C+D$ 的一次转熔过程。

由于化合物 G 不是一个一致熔融化合物，$\triangle GCD$ 不能将 A-B-C-D 四元系统划分成 2 个简单分四元系统。但 $\triangle GCD$ 把浓度四面体划分成 2 个分四面体，仍可判断析晶产物和析晶终点。任何组成点位于分四面体 $AGCD$ 内的熔体，其最终析晶产物是 A、G、C、D 四种晶体，析晶终点则是与该分四面体相应的无变量点 E；任何组成点位于分四面体 $BCDG$ 内的熔体，其最终析晶产物是 B、C、D、G 晶体，而析晶终点则是与该分四面体相应的无变量点 P。

6.5.5 专业四元系统相图举例

6.5.5.1 CaO-C_2S-$C_{12}A_7$-C_4AF 系统相图

CaO-C_2S-$C_{12}A_7$-C_4AF 系统相图是 CaO-Al_2O_3-Fe_2O_3-SiO_2 四元系统相图中的一部分，如图 6-106 所示。由于硅酸盐水泥配料主要使用 CaO、SiO_2、Al_2O_3、Fe_2O_3 这 4 种氧化物，而熟料中 4 种主要矿物组成 C_2S、C_3S、C_3A 和 C_4AF 均包含在 CaO-C_2S-$C_{12}A_7$-C_4AF 系统中，因此此系统相图对硅酸盐水泥的生产具有非常重要的意义。

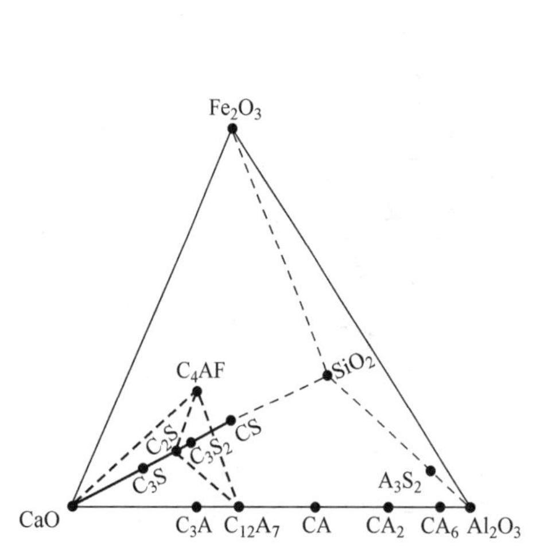

图 6-106 CaO-C_2S-$C_{12}A_7$-C_4AF 系统在 CaO-Al_2O_3-Fe_2O_3-SiO_2 系统中的位置

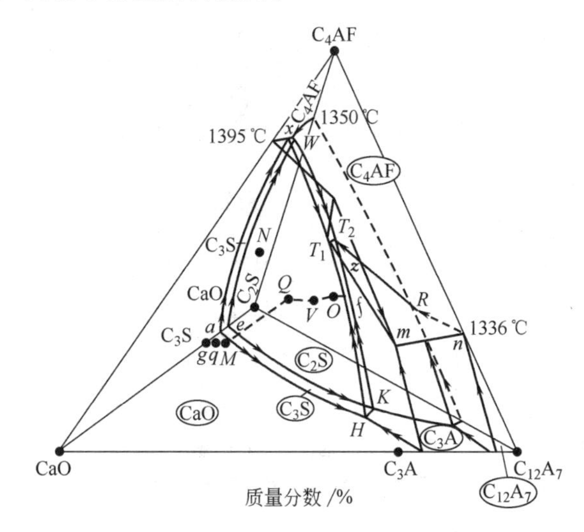

图 6-107 CaO-C_2S-$C_{12}A_7$-C_4AF 系统相图

（1）相图介绍　图 6-107 是 CaO-C_2S-$C_{12}A_7$-C_4AF 系统相图。四面体的 4 个面分别表示 4 个三元系统 CaO-C_2S-$C_{12}A_7$、CaO-C_2S-C_4AF、C_2S-$C_{12}A_7$-C_4AF 和 CaO-$C_{12}A_7$-C_4AF。除 CaO-C_2S-$C_{12}A_7$ 系统已在三元系统专业相图中介绍过外，其余 3 个三元系统相图如图 6-108 所示。

见图 6-108(a)，CaO-C_2S-C_4AF 系统相图中，有一个不一致熔融化合物 C_3S。三角形化

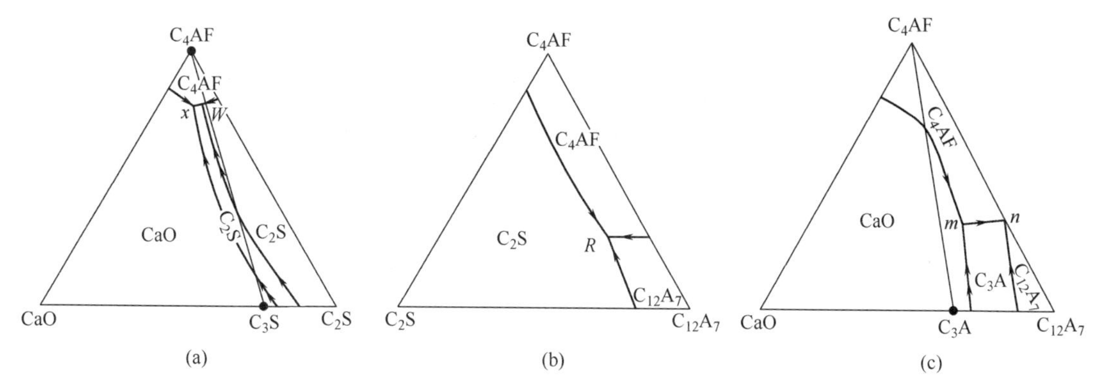

图 6-108 $CaO-C_2S-C_{12}A_7-C_4AF$ 系统相图中三个面所表示的系统

(a) $CaO-C_2S-C_4AF$；(b) $C_2S-C_{12}A_7-C_4AF$；(c) $CaO-C_{12}A_7-C_4AF$

后有 2 个分三角形，$\triangle CaO-C_3S-C_4AF$ 对应的无变量点为 x（1347℃），它是一个低共熔点，相平衡反应为 $L \rightleftharpoons CaO+C_3S+C_4AF$。$\triangle C_3S-C_2S-C_4AF$ 对应的无变量点为 W（1348℃），它是一个双升点，相平衡反应为 $L+C_2S \rightleftharpoons C_3S+C_4AF$。

见图 6-108(b)，$C_2S-C_{12}A_7-C_4AF$ 系统中，三组元形成一个低共熔点（R），温度为 1280℃。

见图 6-108(c)，$CaO-C_{12}A_7-C_4AF$ 系统是 $CaO-Al_2O_3-Fe_2O_3$ 系统的一部分。事实上 C_4AF 与 C_2F 应形成铁酸盐固溶体，为简便起见，我们把 C_4AF 视为独立的化合物。C_4AF 与 $C_{12}A_7$ 形成低共熔混合物，低共熔点为 n(1336℃)，它与 $C_3A-C_{12}A_7-C_4AF$ 相应的三元低共熔点基本上重合。$CaO-C_3A-C_4AF$ 三角形相应的无变量点为 m(1389℃)，它是一个双升点，相平衡反应为 $L+CaO \rightleftharpoons C_3A+C_4AF$。

在 $CaO-C_2S-C_{12}A_7-C_4AF$ 系统中除四面体 4 个顶点的化合物 CaO、C_2S、$C_{12}A_7$、C_4AF 外，还有 2 个不一致熔融化合物 C_3S 和 C_3A，因此四面体内共有 6 个初晶空间。靠近 CaO 的一个大初晶空间是 CaO 的初晶空间；C_2S 的初晶空间在后面与 C_2S 的组成点相连；C_4AF 的初晶空间在四面体上都与 C_4AF 的组成点相连；$C_{12}A_7$ 的初晶空间呈楔形，与 $C_{12}A_7$ 的组成点相连；C_3S 和 C_3A 的初晶空间在四面体内不与角顶相连，其形状如图 6-109 所示。由于 C_3S 和 C_3A 都是不一致熔融化合物，所以它们的组成点都在自己的初晶空间外。初晶空间内一种晶相与液相平衡共存，$F=3$。

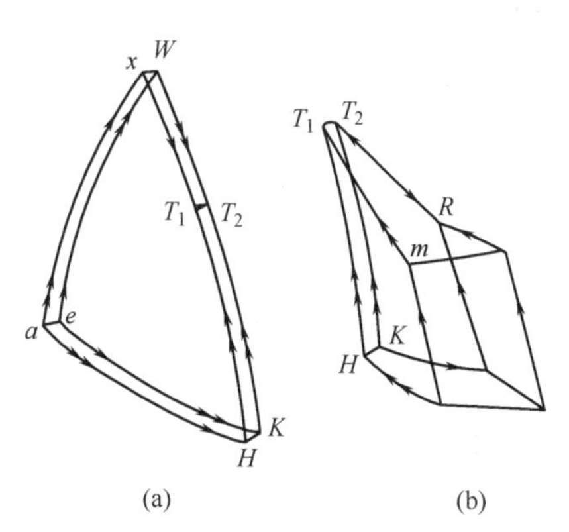

图 6-109 C_3S 的初晶空间和 C_3A 的初晶空间

(a) C_3S 的初晶空间；

(b) C_3A 的初晶空间

每两个相邻的初晶空间之间有界面。此系统内共有 12 个界面。例如，CaO 与 C_3S 两个初晶空间的界面是 xT_1T_2W 曲面，C_3S 与 C_4AF 两个初晶空间的界面是 xT_1T_2W 面，C_3S 与 C_3A 两个初晶空间的界面是 T_1HKT_2 面，而 C_3S 与 C_2S 两个初晶空间的界面则是 $WeKT_2$ 面。界面上液相和两种晶相平衡共存，$F=2$。

3 个初晶空间的交线是界线，此系统中共有 10 条界线。例如 CaO、C_3S 和 C_4AF 3 个初晶空间的界线是 xT_1 线，这是一条共熔性质的界线，其相平衡关系为 $L \rightleftharpoons CaO+C_3S+C_4AF$。与 C_3S 有关的界线除 xT_1 外还有四条，即 WT_2、T_1H、T_2K 和 T_1T_2。各条界线的性质及相平衡关系如下：

WT_2 转熔线 $L+C_2S \rightleftharpoons C_3S+C_4AF$

T_1H 转熔线 $L+CaO \rightleftharpoons C_3S+C_3A$

T_2K 转熔线 $L+C_3S \rightleftharpoons C_2S+C_3A$

T_1T_2 共熔线 $L \rightleftharpoons C_3S+C_3A+C_4AF$

T_2R 是一条共熔界线，z 点是 T_2R 与相应三角形 C_2S-C_3A-C_4AF 平面的交点，即 z 点是该界线上的温度最高点。在界线上液相与三种晶相平衡共存，$F=1$。

4 个初晶空间（或 4 条界线）相交于四元无变量点。此系统共有 3 个四元无变量点 T_1、T_2 及 R。T_1 是 CaO、C_3S、C_4AF 及 C_3A 四个初晶空间的汇交点，它位于相应的分四面体 CaO-C_3S-C_4AF-C_3A 的一个面（$\triangle C_3S$-C_3A-C_4AF）的外侧，是一个一次转熔点。冷却时 T_1 点液相回吸 CaO，生成 C_3S、C_3A 和 C_4AF，$L_{T_1}+CaO \rightleftharpoons C_3S+C_3A+C_4AF$；$T_2$ 是一个低共熔点，因为它位于相应分四面体 C_3S-C_2S-C_3A-C_4AF 的内部，冷却时从 T_2 点液相中同时析出 C_3S、C_2S、C_3A 和 C_4AF 晶体。任何配料组成点处于 C_3S-C_2S-C_3A-C_4AF 分四面体中的高温熔体，均在 T_2 点结束析晶。R 点也是一个低共熔点，与 R 点液相平衡的晶相是 C_2S、C_4AF、C_3A 及 $C_{12}A_7$。需要注意的是，R 点与 C_2S、C_4AF、$C_{12}A_7$ 的三元低共熔点非常接近，二者几乎重合。与这 3 个四元无变量点相应，整个 CaO-C_2S-C_4AF-$C_{12}A_7$ 四元系统可以划分为 3 个分四元系统。

图 6-107 中三元无变量点 H、K、x、W 及四元无变量点 T_1、T_2、R 的温度、组成和性质列于表 6-17。

表 6-17 CaO-C_2S-$C_{12}A_7$-C_4AF 系统中的三元及四元无变量点

无变量点	平衡温度/℃	相平衡关系	平衡性质	化学组成/%			
				CaO	Al_2O_3	SiO_2	Fe_2O_3
K	1455	$L+C_3S \rightleftharpoons C_3A+C_2S$	单转熔点	58.3	33.0	8.7	
H	1470	$L+CaO \rightleftharpoons C_3S+C_3A$	单转熔点	59.7	32.8	7.5	
x	1347	$L \rightleftharpoons C_3S+CaO+C_4AF$	低共熔点	52.8	16.2	5.6	25.4
W	1348	$L+C_2S \rightleftharpoons C_3S+C_4AF$	单转熔点	52.4	16.3	5.8	25.2
R	1280	$L \rightleftharpoons C_4AF+C_2S+C_{12}A_7+C_3A$	低共熔点	50.0	34.5	5.5	10.0
T_1	1341	$L+CaO \rightleftharpoons C_3S+C_3A+C_4AF$	一次转熔点	55.0	22.7	5.8	16.5
T_2	1338	$L \rightleftharpoons C_3S+C_2S+C_3A+C_4AF$	低共熔点	54.8	22.7	6.0	16.5

（2）析晶过程　硅酸盐水泥熟料的主要矿物组成是 C_3S、C_2S、C_3A 和 C_4AF，因而配料组成应在分四面体 C_3S-C_2S-C_3A-C_4AF 内，熔体冷却的析晶终点是 T_2 点（1338℃）。T_2 点的组成以氧化物计为 CaO 54.8%、Al_2O_3 22.7%、Fe_2O_3 16.5%、SiO_2 6%；以矿物组成计为 C_3S 1.6%、C_2S 16%、C_3A 32.3%、C_4AF 50.1%，T_2 点的铝氧率 $P=Al_2O_3/Fe_2O_3=1.38$。硅酸盐水泥熟料的铝氧率一般控制在 0.9～1.7 之间，配料有低铁配料和高铁配料之分，当铝氧率 $P>1.38$ 时称为低铁配料，$P<1.38$ 时称为高铁配料。下面分别讨论这两种配料的析晶过程。

① 铝氧率 $P>1.38$ 的配料　由于配料中铁含量低，配料点在 C_3S-C_2S-T_2 平面以下，接近 CaO-C_2S-$C_{12}A_7$ 底面，如图 6-107 中的 M 点。M 点位于分四面体 C_3S-C_2S-C_3A-C_4AF 中，并且位于 CaO 的初晶空间内，冷却时首先从液相中析出 CaO 晶体，然后液相组成沿 CaO-M 线向背离 CaO 的方向变化。当液相到达 CaO-C_3S 界面上的 Q 点后，沿 CaO-C_3S 线

与 M 决定的平面和界面的交线 QV 移动（图 6-107 和图 6-109），在界面上液相进行的是转熔过程 $L+CaO \rightleftharpoons C_3S$，相应的固相组成点离开 CaO 的组成点，沿 CaO-C_3S 连线向 C_3S 点移动。当液相在界面上到达 V 点时，固相组成到达 C_3S 点，说明 CaO 已被回吸完了，系统中只剩下液相和 C_3S 两相，这时液相离开三相平衡共存的界面进入 C_3S 的初晶空间，出现了四元系统中的穿相区现象。液相穿过 C_3S 的初晶空间后与 C_3S-C_2S 界面相交于 O 点，然后沿 C_3S-C_2S 线与 M 点决定的平面和界面的交线 Of 变化，这时从液相中同时析出 C_3S 和 C_2S 两种晶相，即 $L \rightleftharpoons C_3S+C_2S$，相应的固相组成离开 C_3S 的组成点，沿 C_3S-C_2S 连线向 C_2S 点移动。根据杠杆规则可知，当液相到达 f 点时，固相在 C_3S-C_2S 边上到达 g 点。液相到达界线 T_2K 后，沿界线变化，在界线上进行 $L+C_3S \rightleftharpoons C_2S+C_3A$ 的转熔过程，相应的固相离开 C_3S-C_2S 边进入△C_3S-C_2S-C_3A 内。当液相到达 T_2 点时，固相组成在△C_3S-C_2S-C_3A 内到达 q 点。在 T_2 点液相进行四元低共熔过程 $L \rightleftharpoons C_3S+C_2S+C_3A+C_4AF$，固相组成点则进入四面体内向 M 点变化。当固相组成点到达 M 点时，液相在 T_2 点消失，析晶过程结束，最终产物为 C_3S、C_2S、C_3A 和 C_4AF 四种晶相。上述析晶过程可用下式表示：

$$\text{液相：}\quad M\xrightarrow[F=3]{L\longrightarrow CaO}Q\xrightarrow[F=2]{L+CaO\longrightarrow C_3S}V\xrightarrow[F=3]{L\longrightarrow C_3S}O\xrightarrow[F=2]{L\longrightarrow C_3S+C_2S}f\xrightarrow[F=1]{L+C_3S\longrightarrow C_2S+C_3A}$$

$$T_2\begin{pmatrix}L\longrightarrow C_3S+C_2S+C_3A+C_4AF\\ F=0,\ L\ \text{消失}\end{pmatrix}$$

$$\text{固相：}\quad CaO\xrightarrow{CaO}CaO\xrightarrow{C_3S+CaO}C_3S\xrightarrow{C_3S}C_3S\xrightarrow{C_3S+C_2S}g\xrightarrow{C_3S+C_2S+C_3A}$$

$$q\xrightarrow{C_3S+C_2S+C_3A+C_4AF}M$$

② 铝氧率 $P<1.38$ 的配料　由于配料中铁含量较高，配料点位于 C_3S-C_2S-T_2 平面上方，如图 6-107 中的 N 点。N 点同样位于 CaO 的初晶空间，开始时的析晶路程与 M 点相似。当在 CaO-C_2S 界面上 CaO 被回吸完，液相穿过 C_2S 的初晶空间与 C_3S-C_2S 界面相交后，由于液相组成点位于界面上部，因此继续冷却时，液相沿界面移动到达界线 WT_2。在 WT_2 界线上，液相回吸 C_2S，析出 C_3S 和 C_4AF，即 $L+C_2S \rightleftharpoons C_3S+C_4AF$。然后液相沿 WT_2 线到达 T_2 点，在 T_2 点上结晶结束，产物仍是 C_3S、C_2S、C_3A 和 C_4AF 四种晶相。

（3）相图在水泥生产中的应用

① 硅酸盐水泥配料范围的选择　根据 CaO-C_2S-$C_{12}A_7$-C_4AF 四元系统相图可以更切合实际地选择硅酸盐水泥的配料范围。该四元系统可以分为 3 个分四面体，很明显若配料点选在分四面体 CaO-C_3S-C_3A-C_4AF 内，最后的产物中将有游离的 CaO，这是硅酸盐水泥中不希望有的；若配料点选在分四面体 C_3A-C_2S-$C_{12}A_7$-C_4AF 内，便会缺少硅酸盐水泥中的重要矿物组成 C_2S；所以配料点必须选在分四面体 C_3S-C_2S-C_3A-C_4AF 内。而熟料中 4 种矿物含量的比例要依据配料点在四面体中的位置而定，为了在熟料中获得较多的 C_3S 和 C_2S，大部分水泥熟料的配料点都选在靠近 C_3S-C_2S 连线且稍离开底面副三角形△C_3S-C_2S-C_3A 的小空间范围内。

烧成过程中液相形成的温度和液相量对水泥的质量影响很大。通过前面的学习已经知道，如果采用 CaO、SiO_2 两组元配料，出现液相的温度是 2050℃；如果是 CaO、Al_2O_3、SiO_2 三组元配料，出现液相的温度是 1455℃；在四元系统中由于配料组成在分四面体 C_3S-C_2S-C_3A-C_4AF 内，平衡加热时，出现液相的温度是 1338℃（T_2 点的温度）。在此温度下，C_3S、C_2S、C_3A、C_4AF 四种晶相共熔形成组成为 T_2 的液相，当四种晶相中的某一种完全熔融时，液相组成将离开 T_2 点，这时的液相量是系统在 1338℃时的最大液相量。从理论上说，这个液相量可以通过杠杆规则求出，但实际上求 T_2 点的液相量一般使用下列计算公式：

当 $P>1.38$ 时 $$L\%=6.1Y \tag{6-14}$$

当 $P<1.38$ 时 $$L\%=8.2X-5.22Y \tag{6-15}$$

式中 X——配料中 Al_2O_3 的百分含量；

Y——配料中 Fe_2O_3 的百分含量。

如同在 $CaO\text{-}Al_2O_3\text{-}SiO_2$ 三元系统中曾讨论过的，实际生产的加热过程一般是非平衡的。由于 C_3S 生成困难，在加热过程中通过固相反应首先生成的是 $C_{12}A_7$、C_3A、C_4AF 和 C_2S。因此，系统开始出现液相的温度不是平衡加热的 T_2 点温度，而是与上述4种矿物平衡的低共熔点 K 的温度1280℃。实际上，由于配料中还有其他微量氧化物组元，出现液相的温度比1280℃更低。液相在较低的温度下形成，将促进 C_3S 的生成。

② 冷却　由熔体 M 和 N 的冷却析晶过程可以看出，由于 M 和 N 的铝氧率不同，两个熔体在冷却结晶过程中液相组成点的变化路线是不同的，最后得到的产物晶种虽相同，但数量不同。在实际生产中，为了保证熟料质量，对不同铝氧率的配料应当选择不同的冷却制度。例如铝氧率 P 大于1.38的配料，其熔体冷却经过 KT_2 界线时液相要回吸 C_3S，析出 C_2S 和 C_3A。因此，当熟料在烧成带内缓慢降温，使冷却过程接近平衡状态时，将有部分 C_3S 被回吸，这对水泥质量是不利的。所以对 P 大于1.38的配料，在烧成带的冷却过程中应采取急冷的办法。铝氧率 P 小于1.38的配料，其熔体冷却析晶过程要经过 WT_2 界线，在该界线上液相回吸 C_2S，析出 C_3S 和 C_4AF，因此，熟料冷却速度越慢，越接近平衡态，C_2S 被回吸得越充分。熟料中 C_3S 的含量便会增加，这对水泥的质量有利。所以对 P 小于1.38的配料，在烧成带的冷却中，降温速度应适当减慢。

（4）石灰极限面　石灰极限面是用来限制四元系统中硅酸盐水泥配料中的石灰含量的。理论上的石灰极限面是 $C_3S\text{-}C_3A\text{-}C_4AF$ 平面。因为只要过程能平衡进行，在四面体 $C_3S\text{-}C_2S\text{-}C_3A\text{-}C_4AF$ 内的配料最后是不会有游离石灰生成的。但实际生产过程并非平衡过程，冷却时常常发生独立析晶。如果配料组成点在四面体 $C_3S\text{-}C_2S\text{-}C_3A\text{-}C_4AF$ 内，但在 $\triangle C_3S\text{-}H\text{-}C_4AF$ 平面的外侧 CaO 初晶空间中，液相组成点在界面或界线上可能发生的回吸反应是 $L+CaO \rightleftharpoons C_3S$ 或 $L+CaO \rightleftharpoons C_3S+C_3A$，假如这时发生独立析晶，CaO 便不能充分溶于液相而残留在熟料中成为游离 CaO。所以为了避免熟料中的游离 CaO，实际的石灰极限面应选在 $\triangle C_3S\text{-}H\text{-}C_4AF$ 平面上。其方程为：

$$CaO_{max}=2.80SiO_2+1.18Al_2O_3+0.65Fe_2O_3 \tag{6-16}$$

所以配料中并不是 CaO 越多越好，应综合考虑各方面的因素。

6.5.5.2 $CaO\text{-}MgO\text{-}Al_2O_3\text{-}SiO_2$ 系统相图

图6-110示出在 $CaO\text{-}MgO\text{-}Al_2O_3\text{-}SiO_2$ 系统内相的情况。图中以“十”字表示出一系列固溶体的形成区间。在四元系统的内部形成镁黄长石（即镁方柱石）C_2MS_2 及铝黄长石（即铝方柱石）C_2AS 的连续固溶体，即黄长石。这类固溶体经常是高炉矿渣、化铁炉渣和冶金矿渣的组成部分。图中还示出了两个新化合物，组成近似等于 $C_{25}A_{17}M_6$ 和 C_7A_5M。

$CaO\text{-}MgO\text{-}Al_2O_3\text{-}SiO_2$ 系统不仅对于岩石学，而且对于硅酸盐工艺（耐火材料、水泥、矿渣）也有重大意义，因而这个四元系统已经被广泛地研究过。这个系统的高硅氧部分对于岩石学是重要的，而高铝氧部分对于耐火材料，包括用高铝水泥制造的耐火混凝土来说是重要的。至于高 CaO 部分对于硅酸盐水泥生产和高炉矿渣则是重要的。

曾有人报告这个系统有一个四元化合物 C_6A_4MS，认为它与斜方 C_5A_3 是类质同晶的。

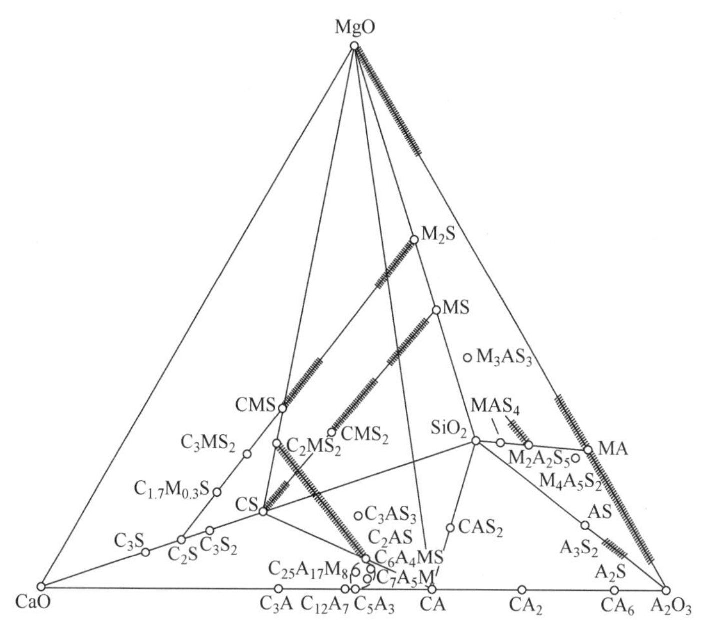

图 6-110　CaO-MgO-Al_2O_3-SiO_2 系统相图

后来的工作指出，这个相或许应该被认为是 C_7A_5M 和 C_2AS 的固溶体。还有的工作提出这个物质是一个确定的化合物，虽然组成很可能不是 C_6A_4MS。对于四元系统的这个部分还需要做进一步的工作。

对于此系统中相关系的变化，研究得最多的是，将第 4 个组元含量固定时的假三元截面的情况。图 6-111 表示 MgO 含量为 5%时的截面，图中包括了 C_6A_4MS 的初晶区。与 CaO-Al_2O_3-SiO_2 系统相图相比较，可以看出 C_3S、C_2S 和 C_3A 初晶区所占有的范围与没有 MgO 的情况相比变化不大。经研究确定了液相和 C_3S、C_2S、C_3A、MgO 平衡共存的无变量点。温度为 1380℃，液相中含 5.5%的 MgO（SiO_2 7.5%、Al_2O_3 34.0%、CaO 53.0%）。这个结果对水泥生产是有意义的，因为它规定了在原料中可以允许的 MgO 含量的近似上限值。假如液相中 MgO 过饱和，则将以较大的方镁石晶体结晶析出。为了避免液相中的 MgO 达到饱和，若在熟料烧成温度时出现的液相量以 30%计算，则熟料中的 MgO 含量必须不超过 1.5%～2.0%。如果将含少于 1.5%～2.0%MgO 的熟料急冷，MgO 将被保存在玻璃相中，或者多半是以水化速度相对较快的小晶体结晶析出。

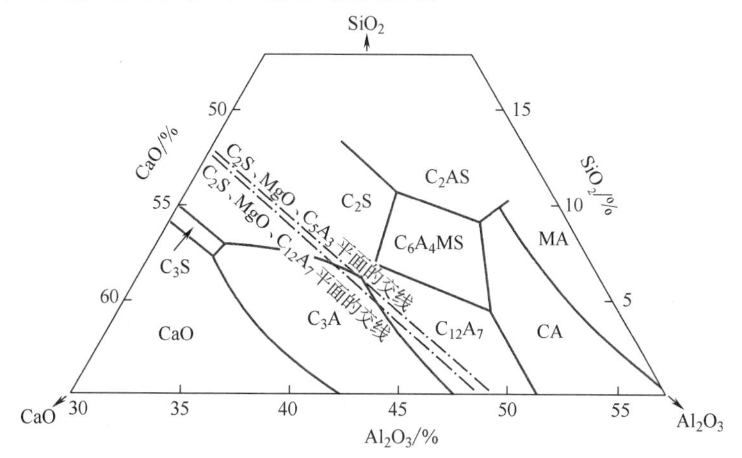

图 6-111　CaO-MgO-Al_2O_3-SiO_2 系统中 MgO 含量为 5%的截面

本章小结

相平衡主要是研究多相系统的状态如何随温度、压力、组分的浓度等变量的变化而改变的规律。相图是处于平衡状态下系统的组分、物相和外界条件相互关系的几何描述。通过相图可以了解某一组成的系统，在指定条件下达到平衡时，系统中存在的相的数目、各相的形态、组成及其相对含量。对于一个无机材料工作者或学习者，掌握相平衡的基本原理，能够熟练地判断相图，是一项必须具备的基本功。它可以帮助我们正确选择配料方案及工艺制度，合理分析生产过程中质量问题产生的原因，以及帮助我们进行新材料的研制。

相平衡研究的优势是不需要把体系中的化学物质或相加以分离来分别单独研究，而是综合考察系统中组分间及相间所发生的各种物理的、化学的或是物理化学的变化，这就更接近自然界或人类生产活动中所遇到的真实情况，因而具有极大的普遍意义和实用价值。

分析单元系统相图时，应该搞清楚不同晶型之间的平衡关系及转变规律，并会运用相图分析、指导实际生产过程出现的各种问题。二元以上的相图为多元相图，多元系统相图之间的几何要素有着必然的内在联系。例如，由二元相图过渡到三元相图时，二元系统的液相线变成三元系统的液相面，二元系统的固相线变成三元系统的固相面，相应的二元系统的液相区、液-固相平衡共存区、固相区等变成三元系统的液相空间、液-固相平衡共存空间及固相空间。三元系统相图知识是多元系统相图理论的基础，因为三元以上的多元相图有许多可以等价为三元系统相图来分析。分析实际三元系统相图时涉及以下主要问题：判断化合物的性质、划分副三角形、判断界线温度变化方向及界线性质、确定三元无变量点的性质、分析冷却析晶过程或加热熔融过程以及冷却加热过程相组成的计算。

相平衡虽然描述的是热力学平衡条件下的变化规律，但对非平衡状态下的实际生产过程有着非常重要的参考价值和指导意义。

7 固体中的扩散

扩散是物质内质点运动的基本方式，当温度高于绝对零度时，任何物系内的质点都在作热运动。当物质内有梯度（化学位、浓度、应力梯度等）存在时，由于热运动而导致质点定向迁移，即所谓的扩散。因此，扩散是一种传质过程，宏观上表现为物质的定向迁移。在气体和液体中，物质的传递方式除扩散外，还可以通过对流等方式进行；在固体中，扩散往往是物质传递的唯一方式。扩散的本质是质点的无规则运动。晶体中缺陷的产生与复合就是一种宏观上无质点定向迁移的无序扩散。晶体结构的主要特征是其原子或离子的规则排列，然而实际晶体中原子或离子的排列总是或多或少地偏离了严格的周期性。在热起伏的过程中，晶体的某些原子或离子由于振动剧烈而脱离格点进入晶格中的间隙位置或晶体表面，同时在晶体内部留下空位。显然，这些处于间隙位置上的原子或原格点上留下来的空位并不会永久固定下来，它们将可以从热涨落的过程中重新获取能量，在晶体结构中不断地改变位置而出现由一处向另一处的无规则迁移运动。在日常生活和生产过程中遇到的大气污染、液体渗漏、氧气罐泄漏等现象，则是有梯度存在情况下，气体在气体介质、液体在固体介质中以及气体在固体介质中的定向迁移即扩散过程。由此可见，扩散现象是普遍存在的。

晶体中原子或离子的扩散是固态传质和反应的基础。无机材料制备和使用中很多重要的物理化学过程，如半导体的掺杂、固溶体的形成、金属材料的涂搪或与陶瓷和玻璃材料的封接、耐火材料的侵蚀等，都与扩散密切相关，受到扩散过程的控制。通过扩散的研究可以对这些过程进行定量或半定量的计算以及理论分析。无机材料的高温动力学过程——相变、固相反应、烧结等进行的速度与进程亦取决于扩散进行的快慢。并且，无机材料的很多性质，如导电性、导热性等，亦直接取决于微观带电粒子或载流子在外场——电场或温度场作用下的迁移行为。因此，研究扩散现象及扩散动力学规律，不仅可以从理论上了解和分析固体的结构、原子的结合状态以及固态相变的机理，而且可以对无机材料制备、加工及应用中的许多动力学过程进行有效控制，具有重要的理论及实际意义。

本章主要介绍固态扩散的宏观规律及其动力学、扩散的微观机构及扩散系数，通过宏观-微观-宏观的渐进循环，认识扩散现象及本质，总结出影响扩散的微观和宏观因素，最终达到对基本动力学过程——扩散的控制与有效利用。

7.1 扩散动力学方程——菲克定律

7.1.1 晶体中扩散的特点

物质在流体（气体或液体）中的传递过程是一个早为人们所认识的自然现象。对于流体，由于质点间相互作用比较弱，且无一定的结构，故质点的迁移可如图 7-1 中所描述的那样，完全随机地朝三维空间的任意方向发生。其每一步迁移的自由行程（与其他质点发生碰撞之前所行走的路程）也随机地决定于在该方向上最邻近质点的距离。质点密度越低（如在气体中），质点迁移的自由程也就越大。因此在流体中发生的扩散传质往往总是具有很大的速率和完全的各向同性。当然，流体的流动变形能力赋予了流体中的另一传质方式——对流传质。

与流体中的情况不同，质点在固体介质中的扩散则远不如在流体中那样显著。固体中的扩散有其自身的特点：①构成固体的所有质点均束缚在三维周期性势阱中，质点与质点间的相互作用强，故质点的每一步迁移必须从热涨落中获取足够的能量以克服势阱的能量，因此固体中明显的质点扩散常开始于较高的温度，但实际上又往往低于固体的熔点；②晶体中原子或离子依一定方式所堆积成的结构将以一定的对称性和周期性限制着质点每一步迁移的方向和自由行程。例如图 7-2 中所示，处于平面点阵内间隙位的原子，只存在四个等同的迁移方向，每一迁移的发生均需获取高于能垒 ΔG^* 的能量，迁移自由程则相当于晶格常数大小。所以晶体中的质点扩散往往具有各向异性，其扩散速度也远低于流体中的情况。

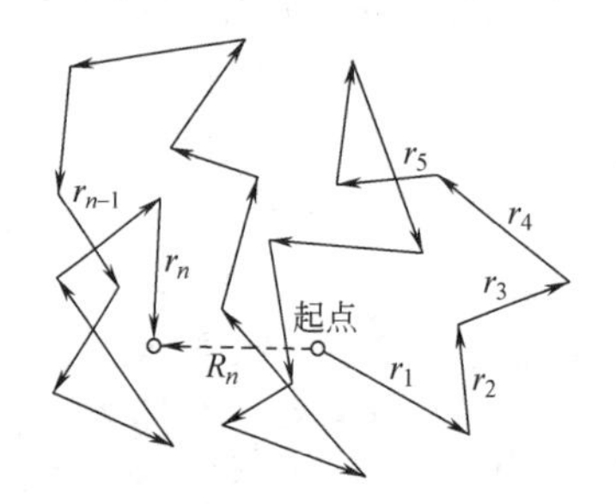

图 7-1 扩散粒子的随机行走轨迹与净位移示意图

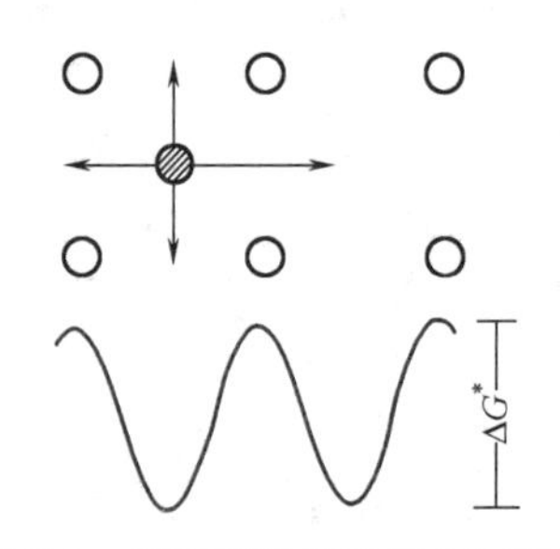

图 7-2 间隙原子扩散势场示意图

7.1.2 菲克第一定律

7.1.2.1 宏观表达式

1858 年，菲克（Fick）参照了傅里叶（Fourier）于 1822 年建立的导热方程，获得了描述物质从高浓度区向低浓度区迁移的定量公式。

设有一单相固溶体，横截面积为 A，浓度 C 不均匀，如图 7-3 所示，在 Δt 时间内，沿 x 方向通过 x 处截面所迁移的物质的量 Δm 与 x 处的浓度梯度成正比：

$$\Delta m \propto \frac{\Delta C}{\Delta x} A \Delta t$$

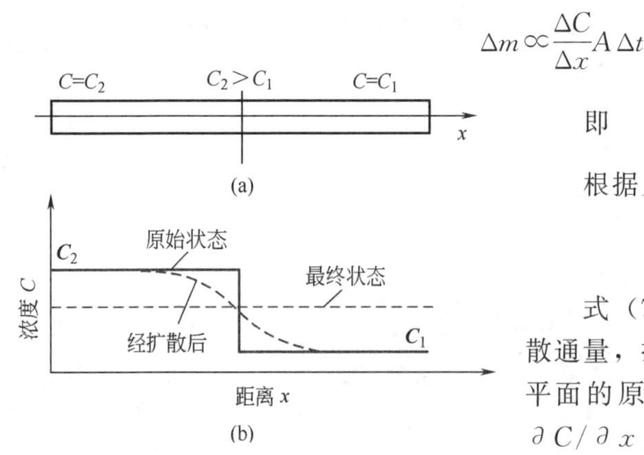

图 7-3 扩散过程中溶质原子的分布

即

$$\frac{\mathrm{d}m}{A\,\mathrm{d}t} = -D\left(\frac{\partial C}{\partial x}\right)$$

根据上式引入扩散通量概念，则有：

$$J = -D\,\frac{\partial C}{\partial x} \tag{7-1}$$

式（7-1）即菲克第一定律。式中，J 称为扩散通量，指单位时间内通过垂直于 x 轴的单位平面的原子数量，常用单位是 $\mathrm{mol/(cm^2 \cdot s)}$；$\partial C/\partial x$ 是同一时刻沿 x 轴的浓度梯度；D 是比例系数，称为扩散系数，它表示单位浓度梯度下的通量，单位为 cm^2/s 或 m^2/s；负号表示扩散方向与浓度梯度方向相反，见图 7-4。

7.1.2.2 微观表达式

一维扩散的微观模型如图 7-5 所示，设任选的参考平面 1、平面 2 上扩散原子面密度分别为 n_1 和 n_2，若 $n_1=n_2$，则无净扩散流。由于晶体中的质点始终处于不停的振动状态，当振幅大到一定程度时，就会从一个相对平衡位置跃迁到另一个相对平衡位置。假定原子在平衡位置的振动周期为 τ，则一个原子单位时间内离开相对平衡位置跃迁次数的平均值，即跃迁频率 Γ 为：

$$\Gamma=\frac{1}{\tau} \tag{7-2}$$

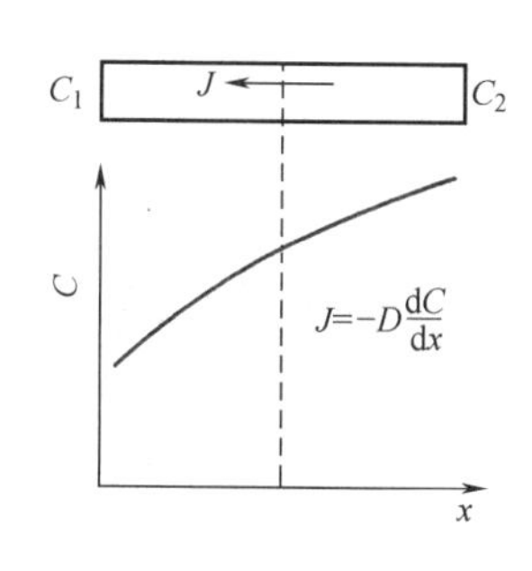

图 7-4 溶质原子流动的方向与浓度降低的方向相一致

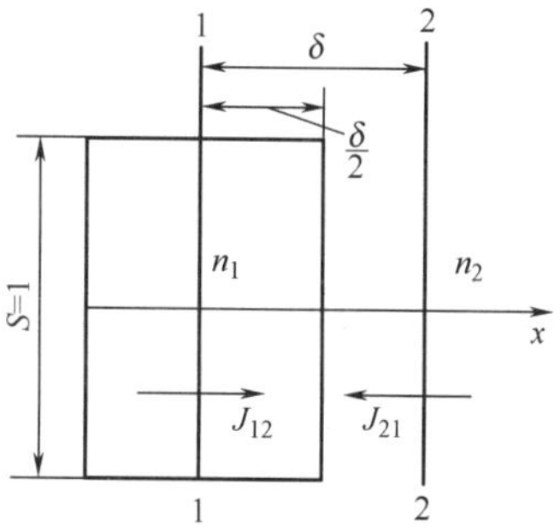

图 7-5 一维扩散的微观模型

根据统计规律，质点向各个方向跃迁的概率是相等的，那么，在三维直角坐标系中，向任一坐标轴方向跃迁的概率为 $\frac{1}{3}\Gamma$。由于每个坐标轴有正、负两个方向，所以向给定坐标轴正向跃迁的概率是 $\frac{1}{6}\Gamma$。设由平面 1 向平面 2 的跳动原子通量为 J_{12}，由平面 2 向平面 1 的跳动原子通量为 J_{21}：

$$J_{12}=\frac{1}{6}n_1\Gamma \tag{7-3}$$

$$J_{21}=\frac{1}{6}n_2\Gamma \tag{7-4}$$

注意到正、反两个方向，则通过平面 1 沿 x 方向的扩散通量为：

$$J_1=J_{12}-J_{21}=\frac{1}{6}\Gamma(n_1-n_2) \tag{7-5}$$

而浓度可表示为：

$$C=\frac{1\times n}{1\times\delta}=\frac{n}{\delta} \tag{7-6}$$

式（7-6）中的 1 表示取代单位面积计算，δ 表示沿扩散方向的跳动距离（图 7-5），则由式（7-5）、式（7-6）得：

$$J_1=\frac{1}{6}\Gamma(C_1-C_2)\delta=-\frac{1}{6}\Gamma(C_2-C_1)\delta=-\frac{1}{6}\Gamma\delta^2\frac{dC}{dx}=-D\frac{dC}{dx} \tag{7-7}$$

式（7-7）即菲克第一定律的微观表达式，其中：

$$D=\frac{1}{6}\Gamma\delta^2 \tag{7-8}$$

式（7-8）反映了扩散系数与晶体结构微观参量之间的关系，是扩散系数的微观表达式。在三维情况下，对于各向同性材料（D 相同），则：

$$\boldsymbol{J}=\boldsymbol{J}_x+\boldsymbol{J}_y+\boldsymbol{J}_z=-D\left(\boldsymbol{i}\ \frac{\partial C}{\partial x}+\boldsymbol{j}\ \frac{\partial C}{\partial y}+\boldsymbol{k}\ \frac{\partial C}{\partial z}\right)=-D\,\nabla C \tag{7-9}$$

式中，$\nabla=\boldsymbol{i}\ \frac{\partial}{\partial x}+\boldsymbol{j}\ \frac{\partial}{\partial y}+\boldsymbol{k}\ \frac{\partial}{\partial z}$，为梯度算符。

对于各向异性材料，扩散系数 D 为二阶张量，这时：

$$\begin{pmatrix}J_x\\J_y\\J_z\end{pmatrix}=\begin{pmatrix}D_{11}D_{12}D_{13}\\D_{21}D_{22}D_{23}\\D_{31}D_{32}D_{33}\end{pmatrix}\begin{pmatrix}-\frac{\partial C}{\partial x}\\-\frac{\partial C}{\partial y}\\-\frac{\partial C}{\partial z}\end{pmatrix} \tag{7-10}$$

对于菲克第一定律，有以下三点值得注意：①式（7-1）是唯象的关系式，并不涉及扩散系统内部原子运动的微观过程；②扩散系数反映了扩散系统的特性，并不仅仅取决于某一种组元的特性；③式（7-1）不仅适用于扩散系统的任何位置，而且适用于扩散过程的任一时刻。其中，J、D、$\partial C/\partial x$ 可以是常量，也可以是变量，即式（7-1）既可适用于稳定扩散，也可适用于非稳定扩散。稳定扩散的特征是空间任意一点的浓度不随时间变化，扩散通量不随位置变化，即$\partial C/\partial t=0$，$\partial J/\partial x=0$。非稳定扩散的特征是空间任意一点的浓度随时间变化，扩散通量随位置变化，即$\partial C/\partial t\neq 0$，$\partial J/\partial x\neq 0$。在特殊的情况下，当$\partial C/\partial x=0$时，$J=0$，这表明在均匀体系中，尽管原子迁移的微观过程仍在进行，但通过指定截面的正、反向通量相等，所以没有原子的净通量。

7.1.3 菲克第二定律

当扩散处于非稳定，即各点的浓度随时间而改变时，利用式（7-1）不容易求出 $C(x,t)$。但通常的扩散过程大都是非稳定扩散，为便于求出 $C(x,t)$，菲克从物质的平衡关系着手，建立了第二个微分方程式。

7.1.3.1 一维扩散

如图 7-6 所示，在扩散方向上取体积元 $A\Delta x$，J_x 和 $J_{x+\Delta x}$ 分别表示流入体积元及流出体积元的扩散通量，则在 Δt 时间内，体积元中扩散物质的积累量为：

$$\Delta m=(J_xA-J_{x+\Delta x}A)\Delta t$$

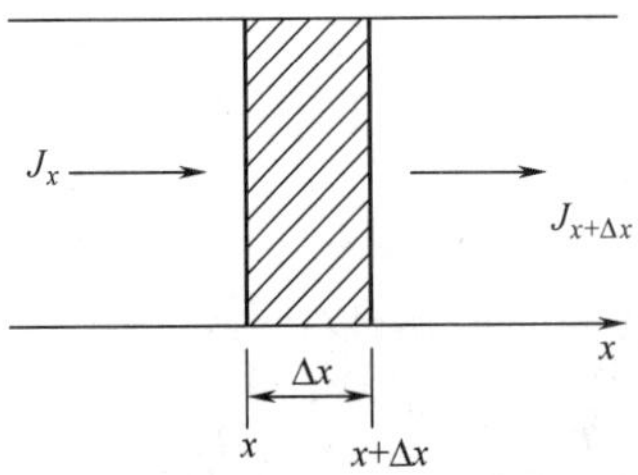

则有
$$\frac{\Delta m}{\Delta xA\Delta t}=\frac{J_x-J_{x+\Delta x}}{\Delta x}$$

当 Δx、Δt>0 时，有
$$\frac{\partial C}{\partial t}=-\frac{\partial J}{\partial x}$$

将式（7-1）代入上式得
$$\frac{\partial C}{\partial t}=\frac{\partial}{\partial x}\left(D\ \frac{\partial C}{\partial x}\right) \tag{7-11}$$

如果扩散系数 D 与浓度无关，则式（7-11）可写成：

$$\frac{\partial C}{\partial t}=D\ \frac{\partial^2 C}{\partial x^2} \tag{7-12}$$

图 7-6 扩散流通过微小体积的情况

一般称式（7-11）、式（7-12）为菲克第二定律。

7.1.3.2 三维扩散

对于三维的空间扩散，针对具体问题可选择方便的坐标系，根据采用的坐标系不同，菲克第二定律有下述几种不同的形式。

（1）直角坐标系 可写成：

$$\frac{\partial C}{\partial t}=\frac{\partial}{\partial x}\left(D\frac{\partial C}{\partial x}\right)+\frac{\partial}{\partial y}\left(D\frac{\partial C}{\partial y}\right)+\frac{\partial}{\partial z}\left(D\frac{\partial C}{\partial z}\right) \tag{7-13}$$

当扩散系数与浓度无关，即与空间位置无关时：

$$\frac{\partial C}{\partial t}=D\left(\frac{\partial^2 C}{\partial x^2}+\frac{\partial^2 C}{\partial y^2}+\frac{\partial^2 C}{\partial z^2}\right) \tag{7-14}$$

或简记为：

$$\frac{\partial C}{\partial t}=D\,\nabla^2 C \tag{7-15}$$

式中，∇^2 为 Laplace 算符，$\nabla^2=\frac{\partial^2}{\partial x^2}+\frac{\partial^2}{\partial y^2}+\frac{\partial^2}{\partial z^2}$。

（2）柱坐标系 通过坐标变换 $\begin{cases}x=r\cos\theta\\ y=r\sin\theta\end{cases}$，体积元各边为 $\mathrm{d}r$、$r\mathrm{d}\theta$、$\mathrm{d}z$，则有：

$$\frac{\partial C}{\partial t}=\frac{1}{r}\left[\frac{\partial}{\partial r}\left(rD\frac{\partial C}{\partial r}\right)+\frac{\partial}{\partial \theta}\left(\frac{D}{r}\times\frac{\partial C}{\partial \theta}\right)+\frac{\partial}{\partial z}\left(rD\frac{\partial C}{\partial z}\right)\right] \tag{7-16}$$

对于柱对称扩散，且 D 与浓度无关时有：

$$\frac{\partial C}{\partial t}=\frac{D}{r}\left[\frac{\partial}{\partial r}\left(r\frac{\partial C}{\partial r}\right)\right] \tag{7-17}$$

（3）球坐标系 通过坐标变换 $\begin{cases}x=r\sin\theta\cos\varphi\\ y=r\sin\theta\sin\varphi\\ z=r\cos\theta\end{cases}$，体积元各边为 $\mathrm{d}r$、$r\mathrm{d}\theta$、$r\sin\theta\mathrm{d}\varphi$，则有：

$$\frac{\partial C}{\partial t}=\frac{1}{r^2}\left[\frac{\partial}{\partial r}\left(r^2D\frac{\partial C}{\partial r}\right)+\frac{1}{\sin\theta}\times\frac{\partial}{\partial \theta}\left(D\sin\theta\frac{\partial C}{\partial \theta}\right)+\frac{\theta}{\sin^2\theta}\times\frac{\partial^2 C}{\partial \phi^2}\right] \tag{7-18}$$

对于球对称扩散，且 D 与浓度无关时有：

$$\frac{\partial C}{\partial t}=\frac{D}{r^2}\times\frac{\partial}{\partial r}\left(r^2\frac{\partial C}{\partial r}\right) \tag{7-19}$$

从形式上看，菲克第二定律表示在扩散过程中某点浓度随时间的变化率与浓度分布曲线在该点的二阶导数成正比。如图 7-7 所示，若曲线在该点的二阶导数 $\partial^2 C/\partial x^2$ 大于 0，即曲线为凹形，则该点的浓度会随时间的增加而增加，即 $\partial C/\partial t>0$；若曲线在该点的二阶导数 $\partial^2 C/\partial x^2$ 小于 0，即曲线为凸形，则该点的浓度会随时间的增加而降低，即 $\partial C/\partial t<0$。而菲克第一定律表示扩散方向与浓度降低的方向相一致。从上述意义讲，菲克第一、第二定律本质上是一个定律，均表明扩散的结果总是使不均匀体系均匀化，由非平衡逐渐达到平衡。

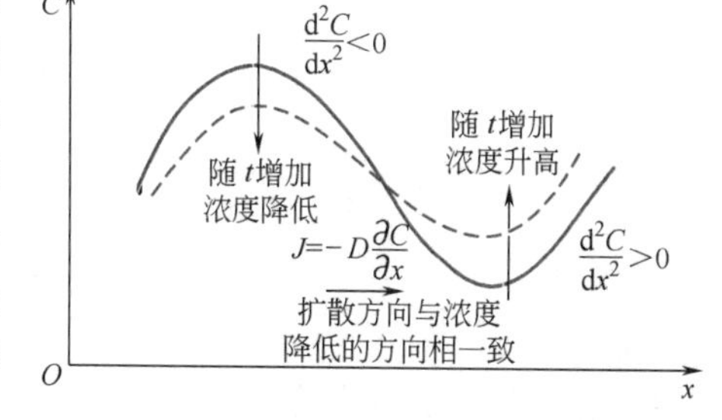

图 7-7 菲克第一、第二定律的关系

7.2 菲克定律的应用举例

在实际固体材料的研制生产过程中，经常会遇到众多与原子或离子扩散有关的实际问题。通常工程中要解决的涉及扩散的实际问题主要有两类：其一是求解通过某一曲面（如平面、柱面、球面等）的通量 J，以解决单位时间通过该面的物质流量 $\mathrm{d}m/\mathrm{d}t=AJ$；其二是求解浓度分布 $C(x,t)$，以解决材料的组分及显微结构控制。因此，求解不同边界条件的扩散动力学方程式往往是解决这类问题的基本途径。一般情况下，所有的扩散问题可归结成稳定扩散与非稳定扩散两大类。所谓稳定扩散，正如前面所言，是指那些在所研究的扩散过程中，扩散物质的浓度分布不随时间变化的扩散过程。这类问题可直接使用菲克第一定律而得到解决。非稳定扩散是指扩散物质浓度分布随时间变化的一类扩散，这类问题的解决应借助于菲克第二定律。

7.2.1 稳定扩散

在稳定扩散系统中，若对于任一体积元，在任一时刻流入的物质量与流出的物质量相等，即任一点的浓度不随时间而变化，$\partial C/\partial t=0$。

7.2.1.1 通过平面的稳定扩散

考虑氢气通过金属膜的扩散。如图 7-8 所示，金属膜的厚度为 δ，取 x 轴垂直于膜面。考虑金属膜两边供气与抽气同时进行，一面保持高而恒定的压力 p_2，另一面保持低而恒定的压力 p_1。扩散一定时间以后，金属膜中建立起稳定的浓度分布。

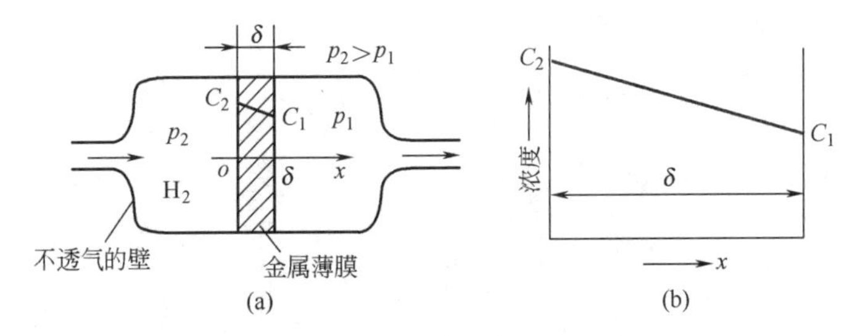

图 7-8 氢气对金属膜的一维稳定扩散

(a) 氢气的稳定扩散；(b) 浓度分布曲线

氢气的扩散包括氢气吸附于金属膜表面，氢分子分解为原子、离子，以及氢离子在金属膜中的扩散等过程。

达到稳定扩散时的边界条件为：

$$\begin{cases} C|_{x=0}=C_2 \\ C|_{x=\delta}=C_1 \end{cases}$$

C_1、C_2 可由热解反应 $H_2 \longrightarrow H+H$ 的平衡常数 K 确定，根据 K 的定义：

$$K=\frac{\text{产物活度积}}{\text{反应物活度积}}$$

设氢原子的浓度为 C，则 $$K=\frac{C\times C}{p}=\frac{C^2}{p}$$

即 $$C=\sqrt{Kp}=S\sqrt{p} \tag{7-20}$$

式中，S 为西弗尔特（Sievert）定律常数，其物理意义是，当空间压力 $p=1\text{MPa}$ 时金属表面的溶解浓度。式（7-20）表明，金属表面气体的溶解浓度与空间压力的平方根成正比。因此，边界条件为：

$$\begin{cases} C|_{x=0}=S\sqrt{p_2} \\ C|_{x=\delta}=S\sqrt{p_1} \end{cases} \tag{7-21}$$

根据稳定扩散条件，有 $\dfrac{\partial C}{\partial t}=\dfrac{\partial}{\partial x}\left(D\dfrac{\partial C}{\partial x}\right)=0$

所以 $\dfrac{\partial C}{\partial x}=\text{const}=a$

积分得

$$C=ax+b \tag{7-22}$$

式（7-22）表明，金属膜中氢原子的浓度为直线分布，其中积分常数 a、b 由边界条件式（7-21）确定：

$$\begin{cases} a=\dfrac{C_1-C_2}{\delta}=\dfrac{S}{\delta}(\sqrt{p_1}-\sqrt{p_2}) \\ b=C_2=S\sqrt{p_2} \end{cases}$$

将常数 a、b 值代入式（7-22）得：

$$C(x)=\frac{S}{\delta}(\sqrt{p_1}-\sqrt{p_2})x+S\sqrt{p_2} \tag{7-23}$$

单位时间透过面积为 A 的金属膜的氢气量：

$$\frac{\mathrm{d}m}{\mathrm{d}t}=JA=-DA\frac{\mathrm{d}c}{\mathrm{d}x}=-DAa=-DA\frac{S}{\delta}(\sqrt{p_1}-\sqrt{p_2}) \tag{7-24}$$

由式（7-24）可知，在本例所示一维扩散的情况下，只要保持 p_1、p_2 恒定，膜中任意点的浓度就会保持不变，而且通过任何截面的流量 $\mathrm{d}m/\mathrm{d}t$ 和通量 J 均为相等的常数。

引入金属的透气率 P 表示单位厚度金属在单位压差（以 MPa 为单位）下，单位面积透过的气体流量，即：

$$P=DS \tag{7-25}$$

式中 D——扩散系数；

S——气体在金属中的溶解度。

则有

$$J=\frac{P}{\delta}(\sqrt{p_1}-\sqrt{p_2}) \tag{7-26}$$

在实际应用中，为了减少氢气的渗漏现象，多采用球形容器、选用氢的扩散系数及溶解度较小的金属以及尽量增加容器壁厚等。

7.2.1.2 通过球面的稳定扩散

如图 7-9 所示，有内径为 r_1、外径为 r_2 的球壳，若分别维持内表面、外表面的浓度 C_1、C_2 保持不变，则可实现球对称稳定扩散。

边界条件为：

$$\begin{cases} C|_{r=r_1}=C_1 \\ C|_{r=r_2}=C_2 \end{cases}$$

由稳定扩散，并利用式（7-19）：

$$\frac{\partial C}{\partial t}=\frac{D}{r^2}\frac{\partial}{\partial r}\left(r^2\frac{\partial C}{\partial r}\right)=0$$

得

$$r^2\frac{\partial C}{\partial r}=\text{const}=a$$

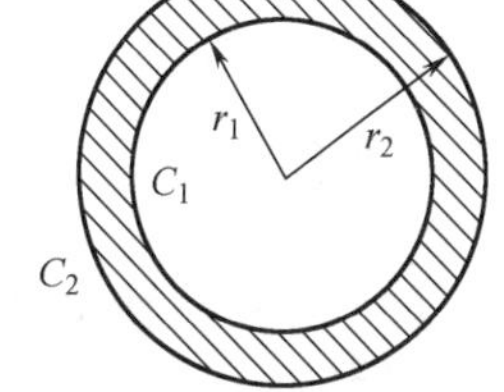

图 7-9 球壳中可实现球对称稳定扩散

解得
$$C=-\frac{a}{r}+b \tag{7-27}$$

代入边界条件，确定待定常数 a、b：

$$\begin{cases} a=\dfrac{r_1 r_2(C_2-C_1)}{r_2-r_1} \\ b=\dfrac{C_2 r_2-C_1 r_1}{r_2-r_1} \end{cases}$$

求得浓度分布：

$$C(r)=-\frac{r_1 r_2(C_2-C_1)}{r(r_2-r_1)}+\frac{C_2 r_2-C_1 r_1}{r_2-r_1} \tag{7-28}$$

在实际中，往往需要利用 $r^2\dfrac{\partial C}{\partial r}=a$ 的关系求出单位时间内通过球壳的扩散量$\dfrac{\mathrm{d}m}{\mathrm{d}t}$：

$$\frac{\mathrm{d}m}{\mathrm{d}t}=JA=-4\pi r^2 D\frac{\mathrm{d}C}{\mathrm{d}r}=-4\pi Da=-4\pi D r_1 r_2\frac{C_2-C_1}{r_2-r_1} \tag{7-29}$$

而不同球面上的扩散通量：

$$J=\frac{\mathrm{d}m}{A\,\mathrm{d}t}=\frac{1}{4\pi r^2}\times\frac{\mathrm{d}m}{\mathrm{d}t}=-D\frac{r_1 r_2}{r^2}\times\frac{C_2-C_1}{r_2-r_1} \tag{7-30}$$

可见，对球对称稳定扩散来说，在不同的球面上，$\mathrm{d}m/\mathrm{d}t$ 相同，但 J 并不相同。

上述球对称稳定扩散的分析方法对处理固态相变过程中球形晶核的生长速率是很重要的。

如图 7-10 中的二元相图所示，成分为 C_0 的单相 α 固溶体从高温冷却，进入双相区并在 T_0 保温。此时会在过饱和固溶体 α′中析出成分为 $C_{\beta\alpha}$ 的 β 相，与之平衡的 α 相成分为 $C_{\alpha\beta}$。在晶核生长初期，设 β 晶核半径为 r_1，母相在半径为 r_2 的球体中成分由 C_0 逐渐降为 $C_{\alpha\beta}$，随着时间由 t_0 向 t_1 再向 t_2 变化，浓度分布曲线逐渐变化，相变过程中各相成分分布如图 7-11 所示。

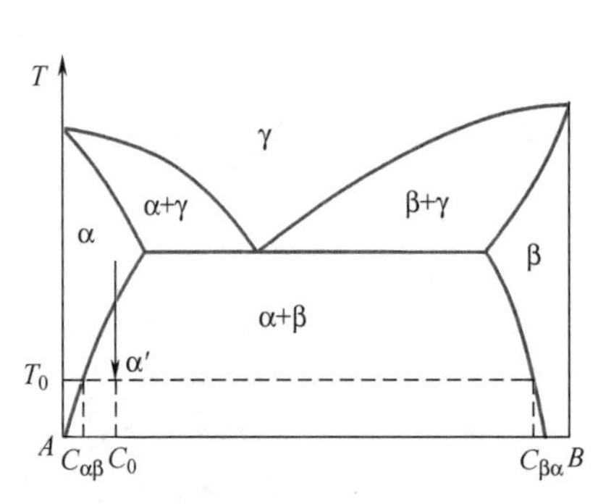

图 7-10　过饱和固溶体的析出

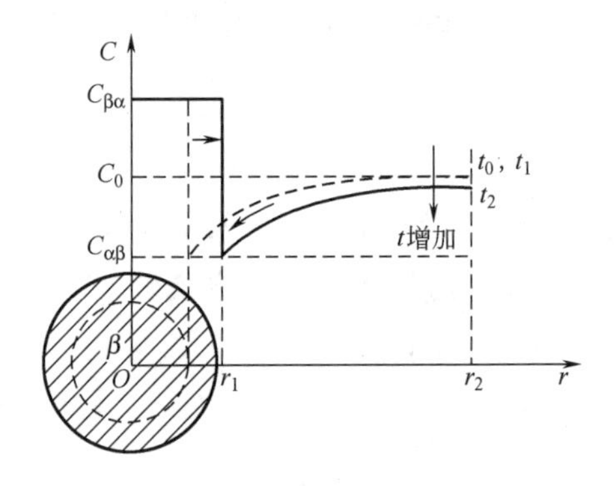

图 7-11　球形晶核的生长过程

一般来说，这种相变速度较慢，而且涉及的范围较广，因此可将晶核生长过程当作准稳定扩散处理，即在晶核生长初期任何时刻，浓度分布曲线保持不变。由球对称稳定扩散的分析结果式（7-30），并利用 $r_2 \gg r_1$，即新相晶核很小、扩散范围很大的条件。应特别注意分析的对象是内径为 r_1、外径为 r_2 的球壳，由扩散通过球壳的流量 $\mathrm{d}m/\mathrm{d}t$，其负值即为新相晶核的生长速率。

$$\frac{\mathrm{d}m}{\mathrm{d}t}=-4\pi Dr_1r_2\frac{C_2-C_1}{r_2-r_1}\approx-4\pi Dr_1^2\frac{C_2-C_1}{r_1}=-4\pi Dr_1^2\frac{C_0-C_{\alpha\beta}}{r_1} \tag{7-31}$$

应注意式（7-31）与菲克第一定律的区别，因为式中的$\frac{C_0-C_{\alpha\beta}}{r_1}$并不是浓度梯度。

7.2.2 非稳定扩散

非稳定扩散方程的解，只能根据所讨论的初始条件和边界条件而定，过程的条件不同，方程的解也不同。不稳定扩散中典型的初始条件和边界条件有两种情况：一是在整个扩散过程中扩散质点在晶体表面的浓度 C_0 保持不变，例如气相扩散情形，晶体处于扩散物质的恒定蒸气压下；二是定量扩散质 Q 由晶体表面向内部扩散，属于这种扩散的实例如陶瓷试样表面镀银，银向试样内部扩散，以及半导体硅片中硼和磷的扩散等。

以一维扩散为例，讨论以上两种初始条件和边界条件下扩散动力学方程的解。

7.2.2.1 扩散质在晶体表面浓度恒定情况

处于恒定蒸气压下扩散质由晶体表面向内部扩散情况如图 7-12(a) 所示，可归结为如下初始条件和边界条件下的不稳定扩散求解问题。由式（7-32）：

$$\frac{\partial C}{\partial t}=D\frac{\partial^2 C}{\partial x^2} \tag{7-32}$$

初始条件　$t=0$ 时，$x\geqslant 0, C(x,t)=0$

边界条件　$t>0$ 时，$C(0,t)=C_0$

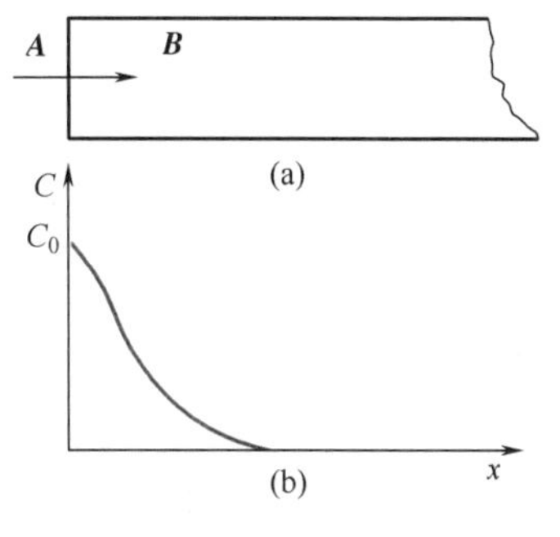

图 7-12 晶体表面扩散质浓度恒定时扩散质在晶体内部的扩散及其浓度分布曲线

(a) 扩散质在晶体内部的扩散；(b) 浓度分布曲线

求解扩散方程的目的在于求出任何时刻的浓度分布 $C(x,t)$，这里采用玻耳兹曼变换，令：

$$\lambda=\frac{x}{\sqrt{t}} \tag{7-33}$$

代入式（7-32）：

左边　$$\frac{\partial C}{\partial t}=\frac{\partial C}{\partial \lambda}\times\frac{\partial \lambda}{\partial t}=-\frac{\partial C}{\partial \lambda}\times\frac{x}{2t^{3/2}}=-\frac{\mathrm{d}C}{\mathrm{d}\lambda}\times\frac{\lambda}{2t}$$

右边　$$D\frac{\partial^2 C}{\partial x^2}=D\frac{\partial^2 C}{\partial \lambda^2}\left(\frac{\partial \lambda}{\partial x}\right)^2+\frac{\partial C}{\partial \lambda}\times\frac{\partial^2 \lambda}{\partial x^2}=D\frac{\mathrm{d}^2 C}{\mathrm{d}\lambda^2}\times\frac{1}{t}$$

故式（7-32）变成了一个常微分方程：

$$-\lambda\frac{\mathrm{d}C}{\mathrm{d}\lambda}=2D\frac{\mathrm{d}^2 C}{\mathrm{d}\lambda^2} \tag{7-34}$$

令$\frac{\mathrm{d}C}{\mathrm{d}\lambda}=u$，代入式（7-34）得：

$$-\frac{\lambda}{2}u=D\frac{\mathrm{d}u}{\mathrm{d}\lambda} \tag{7-35}$$

解得　$$u=a'\exp\left(-\frac{\lambda^2}{4D}\right) \tag{7-36}$$

式（7-36）代入$\frac{\mathrm{d}C}{\mathrm{d}\lambda}=u$ 中，有：

$$\frac{\mathrm{d}C}{\mathrm{d}\lambda}=a'\exp\left(-\frac{\lambda^2}{4D}\right)$$

将上式积分，得：
$$C(x,t)=a'\int_0^{\lambda}\exp\left(-\frac{\lambda^2}{4D}\right)\mathrm{d}\lambda+b \tag{7-37}$$

再令 $\beta=\frac{\lambda}{2\sqrt{D}}=\frac{x}{2\sqrt{Dt}}$，则式（7-37）可改写为：

$$C(x,t)=2a'\sqrt{D}\int_0^{\beta}\exp(-\beta^2)\mathrm{d}\beta+b=a\int_0^{\beta}\exp(-\beta^2)\mathrm{d}\beta+b \tag{7-38}$$

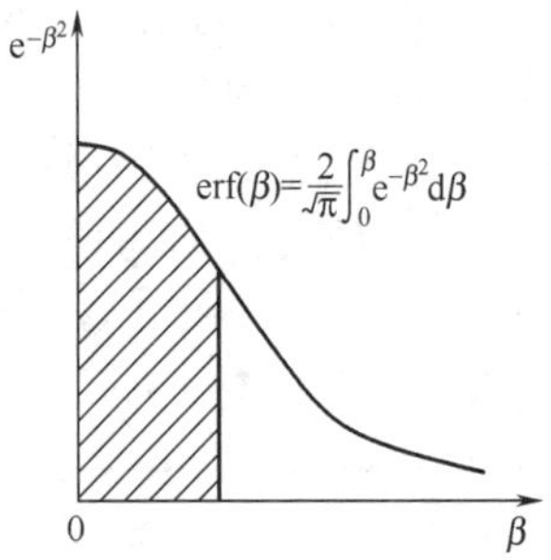

注意式（7-38）是用定积分，即图 7-13 中斜线所示的面积来表示的，被积函数为高斯函数 erf($-\beta$)，积分上限为 β。

图 7-13　用定积分表示浓度

根据高斯误差积分：

$$\int_0^{\infty}\exp(-\beta^2)\mathrm{d}\beta=\frac{\sqrt{\pi}}{2} \tag{7-39}$$

考虑初始条件及边界条件，有：

$$当\ x\to\infty,则\ \beta\to 0,C(\infty,t)=a\frac{\sqrt{\pi}}{2}+b=0$$

$$x=0,则\ \beta=0,C(0,t)=b=C_0$$

得积分常数：

$$a=-C_0\frac{2}{\sqrt{\pi}},b=C_0 \tag{7-40}$$

将式（7-40）代入式（7-38），于是任意时刻 t，扩散体系扩散质点浓度分布为：

$$C(x,t)=C_0\left(1-\frac{2}{\sqrt{\pi}}\int_0^{\beta}\mathrm{e}^{-\beta^2}\mathrm{d}\beta\right) \tag{7-41}$$

式（7-41）中的积分函数称为高斯误差函数，用 erf(β) 表示（图 7-13），定义为：

$$\mathrm{erf}(\beta)=\frac{2}{\sqrt{\pi}}\int_0^{\beta}\exp(-\beta^2)\mathrm{d}\beta \tag{7-42}$$

它的余误差函数为 erfc(β)：

$$\mathrm{erfc}(\beta)=1-\frac{2}{\sqrt{\pi}}\int_0^{\beta}\exp(-\beta^2)\mathrm{d}\beta \tag{7-43}$$

这样式（7-41）可改写成：

$$C(x,t)=C_0\mathrm{erfc}(\beta)=C_0\mathrm{erfc}\left(\frac{x}{2\sqrt{Dt}}\right) \tag{7-44}$$

式（7-44）即为扩散过程中扩散质点在晶体表面的浓度 C_0 保持不变时，溶质浓度随 β，即随 erfc(β) 的变化关系式，其浓度分布曲线如图 7-12(b) 所示。

因此，在处理实际问题时，利用误差函数可很方便地得到扩散体系中任何时刻 t、任何位置 x 处扩散质点的浓度 $C(x,t)$；反之，若从实验中测得 $C(x,t)$，便可求得扩散深度 x 与时间 t 的近似关系：

$$x=2\mathrm{erfc}^{-1}\frac{C(x,t)}{C_0}\sqrt{Dt}=K\sqrt{Dt} \tag{7-45}$$

由式（7-45）可知，x^2 与 t 成正比，符合抛物线扩散规律，这表明在一指定浓度 C 时，增加一倍扩散深度则需延长四倍的扩散时间。这一关系对晶体管或集成电路生产中控制扩散（结深）有着重要的作用。

7.2.2.2　定量扩散质由晶体表面向内部扩散情况

在单位面积的晶体表面涂上一定量的扩散质组成平面源，然后对接成扩散偶由晶体表面向内部进行扩散，见图 7-14(a)。若扩散系数为常数，其扩散方程为式（7-32）。注意到涂层的厚度为 0，因此式（7-32）的初始条件和边界条件为：

$$\text{当 } t=0 \text{ 时，} C|_{x=0}=\infty, C|_{x\neq 0}=0$$

$$\text{当 } t>0 \text{ 时，} C|_{x=\pm\infty}=0$$

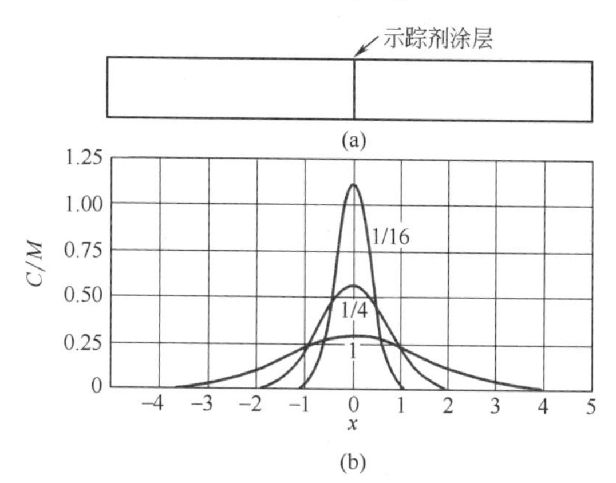

图 7-14 定量扩散质 M 由晶体表面向内部扩散及其浓度分布曲线（数值表示不同的 Dt 值）

（a）扩散质由晶体表面向内部扩散；（b）浓度分布曲线

由微分知识可知，满足式（7-32）及上述初始条件、边界条件的解具有下述形式：

$$C(x,t)=\frac{a}{t^{1/2}}\exp\left(-\frac{x^2}{4Dt}\right) \tag{7-46}$$

式中，a 为待定常数。可以利用扩散物质的总量 M 来求积分常数 a，有：

$$M=\int_{-\infty}^{\infty}C\,\mathrm{d}x \tag{7-47}$$

如果浓度分布由式（7-46）表示，并令：

$$\frac{x^2}{4Dt}=\beta^2 \tag{7-48}$$

则有 $\mathrm{d}x=2(Dt)^{1/2}\mathrm{d}\beta$，将其代入式（7-47）得：

$$M=2aD^{\frac{1}{2}}\int_{-\infty}^{+\infty}\mathrm{e}^{-\beta^2}\mathrm{d}\beta=2a(\pi D)^{\frac{1}{2}} \tag{7-49}$$

将上式代入式（7-46）可得：

$$C(x,t)=\frac{M}{2(\pi Dt)^{\frac{1}{2}}}\exp\left(-\frac{x^2}{4Dt}\right) \tag{7-50}$$

图 7-14(b) 示出了不同 Dt 值时由式（7-50）确定的浓度分布曲线。

7.3 固体扩散机构与扩散系数

为了解释固体中原子和缺陷复杂的扩散现象，在扩散研究中使用了众多的扩散术语，其符号和含义列于表 7-1。

7.3.1 无序扩散系数与自扩散系数

抛物线扩散规律揭示了晶体中原子迁移的一个重要特征，如果扩散原子作定向直线运动，则 x 应与 t 成正比，这与实验结果不同。大家知道，悬浮在液体中的微小质点的布朗运动，它们向任一方向运动的概率相等，质点走过的是曲折的路径，这种运动方式称为随机行

表 7-1 扩散系数的通用符号和名词含义

分类	名称	符号	含义
晶体内部原子的扩散	无序扩散	D_r	不存在化学位梯度时质点的迁移过程
	自扩散	D^*	不存在化学位梯度时原子的迁移过程
	示踪扩散	D^T	示踪原子在无化学位梯度时的扩散
	晶格扩散	D_v	在晶体内或晶格内部的任何扩散过程
	本征扩散	D_{in}	晶体中热缺陷运动所引起的质点迁移过程
	分扩散	D_i	多元系统中 i 组元在化学位梯度下的扩散
	互扩散	$\widetilde{D}$	存在化学位梯度时的扩散
区域扩散	晶界扩散	D_g	沿晶界发生的扩散
	界面扩散	D_b	沿界面发生的扩散
	表面扩散	D_s	沿表面发生的扩散
	位错扩散	D_d	沿位错管发生的扩散
缺陷扩散	空位扩散		空位跃迁至空位，原子反向迁入空位
	间隙扩散		间隙原子在点阵间隙中迁移
	非本征扩散	D_{ex}	非热缺陷运动引起的扩散，如由杂质引起的缺陷而进行的扩散

走或无序跃迁，如图 7-1 所示，其位移的均方根值与运动时间的平方根成正比。据此假设，晶体中原子无序迁移也是一种随机行走。

但晶体中原子运动具有异于液体、气体中原子运动的特点。从统计意义上看，在某一时刻，大部分原子作振动，个别原子作跳动（跃迁）；对于一个原子来讲，大部分时间它作振动，某一时刻它发生跳动。晶体中的扩散过程就是原子在晶体中无规则跳动的结果。亦即只有原子发生从点阵位置到点阵位置的跳动，才会对扩散过程有直接的贡献。

对于大量原子无规则跳动次数非常大的情况下，可用统计方法求出原子无规则跳动与宏观位移的关系，也就是对于一群原子在作了大规模的无规则跳动之后，可以计算出平均扩散距离。

扩散是由热运动引起的物质粒子迁移过程，对于晶体而言，就是原子或缺陷从一个平衡位置到另一个平衡位置跃迁的过程，而且使许多原子进行无数次跃迁的结果。如果原子无序地向任意方向跃迁，并且每次跃迁与前次跃迁无关，则原子经过 n 次跃迁后的位移 $\boldsymbol{R}_n$ 是各次跃迁位移 $\boldsymbol{r}_i$ 的矢量和：

$$\boldsymbol{R}_n=\boldsymbol{r}_1+\boldsymbol{r}_2+\cdots+\boldsymbol{r}_i+\cdots+\boldsymbol{r}_n=\sum_{1}^{n}\boldsymbol{r}_i \tag{7-51}$$

为求位移的大小，将上式求点积：

$$\boldsymbol{R}_n^{\ 2}=\boldsymbol{R}_n\cdot\boldsymbol{R}_n=\sum_{i=1}^{n}\boldsymbol{r}_i^{\ 2}+2\sum_{j=1}^{n-1}\sum_{i=1}^{n-j}\boldsymbol{r}_j\cdot\boldsymbol{r}_{j+i}=\sum_{i=1}^{n}\boldsymbol{r}_i^{\ 2}+2\sum_{j=1}^{n-1}\sum_{i=1}^{n-j}|\boldsymbol{r}_j|\cdot|\boldsymbol{r}_{j+i}|\cdot\cos\theta_{j,j+i} \tag{7-52}$$

式中 $\theta_{j,j+i}$——矢量 $\boldsymbol{r}_j$ 和 $\boldsymbol{r}_{j+i}$ 之间的夹角。

由于晶体结构的周期性，且只考虑最邻近的跳跃，则每次跳跃距离相等，即：

$$|\boldsymbol{r}_i|=r$$

又由于晶体结构的对称性以及跳跃的无序性，即有 $\boldsymbol{r}_i$ 就有 $-\boldsymbol{r}_i$，那么，式（7-52）中的第二项之值为 0，则：

$$\overline{R}_n{}^2=nr^2 \tag{7-53}$$

上式表明，原子扩散的平均距离 $\overline{R}_n$（用均方根位移$\sqrt{\overline{R}_n{}^2}$表示）与原子跳动次数的平方根成正比，即：

$$\overline{R}_n=\sqrt{\overline{R}_n{}^2}=\sqrt{n}\,r \tag{7-54}$$

假设原子的跃迁频率为 Γ，则 t 秒内跃迁次数 $n=\Gamma t$，于是：

$$\overline{R}_n{}^2=nr^2=\Gamma tr^2 \tag{7-55}$$

式（7-55）的重要性在于，它建立了扩散过程中宏观量方均位移 $\overline{R}_n{}^2$ 与微观量原子跃迁频率 Γ、跃迁距离 r 之间的关系。

无序扩散是不存在外场下的扩散，相应的扩散系数称为无序扩散系数（D_r），可用式（7-8）的关系$\left(D=\dfrac{1}{6}\Gamma\delta^2\right)$来表示，其中成功的跃迁频率 Γ 取决于扩散组元的浓度 N_d、质点可能的跃迁频率 ν 以及质点周围可供跃迁的结点数 A，即：

$$\Gamma=N_d\nu A \tag{7-56}$$

将式（7-56）代入式（7-8）得：

$$D_r=\frac{1}{6}N_d\nu A\delta^2 \tag{7-57}$$

对于面心立方结构的空位扩散机构，如果空位在面心位置，顶角原子向面心空位进行跃迁，则 $A=12$，$\delta=\dfrac{\sqrt{2}}{2}a_0$，于是：

$$D_r=\frac{1}{6}N_d\nu A\delta^2=a_0^2N_d\nu \tag{7-58}$$

对于体心立方结构的空位扩散机构，如果空位在体心位置，顶角原子向体心空位进行跃迁，则 $A=8$，$\delta=\dfrac{\sqrt{3}}{2}a_0$，同样：

$$D_r=\frac{1}{6}N_d\nu A\delta^2=a_0^2N_d\nu$$

引入晶体结构几何因子 α，上式改写成一般形式：

$$D_r=\alpha a_0^2N_d\nu \tag{7-59}$$

对于面心和体心立方结构，$\alpha=1$，其他结构类型可根据扩散机构进行计算。

对于原子扩散，同样为上述机构，则原子跃迁到面心空位上的概率只有1/12，跃迁到体心空位上的概率只有1/8。考虑到原子间的相互作用，原子的自扩散系数 D 与无序扩散系数 D_r 的关系为：

$$D=fD_r \tag{7-60}$$

式中，f 为相关因子，取决于晶体结构，见表7-2。

表 7-2 不同结构类型晶体的相关因子

结构类型	简单立方	体心立方	面心立方	六方密堆积	金刚石
f	0.655	0.727	0.787	0.781	0.500

7.3.2 固体扩散机构

式（7-8）建立了扩散系数与微观量之间的关系。这说明扩散的宏观规律和微观机制之间有着密切的关系。为了深入研究扩散规律，人们提出了各种不同的扩散机构。在下面的分析中应特别注意每种扩散机构的适用范围及不同特点。

7.3.2.1　易位扩散机构

通过相邻两质点直接对调位置而进行的扩散称为易位扩散，如图 7-15 所示。

由于原子近似刚性球体，所以 A、B 两原子对换位置时，它们近邻的原子必须后退，以让出适当的空间，见图 7-15(a) 和 (b)。当对调完毕时，这些原子或多或少地恢复到原来的位置，见图 7-15(c)。这样的过程势必使交换原子附近的晶格发生强烈的畸变，这对直接换位机构来说是不利的，因此，这种扩散机构实际上可能性不大，更确切地说，到目前为止还没有实验结果证明这种机构的存在。

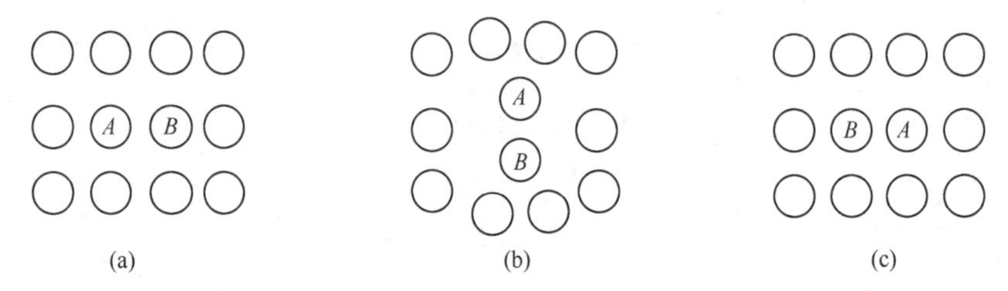

图 7-15　直接换位机构示意图

7.3.2.2　间隙扩散机构

间隙质点沿晶格间隙进行的迁移称为间隙扩散。间隙扩散机构适用于间隙型固溶体中间隙质点的扩散。其中，发生间隙扩散的主要（甚至唯一）是间隙质点，阵点上的质点则可以认为是不动的。C、N、H、B、O 等尺寸较小的间隙原子在固溶体中的扩散就是按照从一个间隙位置跃迁到其近邻的另一个间隙位置的方式进行的。

图 7-16(a) 为面心立方结构中的八面体间隙中心位置；图 7-16(b) 为面心立方结构 (100) 晶面上的原子排列。图中 1 代表间隙原子的原来位置，2 代表跃迁后的位置。在跃迁时，必须把阵点上的原子 3、4 或这个晶面上下两侧的相邻阵点原子推开，从而使晶格发生局部的瞬时畸变，这部分应变能就构成间隙原子跃迁的阻力，这也就是间隙原子跃迁时所必须克服的能垒。如图 7-17 所示，间隙原子从位置 1 跃迁到位置 2 必须越过的能垒是 G_2-G_1，因此只有那些自由能超过 G_2 的原子才能发生跃迁。

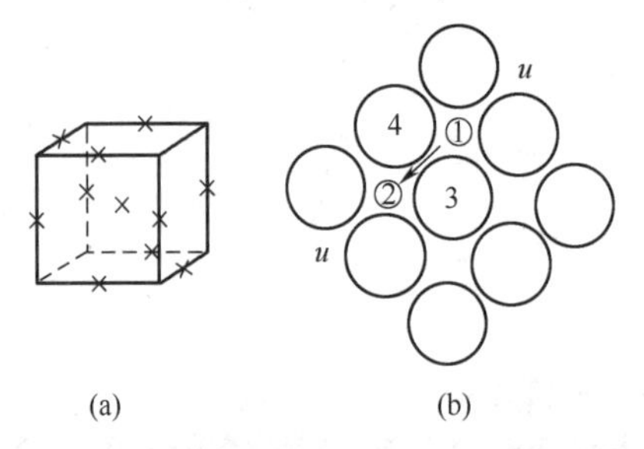

图 7-16　面心立方晶体的八面体间隙及 (100) 晶面

(a) 八面体间隙中心位置；(b) (100) 晶面上的原子排列

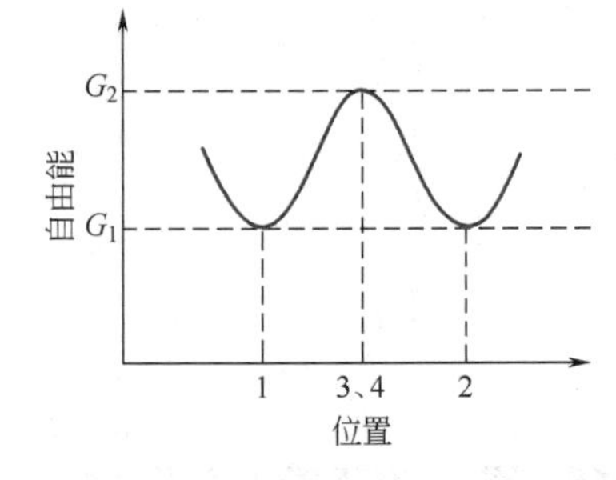

图 7-17　原子的自由能与其位置的关系

7.3.2.3　空位扩散机构

空位迁移作为媒介的质点扩散称为空位扩散。晶格中由于本征热缺陷或杂质离子不等价取代而存在空位，于是空位周围格点上的原子或离子就可能跳入空位，此时空位与跳入空位的原子分别作了相反方向的迁移。因此在晶体结构中，空位的移动意味着结构中原子或离子的相反方向移动。空位扩散机构适用于置换型固溶体的扩散。在置换型固溶体中，由于原子尺寸相差不太大（或者相等），因此不能进行间隙扩散。

实验证明，空位扩散机构是金属体系或离子化合物体系中质点扩散的主要方式。在一般情况下，离子晶体可由离子半径不同的阴、阳离子构成晶格，而较小离子的扩散多半是通过空位机构进行的。

图 7-18 表示面心立方结构金属晶体空位机构的扩散，原子从（100）面的位置 3 迁入（010）面的空位 4，这时画阴影线的 4 个原子必须偏离平衡位置。如果晶体由直径为 d 的原子密堆而成，（111）面上 1、2 原子间的空隙是 $0.73d$［图 7-18(b)］，显然，直径为 d 的原子通过尺寸为 $0.73d$ 的空隙，需要一定的能量以克服空隙周围原子的阻碍，而扩散原子的通过又会引起空隙周围局部的畸变。但以 γ-Fe 为例，铁原子迁入邻近空位所引起的畸变并不很大，其畸变能和碳原子在 fcc 结构中从一个间隙位置迁移到邻近间隙位置差不多。不过实际上，铁比碳的扩散慢得多，这是因为在稀薄的间隙固溶体中，和碳邻近的间隙位置基本上是空的；但对铁来说，由于晶体中空位浓度很低，要在其邻近出现空位，必须消耗空位形成能。

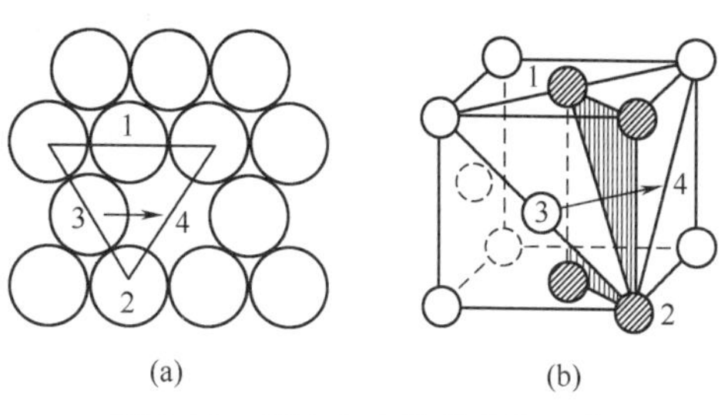

图 7-18　面心立方结构金属晶体空位机构的扩散

7.3.2.4　其他类型的扩散机构

对于置换型固溶体，人们还提出了几种其他类型的原子跃迁机构。

20 世纪 50 年代，甄纳（Zener）指出，3 个以上原子呈环形转动、循环交换位置（图 7-19），即通过所谓环形扩散机构，其畸变能比两个原子的直接换位机构要低得多。

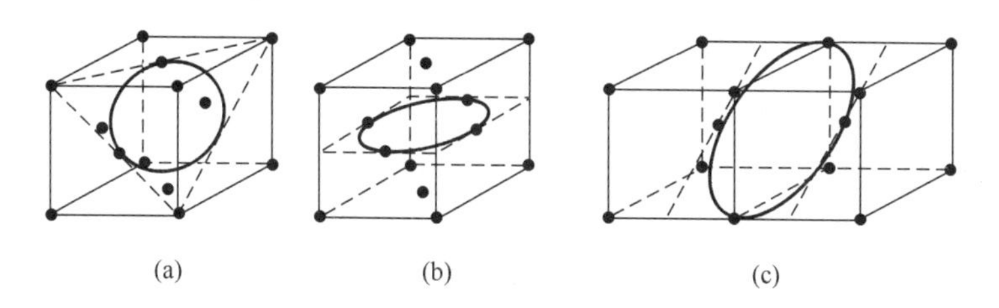

图 7-19　环形扩散机构

（a）面心 3-原子环；（b）面心 4-原子环；（c）体心 4-原子环

如果较大的原子进入间隙位置，例如辐照后形成的缺陷，它的可能运动方式是 1 占据 2 的格点，将 2 推入间隙位置［图 7-20(a)］，这种方式称为填隙子（interstitialcy）机构或准间

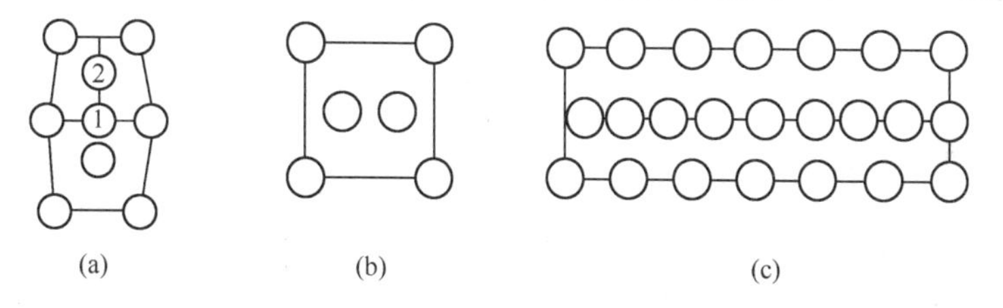

图 7-20　几种不同的扩散机构

（a）填隙子机构；（b）挤列子机构；（c）挤列子迁移机构

隙扩散机构，Ag 在 AgBr 中的扩散就是如此；也可能出现两个原子共享同一格点的情况［图 7-20(b)］，称此为挤列子（crowdion）机构；进而会形成所谓挤列子迁移机构［图 7-20(c)］。

应当指出，上述几种机构一般是针对特定的对象，在特定的条件下起作用的，而且往往是作为空位机构、间隙机构的补充。

7.3.3 扩散机构与扩散系数的关系

通过扩散过程的宏观规律和微观机构分析可知，扩散首先是在晶体内部形成缺陷，然后是能量较高的缺陷从一个相对平衡位置迁移到另一个相对平衡位置。因此，根据缺陷化学及绝对反应速率理论的相关知识，就可建立不同扩散机构下的扩散系数。

7.3.3.1 简单氧化物的空位扩散过程

在晶体结构缺陷中已讨论过热缺陷的形成规律以及根据质量作用定律确定其浓度。对于 MX 型离子晶体，其肖特基（Schottky）空位缺陷的浓度可表示为：

$$N_d=\exp\left(-\frac{\Delta G_f}{2RT}\right)=\exp\left(\frac{\Delta S_f}{2R}\right)\exp\left(-\frac{\Delta H_f}{2RT}\right) \tag{7-61}$$

式中 ΔG_f，ΔS_f，ΔH_f——肖特基空位的形成自由焓、形成熵和形成能的变化。

根据绝对反应速率理论，在给定温度下，单位时间内晶体中的每个原子成功地越过如图 7-2 所示势垒 ΔG^* 的跃迁次数，即跃迁频率 ν 为：

$$\nu=\nu_0\exp\left(-\frac{\Delta G^*}{RT}\right)=\nu_0\exp\left(\frac{\Delta S^*}{R}\right)\exp\left(-\frac{\Delta H^*}{RT}\right) \tag{7-62}$$

将式（7-61）、式（7-62）代入式 $D_r=\alpha a_0^2 N_d\nu$ 得：

$$D_r=\alpha a_0{}^2\nu_0\exp\left(\frac{\frac{\Delta S_f}{2}+\Delta S^*}{R}\right)\exp\left(-\frac{\frac{\Delta H_f}{2}+\Delta H^*}{RT}\right) \tag{7-63}$$

或用一般式表示：

$$D=D_0\exp\left(-\frac{Q}{RT}\right) \tag{7-64}$$

式中，D_0 为频率因子，$D_0=\alpha a_0{}^2\nu_0\exp\left(\frac{\frac{\Delta S_f}{2}+\Delta S^*}{R}\right)$；$Q$ 为扩散活化能，其大小等于空位形成能和迁移能之和，$Q=\frac{\Delta H_f}{2}+\Delta H^*$。

以上因空位来源于本征热缺陷——肖特基缺陷，故该扩散系数称为本征扩散系数。

应该指出，对于实际氧化物晶体材料结构中空位的来源，除热缺陷提供的以外，还往往包括杂质离子固溶所引入的空位。例如在 NaCl 晶体中引入 $CaCl_2$ 将发生如下取代关系：

$$CaCl_2 \xrightarrow{NaCl} Ca_{Na}^{\cdot}+V_{Na}'+2Cl_{Cl}$$

因此，空位机构扩散系数中应考虑晶体结构中总空位浓度 $N_d=N_v+N_i$，其中，N_v 和 N_i 分别为本征空位浓度和杂质空位浓度。此时扩散系数应由下式表达：

$$D_r=\alpha a_0{}^2\nu_0(N_v+N_i)\exp\left(\frac{\Delta S^*}{R}\right)\exp\left(-\frac{\Delta H^*}{RT}\right) \tag{7-65}$$

在温度足够高的情况下，结构中来自于本征缺陷的空位浓度 N_v 可远大于 N_i，此时扩散为本征缺陷所控制，式（7-65）完全等价于式（7-63），扩散活化能 Q 和频率因子 D_0 分别为：

$$Q=\frac{\Delta H_f}{2}+\Delta H^*$$

$$D_0=\alpha a_0{}^2\nu_0\exp\left(\frac{\frac{\Delta S_f}{2}+\Delta S^*}{R}\right)$$

当温度足够低时，结构中本征缺陷提供的空位浓度 N_v 可远小于 N_i，从而式（7-65）变为：

$$D_r=\alpha a_0{}^2\nu_0 N_i\exp\left(\frac{\Delta S^*}{R}\right)\exp\left(-\frac{\Delta H^*}{RT}\right)\quad(7\text{-}66)$$

因扩散受固溶引入的杂质离子的电价和浓度等外界因素所控制，故称为杂质扩散或非本征扩散。相应的 D 则称为非本征扩散系数，此时扩散活化能 Q 与频率因子 D_0 为：

$$Q=\Delta H^*$$

$$D_0=\alpha a_0{}^2\nu_0 N_i\exp\left(\frac{\Delta S^*}{R}\right)$$

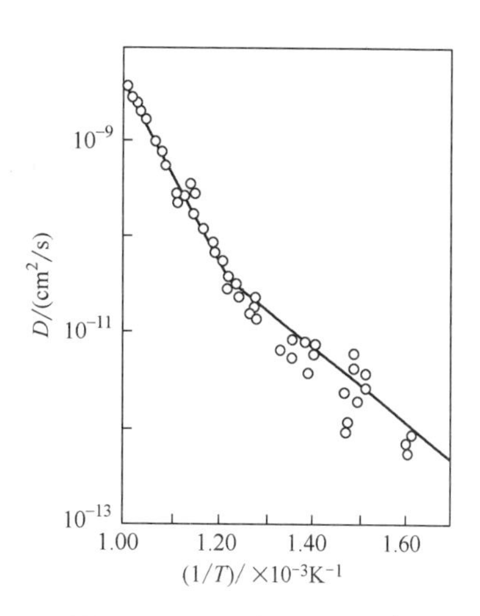

图 7-21　NaCl 单晶体中 Na^+ 的自扩散系数

图 7-21 表示了含微量 $CaCl_2$ 的 NaCl 晶体中，Na^+ 的自扩散系数 D 与温度 T 的关系。在高温区活化能较大的应为本征扩散，在低温区活化能较小的则相应于非本征扩散。Patterson 等测量了单晶 Na^+ 和 Cl^- 两者的本征扩散系数并得到了活化能数据，见表 7-3。

表 7-3　NaCl 单晶中自扩散活化能

离子	活化能 Q/(kJ/mol)		
	$\frac{\Delta H_f}{2}+\Delta H^*$	ΔH_f	ΔH^*
Na^+	174	199	74
Cl^-	261	199	161

7.3.3.2　金属中间隙扩散

若扩散以间隙机构进行，以 O_2、N_2、H_2 和 C 在金属中的扩散为例，由于晶体中这些气体溶入形成的固溶体非常稀，间隙扩散的原子占有邻近空隙中任一个的机会是均等的，故 $N_d=1$，则：

$$D_r=\alpha a_0{}^2\nu_0\exp\left(\frac{\Delta S^*}{R}\right)\exp\left(-\frac{\Delta H^*}{RT}\right)\tag{7-67}$$

7.3.3.3　非化学计量化合物中的扩散

（1）阳离子缺位型氧化物中的正离子空位扩散　过渡金属氧化物电子正离子是可变价的，常会形成缺金属型的非计量化合物。其中存在有金属离子空位，如 $Fe_{1-x}O$ 中的铁离子空位可达 5%～15%。以氧化钴为例，其缺陷反应如下：

$$2Co_{Co}+\frac{1}{2}O_2(g)\longrightarrow O_O+V''_{Co}+2Co^{\cdot}_{Co}\tag{7-68}$$

式中，$Co^{\cdot}_{Co}$ 表示一个电子空穴存在于该正离子位置，相当于 Co^{3+} 占据 Co^{2+} 位置。式（7-68）等价于：

$$\frac{1}{2}O_2(g)\longrightarrow O_O+V''_{Co}+2h^{\cdot}$$

即相当于是氧溶解于 CoO 内，其溶解度是由平衡时的缺陷反应自由焓 ΔG_f 决定的。设 K_0 为平衡常数，而 $[h^{\cdot}]=2[V''_{Co}]$ 得：

$$K_0=\frac{4[V''_{Co}]^3}{p_{O_2}^{\frac{1}{2}}}=\exp\left(-\frac{\Delta G_f}{RT}\right) \tag{7-69}$$

$$[V''_{Co}]=\left(\frac{1}{4}\right)^{\frac{1}{3}}p_{O_2}^{\frac{1}{6}}\exp\left(-\frac{\Delta G_f}{3RT}\right) \tag{7-70}$$

则 $D_r=\alpha a_0^2\nu_0[V''_{Co}]\exp\left(-\frac{\Delta G^*}{RT}\right)$

$$=\alpha a_0^2\nu_0\left(\frac{1}{4}\right)^{\frac{1}{3}}p_{O_2}^{\frac{1}{6}}\exp\left(\frac{\frac{\Delta S_{V''_{Co}}}{3}+\Delta S^*}{R}\right)\exp\left(-\frac{\frac{\Delta H_{V''_{Co}}}{3}+\Delta H^*}{RT}\right) \tag{7-71}$$

式（7-71）表明，Co 离子的空位扩散系数与氧分压的 1/6 次方成比例。

图 7-22 示出了氧分压对 CoO 内的 Co 的示踪扩散系数的实验数据与预计曲线。由图可见，理论分析与实测结果一致。

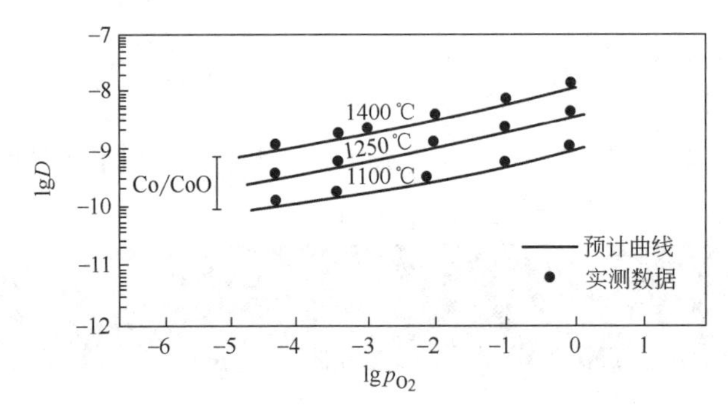

图 7-22 氧分压对 Co 在 CoO 中的示踪扩散系数的影响

（D 的单位为 cm^2/s；p_{O_2} 的单位为 atm）

（2）阴离子缺位型氧化物中氧空位扩散　以 ZrO_{2-x} 为例，其缺陷反应如下：

$$O_O \longrightarrow \frac{1}{2}O_2(g)+V_O^{\cdot\cdot}+2e' \tag{7-72}$$

则
$$[V_O^{\cdot\cdot}]=\left(\frac{1}{4}\right)^{\frac{1}{3}}p_{O_2}^{-\frac{1}{6}}\exp\left(-\frac{\Delta G_f}{3RT}\right) \tag{7-73}$$

故同样可得出与式（7-71）类似的关系。

有时氧离子空位是由杂质决定的，例如 ZrO_2 添加 CaO 时，$[V_O^{\cdot\cdot}]=[Ca''_{Zr}]$，此时 $[V_O^{\cdot\cdot}]$ 就不与温度和氧分压有关了。则：

$$D_r=\alpha a_0^2\nu_0[Ca''_{Zr}]\exp\left(\frac{\Delta S^*}{R}\right)\exp\left(-\frac{\Delta H^*}{RT}\right) \tag{7-74}$$

即活化能 $Q=\Delta H^*$，在这种条件下的扩散为杂质扩散或非本征扩散。但随温度升高，则产生热缺陷，这时由杂质扩散转变为本征扩散，即 $[V_O^{\cdot\cdot}]$ 与温度和氧分压都有关了。可见两种扩散的活化能是不同的，并在 $\ln Dr$-$1/T$ 曲线上出现转折点。

7.3.4 扩散系数的测定

由于扩散过程在材料生产、研究和应用上的重要性，促进了对它的广泛研究。几乎所有测定扩散系数的方法，都是基于研究试样中的扩散物质的浓度分布对于扩散退火时间和温度的依从关系。由于测定浓度可以借助于化学的、物理的和物理化学的等不同手段，从而发展了各种不同测定研究方法。利用同位素进行示踪扩散的方法具有灵敏度高、适用性广和方法简单等优点，而日益广泛被采用。

示踪扩散方法的原理是在一定尺寸试样的端面涂上一定量放射性同位素薄层，经一定温度下退火处理后，进行分层切片，利用计数器分别测定依序切下的各薄层的同位素放射性强度来确定其浓度分布。

一般认为，示踪原子是均匀地分布在扩散介质中的，因此，每一次切下的试样层其辐射的比放射强度 $I(x)$ 是比例于所求的渗入层的扩散物质浓度。于是可把它作为无限薄层定量扩散质由试样表面向半无限长试样内部作一维扩散的问题处理。也就是说，在这种扩散中，扩散物质的总量是恒定的，所以随着扩散时间的增加，一方面同位素原子自端面向内扩散的深度 x 增加；另一方面涂在端面的同位素浓度不断降低，即端面上浓度和扩散深度同时发生变化。

在这种情况下，边界条件就是同位素的总量 M 是常数，根据式（7-50），此时一维菲克第二定律的解为：

$$C(x,t)=\frac{M}{2\sqrt{\pi Dt}}\exp\left(-\frac{x^2}{4Dt}\right)$$

因此经 t 时间退火后，离开涂有放射性同位素薄层的试样端面不同距离切下的试样薄层，其比放射强度 $I(x,t)$ 为：

$$I(x,t)=\frac{K}{\sqrt{\pi Dt}}\exp\left(-\frac{x^2}{4Dt}\right) \tag{7-75}$$

式中　K——常数。

将上式两端取对数：

$$\ln I(x,t)=\ln\frac{K}{\sqrt{\pi Dt}}-\frac{x^2}{4Dt}=A-\frac{x^2}{4Dt} \tag{7-76}$$

用 $\ln C(x,t)$-x^2 作图得一直线，其斜率 $=-\frac{1}{4Dt}$，截距 $A=\ln\frac{K}{\sqrt{\pi Dt}}=\ln\frac{M}{2\sqrt{\pi Dt}}$，由此即可求出扩散系数 D，如图 7-23 所示。

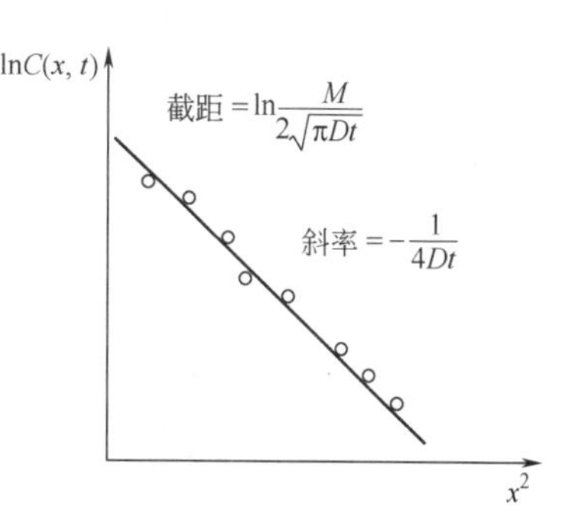

图 7-23　lnC 与 x^2 的关系曲线

如果所用的示踪原子与扩散介质同一组成，则测得的 D 称为示踪扩散系数。当加入的示踪原子量很少（通常如此）时，可以认为扩散是无序的，故该 D 值也相当于自扩散系数。

7.4　多元系统的扩散

实际接触到的系统多数是多元系统，在多元系统中，往往存在着几种离子同时进行的扩散。根据扩散的定义，由于各种离子的浓度梯度或化学位梯度不同，其扩散系数也各不相同。用菲克定律描述多元系统的扩散问题时，其形式和符号的含义也会有所变化。菲克定律中的扩散系数 D 反映了扩散系统的特性，并不仅仅取决于某一种组元的特性。例如，CoO 和 NiO 在高温相互作用时，Co^{2+} 会扩散到 NiO 晶格中，同时 Ni^{2+} 也会扩散到 CoO 晶格中，这是一个二元系统的扩散问题。如果按简单的菲克定律求解它们的扩散通量 J，则公式中的扩散系数就不能采用 Co^{2+} 或 Ni^{2+} 的自扩散系数。因为这时扩散是在氧基质中由两种离子同时进行的，严格来说是处在化学位梯度条件下进行的。按菲克定律应有 $J_{Co^{2+}}=\widetilde{D}\frac{dc_{Co^{2+}}}{dx}$，$J_{Ni^{2+}}=\widetilde{D}\frac{dc_{Ni^{2+}}}{dx}$。式中，$\widetilde{D}$ 是存在化学位梯度时的扩散系数，称为互扩散系数（或有效扩散系数、化学互扩散系数、综合扩散系数等），可用热力学方法求出。下面分别介绍多元系统的分扩散系数和互扩散系数。

扩散动力学方程式建立在大量扩散质点作无规布朗运动的统计基础之上，唯象地描述了扩散过程中扩散质点所遵循的基本规律。但是在扩散动力学方程式中并没有明确地指出扩散的推动力是什么，而仅仅表明在扩散体系中出现定向宏观物质流是存在浓度梯度条件下大量扩散质点无规则布朗运动（非质点定向运动）的必然结果。显然，经验告诉人们，即使体系不存在浓度梯度，而当扩散质点受到某一力场的作用时也将出现定向物质流。因此浓度梯度显然不能作为扩散推动力的确切表征。根据广泛适用的热力学理论，扩散过程的发生与否将与体系中化学位有根本的关系。物质从高化学位流向低化学位是一普遍规律。因此表征扩散推动力的应是化学位梯度。一切影响扩散的外场（电场、磁场、应力场等）都可统一于化学位梯度之中，且仅当化学位梯度为零时，系统扩散方可达到平衡。下面将以化学位梯度概念建立扩散系数的热力学关系，即能斯特-爱因斯坦（Nernst-Einstein）公式。

设 μ_1、μ_2 分别表示多元系统中距离为 δx 的任意两点 1 和 2 的化学位。设 $\mu_1>\mu_2$，这时 1mol$i$ 组元从 1 点扩散到 2 点时系统自由焓的变化可写成如下级数：

$$\Delta G=\mu_1-\mu_2=\frac{\partial\mu}{\partial x}\delta x+\frac{\partial^2\mu}{\partial x^2}\times\frac{\delta x^2}{2!}+\cdots \tag{7-77}$$

在一级近似条件下可仅取第一项。$\frac{\partial\mu}{\partial x}$是力的单位，也称化学位梯度，故作用在 i 组元的一个粒子上的扩散推动力 f_i 以及在 f_i 作用下的粒子平均迁移速度 v_i 分别为：

$$f_i=-\frac{1}{N_0}\times\frac{\partial\mu_i}{\partial x} \tag{7-78}$$

$$v_i=-\frac{B_i}{N_0}\times\frac{\partial\mu_i}{\partial x}\quad 或\quad B_i=\frac{v_i}{\frac{1}{N_0}\times\frac{\partial\mu_i}{\partial x}} \tag{7-79}$$

式中 B_i——在单位作用力（$f_i=1$）作用下的平均迁移速度，称为绝对迁移率；

N_0——阿伏伽德罗常数；

μ_i——i 组元的化学位。

若 i 组元的粒子浓度为 C_i，则扩散通量 J_i 为：

$$J_i=-C_i\frac{B_i}{N_0}\times\frac{\partial\mu_i}{\partial x} \tag{7-80}$$

因为化学位是温度、压力以及外部参量（如电场、应力场等）的函数。对于等温、等压下的理想溶液系统则有：

$$\mu_i=\mu_{i0}+RT\ln a_i \tag{7-81}$$

式中，μ_{i0} 为 i 组元折合到 1mol 纯物质的自由焓；a_i 为 i 组元的活度。

因为活度系数 $\gamma_i=\frac{a_i}{C_i}$，代入式（7-80）得：

$$J_i=-C_i\frac{B_i}{N_0}RT\frac{\partial}{\partial x}\ln a_i=-C_i\frac{B_i}{N_0}RT\frac{\partial}{\partial x}(\ln\gamma_i+\ln C_i)=-B_ikT\left(1+\frac{\partial\ln\gamma_i}{\partial\ln C_i}\right)\frac{\partial C_i}{\partial x} \tag{7-82}$$

与菲克第一定律$\left(J_i=-D_i\dfrac{\partial C_i}{\partial x}\right)$比较得：

$$D_i=B_ikT\left(1+\frac{\partial \ln\gamma_i}{\partial \ln C_i}\right) \tag{7-83}$$

式中 $\left(1+\dfrac{\partial \ln\gamma_i}{\partial \ln C_i}\right)$——扩散系数的热力学因子。

对于理想溶液或纯组分，$\gamma_i=1$，热力学因子亦等于 1。则：

$$D_i=D_i^*=B_ikT \tag{7-84}$$

对于非理想溶液：

$$D_i=D_i^*\left(1+\frac{\partial \ln\gamma_i}{\partial \ln C_i}\right) \tag{7-85}$$

式中 D_i——i 组元在多元系统中的分扩散系数（亦称偏扩散系数）；

D_i^*——i 组元在多元系统中的自扩散系数。

式（7-83）为扩散系数的一般热力学关系，称为能斯特-爱因斯坦（Nernst-Einstein）公式，它表明扩散系数直接和原子迁移度 B_i 成比例。

非理想混合体系中存在两种情况：①当$\left(1+\dfrac{\partial \ln\gamma_i}{\partial \ln C_i}\right)>0$，此时 $D_i>0$，称为正常扩散，其物质流将由高浓度处流向低浓度处，扩散结果使溶质趋于均匀化；②当$\left(1+\dfrac{\partial \ln\gamma_i}{\partial \ln C_i}\right)<0$，此时 $D_i<0$，称为反常扩散或逆扩散，扩散结果使溶质偏聚或分相。逆扩散在无机非金属材料领域中也是一种时常可见的扩散，如固溶体中有序无序相变、玻璃在旋节区（spinodal range）分相以及晶界上选择性吸附过程、某些质点通过扩散而富集于晶界上等过程都与质点的逆扩散相关。

在多元系统中，扩散的特点是各组元有自己的分扩散系数，并服从能斯特-爱因斯坦公式。对于二元系统可有：

$$D_1=D_1^*\left(1+\frac{\partial \ln\gamma_1}{\partial \ln C_1}\right),\ D_2=D_2^*\left(1+\frac{\partial \ln\gamma_2}{\partial \ln C_2}\right) \tag{7-86}$$

根据溶液热力学中的吉布斯-杜海姆方程可得：

$$\frac{\partial \ln\gamma_1}{\partial \ln C_1}=\frac{\partial \ln\gamma_2}{\partial \ln C_2} \tag{7-87}$$

则

$$\frac{D_1}{D_1^*}=\frac{D_2}{D_2^*} \tag{7-88}$$

可见在多元系统中，分扩散系数的差异只取决于自扩散系数的差异。

对于 CoO 和 NiO 在高温时的相互扩散过程，由于这两者能形成固溶体（Co,Ni)O，此过程的实质是 Co^{2+} 和 Ni^{2+} 在固定的氧离子基质中的扩散，其互扩散系数 $\widetilde{D}=D_{Ni}N_{Co}+D_{Co}N_{Ni}$，利用式（7-85）、式（7-87）得：

$$\widetilde{D}=(D_{Ni}^*N_{Co}+D_{Co}^*N_{Ni})\left(1+\frac{d\ln\gamma_{Co}}{d\ln N_{Co}}\right) \tag{7-89}$$

式中 N_{Co}，N_{Ni}——Co^{2+}、Ni^{2+} 的摩尔分数；

D_{Co}^*，D_{Ni}^*——Co^{2+}、Ni^{2+} 的自扩散系数。

由于此固溶体近似于理想溶液，故有：

$$\widetilde{D}=N_{Co}D_{Ni}^{*}+(1-N_{Co})D_{Co}^{*} \tag{7-90}$$

图 7-24(a) 是按式 (7-90) 计算的 $\widetilde{D}$ 值与实测值比较；图 7-24(b) 是 ^{60}Co 和 ^{57}Ni 在 (Co,Ni)O 晶体中的示踪扩散系数。可以看到，式 (7-90) 关系与实测结果是良好一致的。图 7-25 示出几种特定组成的氧化物的互扩散系数。

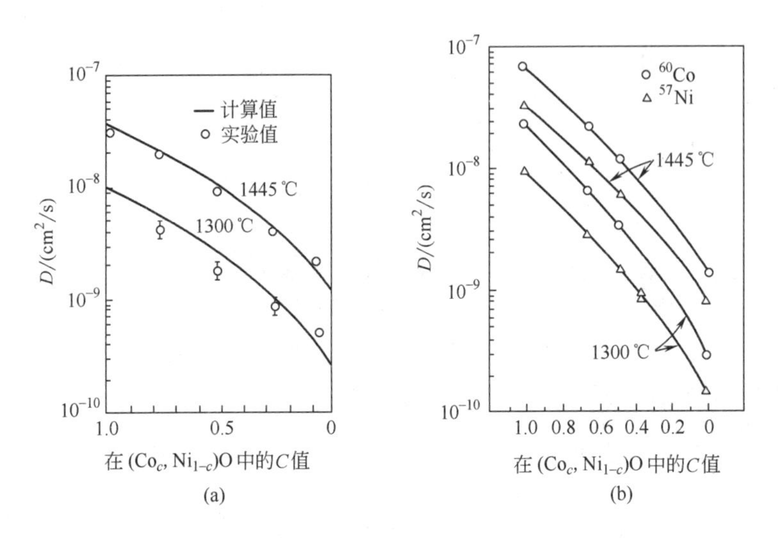

图 7-24 (Co,Ni)O 晶体中的互扩散

(a) 在 1300℃和 1445℃的空气介质中相互扩散系数计算值与实测值比较

(b) 在 (Co,Ni)O 晶体中 ^{60}Co、^{57}Ni 的示踪扩散系数

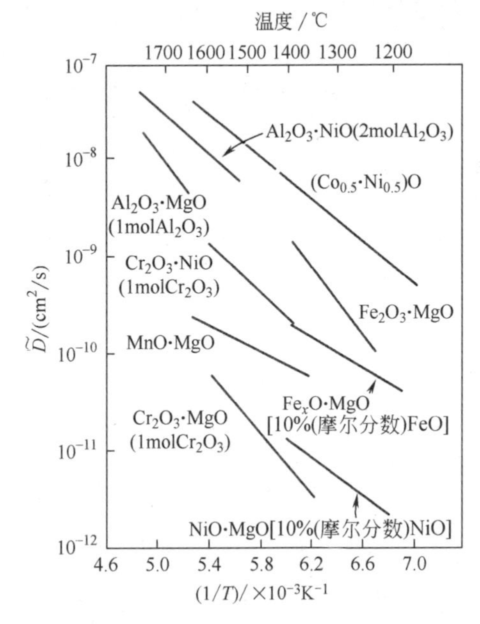

图 7-25 几种特定氧化物的互扩散系数

7.5 影响扩散系数的因素

扩散是一个基本的动力学过程，对材料制备、加工中的性能变化及显微结构形成以及材

料使用过程中性能衰减起着决定性的作用，对相应过程的控制，往往从影响扩散速度的因素入手来控制，因此，掌握影响扩散的因素对深入理解扩散理论以及应用扩散理论解决实际问题具有重要意义。

扩散系数是决定扩散速度的重要参量。讨论影响扩散系数因素的基础常基于式（7-64）：

$$D=D_0\exp\left(-\frac{Q}{RT}\right)$$

从数学关系上看，扩散系数主要取决于温度和活化能，表现在函数关系中，其他一些因素则隐含于 D_0 和 Q 中。这些因素可分为外在因素和内在因素两大类：外在因素包括温度、杂质（第三组元）、气氛等；内在因素则有固溶体类型、扩散物质及扩散介质的性质与结构、结构缺陷如表面、晶界、位错等。

7.5.1 温度的影响

在固体中原子或离子的迁移实质是一个热激活过程。因此，温度对于扩散的影响具有特别重要的意义。一般而言，在其他条件一定时，扩散系数 D 与温度 T 的关系都服从式（7-64）所示的指数规律，即 $\ln D$ 与 $1/T$ 呈线性关系，直线与纵坐标的截距为 $\ln D_0$，直线的斜率为 $-Q/R$。一些离子在各种氧化物中的扩散系数与温度的关系示于图 7-26，结合式（7-64）可求出相应扩散活化能 Q。Q 值越大，说明扩散系数越敏感于温度的影响。扩散活化

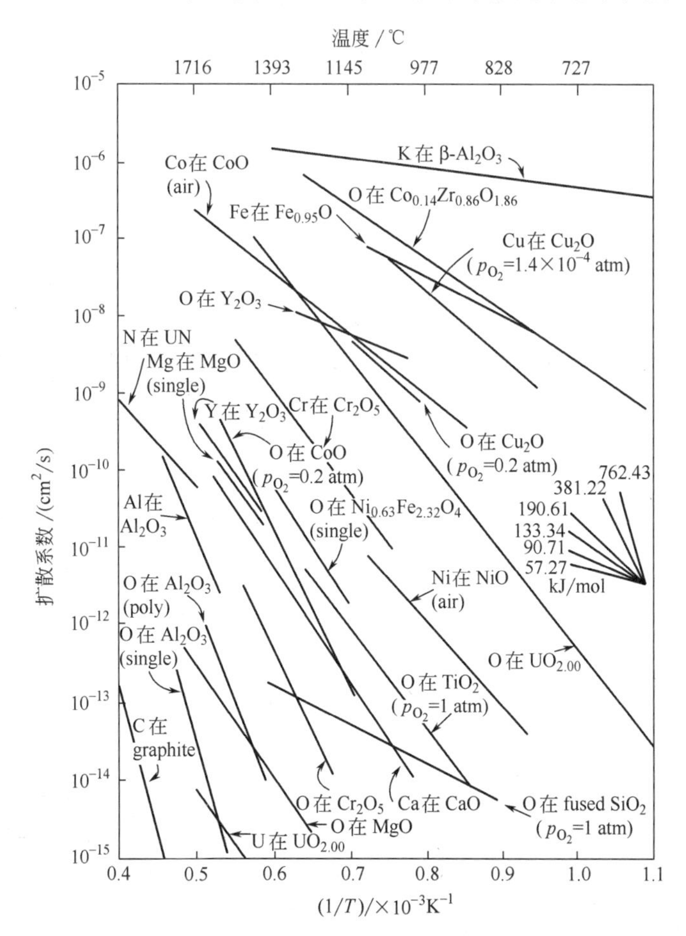

图 7-26 扩散系数与温度的关系

能受到扩散物质和扩散介质性质以及杂质和温度等的影响。对于大多数实用晶体材料，由于其或多或少含有一定量的杂质以及具有一定的热历史，因而温度对其扩散系数的影响往往不完全像图 7-26 所示的那样，$\ln D$ 与 $1/T$ 均呈直线关系，而可能出现曲线或在不同温度区间出现不同斜率的直线段。显然，这一变化主要是由于活化能随温度改变所引起的。

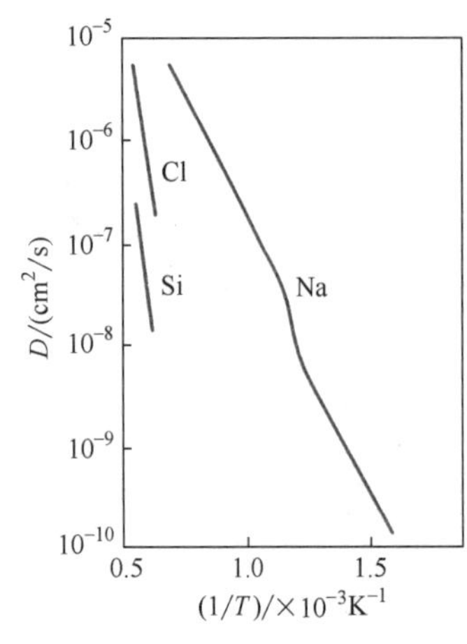

图 7-27 硅酸盐玻璃中阳离子的扩散系数

扩散系数对温度是非常敏感的，在固相线附近，对于置换型固溶体 D 为 $10^{-9}\sim10^{-8}cm^2/s$，间隙型固溶体 D 为 $10^{-6}\sim10^{-5}cm^2/s$；而在室温时分别为 $10^{-50}\sim10^{-20}cm^2/s$ 及 $10^{-30}\sim10^{-10}cm^2/s$ 数量级。因此，实际扩散过程，特别是置换型固溶体的扩散过程，只能在高温下进行，在室温下是很难进行的。

温度和热历史对扩散影响的另一种方式是通过改变物质结构来达成。例如在硅酸盐玻璃中网络变性离子 Na^+、K^+、Ca^{2+} 等在玻璃中的扩散系数，随玻璃热历史有明显差别。在急冷玻璃中扩散系数一般高于同组成充分退火玻璃中的扩散系数，两者可相差一个数量级或更多，这可能与玻璃中网络结构疏密程度有关。图 7-27 给出硅酸盐玻璃中 Na^+ 随温度升高而变化的规律，中间的转折应与玻璃在反常区间结构变化相关。对于晶体材料，温度和热历史对扩散也可以引起类似的影响。如晶体从高温忽冷时，高温时所出现的高浓度肖特基空位将在低温下保留下来，并在较低温度范围内显示出非本征扩散。

7.5.2 杂质（第三组元）的影响

利用杂质（第三组元）对扩散的影响是人们改善扩散的主要途径。一般而言，均匀晶体中高价阳离子的引入可造成晶格中出现阳离子空位并产生晶格畸变，活化能降低，从而使阳离子扩散系数增大。且当杂质含量增加，非本征扩散与本征扩散温度转折点升高，这表明在较高温度时杂质扩散仍超过本征扩散。然而，若所引入的杂质与扩散介质形成化合物，或发生淀析，则将导致扩散粒子附加上键力，使扩散活化能升高，扩散速度下降。当杂质质点与结构中部分空位发生缔合，往往会使结构中总空位浓度增加而有利于扩散。如 KCl 中引入 $CaCl_2$，倘若结构中 $Ca_K^{\cdot}$ 和部分 V_K' 之间发生缔合，则总的空位浓度 $[V_K']_\Sigma=[V_K']+(Ca_K^{\cdot}V_K')$。因此，杂质对扩散的影响必须考虑晶体结构缺陷缔合、晶格畸变等众多因素，情况较为复杂。

7.5.3 气氛的影响

气氛的影响与扩散物质和扩散介质的组成以及扩散机构有关，如式（7-71）等所示的氧分压对扩散的影响关系就是一例。

7.5.4 固溶体类型的影响

对于形成固溶体系统，则固溶体结构类型对扩散有着显著的影响。间隙型固溶体比置换型固溶体容易扩散，因为间隙扩散机构的扩散活化能小于置换型扩散。间隙型固溶体中间隙原子已位于间隙位置，而置换型固溶体中溶质原子通过空位机构扩散时，需要首先形成空位，因而活化能高。H、C 和 N 在 α-Fe 中形成间隙型固溶体，它们的扩散活化能分别为 8.2kJ/mol、85.4kJ/mol、76.2kJ/mol，而置换型固溶体的扩散活化能大多在 180～340kJ/mol

范围之内，多数的 Q 约为 250kJ/mol。在置换型固溶体中，组元原子间尺寸差别越小，电负性相差越大，亲和力越强，则扩散越困难。

7.5.5 扩散物质性质与结构的影响

7.5.5.1 扩散粒子与扩散介质性质间差异

一般来说，扩散粒子性质与扩散介质性质间差异越大，扩散系数也越大。这是因为当扩散介质原子附近的应力场发生畸变时，就较易形成空位和降低扩散活化能而有利于扩散。故扩散原子与介质原子间性质差异越大，引起应力场的畸变也越强烈，扩散系数也就越大。表7-4列出若干金属原子在铅中的扩散系数，可以看出当扩散元素与铅所属的周期表第Ⅳ族相隔越远，活化能越低。

表 7-4 若干金属在铅中的扩散系数

扩散元素	原子半径/nm	在铅中的溶解度(极限,原子分数)/%	扩散元素的熔化温度/℃	扩散系数/(cm²/s)
Au	0.144	0.05	1063	4.6×10^{-5}
Ti	0.171	79	303	3.6×10^{-10}
Pb(自扩散)	0.174	100	327	7×10^{-11}
Bi	0.182	35	271	4.4×10^{-10}
Ag	0.144	0.12	960	9.1×10^{-8}
Cd	0.152	1.7	321	2×10^{-9}
Sn	0.158	2.9	232	1.6×10^{-10}
Sb	0.161	3.5	630	6.4×10^{-10}

7.5.5.2 化学键性质及键强

不同的固体材料其构成晶体的化学键性质不同，因而扩散系数也就不同。在金属键、离子键或共价键材料中，空位扩散机构始终是晶粒内部质点迁移的主导方式。因空位扩散活化能由空位形成能 ΔH_f 和质点迁移能 ΔH^* 构成，故活化能常随质点间结合力的增大而增加。从扩散的微观机构也可以看到，质点迁移到新位置上去时，必须挤开通路上的质点引起局部的点阵畸变，也就是说要部分地破坏质点结合键才能通过。因此，质点间键力越强，扩散活化能 Q 值越高。同时也可以预期，反映质点结合能的宏观参量，如熔点 T_m、熔化潜热 L_m、升华潜热 L_s 和膨胀系数 α 等，与扩散活化能 Q 成正比关系。遵循下面的经验关系：

$$Q=32T_m \text{ 或 } Q=40T_m, Q=16.5L_m, Q=0.7L_s, Q=2.4/\alpha \tag{7-91}$$

但当间隙质点比晶格质点小得多或晶格结构比较开放时，间隙扩散机构将占优势。例如氢、碳、氮、氧等原子在多数金属材料中依间隙机构扩散，又如在萤石 CaF_2 结构中 F^- 和 UO_2 中的 O^{2-} 也依间隙机构进行迁移。则在这种情况下，质点迁移的活化能与材料的熔点等宏观参量无明显关系。

在共价键晶体中，由于成键的方向性和饱和性，它较金属晶体和离子晶体是较开放的晶体结构。但正因为成键方向性的限制，间隙扩散不利于体系能量的降低，而且表现出自扩散活化能通常高于熔点相近金属的活化能。例如，虽然 Ag 和 Ge 的熔点仅相差几度，但 Ge 的自扩散活化能为 289kJ/mol，而 Ag 的活化能只有 184kJ/mol。显然，共价键的方向性和饱和性对空位的迁移是有强烈影响的。一些离子晶体材料中离子的扩散活化能列于表 7-5 中。

表 7-5 一些离子晶体材料中离子的扩散活化能

扩散离子/离子晶体	扩散活化能/(kJ/mol)	扩散离子/离子晶体	扩散活化能/(kJ/mol)
Fe^{2+}/FeO	96	$O^{2-}/NiCr_2O_4$	226
O^{2-}/UO_2	151	Mg^{2+}/MgO	348
U^{4+}/UO_2	318	Ca^{2+}/CaO	322
Co^{2+}/CoO	105	Be^{2+}/BeO	477
Fe^{2+}/Fe_3O_4	201	Ti^{4+}/TiO_2	276
$Cr^{3+}/NiCr_2O_4$	318	Zr^{4+}/ZrO_2	389
$Ni^{2+}/NiCr_2O_4$	272	O^{2-}/ZrO_2	130

7.5.5.3 扩散介质结构

通常扩散介质结构越紧密，扩散越困难，反之亦然。例如在一定温度下，锌在具有体心立方点阵结构（紧密度较小）的β-黄铜中的扩散系数大于具有面心立方点阵结构（紧密度较大）的α-黄铜中的扩散系数。同样，同一物质在晶体中的扩散系数要比在玻璃或熔体中小几个数量级，而同一物质在不同的玻璃中的扩散系数随玻璃密度而变化。如氦原子在石英玻璃中的扩散远比在钠钙玻璃中容易，因为后者比前者结构更为紧密。

Stokes-Einstein 方程揭示了黏性物质黏度对粒子扩散系数的影响：

$$D=\frac{kT}{6\pi\eta r} \tag{7-92}$$

式中 D——扩散系数；

r——扩散粒子半径；

η——扩散介质黏度；

k——玻耳兹曼常数；

T——热力学温度。

由式（7-92）可知，扩散介质黏度越小，粒子越容易扩散。

7.5.6 结构缺陷对扩散的影响

以上讨论的都限于原子（或缺陷）通过晶格的扩散或体积扩散。实际上，处于晶体表面、晶界和位错处的原子位能总高于正常晶格上的原子，它们扩散所需的活化能也较小，相应的扩散系数较大。因此晶界、表面和位错往往会成为原子（或缺陷）扩散的快速通道，从而对扩散速度产生重要的影响。

7.5.6.1 表面与界面

考虑到沿界面扩散的通量 J 可以用下式表示：

$$J=-Df_e\frac{\mathrm{d}c}{\mathrm{d}x} \tag{7-93}$$

此处 f_e 是对一个已知扩散机构中，扩散界面占总面积的有效分数。对纯体积扩散，$f_e=1$。如有界面扩散参与，情况就不同了。如图 7-28 所示，表面扩散发生在厚度为 δ 的区域内，其中 $f_e=2\delta/r$。因 δ 值通常约为 0.5nm，故对 $r=10^{-2}$m 的棒，$f_e=10^{-7}$。尽管在高温时，界面扩散系数较体积扩散系数一般约大 10^4，相比之下，通过表面的扩散通量仍只占不大的部分（约占 10^{-3}）而可忽略。只有当该试棒或晶粒尺寸小到 10μm 以下，表面扩散才和体积扩散具有相同程度的重要或更为重要，在这样小的情况下，弯曲表面引起的额外推动力也将变得重要了。

表面扩散在催化、腐蚀与氧化、粉末烧结、气相沉积、晶体生长、核燃料中的气泡迁移等方面均起重要作用。

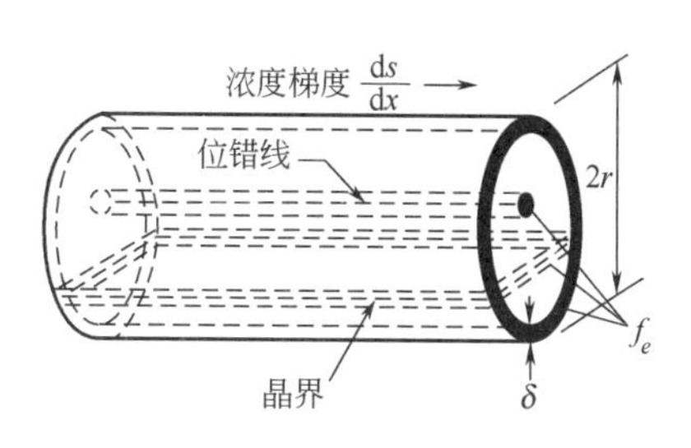

图 7-28 在晶体表面、晶界和位错线扩散时有效扩散面积示意图

7.5.6.2 位错

位错对扩散的效应，一般仅在温度相当低时才能觉察到。如图 7-28 所示的位错线，其 $f_e=(\delta/r)^2$。若 $r=10^{-2}$m，则 $f_e=10^{-5}$，当位错密度较高，如达到 10^7 条，则 $f_e\approx10^{-8}$。所以，高温时沿位错线的扩散通量是很小的。但位错扩散系数和自扩散系数之比 D_d/D 是随温度降低而增大的。只有当温度较低，位错密度足够大时，位错扩散的贡献才能与体积扩散相比拟而显得重要。

7.5.6.3 晶界

晶界扩散现象是更为复杂的。多晶材料由不同取向的晶粒相接合而构成，于是晶粒与晶粒之间存在原子排列非常紊乱、结构非常开放的晶界区域。有人用 Ni^{2+} 扩散到 MgO 双晶及其多晶试样，以研究晶界对扩散的影响，发现沿 NiO 晶界法线方向两边晶粒体内渗透的速度，明显地随晶粒尺寸而变化。从图 7-29 可见，晶粒尺寸越小，渗入的深度和浓度也越大，说明晶界对扩散的影响也随之加剧。

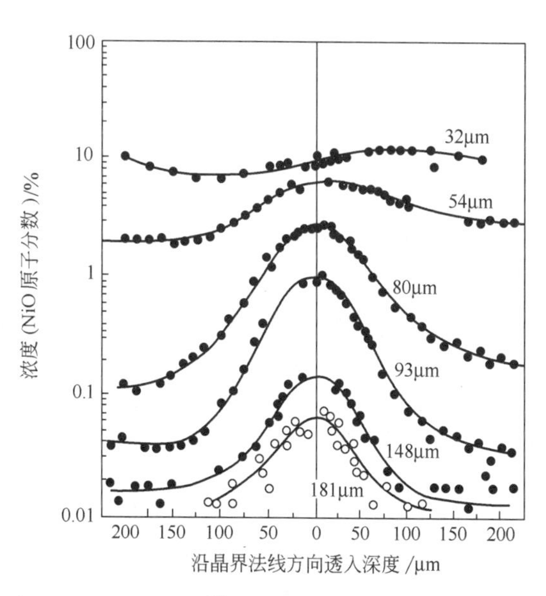

图 7-29 Ni^{2+} 沿 MgO 晶界法线方向透入深度的浓度分布图

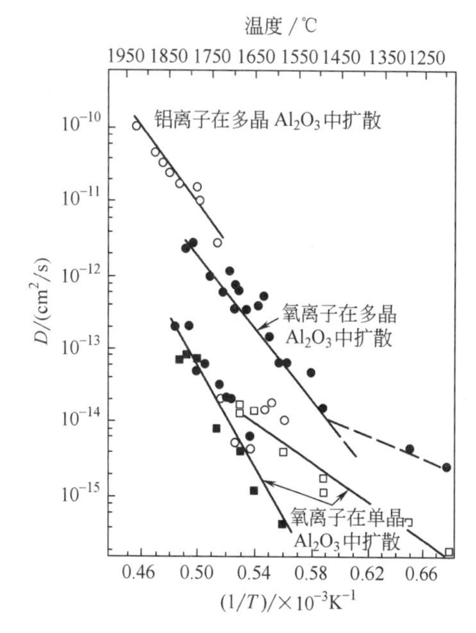

图 7-30 O^{2-} 和 Al^{3+} 在氧化铝单晶和多晶中的自扩散系数

实验表明，在金属晶体或离子晶体中，原子或离子在晶界上的扩散远比在晶粒内部扩散来得快。图 7-30 是用富含 ^{18}O 的气相与 Al_2O_3 单晶和多晶进行氧扩散的实验结果，它清楚表明晶界使扩散加强。同样发现，在某些氧化物晶体材料的晶界对离子的扩散有选择性的增

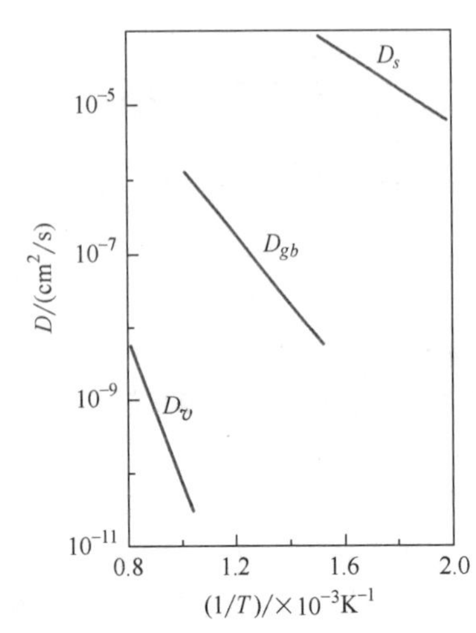

图 7-31　Ag 的晶格扩散系数 D_v、晶界扩散系数 D_{gb} 和表面扩散系数 D_s

强作用。例如在 Fe_2O_3、CoO、$SrTiO_3$ 材料中晶界或位错有增强 O^{2-} 扩散的作用；而在 BeO、UO_2、Cu_2O、(Zr，Ca) O_2 和钇铝石榴子石中则无此效应。反之，UO_2、$SrTiO_3$、(Zr,Ca)O_2 有加强正离子扩散的作用；而 Al_2O_3、Fe_2O_3、NiO 和 BeO 则没有。这种晶界扩散中仅有一种离子优先扩散的现象是和该组成晶粒的晶界电荷分布密切相关，即和晶界电荷符号相同的离子有优先扩散的加强作用。由此可见，这种晶界中过剩的离子迁移机构，似乎是晶界扩散加强效应的原因。若果真如此，那么异性杂质的浓度将影响晶界上电荷及其增加的离子的浓度。

图 7-31 表示了金属银中 Ag 原子在晶粒内部的晶格扩散系数 D_v、晶界区域的晶界扩散系数 D_{gb} 和表面区域的表面扩散系数 D_s 的比较。其活化能数值大小各为 193kJ/mol、85kJ/mol 和 43kJ/mol。显然活化能的差异与各种结构缺陷之间的差别是相对应的。

在离子型化合物中，一般规律为：

$$Q_s = 0.5Q_v \tag{7-94}$$

$$Q_{gb} = (0.6\sim0.7)Q_v \tag{7-95}$$

式中　Q_s，Q_{gb}，Q_v——表面扩散、晶界扩散和晶格内扩散的活化能。

$$D_s : D_{gb} : D_v = 10^{-7} : 10^{-10} : 10^{-14} \tag{7-96}$$

因此，晶面、表面、界面和位错处往往成为原子扩散的快速通道，称这几种扩散为短路扩散。温度较低时，短路扩散起主要作用；温度较高时，点阵内部扩散起主要作用。温度较低且一定时，晶粒越细，扩散系数越大，这是短路扩散在起作用。

本章小结

固体中的扩散是极具研究和应用价值的动力学现象，对固体材料中其他动力学过程的进行及控制具有决定性作用，对材料加工过程中显微结构的形成及材料使用过程中的性能变化具有重要影响，是一个基本的动力学过程。研究固体中扩散的基本规律对认识材料的性质，制备和生产具有一定性能的材料均有十分重大的意义。

根据扩散机构，如果材料内部存在浓度梯度，其质点就会通过固体材料运动，特别是在高温下更是如此。晶格中原子或离子的扩散是晶体中发生物质输运的基础。无机材料的相变、固相反应、烧结，金属的真空熔炼、高温下的蠕变以及金属的腐蚀、氧化，粉末冶金及扩散连接等都包含扩散过程。此外，用于材料显微结构或组织结构及材料性能控制的许多处理工艺及强化机制，都受扩散过程的控制。材料使用期间，特别是高温下使用时，其结构及性能的稳定性也取决于扩散。通过有意识地控制扩散过程的进行，可以形成非平衡相，从而制备出许多性能优异的材料。

固相反应

固相反应是无机固体材料高温过程中一个普遍的物理化学现象，是一系列合金、传统硅酸盐材料以及各种新型无机材料生产所涉及的基本过程之一。由于固体的反应能力比气体和液体低很多，在较长时间内人们对它的了解和认识甚少。尽管像铁中渗碳这样的固相反应过程人们早就了解并加以应用，但系统的研究工作却只是 20 世纪 30~40 年代以后的事。在固相反应研究领域，泰曼（Tammann）及其学派在合金系统方面，海德华（Hedvall）、扬德（Jander）以及瓦格纳（Wagner）等在非合金系统方面的工作占有重要地位。

如今，固相反应已成为固体材料制备过程中的基础反应，它直接影响材料的生产过程、产品质量及材料的使用寿命。鉴于与一般气、液相反应相比，固相反应在反应机理、动力学和研究方法方面都具有特点。因此，本章将着重讨论固相反应的机理及动力学关系推导及其适用的范围，分析影响固相反应的因素。

8.1 固相反应的分类与特征

8.1.1 固相反应的分类

固相反应是固体直接参与反应并发生化学变化，同时至少在固体内部或外部的一个过程中起控制作用的反应。固相反应可按各种观点分类，有些分类之间有相互交叉的现象。

按反应物的组成变化方面分类：其一是参与反应的固体中发生了组成变化，如固体和气体、液体、固体的反应，热分解反应等；其二是参与反应的固体中不发生组成变化，如相变、烧结等。

按固体中成分的传输距离来分类，可分为：短距离传输反应，如相变等；长距离传输反应，如固体和气体、液体、固体间的反应，烧结等；介于上述两者之间的反应，如固相聚合等。

按参加反应的物质的状态可分为：纯固相反应，即没有液相和气相参加的反应，如 $A(s)+B(s)\longrightarrow AB(s)$；有液相参加的反应，如反应物熔化、两反应物生成低共熔物、反应物与产物生成低共熔物；有气相参加的反应，如反应物升华、反应物分解生成气体产物。其中，纯固相反应又可分为相变反应（转变反应）、固溶反应、脱（离）溶反应。离溶反应是把固溶体放在低于其生成温度的低温条件下，离析出其他相的反应，如 Al_2O_3 溶入 $MgO\text{-}Al_2O_3$ 尖晶石形成 $MgO\text{-}nAl_2O_3$，离溶后析出 Al_2O_3，直到平衡值为止，使 n 值变小。

按反应性质可分为：氧化反应、还原反应、加成反应、置换反应、转变反应、分解反应。

按反应机理可分为：扩散控制的固相反应、化学反应速率控制的固相反应、升华控制的固相反应等。

按生成物的位置可分为：成层固相反应，通过产物层进行传输得到层状产物层，如 $MgO-Al_2O_3$ 系统；非成层固相反应，既有通过产物层的物质传输，又有其他的物质传输，如 $Al_2O_3-TiO_2$ 系统。

8.1.2 固相反应的特征

我们知道，即使在较低温度下，固相中质点也可能扩散迁移，并且随温度升高，扩散速度以指数规律增长。泰曼最早研究了 CaO、MgO、PbO 和 CuO 与 WO_3 的反应。他分别让两种氧化物的晶面彼此接触并加热，发现在接触界面上生成着色的钨酸盐化合物，其厚度 x 与反应时间 t 成对数关系（$x=K\ln t+C$）。确认固态物质间可以直接进行反应。基于研究结果，泰曼认为：①固态物质间的反应是直接进行的，气相或液相没有或不起重要作用；②固相反应开始温度远低于反应物的熔点或系统的低共熔温度，通常相当于一种反应物开始呈现显著扩散作用的温度，此温度称为泰曼温度或烧结温度 T_s，不同物质的泰曼温度 T_s 与其熔点 T_m 之间存在着一定的关系，例如对于金属为 $(0.3\sim0.4)T_m$，盐类和硅酸盐则分别约为 $0.57T_m$ 和 $(0.8\sim0.9)T_m$；③当反应物之一存在有多晶转变时，则转变温度通常也是反应开始明显进行时的温度，这一规律称为海得华定律。

泰曼的观点长期以来一直为学术界所普遍接受，并且将固体和固体反应生成固体产物的过程称为固相反应。但随着生产和科学实验的进展，发现许多固相反应的实际速度远比按泰曼理论计算的结果为快。有些反应（如 MoO_3 与 $CaCO_3$ 等）即使反应物间不直接接触也仍可能较强烈地进行。因此，金斯特林格等提出，固相反应中，反应物可能转为气相或液相，然后通过颗粒外部扩散到另一固相的非接触表面上进行反应。指出了气相或液相也可能对固相反应过程起重要作用。显然，这种作用取决于反应物的挥发性和系统的低共熔温度。可见，固相反应除固体间的反应外，也包括有气相、液相参与的反应。控制速度不仅限于化学反应，也包括扩散等物质迁移和传热等过程。如金属氧化，碳酸盐、硝酸盐和草酸盐等的热分解，黏土矿物的脱水反应，以及煤的干馏等反应均属于固相反应，并且有如下共同的特点：①固体质点（原子、离子或分子）间具有很大的作用键力，故固态物质的反应活性通常较低，速率较慢，而且固相反应总是发生在两种组分界面上的非均相反应，对于粒状物料，反应首先是通过颗粒间的接触点或面进行，随后是反应物通过产物层进行扩散迁移，使反应得以继续，因此，固相反应一般包括相界面上的反应和物质迁移两个过程；②在低温时，固体在化学上一般是不活泼的，因而固相反应通常需在高温下进行，而且由于反应发生在非均相系统，因而传热和传质过程都对反应速率有重要影响。伴随反应的进行，反应物和产物的物理化学性质将会变化，并且导致固体内部温度和反应物浓度分布及其物性的变化，这都可能对传热、传质和化学反应过程产生影响。

一切实际可以进行的纯固相反应，其反应几乎总是放热的，这一规律性的现象称为范特荷夫规则。此规则的热力学基础是因为对纯固相反应而言，反应的熵变 ΔS 往往很小以致趋于零。所以反应自由焓变化 $\Delta G\approx\Delta H$。而纯固相反应发生的热力学必要条件是 $\Delta G<0$，这样 $\Delta H<0$（即放热）的反应才能发生。对于有液相或气相参与的固相反应，ΔS 可以变得很大，因此范特荷夫规则不再适用。

8.2 固相反应机理

固相反应一般是由相界面上的化学反应和固相内的物质迁移两个过程构成。但不同类型的反应既表现出一些共性规律，也存在着差异和特点。

8.2.1 相界面上化学反应机理

傅梯格（Hlütting）研究了 ZnO 和 Fe_2O_3 合成的反应过程。图 8-1 示出加热到不同温度的反应化合物，经迅速冷却后分别测定的物性变化结果。图中横坐标是温度，而各种性质变化是对照 *O*-*O* 线的纵坐标标出的。综合各种性质随反应温度的变化规律，可把整个反应过程划分为 6 个阶段。

（1）隐蔽期　约低于 300℃。此阶段内吸附色剂能力降低，说明反应物混合时已经相互接触，随温度升高，接触更紧密，在界面上质点间形成了某些弱的键。在该阶段中，一种反应物“掩蔽”着另一种反应物，而且前者一般是熔点较低的。

（2）第一活化期　在 300～400℃ 之间。这时对 $2CO+O_2 \longrightarrow 2CO_2$ 反应的催化活性增强，吸湿性增强，但 X 射线分析结果尚未发现新相形成，密度无变化。说明初始的活化仅是表面效应，可能有的反应产物也是局部的分子表面膜，并具有严重缺陷，故呈现很大活性。

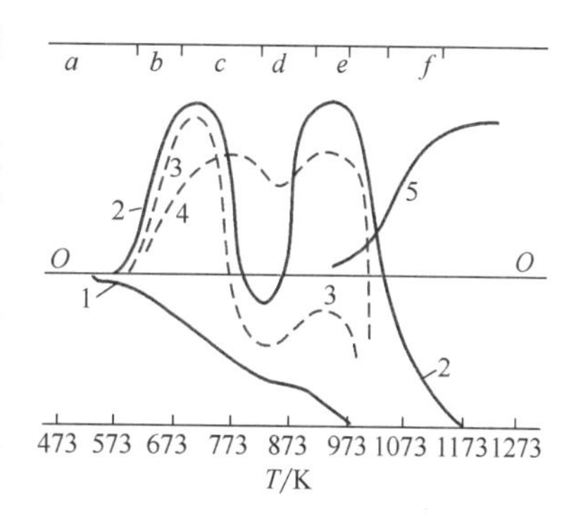

图 8-1　ZnO-Fe_2O_3 混合物加热过程中性质的变化

1—对色剂的吸附性；
2—对 $2CO+O_2 \longrightarrow 2CO_2$ 反应的催化活性；
3—物系的吸湿性；
4—对 $2N_2O \longrightarrow 2N_2+O_2$ 反应的催化活性；
5—X 射线图谱上 $ZnFe_2O_4$ 的强度

（3）第一脱活期　在 400～500℃之间。此时，催化活性和吸附能力下降。说明先前形成的分子表面膜得到发展和加强，并在一定程度上对质点的扩散起阻碍作用。不过，此作用仍局限在表面范围。

（4）二次活化期　在 500～620℃之间。这时，催化活性再次增强，密度减小，磁化率增大，X 射线谱上仍未显示出新相谱线，但 ZnO 谱线呈现弥散现象，说明 Fe_2O_3 渗入 ZnO 晶格，反应在整个颗粒内部进行，常伴随着颗粒表层的疏松和活化。此时反应物的分散度非常高，不可能出现新晶格，但可以认为晶核业已形成。

（5）二次脱活期或晶体形成期　在 620～750℃之间。此时，催化活性再次降低，X 射线谱开始出现 $ZnO \cdot Fe_2O_3$ 谱线，并由弱到强，密度逐渐增大。说明晶核逐渐成长，但结构上仍是不完整的。

（6）反应产物晶格校正期　约高于 750℃。这时，密度稍许增大，X 射线谱上 $ZnO \cdot Fe_2O_3$ 谱线强度增强，并接近于正常晶格的图谱。说明反应产物的结构缺陷得到校正、调整而趋于热力学稳定状态。

当然，对于不同反应系统，并不一定都划分成上述 6 个阶段。但都包括以下 3 个过程：①反应物之间的混合接触并产生表面效应；②化学反应和新相形成；③晶体成长和结构缺陷的校正。

反应阶段的划分主要取决于温度，因为在不同温度下，反应物质点所处的能量状态不同，扩散能力和反应活性也不同。对不同系统，各阶段所处的温度区间也不同。但是对应新相的形成温度都明显地高于反应开始温度，其差值称为反应潜伏温差，其大小随不同反应系统而异。例如上述的 $ZnO+Fe_2O_3$ 系统约为 300℃；$NiO+Al_2O_3$ 系统约为 250℃。当反应有气相或液相参与时，反应将不局限于物料直接接触的界面，而可能是沿整个反应物颗粒的自由表面同时进行。可以预期，这时固体与气体、液体之间的吸附和润湿作用将会有重要影响。

8.2.2 相界面上反应和离子扩散的关系

以尖晶石类三元化合物的生成反应为例进行讨论，尖晶石是一类重要的铁氧体晶体，如各种铁氧体材料是电子工业中的控制和电路元件，铬铁矿型 $FeCr_2O_4$ 的耐火砖大量地用于钢铁工业，因此尖晶石的生成反应是已被充分研究过的一类固相反应。反应式可以下式为代表：

$$MgO+Al_2O_3 \longrightarrow MgAl_2O_4 \tag{8-1}$$

这种反应属于反应物通过固相产物层扩散中的加成反应。Wagner 通过长期研究，提出尖晶石形成是由两种正离子逆向经过两种氧化物界面的扩散所决定，氧离子则不参与扩散迁移过程。按此观点，则在图 8-2 中，界面 S_1 上由于 Al^{3+} 扩散过来必有如下反应：

$$2Al^{3+}+4MgO \longrightarrow MgAl_2O_4+3Mg^{2+} \tag{8-2}$$

在界面 S_2 上，由于 Mg^{2+} 扩散通过 S_2 反应如下：

$$3Mg^{2+}+4Al_2O_3 \longrightarrow 3MgAl_2O_4+2Al^{3+} \tag{8-3}$$

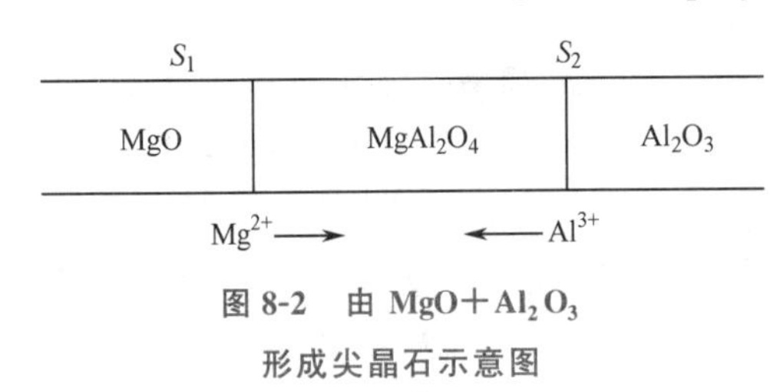

图 8-2 由 $MgO+Al_2O_3$ 形成尖晶石示意图

为了保持电中性，从左到右扩散的正电荷数目应等于从右扩散到左的电荷数目，这样每向右扩散 3 个 Mg^{2+}，必有 2 个 Al^{3+} 从右向左扩散。这结果必伴随一个空位从 Al_2O_3 晶粒扩散至 MgO 晶粒。显然，反应物的离子的扩散需要穿过相的界面以及穿过产物的物相。反应产物中间层形成之后，反应物离子在其中的扩散便成为控制这类尖晶石型反应速率的因素。当 $MgAl_2O_4$ 产物层厚度增大时，它对离子扩散的阻力将大于相界面的阻力。最后当相界面的阻力小到可以忽略时，相界面上就达到了局域的热力学平衡，这时实验测得的反应速率遵守抛物线定律。因为决定反应速率的是扩散的离子流，其扩散通量 J 与产物层的厚度 x 成反比，又与产物层厚度的瞬时增长速度 $\frac{dx}{dt}$ 成正比，所以可以有：

$$J \propto \frac{1}{x} \propto \frac{dx}{dt} \tag{8-4}$$

对此式积分便得到抛物线增长定律，我们将在后面详细讨论。

8.2.3 中间产物和连续反应

在固相反应中，有时反应不是一步完成，而是经由不同的中间产物才最终完成，通常称这类反应为连续反应。例如 CaO 和 SiO_2 的反应，尽管配料的摩尔比为 1∶1，但反应首先形成 C_2S、C_3S_2 等中间产物，最终才转变为 CS。其反应顺序和量的变化如图 8-3 所示。这一现象的研究在实际生产中是很有意义的，例如在电子陶瓷的生产中希望得到某种主晶相以满足电学性质的要求。但往往同一配方在不同烧成温度和保温时间下得到的物相组成相差很大，导致电学性能波动也很大。通过固相反应机理研究发现，上述差别是由于中间产物和多晶转变的存在所造成，因此需要的主晶相在什么温度下出现，要保温多长时间，便成为确定材料烧成制度的重要数据。通过X射线物相分析以及差热分析等测试手段可以获得上述数据。以独石电容器中铌镁酸铅系统为例，在该系统中，希望得到钙钛矿型的$Pb(Mg_{1/3}Nb_{2/3})O_3$主晶相，它属于铁电体。将PbO、Nb_2O_5、MgO三种氧化物按3∶1∶1的配比混匀，然后分别在837K、973K、1023K下烧结。再分别进行X射线分析，结果表明，在1023K的烧成温度下才出现了$Pb(Mg_{1/3}Nb_{2/3})O_3$的化合物；为了确定保温时间，可以在1023K的温度下保温不同时间，再做X射线衍射分析，当中间相的特征衍射线完全消失的时间就是比较理想的保温时间。差热分析则可以把化学反应或多晶转变的温度测得更精确些。如从上述配方的DTA曲线（图8-4）中可知，形成$Pb(Mg_{1/3}Nb_{2/3})O_3$的精确温度是1063K。

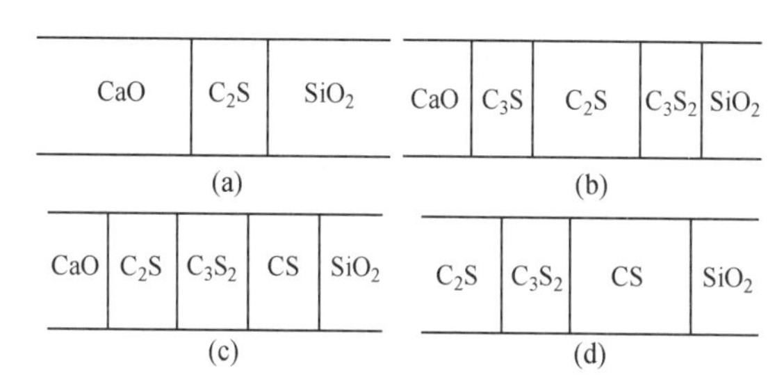

图8-3 CaO和SiO_2反应中间产物过程示意图

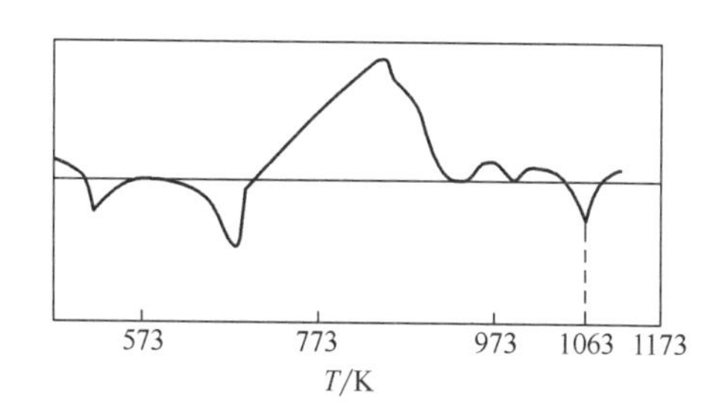

图8-4 PbO∶Nb_2O_5∶MgO＝3∶1∶1混合物的DTA曲线

8.2.4 不同反应类型和机理

对于众多的固相反应，通常可按反应物质的相形态或反应形式加以分类研究。显然，不同类型的反应，其历程和机理会有差异。

8.2.4.1 加成反应

加成反应是固相反应的一个重要类型，其一般形式为$A+B \longrightarrow C$，其中A、B可任意为元素或化合物。当化合物C不溶于A或B中任一相时，则在A、B两层间就形成产物层C。当C与A或B之间形成部分或完全互溶时，则在初始反应物中生成一个或两个新相。当A与B形成成分连续变化的产物时，则在反应物间可能形成几个新相。作为这类反应的一个典型代表，是尖晶石生成反应：

$$AO+B_2O_3 \longrightarrow AB_2O_4 \tag{8-5}$$

关于尖晶石反应机理前已述及，并被许多实验所证实。

8.2.4.2 造膜反应

这类反应实际上也属于加成反应，其通式也是$A+B \longrightarrow C$，但A、B常是单质元素。若生成物C不溶于A、B中任一相，或能以任意比例固溶，则产物中排列方式分别为A｜C｜B、A（B）｜B及A｜B（A）。

金属氧化反应可以作为一个代表。例如：

$$Zn+\frac{1}{2}O_2 \longrightarrow ZnO \tag{8-6}$$

伴随上述反应进行，系统自由焓减少，即气相中O_2的化学位μ_a与Zn-ZnO界面上平衡氧的化学位μ_i的差值是此反应的推动力。当氧化膜增厚速度由扩散控制时，上述氧的化学

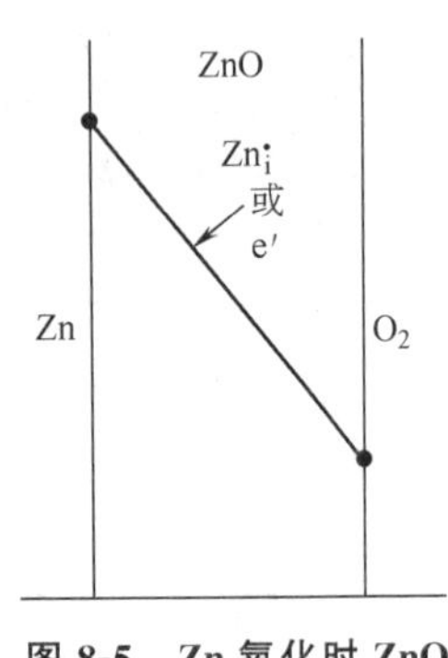

图 8-5 Zn 氧化时 ZnO 层内 $Zn_i^{\cdot}$ 及 e' 的浓度分布

位降低将在氧化膜中完成，相关离子的浓度分布如图 8-5 所示。

由于 ZnO 是金属过量型的非化学计量氧化物。过剩的 $Zn_i^{\cdot}$ 存在于晶格间隙中，并保持如下的解离平衡：

$$Zn(g) \longrightarrow Zn_i^{\cdot} + e' \tag{8-7}$$

故有

$$\frac{[Zn_i^{\cdot}][e']}{p_{Zn}} = K \tag{8-8}$$

由式（8-6）得

$$p_{Zn} p_{O_2}^{\frac{1}{2}} = \text{const} \tag{8-9}$$

代入式（8-8）得

$$[Zn_i^{\cdot}][e'] = K' p_{O_2}^{-\frac{1}{2}} \tag{8-10}$$

或

$$[Zn_i^{\cdot}] = [e'] = K'' p_{O_2}^{-\frac{1}{4}} \tag{8-11}$$

实验证实式（8-10）是正确的。说明 $Zn_i^{\cdot}$ 与 e' 的浓度随氧分压或化学位降低而增加。因此，ZnO 膜的增厚过程是 Zn 从 Zn-ZnO 界面进入 ZnO 晶格，并依式（8-7）解离成 $Zn_i^{\cdot}$ 和 e' 缺陷形态，在浓度梯度推动下向 O_2 侧扩散，在 ZnO-O_2 界面上进行 $Zn_i^{\cdot} + \frac{1}{2}O_2 + e' \longrightarrow ZnO$ 反应，消除缺陷形成 ZnO 晶格。对于形成 O_2 过剩的非化学计量氧化物（如 NiO）时，情况也类似。

8.2.4.3 置换反应

置换反应是另一类重要的固相反应，其反应通式为：

$$A + BC \longrightarrow AC + B \tag{8-12}$$

$$AB + CD \longrightarrow AD + BC \tag{8-13}$$

$$ABX + CB \longrightarrow CBX + AB \tag{8-14}$$

这时反应物必须在两种产物层中扩散才能使反应继续进行，并将形成种种反应物与生成物的排列情况。如反应以式（8-13）进行，当 AD 与 AB 固溶，但不与别的相固溶时，而且仅 D 与 B 扩散迁移进行反应，由于 B 与 D 是分别由 AB 和 CD 通过产物层向 CD 和 AB 方向扩散的，故其产物层将排列成（B、D）A | BC | CD。对于仅是由 A 与 C 扩散的情况，反应物与产物不形成固溶体时，则产物层将排成 AB | BC | AD | CD。可见，产物层排列主要取决于反应物的扩散组元、产物与反应物的固溶性等。对于三组分以上的多元系统，则产物层的排列就更复杂。

各种硅酸盐、碳酸盐、磷酸盐和硫酸盐与 CaO、SrO、BaO 等 MO 型氧化物间的反应是按式（8-14）进行的：

$$MO + M'XO_n \longrightarrow M'O + MXO_n \tag{8-15}$$

这类反应的特点是反应开始温度 T_f 与 $M'XO_n$ 的种类无关，仅取决于 MO 的种类。例如 BaO 约为 350℃，SrO 为 455℃，CaO 为 530℃，依次升高。研究指出，T_f 值的变化趋势与 MO 和 $M(OH)_2$ 或 MCO_3（MO 与空气中的水蒸气或 CO_2 反应的生成物）等形成低共熔物的温度变化相一致。因此，在温度 T_f 发生的并非是固-固反应，而是固-液反应的开始温度。

8.2.4.4 转变反应

转变反应的特点是，首先，反应仅在一个固相内进行，反应物或生成物不必参与迁移；其次，反应通常是吸热的，在转变点附近会出现比热容值异常增大。对于一级相变，熵变是不连续的；对于二级相变，则是连续的。由此可见，传热对转变反应速率有着决定性影响。石英的多晶转变反应是硅酸盐工业中最常见的实例。

8.2.4.5 热分解反应

这类反应常伴有较大的吸热效应，并在某一狭窄范围内迅速进行，所不同的是热分解反应伴有分解产物的扩散过程。

8.3 固相反应动力学

由于固相反应的种类和机理是多样的，对不同反应过程，乃至在同一反应的不同阶段，其动力学关系也往往不同，因此，应注意判断和区别。

8.3.1 一般动力学关系

上节已经指出，固相反应通常是由若干简单的物理和化学过程，如化学反应、扩散、结晶、熔融和升华等步骤综合而成。整个过程的速度将由其中速度最慢的一环控制。

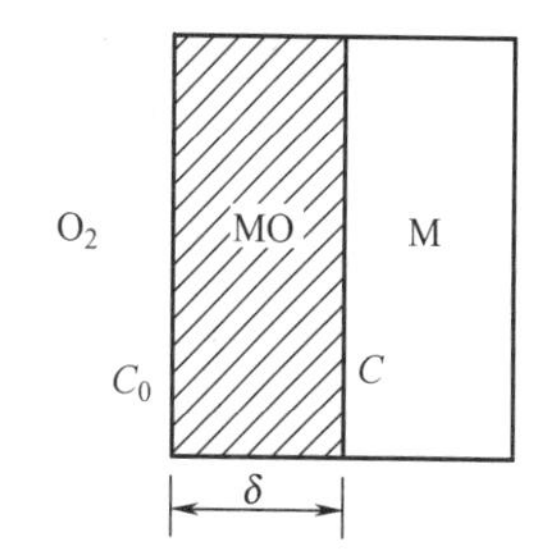

图 8-6 金属氧化反应模型

以金属氧化反应 $M+\frac{1}{2}O_2 \longrightarrow MO$ 为例（图 8-6）说明。若反应是一般的，反应首先在 M-O 界面上进行并形成一层 MO 氧化膜，随后是 O_2 通过 MO 层扩散到界面并继续进行氧化反应。由化学动力学和菲克第一定律，其反应速率 V_P 和扩散速度 V_D 分别为：

$$V_P=\frac{\mathrm{d}Q_P}{\mathrm{d}t}=KC \tag{8-16}$$

$$V_D=\frac{\mathrm{d}Q_D}{\mathrm{d}t}=-D\frac{\mathrm{d}C}{\mathrm{d}x}=D\frac{C_0-C}{\delta} \tag{8-17}$$

式中 $\mathrm{d}Q_P$，$\mathrm{d}Q_D$——在 $\mathrm{d}t$ 时间内消耗于反应的和扩散到 M-MO 界面的 O_2 气体量；
C_0，C——介质和 M-MO 界面上 O_2 的浓度；
K——化学反应速率常数；
D——O_2 通过产物层的扩散系数。

当过程达到平衡时，有：

$$V_P=V_D$$

$$KC=D\frac{C_0-C}{\delta} \tag{8-18}$$

$$C=C_0\frac{1}{1+\frac{K\delta}{D}} \tag{8-19}$$

$$V=KC=\frac{1}{\frac{1}{KC_0}+\frac{\delta}{DC_0}} \tag{8-20}$$

分析式（8-20）可知：①当扩散速度远大于化学反应速率时，即 $K\ll D/\delta$，则 $V=KC_0=V_{P最大}$（式中 $C_0=C$），说明化学反应速率控制此过程，称为化学动力学范围；②当扩散速度远小于化学反应速率时，即 $K\gg D/\delta$，即 $C=0$，$V=D(C_0-C)/\delta=DC_0/\delta=V_{D最大}$，说明扩散速度控制此过程，称为扩散范围；③当扩散速度远和化学反应速率可相比拟时，则过程速度由式（8-20）确定，称为过渡范围。

即：

$$V=\frac{1}{\frac{1}{KC_0}+\frac{\delta}{DC_0}}=\frac{1}{\frac{1}{V_{P最大}}+\frac{1}{V_{D最大}}} \tag{8-21}$$

因此，对于许多物理或化学步骤综合而成的固相反应过程的一般动力学关系可写成：

$$V=\frac{1}{\frac{1}{V_{1最大}}+\frac{1}{V_{2最大}}+\frac{1}{V_{3最大}}+\cdots+\frac{1}{V_{n最大}}} \tag{8-22}$$

式中　$V_{1最大}$，$V_{2最大}$，…，$V_{n最大}$——相应于扩散、化学反应、结晶、熔融、升华等步骤的最大可能速度。

由于固相反应动力学关系是与反应机理和条件密切相关的。因此，为了确定过程总的动力学速度，建立其动力学关系，必须首先确定固相反应为哪一过程所控制，并建立包括在总过程中的各个基本过程的具体动力学关系。

8.3.2 化学动力学范围

化学动力学范围的特点是：反应物通过产物层的扩散速度远大于接触面上的化学反应速率。过程总的速度由化学反应速率所控制。

对于均相二元系统，$m\mathrm{A}+n\mathrm{B}\longrightarrow \mathrm{A}_m\mathrm{B}_n$，其化学反应速率的一般表达式是：

$$V=KC_{\mathrm{A}}^{m}C_{\mathrm{B}}^{n} \tag{8-23}$$

式中　C_{A}，C_{B}——反应物 A 和 B 的浓度；

K——化学反应速率常数，它与温度的关系为 $K=k\exp\left(-\frac{Q}{RT}\right)$，其中，$Q$ 是反应活化能，k 是分子碰撞系数。

对于反应过程中只有一个反应物的浓度是可变的，则上式可简化为：

$$V=K_nC^n \tag{8-24}$$

令经过任意时间 t，有 X 部分反应物消耗于反应，而剩下的反应物量为 $(C-X)$。上式可写成：

$$V=-\frac{\mathrm{d}(C-X)}{\mathrm{d}t}=K_n(C-X)^n \tag{8-25}$$

若 $n\geqslant 0$ 且 $n\neq 1$，积分式（8-25）并考虑到初始条件 $t=0$、$X=0$ 得：

$$-\int_0^X\frac{\mathrm{d}(C-X)}{(C-X)^n}=\int_0^t K_n\mathrm{d}t$$

$$\frac{C^{n-1}-(C-X)^{n-1}}{(n-1)(C-X)^{n-1}C^{n-1}}=K_nt \tag{8-26}$$

或

$$\frac{1}{n-1}\left[\frac{1}{(C-X)^{n-1}}-\frac{1}{C^{n-1}}\right]=K_nt \tag{8-27}$$

式中　n——反应级数。

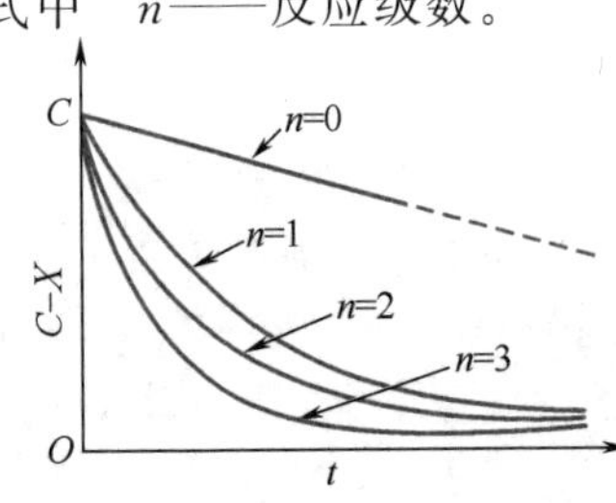

图 8-7　n 级反应的时间历程

故式（8-27）可给出除一级以外的任意级数的这类反应的动力学积分式。例如对最重要的零级及二级反应分别如式（8-28）、式（8-29）所示。图 8-7 为相应的浓度变化曲线。

当 $n=0$，有：

$$X=K_0t \tag{8-28}$$

当 $n=2$，则有：

$$\frac{1}{C-X}-\frac{1}{C}=K_2 t \text{ 或 } \frac{X}{C(C-X)}=K_2 t \tag{8-29}$$

当 $n=1$，对一级反应需由式（8-24）求得：

$$\ln\frac{C-X}{C}=-K_1 t \quad \text{或} \quad C-X=Ce^{-tK_1} \tag{8-30}$$

对于连续反应如 $CaO+SiO_2 \longrightarrow CS$，过程总速度由其中最慢的一步所决定。对于自动催化反应，通常因其产物对反应有加速或抑制作用，故反应速率与产物量有关，例如：

$$\frac{dX}{dt}=KX(C-X) \tag{8-31}$$

值得指出，在多数情况下，直接用式（8-23）、式（8-24）、式（8-25）、式（8-26）常会有偏差，因为多数的固相反应，其接触界面不仅决定于反应物的分散度，而且还随反应进程变化。因此，除了浓度和温度外，接触面积 F 是描述固相反应速率方程的另一个重要参数。于是，对于二元系统的非均相反应的一般速度方程是：

$$\frac{dX}{dt}=K_n F C_A{}^m C_B{}^n \tag{8-32}$$

或

$$\frac{dX}{dt}=K_n F C^n \tag{8-33}$$

为了估计接触面积 F 随反应进程的变化关系，设反应物为颗粒半径为 R_0 的球体或半棱长为 R_0 的立方形粉体，经 t 时间后每个颗粒表面形成的产物层厚度为 x，则转化程度：

$$G=\frac{R_0^3-(R_0-x)^3}{R_0^3} \tag{8-34}$$

$$R_0-x=R_0(1-G)^{\frac{1}{3}} \quad \text{或} \quad x=R_0[1-(1-G)^{\frac{1}{3}}] \tag{8-35}$$

相应于每个颗粒的反应表面积 F' 与转化程度 G 的关系：

$$F'=A'(1-G)^{\frac{2}{3}} \tag{8-36}$$

式中　A'——原料颗粒的起始表面积，对于球形 $A'=4\pi R_0^2$，对于立方形 $A'=24R_0^2$。

若系统中反应物颗粒总数为 N，则总接触表面积 $F=NF'=NA'(1-G)^{\frac{2}{3}}$。

由于：

$$N=\frac{1}{\frac{4}{3}\pi R_0^3\gamma}=kR_0^{-3}$$

其中 $k=\frac{3}{4\pi\gamma}$，γ 是反应物表观密度，则：

$$F=A(1-G)^{\frac{2}{3}} \tag{8-37}$$

其中对于球形和立方形颗粒，$A=\frac{3}{\gamma R_0}$。将式（8-37）代入式（8-33）可求得不同级数化学反应动力学方程的微分和积分形式。例如，零级反应：

$$\frac{dG}{dt}=K_0'F=K_0'A(1-G)^{\frac{2}{3}}=K_0(1-G)^{\frac{2}{3}} \tag{8-38}$$

其中 $K_0=K_0'A$，积分并考虑到初始条件 $t=0$，$G=0$，得：

$$\int_0^G\frac{dG}{(1-G)^{\frac{2}{3}}}=\int_0^t K_0 dt$$

$$F_0(G)=1-(1-G)^{\frac{1}{3}}=K_0 t \quad (8\text{-}39)$$

用上述方法可得出零级反应圆柱状颗粒的公式：

$$F_1(G)=1-(1-G)^{\frac{1}{2}}=K_1 t \quad (8\text{-}40)$$

对于平板状颗粒，也同样可以求出：

$$F_2(G)=G=K_2 t \quad (8\text{-}41)$$

对于一级反应，则：

$$\frac{dG}{dt}=K_3' F(1-G)=K_3' A(1-G)^{\frac{5}{3}}$$

令

$$K_3=K_3' A,\ \frac{dG}{dt}=K_3(1-G)^{\frac{5}{3}} \quad (8\text{-}42)$$

若忽略了接触面积的变化，则：

$$\frac{dG}{dt}=K_3'(1-G) \quad (8\text{-}43)$$

积分并考虑到初始条件 $t=0$，$G=0$，得：

$$F_3(G)=[(1-G)^{-\frac{2}{3}}-1]=K_3 t \quad (8\text{-}44)$$

$$F_3'(G)=\ln(1-G)=-K_3' t \quad (8\text{-}45)$$

$$Na_2CO_3+SiO_2 \longrightarrow Na_2O \cdot SiO_2+CO_2 \quad (8\text{-}46)$$

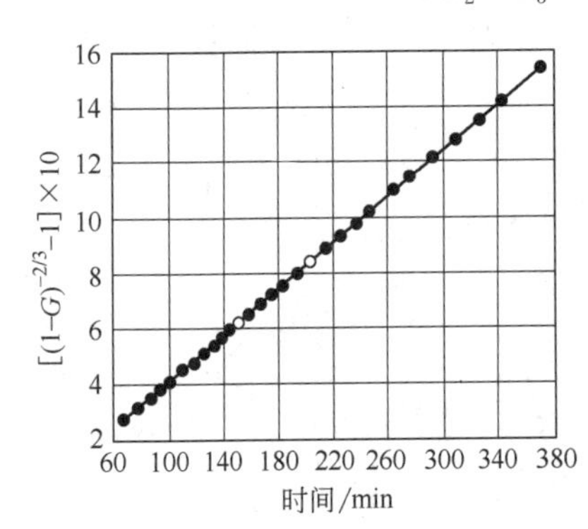

图 8-8 在 NaCl 参与下 $Na_2CO_3+SiO_2 \longrightarrow Na_2O \cdot SiO_2+CO_2$ 反应动力学实验结果（$t=740$℃）

图 8-8 是在 NaCl 参与下，粒度 $R_0=0.036$mm，SiO_2 ∶ $Na_2CO_3=1$ ∶ 1，于 740℃时式（8-46）反应的动力学实验结果。由于反应物颗粒足够细，并加入 NaCl 作溶剂，使过程的扩散阻力大为减小而处于化学动力学范围，实验结果满意地验证了式（8-44）关系。

8.3.3 扩散动力学范围

由于在固相中的扩散速度通常较为缓慢，因而反应物通过产物层的扩散速度往往远小于接触面上的化学反应速率，则在多数情况下，扩散速度起控制作用，此为扩散动力学范围的特点。

菲克定律是描述扩散动力学的基础。由于固体中的扩散常是通过缺陷进行的，故晶体缺陷、界面、物料分散度、颗粒形状等因素都对扩散速度有本质上的影响。根据不同条件，曾提出过多种动力学方程。

8.3.3.1 抛物线型速度方程

此方程可从平板扩散模型导出。如图 8-9 所示，设平板状物质 A 与 B 相互接触和扩散生成了厚度为 x 的 AB 化合物层。随后 A 质点通过 AB 层扩散到 B-AB 界面继续反应。若化学反应速率远大于扩散速度，则过程由扩散控制。经 dt 时间，通过 AB 层迁移的 A 物质量为 dm，平板间接触面积为 S，浓度梯度为 dC/dx，则按菲克定律有：

$$\frac{dm}{dt}=DS\frac{dC}{dx} \quad (8\text{-}47)$$

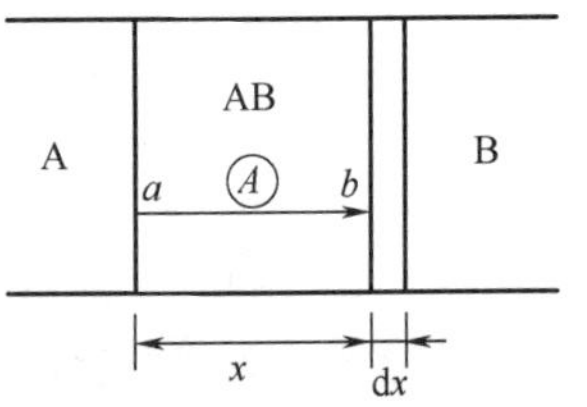

图 8-9 平板扩散模型

如图 8-9 所示，A 物质在 a、b 两点处的浓度分别为 100%

和 0，式（8-47）可改写成：

$$\frac{\mathrm{d}m}{\mathrm{d}t}=DS\ \frac{1}{x} \tag{8-48}$$

由于 A 物质迁移量 dm 是比例于 $S\mathrm{d}x$，故：

$$\frac{\mathrm{d}x}{\mathrm{d}t}=\frac{K'_4 D}{x}$$

积分得：

$$F_4(G)=x^2=2K'_4 Dt=K_4 t \tag{8-49}$$

式（8-49）即为抛物线速度方程的积分式。说明反应产物层厚度与时间的 2 次方根成比例。这是一个重要的基本关系，可以描述各种物理或化学的控制过程并有一定的精确度。图 8-10 示出的金属镍氧化时的增重曲线就是一个例证。但是，由于采用的是平板模型，忽略了反应物间接触面积随时间变化的因素，使方程的准确度和适用性都受到局限。

8.3.3.2 杨德方程

在硅酸盐材料生产中通常采用粉状物料作为原料，这时，在反应过程中，颗粒间接触界面积是不断变化的。所以用简单的方法来测量大量粉状颗粒上反应产物层厚度是困难的。为此，杨德（Jander）在抛物线速度方程基础上采用了“球体模型”导出了扩散控制的动力学关系。如图 8-11 所示，杨德假设：①反应物是半径为 R_0 的等径球粒；②反应物 A 是扩散相，即 A 成分总是包围着 B 的颗粒，而且 A、B 同产物 C 是完全接触的，反应自球表面向中心进行；③A 在产物层中的浓度是线性的，而且扩散层截面积一定。

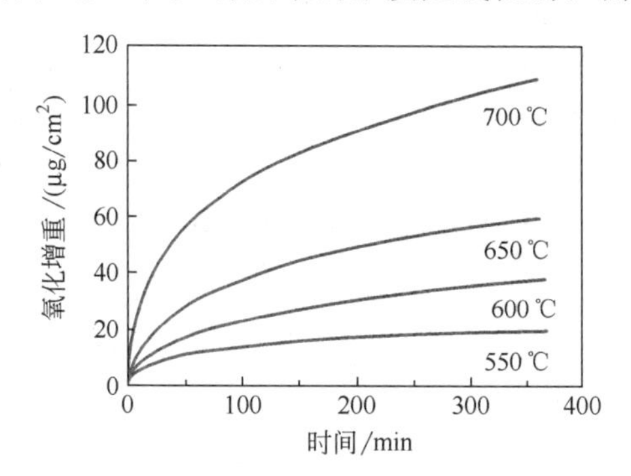

图 8-10 金属镍的氧化增重曲线

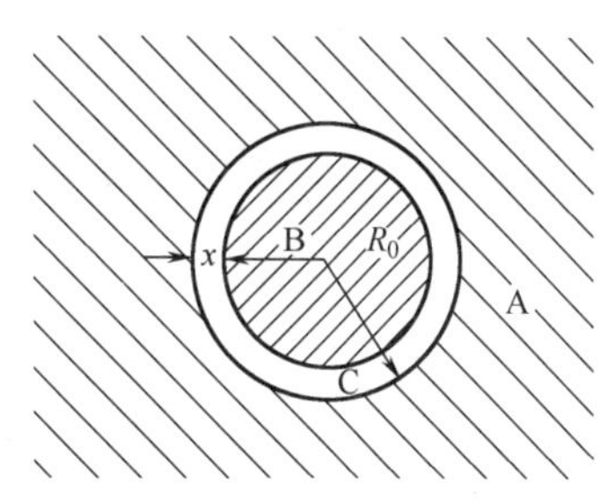

图 8-11 杨德模型

于是，反应物颗粒初始体积：

$$V_1=\frac{4}{3}\pi R_0^3 \tag{8-50}$$

未反应部分的体积：

$$V_2=\frac{4}{3}\pi(R_0-x)^3 \tag{8-51}$$

产物的体积：

$$V=\frac{4}{3}\pi\left[R_0^3-(R_0-x)^3\right] \tag{8-52}$$

式中 x——产物层厚度。

现令以 B 物质为基准的转化程度为 G，则：

$$G=\frac{V}{V_1}=\frac{R_0^3-(R_0-x)^3}{R_0^3}=1-\left(1-\frac{x}{R_0}\right)^3 \tag{8-53}$$

$$\frac{x^2}{R_0^2}=\left[1-(1-G)^{\frac{1}{3}}\right]^2 \tag{8-54}$$

代入抛物线速度方程式（8-49）得：

$$x^2=R_0^2\left[1-(1-G)^{\frac{1}{3}}\right]^2=K_4 t \tag{8-55}$$

$$F_5(G)=\left[1-(1-G)^{\frac{1}{3}}\right]^2=\frac{K_4}{R_0^2}t=K_5 t \tag{8-56}$$

式中　K_5——杨德方程速度常数，$K_5=\frac{K_4}{R_0{}^2}=c\exp\left(-\frac{q}{RT}\right)$；

c——常数；

q——活化能；

R——气体常数。

微分式（8-56）得：

$$\frac{dG}{dt}=\frac{3K_5}{2}\times\frac{(1-G)^{\frac{2}{3}}}{1-(1-G)^{\frac{1}{3}}}=K_J\frac{(1-G)^{\frac{2}{3}}}{1-(1-G)^{\frac{1}{3}}} \tag{8-57}$$

为了验证方程的正确性，杨德对 $BaCO_3$、$CaCO_3$ 等碳酸盐和 SiO_2、MoO_3 等氧化物间的一系列固相反应进行了研究。为使反应物接近于上述假设，让半径为 R_0 的碳酸盐颗粒（B）充分地分散在过量的细微 SiO_2 粉体中。对于反应 $BaCO_3+SiO_2 \longrightarrow BaSiO_3+CO_2$ 的实测结果示于图 8-12。由图可见，随着反应温度的升高，都很好地符合杨德方程，且显然温度的变化所引起直线斜率的变化完全由反应速率常数 K_5 变化所致。波利（Pole）和泰勒（Taylor）采用 Na_2CO_3 ∶ SiO_2＝1∶2（摩尔比）研究了该体系统的反应动力学关系，同样证实了杨德方程，如图 8-13 所示。此外，利用图 8-12 或图 8-13 算出不同温度下的 K_5 值，作出 $\ln K_5$-$1/T$ 关系图，则可求得反应活化能 q 和杨德速度常数的普遍式。

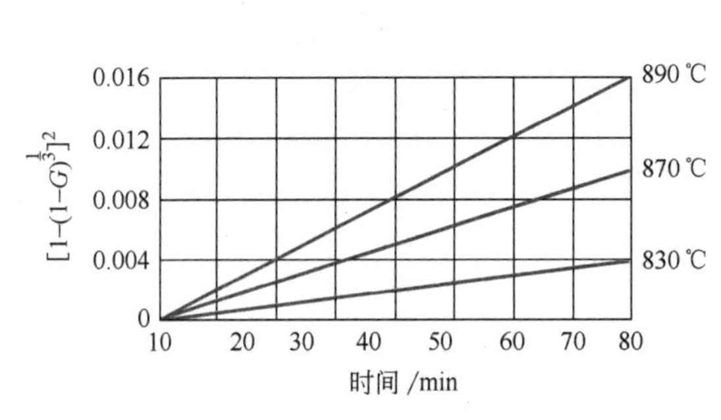

图 8-12　不同温度下 $BaCO_3$ 与 SiO_2 的反应动力学

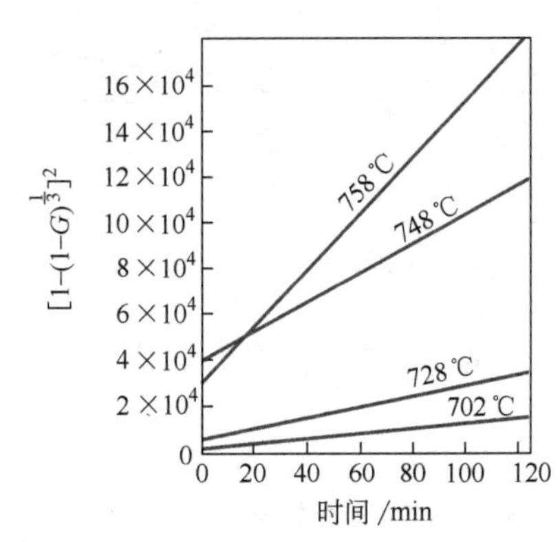

图 8-13　不同温度下 Na_2CO_3 与 SiO_2 的反应动力学

较长时间以来，杨德方程被认为是一个较经典的固相反应动力学方程而被广泛接受，但仔细分析杨德在推导方程时所做的假设，就容易发现它的局限性。对 $BaCO_3$、$CaCO_3$ 等碳酸盐和 SiO_2、MoO_3 等氧化物间的一系列反应进行实验研究，发现在反应初期（$G<0.5$）都基本符合杨德方程积分式[式(8-56)]和微分式[式(8-57)]，而后偏差就越来越大。为什么会这样呢？原因是杨德方程虽然采用了球体模型，在计算产物厚度时考虑了接触界面的变化，即利用反应前后球体的体积差算出产物层厚度 x。但在将 x 值代入抛物线方程时实质上

又保留了扩散面积恒定的假设，这是导致其局限性的主要原因。在反应初期，即 x/R 比值很小的情况下，扩散面积变化也很小，可以接近杨德方程的计算结果。但当 x/R 比值较大时，扩散面积缩小得较多，计算结果与实验数据当然偏差越来越大。因此，曾提出过多种修正方案。例如考虑反应过程中扩散面积变化的影响时，可用 $\frac{3}{2}\left[1-(1-G)^{\frac{2}{3}}\right]-G=K_5t$ 代替；又如考虑到杨德方程是从一维扩散方程导出的局限性，提出过基于球体的三维扩散方程导出的关系 $-\lg(1-G)=K\lg t$ 等。其中值得指出的是，金斯特林格等应用球形三维扩散方程，对球形颗粒的扩散动力学所做的分析和提出的相应动力学关系，得到了广泛的重视。

8.3.3.3 金斯特林格方程

已经指出，抛物线速度方程是以反应过程中扩散截面积保持不变为前提的。而对于球状颗粒的反应，扩散截面是随反应过程而减少。杨德方程采用了球状模型，但却保留了扩散截面恒定的不合理假设，这是导致其局限性的重要原因之一。金斯特林格采用了杨德的球状模型，但放弃了扩散截面不变的假设，从而导出了更有普遍性的新动力学关系。

如图 8-14 所示，设反应物 A 是扩散相，B 是平均半径为 R_0 的球形颗粒；反应沿整个球表面同时进行，首先 A 和 B 形成产物 AB，其厚度 x 随反应进行不断增厚；若 A 扩散到 A-AB 界面上的阻力远小于通过 AB 层的扩散阻力，则 A-AB 界面上 A 的浓度可视为不变，即等于 C_0；因反应由扩散控制，故 A 在 B-AB 界面的浓度为零。

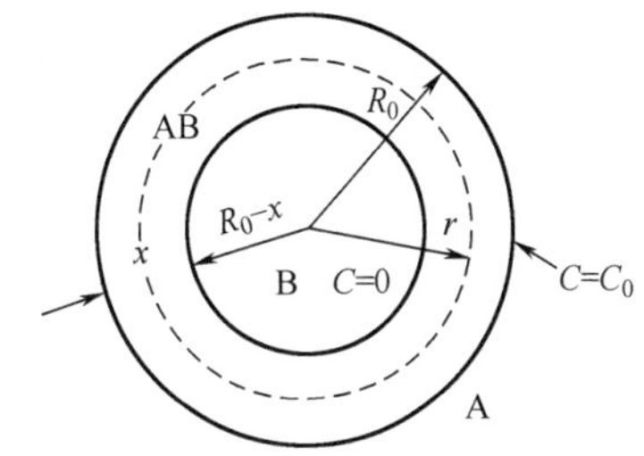

图 8-14 金斯特林格模型

由于粒子是球形的，产物两侧界面 A 的浓度不变，故随产物层厚度增加，A 在产物层内的浓度分布是 r 和时间 t 的函数，即反应过程是一个不稳定扩散问题，可以用球面坐标情况下的菲克扩散方程描述：

$$\frac{\partial C_{(r,t)}}{\partial t}=D\left[\frac{\partial^2 C}{\partial r^2}+\frac{2}{r}\left(\frac{\partial C}{\partial r}\right)\right] \tag{8-58}$$

根据初始条件和边界条件：

$$r=R_0, t>0,\ C_{(R_0,t)}=C_0 \tag{8-59}$$

$$r=R_0-x, t>0,\ C_{(R_0-x,t)}=0 \tag{8-60}$$

根据反应的物料平衡可得：

$\mathrm{d}t$ 时间内通过球面 $4\pi r^2$ 的 A 物质的量 $=\mathrm{d}t$ 时间内新增加产物中 A 物质的量

即
$$4\pi r^2 D\left(\frac{\partial C}{\partial r}\right)_r \mathrm{d}t=4\pi r^2 \varepsilon \mathrm{d}x$$

$$\frac{\mathrm{d}x}{\mathrm{d}t}=\frac{D}{\varepsilon}\left(\frac{\partial C}{\partial r}\right)_{r=R_0-x} \tag{8-61}$$

$$t=0,\quad x=0 \tag{8-62}$$

式中 ε——比例常数，$\varepsilon=\frac{\rho n}{\mu}$；

ρ——产物 AB 的密度；

μ——产物 AB 的分子量；

n——反应的化学计量常数，即和一个 B 分子化合所需的 A 的分子数；

D——A 在 AB 中的扩散系数。

为了简化求解，可以近似地把不稳定问题的解，归结为一个等效的稳定扩散问题的解。在等效稳定扩散条件下，球表面处 A 的浓度为 C_0。在 AB 层厚度为任意 x 时，单位时间通过该层的 A 的物质量不随时间变化，而仅仅和 x 有关。则：

$$D\frac{\partial C}{\partial r}4\pi r^2=M(x)=\text{常数} \tag{8-63}$$

$$\frac{\partial C}{\partial r}=\frac{M(x)}{4\pi r^2 D} \tag{8-64}$$

将式（8-64）在 $r=R_0-x$ 和 $r=R_0$ 范围内积分，得：

$$C_0=-\frac{M(x)}{4\pi D}\times\frac{1}{r}\Bigg|_{R_{0-x}}^{R_0}=\frac{M(x)}{4\pi D}\times\frac{x}{R_0(R_0-x)} \tag{8-65}$$

由此得：

$$M(x)=\frac{4\pi DC_0R_0(R_0-x)}{x} \tag{8-66}$$

将式（8-66）代入式（8-64）得：

$$\frac{\partial C}{\partial r}=\frac{C_0R_0(R_0-x)}{xr^2} \tag{8-67}$$

将式（8-67）代入式（8-61），即得到在球形颗粒 AB 产物层增厚速度为：

$$\frac{dx}{dt}=K_6'\frac{R_0}{x(R_0-x)} \tag{8-68}$$

式中，$K_6'=\frac{D}{\varepsilon}C_0$。

积分式（8-68），得：

$$x^2\left(1-\frac{2}{3}\times\frac{x}{R_0}\right)=K_6t \qquad (K_6=2K_6') \tag{8-69}$$

将式（8-34）代入式（8-68）、式（8-69）中，即可得出以 G 表示的金斯特林格动力学方程的微分和积分形式：

$$\frac{dG}{dt}=K_6\frac{(1-G)^{1/3}}{1-(1-G)^{1/3}}=K_K\frac{(1-G)^{1/3}}{1-(1-G)^{1/3}} \tag{8-70}$$

其中，K_K 为金斯特林格方程微分式的速度常数。

$$F_6(G)=1-\frac{2}{3}G-(1-G)^{\frac{2}{3}}=K_6t \tag{8-71}$$

许多实验研究表明，金斯特林格方程具有更好的普遍性。图 8-15 是在 1350℃，SiO_2 ∶ $CaCO_3$＝1∶2 时，C_2S 合成反应时的 $F(G)$ 与 t 的关系。由图可见，在反应进行了相当长的时间内，即在较高转化程度的条件下（$0.5<G<0.9$），式（8-71）仍然适用。但若用杨德方程处理这些数据则会有较大偏差；其动力学常数 K_5 将随 G 值变化而变化。

此外，金斯特林格方程具有较好的普遍性还可以从方程本身得到说明。令 $i=x/R_0$，代入式（8-68）得：

$$\frac{dx}{dt}=K'_6\frac{R_0}{x(R_0-x)}=\frac{K_6'}{R_0}\times\frac{1}{i(1-i)}=\frac{K}{i(1-i)} \tag{8-72}$$

以 i-$\frac{1}{K}\times\frac{dx}{dt}$ 作图，见图 8-16。由图可见，产物层增厚速率 $\frac{dx}{dt}$ 随 x/R_0 而变化，并于 $i\approx 0.5$ 处出现极小值。当 i 很小即转化程度很小时，$\frac{dx}{dt}\approx\frac{K_6'}{x}$。方程可转化为抛物线速度方程。当 $i=0$，或 $i=1$ 时，$\frac{dx}{dt}\to\infty$，这说明在反应初期和终期扩散速度极快，反应已不受扩散控制而进入化学反应动力学范围了。

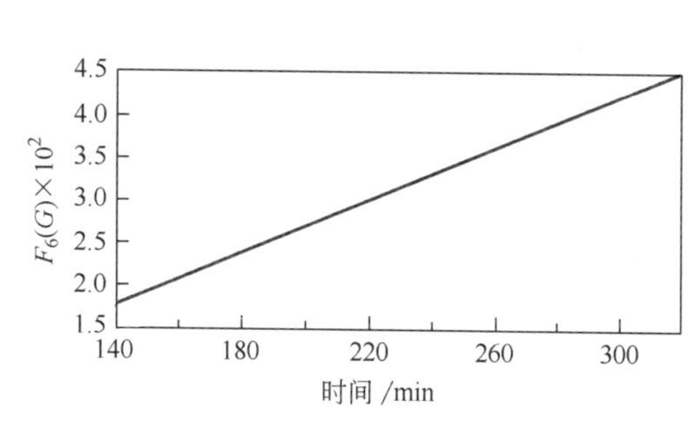

图 8-15 C_2S 在 1350℃ 时合成反应的 $F(G)$-t 图

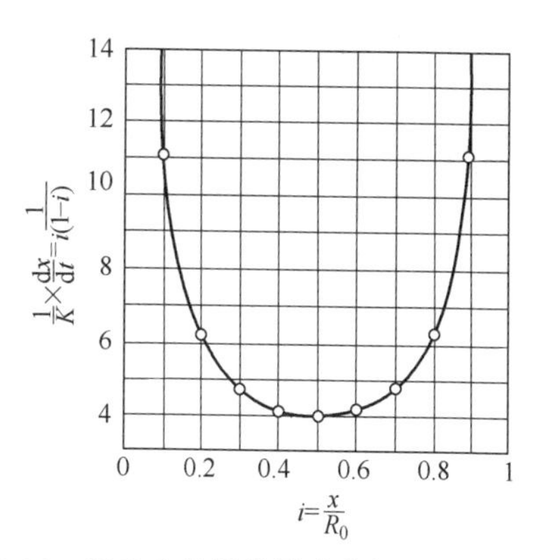

图 8-16 反应产物层增厚速率与 x/R_0 的关系

下面将金斯特林格方程与杨德方程做一比较。

比较式（8-70）与式（8-57）得：

$$\frac{\left(\frac{dG}{dt}\right)_K}{\left(\frac{dG}{dt}\right)_J}=\frac{K_K(1-G)^{\frac{1}{3}}}{K_J(1-G)^{\frac{2}{3}}}=(1-G)^{-\frac{1}{3}} \tag{8-73}$$

根据式（8-73），以 $\left(\frac{dG}{dt}\right)_K\Big/\left(\frac{dG}{dt}\right)_J$ 对 G 作图，可得图 8-17 曲线。可见，当 G 值较小即转化程度较低时，$\left(\frac{dG}{dt}\right)_K\Big/\left(\frac{dG}{dt}\right)_J\approx1$，说明两方程是基本一致的；随 G 值增加，$\left(\frac{dG}{dt}\right)_K\Big/\left(\frac{dG}{dt}\right)_J$ 增大，尤其到反应后期随 G 陡然上升，表明两式偏差越来越大。可见，若金斯特林格方程能够描述转化率很大情况下的固相反应，则杨德方程只能在转化程度较小时才适用。因此，金斯特林格方程在一定程度上克服了杨德方程的局限。

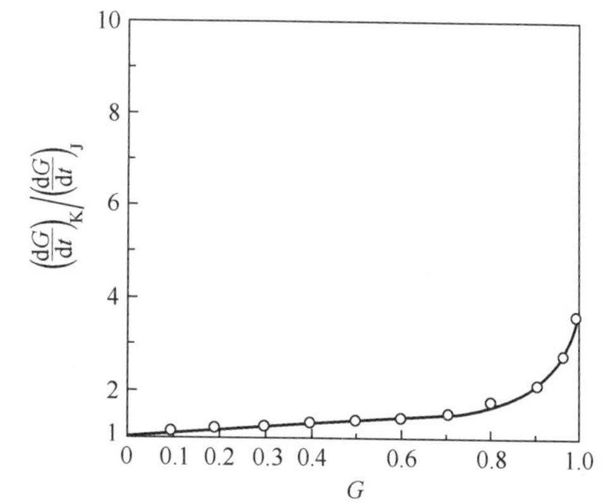

图 8-17 金斯特林格方程与杨德方程的比较

此外，对于半径为 R_0 的圆柱形颗粒，当反应物沿圆柱表面形成的产物层扩散的过程起控制作用时，其动力学方程为：

$$F_7(G)=(1-G)\ln(1-G)+G=K_7t \tag{8-74}$$

8.3.4 通过流体相传输的反应和动力学表达式

这一类固相反应包括气化、气相沉积和耐火材料腐蚀等，这里着重讨论前两种情况。

8.3.4.1 气化（气-固反应）

此处所讨论的气化过程与升华（直接由固态变为气态）有所不同，其论及的气化问题包含有分解反应，只不过分解之后都变成气相。例如：

$$2SiO_2(s)\rightleftharpoons2SiO(g)+O_2(g) \tag{8-75}$$

该反应在 1593K 时，平衡常数是：

$$K=\frac{p_{SiO}^{2}p_{O_2}}{a_{SiO_2}^{2}}=10^{-25} \tag{8-76}$$

假设 SiO_2 的活度 $a_{SiO_2}=1$（对于固体均可做此种假设），则：

$$K=p_{SiO}^{2}p_{O_2}=10^{-25} \tag{8-77}$$

显然，大气中氧的分压控制了 SiO(g)的分压，也就是说，SiO_2 在高温下气化的程度取决于氧分压。

例如，在还原气氛的条件下，氧的分压很小，$p_{O_2}=1.013\times10^{-16}$kPa（即 10^{-18}atm），SiO 的压力可按下式求出：

$$p_{SiO}^{2}=\frac{10^{-25}}{10^{-18}}=10^{-7}=10\times10^{-8}$$

$$p_{SiO}=3.3\times10^{-4}\text{atm}=3.34\times10^{-2}\text{kPa}$$

可以看出这类反应的速率取决于热力学的推动力、表面反应的动力学、反应表面的条件以及周围的气氛。在平衡的情况下，Knudsen 曾推出一公式：

$$\frac{dn_i}{dt}=\frac{Ap_ia_i}{\sqrt{2\pi M_iRT}} \tag{8-78}$$

式中 $\frac{dn_i}{dt}$——i 组分在每单位时间内失去的物质的量；

A——样品面积；

a_i——气化系数（$a_i\leqslant1$）；

M_i——i 的分子量；

p_i——样品上 i 组分的分压。

Knudsen 具体用该公式计算上述反应在 1593K 时 SiO_2 的损失量是 5×10^{-5}mol/(cm^2·s)。

1967 年，M. S. Crowley 对不同含量的 SiO_2 耐火制品在氢气气氛（100%）做了实验，将这些耐火制品放入 100%氢气气氛的炉子内在 1698K 下保温 50h，测量各种含量的耐火制品的损失量列于图 8-18 中，该图表明 SiO_2 含量越高损失越多。这种情况的分解反应是按下式进行的：

$$H_2(g)+SiO_2(s)\rightleftharpoons SiO(g)+H_2O(g) \tag{8-79}$$

根据式（8-79），只要在炉内气氛中加入少量水蒸气就可以大大减少 SiO_2 的气化，实际上就是增加了硅质制品的使用寿命，其效果从图 8-19 可以一目了然。

8.3.4.2 化学气相沉积

近年来，在电子技术方面，薄膜开发及应用之所以深受重视，其原因主要有两个：①由于薄膜很薄，使得结构紧凑，例如一个厚 40nm、宽 24.5μm 的薄膜电阻，其单位长度的电阻为同样材料制成的直径 24.5μm 的电阻丝的 500 倍；②许多互连的元器件制造在每一个基片上，以构成“薄膜集成电路”，从而实现电路集成化。电路集成化有许多优点，即成本低、再现性好和性能高，特别是可靠性高。目前，薄膜制备工艺主要分为三大类：真空蒸发镀膜、溅射镀膜和化学镀膜。在化学镀膜中，化学蒸气镀膜是一种重要的方法。

化学气相沉积技术的重要应用是在单晶基片上外延生长单晶锗及单晶硅。根据所用的掺杂材料，这种薄膜可以制成 p 型导电层或 n 型导电层，用这种方法形成的 p-n 结与常规方法形成的 p-n 结相似。现以通过氢气还原产生硅薄膜为例说明此种技术的原理。化学反应式是：

$$SiCl_4+2H_2\rightleftharpoons Si+4HCl \tag{8-80}$$

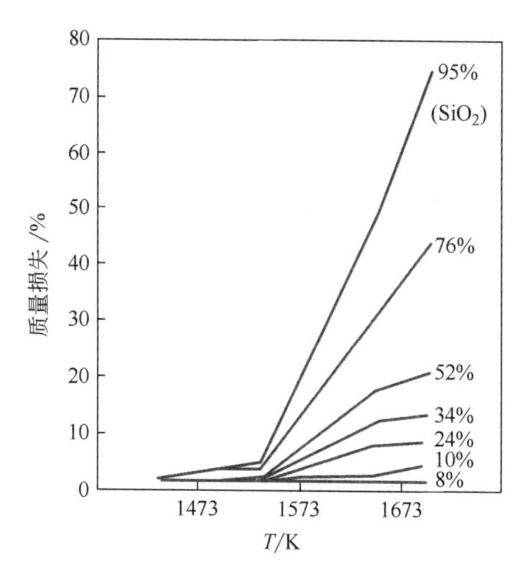

图 8-18 H_2 气氛中 SiO_2 质耐火材料的质量损失

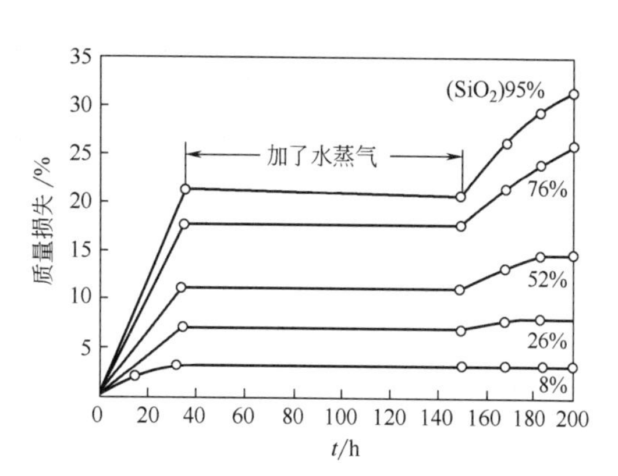

图 8-19 在 1643K 温度下 SiO_2 质耐火材料的质量损失（实验条件：气氛 $H_2$75%+$N_2$25%，在 32h 加水蒸气至 150h）

硅的化学气相沉积见图 8-20。进入的氢气通过 $SiCl_4$ 液面，于是 $SiCl_4$ 的蒸气就混入氢气中。这种混合气体经过竖式反应室，在反应室中，基片的温度适合于上述反应向右进行。于是在热的基片表面产生还原反应，反应生成的 Si 沉积在基片上，逐渐形成一个沉积层，副产物 HCl 随后要排除。

一般来说，控制反应气体的化学位（或浓度），就可控制沉积速率。沉积速率和沉积温度决定反应动力学和在反应表面上还原分解产物的“结晶”速率。倘若在反应室中气体 Si 的过饱和度很大，就会发生均态气相成核，也就是说，多相表面是不需要的。而实际上气体 Si 的过饱和度较小，Si 只能沿着基片表面结晶沉积。沉积的完整性、多孔性、优先的颗粒取向等取决于特定的材料和沉积速率。通常是较慢的沉积和较高的温度造成更完美的沉积层。

下面选择一个简单的系统（图 8-21），在这系统中，过程进行的速率是由气相扩散阶段所决定。也就是说，气相扩散、通过界面层的扩散、分子和界面的结合、结晶等过程中以气相扩散为最慢。这是可以做到的，只要整个系统中压力很低（$10.13\text{Pa}<p_{总}<10132\text{Pa}$），而且扩散所需要的浓度梯度很小，气相扩散就变得很慢，这样使得沉积可从容不迫地进行，质量提高。为了讨论方便，把这个系统看成是闭合的。两室温度不同，左边的温度稍高，

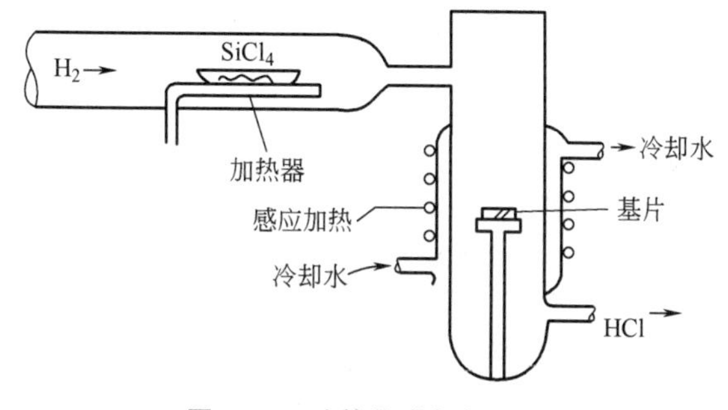

图 8-20 硅的化学气相沉积

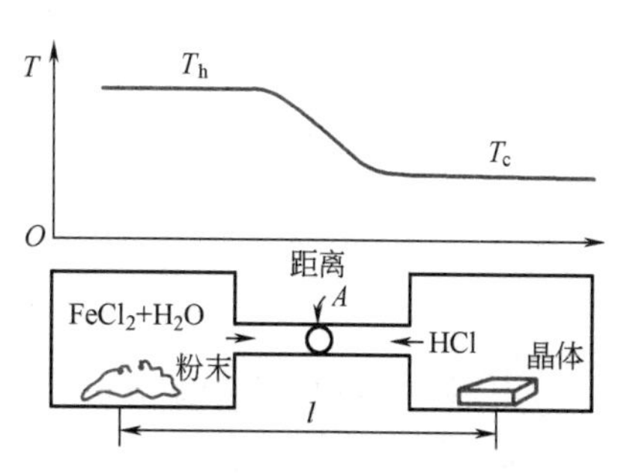

图 8-21 FeO 的化学传输反应示意图

右边的温度稍低，互相之间由一个截面积为 A 的管子连通。假定化学反应在每个室中达到热力学平衡，反应式为：

$$FeCl_2(g)+H_2O \underset{高温}{\overset{低温}{\rightleftharpoons}} FeO(s)+2HCl \tag{8-81}$$

由于两室温度不同，所以平衡常数不同。显然，在高温中 $FeCl_2$ 在整个混合气体中的浓度要稍高一些，而低温室中 $FeCl_2$ 的浓度要稍低一些。这样就出现了浓度梯度，扩散流将从热室流向冷室。所以 $FeCl_2$（g）的扩散速率可用菲克定律描述：

$$\frac{dn}{dt}=-AD\frac{dC}{dx}=-AD\frac{\Delta C}{l}=-AD\frac{(C_c-C_h)}{l} \tag{8-82}$$

式中　n——被传输的物质的量；

A——物质传输面积；

D——扩散系数；

C_h——高温室中 $FeCl_2$（g）的浓度；

C_c——低温室中 $FeCl_2$（g）的浓度；

l——物质传输距离。

由于气体稀薄，可看成理想气体，所以有：

$$C_h=\frac{n_h}{V}=\frac{p_h}{RT_h} \tag{8-83}$$

浓度差为：

$$C_c-C_h\approx\frac{p_c-p_h}{RT_{av}} \tag{8-84}$$

式中　T_{av}——平均温度。

于是传质速率为：

$$\frac{dn}{dt}=-\frac{AD}{lRT_{av}}(p_c-p_h) \tag{8-85}$$

根据化学平衡知识，平衡压力可以由对应温度下的标准形成自由焓来确定，即：

$$\Delta G_h^0=-RT_h\ln\frac{p_{FeCl_2}p_{H_2O}}{p_{HCl}^2a_{FeO}} \tag{8-86}$$

$$\Delta G_c^0=-RT_c\ln\frac{p_{HCl}^2a_{FeO}}{p_{FeCl_2}p_{H_2O}} \tag{8-87}$$

式中　p_{FeCl_2}——$FeCl_2$ 的分压；

p_{H_2O}——H_2O 的分压；

p_{HCl}——HCl 的分压；

a_{FeO}——FeO 的活度。

若在整个闭合系统中，HCl 的起始分压为 B，则有一部分 HCl 通过形成等物质的量的 $FeCl_2$ 和 H_2O 来降低其压力，则式（8-86）调整为：

$$\Delta G_h^0=-RT_h\ln\frac{p_{FeCl_2}p_{H_2O}}{(B-p_{HCl})^2} \tag{8-88}$$

考虑到等量物质其分压相同，所以有：

$$\Delta G_h^0=-RT_h\ln\frac{p_{FeCl_2}^2}{(B-2p_{FeCl_2})^2} \tag{8-89}$$

在每个温度下求解式（8-89），即可得到传质速率的预期值。

8.3.5 过渡范围

当固相反应中界面化学反应速率和反应物通过产物层扩散的速率彼此相当而不能忽略某一个时，即为过渡范围。这时动力学处理就变得相当复杂，很难用一个简单方程描述。一般只能按不同情况采用一些近似关系表达。例如，若化学反应速率和扩散速率都不可忽略时，可用泰曼的经验关系进行估算：

$$\frac{\mathrm{d}x}{\mathrm{d}t}=\frac{K'_{10}}{t} \tag{8-90}$$

积分得：

$$x=K_{10}\ln t \tag{8-91}$$

式中 K'_{10}，K_{10}——与温度、扩散系数和颗粒接触条件等有关的速度常数。

以上讨论了一些重要的固相反应动力学关系，归纳列于表 8-1。如上所述，每个动力学方程都仅适用于某一定条件和范围，因此，要正确地应用这些关系，首先必须确定和判断反应所属的范围和类型。以上所述的各种动力学关系的积分形式均可用 $F(G)=Kt$ 通式表示，式中，t 是时间，G 是反应转化率，$K=K'/R_0^2$。为便于分析比较，也可将这些方程归纳成 $F(G)=A(t/t_{0.5})$的形式，式中，$t_{0.5}$ 是对于 $G=0.5$ 的反应时间（即半衰期），A 是与 $F(G)$形式有关的计算常数，例如：

$$F_6(G)=1-\frac{2}{3}G-(1-G)^{\frac{2}{3}}=K_6t \tag{8-92}$$

当 $G=0.5$，$t=t_{0.5}$ 时，代入得：

$$F_6(0.5)=0.0367=K_6t_{0.5}=\frac{K'}{R_0^2}t_{0.5} \tag{8-93}$$

两式结合得：

$$F_6(G)=1-\frac{2}{3}G-(1-G)^{\frac{2}{3}}=K_6t=0.0367(t/t_{0.5}) \tag{8-94}$$

表 8-1 部分重要的固相反应动力学方程

控制范围	反应类型		动力学方程的积分式	A 值	对应于图 8-22 中曲线
界面化学反应控制范围	零级反应	球形试样	$F_0(G)=1-(1-G)^{\frac{1}{3}}=K_0t=0.2063(t/t_{0.5})$	0.2063	7
		圆柱形试样	$F_1(G)=1-(1-G)^{\frac{1}{2}}=K_1t=0.2929(t/t_{0.5})$	0.2929	6
		平板试样	$F_2(G)=G=K_2t=0.5000(t/t_{0.5})$	0.5000	5
	一级反应	平板试样	$F'_3(G)=\ln(1-G)=-K'_3t=0.6931(t/t_{0.5})$	0.6931	8
扩散控制范围	抛物线速度方程	平板试样	$F_4(G)=G^2=K'_4t=0.2500(t/t_{0.5})$	0.2500	1
	杨德方程	球形试样	$F_5(G)=[1-(1-G)^{\frac{1}{3}}]^2=K_5t=0.0426(t/t_{0.5})$	0.0426	3
	金斯特林格方程	球形试样	$F_6(G)=1-\frac{2}{3}G-(1-G)^{\frac{2}{3}}=K_6t=0.0367(t/t_{0.5})$	0.0367	4
	圆柱形试样		$F_7(G)=(1-G)\ln(1-G)+G=K_7t=0.1534(t/t_{0.5})$	0.1534	2

依此求得各不同动力学方程中相应的 A 值（表 8-1），并以 G 对 $t/t_{0.5}$ 分别作出图 8-22。对照此图与表 8-1 可见，各种动力学方程的 G-$(t/t_{0.5})$ 曲线可明显地分为两组：第一组是属扩散控制的 $F_4(G)$、$F_5(G)$、$F_6(G)$和 $F_7(G)$4 个方程；第二组是属界面化学反应控制的 $F_0(G)$、$F_1(G)$、$F_2(G)$和 $F_3(G)$4 个方程。由此，可以通过实验测定作出 G-$t/t_{0.5}$ 曲线加以比较，以确定反应所属的类型和机理。至于要进一步区别在同一控制范围内的不同动力学方程，则有赖于较精确的实验数据和较高的转化率。

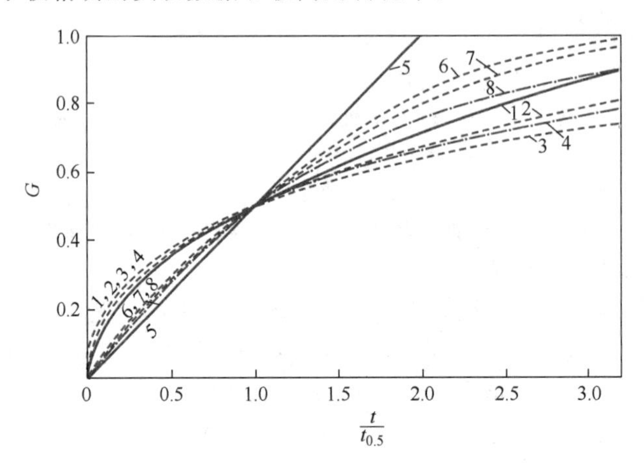

图 8-22　各种类型反应中 G-$t/t_{0.5}$ 曲线

（曲线序号对应的方程见表 8-1）

8.4　材料制备中的插层反应

8.4.1　插层反应对晶体结构的要求

插层反应是在材料原有的晶体相结构中插入额外的原子或离子来达到氧化还原反应目的的方法。要实施插层反应，晶体结构应具有一定的开放性，即能允许一些外来的原子或离子扩散进入或逸出，使原来晶体的结构和组成发生变化，生成新的晶体材料。要使原子或离子进入或逸出晶体结构，可以采用插层法或局部离子变换法。

具有层状或链状结构的过渡金属氧化物或硫化物 MX_n（M＝过渡金属，X＝O、S）能够在室温条件下与锂或其他碱金属离子发生插层反应，生成还原相 A_xMX_n（A＝Li、Na、K）。插层反应无论在材料制备技术还是材料应用方面却具有如下特点：①所发生的反应是可逆的，可以采用化学或电化学方法来实施；②反应是局部的，主体的结构变化不大；③插入主体 MX_n 中的离子、电子具有相当大的迁移度，可以作为离子或电子混合导电材料。例如，用丁基锂溶液在环己烷中与 TiS_2 反应，可生成 Li_xTiS_2。也可用金属锂作阳极，用 TiS_2 作阴极，浸入高氯酸锂的二氧戊环的溶液中组成一个电池，当使两个电极短路时，锂离子便以原子形式嵌入 TiS_2 的层间，补偿电子由阳极经外电路流向阴极。

同样地，石墨类基质晶体具有平面环状结构，其层间可插入各种碱金属离子、卤素离子，氨和胺等。当外来原子或离子渗入层与层之间的空间时，层间距增大，而发生逆反应时，即原子从晶体中逸出时层间距缩小，恢复原状。

局部离子交换法是发生于开放性结构中的外来原子或离子进入或逸出晶体的另一种方法。常发生于具有层状或三维网络结构的无机固体中。如 β-Al_2O_3 中钠离子可被 H_3O^+、NH_4^+ 等一价和二价的阳离子所取代。无机固体中的阳离子被质子交换后的材料表现出很高的质子导电性。离子交换反应受动力学和热力学因素的制约。

8.4.2 插层复合法制备有机-无机纳米复合材料

8.4.2.1 插层复合原理和分类

插层复合法是制备聚合物-层状硅酸盐（PLS）纳米复合材料的方法之一。首先将单体或聚合物插入经插层剂处理的层状硅酸盐片层之间，进入层间的聚合物分子破坏硅酸盐的片层结构，使其剥离成厚为1nm、面积为100nm×100nm的层状硅酸盐基本单元，并均匀分散在聚合物基体中，以实现聚合物与黏土类层状硅酸盐在纳米尺度上的复合。

按照复合的过程，插层复合法分为插层聚合和聚合物插层两类。

(1) 插层聚合（intercalation polymerization） 先将聚合物单体分散，插层进入层状硅酸盐片层中，然后原位聚合，利用聚合时放出的大量热量克服硅酸盐片层间的库仑力，使其剥离（exfoliate），从而使硅酸盐片层与聚合物基体以纳米尺度相复合。按照聚合反应类型的不同，插层聚合可以分为插层缩聚和插层加聚两种。

(2) 聚合物插层（polymer intercalation） 将聚合物熔体或溶液与层状硅酸盐混合，利用化学或热力学作用使层状硅酸盐剥离成纳米尺度的片层，并均匀分散在聚合物基体中。插层复合法制备PLS纳米复合材料流程示意于图8-23。

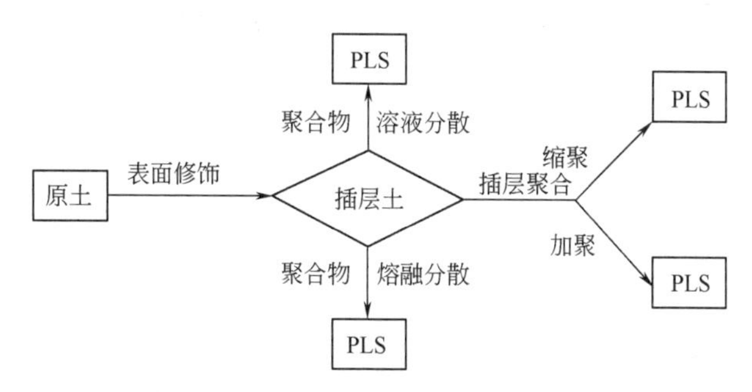

图8-23 插层复合法制备PLS纳米复合材料流程示意图

聚合物插层又可分为聚合物溶液插层和聚合物熔融插层两种。聚合物溶液插层是聚合物大分子链在溶液中借助溶剂而插层进入蒙脱土的硅酸盐片层间，然后再挥发除去溶剂。这种方式需要合适的溶剂来同时溶解聚合物和分散黏土，而且大量的溶剂不易回收，对环境不利。聚合物熔融插层是将聚合物加热到其软化温度以上，在静止条件或剪切力作用下直接插层进入蒙脱土的硅酸盐片层间。

8.4.2.2 层状硅酸盐及其表面修饰

目前研究较多并具有实际应用前景的层状硅酸盐是一些2∶1型黏土矿物，如蒙脱土等。层间具有可交换性阴离子，如Na^{+}、Mg^{2+}、Ca^{2+}等。它们可与无机金属离子、有机阳离子型表面活性剂和阳离子染料等进行阳离子交换进入黏土层间。通过离子交换作用使得层状硅酸盐层间距增加，由不到1nm增加到1nm以上，甚至几纳米。在适当的聚合条件下，单体在片层之间聚合可能使层间距进一步增大，甚至解离成单层，使黏土以1nm厚的片层均匀分散于聚合物基体中。

在制备聚合物层状硅酸盐（PLS）纳米复合材料时，常采用有机阳离子（插层剂）进行离子交换使层间距增大，并改善层间微环境，使黏土内外表面由亲水转变为疏水，降低硅酸盐表面能，以利于单体或聚合物插入黏土层间形成PLS纳米复合材料，因此，层状硅酸盐的表面修饰是制备PLS纳米复合材料的关键环节之一。

插层剂的选择必须符合以下条件：①容易进入层状硅酸盐晶片（001）之间的纳米空间，并能显著增大层间距；②插层剂分子应与聚合物单体或高分子链之间具有较强的物理或化学作用，以利于单体或聚合物插层反应的进行，并可增强黏土片层与聚合物两相间的界面黏结，有助于提高复合材料性能，从分子设计观点看，插层剂有机阳离子的分子结构应与单体及其聚合物相容，具有参与聚合的基团，这样聚合物基体能够通过离子键同硅酸盐片层相连接，显著提高聚合物与层状硅酸盐间的界面相互作用；③价廉易得，最好是现有的工业品。常用的插层剂有烷基铵盐、季铵盐、吡啶类微生物和其他阳离子型表面活性剂。

以烷基氨基酸对黏土的表面修饰为例。图 8-24 为不同长度碳链的 ω-氨基酸盐上碳原子数与黏土层间距离的关系。黏土层间距离随着黏土层中的氨基酸碳原子数的增加而增加。图 8-25 为其过程示意图。当 ω-氨基酸[$H_3C—(CH_2)_{n-1}—COOH$]的碳原子数 $n\leqslant8$ 时，膨胀剂与黏土片层方向平行排列；$n\geqslant11$，膨胀剂与黏土片层方向以一定角度倾斜排列。

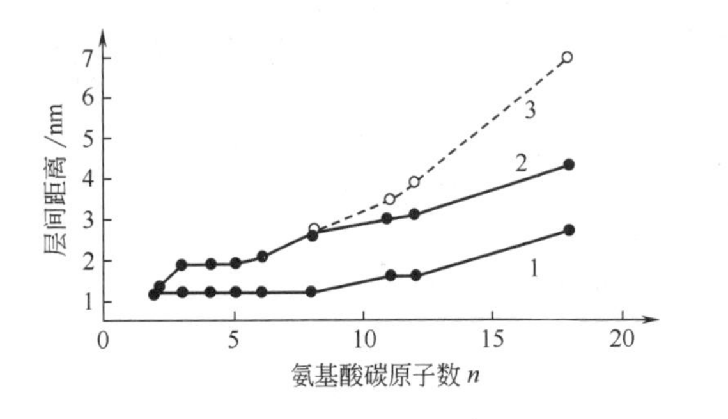

图 8-24 有机化蒙脱土的层间距离与氨基酸碳原子数的关系

1—ω-氨基酸/黏土（有机土）；
2—ε-己内酰胺/有机土，25℃；
3—ε-己内酰胺/有机土，100℃

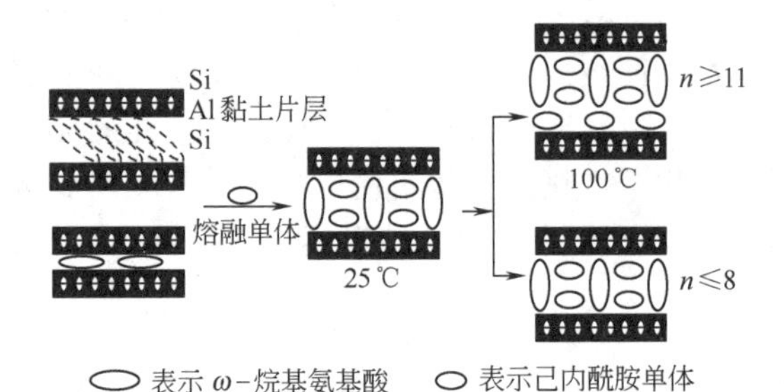

图 8-25 黏土经有机化处理的膨胀过程

在 100℃时，己内酰胺单体（熔点 70℃）以熔融状态浸入黏土片层中间，层间距离明显增加。可看到，在 $n\leqslant8$ 时黏土片层距离变化基本一致；而在 $n\geqslant11$ 时高温下黏土层间距离明显增加，表明膨胀剂通过离子交换作用已插入硅酸盐片层中，并与黏土片层方向垂直取向。因此，具有较长脂肪链的烷基氨基酸膨胀剂有利于黏土片层的撑开及离子交换作用的进行。

8.4.2.3 插层复合动力学

Giannelis 等用原位 XRD 和 TEM 对聚苯乙烯熔体插层有机化层状硅酸盐过程的动力学进行了系统研究，计算了不同温度和聚乙烯分子量的插层速率以及混杂材料形成的活化能。认为聚合物熔体插层反应分两步进行：聚合物分子链扩散进入初级粒子（primary particles）聚集体和扩散进入硅酸盐层间域。而熔体插层的控制步骤在于高分子链扩散进入初级粒子的质量传递过程。在此基础上，提出了聚合物熔体插层的平均场（mean field）模型，建立了选择相容的聚合物-有机化层状硅酸盐黏土体系的一般原则：聚合物的极化度越大或亲水性越强，有机化层状硅酸盐的功能化基团越短，越有利于减小插层剂烷基链与聚合物之间的不利相互作用，即越有利于插层反应的进行。实验结表明，PS-蒙脱土纳米复合材料形成的活化能与纯聚合物熔体的分子链扩散活化能相近，高分子链在硅酸盐片层间的扩散行为至少与其在本体熔体中相当，因此复合材料在加工成形后就已经形成，可利用与常规聚合物相同的工艺条件如挤出进行加工，不需要额外的热处理时间。

8.5 影响固相反应的因素

由于固相反应过程主要包括界面上的化学反应和产物内部物质传递两个步骤。因此，除了反应物的化学组成、特性和结构状态以及温度、压力等因素外，凡是可能活化晶格，促进物质的内、外扩散作用的因素，都会对反应产生影响。

8.5.1 反应物化学组成的影响

化学组成是影响固相反应的内因，是决定反应方向和速率的重要条件。从热力学角度看，在一定温度、压力条件下，反应可能进行的方向是自由焓减少（$\Delta G<0$）的过程，而且ΔG的负值越大，过程的推动力也越大，则沿该方向反应的概率也大。从结构角度看，反应物中质点间的作用力越大，则可动性和反应能力越小，反之亦然。

其次，在同一反应系统中，固相反应速率还与各反应物间的比例有关。如果颗粒相同的A和B反应生成AB，若改变A与B比例，则会改变产物层厚度、反应物表面积和扩散截面的大小，从而影响反应速率。例如增加反应混合物中“遮盖”物的含量，则产物层厚度变薄，相应的反应速率也增加。

当反应混合物中加入少量矿化剂（也可能是由存在于原料中的杂质引起的），则常会对反应产生特殊的作用。表8-2列出少量NaCl可使不同颗粒尺寸Na_2CO_3与Fe_2O_3反应产生的加速作用。数据表明，在一定温度下，添加少量NaCl可使不同颗粒尺寸Na_2CO_3的转化率提高0.5～6倍，而且颗粒越大，作用越明显。关于矿化剂的作用原理则是复杂和多样的。一般认为，它可以通过与反应物形成固溶体而使其晶格活化，反应能力增强；或与反应物形成低共熔物，使物系在较低温度下出现液相加速扩散和对固相的溶解作用；或与反应物形成某种活性中间体而处于活化状态；或通过矿化剂离子对反应物离子的极化作用，促使其晶格畸变和活化等。应该注意的是，矿化剂总是以某种方式参与到固相反应中去的。

表8-2 NaCl对$Na_2CO_3+Fe_2O_3$反应的作用

NaCl添加量(相对于Na_2CO_3)/%	不同颗粒尺寸的Na_2CO_3转化率/%		
	0.06～0.088mm	0.27～0.35mm	0.6～2mm
0	53.2	18.9	9.2
0.8	88.6	36.8	22.5
2.2	88.6	73.8	60.1

8.5.2 反应物颗粒及均匀性的影响

颗粒尺寸大小主要是通过以下途径对固相反应起影响的。首先物料颗粒尺寸越小，比表面积越大，反应界面和扩散截面增加，反应产物层厚度减小，使反应速率增大。同时，按威尔表面学说，随粒度减小，键强分布曲线变平，弱键比率增加，反应和扩散能力增强。因此，粒径越小，反应速率越快，反之亦然。此外，颗粒尺寸的影响也直接反映在各动力学方程中的速度常数项K，因为K值是反比于R_0^2（R_0为颗粒半径）。图8-26表示出不同尺寸的ZnO和Al_2O_3在1200℃时形成$ZnAl_2O_4$尖晶石速率的影响。

其次，同一反应物系由于物料尺寸不同，反应速率可能会属于不同动力学范围控制。例如$CaCO_3$与MoO_3反应，当取等摩尔比成分并在较高温度（600℃）下反应时，若$CaCO_3$颗粒大于MoO_3，反应由扩散控制，反应速率主要随$CaCO_3$颗粒减少而加速。倘若$CaCO_3$

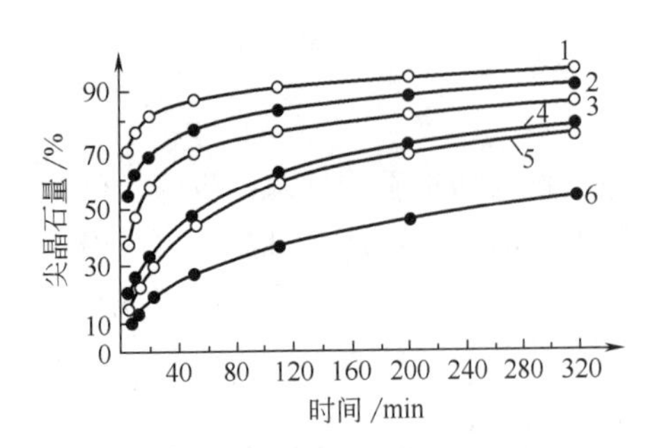

图 8-26 ZnO 和 Al_2O_3 颗粒尺寸对 $ZnAl_2O_4$ 尖晶石生成速率的影响

1—ZnO 和 Al_2O_3 粒径分别为 2～6μm、2～6μm；
2—ZnO 和 Al_2O_3 粒径分别为 2～6μm、70～90μm；
3—ZnO 和 Al_2O_3 粒径分别为 2～6μm、150～200μm；
4—ZnO 和 Al_2O_3 粒径分别为 70～90μm、2～6μm；
5—ZnO 和 Al_2O_3 粒径分别为 70～90μm、70～90μm；
6—ZnO 和 Al_2O_3 粒径分别为 150～200μm、2～6μm；

与 MoO_3 比值较大，$CaCO_3$ 颗粒度小于 MoO_3 时，由于产物层厚度减薄，扩散阻力很小，则反应将由 MoO_3 升华过程所控制，并随 MoO_3 粒径减小而加剧。

最后应该指出，在实际生产中往往不可能控制均等的物料粒径，这时反应物料的颗粒级配对反应速率同样是重要的，因为物料颗粒大小对反应速率的影响是平方关系。于是，即使少量较大尺寸的颗粒存在，都可能显著地延缓反应过程的完成。故生产上宜使物料颗粒分布控制在较窄范围之内。

8.5.3 反应温度的影响

温度是影响固相反应速率的重要外部条件。一般随温度升高，质点热运动动能增大，反应能力和扩散能力增强。对于化学反应，因其速度常数 $K=A\exp\left(\frac{-Q_{反}}{RT}\right)$，式中，碰撞系数 A 是概率因子 P 和反应物质点碰撞数目 Z_0 的乘积（$A=PZ_0$），$Q_{反}$是反应活化能。显然，随温度升高，质点动能增高，于是 K 值增大。对于扩散过程，因扩散系数 $D=D_0\exp\left(-\frac{Q_{扩}}{RT}\right)$，式中 $D_0=\alpha\nu a_0^2$，即取决于质点在晶格位置上的本征振动频率 ν 和质点间平均距离 a_0。故随温度升高，扩散系数 D 增大。说明温度对化学反应和扩散过程有着类似的影响。但由于 $Q_{扩}$ 值通常比 $Q_{反}$ 值小，因此，温度对化学反应的加速作用一般也比对扩散过程的加速作用为大。

8.5.4 压力和气氛的影响

对不同反应类型，压力的影响也不同。在两相间的反应中，增大压力有助于增加颗粒的接触面积，加速物质传递过程，使反应速率增加。但对于有液、气相参与的反应中，扩散过程主要不是通过固体粒子的直接接触实现的。因此提高压力有时并不表现出积极作用，甚至会适得其反。例如黏土矿物脱水反应和伴随有气相产物的热分解反应以及某些由升华控制的固相反应等，增加压力会使反应速率下降。由表 8-3 所列数据可见，随着水蒸气压增高，高岭土的脱水温度和活化能明显提高，脱水速度将降低。实验表明，当在 475℃时，水蒸气分压分别为 $<10^{-3}$ mmHg[1] 和 47mmHg 下，高岭土脱水 50%所需时间 $t_{0.5}$ 分别为 5min 和 315min，其变化约达 60 倍。脱水速度和水蒸气压的关系可由下式估计：

$$\lg\left(1-\frac{K_p}{K_0}\right)=m+n\lg p \tag{8-95}$$

式中 K_p，K_0——水蒸气压为 p 和 0 时的脱水反应速率常数；

m，n——取决于温度的参数。

[1] 1mmHg=133.322Pa。

表 8-3 不同水蒸气压力下高岭土的脱水活化能

水蒸气压/mmHg	温度范围/℃	活化能/(kJ/mol)
$<10^{-3}$	390～450	213.18
4.6	435～475	351.12
14	450～480	376.20
47	470～495	468.16

除压力外，气氛对固相反应也有重要影响，它可以通过改变固体吸附特性而影响其表面反应活性。对于一系列能形成非化学计量的化合物 ZnO、CuO 等，气氛可直接影响晶体表面缺陷的浓度和扩散机构与速度。

8.5.5 反应物活性的影响

实践证明，同一物质处于不同结构状态时其反应活性差异甚大。一般来说，晶格能越高、结构越完整和稳定的，其反应活性也低。因此，对于难熔氧化物间的反应和烧结往往是困难的。为此通常采用具有高活性的活性固体作为原料。例如 $Al_2O_3+CoO \longrightarrow CoAl_2O_4$ 反应中，若分别采用轻烧 Al_2O_3 和较高温度煅烧制得的死烧 Al_2O_3 作原料，其反应速率相差近 10 倍，表明轻烧 Al_2O_3 具有高得多的反应活性。根据海德华定律，即物质在转变温度附近质点可动性显著增大、晶格松懈和活化的原理，工艺上可以利用多晶转变伴随的晶格重排来活化晶格；或是利用热分解反应和脱水反应形式具有较大比表面积和晶格缺陷的初生态或无定形物质等措施提高反应活性。这点在烧结一章还将讨论。

上面着重从物理化学角度来讨论固相反应问题和影响因素。必须指出，这与它在实际生产情况常会有距离。因为在推导各种动力学时，总是假定颗粒很小，传热很快，而且生成的气相产物（如 CO_2 等）逸出时阻力可以忽略，并未考虑到外界压力等因素。而在实际生产中，这些条件是难以满足的。因此生产上还应从反应工程角度来考虑影响固相反应速率的因素。特别是由于硅酸盐材料生产通常要求高温作业，这时，传热速度对反应的进行影响很大。例如，把石英砂压成粒径为 50mm 的球，约以 8℃/min 的速度进行加热，使之进行 $\beta \longrightarrow \alpha$ 的相变反应，约需 75min 完成。而在同样加热速度下，用相同粒径的石英单晶球做实验，则相变时仅 13min。产生这种差异的原因除了两者的传热系数不同［单晶体约为 18.81kJ/(m·h·℃)，而成形球约为 2.09kJ/(m·h·℃)］外，还由于石英单晶是透辐射性的，其传热方式不同于成形球，即不是由传导机构连续传热，而可以透过直接传热。因此，相变反应不是在依序向球中心推进的界面上进行，而是在具有一定宽度范围内甚至在整个体积内同时进行，从而大大加速相变反应速率。可见，从工程角度考虑，传热速度和传质速度一样对固相反应具有同等重要的意义。

本章小结

固相反应是无机材料制备中一个重要的高温过程。固相反应是固体之间进行并生成固体产物的反应。广义地讲，凡是有固体参与的反应均可算是固相反应。固相反应是非均相反应，比溶液反应复杂，它不局限于化学反应，还包括相变、熔化、结晶等过程。

固态之间的反应较液态、气态间的反应在速度上要慢得多。不同的固相反应在反应机理上可能相差很大，但都包含接触界面上的化学反应以及反应物通过产物层的扩散这两个基本过程。如果在接触界面上发生化学反应形成产物层后，随后的反应物通过产物层的扩散不能进行，或进行的速度非常缓慢，则可以认为固相反应基本上中止了。例如，有些金属表面的氧化即属于这种情况。若能设法阻止扩散，就能防止金属进一步氧化。相反，在材料合成与制备中，则往往希望反应能够快速、持续地进行下去，以获得更多的反应产物。这时，通常采取各种技术手段，改变反应物的活性、反应物的接触状况及接触面积，控制反应气氛及分压大小，以达到控制固相反应进程的目的。

固相反应动力学方程的建立，依赖于对固相反应机理的了解，依赖于建立动力学方程时所采用的模型及其与实际反应物接触状况吻合的程度，以及求解动力学方程时定解条件的确定及获得等多种因素。因此，目前已建立的动力学方程的应用都是非常有限的。

实际应用中，要控制固相反应，通常从影响固相反应的系列因素入手，通过改变相关条件来实现对固相反应的控制。

相变过程

在一定条件（温度、压力或特定的外场等）下，物质将以一种与外界条件相适应的聚集状态或结构形式存在，这种形式就是相。相变是指在外界条件发生变化的过程中，物相于某一特定的条件下（或临界值时）发生突变。突变可以体现为：①从一种结构变化到另一种结构，例如气相、液相和固相之间的相互转变，或在固相中不同晶体结构或聚集状态之间的转变；②化学成分的不连续变化，例如固溶体的脱溶分解或溶液的脱溶沉淀；③某些物理性质突变，如顺磁体-铁磁体转变、顺电体-铁电体转变、正常导体-超导体转变等、反映了某一种长程有序相的出现或消失；又如金属-非金属转变、液态-玻璃态转变等，则对应于构成物相的某一种粒子（电子或原子）在两种明显不同的状态（如扩展态与局域态）之间的转变。上述三种变化可以单独地出现，也可以两种或三种变化兼而有之。如脱溶沉淀往往是结构与成分的变化同时发生，铁电相变则总是和结构相变耦合在一起的，而铁磁相的沉淀析出则兼备三种变化。

相变在无机材料领域中十分重要。例如，陶瓷、耐火材料的烧成和重结晶或引入矿化剂控制其晶型转化，玻璃中防止失透或控制结晶来制造各种微晶玻璃，单晶、多晶和晶须中采用的液相或气相外延生长，瓷釉、搪瓷和各种复合材料的熔融和析晶，以及新型铁电材料中由自发极化产生的压电、热释电、电光效应等，都可归之为相变过程。相变过程中涉及的基本理论对获得特定性能的材料和制定合理工艺过程极为重要，目前已成为研究无机材料的重要课题。

相变理论要解决的问题是：①相变为何会发生？②相变是如何进行的？前一个问题的热力学答案是明确的，但不足以解决具体问题，有待于微观理论将一些参量计算出来。后一个问题的处理则涉及物理动力学（physical kinetics）、晶格动力学、各向异性的弹性力学，乃至于远离平衡态的形态发生（morphogenesis）。这方面的理论还处于从定性或半定量阶段向定量阶段过渡的状态。对相变过程基本规律的学习、研究和掌握有助于人们合理、科学地优化材料制备的工艺过程，并对材料性能进行能动地设计和剪裁具有重要意义。

9.1 相变的分类与条件

9.1.1 相变的分类

相变的种类和方式很多，特征各异，很难将其归类，常见的分类方法如下。

9.1.1.1 按物态变化分类

按物态变化及含义不同，相变分为狭义相变和广义相变。狭义相变仅限于同组成的两固相之间的结构转变，即相变是物理过程，不涉及化学反应。如单元系统的晶型转变，$S_1 \rightleftharpoons S_2$。广义相变包括相变前后相组成发生变化的情况，包括二组分或多组分系统的反应，类型很多，如 $V \rightleftharpoons L$（蒸发、凝聚）、$V \rightleftharpoons S$（升华、凝聚）、$L \rightleftharpoons S$（结晶、熔融）、$S_1 \rightleftharpoons S_2$（晶型转变、有序-无序转变）、$L_1 \rightleftharpoons L_2$（液-液分相）等。

9.1.1.2 按热力学分类

（1）按转变方向分类　可分为可逆相变与不可逆相变。可逆相变在加热和冷却时晶型之间发生互为可逆的变化，反映在相图上的特征是转变温度低于两种晶型的熔点。不可逆相变是指高能量的介稳相向能量相对较低的稳定相之间的转变，相图上的特征是转变温度（虚拟）高于两种晶型的熔点。

（2）按化学位偏导数的连续性分类　从热力学观点看，两相能够共存的条件是化学位相等。此时的温度和压力分别称为临界温度和临界压力。根据临界温度、临界压力时化学位各阶偏导数的连续性，相变分为一级相变、二级相变等。

① 一级相变　在临界温度、临界压力时，两相化学位相等，但化学位的一阶偏导数不相等的相变。

$$\mu_1=\mu_2,\left(\frac{\partial \mu_1}{\partial T}\right)_p \neq\left(\frac{\partial \mu_2}{\partial T}\right)_p,\left(\frac{\partial \mu_1}{\partial P}\right)_T \neq\left(\frac{\partial \mu_2}{\partial P}\right)_T \tag{9-1}$$

由于$\left(\frac{\partial \mu}{\partial T}\right)_p=-S$，$\left(\frac{\partial \mu}{\partial P}\right)_T=V$，因此一级相变时 $S_1 \neq S_2$，$V_1 \neq V_2$，即一级相变时熵（S）和体积（V）有不连续变化，$\Delta S \neq 0$，$\Delta V \neq 0$，如图 9-1 所示。反映在性质上，相变时体系热焓 H 发生突变，热效应较大，并伴随有体积膨胀或收缩。大多数的 $V \rightleftharpoons S$、$V \rightleftharpoons L$、$L \rightleftharpoons S$、$S \rightleftharpoons S$ 相变都属于一级相变，这是最常见的相变类型。

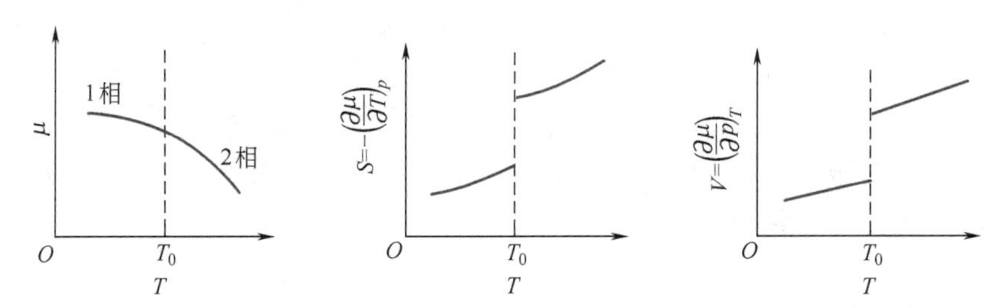

图 9-1　一级相变时两相的自由焓、熵及体积的变化

② 二级相变　相变时化学位及其一阶偏导数相等，而二阶偏导数不相等的相变。

$$\mu_1=\mu_2,\left(\frac{\partial \mu_1}{\partial T}\right)_p=\left(\frac{\partial \mu_2}{\partial T}\right)_p,\left(\frac{\partial \mu_1}{\partial p}\right)_T=\left(\frac{\partial \mu_2}{\partial p}\right)_T$$

$$\left(\frac{\partial^2 \mu_1}{\partial T^2}\right)_p \neq\left(\frac{\partial^2 \mu_2}{\partial T^2}\right)_p,\left(\frac{\partial^2 \mu_1}{\partial p^2}\right)_T \neq\left(\frac{\partial^2 \mu_2}{\partial p^2}\right)_T,\left(\frac{\partial^2 \mu_1}{\partial T \partial p}\right) \neq\left(\frac{\partial^2 \mu_2}{\partial T \partial p}\right) \tag{9-2}$$

由于：

$$\left(\frac{\partial^2 \mu}{\partial T^2}\right)_p=-\frac{C_p}{T},\left(\frac{\partial^2 \mu}{\partial p^2}\right)_T=-V\beta,\frac{\partial^2 \mu}{\partial T \partial p}=V\alpha \tag{9-3}$$

式中　C_p——恒压热容；

β——材料等温体压缩系数，$\beta=-\frac{1}{V}\left(\frac{\partial V}{\partial p}\right)_T$；

α——材料等压体膨胀系数，$\alpha=\frac{1}{V}\left(\frac{\partial V}{\partial T}\right)_p$。

可见二级相变时，体积及热效应无突变，有 $\Delta S=0$，$\Delta V=0$，但 $\Delta C_p \neq 0$，$\Delta\beta \neq 0$，$\Delta\alpha \neq 0$，即热容、压缩系数和体膨胀系数发生突变，如图 9-2 所示。由于这类相变中热容随温度的变化在相变温度 T_0 时趋于无穷大，因此可根据 C_p-T 曲线具有λ 形状而称二级相变为λ 相变，其相变点可称为 λ 点或居里点。一般合金的有序-无序转变、铁磁体-顺磁体转变、超导态转变、液氦的 λ 转变等属于二级相变，液相-玻璃态转变近似为二级相变。

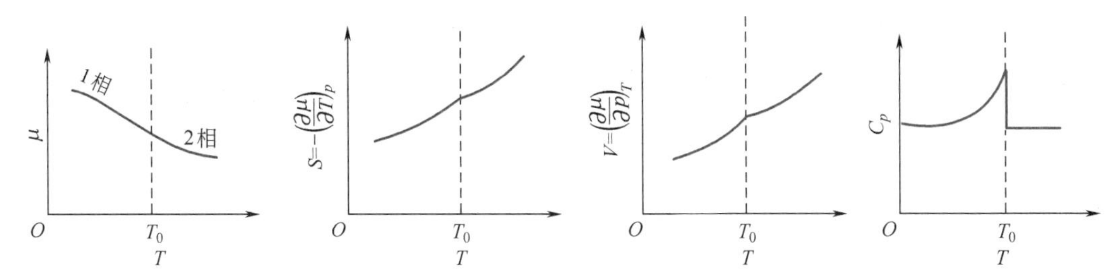

图 9-2 二级相变时的自由焓、熵、体积及热容的改变

关于相变时的$\frac{dp}{dT}$，发生一级相变时，$\frac{dp}{dT}$符合 Clausius-Clapayron 方程：

$$\frac{dp}{dT}=\frac{\Delta H}{T\Delta V} \tag{9-4}$$

而在二级相变时，$\frac{dp}{dT}$符合 Ehrenfest 方程：

$$\frac{dp}{dT}=\frac{C_{p_2}-C_{p_1}}{TV(\alpha_2-\alpha_1)} \quad 或 \quad \frac{dp}{dT}=\frac{\alpha_2-\alpha_1}{\beta_2-\beta_1} \tag{9-5}$$

虽然热力学分类方法比较严格，但并非所有相变形式都能明确划分。例如 $BaTiO_3$ 的相变具有二级相变特征，然而它又有不大的相变热效应。KH_2PO_4 的铁电体相变在理论上是一级相变，但它实际上却符合二级相变的某些特征。在许多一级相变中都重叠有二级相变的特征。因此有些相变实际上是混合型的。

在相变时化学位及其一阶、二阶偏导数相等，但三阶偏导数不相等的相变称为三级相变。量子统计爱因斯坦-玻色凝结现象属于三级相变。二级以上的相变称为高级相变，一般高级相变很少，大多数相变为低级相变。以此类推，化学位及其前 $n-1$ 阶偏导数相等，n 阶偏导数不相等的相变为 n 级相变。

9.1.1.3 按动力学分类

（1）按原子迁移特征分类　根据相变过程中质点的迁动情况，相变可分为扩散型相变和无扩散型相变。

在相变时，依靠原子（离子）的扩散来进行的相变称为扩散型相变，如晶型转变、熔体结晶、有序-无序转变等。相变过程不存在原子（离子）的扩散，或虽存在扩散但不是相变所必需的或不是主要过程的相变即为无扩散型相变，如低温下纯金属同素异构转变以及合金中的马氏体转变。

（2）按结构变化及转变速度快慢分类　可分为重构型相变和位移型相变。相变前后有旧键破坏和新键形成，相变需要的能量高、速度慢，此类相变为重构型相变；相变时只是原子间键长、键角的调整，没有旧键破坏和新键形成，相变需要的能量低、速度快，这类相变为位移型相变。

9.1.1.4 按相变机理分类

按相变机理不同，可将相变分为成核-生长相变、连续型相变（Spinodal 分解）、有序-

无序转变和马氏体相变。

成核-生长相变是由组成波动程度大、空间波动范围小的起伏开始发生的相变，初期起伏形成新相核心，然后是新相核心长大，有均匀成核与非均匀成核两类。

连续型相变是由组成波动程度小、空间波动范围广的起伏引起的相变，即起伏连续地生长而形成新相，包括 Spinodal 分解、连续有序化相变及颗粒粗化相变等。

有序-无序转变包括位置、位向以及电子和核旋转状态的有序-无序转变。位置的有序无序是原子占据不同的亚晶格造成的。如 Cu-Zn 合金，有序的低温结构相应于两种相互贯穿的简单立方结构，当温度升高时，Cu 和 Zn 开始易位，当两种原子占据晶格结点的概率相等时，结构变为体心立方，形成高温无序结构。位向（空间方向）无序发生于多原子基团占据晶格位置的情况下，结晶时基团取向可能多于一个方向，这时就可发生有序-无序转变。当存在不成对电子或自旋电子时，原子或离子犹如小磁极子，当其呈平行有序排列时，晶体具有磁性。温度升高，有序排列降低，完全无序时，晶体变成顺磁体。

马氏体相变是结构畸变型相变，动力学上转变速率很快，有结晶学上的突出特征，在合金系统及氧化物系统均有发生。

9.1.1.5 其他分类

Christian 将相变分为非均匀相变和均匀相变两类。非均匀相变对应于成核-生长相变，一般把体系空间分为未经相变的部分和已经相变的部分。两者以界面分隔，由母相中成核，而后长大来进行。均匀相变是指整个体系均匀地发生相变，其新相成分和（或）有序参量逐步地接近稳定相的特征，这类相变是由整个体系通过过饱和或过冷相内原始的小起伏经“连续”地（相界面不明显）扩展而进行的，即连续型相变。无须成核过程，由起伏直接长大为新相。此外，对于金属及合金中的相变，也有详细的分类方法，这里不再详述。

由于相变所涉及新旧相能量变化、原子迁移、成核方式、晶相结构等的复杂性，很难用一种分类方法描述。表 9-1 给出陶瓷材料相变综合分类概况。

表 9-1 陶瓷材料相变综合分类

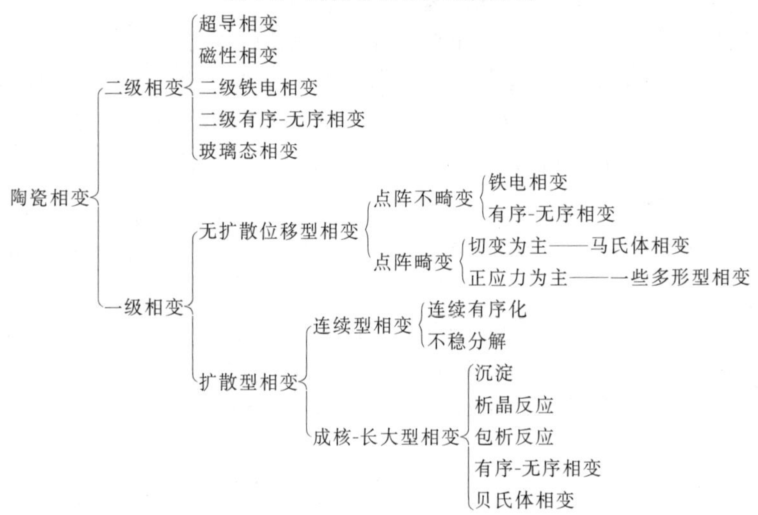

9.1.2 相变的条件

9.1.2.1 相变过程的温度条件

由热力学可知，在等温、等压下有 $\Delta G=\Delta H-T\Delta S$。在 T_0 平衡条件下，$\Delta G=0$，则有：

$$\Delta H - T_0 \Delta S = 0\ ，即\ \Delta S = \frac{\Delta H}{T_0} \tag{9-6}$$

式中　T_0——相变的平衡温度；

　　ΔH——相变热。

若在任意一温度 T 的不平衡条件下，则有：

$$\Delta G = \Delta H - T\Delta S \neq 0$$

若 ΔH 与 ΔS 不随温度而变化，将式（9-6）代入上式得：

$$\Delta G = \Delta H - T\ \frac{\Delta H}{T_0} = \Delta H\ \frac{T_0 - T}{T_0} = \Delta H\ \frac{\Delta T}{T_0} \tag{9-7}$$

从式（9-7）可见，相变过程要自发进行，必须有 $\Delta G<0$，则 $\Delta H\ \frac{\Delta T}{T_0}<0$。若相变过程放热（如凝聚、结晶等），$\Delta H<0$。要使 $\Delta G<0$，必须有 $\Delta T>0$，则 $\Delta T = T_0 - T>0$，即 $T_0>T$，这表明系统必须“过冷”，即系统实际温度比理论相变温度要低，才能使相变过程自发进行。若相变过程吸热（如蒸发、熔融等），$\Delta H>0$，要满足 $\Delta G<0$ 这一条件，则必须 $\Delta T<0$，即 $T_0<T$，这表明系统要自发相变则必须“过热”。由此可得：相变驱动力可以表示为过冷度（过热度）的函数，因此相平衡理论温度与系统实际温度之差即为相变过程的推动力。

9.1.2.2　相变过程的压力和浓度条件

从热力学知道，在恒温可逆非体积功为零时：

$$\mathrm{d}G = V\mathrm{d}p$$

对理想气体而言：

$$\Delta G = \int V\mathrm{d}p = \int \frac{RT}{p}\mathrm{d}p = RT\ln\frac{p_2}{p_1}$$

当过饱和蒸气压力为 p 的气相凝聚成液相或固相（其平衡蒸气压力为 p_0）时，有：

$$\Delta G = RT\ln\frac{p_0}{p} \tag{9-8}$$

要使相变能自发进行，必须 $\Delta G<0$，即 $p>p_0$，也即要使凝聚相变自发进行，系统的饱和蒸气压应大于平衡蒸气压 p_0。这种过饱和蒸气压差为凝聚相变过程的推动力。

对溶液而言，可以用浓度 C 代替压力 p，式（9-8）写成：

$$\Delta G = RT\ln\frac{C_0}{C} \tag{9-9}$$

若是电解质溶液还要考虑电离度 α，即 1mol 电解质能离解出 αmol 离子，则：

$$\Delta G = \alpha RT\ln\frac{C_0}{C} = \alpha RT\ln\left(1+\frac{\Delta C}{C}\right) \approx \alpha RT\ \frac{\Delta C}{C} \tag{9-10}$$

式中　C_0——饱和溶液浓度；

　　C——过饱和溶液浓度。

要使相变过程自发进行，应使 $\Delta G<0$，由于式（9-10）右边 α、R、T、C 都为正值，则必须 $\Delta C<0$，即 $C>C_0$，液相要有过饱和浓度，它们之间的差值 $C-C_0$ 即为这一相变过程的推动力。

综上所述，相变要自发进行，系统必须过冷（过热）或过饱和，此时系统温度、浓度和压力与相平衡时温度、浓度和压力的差值即为相变过程的推动力。

9.2 液-固相变——成核-生长机理

从热力学观点看，每种物质都有各自稳定存在的热力学条件，高温下物质处于液体或熔融状态，在熔点或液相线以下的温度下长时间保温，系统最终都会变成晶体。从相变机理上看，液-固相变及绝大多数固-固相变都是按照成核-生长机理进行相变，新相形成包括成核和生长两个过程。动力学上描述液-固相变（成核-生长机理）时常以晶核生成速率（也称核化速率或成核速率）、晶体生长速率（也称晶化速率或晶体长大速率）、总的结晶速率等来描述。晶核生成速率是指单位时间、单位体积母相中形成的新相核心的数目；晶体生长速率通常以新相的线生长速率表示，是指单位时间新相尺寸的增加；总的结晶速率则以新相与母相的体积分数随温度、时间的变化来表征。下面分别予以叙述。

9.2.1 晶核生成速率

液相或熔体处于过冷状态时，由于质点的热运动引起组成和结构的各种起伏，使一部分质点从高自由焓状态转变为低自由焓状态而形成新相。造成系统体积自由焓（ΔG_V）降低，同时，由于新相与母相之间形成新的界面时需要做功，造成系统界面自由焓（ΔG_S）增加。若新相与母相之间存在应变能，则应考虑应变能改变 ΔG_E。因此，当形成半径为 r 的球形新相时，整个系统自由焓的变化 ΔG_r 应为上述各项的代数和，即：

$$\Delta G_r = \frac{4}{3}\pi r^3 \Delta G_V + 4\pi r^2 \gamma_{LS} + \frac{4}{3}\pi r^3 \Delta G_E \tag{9-11}$$

式中　r——球形新相区的半径；

γ_{LS}——液-固界面能（假定没有方向性）；

ΔG_V，ΔG_E——除去界面能外单位体积的自由焓和应变能的变化。

对于液-固相变，由于母相具有流动性，结构容易调整，可不考虑新相与母相之间的应变能。当起伏小，形成颗粒很小时，界面面积相对于体积的比例大，系统的自由焓增加，新生相的饱和蒸气压和溶解度都大，会蒸发或溶解而消失于母相。这种较小的不能稳定长大成新相的区域称为核胚（embryo）。随着起伏的增大，界面对体积的比例就减小。当起伏达一定大小（临界值）时，系统自由焓变化由正值变为负值，这时随新相尺寸的增加，系统自由焓降低。这种可以稳定成长的新相称为晶核（nucleus）。因此要使液体或熔体结晶，首先必须产生晶核（核化），然后使晶核进一步长大（晶化）。液体结晶的速率取决于晶核的生成速率及晶体的生长速率。

核化分为均态核化和非均态核化两种。均态核化是在均匀单相熔体中进行的自发成核过程，母相中各处成核概率相同；非均态核化是在异相界面上，如表面、容器壁、气泡界面或附于外加物（杂质或晶核剂）界面等进行的成核过程。

9.2.1.1 均态核化速率

从液相中形成晶核，不仅包含了一种液-固相的转变，而且还需要形成固-液界面。假定在恒温恒压下，从过冷液体形成的新相呈球形，不考虑应变能时，自由焓的变化可以写为：

$$\Delta G_r = \frac{4}{3}\pi r^3 \Delta G_V + 4\pi r^2 \gamma_{LS} \tag{9-12}$$

式（9-12）中右边第一项表示液-固相转变时自由焓的变化，在液相温度以下是负值。核胚越大，自由焓降低越多。第二项代表形成液-固界面需要的能量，始终为正值。核胚越大，表面积越大，表面焓增大也越多。这两项与新相颗粒半径的关系曲线在图 9-3 中用虚线

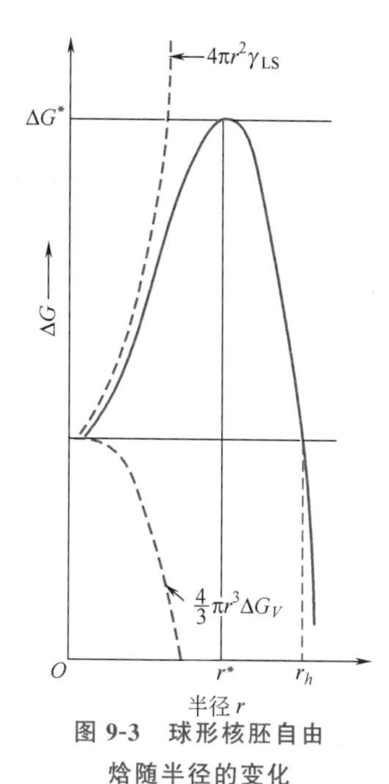

图 9-3 球形核胚自由焓随半径的变化

表示。图中实线表示系统自由焓的总变化。从图可见，对颗粒很小的新相区来说，颗粒表面积对体积的比率大，第二项占优势，形成新相的自由焓变化随着这些小颗粒的增大而增加，总的自由焓变化是正值。对颗粒较大的新相区而言，第一项占优势，总的自由焓变化是负的，亦即不是所有瞬间出现的新相区都能稳定存在和长大。因此，存在一个临界半径 r^*，颗粒半径比 r^* 小的核胚是不稳定的，因为它的尺寸减小时，自由焓降低，称为亚临界核胚。只有颗粒半径大于 r^* 的超临界晶核才是稳定的，因为晶核长大时，自由焓减小。此临界半径由自由焓的变化对 r 微分，并使其等于零来决定：

$$\frac{\mathrm{d}\Delta G_r}{\mathrm{d}r}\bigg|_{r=r^*}=8\pi r^*\gamma_{LS}+\frac{12}{3}\pi r^{*2}\Delta G_V=0 \qquad (9\text{-}13)$$

$$r^*=-\frac{2\gamma_{LS}}{\Delta G_V} \qquad (9\text{-}14)$$

由图 9-3 可以知道，形成临界晶核时，系统自由焓变化要经历极大值，此即相变势垒。此值可将式（9-14）代入式（9-12）求得：

$$\Delta G_{r^*}=\frac{16\pi\gamma_{LS}^3}{3(\Delta G_V)^2} \qquad (9\text{-}15)$$

若单位体积母相中原子或分子数为 n，半径 r 的核胚数目为 n_r，当这些大小不同的核胚和母相中的原子建立介稳平衡时，液-固系统的熵值才增加。假定这是理想混合，熵变是混合熵变，则根据均匀溶液混合自由焓的变化关系，系统单位体积自由焓的变化是：

$$\Delta G_m=\sum_r\left[n_r\Delta G_r+(n+n_r)kT\left(\frac{n_r}{n_r+n}\ln\frac{n_r}{n_r+n}+\frac{n}{n_r+n}\ln\frac{n}{n_r+n}\right)\right] \qquad (9\text{-}16)$$

式中　n，n_r——单位体积母相中原子或分子数目以及半径为 r 的核胚数目。

平衡时，$\frac{\partial(\Delta G_m)}{\partial n_r}=0$。核胚的数目和系统中总的原子数目相比非常小，即 $n_r\ll n$，因此可得出，具有半径为 r 核胚的数目是：

$$n_r=n\exp\left(-\frac{\Delta G_r}{kT}\right) \qquad (9\text{-}17)$$

同理，临界晶核数目为：

$$n_r^*=n\exp\left(-\frac{\Delta G_r^*}{kT}\right) \qquad (9\text{-}18)$$

核化过程就是母相（熔体）中的原子扩散并附着到临界核胚上，使新相尺寸大于临界核胚尺寸，这样临界核胚就能成长为晶核，因此核的生成速率取决于单位体积母相中临界核胚的数目以及原子扩散到核胚上的速率。

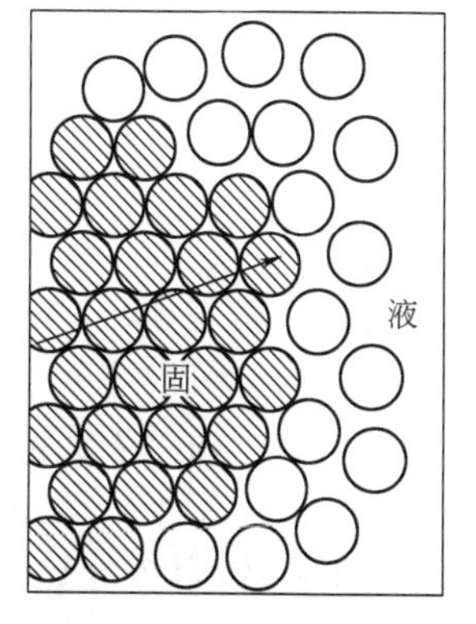

图 9-4 液相中原子靠上核胚后的生长示意图

由图 9-4 可见，原子从母相中迁移到核胚界面需要有活化能 ΔG_a 来克服势垒。一个原子单位时间跃迁到界面的次数还取决于原子的振动频率 ν_0，因此单位时间到达核胚表面的原子数为 $g=an_s\nu_0\exp\left(-\frac{\Delta G_a}{kT}\right)$，其中 a 是原子向核胚方向跃迁的概率，n_s 为临界核胚周界上原子数，则成核速率等于单位体积液体中临界晶核的数目乘以每秒钟达到临界晶核的原子数。因此核化速率 I 可写成：

$$I=n_r^*g=na\nu_0n_s\exp\left(-\frac{\Delta G_a+\Delta G_r^*}{kT}\right)=na\nu_0n_s\exp\left[-\frac{\Delta G_a+\dfrac{16\pi\gamma_{LS}^3}{3(\Delta G_V)^2}}{kT}\right] \tag{9-19}$$

由于原子从液相中跃迁到核胚表面的过程就是扩散过程，因此可用扩散系数表示为受扩散影响的成核率因子：

$$D=D_0\exp\left(-\frac{\Delta G_a}{kT}\right)$$

代入式（9-19），得：

$$I=KD\exp\left[-\frac{16\pi\gamma_{LS}^3}{3(\Delta G_V)^2kT}\right]=PD \tag{9-20}$$

其中：

$$K=\frac{na\nu_0n_s}{D_0}$$

$$P=K\exp\left(-\frac{\Delta G_r^*}{kT}\right)=K\exp\left[-\frac{16\pi\gamma_{LS}^3}{3(\Delta G_V)^2kT}\right]$$

式中，P 为受相变成核位垒影响的成核率因子。

根据式（9-20）可以分析成核速率与温度的关系。如忽略热容影响，在熔点附近的某温度 T 时，单位体积液体和晶体自由焓之差 ΔG_V 为：

$$\Delta G_V=\frac{1}{V}\left(\Delta H-T\frac{\Delta H}{T_m}\right)=\frac{\Delta H\Delta T}{VT_m}$$

式中 ΔH——熔化热；

V——熔体体积；

T_m——熔点；

ΔT——过冷度，$\Delta T=T_m-T$。

因此 ΔG_V 随温度升高而变小。在熔点时 $\exp\left(-\frac{\Delta G_r^*}{kT}\right)$ 项等于零。图 9-5 表示成核速率随温度的变化，成核速率随着过冷度 ΔT 的增加而增加，经过最大值后继续冷却时，核化速率降低。这是由于过冷度很大时，温度很低，扩散过程非常缓慢，$\exp\left(-\frac{\Delta G_a}{kT}\right)$ 项占优势，即 $I\propto\exp\left(-\frac{\Delta G_a}{kT}\right)$。

9.2.1.2 非均态核化速率

大多数相变是非均态核化，即核化发生在异相界面上，如容器界面、异体物质（杂质颗粒）上、内部气泡等处进行。如图 9-6 所示，晶核是在和液体相接触的固体界面上生成。这种固体表面可通过表面能的作用使核化势垒减少而促进核化进行。假设晶核的形状为球体的一部分，其曲率半径为 R，晶核在固体界面上的半径为 r，液体-晶核（LX）、晶核-固体（XS）和液体-固体（LS）的各界面能分别为 γ_{LX}、γ_{XS} 和 γ_{LS}，液体-晶核界面的面积为 A_{LX}，形成新相时界面自由焓变化是：

$$\Delta G_S=\gamma_{LX}A_{LX}+\pi r^2(\gamma_{XS}-\gamma_{LS}) \tag{9-21}$$

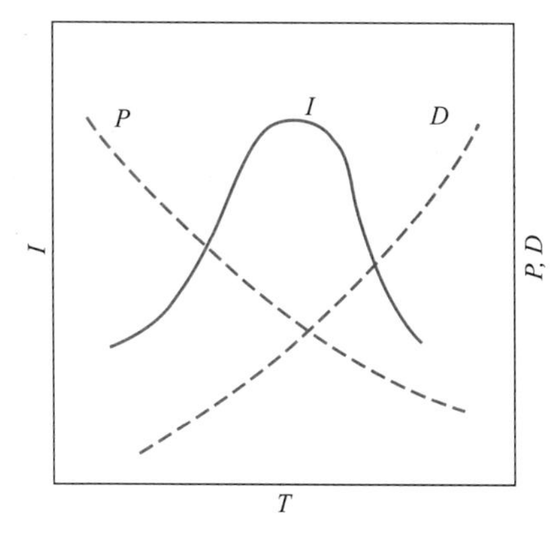

图 9-5 均态核化速率与温度的关系

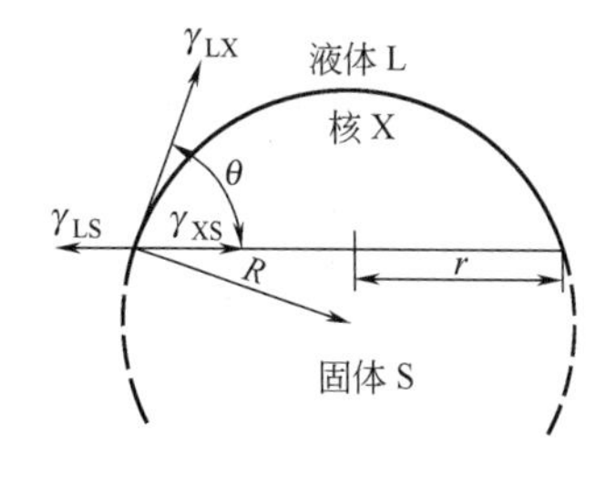

图 9-6 液体-固体界面非均态核的生成

当形成新界面 LX 和 XS 时，液-固界面（LS）减少了 πr^2。假如 $\gamma_{LS}>\gamma_{XS}$，则 $\Delta G_S<\gamma_{LX}A_{LX}$，说明在固体上形成晶核所需的总表面能小于均态核化所需要的能量。

接触角 θ 与界面能的关系为：

$$\cos\theta=\frac{\gamma_{LS}-\gamma_{XS}}{\gamma_{LX}} \tag{9-22}$$

将式（9-22）代入式（9-21）得：

$$\Delta G_S=\gamma_{LX}A_{LX}-\pi r^2\gamma_{LX}\cos\theta \tag{9-23}$$

图 9-6 中晶核（球缺）的体积是：

$$V=\pi R^3\ \frac{2-3\cos\theta+\cos^3\theta}{3} \tag{9-24}$$

晶核的表面积是：

$$A_{LX}=2\pi R^2(1-\cos\theta) \tag{9-25}$$

接触面半径是：

$$r=R\sin\theta \tag{9-26}$$

对非均态核化时，系统自由焓变化的计算，如同式（9-12）一样。$\Delta G_h=V\Delta G_V+\Delta G_S$，即：

$$\Delta G_h=V\Delta G_V+\gamma_{LX}A_{LX}-\pi r^2\gamma_{LX}\cos\theta \tag{9-27}$$

将式（9-24）～式（9-26）代入式（9-27），令 $\frac{d(\Delta G)}{dR}=0$，得出非均态核化的临界半径：

$$R^*=-\frac{2\gamma_{LX}}{\Delta G_V} \tag{9-28}$$

同样将式（9-28）代入式（9-27），得出：

$$\Delta G_h^*=\frac{16\pi\gamma_{LX}^3}{3(\Delta G_V)^2}\left[\frac{(2+\cos\theta)(1-\cos\theta)^2}{4}\right] \tag{9-29}$$

令 $f(\theta)=\frac{(2+\cos\theta)(1-\cos\theta)^2}{4}$，则：

$$\Delta G_h^*=\Delta G_r^*f(\theta) \tag{9-30}$$

将式（9-29）和均态核化的式（9-15）比较，两者相差一个系数 $f(\theta)$。若接触角 $\theta=0°$（指在有液相存在时，固体被晶体完全湿润），$\cos\theta=1$，$f(\theta)$等于零，$\Delta G_h^*=0$，不存在核化势垒；当 $\theta=90°$，$\cos\theta=0$ 时，$f(\theta)$ 等于1/2，非均态核化势垒降低一半；当 $\theta=180°$，即完全不湿润时，$\cos\theta=-1$，$f(\theta)$ 等于1，式（9-29）和式（9-15）的值相同。

由此可见，当晶核对晶核剂的接触角 θ 越小时，越有利于晶核的生成。亦即当晶核和晶核剂有相似的原子排列时，质点穿过界面有强烈的吸引力，对核化最有利。与均态核化相类似，非均态核化的速率可表示为：

$$I_S=K_S\exp\left(-\frac{\Delta G_h^*}{kT}\right) \tag{9-31}$$

式中，$K_S\approx N_S^0\nu_0\exp\left(-\frac{\Delta G_a}{kT}\right)$，其中 N_S^0 为接触固体单位面积的分子数。

式（9-31）和均态核化的公式十分相似，只是在指数中以 ΔG_h^* 代替 ΔG_r^*，和以接触固体单位面积的分子数 N_S^0 代替液体单位体积的分子数。

在硅酸盐熔体中引入适当的晶核剂，在整个体积内可观察到大量的内部核化过程，在这些系统中包含着液-液分相，该不连续的相界面将提供形成晶核的有利条件。在微晶玻璃、釉料和珐琅中它起着重要作用。

9.2.2 晶体生长速率

晶体生长是界面移动的过程，生长速率与界面结构及原子迁移密切相关。晶体中的界面有共格、半共格及非共格等，其原子排列、界面能大小各不相同，迁移方式亦不相同。当析出的晶体与母相（熔体）组成相同时，界面附近的质点只需通过界面跃迁就可附着于晶核表面，因此晶体生长由界面控制。当析出的晶体与母相（熔体）组成不同时，构成晶体的组分必须在母相中长距离迁移到达新相-母相界面，再通过界面跃迁才能附着于新相表面，因此晶体生长由扩散控制。生长机理不同，动力学规律将有所差异。

9.2.2.1 析出晶体和熔体组成相同——界面控制的长大

晶核形成后，在一定的温度和过饱和度下，晶体按一定速率生长。原子或分子扩散并附着到晶核上去的速率取决于熔体和界面条件，也就是晶体-熔体之间的界面对结晶动力学和结晶形态有决定性影响。图9-7表示一致熔融化合物的晶体-熔体界面质点的排列情况。晶体生长类似扩散过程，它取决于分子或原子从熔体（液相）中向界面扩散和其反方向扩散之差。如图9-8所示，界面上液体侧一个原子或分子的自由焓为 G_1，结晶侧一个原子或分子的自由焓为 G_c，液体与晶体的自由焓差值为 $G_1-G_c=V\Delta G_V$，一个原子或分子从液体通过界面跃迁到晶体所需活化能为 ΔG_a，原子或分子从液相向晶体迁移速率等于界面的原子数目（S）乘以跃迁频率 ν_0，再乘以具有跃迁所需激活能的原子的分数，即：

$$\frac{\mathrm{d}n_{1\to c}}{\mathrm{d}t}=fS\nu_0\exp\left(-\frac{\Delta G_a}{kT}\right) \tag{9-32}$$

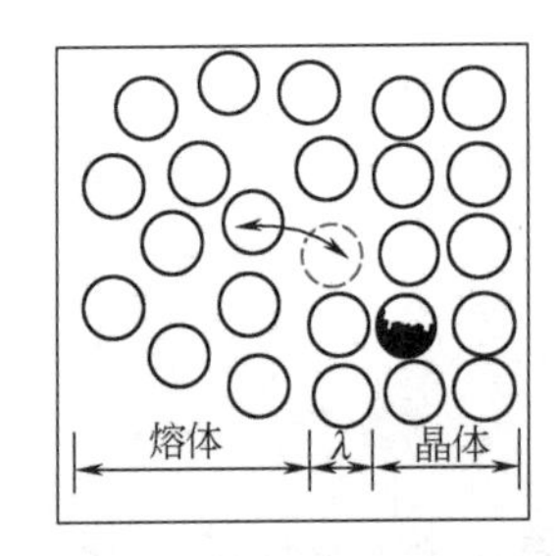

图9-7 晶体-熔体界面的晶体生长

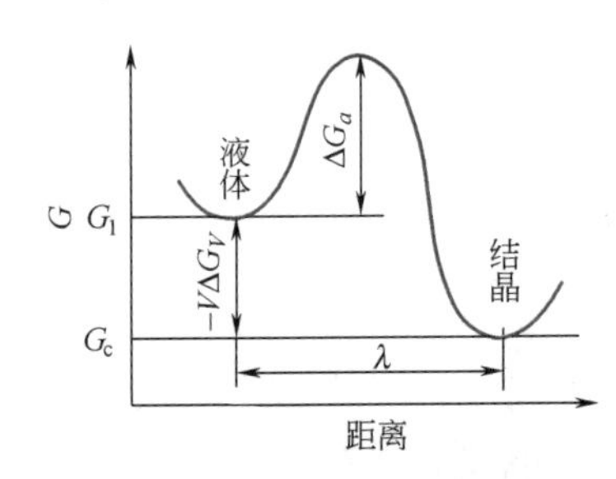

图9-8 原子通过液-固界面跃迁的自由焓变化

质点从晶相反向跃迁到液相的速率为：

$$\frac{\mathrm{d}n_{\mathrm{c}\to\mathrm{l}}}{\mathrm{d}t}=fS\nu_0\exp\left(-\frac{\Delta G_a+V\Delta G_V}{kT}\right) \tag{9-33}$$

式中，f 为附加因子，指晶体界面能够附着上分子的位置占所有位置的分数。

因此，从液相到晶相跃迁的净速率为：

$$\frac{\mathrm{d}n}{\mathrm{d}t}=\left(\frac{\mathrm{d}n_{\mathrm{l}\to\mathrm{c}}}{\mathrm{d}t}-\frac{\mathrm{d}n_{\mathrm{c}\to\mathrm{l}}}{\mathrm{d}t}\right)=fS\nu_0\left[\exp\left(-\frac{\Delta G_a}{kT}\right)-\exp\left(-\frac{\Delta G_a+V\Delta G_V}{kT}\right)\right]$$

$$\frac{\mathrm{d}n}{\mathrm{d}t}=fS\nu_0\exp\left(-\frac{\Delta G_a}{kT}\right)\left[1-\exp\left(-\frac{V\Delta G_V}{kT}\right)\right] \tag{9-34}$$

晶体线生长速率 U 等于单位时间迁移的原子数目除以界面原子数 S，再乘以原子间距 λ，即：

$$U=f\left(\frac{\lambda}{S}\right)S\nu_0\exp\left(-\frac{\Delta G_a}{kT}\right)\left[1-\exp\left(-\frac{V\Delta G_V}{kT}\right)\right]$$

$$U=f\lambda\nu_0\exp\left(-\frac{\Delta G_a}{kT}\right)\left[1-\exp\left(-\frac{V\Delta G_V}{kT}\right)\right] \tag{9-35}$$

在不同的条件下，式（9-35）可以进一步简化。当过冷度很小时，$V\Delta G_V$ 相对于 kT 很小，$\exp\left(-\frac{V\Delta G_V}{kT}\right)$ 可展开成幂级数并略去高次项，则：

$$\exp\left(-\frac{V\Delta G_V}{kT}\right)=1-\frac{V\Delta G_V}{kT}$$

于是生长速率简化为：

$$U=f\lambda\nu_0\left(\frac{V\Delta G_V}{kT}\right)\exp\left(-\frac{\Delta G_a}{kT}\right) \tag{9-36}$$

由式（9-36）可知，由熔点或液相线温度开始降温时，随温度降低，过冷度增加，晶体线生长速率增加。

当过冷度很大时，$V\Delta G_V \gg kT$，$\exp\left(-\frac{V\Delta G_V}{KT}\right)\Rightarrow 0$，式（9-35）简化为：

$$U=f\lambda\nu_0\exp\left(-\frac{\Delta G_a}{kT}\right)=\frac{fD}{\lambda} \tag{9-37}$$

式中　D——原子通过界面的扩散系数，$D=\lambda^2\nu_0\exp\left(-\frac{\Delta G_a}{kT}\right)$。

此时晶体生长速率受原子通过界面扩散速率所控制，温度降低时，晶体的生长速率下降。因此，U 随温度变化在适当温度也会出现极大值。

将由式（9-20）和式（9-35）所得 I 和 U 随温度变化关系示于图 9-9。由图可见，I 曲线和 U 曲线最大值并不重合，晶核生成的最佳温度低于晶体生长的最佳温度，即 $T_{I\max}<T_{U\max}$。对不同熔体来说，这两个温度间隔的宽窄不一；对于晶核生成和晶体生长的温度范围，不同熔体也不相同。在高温时，熔体黏度低，质点运动速率大，扩散容易，发生碰撞机会多，利于晶体生长，但质点能量高，饱和程度低，晶核容易解体，所以不能顺利结晶；在

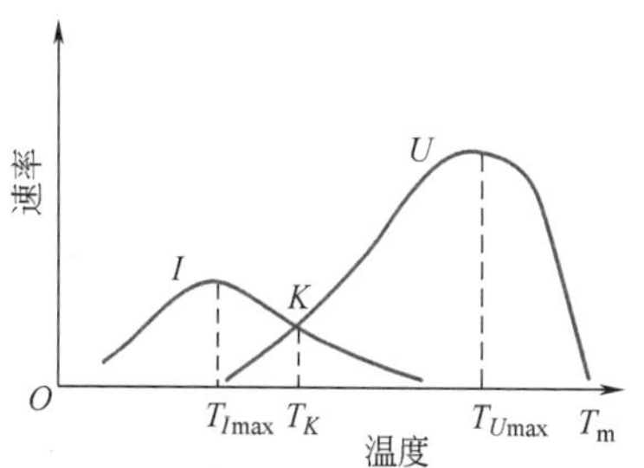

图 9-9　成核速率 I 和晶体生长速率 U 随温度的变化（T_m 为熔点）

较低温度时，熔体黏度增加，质点运动速率降低，能量小，饱和程度大，利于晶核生成，但质点扩散困难，不利于晶体生长，因而也不能顺利结晶。只有在两曲线重叠的析晶区域晶核生成和晶体生长速率都具有相当数值，才是熔体顺利析晶的温度区域。在两条曲线的交点 K 处，晶核生成和晶体生长速率相等，故此点所对应的 T_K 是析晶的最佳温度。$T<T_K$ 时，$I>U$，析出的晶体细小；$T>T_K$ 时，$I<U$，析出的晶体粗大。在析晶区域，熔体的黏度一般在 $10^3\sim10^5\text{Pa}\cdot\text{s}$。陶瓷制品的烧成中，欲使釉层结晶，应在析晶区域内适当保温；若要得到透明釉，则应迅速冷却越过析晶区域，不使晶体析出。

在式（9-35）中，f 值根据成长机构而不同，当过冷度大时，热力学的推动力大，二维空间晶核的临界尺寸十分小，晶体表面的任何部分都能生长，f 因子接近 1；过冷度小时，f 是 ΔT 的函数，并随生长机构而变。f 因子与温度的关系，可用螺旋位错生长机构来解释。

9.2.2.2　析出晶体和熔体组成不同——扩散控制的长大

相变时新相与母相成分不同有两种情况：一是新相的溶质浓度高于母相；二是新相溶质浓度比母相低。无论哪种情况，新相长大速率均取决于溶质原子的扩散。如图 9-10 所示，母相 α 的成分为 C_0，在温度 T 析出溶质浓度高于母相的新相 β。根据图 9-10(a)，在相界处，β 相的浓度为 C_β，α 相的浓度为 C_α，而远离相界处母相的成分仍为 C_0，因此在母相内形成了浓度差（C_0-C_α）。如图 9-10(b) 所示，此浓度差引起母相 α 内溶质原子的扩散。扩散使相界处的 C_α 升高，破坏了相界处的浓度平衡。为了恢复相间的平衡，溶质原子会越过相界由 α 相迁入 β 相进行相间扩散，使新相 β 相长大。新相长大所需的溶质原子是远离相界的母相处提供的。因此，新相的长大速率受溶质原子的扩散速率所控制。根据菲克第一定律，在 $\mathrm{d}t$ 时间内，在母相内通过单位面积的溶质原子的扩散通量为 $D\dfrac{\partial C}{\partial r}\mathrm{d}t$，$D$ 为溶质原子在母相中的扩散系数。若相界同时移动了 $\mathrm{d}r$ 距离（新相体积增大了 $1\mathrm{d}r$），β 相中溶质原子的增量为$(C_\beta-C_\alpha)\mathrm{d}r$。由于溶质原子来自远离相界的母相，所以：

$$D\left(\frac{\partial C}{\partial r}\right)_{r=R}\mathrm{d}t=(C_\beta-C_\alpha)\mathrm{d}r \tag{9-38}$$

因而，新相（即 β 相）的长大速率为：

$$u=\frac{\mathrm{d}r}{\mathrm{d}t}=\frac{D}{C_\beta-C_\alpha}\left(\frac{\partial C}{\partial r}\right)_{r=R} \tag{9-39}$$

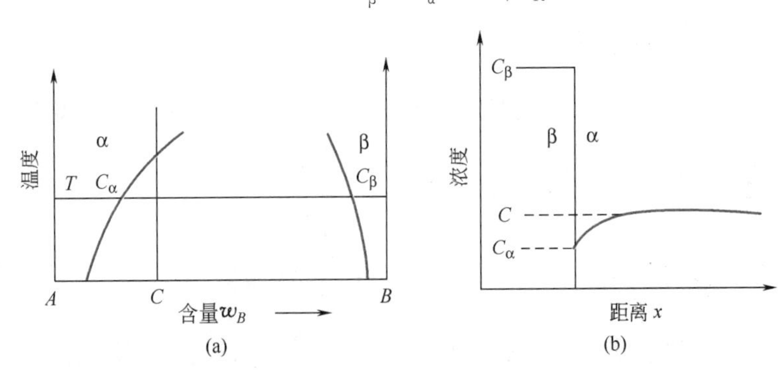

图 9-10　扩散控制的长大中溶质的浓度分布

这说明扩散控制的新相长大速率与扩散系数及相界附近母相中溶质的浓度梯度成正比，与相界两侧的两相中溶质原子的浓度差成反比。

对于球形沉淀的长大即三维生长，根据球坐标下的菲克第二定律$\frac{\partial C}{\partial t}=D\left(\frac{\partial^2 C}{\partial r^2}+\frac{2}{r}\times\frac{\partial C}{\partial r}\right)$，可求得界面上的浓度梯度$\left(\frac{\partial C}{\partial r}\right)_{r=R}$。当过饱和度低时，即$\frac{C_0-C_\alpha}{C_\beta-C_\alpha}\ll 1$，亦即$C_0=C_\alpha$时，球形沉淀周围溶质原子贫化区的尺寸要比沉淀的尺寸大得多。此时，$\frac{\partial C}{\partial t}\approx 0$，可近似地解出$C(r)=C_0-(C_0-C_\alpha)\frac{R}{r}$，将$\left(\frac{\partial C}{\partial r}\right)_{r=R}$值代入式（9-38）并积分，即得：

$$r^2-r_0^2=\frac{2(C_0-C_\alpha)}{C_\beta-C_\alpha}Dt \tag{9-40}$$

对于$r\gg r_0$，有：

$$r^2=K_1 Dt \tag{9-41}$$

此处K_1是常数。

当过饱和度大时，即$\frac{C_\beta-C_0}{C_\beta-C_\alpha}\ll 1$，不能用正常的方法求解。这时用溶质原子守恒，即图9-11中两个斜线部分面积相等，来求出溶质原子贫化区厚度y_D，即：

$$\frac{1}{2}y_D(C_0-C_\alpha)=(C_\beta-C_0)R \tag{9-42}$$

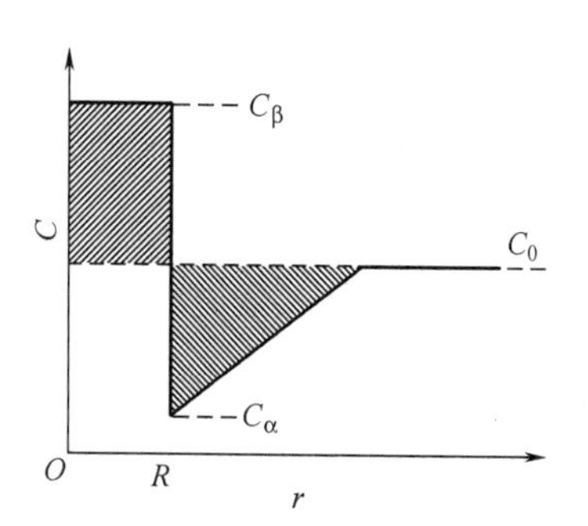

图9-11 过饱和程度大时晶体-液体界面附近的浓度分布

此处斜率$\left(\frac{\partial C}{\partial r}\right)_{r=R}=\frac{C_0-C_\alpha}{y_D}$。将此式代入式（9-38）得：

$$r^2-r_0^2=\frac{(C_0-C_\alpha)^2}{(C_\beta-C_\alpha)(C_\beta-C_0)}Dt \tag{9-43}$$

若$r\gg r_0$，则有：

$$r^2=K_2 Dt \tag{9-44}$$

此处K_2是常数。同样得出扩散控制的晶体生长过程的规律，r^2和t成正比。

9.2.3 总的结晶速率

9.2.3.1 JMA（Johnson-Mehl-Avrami）方程

前已述及结晶过程包括成核和晶体生长两个过程，为了表征总的结晶速率，常用结晶过程中已析出晶体体积占母相液体原始体积的分数（x）和结晶时间（t）的关系来表示。设一个体积为V的液体很快达到出现新相的温度，并在此温度下保温一定时间τ，用V^β表示结晶的液体体积，V^l表示残留未结晶的液体体积。则在$d\tau$时间内形成新相核心的数目：

$$N_\tau=IV^l d\tau \tag{9-45}$$

此处I是成核速率，即单位时间单位体积中形成的晶核数目。若单个晶核界面的晶体生长速率是U，并假定晶体各个方向生长速率相同，而且晶粒是球形的。经过时间τ后开始晶体生长，在总的时间t内结晶出的晶体体积是：

$$V_\tau^\beta=\frac{4\pi}{3}U^3(t-\tau)^3 \tag{9-46}$$

在结晶的初期，由于晶核很小并分布在整个母相体积内，则$V^l\approx V$，因此在时间t时，结晶的体积就是在τ和$\tau+dt$之间结晶出的体积：

$$dV^{\beta}=N_{\tau}V_{\tau}^{\beta}\approx\frac{4\pi}{3}VIU^{3}(t-\tau)^{3}dt \tag{9-47}$$

于是结晶体积分数为：

$$x=\frac{V^{\beta}}{V}=\frac{4\pi}{3}\int_{0}^{t}IU^{3}(t-\tau)^{3}dt \tag{9-48}$$

进行微分，得：

$$dx=\frac{4\pi}{3}IU^{3}(t-\tau)^{3}dt \tag{9-49}$$

考虑到洁净过程中粒子间的碰撞和母液减少的修正因子 $1-x$，则：

$$dx=(1-x)\frac{4\pi}{3}IU^{3}(t-\tau)^{3}dt \tag{9-50}$$

当成核速率和晶体生长速率与时间无关时，考虑 $t\gg\tau$ 的情况，对式（9-50）进行积分，得：

$$x=1-\exp\left(-\frac{\pi}{3}IU^{3}t^{4}\right) \tag{9-51}$$

上式即著名的 JMA（Johnson-Mehl-Avrami）方程。

Christian 进一步考虑成核速率和生长速率随时间的变化，则得出一个通用公式：

$$x=1-\exp(-Kt^{n}) \tag{9-52}$$

式中　K，n——常数，其中 n 称为阿弗拉米（Avrami）指数。

很清楚新相形成的体积分数与成核、晶体生长的动力学常数有关，亦即与转变热、偏离平衡和原子迁移率等热力学和动力学因素有关。表 9-2 示出各种析晶机构的 n 值。图 9-12(a) 是 JMA 方程的曲线形状，都是 S 形的。

表 9-2　各种析晶机构的 n 值

非扩散控制的转变(蜂窝状转变)		扩散控制的转变	
仅结晶开始时成核	3	在结晶开始时就在成核粒子上开始晶体长大	1.5
恒速成核	4	成核粒子上开始晶体长大就以恒速进行	2.5
加速成核	>4	有限大小的孤立板片状或针状晶体的长大	1
在结晶开始时成核及在晶粒棱上继续成核	2	板片状晶体在晶棱接触后板片厚度才增厚	0.5
在结晶开始时成核及在晶粒界面上继续成核	1		

9.2.3.2　等温转变动力学曲线

式（9-51）或式（9-52）描述的是在给定温度下的等温转变过程，据此可以计算出不同温度下的等温转变的动力学曲线，即相变动力学曲线，如图 9-12(a) 所示。这些曲线均呈 S 形状，机理上属于成核-长大的所有相变均有此特性。将不同温度的 S 曲线整理、换算在时间-温度图上，即可得到如图 9-12(b) 所示的综合动力学图，即等温转变动力学图。等温转变动力学图表示了相变量与转变温度和转变时间的关系，也称 TTT 图（$3T$ 图），是由两条形状呈字母 C 形的曲线构成，又称 C 曲线。左侧是开始转变线，右侧是转变完成线。一般取转变量 x 为 0.5%时为转变开始，已发生了 99.5%的转变时即为转变完成。在各过冷度下从开始等温到开始转变这一段时间称为孕育期。由转变动力学曲线可以看出，在转变温度较高时，由于扩散速率足够高，随温度下降过冷度增加，相变驱动力增加，转变速率越来越快，表现出转变开始时间（孕育期）与终了时间随温度下降而缩短。当转变温度较低时，相变已有相当大的驱动力，可是温度下降使扩散速率急速下降，又使孕育期变长，转变速率变慢。

对于加热时的转变，随着温度的升高，相变驱动力和扩散速率均增加，因此加热转变的 TTT 曲线形状不呈 C 形，而是如图 9-13 所示。

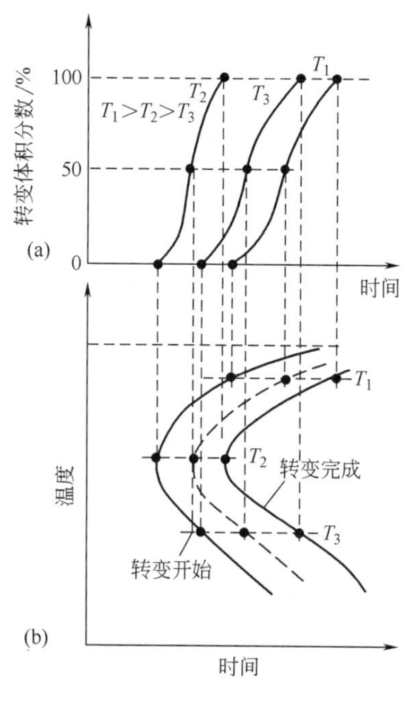

图 9-12 相变动力学曲线

（a）相变动力学曲线；

（b）等温转变曲线（TTT 图）

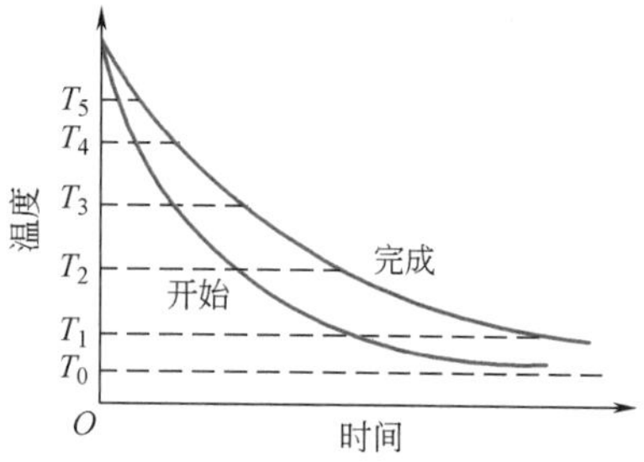

图 9-13 加热相变的 TTT 图

9.2.4 影响结晶速率的因素

实际接触到的材料系统一般含有多种原子，化学键及熔体结构较复杂，结晶速率差异很大。简单的单原子晶体（如金属系统）的生长速率，在过冷度很小的情况下超过 1cm/s，而硅酸盐系统在过冷 200～300℃以上时，生长速率大多小于 10^{-3}cm/s，比简单系统小几个数量级。最大的生长速率常在过冷 100℃左右。目前，要定量地表示一种已知晶体的生长速率和温度的函数关系还比较困难，因为和结晶有关的一些因子无法准确知道，下面分析一下影响结晶速率的因素。

9.2.4.1 界面情况

一般而言，玻璃表面比内部容易析晶，有时表面层和内部析出的晶体不一样，这表明玻璃表面对特定晶面或特定结晶的成核能力是特别强的。另外，表面成核能力还与周围气氛有关。

9.2.4.2 熔体结构

如果晶体的熔解熵小，则可认为晶体和熔体的结构十分相似。在这些系统中，晶体容易在熔体中成长，因为从熔体到晶体所需重排的结构单元数量较少，例如 $BaO \cdot 2B_2O_3$ 和 $PbO \cdot 2B_2O_3$ 的熔解熵分别是 1.75×10^{-6}J/K 和 3.0×10^{-6}J/K。在其相应的熔点处，$BaO \cdot 2B_2O_3$

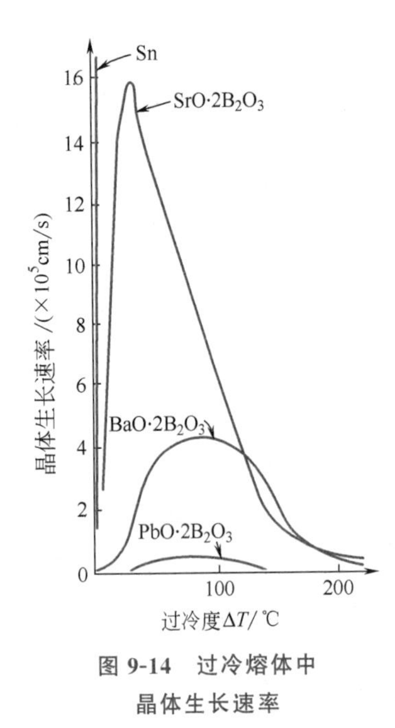

图 9-14 过冷熔体中晶体生长速率

的黏度比 $PbO\cdot2B_2O_3$ 大 3 倍以上，而 $BaO\cdot2B_2O_3$ 的最大生长速率约等于 $PbO\cdot2B_2O_3$ 的 35 倍，见图 9-14。原因在于 $BaO\cdot2B_2O_3$ 熔体和其晶体结构比较相似。有文献报道 $BaO\cdot2B_2O_3$ 晶体按照链叠机理成长，熔体中链状结构相互折叠附析在晶体表面上。在 $PbO\cdot2B_2O_3$ 晶体中没有发现熔体中链状结构的原子团，因此链状结构的原子团在附着于晶体之前，必须部分离解重新组合才能符合 $PbO\cdot2B_2O_3$ 的晶格排列。

图 9-14 中 $SrO\cdot2B_2O_3$ 和 $PbO\cdot2B_2O_3$ 类质同晶的生长速率相差更悬殊，它们的熔解熵分别是 2.63×10^{-6}J/K 和 3.0×10^{-6}J/K，在液相温度时黏度相同，而 $SrO\cdot2B_2O_3$ 的最大生长速率比 $PbO\cdot2B_2O_3$ 大 130 倍。根据布拉格（Bragg）等用核磁共振法研究，两种晶体生长速率的差别在于其熔体结构的不同。在四硼酸铅玻璃中，Pb^{2+} 位于 4 个 O^{2-} 构成的角锥状结构中，但这种结构在晶体中并未发现，而四硼酸锶玻璃的结构单元则和晶体结构比较接近。

9.2.4.3 非化学计量

如果熔体和析出的晶体组成不同，则界面附近的熔体组成将不同于主熔体，组成的不同会减小这些成分构成晶体的有效性，因而减小生长速率。例如当熔体中 SiO_2 含量超过二硅酸盐晶体的化学计量时，最大生长速率减小。这是由于富硅酸熔体的黏度增高之故。此外，在一致熔融化合物中，由于非化学计量液相温度较低，结晶的推动力减小，界面的有效过冷度也变小。

$PbO\cdot2B_2O_3$ 熔体的结晶速率测定表明，当熔体的组成从 B_2O_3 过量变到 PbO 过量时，测得 PbO 过量 1%～2%时生长速率最大。虽然有效过冷减小了，但富 PbO 熔体有较大流动性，可以抵消结晶推动力减小的作用，导致在非化学计量熔体中生长速率增大。

9.2.4.4 外加剂

微量外加剂或杂质会促进晶体的生长，因为外加剂在晶体表面上引起的不规则性犹如晶核的作用。熔体中杂质还会增加界面处的流动度，使晶格更快地定向。引入系统的添加物往往富集在分相系统的一相中，富集到一定程度时会促使微小相区由非晶相转化为晶相，导致晶化速率发生变化。

9.3 液-液相变——调幅分解机理

调幅分解亦称斯宾那多分解（Spinodal decomposition），是通过扩散偏聚机制进行的相变，常发生于玻璃、过饱和固溶体或合金系统中。相变时由一种固溶体分解成结构与母相相同而成分不同的两种固溶体。分解产物只有贫溶质区和富溶质区，二者之间没有清晰的相界面。

9.3.1 液相的不混溶现象（玻璃的分相）

一个均匀的液相或玻璃相在一定的温度和组成范围内有可能分成两个互不溶解或部分溶解的液相或玻璃相，并相互共存的现象，称为液相不混溶现象或玻璃的分相。

玻璃分相有两种类型：一种是 MgO-SiO_2、FeO-SiO_2、ZnO-SiO_2、CaO-SiO_2、SrO-SiO_2 等构成的二元系统，在液相线以上就开始分相，产生或大或小的稳定的液-液不混溶区，称为稳定分相；另一种是 BaO-SiO_2、Li_2O-SiO_2、Na_2O-SiO_2、Al_2O_3-SiO_2 等构成的二元系统，在液相线以下发生分相，产生亚稳的不混溶区，称为亚稳分相。

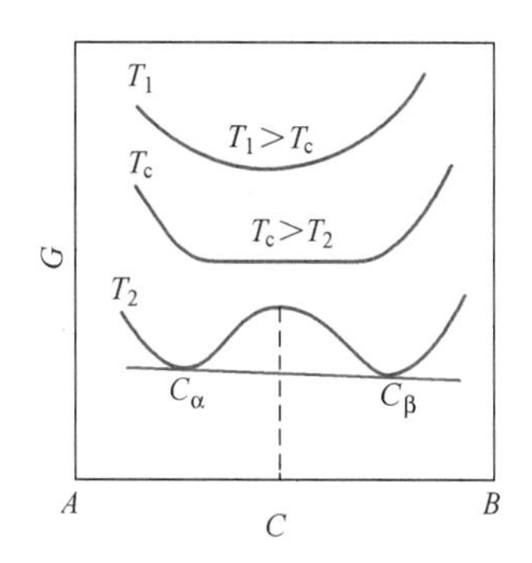

图 9-15　温度对自由焓-组成曲线的影响（$T_1>T_c>T_2$）

亚稳分解能否发生以及分解机理取决于系统所处的温度范围及组成范围，可根据自由焓-组成（G-C）、自由焓-温度（G-T）关系来确定。图 9-15 表示不同温度下自由焓 G 随着组成 C 的变化。在温度为 T_1 时，系统在整个组成范围内只有一个相。这时自由焓曲线向上凹并呈 U 字形，表明为单相固溶体状态。在温度为 T_c 时，自由焓曲线的中心区域呈平坦形状，温度 T_c 称为分相的临界温度。在 T_c 温度以上是均匀的单相状态，低于 T_c 温度则可能出现分相。在任何一个低于 T_c 的温度如 T_2 下，自由焓-组成曲线中心区域出现峰值，这表示在公切线 C_α-C_β 之间的任何一个组成 C，在 T_2 温度下都会发生不混溶或分相，最终分解成由 C_α 和 C_β 组成的两个相。

9.3.1.1　成分波动与系统自由能的关系

一个二元氧化物系统，在高温下以单相液体或固溶体形式存在，在低温下存在二相平衡。如果把单相状态（如 M）以非常快的速度冷却，使其进入二相区（临界温度 T_c 之下某一温度 T_2），由于扩散作用系统将发生分相，同时得到 C_α 和 C_β，如图 9-16 所示。现在考察一个被淬冷到温度 T_2 的均匀单相系统，当组成发生起伏时系统自由焓的变化。设系统的平均组成为 C_0，对于 C_0 周围的一个微小的组成起伏 ΔC，系统自由焓变化 ΔG 可以写为：

$$\Delta G=\frac{G(C_0+\Delta C)+G(C_0-\Delta C)}{2}-G(C_0) \tag{9-53}$$

将 $G(C_0+\Delta C)$ 和 $G(C_0-\Delta C)$ 用 Taylor 级数展开：

$$G(C_0+\Delta C)=G(C_0)+G'(C_0)\Delta C+\frac{1}{2!}G''(C_0)(\Delta C)^2+\cdots$$

$$G(C_0-\Delta C)=G(C_0)+G'(C_0)(-\Delta C)+\frac{1}{2!}G''(C_0)(\Delta C)^2+\cdots \tag{9-54}$$

把式（9-54）代入式（9-53），忽略 3 次以上的高次项，得：

$$\Delta G=\frac{1}{2}(\Delta C)^2G''(C_0) \tag{9-55}$$

式（9-55）表明，系统自由焓的变化 ΔG 与 $G''(C_0)$ 密切相关。根据 G'' 的正负可以判断分相机理。

9.3.1.2　分相机理

（1）成核-生长分解机理——C_α-C'_α 区及 C'_β-C_β 区　当 $G''>0$ 时，一个微小的组成起伏 ΔC 将使系统自由焓增大。只有大的组成起伏才能使自由焓下降，这相当于存在成核势垒，对应于成核-生长机理。由于相变初期界面的形成，系统自由焓上升，只有超过某个临界状态之后，组成波动才能使系统自由焓降低，因此需要一个比较大的组成起伏，其浓度剖面图如图 9-17(a) 所示。这个区域内，对于微小的组成起伏 ΔC，母相是稳定的，对于大的组成起伏 ΔC，母相是不稳定的，所以称为亚稳区，自由焓曲线的特征是曲线向上凹，存在极

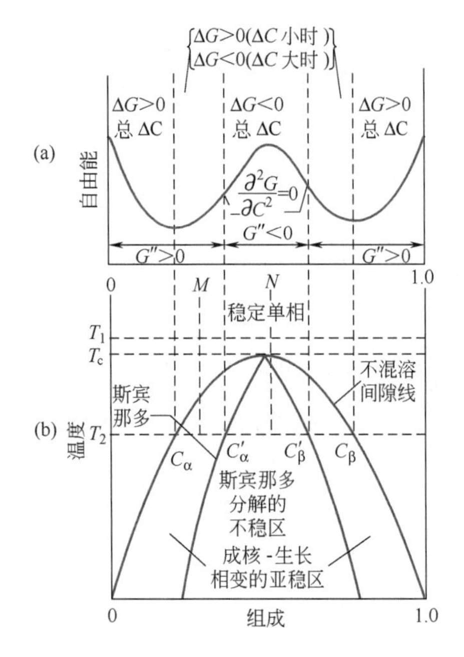

图 9-16　在 T_2 温度时自由焓曲线与组成的关系及平衡的不混溶间隙和斯宾那多示意图

（a）在 T_2 温度时自由焓曲线与组成的关系（表示稳定性的范围）；（b）平衡的不混溶间隙（公切点 x 的轨迹）和斯宾那多（自由焓拐点的轨迹）示意图（T_c 是不混溶间隙的临界温度）

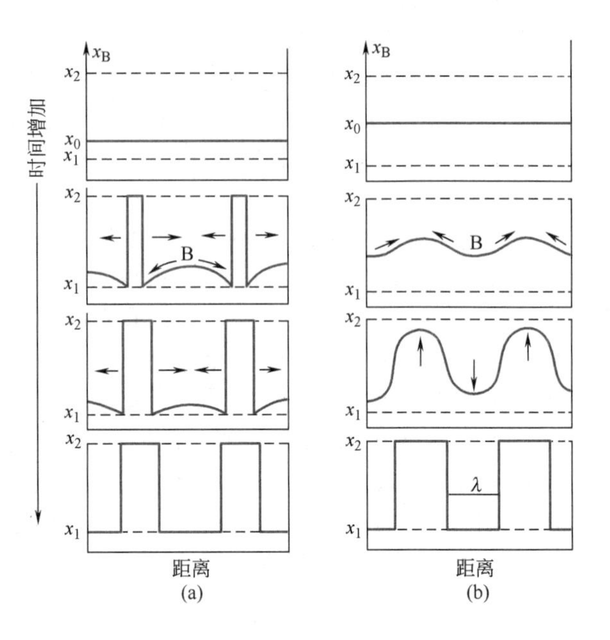

图 9-17　成核-生长和调幅分解过程的浓度变化和扩散方向

（a）成核-生长；（b）调幅分解

小值。

（2）调幅分解机理——C'_α-C'_β区　当 $G''<0$ 时，极小的浓度起伏也会使系统自由能降低，分解过程没有热力学能垒，由上坡扩散使起伏直接长大为新相。此区域内，系统对组成的波动是不稳的，即母相不稳定而分解后稳定，故称为不稳区，相变机理属于调幅分解机理，也称斯宾那多分解机理。新相的形成起初并没有明显的界面，随着成分的波动发生连续的分解，最后才逐渐形成界面，如图 9-17(b) 所示。自由焓-组成曲线特征是曲线向下凸。

（3）斯宾那多（Spinodal）线　$G''=0$ 的点，恰好是按照成核-生长机理和按照调幅（斯宾那多）分解机理进行相变的分界点，在热力学上，把 $G''=0$ 的点的轨迹称为斯宾那多（Spinodal）线。

9.3.1.3　分相产物的显微结构

当组成位于 C_α-C'_α及 C'_β-C_β 区域时，从富 A（富 B）的母相中按成核-生长机理形成富 B（富 A）的新相，新相呈颗粒状不连续地分布于母相中，颗粒尺寸为 3～15nm。新相是结构相同而组成不同的固溶体或非晶态，不同于液-固相变中的晶态。当组成位于 C'_α-C'_β区域时，从富 A（富 B）的母相中按调幅分解机理形成富 B（富 A）的新相，新相与母相之间具有高度连续性，呈珊瑚状相互穿插、连续地分布于母相中。表 9-3 比较了亚稳和不稳分解的特点。

表 9-3 亚稳和不稳分解的比较

项目	亚稳分解(成核-生长)	不稳分解(调幅分解)
热力学	$\left(\frac{\partial^2 G}{\partial C^2}\right)_{T,P}>0$	$\left(\frac{\partial^2 G}{\partial C^2}\right)_{T,P}<0$
成分	第二相组成不随时间变化	第二相组成随时间而连续向两个极端组成变化，直至达到平衡组成
形貌	第二相分离成孤立的球形颗粒	第二相分离成有高度连续性的非球形颗粒
有序	颗粒尺寸和位置在母液中是无序的	第二相分布在尺寸上和间距上均有规则
界面	在分相开始界面有突变	分相开始界面是弥散的，逐渐明显
能量	分相需要位垒	不存在位垒
扩散	正(顺、下坡)扩散	负(逆、上坡)扩散
时间	分相所需时间长，动力学障碍大	分相所需时间极短，动力学障碍小

9.3.2 调幅分解动力学

液-液分相呈现两种分相机理，下面就其分相的动力学予以讨论。

9.3.2.1 成核-生长动力学

在亚稳区内，分相是通过成核-生长机理进行的，其动力学关系与 L-S 转变时相类似，分解的成核速率 I 为：

$$I=K\exp\left(-\frac{\Delta G+W^*}{kT}\right)=K\exp\left[-\frac{\Delta G+\dfrac{16\pi\sigma^3}{3(\Delta S_V)^2(\Delta T)^2}}{kT}\right] \tag{9-56}$$

式中 K——常数；

ΔG——质点通过界面迁移的扩散活化能；

W^*——成核的热力学势垒；

σ——核与母相之间的界面张力；

ΔS_V——分相时单位体积的熵变；

ΔT——离开混溶浓度的过冷度。

在成核-生长区内，如果母相液体不存在界面，则形成新相的界面必须消耗功，由式 (9-56) 可知，W^* 随界面能 σ 的增加而增大，随过冷度增加而减小。即 $W^*\propto\sigma^3/(\Delta T)^2$，或写成 $W^*\propto k_1/(\Delta T)^2$，当 $\Delta T=0$ 时，$W^*\to\infty$，新相临界尺寸也趋近于无穷，此时不会形成新相。若母相液体中有界面，这界面可被液相润湿且有一定接触角，则 $W^*\propto k_2/(\Delta T)^2$，其中 $k_2<k_1$。

综上所述，通过成核-生长机理而发生分相的动力学可借用 L-S 相变动力学理论，其分相速率取决于成核的数目及其分布情况，并由扩散控制新相的生长。通过这种机理而产生分相的形貌是母相内出现一些球形新相颗粒。相变速率以一定时间时新相的体积分数表示。当这些粒子相的体积分数达到一定值以前，粒子直径按时间的 1/2 次方增加（即 $x\propto\sqrt{t}$）；在体积分数达到一定值后，粒子直径按时间的 1/3 次方增加（即 $x\propto\sqrt[3]{t}$）。

9.3.2.2 调幅分解（Spinodal 分解）动力学

(1) 经典方程的解　进行 Spinodal 分解，浓度起伏的形成和长大依靠溶质的“上坡扩散”。要定量分析其长大过程，需要求解菲克第二定律，在一维扩散时$\frac{\partial C}{\partial t}=D\frac{\partial^2 C}{\partial x^2}$，其解的形式可写为：

$$C=A(\lambda,t)\exp(2\pi ix/\lambda)=A(\beta,t)\exp(i\beta x) \tag{9-57}$$

式中 λ——浓度波长；

β——波数，$\beta=\frac{2\pi}{\lambda}$。

浓度振幅$A(\lambda,t)$或$A(\beta,t)$与增幅因子$R(\lambda)$或$R(\beta)$有关：

$$A(\lambda,t)=A(\lambda,0)\exp\left(-\frac{4\pi^2}{\lambda^2}Dt\right)$$

或

$$A(\beta,t)=A(\beta,0)\exp[R(\beta)t] \tag{9-58}$$

式中，$R(\lambda)=\frac{4\pi^2 D}{\lambda^2}$。

这样$A(\lambda,t)$与扩散速率（即起伏增加的速率）有关。波长λ的浓度起伏振幅（波幅）呈正弦形态分布，随时间延长而增加，直至达到平衡相的浓度，如图 9-18 所示。

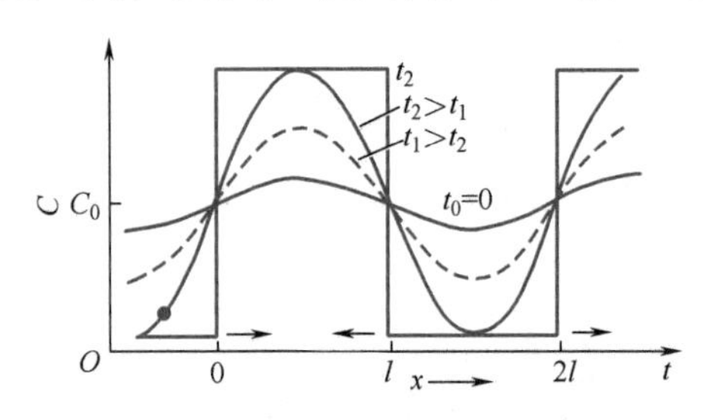

图 9-18 Spinodal 分解中浓度起伏随时间而长大示意图

由于增幅因子$R(\lambda)=\frac{4\pi^2 D}{\lambda^2}$，所以当$\lambda$很小时，$R(\lambda)$变得很大，因此起伏［即浓度起伏的振幅$A(\lambda,t)$］很快长大，$\lambda$最小极限为原子间距。但实验发现，只有较大的波长才能长大，并控制分解过程。产生这种矛盾的原因是，在以上的定量分析中未考虑调幅分解的阻力——由于浓度梯度而产生的梯度能（界面能）以及由于成分起伏而引起的应变能。

(2) 梯度能和应变能的影响　在调幅分解中，由于上坡扩散使得调幅结构中存在着溶质原子的富集区和贫化区，由此产生的浓度梯度会明显改变在原子作用距离内同类和异类原子的数目，由此增加的能量为梯度能。或者说，富集区和贫化区之间的成分变化相当于存在着一个成分逐渐变化的过渡区或内界面，这种漫散界面具有正的界面能。另外，对于大多数晶态固体来说，其点阵常数总是随成分而改变的，如果这种固溶体发生调幅分解时，点阵保持共格，必须使点阵发生弹性畸变而引起应变能。上述的梯度能和应变能都会减少扩散驱动力。而且，波长越短，该梯度能和应变能的相对作用更大，致使扩散驱动力减少得越多。

因此，调幅分解的驱动力应该是化学自由能变化量ΔG_v、梯度能ΔG_γ、弹性应变能ΔG_e的代数和。

① 化学自由能变化量ΔG_v　如果一个成分为C_0的均匀固溶体分解成两部分，一个成分为$C_0+\Delta C$，另一个成分为$C_0-\Delta C$，则由式（9-55）得出总的化学自由能变化量为：

$$\Delta G_v=\frac{1}{2}\times\frac{d^2G}{dC^2}(\Delta C)^2 \tag{9-59}$$

② 梯度能ΔG_γ　对于波长为λ、振幅为ΔC的正弦成分变化，最大的成分梯度正比于$\frac{\Delta C}{\lambda}$，即：

$$\Delta G_\gamma=K\left(\frac{\Delta C}{\lambda}\right)^2 \tag{9-60}$$

式中，K 为比例常数，与同类和异类原子对的键合能差异有关。

③ 弹性应变能 ΔG_e 若富 A 与富 B 区域之间的错配是 δ，则 $\Delta G_e \propto E\delta^2$，式中的 E 是杨氏模量。当总的成分差异为 ΔC 时，δ 应为 $\left(\frac{da}{dC}\right)\frac{\Delta C}{a}$，这里的 a 是点阵常数。弹性应变能的精确处理可得：

$$\Delta G_e = \eta^2 (\Delta C)^2 E' V_m \tag{9-61}$$

式中，$\eta = \frac{1}{a} \times \frac{da}{dC}$，即 η 为成分变化一个单位所造成的点阵常数变化的百分数，即成分起伏所引起的线膨胀；$E' = \frac{E}{1-\nu}$，其中 ν 为泊松比；V_m 为摩尔体积。注意：ΔG_e 与 λ 无关。

Cahn 认为，伴随着成分起伏，上述各项对自由能变化都有影响，则有：

$$\Delta G = \frac{1}{2}(\Delta C)^2 \left(\frac{d^2 G}{dC^2} + \frac{2K}{\lambda^2} + 2\eta^2 E' V_m\right) \tag{9-62}$$

由此可见，一个均匀固溶体不稳定，并发生调幅分解的条件不仅仅是 $\frac{d^2G}{dC^2} < 0$，而应当是：

$$-\frac{d^2 G}{dC^2} > \frac{2K}{\lambda^2} + 2\eta^2 E' V_m \tag{9-63}$$

所以，由 $\lambda = \infty$ 以及如下条件能够给出发生调幅分解的温度与成分的极限：

$$\frac{d^2 G}{dC^2} = -2\eta^2 E' V_m \tag{9-64}$$

在相图中由这一条件所定义的曲线称为共格调幅（coherent spinodal）线，这条线全部位于化学调幅线（由 $\frac{d^2G}{dC^2} = 0$ 决定）的里面，如图 9-19 所示。由式（9-63）可知，即使成分、温度位于共格调幅线内部，若能发生调幅分解，其成分变化的波长必须满足下列条件：

$$\lambda^2 > -\frac{2K}{\frac{d^2 G}{dC^2} + 2\eta^2 E' V_m} \tag{9-65}$$

显然，在共格调幅线之下，随着过冷度的提高，可以发生调幅分解的最小波长会减小。

图 9-19 也给出了共格固溶线，这条曲线确定由调幅分解所产生的共格相的平衡成分。通常，在平衡相图上出现的固溶线是非共格的（或平衡的），这相当于非共格相的平衡成分，也就是没有应变场存在时的平衡成分，为了做对比，化学调幅线也表示在图 9-19 中，但它并没有什么实际的重要意义。

9.3.2.3 调幅分解的临界波长及时间

由以上的分析可知，在考虑到梯度能和应变能之后，相变的驱动力、扩散系数、增幅因子等均有不同的表达式。通常用增幅因子为 0 的条件来定义临界波长 λ_c，这一条件实质上是扩散系数为 0 或相变的驱动力为 0，由式（9-62）得：

$$\frac{d^2 G}{dC^2} + \frac{2K}{\lambda_c^2} + 2\eta^2 E' V_m = 0$$

$$\lambda_c = \sqrt{-\frac{2K}{\frac{d^2 G}{dC^2} + 2\eta^2 E' V_m}} \tag{9-66}$$

显然，当 $\lambda>\lambda_c$ 时，调幅结构长大；反之，当 $\lambda<\lambda_c$ 时，调幅结构衰减。图 9-20 给出了 $R(\lambda)$-λ 曲线。该曲线在 $\lambda_m=\sqrt{2}\lambda_c$ 处有一极大值。该极大值出现的原因在于，从大的 λ 开始，随着 λ 减小，扩散距离缩短，因而 $R(\lambda)$ 增加。在这个区域中，忽略梯度能和应变能也有足够好的近似。但是，当波长继续减小时，由于成分梯度增加，使更多的能量被束缚于界面处，因而驱动力下降，其结果在 λ_m 处出现一个极大值。当 $\lambda<\lambda_m$ 时，梯度能量效应起主导作用，最终当 $R(\lambda)<0$，即对应于 $\lambda<\lambda_c$ 时，调幅结构由于衰减而消失。从理论上讲，对于 $\lambda>\lambda_c$ 的任何 λ 值的成分起伏都能导致调幅分解，但是由于成分起伏的振幅与时间呈指数关系，而 $R(\lambda)$ 又有一个相当尖锐的极大值，以致能够观察到的调幅结构的 λ 主要分布在 λ_m 附近，即 λ_m 对应的波长相当于起伏的主要波长。

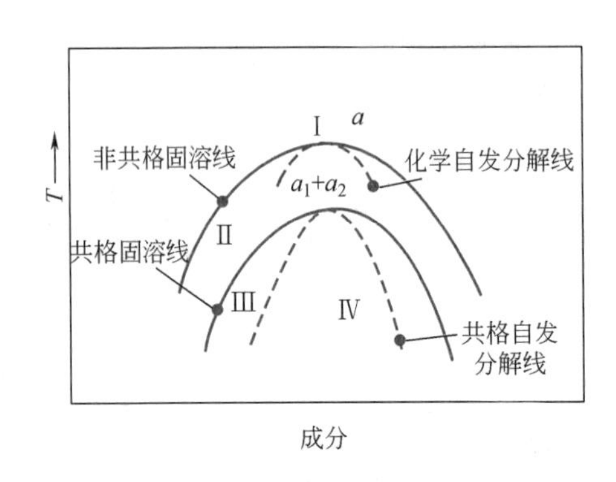

图 9-19　一个偏聚系统的示意性相图

Ⅰ区：均匀的 α 相是稳定的；

Ⅱ区：均匀的 α 相是亚稳定的，只有非共格相才能成核；

Ⅲ区：均匀的 α 相是亚稳定的，共格相能够成核；

Ⅳ区：均匀的 α 相是不稳定的，无成核势垒，出现了调幅分解

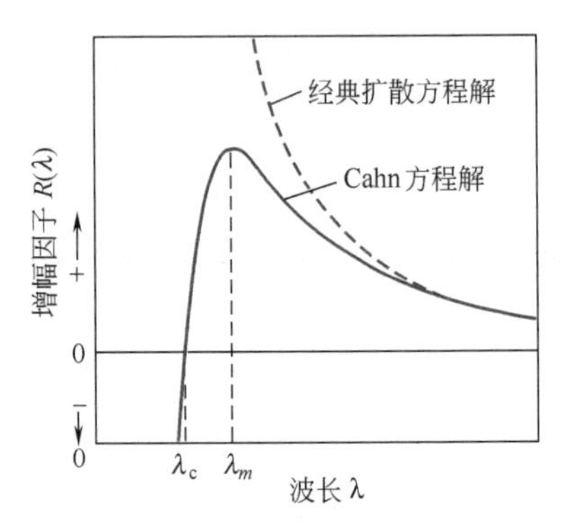

图 9-20　经典扩散方程和 Cahn 方程所得到的波长与增幅因子的关系

在少数玻璃系统（SiO_2-Na_2O、B_2O_3-PbO）中，可观察到调幅分解过程。在一般情况下，梯度能项只在扩散距离为 10～20nm 以下时，作用才显著，而当扩散距离为微米数量级或更大时，其作用可忽略不计。

依据原子扩散通过 $\lambda_m/2$ 所需要的时间，可以估计自发分解的时间为：

$$t\approx\frac{(\lambda_m/2)^2}{6|D|}=\frac{\lambda_m^2}{24|D|} \tag{9-67}$$

若取 $\lambda_m=10\text{nm}$，则 $t\approx10^{-14}/|D|$，因此，只有当 $|D|$ 足够小，例如 $10^{-14}\text{cm}^2/\text{s}$，才有可能利用快速冷却来抑制调幅分解，然后研究恒温分解过程。否则，调幅分解是难以避免的。

9.3.3　分相的结晶化学观点

从结晶化学观点解释分相原因的理论有能量观点、静电键观点、离子势观点等，下面做简要介绍。

玻璃熔体中离子间相互作用程度与静电键 E 的大小有关。$E=Z_1Z_2e^2/r_{1,2}$，其中 Z_1、Z_2 是离子 1 和 2 的电价，e 是电荷，$r_{1,2}$ 是 2 个离子的间距。例如玻璃熔体中 Si—O 键能较强，而 Na—O 键能相对较弱；如果除 Si—O 键外还有另一个阳离子与氧的键能也相当高时，就容易导致不混溶。这表明分相结构取决于这两者间键力的竞争。具体来说，如果外加阳离子在熔体中与氧形成强键，以致氧很难被硅夺去，在熔体中表现为独立的离子聚集体。这样就出现了两个液相共存，一种是含少量 Si 的富 R—O 相，另一种是含少量 R 的富 Si—O 相，

造成熔体的不混溶。若对于氧化物系统，键能公式可以简化为离子电势 Z/r，其中 r 是阳离子半径。表 9-4 列出不同阳离子的 Z/r 值以及它们和 SiO_2 一起熔融时的液相曲线类型。S 形液相线表示有亚稳不混溶。从表中还可以看出，随 Z/r 的增加，不混溶趋势也加大，如 Sr^{2+}、Ca^{2+}、Mg^{2+} 的 Z/r 大，故可导致熔体分相；而 K^{+}、Cs^{2+}、Rd^{+} 的 Z/r 小，故不易引起熔体分相。其中 Li^{+} 因半径小使 Z/r 值较大，因而使含锂的硅酸盐熔体产生分相而呈乳光现象，由表 9-4 说明，含有不同离子系统的液相线形状与分相有很大关系。

表 9-4 离子势与液相线的类型

阳离子	电荷数 Z	Z/r	曲线类型
Cs^{+}	1	0.61	近似直线
Rb^{+}	1	0.67	
K^{+}	1	0.75	
Na^{+}	1	1.02	S 形线
Li^{+}	1	1.28	
Ba^{2+}	2	1.40	
Sr^{2+}	2	1.57	不混溶
Ca^{2+}	2	1.89	
Mg^{2+}	2	2.56	

图 9-21 表示液-液不混溶区的三种可能位置，即图 9-21(a) 与液相线相交（形成一个稳定的二液区）；图 9-21(b) 与液相线相切；图 9-21(c) 在液相线之下（完全是亚稳的）。当不混溶区接近液相线时[图 9-21(a)、(b)]，液相线将有倒 S 形或有趋向于水平的部分。因此，可以根据相图中液相线的坡度来推知液相不混溶区的存在及可能的位置。例如，对于一系列二元碱土金属和碱金属氧化物与二氧化硅组成的系统，其组成为 55%～100%（摩尔分数）SiO_2 之间的液相线，如图 9-22 所示。由图可见，$MgO-SiO_2$、$CaO-SiO_2$ 及 $SrO-SiO_2$ 系统里在液相线以上显示出稳定的液相不混溶性，分相温度较高；而 $BaO-SiO_2$、Li_2O-SiO_2、Na_2O-SiO_2 及 K_2O-SiO_2 系统显示出其液相线的倒 S 形有依次减弱的趋势，这就说明，当后一类系统在连续降温时，将在液相线以下出现一个亚稳不混溶区。由于这类系统的黏度随着温度降低而增加，可以预期在形成玻璃时，$BaO-SiO_2$ 系统发生分相的范围最大，而 K_2O-SiO_2 系统为最小。实际工作中如将组成为 5%～10%（摩尔分数）BaO 的 $BaO-SiO_2$ 系统急冷后也不易得到澄清玻璃而呈乳白色，然而在 K_2O-SiO_2 系统中还未发现乳光。这种液相线平台越宽则分相越严重的现象，和液相线 S 形越宽则亚稳分相区组成范围越宽的结论是一致的。

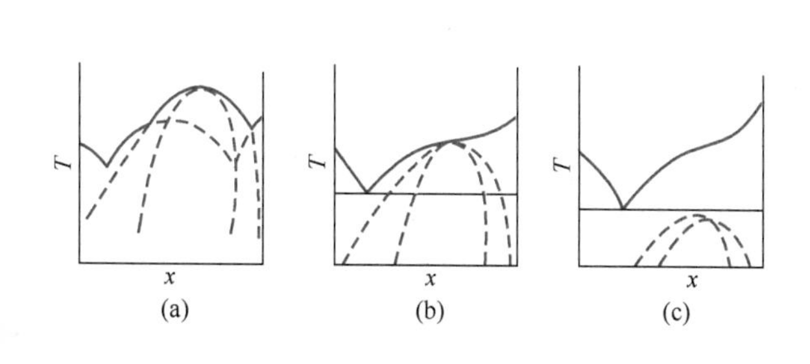

图 9-21 液相不混溶区的三种可能位置

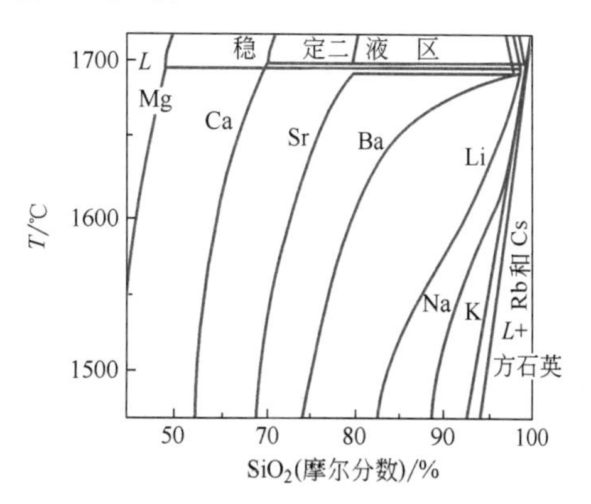

图 9-22 碱土金属和碱金属硅酸盐系统的液相线

液相线的倒S形状可以作为液-液亚稳分相的一个标志，这是与特定温度下系统的自由焓-组成变化关系有一定的联系。

由此可见，从热力学相平衡角度分析所得到的一些规律可以用离子势观点来解释，也就是说离子势差别（场强差）越小，越趋于分相。沃伦和匹卡斯（Pincas）曾指出，当离子的离子势 $Z/r>1.40$ 时（例如 Mg、Ca、Sr），系统的液相区中会出现一个圆顶形的不混溶区域；而若 Z/r 在 1.40 和 1.00 之间（例如 Ba、Li、Na），液相线便呈倒S形，这是系统中发生亚稳分相的特征；$Z/r<1.00$ 时（例如 K、Rb、Cs），系统不会发生分相。

随着实验数据的不断积累，目前许多最重要的二元体系中的微分相区域边界线都可以近似地确定了。例如图 9-22 中 R_2O、RO 与 SiO_2，图 9-23 中 Al_2O_3-SiO_2，和图 9-24 中 TiO_2-SiO_2 系统的微分相区。TiO_2-SiO_2 系统有个很宽的分相区，如在其中加入碱金属氧化物会增大系统的不混溶性。这就是 TiO_2 能有效地作为许多釉、搪瓷和微晶玻璃的成核剂的原因。由于玻璃形成条件以及很可能还由于玻璃制造条件的不同，分相边界曲线间差别颇大。然而从已发表的大量电子显微镜研究结果表明，大多数普通玻璃的系统中，分相现象是十分普遍的。目前玻璃的不混溶性和分相理论的研究正在日益深入，人们利用这些玻璃组成和结构的变化制造出越来越多的新型特殊功能的材料，它将对玻璃科学的发展和材料应用领域的开拓有极重要的意义。

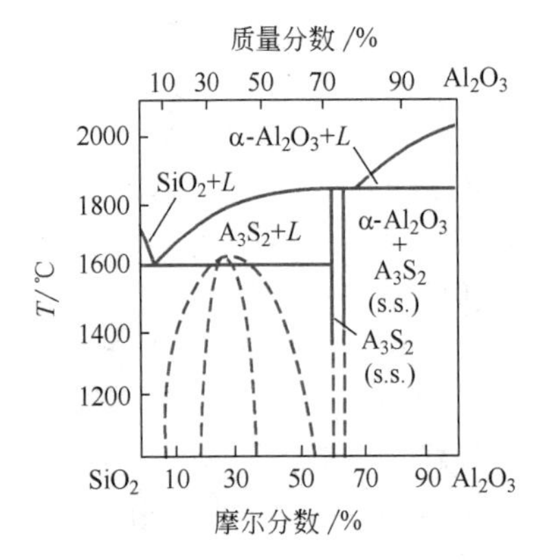

图 9-23 Al_2O_3-SiO_2 系统中的分相区

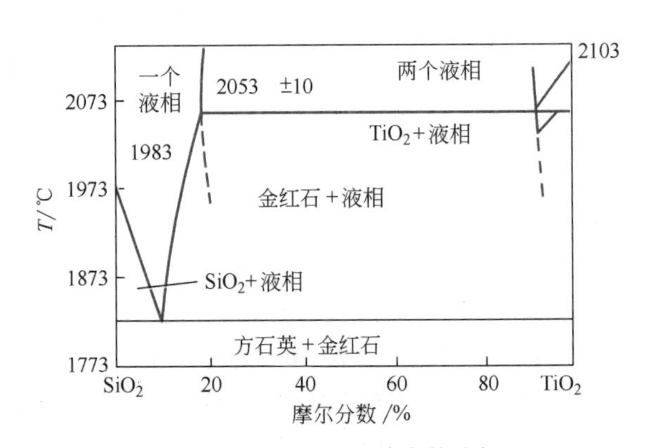

图 9-24 TiO_2-SiO_2 系统中的分相区

9.3.4 分相对玻璃性质的影响

分相对玻璃的黏度、电导、化学稳定性等具有迁移性能的性质影响较为敏感，而这些性质的变化又主要取决于高黏度、高电阻和易溶解的分相区域的亚微结构。分相对玻璃的折射率、密度、热膨胀系数和弹性模量等具有加和特性的性质则不太敏感，这些性质的变化取决于分相区域的体积分数和成分，仍符合加和原则。

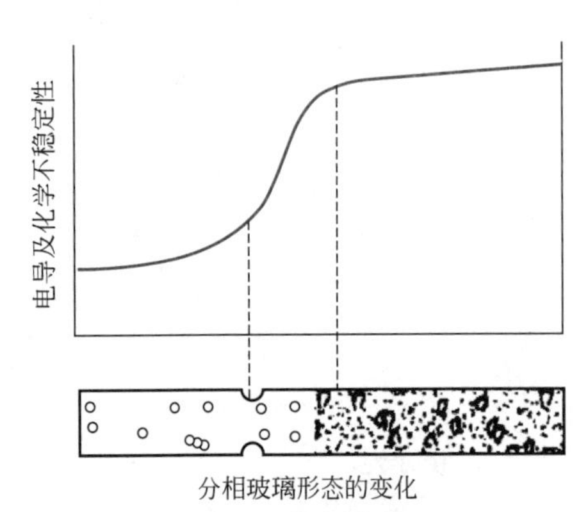

图 9-25 分相的形态（结构）

9.3.4.1 对具有迁移性的性能的影响

图 9-25 表示电导、化学不稳定性随分相的亚微结构而变化的情况，其中横坐标表示分相形态（结构）变化的情况，黑色部分表示低黏度相、高电导或低化学稳定性相的部分。当这些相成为分散液滴状，则整个玻璃表现为高黏度、低电导或较高化学

稳定性，当这种分散相逐渐过渡为连通相时，玻璃就由高黏度、低电导或化学稳定的转变为低黏度、高电导或化学不稳定的。就是说这些性能取决于分相玻璃中的连通相。

在派来克斯玻璃生产中，必须注意分相对化学稳定性的影响问题。分相后如果富碱硼相以滴状分散嵌入富硅氧基相中时，由于化学稳定性不良的碱硼相为化学稳定性好的硅氧所包围，掩护碱硼相免受介质的侵蚀，这样的分相将提高玻璃的化学稳定性。反之，如果在分相过程中，高钠硼相和高硅氧相形成相互连通结构时。由于化学稳定性不良的碱硼相直接暴露于侵蚀介质中，玻璃的化学稳定性将大大降低。分相的形态与玻璃的成分、热处理的温度和时间有关。凡是侵蚀速率随热处理时间而增大的玻璃，一般都具有相互连通的结构。由于分相对硼硅酸盐玻璃的性质有重大影响，因此在生产实际中除了稳定玻璃化学组成外，还必须严格控制退火制度，以保证产品质量的稳定。

9.3.4.2 对玻璃结晶的影响

长期以来，分相被认为是玻璃晶化的前驱，对于这种作用有三方面解释。

（1）为成核提供界面　玻璃分相增加了相之间界面，成核总是优先产生于相界面上。

（2）分散相具有高的原子迁移率　分相导致两液相中的一相具有较母相明显大的原子迁移率，这种高的迁移率能够促进均匀成核。

（3）使成核剂富集于一相　例如分相使加入的成核剂富集为 $Al_2O_3 \cdot 2TiO_2$ 的晶核，并在此基础上晶化为β-锂钾霞石微晶玻璃；而不含 TiO_2 的同成分玻璃，虽然在冷却中也分相，但热处理时只能表面析晶。

9.3.4.3 对玻璃着色的影响

实验证明，含有过渡金属元素的玻璃，在分相过程中，过渡元素几乎全部富集在微相（如高碱相或碱硼相）液滴中，而不是在基体玻璃中。例如高硅氧玻璃所含的铁总是富集于钠硼相中，因此可将铁和钠硼相一道沥滤掉而使最后产品中的含铁量甚微。同样可利用 Fe_2O_3 在微相中富集的性质，最后析出 α-Fe_2O_3 晶体，而使玻璃着色。陶瓷铁红釉的生产就是根据这一机理。

综上所述，分相在理论和实践上都有重要意义。在玻璃生产中，可以根据玻璃成分的特点及其分相区的温度范围，通过适当的热处理控制玻璃分相的结构类型及最终相的成分，以使玻璃制品性质达到预期目的，提高玻璃制品的质量和发展新品种、新工艺，如制造微孔玻璃、高硅氧玻璃、派来克斯玻璃等。而另一方面在一般光学玻璃和光导纤维中又要力求避免分相，以降低光的散射损耗。

9.4 马氏体相变

马氏体相变是金属材料制造与使用中常见的相变机理，在无机非金属材料中也有出现，在此做简单介绍。

马氏体（martensite）一词是为了纪念德国冶金学家马丁（A. Martens），由 M. F. Osmond 于 1895 年提出，用于命名碳钢在淬火过程中得到的高硬度产物相。钢中的马氏体具有独特的显微结构，形成过程也比较特殊。马氏体相变是固态相变的基本形式之一，指晶体在外加应力的作用下通过晶体的一个分立体积的剪切作用以极迅速的速率而进行的相变。研究发现，许多不同材料——超导体、铜基合金、氧化锆、聚合物和生物材料中的相变都可能具有与钢中马氏体转变相同的机制，现在把由马氏体型转变得到的生成相统称为“马氏体”。马氏体转变的研究一直受到学术界的高度重视，因为这些研究不仅具有学术价值，而且在于其在工业上的大量应用。

9.4.1 马氏体相变特征

9.4.1.1 结晶学特征

马氏体相变在热力学和动力学上都有其特点，但最主要的特征是在结晶学上。从一个母晶体四方块形成一个马氏体块如图 9-26 所示，图 9-26(a) 为四方体的母相奥氏体块，图 9-26(b) 是从母相中形成马氏体。其中 $A_1B_1C_1D_1$-$A_2B_2C_2D_2$ 由母相奥氏体转变为 $A_1'B_1'C_1'D_1'$-$A_2B_2C_2D_2$ 马氏体。在母相内 $PQRS$ 为直线，相变时被破坏成为 PQ、QR'、$R'S'$ 三条直线。$A_1'B_1'C_1'D_1'$ 和 $A_2B_2C_2D_2$ 两个平面在相变前后保持既不扭曲变形也不旋转的状态，这两个把母相奥氏体和转变相马氏体之间连接起来的平面称为习性平面。马氏体是沿母相的习性平面生长并与奥氏体母相保持一定的取向关系。A_2B_2、$A_1'B_1'$两条棱的直线性表明在马氏体中宏观上剪切的均匀整齐性。奥氏体和马氏体发生相变后，宏观上晶格仍然是连续的，因而新相与母相之间严格的取向关系是靠切变维持共格晶界关系，如图 9-27 所示。

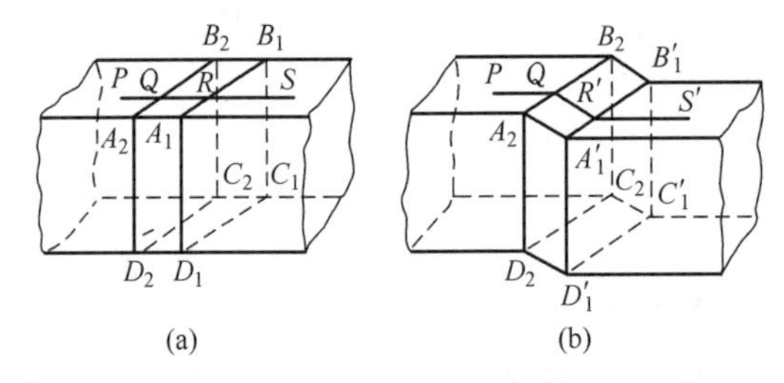

图 9-26 从一个母晶体四方块形成一个马氏体块示意图

(a) 四方体的母相奥氏体块；(b) 从母相中形成马氏体

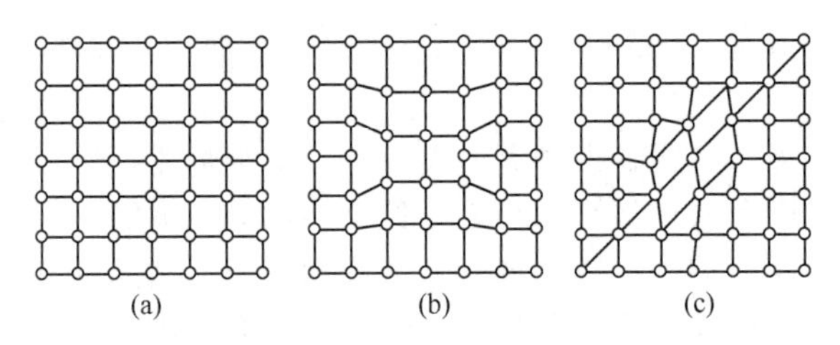

图 9-27 不同类型的界面

(a) 完全共格；(b) 部分共格；(c) 切变共格

9.4.1.2 无扩散型相变

马氏体相变的另一特征是无扩散性。马氏体相变是点阵有规律的重组，其中原子并不调换位置，而只变更其相对位置，其相对位移不超过原子间距，因而它是无扩散性的位移式相变。

9.4.1.3 属切变主导型的点阵畸变式转变

点阵畸变式转变是通过均匀的应变把一种点阵转变成另外一种点阵，部分例子如图 9-28 所示。可以用矩阵把这种均匀应变表示成：

$$\boldsymbol{y}=\boldsymbol{S}\boldsymbol{x} \tag{9-68}$$

式中，应变矩阵 $\boldsymbol{S}$ 使一个点阵的矢量 $\boldsymbol{x}$ 形变成另外一个点阵的矢量 $\boldsymbol{y}$。式 (9-68) 把一些直线转变成另外的一些直线，仅仅是长度有所变化，因此这种应变是均匀的。这表明母相中的

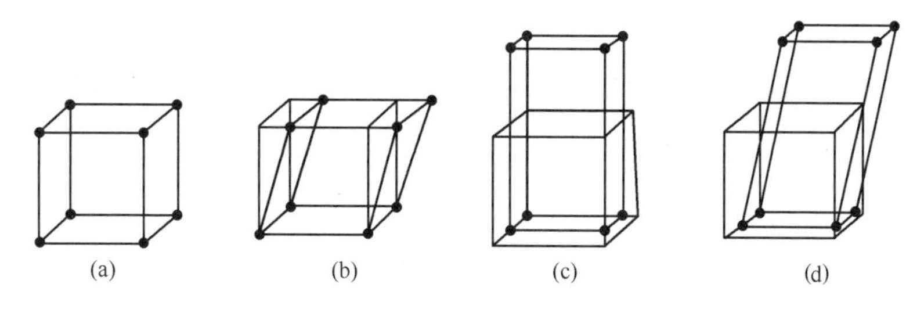

图 9-28 立方点阵的一些点阵畸变式转变示意图

(a) 立方点阵；(b) 简单切变；(c) 简单的膨胀和压缩；(d) 既有膨胀、压缩，又有切变

任一平面在转变为生成相后仍为一平面，及任何一点的位移与该点距不变平面［图 9-28(a) 中的底面］的距离成正比，这种在不变平面上所产生的均匀应变被称为不变平面应变。图 9-28(b) 为简单切变；图 9-28(c) 为简单的膨胀和压缩；图 9-28(d) 为既有膨胀、压缩，又有切变。马氏体转变属于最后一种。

9.4.1.4 具有高的相变速度

马氏体相变往往以很高的速度进行，有时高达声速。例如 Fe-C 和 Fe-Ni 合金中，马氏体的形成速度很高，在−195～−20℃之间，每一片马氏体形成时间为 0.05～5μs，在接近绝对零度时，形成速度仍然很高。一般来说，在这么低的温度下，原子扩散速率很低，相变不可能以扩散方式进行。

9.4.1.5 无特定的相变温度

马氏体相变没有一个特定的温度，而是在一个温度范围内进行的。在母相冷却时，奥氏体开始转变为马氏体的温度称为马氏体开始形成温度，以 M_s 表示；完成马氏体转变的温度称为马氏体转变终了温度，以 M_f 表示。低于 M_f，马氏体转变基本结束。马氏体相变的程度与温度的关系如图 9-29 所示。

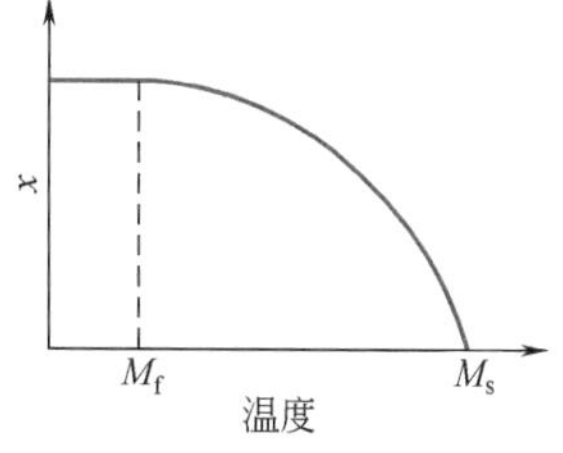

图 9-29 马氏体相变的程度与温度的关系

9.4.2 无机材料中的马氏体相变

马氏体相变不仅发生在金属中，也会出现在无机非金属材料中，例如 $BaTiO_3$、$KTa_{0.65}Nb_{0.35}O_3$(KTN)、$PbTiO_3$ 由高温顺电性立方相向低温铁电性正方相的转变和 ZrO_2 由四方向单斜的转变都属于这种相变。在无机化合物、矿物质、陶瓷以及水泥的一些晶态化合物中的切变型转变涉及一些大的用配位数或体积变化来表示的结构变化，部分突出的实例列于表 9-5。

目前广泛应用 ZrO_2 由四方晶系转变为单斜晶系的马氏体相变过程进行无机高温结构材料的相变增韧。氧化锆作为脆性陶瓷材料中的韧化剂，被认为是陶瓷材料中马氏体的典型代表。在冷却过程中，氧化锆的高温立方相在 2370℃转变成四方相。进一步冷却，块状氧化锆在 950℃转变成单斜相，体积增加 3%。加热到 1170℃附近，单斜相再转变为四方相。这个四方相向单斜相的转变被认为是马氏体转变。通过合金化或者减小颗粒尺寸，M_s 可以显著降低，甚至低于室温以下。如果氧化锆颗粒的直径小于临界直径 r^*，这些镶嵌在氧化铝单晶基体中的氧化锆颗粒在室温仍然保持亚稳态（即四方结构）。这些亚稳态的颗粒在外力作用下能够转变成单斜相，正是这种特性使之被用于一些脆性陶瓷材料的韧化。

表 9-5 具有点阵变形转变的无机非金属

化合物种类		化合物分子式	切变型转变
无机化合物	碱金属卤化物和卤砂	MX、NH_4X	NaCl 立方⇌CsCl 立方
	硝酸盐	$RbNO_3$ KNO_3、$TlNO_3$、$AgNO_3$	NaCl 立方⇌菱形⇌CsCl 正交 正交⇌菱形
	硫化物	MnS ZnS BaS	闪锌矿型⇌NaCl 立方 纤锌矿型⇌NaCl 立方 闪锌矿型⇌纤锌矿型 NaCl 型⇌CsCl 型
矿物质	辉石链状硅酸盐	顽辉石（$MgSiO_3$） 硅灰石（$CaSiO_3$） 铁硅酸盐（$FeSiO_3$）	正交⇌单斜 单斜⇌三斜 正交⇌单斜
	硅石	石英 鳞石英 方晶石	三角⇌六角 六角与纤锌矿有联系的结构 立方⇌四方与闪锌矿有联系的结构
陶瓷	氮化硼 碳 二氧化锆	BN C ZrO_2	纤锌矿型⇌石墨型 纤锌矿型⇌石墨型 四方⇌单斜
水泥	硅酸二钙水泥	$2CaO \cdot SiO_2$	三角⇌正交⇌单斜

9.5 有序-无序转变

有序-无序转变是固体相变的又一种机理。在理想晶体中，原子周期性地排列在规则的位置上，这种情况称为完全有序。然而固体除了在 0K 的温度下可能完全有序外，在高于 0K 的温度下，质点热振动使其位置与方向均发生变化，从而产生位置与方向的无序性。在许多合金与固溶体中，在高温时原子排列呈无序状态，而在低温时则是有序状态，这种随温度升降而出现低温有序和高温无序的可逆转变过程称为有序-无序转变。

一般用有序参数 ζ 来表示材料中有序与无序的程度，完全有序时 ζ 为 1，完全无序时 ζ 为 0。有序参数 ζ 为：

$$\zeta=\frac{R-\omega}{R+\omega} \tag{9-69}$$

式中 R——原子占据应该占据的位置数；

ω——原子占据不应占据的位置数；

$R+\omega$——原子的总数。

有序参数分为远程有序参数与近程有序参数，如为后者时，将 ω 理解为原子 A 最近邻原子 B 的位置被错占的位置数即可。

Muller 等应用电子自旋共振谱研究 $SrTiO_3$ 与 $LaAlO_3$ 的相变，发现在居里温度时，有序参数为 1/3，当温度降为 1/10 居里温度时，有序参数为 1/2。

利用 ζ 可以衡量低对称相与高对称相的原子位置与方向间的偏离程度。有序参数可以用于检查磁性体（铁磁体-顺磁体）、介电体（铁电体-顺电体）的相变。

有序-无序转变在金属中是普遍的，在 AB 合金中，最近邻原子可成为有序或无序而能量变化不大。在离子型材料中，阳、阴离子位置互换，在能量上是不利的，一般不会发生。而在尖晶石结构的材料中常有这种转变发生。阳离子可以处在八面体位置，也可以处在四面体位置，磁铁矿 Fe_3O_4 在室温时 Fe^{2+} 与 Fe^{3+} 呈无序排列，低于 120K，发生无序、有序相变，Fe^{2+} 与 Fe^{3+} 有序排列在八面体位置上。几乎在所有具有尖晶石结构的铁氧体中已经发现：高温时阳离子是无序的，低温时稳定的平衡态是有序的。有序度随温度变化服从图 9-30 所示的关系，在临界温度 T_c，结构达到完全无序，T_c 为居里温度。随着结构上有序-无序转变，铁氧体由有铁磁性而转变为无铁磁性。

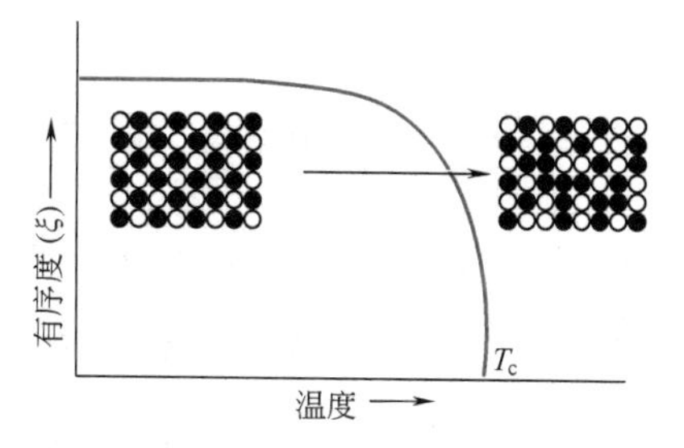

图 9-30　有序度随温度的变化

本章小结

固态相变理论是材料动力学理论中发展较为成熟和完善，也是极其重要的动力学理论之一。相变过程及其控制是材料制备、加工及材料性能控制的基础。固态相变的种类很多，分类方法各异。常见的分类方法有按热力学分类、按动力学分类和按相变机理分类等。其中按相变时原子迁移的情况可分为两类：一类是扩散型相变，如多晶转变、固溶体的脱溶转变、共析转变，调幅分解和有序化等；另一类是无扩散型相变，如低温进行的纯金属同素异构转变、马氏体转变等。

无机材料中可以产生多种类型的固态相变，通过适当的工艺处理，可以人为地控制这些转变。工艺处理与控制的目的是使无机材料显微结构或组织中的两相或更多相之间形成最佳分布。无机材料的性能取决于无机材料的结构，这种结构很大程度上就是无机材料的显微结构或相结构。而相变过程正是无机材料的显微结构形成过程，因此，研究、控制、利用相变就可以有效地改善无机材料的使用性能，这正是无机材料科学与工程的最终目标。

烧结过程

烧结是一门古老的工艺，早在公元前3000年人类就在粉末冶金技术中掌握了这门工艺，但对烧结理论的研究和发展仅始于20世纪中期。现在，烧结在许多工业领域得到广泛应用，如陶瓷、耐火材料、粉末冶金、超高温材料等生产过程中都含有烧结过程。

烧结的目的是把粉状材料转变为块体材料，并赋予材料特有的性能。烧结得到的块体材料是一种多晶材料，其显微结构由晶体、玻璃体和气孔组成。烧结直接影响显微结构中晶粒尺寸和分布、气孔大小形状和分布及晶界的体积分数等。从材料动力学角度看，烧结过程的进行，依赖于基本动力学过程——扩散，因为所有传质过程都依赖于质点的迁移。烧结中粉状物料间的种种变化，还会涉及相变、固相反应等动力学过程，尽管烧结的进行在某些情况下并不依赖于相变和固相反应的进行。由此可见，烧结是材料高温动力学中最复杂的动力学过程。

无机材料的性能不仅与材料组成（化学组成和矿物组成）有关，还与材料的显微结构有密切关系。配方相同而晶粒尺寸不同的烧结体，由于晶粒在长度或宽度方向上某些参数的叠加，晶界出现频率不同，从而引起材料性能产生差异。如细小晶粒有利于强度的提高；材料的电学和磁学参数在很宽的范围内也受晶粒尺寸的影响；为提高磁导率，希望晶粒择优取向，要求晶粒大而定向。除晶粒尺寸外，显微结构中气孔常成为应力的集中点而影响材料的强度；气孔又是光散射中心而使材料不透明；气孔也对畴壁运动起阻碍作用而影响铁电性和磁性等，而烧结过程可以通过控制晶界移动而抑制晶粒的异常生长或通过控制表面扩散、晶界扩散和晶格扩散而充填气孔，用改变显微结构的方法使材料性能改善。因此，当配方、原料粒度、成形等工序完成以后，烧结是使材料获得预期的显微结构以使材料性能充分发挥的关键工序。

研究物质在烧结过程中的各种物理化学变化，掌握粉末成形体烧结过程的现象和机理，了解烧结动力学及影响烧结因素，对指导生产、控制产品质量、改进材料性能、研制新型材料有着十分重要的实际意义。本章在简要介绍烧结理论的研究与发展基础上，着重阐述了纯固相和有液相参与的烧结过程、机理及动力学，烧结过程中的晶粒长大与再结晶以及影响烧结的因素等烧结基础理论知识，并扼要介绍一些应用于新型无机材料的特种烧结方法。

10.1 烧结概述

10.1.1 烧结理论的研究与发展

烧结理论的研究对象是粉末和颗粒的烧结过程。这些粉末和颗粒可以是晶体或非晶体、工程陶瓷或耐火材料、金属或合金。

从科学的角度对烧结进行研究大致是在第二次世界大战前后的10年间（1935～1946年）开始的。在此之前，仅仅有一些初步的烧结实验研究，是发现科学问题和提出科学问题的理论孕育期。Bistic曾经对涉及烧结的大量文章用电子计算机加以归纳分析，以历史时间为横坐标，以烧结研究的内容及意义所涉及的文章篇数为纵坐标，如图10-1所示给出了一组曲线，示意了烧结理论研究的过去、现在和未来。

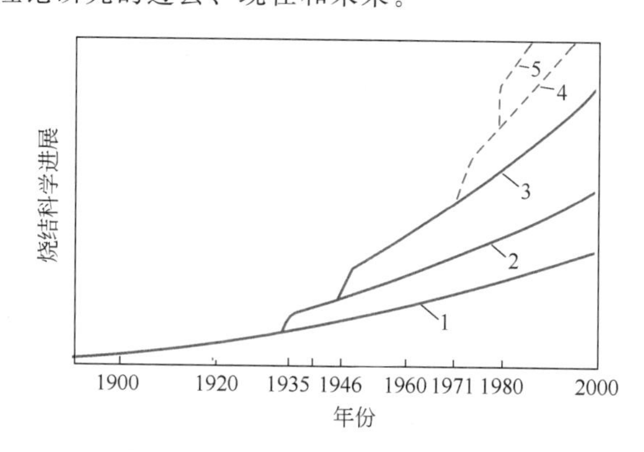

图10-1 烧结理论研究的历史轨迹

1—实验研究；2—显微结构研究；3—动力学研究；4—电子理论；5—材料性能预测

烧结理论的研究经历了三次大的飞跃。第二次世界大战结束后不久出现了烧结理论研究的第一次飞跃。1945年，当时的苏联科学家Frenkel同时发表了两篇重要的学术论文：“晶体中的黏性流动”和“关于晶体颗粒表面蠕变与晶体表面天然粗糙度”。在第一篇文章中，Frenkel第一次把复杂的颗粒系统简化为两个球形（实际上是以两个圆的互相黏结为模型），考虑了与空位流动相关的晶体物质（而不是非晶体物质）的黏性流动烧结机制，导出了烧结颈长大速率的动力学方程。在第二篇文章中，Frenkel考虑了颗粒表面原子的迁移问题，强调了物质向颗粒接触区迁移和靠近接触颈的体积变形在烧结过程中同时起重要作用的观点。这两篇文章标志着对烧结过程进入了认真的理论研究的新时期，是烧结理论的经典之作，对烧结问题的理论研究起到了重要的推动作用。

烧结理论的第二个飞跃始于1971年左右。飞跃的特征是理论的扩展及其第二个层面的纵向理论研究的深入。典型的代表是Samsonov用他的价电子稳定组态模型解释活化烧结现象；Lenel提出塑性流动物质迁移机制的新概念；Rhines提出了烧结的拓扑理论，Kuczynski等给出烧结的统计理论，Munir和German对活化烧结和液相烧结进行了深入研究，Ashby提出了烧结图和热压、热等静压等压力烧结下的蠕变模型。可以说，一大批烧结动力学理论出现了，这大大丰富了对致密化过程的描述和对显微组织发展的评估。在这一领域内，被称为第二层面的烧结理论的研究是极其活跃和广泛的。一大批金属、陶瓷的复合材料和现代工程材料的开发，需要运用粉末冶金及粉末工艺为手段，这是促进粉末冶金烧结理论发展的主要原因。

烧结理论的第三个飞跃是计算机模拟技术的运用和发展。计算机模拟技术的出现给发展预测烧结全过程和烧结材料显微组织及性能提供了有力的工具。早在1965年，Nichols和Mullins就尝试过用数字计算机模拟烧结颈的发展过程，但似乎很快就被人们遗忘了。20世纪80年代后期，一些研究者用计算机对烧结材料晶粒生长进行了模拟。当时，将计算机技术应用于烧结研究的目的，不是对抽象的单一因素影响的物理模型进行复杂、精确的数学计算，而是对尽可能靠近实际情况的复杂物理模型进行系统的模拟，以期对烧结进行深入的认识和有效的控制。比如 1990 年，Ku 等对反应烧结 Si_3N_4 建立了计算机模拟的晶粒模型（grain model）和尖锐界面模型（sharp interface model）。模型不仅描述了化学反应和烧结同时进行下的组织发展，而且还预测了包括压制阶段的系统的致密化特征。同样，对加压烧结过程，如热等静压，Ashby 也有诸如计算机模拟的压力-烧结图的预报。这样一些工作是烧结理论研究的高级阶段。可以预料，当人们对烧结过程本质进一步了解，且模型进一步完善和统一后，有效地对烧结过程进行智能控制的目的一定会实现。

10.1.2 烧结的基本类型

对于不同的粉末系统，应用不同的烧结技术，烧结过程也就各有不同。图 10-2 给出典型的烧结过程类型。一般来讲，烧结可以分为两大类：不施加外压力的烧结和施加外压力的烧结，简称不加压烧结（pressureless sintering）和加压烧结（applied pressure or pressure-assisted sintering）。

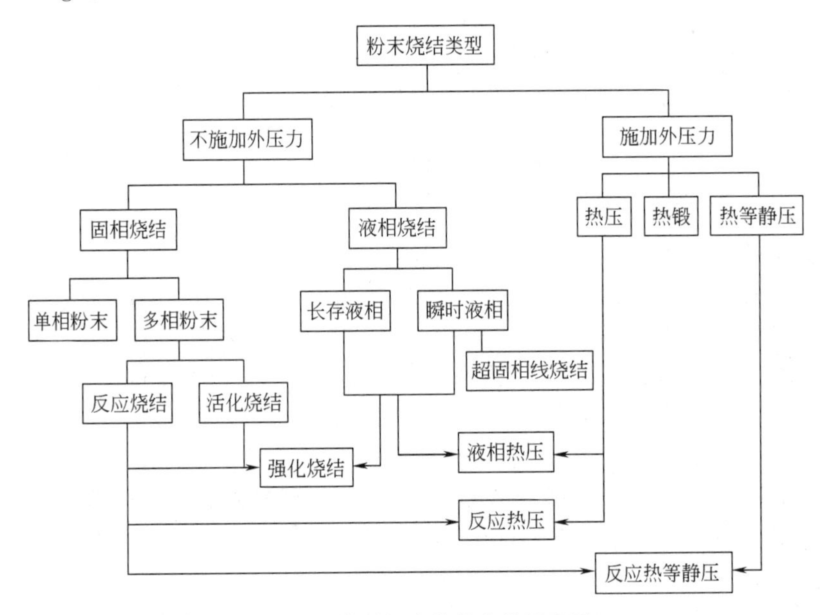

图 10-2　典型粉末烧结分类示意图

固相烧结（solid state sintering）是指松散的粉末或经压制具有一定形状的粉末压坯被置于不超过其熔点的设定温度中，在一定的气氛保护下，保温一段时间的操作过程。所设定的温度称为烧结温度，所用的气氛称为烧结气氛，所用的保温时间称为烧结时间。这样看来，不加压固相烧结似乎可以简单地定义为粉末压坯的（可控气氛）热处理过程。但有一点不同，致密材料（如钢铁）在热处理过程中只发生一些固相转变，而粉末在烧结过程中还必须完成颗粒间接触由物理结合向化学结合的转变。

固相多元系反应烧结（reaction sintering）一般是以形成被期望的化合物为目的的烧结。化合物可以是陶瓷，也可以是金属间化合物。烧结过程中颗粒或粉末之间发生的化学反应可以是吸热的，也可以是放热的。

活化烧结（activated sintering）是指固相多元系，一般是二元系粉末固相烧结。常常通过将微量第二相粉末（常称为添加剂、活化剂、烧结助剂）加入主相粉末中去的方法，以达到降低主相粉末烧结温度，增加烧结速度或抑制晶粒长大和提高烧结材料性能的目的。

液相烧结（liquid phase sintering）也是二元系或多元系粉末烧结过程，但烧结温度超过某一组元的熔点，因而形成液相。液相可能在一个较长时间内存在，称为长存液相烧结；也可能在一个相对较短的时间内存在，称为瞬时液相烧结。比如，存在着共晶成分的二元粉末系统，当烧结温度稍高于共晶温度时出现共晶液相，是一种典型的瞬时液相烧结过程。值得指出的是，活化烧结和液相烧结可以大大提高原子的扩散速率，加速烧结过程，因而出现了把它们统称为强化烧结的趋势。

对松散粉末或粉末压坯同时施以高温和外压，则是所谓的加压烧结。

热压（hot pressing）是指在对置于限定形状的石墨模具中的松散粉末或对粉末压坯加热的同时对其施加单轴压力的烧结过程。热等静压（hot isostatic pressing）是指对装于包套之中的松散粉末加热的同时对其施加各向同性的等静压力的烧结过程。粉末热锻（powder hot forging）又称烧结锻造，一般是先对压坯预烧结，然后在适当的高温下再实施锻造。更复杂一点的烧结是将上述典型烧结过程进行“排列组合”，形成一系列令人眼花缭乱的液相热压、反应热压和反应热等静压等复杂的烧结过程。近年来，在研制特种结构材料和功能材料的同时，产生了一些新型烧结方法，如微波烧结、放电等离子体烧结、自蔓延高温合成等。

10.2 烧结过程及机理

由于烧结过程的理论研究起步较晚，因而至今还没有一个统一的普适理论，已有的研究成果，基本上都是从烧结时所伴随的宏观变化角度，用简化模型来观察和研究烧结机理及各阶段的动力学关系。相信随着科学技术的进步及研究工作的深入，从微观方面的研究一定会取得突破。

烧结过程是如何产生的？其机理如何？这是讨论烧结时首先应该明确的基本问题。

10.2.1 烧结过程

首先从烧结体的宏观性质随温度的变化上来认识烧结过程。

10.2.1.1 烧结温度对烧结体性质的影响

图 10-3 是用氢还原的新鲜电解铜粉，经高压成形后，在氢气气氛中于不同温度下烧结 2h，然后测其宏观性质密度、电导率、抗拉强度，并对温度作图，以考察温度对烧结进程的影响。

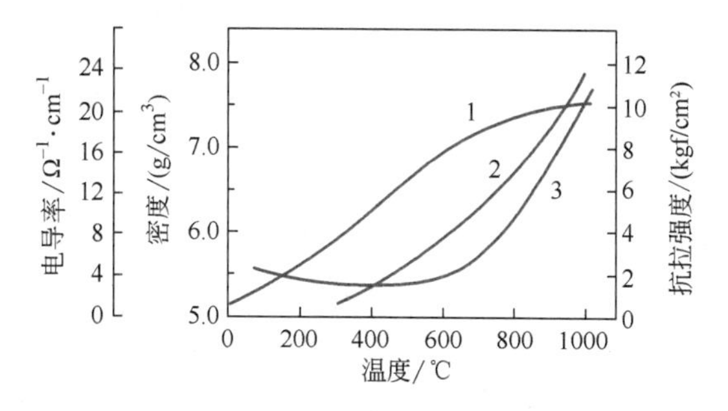

图 10-3 烧结温度对烧结体性质的影响

($1\Omega^{-1}\cdot cm^{-1}=1S/cm$；$1kgf/cm^2=0.1MPa$)

1—电导率；2—抗拉强度；3—密度

由图 10-3 中的曲线 1 和 2 的变化趋势可知，随烧结温度的升高，电导率和抗拉强度增加，而曲线 3 在 600℃（相当于铜熔点的 60%，即 $0.6T_m$）以前很平坦，表明密度几乎无变化，600℃以上，密度迅速增加。这项研究表明，在颗粒空隙被填充之前（即气孔率显著下降以前），颗粒接触处就已产生某种键合，使得电子可以沿着键合的地方传递，故电导率和抗拉强度增大。温度继续升高，物质开始向空隙传递，密度增大。当密度达到理论密度的90%～95%后，其增加速度显著减小，且常规条件下很难达到完全致密。说明坯体中的空隙（气孔）完全排除是很难的。

10.2.1.2　烧结过程的模型示意

根据烧结性质随温度的变化，可以把烧结过程用图10-4的模型来表示，以增强对烧结过程的感性认识。

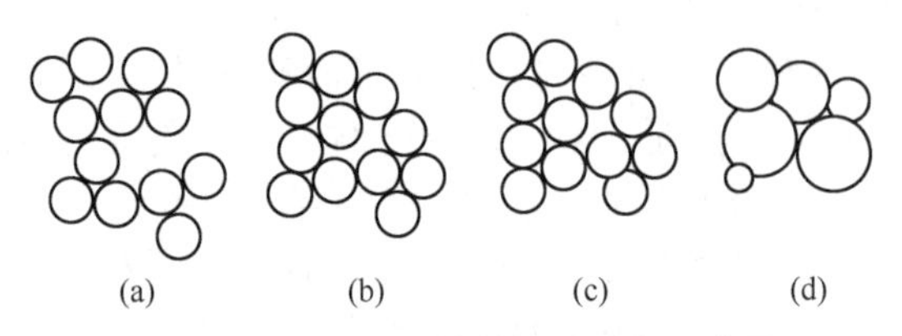

图10-4　粉状成形体的烧结过程示意图

粉料成形后，其颗粒间彼此以点接触，有的可能互相分开，颗粒间的空隙很多，如图10-4(a)所示。随烧结温度的升高和时间的延长，颗粒间发生键合并重排，图10-4(a)中的大气孔逐渐消失，气孔的总体积迅速下降，但颗粒间仍以点接触为主，总表面积变化不大，如图10-4(b)所示。这时烧结体颗粒接触状况由(a)→(b)。温度继续升高，传质过程开始进行，颗粒间接触状态由点接触逐渐扩大为面接触，接触界面积增加，固-气表面积相应减少，但气孔仍然是连通的，如图10-4(c)所示。颗粒接触状况由(b)→(c)。随温度不断升高，传质过程继续进行，颗粒界面不断发育长大，气孔相应地缩小和变形而形成孤立的闭气孔。同时，颗粒界面开始移动，粒子长大，气孔迁移到颗粒界面上消失，致密度提高，如图10-4(d)所示。

至此，我们对烧结过程有了一个初步的认识。根据上面讨论，烧结过程可以分为三个阶段：烧结初期、烧结中期和烧结后期。其特征列于表10-1。

表10-1　烧结初期、烧结中期、烧结后期的特征

阶段	特征
烧结初期	坯体间颗粒重排，接触处产生键合，大气孔消失，但固-气总表面积变化不大
烧结中期	传质开始，粒界增大，空隙进一步变形缩小，但仍然连通，形如隧道
烧结后期	传质继续进行，粒子长大，气孔变成孤立闭气孔，制品强度提高，密度达到理论值的95%以上

10.2.2　烧结推动力

由于烧结的致密化过程是通过物质传递和迁移实现的，因此必然存在某种推动力才能推动物质的定向迁移。实际上，粉体颗粒尺寸很小，比表面积大，具有较高的表面能，即使在加压成形体中，颗粒间接触面积也很小，总表面积很大而处于较高能量状态。根据能量最低原理，系统将自发地向低能量状态变化，使系统的表面能减少。可见，烧结是一个自发的不可逆过程，系统表面能降低是推动烧结进行的基本动力。

表面张力会使弯曲液面产生毛细孔引力或附加压强差ΔP。对于半径为r的球形液滴，此压强差为：

$$\Delta P=\frac{2\gamma}{r} \tag{10-1}$$

对于非球形曲面则为：

$$\Delta P \approx \gamma\left(\frac{1}{r_1}+\frac{1}{r_2}\right) \tag{10-2}$$

式中 r_1，r_2——非球形曲面的两个主曲率半径。

表面张力还能使凹、凸表面处的蒸气压 P 分别低于和高于平面表面处的蒸气压 P_0，其关系可以用开尔文公式表达：

对于球形表面

$$\ln\frac{P}{P_0}=\frac{2M\gamma}{dRTr} \tag{10-3}$$

对于非球形表面

$$\ln\frac{P}{P_0}=\frac{M\gamma}{dRT}\left(\frac{1}{r_1}+\frac{1}{r_2}\right) \tag{10-4}$$

式中 d——液体密度；

M——摩尔质量；

R——气体常数。

显然，式（10-1）、式（10-2）表达了弯曲表面的曲率半径和表面张力以及作用在该曲面上压力之间的相互关系。对于表面能约为 $1\times10^{-4}\text{J/cm}^2$ 的氧化物，按照式（10-1）计算，当颗粒半径为 1μm 时，附加压强差 ΔP 约为 20atm[1]，这显然是十分可观的。对于如图 10-5 所示的表面凹凸不平的固体颗粒，其凸面处呈正压，凹面处呈负压，故存在着使物质自凸处向凹处迁移，或使空位反向迁移的趋势，即物质从凸面处蒸发，通过气相迁移至凹面处凝聚，这时物质迁移的推动力应是 ΔP_1 与 ΔP_2 之和。

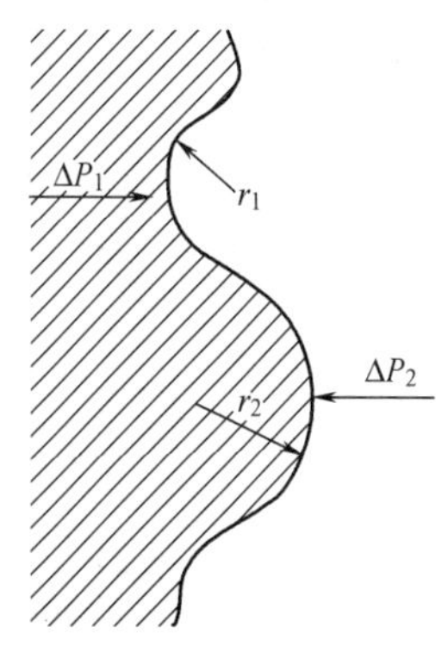

图 10-5 凹凸不平的固体表面的附加压强差及物质迁移

式（10-4）表达了在一定温度下，表面张力对不同曲率半径的弯曲表面上蒸气压的影响关系。因此，如果固体在高温下有较高蒸气压，则可以通过气相导致物质从凸表面向凹表面处传递。此外，在后面将进一步讨论到，若以固体表面的空位浓度 C 或固体溶解度 L 分别代替式（10-4）中的蒸气压 P，则对于空位浓度和溶解度也都有类似于式（10-4）的关系，并能推动物质的扩散传递。可见，作为烧结基本推动力的表面张力降低，在不同的烧结机理中可以通过流动、扩散和液相或气相传递等方式推动物质的迁移。但由于固体有巨大的内聚力，这在很大程度上限制着烧结的进行，只有当固体质点具有明显可动性时，烧结才可能以较快的速度进行，故温度对烧结速度有本质的影响。一般当温度接近于泰曼温度[$(0.5\sim0.8)T_m$]时，烧结速度就明显地增加。

10.2.3 烧结机理

既然烧结是基于颗粒间的接触和键合，以及在表面张力推动下物质的传递完成的，那么颗粒间是怎样键合的？物质是经由什么途径传递的？这是涉及烧结机理的两个重要问题。

10.2.3.1 颗粒的黏附作用

把两根新拉制的玻璃纤维相互叠放在一起，然后沿纤维长度方向轻轻地相互拉过，即可发现其运动是黏滞的，两根玻璃纤维会互相黏附一段时间，直到玻璃纤维弯曲时才被拉开，这说明两

---

[1] 1atm＝101325Pa。

根玻璃纤维在接触处产生了黏附作用。许多其他实验也同样证明，只要两固体表面是新鲜或清洁的，而且其中一个是足够细或薄的，黏附现象总会发生。倘若用两根粗的玻璃棒做实验，则上述的黏附现象就难以被觉察。这是因为一般固体表面即使肉眼看来是足够光洁的，但从分子尺度看仍是很粗糙的，彼此间接触面积很小，因而黏附力比起两者的质量就显得很小之故。

由此可见，黏附是固体表面的普遍性质，它起因于固体表面力。当两个表面靠近到表面力场作用范围时，即发生键合而黏附。黏附力的大小直接取决于物质的表面能和接触面积，故粉状物料间的黏附作用特别显著。让两个表面均匀润湿一层水膜的球形粒子彼此接触，水膜将在水的表面张力作用下变形，使两颗粒迅速拉紧、靠拢和聚结（图 10-6）。在这过程中，水膜的总表面积减少了 δS，系统总表面能降低了 $\gamma\delta S$，在两个颗粒间形成了一个曲率半径为 ρ 的透镜状接触区（通常称为颈部）。对于没有水膜的固体粒子，因固体的刚性使它不能像水膜那样迅速而明显地变形，然而相似的作用仍然会发生。因为当黏附力足以使固体粒子在接触点处产生微小塑性变形时，这种变形就会导致接触面积增大，而扩大了接触面，又会使黏附力进一步增加并获得更大的变形，依此循环和叠加就可能使固体粒子间产生类似于图 10-7 那样的黏附。因此，黏附作用是烧结初始阶段，导致粉体颗粒间产生键合、靠拢和重排，并开始形成接触区的一个原因。

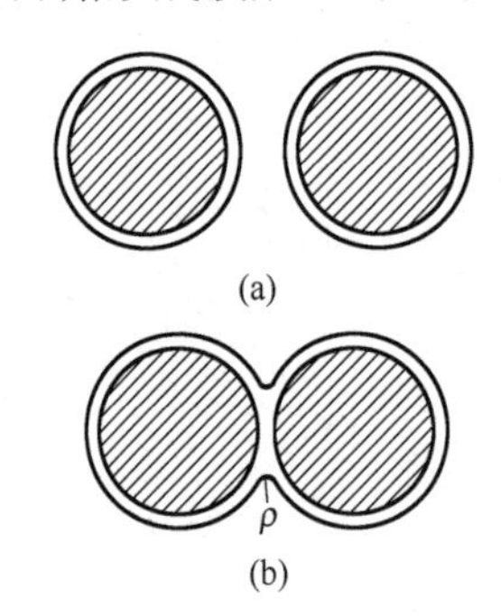

图 10-6 表面存在水膜的两固体球的黏附

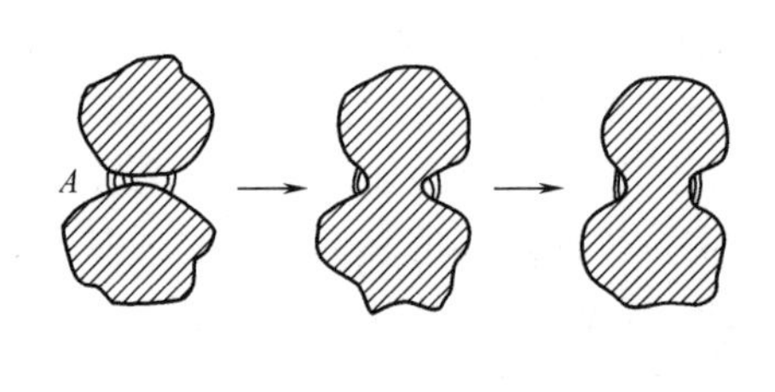

图 10-7 在扩展的黏附接触面上的变形作用

（A 处的细线表示黏附力）

10.2.3.2 物质的传递

在烧结过程中物质传递的途径是多样的，相应的机理也各不相同。但如上所述，它们都是以表面张力下降作为推动力的。

（1）流动传质　流动传质是指在表面张力作用下通过变形、流动引起的物质迁移。属于这类机理的有黏性流动和塑性流动。

在实际晶体中总是有缺陷的。在不同温度下，晶体中总存在一定数目的平衡空位浓度。随温度升高，质点热振动变大，空位浓度增加。并可能发生依序向相邻的空位位置移动。由于空位是统计均匀分布的，故质点的这种迁移在整体上并不会有定向的物质流产生，如图 10-8(a) 所示，但若存在着某种外力场，如表面张力作用时，则质点（或空位）就会优先沿此表面张力作用的方向移动，如图 10-8(b) 所示，并呈现相应的定向物质流，其迁移量是与表面张力大小成比例的，并服从如下黏性流动的关系：

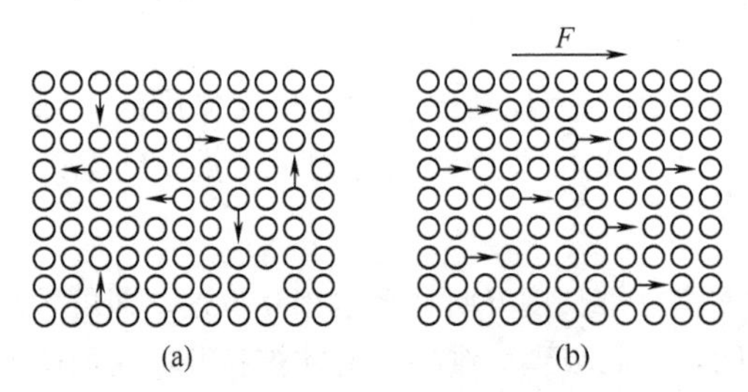

图 10-8 晶体中空位迁移与外力作用的关系

$$\frac{F}{S}=\eta\frac{\partial v}{\partial x} \tag{10-5}$$

式中 F/S——剪切应力；

$\partial v/\partial x$——流动速度梯度；

η——黏度系数。

伦克尔首先利用此关系式，研究了相互接触的两颗固体粒子的颈部曲面，在毛细孔引力作用下，使固体表面层物质产生黏性流动的烧结问题。

如果表面张力足以使晶体产生位错，这时质点通过整排原子的运动或晶面的滑移来实现物质传递，这种过程称为塑性流动。可见塑性流动是位错运动的结果。与黏性流动不同，塑性流动只有当成用力超过固体屈服点时才能产生，其流动服从宾汉（Bingham）型物体的流动规律，即：

$$\frac{F}{S}-f=\eta\frac{\partial v}{\partial x} \tag{10-6}$$

式中 f——极限剪切力。

烧结时的黏性流动和塑性流动都出现在含有固、液两相的系统。当液相量较大且液相黏度较低时，是以黏性流动为主；而当固相量较多或黏度较高时，则以塑性流动为主。

（2）扩散传质　扩散传质是指质点（或空位）借助于浓度梯度推动而迁移的传质过程。如图 10-6 和图 10-7 所示，烧结初期由于黏附作用使粒子间的接触界面逐渐扩大并形成具有负曲率的接触区（颈部）。在表面张力的作用下，所产生的附加压力使颈部的空位浓度比粒子其他部位的浓度大，存在一个过剩空位浓度。根据第 5 章式（5-61），其空位浓度差为：

$$\Delta C=C'-C_0=\frac{2\gamma\Omega}{\rho kT}C_0 \tag{10-7}$$

式中 ρ——颈部的曲率半径；

Ω——空位体积；

γ——固体表面张力；

k——玻耳兹曼常数；

T——热力学温度。

在这个空位浓度差推动下，空位从颈部表面不断地向颗粒的其他部分扩散，而固体质点则向颈部逆向扩散。这时，颈部表面起着空位源作用，由此迁移出去的空位最终必在颗粒的其他部分消失，这个消失空位的场所也可称为空位的阱（sink），它实际上就是提供形成颈部的原子或离子的物质源。从式（10-7）可见，在一定温度下空位浓度差是与表面张力成比例的，因此由扩散机理进行的烧结过程，其推动力也是表面张力。

由于空位扩散既可以沿颗粒表面或界面进行，也可能通过颗粒内部进行，并在颗粒表面或颗粒间界上消失。为了区别，通常分别称为表面扩散、界面扩散和体积扩散。有时在晶体内部缺陷处也可能出现空位，这时则可以通过质点向缺陷处扩散，而该空位迁移到界面上消失，此称为从缺陷开始的扩散。

（3）蒸发-冷凝　由于颗粒表面各处的曲率不同，按开尔文公式（10-4）可知，各处相应的蒸气压大小也不同。故质点容易从高能阶的凸处（如表面）蒸发，然后通过气相传递到低能阶的凹处（如颈部）凝结，使颗粒的接触面增大，颗粒和空隙形状改变而使成形体变成具有一定几何形状和性能的烧结体。这一过程也称气相传质。

（4）溶解-沉淀　在有液相参与的烧结中，若液相能润湿和溶解固相，由于小颗粒的表

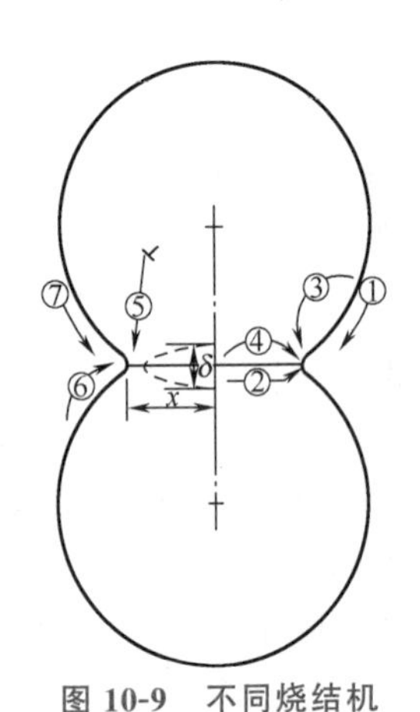

图 10-9 不同烧结机理的传质途径

①—从颗粒表面向颈部的表面扩散；
②—从粒界向颈部的界面扩散；
③—从颗粒表面向颈部的体积扩散；
④—从粒界向颈部的体积扩散；
⑤—从颗粒内部位错向颈部的扩散；
⑥—从颗粒表面向颈部的蒸发-冷凝；
⑦—从颗粒表面向颈部或从小颗粒向大颗粒的溶解-沉淀（液相烧结）

面能较大，其溶解度也就比大颗粒的大。其间存在类似于式（10-4）的关系：

$$\ln\frac{C}{C_0}=\frac{2\gamma_{\mathrm{SL}}M}{dRTr} \qquad (10\text{-}8)$$

式中 C，C_0——小颗粒和普通颗粒的溶解度；

r——小颗粒半径；

γ_{SL}——固-液相界面张力；

d——固体密度。

由上式可见，溶解度随颗粒半径减小而增大，故小颗粒将优先地溶解，并通过液相不断向周围扩散，使液相中该物质的浓度随之增加，当达到较大颗粒的饱和浓度时，就会在其表面沉淀析出。这就使粒界不断推移，大小颗粒间空隙逐渐被充填，从而导致烧结和致密化。这种通过液相传质的机理称为溶解-沉淀机理。

综上所述，烧结的机理是复杂和多样的，但都是以表面张力为动力的。图 10-9 概括地示意出各种不同烧结机理的传质途径。应该指出，对于不同物料和烧结条件，这些过程并不是并重的，往往是某一种或几种机理起主导作用。当条件改变时可能取决于另一种机理。

10.3 固相烧结

从前面讨论可知，传质方式不同，烧结机理亦不相同。对于不同物料，起主导作用的机理会有不同，即使同一物料在不同的烧结阶段和条件下也可能不同。烧结的各个阶段，坯体中颗粒的接触情况各不同。为了便于建立烧结的动力学关系，目前只能从简化模型出发，针对不同的机理，建立不同阶段的动力学关系。

10.3.1 烧结初期

10.3.1.1 模型问题

在一般情况下，坯体均是经粉料压制而成，故颗粒形状和大小不同，其接触状况也不相同。为了研究上的方便，通常采用一系列简化模型。这种简化是有一定前提时，即原料通过工艺处理可以满足或近似满足模型假设，即认为粉料是等径球体，在成形体（坯体）中接近紧密堆积（因为是压制成形），在平面上排列方式是每个球分别和 4 个或 6 个球相接触，在立体堆积中最多和 12 个球相接触，如图 10-10 所示。

烧结时各球形颗粒接触点处逐渐形成颈部并随烧结进行而扩大，最后形成一个整体。坯体的烧结可以看成每个接触点颈部生长的共同贡献。因为颗粒很小，每个接触点的环境和几何条件基本相同，这样我们就可以采用一个接触点的颈部生长来描述整个坯体的烧结动力学关系。烧结初期，通常采用的模型有三种：其中一种是平板-球体模型；另外两种是双球模型，见图 10-11。加热烧结时，质点按图 10-9 所示的各种传质方式向接触点处迁移而形成颈部，这时双球模型可能出现两种情况：一种是颈部的增长并不引起两球中心距离的缩短，如图 10-11(b) 所示，另一种则是随着颈部的增长两球中心距离缩短，如图 10-11(c) 所示。

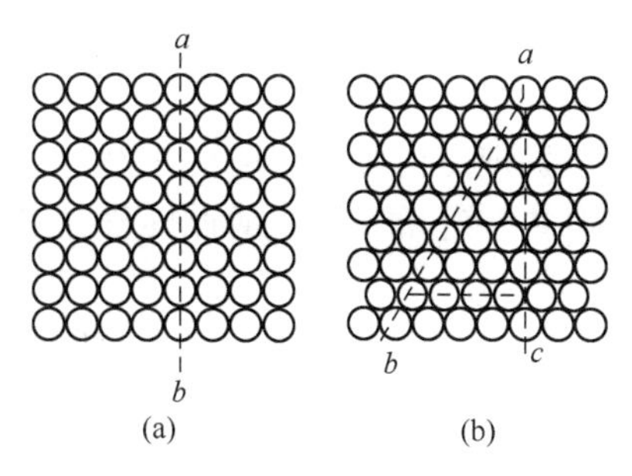

图 10-10 在成形体中颗粒的平面排列示意图

(a) 简单立方堆积；(b) 六方堆积

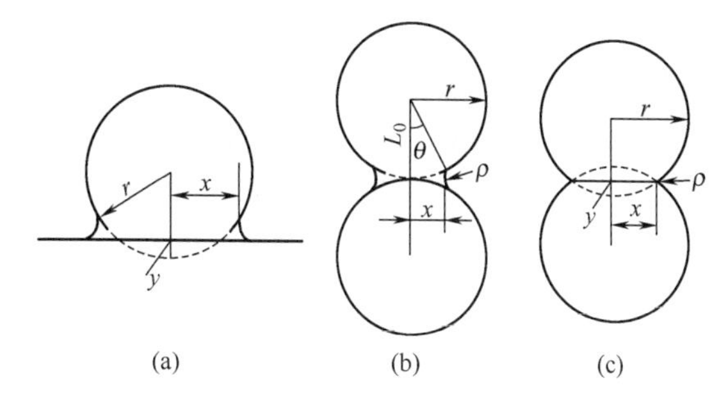

图 10-11 烧结模型

(a) 平板-球体模型；(b) 两球中心距不变；

(c) 两球中心距缩短

ρ—颈部曲率半径；r—球粒的初始半径；x—颈部半径

假设烧结初期形成的颈部半径 x 很小，颗粒半径 r 变化不大，形状近于球形，则从图中的几何关系可以近似地求出颈部体积 V、表面积 A 和表面曲率半径 ρ，其结果列于表 10-2。

表 10-2 烧结模型中颈部几何参数近似值

模型	ρ	A	V
平板-球体[图 10-11(a)]	$\frac{x^2}{2r}$	$\frac{\pi x^3}{r}$	$\frac{\pi x^4}{2r}$
双球[图 10-11(b)]	$\frac{x^2}{2r}$	$\frac{\pi^2 x^3}{r}$	$\frac{\pi x^4}{2r}$
双球[图 10-11(c)]	$\frac{x^2}{4r}$	$\frac{\pi^2 x^3}{2r}$	$\frac{\pi x^4}{2r}$

在一般情况下，烧结会引起宏观尺寸收缩和致密度增加，通常用线收缩率或密度值来评价烧结的程度，对于图 10-11(c)，烧结收缩是由于颈部长大，两球心距离缩短所引起的，故可用球心距离的缩短率 $\Delta L/L_0$ 来表示线收缩率：

$$\frac{\Delta L}{L_0}=\frac{r-(r+\rho)\cos\theta}{r}$$

式中 L_0——烧结前两球心距离；

ΔL——烧结后缩短值。

烧结初期 θ 很小，$\cos\theta\approx1$，所以：

$$\frac{\Delta L}{L_0}=-\frac{\rho}{r} \tag{10-9}$$

由图 10-11(c) 可知：

$$\frac{\Delta L}{L_0}=-\frac{\rho}{r}=-\frac{x^2}{4r^2} \tag{10-10}$$

上述模型及几何参数仅适应于烧结初期，中后期因颗形状变化需用其他模型。

10.3.1.2 烧结初期特征

颗粒仅发生重排和键合，颗粒和空隙形状变化很小，颈部相对变化 $x/r<0.3$，线收缩率 $\Delta L/L_0<0.06$。

烧结初期，质点由颗粒其他部位传递到颈部，空位自颈部反向迁移到其他部位而消失，所以颈部的体积增长速率等于传质速率（即物质迁移速率），这样我们就可以推导出各种机理的动力学方程。

10.3.1.3 动力学关系

实际烧结过程中，物质迁移方式是很复杂的，没有一个机理能说明一切烧结现象。多数研究者认为，烧结过程中，不是单独一个机理在起作用。但在一定条件下，某种机理占主导地位，条件改变，起主导作用的机理有可能随之改变。

烧结初期，由于颈部首先长大，故烧结速度多以颈部半径相对变化 x/r 与烧结时间 t 的关系来表达，即：

$$\left(\frac{x}{r}\right)^n \propto t \quad 或 \quad \frac{x}{r} \propto t^{\frac{1}{n}} \tag{10-11}$$

烧结机理不同，n 值亦不同，下面分别加以介绍。

（1）蒸发-冷凝机理　对于蒸发-冷凝机理，速率表达式为：

$$\frac{x}{r}=\left(\frac{\sqrt{\pi}\gamma M^{\frac{3}{2}}P_0}{\sqrt{2}R^{\frac{3}{2}}T^{\frac{3}{2}}d^2}\right)^{\frac{1}{3}} r^{-\frac{2}{3}}t^{\frac{1}{3}} \quad 或 \quad \frac{x}{r}\propto t^{\frac{1}{3}} \tag{10-12}$$

式中 x——颈部半径；
r——粉体半径；
γ——粉体表面张力；
M——分子的相对质量；
P_0——饱和蒸气压；
R——气体常数；
T——烧结温度；
d——密度；
t——烧结时间。

以 $\lg\frac{x}{r}$ 对 $\lg t$ 作图得一直线，斜率为 1/3，如图 10-12 所示。蒸气压较高的物质的烧结，其机理符合蒸发-冷凝机理，肯格瑞（Kingery）通过计算指出，数微米左右的颗粒，当蒸气压大于 $10^{-4}\sim10^{-3}$mmHg 时符合这种机理，如 NaCl、KCl 多以这种机理进行烧结。最近研究表明，TiO_2 单晶球与平板在 1300～1500℃之间的烧结速度，其直线斜率为 1/3.0～1/3.8，接近 1/3。另外，霍兹（Heuch）对 Cr_2O_3 的研究也有类似结果。这说明蒸气压较低、熔点较高的氧化物，在烧结初期，也不能忽视这一传质机理的作用。

（2）扩散机理　实验表明，大部分晶态材料，特别是氧化物的烧结，多数按扩散机理进行。库津斯基（Kuczynski）采用平板-球体模型推导了基于体积扩散的烧结初期动力学方程，令颈部表面作为空位源，质点从颗粒间界扩散到颈部表面，空位反向扩散到界面上消失。根据式（10-7），在毛细孔引力的作用下颈部表面过剩空位浓度差 $\Delta C=\frac{2\gamma\Omega}{\rho kT}C_0$，故在单位时间通过颈部表面积 A 的空位扩散速度等于颈部体积增长速度，并可由菲克扩散定律给出：

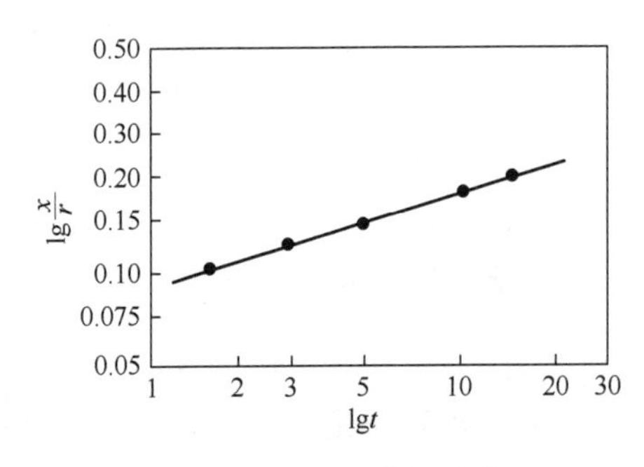

图 10-12　NaCl 烧结时球形颗粒颈部生长
（t 的单位为 min）

$$\frac{dv}{dt}=A\frac{\Delta C}{\rho}D' \tag{10-13}$$

式中，D'为空位扩散系数，它与原子自扩散系数（体积扩散系数）D_v 的关系为：

$$D_v = D'\exp\left(-\frac{G_f}{kT}\right) \tag{10-14}$$

因为平表面的空位浓度 C_0 应等于平衡空位浓度 $\exp\left(-\frac{G_f}{kT}\right)$，所以：

$$\Delta C = \frac{2\gamma\Omega}{kT\rho}\exp\left(-\frac{\Delta G_f}{kT}\right) \tag{10-15}$$

将式（10-14）、式（10-15）代入式（10-13）得：

$$\frac{dv}{dt} = A\frac{2\gamma\Omega}{kT\rho^2}D_v \tag{10-16}$$

对于平板-球体模型有：

$$\rho = \frac{x^2}{2r},\ A = \frac{\pi x^3}{r},\ V = \frac{\pi x^4}{2r}$$

将 ρ、A、V 值代入式（10-16）并积分、整理得：

$$x^5 = \frac{20\gamma\Omega}{kT}D_v r^2 t \tag{10-17}$$

或

$$\frac{x}{r} = \left(\frac{20\gamma\Omega D_v}{kT}\right)^{\frac{1}{5}} r^{-\frac{3}{5}} t^{\frac{1}{5}} \tag{10-18}$$

可见，体积扩散的烧结，其颈部半径增长率$\frac{x}{r}$与时间的 1/5 次方成比例，随着颈部半径长大，颗粒中心至平板的距离缩短，其线收缩率按图 10-11(a) 的几何关系求得：

$$\frac{\Delta L}{L_0} = \frac{y}{r}$$

考虑到烧结初期颈部很小，可近似认为 $y \approx \rho$，则：

$$\frac{\Delta L}{L_0} = \frac{y}{r} \approx \frac{\rho}{r} = \frac{x^2}{2r^2}$$

$$\frac{\Delta L}{L_0} = \left(\frac{5\gamma\Omega D_v}{\sqrt{2}kT}\right)^{\frac{2}{5}} r^{-\frac{6}{5}} t^{\frac{2}{5}} \tag{10-19}$$

即线收缩率分别与时间的 2/5 次方和颗粒半径的 −6/5 次方成比例。

对 Al_2O_3 和 NaF 烧结初期动力学的实验研究结果示于图 10-13。图 10-13(a) 为 $\frac{\Delta L}{L_0}$-t

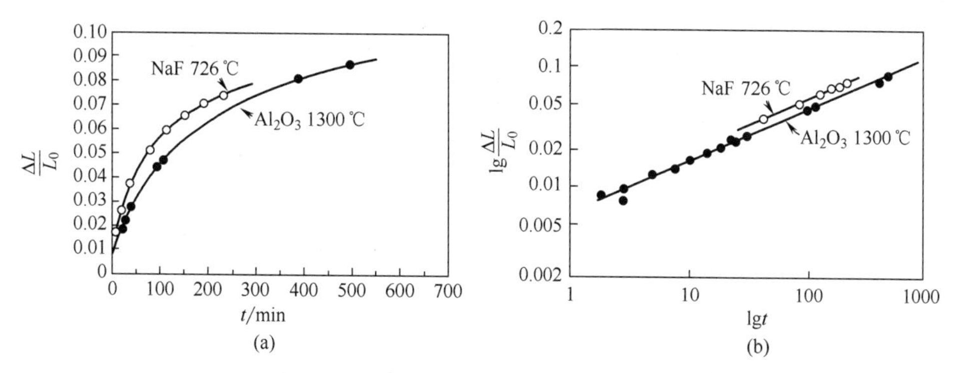

图 10-13 Al_2O_3 和 NaF 烧结初期的动力学研究结果

（t 的单位为 min）

曲线，可以看出，随时间延长，线收缩率增加趋于缓慢。这是因为随着烧结的进行，颈部扩大，曲率减小，由此引起的毛细孔引力和空位浓度差亦随之减小之故。图 10-13(b) 中 $\lg \frac{\Delta L}{L_0}$-$\lg t$ 关系为直线，斜率约为 2/5，与式（10-19）预期的结果相符合。

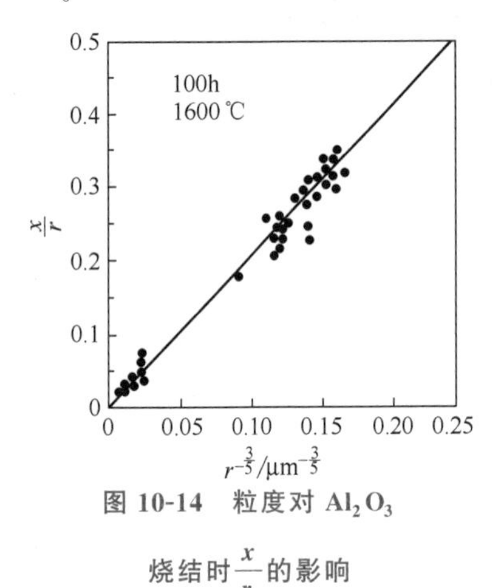

图 10-14 粒度对 Al_2O_3 烧结时 $\frac{x}{r}$ 的影响

图 10-14 是粒度对 Al_2O_3 烧结的影响（烧结温度 1600℃，时间 100h），由图可以看出，$\frac{x}{r}$ 与 $r^{-\frac{3}{5}}$ 呈线性关系，与式（10-18）相符合。

如果以表面扩散机理进行烧结，类似推导得：

$$\frac{x^7}{r^3}=\frac{56\gamma\Omega}{kT}D_s t \tag{10-20}$$

式中 D_s——表面扩散系数。

推而广之，烧结初期的一般动力学关系为：

$$x^n=\frac{K_1\gamma\Omega D}{kT}r^m t \tag{10-21}$$

$$\left(\frac{\Delta L}{L_0}\right)^q=\frac{K_2\gamma\Omega D}{kT}r^s t \tag{10-22}$$

式中，指数 n、m、q、s 分别为与烧结机理及模型有关的指数；K_1、K_2 分别为与烧结机理及模型有关的系数，其值列于表 10-3。

表 10-3 不同烧结机理及模型下的指数 n、m、q、s 及系数 K_1、K_2 值

烧结机理	n	m	q	s	K_1	K_2
表面扩散	7	3	—	—	$56\times a$	—
体积扩散	4	1	3	−3	32	3
体积扩散	5	2	2.5	−3	14	10
体积扩散	4.5	1.7	2.18	−3	43	17.5
界面扩散	6	2	3	−4	96	3
界面扩散	7	3	3.22	−4	$115\times b$	$2.27\times b$
从晶体内位错等缺陷开始的扩散	3	0	1.5	−3	—	—

注：a、b 为边界层参数。

对于同属一种烧结机理出现不同的参数，是由于采用不同的模型所致。

由于采用了简化模型和对颈部的几何参数选取近似数值，加上实际烧结时通常是多种机理起作用，因此，把上述各方程应用于实际烧结过程中常会有偏差。尽管如此，这些定量描述对于估计初期的烧结速度，探讨和控制影响初期烧结的因素，以及判断烧结机理等还是有意义的。如对给定系统和烧结条件，式（10-25）中的 γ、T、r、D 等项几乎是不变的，故有：

$$\left(\frac{\Delta L}{L_0}\right)^q=\frac{K_2\gamma\Omega D}{kT}r^s t\approx K'_2 t \quad 或 \quad \frac{\Delta L}{L_0}=Kt^{\frac{1}{q}}$$

则有：

$$\lg\frac{\Delta L}{L_0}=\lg K+\frac{1}{q}\lg t=A+\frac{1}{q}\lg t \tag{10-23}$$

根据 $\lg\frac{\Delta L}{L_0}$-$\lg t$ 直线的斜率可以估计和判断烧结机理，直线的截距 A 反映了烧结速度常数 K 的大小。速度常数 K 与温度的关系服从阿伦尼乌斯方程：

$$K=K_0\exp\left(-\frac{Q}{RT}\right)$$

式中 Q——烧结活化能，J/mol。

10.3.2 烧结中期

10.3.2.1 模型问题

进入烧结中期，球形颗粒相互黏结而变形，不再是球形，所以烧结中期的模型与颗粒形状、大小及堆积方式有关，一般采用多面体来近似地描述。科布尔（Coble）采用截头十四面体模型对烧结中期进行了处理，见图 10-15；凯克（Kaker）认为，模型应视坯体中球状物料的堆积方式而异，见表 10-4。

十四面体模型由正八面体沿其顶点在边长 1/3 处截去一部分而得到，截后有 6 个四边形和 8 个六边形的面，这种多面体可按体心立方紧密堆积在一起，如图 10-15(b) 所示。紧密堆积时，多面体的每个边为三个多面体所共有，它们之间近似形成一个圆柱形气孔，气孔的表面为空位源。每个顶点为 4 个多面体所共有。

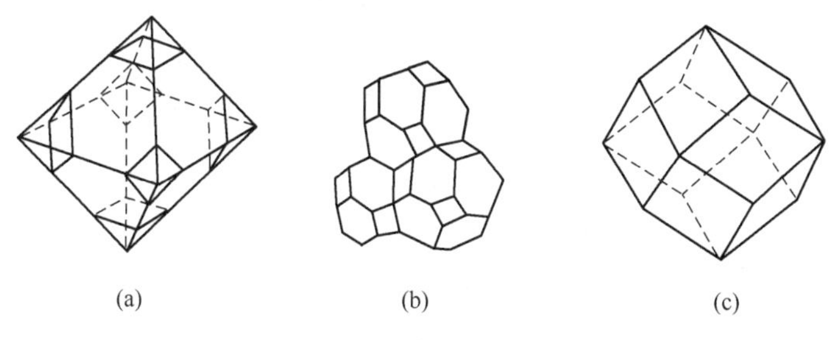

图 10-15 十四面体模型及十二面体模型

(a) 十四面体；(b) 十四面体的堆积；(c) 十二面体

表 10-4 原始坯体中球状颗粒堆积方式及烧结中期模型

原始坯体中球状颗粒堆积方式	烧结中期采用模型
简单立方堆积[图 10-10(a)]	立方体模型
六方堆积[图 10-10(b)]	六方柱模型
菱面体堆积	斜方十二面体[图 10-15(c)]
体心立方堆积	截头十四面体[图 10-15(b)]

10.3.2.2 烧结中期特征

烧结中期，颈部进一步扩大，颗粒变形较大，气孔由不规则的形状逐渐变成由三个颗粒包围的，近似圆柱形（隧道形）的气孔，且气孔是连通的。晶界开始移动，颗粒正常长大。与气孔接触的颗粒表面为空位源，质点扩散以体积扩散和晶界扩散为主而扩散到气孔表面，空位反向扩散而消失。坯体气孔率降为 5%左右，收缩达 90%。

10.3.2.3 动力学关系

采用十四面体模型，以体积扩散机理为例来建立中期的动力学方程。假设十四面体边长为 l，圆柱形气孔半径为 r，以一个多面体为研究对象，其体积为：

$$V=8\sqrt{2}l^{3} \tag{10-24}$$

气孔体积为：

$$v=\frac{1}{3}(36\pi r^{2}l)=12\pi r^{2}l \tag{10-25}$$

气孔率为：

$$P_{c}=\frac{v}{V}=\frac{3\sqrt{2}\pi}{4}\times\frac{r^{2}}{l^{2}} \tag{10-26}$$

假设空位从圆柱形气孔的表面向粒界的扩散是放射状的，这一过程和圆柱形电热体自中心向周围的散热过程相类似，故可借用其公式。因此，单位长度的圆柱形气孔的空位扩散流为：

$$\frac{J}{l}=4\pi D'\Delta C \tag{10-27}$$

式中　D'——空位扩散系数；

ΔC——空位浓度差；

l——多面体边长，即气孔长度。

为了讨论方便，设 $l=2r$。考虑到空位扩散流可能分岔，故将有效扩散面积扩大为原来的 2 倍。这时流量 J 为：

$$\frac{J}{l}=\frac{J}{2r}=2\times4\pi D'\Delta C \tag{10-28}$$

由于每个多面体有 14 个面，紧密堆积时每个面为 2 个多面体所共有，故单位时间内每个十四面体中空位（原子）的体积流动速度为：

$$\frac{\mathrm{d}v}{\mathrm{d}t}=\frac{14}{2}J=7\times2r\times8\pi D'\Delta C=112\pi rD'\Delta C \tag{10-29}$$

将 $D_{v}=D'\exp\left(-\frac{\Delta G_{f}}{kT}\right)$ 及 $\Delta C=\frac{\gamma\Omega}{rkT}\exp\left(-\frac{\Delta G_{f}}{kT}\right)$ 代入上式得：

$$\frac{\mathrm{d}v}{\mathrm{d}t}=\frac{112\pi D_{v}\Omega\gamma}{kT} \tag{10-30}$$

$$v=-\frac{112\pi D_{v}\Omega\gamma}{kT}(t_{f}-t) \tag{10-31}$$

式中，t 为烧结中期开始时间；t_{f} 为进入中期、半径为 r 的圆柱形气孔缩小至孤立球形（或完全消失）的时间；负号表示随烧结进行气孔体积缩小。去掉负号并代入式（10-26）得：

$$P_{c}=-\frac{7\sqrt{2}\pi D_{v}\Omega\gamma}{l^{3}kT}(t_{f}-t) \tag{10-32}$$

如果采用斜方二十面体模型，以体积扩散机理进行烧结，则：

$$P_{c}=-\frac{18\sqrt{3}\pi D_{v}\Omega\gamma}{l^{3}kT}(t_{f}-t) \tag{10-33}$$

对于界面扩散，用类似方法可得：

$$P_{c}=\left(\frac{2D_{b}W\gamma\Omega}{l^{4}kT}\right)^{\frac{3}{2}}(t_{f}-t)^{\frac{2}{3}} \tag{10-34}$$

式中　D_{b}——面扩散系数；

W——界面宽度。

10.3.3 烧结末期

10.3.3.1 模型问题

为简化起见，科布尔采用截头十四面体模型，并假设气孔位于 24 个顶角上，形状近似球形，它是由 1 个圆柱形气孔随烧结进行向顶点收缩而形成。每个气孔为 4 个十四面体所共有。

10.3.3.2 烧结末期特征

进入烧结末期，气孔已封闭，相互孤立，理想情况为 4 个颗粒所包围，近似球状。晶粒明显长大，只有扩散机理是重要的，质点通过晶界扩散和体积扩散，进入晶界间近似球状的气孔中。收缩率达 90%～100%，密度达到理论值的 95%以上。

10.3.3.3 动力学关系

按照模型假设，气孔为孤立的球形气孔，所以可以用同心球壳的扩散做近似处理，其扩散流量 J（空位/s）为：

$$J=4\pi D'\Delta C\frac{r_a r_b}{r_b-r_a}\qquad(10\text{-}35)$$

式中 D'——空位扩散系数；

ΔC——空位浓度差；

r_a——同心球壳内径（相当于气孔半径）；

r_b——同心球壳外径（相当于质点的有效扩散半径）。

烧结初期，坯体气孔率高，气孔排除容易，到了末期，气孔变小，扩散距离相对较远，r_a 与 r_b 比较，$r_a \ll r_b$，则式（10-35）可写成：

$$J=4\pi D'\Delta C r_a\qquad(10\text{-}36)$$

式（10-36）说明，烧结末期，质点扩散距离 r_b 与气孔大小 r_a 相比，$r_b \gg r_a$。气孔较小时，扩散流量由气孔半径所控制。

另外，每个十四面体占 24/4＝6 个气孔，故每个十四面体中空位平均流量为：

$$\frac{dv}{dt}=\frac{24}{4}\times 4\pi D'\Delta C r_a \Omega\qquad(10\text{-}37)$$

积分上式并注意到 $V=8\sqrt{2}l^3$：

$$P_c=\frac{v}{V}=\frac{6\pi D_v \Omega\gamma}{\sqrt{2}kTl^3}(t_f-t)\qquad(10\text{-}38)$$

式中 t_f——气孔完全消失的时间。

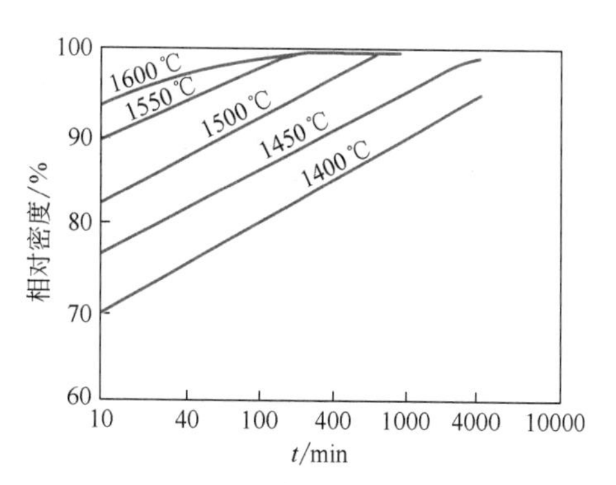

图 10-16 α-Al_2O_3 恒温烧结时相对密度随时间的变化关系

式（10-38）和中期动力学关系相似，只是系数不同而已。图 10-16 是 α-Al_2O_3 在不同温度下恒温烧结时相对密度随时间的变化。由图可见，在 98%理论密度以下的中、后期恒温烧结时，坯体相对密度与时间呈良好的线性关系。证明上述动力学关系与实际相符合。

10.4 再结晶和晶粒长大

在烧结中、后期，我们已经接触到了晶界移动和晶粒长大的概念。我们知道，在烧结中，坯体多数是晶态粉状材料压制而成，随烧结进行，坯体颗粒间发生再结晶和晶粒长大，使坯体强度提高。所以在烧结进程中，高温下还同时进行着两个过程，再结晶和晶粒长大。尤其是在烧结后期，这两个和烧结并行的高温动力学过程是绝对不能忽视的，它直接影响着烧结体的显微结构（如晶粒大小、气孔分布）和强度等性质。

10.4.1 初次再结晶

初次再结晶是指从塑性变形的、具有应变的基质中，生长出新的无应变晶粒的成核和长大过程。

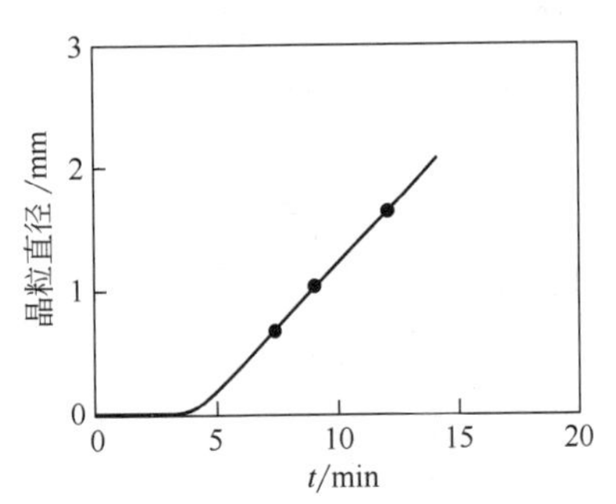

图 10-17 在 400℃ 受 $400gf/mm^2$ 应力作用的 NaCl 晶体置于 470℃ 再结晶的情况

（$1gf/mm^2=9.80665kPa$）

初次再结晶常发生在金属中，硅酸盐材料，特别是一些软性材料 NaCl、CaF_2 等，由于较易发生塑性变形，所以也会发生初次再结晶过程。另外，由于硅酸盐原料烧结前都要破碎研磨成粉料，这时颗粒内常有残余应变，烧结时也会出现初次再结晶现象。图 10-17 是有应变的 NaCl 退火时晶粒长大情况。

初次再结晶的推动力是基质塑性变形所增加的能量。一般储存在变形基质中的能量为 2.09～4.18J/g 的数量级，虽然数值较熔融热小得多（熔融热是此值的 1000 倍甚至更多倍），但却足够提供晶界移动和晶粒长大所需的能量。初次再结晶也包括两个步骤：成核和长大。晶粒长大通常需要一个诱导期 t_0，它相当于不稳定的核胚长大成稳定晶核所需要的时间。按照成核理论，其成核速率为：

$$\frac{dN}{dt}=N_0\exp\left(-\frac{\Delta G_N}{RT}\right) \tag{10-39}$$

式中 N_0——常数；

ΔG_N——成核势垒。

可见，诱导期 t_0 与成核速率及退火温度有关，温度升高，t_0 减小。晶粒长大的实质是质点通过晶粒界面的扩散跃迁，故晶粒长大速率与温度的关系为：

$$u=u_0\exp\left(-\frac{\Delta E_u}{RT}\right) \tag{10-40}$$

只要各晶粒长大而不相互碰撞时，则晶粒长大速率 u 应该是恒定的，于是晶粒尺寸 d 随时间的变化可由下式决定：

$$d=u(t-t_0) \tag{10-41}$$

因此最终晶粒大小取决于成核和晶粒长大的相对速率。由于这两者都与温度相关，故总的结晶速率随温度而迅速变化，如图 10-18 所示。由图可见，提高再结晶温度，最终的晶粒尺寸增加，这是由于晶粒长大速率比成核速率增加得更快。

10.4.2 晶粒长大

晶粒长大是指在烧结中、后期，细小晶粒逐渐长大，伴随着一部分晶粒的缩小或消失过程，其结果是平均晶粒尺寸增加。这一过程并不依赖于初次再结晶过程；晶粒长大不是小晶粒的相互黏结，而是晶界移动的结果。晶粒长大的核心是晶粒平均尺寸增加。

晶粒长大的推动力是晶界过剩的自由能，即晶界两侧物质的自由焓之差是使界面向曲率中心移动的驱动力。小晶粒生长为大晶粒，使界面面积减小，界面自由能降低，晶粒尺寸由

$1\mu m$ 变化到 1cm，相应的能量变化为 0.418～20.9J/g。

图 10-19 是晶界结构示意图，弯曲晶界两边各为一晶粒。小圆圈代表各晶粒中的原子，对凸面晶粒 A，曲率为正，呈正压，对凹面晶粒 B，呈负压。A 与 B 之间由于曲率不同而产生的压强差（附加压力）ΔP 为：

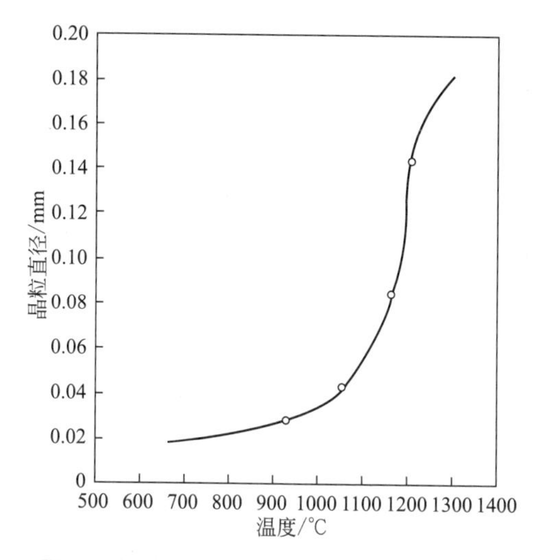

图 10-18 退火温度对受 551580.8kPa 压力的 CaF_2 晶粒尺寸的影响（保温 10h）

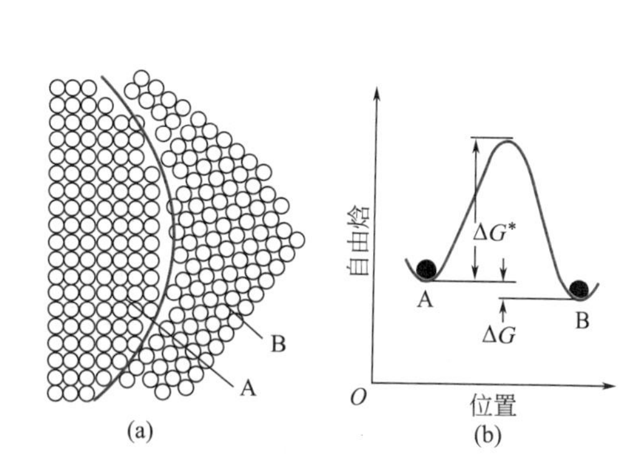

图 10-19 晶界结构及原子位能图

$$\Delta P=\gamma\left(\frac{1}{r_1}+\frac{1}{r_2}\right)$$

式中 γ——界面张力；

r_1，r_2——曲率半径。

当系统仅做体积功而不做其他功时，根据热力学有：

$$\Delta G=V\Delta P-S\Delta T \tag{10-42}$$

温度不变时：

$$\Delta G=\overline{V}\Delta P=\overline{V}\gamma\left(\frac{1}{r_1}+\frac{1}{r_2}\right) \tag{10-43}$$

式中 $\overline{V}$——摩尔体积；

ΔG——晶粒 A 与 B 的摩尔自由焓差，$\Delta G=G_A-G_B$。

由于晶粒 A 的自由焓高于晶粒 B。A 内原子会向 B 内跃迁，结果晶界移向 A 的曲率中心，晶粒 B 长大而晶粒 A 缩小，根据绝对反应速率理论，晶粒长大速率与原子跃过界面的速度有关，由图 10-19(b) 可知，原子由 A 向 B 的跃迁频率为：

$$f_{A-B}=\frac{n_sRT}{Nh}\exp\left(-\frac{\Delta G^*}{RT}\right) \tag{10-44}$$

反向跃迁频率为：

$$f_{B-A}=\frac{n_sRT}{Nh}\exp\left(-\frac{\Delta G^*+\Delta G}{RT}\right) \tag{10-45}$$

式中 R——气体常数；

N——阿伏伽德罗常数；

h——普朗克常数；

n_s——界面上原子的面密度。

设原子每次跃迁距离为λ，则晶界移动速度u为：

$$u=\lambda f=\lambda(f_{A-B}-f_{B-A})=\lambda\frac{n_s RT}{Nh}\exp\left(-\frac{\Delta G^*}{RT}\right)\left[1-\exp\left(-\frac{\Delta G}{RT}\right)\right] \tag{10-46}$$

因为$\Delta G \ll RT$，所以：

$$1-\exp\left(-\frac{\Delta G}{RT}\right)\approx\frac{\Delta G}{RT}$$

于是

$$u=\frac{n_s\lambda\gamma\overline{V}}{Nh}\exp\left(-\frac{\Delta G^*}{RT}\right)\left(\frac{1}{r_1}+\frac{1}{r_2}\right)$$

或

$$u=\frac{n_s\lambda\gamma\overline{V}}{Nh}\left(\frac{1}{r_1}+\frac{1}{r_2}\right)\exp\left(\frac{\Delta S^*}{RT}\right)\exp\left(-\frac{\Delta H^*}{RT}\right) \tag{10-47}$$

式中，ΔG^*为原子跃过界面的势垒，与界面的扩散活化能相似。

式（10-47）表明，晶粒长大速率随温度升高呈指数规律增加，且晶界移动速度与晶界曲率有关，温度越高，曲率半径越小，晶界向曲率中心移动的速度亦越快。

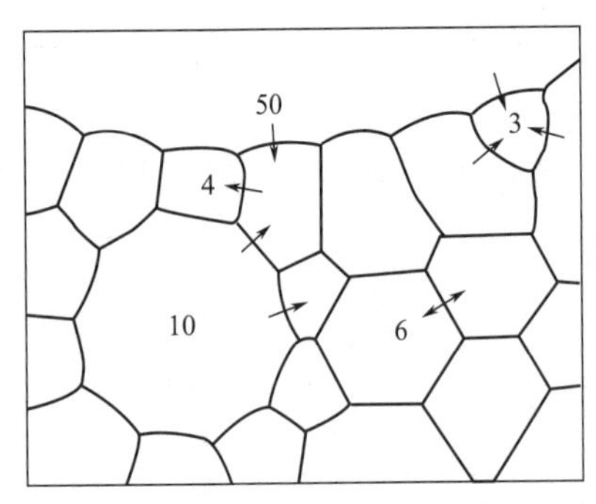

图 10-20 烧结后期晶粒长大示意图

在烧结中、后期，随传质过程的进行，颈部长大，粒界开始移动。这时的坯体通常是大小不等的晶粒聚集体，即体系是多晶体系。由许多晶粒组成的多晶体中晶界的移动情况如图 10-20 所示。三个晶粒在空间相遇，如果晶界上各界面张力相等或近似相等，则平衡时界面间交角为 120°。在二维截面上，晶粒呈六边形；实际多晶系统中多数晶粒间界面能不相等，所以从一个三界交汇点延伸到另一个三界交汇点的晶界都有一定的弯曲，界面张力将使晶界移向曲率中心。由图 10-20 可以看出，大多数晶界都是弯曲的，边数大于六的晶粒，其晶界向外凹，边数小于六的晶粒，其晶界向外凸。由于界面张力的作用，晶界总是向曲率中心移动。于是，边数大于六的晶粒趋于长大，而边数小于六的晶粒趋向缩小，结果是整体的平均粒径增加。

对任意一个晶粒，每条边的曲率半径与晶粒直径D成比例，所以由晶界过剩自由焓引起的晶界移动速率和相应的晶粒长大速率与晶粒尺寸成反比，即：

$$u=\frac{\mathrm{d}D}{\mathrm{d}t}=\frac{K'}{D} \tag{10-48}$$

积分得：

$$D^2-D_0^2=Kt \tag{10-49}$$

式中，D_0为$t=0$时颗粒的平均直径。

到烧结后期$D \gg D_0$。此时式（10-49）可写成：

$$D^2=Kt \quad 或 \quad D=K''t^{\frac{1}{2}} \tag{10-50}$$

以 $\lg D$ 对 $\lg t$ 作图应为直线，且斜率为 1/2。实验结果斜率常在 0.1～0.5 之间，较理论预测结果小。如一些氧化物陶瓷，其斜率接近 1/3。其原因是D并没有比D_0大很多，或是因晶界移动时遇到杂质、分离的溶质或气孔等的阻滞，使正常的晶粒长大停止。所以，包含的杂质越多，晶粒长大过程结束得越快，最终所得晶粒平均直径也越小。

根据 Zener 的研究结果，临界晶粒尺寸D_c和第二相杂质之间的关系为：

$$D_c\approx\frac{4}{3}\times\frac{f}{V}\approx\frac{d}{V} \tag{10-51}$$

式中 d——第二相质点的直径；

V——第二相质点的体积分数。

该式近似地反映了最终晶粒平均尺寸与第二相物质阻碍作用之间的平衡关系。临界晶粒尺寸 D_c 的含义是，当晶粒尺寸超过这个数值后，在晶界上有夹杂物或细气孔时，晶粒的均匀生长将不能继续进行；烧结初期，气孔率很大，故 V 相当大，D_c 较小，此时，初始晶粒直径 D_0 总大于 D_c，因此晶粒不可能长大。随着烧结进行，小气孔向晶界聚集或排除，第二相质点直径 d 由小变大，而气孔的体积分数由大变小，D_c 随之增大。这时 D_c 远大于 D，晶粒开始均匀长大，直到 D 等于 D_c 为止。这个结果表明，要防止晶粒过分（异常）长大，第二相物质或气孔的直径要小，而体积分数要大。

晶粒正常长大时，如果晶界受到第二相杂质的阻碍，其移动可能出现三种情况：①晶界能量较小，晶界移动被杂质或气孔所阻挡，晶粒正常长大停止；②晶界具有一定的能量，晶界带动杂质或气孔继续移动，这时气孔利用晶界的快速通道排除，坯体不断致密；③晶界能量大，晶界越过杂质或气孔，把气孔包裹在晶粒内部。由于气孔脱离晶界，再不能利用晶界这样的快速通道而排除，使烧结停止，致密度不再增加。这时将出现二次再结晶现象。

10.4.3 二次再结晶

正常的晶粒长大是晶界移动，晶粒的平均尺寸增加。如果晶界受到杂质等第二相质点的阻碍，正常的晶粒长大便会停止。但是当坯体中存在有边数较多、晶界曲率较大、能量较高的大晶粒时，它们可使晶界越过杂质或气孔而继续移向邻近小晶粒的曲率中心；晶粒进一步生长，增大了晶界曲率使生长过程不断加速，直到大晶粒的边界相互接触为止，该过程称为二次再结晶或异常的晶粒长大。简言之，二次再结晶是坯体中少数大晶粒尺寸的异常增加，其结果是个别晶粒的尺寸增加，这是区别于正常的晶粒长大的。当坯体中有少数大晶粒存在时，这些大晶粒往往成为二次再结晶的晶核，晶粒尺寸以这些大晶粒为核心异常生长。

再结晶的推动力仍然是晶界过剩界面能。因为大晶粒和邻近曲率半径小界面成分高的小晶粒相比，大晶粒能量低，相对比较稳定。这样在界面能推动下，大晶粒的晶界向小晶粒中心移动，使大晶粒进一步长大而小晶粒消失。

二次再结晶发生后，气孔进入晶粒内部，成为孤立闭气孔，不易排除，使烧结速度降低甚至停止。因为小气孔中气体的压力大，它可能迁移扩散到低气压的大气孔中去，使晶界上的气孔随晶粒长大而变大，如图 10-21 所示。此时晶粒继续长大的速率不仅反比于晶粒平均直径 D，而且反比于气孔直径 D_g，由于 D_g 与 D 成比例，所以：

$$\frac{dD}{dt}=\frac{K'}{D}\times\frac{K''}{D_g}=\frac{K'''}{D^2} \tag{10-52}$$

积分得

$$D^3-D_0^3=Kt \tag{10-53}$$

由上式可以看出，原始颗粒尺寸 D 越小，二次再结晶速率越大。气孔尺寸越小，晶界越易越过，二次再结晶速率亦越高。

造成二次再结晶的原因主要是原始物料粒度不均匀及烧结温度偏高。其次是成形压力不均匀及局部有不均匀的液相等。温度过高，晶界移动速度加快，使气孔来不及排除而被包裹在晶粒内部。原始物料粒度不均匀，特别是初始粒径较小时，由于基质中常存在少数比平均粒径大的晶粒，它们可以作为二次再结晶的晶核，使晶粒异常长大，最终晶粒尺寸较原始尺寸大得多。当原始物料粒径增大时，晶粒尺寸比平均粒径有较大的机会相对减小，二次再结晶成核较难，最终的相对尺寸也较小。图 10-22 是二次再结晶的晶粒尺寸与原始颗粒尺寸的关系。

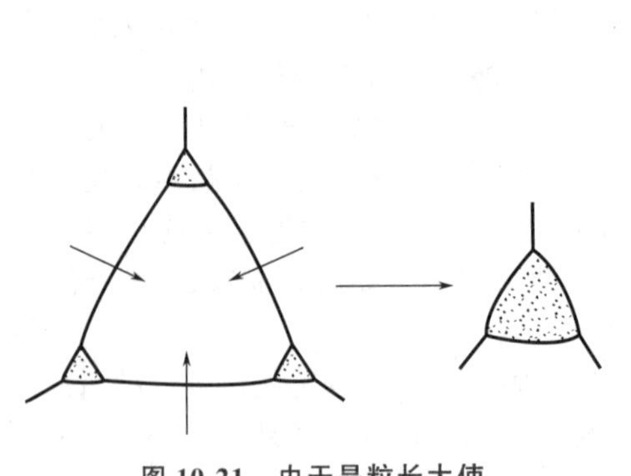

图 10-21　由于晶粒长大使气孔扩大示意图

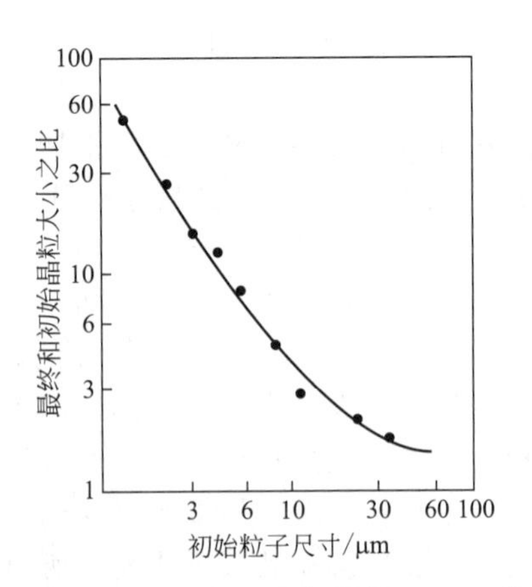

图 10-22　BeO 在 2000℃ 下经 2.5h 二次再结晶后的相对晶粒长大

二次再结晶出现后，由于个别晶粒异常长大，使气孔不能排除，坯体不再致密，加之大晶粒的晶界上有应力存在，使其内部易出现隐裂纹，继续烧结时坯体易膨胀而开裂，使烧结体的力学性能、电学性能下降。所以工艺上常采用引入适当的添加剂，以减缓晶界的移动速度，使气孔及时沿晶界排除，从而防止或延缓二次再结晶的发生。如 Al_2O_3 中加入 MgO、Y_2O_3 中加入 ThO_2、ThO_2 中加入 CaO 等，都能有效地防止二次再结晶的发生。但是，并不是在任何情况下二次再结晶过程都是有害的。在现代新材料的开发中，常利用二次再结晶过程来生产一些特种材料。如铁氧体硬磁材料 $BaFe_{12}O_{19}$ 的烧结中，控制大晶粒为二次再结晶的晶核，利用二次再结晶形成择优取向，使磁畴取向一致，从而得到高磁导率的硬磁材料。

10.5　液相烧结

与固相烧结不同，液相烧结时坯体致密化是在液体参与下完成的。如果液相黏度不太大，并能润湿和溶解固相，则可以通过溶解-沉淀机理导致致密化和晶粒长大，这种过程会发生在烧结碳化物一类陶瓷金属系统及一些氧化物系统的烧结，例如含少量易流动液相的 MgO 烧结、添加少量 TiO_2 的 UO_2 烧结和含有碱土金属硅酸盐的高铝瓷的烧结等，如果液相是高黏度的玻璃熔体，则容易通过黏性流动而达到烧结。这种过程常在多数硅酸盐系统烧结时发生。如由 50% 的高岭土、25% 的长石、25% 的硅石制成的半透明瓷体的烧结。显然，以上两者的动力学关系是不同的，但又往往难以截然分开。现以溶解-沉淀机理为例加以讨论。

10.5.1　液相烧结的特点

液相烧结的推动力仍然是表面张力。通常固体表面能（γ_{SV}）比液体表面能（γ_{LV}）大。当满足（$\gamma_{SV}-\gamma_{SL}>\gamma_{LV}$）条件时，液相将润湿固相，从图 10-23 可见，当达到平衡时有如下关系：

$$\gamma_{SS}=2\gamma_{SL}\cos\frac{\varphi}{2} \tag{10-54}$$

若 $2\gamma_{SL}>\gamma_{SS}$，$\varphi>0°$，液相不能完全润湿颗粒。反之，$2\gamma_{SL}<\gamma_{SS}$ 时，满足式（10-54）的 φ 角不成立，液相沿颗粒间界自由渗透使颗粒被分隔。因此，当满足以下情况时：

$$\gamma_{SV}>\gamma_{LV}>\gamma_{SS}>2\gamma_{SL} \tag{10-55}$$

固相颗粒将被液相润湿和拉紧。同时，在毛细孔引力的作用下，固相颗粒发生滑移、重排而趋于最紧密排列使两颗粒被相互拉紧，中间形成一层液膜，如图 10-24 所示。最后，固相颗粒间的斥力与表面张力引起的拉力达到平衡，并使两颗粒接触点处受到很大的压力。卿格尔（Kingery）指出，此压力将引起接触点处固相化学位或活度的增加，并可用下式表达：

$$\mu-\mu_0=RT\ln\frac{a}{a_0}=\Delta PV_0 \tag{10-56}$$

或

$$\ln\frac{a}{a_0}=\frac{2K\gamma_{LV}V_0}{r_pRT} \tag{10-57}$$

式中 K——常数；

V_0——摩尔体积；

r_p——气孔半径；

a，a_0——接触点处与平面处的离子活度。

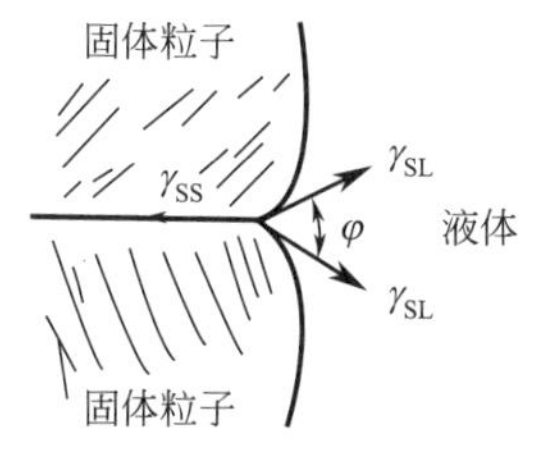

图 10-23 液相对固体颗粒的润湿情况

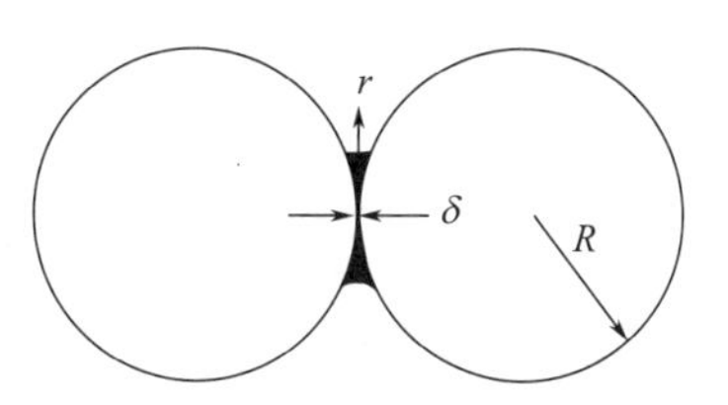

图 10-24 固体颗粒被液相拉紧

由于接触点处活度增加，便可以提供使物质传递迁移的推动力。例如从接触点处开始溶解，然后在曲率半径较大的颗粒表面沉淀，以这种溶解-沉淀的机理来达到致密化。因此，可以认为，液相烧结过程也是以表面张力为动力，通过颗粒的重排、溶解-沉淀以及晶粒长大等步骤完成的。但是，要实现这一过程是有条件的。首先，液相必须完全润湿固相，否则相接触的两个固相颗粒就会直接黏附，这样就只有通过固体内部的传质才能进一步致密化，而液相的存在对这些过程就没有什么实质的影响。其次，烧结固相应能溶解于液相，否则，在表面张力作用下，物质传质就与固相烧结时类同。最后，液相的黏度和数量应适宜，否则也难以有效地促进烧结。

10.5.2 颗粒重排

颗粒重排首先是在表面张力作用下，通过黏性流动，以及在一些接触点上，由于局部应力发生的塑性流动进行的。因而在这阶段可粗略认为，致密化速度是与黏性流动相应，线收缩率与时间约呈线性关系，即：

$$\frac{\Delta L}{L_0}=\frac{1}{3}\times\frac{\Delta V}{V_0}\propto t^{1+y} \tag{10-58}$$

式中，指数 $y<1$，这是考虑到随烧结的进行，被包裹的小气孔尺寸减小，作为烧结推动力的毛细孔压力增大，故 $1+y$ 应稍大于 1。

通过重排所能达到的致密度取决于液相量，当液相量较多时，可以通过液相填充空隙达到很高的致密化，若液相量较小时则不然，这时必须通过溶解-沉淀过程才能令致密化进一步继续。

10.5.3 溶解-沉淀传质

由于表面张力的作用，使颗粒接触处承受压应力，并按式（10-57）关系引起该处活度

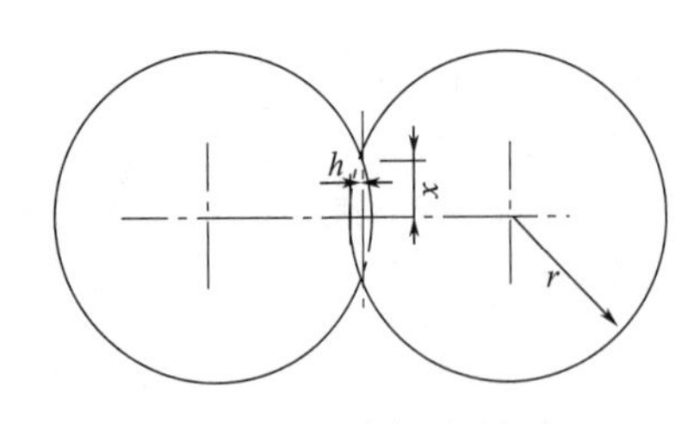

图 10-25　溶解-沉淀过程的烧结模型

增加，故接触点首先溶解，两颗粒中心互相靠近，如图10-25所示。在双球中心连线方向，每个球溶解量为 h，且形成半径为 x 的接触面，当 $h \ll x$ 时，被溶解的高度 h 与接触圆的半径有如下近似关系：

$$h=\frac{x^2}{2r} \tag{10-59}$$

已溶解的体积 V 约为：

$$V=\frac{1}{2}\pi x^2 h=\frac{\pi x^4}{4r} \tag{10-60}$$

如果设物质迁移速度是自接触圆出发，沿其周围扩散的扩散流所决定，则此扩散流流量可与一个圆柱状的电热固体，自中心向周围的冷却表面所辐射的辐射热流相比拟，故每一单位厚度的界面扩散流为：

$$J=4\pi D\Delta C \tag{10-61}$$

令边界厚度为 δ，故：

$$\frac{\mathrm{d}V}{\mathrm{d}t}=\delta J=4\pi D\delta(C-C_0) \tag{10-62}$$

如式（10-56）所示，接触区溶解度增加是由该处的压力所决定，但接触区所受压力不能单纯从表面张力推导，为此，金格尔（Kingery）假设，在球状颗粒堆积中，每个颗粒都对应一个空隙，若每个这样的空隙都形成一个气孔，那么颗粒半径与数量和它相等的气孔半径之间应存在有简单关系：

$$r_{\mathrm{p}}=K_1 r \tag{10-63}$$

式中　r_{p}，r——气孔和颗粒的半径；

　　　K_1——比例常数，在烧结过程中可近似认为是不变的。

在烧结初期，因表面张力引起的接触区的应力及分布，可看成如同球状颗粒间的弹性应力，但当溶解作用开始后，双球间的几何关系即由图10-24变为图10-25那样。这时，可以合理认为，加在接触区上的压力 $\Delta P'$ 与接触面积（πx^2）和颗粒投影面积（πr^2）之比成反比，故有：

$$\Delta P'=\frac{K_2\Delta P}{\frac{x^2}{r^2}}=\frac{K_2 r^2 2\gamma_{\mathrm{LV}}}{x^2 r_{\mathrm{p}}}=\frac{2K_2\gamma_{\mathrm{LV}}r}{K_1 x^2} \tag{10-64}$$

式中　K_2——比例常数。

把式（10-56）代入，整理后即求得浓度差 ΔC：

$$\Delta C=C-C_0=C_0\left[\exp\left(\frac{2K_2\gamma_{\mathrm{LV}}rV_0}{K_1x^2RT}\right)-1\right] \tag{10-65}$$

式中　C，C_0——小晶粒和平面晶粒的溶解度。

由于自颗粒溶解的体积应与通过圆形接触区周围扩散的物质流量相当，考虑到式（10-61）、式（10-62），则：

$$\frac{\mathrm{d}V}{\mathrm{d}t}=4\pi\delta D(C-C_0)=4\pi\delta DC_0\left[\exp\left(\frac{2K_2\gamma_{\mathrm{LV}}rV_0}{K_1x^2RT}\right)-1\right]=\frac{\frac{\pi x^3}{r}\mathrm{d}x}{\mathrm{d}t} \tag{10-66}$$

将上式中指数部分展开成级数，取第一项并整理得：

$$\frac{x^5}{r^2}\mathrm{d}x=\frac{8K_2\delta DC_0\gamma_{\mathrm{LV}}V_0}{K_1RT}\mathrm{d}t \tag{10-67}$$

积分得
$$\frac{x^6}{r^2}=\frac{48K_2\delta DC_0\gamma_{LV}V_0}{K_1RT}t \tag{10-68}$$

或
$$h=\left(\frac{6K_2\delta DC_0\gamma_{LV}V_0}{K_1RT}\right)^{\frac{1}{3}}r^{-\frac{1}{3}}t^{\frac{1}{3}} \tag{10-69}$$

根据选定模型可得烧结收缩率为：
$$\frac{\Delta L}{L_0}=\frac{h}{r}=\left(\frac{6K_2\delta DC_0\gamma_{LV}V_0}{K_1RT}\right)^{\frac{1}{3}}r^{-\frac{4}{3}}t^{\frac{1}{3}} \tag{10-70}$$

比较式（10-70）与式（10-58）可见，在初期的重排阶段，相对收缩近似地和时间的1/3次方成比例，说明致密化速度减慢了，若将式（10-58）和式（10-70）以 $\lg\frac{\Delta L}{L_0}$ 对 $\lg t$ 作图，则曲线斜率应分别接近于1和1/3。图10-26是添加2%MgO的高岭土在1750℃下的烧成收缩率与时间的对数曲线，由图可见，各曲线均可明显地分为三段。例如曲线G，初期的斜率接近于1，中段粗略地接近于1/3，基本上与上述关系相符，至于后期，曲线十分平坦，说明在烧结后期致密化速度迅速减慢了。其原因可能是多方面的，但主要由于存在于颗粒间的气体或高温反应产生的气体包入液相形成气孔，若此气体不溶于液相，则气孔中的气体压力将抵消了表面张力的作用，使烧结趋于停止，若气体溶于液相，则随着气孔中压力增大，其溶解度也增加，并产生一个浓度梯度。这样，要进一步溶解就必须依赖扩散，以减小此浓度梯度，从而使溶解得以继续。因此，可以预料后期的烧结速度是十分缓慢的。

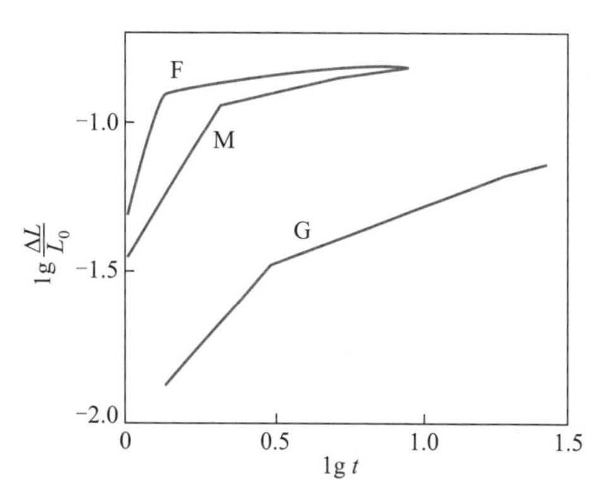

图 10-26 高岭土+2%MgO在1750℃下烧结时的 $\lg\frac{\Delta L}{L_0}$-$\lg t$ 曲线

（t 的单位为min）

G—烧结前MgO粒度为3μm；

M—烧结前MgO粒度为1μm；

F—烧结前MgO粒度为0.5μm

对于含有较多高黏度玻璃熔质的系统，烧结可能主要是通过黏性流动完成的。这时，其动力学关系将是不同的。

10.5.4 黏性或塑性流动传质

黏性流动的烧结可以用两个等径液滴的结合、兼并过程为模型。设两液滴相互接触的瞬间，因流动而变形并形成半径为 x 的接触面积区域。为了简化，令此时液滴半径保持不变。且可以类比，两个球形颗粒在高温下彼此接触时，空位在表面张力作用下也可能发生类似的流动变形，形成圆形的接触面，这时系统总体积不变，但总表面积和表面能减少了。而减少了的总表面能，应等于黏性流动引起的内摩擦力或变形所消耗的功。在一定温度下，弗兰克尔导出接触面积的成长速率如下：
$$x^2=\frac{3r\gamma}{2\eta}t \tag{10-71}$$

则接触面半径增长率 x/r 为：
$$\frac{x}{r}=\left(\frac{3\gamma}{2\eta}\right)^{\frac{1}{2}}r^{-\frac{1}{2}}t^{\frac{1}{2}} \tag{10-72}$$

式中 η——物料黏度。

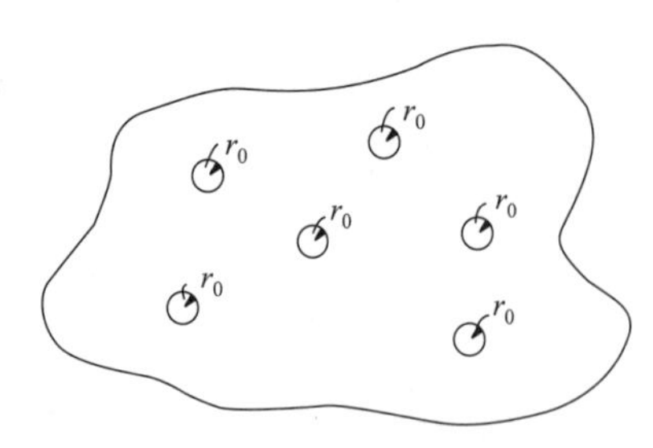

图 10-27 烧结后期坯体中的气孔

上式表明，按黏性流动烧结时，接触面积大小与时间成比例，其半径增长率 x/r 则与时间的平方根成比例。烧结收缩可由模型的几何关系求出：

$$\frac{\Delta L}{L_0}=\frac{3\gamma}{4r\eta}t \tag{10-73}$$

但此式只适用于烧结初期。因随烧结的进行，很快会形成孤立的闭气孔（图 10-27），从而改变了动力学条件，但机理仍然不变。由图 10-27 可见，按式（10-1），每个气孔内外都有一个压力差 $2\gamma/r_0$ 作用于它。设 θ 为相对密度（即体积密度除以真密度），n 为单位体积中气孔数目，它和气孔尺寸 r_0 及 θ 有如下关系：

$$n\frac{4}{3}\pi r_0^3=\frac{\text{气孔体积}}{\text{固体体积}}=\frac{1-\theta}{\theta} \tag{10-74}$$

$$n^{\frac{1}{3}}=\left(\frac{1-\theta}{\theta}\right)^{\frac{1}{3}}\left(\frac{3}{4\pi}\right)^{\frac{1}{3}}\frac{1}{r_0} \tag{10-75}$$

由于$\frac{\mathrm{d}r_0}{\mathrm{d}t}=-\frac{\gamma}{2\eta}\times\frac{1}{\theta}$，可以得出此阶段烧结时相对密度变化速率：

$$\frac{\mathrm{d}\theta}{\mathrm{d}t}=\frac{3}{2}\left(\frac{4\pi}{3}\right)^{\frac{1}{3}}n^{\frac{1}{3}}\frac{\gamma}{\eta}(1-\theta)^{\frac{2}{3}}\theta^{\frac{1}{3}} \tag{10-76}$$

将式（10-74）代入式(10-76）得：

$$\frac{\mathrm{d}\theta}{\mathrm{d}t}=\frac{3\gamma}{2r\eta}(1-\theta) \tag{10-77}$$

此式表明，黏度越小，颗粒半径 r 越小，烧结就越快。此外，致密化速度尚与表面张力有关，但因表面张力对组成并不敏感，故通常不是重要的因素。图 10-28 是钠钙硅酸盐玻璃在不同温度下相对密度与时间的关系，图中的实线和虚线是分别按式（10-76）和式(10-73）作图的。可见，实验数据与理论计算颇为符合，而且随烧结温度升高，黏度迅速减小而使烧结加速。此外，式（10-76）也可应用于普通瓷器的烧成过程。

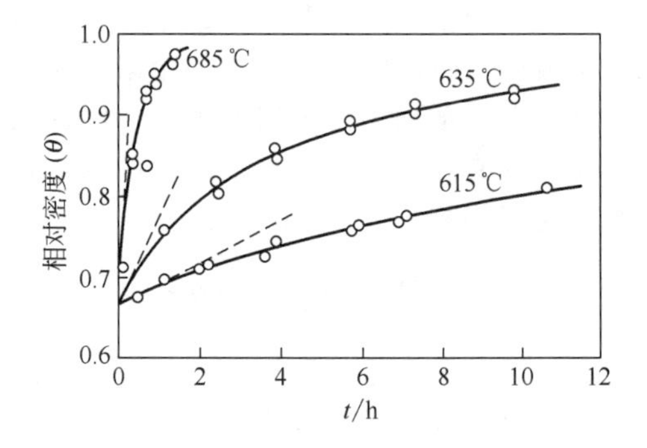

图 10-28 钠钙硅酸盐玻璃在不同温度下的致密化

对于含有较多固相颗粒的固液两相系统，流动特性更接近于宾汉型物体。即仅当推动力超过屈服值 f 时，流动速度才与作用的剪切力成比例，故式（10-77）应改写为：

$$\frac{\mathrm{d}\theta}{\mathrm{d}t}=\frac{3\gamma}{2\eta}\times\frac{1}{r}(1-\theta)\left[1-\frac{fr}{\sqrt{2}\gamma}\ln\left(\frac{1}{1-\theta}\right)\right] \tag{10-78}$$

此即按塑性流动烧结时致密化速度关系。式中，η 是作用力超过 f 时液体的黏度。f 值越大，烧结速度越低。当方括号一项为零时，$\mathrm{d}\theta/\mathrm{d}t$ 也趋于零。因此，较小的颗粒半径和较大的表面张力会有效地加快致密化速度。

10.6 特种烧结

前面所讨论的烧结过程，其推动力是由系统表面能提供的，这就决定了其致密化是有一定限度的，常规条件下坯体密度很难达到理论密度值。近代科学技术的发展，要求陶瓷与耐火材料制品有更高的耐火度的热机械强度等性质。这样就必须采用高纯原料并使其良好烧结，才能获得体积致密、性能优异的制品，要把高纯原料烧结到高度致密比较困难，工业上常采用高温烧成的方法。但高温烧成技术问题多、成本高，并且当温度提高到一定程度后，不但效果不显著，还会带来一些不利的因素。为了适应特种材料对性能的要求，相应产生了一些特种烧结方法。这些烧结过程除了常规烧结中由系统表面能提供的驱动力外，还由特殊工艺条件增加了系统烧结的驱动力，因此提高了坯体的烧结速度，大大增加了坯体的致密化程度。特种烧结制品的成本较常规烧结制品昂贵得多，故特种烧结仅适应于军事工业、航天工业、原子能工业、高尖技术等所需特种材料的研制和生产。

10.6.1 热压烧结

热压烧结（HPS）是加压成形和加压烧结同时进行的一种烧结工艺。热压技术已有70年历史，最早用于碳化钨和钨粉致密件的制备。现已广泛应用于陶瓷、粉末冶金和复合材料的生产。

热压烧结的优点是：①热压时，由于粉末处于热塑性状态，形变阻力小，易于塑性流动和致密化，因此，所需成形压力仅为冷压法的1/10，可以成形大尺寸的Al_2O_3、BeO、BN和TiB_2等产品，图10-29是BeO在13789.52kPa压力作用下进行烧结时体积密度的变化情况；②由于同时加温加压，有利于粉末颗粒的接触、扩散和流动等传质过程，降低烧结温度和缩短烧结时间，因而抑制了晶粒的长大；③热压法容易获得接近理论密度、气孔率接近零的烧结体，容易得到细晶粒的组织，容易实现晶体的取向效应和控制含有高蒸气压成分的系统的组成变化，因而容易得到具有良好力学性能、电学性能的产品；④能生产形状较复杂、尺寸较精确的产品，热压法的缺点是生产率低、成本高。

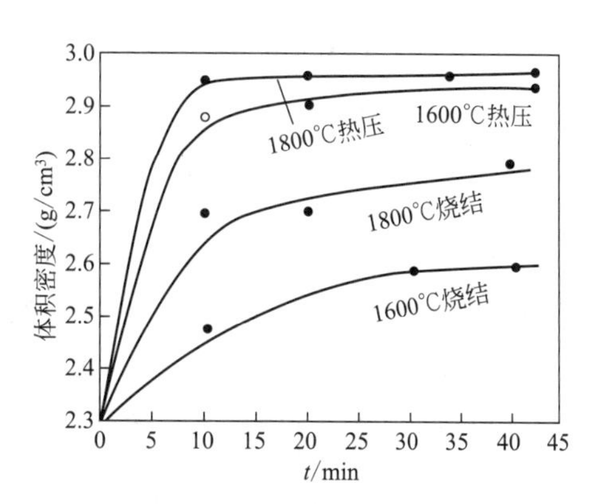

图10-29 BeO在13789.52kPa压力下进行烧结时体积密度变化

热压的加热方式有电阻直热式、电阻间热式、感应直接加热和感应间接加热四种。陶瓷热压用模具材料有石墨、氧化铝等。石墨模可承受70MPa压力、1500～2000℃温度。氧化铝模可承受200MPa压力。

热压技术还有真空热压、保护气体热压、振动热压、均衡热压、热等静压和超高压等。附加振动的热压法可以明显提高制品的密度。

10.6.2 热等静压烧结

热等静压（HIP）的压力传递介质为惰性气体。热等静压工艺是将粉末压坯或装入包套的粉料放入高压容器中，使粉末经受高温的均衡压力的作用，被烧结成致密件。

热等静压强化了压制和烧结过程，降低烧结温度，消除空隙，避免晶粒长大，可获得高的密度和强度。同热压法比较，热等静压温度低，制品密度提高，见表 10-5。

表 10-5 热等静压与热压烧结温度比较

材料	温度/℃		压力/×98kPa		相对密度/%	
	热等静压	热压	热等静压	热压	热等静压	热压
钨	1485～1590	2100～2200	700～1400	280	99.00	96～98
W-Co	1350	1410	994	280	99.999	99.00
氧化锆	1350	1700	1490	280	99.90	98.00
石墨	1595～2515	3000	700～1050	300	93.5～98.0	89.00～93.00

热等静压设备由气体压缩系统、带加热炉的高压容器、电气控制系统和粉料容器组成。压力容器是用高强度钢制的空心圆筒。加热炉由加热元件、隔热屏和热电偶组成，工作温度1700℃以上的加热元件采用石墨、钼丝或钨丝，1200℃以下可用 Fe/Cr-Al/Co 电热丝。

热等静压技术广泛应用于陶瓷、粉末冶金和陶瓷与金属的复合材料的制备，热等静压法已用于陶瓷发动机零件的制备、核反应堆放射性废料的处理等。核废料煅烧成氧化物并与性能稳定的金属陶瓷混合，用热等静压法将混合料制成性能稳定的致密件，深埋地下，可以受地下水的侵蚀和地壳的压力，不发生裂变；最近，热等静压已作为烧结件的后续处理工序，用来制备六方 BN、Si_3N_4、SiC 复合材料的致密件。

10.6.3 无包套热等静压烧结

无包套热等静压（cladless hot isostatic pressing）是 20 世纪 80 年代开发的烧结技术。这种技术是将粉料成形和预烧封孔后，通入压力为 1～10MPa 的气体进行烧结，获得无孔致密件。

1975 年，K. H. Hardtl 最早用无模气体等静压的方法烧结氧化物陶瓷。1980 年，美国通用电气公司的 C. Greskovich 在研究添加有 $SiBeN_2$ 的 Si_3N_4 时，先在 1900℃通入 2MPa 的氮气烧结，使烧结坯体孔隙封闭，再通入 8MPa 氮气烧结，使烧结体的密度从 92%～95%提高到 99.6%理论密度，这种烧结方法称为气压烧结（GPS）。同期，美国军用材料和机械研究中心（AMMRC）也用类似的方法烧结添有 Y_2O_3 和 Al_2O_3 的氮化硅。在 1780℃先通入 0.1MPa 压力的氮气烧结，后通入 2MPa 的气压烧结，获得致密材料。这种方法称为两步反应气压烧结或无包套热等静压 cladless HIP。之后，美国超高温公司研制出无模热压烧结炉，并用于硬质合金的烧结，称为无模热压。无模热压和无包套热等静压的实质相同，即将粉料按常规方法成形，无须加包套，先在较低气压下进行烧结，使坯料封孔，然后在较大气压下烧结，获得致密材料。

无包套热等静压技术适应于具有液相烧结，而作为压力传递介质的惰性气体对制品又无有害影响的陶瓷、粉末冶金材料的烧结。

无包套热等静压与普通热等静压比较，其优点是：①降低成本，无包套热等静压烧结是在烧结炉中进行，无须投资大的热等静压机（当然，需要无包套热等静压专用炉），取消包套和剥套工序，所需气体量比热等静压少；②生产率高，可批量生产，采用特殊成形法时，可生产异形制品，无须后续加工。同常规烧结比较，无包套热等静压法可生产无孔致密材料，提高了质量。

10.6.4 反应烧结

反应烧结或反应成形是通过多孔坯件同气相或液相发生化学反应，使坯件质量增加，孔隙减小，并烧结成具有一定强度和尺寸精度的成品的工艺。同其他烧结工艺比较，反应烧结有如下几个特点：①反应烧结时，质量增加，普通烧结过程也可能发生化学反应，但质量不增加；②烧结坯件不收缩，尺寸不变，因此，可以制造尺寸精确的制品，普通烧结坯件一般发生体积收缩；③普通烧结物质迁移发生在颗粒之间，在颗粒尺度范围内，而反应烧结的物质迁移过程发生在长距离范围内，反应速率取决于传质和传热过程；④液相反应烧结工艺，在形式上，同粉末冶金中的熔浸法相似，但是，熔浸法中的液相和固相不发生化学反应，也不发生相互溶解，或只允许有轻微的溶解度。

通过气相反应烧结的陶瓷有反应烧结氮化硅（RBSN）和氮氧化硅（Si_2ON_2）。通过液相反应烧结的陶瓷有反应烧结碳化硅（SiC）。

反应烧结氮化硅是硅粉多孔坯件在1400℃左右和氮气反应形成的。在反应过程中，随着连通气孔的减少，氮气扩散困难，反应很难进行彻底。因此，反应烧结氮化硅坯件厚度受到限制，相对密度也难达到90%。影响反应过程的因素有坯件原始密度、硅粉粒度和坯件厚度等。对于粗颗粒硅粉，氮气的扩散通道少，扩散到硅颗粒中心需要时间长，因此反应增重少，反应的厚度薄。坯件原始密度大也不利于反应。

反应烧结氮氧化硅的坯件由 Si、SiO_2 和 CaF_2（或 CaO、MgO 等）组成，同氮反应生成 Si_2ON_2。在反应烧结时，CaO、MgO 等同 SiO_2 形成玻璃相。氮溶解于熔融玻璃中，Si_2ON_2 晶体从被氮饱和的玻璃相中析出，反应烧结氮氧化硅的密度可以大于90%。氮氧化硅对氯化物和氧气的抗腐蚀性好，已用作电解池内衬，用于 $AlCl_3$ 电解制铝、$ZnCl_2$ 电解制锌。反应烧结碳化硅是 SiC-C 多孔坯由液相硅浸渍而制成。

10.6.5 电火花烧结

电火花烧结亦称电活化压力烧结，它是利用粉末间火花放电产生高温和同时施加压力的烧结方法。

电火花烧结经历放电活化和热塑形变致密化两阶段。在放电活化阶段，通过一对电极板和上下模冲向模腔内的粉料直接通入高频（或中频）交流和直流叠加电流，使粉料产生火花放电而发热（也有电流通过粉末和模具产生的热），同时跟踪施加轻压，在叠加电流和跟踪轻压的相关作用下，提高了粉末的内能，增加晶体缺陷，活化了过程，使粉料进入热塑性状态。在热塑性阶段，提高压制压力，过程同普通热压相似。

电火花烧结的烧结时间短，可在几秒至几分钟内完成。电火花烧结所用压力比普通热压低。电火花烧结已应用于铍、硬质合金、碳化物、氧化物、金刚石制品等的生产。

10.7 影响烧结的因素

影响烧结的因素是多方面的。首先，从上节讨论的各种不同机理的动力学方程可以看到，烧结温度、时间和物料粒度是三个直接的因素。烧结温度是影响烧结的重要因素，因为随着温度升高，物料蒸气压增加，扩散系数增大，黏度降低，从而促进了蒸发-冷凝、离子和空位扩散以及颗粒重排和黏性塑性流动等过程加速。这对于黏性流动和溶解-沉淀过程的烧结影响尤为明显。延长烧结时间一般都会不同程度地促使烧结完成，但对黏性流动机理的烧结较为明显，而对体积扩散和表面扩散机理影响较小。然而在烧结后期，不合理地延长烧结时间，有时会加剧二次再结晶作用，反而得不到充分致密的制品。减少物料颗粒度则总表面能增大，因而会有效加速烧结，这对于扩散和蒸发-冷凝机理更为突出。但是，在实际烧结过程中，除了上述这些直接因素外，尚有许多间接的因素，例如通过控制物料的晶体结构、晶界、粒界、颗粒堆积状况和烧结气氛以及引入微量添加物等，以改变烧结条件和物料活性，同样可以有效地影响烧结速度。

10.7.1 物料活性的影响

烧结是基于在表面张力作用下的物质迁移而实现的。高温氧化物较难烧结，重要的原因之一，就在于它们有较大的晶格能和较稳定的结构状态，质点迁移需较高的活化能，即活性较低。因此可以通过降低物料粒度来提高活性，但单纯依靠机械粉碎来提物料分散度是有限度的，并且能量消耗也多。于是开始发展用化学方法来提高物料活性和加速烧结的工艺，即活性烧结。例如利用草酸镍在450℃轻烧制成的活性 NiO 很容易制得致密烧结体，其烧结致密化时所需活化能仅为非活性 NiO 的三分之一（37.62J/mol）左右。

活性氧化物通常是用其相应的盐类热分解制成的。实践表明，采用不同形式的母盐以及热分解条件，对所得氧化物活性有着重要影响。实验指出，在300～400℃低温分解 $Mg(OH)_2$ 制得 MgO，比高温分解的具有较高的热容量、溶解度和酸溶解度，并表现出很高的烧结活性。图10-30示出温度与分解所得 MgO 的雏晶大小和晶格常数的关系。可以看到低温分解的 MgO 雏晶尺寸小、晶格常数大，因而结构松弛且有较多的晶格缺陷，随着分解温度升高，雏晶尺寸增大、晶格常数减小，并在接近1400℃时达到方镁石晶体的正常数值。这说明低温分解 MgO 的活性是由于晶格常数较大、结晶度低和结构松弛所致。因此，合理选择分解温度很重要，一般来说，对于给定的物料有着一个最适宜的热分解温度。温度过高，会使结晶度增高、粒径变大、比表面积和活性下降；温度过低，则可能因残留有未分解的母盐而妨碍颗粒的紧密充填和烧结。由图10-31可见，对于 $Mg(OH)_2$，此温度约为900℃。当分解温度确定时，分解时间将直接影响产物的活性。有些研究指出，$Mg(OH)_2$ 和天然水镁石分解所得 MgO 的粒度，随分解时间指数也增大，晶格常数迅速变小，故活性下降。此外，不同的母盐形式对活性也有重要影响。表10-6列出若干镁盐分解所得 MgO 的性质和烧结性能。

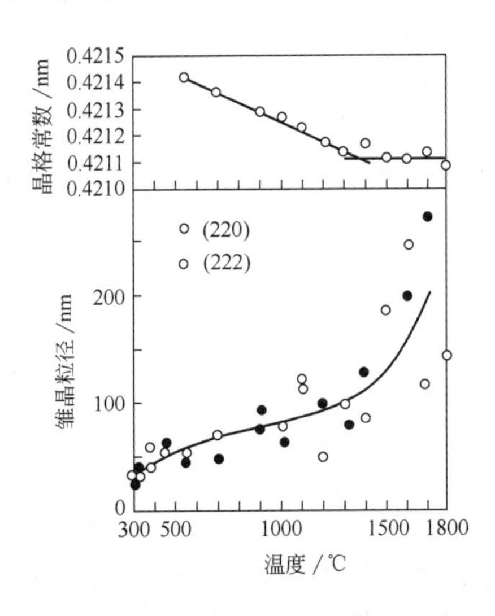

图 10-30 $Mg(OH)_2$ 热分解温度与 MgO 的雏晶粒径和晶格常数的关系

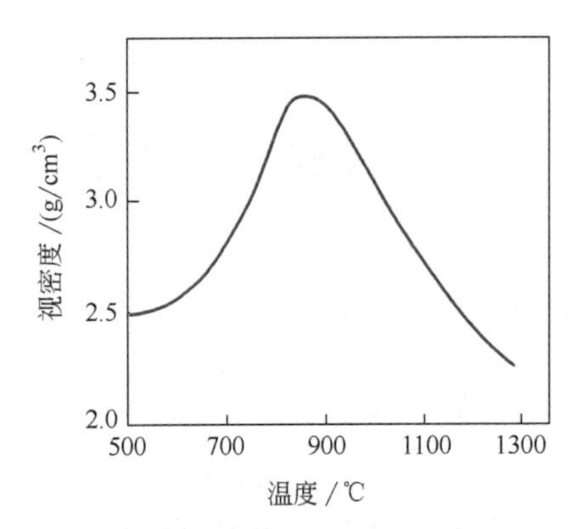

图 10-31 $Mg(OH)_2$ 热分解温度对 MgO 烧结致密化的影响（1400℃下烧结 4h）

表 10-6 不同形式镁盐分解所得 MgO 的性质

母盐形式	最适宜的分解温度/℃	粒子尺寸/nm	所得 MgO		1400℃烧结 3h 后的	
			晶格常数/nm	雏晶尺寸/Å	试样密度/(g/cm³)	相当于理论密度的百分比/%
碱式碳酸镁	900	50～60	0.4212	55	3.33	93
草酸镁	700	20～30	0.4216	25	3.03	85
氢氧化镁	900	50～60	0.4213	60	2.92	82
硝酸镁	700	600	0.4211	90	2.08	58
硫酸镁	1200～1500	100	0.4211	30	1.76	50

注：1Å＝0.1nm。

10.7.2 添加物的影响

实践证明，少量添加物常会明显地改变烧结速度，但对其作用机理的了解还是不充分的。许多实验表明，以下的作用是可能的。

10.7.2.1 与烧结物形成固溶体

当添加物能与烧结物形成固溶体时，将使晶格畸变而得到活化。故可降低烧结温度，使扩散和烧结速度增大，这对于形成缺位型或间隙型固溶体尤为强烈。例如在 Al_2O_3 烧结中，通常加入少量 Cr_2O_3 或 TiO_2 促进烧结，就是因为 Cr_2O_3 与 Al_2O_3 中正离子半径相近，能形成连续固溶体之故。当加入 TiO_2 时，烧结温度可以更低，因为除了 Ti^{4+} 与 Cr^{3+} 大小相同，能与 Al_2O_3 固溶外，还由于 Ti^{4+} 与 Al^{3+} 电价不同，置换后将伴随有正离子空位产生，而且在高温下 Ti^{4+} 可能转变成半径较大的 Ti^{3+}，从而加剧晶格畸变，使活性更高，故能更有效地促进烧结。图 10-32 表示出 TiO_2 对 Al_2O_3 烧结时的扩散系数的影响。因此，对于扩散机理起控制作用的高温氧化物的烧结过程，选择与烧结物正离子半径相近但电价不同的添加物以形成缺位型固溶体，或是选用半径较小的正离子以形成填隙型固溶体，通常会有助于烧结。

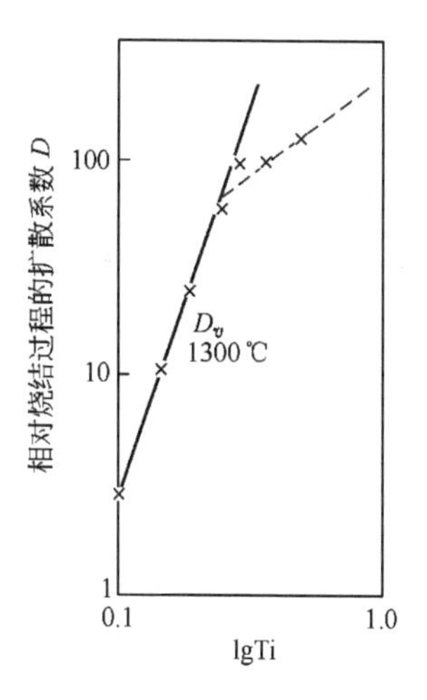

图 10-32 添加 TiO_2 对 Al_2O_3 烧结时的扩散系数的影响

（Ti 摩尔分数的单位为%）

10.7.2.2 阻止晶型转变

有些氧化物在烧结时发生晶型转变并伴有较大体积效应，这就会使烧结致密化发生困难，并容易引起坯体开裂。这时若能选用适宜的添加物加以抑制，即可促进烧结。ZrO_2 烧结时添加一定量 CaO、MgO 就属这一机理。在 1200℃左右，稳定的单斜 ZrO_2 转变成正方 ZrO_2 并伴有约 10%的体积收缩，使制品稳定性变坏。引入电价比 Zr^{4+} 低的 Ca^{2+}（或 Mg^{2+}），可形成立方型的 $Zr_{1-x}Ca_xO_{2-x}$ 稳定固溶体。这样既防止了制品开裂，又增加了晶体中空位浓度，使烧结加快。

10.7.2.3 抑制晶粒长大

由于烧结后期晶粒长大，对烧结致密化有重要作用。但若二次再结晶或间断性晶粒长大过快，又会因晶粒变粗、晶界变宽而出现反致密化现象并影响制品的显微结构。这时，可通过加入能抑制晶粒异常长大的添加物，来促进致密化进程。例如上面提及的在 Al_2O_3 中加入 MgO 就有这种作用。此时，MgO 与 Al_2O_3 形成的镁铝尖晶石分布于 Al_2O_3 颗粒之间，抑制了晶粒长大，并促使气孔的排除，因而可能获得充分致密的透明氧化铝多晶体。但应指出，由于晶粒长大与烧结的关系较为复杂，正常的晶粒长大是有益的，要抑制的只是二次再结晶引起的异常晶粒长大。因此，并不是能抑制晶粒长大的添加物都会有助于烧结。

10.7.2.4 产生液相

已经指出，烧结时若有适当的液相，往往会大大促进颗粒重排和传质过程。添加物的另一作用机理，就在于能在较低温度下产生液相以促进烧结。液相的出现，可能是添加物本身熔点较低；也可能与烧结物形成多元低共熔物。例如，在 BeO 中加入少量 TiO_2、SrO、TiO_2，在 MgO 中加入少量 V_2O_5 或 CuO 等，是属于前者；而在 Al_2O_3 中加入 CuO 和 TiO_2、MnO 和 TiO_2 以及 SiO_2 和 CaO 等混合添加物时，则两种作用兼而有之，因而能更有效加速烧结。例如在生产九五瓷（95%Al_2O_3）时，加入少量 CaO 和 SiO_2，因形成 CaO-Al_2O_3-SiO_2 玻璃可能使烧结温度降低到 1500℃左右，并能改善其电性能。

但值得指出，能促进产生液相的添加物，并非都会促进烧结。例如对 Al_2O_3，即使是少量碱金属氧化物也会严重阻碍其烧结。这方面的机理尚不清楚，但看来与液相本身的黏度、表面张力以及对固相的反应能力和溶解作用可能是有关的。此外，还应考虑液相对制品的显微结构及性能可能产生的影响。因此，合理选择添加物常是个重要的课题。例如，作为高温材料的难熔氧化物烧结，形成液相虽可能有利于烧结，但却损害耐火性能，故必须统筹考虑。在作为高温材料的 MgO 烧结时，有人建议采用 LiF 作添加物，可得到良好效果。因为 LiF 是 MgO 的弱化模型物质，熔点仅 844℃，当低温出现的 LiF 熔体，包裹了 MgO 颗粒并形成一层富含 LiF 的熔体膜时，使扩散和烧结加速了。而且在进一步烧结时，LiF 均匀地向 MgO 颗粒扩散，使烧结得以继续进行，但浓度逐渐降低。此外，随着温度的升高，LiF 开始挥发逸出，最后残留于 MgO 的 LiF 量甚少，对 MgO 烧结体的耐火性能几乎没有影响。

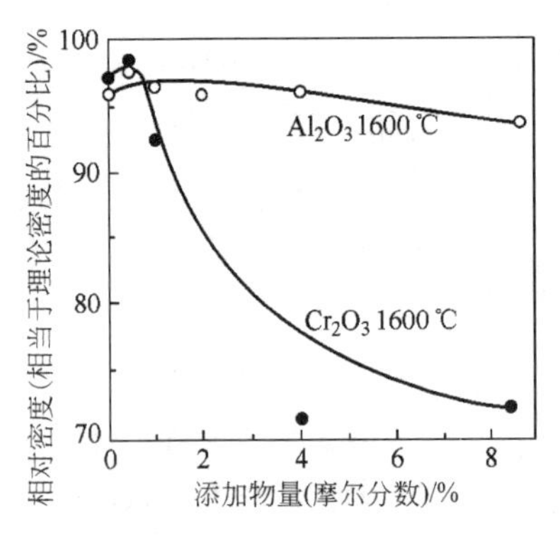

图 10-33 Al_2O_3、Cr_2O_3 添加量对 MgO 烧结的影响

添加物一旦选定，合理的添加量就是主要因素。从上述各作用机理的讨论中可以预期，对每一种添加物都会有一个适宜的添加量。图 10-33 示出 Al_2O_3、Cr_2O_3 添加量对 MgO 烧结的影响。图 10-33 表明，两曲线都呈现出不同程度的极值。当加入少量 Cr_2O_3 或 Al_2O_3 时，烧结体致密度提高，但过量后，反而下降。对于 Cr_2O_3，其最佳加入量约为 0.4%；对于 Al_2O_3，则约为 1%。因为加入少量 Al_2O_3 和 Cr_2O_3，可固溶于 MgO 中，使空位浓度提高，加速烧结。但过量后则部分与 MgO 反应生成镁铝尖晶石而阻碍烧结。

10.7.3 气氛的影响

实际生产中常可发现，有些物料的烧结过程对气体介质十分敏感。气氛不仅影响物料本身的烧结，也会影响各添加物的效果。为此，常需进行相应的气氛控制。

气氛对烧结的影响是复杂的。同一种气体介质对于不同物料的烧结，往往表现出不同的甚至相反的效果，但就作用机理而言，无非是物理的和化学的两方面的作用。

10.7.3.1 物理作用

在烧结后期，坯体中孤立闭气孔逐渐缩小，压力增大，逐步抵消了作为烧结推动力的表面张力作用，烧结趋于缓慢，使得在通常条件下难以达到完全烧结。这时，继续致密化除了由气孔表面过剩空位的扩散外，闭气孔中的气体在固体中的溶解和扩散等过程起着重要作用。当烧结气氛不同时，闭气孔内的气体成分和性质不同，它们在气体中的扩散、溶解能力也不相同。气体原子尺寸越大，扩散系数就越小，反之亦然。例如，在氢气气氛中烧结，由于氢原子半径很小，易于扩散而有利于气孔的消除；而原子半径大的氮则难以扩散而阻碍烧结。实验表明，Al_2O_3（添加 0.25%的 MgO）在氢气中烧结可以得到接近于理论密度的烧结体。而在氮气、氖气或空气中烧结则不可能。这显然与这些气体的原子尺寸较大，扩散系数较小有关，对于氖气则还可能与它在 Al_2O_3 晶格中溶解性小有关。

10.7.3.2 化学作用

主要表现在气体介质与烧结物之间的化学反应。在氧气气氛中，由于氧被烧结物表面吸附或发生化学作用，使晶体表面形成正离子缺位型的非化学计量化合物，正离子空位增加，扩散和烧结被加速；同时使闭气孔中的氧可能直接进入晶格，并和 O^{2-} 空位一样沿表面进行扩散。故凡是正离子扩散起控制作用的烧结过程，氧气气氛和氧分压较高是有利的。例如，Al_2O_3 和 ZnO 的烧结等。反之，对于那些容易变价的金属氧化物，则还原气氛可以使它们部分被还原形成氧缺位型的非化学计量化合物，也会因 O^{2-} 缺位增多而加速烧结，如 TiO_2 等。

值得指出，有关氧化、还原气氛对烧结影响的实验资料，常会出现差异和矛盾。这通常是因为实验条件不同，控制烧结速度的扩散质点种类不同所引起。当烧结由正离子扩散控制时，氧化气氛有利于正离子空位形成；对负离子扩散控制时，还原气氛或较低的氧分压将导致 O^{2-} 空位产生并促进烧结。

气氛的作用有时是综合而更为复杂的。图 10-34 是不同水蒸气压下 MgO 在 900℃时恒温烧结的收缩曲线。可以看到，水蒸气压越高，烧结收缩率越大，相应的烧结活化能降低。图 10-35 明显地反映出水蒸气介质对 MgO 烧结的促进作用。对于 CaO 和 UO_2 也有类似效应。这一作用机理尚不甚清楚，可能与 MgO 粒子表面吸附 OH^- 而形成正离子空位，以及由于水蒸气作用使粒子表面质点排列变乱，表面能增加等过程有关。

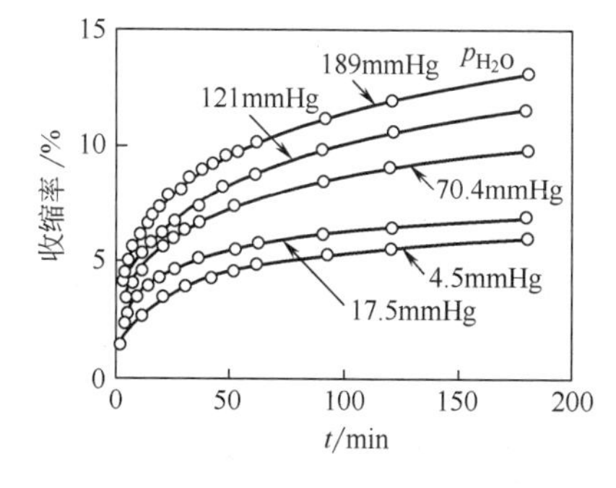

图 10-34 不同水蒸气压下 MgO 成形体在 900℃ 烧结时的等温收缩曲线

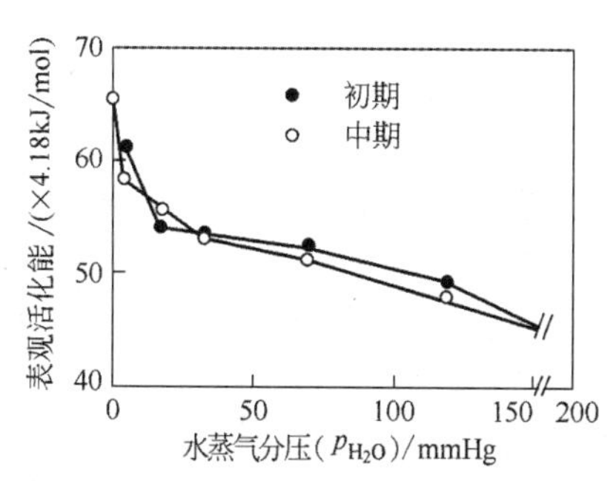

图 10-35 水蒸气分压对 MgO 烧结过程的表观活化能的影响

对于 BeO 情况正好相反，水蒸气对 BeO 烧结是十分有害的。因为 BeO 烧结主要是按蒸发-冷凝机理进行的，水蒸气的存在会抑制 BeO 的升华作用 [$BeO(s)+H_2O(g) \longrightarrow Be(OH)_2(g)$，后者较为稳定]。

此外，工艺上为了兼顾烧结性和制品性能，有时尚需在不同烧结阶段控制不同气氛。例如，一般日用陶瓷或电瓷烧成时，在釉玻化以前（900～1000℃）要控制氧化气氛，以利于原料脱水、分解和有机物的氧化。但在高温阶段则要求还原气氛，以降低硫酸盐分解温度，并使高价铁（Fe^{3+}）还原为低价铁（Fe^{2+}），以保证产品白度的要求，并能在较低温度下形成含低铁共熔体，以促进烧结。

10.7.4　压力的影响

外压对烧结的影响主要表现在两个方面：生坯成形压力和烧结时的外加压力（热压）。从烧结和固相反应机理容易理解，成形压力增大，坯体中颗粒堆积就较紧密、接触面积增大，烧结被加速。与此相比，热压的作用是更为突出。见表 10-7，与普通烧结相比，在 1.47×10^4 kPa 压力下，热压烧结温度降低了 200℃，但烧结体密度却提高了 2%，而且这种趋势随压力增高而增加。如果采用活性热压烧结，在 1300℃烧结 1h 即可达到 99.6%的理论密度。

表 10-7　不同烧结条件下 MgO 的烧结致密度

烧结条件	热压压力/×98kPa	烧结温度/℃	烧结时间/h	视密度/(g/cm³)	相当于理论密度的百分比/%
普通烧结	—	1500	4	3.37	94
热压烧结	150	1300	4	3.44	96
热压烧结	300	1350	10	3.48	97
活性热压烧结	240	1200	0.5	3.48	97
活性热压烧结	480	1000	1	3.52	98.4
活性热压烧结	480	1100	1	3.55	99.2
活性热压烧结	480	1300	1	3.56	99.6

对热压烧结机理尚有不同看法，但从黏性、塑性流动机理出发是不难理解的。因烧结后期坯体中闭气孔的气体压力增大，抵消了表面张力的作用，此时，闭气孔只能通过晶体内部扩散来充填，而体积扩散比界面扩散要慢得多，由于这些原因导致了后期致密化的困难。热压可以提供额外的推动力以补偿被抵消的表面张力，使烧结得以继续和加速。此外，在热压条件下，固体粉料可能表现出某种非牛顿型流体性质，当剪应力超过其屈服点时将出现流动，这相当于液相参与的烧结一样，传质速度加大，闭气孔通过物料的黏性或塑性流动得以消除。因此，采用热压烧结可以保证在较低温度和较短时间内制得高致密度的烧结体。对于有些物料甚至可达到完全透明的程度。上已述及，一般氧化物的泰曼温度为 $(0.7\sim0.8)T_m$，但在热压烧结时，通常可降低到 $(0.5\sim0.6)T_m$，有的还可以更低。如 MgO（T_m 约为 2800℃）在 750℃、137200kPa 下，热压烧结 15min 即可达到 95%理论密度。这一烧结温度仅约为 $0.33T_m$。可见，热压烧结不仅对于烧结本身，而且也对烧结体性质产生重要影响。作为一种新的烧结工艺，已被广泛应用于氧化物陶瓷和粉末冶金生产。

本章小结

烧结是陶瓷、耐火材料、超高温材料等无机材料制备过程的重要工序，是把粉状物料转变为致密体，分为纯固相烧结和有液相参与的烧结，陶瓷和耐火材料烧结过程均为有液相参与的烧结。

烧结的宏观定义是：指固体粉末成形体加热到一定温度后开始收缩致密，在低于其熔点温度下成为坚硬密实的烧结体的过程。为了揭示烧结的微观本质又可认为：由于固态中分子（或原子）的相互吸引，通过加热使粉末体产生颗粒黏结。经过物质的迁移使粉末体产生强度并导致致密化和再结晶的过程称为烧结。烧结的主要传质方式有气相传质（蒸发-冷凝传质）、扩散传质、溶解-沉淀传质和流动传质（存在于液相烧结过程中）。在实际烧结中，这几种传质过程可以单独进行或同时进行，但每种传质的产生都有其特有的条件。烧结可分三个部分：烧结初期、烧结中期和烧结末期。

晶粒生长是无应变的材料在热处理时，平均晶粒尺寸在不改变其分布的情况下，连续增大的过程。再结晶与晶体长大是与烧结并列的高温动力学过程，它不依赖于烧结机理，但又与烧结并列发生，在烧结后期特别明显。初次再结晶是在已发生塑性变形的基质中出现新生的成核和长大过程。二次再结晶是少数巨大晶粒在细晶消耗时成核与长大过程。

影响烧结的因素，除了直接因素如烧结温度、烧结时间、粉末粒度，还包括间接因素如物料活性、添加物、烧结气氛、成形压力等的影响。

烧结是一个非常复杂的高温动力学过程，可能包含扩散、相变、固相反应等动力学过程。烧结及其中后期所伴随的晶粒长大和再结晶等，决定了材料显微结构的形成，也决定了材料最终的性质或性能。由于烧结过程的复杂性，对其进行动力学描述时，只能针对不同的传质机理以及烧结不同阶段坯体中颗粒、气孔的不同形状和接触状况，采用简化模型，来建立相应的动力学关系。因此，目前所建立的动力学方程的应用范围极其有限，因为物料的接触状况很难与简化模型完全一致。实际上，目前对烧结过程的控制，在绝大多数情况下，是从影响烧结的因素出发，利用已积累的实验数据，定性地或经验性地控制烧结过程。尽管如此，研究物质在烧结过程中的各种物理化学变化，对指导生产、控制产品质量，开发新材料仍然是非常重要的。并且随着计算机科学技术在烧结理论研究中的应用，烧结动力学方面的研究一定会取得新的突破。

11 无机材料的环境效应

在无机材料的提取、制备、生产、使用及废弃过程中，常常消耗大量的资源和能源，并排放大量的污染物，造成环境污染。无机材料工业要实现可持续发展，必须要重视无机材料的环境效应。

无机材料的环境效应包括两个方面内容：一是环境对无机材料的影响，即无机材料使用时，由于环境（力学的、化学的、热学的等）的影响，性能随着时间而下降，直至达到寿命终结的现象，环境对无机材料的影响主要包括材料腐蚀与疲劳；二是无机材料对环境的影响，即以人类生物圈大环境为视角研究材料如何与其相适应，使材料的制造、流通、使用、废弃的整个生命周期都具有与生态环境的协调性，如低环境负荷型材料、新型陶瓷生态材料、材料的循环再生等。

本章从无机材料的环境效应两个方面着手，着重分析无机材料腐蚀产生的原因，讨论腐蚀对材料性能的影响；分析无机材料疲劳裂纹扩展的力学行为与特征及材料的高温蠕变特征；同时通过无机材料生命周期评估和生态设计，提出大力发展环境协调材料，推进无机材料的再生与利用。

11.1 无机材料的腐蚀

任何材料都是在一定的环境条件下使用的。材料在遭受化学介质、湿气、光、氧、热等环境因素作用下会发生恶化变质，这一现象称为腐蚀。

腐蚀是材料使用过程中常见的现象，给国民经济和国防部门等都造成巨大损失。据几个工业发达国家的统计，每年由于腐蚀造成的直接损失占其国民生产总值的1%～4%，腐蚀造成的间接损失更是难以计算；腐蚀消耗了大量的资源和能源，美国每年因腐蚀要多消耗3.4%的能量；腐蚀妨碍新技术、新工艺的发展，腐蚀产物掺杂到正在生产的产品中，降低产品的产量和质量；腐蚀还危及人身安全和造成环境污染。因此，研究材料的耐腐蚀性能对国民经济的发展非常重要。腐蚀科学即是研究材料在环境作用下的破坏机理以及如何进行保护的一门科学。它涉及的领域很广，与它交叉的学科很多，是一门新兴的边缘科学。

对无机非金属材料，我们在应用时一般更多考虑它们具有某些特别有益的、内在的性能，如材料的高强度、低电导率、耐高温、耐磨损或其他某种性能，对材料的抗环境腐蚀能力考虑较少。在实际应用中，几乎所有的环境对无机材料都有一定程度的腐蚀性，影响材料的使用寿命，即在某一特定环境下，材料能够持续用多久？要防止无机非金属材料的腐蚀破坏，使材料的腐蚀损失最小化，必须掌握有关热力学、物理化学和电化学方面的知识，全面了解材料的微观结构和相组成，掌握无机非金属材料的腐蚀机理。例如某一材料对一特定环境有突出的耐腐蚀性，但知道该材料的存在形式也是很重要的，指的是一个单晶体还是粉末，或者还是一个紧密（或多孔）烧结的部件，是否存在第二相或者是纯材料，该材料的存在形式和其加工方法都将影响它的耐腐蚀性。

11.1.1 腐蚀产生的原因

材料的腐蚀按其作用性质分为物理腐蚀、化学腐蚀和电化学腐蚀；按发生腐蚀过程的环境和条件可分为高温腐蚀、大气腐蚀、溶剂腐蚀、固体腐蚀等；按腐蚀形态可分为全面腐蚀和局部腐蚀。无机材料的腐蚀以单一或联合的机理进行，有多种模型来描述这些机理。总的来说，无机材料的腐蚀是由于环境因素包括高温腐蚀、液体腐蚀、气体腐蚀、固体腐蚀等侵蚀无机材料，形成了反应产物。而无机材料的化学成分和矿物组成、表面自由能、孔隙和结构都对材料的腐蚀带来较大的影响。

研究无机材料的腐蚀，一般具有以下特点：①具有酸性特征的无机材料容易被具有碱性特征的环境所腐蚀，反之亦然；②共价键材料的蒸气压通常要比离子键材料的蒸气压大，所以前者往往更快地蒸发或升华；③离子键材料易于溶入极性溶剂中，而共价键材料易于溶入非极性溶剂中；④固体在液体中的溶解度通常随温度的升高而增加；⑤材料的孔隙率会降低材料的耐腐蚀性。

11.1.1.1 液体腐蚀

液体对固体晶体材料的腐蚀是通过在固态晶体材料和溶剂之间形成一层界面或反应产物而进行的。一般有两种情况：一种腐蚀形式是该反应产物的溶解度比整个固体的低，有可能形成或不形成附着表面层，不同研究人员把这类机理称为间接溶解、非协同溶解，或者非均匀溶解；另一种腐蚀形式是固体晶体材料通过分解或通过与溶剂反应而直接溶解到液体里，这类机理被称为直接溶解、协同性溶解，或者均匀溶解。在文献里也会发现“选择性溶解”这一术语，但是用于指无论界面形成与否，均只有一部分固体组分被溶解。液体里晶体组分的饱和溶解浓度，以及这些组分的扩散系数，决定了液体对固体晶体材料的腐蚀。要确定饱和程度，必须知道含量最多的组分以及它们在液体中的浓度，这进一步确定了固体是否会溶解。在间接溶解类型中，限制溶解速率的步骤是形成界面层的化学反应以及通过该界面层或溶剂的扩散。

Cooper 和 Kingery 证实了单一扩散系数甚至可用于多元系统里。他们详细描述了液体对陶瓷系统，如氧化铝、莫来石、硅石和钙铝硅酸盐中的钙长石等的腐蚀理论。穿过边界层的扩散被认为是溶解期间限制速率的主要因素。边界层成分的变化取决于扩散比边界反应快还是慢。在以密度为驱动力的自由对流状态下，描述溶解速率的基本方程是：

$$j=\frac{-\mathrm{d}R}{\mathrm{d}t}=0.505\left(\frac{g\Delta\rho}{\nu x}\right)^{\frac{1}{4}}D_i^{\frac{3}{4}}C^*\exp\left(\frac{\delta^*}{R+\frac{\delta^*}{4}}\right),\Delta\rho=\frac{\rho_i-\rho_\infty}{\rho_\infty} \tag{11-1}$$

式中 g——重力加速度；

ρ_i——饱和液体密度；

ρ_∞——原始密度；

ν——动力学黏度；

x——距液体表面的距离；

D_i——界面扩散系数；

C^*——浓度参数；

δ^*——有效边界层厚度；

R——溶质半径。

方程中指数项用于校正圆柱形表面。由于实验常使用圆柱试样，所以这些方程是以这一几何形状推导出来的。实际应用中，最主要的是与腐蚀材料几何形状有关。

在经过了以分子扩散为主的短暂诱导期后（这一过程对实际应用并不重要），腐蚀速率变得几乎与时间无关。随着表面的腐蚀，如果界面比腐蚀介质更致密，那么由密度变化所引起的自由对流会将界面层冲蚀掉。上述方程的应用时，要把密度和黏度随温度的变化相联系起来。在没有这些数据的情况下，研究人员需要先确定它们，再计算腐蚀速率。

Hrma 用 Cooper 和 Kingery 的研究结果进一步讨论了与玻璃接触的耐火材料的腐蚀速率。Hrma 得到如下方程来计算在密度差引起的自由对流条件下的腐蚀：

$$j_c = k\Delta c\left(\frac{D^3\Delta\rho g}{\nu L}\right)^{\frac{1}{4}} \tag{11-2}$$

式中，j_c 为腐蚀率；c 为材料在液体中的溶解度；D 为二元扩散系数；g 为重力加速度；ν 为动力学黏度；L 为距液体表面的距离；ρ 为密度的相对变化；k 为常数，取 0.482。该方程基本上与不含指数项的 Cooper 和 Kingery 方程相同。

很多与无机材料相关的腐蚀环境都包含有腐蚀介质扩散，因而加快介质的流速也就增加了腐蚀。因此，如果液体中的迁移是重要的，评估腐蚀速率就必须在强制性对流条件下进行。在这样的条件下，腐蚀速率取决于强制对流的速率：

$$j = 0.61D^{*\frac{2}{3}}\nu^{*-\frac{1}{6}}\omega^{\frac{1}{2}}c^* \tag{11-3}$$

因为扩散度和黏度是由成分所决定的，所以引入了 D^* 和 ν^* 项。这一方程的重点是腐蚀速率取决于角速度 ω 的平方根。

在大多数实际情况中，材料在液体里的溶解度和液体密度的变化要比液体黏度变化慢得多。在等热条件下，黏度因成分变化而变化。因此，液体黏度是液体腐蚀材料的主要因素。同时液体的成分也影响无机固体材料的溶解度，尤其是对于液面下的无机固体材料腐蚀。在物质三态都存在的表面，腐蚀机理有所不同，而且比两态存在的表面腐蚀性要强烈得多。

11.1.1.2　固体腐蚀

很多材料应用都包括两个彼此接触的不同类的固体材料。如果这两个材料相互发生反应，那么就会引起腐蚀。普遍的反应类型包括在界面形成第三相，该相可能是固体、液体或气体。在某些情况下，界面相也可能是两原始相的固溶体。分析相图可显示出反应的类型以及发生该反应的对应温度。

当发生的反应表现为原子在化学成分均匀的材料之中的迁移时，该扩散被称为自扩散。当发生化学组分的永久性错位时，导致局部成分变化，称为互扩散或化学扩散。化学扩散的驱动力是化学位梯度（浓度梯度）。当两个不同类型材料相互接触时，它们各自朝彼此相反方向进行化学扩散，形成界面反应层。一旦形成该界面层，仅仅借助于化学组分扩散过该层，就可发生所谓附加的反应。

固体与固体的反应是以扩散为主的反应。由于扩散系数 D 是扩散反应速率的度量，因此扩散反应是普通动力学理论的特殊情况。扩散可由一个 Arrhenius 式的方程来代表：

$$D = D_0\exp\left(-\frac{Q}{RT}\right) \tag{11-4}$$

式中　D——扩散系数；

D_0——常数；

Q——扩散活化能；

R——气体常数；

T——热力学温度。

活化能 Q 的值越大，扩散系数受温度的影响就越大。

多晶体里的扩散可分成体积扩散、晶界扩散和表面扩散。沿晶界的扩散要比体积扩散快，因为沿晶界处的无序度要大得多。类似地，表面扩散也要比体积扩散大。当以晶界扩散为主时，浓度的对数值随距表面的距离呈线性减小。然而，当以体积扩散为主时，扩散组分浓度的对数值随距表面的距离的平方根而减少。因而通过从表面确定浓度梯度（在不变的表面浓度处），就可能知道哪一类型的扩散是占主要的。

由于晶界扩散比体积扩散要大，所以可以预期界面扩散的活化能比体积扩散的低。在较低温度下，界面扩散要更重要一些；而在高温下，体积扩散更为重要。

完全以固体状态进行的化学反应比含有气体或液体的反应少，这主要是由于物质迁移速度较慢限制了反应速率。两个不同类型的块状固体材料之间的接触也限制了接合的紧密度，因为这比固体与液体或气体的接合程度要差得多。

11.1.1.3 气体腐蚀

气体侵蚀多晶体无机非金属材料会造成比液体或固体的腐蚀都要严重得多的腐蚀。与气体腐蚀有关的最重要的材料性能之一是孔隙度或渗透性。如果气体能渗透进材料，暴露于气体侵蚀的表面积大大增加，使腐蚀加快进行。正是因为暴露于气体侵蚀的总表面积的重要性，所以孔隙体积和孔隙尺寸分布对气体腐蚀十分重要。

如以下方程所示那样，气体侵蚀的反应产物可能为固体、液体或气体：

$$\mathrm{A(s)+B(g)\longrightarrow C(s,l,g)}$$

例如，受 Na_2O 蒸气侵蚀的 SiO_2 能生成液态的硅酸钠。

在另一类型的气体侵蚀中，气体和液体侵蚀产生联合而持续的效应，气体在热梯度作用下，会渗透入材料并凝结成液体溶液来溶解材料。液体溶液能进一步沿着温度梯度渗透，直到完全凝结。如果材料的热梯度被改变，固体反应产物有可能熔化，在熔点附近引起腐蚀和剥落。

Readey 列举了在气-固反应动力学里控制速率的可能步骤：①气体向固体扩散；②气体分子吸附于固体表面；③被吸附气体的表面扩散；④在表面特定部位的反应物分解；⑤表面反应；⑥反应产物从反应部位脱落；⑦反应产物的表面扩散；⑧气体分子从固体中扩散出来。这些步骤中的任何一个都可能控制气体腐蚀速率。

最近，非氧化物陶瓷的氧化，尤其是碳化硅和氮化物的氧化引起广泛的重视。总的来说，非氧化物对氧化的稳定性是与氧化相和非氧化相之间相对的生成自由能有关。在研究氮化物的氧化时，不可忽略最终产物或者中间产物形成氮氧化物的可能性。例如，氧化物与氮化物之间的稳定性可以由如下方程表示：

$$2\mathrm{M}_x\mathrm{N}_y+\mathrm{O}_2 \rightleftharpoons 2\mathrm{M}_x\mathrm{O}+y\mathrm{N}_2 \tag{11-5}$$

随着氧化物与氮化物之间的形成自由能差负值更大，反应朝右进行的趋势越大。若用氧分压来表示反应自由能的变化，可以得到：

$$\Delta G^{\ominus}=-RT\ln\frac{(p_{\mathrm{N}_2})^y}{p_{\mathrm{O}_2}} \tag{11-6}$$

这样就可以计算出能使氧化物或氮化物在任何要求的温度下保持稳定的分压比。例如，氮化硅在 1800K 被氧化为二氧化硅的过程导致约 10^7 的氮与氧分压比，因此需要很高的氮分压来保持氮化物的稳定。只要生成物气体穿过反应层的渗透率比反应物气体的小，那么由于在反应界面层的气泡或裂缝的作用，会在界面处产生很高的生成物气压，导致随后的连续反应。

在不同氧分压下氧化物陶瓷的还原也是令人关注的。例如研究一个二元化合物（如莫来石）的还原，通过减少 $RT\ln p_{O_2}$，存在着一个形成该化合物的更稳定氧化物，它可以增加次稳定氧化物的稳定性。尽管增加了次稳定氧化物的稳定性，这一变化值还不足以增加更稳定氧化物的稳定性。因此莫来石的形成自由能介于氧化硅和氧化铝的形成自由能之间，但更接近与氧化硅的形成自由能。

另一加速氧化物还原的因素是更稳定、更低价的氧化物形成，以及反应产物的蒸发，如在高温下氧化硅被氢还原为在高于 300℃时极易挥发的氧化物。

氧化成更高阶的挥发性的氧化物会造成质量损失，其典型的例子是 Cr_2O_3 的伪蒸发，实际上如式（11-7）所示，Cr_2O_3 氧化成了 CrO_3 气体：

$$Cr_2O_3+\frac{3}{2}O_2 \rightleftharpoons 2CrO_3(g) \tag{11-7}$$

该反应不容易被实验证明，因为 CrO_3 一旦沉积或凝固就分解成 Cr_2O_3 和 O_2，但是 CrO_3 气体曾被质谱仪所鉴定。与上述表面反应相反，CrO_3 气体穿过惰性气体的边界层的扩散被确定为是控制速率的步骤。

在实际应用中常常碰到的气体是水蒸气。很多研究人员已经报道当湿度存在时会引起腐蚀速率增加，这显然是与气态氢氧化物组分形成的容易程度有关。

对于气体腐蚀，一个控制速率的可能步骤是气体反应物的到达速率，也可能是气体产物的脱离速率。应当意识到，很多中间步骤（如通过气体边界层的扩散）都有可能控制总反应，它们中的任何一步都可能是控制步骤。显然，反应不可能进行得比添加反应物的速率还快。气体到达的最大速率可以从 Hertz-Langmuir 方程算出：

$$Z=\frac{p}{(2\pi MRT)^{\frac{1}{2}}} \tag{11-8}$$

式中　Z——在单位时间内到达单位面积上的气体物质的量；

p——反应气体的分压；

M——气体分子量；

R——气体常数；

T——热力学温度。

利用气体产物的分压 P 和气体的分子量 M，也可用同样的方程计算气体产物的脱离速率。为了确定使用寿命是否足够长，这些速率都是需要的。如果某些产生挥发相的表面反应必定发生，那么实际测得的脱离速率会与计算值不同。观察值与计算值之差取决于表面反应活化能。如果气体反应物所处的温度比固体材料的低，那么必须考虑热转换到气体的附加因素，这会使总反应受到限制。

根据 Readey 对球体腐蚀的研究，腐蚀速率与气体速度的平方根成比例关系。如果气体蒸气压力和速度保持不变，那么腐蚀速率与温度的平方根成比例关系。在低气压下，气体向表面的传输控制着腐蚀速率。在高气压下，腐蚀受控于表面反应。气体腐蚀产物常常造成坑蚀和（或）晶间腐蚀裂纹。对那些含有可产生气体反应产物的第二相（复合相）的材料，这一点很重要。

Pilling 和 Bedworth 曾报道，知道反应物与产物所占的相对体积是很重要的，有助于确定反应的机理。当固体受气体腐蚀产生另一固体时，而且当固体反应物的体积小于该固体反应产物的体积时，反应仅借助于反应物穿过边界层的扩散来进行。在这一情形下，反应速率随时间而降低。如果反应物的体积大于产物的体积，那么反应速率通常与时间成线性关系。这些速率仅仅是指导性的，因为其他因素能使紧密结合的反应层不能形成（即热膨胀的不匹配性）。

当表面层由这样的反应所形成时，即气体必须扩散来使反应继续，该反应基本上可由抛物线速率定律所代表。Jorgensen 等已指出，由 Engell 和 Hauffe 所提出的描述氧化薄膜在金属上形成的理论也可以应用于非氧化物陶瓷的氧化。在这一情形下，与氧分压有关的速率常数有如下方程：

$$k = A\ln p_{O_2} + B \tag{11-9}$$

式中，A 和 B 是常数。据研究报道，除了浓度梯度，扩散驱动力主要是横跨薄膜（厚度为 100～200nm）的电场。

11.1.2 腐蚀对无机材料性能的影响

材料受腐蚀影响最重要的性能是机械强度，尽管其他性能也受腐蚀影响，但通常不导致失效，而失效常常与强度变化相联系。材料强度的变化起源于如下现象：①由于表面和基体之间热膨胀的过度不匹配，而造成表面改性层开裂；②二次相在高温下熔融；③高温下玻璃晶界相的黏度降低；④在表面晶体相中的多晶形转变引起的表面开裂；⑤形成低强度相的变异；⑥空洞和蚀坑的形成，对于氧化腐蚀尤其明显；⑦裂纹生长。

上述这些现象称为应力腐蚀断裂。应力腐蚀断裂意味着，当无机非金属材料置于腐蚀环境中并受到外部机械负荷的影响时，材料往往会导致失效，而撤除外加应力或腐蚀环境都将阻止断裂。

氧化常常导致无机材料成分和结构的改变，尤其是引起表面层和晶界相的改变，这些改变随后将引起材料物理性能的明显变化，如密度、热膨胀系数、热导率和电导率的变化。

受低于临界应力的恒定负荷的长期作用后，无机材料的失效被称为静态疲劳或延迟失效。如果以不变的应力速率施加负荷，称为动态疲劳；如果该负荷被加载、卸载，然后又被加载，长时间如此循环后所造成的失效被称为循环疲劳。众所周知，脆性断裂之前常常是亚临界裂纹的生长，这一生长过程导致强度的时间相关性，因此疲劳（或延迟失效）和应力腐蚀断裂都是属于同一现象。如在玻璃材料中，延迟失效与玻璃成分、温度和环境（例如 pH 值）有关，优先发生在裂缝尖端的应变材料分子键的化学反应是造成失效的原因，该反应速率对应力敏感。有些晶体材料也表现出与玻璃类似的延迟失效。

裂缝速度与外加应力（即应力强度因素 K_{I}）之间的实验关系极为重要。不同数学关系与实验数据的拟合导致了各种不同类型方程，通常用幂指数律方程表达：

$$v = A\left(\frac{K_{\mathrm{I}}}{K_{\mathrm{IC}}}\right)^n \tag{11-10}$$

式中 A——材料常数（强烈依赖于环境、温度等）；

n——应力腐蚀敏感性参数（较少依赖于环境）；

K_{I}——外加应力强度；

K_{IC}——临界应力强度因子。

从式（11-10）可知，正是 n 值决定了材料对亚临界裂缝生长的敏感性，最终决定材料的使用寿命。

我们还可以用间接的方法评估裂缝（生长）速度。间接方法通常在不透明试样上进行，并根据强度测量来推测裂缝速度。一种常见的间接方法是，把失效时间作为外加负荷的函数，采用恒负荷技术、恒应变技术测定。其他用于评估腐蚀对陶瓷力学性能影响的方法还包括：①暴露于腐蚀性环境后（在室温进行强度实验），断裂强度损失百分比；②暴露于腐蚀性环境期间，在某一高温下的断裂强度；③暴露于腐蚀性环境期间，蠕变抗力的评估；④暴露于腐蚀性环境和静态负荷之后，强度分布的确定。

11.1.2.1 晶体材料性能降低机理

晶体材料在腐蚀性环境造成性能降低涉及一个内在的和微量的二次非晶相的影响，类似于固体与腐蚀性环境接触时的情况：因为环境的不同，存在两种情况：一是直接向裂缝尖端提供非晶相；二是通过改性在裂缝尖端形成非晶相。在基本上是单相的多晶的氧化铝中发生应力腐蚀断裂，Johnson 等认为，这是因为内裂纹尖端所含的非晶相渗透到晶界中，随后引起局部蠕变脆裂。如果裂缝尖端的非晶相贫化，那么裂缝钝化将发生。

根据 Lange 的研究，高温强度降低是由于应力作用下的裂缝扩展，该应力值低于断裂所需的临界外加应力。这种类型的裂缝扩展被称为亚临界裂缝扩展。它是由位于晶粒交界处的玻璃晶界相的汽蚀所引起的。裂缝尖端周围的应力场所造成的玻璃相汽蚀使晶界易于滑移，因而使裂缝能在低于临界值的应力作用下扩展。当然也有其他原因，如晶粒和位错滑移等。

Cao 等经过研究指出，晶体材料高温应力腐蚀机理是因为从裂缝表面到腐蚀性非晶相的扩散，这个被应力增强的扩散加速了裂缝沿晶界的扩散，并做出如下假设：①在裂缝尖端之后是平的裂缝表面；②主扩散流流向裂缝尖端；③液体中的固体处于平衡浓度；④裂缝表面曲率引起裂缝尖端液体中的固体量减少；⑤足够慢的裂缝尖端速度使黏滞的液体能够流入尖端；⑥忽略垂直于裂缝平面的化学位梯度。

Cao 等指出，这一机理最有可能发生在含有不连续非晶相的晶体材料中。在晶界具有较小两面角和含有低黏度的非晶相的系统对快速裂缝扩展的系统最敏感，主要是由于固体被非晶相润湿，形成诱发尖锐裂缝尖端的小二面角。

11.1.2.2 玻璃体材料性能降低机理

经过多年的研究，玻璃的静态疲劳被认为是水蒸气和玻璃表面之间的反应，并在玻璃受到静态负荷时，最终导致失效。水蒸气和玻璃表面之间的反应取决于应力、湿度和玻璃成分。应力越大，裂缝速度越快；湿度越高，裂缝扩展越快，而且能在更低外力下扩展；玻璃成分抗应力腐蚀的顺序为：熔融氧化硅＞铝硅酸盐＞硼硅酸盐＞碱石灰硅酸盐＞硅酸铅。

Wiederhorn 证实，玻璃中的裂缝生长还取决于裂缝尖端环境的 pH 值，并且受玻璃成分所控制。在高裂缝速度下，玻璃成分（氧化硅、硼硅酸盐、碱石灰硅酸盐）控制裂缝尖端的 pH 值；在低裂缝速度下，电解质控制裂缝尖端的 pH 值。通过借助双悬臂梁试样的方程确定外加应力强度的函数关系：

$$K_{\mathrm{I}}=\frac{PL\left(3.467+2.315\,\dfrac{t}{L}\right)}{(wa)^{\frac{1}{2}}t^{\frac{2}{3}}} \tag{11-11}$$

式中 K_{I}——外加应力强度；

P——外加负荷；

L——裂缝长度；

w——试样总厚度；

a——支撑端至试样悬空端距离；

t——试样半宽度。

裂缝尖端的 pH 值取决于裂缝尖端溶液与玻璃成分之间的反应以及主体溶液与裂缝尖端

溶液之间的扩散。裂缝尖端溶液中的质子与玻璃中的碱之间的离子交换产生 OH^-，因而在裂缝尖端导致碱性的 pH 值；而玻璃表面的硅酸的电离在裂缝尖端导致酸性的 pH 值。裂缝尖端的 pH 值范围从氧化硅玻璃的约 4.5 到碱石灰玻璃的约 12。在高裂缝速度下，裂缝尖端的反应加快，玻璃成分控制溶液的 pH 值；在低裂缝速度下，扩散消耗了裂缝尖端溶液，使之类似于主体溶液。因此在中性和碱性的溶液里，氧化硅玻璃最耐静态疲劳；而在酸性溶液里，硼硅酸盐玻璃最佳。

11.1.2.3 氧化造成的性能降低

McCullum 等对碳化物和氮化物氧化造成的性能变化进行了研究，发现 SiC 的室温抗弯强度随其在 1300℃的空气环境中的暴露时间的增加而提高，他们把 SiC 强度的增加归因于形成了能愈合表面裂纹的氧化硅表面层；而将 Si_3N_4 的强度下降归咎于形成很厚的、一旦冷却就开裂的氧化硅表面层。氮化物与氧化物之间的体积差以及向方石英或鳞石英的多晶形转变，造成了这个表面氧化层的开裂。暴露时间超过 100h 的 Si_3N_4，其强度并不继续降低，这是由于表面氧化层的厚度基本上保持不变。

McCullum 等在进行高温实验时发现，SiC 的抗弯强度低于室温测量值，而且随氧化暴露时间的增加有所变化。与室温强度相比，SiC 在高温下测试获得较低的强度，这是由于冷却时在表面形成了具有压应力的表面层，阻止亚临界裂纹的生长；而当在高于室温的温度下实验时，随着 Si_3N_4 的暴露时间延长，其强度略显增加，这是由于高温下表面氧化层逐渐完整，使裂纹尖端钝化。因此控制强度的机理在本质上是动态的，并且与具体材料有关。

氧化往往导致表面产生压应力，如果压应力处于最佳状态，或许会增加表面强度。如果压应力变得过大，那么造成强度下降的剥落就会发生。为了证明这一概念，Lange 和 Davis 等将含有 15%和 20%CeO 的 Si_3N_4 在 400～900℃温度范围内的空气中氧化。400℃、500℃和 600℃下的短时暴露使表面临界应力强度因子（K_a）增加。K_a 的增加是由于 Ce-磷灰石二次相的氧化和随后表面压应力层的发展。在两个更高温度下暴露更长时间（约 8h），表面剥落引起 K_a 减小。在更高温度下（即 1000℃），引起剥落的压应力被来自材料内部的氧化产物的挤压所释放。因此在 1000℃下氧化时间延长并不能使材料强度降低。

11.1.2.4 湿度造成的性能降低

在 SiC 晶须增强的氧化铝复合材料的研究中，Kim 和 Moorhead 发现，暴露于 1300℃和 1400℃的 H_2/H_2O 气氛后，室温抗弯强度受到 P_{H_2O} 的显著影响。SiC 的活性氧化发生在 $P_{H_2O}<2\times10^{-5}$MPa 时，此时观察到强度减少；超过 10h 的长时间暴露并没有导致额外的强度损失。在更高的水蒸气气压下，因为铝硅酸盐玻璃和莫来石在试样表面形成，强度减少量更小。在 $P_{H_2O}>5\times10^{-4}$MPa 和 1400℃的条件下暴露 10h 后，观察到强度增加，这是因为试样表面玻璃相的形成导致裂纹愈合。

很明显，应力腐蚀断裂是一个非常复杂的现象，对它的分析也并不像它最初所表现的那样简单。如裂缝尖端究竟如何钝化而使强度增加？强度的降低通常是由裂缝尖端的材料分子的键结破裂所引起的，而这一破裂又是如何引起的？至今尚不十分清楚。对材料寿命预测是基于适当选择的裂缝速度方程，最好选用能代表几种负荷条件下所得数据的方程。另外，对于所有环境而言，选用的方程极有可能并不是唯一的。

11.2 无机材料的疲劳

疲劳问题涉及的范围十分广泛，几乎所有工业部门都必须加以考虑。无机非金属材料在使用中的破坏，除腐蚀外，很大一部分都是由于疲劳造成的，因此对无机材料疲劳的研究，尤其是在交变负荷场合下的结构材料疲劳的研究，对于提高材料的使用寿命，具有重要的意义。

11.2.1　疲劳的基本概念

工程构件在服役过程中，由于承受变动载荷或反复承受应力和应变，即使所受的应力低于屈服强度，也会导致裂纹萌生和扩展，以至于构件材料断裂而失效，或使其力学性质变坏，这一全过程，或这一现象称为疲劳。

疲劳破坏的基本特征是：①它是一种“潜藏”的失效方式，在静载下无论显示脆性与否，在疲劳断裂时都不会产生明显的塑性变形，其断裂却常常是突发性的，没有预兆，所以，对承受疲劳负荷的构件，通常有必要事先进行安全评价；②由于构件上不可避免地存在缺陷（特别是表面缺陷，如缺口、沟槽等），因而可能在名义应力不高的情况下，由局部应力集中而形成裂纹，随着加载循环的增长，裂纹不断扩展，直至剩余截面不再能承担负荷而突然断裂，所以实际构件的疲劳破坏过程总可以明显地分出裂纹萌生、裂纹扩展和最终断裂三个组成部分。

材料的疲劳破坏，往往是由局部的应力集中引起的裂纹萌生而造成的，该裂纹萌生处一般称为疲劳源，或疲劳核。

应力的循环特征可用下列参数表示：应力幅 σ_a 或应力范围 $\Delta\sigma$，$\sigma_a=\Delta\sigma/2=(\sigma_{max}-\sigma_{min})/2$，其中 σ_{max} 和 σ_{min} 分别为循环最大应力和循环最小应力；平均应力 σ_m 或应力比 R，$\sigma_m=(\sigma_{max}-\sigma_{min})/2$，$R=\sigma_{min}/\sigma_{max}$。

11.2.1.1　疲劳寿命曲线

在特定的振动条件下，使材料破坏所必需的周期次数称为疲劳寿命。疲劳失效的标准宏观格式是疲劳寿命曲线，又称 Wohler 曲线，习惯上又称 S-N 曲线，它是给定应力 S 与该应力引起材料失效的周期次数 N 的关系曲线。在不同的应力下实验一组试件，得到一组点，即可描绘出 S-N 曲线，如图 11-1 所示。该图表明，应力 S 高，则失效的周期次数 N 小；应力 S 低，则失效的周期次数 N 大。当失效的周期次数 N 无限大时，应力 S 较低，S 的上限值称为疲劳极限。实际上不可能在长时间内无限制地实验下去，一般达到规定的失效周期次数而不发生疲劳失效时，应力的上限值就定为疲劳极限。

疲劳寿命曲线可以分为 3 个区，如图 11-2 所示：①低循环疲劳区，在很高的应力下和很少的循环次数后，试件即发生断裂，并有较明显的塑性变形，一般认为低循环疲劳发生在循环应力超出弹性极限，疲劳寿命 N_f 在 0.25～10^4（或 10^5）次之间，因此低循环疲劳又称短寿命疲劳；②高循环疲劳区，在高循环疲劳区，循环应力低于弹性极限，疲劳寿命长，

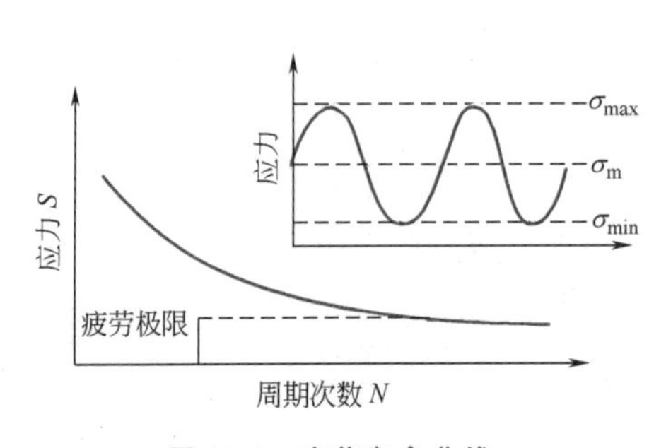

图 11-1　疲劳寿命曲线

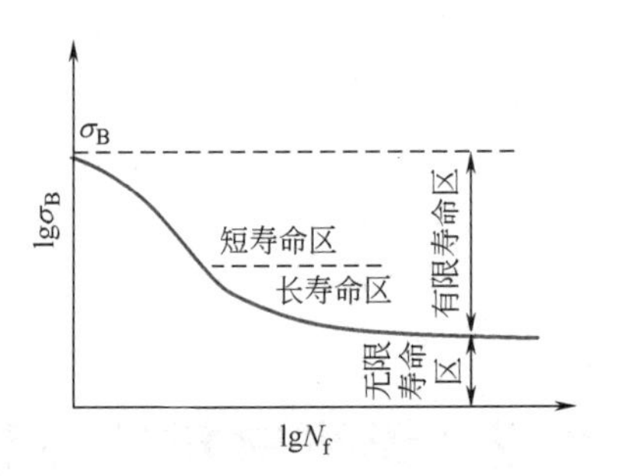

图 11-2　典型的疲劳寿命曲线分区

$N_f>10^5$ 次，且随循环应力降低而大大延长；试件在最终断裂前，整体上无可测的塑性变形，因而在宏观上表现为脆性断裂，在此区内，试件的疲劳寿命长，故可将高循环疲劳称为长寿命疲劳，不论在低循环疲劳区或高循环疲劳区，试件的疲劳寿命总是有限的，故可将上述两个合称为有限寿命区；③无限寿命区或安全区，试件在低于某一临界应力幅 σ_{ac} 下，可以经受无数次应力循环而不发生断裂，疲劳寿命趋于无限，即 $\sigma_a \leqslant \sigma_{ac}$，$N_f=\infty$，故可将 σ_{ac} 称为材料的理论疲劳极限或耐久限。在大多数情况下，S-N 曲线存在一条水平渐进线，其高度即为 σ_{ac}，又称疲劳极限。

疲劳寿命曲线的数学表达式，对于构件的疲劳设计是十分有用的，它反映了材料疲劳的宏观规律。在高循环疲劳区，当 $R=-1$ 时，疲劳寿命与应力幅之间的关系可表示为：

$$N_f=A'(\sigma_a-\sigma_{ac})^{-2} \tag{11-12}$$

式中 N_f——疲劳寿命；

A'——与材料拉伸性能有关的常数；

σ_{ac}——临界应力幅；

σ_a——应力幅。

可见，材料的疲劳寿命与其拉伸性能相关，并且受应力和应力幅大小的影响。在非对称循环应力作用下，在给定应力幅下，平均应力升高，疲劳寿命缩短；对于给定的疲劳寿命，平均应力升高，材料所能承受的应力幅降低。

11.2.1.2 疲劳极限与疲劳强度

材料的疲劳强度通常用疲劳极限表示，因此在某种程度上疲劳极限即疲劳强度。工程实践中，将疲劳极限定义为：在指定的疲劳寿命下，试件所能承受的上限应力幅值。测定疲劳极限最简单的方法是单点法。假定在应力 $\sigma_{a,i}$ 下，试样的疲劳寿命 N_f 小于材料的疲劳寿命额定值；而在应力 $\sigma_{a,i+1}$ 下，若试样的疲劳寿命 N_f 大于材料的疲劳寿命额定值（这种情况称为越出）；若 $\Delta\sigma=\sigma_{a,i}-\sigma_{a,i+1}\leqslant 5\%\sigma_{a,i}$，则试件的疲劳极限：

$$\sigma_{-1}=\frac{\sigma_{a,i}+\sigma_{a,i+1}}{2} \tag{11-13}$$

用上述方法测定的疲劳极限，精度不是很高，因而实际工作中还可以采用升降法测定疲劳极限。升降法实质上是单点法的多次重复。

非对称循环应力，随着平均应力的升高，用应力幅表示的疲劳极限值下降。

材料的疲劳强度值远低于材料的静态强度，如金属的疲劳极限一般为其静态拉伸强度的40%～50%；高分子材料（塑料）的疲劳极限仅为其拉伸强度的20%～30%；但是纤维增强的无机复合材料却有较高的疲劳强度，碳纤维增强聚酯树脂的疲劳极限相当于其拉伸强度的70%～80%。

11.2.1.3 改善疲劳强度的方法

疲劳裂纹影响材料的疲劳强度，多数疲劳裂纹都是在材料的表面产生，任何表面组织结构的变化都会影响到疲劳裂纹的抗力，从而影响疲劳强度。因此，改善疲劳强度的方法主要从表面进行，表面处理方法大致有三类：机械处理，如喷丸、冷滚压、研磨和抛光；热处理，如火焰和感应加热淬火；渗、镀处理，如氮化和电镀等。

另外，改善疲劳强度还可以通过改善疲劳裂纹扩展的抗力实现。改善疲劳裂纹扩展的抗力，要按中等速率区和近门槛速率区分别对待。中等速率区（10^{-5}～10^{-3}mm/周次），只要材料基体相同，组织对裂纹扩展速率的影响不大；但在近门槛速率区，减少夹杂物的体积和数量，对阻止裂纹扩展有一定效果。减小晶粒尺寸，对降低平直滑移型材料的扩展速率是有效的。

11.2.2　疲劳裂纹扩展的力学行为与特征

所谓疲劳断裂，指的是材料在交变荷载作用下发生的滞后断裂。金属材料疲劳断裂的例子在日常生活中比比皆是。当我们想从一捆铁丝中截取一小段而手头又没有合适工具时，谁都会采取将其反复弯曲使之折断的方法。这就是疲劳断裂的一个具体例子。从这个简单例子中不难看出，金属的疲劳断裂应该与其在循环应力作用下发生的循环塑性形变有关。Wood 曾经提出过一个模型，用于说明在循环应力作用下疲劳裂纹的形成与塑性形变之间的关系，如图 11-3 所示，在循环的升载阶段，在择优取向的滑移面上将产生滑移；在降载阶段，由于第一个滑移面上的滑移被应变硬化以及新形成的自由表面的氧化所阻碍，因此在平行的滑移面上将产生方向相反的滑移。第一个循环的滑移会在金属表面产生一个“挤出”或“挤入”。在后续的循环中，这种挤入就会发育为一条疲劳裂纹。

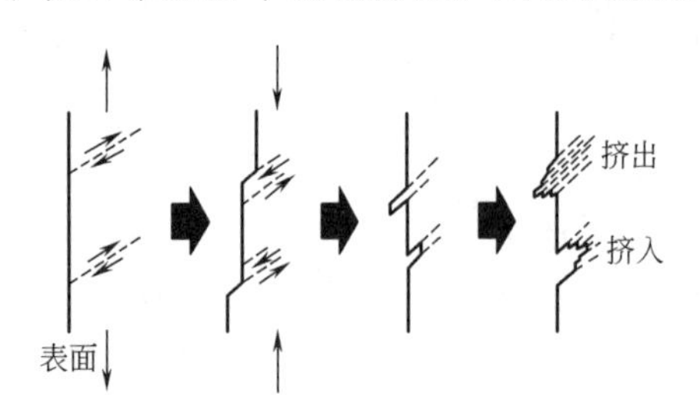

图 11-3　Wood 的疲劳裂纹形成模型

由于在外力作用下，陶瓷材料的塑性形变通常极不明显，因而在很长的一段时间里，人们一直认为陶瓷材料对循环荷载作用不敏感，极少量的实验报道尽管发现了一些陶瓷材料在循环应力作用下的滞后断裂现象，但对实验现象的解释也主要以高荷载下的静态疲劳机理为基础。这一状况直到 20 世纪 80 年代中期，随着 ZrO_2 基陶瓷材料以及一系列新型的陶瓷基复合材料的出现才有所改观。在过去的 10 年左右的时间里，已经发现一些陶瓷材料对循环荷载作用较为敏感，至少与受到静态荷载作用时的情况相比，在循环荷载作用下，这些材料的断裂寿命明显偏低（图 11-4）。与此相适应，对陶瓷疲劳断裂行为及机理的研究就开始进入了一个高潮。

同研究环境诱导断裂现象一样，疲劳裂纹扩展速率的测定是研究疲劳断裂行为的主要手段。疲劳裂纹扩展速率通常定义为裂纹扩展量 Δa 随应力循环次数（即疲劳周次）N 的变化率 $\frac{da}{dN}$。这一参数与裂纹尖端处应力场强度的变化幅度 ΔK_{I} 之间的关系大致如图 11-5 所示。

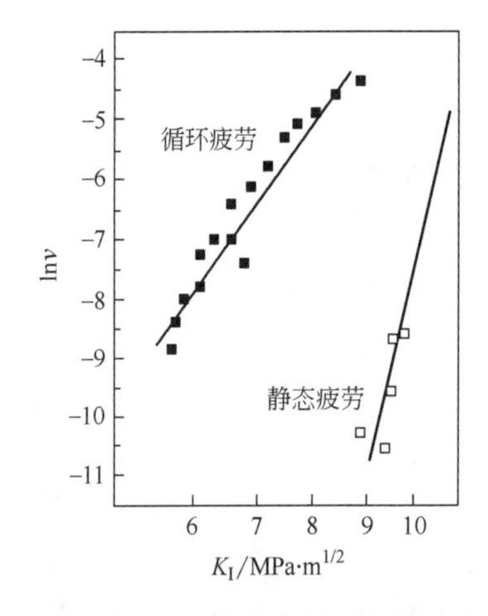

图 11-4　Mg-PSZ 陶瓷循环疲劳行为与静态疲劳行为的对比

（v 的单位为 m/s）

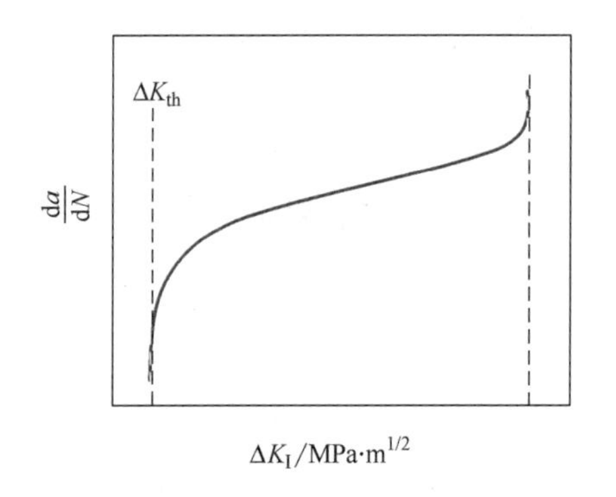

图 11-5　循环疲劳裂纹扩展曲线

其中，应力场强度幅度 ΔK_{I} 定义为：

$$\Delta K_{\mathrm{I}}=K_{\mathrm{I}\max}-K_{\mathrm{I}\min} \tag{11-14}$$

式中 ΔK_{I}——应力场强度幅度；

$K_{\mathrm{I}\max}$——在应力作用过程的某一循环中裂纹尖端处应力场强度 K_{I} 的最大值；

$K_{\mathrm{I}\min}$——在应力作用过程的某一循环中裂纹尖端处应力场强度 K_{I} 的最小值。

通过对大量实验数据进行整理的结果表明，当裂纹尖端处的应力场强度幅度 ΔK_{I} 高于裂纹扩展门槛值 ΔK_{th} 时 $\frac{\mathrm{d}a}{\mathrm{d}N}$-$\Delta K_{\mathrm{I}}$ 之间满足 Paris 经验关系式：

$$\frac{\mathrm{d}a}{\mathrm{d}N}=C(\Delta K_{\mathrm{I}})^{m} \tag{11-15}$$

式中，C 和 m 是与实验条件有关的材料常数。这里的实验条件除了实验环境、实验温度等我们已经熟悉的一些参数外，还包括了研究疲劳断裂问题时必须特别注意的几个重要参数：循环荷载的波形、循环荷载的频率、应力比 R 等。循环疲劳实验中常用的荷载波形主要有正弦波、矩形波、梯形波等，而应力比 R 则定义为荷载波形曲线上的最小值与最大值之比，即：

$$R=\frac{\sigma_{\min}}{\sigma_{\max}} \tag{11-16}$$

测定如图 11-5 所示疲劳裂纹扩展曲线的实验技术一般做法是：在具有一定构型的试样中引进一条人工裂纹，而后在指定条件下对试样施加某一波形的交变荷载作用，作出裂纹尺寸 a 随疲劳周次 N 的变化关系曲线，即 a-N 曲线，而$\frac{\mathrm{d}a}{\mathrm{d}N}$即为 a-N 曲线的斜率。在陶瓷材料循环疲劳断裂研究中常用的试样构型包括三点（或四点）弯曲切口梁、单悬臂梁、双悬臂梁以及紧凑拉伸试样等。压痕弯曲梁有时也得到一些应用。

另一类研究疲劳断裂行为的方法称为应力/寿命实验，有点类似于我们在研究环境诱发断裂问题时经常采用的静态疲劳实验，对试样施加一个周期性变化的荷载作用，测定其疲劳断裂寿命。只是，习惯上人们通常将疲劳断裂寿命定义为材料所能承受的应力循环次数，即临界疲劳周次 N_{f}。因此，应力/寿命实验在文献中通常就简记为 S/N 实验。

11.2.3 无机材料的高温蠕变

高温时材料在恒载荷的持续作用下，发生与时间相关的塑性变形，称为高温蠕变。陶瓷材料的高温蠕变断裂一般都包括两个阶段，即蠕变损伤的发育过程和蠕变裂纹的缓慢扩展过程。下面分别对这两个过程中的一些细节问题做简要的分析和讨论，以期获得一些对于蠕变断裂的最基本的认识。

11.2.3.1 蠕变损伤的发育过程

由于蠕变损伤的发育过程在材料的高温延迟断裂过程中起着十分重要的作用，学者们对其进行了广泛的研究。这些研究表明，尽管陶瓷材料本身大都已经含有一定量的气孔，但蠕变损伤的成核通常却不是从气孔处开始的。借助于扫描电镜、透射电镜以及更为先进的小角度中子散射技术发现，无论材料中是否含有晶界玻璃相，在受力蠕变的过程中，总会有大量的空腔在晶界处产生，而蠕变损伤的发育过程则通常表现为晶界空腔的成核、生长及连通等三个特征阶段。

在蠕变损伤的发育过程中，空腔的成核是最关键的一个阶段。空腔的成核通常被认为是一个激活过程，即空腔的成核是由于结构中的空位在高温下向晶界扩散并连通而导致的。最早采用热激活理论分析空腔成核问题的是 Raj 和 Ashby，现有的诸多空腔成核模型几乎都是建立在 Raj-Ashby 模型基础上的。关于各种空腔成核模型这里需要指出两点。一点是，由于空腔的成核是一个极为复杂的过程，现有的各个模型都只是考虑了问题的某些方面，因而不能对所有观察到的实验现象都做出合理的解释。另一点是，所有这些模型在预测空腔成核速率方面所得到的结论十分相似。理论分析给出的空腔成核速率 N_c 一般可由下式表示：

$$N_c=\frac{4\pi\gamma_s n_s Z\sin\Psi D_b\delta_b\exp\left[-\left(\frac{4\gamma_s^3F_v}{\sigma_n^2kT}\right)\right]}{\sigma_n\Omega^{\frac{4}{3}}} \tag{11-17}$$

式中　γ_s——材料的热力学自由表面能；

n_s——有效成核位置的数量；

Z——Zeldorich 因子；

Ψ——空腔-晶界界面处的二面角；

σ_n——作用于成核位置处的正应力；

Ω——原子体积；

D_b——晶界扩散系数；

δ_b——晶界厚度；

F_v——空腔形状参数；

T——温度；

k——玻耳兹曼常数。

由式（11-17）可以看出，空腔的成核速率在很大程度上取决于晶界处的应力状态。注意到式中的 σ_n 是晶界处的应力，而不是外加应力，因此可以预料能够引起高度局部应力集中的晶界或其他异形结构的界面处更易于发生空腔的成核。

在恒定外力作用下材料发生蠕变的过程中，空腔的成核速率一般随蠕变时间 t 的延长而变化，二者间的经验关系为：

$$N_c=at^p \tag{11-18}$$

式中　N_c——空腔的成核速率；

a——常数；

t——蠕变时间；

p——常数。

由已经报道的文献资料分析，陶瓷材料的 p 值范围为－0.8～0。$p=0$ 时的空腔成核过程一般称为稳态成核过程。但是稳态空腔成核过程较为少见，更为常见的情况是随着蠕变的延续，空腔成核速率持续降低，p 的典型值处于－0.81～－0.68。对这种成核速率逐渐降低现象的一种可能的解释是：因为必须满足一定的应力条件，陶瓷材料内部的空腔成核位置是有限的；而随着空腔成核数量的增多，这些有限的成核位置的数量也就逐渐减少了。

空腔在外力作用下成核之后，便进入生长阶段。对于不含晶界玻璃相的陶瓷材料，空腔的生长一般被认为是通过晶界扩散发生的。Hull 和 Rimmer 将空腔生长速率定义为空腔半径 R 随时间的变化率，并通过理论分析给出：

$$\dot{R}\approx\frac{2\pi\Omega D_b\delta_b\left(\sigma_n-\frac{2\gamma_s}{R}\right)}{kT}f\left(\frac{l}{R}\right) \tag{11-19}$$

式中　$\dot{R}$——空腔生长速率；

R——空腔半径；

l——空腔间距；

f——空腔半径 R 和空腔间距 l 的函数；

其他参数的物理意义与式（11-17）相同。

对于含有晶界玻璃相的材料，空腔的生长则通常被认为是通过玻璃相的黏滞流动进行的，其生长速率为：

$$\dot{R}=\frac{(2\sqrt{3}l^{2}-\beta'\pi R^{2})\dot{\delta}_{b}}{2\pi R\delta_{b}\beta'} \tag{11-20}$$

其中

$$\dot{\delta}_{b}=\frac{\delta_{b}^{3}[\sigma_{n}-2\gamma\lambda(1-0.9\xi^{2})]}{6\eta l^{2}(0.96\xi^{2}-\ln\xi-0.23\xi^{4}-0.72)} \tag{11-21}$$

式中 $\dot{\delta}_{b}$——晶界厚度 δ_{b} 随时间的变化率；

ξ——空腔半径与空腔间距之比（R/l）；

η——玻璃相的黏度；

β'——空腔形状因子；

λ——与材料性能和空腔半径有关的参数；

其他参数的物理意义与式（11-17）相同。

由式（11-19）和式（11-20）可以看出，空腔的生长速率正比于晶界处的净应力（即两式中分子项括号内的数值），因而同空腔成核过程一样，空腔的生长也在很大程度上依赖于晶界的应力状态。然而，必须注意的是，与对空腔成核过程的分析一样，式（11-19）和式（11-20）中的 σ_{n} 也是指外加荷载在晶界处引起的内应力，而不是外加应力本身。这一点对于分析空腔生长过程是很重要的，因为某一界面上均匀分布的空腔在生长过程中将受到周围未空腔化区域的约束，在这一约束条件下，空腔化晶界处的作用应力将有所降低，结果空腔的生长速率就表现为同周围基质的蠕变速率成正比。

在拉伸蠕变过程中，作用在空腔/晶界界面处的空腔生长驱动力跟外加应力和局部约束应力之差有关，而在压缩蠕变过程中，驱动空腔生长的局部应力则由与空腔相邻的晶界产生相对滑移而引起。在稳态压缩蠕变条件下，平均空腔生长驱动力 σ_{n} 与材料整体的蠕变速率 ε 有关：

$$\bar{\sigma}_{n}=\frac{33\eta\varepsilon}{2\pi} \tag{11-22}$$

将式（11-22）代入式（11-20）可以发现，同拉伸蠕变时的情况相似，压缩蠕变过程中空腔生长速率也是蠕变速率的函数。

含有晶界玻璃相的陶瓷中空腔生长具有一个特征规律。借助于式（11-20）不难得出：在空腔生长的初期，晶界厚度变化速率 $\dot{\delta}_{b}$ 小于空腔生长速率 $\dot{R}$；而在空腔生长后期，其情况则刚好相反，$\dot{\delta}_{b}$ 大于 $\dot{R}$。由式（11-20）计算得到的 $\dot{\delta}_{b}/2R$ 随空腔形状参数 ξ 的变化关系表明：随着空腔的生长，空腔半径逐渐增大，最终达到 $R=l$；在这一过程中，如果空腔初始半径 R_{0} 与空腔间距 l 之比 R_{0}/l 较小，则空腔倾向于发育为一条具有较小长径比的类裂纹；而如果 R_{0}/l 较大，则空腔将逐渐发育成为球形。

不难理解，在空腔的生长过程中，由于玻璃相的黏滞流动或原子向晶界处的扩散作用，另一个逆向的过程——空腔的填充也将同时发生。这一逆向过程的驱动力应该是温度对黏滞流动或晶界扩散的激活作用。由于这种空腔的填充与陶瓷材料典型的烧结过程较为相似，因此有人将空腔填充过程的驱动力称为烧结应力。当填充过程的速率大于生长过程的速率时，空腔在成核之后有可能慢慢地消失；而反之，空腔的生长将持续进行，逐渐与邻近空腔连通，最终在整个晶界上形成一条裂纹。这种由空腔发育而成的裂纹称为蠕变裂纹。

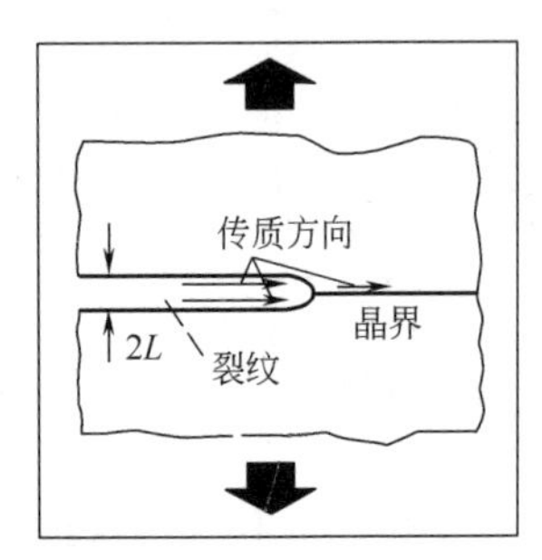

图 11-6 Chuang 蠕变裂纹扩展模型

11.2.3.2 蠕变裂纹缓慢扩展机理

蠕变变裂纹形成之后，便进入缓慢扩展阶段。大量实验已经证实，蠕变裂纹的缓慢扩展规律与固有裂纹相似，可能正是因为存在一些相似之处，在很长的一段时间里，许多学者在裂纹缓慢扩展研究中似乎并没有或者根本就不想把蠕变裂纹与固有裂纹严格区分开来。事实上，目前已经提出的一些蠕变裂纹缓慢扩展的机理在很大程度上是以固有裂纹缓慢扩展机理的研究为基础的。这些机理大致可以分为两类：一类认为蠕变裂纹形成之后便在外力作用下，以晶界扩散或黏滞流动的形式沿晶界向前扩展，统称为蠕变裂纹直接扩展机理；另一类则称为损伤累积机理，这些机理认为蠕变裂纹的扩展是由裂纹尖端前缘局部区域内蠕变空腔的成核、生长及连通过程导致的。

在蠕变裂纹直接扩展机理中，较有代表性的模型至少有三个，分别如图 11-6～图 11-8 所示。

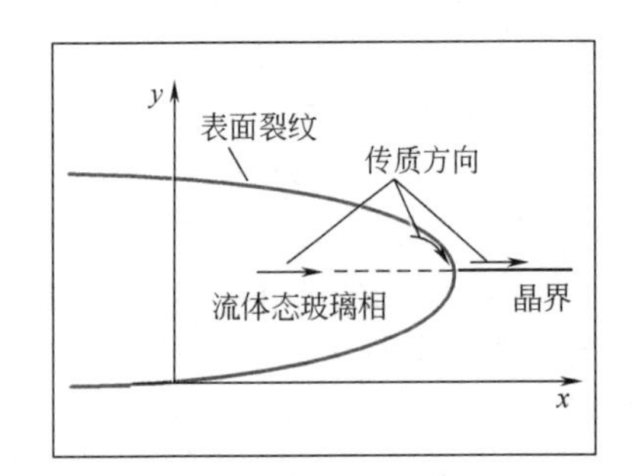

图 11-7 Cao 等的蠕变裂纹扩展模型

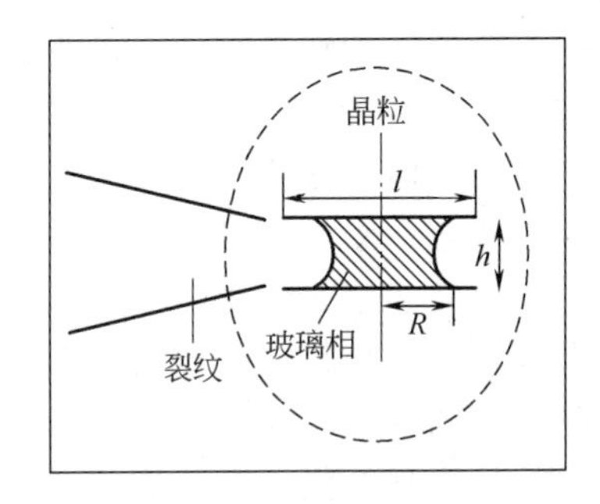

图 11-8 Thouless-Evans 的蠕变裂纹扩展模型

其中图 11-6 所示的模型是由 Chuang 于 1982 年提出的。这一模型认为，晶界处的蠕变裂纹将借助于裂纹表面间及晶界间的扩散过程而向前扩展。在弹性应力场作用下，裂纹表面处的原子向裂纹尖端扩散，而在裂纹尖端处，原子又将通过晶界扩散而淤积到与裂纹尖端相邻的晶粒处，从而使得裂纹尖端以一定的速率 v 逐渐向前推进。通过较为严格的理论推导，Chuang 指出裂纹扩展过程中的 v-K_{I} 关系可以描述为：

$$\frac{K_{\mathrm{I}}}{K_{\min}}=\frac{1}{2}\left[\left(\frac{v}{v_{\min}}\right)^{\frac{1}{12}}+\left(\frac{v}{v_{\min}}\right)^{-\frac{1}{12}}\right] \tag{11-23}$$

式中 K_{I}——裂纹尖端处的应力场强度；

$K_{\min}$——蠕变裂纹扩展的门槛值；

v——裂纹扩展速率；

$v_{\min}$——蠕变裂纹扩展的最低速率。

而

$$v_{\min}=\frac{8.18D_{\mathrm{s}}^{4}\Omega^{\frac{7}{3}}}{kT\gamma_{\mathrm{s}}^{2}}\left[\frac{E}{(1-v^{2})D_{\mathrm{b}}\delta_{\mathrm{b}}}\right]^{3} \tag{11-24}$$

$$K_{\min}=1.69\sqrt{\frac{E(2\gamma_{\mathrm{s}}-\gamma_{\mathrm{b}})}{1-v^{2}}} \tag{11-25}$$

式中 D_{s}——表面的扩散系数；

D_b——晶界的扩散系数；
γ_s——自由表面能；
γ_b——晶界表面能；
E——材料弹性模量；

其他参数含义同式（11-17）。

由 Chuang 模型获得的裂纹扩展指数 N 不是一个定值，而是一个与 v/v_{min} 值有关的变量。当 v/v_{min} 由 1 逐渐增大至无穷大时，N 值相应将由 1 逐渐增大至 12。

由 Cao 等提出的如图 11-7 所示的模型考虑的是那些含有晶界玻璃相的陶瓷材料。在这一模型中，裂纹尖端尾部的过程区域中被假定充满了呈流体状态的玻璃相。由于具有相对较低的黏度，流体态玻璃相的存在将有效地提高原子迁移的速率，从而提高裂纹扩展速率。由这一模型导出的 v-K_I 关系为：

$$\frac{K_I}{K_{min}}=\frac{1}{2}\left[\left(\frac{v}{v_{min}}\right)^{\frac{1}{4}}+\left(\frac{v}{v_{min}}\right)^{-\frac{1}{4}}\right] \tag{11-26}$$

而

$$v_{min}=\frac{0.22E\Omega^3\left[D_I c_0 \sin\left(\frac{\Psi}{2}\right)\right]^2}{(1-v^2)D_v\delta_b\kappa T} \tag{11-27}$$

$$K_{min}=1.4\sqrt{\frac{E\gamma}{1-v^2}}\sin\left(\frac{\Psi}{2}\right) \tag{11-28}$$

式中 D_I——原子在液相中的扩散系数；
c_0——原子在液相中的平衡浓度；
γ——液-固界面能；

其他参数同式（11-17）～式（11-23）。

考虑玻璃相存在的另一个蠕变裂纹直接扩展模型是 Thouless 和 Evans 于 1986 年提出的，如图 11-8 所示。其裂纹尖端处有一个月牙形的非晶相，其初始厚度为 δ_0；这个月牙形非晶相沿晶界的生长导致了裂纹的扩展，最后附着在新生成的裂纹表面上，厚度为 δ_c。在这种情况下，根据 Thouless 和 Evans 的推导，裂纹扩展的 v-K_I 关系可以表示为：

$$v=\frac{K_I D_I \Omega}{\kappa T d^{\frac{3}{2}}\left(\frac{\delta_c}{\delta_0}-1\right)} \tag{11-29}$$

式中 d——晶粒尺寸。

其他参数同式（11-17）～式（11-23）。

图 11-9 将 Lewis 等对三种 Sialon 陶瓷进行蠕变裂纹扩展测试所得到的结果与标准理论模型进行了对比。可以看出，Chuang 模型与其中两种 Sialon 的实验结果吻合得比较好。尽管 Lewis 等的实验并没有提供直接的证据证实 Chuang 模型中提出的机理是这两种 Sialon 中蠕变裂纹扩展的主要机理，但是由于这两种 Sialon 只是在三交晶界处才含有零星的玻璃相，而且这些零星玻璃相的尺寸也小于空腔成核所需的临界尺寸，因此可以推断这里发生的蠕变裂纹缓慢扩展是由晶界或表面的扩散过程导致的。

图 11-9 中第三种 Sialon 陶瓷的实验结果显然不能借助于上述三个基本扩散模型中任何一个做出满意的解释。注意到第三种 Sialon 陶瓷在三交晶界处的玻璃相尺寸已经超过了空腔成核所必需的临界尺寸，因此可以认为，这种材料中蠕变裂纹的扩展是由主裂纹尖端前缘的局部区域内蠕变损伤累积过程主导的。实际上，下面将要讨论的 Tsai-Raj 损伤累积模型所预测的规律从图 11-9 中就可以看出，理论与实验之间有较好的相关性。

几乎所有的关于蠕变裂纹缓慢扩展的损伤累积模型都有一个共同之处，即认为：裂纹在发生每一次微小扩展之前都将经历一个等待阶段，其时间为 t_w；在这一阶段中，裂纹尖端前部将形成一个损伤区。图 11-10 是这个等待阶段中损伤区发育过程示意图。裂纹扩展过程中损伤的发育包括空腔在裂纹尖端前部晶界处的成核、生长及连通。连通后的空腔可能与主裂纹汇合，也可能形成一条晶界微裂纹。在这两种情况下，裂纹发生增量为 Δa 的扩展都是间歇性的，即只有当裂纹尖端与连通的空腔或由空腔形成的晶界微裂纹汇合后才能发生扩展。

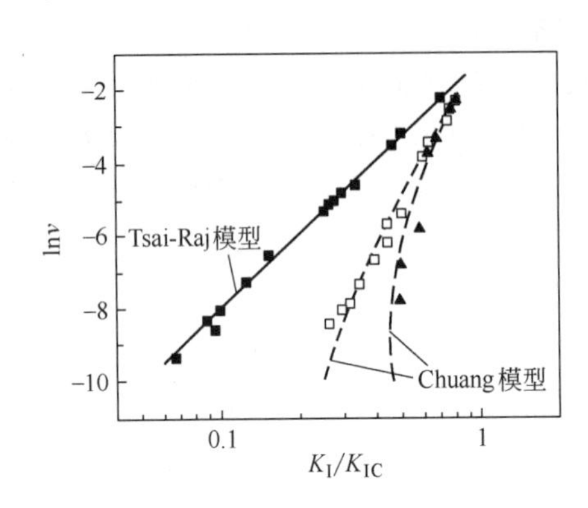

图 11-9　三种热压 Sialon 陶瓷蠕变裂纹扩展数据与理论模型的比较

（v 的单位为 m/s）

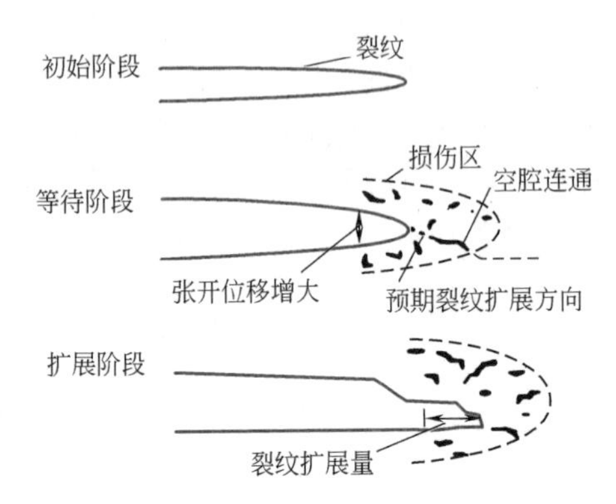

图 11-10　损伤累积机理作用下蠕变裂纹的扩展过程

从理论上看，裂纹尖端前部损伤区的形成与材料在蠕变过程中的空腔化过程应该是完全一样的，损伤区的形成可能通过扩散过程进行，也可能借助于黏滞流动过程进行。这取决于材料中是否含有足够多的晶界玻璃相。

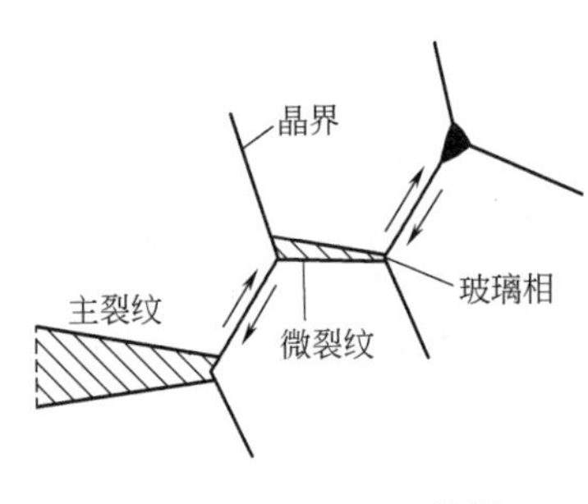

图 11-11　Tsai-Raj 的蠕变裂纹扩展模型

在描述蠕变裂纹缓慢扩展的各种损伤累积机理中，Tsai 和 Raj 于 1982 年提出的一个模型最具代表性。这一模型如图 11-11 所示。

空腔在三交晶界处成核，而后沿着含有玻璃相的晶界生长并形成一条晶间裂纹；这种位于主裂纹尖端前部区域内并与主裂纹共面的晶间裂纹的生长将使得主裂纹尖端持续向前推进，而晶间裂纹的生长驱动力则是主裂纹尖端附近的应力场以及晶界滑移引起的剪应力。由 Tsai-Raj 模型导出的蠕变裂纹扩展 v-K_I 关系为：

$$\frac{v}{v_0}=\frac{0.04}{\beta_1}\left(\frac{K_I}{E\sqrt{d}}\right)^4+\frac{0.26}{\beta_1^{\frac{1}{2}}}\times\frac{\sigma_a}{E}\left(\frac{K_I}{E\sqrt{d}}\right)^2+0.42\frac{\sigma_a}{E} \tag{11-30}$$

式中　β_1——数值常数。

其他参数同式（11-17）～式（11-26）。

上式中的右边第一项对应于只发生小范围蠕变及损伤的情况下由 K_I 控制的裂纹扩展过程，而后两项则对应于大范围损伤条件下的情况，此时裂纹扩展速率将由 K_I 和外加应力 σ_a 共同决定。v_0 为参考速率，与晶界初始厚度 δ_0、玻璃相黏度 η 以及材料的弹性模量 E、晶粒尺寸 d 有关：

$$v_0=\frac{3\times10^4\delta_0^3E}{d^2\eta} \tag{11-31}$$

Tsai-Raj 模型的一个不足之处在于，关于空腔在三交晶界处成核并生长的假定似乎过于简单了一些。对许多陶瓷材料进行的观察表明，空腔的成核往往发生在两晶粒的界面处，这些空腔一般都具有近乎相同的尺寸和间距。在成核之后，空腔有可能进一步生长，也可能不生长。在前一种情况下，空腔的连通发生在生长之后，而对于后一种情况，连续的空腔成核将使得空腔发生连通。

11.3 无机材料的再生与利用

陶瓷是人类历史上第一种人造材料，是划时代的伟大发明，以陶瓷为代表的无机材料的发现和广泛使用无疑是社会生产力发展的一次飞跃。20 世纪 40～50 年代从传统陶瓷到现代先进陶瓷是第二次飞跃，从应用于日常生活用品发展到工业用材料，陶瓷所具有的机械强度、硬度、耐磨性、耐腐蚀性、耐热能力得到了更广泛的应用，并且也弥补了传统陶瓷的缺陷，如易碎、缺乏韧性和塑性。特别是功能陶瓷的发展，使陶瓷具有各种特殊功能，在空间技术、电子信息技术、生物工程等高科技领域显示出独特的作用，是其他材料难以取代的。

无机材料（包括陶瓷、玻璃、水泥等）生产原料是地球表面含量丰富的硅、铝、钙、镁等元素的氧化物、碳化物、氮化物，所以被称为高克拉克指数材料。从宏观上看，资源地域分布广，无机材料工业的发展几乎可不受资源制约。陶瓷原料可分为天然原料和化工原料两大类，主要天然原料有黏土类、石英类、长石类，但适宜于做陶瓷的优质天然原料分布并不均衡，同时优质黏土也面临枯竭问题。对于现代陶瓷，也称精细陶瓷或功能陶瓷，主要原料是化工原料，也可称为人工合成原料。化工原料种类繁多，可满足对现代陶瓷不同功能要求，主要原料有氧化铝、二氧化锆、莫来石、碳化物、氮化物等。其中锆、钛、钼等元素是枯竭性和低品位资源。

陶瓷从生产粉料到混合、成形、烧结等工艺过程，都要消耗大量能源。现代陶瓷要经过物理、化学过程合成原料粉体，非氧化物陶瓷中氮化硅是由金属硅氮化法制造，而金属硅由高纯度硅砂制造；氧化铝粉体制造是由氢氧化铝 450℃脱水，1000℃以上预烧，1200℃煅烧而成；传统陶瓷烧成需要 1300℃左右，而现代陶瓷则需要 1600℃左右；由于所有这些工艺过程都要消耗大量能源，所以现代陶瓷是高能耗产业。

从陶瓷生命周期来考察环境问题，有其复杂性，原料采掘与其他多数矿藏的区别是地表作业，造成土地和植被的破坏，水土流失。生产阶段消耗大量能源，排放大量 CO_2，由于能源结构问题，还可能排放硫氧化物、氮氧化物。由于陶瓷制品使用寿命长，相对环境负载小。对精细陶瓷在超导材料、燃料电池、分离废液和有害物质、分解有害物质的催化剂、CO_2 吸附和固定等方面应用可降低环境负载。陶瓷废弃物对人体不构成直接危害，处理简单，没有二次污染，但随着工业迅速发展，建筑陶瓷、卫生陶瓷、日用陶瓷等普通陶瓷生产总量越来越庞大，陶瓷废弃量也同步增加，成为城市垃圾重要组成部分。陶瓷生产过程产生的废弃物包括烧成废品、未烧成废弃物、废釉料和坯土污泥等，总量至少相当于原料的20%以上，由于再利用率低，成为固体废弃物排放。资源的大量消耗的环境污染都不利于无机材料的可持续发展，为此必须要注意以下几点：①开发节约资源、低污染的生产流程，当前正在开发一种所谓“零排放”流程，即所输入的原料及能源全部生成产品而没有废物排出，这当然是一种理想状态，但是在生产流程设计中，至少应尽量充分利用资源，减少对环境的污染；②发展环境友好材料，环境友好材料是指与环境相适应的材料，达到节约资源、少污染、易回收或可降解的目的；③开发高性能、长寿命材料是节约资源、减少污染最有效的途径，如提高陶瓷材料的韧性，开发既抗腐蚀又可大幅度提高强度的水泥，减少水泥用量，以减少污染和节约资源；④用新技术改造无机材料生产流程，一方面提高劳动生产率，改善产品质量，降低成本，另一方面使无机材料升级换代，扩大材料用途，增加竞争力。

11.3.1 无机材料生命周期评估和生态设计

11.3.1.1 陶瓷材料的生命周期评估

生命周期评估，即 life cycle assessment，简称 LCA。陶瓷工业是能源消耗比较高的部门，当前第一位的世界性环境问题是温室效应，所以对能源 LCA 和二氧化碳 LCA 受到人们重视，表 11-1 是陶瓷类和一般材料制造阶段能耗及 CO_2 排放量，陶瓷类是包括研、削工艺过程的 LCA 计算。陶瓷类与一般材料相比，其烧结阶段能耗要大得多，大量生产的传统陶瓷能耗低于精细陶瓷，例如建筑陶瓷制造能耗为 1.681kcal/kg[1]。对现代陶瓷来说，若对陶瓷整个生命周期考察，其使用阶段能耗要低于一般材料，例如汽车应用现代陶瓷，其运行阶段的能耗和二氧化碳排放量将“抵消”生产阶段的能耗与排放。如果客观反映 LCA，应当在材料组装后，进行产品的功能单位计算。材料制造的 LCA 计算是提供其计算的基础。

表 11-1 陶瓷类和一般材料制造阶段能耗及 CO_2 排放量

材料种类		能耗/($\times10^3$kJ/kg)	CO_2 排放量/(kg/kg)
陶瓷	氮化硅	3885.4	214
	碳化硅	4132.3	213
	堇青石	167.5	8.8
	二氧化硅	1046.7	49
一般材料	冷轧钢板	7.5	0.47
	电解铜	13.8	0.94
	塑料	62.8	4.1
	铝锭	184.2	9.3

11.3.1.2 陶瓷生态设计

陶瓷生态设计包括长寿命设计、功能设计、节能设计，重点是在使用阶段降低环境负载。一般来说，改善陶瓷的生态功能需要从两个方面入手：①调节材料的组成，使不同相在微观级复合，形成不同性质的晶界面等；②改变工艺条件，包括原料物化性能和状态、加工成形、烧结状态和成品加工条件等。无论是改变组成还是改变工艺，最终都是通过材料微观变化来体现。

陶瓷科学理论的发展，使陶瓷工艺从经验操作发展到科学控制，并发展到在一定程度上可以根据实际要求进行特定的材料设计。现代显微结构分析的进步，使人们更精确地了解陶瓷材料的显微结构与性能的关系，从而也对陶瓷生态设计起到了指导作用。以高温长寿命结构陶瓷为例，首先是了解陶瓷高温破坏的显微结构，即高温氧化破坏、高温应力破坏的显微结构。其一是陶瓷高温氧化破坏。陶瓷的热力学稳定性决定其极限使用温度，氧化铝的临界温度为 2072℃，二氧化锆为 2500℃。非氧化物陶瓷如碳化硅，其表面由于氧化形成二氧化硅保护膜，但温度高于 1600℃时保护膜破坏，导致氧化快速进行。一方面氮化硅氧化晶界上形成氮氧化物——玻璃相，烧结时成为扩散氧的通道，另一方面玻璃相蒸发也引起沿晶界

[1] 1cal＝4.1840J。

的龟裂，因而造成破坏。其二是陶瓷高温应力破坏。在高温应力条件下，陶瓷多晶体晶界迁移而产生空洞，在三叉晶界处发生应力集中，并生成空洞核心，空洞进一步连接而产生微裂纹，微裂纹的连接导致裂纹的再扩大，造成材料破坏。

空洞形成和裂纹扩展与杂质玻璃相的黏度有关，而玻璃相的黏度随玻璃相的化学组成和结构发生变化，人们已经认识到加入稀土元素是提高玻璃相的耐热性能的有效方法。另外，通过热处理使玻璃相晶界晶化，也将提高陶瓷耐高温强度。

影响陶瓷耐高温结构与陶瓷寿命的是断裂韧性低，这也是陶瓷类材料的共同缺点。一般是通过控制陶瓷多晶体界面的结合力来提高断裂韧性。采用的微结构控制技术可举例如下：①通过相变增韧二氧化锆陶瓷，目前在所有陶瓷中，二氧化锆陶瓷断裂韧性是最好的；②使长柱状β-氮化硅晶粒在氮化硅基体中长大的自生复合陶瓷，其断裂韧性和强度比原材料有成倍的提高；③纳米复合陶瓷材料是在陶瓷基体中引入纳米分散相并进行复合，使原陶瓷的断裂韧性和断裂强度以及耐高温性能均大大提高；④强化复合陶瓷是陶瓷基体中加入耐高温纤维，例如氮化硅基体混合有直径为10μm碳素纤维和50～100nm碳化硅，在1500℃弯曲强度为650MPa。

11.3.2 环境协调无机材料

目前一些无机材料生产企业往往只求企业的经济效益，忽视社会效益和环境效益，具体表现在：大量耗用优质原料，破坏了我国有限的土地资源；产品烧结温度居高不下，不仅消耗了大量的能源，而且大大增加了大气的污染；一些生产企业排放的粉尘超标，噪声不断，污水横流，废物成堆；生产过程中使用有毒原料或一些产品中放射性元素含量超标等，这些都将严重制约着我国无机材料工业的可持续发展，因此大力开发与环境相适应的无机材料已势在必行。

11.3.2.1 陶瓷生态化

（1）陶瓷烧成阶段的节能　陶瓷生产节能一直是以降低陶瓷工业的成本、减少环境污染为主要目标，其中烧成是耗能的主要工序。间歇式窑炉是高耗能烧成设备，一般只用在各种特种陶瓷制品烧成。表11-2为烧成陶瓷不同连续式窑炉的对比，从中可以得到辊道窑是热效率最高的一种窑型，目前辊道窑总体向高温、宽截面、大型化方向发展。

表11-2　烧成陶瓷不同连续式窑炉的对比

窑型	燃料	烧成方式	烧成时间/h	生产能力/(件/车)	单位热耗/(MJ/kg)
旧式隧道窑	煤	明焰装烧	72	10	111.37
隔焰隧道窑	重油	隔焰裸烧	21	25	19.81
新型宽体隧道窑	煤气	明焰裸烧	12	60	6.28
辊道窑	天然气	明焰裸烧	8	36	4.19

（2）低环境负载的陶瓷工艺和技术　日本学者吉村昌弘提出“软溶液工艺”，所谓软溶液工艺是指“采用环境负载最少的水溶液类工艺制取陶瓷和复合材料等高功能材料”。包括人类在内的生物系统和生态系统都是由常温、常压的水溶液系统构成，所以采用水溶液系统的工艺环境负载最低，反之，向高温、高压或真空系统发展，环境负载就增大。以图11-12为各种材料合成中的压力-温度图解，进一步说明水溶液法具有环境负载低的优点。采用溶液法和加热溶液的水热法适于在密闭系统或循环系统中进行。与气相系统和真空系统比较，由于密度和浓度高，反应速率快，而且也不受容器大小限制。表11-3为软水溶液工艺的特

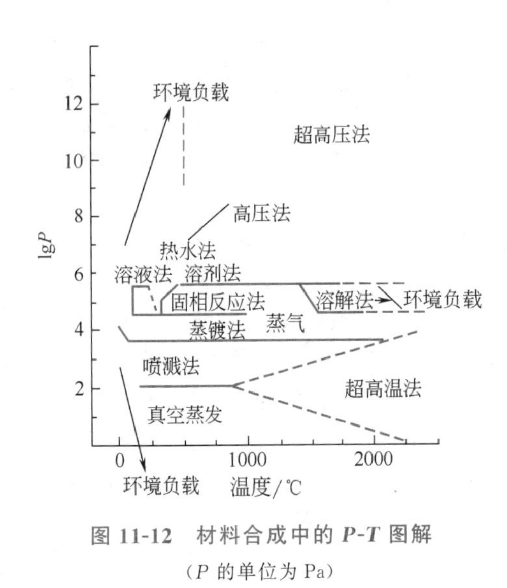

图 11-12　材料合成中的 *P-T* 图解
（*P* 的单位为 Pa）

点和作用，说明比起固相、气相或真空系统有更多的优点。

从溶液直接制造陶瓷是科学工作者追求的目标。方法之一是基材 A 成分和溶液 B 成分在具有氧的界面反应生成 ABO_2 复合氧化物。溶液和基材的反应要有热、电、光的激发，即水热反应、电化学反应、光化学反应等。在溶液反应中可以利用溶解、析出、氧化、还原、水解、离子交换、螯合等物化过程或酶反应和生物反应，如图 11-13 所示。

软溶液工艺举例如下：①荧光陶瓷膜 AWO_4（A=Ca、Sr、Ba）的常温合成；②$BaTiO_3$、$SrTiO_3$ 薄膜水热电化学合成；③热水法在 TiAl 上的 $SrTiO_3$ 涂层；④热水法在 SiC 纤维的碳涂层；⑤磷灰石晶须的水热法合成；⑥热水热压法在 200～300℃制造的很多陶瓷（包括从 Si、TiO_2 到焚烧灰、放射性废弃物为原料）。

表 11-3　软水溶液工艺的特点和作用

工艺特点	作用
条件温和（温度、压力）	有利于降低环境负载
低能耗（不需要真空或等离子体化）	
低成本（不需要特殊药品、特殊设备）	
密闭系统（能加料、输送、反应、分离、循环）	
非平衡状态，也生成准稳定相	有利于产生新材料、新功能
不受形状、大小限制	
溶液态具有均匀性、选择性、加速性	
多样性（溶剂、溶质、添加剂、基材可以是有机、无机、金属）	体系的需要， 有利于产生新材料、新功能
激发可能性（热、光、电、超声波、机械、络合物、生物）	
从原子（离子）水平到粒子	
避免真空、电子束等系统复杂性	

20 世纪 90 年代以来，更多的科学家投身于这项研究，尤其是锂电池电极材料 $LiNiO_2$ 采用溶液电化学法在镍基板上生成获得了成功，避免了粉体烧结，简化了工艺流程，实现低能耗化。由于软溶液法反应系统和生成系统能差小，即反应的驱动力小，是选择反应系统的难题，所以目前这种方法还是在探索中的工艺方法。

在陶瓷生产过程中，企业还应主动采用绿色生产技术，积极改进生产工艺，强化企业管理，努力减少废水、废气、废渣产生量及其中的污染物，将环境因素纳入企业生产的每个工序，做到清洁生产。如采用干法造粒工艺替代原料湿法制料工艺，可缩短工艺流程，减少占地面积，节能降耗，同时基本消灭了坯料制备工艺中的废水（除设备冲洗水外）；烧成窑炉采用天然气、液化石油气、轻柴油或电加热等清洁能源，以减少废气、废渣的产生量和排放量；采用洗涤煤气减少含酚废水产生；大力推广采用高热阻、低蓄热的新型保温隔热耐火材料构筑环保型节能窑炉，降低能耗；采用高温空气燃烧技术，提高热效率，减少 NO_x 的产生和排放；实现坯料制备等主要作业点的负压连续操作，减少因开车、停车不稳定状态造成的粉尘污染；采用计算机控制技术，减少生产线人为因素造成的浪费和污染等。

（3）原料绿色化　陶瓷工业是资源耗费量最大，破坏土地最多的行业之一。地球只有一

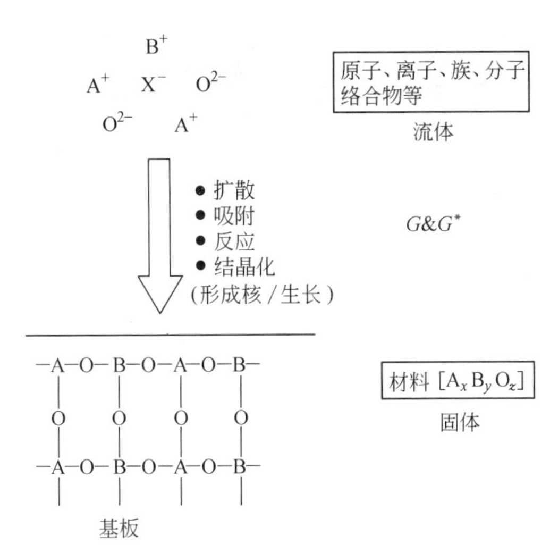

图 11-13 从多成分材料的流体直接制造方法

个，一些资源不可能再生，因此因地制宜，物尽其用，合理开发利用陶瓷资源，实现原料的综合利用，是陶瓷工业的可持续发展的基本前提。如合理开发利用各种工业废渣、低品位原料乃至各种污泥来生产建筑陶瓷，不仅可直接降低产品成本，而且提高了社会效益和环境效益；积极转变观念，改变对红坯有釉陶瓷墙地砖认识的误区，大力开发利用资源极其丰富、价格低廉的紫砂红土，或铁钛含量高的陶瓷原料，不仅可以有效地保护日益减少的优质陶瓷原料资源，而且能利用铁含量高的陶瓷原料易与其他物质形成低共熔物，从而进一步降低烧结温度，降低能耗，减少污染。紫砂红土类原料质地松软，无须破碎可直接入球磨，可节约能耗，减少粉尘污染。实际上西班牙、泰国、意大利等生产强国的有釉陶瓷墙地砖很多都是红坯砖。

色料、釉料是陶瓷的主要装饰材料，其制备原料一般都采用化工原料，因此色料、釉料中很多元素在生产过程中对人体会造成较大的危害，如镉、钴、铅、氟等。利用矿物原料或工业矿渣制备色料，减少有毒有害原料的使用，是色釉料发展的一大趋势，这样一方面可使色料成本大大降低，另一方面是利用废物，降低污染。这方面研究已有一定的进展，如利用铬铁矿渣制备建筑陶瓷坯用无钴黑颜料；又如据报道，目前日本已成功开发出钙钛矿型红色色料代替镉硒红包裹色料，不仅可以控制在生产镉硒红包裹色料中镉对人体健康造成损害，而且可以避免生产该色料过程中使用氟化物作为助熔剂对环境的严重污染。

11.3.2.2 新型陶瓷生态材料

陶瓷生态材料通过改变陶瓷的化学成分和微观结构研制新材料或改进现有材料，使之成为具有高性能、高功能，用以取代其他高能耗、寿命短等环境负载高的材料。陶瓷生态材料是基于现代陶瓷基础上的材料，现代陶瓷与传统陶瓷的区别在于：原料上突破天然矿物的范围；制备工艺上发展和创造出一系列新的工艺技术，如压制、热压铸、注射、轧膜、流延、热压烧结、微波烧结、反应烧结、自蔓延烧结等；性能上以内在质量为主，新的性能不断出现；用途上从日常生活用品扩大到宇航、能源、建筑、冶金、交通、电子、家电等。现代陶瓷的功能扩大，使陶瓷具有长寿命、节约能源、节约资源、治理环境污染、保证人类身体健康等改善和保护生态环境的功能，成为建立和发展新技术产业、改造传统工业、降低环境负载、发展新能源所不可缺少的物质条件。现代陶瓷材料的功能和应用简介见表 11-4。

表 11-4 现代陶瓷材料的功能和应用简介

分类	功能		材料	应用
氧化物陶瓷	电气、电子功能	绝缘性	Al_2O_3、BeO	基板
		介电性	$BaTiO_3$、TiO_2	电容器
		压电性	$Pb(Zr_x,Ti_x)O_3$、ZnO、SiO_2	振荡器、点火元件、表面弹性波延迟元件
		磁性	$Zr_xMn_xFe_2O_3$	记忆运算元件、磁芯
		半导体	SnO_2、ZnO-Bi_2O_3	电阻元件、气体传感器、可变电阻
		离子导电性	$BaTiO_3$、β-Al_2O_3、稳定化 ZrO_2	NaS 电池、氧传感器
	机械功能	耐磨耗性、切削性	Al_2O_3、ZrO_2	研磨材料、切削工具
	光学功能	荧光性	Y_2O_3	荧光体
		透光性	Al_2O_3	Na 灯套管
		偏光性	PLZT	光学偏光元件
		导光性	SiO_2、多成分系统玻璃	光缆
	热功能	耐热性	Al_2O_3	耐热结构材料
		绝热性	$K_2O \cdot n\ TiO_2$、$CaO \cdot n\ SiO_2$、ZrO_2	绝热材料
		热传导性	BeO	基板
	核能相关功能	反应堆	UO_2 BeO	核燃料 减速材料
非氧化物陶瓷	电气、电子功能	绝缘性	C、SiC、AlN	基板
		导电性	SiC、MoSi	发热体
		半导体	SiC	可变电阻、避雷器
		电子放射性	LaB_6	电子枪用热阴极
	机械功能	耐磨耗性	B_4C、金刚石	耐磨耗材料
		切削性	c-BN、TiC、WC、TiN	切削工具
		强度功能	Si_3N_4、SiC	耐热、耐腐蚀材料、发动机
		润滑功能	C、MoS_2、h-BN	高温轴承润滑剂
	光学功能	透光性	AlON、含氮玻璃	窗材
		光反射性	TiN	集光材料
	热功能	耐热性	SiC、Si_3N_4、h-BN、C	各种耐热材料
		绝热性	SiC、C	各种耐热材料
		热传导性	SiC、C、AlN	基板
	核能相关功能	反应堆	UC SiC、C C B_4C	核燃料 核燃料包覆材料 减速剂 控制材料
	生物化学功能	耐腐蚀性	h-BN、TiB、Si_3N_4 SiC、C	蒸汽容器、泵材、其他各种耐腐蚀材料

（1）结构陶瓷　在高温、强腐蚀、高磨损、高强度的应用环境中，由于传统陶瓷的难加工性和力学性能的缺欠，主要选择以金属为主的材料，但在使用阶段依然避免不了寿命短、

能耗高、浪费资源，同时也制约了工艺、设备及产品的进一步发展。现代结构陶瓷则具有耐高温、耐腐蚀、耐磨损、高硬度、低膨胀系数、高导热性和质轻等优点，被广泛应用在能源、石油化工、空间技术等领域。

① 能源材料　能源材料是指提高能源设备效率和节约能源的材料。氮化硅、碳化硅陶瓷、赛隆（Sialon）陶瓷、陶瓷纤维增强合金以及陶瓷颗粒弥散增强合金，具有热导率低、耐高温性能，可提高能源利用率，减少大气污染，是可以承担氧化物陶瓷和金属材料无法胜任条件下使用的材料。氮化硅陶瓷已用于柴油发动机中，可明显提高燃烧效率。氮化硅陶瓷制造的涡轮增压器转子，能以 5×10^4 r/min 运转 2000h，工作温度达 1200℃，使能量转换效率大幅度提高。但材料的可靠性及韧性还有待于改进，实用化还要经过一段时间实践。表 11-5 是对 300kW 发电规模气体涡轮机的热效率和二氧化碳排放量分析，采用金属制气体涡轮机热效率为 20%，而陶瓷制涡轮机叶的涡轮机耐高温，入口温度可达到 1350℃，所以热效率可提高到 42%，二氧化碳排放量可减少 50%以上。

表 11-5　300kW 发电规模气体涡轮机的热效率和二氧化碳排放量分析

项目	金属制气体涡轮机	陶瓷制涡轮机叶(再生式)的涡轮机
使用燃料	液化天然气	液化天然气
冷却系统	无	无
涡轮机入口温度/℃	900	1350
热效率/%	20	42
CO_2 产生量/(kg/月)	59900	28600
发电单耗/[kcal/(kW·h)]	4300	2050
CO_2 产生量/[g/(kW·h)]	1020	490

注：CO_2 产生量是以 1 日 24h 运转 30 天，换算成碳计算；液化天然气按主要成分甲烷 89%、乙烷 5%、丙烷 5%、丁烷 1%核算。

美国主要集中研究轿车用陶瓷燃气轮机和重型卡车用陶瓷低散热柴油机，陶瓷发动机的优点是不需要冷却水系统，因而重量轻，体积小，故障率低。耐热陶瓷还可以用在高温发热炉、高温反应器、核反应堆吸收热中子控制棒，高导热性陶瓷可用于大规模和超大规模集成电路的散热片。

② 长寿命材料　材料的长寿命化是减轻环境负荷的有效措施，传统陶瓷材料作为日常用品，除具有脆性和不耐冲击外，基本上是长寿命材料。现代陶瓷具有更高的理化性能，被广泛地应用在要求长寿命的设备和部件中。氧化铝陶瓷是产量大、用途广的陶瓷材料，强度高、硬度大、化学稳定性好，广泛使用在磨具、刀具、阀门部件、轴承、化工、航空、磁流体发电材料和各种内衬材料等。二氧化锆陶瓷是新发展起来的陶瓷材料，其抗弯强度和断裂韧性在目前陶瓷中是首屈一指的，可成为替代金属和其他氧化物陶瓷的高温结构材料。

尽管陶瓷作为结构材料的研究已取得了很大的进展，但经济性及性能还有一定缺陷，如缺乏延展性等，还不能完全取代金属材料，所以复合两种材料的优点，使材料具有高性能、长寿命、耐高温、耐高温腐蚀成为人们重视的课题。金属的陶瓷涂层开发和金属/陶瓷梯度材料的开发将成为又一新的领域。

③ 纳米陶瓷材料　纳米陶瓷是指显微结构中的物相具有纳米量级尺度的陶瓷材料，即晶粒尺寸、晶界宽度、第二相分布、气孔尺寸、缺陷尺寸等均在纳米量级上。纳米陶瓷包括纳米陶瓷粉体、单相和复相的纳米陶瓷、纳米-微米复相陶瓷和纳米陶瓷薄膜。纳米陶瓷材

料研究始于20世纪80年代中期，由于从根本上改变了材料的结构和制造技术，有望能够清洁生产，产品具有高生态性能，例如使用寿命长、降低能源消耗及能够净化和修复环境。陶瓷固有的缺点是脆性，即抗冲击强度小，寿命短，而纳米 TiO_2 陶瓷常温就可以发生塑性形变，180℃下塑性形变可达到100%。纳米材料具有巨大比表面积和尺寸效应，纳米微粒构成的陶瓷烧结体，其密度只有原矿物的1/10，它可用于制造环境修复和净化的陶瓷材料。

陶瓷是高能耗产业部门，纳米陶瓷粉体的比表面积巨大，烧结时的扩散速度大，烧结速度加快，缩短了烧结时间，节省能源。例如用粒径为10～20nm的含钇二氧化锆粉体制取的坯体，烧结仅需7min。

纳米陶瓷材料具有广阔的前景，纳米陶瓷材料的出现，必将引起陶瓷工艺、陶瓷科学、陶瓷材料的性能和应用的变革。但目前尚处于起步阶段，有许多基础问题需要进一步探索和研究。

（2）环境净化和修复陶瓷材料

① 催化剂载体陶瓷　金属氧化物陶瓷用作防止大气污染材料显得越来越重要。由于其具有热膨胀系数小、抗热震性、热容量小等特点，制成蜂窝状陶瓷、泡沫陶瓷、陶瓷纤维，比表面积大，成为优秀的高温催化剂载体。

为处理汽车尾气，除去氮氧化物，开发了陶瓷载体催化转化器，一般选择堇青石（$2MgO \cdot Al_2O_3 \cdot 5SiO_2$）作为整体式载体，熔点高达1465℃，孔隙被附于δ-氧化铝，由于其原料容易获得，易成形，轴向强度大，被广泛采用。

以铂-氧化铝、铂-氧化铝-氧化镍、氧化铁-氧化铝等为催化剂，以泡沫陶瓷或蜂窝陶瓷为载体，可用于除臭和汽车尾气处理，当尾气通过催化剂层，利用催化剂的氧化促进作用，使尾气中的一氧化碳、碳氢化合物转化为二氧化碳，并能使捕获的炭粒在催化剂表面无焰燃烧。

② 陶瓷过滤器　由于陶瓷过滤器具有耐高温性能，处理高温废气有特殊的优点，使用时不需要冷却装置。核能发电排放出大量放射性废物，燃烧物的高温废气均可通过以碳化硅制成的约40μm孔径陶瓷过滤器过滤固体颗粒，使废气净化后排放。

陶瓷过滤器用作污水曝气处理的气体分散装置，可产生微细气泡，提高溶解氧，促进好氧性微生物繁殖，除去废水中的有机物，净化污水。

陶瓷过滤器广泛地用于食品、放射性废料的处理，金属、粉体物料的输送和环境卫生设备中。例如，孔径为0.9μm陶瓷过滤器可除去饮料及药液中的大肠杆菌。此外，陶瓷过滤器还具有吸声功能，用于道路、铁路等的隔声、吸声装置，降低环境噪声。

③ 陶瓷分离膜　面对能源大量消耗和温室效应，如何将二氧化碳分离、固定和利用是个世界性课题。一般二氧化碳大量发生源是火力发电、水泥厂等在高温下排放二氧化碳。开发的陶瓷分离膜，可以在高温下高效率地分离二氧化碳，一般陶瓷分离膜制法有控制孔径型和表面改性型，采用溶胶-凝胶、沸石薄膜化、由无机物表面改性等方法，为提高单位体积的处理量，研究最适宜的形状（如中空丝、平板、蜂窝状等）。回收的高温二氧化碳可还原成一氧化碳，再利用作为化工原料、能源、制造氢气等。高温二氧化碳可与海水中的钙等阳离子和矿渣中离子源反应成无机盐，进一步利用。目前陶瓷分离膜 CO_2/N_2 透过系数还比较低，有待进一步提高。

④ 二氧化碳吸收陶瓷　二氧化碳吸收陶瓷可以在300℃以上反复使用，按体积比二氧化碳可吸收520倍（表11-6）。二氧化碳吸收陶瓷采用锆酸锂，与二氧化碳呈可逆反应，在500℃附近与氧化锂反应，在700℃以上发生逆反应，分解出二氧化碳。二氧化碳吸收陶瓷可在发电厂排放高温燃烧气体中用于吸收器材料，吸收装置可小型化，可以通过切换装置连续分离。

表 11-6 二氧化碳吸收陶瓷和现有技术的比较

吸收特点	操作温度	单位体积吸收倍数	气体选择性(对氢、氮)	制造工艺
锆酸锂陶瓷	400～700℃	500以上(确认400)	仅分离二氧化碳，分离完全	一般陶瓷工艺，容易制造
物理吸收	室温附近	70～80	仅分离二氧化碳	一般陶瓷工艺，容易制造
化学吸收(液体)	室温附近	20～30	仅分离二氧化碳，分离完全	合成有机物，制造不困难
无机膜	目标350℃	原理不同，不能比较	温度越高，选择性越低	微孔薄膜制造困难

⑤ 环境除臭材料　陶瓷吸附材料已广泛地应用在建筑和生活等领域，以方石英和火山灰为主要成分的陶瓷吸附材料具有吸臭、吸湿和增加活性等特性，可用于包装袋、尿布等用品。以铂-氧化铝或铂-堇青石为催化剂用于除臭装置，具有恶臭的可燃性有机物质通过预热到150～300℃的蜂窝状铂催化剂与空气混合燃烧除臭。这种除臭装置可广泛用于化工厂、印刷、涂料施工、食品、畜产等部门。

⑥ 降低噪声材料　多孔陶瓷具有阻尼作用，可以使高速排气管的排气速度降低。如排气速度降低1/2，则噪声降低24dB。

11.3.3 无机材料的再生与利用

长期以来，无机材料废弃物并未被人们重视，认为是无毒、无味、密度大，与天然成分相近，等同于山间的石块。另外，实际利用也存在困难，粉碎要消耗能源，以再生原料生产的产品质量低，往往只能降级利用，制取低级产品，经济效益较低，所以再利用率很低。

无机材料工业中废玻璃的回收利用较早，和金属相同，可以作为原料重新熔融再利用。而陶瓷不能溶解和熔融再回收，必须经过粉碎再利用。陶瓷生产过程产生的废弃物主要是烧成废品，生产过程中任何一个工序的缺陷都将在烧成品表现出来，例如开裂、变形、起泡、毛孔、斑点、生烧和过烧等。废品率高就意味着能源浪费、单位成品污染物排放量高。提高成品率是从源头开始降低环境负载的主要措施。

11.3.3.1 烧成废品的再利用

炻器、精陶、瓷器的吸水率不同，精陶吸水率较高，在10%～22%，炻器在6%以下，瓷器在1%以下，所以其再生用途也不同。根据粉碎细度分类的再生品可以开发各种用途，图11-14为烧成废品的利用举例。

(1) 吸声材料　废料粉体、熟料和助熔剂混合，成形和烧成，生成多孔吸声材料，根据粉碎粒度和性能调节气孔量和孔径，达到要求的吸声性能。

(2) 吸附材料　利用熟料的吸附能力，可吸附放射性废弃物中的放射性离子。烧成熟料

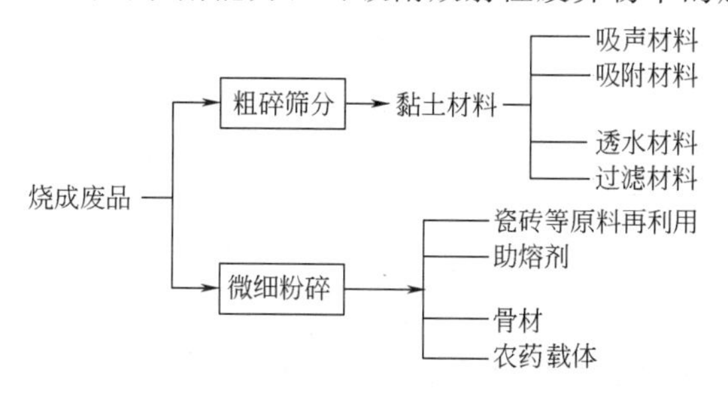

图 11-14 烧成废品的利用举例

对放射性离子有隐蔽能力。

(3) 透水材料　制造方法和吸声材料相同，可以制作地砖等。

(4) 过滤材料　与有机过滤材料相比，有耐热、长寿命等优点。

(5) 作为原料再利用　废陶瓷微细粉体在坯料配制中加入5%～10%作为原料使用。作原料用废陶瓷，要求洁净、分类保管。

(6) 用作助熔剂　废陶瓷微细粉体用作耐火性能相对较高的建材和低级耐火材料的助熔剂。

(7) 骨材　作为耐火度高的（1500℃以上）湿法陶瓷熟料的骨料。湿法成形坯料使用骨材可以减小烧成收缩率和干燥收缩率，保证骨料尺寸稳定性。

(8) 农药载体　将不吸水的瓷器熟料粉碎，用作农药载体。

11.3.3.2　污泥、未烧成废料的再利用

一般陶瓷工厂的污泥中60%～70%是含釉料的污泥，其他是原料污泥，釉料在生产中损失达20%～30%，由于釉料价格高，又不利于污泥的再利用，首先应减少釉料的损失，从粉碎机的选型、粉碎机的洗涤方法、施釉方法、保管方法等方面采取措施。污泥主要含陶瓷原料长石、硅石等，黏稠，难处理，废弃时对环境的破坏大。现在对污泥还没有最有效的处理方法。图11-15是污泥利用的方向。其他利用污泥为原料可以制取人工砂、下水管、缸砖、耐酸砖、人造轻质材料、红砖、釉瓦等。

未烧成坯体，这部分废料是陶瓷原料组成，可以返回到坯料中，也可以用作建材原料。

11.3.3.3　废水的再利用

在陶瓷生产企业，尤其是建筑陶瓷生产过程中，还要产生大量的废水，这些废水主要来自抛光冷却水和设备、地面冲洗等。将建筑陶瓷工厂排出的所有废水集中，采用固液分离-沉淀技术处理并将处理后的清液和泥饼回用生产，实现资源再循环回收利用。废水处理系统见图11-16。

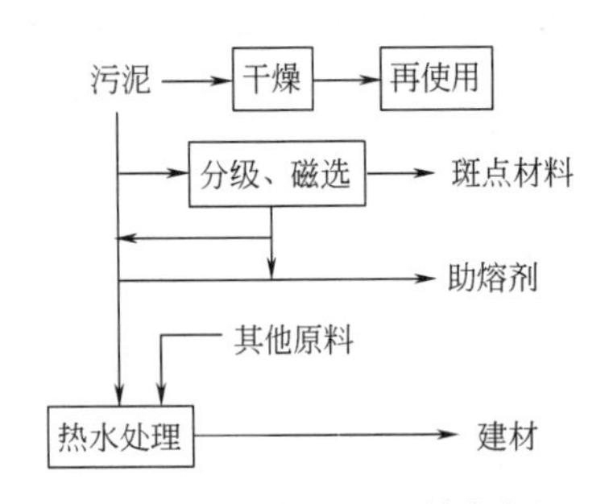

图11-15　污泥利用的方向

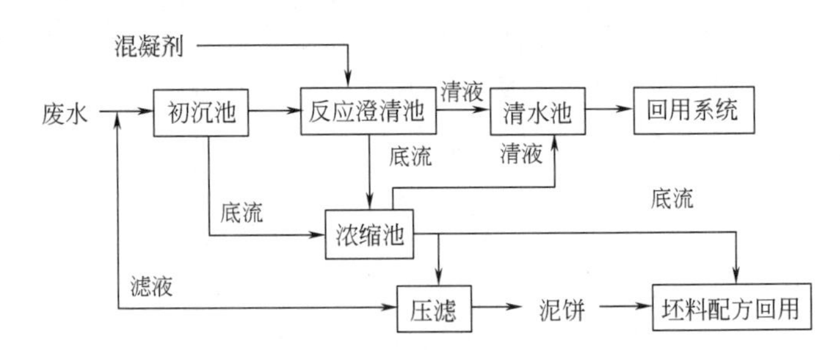

图11-16　建筑卫生陶瓷工业废水处理系统

具体工艺流程如下：废水经格栅去除粗大悬浮物后流入初沉池，水由泵抽送并在吸入段投加微量PAC混凝剂混合后进入混凝反应设备。水中的悬浮物与混凝剂经过数分钟的反应，形成水解聚合物，产生双电层压缩、吸附架桥和网捕作用而聚结沉淀，上面清水则流入清水池回用。在初沉池和反应沉淀池沉积的泥浆泵入浓缩池，上清液返回初沉池，浓浆则通过泵按比例混入球磨浆池回收利用，也可经压榨脱水形成泥饼回用。由于釉料中的重金属被包裹在烧成坯体的玻璃基体中惰化，对产品质量也不会带来不利影响，同时可削弱有毒重金属对环境的污染。

随着人们环保意识的增强，崇尚自然、追求健康、绿色已成为一种时尚，“环保、生态、绿色、健康”已成为陶瓷行业发展的主题。《中华人民共和国清洁生产促进法》已由中华人

民共和国第九届全国人民代表大会常务委员会第二十八次会议于2002年6月29日通过，并自2003年1月1日起施行。因此在陶瓷行业积极实施清洁生产、提高资源利用效率、减少和避免污染物的产生、保护和改善环境、保障人体健康、促进行业可持续发展等具有十分重要的意义。

本章小结

无机材料的腐蚀是由于环境包括高温腐蚀、液体腐蚀、气体腐蚀、固体腐蚀等侵蚀无机材料，形成了反应产物。其中无机材料的化学成分和矿物组成、表面自由能、孔隙和结构对材料的腐蚀带来较大的影响。不同环境状况下对结构不同的无机材料性能的影响各不相同。

无机材料的疲劳主要是由于承受变动载荷或反复承受应力和应变，即使所受的应力低于屈服强度，也会导致材料裂纹萌生和扩展，导致构件材料断裂而失效，或使其力学性质变坏的现象。无机材料疲劳破坏过程一般包括裂纹萌生、裂纹扩展和最终断裂三个组成部分。裂纹萌生是材料疲劳破坏的关键，裂纹扩展是材料疲劳破坏的进一步发展。无机材料的高温蠕变过程包括高温蠕变损伤的发育过程和蠕变裂纹的扩展过程，指出蠕变损伤的发育过程表现为晶界空腔的成核、生长及连通等三个特征阶段，空腔的成核是蠕变损伤的发育过程最关键的阶段，并从理论分析给出空腔成核速率的计算方法。在蠕变裂纹扩展机理中，较有代表性的蠕变裂纹扩展模型有Chuang蠕变裂纹扩展模型、Cao等的蠕变裂纹扩展模型及Thouless-Evans的蠕变裂纹扩展模型，分别给出三种模型的裂纹扩展速率的计算方法。

通过对无机材料生命周期评估和生态设计，提出无机材料的长寿命设计、功能设计和节能设计，从降低环境负载、节约能源、环境保护和净化环境等方面介绍了环境协调材料的特征及工艺技术，无机材料的再生与利用，为无机非金属材料工业的可持续发展奠定基础。

附录Ⅰ　单位换算和基本物理常数

1. 长度和面积

1 微米（μm）$=10^{-6}$ 米（m）

1 毫微米（mμm）=1 纳米（nm）$=10^{-9}$ 米（m）

1 埃（Å）$=10^{-10}$ 米（m）

1 英尺（ft）=12 英寸（in）=0.3048 米（m）

1 英寸（in）=25.44 毫米（mm）

1 密耳（mil）=0.02544 毫米（mm）

1 平方英尺（ft^2）=0.09290304 $米^2$（m^2）

1 平方英寸（in^2）=6.4516 $厘米^2$（cm^2）

2. 质量、力和压力

1 磅（lb）=0.4536 千克（kg）

1 千克力（kgf）=9.80665 牛（N）

1 达因（dyn）$=10^{-5}$ 牛（N）

1 磅力（lbf）=0.4536 千克力（kgf）

1 磅力（lbf）=4.44822 牛（N）

1 达因/厘米（dyn/cm）=1 毫牛/米（mN/m）

1 巴（bar）$=10^5$ 帕（Pa）$=10^5$ 牛/$米^2$（N/m^2）

1 毫米水柱（mmH_2O）=9.80665 帕（Pa）

1 毫米汞柱（mmHg）=1 托（Torr）

1 托（Torr）=133.322 帕（Pa）

1 大气压（atm）=101.325 千帕（kPa）

1 大气压（atm）=105 牛/$米^2$（N/m^2）

1 磅/$英寸^2$（psi）=6.89476 千帕（kPa）

3. 能量和功率

1 焦（J）$=10^7$ 尔格（erg）

1 千克·米（kg·m）=9.80665 焦（J）

1 磅·英寸（lb·in）=0.113 焦（J）

1 千瓦·小时（kW·h）=3.6 兆焦（MJ）

1 卡（cal）=4.1868 焦（J）

1 电子伏（eV）$=1.6022\times10^{-19}$ 焦（J）

用波数表示的电磁波能量（$hc\lambda^{-1}$）1 $厘米^{-1}$（cm^{-1}）$=1.98631\times10^{-23}$ 焦（J）

用频率表示的电磁波能量（$h\nu$）1 赫（Hz）$=0.66256\times10^{-33}$ 焦（J）

1 英热单位（Btu）=1.05506 千焦（kJ）

1 英热单位（Btu）=252 卡（cal）

1 千瓦（kW）=102 千克·米/秒（kg·m/s）

4. 其他单位

自由焓　1 千卡/(摩尔·℃)$=4.1868\times10^3$ 焦/(摩尔·开)[J/(mol·K)]

熵 1熵单位（eu）＝4.1868焦/(摩尔·开)[J/(mol·K)]

比热容 1卡/(克·℃)[cal/(g·℃)]＝4.1868焦/(克·开)[J/(g·K)]

热导率 1卡/(厘米·秒·开)[cal/(cm·s·K)]＝418.68焦/(米·秒·开)[J/(m·s·K)]

1英热单位/(英尺·时·℉)[Btu/(ft·h·℉)]＝1.731焦/(米·秒·开)[J/(m·s·K)]

电场 1静电伏特/厘米＝3×10^4伏/米（V/m）

电位移 1静电库仑/厘米^2＝$\frac{1}{12\pi}\times10^5$库/米^2（$C/m^2$）

介电常数 1静电法拉/厘米＝$\frac{1}{36\pi}\times10^9$法/米（F/m）

极化强度 1静电库仑/厘米^2＝$\frac{1}{3}$库/米^2（C/m^2）

压电常数 1静电库仑/达因＝$\frac{1}{3}$库/牛（C/N）

磁场强度 1奥斯特（Oe）＝$\frac{1}{4\pi}\times10^3$安/米（A/m）

磁化强度 1高斯（G）＝10^3安/米（A/m）

辐射剂量 1伦琴（R）＝2.58×10^4库/千克（C/kg）

吸收剂量 1拉德（rad）＝10^{-2}戈（Gy）

5. 基本物理常数

阿伏伽德罗常数（N_A）	6.023×10^{23}摩尔$^{-1}$（mol^{-1}）
波尔磁子（μB）	9.27×10^{-24}安·米^2（$A\cdot m^2$）
玻耳兹曼常数（k）	1.381×10^{-23}焦/开（J/K）
电子的电荷（e）	-1.602×10^{-19}库（C）
法拉第常数（F）	9.646×10^4库/摩尔（C/mol）
气体常数（R）	8.314焦/(摩尔·开)[J/(mol·K)]
真空磁导率（μ_0）	$4\pi\times10^{-7}$亨/米（H/m）
真空电容率（ε_0）	8.854×10^{-12}法/米（F/m）
普朗克常数（h）	6.626×10^{-34}焦·秒（J·s）
普朗克常数/2π（$\hbar$）	1.055×10^{-34}焦·秒（J·s）
	6.582×10^{-16}电子伏·秒（eV·s）

附录Ⅱ 元素的离子半径表

注：本数据(单位 nm)是基于正负离子半径比的准则得出的，它只对于正离子同F和O结合的情况是精确适用的，仅有B^{3+}(Ⅲ)、B^{3+}(Ⅳ)、S^{6+}(Ⅳ)、P^{5+}(Ⅳ)、Si^{4+}(Ⅵ)的半径值低于适应于它们配位的最小值在0.002nm以上，括弧内为其他负离子半径的容许近似值。H、C、N的半径值未予以考虑，格子内左边阿拉伯数字指示氧化态，罗马数字指示配位数(符号Sq=正方形配位，Py=三角锥形配位，L和H分别指示低自旋与高自旋状态)。

周期＼族	ⅠA	ⅡA	ⅢB	ⅣB	ⅤB	ⅥB	ⅦB	Ⅷ			ⅠB	ⅡB	ⅢA	ⅣA	ⅤA	ⅥA	ⅦA	0	电子层	0族电子数
1	H																	He	K	2
2	Li 1 Ⅳ0.068 Ⅵ0.082	Be 2 Ⅲ0.035 Ⅳ0.035											B 3 Ⅲ0.010 Ⅳ0.020	C	N	O 2 Ⅱ0.127 Ⅲ0.128 Ⅳ0.130 Ⅵ0.132 Ⅷ0.134	F 1 Ⅱ0.121 Ⅲ0.122 Ⅳ0.123 Ⅵ0.125	Ne	L K	8 2
3	Na 1 Ⅳ0.107 Ⅴ0.108 Ⅵ0.110 Ⅶ0.121 Ⅷ0.124 Ⅸ0.140	Mg 2 Ⅳ0.066 Ⅴ0.075 Ⅵ0.080 Ⅶ0.097											Al 3 Ⅳ0.047 Ⅴ0.056 Ⅵ0.061	Si 4 Ⅳ0.034 Ⅵ0.048	P 5 Ⅳ0.025	S 2 Ⅳ(0.156) Ⅵ(0.172) Ⅷ(0.178) 6 Ⅳ0.020	Cl 1 Ⅳ(0.167) Ⅵ(0.172) Ⅷ(0.155) 5 Ⅲ0.020 7 Ⅳ0.028	Ar	M L K	8 8 2
4	K 1 Ⅵ0.146 Ⅶ0.014 Ⅷ0.159 Ⅸ0.163 Ⅹ0.167 Ⅻ0.168	Ca 2 Ⅵ0.108 Ⅶ0.115 Ⅷ0.120 Ⅸ0.126 Ⅹ0.136 Ⅻ0.143	Sc 3 Ⅵ0.083 Ⅷ0.095	Ti 2 Ⅵ0.094 3 Ⅵ0.075 4 Ⅴ0.061 Ⅵ0.069	V 2 Ⅵ0.087 3 Ⅵ0.072 4 Ⅵ0.067 5 Ⅳ0.044 Ⅴ0.054 Ⅵ0.062	Cr 2 ⅥL0.081 H0.090 3 Ⅵ0.070 4 Ⅳ0.052 Ⅵ0.063 5 Ⅳ0.043 6 Ⅳ0.038	Mn 2 ⅥL0.075 H0.091 Ⅷ0.101 Ⅴ0.066 ⅥL0.066 H0.073 4 Ⅵ0.062 6 Ⅳ0.035 7 Ⅳ0.034	Fe 2 ⅣH0.071 ⅥL0.069 H0.086 ⅣH0.057 ⅥL0.063 H0.073	Co 2 ⅣH0.065 ⅥL0.073 H0.083 ⅣL0.061 H0.069	Ni 2 Ⅵ0.077 3 ⅥL0.064 H0.068	Cu 1 Ⅱ0.054 2 ⅣSq0.070 Ⅴ0.073 Ⅵ0.081	Zn 2 Ⅳ0.068 Ⅴ0.076 Ⅵ0.083 Ⅷ0.098	Ga 3 Ⅳ0.055 Ⅴ0.063 Ⅵ0.070	Ge 4 Ⅳ0.048 Ⅵ0.062	As 5 Ⅳ0.048 Ⅵ0.058	Se 2 Ⅵ(0.188) Ⅷ(0.190) 6 Ⅳ0.037	Br 1 Ⅵ(0.188) Ⅷ(0.134) 7 Ⅳ0.034	Kr	N M L K	8 18 8 2
5	Rb 1 Ⅵ0.157 Ⅶ0.164 Ⅷ0.168 Ⅹ0.174 Ⅻ0.181	Sr 2 Ⅵ0.121 Ⅶ0.129 Ⅷ0.133 Ⅹ0.140 Ⅻ0.148	Y 3 Ⅵ0.098 Ⅷ0.110 Ⅸ0.118	Zr 4 Ⅵ0.080 Ⅶ0.086 Ⅷ0.092	Nb 2 Ⅵ0.079 3 Ⅵ0.078 4 Ⅵ0.077 5 Ⅳ0.040 Ⅵ0.072 Ⅷ0.074	Mo 3 Ⅵ0.075 4 Ⅵ0.073 5 Ⅵ0.071 5 Ⅳ0.050 Ⅴ0.058 Ⅵ0.068 Ⅶ0.079	Tc 4 Ⅵ0.072	Ru 3 Ⅵ0.076 4 Ⅵ0.070	Rh Ⅵ0.075 Ⅵ0.071	Pb Ⅱ0.067 2 ⅣSq0.072 Ⅵ0.094 Ⅵ0.084 Ⅵ0.070	Ag Ⅱ0.075 ⅣSq0.110 Ⅴ0.120 Ⅵ0.123 Ⅶ0.132 Ⅷ0.138 3 ⅣSq0.073	Cd 2 Ⅳ0.088 Ⅴ0.095 Ⅵ0.103 Ⅶ0.108 Ⅷ0.115 Ⅸ0.139	In 3 Ⅵ0.088 Ⅷ0.100	Sn 2 Ⅷ0.130 4 Ⅵ0.077	Sb 3 ⅣPy 0.085 Ⅴ0.088 5 Ⅵ0.069	Te 4 Ⅲ0.060	I 1 Ⅵ(0.213) Ⅷ(0.107) 5 Ⅵ0.103	Xe	O N M L K	8 18 18 8 2
6	Cs 1 Ⅵ0.178 Ⅷ0.182 Ⅸ0.186 Ⅹ0.189 Ⅻ0.196	Ba 2 Ⅵ0.144 Ⅶ0.147 Ⅷ0.150 Ⅸ0.155 Ⅹ0.160 Ⅻ0.168	La–Lu	Hf 4 Ⅵ0.079 Ⅷ0.091	Ta 3 Ⅵ0.075 4 Ⅵ0.074 5 Ⅵ0.072 Ⅷ0.077	W 4 Ⅵ0.073 6 Ⅳ0.050 Ⅳ0.068	Re 4 Ⅵ0.071 5 Ⅵ0.060 6 Ⅵ0.060 7 Ⅳ0.048 Ⅵ0.065	Os 4 Ⅵ0.071	Ir 3 Ⅵ0.081 4 Ⅵ0.071	Pt 2 ⅣSq0.068 4 Ⅵ0.071	Au 3 ⅣSq0.078	Hg 1 Ⅲ0.105 2 Ⅱ0.077 Ⅳ0.104 Ⅵ0.110 Ⅷ0.122	Tl 1 Ⅵ0.158 Ⅷ0.168 Ⅻ0.184 3 Ⅵ0.097 Ⅷ0.108	Pb 2 ⅣPy0.102 Ⅵ0.026 Ⅷ0.137 Ⅸ0.141 Ⅺ0.147 Ⅻ0.157 4 Ⅵ0.086 Ⅷ0.102	Bi 3 Ⅴ0.107 Ⅵ0.110 Ⅷ0.119	Po 4 Ⅷ0.116	At	Rn	P O N M L K	8 18 32 18 8 2
7	Fr	Ra 2 Ⅷ0.156 Ⅻ0.172	Ac–Lw																	

镧系	La 3 Ⅵ0.113 Ⅸ0.128 Ⅶ0.118 Ⅹ0.136 Ⅷ0.126 Ⅻ0.140	Ce 3 Ⅵ0.109 Ⅸ0.123 Ⅷ0.122 Ⅶ0.137 4 Ⅵ0.088 Ⅷ0.105	Pr 3 Ⅵ0.108 Ⅵ0.086 Ⅷ0.122 Ⅷ0.107	Nd 3 Ⅵ0.106 Ⅸ0.117 Ⅷ0.120	Pm 3 Ⅵ0.104	Sm 3 Ⅵ0.104 Ⅷ0.117	Eu 2 Ⅵ0.125 Ⅷ0.133 3 Ⅵ0.103 Ⅷ0.115 Ⅶ0.111	Gd 3 Ⅵ0.102 Ⅶ0.112 Ⅷ0.114	Tb 3 Ⅵ0.100 Ⅷ0.112 Ⅶ0.110 4 Ⅵ0.084 Ⅷ0.096	Dy 3 Ⅵ0.099 Ⅷ0.111	Ho 3 Ⅵ0.098 Ⅷ0.110	Er 3 Ⅵ0.097 Ⅷ0.108	Tm 3 Ⅵ0.096 Ⅷ0.107	Yb 3 Ⅵ0.095 Ⅷ0.106	Lu 3 Ⅵ0.094 Ⅷ0.105
锕系	Ac	Th 4 Ⅵ0.108 Ⅷ0.112 Ⅸ0.117	Pa 4 Ⅷ0.109 5 Ⅷ0.099 Ⅸ0.103	U 3 Ⅵ0.112 4 Ⅶ0.106 Ⅸ0.113 Ⅷ0.108 5 Ⅵ0.084 Ⅶ0.104 6 Ⅱ0.053 Ⅵ0.081 Ⅳ0.056 Ⅶ0.096	Np 2 Ⅵ0.118 3 Ⅵ0.110 4 Ⅶ0.106	Pu 3 Ⅵ0.109 4 Ⅵ0.088 Ⅷ0.104	Am 3 Ⅵ0.108 4 Ⅷ0.103	Cm 3 Ⅵ0.106 4 Ⅷ0.103	Bk 3 Ⅵ0.104 4 Ⅷ0.101	Cf 3 Ⅵ0.103	Es	Fm	Md	No	Lr

参考文献

[1] 冯端，师昌绪，刘治国. 材料科学导论. 北京：化学工业出版社，2002.
[2] 徐祖耀，李鹏兴. 材料科学导论. 上海：上海科学技术出版社，1986.
[3] 杨华明，宋晓岚，金胜明. 新型无机材料. 北京：化学工业出版社，2004.
[4] 潘金生，仝健民，田民波. 材料科学基础. 北京：清华大学出版社，1998.
[5] 赵品，谢辅洲，孙文山. 材料科学基础. 哈尔滨：哈尔滨工业大学出版社，1999.
[6] 徐恒钧. 材料科学基础. 北京：北京工业大学出版社，2001.
[7] 杜丕一，潘颐. 材料科学基础. 北京：中国建材工业出版社，2002.
[8] 刘智恩. 材料科学基础. 西安：西北工业大学出版社，2000.
[9] 石德河. 材料科学基础. 北京：机械工业出版社，2002.
[10] 胡赓祥，蔡珣. 材料科学基础. 上海：上海交通大学出版社，2000.
[11] 谢希文，过梅丽. 材料科学基础. 北京：北京航空航天大学出版社，1999.
[12] 国家自然科学基金委员会. 自然科学学科发展战略调研报告——无机非金属材料科学. 北京：科学出版社，1997.
[13] 浙江大学，武汉建筑材料工业学院，上海化工学院，华南工学院. 硅酸盐物理化学. 北京：中国建筑工业出版社，1980.
[14] 叶瑞伦，方永汉，陆佩文. 无机材料物理化学. 北京：中国建筑工业出版社，1986.
[15] 陆佩文. 无机材料科学基础. 武汉：武汉工业大学出版社，1996.
[16] 陆佩文，黄勇. 硅酸盐物理化学习题指南. 武汉：武汉工业大学出版社，1992.
[17] 周亚栋. 无机材料物理化学. 武汉：武汉工业大学出版社，1994.
[18] 胡明德，叶瑞伦. 硅酸盐物理化学. 武汉：武汉工业大学出版社，1994.
[19] 罗绍华. 无机非金属材料科学基础. 北京：北京大学出版社，2013.
[20] 胡志强. 无机材料科学基础教程. 第 2 版. 北京：化学工业出版社，2011.
[21] 中国建筑工业出版社，中国硅酸盐学会. 硅酸盐辞典. 北京：中国建筑工业出版社，1984.
[22] 叶恒强. 材料界面结构与特性. 北京：科学出版社，1999.
[23]《高技术新材料要览》编辑委员会. 高技术新材料要览. 北京：中国科学技术出版社，1993.
[24] 范弗莱克 L H. 材料科学与材料工程基础. 夏宗宁，邹定国，译. 北京：机械工业出版社，1984.
[25] 唐纳德 R 阿斯克兰. 材料科学与工程. 刘海宽，王鲁，李临西，等译. 北京：宇航出版社，1988.
[26] 朱永峰，张传清. 硅酸盐熔体结构学. 北京：地质出版社，1996.
[27] 干福熹. 现代玻璃科学技术. 上海：上海科学技术出版社，1988.
[28] 干福熹. 光学玻璃. 北京：科学出版社，1960.
[29] 贝尔塔 P，等. 玻璃物理化学导论. 侯立松，等译. 北京：中国建筑工业出版社，1983.
[30] 沈钟，王果庭. 胶体与表面化学. 北京：化学工业出版社，1997.
[31] 霍夫曼 R. 固体与表面. 郭洪猷，李静，译. 北京：化学工业出版社，1996.
[32] 孙大明，席光康. 固体的表面与界面. 合肥：安徽教育出版社，1996.
[33] 顾惕人，朱步瑶，李外郎，等. 表面化学. 北京：科学出版社，1994.
[34] 郑林庆. 摩擦学原理. 北京：高等教育出版社，1994.
[35] 华中一，罗维昂. 表面分析. 上海：复旦大学出版社，1989.
[36] Raul C Hiemenz. 胶体与表面化学原理. 周祖康，马季铭，译. 北京：北京大学出版社，1986.
[37] 印永嘉. 大学化学手册. 山东：山东科学技术出版社，1985.
[38] 何福城，朱正和. 结构化学. 北京：人民教育出版社，1979.
[39] 邵美成. 鲍林规则与键价理论. 北京：高等教育出版社，1993.
[40] 三井利夫，达崎达，中村英二. 铁电物理学导论. 倪冠军，王永令，林盛卫，印庆瑞，译. 北京：科学出版社，1983.
[41] 利哈乔夫 B A，哈伊罗夫 P H. 位错理论导论. 丁棣化，周如松，译. 武汉：武汉大学出版社，1989.
[42] 哈森 P. 物理金属学. 肖纪美，马如璋，吴兵，杨顺华，译. 北京：科学出版社，1984.
[43] 周玉. 陶瓷材料学. 哈尔滨：哈尔滨工业大学出版社，1995.
[44] 徐祖耀. 相变原理. 北京：科学出版社，1988.
[45] 周公度. 无机化学丛书. 无机结构化学：第十一卷. 北京：科学出版社，1982.
[46] 纽纳姆 R E. 结构与性能的关系. 卢绍芳，吴新涛，译. 北京：科学出版社，1988.
[47] 冯端. 凝聚态物理学丛书. 金属物理学：第二卷. 北京：科学出版社，1990.
[48] 日本化学会. 无机固态反应. 董万堂，董绍俊，译. 北京：科学出版社，1985.

[49] 方俊鑫，陆栋. 固体物理学（上册）. 上海：上海科学技术出版社，1981.
[50] 方俊鑫，陆栋. 固体物理学（下册）. 上海：上海科学技术出版社，1981.
[51] 黄勇，崔国文. 相图与相变. 北京：清华大学出版社，1987.
[52] 吴季怀. 材料科学基础. 广州：暨南大学出版社，1996.
[53] 陈进化. 位错基础. 上海：上海科学技术出版社，1984.
[54] 温树林. 材料结构学（上册）. 北京：科学技术出版社，1989.
[55] 温树林. 材料结构学（下册）. 北京：科学技术出版社，1989.
[56] 陈光，崔崇. 新材料概论. 北京：科学出版社，2003.
[57] Ronald A McCauley. 陶瓷腐蚀. 高南，译. 北京：冶金工业出版社，2003.
[58] 龚江宏. 陶瓷材料断裂力学. 北京：清华大学出版社，2001.
[59] 赵长生，顾宜. 材料科学与工程基础. 第 3 版. 北京：化学工业出版社，2020.
[60] 中国建筑材料科学研究院. 绿色建材与建材绿色化. 北京：化学工业出版社，2003.
[61] 洪紫萍，王贵公. 生态材料导论. 北京：化学工业出版社，2001.
[62] 西北轻工学院. 陶瓷工艺学. 北京：轻工业出版社，1991.
[63] 贡长生，张克立. 绿色化学化工实用技术. 北京：化学工业出版社，2002.
[64] 李树尘，等. 材料工艺学. 北京：化学工业出版社，2000.
[65] 顾国维. 绿色技术及其应用. 上海：同济大学出版社，1999.
[66] 山本良一. 环境材料. 王天民，译. 北京：化学工业出版社，1997.
[67] 叶昌，等. 论建筑卫生陶瓷的清洁生产. 佛山陶瓷，2003，(7)：19-21.
[68] Askeland D R. The Science and Engineering of Materials，3rd edition. Pacific Grove Brooks/Cole Publishing Co，1994.
[69] William D Callister. Materials Science and Engineering，An Introduction. Fifth Edition. Singapore：John Wiley & Sons (ASIA) Pte Lid，2002.
[70] Donald R Askeland. The Science and Engineering of Materials. 2nd Ed. Wadworth Inc，1990.
[71] Ohring M. Engineering Materials Science. San Diego：Academic Press，1995.
[72] Ashby M F，Jones D R H. Engineering Materials 1，An Introduction to Their Properties and Applications. 2nd edition. Oxford：Pergamon Press，1996.
[73] Ashby M F，Jones D R H. Engineering Materials 2，An Introduction to Microstructures，Processing and Design. Oxford：Pergamon Press，1986.
[74] McMahon C J，Graham C D. Introduction to Engineering Materials：The Bicycle and the Walkman，Philadelphia：Merion Books，1992.
[75] Barrett C R，Nix W D，Tetelman A S. The Principles of Engineering Materials. Englewood Cliffs：Prentice Hall，Inc，1973.
[76] Flinn R A，Trojan P K. Engineering Materials and Their Applications. 4th Edition，New York：JohnWiley & Sons，1990.
[77] Jacobs J A，Kilduff T F. Engineering Materials Technology. 3rd Edition. Upper Saddle River：Prentice Hall，1996.
[78] Murray G T. Introduction to Engineering Materials-Behavior，Properties，and Selection. New. York：Marcel Dekker，Inc，1993.
[79] Rails K M，Courtney T H，Wulff J. Introduction to Materials Science and Engineering. New York：John Wiley & Sons，1976.
[80] Schaffer J P，Saxena A，Antolovich S D，Sanders Jr T H，Warner S B. The Science and Design of Engineering Materials. 2nd edition. New York：WCB/McGraw-Hill，1999.
[81] Shackelford J F. Introduction to Materials Science for Engineers. 4th edition. Upper Saddle River：Prentice Hall，Inc，1996.
[82] Smith W F. Principles of Materials Science and Engineering. 3rd edition. New York：McGraw-Hill Book Company，1995.
[83] Van Vlack L H. Elements of Materials Science and Engineering. 6th edition. Reading：Addison Wesley Publishing Co，1989.
[84] Azaroff L F. Elements of X-Ray Crystallography. New York：McGraw-Hill Book Company，1968.
[85] Barrett C S，Massalski T B. Structure of Metals. 3rd edition. Oxford：Pergamon Press，1980.
[86] Buerger M J. Elementary Crystallography. New York：John Wiley & Sons，1956.
[87] Cullity B D. Elements of X-Ray Diffraction. 3rd edition. Reading：Addison Wesley Publishing Co，1956.